U0240985

中國歷代
服裝、染織、刺繡
辭典

吳山　主编

江苏凤凰美术出版社

上左　穿曲裾袍的战国女子（湖南长沙仰天湖楚墓出
　　　土彩绘女俑）
上右　西汉印花敷彩纱袍（湖南长沙马王堆出土）
下　　东汉"万世如意"锦袍（新疆民丰尼雅出土）

上左　穿朝服的唐太宗
上右　穿襦裙装的唐代妇女（陕西西安出土唐女俑）
下　　东汉织锦鸡鸣枕（新疆民丰尼雅出土）

穿半臂长裙、披纱帔的唐代贵妇和宫女（陕西乾县永泰公主墓壁画）

上左　穿花短衫长裙的唐代女子（新疆吐鲁番出土女俑）

上右　头戴孔雀冠帽点朱唇的唐代女子（1991年西安东郊唐墓出土彩绘女乐骑马俑）

下　　穿粗布交领衣的唐代劳动妇女（新疆吐鲁番阿斯塔那201号墓出土唐代推磨女群俑）

上　穿交领大袖锦袍的宋代仁宗皇后像（南熏殿旧藏）

下　穿褙子披帔巾的宋代侍女（山西太原晋祠圣母殿彩塑）

上　　穿圆领袍的辽代乐人（河北宣化辽天庆六年墓壁画）

下左　元代刺绣花鸟纹罗衫（内蒙古集宁路遗址出土）

下右　元刺绣罗衫肩部纹饰细部

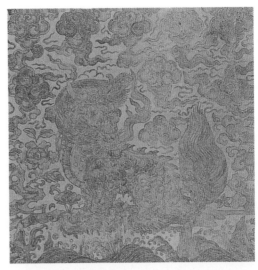

上左　明代魏国公徐俌麒麟纹袍（1977 年南京太平门外徐俌墓出土）

上右　该袍麒麟纹补细部

下左　清人绘康熙皇帝朝服像（北京故宫博物院藏品）

下右　清人绘乾隆帝孝贤皇后穿云锦朝服像（北京故宫博物院藏品）

上左　清代后妃日常穿的绣花锦袍和花盆底鞋（北京故宫博物院藏品）

上右　清代丁汝昌飞鱼纹织金战袍（南京云锦研究所复制品）

下　　清代皇后穿的彩绣金龙裌朝褂（北京故宫博物院藏品）

上　　穿交领和对襟衣的清代儿童（天津杨柳青年画）
下左　戴银泡绒球兰帽，穿绣花上衣的哈尼族女子
下右　戴圆顶帽，披红方巾，穿花坎肩的塔吉克族女子
　　　（韦荣慧《中国少数民族服饰》）

民国时期穿西服的孙中山和穿女子礼服的宋庆龄（高婉玉绒绣）

上左　戴虎帽的陕西女孩
上右　京剧《斩经堂》中的吴汉头戴夫子盔，插雉尾，穿硬靠；王兰英穿花坎肩、官裙
　　　（华梅《新中国60年服饰路》）
下　　戴皮帽，穿皮袄、皮裤、皮靴的鄂伦春族男孩

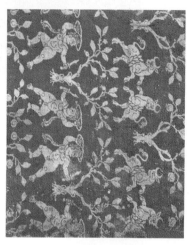

上左　西汉千金绦组织图（湖南长沙马王堆出土）

上右　西汉贴毛绢

中左　东汉人兽树纹织锦（新疆尉犁营盘墓地出土）

中右　东汉"如意"纹织锦（新疆民丰出土）

下　　魏晋缠枝花纹毛织品

上左　唐代宝相花纹织锦（日本奈良正仓院藏品）
上中　唐代花卉鸳鸯纹蜡缬纱（新疆阿斯塔那出土）
上右　唐代树纹织锦（新疆吐鲁番阿斯塔那出土）
下左　隋代"胡王"牵驼纹织锦（新疆吐鲁番出土）
下右　北朝兽纹织锦

上左　唐代灯树对羊纹织锦（新疆吐鲁番出土）

上右　唐代人物鸟兽纹织锦（新疆吐鲁番阿斯塔那出土）

中左　宋代鸾鹊穿花纹缂丝

中右　宋代八达晕纹织锦

下左　明代万历帝织金孔雀羽妆花纱龙袍匹料团龙纹（1958年北京定陵朱翊钧陵墓出土）

下右　明代万历帝织金孔雀羽妆花纱龙袍匹料双龙戏珠纹（1958年北京定陵朱翊钧陵墓出土）

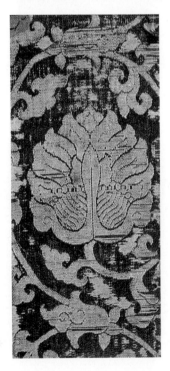

上左　宋代缂丝　莲塘乳鸭图（朱克柔作）
上右　南宋缂丝　瑶池献寿图纹
下左　元代缠枝莲纹纳石失织锦（北京故宫博物院藏）
下右　元代团龙团凤纳石失织锦（北京故宫博物院藏）

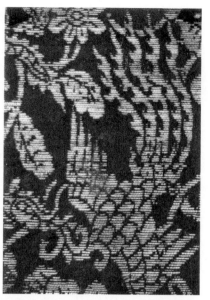

上　明代龙、凤纹织锦（陕西洋县智果寺明佛经封面）

下　明代八宝缠枝莲纹织锦

上左　明代双凤戏牡丹纹缂丝
上右　明代云鹤纹缂丝
下左　明代八达晕八宝纹织锦
下右　明代缠枝牡丹纹加金锦

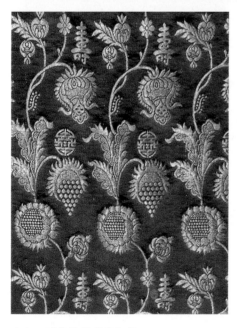

上左　明代缠枝莲纹织锦
上右　明代折枝梅花纹花缎
中左　明代天华纹织锦
中右　清代芙蓉纹妆花缎（南京云锦研究所藏）
下左　清代长寿穿枝花织金缎（南京云锦研究所藏）
下右　清代龟背百花纹织锦（清华大学美术学院藏）

上左　清代团凤灯笼纹织锦
上右　清代文官一品仙鹤补子（南京云锦研究所复制）
中　　清代丝织缘　牡丹纹
下　　贵州苗族花鸟纹蜡染

上上　清代贵州苗族双鹤戏牡丹纹苗锦
上中　清代云南花树对兽纹傣锦
上下　清代云南哈尼族鱼鸟蝶恋花纹彩锦
中　　湖南老鼠娶亲土家锦（叶玉翠作）
下　　西周中期织绣印痕
　　　　上　用朱砂和石黄平涂的丝织物
　　　　下　用辫子股针法绣制的云纹绣片
　　　（以上均陕西宝鸡茹家庄出土）

上左　战国刺绣　龙凤虎纹（湖北江陵马山出土）
上右　战国刺绣　龙凤绣（湖北江陵马山出土）
下　　汉代人物走兽流云纹绣（河北怀安五鹿充墓出土）

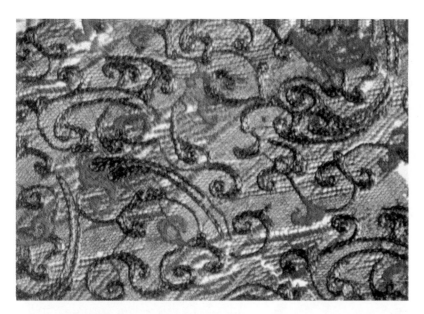

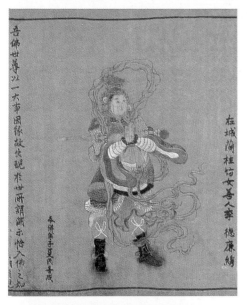

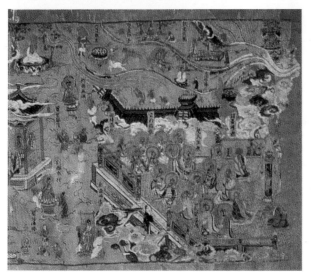

上左　西汉流云茱萸纹绣（湖南长沙马王堆出土）
上右　唐代释迦牟尼说法图刺绣（甘肃敦煌莫高窟发现）
中左　辽代绣花经袱（内蒙古巴林右旗庆卅白塔发现）
中右　元代《妙法莲花经》刺绣韦驮像
下　　元代《妙法莲花经》卷首彩绣灵山会佛像

上　十六国龙鸟卷草绣刺绣（新疆阿斯塔那 382 号墓出土）
下　明代彩绣　大慈法王像（西藏文管会藏品）

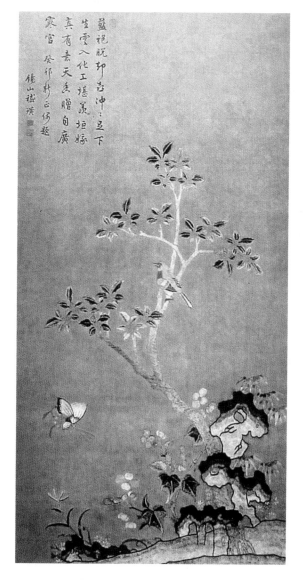

上左　明顾绣韩希孟　花草蛱蝶图
上右　明顾绣韩希孟　花草蝈蝈图
下左　明顾绣　桂子天香图轴
下右　清代刺绣　蝶恋花花边

上左　明代凤戏牡丹钉线绣（北京故宫博物院藏）
上右　明代荡秋千纹钉线平金绣（北京故宫博物院藏）
下　　清代刺绣　双凤团花（北京故宫博物院藏）

上　　清代彩蝶纹戳纱绣（江苏苏州收集）

下左　清代博古纹铺绒绣（传世品）

下右　沈寿作《耶稣绣像》（在1915年美国旧金山"巴拿马—太平洋国际博览会"获一等奖。）

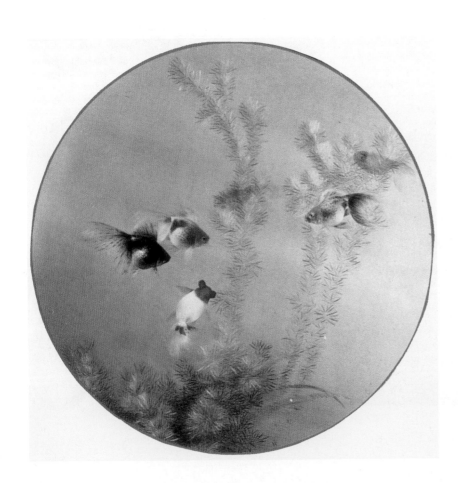

上左　苏绣小猫（苏州刺绣研究所）
上右　苏绣猕猴（姚建萍绣）
下　　苏绣金鱼（苏州刺绣研究所）

上　蜀绣芙蓉鲤鱼（局部）（成都蜀绣厂）
下左　湘绣雄狮（杨应修绘图，周金秀刺绣）
下右　汴绣牡丹（局部）（开封汴绣研究所）

上　潮绣龙凤呈祥（林智成作）

下　南通彩锦绣渔归（南通工艺美术研究所）

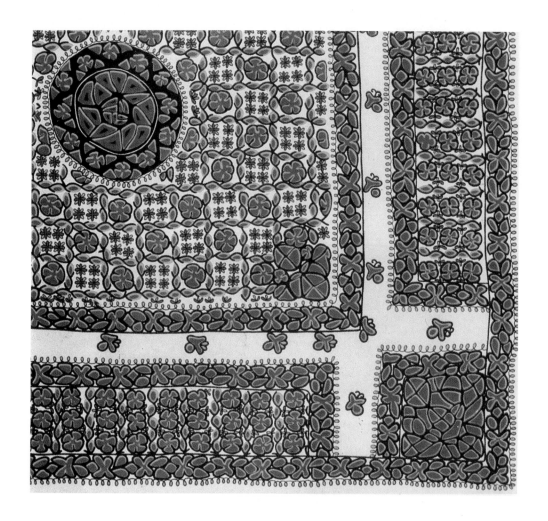

上　维吾尔族花腰巾
下左　百代丽抽纱台布
下右　北京补花

白族莲瓣绣花云肩（杨德鋆等《云南民族文物身上饰品》）

主编简介

吴山(1929～2015) 著名中国工艺美术史学家，南京艺术学院教授。江苏张家港市人。1951年南京大学艺术系毕业。六十年代迄今，任教南京艺术学院，数十年来主要从事中国古代图案、中国工艺美术史和江苏工艺的教学和研究工作。

在工艺美术总体研究方面，1987年完成了《中国工艺美术大辞典》的编纂工作。全书包括陶瓷、织绣等31个大类、11 875条辞条，250多万字，3 100多幅插图。任主编，并撰写8 000余条辞条。本书较全面和历史地介绍了中国工艺美术各个领域的研究成果，内容广博。1989年江苏美术出版社出版后，获"中国图书奖"等六项大奖。1991年台湾出版中文繁体字本《中国工艺美术辞典》，1992年获台湾"金鼎奖"。

在工艺史研究方面，对中国工艺美术通史、专题史、断代史，均有深入研究。出版有：《中国工艺美术简史》(合作)；八十年代中期，参加了《大百科全书·美术卷》工艺美术部分词条的撰写；《中国纹样全集》(四册)；《中国八千年器皿造型》和《中国新石器时代陶器装饰艺术》(获"江苏省哲学社会科学优秀成果"大奖)。

在民间工艺研究方面，对紫砂、刺绣、彩塑和剪纸等，都有较深研究。出版有：《宜兴紫砂辞典》(主编、主要撰稿)、《宜兴紫砂文化史》(合著)、《宜兴紫砂壶艺术》、《常熟花边针法》、《无锡惠山彩塑》和《百花齐放图集》(南京剪纸，合著)。

1956年，国画《燕子矶》获"江苏省第一届青年美展"大奖。

2005年，荣获"中国工艺美术终身成就奖"。

2008年，荣获"卓有成就的美术史论家"奖。

各部分撰稿人

服装

吴山　包昌法　刘棣　严峰　万里进

染织

郭渊　吴山

刺绣

吴山　陆晔　陆原

附录

吴山　陆成

（撰稿人尚有石裕纯、沈宛）

总目录

序

服装,在人类生活中,有护体、御寒、遮羞、族别和标识等诸多作用。

当人类进入阶级社会以后,服装与政治经济、思想文化和宗教习俗等紧密关联,反映在服装上的种种尊卑等级,上可兼下,下不得僭上。服装因地域气候等差异,其材质、款式、色泽和纹饰等,各不相同。我国南方的服装较宽松,多淡色;北方的服装较窄紧,多深色。南方海边渔民多赤足;北方草原牧民多穿马靴。这与气候条件有密切关系。但服装的更迭与变化与社会条件的变更,有更大的关联。

我国服装,历代不同,在演变中有传承、有变易、有创新,形成了我国灿烂辉煌、丰富多彩的服饰文化,为之有"衣冠王国"之美誉。

1977年,浙江余姚河姆渡遗址出土有纺砖和麻线等实物,骨盅上还刻有四条形象逼真的蚕纹,证实在7 000多年前,我国的先民已学会养蚕、纺线。丝绸是我国古代重要的发明创造之一。我国很早就向西方输出丝织品,古代希腊、罗马人,称中国为"赛里斯"——丝国。这条东起长安西至地中海沿岸的丝织物运输通道,被称为"丝绸之路",它是中外文化交流的金桥,为中国文明书写了辉煌的一页。

殷商时期,已有平纹和菱形图案的织物。西汉时,最有代表性的丝织品是湖南长沙马王堆出土的各种织花、绣花、圈绒锦、泥金印花和印花敷彩等织物,它们突出反映了2 000多年前我国丝织艺术的高水平。魏晋南北朝出现有纬线起花织锦,技艺更高。唐宋的缂丝工艺已相当成熟。元代的纳石失织金锦,是这一时期的新创。妆花技术的发明,是明清丝织工艺的一大成就。北京定陵出土的明万历帝孔雀羽妆花纱龙袍匹料,代表了这一时期的最高水平。当时各少数民族的织物,有苗锦、壮锦、黎锦、傣锦、侗锦、瑶锦、土家锦、布依锦、高山锦和回回锦等,都各具特色,各有风采。

我国的刺绣,历史之悠久,内容之丰富,针法之卓越多样,艺术性之高超,堪称无与伦比,独步世界。

我国古代刺绣,是"丝绸之路"对外的主要商品之一,对文化交流曾做出过重大贡献。

刺绣古称"针黹",因刺绣多是妇女所为,故民间习称"女红"。先秦主要是锁绣,汉时已有平绣、贴绣和打子绣。以后新创有揖线绣、抢针绣、钉线绣、铺纹绣、串珠绣和纳绣等。至明清时期,各种针法齐备,"画绣""闺阁绣"尤为兴盛,佳作迭出,艺术性极高;而各地方绣种,亦得到全面发展,相继出现了顾绣、苏绣、湘绣、蜀绣、粤绣、京绣、汴绣、鲁绣、瓯绣、苗绣、羌绣、侗绣、瑶绣和水族马尾绣等诸多名绣,真是百花齐放,繁花似锦。

苏绣、湘绣、蜀绣、粤绣,是我国的四大名绣。现技艺更日益精进,大师辈出,日有创新,艺术水准已大大超越以前任何历史时期,各绣种相互交流学习,传承借鉴,争奇斗艳,美不胜收,在历届的国内外大展中,屡获一等奖、金奖。很多精品,都作为国家礼品,赠送给各国元首,被视为珍品,享有崇高的国际声誉。

吴山　2010年5月

凡　例

一、本辞典是一部专科性辞书。共收辞条 6 000 余条,插图 1 900 余幅;前有彩图,后有附录。

二、本辞书按分类编排,分类较细,主要为查阅方便。

三、收辞条范围,凡与服装、染织、刺绣直接相关的悉数收入,有间接关系的,如染织的材质和刺绣的用具等,视其历史和实用价值,酌情选收。

四、辞条都依时代前后,再按分类编排,力求清晰合理。

五、历史纪年,古代部分用旧纪年,夹注公元纪年,近现代部分用公元纪年。正文中使用公元纪年时,一般省略"公元"两字。具体年代不清,只写朝代。鸦片战争前称"古代",鸦片战争(1840) 至 1919 年,称"近代";1919 年后称"现代",1949 年后称"当代"。

六、历史人物生卒年,有稽可查,一律标明;不详者,注明"不详"或"省略"。

七、古代地名,一般均夹注现代名称。

八、直接引文中的通假字、异体字、古体字等一般保留原字;非直接引文中,如果表示固定短语或特殊名词则保留原字(如"四采"),否则使用通用字。

九、引文书名与篇名间,用隔号,如《雪宦绣谱·针法》。引文书名,其卷数和年号一般置于书名号外,如《宋史·舆服志》上、《左传》文公三年、《全唐诗》三三四令狐楚《远别离》。

十、释文中的尺寸,以厘米作计算单位;重量,以通用的公斤作计算单位。

十一、辞条有两个或两个以上义项时用①②③标出,其他序数一般统一为汉字加顿号的格式,示例:一、……;二、……;三、……。

十二、名人、名师、名家都按朝代、出生年前后编排,若出生年相同者,再依姓氏笔画多少排列。

十三、出土文物,一般均写明年代、物品、出土地点和时间。

十四、凡用"参见"者,表明可供参考的条目。附条一般不释文,只标明"见"主条。

十五、部分资料,具有一定研究、参考、实用价值,不宜作为辞条,则列入附录中。

十六、凡属不同学术观点,或有争议未作定论和真伪待辨者,采用诸说并存,或介绍基本事实。

类别目录

服　装

染　织

刺　绣

分类目录

词条前有◎者附有插图

服 装

一般名词

彩裙、裥裙

刺 绣

一般名词、刺绣术语

历代刺绣

刺绣针法

苏绣针法

刺绣著作

附　录

服　装

服　装

一般名词

【服装】 衣服的同义词和现代词。约在二十世纪四十年代前后开始使用。泛指专供人服用的物件,一般指衣服。服装是人类文明的标志,又是人类生活的要素。它除了满足人们物质生活需要外,还代表着一定时期的文化。"衣"字,在古代除了统指身上穿的衣服,另有广义和狭义两个解释。狭义的衣,专指上衣;广义的衣,包括一切蔽体的东西。服装主要具有三方面作用:御寒、遮羞、装饰。它的产生和演变,与经济、政治、思想、文化、地理、历史以及宗教信仰、生活习俗等,都有密切关系,相互间有着一定影响。各个时代、不同民族,都有各不相同的服装。我国素有"衣冠王国"的称号。自夏、商起,开始出现冠服制度,到西周时,已基本完善。战国期间,诸子兴起,思想活跃,服装日新月异。隋唐时期,经济繁荣,服装愈益华丽,形制开放,甚至有袒胸露臂的女服。宋明以后,强调封建伦理纲常,服装渐趋保守。清代末叶,西洋文化东渐,服装日趋适体、简便。

【衣裳】 古时上曰衣,下曰裳(古代指裙子)。《诗经·邶风·绿衣》:"绿衣黄裳。"《毛传》:"上曰衣,下曰裳。"古人最早下身穿的是一种类似裙子一样的"裳"。"裳"字也写作"常"。《说文》:"常,下帬也。""帬"是裙的古体字。《释名》:"裳,障也,所以自障蔽也。""障"是保护的意思,"蔽"有遮羞的意思。由于古代纺织工具简陋,布的幅面很狭,所以一件下裳就得用几块狭幅布横拼起来,样子像一幅腰围。这种古老的服制,直到周代还作为礼服的一部分保留着,在祭祀和朝会时穿着。后来,衣裳泛指衣服。

【服】 泛指专供人服用的东西,一般是指人体穿着的衣服,并大多是指单件的上衣或长衣。

【衫】 古指短袖的单衣。《释名·释衣服》:"衫,芟也,芟末无袖端也。"今指各类单层上衣。如衬衫、汗衫、茄克衫等,亦为衣服的通称,如衣衫。

【衣著(着)】 今称衣着,即衣裳服饰。《桃花源记》:"其中往来种作,男女衣著,悉如外人。"是泛指人体的穿戴用品,包括衣服、鞋袜、帽子等。

【服装设计】 是以服装功能为前提的技术设计。服装设计要素包括:色彩、款式、质感等三个方面。服装设计过程是对服装进行艺术造型并用织物或其他材料加以表现的过程。服装设计包括:一、收集资料、构思,按产品要求(美学、技术与经济方面)绘图;二、选定设计方案,研究服装用料;三、样品制作;四、审查样衣(形式、衣料、加工工艺和装饰辅料等方面);五、制作工业性样衣和制定技术文件(包括纸样、排料图、定额用料、操作规程等)。

【服装分类】 现代服装复杂多样,可按下面几个方面分类:性别年龄特征、服装序列应用情况、人们活动性质、季节、织物质地种类等。按人们活动性质可分为生活服装、运动服装、工作服装、军用服装、戏剧服装等。按服装面料,可分丝绸服装、呢绒服装、化纤服装和布料服装等。各种不同服装品种对材料的选择各具有特定的要求。

【服装功效】 其主要内容为:一、研究人体、服装与环境气候之间的关系;二、研究服装材料的服用性能;三、对不同使用范围作最佳服装设计;四、从健康、卫生和舒适方面改善服装性能。有关服装功效的科学研究工作,自二十世纪七十年代以来,已受到人们的很大重视。

【服装功能】 服装有保健和装饰两方面作用:一、保健:服装能保护人体,维持人体的热平衡,以适应气候变化的影响。服装在穿着中要使人有舒适感,影响舒适的因素主要是用料中纤维性质、纱线规格、坯布组织结构、厚度以及缝制技术等;二、装饰:表现在服装的美观性,满足人们精神上美的享受。影响美观性的主要因素是纺织品的质地、色彩、花纹图案、坯布组织、形态保持性、悬垂性、弹性、防皱性、服装款式等。

【服装工艺】 指服装制造过程中技术要求和操作顺序安排的总称。包括服装裁剪、服装缝纫和服装熨烫等工艺。服装工艺设计得科学合理,对服装成品的成本、产量和质量有重要影响。

【服装工程】 是指服装的工业化生产过程。包括服装设计、裁剪、缝制、整烫定形、检验和包装等。服装成件后的整理过程中,有时还须经过印花或染色。

【服装美学】 是研究人类服装领域中审美活动规律的一种学科。内容包括服装美观要求、服装审美心理、服装流行趋势和服装设计美学原理等。

【服装式样】 我国历代服装式样,有两种基本形制:"上衣下裳"制和"衣裳连属"制。这两种形制的服装,交相使用,相容并蓄。商周以前的服饰,一般多用上衣下裳制,后期的胡服、裤褶、妇女的襦裙等,都是这种服饰的遗制。上下相连的服饰最初出现在春秋战国之交,名叫深衣,以后的袍服,就是在这个基础上产生的。在整个服饰演变史上,上衣下裳式的服装,妇女穿着较多,使用时期也较长。男子在隋唐以后,一般多穿上下连属的袍衫。

【服装结构】 服装的种类虽多,但组成材料结构可分为面料、里料、衬料、填料、胆料五个部分。一、面料:体现服装主体特征的材料,有机织物、针织物、无纺织布、缝编织物等。这些面料以各自的造型特征、悬垂性、弹性决定服装的性质(柔软性、流动性、轮廓清晰性、刚性等);二、里料:

作为服装夹里,用以辅助面料的轮廓,又因里料接触内部衣服,故宜选用滑爽、耐磨、易洗涤、轻软和不易褪色的织物。材料有羽纱、羽缎、绸等;三、衬料:衬垫在面料与里料之间,增进穿着舒适性并保持服装的形态,有服装"骨骼"之称。衬料需根据面料的种类和风格来设计选用。衬料有:热熔衬、毛衬、麻衬、无纺织布衬、化纤衬和缝编织物衬等;四、填料:用以增加服装厚实度的保暖材料。经常选用比较蓬松的纤维,如棉、羽绒、骆驼毛等;五、胆料:填料的套件。松散状的填料是靠胆料来赋予稳定的形态。胆料用织物常根据填料种类而定,一般要求紧密而柔软,如棉布等。

【服饰纹样】　应用最多的是植物纹样、动物纹样和几何形纹样。图案的表现方式,大致经历了抽象、规范和写实等几个阶段。商周前的图案较简练、概括,富有抽象的趣味。周以后,装饰图案日趋工整,上下均衡,左右对称,布局严密,唐宋时反映尤为突出。明清时,服装纹样多写实手法,刻画细腻逼真,清代后期,这一特点反映更加强烈。现代服饰纹样,抽象、写实并用,手法多样。

【服饰色彩】　古代受阴阳五行学说影响,《史记·历书》:"王者易姓受命,必慎始初,改正朔,易服色。"秦灭六国,"以为获水德之瑞,……色上黑。"后长期以黄色为最贵重,象征中央;青色象征东方;红色象征南方;白色象征西方;黑色象征北方。青、红、皂、白、黄等五种颜色被视为"正色"。有些朝代规定,正色服装只有帝王官员可穿,百姓只能穿间色。上古时,服装色彩较单纯、鲜艳,和同时期的陶罐装饰色彩大体雷同。以后红绿、黄紫、蓝橙等对比色调逐渐减弱,红黄、黄绿、绿蓝等临近色彩大量采用,色调日趋稳重、凝练,整体调和,局部对比。现代服饰色泽五彩皆备,以间色为多。

【古代服色】　古代每一朝代所定的车马祭牲的颜色。《礼记·大传》:"改正朔,易服色。"郑玄注:"服色,车马也。"孔颖达疏:"谓夏尚黑,殷尚白,周尚赤,车之与马,各用从所尚之正色也。"孙希旦集解:"服,如服牛乘马之服,谓戎事所乘;若夏乘骊,殷乘翰,周乘骝是也。色,谓祭牲所用之牲色;若夏玄牡,殷白牡,周骍刚是也。"后亦以称品官的服饰,如:三品服色。《儒林外史》第五十回:"只见万中书头上还戴着纱帽,身上还穿着七品补服。方县尊猛然想到,他拿的是个已革的生员,怎么却是这样服色?"

【手绘服装】　是服装中一种新兴的品种和装饰形式。即用手绘的方法作为服装的装饰,主要用在夏季穿着的女式衬衫或裙衫之类,在洁白或素雅的绸料和布料上面,主要运用国画的手法,画上秀丽的花卉或鸟蝶等图案,显得非常清新、高雅。有时男式的丝绸衬衫或白缎领带上,也有采用手绘方法装饰的。

【仿生服装】　现代服装造型设计形式之一,是以包括人类在内的一切生物为借鉴对象,并以这些生物的造型、轮廓、线条、色彩直接或间接借用到服装造型设计、结构设计和色彩设计上去,创制出最新的服装造型,即为仿生服装。目前已经问世的有呈牵牛花形的轻盈喇叭裙,宽松的蝙蝠袖,端庄的燕尾服,以及马蹄袖、燕子领、蟹钳领等。

【中式服装】　服装类别名称,与西式服装相对而言,是我国固有传统式样的服装,属平面型结构,如大襟的短褂、长袍,对襟的短衫以及旗袍、马褂,等等。特点是衣身平整、无肩缝、连袖式,富有民族特色。

【西式服装】　服装类别名称,与中式服装相对而言。现泛指一切从国外传入的服装品种、式样,但主要是指从欧美等西方国家传入的,如西装、茄克衫、卡曲、猎装,等等。西式服装

属立体型结构,一般都是分前后衣片、装袖式、收省缝,使衣服有高低起伏的立体感。穿着后贴体、合身。目前我们穿着的大都属西式服装。

【中西式服装】　服装类别名称,是中式西做服装的总称。服装外形以传统的中式为主,如传统的对开襟、旗袍式衣领等。而裁制的工艺和衣片的结构则是西式的,如衣片收省、做肩缝、装袖式等。具体的品种有中西式棉袄、中西式罩衫等。

【劳动防护服装】　现代服装类别名称,简称"劳防服装",是工作和劳动生产时穿着,起防护作用的服装之总称。其中包括用白帆布制作的电焊工防护服、石棉布制作的炼钢工防护服和用橡胶布制作的防水工作服等。劳防服装应该按不同工种的具体要求,具有防火、防水、避尘、耐酸碱、防腐蚀等各类性能,是一种有特殊用途或专门用途的服装品种之一。

【旅游服装】　一种现代新兴的服装类别。是出外旅游穿着服装的总称。其中包括风衣、雨衣、茄克衫、钓鱼衫、卡曲、猎装、骑士裤、马裤等轻便服装。旅游服装的造型必须合身,轻便,多口袋,多功能,穿着后使人感到灵活方便。

【礼仪服装】　服装类别名称,简称"礼服",是参加宴会、晚会和出席各类喜庆礼仪活动穿着的服装,或出访迎宾时穿着的服装。我国古代有特制的各式礼服,欧洲各国有的也有专门的礼服,我国暂时还没有明确的规定,男式凡西装、中山装等,女式凡连衣裙、旗袍、套装等只要整齐、大方、穿着合身、衣料略好者,都可作为礼服穿着。

【礼服】　礼仪服装的简称。见"礼仪服装"。

【晚会服装】　现代服装类别名称,属礼仪服装类的一个分支,是参加晚会时穿着的服装,性质和作用与礼服基本相

似,式样造型以及色彩选择宜轻盈、活泼。在我国目前尚无专用的晚会服装,在国外是服装中的大类品种之一,社会需要量很大,穿着普遍,其中尤以女式的晚会服装为主,式样品种较多。

【休闲服装】 现代一种新兴流行服装类别名称,是一种运动衣式的服装,如网球装、慢跑装、高尔夫球装等。是运动服和平时的生活服的结合,常用于晨间的拳操、爬山、郊游等。休闲服装的特点是必须能够承受得起长时间的日晒和汗水的侵蚀,吸汗通气,色泽持久耐磨,造型宽松舒适。随着健身热潮在各国流行,休闲服装将日益兴起。

【舞台时装】 服装类别名称,是指文艺演出时穿着服装的总称。包括戏剧、舞蹈、杂技、曲艺、武术等演员穿着的各种服装。有古代的、现代的;有中国的、外国的;有民间的,也有少数民族的。设计和缝制舞台服装,须具有丰富的、多方面的知识和经验。

【配套服装】 服装类别名称,简称"套装"。有上下衣裤配套或衣裙配套,或外衣和衬衫配套。有二件套,也有加背心成三件套。凡配套服装过去大多是用同色同料裁制。但近年来也有用不是同色同料裁制的。但套装之间造型风格要求基本一致,配色协调,给人的印象是整齐、和谐、统一。

【套装】 配套服装的简称。见"配套服装"。

【派对服装】 现代服装类别名称。这种服装是以男女两套服装配在一起为一组,套装上衣和裤(裙)的面料不同,并在男女装之间衣料交错使用,如女装上衣料就是男装裤子的衣料;有时两件上衣是一种衣料,下装则是另一种衣料,这样使用衣料就显得你中有我、我中有你,在造型风格上也是相互呼应,颇为协调。这种服装在国外较为流行。

【中性服装】 现代服装类别名称,指这一类服装男、女均可穿着,没有男式、女式的两性区别。如七十年代开始流行的 T 恤衫和八十年代流行的牛仔裤、喇叭裤等。

【海派服装】 现代服装造型流派名称,即由上海设计师设计和生产的服装别称。海派服装具有轻巧、秀丽、紧身、别致、典雅的独特风格。

【特种服装】 现代服装类别名称,是指那些有特殊功能或特殊用途的服装,而不是日常穿着的生活服,如宇航服、潜水服、均压服、避弹衣等均属特种服装。随着科学事业的不断发展,各种具有特殊用途的服装将会相继问世。

【标志服装】 服装类别名称,即俗称"制服"。在服装的式样,或附件上饰有特殊的标记,如纽扣、标牌、符号、肩章、领章,等等,使人一看就知道穿衣者的职业、身份等,起到标志作用。如铁路员工服、邮电员工服等。

【暴露服装】 现代一种新兴的服装类别名称,是指一些袒胸露背式的服装。如有的上衣领圈开得很低,有的女式上衣背部全部袒露,或上衣没有肩缝,两边的肩膀全部裸露在外。八十年代初,欧洲地区曾流行超短裙、三点衣等,属于暴露服装。

【组合服装】 现代一种新兴的服装类别名称,可由衬衫、背心、外衣、裤子和裙子多件服装组成。每天选择其二三件配套轮番组合穿着,可经常变更组合形式,使之常穿常新。只要有少数几件衣裤(裙),可在一个星期内穿着组合不会重样,以提高这些衣裤穿着效率。但作为组合服装,在选料和选色的时候,要注意相互之间的和谐、统一,这样才便于经常变换和相互组合。

【时装】 属服装大类品种之下的一个分支。按照传统原则,服装是以造型、材料、色彩三要素构成的三度空间立体结构,而时装则在三度空间以外,再设法体现服装的时间概念。在我国,时装往往专指当前流行的时髦女装。其实还应包括男装和童装。凡是当时、当地最新颖、最流行,具有浓郁时代气息,符合时代潮流趋势的各类新装,都可称为"时装"。在国外,还将与时装配套使用的鞋帽、包袋,甚至首饰、太阳眼镜、遮阳伞等服饰用品,也都列入时装的范畴。

【东方式时装】 现代时装流行款式名称,即以我国或日本等国服装造型为依据而设计成的时装式样。其中特别是借鉴我国民族服装——旗袍造型而设计的各类礼服、晚装等式样。微紧的腰部,裹围式的臀部,使衣身有着非常明显的曲线变化,使之具有浓郁的东方特色。有的晚礼服还模仿旗袍的形式,下摆紧窄,在左右两侧或前后中间开着高衩,显得非常高雅、秀致而又含蓄。这是东方式造型的特征之一,并注意运用东方式的刺绣工艺作装饰。

【运动式时装】 现代时装流行款式名称。其特点是腰部和臀部很紧,既显示体型又不拘束身体。面料以轻薄的针织料为主,多用对称或不对称的流行色色块拼接裁剪,衣缝简练,造型舒适,穿着方便。有紧身上衣配宽大的打褶裙(也有配宽大裙裤的)装束;有蝙蝠袖、胸部紧收的上装配紧包臀部的大开衩裙子;有不露胸、全露背的后 V 型裸背款式。

【航海式时装】 现代时装流行款式名称,颜色以红、蓝、白为主,衣料为横条的帆布、棉布和防雨卡等。其特点是织物设计是象征航海的。如上衣局部或全部有蓝白相间的横条或波浪条(蓝色较宽、白色较窄)横贯上衣的前胸、后背和衣袖。有的在上衣印有航海象征的花形图案,航海装的衣领趋向宽大舒适,袖子为短袖和半长袖,显得潇洒大方。至于下装,则配以白色短裙或裤类。

【波浪式时装】 现代时装流行款式名称,其式样造型强调女性的纤细高雅。其特点是全部采用各种花边织物来装饰服装的领、前胸、袖边和裙边等部位,以增加服装的美感。有的采用花边织物做连衣裙的上半部,表现出华丽潇洒的风格。所采用的花边丰富多彩,有尼龙经编的针织提花花边,也有各种原料的抽花、挑花、绣花等织物花边和多层次的荷叶边等。

【服装号型系列】 服装号型是根据正常人体的规律和使用需要,选出最有代表性的部位,经合理归并设置的。"号"指高度,是以厘米表示的人体总高度,是设计服装长短的依据;"型"指围度,是以厘米表示的人体胸围和腰围,是设计服装肥瘦的依据。号型系列的设置是以中间标准体(男子总体高 165、胸围 88、腰围 76 厘米;女子总体高 155、胸围 84、腰围 72 厘米)为中心,向两边依次递增或递减组成;总体高 130 厘米以下,则以 81 厘米为起点,胸围、腰围均以 50 厘米为起点,依次递增组成。服装规格亦应按此系列进行设计。总体高分别以 7、5、3 厘米分档组成系列。胸围、腰围分别以 4、3、2 厘米分档,组成系列。服装号型系列标准已由国家标准总局公布,1982 年元月 1 日起在全国范围内正式施行。全国贯彻服装号型系列标准,大大方便了消费者的购买,有利于提高服装设计水平,有利于安排生产和服装销售。

【洋裁】 我国人民对学习或运用西式服装的裁剪方法,称"洋裁"。日本人对西式(主要是欧美各国)服装的裁剪方法,也称"洋裁"。

【成衣】 现成服装的简称,指成批生产的商品服装。专门从事现成服装生产的店铺和行业,称成衣铺和成衣业。随着国家建设的不断发展,我国的成衣业将会有很大的发展,今后的服装消费,将以向市场提供成衣为主。

【裁缝】 服装裁剪、缝纫工艺的连称和简称。旧时缝制服装,大多是个体独自将量体、裁剪、缝纫、熨烫、试样等各项工序,一人完成,即俗称"一手落"。对这些以缝制衣服为职业的人也称为"裁缝"。由于缝制服装的品种不同,又有中式裁缝、西式裁缝、本帮裁缝和红帮裁缝等区分。

【苏广成衣】 旧时江南地区人民,对裁制传统中式服装的店铺的称呼。据说裁制中式服装,以苏州人的手艺最好,广州地区式样最新,最多。"苏广成衣",是合这二地区的特长,以显示其手艺高超和式样新颖。故凡是在江浙一带开设中式服装的成衣铺,均冠以"苏广成衣"等字样。

【被服】 被子、衣服之类,现指军队衣着装备的总称,包括服装、鞋帽、手套、袜子、绑腿、被褥、毯子、蚊帐等。旧时称生产军服的工厂为被服厂。

【衣被】 旧时对衣服、被褥的连称。《晋书·吴逵传》:"家极贫窭,冬无衣被。"

【衣工】 古时制衣的工匠,称"衣工"。

【针黹】 指缝纫、刺绣等针线工作。

【针神】 缝纫妙手。《拾遗记·魏》:"夜来妙于针工,虽处于深帏重幄之内,不用灯火之光,裁制立成……宫中号曰针神。"薛夜来,魏文帝所幸美人。

【服官】 官署名。西汉时在齐郡临淄和陈留郡襄邑两县设置。临淄主要产品为纨縠,陈留为锦缎。供宫廷服用。主管有长及丞,又临淄服官,也称三服官,以供织春、夏、冬三季衣料而得名。东汉初尚沿置。

【三服官】 汉官名,主作皇帝冠服。《汉书·贡禹传》:"故时齐三服官输物不过十笥,方今齐三服官作工各数千人,一岁费数巨万。"注:"三服官主作天子之服,在齐地。"又见《汉书·元帝纪·齐三服官》注引李斐:"齐国旧有三服之官,春献冠帻为首服,纨素为冬服,轻绡为夏服,凡三。"

【胡服骑射】 战国时赵武灵王采取西北方游牧和半游牧人民的服饰,学习骑射,史称"胡服骑射"。赵武灵王(？～前 295)名雍,战国时赵国君,改革旧服饰,提倡穿胡服。公元前 325～299 年在位。赵武灵王二十四年(前 302)进行军事改革,同时改革服装,采取游牧人民服制习骑射,称"胡服骑射"。其服上褶下裤,有貂、蝉为饰的武冠,金钩为饰的具带,足上穿靴。后国势大盛。

【赐服】 古代品官,依官品未合,而受皇帝恩准特赐之服。大多以特恩,如谒陵、大阅、陪祀、监修实录、开经筵等服之。宋代有赐金紫或银绯。大文学家苏轼曾得到赐服银绯的荣宠。以明代为例,大致分两种:一种是其官品未达到,如未至一品而佩玉带,正二品面赐服公、侯的麒麟服。或品低而赐服高一二级的如仙鹤服;另一种是有几种特别尊贵的服饰非赏赐不能服,如蟒衣、飞鱼、斗牛服。文武官员均不得擅用。

【服饰禁令】 中国历代王朝,均颁布服饰禁令。汉代规定,庶人只能服本色麻衣,不准服杂彩之衣;商人不许服锦、绣、绤、绫、罽等织料的服装。宋代规定,庶人、商贾、伎伶人等,只能服皂衣、白衣,腰束铁、角装饰之革带;普通妇女不能梳高髻、戴高冠,不准用金翠珠玉首饰。明代规定,官民均不准服用蟒龙、飞鱼、斗牛、大鹏纹饰的图案;庶人不许服大红、黄、紫、绿、黑和鸦青等颜色的服装,不准用金绣、绵绮、绤丝、绫罗的衣料;民间妇女不能用金玉珠翠、玛瑙、玳瑁首饰。清代服饰禁令极为严格,清初强制汉族人民薙发易服;并严禁满族穿汉服,认为祖制"衣冠"不能易改,为此,清代服饰一直到清末仍保持了满族服饰的特色。

历代服装

【贯头衣】 一种较原始的服装。用两幅窄布帛,对折拼缝,上部中间留口出首,两侧留口出臂。无领无袖,缝纫简便,着后束腰,便于劳作。《后汉书·东夷列传》载:"倭(古日本)人服装,男衣皆横幅结束相连,女人被发屈纷,衣如单被,贯头而著之。"同书《南蛮西南夷列传》载:"两广一带的交阯人,项髻徒跣,以布贯头而著之。"台湾高山族尚保存这一遗制,长至膝部的称"鲁靠斯",短至腹者称"拉当"或"塔利利",多用蕉、葛、麻布缝制。在黔南瑶族地区,旧时亦流行"贯首服",在二十世纪末尚能见到,贵州省博物馆有"贯首服"藏品。沈从文《中国古代服饰研究》一书认为,这种贯头衣"在新石器时代出现纺织物以后,可能是逐步规范化了的、普遍流行的一种衣服"。"从地理分布来看,自蒙古西部向南,横跨了半个中国。从我国古文献上看,可以向东展示到日本,向西到新疆西北边境。""所反映的族属,可能不那么单一,而是相当多的。""只不过随地理气候在尺寸的长短和选用材料等方面有所变化。""是新石器时代典型服装之一。"

【鲁靠斯】 见"贯头衣"。

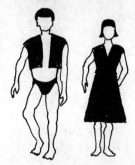

贯头衣
上:台湾兰屿耶美人贯头衣(塔利利)
下左:男子着贯头短衣示意图
下右:女子着贯头长衣示意图

【拉当】 见"贯头衣"。

【塔利利】 见"贯头衣"。

【贯首服】 见"贯头衣"。

【商代服装】 衣料有麻、葛和丝绸。从河南安阳等地出土的玉雕、石雕和陶塑人像等实物看,奴隶主一般头戴扁帽,上穿右衽交领衣,下着裙裳,腰间束带,足着翘尖鞋;衣服和腰带,织绣有纹饰;头上插有骨或牙笄,雕镂有精细图案;身上佩玉,常见为玉鱼。商代女子发型,多辫式,大多卷曲垂肩,头上套有"帽箍"式冠巾。奴隶免冠,着圆领衣,有的手上并带有枷。我国古代华夏族上衣下裳、束发右衽的服装特征,这时已基本形成。

商代服装
商代石人 束发绣服(河南安阳殷墟出土)

【商贵族服饰】 商代奴隶主贵族服饰,帽有帽箍和加卷箍形装饰的帽箍,还有一种羽状高冠。在战场戴青铜胄,胄顶有管,可插饰羽毛。上衣有交领、圆领、大翻领等多种款式。衣袖均为窄袖。衣长齐膝。下身穿裤子或胫衣。脚履多为圆头式。在河南安阳侯家庄、四盘磨村和殷墟等商代遗址,出土的石雕、玉人等均有贵族服饰的形象实例。

商代贵族服饰(河南安阳商代遗址出土)
左:玉人 右:石雕像

【安阳殷墟商代玉人男子服装】 玉人,河南安阳殷墟出土,现藏美国哈佛大学弗格美术馆。玉人头戴高巾帽,穿右衽衣交领衣,腰束绅带,前系韠——蔽膝,下角作圜杀。郑玄注:大夫所系的韠,作前方后挫角(挫其角,使之成圜圆形)。

戴帽穿交领衣的商代男子
(河南安阳殷墟出土玉人)

【殷墟玉人服饰】 玉人,河南安阳殷墟5号墓出土。玉人作坐式,头戴帽箍,帽箍前装饰有横置卷箍形颎,颎上有几何纹。身穿交领、窄袖、衣长至膝的花衣,肩部、袖身饰有黻纹,腿部饰有升龙纹,右臂夹盾牌,腰有束带,亦饰几何形纹。

殷墟玉人服饰
(河南安阳殷墟5号墓出土)

【侯家庄商石人服饰】 河南安阳侯家庄西北岗商墓出土,为一商代贵族

穿右衽交领衣的商代贵族
(河南安阳侯家庄商墓出土石人雕像。
上:残雕像 下:复原像)

石雕残像，后由中国历史博物馆据此复原。衣为右衽、交领、窄袖，衣长齐膝；腰束宽带，前身有韠自腰带间下垂，韠的下端呈钝角形，韠和腰带均有叠胜纹作装饰，交领及袖口、衣裳下边均饰有勾连雷纹；足胫间刻有缠绕纹，似为古代的"偪"，即为胫衣或行縢。头部原像已缺，复原像头戴帽箍。此像服饰极华丽。

【商四盘磨村石人服饰】　石人，河南安阳四盘磨村商代遗址出土。石像两足不作坐态，两手撑地，身略后倾。头戴圆帽，上衣而下着裤。上衣作直领又像是反折于后的衣领，或即《淮南子》所说："有冒而绻领者"，是一种先古的衣领形式。衣、裤都饰有勾连雷纹和兽面纹，都是当时的流行纹饰。

商四盘磨村石人服饰
（河南安阳四盘磨村商代遗址出土）

【故宫博物院藏商玉女服饰】　玉女人像，发饰作丱形。《诗·国风·齐》："婉兮娈兮，总角丱兮。"注谓总角聚两髦。疏谓：总束其发以为两角，即男子总角，妇人总角未笄，是少男少女的发饰。《诗·小雅·鱼藻之什》："彼君子女，卷发如虿。"虿即蝎虫，尾末挺然似妇人发末曲上卷然，谓彼都人君子之家女，乃曲卷其发末如虿之尾。虿，商器虿鼎作𧎮，乃女子发尾像虿尾般卷曲向上状。今像中头上作丱状，而发尾正作卷曲向上作虿尾式，这都是同史载相符合的形制。由于其发之长者都已收之于头上，而其短者像鬓傍不可能都收敛，遂因以为饰。此像中正作如此。再如，像中额上有一横如绳绞状者，可能即是髦。《礼记·内则》："栉纵笄总拂髦"，谓笄讫加总，然后加髦著冠，则髦乃男女都有。其所以整发而

连双髻，像后世小儿用一带连双髻横系于额上，此像中亦作如此状。可能即古代的所谓髦。

商代玉女服饰
（北京故宫博物院藏品）

【商蔽膝】　商代衣饰。指腰下腹前系挂的一种条形饰物。原先为遮挡腹与生殖部位，后渐成为礼服的组成部分，以示贵者的尊严。《说文》卷七："市，韠也。上古衣蔽前而已，市以象之。"郑玄《易纬干凿度》注："古者田渔而食，因衣其皮，先知蔽前，后知蔽后。后王易之以布帛，而犹存其蔽前者，重古道，不忘本也。"用皮革制作，多为上广一尺，下展二尺，长三尺。用于冕服，称"市"，祭服曰"韍"或"韨"，用于其他服饰叫做"韦韠"。天子用纯朱色，诸侯黄朱，大夫赤色。后世俗称"蔽膝"。

【市】　古时祭服上的蔽膝。《诗·小雅·斯干》："朱市斯黄，室家君王。"见"蔽膝"。

【韦韠】　见"蔽膝"。

腰腹前佩饰蔽膝的商代男子
（河南安阳殷墟出土玉人，美国哈佛大学弗格美术馆藏）

【商代毛织腰衣】　2005年，新疆罗布泊小河墓地出土。短裙式，平纹组织，下缘一周饰繸。经纬线，均为白

色合股毛线，双经单纬，密度4×3根/厘米。平织的部分长50、宽10厘米。一端有长1.5厘米的绳套状经头，另一端存10厘米的绳套状经尾，并用边上的经线扎起。腰衣下缘的长繸，由延伸的纬线构成，繸长35厘米。两端饰繸中靠边缘的4根，各捻成一根毛绳，穿着时，用两根系绳在腹中打结。

商代毛织腰衣
（新疆罗布泊小河墓地出土）

【商代毛织斗篷】　2005年，新疆罗布泊小河墓地出土。长方形，经向通长225、纬向幅宽130厘米。纬线均为白羊毛纱，皆为Z拈，平纹交织。斗篷底边，用经线结出饰繸，长15厘米。两幅边，用缠结的纬线构成绳状边缘。织物表面，用粗白毛线，以通经断纬技法，织出纬向的长条纹。距饰繸边8厘米处，自两幅向中部，以通经断纬方法，织入2梭大红色纬线，形成两条长10厘米左右的红线条纹。出土时，斗篷包裹在女性干尸身上，保存基本完好。

商代毛织斗篷（部分）
（新疆罗布泊小河墓地出土）

【中国原始龙袍复原】　中国原始龙袍复原，由中国服饰研究专家、清华大学美术学院教授黄能馥主持研发。

以三星堆青铜立人像龙纹礼衣的深入研究为基础,采用现代科技和工艺手段,用科学实证方法将内外4层龙纹礼仪套装予以科学复原。4件套组成的龙纹礼衣采用丹砂矿红色平纹绢和黄色绣线绣制,服装的整体配套和纹饰及裁制结构清楚,手法细腻写实。于2007年1月完成,并将复原的一套龙纹礼仪套装捐赠给成都蜀锦织绣博物馆。

【西周服装】 我国冠服制度,西周已逐步完善。专门设有"司服"一职,掌管服制实施,安排帝王穿着。天子至卿士,服制各有等级。祭祀之礼,帝王百官皆穿礼服。礼服有冕冠、玄衣和纁裳等组成,有大裘、衮冕、鷩冕、毳冕、绨冕、玄冕等制。冕冠是帝王臣僚参加祭祀典礼时最贵重礼冠,故后人常用"冠冕堂皇",以形容人的仪容。另有朝服、田猎服、凶服和兵服等制,亦各有所别。贵妇服饰,由"内司服"执掌,亦有制。皇后服装有袆衣、褕翟、阙翟、鞠衣、展衣、褖衣等六种。材料、式样差别不大,但颜色、纹样各有不同。宫内嫔妃,称"内命妇",其服饰:九嫔服鞠衣,世妇服展衣,女御服褖衣。授有尊号的官员母妻,称"外命妇",服饰依其夫爵而定。这种服制,一直延续到宋、明,成为贵族妇女的专用服饰。平民和奴隶,穿粗麻、毛布短衣,有的甚至穿牛衣(草编的蓑衣)。

西周服装
左:戴弁玉人(甘肃灵台白草坡西周墓出土)
右:戴冠玉人直裾衣(?),腰间系有一绔

【九服】 古代帝王和王后的九种服制。《周礼·天官·屦人》:"掌王及后之服屦。"注:"王吉服有九。"九服:冕服六(大裘冕、衮冕、鷩冕、毳冕、绨冕、玄冕);弁服三(韦弁、皮弁、冠弁)。参阅宋·王应麟《小学绀珠·制度》。

【章服】 古代帝王、诸侯、卿大夫之礼服。服饰之色泽、花纹均有定制,是区别尊卑品级的标志。《史记·孝文纪》载:有虞氏时,画衣冠异章服。《夏书》载:古制,以日、月、星辰、山、龙、华虫、宗彝、藻、火、粉米、黼、黻,定为天子冕服十二章纹,为章服之起始。服制规定,公爵冕服用九章,侯、伯用七章、五章,以下递减。后历代大同小异,形制亦不尽同。

【章服制度】 我国在奴隶社会和封建社会时期,帝王和百官公卿所穿的衣服,底色和花纹都有一定的规定,作为区别身份等级的标志,这种规定就称"章服制度"。尤其在封建社会时期,"章服制度"很完备。封建统治阶级按照阴阳五行的迷信说法,把青、赤、白、黑、黄五色当作"五方正色",即:东方青色,南方赤色,西方白色,北方黑色,中央黄色。黄色既代表中央,又代表大地,所以帝王的服装就采用黄色。帝王以下的百官公卿,也要各按品级穿着规定颜色的官服。唐朝规定:三品官以上穿紫色衣服,四品、五品穿绯,六品、七品穿绿,八品、九品穿青,妇人从其夫之颜色。宋朝基本上承袭了唐朝的制度。这是指衣服的底色而言,至于衣服上的各种花纹,也有等级的规定。

【服制】 古代按照身份等级之类所规定的服饰制度。《史记·魏其武安侯列传》:"以礼为服制。"《汉书·元后传》:"变更正朔、服制,亦当自更作玺。"

【命服】 古代官吏按服制所定之等级礼服。周代官吏品级,分一命至九命九级,所服礼服,都须随命数大小

按定制服用。故名。

【服秩】 古代官吏制服的品级。《晋书·职官志》:"仆射,服秩印绶与令同。"

【服章】 古代表示官吏身份品秩的服饰。

【五章】 亦称"五服"。古之五等服色。《书·皋陶谟》:"五服五章。"孔传:"五服:天子、诸侯、卿、大夫、士之服。"古制,尊卑不同,章采有别。

【五服】 古代之五等服色。天子、诸侯、卿、大夫、士之服饰。《书·皋陶谟》:"天命有德,五服五章哉。"孔传:"五服,天子、诸侯、卿、大夫、士之服也。"《周礼·春官·小宗伯》:"辨吉凶之五服,车旗宫室之禁。"郑玄注:"五服,王及公、卿、大夫、士之服。"

【六冕】 古代天子及诸侯、卿大夫的六种服色。谓大裘冕、衮冕、鷩冕、毳冕、绨冕、玄冕。参阅《周礼·春官·司服》。

【六服】 周代王后之六种服色。王后六服:袆衣、揄狄、阙狄、鞠衣、展衣、缘衣。参见"袆衣"、"揄狄"、"阙狄"。

【九章衣】 古代帝王之礼服。上缋绣九种章纹,故名。《周礼·春官·司服》:"享先王则衮冕。"汉·郑玄注:"冕服九章,登龙于山,登火于宗彝,尊其神明也。九章:初一曰龙,次二曰山,次三曰华虫,次四曰火,次五曰宗彝,皆画以为缋;次六曰藻,次七曰粉米,次八曰黼,次九曰黻,皆希以为绣。则衮之衣五章,裳四章,凡九也。"《南齐书·陆澄传》:"泰始六年,诏皇太子朝贺,服衮冕九章。"《资治通鉴·后唐明宗长兴四年》:"知祥自作九旒冕,九章衣。"参见"十二章纹"。

【朝服】 亦称"朝衣"。古代朝会之

礼服。如衮服、玄端、皮弁服等。历代服式、服色、纹饰均不同,按品级亦有众多差异。《论语·乡党》:"吉月,必服而朝。"汉·司马长卿(相如)《上林赋》载:"皇帝吉日斋戒,著朝服,乘法驾。"

【冕服】 古代帝王、公侯之礼服。举行盛大吉礼时服之。冕同而服异。六冕,有大裘冕、衮冕、鷩冕、毳冕、绨冕、玄冕。《周礼·春官·司服》、《秋官·大行人》载:古制,天子冕服十二章(参见"十二章纹");上公冕服九章,自山龙以下;诸侯冕服七章,自华虫以下;诸子冕服五章,自藻火以下;绨冕三章,自粉米以下;玄冕一章,惟裳刺黻。古代帝王冕服,于左右肩膊饰日月,后领下饰以星宿,俗称:天子肩挑日月,背负七星。

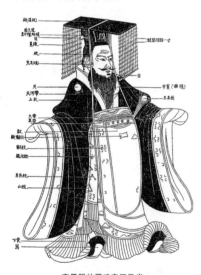
穿冕服的晋武帝司马炎
(唐·阎立本《历代帝王图》)

【衮衣】 亦称"衮服"。古代天子、上公一种绣(缋)龙纹之礼服。《周礼·春官·司服》载:天子大裘冕,十二章:日、月、星辰、山、龙、华虫绘于衣;宗彝、藻、火、粉米、黼、黻绣于裳。上公衮冕九章,山龙以下,衣五章,裳四章。诸侯鷩冕七章,华虫以下,衣三章,裳四章。诸子毳冕五章,藻火以下,衣三章,裳二章。绨冕三章,粉米以下,衣一章,裳二章。玄冕一章,惟裳刺黻纹。清·陈奂《传疏》:"画龙作服曰龙卷,加衮之服曰衮衣,玄衣而加衮曰玄衮,戴冕而加衮曰衮

冕。天子、上公皆有之。"

【衮服】 古代帝王及上公绣龙的礼服。见"衮衣"。

上:衮服
下:衮冕(明·王圻《三才图会》)

【玄冕】 古代天子祭祀所服,大夫随之助祭,也服此冕服。《周礼·春官·司服》:"祭群小祀则玄冕。"注:"玄者,衣无文,裳刺黻而已,是以谓之玄焉。"清·孔广森《礼学卮言》亦有载。

玄冕
(明·王圻《三才图会》)

【黻冕】 古代祭服。《论语·泰伯》:"恶衣服而致美乎黻冕。"朱熹注:

"黻,蔽膝也,以韦为之;冕,冠也。皆祭服也。"古制大夫以上,冕服皆有黻,故称"黻冕"。

【黻衣】 古代一种礼服。上缋有"黻"纹。黻为"十二章纹"之一,作"亞"形或两兽相背之形,取其明辨之意,黑青为采。《周礼·考工记》:"黑与青谓之黻。"《诗·秦风·终南》:"黻衣绣裳。"

【黼衣】 古代一种礼服。上缋有斧形纹样,黑白为采,斧刃白色,斧身黑色。黼,为"十二章纹"之一,斧形,古取其决断之意。《周礼·考工记》:"白与墨谓之黼。"《汉书·韦贤传》:"黼衣朱绂,四牡龙旂。"

【山冕】 古代帝王礼服之一种。山冕,指衣上绣(缋)有十二章纹中之山纹,并戴冕冠。《荀子·大略》:"天子山冕,诸侯玄冠,……礼也。"注:"山冕,谓画山于衣而服冕,即衮冕也。"

【玄端】 缁布衣。古诸侯、大夫、士之祭服,其他冠、婚等礼亦用之。《仪礼·士冠礼》:"玄端、玄裳、黄裳、杂裳可也。"据《士冠礼》文,谓玄端皆玄裳或黄裳,或杂裳。端训正,朝祭等服皆有端名,如端冕、端委之类。参阅清·段玉裁《说文解字注》"玄"、胡培翚《仪礼·士冠礼·正义》。

玄端
(明·王圻《三才图会》)

【端冕】 古代一种礼服。端,玄端;冕,大冠。《礼·乐记》:"魏文侯问于

子夏曰：'吾端冕而听古乐,则唯恐卧；听郑卫之音,则不知倦。'"《国语·楚》下:"圣王正端冕,以其不违心。"

【希冕】 古代一种冠服。亦称"绨冕"、"绣冕"。为古时帝王祭社所穿,用细葛布制成,上加刺绣装饰。《周礼·春官·司服》:"祭社稷五祀,则希冕。"注:"希读为绨,或作黹,字之误也。"《释文》:"希,本又作绨。"北周仿周礼,以作贵族礼服,三公以下,大夫以上,礼见祭祀均著之。《隋书·礼仪志》六:"上大夫之服,自祀冕而下六,又无藻冕。绣冕三章,衣一章,裳二章,衣重粉米,裳重黼,为六等。"唐代为天子祭服。《新唐书·车服志》:"绨冕者,祭社稷飨先农之服也。六旒,三章:绨粉米在衣;黼、黻在裳。"又作四品之服。《唐六典》卷四:"四品服绨冕。"宋代用作诸臣祭服。《宋史·舆服志》四:"绨冕:四玉,二采,朱绿。衣一章,绘粉米;裳二章,绣黼黻。……光禄卿、监察御史、读册官、举册官、分献官以上服之。"

【绨冕】 见"希冕"。

【绣冕】 见"希冕"。

希冕
(宋·聂崇义《三礼图》)

【大采】 古代一种礼服。天子朝日服之。《国语·鲁语》下:"天子大采朝日,与三公九卿祖识地德。"韦昭注:"周礼,王者搢大圭,执镇圭,藻五采五就以朝日,则大采谓此也。"

【少采】 天子礼服五色,谓之大采,其除去玄、黄二色,而仅以朱白苍成服者,谓之少采。《国语·鲁语》下:"少采夕月,与太史、司载纠虔天刑。"韦昭注:"或云,少采黼衣也。昭谓,朝日以五彩,则夕月其三彩也。"

【毳衣】 古礼服之一。天子祀四望山川、子男爵及大夫朝聘天子、助祭或巡行决讼皆之。《诗·王风·大车》:"大车槛槛,毳衣如菼。"毳衣,上衣下裳,以五彩绘绣虎蜼、藻、粉米、黼、黻为饰。因用毛布制成;又说因所绘虎蜼毛浅,故称毳。"菼",青白色,是指衣之藻色。

【袜裷衣】 古代天子衮服。绣(缋)龙纹,红色。《荀子·富国》:"天子袜裷衣冕。"杨倞注:"袜,古朱(指红色)字;裷与衮同,画(绣)龙于衣,谓之衮。朱衮,以朱为质也。"

【玄衣】 古代天子、卿大夫的一种礼服。玄,赤黑色,宽身大袖,祭祀服之。《周礼·春官·司服》:"(天子)祭群小祀则玄冕。"汉·郑玄注:"玄者,衣无文,裳刺黻而已……凡冕服皆玄衣纁裳。"亦作卿大夫之命服,《礼记·王制》:"周人冕服以祭,玄衣而养老。"孔颖达疏:"《仪礼》:'朝服缁布衣素裳。'缁则玄,故为玄衣素裳。"

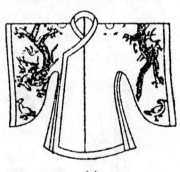

玄衣
(明·王圻《三才图会·衣服》)

【善衣】 古代朝祭礼服。《礼·深衣》:"古者深衣盖有制度,……善衣之次也。"注:"善衣,朝祭之服也。自士以上,深衣为之次;庶人吉服深衣而已。"《吕氏春秋·达郁》:"列精子高听行乎齐湣王,善衣,东布衣,白缟

冠,颡椎之履。"

【缁衣】 古代一种官服。黑色,卿士上朝服之。《诗·郑风·缁衣》:"缁衣之宜兮。"毛传:"卿士听朝之正服也。"

【祭服】 古代祭祀时所用的礼服。《礼·曲礼》:"无田禄者,不设祭器;有田禄者,先为祭服。"注:"祭器可假,祭服宜自有。"《谷梁传》桓十四年:"天子亲耕,以共粢盛;王后亲蚕,以共祭服。"在古代祭祀是大事,天子每年要祭天地、祭四方、祭山川、祭五祀;诸侯举行方祀、祭山川、祭五祀;大夫祭五祀;士只祭自己的祖先。宋·孟元老《东京梦华录》卷十,对宋徽宗诣郊坛行礼说:出行"头冠皆北珠装结,顶通天冠",服绛袍,执元圭。"郊祀前"更换祭服:平天冠,二十四旒,青衮龙服,中单,朱舄,纯玉佩。"历代祭服均有不同,同一朝代,因祭祀对象不同,祭服亦不同。《汉书·郊祀志》载,汉文帝郊见五畤,"祠衣(祭服)皆上赤";汉武帝祠后土,"祠衣皆上黄"。

祭服

【袀祫】 纯黑色的祭服。《淮南子·齐俗》:"尸祝袀祫,大夫端冕。"《注》:"袀,纯服;祫,墨斋衣也。"祭服上下皆玄色,故作"袀玄"。《后汉书·舆服志》下:"秦以战国即天子位,灭去礼学,郊祀之服皆以袀玄。"

【素端】 古代一种祭服。《周礼·春官·司服》:"其齐服,有玄端、素端。"疏:"素端者,即上素服,为札荒祈请之服也。"札,疫病;荒,饥馑。

【中衣】　古代穿在祭服、朝服里面的衣服。三代时以深衣作中衣。《礼·深衣》注:"名曰深衣者,谓连衣裳而纯之以采也,有表则谓之中衣。"汉代中衣,衣裳连属一起。上衣约长二尺二寸,下属于裳;衣袖,长过手,约四尺二寸;袖口,宽一尺二寸;下裳,长及足,约三尺,上属于衣;裳下齐,宽七尺二寸,用十二幅裁成。祭服中衣,缘赤色边。朝服中衣,缘黑色边。

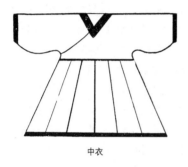

中衣

【中单】　亦称"中禅"。古代朝服、祭服的一种里衣。故又名"中衣"。南朝·齐·王俭《公府长史朝服议》:"并同备朝服。中单,韦鸟率由旧章。"《隋书·礼仪志》六:"公卿以下祭服,里有中衣,即今中单也。"《汉书·江充传》:"充衣纱縠禅衣。"唐·颜师古注:"若今之朝服中禅也。"自唐代以后,渐趋简易,变通其制,腰无缝,下不分幅,故称"中单"。

【中禅】　见"中单"。

中单(中禅)
《事林广记·服饰类》

【明衣】　古代行礼或祭服的贴身单衫。《论语·乡党》:"齐必有明衣,布。"南朝·梁·皇侃《疏》:"谓斋浴时所著之衣也。浴竟身未燥,未堪著好衣,又不可露肉,故用布为衣,如衫而长身也,著之以待身燥。"《穆天子传》六:"赠用文锦明衣九领。"

【宵衣】　古代一种黑色丝服。为古时妇女助祭时所着。《仪礼·特牲馈食礼》:"主妇纚笄宵衣。"注:"宵,绮属也。此衣染之以黑,其缯本名曰宵。"

【画衣】　古代一种绘画服装。《周礼·天官·内司服》载:周代王后有一种"袆衣",汉代郑司农解释:"袆衣,画衣也。"汉代《释名》:"王后之上服曰袆衣,画翚雉之文于衣也。"衣服绘花古人称"敷彩"、"填彩"、"彰施"。《考工记》:"凡画缋之事,后素功。"《论语》亦云:"绘事后素。"即先在丝帛上作画,后为衣。服装作画,是周代王室服饰的一个特征。湖南长沙马王堆1号、3号汉墓,均出土有画衣,同时还出土有画衣衣料,表明《考工记》、《论语》和《释名》等古籍的记载是对的。参见"印花敷彩纱"。

【豹饰服】　古代饰有豹文之一种衣服。侍从之人服之。《诗·郑风·羔裘》:"羔裘豹饰,孔武有力。"毛传:"豹饰,缘以豹皮也。"《文选·宋玉〈招魂〉》:"文异豹饰,侍陂陀些。"李善注:"言侍从之人,皆著虎、豹之文,异彩之饰,侍君堂隅,卫阶陛也。"

【大裘】　天子大祭祀时的礼服。《周礼·天官·司裘》:"司裘掌为大裘,

大裘
左:(明·王圻《三才图会》)
右:(蒙古刊《重校三礼图》)

以共王祀天之服。"注:"大裘,黑羔裘,服以祀天,示质。"又《春官·司服》:"祀昊天上帝,则服大裘而冕,祀五帝亦如之。"后称大皮衣为大裘。

【鷩冕】　周制,周王及诸侯之命服有鷩衣,其冕七旒,称"鷩冕"。北周宗周礼,复行鷩衣鷩冕。唐代为二品之服。宋代诸臣服有鷩冕。宋以后废。参阅《隋书·礼仪志》、《新唐书·车服志》、《宋史·舆服志》。

【鷩衣】　帝王享先公及飨射所用之服,又为侯伯命服,有华虫以下七章。华虫为雉,鷩、山雉。见《释名·释首饰》,取章首为义。鷩衣之冕七旒,谓之"鷩冕"。见《周礼·司服》引郑众。北周皇后制十二种,受献茧服鷩衣。参阅《隋书·礼仪志》。

【裨衣】　亦称"裨服"。古代一种次等礼服,故名。帝王和诸侯均可服之。天子以大裘为尊,余衮、鷩、毳、絺和玄等,皆为裨服。《仪礼·觐礼》:"侯氏裨冕。"注:裨冕,裨衣冠冕。天子六服,大裘为上,其余为裨,以事尊卑服之,诸侯亦服焉。

【朱绂】　红色的祭服或朝服。古代系佩玉或印章的红色丝带。

【皮弁服】　古代礼服之一种。冠以皮弁,故名。用于射礼、田猎、战伐和朝宾。皮弁用白鹿皮缝制顶尖,类后世之瓜皮帽。属武冠。《周礼·春

皮弁服
(《古今图书集成》)

官·司服》:"眂朝,则皮弁服。"《史记·礼书》:"皮弁布裳。"

【帷裳】 古代朝祭的服装,用整幅布制成,不加剪裁。

【袀玄】 亦称"袀袨"。古之礼服,色纯玄。根据《后汉书·舆服志》记载:"郊祀之服,皆以袀玄。"《淮南子·齐俗训》:"尸祝袀袨。"袀,纯服;袨,墨斋之衣。

【袀袨】 纯玄色的衣服,即"袀玄"。

【端衣】 古代礼服之一种。祭祀服之。《荀子·哀公》载:"端衣玄裳,绖而乘路。"注:"端衣玄裳,即朝玄端也,绖同冕。"

【龙卷】 古代帝王之服。《礼记·玉藻》:"龙卷以祭。"郑玄注:"龙卷,画龙于衣。"按:"卷"假借作"衮","龙卷"即"龙衮"。《礼记·祭义》:"天子卷冕",亦即"衮冕"。孔颖达正义谓"画此龙形卷曲于衣",其实衮服只有升龙降龙,无卷龙。孔说非。

【龙火衣】 古代皇帝礼服之一。因上绣(缋)龙、火章纹,故名。即"龙衮",皇帝服之。

【卷衣】 古代天子上公一种绣有龙纹之礼服。清·陈奂《传疏》:"衮同卷,古同声,卷者曲也,像龙曲形曰卷龙,画龙作服曰卷龙。"《正义》:"按卷龙者,谓画龙于衣,其形卷曲。"《礼·杂记》:"公袭,卷衣一。"

【龙袍】 古代皇帝所穿之袍服。因上绣龙纹,故名。亦名"龙衮"。《周礼》载:帝王冕服,绘绣有龙形章纹,称"龙衮"。所以,龙袍亦泛指古代帝王所服的龙章礼服。龙袍的特点是盘领、右衽、黄色。唐高祖武德年间,令臣民不得僭服黄色,黄袍遂为王室专用之服。自此历代沿袭为制度。960年,宋太祖赵匡胤"黄袍加身",兵变称帝,于是龙袍别称黄袍。龙袍上

的各种龙章图案,历代有所变化。龙数一般为9条:前后身各3条,左右肩各1条,襟里藏1条,于是正背各显5条,吻合帝位"九五之尊"。《元史·速哥传》:"文宗尝出金盘龙袍及宫女赐之。"《清朝通志·器服略》:"皇帝龙袍,色用明黄,棉袷纱裘,惟其时,领袖俱石青片金缘,绣文金龙九,列十二章,间以五色云。领前后正龙各一,左右及交襟处行龙各一,袖端正龙各一,下幅八宝立水裾左右开。"清代龙袍下端,斜向排列着许多弯曲线条,名"水脚",水脚上有许多波涛翻滚的小浪,浪上又立有山石宝物,俗称"海水江涯",具绵延不断吉祥之意,隐喻"一统山河"和"万世升平"的寓意。其色以明黄为主,也可用金黄及杏黄色。

【龙衮】 见"龙袍"。

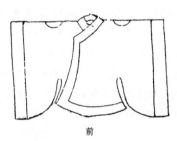

前

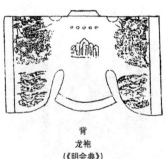

背
龙袍
(《明会典》)

【玄衮】 古代一种礼服。亦称"玄卷"。帝王和诸侯所服,黑色,上绣有卷龙纹样。《诗·小雅·采菽》:"又何予之,玄衮及黼。"毛传:"玄衮,卷龙也。"郑玄笺:"玄衮,玄衣而画以卷龙也。"《荀子·富国》:"天子袾裷衣冕,诸侯玄裷衣冕。"杨倞注:"'裷'与'衮'同,画龙于衣谓之衮。"

【玄卷】 见"玄衮"。

【法服】 古代上衣下裳之礼服。《旧

唐书·舆服志》:"东京帝王,尔雅好古,明帝始命儒者考曲台之说,依《周官》五辂六冕之文,山龙藻火之数,创为法服。"《后汉书·明帝纪》:"二年春正月辛未,宗祀光武皇帝于明堂,帝及公卿列侯始服冠冕、衣裳、玉佩、绚屦以行事。"则法服,即帝、公卿、列侯上衣下裳之礼服。

【青衣】 古代帝王、后妃之礼服。《礼·月令》孟春之月:"(天子)衣青衣,服苍玉。"《晋书·礼志》上:"蚕将生,择吉日,皇后著十二笄步摇,依汉魏故事,衣青衣。"

【燕衣】 ① 燕礼的衣服。《礼·王制》:"夏后氏收而祭,燕衣而养老。"《注》:"凡养老之服,皆其时与群臣燕之服。"《疏》:"以《经》云,夏后氏燕衣而养老,周人玄衣而养老,周人燕用玄衣,故知养老燕群臣之服也。" ② 帝王退朝闲居所著之服。《周礼·天官·玉府》:"掌王之燕衣服。"《疏》:"燕衣服者,谓燕寝中所有衣服之属。"

【袆衣】 古代王后六服之一。简称"袆"。用于祭祀典礼,为王后之上服,缋(绣)翚雉(五彩野鸡)之文于衣。《周礼·天官·内司服》:"王后六服:袆衣、揄狄、阙狄、鞠衣、展衣、缘衣。"汉·郑玄注:"袆衣,画翚者;……从王祭先王则服袆衣。……袆衣玄。妇人尚专一,德无所兼,连衣裳不异色。"汉沿用旧例,唯以绀色代黑;南朝一度恢复黑色。隋唐以后用深青。《通典》卷六十二:"隋制,皇后袆衣、鞠衣、青衣、朱衣四等。袆衣深青质织成,领袖文以翚翟,五采重行十二等。素纱内单。黼领,罗縠褾、襈,色皆以朱。"《大金集礼》卷二十九:"袆衣,深青罗织成翚翟之形,素质,十二等,领、褾、袖、襈并红罗织成龙云。"《明史·舆服志》二:"皇后冠服。洪武三年定……袆衣,深青绘翟,赤质,五色十二等。"清代袆衣之制废弃,改以朝服。

【袆】　见"袆衣"。

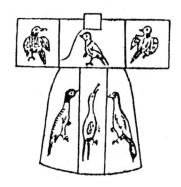

袆衣祭服也其色玄後鄭以爲素質五采刻爲翬雉之形五色畫之綴衣上以爲文章

袆衣
(下图:宋·聂崇义《三礼图》)

【揄狄】　古代王后六服之一。为王后从王祭先公之服，又为三夫人及上公妻之命服。狄，同"翟"，雉名，以服上刻画雉形，故名。《说文》作"褕"。《周礼·天官·内司服》："掌王后之六服，袆衣、揄狄。"注"狄当为翟，翟，雉名。……从王祭先王则服袆衣，祭先公则服揄翟。"《礼·玉藻》："王后袆衣，夫人揄狄。"注："揄读如摇。"

【阙狄】　古代王后六服之一。《礼·玉藻》作"屈狄"。亦作祭服。古制：王后六服，袆衣、揄狄、阙狄、鞠衣、展衣、缘衣。前三服称三翟。翟，雉名，长尾野鸡。贾公彦疏："阙狄者，其色赤，刻为雉形，不画之为彩色，故名阙狄也。"

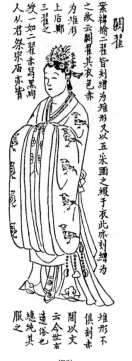

阙狄
(宋·聂崇义《三礼图》)

【屈狄】　古代王后六服之一，又为子男妻之命服。《礼·玉藻》："君命屈狄。"《周礼·内司服》作"阙狄"。狄作"翟"。翟，长尾的野鸡，指画缯为翟雉形而不加色彩。缯，古代对丝织品的统称。

【鞠衣】　古代王后六服之一，九嫔及

鞠衣
(宋·聂崇义《三礼图》)

卿妻亦服之。其色如桑叶始生，又谓黄桑服，春时服之。《周礼·天官·内司服》"掌王后之六服"。汉·郑玄注："鞠衣，黄桑服也，色如鞠尘，像桑叶始生。"《礼·月令》季春之月："天子乃存鞠衣于先帝。"参阅清·俞樾《茶香室经说·荐鞠衣》。

【褖衣】　亦称"缘衣"。古代王后六服之一。《周礼·天官·内司服》载："王后六服：袆衣、揄狄、阙狄、鞠衣、展衣、缘衣。"郑玄注："缘衣实作褖衣也。褖衣，御于王之服，亦以燕居。"《礼玉藻》载："士褖衣。"注："此子男之夫人及其卿大夫士之妻命服也。"

【缘衣】　见"褖衣"。

褖衣
(宋·聂崇义《三礼图》)

【展衣】　① 古代王后六服之一。《周礼·天官·内司服》载："王后六

展衣
(宋·聂崇义《三礼图》)

服:袆衣、揄狄、阙狄、鞠衣、展衣、缘衣。"展衣,白色,用以朝见皇帝或作接见宾客服之。② 展衣又作世妇和卿大夫妻之礼服。《礼记·玉藻》:"一命(官之品秩)襢衣。"孔颖达疏:"襢,展也,子男、大夫一命,其妻服展衣也。"

【三翟】 古代王后的三种绘有翟的祭服。翟,山雉。《周礼·天官·内司服》:袆衣、揄狄、阙狄、鞠衣、展衣、缘衣六服,前三服称为三翟。袆衣,绘翚雉,玄色;揄狄,绘鹞雉,青色;阙狄,绘雉形而不画彩色,赤色。狄,通"翟"。《南史·梁纪》:"后宫职司贵妃以下,六宫袆揄三翟之外,皆衣不曳地,傍无锦绮。"

【揄狄】 古代王后的祭服,即"揄翟",以衣上彩绘长尾野鸡(翟)图形而称。

【大袖】 原为皇后嫔妃常服,因其两袖宽大,故名。《宋史·舆服志》:"其常服,后妃大袖。"以后传到民间,成为贵族妇女的礼服。《朱子家礼》:"大袖,如今妇女短衫而宽大,其长至膝,袖长一尺二寸。"另注:"众妾则以背子代大袖。"可见地位稍低的妇女,不能穿大袖,只能以背子代替。

【襢衣】 古代王后及大夫之妻所服的衣。也作"展衣"。《礼·玉藻》:"一命襢衣。"疏:"襢衣者,襢,展也。子男大夫一命,其妻服展衣也。"《礼·杂记》上:"大夫之丧,……下大夫以襢衣。"疏:"下大夫之妻所服襢衣也。"参见"展衣②"。

【税衣】 古代名妇六服之一。《礼·杂记》上:"茧衣裳,与税衣,纁袡为一。"《疏》:"与税衣者,税谓黑衣也。"又《丧大记》:"士妻以税衣。"《疏》:"税衣,六衣之下也,士妻得服之。"本字作"褖"。

【蚕衣】 古代后妃命妇亲蚕礼之礼服,即"蚕衣"。《晋书·舆服志》:

"皇后谒庙,其服皂上皂下,亲蚕则青上缥下,皆深衣制,隐领,袖缘以绦。"《宋书·礼志》五:"汉制,太后入庙祭神服,绀上皂下。亲蚕,青上缥下,皆深衣。"又云:"晋《先蚕仪注》:自皇后至二千石命妇,皆以蚕衣为朝服。"《晋书·礼志》:"蚕将生,择吉日,皇后著十二笄步摇,……衣青衣。"

【揄翟】 古代王后之礼服。《诗·鄘风·君子偕老》:"其之翟也"。汉·毛亨《传》:"揄翟、阙翟,羽饰衣也。"汉·郑玄《笺》:"侯伯夫人之服,自揄翟而下,如王后焉。"《北堂书钞·衣冠·法服》引《三礼图》:"揄翟,王后从王祭先公服衣也。刻青翟形采绘雉,缀于衣是也。"即衣上彩绘有长尾野鸡(翟)图纹。参见"揄狄"。

【象服】 古代王后及诸侯夫人之礼服。《诗·鄘风·君子偕老》:"象服是宜。"《传》:"象服,尊者所以为饰。"疏:"以人君之服,画日月星辰谓之象,故知画翟羽亦为象也。"汉·郑玄《笺》谓以象服为揄翟、阙翟,清·冯瑞辰《毛诗传笺通释》五谓为袆衣。

【襃衣】 古代赏赐之礼服。《礼·杂记》上:"内子以鞠衣、襃衣、素沙。"注:"内子,卿之适(嫡)妻也。……襃衣者,始为命妇见加赐之衣也。"又:"复,诸侯以襃衣、冕服、爵弁服。"注:"襃衣,亦始命为诸侯及朝觐见加赐之衣也。"

【青紫】 古时公卿服饰。《文选·扬雄〈解嘲〉》:"纡青拖紫。"李善注引《东观汉记》:"印绶,汉制公侯紫绶,九卿青绶。"又刘良注:"青紫,并贵者服饰也。"

【蚁裳】 玄色之裳。《书·顾命》:"卿士邦君,麻冕蚁裳。"孔传:"蚁,裳名,色玄。"蚁黑色,故名。

【裘】 皮衣,封建官吏、士大夫的御寒衣物。天子六冕中祭服之最高者

即是大裘,以黑羔皮为之,以示质朴。裘服中以狐裘最贵,特别是狐白裘,其次为狐青裘、麛麑裘、虎裘、貉裘,再次为狼、犬、羊等皮毛。天子、诸侯之裘均用全裘而不加袖饰,其下卿、大夫则以豹皮作袖端。至宋代,裘之毳毛有不露于外者。辽代北方民族服裘御寒,裘毛以银貂为最贵,辽主服之。《促织》:"一出门,裘马过世家焉。"古人穿裘,毛是向外的,与后世不同。在行礼或接见宾客时,裘的外面要加一件袖口较裘略短的罩衣,叫做"裼衣",否则就被认为是不敬。裼衣和裘,颜色要相配。《论语·乡党》:"缁衣,羔裘;素衣,麑裘;黄衣,狐裘。"平常家居,裘外不加裼衣。平民百姓则多穿犬、羊裘,不加裼衣。

【功裘】 古代皮衣之一种。供天子颁赐予臣下。《周礼·天官·司裘》:"季秋,献功裘,以待颁赐。"

【黼裘】 古代礼服之一种。诸侯所服,用于出军誓众和田猎。用小羔羊皮和狐白皮革,制成黑白相间之黼纹(斧形)皮衣,故名。《礼记·玉藻》:"唯君有黼裘以誓省。"注:"黼裘,以羔与狐白杂为黼文也。"

黼裘
(南宋·陈祥道《礼书》)

【大裘】 古代天子祭天穿的裘衣。亦称"羔裘"。《周礼·天官·司裘》贾疏云:"裘言大者,以其祭天地之服,故以大言之。"大裘用黑羔皮制成,郑司农云:"大裘,羔裘也","大裘,黑羔裘。"《周礼正义》:"大裘用黑者,取其与冕服玄衣相承。"

【羔裘】 见"大裘"。

大裘(羔裘)
(南宋·陈祥道《礼书》)

麑裘
(南宋·陈祥道《礼书》)

【狐白裘】 天子、诸侯、卿、大夫所穿之裘衣。用狐之白毛缝制,质地轻软暖和,白色狐皮少见,故十分珍贵。在天子朝时服之,士不能穿用。《史记·孟尝君传》:"此时孟尝君有一狐白裘,直千金,天下无双。"

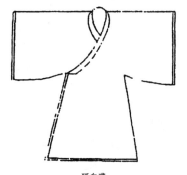

狐白裘
(南宋·陈祥道《礼书》)

【狐青裘】 古代用狐青羔皮制作的裘衣。其下卿、大夫以豹皮饰作袖端。在《历代帝王图》陈文帝像中能见到这种形象。

狐青裘
(南宋·陈祥道《礼书》)

【麑裘、麛裘】 古代用幼鹿皮缝制的白色皮服。《论语·乡党》:"缁衣,羔裘;素衣,麑裘。"注:"(诸侯)其在国视朔,则素衣麑裘……其受外国聘享,亦素衣麛裘。"表明国君是在特定场合才穿用这两种裘衣。

【虎裘、狼裘】 《礼记·玉藻》:"君之右虎裘,厥左狼裘。"郑注:"卫尊者宜武猛。"南宋·陈祥道《礼书》卷十三"虎裘、狼裘"条解释谓"人之手足,右强于左,兽之勇挚,虎过于狼,右虎裘,左狼裘,则武士之卫君,手足之卫身也。盖君之所以制服人者,不特恃,夫道德之威而已。故士谓之虎士,门谓之虎门。旗有熊虎之文,车有虎帱之饰,则左右虎狼之裘宜矣。"

【狸制】 古代用狸裘制的斗篷。《左传》定公九年:"有先登者,臣从之,皙帻而衣狸制。"《文苑英华》一一三唐·雍陶《千金裘赋》:"极狸制之状,殊豹饰之迹。"狸制皮衣,极贵重,传孟尝君一狐白裘,价值千金。

【旃裘】 亦称"毡裘"。古代西北少数民族地区以兽毛制作的一种裘服。见"毡裘"。

【毡裘】 亦称"旃裘"。古代用毛毡制成之服装。古时产于西北少数民族地区。《史记·匈奴列传》载:"君王以下,皆食兽肉,衣其皮革,被旃裘。"汉·蔡琰《胡笳十八拍》:"毡裘为裳兮。"

【氆裘】 古代用毛制成的一种衣服。为我国西北少数民族的衣服。《战国策·赵》二:"大王诚能听臣,燕必致氆裘狗马之地。"借指北方地区少数民族或其君主。《后汉书》三六《郑兴传》附郑众:"臣诚不忍持大汉节对氆裘独拜。"

【凫翁】 古代用凫羽加工制成的裘服。《盐铁论·散不足篇》:"今富者鼲、貂、狐白、凫翁;中者罽衣、金缕、燕貉、代黄。"凫翁即用凫雁颈毛制作的服装。

【复陶】 古代用羽毛织成可御雨雪的一种外衣。《左传》昭公十二年:"雨雪,王皮冠,秦复陶,翠被,豹舄。"

【袯襫】 古代一种雨衣。类似蓑衣。《国语·齐语》:"首戴茅蒲,身衣袯襫。"韦昭注:"茅蒲,簦笠也;袯襫,蓑襞衣也。"

【五缞】 古代五种丧服。《淮南子·齐俗训》:"夫儒墨不原人情之终始,而务以行相反之制,五缞之服,悲哀抱于情,葬薶称于养。"高诱注:"五缞,谓三年、期年、九月、五月、三月服也。"五种丧服:斩衰、齐衰、大功、小功、缌麻。为丧服之"五服"。

【凶服】 古代凶丧之服。灾荒、兵败、死亡为凶事,须穿凶服。《礼记·玉藻》:"年不顺成,则天子素服。""年不顺成,则君衣布。"《周礼·春官·司服》载:大病疫、大饥荒、大灾害,天子都素服。战事失利,为国之凶事。公元前627年,秦晋战于殽(今河南洛宁西北),秦全军覆没,秦穆公穿素服。遇有丧事,相关人员按与死者亲疏远近,以不同期限,服不同丧服。丧服,从重到轻,分"斩衰"、"齐衰"、"大功"、"小功"、"缌麻"五种丧服,合称"五服"。参见"斩衰服"、"齐衰服"、"大功服"、"小功服"、"缌麻服"。

【斩衰服】 古代一种丧服。五种丧服中最重的一种。用最粗麻布制成的丧服,左右和下边不缝,故名"斩衰"。子、未嫁女对父母,媳对公婆,承重孙对祖父母,妻对夫,都服"斩衰"。《周礼·春官·司服》:"凡丧,为天王'斩衰',为王后'齐衰'。"《礼·丧服小记》:"斩衰括发以麻。"

斩衰服
（明·王圻《三才图会》）

【齐衰服】 古代一种丧服。丧服五服之一。粗麻布做成，以其缉边缝齐，故称"齐衰"。服期，为继母、慈母服期衰三年；为祖父母、妻、庶母服"齐衰"一年；为曾祖父母服"齐衰"五月；为高祖父母，服"齐衰"三月。

齐衰服
（明·王圻《三才图会》）

【大功服】 古代一种丧服。丧服五

大功服
（明·王圻《三才图会》）

服之一。服期九月。熟麻布缝制。比"齐衰"细，比"小功"粗，故称"大功"。堂兄弟、未婚堂姊妹、已婚之姑、姊妹、侄女及众孙、众子妇、侄妇等丧，皆服"大功"；已婚女为伯父、叔父、兄弟、侄、未婚姑、姊妹、侄女等服丧，亦服"大功"。

【小功服】 古代一种丧服。丧服五服之一，用较粗的麻布制成。服期五个月。《仪礼·丧服》："小功者，兄弟之服也。"《唐律·名例》："一曰议亲。"《疏议》："小功之亲有三：祖之兄弟，父之从父兄弟，身之再从兄弟是也。此数之外，据《礼》，内外诸亲有服同者，并准此。"

小功服
（明·王圻《三才图会》）

【缌麻】 古代丧服名。丧服五服中最轻的一种。用疏织细麻布制成孝服，服丧三月。凡疏远亲属、亲戚如高祖父母、曾伯叔祖父母、族伯叔祖父母、外祖父母、岳父母、中表兄弟、婿、外孙等都服"缌麻"。《仪礼·丧服》："缌麻三月者。"注："缌麻布衰裳而麻绖带也。"

【缟素】 古之白色丧服。《楚辞·九章·惜往日》："思久故之亲身兮，因缟素而哭之。"《战国策·魏》四："信陵君闻缩高死，素服缟素避舍，使使谢安陵君。"

【衰绖】 丧服。古人丧服胸前当心处缀有长六寸、广四寸的麻布，名衰，

因名此衣为衰；围在头上的散麻绳为首绖，缠在腰间的散麻绳为腰绖。衰、绖两者都是丧服的主要部分，故以此为称。《礼记·丧记》："是故君子衰绖则有哀色。"《左传》僖公三十三年："子墨衰绖。"《汉书·龚胜传》："门人衰绖治丧者百数。"

【长衣】 古称丧服之中衣曰长衣。《仪礼·聘礼》："遭丧将命于大夫，主人长衣练冠以受。"疏："长衣则与深衣同布，但袖长素纯为异。故云长衣。"

【素衣】 白色衣服。《诗·唐风·扬之水》："素衣朱襮，从子于沃。"此作中衣（穿在朝服、祭服里面的衣服）。《礼·曲礼》下："大夫士去国，逾竟，为坛位，乡国而哭。素衣、素裳、素冠。"此为凶服。《文选》晋·陆士衡（机）《为顾彦先赠妇》诗之一："京洛多风尘，素衣化为缁。"

【素积】 古代一种细褶白布衫。《仪礼·士冠礼》："皮弁，服素积。"注："积犹辟也。以素为裳，辟蹙其要中。"宋·俞琰《席上腐谈》上："古之素积，即今之细褶布衫也。"也作"素绩"。《汉书·外戚传·孝平王皇后》："遣少府夏侯藩，……及太卜、太史令以下四十九人赐皮弁素绩。"

【素绩】 见"素积"。

【纯衣】 古丝衣。《仪礼·士冠礼》："纯衣，缁带。"注："纯衣，丝衣也。余衣皆用布，唯冕与爵弁服用丝耳。"

【缋缁大绅】 古代服装，一种黄里大穗的丝衣。

【绿缁锦纯】 古代服装，一种绿色衣里的锦绣衣裳。

【袳缁之缪】 古代服装，一种有穗带的麻布衣服。

【蕉衣】 古代服装之一种。用蕉布缝制而成，故名。蕉布，系用芭蕉之

纤维,加工织制而成。

【藤衣】 用葛布做的粗衣。贯休《古意》诗:"箬屋开地炉,翠墙挂藤衣。"

【芰制】 荷衣,古指隐者的服装。语本《离骚》:"制芰荷以为衣兮,集芙蓉以为裳。"孔稚圭《北山移文》:"焚芰制而裂荷衣,抗尘容而走俗状。"

【子衿】 古服装名,也称"青衿"。古时学子所着的衣服。

【青衿】 见"子衿"。

【茜衫】 古服装名,红色的上衣。

【褐】 古代一种用兽毛或粗麻编织而成的粗劣的衣服,为贫苦人所穿用。《诗·豳风·七月》:"无衣无褐,何以卒岁?"

【春秋战国服装】 这时期服装的重要变化,是深衣和胡服的出现。深

战国服装
上:玉笄 短衣长裙(河北平山三汲出土)
下:水陆攻战纹铜鉴 短衣长裤、长襦齐膝
(河南汲县山彪镇出土)

衣,将过去上下不相连的衣和裳连在一起,称"被体深邃",所以叫"深衣"。它的下摆不开衩,而是将衣襟接长,向后拥掩,即所谓"续衽钩边"。这种服装于战国时广泛流行,在湖南一带楚墓中出土的木俑大多是这种打扮。胡服是指我国北方游牧民族的服装,为了骑马需要,多穿短衣、长裤和靴。这种服制是战国时赵武灵王首先引进用以装备军队。河南汲县山彪镇出土的战国水陆攻战图鉴纹样,就生动地刻画出了穿短衣长裤或齐膝长襦装束的人物形象。佩的玉比以前越发精致。男子成年必戴冠。舞伎衣袖极长。猎户经常活动于丛林草泽,衣裤窄小。

【楚衣】 指春秋"楚人"的一种服式。式多瘦长,不同于齐鲁的宽袍大袖,领缘较宽,绕襟旋转而下,边缘饰织锦,服色华美,红绿相映,男女同服。适宜于楚地酷热气候穿着。亦称"楚服"。

【楚服】 见"楚衣"。

穿楚衣的楚人

【偏衣】 古代左右异色之衣。亦称"偏裻之衣"。《左传》闵公二年:"大子(晋太子申生)帅师,公衣之偏衣,佩之金玦。"杨伯峻注:"偏衣,《晋语》一亦作'偏裻之衣'。裻,背缝也,在背之中,当脊梁所在。自此中分,左右异色,故云偏裻之衣,省云'偏衣'。""偏"异色,驳不纯,裻在中,左右异,故名"偏衣"。湖北江陵纪南城武昌义地

6号楚墓出土之木俑,着左右异色偏衣并佩玉,与文献所记吻合。

【偏裻之衣】 见"偏衣"。

偏衣
(湖北江陵纪南城武昌义地楚墓出土木俑)

【长沙楚墓帛画男服】 帛画,湖南长沙子弹库楚墓出土。男子戴高冠,冠下无巾无帻,垂有长缨。《楚辞》:"冠切云之崔巍","高余冠之岌岌。"注:"切云,高冠名。"此冠颇合其式。高冠为当时士大夫所戴,长缨亦为当时所好。楚庄王也作长缨,即《韩子》所说:邹君好服长缨,左右皆作长缨。所服为上衣下裳,下裳掩足。所佩短剑,也合乎当时之剑制。

穿上衣下裳的战国男子
(湖南长沙子弹库楚墓出土帛画)

【陈家大山楚墓帛画女服】 湖南长沙陈家大山楚墓出土帛画,女子方额平梳,后垂发髻,髻上束有布缯。服饰为曲裾深衣,衣拂地,是当时女子

常服。衣袖有垂胡,主要使肘腕行动方便。袖头作窄式,是当时服饰的特点。服饰上饰流云纹,为战国流云纹饰之一。

穿曲裾深衣的战国女子
(湖南长沙陈家大山楚墓出土帛画)

【逢掖】　古代儒生、士庶之服。亦称"缝掖"、"逢腋"、"冯翼"、"大掖衣"。《礼·儒行》:"鲁哀公问于孔子曰:'夫子之服,其儒服与?'孔子对曰:'丘少居鲁,衣逢掖之衣。长居宋,冠章甫之冠。'"汉·郑玄注:"逢,犹大也。大掖之衣,大袂禅衣也。此君子有道艺者所衣也。"唐·孔颖达疏:"掖谓肘掖之所,宽大,故云'大袂禅衣'也。"明·张岱《夜航船·衣裳》:"逢腋,肘腋宽大之衣,为庶人之服。"

【缝掖】　见"逢掖"。

【逢腋】　见"逢掖"。

【冯翼】　见"逢掖"。

【大掖衣】　见"逢掖"。

穿宽大逢掖衣的楚国男子
(河南信阳长台关1号楚墓出土瑟漆绘残片)

【逢衣】　义同"逢掖",一种袖子宽大的衣服,古代儒者所穿。《列子·黄帝》:"汝逢衣徒也。"张湛注引《礼记·儒行》郑玄注:"逢,犹大也,谓大掖之衣。""逢"亦作"绛"、"缝"。《墨子·公孟》:"绛衣博袍。"《庄子·盗跖》:"缝衣浅带。"

【五绽衣】　古时一种五色彩衣。亦特指春秋时楚国隐士老莱子娱亲所穿的彩衣。宋·苏舜钦《老莱子》诗:"飒然双鬓白,尚服五绽衣。"

【战国绣罗禅衣】　战国绣罗衣珍品。湖北江陵马山1号战国楚墓出土,藏湖北荆州博物馆。罗衣为灰白色,用辫绣针法绣制,绣线有棕、黑、灰棕、黄绿、土黄和橘红等色。纹样为凤、龙、虎搏斗。一凤头戴花冠,气势昂扬,一足后翘,若腾跃之势,一足前伸,攫小龙之颈,双翅奋扑,分击一龙一虎;虎虽受凤翅所击,仍张牙舞爪扑向大龙;大龙对扑来猛虎,作扭头抵御之状,小龙被凤足所攫,无反抗之力。气氛紧张、热烈,构图生动、紧凑,色泽明丽、谐和。这件凤、龙、虎禅衣出土后,受到楚文化学者的关注,对凤、龙、虎搏斗图纹

凤、龙、虎纹绣罗禅衣(下:纹样细部)
(湖北江陵马山1号战国楚墓出土)

的象征含义作了种种解读。其中一说认为:凤、龙、虎纹当作为"图腾"地区之间争战的象征。楚人以凤为图腾,巴人以虎为图腾,而吴人、越人的图腾都为龙(或许有大、小龙之分)。此幅纹样的主旨是凤战胜了虎和龙,正反映了楚人对战胜邻邦巴、吴、越的自信和对胜利的祈祷,亦正是当时战国中晚期楚人理念的一种时代特征。当然,科学的结论,还有待更深入的考证。

【纵衣】　古代一种浴衣。湖北江陵马山楚墓,出土一件直领对襟单衣,出土时盛于小竹筒内,附有墨书签牌,标明"纵衣"。据发掘报告称:直领对襟式"纵衣",可能是"生者为死者助丧所赠"之"浴衣"。古丧礼有"浴衣于箧"之记载,此出土之纵衣与史籍记述相符合,当为古之"浴衣"。

纵衣
(湖北江陵马山楚墓出土)

【衣着尾】　古人服装上的一种装饰。在我国西南少数民族地区较流行。汉·许慎《说文解字·尾部》:"古人或饰系尾,西南夷亦然。"《后汉书·南蛮西南夷列传》:"哀牢夷者,……种人皆刻画其身,象龙文,衣皆着尾。……盘瓠死后,……好五色衣

服,制裁皆有尾形。……号曰蛮夷。"《华阳国志·南中志》:"哀牢夷……衣后着十尾。"在西南地区出土的青铜器中,很多人物形象,衣后幅较长,有的拖曳于地,类似尾形。北方内蒙古地区阴山岩画、青海大通出土新石器时代彩陶盆舞蹈人物形象,亦见有衣着尾的装饰。这种尾饰的起源,可能是由原始人狩猎生活发展而来的一种表示某种含义的装饰,它与图腾可能亦有一定联系。

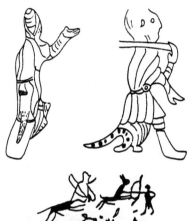

衣着尾
上左:云南晋宁石寨山出土汉铜舞俑
上右:云南晋宁石寨山出土铜贮贝器
下:乌拉特中后联合旗西地里哈日山顶岩画

【五时服】　古代贵族祭祀之服。亦称"五时衣"、"五色衣"。春、夏、季夏、秋、冬五时,穿用五种不同服色:春青色,夏朱色,季夏黄色,秋白色,冬黑色,故称"五时服"、"五色衣"。《后汉书·东平宪王苍传》:"乃阅阴太后旧时器服,怆然动容,乃命留五时衣各一袭。"唐·李贤注:"五时衣谓春青、朱夏、季夏黄、秋白、冬黑也。"《宋书·百官志》上:"乃出天子所服五时衣,以赐尚书令仆。"清·梁绍壬《两般秋雨盦随笔·五时衣》:"旧时江南汉族婚俗,新妇有五时衣。"

【五时衣】　见"五时服"。

【五色衣】　见"五时服"。

【深衣】　古代一种上下相连之服装。诸侯、大夫、士作家居常服,庶人作为吉服。以前上衣下裳,不相连属;深衣,衣和裳相连,前后深长,故名"深衣"。深衣的另一特点是"续衽钩边"。衽即衣襟;续衽是将衣襟接长。钩边是指衣襟式样。深衣改变过去服装裁制方法,下摆不开衩,而将左面衣襟前后片缝合,后面衣襟加长,加长后衣襟成三角形,穿时绕至背后,用腰带系扎。《礼记·玉藻》载:"诸侯、大夫、士朝玄端,夕深衣。庶人吉服,亦深衣。"深衣始于春秋战国之际。在湖南长沙楚墓出土之帛画和湖北云梦出土的男女木俑服饰上,都可看到当时深衣之式样。

上:楚国深衣(楚国彩绘木俑)
下:西汉深衣(长沙马王堆1号汉墓帛画)

【直裾袍】　古代一种袍服。较早见于春秋战国时期,至东汉较流行。一般用作男服。特征:直裾,衣襟自襟而下作平直状,故名。它与曲裾袍绕襟不同。在湖南长沙马王堆1号汉墓出土有这种直裾袍实物;在长沙战国楚墓出土的男彩绘木俑,就是穿的这种直裾袍。

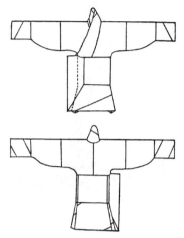

直裾袍形制(上:前视;下:后视)

穿直裾袍的战国男子
(湖南长沙楚墓出土彩绘木俑)

【曲裾袍】　古代一种袍服。较早见于春秋战国之际,汉代较流行。在湖南长沙仰天湖楚墓出土之战国妇女彩绘俑,即着有这种曲裾衣。长沙马王堆1号汉墓,出土有多件曲裾袍,特征:多是方领、曲裾、衣襟下达腋部,即旋绕于后。

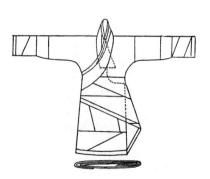

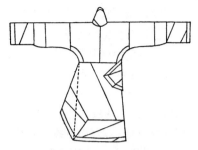

曲裾袍形制(上:前视;下:后视)

穿曲裾袍的战国女子
(传河南洛阳金村韩墓出土舞女玉佩)

【绕襟袍】 战国、西汉时期较流行的一种袍服。绕襟袍左边衣襟较长,穿着时长衣襟可绕至腹背,故名"绕襟袍"。当时男女同服,湖南长沙马王堆西汉墓,曾出土有绕襟袍实物。东汉后绕襟袍渐次少服,后消失。

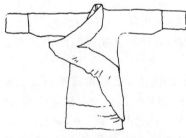

西汉绕襟袍

【战国曾侯乙墓铜人服饰】 铜人系湖北随县战国曾侯乙墓出土,为编钟虚中层之铜人。上衣是矩形交领、紧身、窄袖,衣襟下摆左长右短呈曲波形弯曲,领缘有几何纹花边;下穿褶裥裙裳,裙裳左右两侧各有一条几何纹直条图案;裙的长度短者及膝,长者及地,均穿于上衣之内;腰间束革带,挂有垂缨及心形鞶囊。腰右侧佩短剑;头戴上宽下紧的平顶帽,为战国仪仗乐队的装束。

战国曾侯乙墓铜人服饰
(湖北随县战国曾侯乙墓出土)

【战国中山王墓玉人服饰】 玉人系河北平山三汲战国中山王墓出土,计5件,均穿左衽、矩形交领窄袖上衣,大方格纹面料长裙,裙长及踝;发式或总发于顶,在顶上梳髻,或作披发式,头发后垂于背。有的在头上戴高高的牛角形冠为饰,颇似今苗族女子的角形银冠,为古代鲜虞族人服饰。

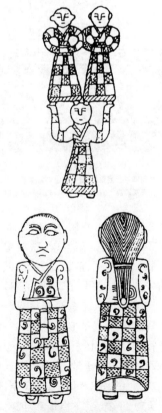

战国中山王墓玉人服饰
(河北平山三汲战国中山王墓出土)

【北京故宫博物院藏战国玉人服饰】 玉人为白玉雕琢,雕饰工整精细。玉人

头戴冠帽,冠缨束于颔下。脑后辫发上挽,包入冠内,上身穿右衽、交领、窄袖,衣长过膝,下摆左长右短的曲裾式上衣;下穿齐地裙裳,裙裳穿于上衣之内,腰间束绅带,带绅垂于前身。

北京故宫博物院藏战国玉人服饰

【战国女童服饰】 传河南洛阳金村韩墓出土战国青铜女孩,上衣为立领式,立领在领窝加领座制成。裙裳长仅及膝,为中短裙;腰间束有珰的革带,革带上挂着悬有组玉佩的组带;足穿革靴;发分左右梳两条长辫。手拿两铜柱,似作玩耍状。柱上小雀,为后人所加。

战国女童服饰
(传河南洛阳韩墓出土)

【续衽钩边】 古代一种衣襟式样。汉代称"曲裾"。应用于深衣。《礼衣·深衣篇》:"续衽钩边"。郑注:续犹属,是在衽旁连属之。钩边若汉时之曲裾,汉时衣有曲裾之裁制。续衽即指接长之衣襟,钩边指接长后衣襟之形状(一般呈三角形)。着时衣

襟旋绕至背后，用带系扎。出土实物，见湖南长沙马王堆 1 号汉墓之曲裾袍。

【禅衣】 即"单衣"，其形制与袍略同，唯不用衬里。《礼记·玉藻》："禅为绸。"郑玄注："绸，有衣裳而无里。"禅衣除平日燕居穿着外，亦可作官吏朝服，但只能作衬衣，穿在袍服里面。汉代禅衣，衣和裳连属一起。上衣长二尺二寸，下属于裳；衣袖长过手，约四尺二寸；袖口宽二尺二寸；腰宽三尺六寸；下裳长及地，约三尺二寸，上属于衣；裳下齐，宽七尺二寸，用六幅裁制。(按汉尺度计)

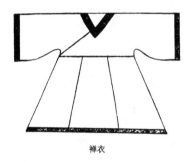

禅衣

【狮形金箔】 为战国—西汉时文物。1976～1978 年，新疆阿拉沟出土。长20.5、高 11 厘米。狮形用金箔捶压而成。狮作跃起状，尾上穿一小孔。制作精致，表现出浓厚的地方特色。出土时尾与后腿部分已压裂成数片。狮形金箔，似为一种衣帽上饰品。

战国—西汉狮形金箔
(新疆阿拉沟出土)

【秦汉服装】 由于大统一，衣服式样也较统一。战国西汉流行的深衣，是将下襟缠在身上，这样既不方便又费布帛，所以到东汉时，一种直裾的襜褕就逐渐流行。在东汉的画像石上，我们看到的官员和士人，大多穿着这类襜褕。襜褕再发展一步，就是唐宋时代的交领袍。秦汉男子首服，与古制明显不同。古代男子都不裹头，单

用冠帽约发。至秦时，以巾帕颁赐武将，与冠帽同时使用，只限于军旅，不施于民间。冠本来是加在发髻上的一个罩子，很小，并不覆盖整个头顶。古时有男子成年时皆行冠礼的规定；但在汉代，"卑贱执事"，即身份低微的人，只准许戴帻而不能戴冠。帻有点像一顶便帽。王莽时，传说，因他头秃，所以先戴帻，帻上再加冠。后来这种戴法盛行开来，因而在东汉画像石上出现的冠，都在下面衬有帻。但冠和帻并不能随便配合，文官戴的进贤冠要配介帻，武官戴的武弁大冠则要配平上帻。冠前有"梁"，以梁数的多寡来区别身份的高低。

秦汉服装
上：秦陶俑 长袍垂髻(陕西临潼秦始皇陵)
下：汉漆箧彩画 戴冠服直裾袍(朝鲜乐浪郡出土)

【汉皇帝冕服】 汉制，东汉孝明帝永平二年(59)定。戴冕，冕顶板宽七寸，长一尺二寸，前圆后方，前低后高，朱色里，玄色面，前后垂白玉珠旒各十二串，贯玉和系冕都用赤色丝带，黈纩充耳；穿玄色衣，上画"八章纹"；赤黄色裳，上绣"四章纹"；大绶，系后背腰中，下垂地，用黄赤色丝编织，加绀、缥、黄、赤四采，淳黄圭；佩剑；大珮，上有珩，下有璜和冲牙，中为琚、瑀，均为白玉；小绶二片，佩于腰两旁；穿赤色袴、赤色袜、赤色舄；穿中衣，以赤色缘衣领袖和边。以祭祀天帝明堂用。

【汉三公诸侯冕服】 汉制，戴"七旒冕"，冕尺寸、表里颜色、冕带、充耳，和皇帝冕同，但仅前面垂旒，后面无旒，旒为青玉珠，十二枚为一串，旒为七串，故称"七旒冕"，黈纩充耳；穿玄色衣，上绣"三章纹"；赤色裳，织有"四章纹"；佩剑；大赤色绶，赤、黄、缥、绀四采织成，淳赤圭；大珮；小绶，色同大绶；赤色舄；中衣，用赤缘领、袖、边。为郊祭天地、宗庙、明堂服用。东汉孝明帝永平二年(59)制定。

【汉卿大夫冕服】 汉制，东汉孝明帝永平二年(59)定。戴冕，式和皇帝冕同，但仅前面垂五旒，后无旒，旒为黑玉珠，十二枚为一串，青色冕带，美石充耳；上玄色衣，衣上织"粉米"一章纹；下赤色裳，裳为帷裳式，织"黼"、"黻"二章纹。佩剑；大绶、小绶、大珮、赤舄、中衣，均和三公诸侯相同。

【汉皇帝常朝服】 汉制，戴通天冠，高九寸，正竖少斜却乃直下为铁卷梁，前有山形展筩为述；穿深衣为常服，朝会典礼穿袍，随节令，分青、红、白、黑、黄五色；内衬中衣，白布制作，以黑色缘衣领、袖、边。

【汉诸王常朝服】 汉制，戴远游冠，状似通天冠，有展筩横于前，无山述；穿绛纱禅衣；腰束革带；足穿乌皮履。

【汉官服】 汉制，戴冠帻，穿曲裾禅衣，佩鞶囊，瑞玉，披帬帔，挂长剑，束大带，内衬中衣，以黑色缘领、袖。有戴两梁进贤冠，穿禅衣，长裙，挂长剑，束大带，内穿中衣，以黑色缘领、袖。有戴缃撮，穿禅衣长裙，束革带，穿黑履，内衬中衣。

汉代官服
（山东沂南汉墓出土）

【汉太皇太后、皇太后祭服】 汉制，头饰剪氂帼，有簪珥，簪用玳瑁为摘，长一尺，一头有华胜，帼上戴凤凰爵，用翡翠鸟羽作凤凰羽毛，下有白珠，垂黄金镊左右各一，横簪之，以安帼结；深衣制，上衣绀色，下裳皂色，隐领袖，缘以绦。蚕服和祭服，形式相同，但上衣为青色，下裳缥色。

【汉皇后礼服】 汉制，头饰"假髻"，用"步摇"、簪珥为饰，一爵，九华，爵首用翡翠羽毛制作，绕以白珠成华，爵有六种，均兽形，即熊、虎、赤羆、天鹿、辟邪、南山丰；深衣制，隐领袖，缘以绦。用于祭服，上衣为绀色，下裳皂色。蚕服，上衣青色，下裳缥色。

【汉代命妇服装】 汉制，命妇服饰礼仪，太皇太后、皇太后，入庙服，上绀下皂；蚕服，上青下缥。皆深衣（上衣下裳），隐领袖，缘以绦。簪以玳瑁为摘，长一尺，端为华胜，上为观凤凰爵，以翡翠为毛羽，下有白珠，垂黄金镊左右各一，横簪之，以安摘结。诸簪、珥皆同制，其摘有长短等级。皇后服同，惟用假结，步摇簪珥。步摇以黄金为小题，贯白珠为桂枝相缪。以"六兽"为步摇华饰，谓"一爵九华"：熊、虎、赤羆、天禄、辟邪、南山丰大特之兽。诸爵兽皆翡翠为毛羽，金题白珠，绕以翡翠为华。贵人助蚕服，纯缥上下，深衣制，假髻，自公主、封君皆带绶。公卿、列侯、中二千石、二千石夫人以上至皇后，皆蚕衣为朝服，皇后以下，亦以连衣裳制为朝服，差别于服色和首饰。

【汉代妇女服装】 汉代妇女，日常之服，都为上衣下裙。如马皇后常着大练裙，梁鸿妻和鲍宣妻，平日都穿疏布衣裳。献帝建安时，女子好长裙短上衣。后汉·繁钦《定情诗》："何以答欢忻，纨素三条裙，……凯风吹我裳，……褰裳蹑茂草。"表明汉时女子，均以衣裙为平常之服。自汉昭帝上官皇后始，女子才穿有裆之裤，名曰"穷裤"。故汉时妇女的裤，有无裆、有裆两种，而有裆之裤，当在昭帝上官皇后以后。

汉代妇女常服
上：山西孝义张家庄汉墓女陶俑
下：汉代女陶俑

【珠衣】 古代用珍珠缝制的珍珠衫。《汉书·霍光传》载：霍光率群臣在未央宫承明殿晋见皇太后，建议废除昌邑王皇位，太后当时披着"珠襦"（襦，即短上衣）。《北齐书·穆后传》载：武成帝曾为胡后造珍珠裙袴，花费惊人。《宋史·郭药师传》载：宋徽宗赵佶，召见辽国降将郭药师，被药师所言打动，竟脱下珠袍赏赐给药师。清代德龄公主《清宫二年记·宫中的第一天》："我们立刻进殿去，一眼就看见一位老太太穿着黄缎袍，上面绣着大朵红牡丹。……绣袍外是披肩，我从来没有看见过比这更华丽更珍贵的东西，这是一件渔网形的披肩，由三千五百粒珍珠做成，粒粒如鸟卵般大，又圆又光。"

【珠襦】 古代用珍珠穿缀之短衣。亦称珠衣。《汉书·霍光传》："太后被珠襦，盛服坐武帐中。"《注》："如淳曰：以珠饰襦也。颜师古注引晋灼曰：贯珠以为襦，形若今革襦矣。"也用作殓服。《西京杂记》卷一："汉帝送死，皆珠襦玉匣（玉衣）。"

【襦】 一种短衣，最早时一般作为亵衣，即内衣。以后由于其式样紧小，便于做事，而被穿着在外。段玉裁《说文解字注·衣部》："襦，若今袄之短者。"《孔雀东南飞》："妾有绣腰襦"。"绣腰襦"，绣花的齐腰短袄。到唐代，一度成为妇女的主要服饰，宋代因袭不改，大多为下层妇女的衣着。唐代的襦较短、窄袖，宋代的襦腰身和袖口都较宽松，颜色也较清淡，通常应用间色，或素或绣。

【玄制】 黑衣。《文选·东京赋》："侲子万童，丹首玄制。"注："侲子童男童女也。丹，朱也；玄制，皂衣也。《续汉书》曰：'大傩，逐疫，选中黄门子弟十岁以上，十二以下，百二十人为侲子，皆赤帻皂制，以逐恶鬼于禁中。'"

【重缘袍】 汉代妇女的一种袍服。汉制，公主、贵人、妃以上，婚嫁得穿锦绣、罗、縠、缯缝制之衣。锦绣可用十二色〔十二色：汉制公主、妃以上，婚嫁用十二色锦绣重缘袍。特进列侯以上，用锦缯，采十二色。六百石以上，重练，采九色（禁丹、紫、绀）。三百石以上，五色，采用青、绛、黄、红、绿。二百石以上，用四采，青、黄、红、绀〕。衣可以缘双重边，用袍制（袍制：衣服有表有里，称"袍制"），故名"重缘袍"。

【单缘袍】 汉代妇女的一种袍服。汉制,公卿列侯夫人以下,衣服襟袖,用单色缘边,故名"单缘袍"。袍分五色,用锦绣。

【马王堆汉墓素纱禅衣】 汉代丝织服装珍品。1972 年湖南长沙马王堆 1 号汉墓(即西汉长沙国丞相、轪侯利苍妻墓)出土。是我国迄今发现最轻薄的一件丝织品成衣。长 128、袖长 190 厘米。禅衣料所织的纱,因没有颜色,故名"素纱禅衣"。古代的禅衣,通指没有衬里的单衣。这件禅衣轻薄透明,原用作罩衫。古代妇女衣服,尚轻细,且欲露锦文,常在锦衣外面罩一件禅衣,以增添华丽。素纱禅衣仅重 48 克,还不到一两。如除去领和袖口较厚重的缘边,重量仅半两多一点。根据计算,每平方米衣料仅重 12～13 克,真薄如蝉翼,轻如烟雾。纱,是我国古代丝绸中出现得最早的一种,多半采用单经单纬交织,组织结构较简单,是一种方孔平纹织物。高级纱料,不在于空隙多,而在于以蚕丝纤度匀细见长。纺织学上有个对纤度的专用计量单位,叫籈。每 9 000 米长的单丝重 1 克,就是 1 籈。籈数愈小,说明蚕丝越细。现在生产的高级织物乔其绢纤度只有 14 籈,而 1 号汉墓出土的素纱禅衣,其蚕丝纤度为 10.5 至 11.3 籈。利苍妻子葬于汉文帝十二年(前 168)以后数年,距今已有 2 000 多年。反映出当时蚕丝纺织的高度技术水平。《周礼·天官》内司服掌王后之六服,辨外内命妇之服中有素纱。郑玄注曰:"素纱者,今之白缚(白绢)也。"《后汉书·舆服志》:"皂缘领袖中衣。"中衣即中单,本是着于六服内的衬衣。又云:"绛缘领袖为中衣,示其赤心奉神也。"此衣用皂缘其领袖,盖视其使用不同而各以色缘之。维郑司农云:素纱是服饰之名,是用赤色。既原报告中名为素纱,则当属素白缚。

汉代素纱禅衣
(湖南长沙马王堆 1 号汉墓出土)

【汉"万世如意"锦袍】 东汉锦袍珍品。新疆民丰 1 号东汉墓出土,藏新疆博物馆。袍长 133、两袖通长 174、下摆 142 厘米。对襟、窄袖、束腰、大下摆。袍用"万世如意"锦缝制,衣襟右下缘镶有一块"延年益寿大宜子孙"锦。锦袍运用三色织法技术,按颜色差异,将经线分三组:一组作表经,其他二组作里经,并采用分区织法。色泽有绛、绛紫、淡蓝、油绿和白五色,但每区都不超过三色。整个以绛紫为底色,花纹由其他四色组成。整幅效果,五彩缤纷,绚丽而和谐。纹饰以卷云、流云纹为主体,中间嵌有"万世如意"篆隶体四字。图案风格与湖南长沙马王堆西汉墓出土"长寿绣"流云纹相类似,表明纹饰在时代上的同一性。

东汉"万世如意"云纹锦袍(下:纹样细部)
(新疆民丰 1 号东汉墓出土)

【襜】 古代一种上衣下裳连属之衣。亦称"连腰衣",即"长襦"。襜同

"襜"。刘熙《释名·释衣服》:"襜,属也,衣裳上下相联属也。"

【连腰衣】 见"襜"。

【长襦】 见"襜"。

【狐尾衣】 古代衣名,前裾复足、后裾曳地,如狐尾的长衣,故名"狐尾衣"。相传汉代梁冀妻好穿这种式样的衣服,京师妇女多仿效这种装束以为时髦,所以又称"梁氏新装"。其形曲裾、大袖,是一种单衣。

【袀服】 亦称"均服"。上衣下裳为同色之服,故名。《吕氏春秋·悔过》:"今(秦)师袀服回建,左不轼而右之,力则多矣,然而寡礼,安得无疵?"《注》:"袀,同也。兵服上下无别,故曰袀服。"《左传》僖五年载"均服振振",《汉书·五行志》中之上引作"袀服"。

【均服】 见"袀服"。

【吉光裘】 古代一种珍贵之皮衣。用吉光毛皮所制。《海内十洲记·凤麟洲》:"吉光毛裘,黄色,……裘入水数日不沉,入火不燋。"汉·刘歆《西京杂记》卷一:"武帝时,西域献吉光裘,入水不濡。上时服此裘以听朝。"

【鹔鹴裘】 古代用鹔鹴鸟羽加工制成的裘服。简称"鹔裘"。以鸟羽制裘,起源很早。《西京杂记》载,司马相如与卓文君在四川成都穷困潦倒,"以所著鹔鹴裘就市人阳昌贳酒,与文君为欢。"鹔鹴裘即鸟羽制作之服装。宋·李觏《直讲李先生文集·秋怀》诗:"前村无处典鹔裘"。同"鹔鹴裘"。

【鹔裘】 见"鹔裘"。

【皂衣】 汉代官吏制服。《汉书·萧望之传》:"(张)敞曰:'敞备皂衣二十余年,尝闻罪人买矣,未闻盗贼起也。'"《注》:"虽有四时服,至朝皆著皂衣。"又八五《谷永传》与王凤书："将军说其狂言,擢之皂衣之吏,厕之争臣之末,不听浸润之谮,不食肤受之愬。"皂,即"皁"。

【玻璃衣】　古代用玻璃制作的一种葬服。迄今出土玻璃衣仅两处,均在江苏扬州邗江县,甘泉乡西汉"妾莫书"墓和扬寿乡新莽宝女墩墓。宝女墩新莽墓出土19块完整或可拼合玻璃衣片,长方形,尺寸大体一致,长5.5、宽4.1、厚0.33厘米。四角穿孔,衣片多饰模铸阴纹,有云纹、云雷纹、变体柿蒂纹和白虎星辰纹等。纹饰上原贴嵌有金箔,出土时多已剥落。这种嵌金箔玻璃衣片,与"妾莫书"墓衣片相同,与河北邢台和山东五莲张仲崮汉墓出土玉衣片装饰亦相似,由此可证汉代玻璃、玉质衣片,均流行有贴嵌金箔之装饰。

汉代玻璃衣片
（江苏扬州邗江县扬寿乡宝女墩新莽墓出土）

【诸于】　古代妇女之宽大上衣。亦称"诸衧"。《汉书·元后传》:"是时政君坐近太子,又独衣绛缘诸于。"注:"诸于,大掖衣,即袿衣之类也。"袿衣,汉女子常服,式似深衣。《释名·释衣服》:"妇人上服曰袿,其下垂者,上广下狭,如刀圭也。"《后汉书·光武帝记》:"见诸将过,皆冠帻而服妇人衣,诸于绣𢃷。"《正字通·衣部》:"衧,诸衧,即诸于,今俗呼披风敞袖是也。"

【诸衧】　见"诸于"。

【绣𢃷】　彩色半臂衣。《后汉书·光武帝纪》上:"时三辅吏士东迎更始,见诸将过,皆冠帻而服妇人衣,诸于绣𢃷,莫不笑之,或有畏而走者。"注:"《前书音义》曰:'诸于,大掖衣也,如妇人之袿衣。'字书无'𢃷'字,《续汉书》作'襜',音其物反。……即是诸

于上加绣襜,如今之半臂也。"

【绣襜】　古代一种半臂衣。《续汉书》:"诸于(大掖衣)上加绣襜,如今之半臂也。"徐珂《清稗类钞·服饰》:"半臂,汉时名绣襜,即今之坎肩也。"

【𢃷】　古代妇女半臂服。《后汉书·光武帝纪》上更始元年:"时三辅吏士东迎更始,见诸将过,皆冠帻而服妇人衣,诸于绣𢃷,莫不笑之。"注:"字书无'𢃷'字,《续汉书》作'襜',音其物反。扬雄《方言》曰:'襜褕,其短者,自关之西谓之𧙕襜。'郭璞注云:'俗名襜掖。'据此,即是诸于上加绣襜,如今之半臂也。"唐·段成式《酉阳杂俎》前集九《盗侠》作"髻"。

【羞袒】　古之汗衫。亦称"鄙袒"。汉·刘熙《释名·释衣服》:"汗衣,近身受汗垢之衣也。《诗》谓之泽,受汗泽也。或曰'鄙袒',或曰'羞袒'。作之,用六尺裁,足覆胸背。言羞鄙于袒而衣此耳。"

【鄙袒】　见"羞袒"。

【中裙】　古代一种内衣。《史记·万石君传》:"取亲中裙厕牏,身自浣涤。"《索隐》:"中裙,近身衣也。"

【凉衣】　古代贴身所着内衣。《世说新语·简傲》:"(王)平子(澄)脱衣巾,径上树取鹊子,凉衣拘阂树枝,便复脱去。"

【袙】　古代一种内衣。贴身所穿。《说文·衣部》:"袙,日日所常衣。"《玉篇·衣部》:"袙,近身衣也,日日所著衣。"

【布母繜】　古代妇女穿的小衣,《急就篇》二:"禅衣蔽膝布母繜。"补注:"布母繜,小衣也,犹犊鼻耳。"

【汗衣】　古代汗衫。亦称"汗襦"、"甲襦"、"襜襦"、"禅襦"、"汗揭",古称"中衣"、"中单"。汉·刘熙《释

名·释衣服》:"汗衣,近身受汗垢之衣也。"《诗》谓之泽,受汗泽也。或曰'鄙袒',或曰'羞袒'。"《方言》四:"汗襦……自关而东,谓之'甲襦';陈、魏、宋、楚之间,谓之'襜襦';或谓之'禅襦'。"《汉书·石奋传》:"取亲中裙厕牏",唐·颜师古注:"厕牏者,近身之小衫,若今'汗衫'也。"参阅五代·后唐·马缟《中华古今注》。

【汗襦】　见"汗衣"。

【甲襦】　见"汗衣"。

【襜襦】　见"汗衣"。

【禅襦】　见"汗衣"。

【汗揭】　见"汗衣"。

【中衣】　见"汗衣"。

【中单】　见"汗衣"。

【裋褐】　短而窄的衣服,平民所服。亦称"短褐"。《史记·秦始皇纪·论》引贾谊:"夫寒者利裋褐而饥者甘糟穅。"《集解》引徐广:"一作'短',小襦也,音竖。"《索隐》:"谓褐布竖裁,为劳役之衣,短而且狭,故谓之短褐,亦曰竖褐。"《汉书·贡禹传》:"妻子糠豆不赡,裋褐不完。"颜师古注:"裋者,谓僮竖所著布长襦也;褐毛布之衣也。"陶潜《五柳先生传》:"短褐穿结,箪瓢屡空,晏如也。"

【短褐】　见"裋褐"。

【竖褐】　见"裋褐"。

【汉代平民服装】　两汉时期,平民一般多穿本色麻布,束发髻或戴小帽、巾子,也有戴斗笠的,穿高领衣,下长至膝,衣袖窄小,腰间系带,脚穿靴鞋或赤足。而白衣,白巾,袒帻不戴冠,为官府趋走贱人和奴客之服。

四川出土陶俑

四川出土画像砖
汉代平民服装

【汉代舞服】 汉代舞服流行长袖、长裙、细腰和飞带，并在衣上加燕尾形的飞髾为饰，以助舞者舞姿的动势。《西京杂记》："曳长裾，飞广袖。"汉·傅武仲《舞赋》："罗衣从风，长袖（袖）交横，……体如游龙，袖如素蜺（虹）。"这都是对长袖舞衣的生动描述。

汉代舞服
上：铜山西汉崖墓玉舞人
下：北京大葆台西汉墓玉舞人

【韦衣】 古出猎所着皮服。汉·刘向《说苑·善说》："林既衣韦衣而朝齐景公。"《晋书·魏舒传》："性好骑射，著韦衣，入山泽，以渔猎为事。"

【韦裳】 古代牧人之服。用皮制成，故名。《急就篇》二："裳韦不借为牧人。"注："韦，柔皮也。裳韦，以韦为裳也。不借者，小屦也，以麻为之，其贱易得，人各自有，不须假借，因为名也。言著韦裳及不借者，卑贱之服，便易于事，宜以牧牛羊也。"

【襜】 古深衣之下裳。形制，自裳两旁衽以下斜裁削幅，与上衣成为上宽下狭之状。《尔雅·释器》："裳削幅，谓之襜。"注："削杀其幅，深衣之裳。"

【琵琶袖】 古代一种衣袖样式。袖口缩敛而小，袖身阔肥，状如琵琶，故名。为春秋战国时期男女衣着通常式样。汉代沿袭不变。

【麻衣】 古代之深衣。分无采饰、有采饰两种。无采饰者为缌服，有采饰者则为朝服。《礼间传》："又期而大祥，素缟麻衣。"注："麻衣，深衣也。"此指缌服。《诗·曹风·蜉蝣》："蜉蝣掘阅，麻衣如雪。"此指朝服。朝服用麻十五升，缌服用麻为朝服之半，俱为麻衣，但精粗不同。后世所谓布衣，皆为麻衣，故亦称"白衣"，唐宋举子皆着之。五代·王保定《唐摭言·与恩地旧交》："刘虚白与太平裴公（垍）早同砚席。及公主文，虚白犹是举子。试杂文日，帘前献一绝句曰：'二十年前此夜中，一般灯烛一般风，不知岁月能多少，犹著麻衣待至公。'"

【三国吴服】 三国时期苏州制作的一种绣服。《三国志·吴书·华覈传》：吴国"妇人为绮靡之饰"，"绣衣黼黻，转相仿效。"可见当时吴人盛行著绣服，成为时尚。吴地生产之绣衣，影响深远，并流传至日本，称为"吴服"（今"和服"）。《日本纺织技术的历史》："吴服，即是三国时，从东吴（吴国）输入的丝织物制成的一种服装。"其款式，与我国汉代"深衣"、"禅衣"相酷似。吴服其后逐渐成为日本的民族服饰，相沿至今。

【白衣冠】 古时丧吊之冠服。《史记·荆轲传》："（轲）遂发。太子及宾客知其事者，皆白衣冠以送之。"荆轲往刺秦王，难于生还，故服白衣冠以示诀别。

【熏衣】 古代豪门贵族，流行用香料置于熏笼、香炉等器中熏衣。宋·洪刍《香谱·熏衣法》："凡熏衣，以沸汤一大瓯，置熏笼下，以所熏衣覆之，令润气通彻，贵香入衣难散也。然后于汤炉中燃香饼子一枚，以灰盖……熏讫叠衣，隔宿衣之，数日不散。"《太平

御览》引《襄阳记》载："东汉末中书令
荀彧，爱熏衣，至人家，走后坐处，尚
有三日香。"南朝·梁简文帝《拟沈隐
侯夜夜曲》："兰膏断更益，熏炉灭
复香。"

【魏、晋、南北朝服装】 魏晋南北朝
时期，是我国古代服装史上的转变
时期。这时由于大量少数民族入居
中原，胡服成为常服。由于受胡服
较强影响，将胡服的褊窄紧身和圆
领、开衩等特点，都吸收过来，最后
形成了唐代的"缺胯袍"、"四襈衫"
等袍服。另一方面，少数民族统治
者，又羡慕汉代帝王服式峨冠博带
的"威仪"，北魏孝文帝元宏，将宽袍
大袖的衣裳冠冕之类，遂在"法服"
（礼服）中保存了下来。自南北朝后
期至明代，法服和常服一直并存，但
法服使用的范围始终很小。魏、晋
时男子流行戴小冠，上下通行。玉
佩制度至此渐次消失。红紫锦绣，

依旧代表富贵，但统治者都欢喜穿
浅素色衣服。帝王有时戴白纱帽。
一般官僚士大夫，都喜用白巾子裹
头。在东晋贵族统治下的南方，普
通衣料多用麻、葛，有的地方用"蕉
布"、"竹子布"、"藤布"；高级的衣料
是丝麻混合织物"紫丝布"和"花
练"。在诸羌胡族贵族统治的地方，
统治者喜欢穿红着绿。先是短衣加
披风，到北魏时改为宽袍大袖，惟帽
子另作一纱笼套上，叫"漆纱笼冠"。
平民不论南北，一般都穿短衣。不
过北方穿上衣有翻领，穿裤子有的
在膝下扎有带子。

【袆褕大衣】 南朝至隋代皇后祭服。
《南齐书·舆服志》："袆褕大衣，谓之
袆衣，皇后谒庙所服。公主会见大首
髻，其燕服则施严杂宝为佩瑞。袆褕
用绣为衣，裳加五色，镶金银校饰。"
《隋书·礼仪志》六："皇后谒庙，服袆
褕大衣，盖嫁服也，谓之袆衣，皂上皂
下。亲蚕则青上缥下。皆深衣制，隐
领，袖缘以绦。"

【吉服】 古代吉庆之服。每逢佳节、
生日、结婚、做寿等吉庆喜事，为吉
事，按中国礼法，须穿吉服。南朝
梁·宗懔《荆楚岁时记》记南朝风俗，
正月初一"长幼悉正衣冠"。宋·孟
元老《东京梦华录》记北宋汴京年节，
街市"结彩棚，铺陈冠梳、珠翠、头面、
衣着、花朵、领抹、靴鞋"，供市民过节
购买，"小民虽贫者，亦须新洁衣服。"
我国习俗幼儿周岁、老人逢十华诞，
十分重视。《颜氏家训·风操》："江
南风俗，儿生一期，为制新衣，盥浴装
饰。"清·曹雪芹《红楼梦》七十一回
写贾母八十大寿，南安太妃等来祝
寿，贾母等都"按品大妆迎接"。古代
婚礼，吉庆气氛十分浓郁，新郎、新娘
服饰特别讲究。《东京梦华录》记宋
汴京婚俗：婚礼前，男家给女家"下
催妆冠帔花粉，女家回公裳花幞头之
类"。新娘吉服，为男方送去的"催
妆"；新郎吉服，是女家所回送。新娘
之冠，同书又称"花冠子"，帔，是古代
妇女之披服。新郎的"公裳"，即公服

（本是有官阶之人才能服用）；"花幞
头"，是婚礼特用之吉服。

【北朝服装】 北魏、东魏、西魏、北
齐、北周等国，都系北方民族政权，这
时期的服装，既具有本民族的特点，
又受中原汉民族的影响。一般身穿小
袖袍，腰间束革带，下着小口裤，足穿
短靴。通常袍服用各种颜色布帛制
作，领开在颈旁，多用五色或红、绿、紫
等色，并镶以杂色衣裾、领边，称"本色
衣"。衣襟为"左衽"，即前襟从右掩向
左面。结发辫，即"索头"，戴帽。

北朝男子服装

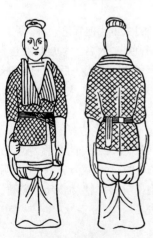

魏、晋、南北朝服装
上：上衣下裳、戴笼冠（北魏宁恕墓壁画）
下：穿裤褶、缚裤（河北沧州吴桥县北朝墓陶俑）

【南北朝妇女命服】 南北朝妇女命服，循汉制而略有增损。《晋书·舆服志》："元康六年诏：'魏以来皇后蚕服皆以文绣，非古义也，今宜纯服青，以为永制。'"《通典》载："晋依前汉制，皇后谒庙服绀上皂下；蚕，青上缥下，隐领袖缘。元康六年诏以纯青。贵人、夫人、贵嫔是为三夫人，皆金章紫授，九嫔银印青绶，佩采绅玉。助蚕之服，纯缥为上下。"宋太后、皇后入庙服袿襦大衣，谓之袴衣，公主会见封君以上皆带绶，以采为绳带，各如绶色。自皇后玉二石命妇皆以采蚕衣为朝服。命妇的首饰，一般梳大手髻，插步摇、花钿饰物，按数量多少定命妇尊贵。《晋书·舆服志》："皇后谒庙其服皂上皂下，首饰则假髻步摇，俗谓之珠松，簪珥。"《文献通考》："魏制贵人、夫人以下，蚕，皆大手髻，七镇蔽髻，黑玳瑁又加簪珥；九嫔以下五镇；世妇三镇：诸王妃、长公主大手髻，七镇蔽髻，其长公主得有步摇、簪珥。"陈因前制，皇后首饰假髻，步摇，簪珥。开国公、侯太夫人、夫人大手髻，七镇蔽髻；九嫔及公夫人五镇；世妇三镇，其长公主得有步摇。

【南朝官服】 朝会时，天子戴通天冠、黑介帻，着降纱袍，皂缘中衣朝服。晋、齐通天冠前加金博山颜。皇太子戴远游冠，梁前加金博山；齐太子用朱缨，翠羽绣；诸王用玄缨、朱衣绛纱袍、皂缘白纱中衣、白曲领。王者后及帝兄弟、帝子封郡王者也服此服。百官戴进贤冠，有五梁、三梁、二梁、一梁之别。人主五梁；三公、封郡县侯三梁；卿大夫至千石二梁；以下职官一梁。

【品色衣】 南北朝·北周侍卫官之礼服。《周书·宣帝纪》："(大象二年三月丁亥)诏天台侍卫之官，皆著五色及红紫绿衣，以杂色为缘，名曰'品色衣'。有大事，与公服间服之。"

【褒衣博带】 "褒衣博带"，为魏晋南北朝时期服饰之风尚，以文人高士最

为喜爱。当时诸多文人，不入仕途，作潇洒超脱之举，故而宽衣大袖，袒胸露臂，披发跣足，以示不拘礼法。《晋记》："谢鲲与王澄之徒，慕竹林诸人，散首披发，裸袒箕踞，谓之八达。"晋·干宝《搜神记》："晋元康中，贵游子弟，相与为散发裸身之饮。"南朝·宋·刘义庆《世说新语·任诞》："刘伶尝着袒服而乘鹿车，纵酒放荡。"北齐·颜之推《颜氏家训》载：梁世士大夫，均好褒衣博带，大冠高履。风尚所及，当时黎民百姓，也均以宽衣大袖为时尚。南京西善桥出土的南朝《竹林七贤》砖刻画，生动地描述了当时高士们宽衣大袖，袒胸跣足的形象。

宽衣大袖、袒胸跣足的魏晋逸士
(南京西善桥出土南朝砖刻画
《竹林七贤》中的嵇康和阮籍)

【裹衫】 古代一种无袖披风。用白练缝制，上系纽带，结于颈间，着时披于肩上。魏晋南北朝、隋唐时较流行，文人逸士均爱穿用，妇女亦有服用。时称"裹衫"，元代以后称"披风"。1974年江西南昌晋墓出土木牍，记有："故白练裹衫三领。"在《北齐校书图》和唐·孙位《高逸图》中高士，均着有这种裹衫。

上：着裹衫的北齐逸士《北齐校书图》
下：着裹衫的唐代逸士(唐·孙位《高逸图》)

【白鹭缞】 古羽衣名。亦称"白鹭簑"。用白鹭之长翰毛编制的白外衣。《资治通鉴》一四三齐·东昏侯·永元二年(500)："又订出雉头、鹤氅、白鹭缞。"《注》："白鹭缞，鹭头上毦也。鹤氅、鹭缞，皆取其洁白。《诗·疏》曰：鹭，水鸟，毛白而洁，顶上有毛氄氄然，此即缞也。《尔雅·释鸟》曰：鹭，春鉏。郭璞曰：白鹭也，头、翅、背上皆有长翰毛，今江东人取以为睫摛名之曰白鹭缞。"《海物异名记》作"白鹭簑"。

【白鹭簑】 用白鹭的长翰毛编制的白外衣。见"白鹭缞"。

【袍】 长衣服的通称，古代特指装旧丝棉的长衣，即长袄。《礼记·玉藻》："纩为茧，缊为袍。"孙希旦集解："新而美者为纩，恶而旧者曰缊，衣以缊着之者谓之袍。"(纩，絮衣服的新丝棉；缊，旧絮。)一般说来，穿不起裘的穷人才穿袍。《论语·子罕》："衣敝缊袍，与衣狐貉者立，而不耻者，其由也与?"《送东阳马生序》："余则缊袍敝衣处其间，略无羡慕意。"(缊袍敝衣，破旧的衣服。)穿袍穿裘有贫富的差别。汉以后，有绛纱袍、蟒袍、龙袍等，袍已成为朝服。

【青霜】 袍名。《汉武帝内传》："(上元夫人)服青霜之袍，云彩乱色，非锦非绣，不可名字。"

【白袍】 古代袍服之一种。袍以绢缝制，色白，故名。为庶人和士子未任者服之。五代·后唐·马缟《中华古今注》："庶人白袍，皆以绢为之。"

【褒明】 衣名，长襦，也称为袍，古人家居时的服装。《方言》四："褒明谓之袍。"《注》："《广雅》云：'褒明，长襦也。'"

【缊袍】 古代用麻作衬的一种袍服。古时贫穷者，缝制冬衣，仅用乱麻衬

附衣内以御寒。

【假两】 南齐的一种服饰。《南史·齐和帝纪》中兴二年(502)："先是百姓及朝士,皆以方帛填胸,名曰假两。"

【五铢衣】 亦称"五铢服"、"五铢衣"。轻而薄,相传为仙人所服。唐·谷神子《博异志·岑文本》："(文本)又问曰:'衣服皆轻细,何士所出?'对曰:'此是上清五铢服。'"唐·李商隐《圣女祠》诗："无质易迷三里雾,不寒长著五铢衣。"明·邵璨《香囊记·祈祷》："贫道身微贱,……不着五铢衣,身披一幅绢。"清·赵翼《美人风筝》诗："五铢衣薄太风流,细骨轻驱称远游。"亦省作"五铢"。唐·李涉《寄荆娘写真》诗："五铢香帔结同心,三寸红笺替传语。"清·陈维崧《霓裳中序第一·咏水仙花》词："看尽人间,多少蜂蝶,五铢寒到骨。"

【五铢服】 见"五铢衣"。

【五铢衣】 见"五铢衣"。

【敛衣】 古代一种用收集碎布的方法制成的衣服。唐·冯贽《云仙杂记·敛衣》引《搔首集》："伊处士从众人求尺寸之帛,聚而服之,名曰敛衣。"

【百结】 古代以碎布结成之衣,谓之百结衣。《北堂书钞》一二九引王隐《晋书》："董威辇忽见洛阳,止宿白社中,得残碎缯,辄结以为衣,号曰百结。"

【绶组之装】 古代服装,一种有组穗的长衣。

【绽衣】 古代服装,"绽衣"即短衣。

【冯翼衣】 古代服装名。本晋处士冯翼所穿的大袖衣,下加襕,前系二长带,隋唐时期野亦服之。

【草服】 草制的服装。《礼记·郊特牲》："野夫黄冠。黄冠,草服也。"孙希旦集解："黄冠草服者,黄冠乃台(苔)笠之属,而其色黄色。"

【赭衣】 古代犯人所服之衣。均为赤褐之色,近似赭石,故名。

【裎衣】 古代一种对襟衣。《方言》第四:单衣"无裹者,谓之裎衣"。钱绎笺疏："裎,即今之对袴衣,无右外袴者也。"袴,同"襟"。裎衣均为对襟之单衣。

【裖褴】 古代一种无缘之衣。《方言》第四:"以布而无缘,敝而纮之,谓之褴褛,自关而西,谓之裖褴。"又"自关而西秦晋之间,无缘之衣谓之裖褴。"钱绎笺疏："无缘之衣谓之裖褴,犹鸡无尾谓之屈。"

【左衽】 古代一种前襟向左之上衣。故名"左衽"。亦称"左袵"。衽,衣襟。古代上衣的款式,都是交领斜襟,夷人向左掩,称"左衽"。《书·毕命》："四夷左衽,罔不咸赖。"四夷、夷人,为中国古代少数民族。

【左袵】 见"左衽"。

左衽(左袵)

【右衽】 古代一种前襟向右之上衣。故名"右衽"。亦称"右袵"。衽,衣襟。古代上衣,都是交领斜襟,华夏族(中国古代中原人民)上衣都右掩,称为"右衽";夷人向左

掩,名"左衽"。

【右袵】 见"右衽"。

右衽(右袵)

【背褡】 短衣无袖,仅蔽胸背,亦称"背心",古曰"两当"或"裲裆"。

穿裲裆的东魏文吏
(河北磁县东魏墓出土陶俑)

【袙腹】 亦称"袙複"。即"裲裆"。今谓"坎肩",俗称"背心"。《晋书·齐王冏传》："时又谣曰:'著布袙腹,为齐持服'。"《乐府诗集·行路难》："裲裆双心共一袜,袙腹两边作八撮。"《玉台新咏》九作"袙複"。

【袙複】 即"袙腹"。

【袙複】 即"袙腹"。

【襳髾】 魏晋南北朝时期一种妇女服装。下摆裁为三角状,上宽下尖,层层相叠,形似旌旗,而谓之"髾";

"襂"指围裳中伸出的飘带,走路时飘带带动下摆之尖角,似燕轻舞,故有"华带飞襂"之称。始于汉,至南北朝时期,改为加长尖角燕尾,去掉曳地飘带。《汉书·司马相如传》有"蜚襂垂髾"之记述。东晋·顾恺之《列女图》描绘有"襂髾"服的形象资料。

襂髾
上:东晋·顾恺之《列女图》
下:襂髾女服示意图
(华梅《中国服装史》)

【襜褕】 古代之短衣。《史记·田蚡传》:"元朔三年,武安侯坐衣襜褕入宫,不敬。"《索隐》:"谓非正朝衣,若妇人服也。"一说为宽大的单衣。《急就篇》:"襜褕袷複褶袴褌。"注:"襜褕,直裾禅衣也。谓之襜褕者,取其襜褕而宽裕。"

【单衣】 古代一种盛服。比朝服略次。《宋书·礼志》:"汉制,太后入庙祭神服,绀上皂下,亲蚕,青上缥下,皆深衣。深衣,即单衣也。"《资治通鉴》晋·简文帝咸安元年:"著平巾帻,单衣。"注:"单衣,江左诸人所以见尊者之服。"

【袿襦】 古代妇女之长襦。《隋书·礼仪志》六:"皇后谒庙,服袿襦大衣,盖嫁服也,谓之袆衣,皂上皂下。亲蚕则青上缥下。皆深衣制,隐领袖,

缘以绦。"

【裤褶】 古代一种女套装。亦称"裤襦"、"袴裙"。通常以褶衣、缚裤组成。随时代、季节、职司、地区的不同,其款式、材质、色泽等均有所不同。《世说新语·汰侈》:"婢子百余人,皆绫罗裤裙。"《北堂书钞·衣冠部·裤褶》作引用时为:"绫罗裤褶。"《宋书·王敬弘传》:"……二老婢,……著青纹裤襦。"《南史·王裕之传》称:"……二老妇女,……著青纹袴裙。"《魏书·失韦传》:"男女悉衣白鹿皮襦裤。"《邺中记》:"以女骑一千为卤簿,令冬月皆着紫纶巾,蜀锦裤褶。"

【裤襦】 见"裤褶"。

【袴裙】 见"裤褶"。

【鼠裘】 古代一种鼠皮袍子。《北齐书·唐邕传》:"(显祖)又尝解所服青鼠皮裘赐邕。"唐·《温庭筠诗集·遐水谣》:"犀带鼠裘无暖色,清光炯冷黄金鞍。"

【雉头裘】 古代用雉头羽加工制成的裘服。东汉至南朝,射雉之风特盛。《南齐书·吕文度传》载:刘宋元徽中,设专官"射雉典事"。射获之雉,加工制裘,称"雉头裘",简称"雉头"。《晋书·武帝纪》咸宁四年(278):"太医司马程据,献雉头裘,帝以奇技异服,典礼所禁,焚之于殿前。"

【雉头】 见"雉头裘"。

【鹿衣】 古代用鹿皮所制之衣。指古隐士常服。晋·皇甫谧《高士传·善卷赞》:"遏矣善卷,君尧北面,鹿衣牧世,自臻从劝。"

【魏晋南北朝舞服】 魏晋南北朝时期舞服,有的广袖纤腰,有的窄衣细腰,亦有头插雉羽,曲襟长裤。南朝·梁·庚肩吾《南苑还看人》诗:

"细腰宜窄衣,长钗巧挟鬓。"吴均《与柳恽相赠答》诗:"纤腰曳广袖,半额画长蛾。"辽宁辑安舞家(公元三至五世纪)壁画,有的戴折风帽,上插雉毛,穿曲襟上衣,着长裤;有的穿对襟袍,袍长及足,均作舞姿。可见当时舞服有多种款式。

穿舞服的魏晋南北朝舞女
(辽宁辑安舞俑冢壁画)

【缊被】 古代用粗麻制的一种雨衣。《北齐书·文苑传》:"首戴萌蒲,身衣缊被。""缊被"就是用粗麻纤维加工制作的一种雨衣。

【棕蓑衣】 古代用棕丝制的雨衣,俗称"棕衣"。棕丝是棕榈树皮上的一种纤维,经过加工,整理,可编织成雨衣,俗谓"棕衣"。唐·韦应物《寄庐山棕衣居士》诗:"兀兀山行无处归,山中猛虎识棕衣。"即指此。也有称"棕蓑衣"的,《明会典·计赃时估》:"棕蓑衣一件,三十贯。"

【棕衣】 见"棕蓑衣"。

【墨缞】 古代一种黑色丧服。《魏书·李彪传》:"愚谓如有遭大父母、父母丧者,皆听终服……其军戎之警,墨缞从役,虽愆于礼,事所宜行也。"清·昭梿《啸亭杂录·癸酉之变》:"时科尔沁贝勒鄂尔哲依图有母丧,闻变,墨缞守神武门外,纪律颇严。"

【墨惨】 古代一种黑色丧服。亦称"墨惨衣"。《旧唐书·柳冕传》:"皇太子今若抑哀公除,墨惨朝觐,归至本院,依旧衰麻。"宋·丁谓《晋公谈录·墨惨衣》:"艾仲孺侍郎言:祖母始嫁衣笥中有墨惨衣,妯娌问之,云父母令候夫家私忌日,着此慰尊长。今此礼亦亡。"

【墨惨衣】 见"墨惨"。

【唐代服装】 唐代服色，以拓黄为最高贵，红紫为上，蓝绿次之，黑褐最低，白无地位。由于大臣马周的建议和画家阎立本的设计，唐恢复了帝王的冕服，并制定了官服制度。官服用不同颜色分别等级，还用各种鸟衔花的图案，以表示不同的官阶。如雁衔绶带、鹊衔瑞草、鹤衔方胜等，这些纹饰代表一定官制的品级。通常服装，为黑纱幞头，圆领小袖衣，红皮带和乌皮六合靴。幞头后边两条带子变化很多，或下垂，或上举，或斜耸一旁，或交叉在后，起初为梭子式，继而又为腰圆式……从五代起，这两条帽翅改为平直，分向两边。宋代又加以改进，便成为纱帽的定型样式。隐逸之士，多穿合领宽边衣，称为"直掇"。平民或仆役多戴尖毡帽，穿麻练鞋。唐代女装主要由裙、衫、帔三件组成。裙长曳地，衫子的下摆裹在裙腰里面，肩上再披着长围巾一样的帔帛。唐代前期，中原妇女喜欢穿西域装，着翻领小袖上衣，条纹裤，线鞋，戴卷檐胡帽。妇女出行，必戴帷帽，帽檐垂饰有一片网帘。女子早期衣裙，尚瘦长，裙系于胸上。有的妇女还喜着吐蕃装。这时并流行半袖短外褂，称"半臂"，清代的马褂、背心，都是由它演变而来。

左：戴幞头穿襕衫的唐代男子
（敦煌莫高窟 130 窟唐代壁画）
右：穿曲领长袍条纹裤的唐代女子
（哈喇和卓出土的唐代绢画）

【拓袍】 古代一种赤黄色袍服。亦称"拓黄袍"、"赭黄袍"、"郁金袍"。隋唐以来，拓袍始为帝王之常服。因袍色用拓木汁染成，故名。《旧唐书·舆服志》："（帝黄）常服，赤黄袍衫，折上头巾，九环带，六合靴，……自贞观以后，非元日冬至受朝及大祭祀，皆常服而已。"《新唐书·车服志》："至唐高祖，以赭黄袍、巾带为常服。"唐·许浑《骊山》诗："闻说先皇醉碧桃，日华浮动郁金袍。"清·张英《渊鉴类函》卷三七一："郁金袍，御袍也。"元·欧阳玄《圭斋集·陈搏睡图》诗："陈桥一夜柘袍黄，天下都无鼾睡床。"

【拓黄袍】 见"拓袍"。

【赭黄袍】 见"拓袍"。

【郁金袍】 见"拓袍"。

穿柘袍常服的唐皇
（宋·李公麟《唐人打马毬图》）

【朝服】 古代朝会之服。亦称"具服"。《礼记·玉藻》："（孔子）朝服而朝。"官员进宫朝见，必须穿朝服；皇帝受百官朝见，亦必须穿朝服。历代朝服，形制、色彩，都有所不同，但各代均有定制。参见"具服"。

【唐文官袍袄服】 《唐书·车服志》："文宗（827～840）即位，定袍袄之制。三品以上服绫，以鹊衔瑞草、雁衔绶带及双孔雀；四品、五品服绫，以地黄交枝；六品以下服绫，小窠无文及隔织独织。"

【具服】 古代朝会礼仪之服。据《旧唐书·舆服志》载：其式主要是宽袍大袖。大体承汉制，冠帻、缨、簪导、绛纱单衣、白纱中单、白裙襦、赤裙衫、方心曲领、绛纱蔽膝、袜、舄、绶等之礼仪服饰，多用于朝飨、祭礼和拜表大事。唐之前多交领，自唐以降多作盘领，同时于领、袖、裾部位，饰有缘边纹饰。《新唐书·车服志》："具服者，五品以上陪祭、朝飨……之服也。"参见"公服"。

【公服】 旧称官吏的制服。《北史·魏孝文帝纪》："（太和）十年，夏四月辛酉朔，始制五等公服。"《资治通鉴·齐武帝永明四年》胡三省注："公服，朝廷之服。五等：朱、紫、绯、绿、青。"隋唐以下，有朝服，有公服。朝服亦称具服，公服亦称"从省服"。见《隋书·礼义志》七。《新唐书·车服志》："从省服者，五品以上公事朔望朝谒，见东宫之服也。亦曰公服。"

【品服】 封建时代官吏所穿的公服。亦称"品色衣"，出现于我国隋代。官吏的服色，按品级高低各有规定，至唐代形成制度。唐贞观四年（630）规定：三品以上着紫衣，四、五品着绯（大红）衣，六、七品着绿衣，八、九品着青衣。平民百姓多穿白布。士兵在汉代衣赤，隋代衣黄，唐代衣皂。《新唐书·郑余庆传》："每朝会，朱紫满庭，而少衣绿者，品服大滥。"

唐代官吏穿的品服
（唐·韩滉《文苑图卷》）

【唐代公服】 唐代公务人员公务之服。亦称"常服"、"从省服"。服式为窄袖，多交领，领、袖、裾饰有缘边，但较朝服简略。亦有宽衣大袖。多办理公务、接待宾客、坐公堂时穿用，故名"公服"。《宋史·舆服志》："凡朝服谓之具服，公服从省。"公服具体形制，历代不尽相同。

【常服】　见"唐代公服"。

【从省服】　见"唐代公服"。

唐代公服
（《凌烟阁功臣图》石刻摹本）

【铭袍】　武则天时期一种绣有铭文的袍服。《文献通考》：武后延载元年(694)五月,出绣袍以赐文武三品以上官,其袍文仍有各训诫,又铭其襟,各为八字回文,如"忠正贞直,崇庆荣职"或"廉正躬奉,谦咸忠勇"等训诫,称为"铭袍"。

【麒麟袍】　古代官袍之一种。唐代武官所服。因袍服上绣有麒麟图案,故名。为唐时宫中左右卫所服。《旧唐书·舆服志》："延载元年(694)五月,(武)则天内出绯紫单罗铭襟背衫,赐文武三品以上。……左右卫饰以麒麟。"唐·白居易《长庆集·醉送李二十常侍赴镇浙东》诗："今日洛桥还醉别,金杯翻污麒麟袍。"明代有"麒麟服",洪武二十四年定为官服。参见"麒麟服"。

【师子服】　古代绣有狮纹的官服。唐代武官所服。《旧唐书·舆服志》："延载元年(694)五月,则天内出绯紫单罗铭襟背衫,赐文武三品以上。左右监门卫将军等饰以对师子纹。"

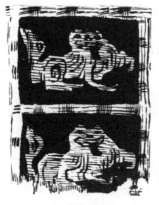

上：唐代对狮纹锦
下：唐代狮纹锦

【金字袍】　古代一种绣金字之官袍,故名。《新唐书·狄仁杰传》："俄转幽州都督,赐紫袍龟带,后自製金字十二于袍,以旌其忠。"宋·吴曾《能改斋漫录·武后制赐狄仁杰袍金字》："予案《家传》云,以金字环绕五色双鸾,其文曰：'敷政术,守清勤,升显位,励相臣。'"

【宫锦袍】　古代一种锦袍。用宫锦制成,故名。《旧唐书·文苑传下·李白》："尝月夜乘舟,自采石达金陵,白衣宫锦袍,于舟中顾瞻笑傲,傍若无人。"

【唐品官服色花纹】　唐代各级官吏,按照等级穿不同花色绫罗品服。唐初武德中敕令："三品以上,大科绸绫及罗,其色紫,饰用玉。五品以上,小科绸绫及罗,其色朱,饰用金。六品以上,服丝布(丝麻混纺),杂小(花)绫,交梭,双纠,其色黄。"《旧唐书·德宗纪》诏："顷未赐衣,文彩不常,非制也。……节度使宜以鹘衔绶带,观察使宜以雁衔威仪。……"

【借紫】　唐宋时期定制,官阶三品以上紫服,未到三品而特许着紫服的称"借紫"。《唐会要·内外官章服·注》："天授二年八月二十日,左羽林大将军建昌王攸宁,赐紫金带。九月二十六日,除纳言,依旧著紫带金龟。借紫自此始也。"宋制见《宋史·舆服志》五。

【借绯】　唐宋时期定制,官阶五品以上着绯衣及佩银鱼袋,未到五品而特许着绯衣的称"借绯"。绯,大红色。参阅《唐会要·内外官章服》和《宋史·舆服志》五。

【赐紫】　古代皇帝特赐给朝臣的章服。唐制：以紫色为三品以上官员的袍色,五品以上为绯色。官位不及者以至画院待诏,往往有赐紫之举。赐紫必兼金鱼袋,即许佩金饰之鱼袋和着紫色公服。故亦称赐金紫。宋代沿袭唐制。

【赐绯】　古代皇帝特赐给朝臣的章服。唐制：五品以上三品以下官员公服为绯色。不及五品者特许着绯色袍服,称为赐绯。赐绯时兼赐银饰鱼袋,故又称赐银绯。宋代沿袭唐制。

【青衫】　唐制,文官八品、九品服青,名"青衫"。唐·白居易《长庆集·琵琶行》："座中泣下谁最多？江州司马青衫湿。"

【衫】　古时指短袖的单衣。汉·刘熙《释名·释衣服》："衫,芟也,芟末无袖端也。"后来,衫作为衣服的通称。《琵琶行(并序)》："座中泣下谁最多？江州司马青衫湿。"青衫,唐代八品、九品文官的服色。白居易当时的职务是江州司马,官阶为最低的文散官将仕郎,从九品,所以穿青衫。衫,今指单上衣。

【紫衫】　古代官服之一种。因其服色为紫色,故名。《隋书·礼仪志》、《宋史·舆服志》载：隋代时,为皇帝随从服装。至宋代,军校服之。南宋初期,因战事不息,文官多服之。至南宋高宗绍兴二十三年(1153),规定文官不准服紫衫。孝宗乾道初(1165),又准许文官服用紫衫。

【紫绶】　古时官服,唐代三品以上服紫。皇甫冉《送袁郎中破贼北归》诗："优诏亲贤时独稀,中途紫绶换征衣。"

【绿衫】 唐代服制,官三品以上服紫,四五品以上服绯,六七品服绿,八九品服青。故唐人诗常用"绿衫",表示官位卑微。唐·白居易《长庆集·忆微之》诗:"分手各抛沧海畔,折腰俱老绿衫中。"

【襕衫】 亦作"襤衫"、"蓝衫",是在衫的下摆加接一幅横襕,故名,为古时士人的服装。唐代襕衫,为士人所服。《新唐书·车服志》:"士服短褐,庶人以白,中书令马周上议,礼无服衫之文,三代之制有深衣,请加襕、袖、褾、襈为士人上服,开胯者名曰缺胯衫,庶人服之。"这种襕衫,是一种较长的衫,其下加一横襕,这同襕袍有相似处。袍下加襕,始于北周,定于唐。贞观间丞相长孙无忌,请于袍下加襕,绯、紫、绿皆视其品级,庶人则以白。《宋史·舆服志》:"襕衫,以白细布为之,圆领大袖,下施横襕为裳,腰间有襞积(打裥),进士及国子生、州县生服之。"这种襕衫属于袍衫形式,接近官定服制,同大袖常服形式相似,其色白,其下前后裾加缀一横幅,具有下裳制含义。《正字通·衣部》:"明制生员襕衫用蓝绢,裾袖缘以青,谓有襕缘也;俗作'襤衫';因色蓝改为'蓝衫'。"

穿襕衫的唐代文官
(唐·阎立本《步辇图卷》)

【襤衫】 古时士人的服装,即"蓝衫"。见"襕衫"。

【蓝衫】 古时士人的服装,亦名"襤衫"。见"襕衫"。

【曲领】 古代一种圆领外衣。《急就篇》二:"袍襦表里曲领帬。"注:"著曲领者,所以禁中衣之领,恐其上拥颈也。其状阔大而曲,因以名云。"唐、宋时期,均为官服。《新唐书·车服志》、《宋史·舆服志》载:唐宋间,官吏之公服,按古代服制,三品、五品、七品、九品以上,都服曲领大袖袍服。

上:曲领大袖袍服
下:穿曲领袍的唐代官吏(唐·阎立本《步辇图卷》)

【圆领】 古代一种圆形衣领。亦称"团领"、"员领"、"上领"。原先流行于西域,六朝后渐传入中原,隋唐时较盛行,多用于官吏,后历代沿用。唐·韩滉《文苑图》上之官吏,即着圆领袍服。陕西乾县唐懿德太子李重润墓壁画上,也有穿圆领袍衫人物。明·田艺蘅《留青日札》卷二十二:"(明)洪武改元,诏衣冠悉服唐制,……官则乌纱帽、圆领、束带、皂靴。"明·文震亨《长物志》卷八:"方巾、团领之为国朝服也。"

【团领】 见"圆领"。

【员领】 见"圆领"。

【上领】 见"圆领"。

上:穿圆领袍的唐代官吏
(唐·韩滉《文苑图》)
下:穿圆领袍的五代官吏
(敦煌莫高窟五代壁画《曹议金进香图》)

【蕃客锦袍】 唐代赠予外来使臣的一种特种袍服。即《唐六典》提到川蜀织造的"蕃客锦袍"。当时成都织锦工人每年织造200件上贡。杜佑《通典》赋税条,说扬州广陵也每年织造250件。都是唐代皇帝专为赠送外来长安使臣或作为特种礼物而织

穿蕃客锦袍的吐蕃使者
(唐·阎立本《步辇图卷》)

造。有的还织有文字,称"羌样文字"锦缎。大历时,曾有禁令,不准织造羌样文字锦缎。唐·阎立本《步辇图》中吐蕃丞相禄东赞所着联珠团窠红锦袍,即是一种"蕃客锦袍"。

【"羌样文字"锦】　见"蕃客锦袍"。

【虎皮饰】　古代南诏国的一种高贵衣饰。《云南民族文物身上饰品·唐宋(南诏、大理)时期的饰品》:"南诏崇虎,称虎为波罗、大虫。虎皮叫金波罗、波罗皮、大虫皮。以披饰、缀饰虎皮为贵。《蛮书》卷四:'蛮王并清平官(宰相)礼衣悉服锦绣,皆上缀波罗皮;(官员)有超等殊功者,则得全披波罗皮。其次功则胸前后背得披,而阙其袖。又以次功则胸前得披,并阙其背。'《南诏德化碑》碑阴镌刻五名曹长、军将等,分别获得大大虫皮衣、大虫皮衣赏赐之事。大大虫皮衣,应即'全披波罗衣',是赏给'超等殊功者'的。大虫皮衣,是指缺袖或缺背之虎皮,是奖给功劳次于前者的人披饰的。"

《南诏中兴画卷》中武将所披之虎皮饰

【胡服】　指胡人所穿的衣服,即古代西北地区少数民族(历史上称北方的民族为"胡人")的服装,与当时中原地区宽衣博带式的汉族服装,有较大差异。一般多穿短衣、长裤和革靴。衣身紧窄,活动便利,史称"胡服"。公元前325年,赵武灵王为使赵国强大,决心在军事上进行改革。要学习

骑射,必须首先改革服装。于是他采用了胡人短衣、长裤的服装形式,军事力量逐渐强大,成为战国"七雄"之一。这就是历史上"赵武灵王胡服骑射"的故事。从此,胡服就成为汉民族服装形式的一部分,并沿用了2 000多年,尤其在唐代时,特别盛行。

【唐代胡服】　唐代受外来影响的一种新服饰。《唐书·五行志》:"天宝初,贵族及士民,好为胡服胡帽,妇人则簪步摇钗,衿袖窄小。"沈从文《中国古代服饰研究·唐胡服妇女》:"史志中谈唐代妇女'胡服',常以为盛行于开元天宝间,似非事实。就近年大量出土材料比较分析,大致可以分作前后两期:前期实北齐以来男子所常穿,至于妇女穿它,或受当时西北民族(如高昌回鹘)文化的影响。间接即波斯诸国影响。特征为高髻,戴尖锥形浑脱花帽,穿翻领小袖长袍,领袖间用锦绣缘饰,钿镂带,条纹毛织物小口袴,软锦透空靴,眉间有黄星靥子,面颊间加月牙儿点装。后一期则在元和以后,主要受吐蕃影响,重点在头部发式和面部化妆。特征为蛮鬟椎髻,乌膏注唇,脸涂黄粉,眉细细的作八字式低鬟,即唐人所谓'囚装'、'啼装'、'泪装'。传世的唐人绘《纨扇仕女图》《宫乐图》中妇女形象,有代表性。"

唐代胡服
(陕西西安唐韦顼墓出土石刻线画)

【唐代女着男装】　女着男装,是唐代社会开放的一种反映,也是当时一种

时尚的"时世妆"。唐女着男装,原始于宫中,后民间皆效仿。《旧唐书·舆服志》:"开元初,从驾宫人骑马者,皆着胡帽靓妆露面无复障蔽,士庶之家又相仿效,帷帽之制绝不行用。俄又露髻驰骋,或有著丈夫衣服靴衫,而尊卑内外斯一贯矣。"《新唐书·车服志》:"中宗后……宫人从驾皆胡冒(帽)乘马,海内效之,至露髻驰骋,而帷帽亦废,有衣男子衣而靴如奚契丹之服。"《永乐大典》卷二九七二引《唐语林》记载:唐武宗的王才人身材高大,与武宗身材相近,一次在苑中射猎,两人穿着同样的衣装南北走马,左右有奏事的,往往误奏于王才人前,帝以之为乐。

女着男装的唐代妇女
(陕西咸阳边方村出土)

【茜袍】　唐宋时高中状元者所着的大红色袍服,古称"茜袍"。宋·陆游《天彭牡丹谱》:"状元红者,重叶深红色,其色与鞓红潜绯相类,而天姿富贵,彭人以冠花品。……以其高出众花之上,故名状元红。或曰:旧制进士第一人,即赐茜袍,此花如其色,故以名之。"

【谦服】　古代常礼服之一种。各朝有所不同,形制亦各异。《旧唐书·舆服志》:"谦服,盖古之褒服也,今亦谓之常服。江南则以巾褐裙襦,北朝则杂以戎夷之制。爰至北齐,有长帽短靴,合绔袄子,朱紫玄黄,各任所好。虽谒见君上,出入省寺,若非元正大会,一切通用。"

【半涂】 隋代内官所穿的一种长袖衣。亦称"半除"。刘孝孙《事原》："隋大业中,内官多服半除。即今长袖也,唐高祖减其袖,谓之半臂。"清·厉荃《事物异名录·服饰》引作"半涂"。《渊鉴类函》卷三七三:"隋内官多服半涂,即今长袖也。"

【半除】 见"半涂"。

【缺胯袄子】 隋唐武士之冬季袄服。制同普通袄子,而唯在胯部裁缺一块,故名"缺胯袄子"。为便于骑射,服色纹饰视等级有所差异。五代·后唐·马缟《中华古今注》卷上:"隋文帝征辽,诏武官服缺胯袄子,取军用,如服有所妨也。其三品以上皆紫。至武德元年,高祖诏其诸卫将军,每至十月一日,皆服缺胯袄子,织成紫瑞兽袄子。……至今不易其制。"

【白衫】 亦称"凉衫"。唐宋时便服。色白,故名。唐时白衫也兼为凶服之用。宋·乾道中,礼部侍郎王曦上疏禁服白衫,后遂专作凶服用。

【毠衫】 服装名。明·陶宗仪《辍耕录·采绘法》:"凡调合服饰器用颜色者,……毠子,用粉土黄檀子入墨一点合;……毠绫,用紫花底、紫粉搭花样。"毠衫,盖以此类服色为衫,或用毛缎制成。

【䌽缟】 古代服装名,一种较硬的薄缯丝衣。

【纺衣】 古代服装名,一种缟绢类的衣服。

【缦缘】 古代服装名,一种素缯的沿花边衣服。

【隐士衫】 古代一种隐士服。唐代成芳隐于麦林山,剥绉织布,为短襕宽袖之衣,着以酤酒,自称"隐士衫"。

【野服】 古代称居住在山野的人的服装。

【大衣】 陶宗仪《辍耕录》卷十一"贤孝":"国朝妇人礼服,鞑靼曰袍,汉人曰团衫,南人曰大衣。"今称西式长外套为大衣,亦称大氅。另外佛教徒以九至二十五条布片缝成的袈裟,称"僧伽梨",译名"大衣"。参阅《释氏要览》。

【襦衣】 古代妇女的一种短衣。段玉裁《说文解字注·衣部》:"襦,若今袄之短者。"传为禹所创,魏楚时称"襜襦"、"单襦"。隋唐时期,形成为时尚服装,其式为窄袖、紧身、齐腰。当时主要的流行款式有:"圆领襦"、"交领襦"、"对领半袖襦"和"袒胸襦"等。

【单襦】 见"襦衣"。

【襦裙装】 唐代妇女的时尚服饰。由襦(或衫)、裙和帔三件套组成。襦裙装,于西晋时已形成一种时装。西晋·傅玄《艳歌行》:"白素为下裙,月下为上襦。"唐朝襦裙装主要是:上着短襦或短衫,下穿长裙,肩披帔帛,加半臂衣。这种套装由中原传入西域高昌等地区,成为当时十分盛行的时尚服饰。1973 年新疆吐鲁番阿斯塔那 206 号唐代墓葬,出土一件珍贵的彩塑女泥俑,身着绿色窄袖短襦,襦外穿紧身半臂花衣,下为齐腰曳地

唐代泥女俑所着襦裙装
(新疆吐鲁番阿斯塔那唐墓出土)

的长条形黄白相间的长裙,凸显出初唐妇女优美的体态和风姿,表现出强烈的时代气息。

【交领襦】 隋唐妇女襦衣之一。其式交领、紧身、齐腰、袖长掩手,分窄宽袖两种。陕西礼泉县昭陵契苾夫人墓壁画所绘一宫苑仕女,即服此交领、袖长掩手的襦衣。交领襦在魏晋南北朝时期亦较流行。

【圆领襦】 隋唐妇女襦衣之一。其式盘领、秀身、紧袖、齐腰。穿着后颇能凸显女性曲线、窈窕体态之美。宫中妃嫔、贵妇和庶民女子均好穿用,极为盛行。

【对领半袖襦】 唐代妇女襦衣之一。其式直领、对襟、短袖,有的在领中央饰同心结带,多作外套穿用。在唐代宫廷妃嫔和上层社会妇女中甚流行。陕西礼泉县昭陵张士贵墓,出土一女骑俑,即服此对领半袖襦衣。

穿对领半袖襦的唐代女子
(陕西礼泉县昭陵张士贵墓出土女骑俑,
介眉《昭陵唐人服饰》)

【袒胸襦】 唐代妇女襦衣之一。其式无领、袒胸、内衬抹胸、紧身窄袖、襦长齐腰。唐初多歌舞伎所穿,后渐盛行于上层社会,成为青年女子的时尚上服。陕西礼泉县昭陵郑仁泰墓,出土一女乐俑,为麟德元年(664),即为袒胸襦衣。陕西西安王家坟村,出土一三彩女俑,亦穿无领、袒胸之短襦。

袒胸襦
(陕西西安王家坟村出土唐三彩女俑)

【半臂】 短袖上衣,又名"半袖",是从短襦演变出来的一种服式。据传,出现于汉,至隋代逐渐流行。到唐代,男女都穿,而以妇女穿半臂的为多,宋时仍流行。宋高承《事物纪原·衣裘带服部·背子条》:"《实录》又曰:'隋大业中,内官多服半臂,除却长袖也。唐高祖减其袖,谓之半臂,今背子也。'"《新唐书·车服志》:"半袖、裙、襦者,女史常供奉之服也。"半臂常用较好织物制作。《新唐书·地理志》记扬州土贡物产中有"半臂锦"。半臂衣的形制,一般都用对襟,穿时在胸前结带,也有少数用"套衫"式的,穿时从上套下,领口宽大,呈袒胸状。半臂下摆,显现在外,亦可像短襦那样束在裙腰里面。从存世的隋唐壁画和出土的陶俑观察,穿着半臂服装,里面皆衬有内衣(如短襦),不见单独使用。

【半袖】 见"半臂"。

穿半臂衣的唐代妇女
(新疆吐鲁番阿斯塔那出土唐仕女画屏风)

【衫子】 妇女短上衣。又名半衣。《中华古今注》中:"始皇元年,诏宫人及近侍宫人,皆服衫子,亦曰半衣,盖取便于侍奉。"《全唐诗》四二二元稹《杂忆》之五:"忆得双文衫子薄,钿头云映腿红酥。"

【襫裆】 古代妇女衣名,与裲裆相类似。《逸雅》:"襫裆,言两当之盖其外如罩甲然也。"按此,其短者为裲裆,长者为襫裆。唐人小说《霍小玉传》:"着石榴裙,紫襫裆。"《篇海》:"襫裆,前后两当衣也。"明人《通雅》:"襫裆,言裲裆之盖其外也。"《新唐书·车服志》:"武舞绯丝布大褒(袖),白练襫裆;鼓吹按工加白练襫裆。"知襫裆乃加于大袖之上,即盖其外的一种服饰。在新疆吐鲁番出土的唐代绢衣女俑有此服饰,唯左臂处结构不清。

【半衣】 古代之上衣。古之服制,分上衣、下裳,上衣乃衣之半,故名。五代·后唐·马缟《中华古今注》载:相传秦始皇,命近侍、宫女皆穿衫子,也叫"半衣"。

【回鹘装】 回鹘是西北地区的少数民族,即现在维吾尔族的前身。回鹘女装的基本特点是,略似男子长袍,翻领,袖窄小,衣身宽大,下长曳地,颜色以暖调为主,尤喜红色。用料大多为质地厚实的织锦,领、袖均镶有宽阔的织金锦花边。穿着这种服装,

穿回鹘装的晚唐贵妇
(甘肃敦煌莫高窟壁画)

通常将头发挽成椎状髻式,时称"回鹘髻"。髻上戴一顶桃形金冠,上缀凤鸟。两鬓插有簪钗,耳边、颈项佩首饰。足穿翘头软锦鞋。回鹘装在唐代,对中原人民带来较大影响,尤在贵族妇女和宫廷妇女中广为流行,花蕊夫人《宫词》记有当时宫廷妇女喜好"回鹘衣装回鹘马"的情况。

【藕丝衫】 藕丝色的衣服,在唐时较流行。《全唐诗·白衣裳》:"藕丝衫子柳花裙,空着沉香慢火熏。"

【幔】 古代一种罩衣。贵族女子外出所服。《隋书·礼仪志》载:"太子妃乘辂出行,外加幔(罩子)。"

【绢衣】 古代女子出嫁时所穿的外衣,用枲麻织制。

【百戏衣】 古时歌舞服装。《魏书·景穆十二王乐浪王忠传》:"忠愚而无智,性好衣服。遂著红罗缛,绣作领,碧绸袴,锦为缘。帝谓曰:'朝廷衣

唐代舞服
(甘肃敦煌莫高窟唐代壁画)

冠,应有常式,何谓著百戏衣?'忠曰:'臣少来所爱,情存绮罗,歌衣舞服,是臣所愿'。"唐代是我国歌舞的辉煌时期,当时诸多西域歌舞流传至中原地区,其中以"胡舞"为多。在敦煌莫高窟唐代壁画中,一青年胡人赤膊手击腰鼓跳舞,头扎彩带,手腕、足踝戴金镯并系有小铃。一女子上穿半臂装,下穿彩色短裤,腰系彩带,双手作反弹琵琶状,赤足作跳跃式舞姿。从中显示出唐代百戏衣在外来文化影响下,创造出极其多样丰富的各式舞服。

【轩罗衣】 古代一种舞衣。唐时为渳东国所制,衣无缝而成,奇异巧妙。唐·苏鹗《杜阳杂编》载:唐敬宗宝历二年(826),渳东国贡舞女两名,服轩罗衣,该衣无缝而成,其纹巧织,未有识者。

【缦衫】 亦名"笼衫",为古代舞乐女子歌舞时一种罩于外的衣着,形制极小。《教坊记》:"圣寿乐,舞衣襟皆绣一大窠,皆随其衣本色,制纯缦衫,下才及带,若汗衫者以笼之,所以藏绣窠也。舞人初出舞次,皆是缦衣,舞至第二叠,相聚场中,即于众中从领上抽去笼衫,各内怀中,观者忽见众女咸文绣炳焕,莫不惊异。"这种服装,当是短小而易脱者。

【笼衫】 古代女子歌舞时的一种衣着。见"缦衫"。

穿缦衫的唐代歌舞女俑

【金缕衣】 古代一种饰以金缕之舞

衣。亦称"缕金衣"。《玉台新咏·拟古应教》:"青铺绿隙流璃扉,琼筵玉笥金缕衣。"《元史·外夷传》:"大德三年,暹国主上言,其父在位时,朝廷尝赐鞍辔、白马及金缕衣,乞循旧例以赐。"《明史·成祖本纪》:"真腊进金缕衣。"

【缕金衣】 见"金缕衣"。

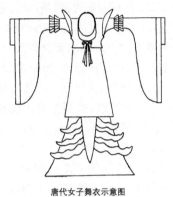

唐代女子舞衣示意图
(华梅《中国服装史》)

【霓裳羽衣】 唐代一种高贵的舞衣。用孔雀羽制成。郑嵎《津阳门诗》:"又令宫妓梳九骑仙髻,衣孔雀翠衣,佩七宝璎珞,为霓裳羽衣之类,……"《唐语林》:"宣宗妙于音律,……有霓裳曲者,率皆执帐节,被羽服,飘然有翔云飞鹤之势。"霓裳羽衣舞,为一种"胡舞",霓裳羽衣亦具有某些异邦影响。河南洛阳出土的唐代彩绘女陶俑,即为当时穿霓裳羽衣的舞姬。

唐代霓裳羽衣舞服
(河南洛阳出土彩绘女陶俑)

【孔雀翠衣】 古代用孔雀翠羽制作的衣服,唐代作为舞衣。唐·郑嵎

《津阳门诗》:"马知舞彻下床榻,人惜曲终更羽毛。"自注:"上始以诞圣日为千秋节,每大酺会,必于勤政楼下使华夷纵观,……又令宫妓梳九骑仙髻,衣孔雀翠衣,佩七宝璎珞,为霓裳羽衣之类。曲终,珠翠可扫。"

【帔子】 古代妇女一种衣饰。亦称"披帛"。长条形,为绫、罗等制成。汉·刘熙《释名·释衣服》:"帔,披也,披之肩背,不及下也。"宋·高承《事物纪原》引《两仪实录》:"秦有披帛,以练帛为之,汉即为罗。"1995年新疆汉晋间民丰尼雅古墓,出土有丝编织披帛珍品。新疆吐鲁番出土文书中,有"绯罗帔子"、"绿绫帔子"和"紫小绫帔子"等记述。可知当时帔子的材质和彩色,变化甚多。从敦煌和克孜尔等处的石窟壁画中,可窥见各时代飞天、供养人所披帔子的各种形象,形式多种多样。东晋、唐、五代时期,在肩、领间加着花帔,为当时一种时尚。《两代实录》:"晋永嘉中,制绛晕帔子。开元中,王妃以下通服之。"

披"帔子"的五代妇女
(五代·顾闳中《韩熙载夜宴图》)

【诃梨子】 古代妇女之披肩。《花间集》七五代·晋·和凝《采桑子》词:"蜻蜓领上诃梨子,绣带双垂。"

【油帔】 古代一种涂油之帔肩。《晋书·桓玄传》:"(刘)裕至蒋山,使羸弱贯油帔登山,分张旗帜,数道并前。"

【缺骻衫】　亦称"开骻衫"、"四襖衫"。唐代规定的庶民服装之一种。《新唐书》："开骻者名曰缺骻衫，庶人服之。"开骻，即指衣旁下脚开衩至骻骨边。用本色麻布制成，长度齐膝。劳作时常将衣角撩起，系于腰间，便于活动。甘肃敦煌 323 窟唐代壁画纤夫，即著这种缺骻衫。南宋·萧照《中兴祯应图》中，很多差吏，亦着这种缺骻衫子。

【开骻衫】　见"缺骻衫"。

【四襖衫】　见"缺骻衫"。

缺髋衫
（甘肃敦煌 323 窟唐代壁画纤夫）

【油衣】　古之雨衣。一种涂有桐油之外衣，用以防雨。《隋书·炀帝纪》上："尝观猎遇雨，左右进油衣。"

【背篷】　古时渔人遮背之篷衣。《全唐诗》六一〇皮日休《添鱼具诗·序》："江、汉间时候率多雨，唯以篛笠自庇。每伺鱼必多俯，篛笠不能庇其上，由是织篷以障之，上抱而下仰，字之曰背篷。"又《背篷》诗："侬家背篷样，似个大龟甲。雨中踽踽时，一向听霎霎。"

【纸衣】　古代用纸制作的衣服。《辩疑志》："（唐）大历中，有一僧称苦行，不衣缯絮布纟之类，常衣纸衣，时人呼为'纸衣和尚'。"宋·王禹偶《小畜集》，讲述五代王审知据闽时"残民自奉，民多纸衣"。宋·

苏易简《文房四谱》："山居者，常以纸为衣，盖遵释氏云不衣蚕口衣也，然服甚暖。"

【宋代服装】　宋代重定服制。衣带的等级有 28 种之多。黄袍成了帝王的专用之服。规定官服有各种不同花色。每遇大朝会或重要节日，王公大臣必须按照各自品级，穿各种锦袍。皇后的凤冠很大，满是珠宝，金银盘丝。贵族妇女的便服时兴瘦长，一种罩在裙子外面的大衣甚流行。衣着配色，多采用间色，为粉紫、黝紫、葱白、银灰、沉香色等。色调鲜明。衣着的花纹，多写生的折枝花样。男子官服，仍是大袖宽袍，纱帽的两翅平直向两旁分开已成定型。便服还是小袖圆领如唐式，但脚下多改穿丝鞋。退休的官僚，多穿"直掇"式衫子，戴方整高巾或士巾。公差、仆役多戴曲翅幞头，衣衫较长，常撩起一角扎于腰带间。农民、手工业者、船夫衣服越来越短，真正成了"短衣汉子"。缠足的陋习，出现于五代末，至北宋中晚期在贵族妇女中已较普遍。

宋人服装
（裹头巾、大袖长衣。四川大足宋代石刻）

【黄袍】　古代一种黄色袍服。原先无定制，官吏士庶皆可服之。唐·刘肃《大唐新语·厘革》："隋代帝王贵臣，多服黄文绫袍，乌纱帽，九环带，乌皮六合靴。百官常服，同于走庶，皆著黄袍及衫，出入殿省。"《旧唐书·舆服志》："武德初，因隋旧制，天子燕服，亦名常服，唯以黄袍及衫，后渐用赤黄，遂禁士庶不得以赤黄为衣

服杂饰。"贞观四年规定官吏袍服用色："三品以上服紫，五品以下服绯，六品、七品服绿，八品、九品服以青，带以输石。妇人从夫色。虽有令，仍许通著黄。"总章元年（668）明确规定，除天子外各色人等一律不许着黄。从此，黄袍便成为皇帝的专用服饰。《宋史·舆服志》三称："唐因隋制，天子常服赤黄、浅黄袍衫，折上巾，九还带，六合靴。宋因之，有赭黄、淡黄袍衫，玉装红束带，皂文靴，大宴则服之。又有赭黄、淡黄襖袍，红衫袍，常朝则服之。"宋·李焘《续资治通鉴长编》建隆元年："太祖惊起披衣，未及酬应，则相与扶出听事，或以黄袍加太祖身，且罗拜庭下称万岁。"此制沿用于明清。清代皇帝的朝袍、龙袍乃至雨衣，均以明黄色为之。后妃之袍亦如之。皇子蟒袍可用黄，但只准使用金黄，以示区别。清中叶以后，皇帝常将黄色蟒袍赐予功臣，得到者是一种荣誉，但只限于金黄，不得用明黄。

穿黄袍的宋太祖赵匡胤
（北宋南薰殿旧藏《宋太祖像》）

【宋朝服】　朝会服用。上朱衣，下系朱裳；里衬白花罗中单，束罗大带，以革带系绯色罗蔽膝，挂玉剑、玉佩、锦绶、穿白绫袜，黑皮履。朝服以官位高低有所不同，如六品以下，没有中单、佩剑和锦绶。冠有三种："进贤冠"、"貂蝉冠"和"獬豸冠"。"进贤冠"凡七等：一等为七梁冠加貂蝉笼巾，亲王、使相、三师、三公等官所戴；二等七梁冠不加貂蝉笼巾，枢密使、太子太保等官所戴；三等六梁冠，左

右仆射至龙图等直学士诸官所戴；五梁冠，左右散骑常侍至殿中少府将作监所戴；其下则各按其梁数依次降差，依职官大小戴之。貂蝉冠亦称"笼巾"，为蝉翼状二片，加于进贤冠戴用，即为一等冠饰。獬豸冠亦称"法冠"，为御史台中丞、监察御史等执法官所戴。

【宋祭服】 宋制，定有"衮冕"、"衮冕"、"鷩冕"、"毳冕"、"绨冕"、"玄冕"六种。其中"衮冕服"除祭天地、宗庙等外，他如上尊号、元日受朝贺、册封和诸大朝会及各大典礼，亦穿用。制式大体承袭唐代，并参酌汉以后历朝制定而成。

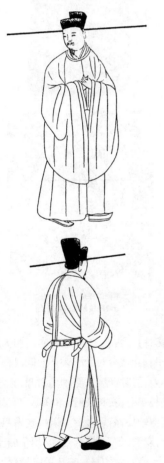

上：宋代宽袖公服
（宋《人物图卷》）
下：宋代窄袖公服
（宋人《中兴祯应图》）

【宋公服】 亦称"从省服"。仍袭唐制，以服色区分职官之大小。三品以上用紫色，五品以上为朱色，七品以上绿色，九品以上青色。公服款式，为曲领（圆领），大袖，下裾加一横襕，为下裳之遗义；腰束革带，头戴幞头，足穿靴或革履。至元丰时期，服色略有变更：四品以上服紫，六品以上绯色，九品以上绿色。公服有宽袖和窄袖之分。

【从省服】 见"宋公服"。

【鹄袍】 古之白袍。宋代应试士子所服之袍。宋·岳珂《桯史·万春伶语》："命供帐考校者悉倍前规，鹄袍入试。"《宋诗钞》方岳《秋厓小藁钞·送刘子中就试》："鹄袍才脱须重读，六籍久为场屋昏。"

【宋代品官时服】 宋制，指按季节时令颁赐官吏的服饰，故名"时服"。《宋史》卷一五三《舆服志》五："时服：宋初因五代旧制，每岁，诸臣皆赐时服，然止赐将相学士，禁军大校。建隆三年(962)，太祖谓侍臣曰：'百官不赐，甚无谓也。'乃偏赐之。岁遇端午，十月一日，文武群臣将校皆给焉。是岁十月，近臣军校，增给锦衬袍；中书门下、枢密、宣徽院、节度使及侍卫步军都虞侯以上，皇亲、大将军以上，天下乐晕锦；三司使、学士、中丞、内客省使、驸马、留后观察使，皇亲、将军、诸司使厢主以上，簇四盘雕细锦；三司副使，宫观判官，黄狮子大锦；防御、团练使、刺史、皇亲、诸司副使，翠毛细锦；权中丞、知开封府、银台司、审判院及待制以上，知检院、鼓院、同三司副使、六统军金吾大将军，红锦；诸班及诸军将校亦赐窄锦袍，有翠毛、宜男、云雁细锦，狮子、练鹊、宝照大锦，宝照中锦，凡七等。"

【宋代职业装】 宋·孟元老《东京梦华录》："其士农工商诸行百户衣装，各有本色，不敢越外。诸如香铺裹香人，即顶帽披肩；质库管事，即着皂衫角带不顶帽之类。街市行人，便认得是何色目。"宋·张择端《清明上河图》中描写的各种人物，正是一幅北宋职业装的民俗画面。

宋代士农工商诸行百户衣装
（宋·张择端《清明上河图》）

【鹤氅】 鸟羽所制的裘。《世说新语·企羡》："尝见王恭乘高舆，被鹤氅裘。"权德舆《和兵部李尚书东亭》诗："风流披鹤氅，操割佩龙泉。"后来也专称道服，在道教中又称为羽衣。《新五代史·卢程传》："程戴华阳巾，衣鹤氅，据几决事。"华阳巾，道冠。此服在晋及南朝时即有。其式宽袖，后称这种宽敞的衣着曰鹤氅。着鹤氅者大多称之为披，披的衣服一般

披鹤氅的宋徽宗
（宋《赵佶听琴图》）

来说，较为宽敞而披之于外。宋·苏东坡诗："试看披鹤氅"。宋代《赵佶听琴图》中的赵佶，披在衣裙外面的，可能即是鹤氅一类的衣着。他头上戴的小冠，也是属于道家一类的装束。

【琐伏】 亦称"梭服"。古代一种羽毛服。用鸟毳制成，纹似细绢。《一统志》："琐伏，一名梭服，鸟毳为之，纹如纨绮。"

【梭服】 见"琐伏"。

【紫衫】 古代一种紫色衫。隋时为皇帝的侍从所服。宋时为军校服。南宋初，战争频繁，文官也多服紫衫。绍兴二十三年禁文官不得服紫衫，至乾道初，文官又许服紫衫。

【褡护】 古代一种翻毛羊皮大袄。亦称"搭褙"、"比肩褂"、"襻子搭忽"。也有棉、夹等多种。宋·郑思肖《心史·绝句》八："骏笠毡靴搭护衣，金牌骏马走如飞。"自注："搭护，胡衣名。"《元史·舆服志·比肩》注："俗称'襻子搭忽'。"《元曲选》武汉臣《生金阁》三："孩儿，吃下这杯酒去，又与你添了一件绵搭褙么！"这种皮衣，有表有里，较马褂长些，类似半袖衫。清初王士正《居易录》："今谓皮衣之长者曰褡护。"又云："半臂衫也。"其名与形式或沿元代，其制式非元代的搭护，当是一种比褂略长的一种短袖衣。明人著《三才图会》亦谓半臂，今俗名"搭护"。清代的端罩，或由此演变而来。

【搭褙】 见"搭护"。

【比肩褂】 见"褡护"。

【襻子搭忽】 见"搭护"。

【宋球路纹锦袍】 北宋锦袍珍品。1953年新疆阿拉尔北宋木乃伊墓出土，藏北京故宫博物院。袍长138、两袖通长194、袖口宽15厘米。半掩襟，窄袖，后身开叉至臀部。领口、袖

口、大襟均镶有羊皮。出土时基本完好。袍面为织锦，素绸衬里，为一件夹袍。球路，亦称"毬露"。即以大小圆形纹相套相连组合。锦袍球路纹，大团窠中饰二灵鹫纹，小团窠中饰四鸟和四叶纹；大小圆相互套合联接，均衡匀称，结构严谨；色泽谐和、明快；为宋锦中之代表作品。参见"球路纹"、"毬露锦"。

宋代球路纹锦袍（下：细部纹饰）
（新疆阿拉尔北宋墓出土）

【貂袖】 古代一种短袖衣。初为男子骑射所穿用，始于宋，元、明时仍有穿着，清时渐废。貂袖为对襟，直领，袖长至肘，衣长及腰，下摆略有长短，两侧较长，前后较短。以厚实布帛缝合，双层，冬季纳棉。初时用于骑士，后士庶妇女均服。宋·曾三异《因话录》："近岁衣制有一种如旋袄，长不过腰，两袖仅掩肘，以最厚之帛为之，仍用夹里，或其中用绵者，以紫或皂缘之，名曰'貂袖'。闻之起于御马院圉人，短前后襟者，坐鞍上不妨脱着。短袖者，以便于控驭耳。……今之所谓貂袖者，袭于衣上，男女皆然。"宋人《射猎图》所绘骑士，即穿貂袖短

衣。这种衣服的特点,是便于骑马,袖在肘间而长短只到腰间。则所说的旋袄与貉袖,应是同式而异名。

宋代骑士穿的貉袖
(宋人《狩猎图》)

【旋袄】 即"貉袖"的异名。一说,旋袄为宋代妇女一种短大衣,南宋时日益加长,至元代,南方妇女仍有穿用。

【禅衫】 古代一种单衣。男女均服。亦称"单衫"。刘熙《释名·释衣服》:"有里曰複(夹衫),无里曰禅。""禅衫"之名,即以无衬里而名。参见"複衫"。

【单衫】 见"禅衫"。

【複衫】 古代一种有衬里的衣服。亦称"夹衫"、"袷衫"。刘熙《释名·释衣服》:"有里曰複,无里曰禅。"用双层、多层布帛缝制的衫,均称"複衫"。複,夹层之意。

【夹衫】 见"複衫"。

【袷衫】 见"複衫"。

【夹衣】 有面有里的双层衣服,称为"夹衣",亦叫"夹衫"。

【纩】 古代一种厚衣。

【絾】 古代的袷衣。

【䌷】 古代服装,即一种"春服"。

【宋后妃四服】 宋代后妃之四种服饰。《宋史·舆服志》记后妃之服四种:"一曰袆衣,二曰朱衣,三曰礼衣,四曰鞠衣。"实本三礼旧说周代制度发展而成。《三礼图》叙述内容较详。

【宋代命妇服饰】 宋代命妇随男子官服厘分等级,内外命妇有袆衣、褕翟、鞠衣、朱衣、钿钗礼衣和常服。皇后受册,朝谒景灵宫,朝会及诸大事服袆衣;妃及皇太子妃受册,朝会服褕翟;皇后亲蚕服鞠衣;命妇朝谒皇帝及垂辇服朱衣;宴见宾客服钗钿礼衣。命妇服除皇后袆衣戴九龙四凤冠,冠有大小花枝各12枝,并加左右各两博鬓、青罗绣翟(文雉)12等。宋徽宗政和年间,规定命妇首饰以花钿冠,冠有两博鬓加宝钿饰,服翟衣,青罗绣为翟,编次之于衣裳。一品花钗九株,宝钿数同花数,绣翟九等;二品花钗八株,绣翟八等;三品花钗七株,绣翟七等;四品花钗六株,绣翟六等;五品花钗五株,绣翟五等。翟衣内衬素纱中单,黼领,朱襟(袖端)、襈(衣缘),通用罗縠,蔽膝同裳色,以緅(深红光青色)为缘加绣纹重翟。大带、革带、青袜舄、加佩绶。受册、从蚕典礼时服之。常服均为真红大袖衣,以红生色花罗为领。红罗长裙,红霞帔以药玉为坠子。红罗背子,黄、红纱衫,白纱裆裤,服黄色裙,粉红色纱短衫。

【宋代妇女常服】 宋代女子日常服饰,大多上身穿袄、襦、衫、背子和半臂,下身为裙子和裤。衣料主要为锦、绫、罗、纱、縠和绢,偶见有毛织品。当时棉花种植和纺织,宋初仅在闽广地区,故棉布应用不普遍。在锦绫罗等服装上,有绣领和画领等装饰。宋·周密《武林旧事》载:宋后妃在散给亲属宅眷物件中,就有画领、刺绣领等。宋·陆游《老学庵笔记》也载有:裤有绣者,有白地白绣、鹅黄地鹅黄绣,裹肚则紫地皂绣等。福建福州南宋黄昇墓中,亦出土有诸多服饰绣品。

宋代妇女常服
上:宋《女孝经图》
下:宋《半闲秋兴图》

【背子】 亦作"褙子"。为宋代妇女常用服饰,至明代,用途更加广泛。贵贱通着。宋时男子也服用,唯常衬于公服之内。背子样式,程大昌《演繁露》称:"状如单襦袷袄,特其裾加长,直垂至足。"从宋人《瑶台步月图》、《杂剧人物图》及各种壁画、砖刻、陶俑观察,这时期的背子,以直领对襟为多,中间不施衿纽。袖有宽窄二式,平常杂居多着窄袖。背子长度,大多过膝,有的与裙子并齐。另在左右腋下,开以长衩(当时称"契"),为其他女服所少见。平常穿着,衣襟部分时常敞开,两边不用纽扣或以绳带系连,任其露出里衣。福建福州南宋黄昇墓出土的服饰中,就有这种实例。明时背子,基本形式和宋相同。一般分两式:凡合领、对襟、大袖,为贵族妇女礼服;直领、对襟、小袖,为普通妇女的便服。至明末清初,袖口放宽,衣襟两边花边缩短(从领至下约一尺左右）。

【褙子】　即"背子"。

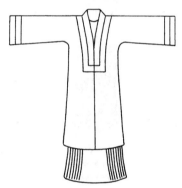

上：穿窄袖背子的明代妇女
（明·唐寅《簪花仕女图》）
下：宽袖背子示意图

【半袖衫】　古代暑天所穿之衣。即汗衫。《艺文类聚》卷六四引晋·束哲《近游赋》："胁汗衫以当热。"为家居夏季所服。

【凉衫】　南宋士大夫的便服，即白色衫。服于朝服以外。乾道初，礼部侍郎王暐以凉衫纯素，有似凶服，奏禁穿着，自后凉衫只用为凶服。参阅宋《爱日庐丛钞》、《宋史·舆服志》。

【衬衫】　古代一种内衣。宋·孟元老《东京梦华录·车驾宿大庆殿》："兵士皆小帽，黄绣抹额，黄绣宽衫，青窄衬衫。"

【吊敦】　亦称"钓墩"。宋代受外来影响的一种服式。来自契丹。北宋时流行于上层社会。一般上着宋式对襟加领抹（花边）旋袄，下身着长统

袜裤"吊敦服"，即后来之"解马装"。曾用法律严格禁止。当时伎乐人衣着，不受法律限制，所在在杂剧人图画中，能见到这种外来衣着形象。沈从文《中国古代服饰研究·宋砖刻杂剧人丁都赛》：吊敦服，"宋代为奇装异服，受法律禁止。北宋政和二年（1112）正月五日止杂剧禁令，'衣服冠冕，取法象数，尊卑有别，贵贱有等，各有其制，罔得僭踰。……习尚既久，人不知耻，……自今应赦杂服，若毡笠、钓墩之类者，以违御笔论。'……史志说明，'钓墩，今亦谓之袜裤，妇人之服也'。……袜裤即是本图丁都赛所穿样子。"见附图。

宋代艺人穿的吊敦服
（河南偃师酒流沟宋墓出土画像砖）

【钓墩】　见"吊敦"。

【琥珀衫】　古代一种雨衣。宋·陶毂《清异录·衣服》："张崇帅庐，在镇不法，酷于聚敛，从者数千人。出遇雨雪，众顶莲花帽，琥珀衫，所费油绢不知纪极。市人称曰雨仙。"

【捍腰】　亦称"腰袱"。古代着于腰间的一种腰围。宋代时通行于西北。一般用丝绸做成，讲究的用鸭鹅貂鼠作成。宋人又名"腰袱"。南宋人绘《中兴四将图》中几名武弁，和安西榆林窟壁画西夏贵族供养人，均着有捍腰。

【腰袱】　见"捍腰"。

捍腰（腰袱）
上：南宋人绘《中兴四将图》中之武官
下：安西榆林窟西夏壁画

【腹围】　古代妇女的一种围腰、围腹之帛巾。其制繁简不一，颜色以黄为贵，时称"腰上黄"。宋代较流行，为当时妇女之一种里衣。宋·岳珂《桯史·宣和服妖》："宣和之季，京师士庶，竞以鹅黄为腹围，谓之腰上黄。"参见"腰上黄"。

【腰上黄】　古代妇女腰间围的一幅

围腰上黄的宋代女子
（宋人《女孝经图》）

腰围。宋代时色尚鹅黄,故称"腰上黄",或称"邀上皇"。《烬余录》中《宫中即事长短句》云:"漆冠并用桃色,围腰尚鹅黄。"

【帕腹】 类似兜肚。汉·刘熙《释名·释衣服》:"帕腹,横帕其腹也。"

【袜肚】 腰巾,又名"腰彩"、"抱腰"。起束腰使之纤细的作用。五代·后唐·马缟《中华古今注·袜肚》:"盖文王所制也,谓之腰巾,但以缯为之;宫女以彩为之,名曰腰彩。至汉武帝以四带,名曰袜肚。至灵帝赐宫人蹙金丝合胜袜肚,名曰齐裆。"一般腰彩,都织有美丽纹饰和绣花。

【腰彩】 见"袜肚"。

【抱腰】 亦称"腰彩"、"抱腹"。汉·刘熙《释名·释衣服》:"抱腰上下有带,抱裹其腹上,无裆者也。"庾信《梦入堂内》诗:"小衫裁裹臂,缠弦捎抱腰。"抱腰起着束腰使之纤细的作用,有的并织绣有花纹。

【腰巾】 见"袜肚"。

【齐裆】 见"袜肚"。

腰束袜肚的古代妇女

【心衣】 类似"兜肚"。汉·刘熙《释名·释衣服》:"心衣,抱腹而施钩肩,钩肩之间,施一裆以奄心也。"奄,本作"掩"。

【抹胸】 胸间小衣,古称"衵服",俗名"兜肚",一名"抹腹",又名"抹肚"。上绣有花纹。徐珂《清稗类钞·服饰类》:"抹胸,胸间小衣也。……以方尺之布为之,紧束前胸,以防风之内侵者。"清·曹庭栋《养生随笔》卷一:"办兜肚,将薪艾捶软铺匀,蒙以丝绵,细针密行,勿令散乱成块,夜卧必需,家居亦不可轻脱;又有以姜桂及麝诸药装入,可治腹作冷痛。"清代有两种:一种是系于贴身短小的,夏用纱、冬用绉,缘以锦或加以绣花,缚于胸之间。一种束于外系于腰腹间,称"抹胸肚"。山西大同名曰"腰子",用纽扣或用横带束之。抹胸,类似现代之胸罩。

【衵服】 见"抹胸"。

【抹胸肚】 见"抹胸"。

【腰子】 见"抹胸"。

【抹腹】 见"抹胸"。

【抹肚】 见"抹胸"。

上:江苏金坛南宋周瑀墓出土的抹胸
下:束抹胸的清代妇女

【合欢襕】 古代妇女一种抹胸。亦称"裙襕"。穿着时从后向前围合系束,故名"合欢襕"。参见"抹胸"。

【裙襕】 见"合欢襕"。

【诃子】 类似抹胸。相传始于唐代杨贵妃。贵妃私安禄山,禄山指爪伤贵妃胸乳间,遂作诃子之饰以蔽之。见宋·高承《事物纪原·衣裘带服》引《唐宋遗史》。

【袜腹】 俗称"兜肚"。《陈书·周迪传》:"迪性质朴,不事威仪,冬则短身布袍,夏则紫纱袜腹。"

【肚兜】 挂束在胸腹间的贴身小衣,亦名"兜肚"。

【兜肚】 见"肚兜"。

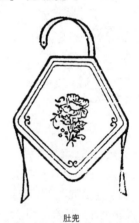
肚兜

【襄衣】 古代一种用蒿草制成之衣。即蓑衣。《孔子家语·六本》:"衣襄而提贽。"三国·魏·王肃《注》:"襄,蒿草衣。"

身披襄衣的古代农夫、船夫
左:(陈祥道《礼书》)
右:(宋·张择端《清明上河图》)

【辽祭服】 辽制,以祭山为大礼,需服金文金冠,白绫袍,红带悬鱼,错络缝乌靴。小祀,戴硬帽,红缬丝龟纹袍。

【辽朝服】 辽制,朝服实里薛衮冠,

络缝红袍,腰束犀玉带,足穿络缝靴。称为"国服"。自太宗(927)始,改为锦袍金带。以红虎皮(回纥獐皮)靴为最贵重。

【辽公服】 称为"展裹著紫"。辽代君主,为紫皂幅巾,紫色窄袍,玉束带,或衣红袄。

【展裹著紫】 见"辽公服"。

辽代公服

【辽品官服】 辽属契丹族,原居北方,着本民族服装。后得后晋北方十六州,服装主要服本民族服装,但又采用汉族服饰。开始辽主与南班汉官用汉服,太后与北班臣僚用本族服装,即国母与蕃官胡服,国主与汉官用汉服。自重熙(1031)年后,大礼都改用汉服如祭山,其服为金文金冠、白绫袍、红带、悬鱼、乌靴。小祀带硬帽,红刻丝魁文袍。朝服:实里薛衮冠,络缝红袍,束有饰的犀玉带,着错络缝靴,谓之"国服"。以后改为锦袍金带,着红虎皮靴者为最贵。公服:展裹著紫,辽主紫皂幅巾,紫窄袍,玉束带,或衣红袄。常服:叫盘裹,绿

辽代贵族、官吏、侍从服饰
(胡瓌《卓歇图》)

衣窄袍,原多用绿色。贵者披貂皮,黑色为贵。蕃官戴毡笠,上以金华为饰(或翠毛、珠玉),紫窄袍、黄红色革带,有饰等。

【辽常服】 叫做"盘裹"。为绿衣窄袍,其中单多用红绿色。贵者披貂裘,貂以紫黑色为贵,青次之;贱者服貂毛、羊、鼠、沙狐裘。

【盘裹】 见"辽常服"。

辽代常服(盘裹)
(胡瓌《卓歇图》)

【辽男服】 辽代男子服装,以袍服为主,一般都左衽、圆领、窄袖。袍上有疙瘩式纽袢,袍带于胸前系结,然后下垂至膝。袍里衬一件衫袄,露领于外。下穿套裤,裤腿塞在靴筒之内,上系带子于腰际。足穿长筒或短筒靴。

辽代男子常服
(《辽之文化》中东陵壁画)

【辽皇后服装】 辽制,皇后于小祀时,戴红帕,服络缝红袍,悬玉佩和双同心帕,足穿络缝乌靴。皇后常服,为紫金百凤衫,杏黄金缕裙,头戴百宝花髻,足穿红凤花靴。

【辽贵族女服】 辽代贵族女子服装,通常上衣穿团衫,颜色有黑、紫、绀等诸色,服式有直领、左衽二式,前拂地,后长曳地尺余,两边垂红黄带。裙为襜大式,多黑紫色,绣全枝花。亦有服左衽窄袖袍,领缘彩锦。老年妇女,以皂纱笼髻,缀以玉钿,叫"玉逍遥"。由于天寒,故无论寒暑,必系棉裙。

辽贵族女服左衽窄袖袍

【辽平民女服】 辽代平民女子服饰,通常多上着袄、团衫或襦,有窄袖、宽

辽代平民女服
上:辽宁昭乌达盟辽墓壁画
下:吉林库伦旗辽墓壁画

袖,左衽,下穿长裙,有的腰间佩有环之小组绶;有的头梳双髻,有的裹帕,有的戴貂帽或"爪拉帽",亦名"罩刺帽"。史载:辽主名查刺,戴此帽,所以后转音为爪拉。足穿乌皮靴或短靴。

【国制、汉制】 指辽代服饰制度。《辽史·仪卫志》:"北班国制,南班汉制,各从其便焉。"所谓"国制",是指契丹服,宋人称"蕃服";所谓"汉制",是指中原地区汉人所穿之"汉服"。

【辽陈国公主驸马银丝网衣】 辽代特制殡葬服饰。1986年,内蒙古哲里木盟奈曼旗青龙镇辽陈国公主驸马合葬墓出土。银丝网衣穿戴于全身,计二套。一套已严重朽损,一套基本完好。用精细单股银丝扭编,呈蜂窝状六角形孔。编缀结构分头、双臂、双手、上身、下身、双足六部分。各部分分别编织成型,卷裹穿戴于身体内衣之外,后用银丝在衔接处缀合,组成一个整体。银丝网衣外加外衣,束腰带,佩戴首饰等物。银丝网衣举世罕见,为首次发现,十分珍贵。

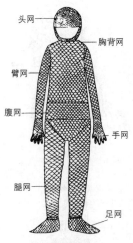

辽代银丝网络葬服
(1985年内蒙古哲里木盟奈曼旗
陈国公主驸马合葬墓出土)

【金主服饰】 金代国主,通常视朝,服纯纱幞头,穿窄袍、紫袍、束玉带;遇重大典礼,如册封等,则服衮冕法服。太宗即位和章宗即位时,始服赭黄、淡黄袍,束乌犀带。

金主服饰

【金公服】 金代臣僚服装。金制,公服有紫、绯、绿三等,其服色以官位高低品定。五品以上服紫,六品七品服绯,八品九品服绿。公服下加襕。文官加佩金、银鱼袋;武官则不佩鱼。腰带分玉带、金带、涂金、银带、乌犀等。武官四品以上,皆腰束横金带。

金公服

【金品官服】 金原为女真族,地处我国北方寒冷地区。爱好白色,贵贱冬以皮毛,春夏用纻丝、白细布等。金主平素只服皂巾杂衣,与士庶同色。官员平居上领褐衫,初无等级之分,冠用羊裘、狼皮、毡帽、貂帽等。头巾作方顶形,俗称"蹋鸱"。衣作左衽式,剃头顶发,留颅后发,系有色丝条,辫发垂肩。入中原后,议礼仪制度,定服色,诸典礼,依汉族制,造袍裳服饰,并服裳冕、通头冠,绛纱袍等,大体沿宋制。公服为紫、绯、绿三等,五品以上服紫,六品七品服绯,八品九品服绿。公服下加襕。百官常服,用盘领窄袖,胸膺或袖间绣以山

水花卉等图纹,服长至胫骨,便于骑马活动。首裹四带巾(罗、纱制作),巾顶加顶珠,足登马皮靴。

【金官吏常服】 金制,百官常服,为盘领窄袖,于胸膺间或肩袖处,饰金绣纹饰,有鹘鹅、熊鹿、山林和花卉等花纹。其服长至骭骨(胫骨、小腿间),为便于骑乘。戴四带巾,巾顶中饰顶珠,足穿乌皮靴。

金代仪卫常服
左:山西闻喜寺底金墓壁画
右:山西长冶金墓壁画

【白泽袍】 金代仪卫袍服。因彩绣有白泽纹饰,故名。《金史·仪卫志》上:"(黄麾仗)步甲队,第一、第二两队百一十人:领军卫将军二人,平巾帻、紫白泽袍,……(外仗)第二部二百七十二人:殿中侍御史二人,左右领军卫大将军二人,折冲都尉二人,紫绣白泽袍。"

【瑞马袍】 金代仪卫袍服。因彩绣有瑞马纹饰,故名。《金史·仪卫志》上:"(黄麾仗)第十队七十人:折冲都尉二人,瑞马袍。"

【瑞鹰袍】 金代仪卫袍服。因彩绣有瑞鹰纹饰,故名。《金史·仪卫志》上:"(黄麾仗)第三部二百七十二人:殿中侍御史二人,左右屯卫大将军二人,折冲都尉二人,紫瑞鹰袍。"

【团袄】 金代仪卫所穿的一种短袄。以红色、碧色织锦制作。《金史·舆服志》上:"诸班开道旗队一百七十七人,……皂帽、红锦团袄、红背子、铁

人马甲、箭、兵械、骨朵。"又:"皂帽、碧锦团袄、红锦背子、涂金银束带。"

【金男服】　金代男子多头裹皂罗巾,身穿盘领衣,腰系吐骼带,脚着乌皮靴。服装颜色多与周围环境相同,以便狩猎保护自己,迷惑猎物。《金史·舆服志》:"其衣色多白,三品以皂,窄袖、盘领、缝腋,下为襞积,而不缺袴。其胸臆肩袖,或饰以金绣;其从春水之服则多鹘捕鹅,杂花卉之饰,其从秋水之服则以熊鹿山林为文,其长中骭,取便于骑也。"

金代男服
(金·张瑀《文姬归汉图》)

【金女服】　金代妇女服装。贵族妇女,穿左衽窄袖袍,领、袖口、下缘,饰锦边,长裙,腰束丝绦。许嫁女,着绰子(即背子),色红、银褐或明金,对襟式,彩绣领,前齐及地,后拖地五寸余。妇女衣都极宽大,上衣为"团衫",直领、左衽,掖缝二旁作双折裥,色黑紫、黑或绀等,前长拂地,后裾拖地尺余,束红绿带;下着襜裙,以黑紫色为尚,裙上遍绣全枝花,全裙用六个折裥,裙式左右各缺二尺左右,以布帛裹细铁条为圈,使其扩大展开,后再在外用单裙笼覆之。因地处寒冷,衣均为皮质。奴婢只准用䌷、绸、绢布、毛褐等为服。爱戴羔皮帽,或裹头巾。发髻上缀有玉钿等饰物。

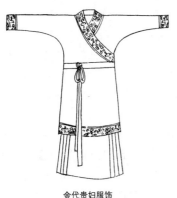
金代贵妇服饰

【团衫】　金代女真族妇女之一种上衣。直领左衽,前拂地,后曳地,双襞积,色黑或深紫。《金史·舆服志》载:女真族妇女"团衫,直领左襟,掖缝,两傍复为双襞积,前拂地,后曳地尺余,色黑紫或皂或绀"。

【绰子】　金代妇女所服的套衣。《金史·舆服志》下:"许嫁之女则服绰子,制如妇人服,以红或银褐明金为之,对襟衫领,前齐拂地,后曳五寸余。"

【盘领】　古代衣领款式之一。亦称"蟠领"。较普通圆领略高,领口有扣,用于男服,官吏民庶均可服用。《金史·舆服志》:"(金人之常服):带,巾,盘领衣,乌皮靴。……其衣色多白,三品以皂,窄袖、盘领、缝腋,下为襕积,而不缺袴。"至明代仍沿用之。

【蟠领】　见"盘领"。

【元代服装】　官服用龙蟒缎衣,等级的区别在龙爪的多少,爪分三、四、五不等,有法律定制,不准乱用。便服采用唐宋式样。一般家居,衣多敞领;出门则戴盔式折边帽或四楞帽,帽子用细藤编成。蒙古族男子,多把顶发当额下垂一小绺,像小桃子式,余发分编成两个大辫,绕成两个大环,垂在耳后。贵族妇女戴姑姑冠,冠用青红绒锦做成,上缀珠玉,高约一尺,向前上耸。平民妇女或奴婢,多梳顶心髻,身穿黑褐色粗布、绢合领左衽袍子。

元人服装
(元刻《事林广记》插图)

【元天子服】　元制,元代天子"质孙服",分冬服、夏服两种。冬服十一等。如穿金锦剪茸,戴金锦暖帽;穿大红、桃红、紫、蓝、绿宝里(服下有襕),戴七宝重顶冠;穿红、黄粉皮服,戴红金答子暖帽;穿白粉皮服,戴白金答子暖帽。夏服十五等。如穿答纳都纳石矢金锦缎大珠,戴宝顶金凤钹笠;穿速不都纳石矢缀小珠,戴珠子卷云冠;穿大红珠宝里红毛子答

元天子服

纳,戴珠缘边钹笠;穿白毛子金丝宝里加襕袍,戴白藤宝贝帽;穿金龙青罗,戴金凤漆纱冠;穿珠子褐七宝珠龙答子,戴黄牙忽宝贝珠子后檐帽;穿青速夫金丝阑子,戴七宝漆纱后檐帽;穿大红、绿、蓝、银褐、枣褐金绣龙五色罗,戴金凤顶笠,笠色各随所服之色。

【元朝服】 元制,元代朝服,皇帝戴通天冠,穿绛纱袍。百官戴梁冠,分七梁、加貂蝉笼巾;梁冠有七梁、六梁、五梁、四梁、三梁和二梁之别;均服青罗衣,加蔽膝、环绶、执笏等。

【元品官服】 元制,既承袭本民族服制,又沿袭汉之服饰。至英宗时(1321)定天子冕服、太子冠服、百官祭服、朝服和士庶等服色,均参酌古今制度,加以损益厘定。另定天子和百官质孙服。百官质孙,冬服九等,夏官十四等,以其衣料与色泽区分等级。

【元公服】 元制,元代公服,戴展角幞头;衣为罗,式为大袖盘领,一品紫色,大独科花纹,径五寸,二、三、四品,花纹径减差,六、七品,为绯色,八、九品,为绿色,无花纹;腰束偏带,正从一品,以玉或花或素,二品为花犀,三、四品,为黄金荔枝,五品以下用乌犀,八銙;带鞓用朱革;足穿黑皮靴。

【元云肩式龙袍】 元代龙袍之一。云肩式龙袍,系指在衣领四周装饰云肩和龙纹。云肩的记载,最早见于《金史·舆服志》"宗室及外戚并一品命妇"条:"日月云肩龙文大黄服。"《元史·舆服志》:"云肩,制如四垂云。"元代云肩式龙袍,分四盘龙和缠身大龙两类;四盘龙,即是将四条盘龙纹,在四垂云中各置一条;缠身大龙,一般为二条龙纹。元云肩四盘龙袍,见于台北故宫博物院藏刘贯道《元世祖出猎图》(1280年作),皇后彻伯尔穿云肩四盘龙纹海青衣,上绘有云肩及盘龙纹,图纹清晰。

上:元代四垂云肩盘龙袍
下:元代缠身龙窄袖袍
(赵丰《蒙元龙袍的类型及地位》,
刊《文物》2006年8期)

【元胸背式龙袍】 元代龙袍之一。元时胸背式龙袍,系指在前胸后背,饰有方形龙纹的一种袍服,类似后世之"补服"。元代胸背式龙袍的记载,最早见于《通制条格》卷九《衣服·服色》:大德元年(1297)三月十二日,"中书省奏:……胸背龙儿的段子织呵,不碍事,教织者。""胸背龙儿",似当指"胸背式龙袍"之袍料。蒙元文化博物馆藏有一件"水波纹地云龙纹织金胸背腰线袍",在胸前背后织有方形织金胸背,其中龙纹图案不太清晰。美国大都会博物馆藏有缂丝蔓荼罗中的元文宗和元明宗像,文宗外穿一件白色织金龙纹胸背长袍,胸前为方形织金龙纹;明宗穿深蓝长袍,胸前亦织有方形龙纹胸背。

元代胸背式日月双肩龙袍
(赵丰《蒙元龙袍的类型及地位》,
刊《文物》2006年8期)

【元团窠式袍服】 元代袍服之一。《元史·舆服志》一"百官公服"载:"公服,制以罗,大袖,盘领,俱右衽。

一品紫,大独科花,径五寸。""大独科花"当即是一种"团窠"造型的纹饰。这种团窠式袍服实物,仅见于元末明玉珍墓葬。明玉珍为元末农民起义领袖之一,于1363年占领重庆为都,建立大夏政权,死于1366年。其墓1982年发掘,出土有五件团窠式龙袍,圆领,右衽,胸前胸背后,均绣有团龙纹。山西洪洞县广胜寺元代壁画"大行散乐忠都秀在此作场",其中元代杂剧人物,两人均身穿团窠纹长袍。这些都说明当时团窠式袍服较流行。

四川重庆元末明玉珍墓出土团窠式龙袍
(赵丰《蒙元龙袍的类型及地位》,
刊《文物》2006年8期)

【元梅鹊补服绫袍】 元代袍服珍品。1975年山东邹县李裕庵墓出土。长120、两袖通长102厘米,呈黄褐色,保存基本完好,现藏于山东邹县文物管理所。袍服为夹袍,官服,前胸织有一方补,内容为梅鹊图案,在盛开的梅枝上,站有五只喜鹊,顾望而鸣。"补子"创始于元,补子图案内容是区分官员品级的标志。这件补服为梅鹊图案,这表明当时图案尚无严格的品级区别,当属补服之初创时期。绫袍组织,方补采用正反五枚缎组织;

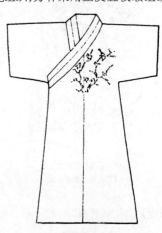

元代梅鹊补服绫袍
(1975年山东邹县李裕庵墓出土)

其他部分为小菱花纹,以致变斜向的山形斜纹为主体。这种织物组织结构较罕见。参见"补服"、"补子"。

【质孙服】 古代服装名,又称"只孙"、"济逊"、"只逊"、"直孙"、"积苏"。汉语译作"一色衣",明代称"襈撒"("曳撒"或作"一撒")的一种衣式。元、明时都有服此者。质孙的形制是上衣连下裳,衣式较紧窄且下裳亦较短,在腰间作无数的襞积,并在其衣的肩背间贯以大珠。质孙本为戎服,即便于乘骑等活动,在元代的陶俑及画中都可以见到此种衣式。元代定为内廷大宴之礼服。上自天子,下及百官,内庭礼宴皆得著之。其制贵贱不一,因职而异,但冠帽衣履须用一色,不得有异。《元史·舆服志》一:"质孙,……冬夏之服不同,然无定制。凡勋戚大臣近侍,赐则服之。下至于乐工卫士,皆有其服。精粗之制,上下之别,虽不同,总谓之'质孙'云。"又:"天子质孙……服红黄粉皮,则冠红金答子暖帽。服白粉皮,则冠白金答子暖帽。服银鼠,则冠银鼠暖帽,其上并加银鼠比肩。"明代,定质孙为仪卫之服。明·沈德符《万历野获编》卷十四:"今圣旨中,时有制造只孙件数,亦起于元。时贵臣,凡奉内召宴饮,必服此入禁中,以表隆重。今但充卫士常服。亦不知其沿胜国胡俗也。"

穿质孙服的元代皇帝
(《蒙古帝王家居图》)

【只逊】 见"质孙服"。

【直孙】 见"质孙服"。

【积苏】 见"质孙服"。

【只孙】 元代群臣侍宴服制名。明·陶宗仪《辍耕录》:"只孙宴服者,贵臣见飨于天子则服之,今所赐绛衣是也。贯大珠以饰其肩背间膺,首服亦如之。"明太祖灭元后,改为卫士擎执仪仗者之服。参见"一色衣"、"质孙服"、"一色服"。

【济逊】 见"质孙服"。

【襈撒】 明代称"质孙服"为"襈撒"。见"质孙服"。

【一色服】 元内廷大宴时的赐服。《元史·舆服志》一:"质孙,汉言一色服也。……精粗之制,上下之别,虽不同,总谓之质孙云。"也作"一色衣"。《梧溪集》五《古宫怨》诗:"万年枝上月团圆,一色珠衣立露寒。"

【一色衣】 元代内廷大宴时之官服。即"一色服"。元·周伯琦《诈马行序》:"佩服日一易,太官用羊二千嗷,马三匹,他费称是,名之曰'只孙宴'。只孙,华言一色衣也。"参见"一色服"。

【答纳衣】 元代皇帝所穿夏服。亦称"答纳"。为质孙服之一。以缀有珠子的织金锦制成。《元史·舆服志》一:"(天子质孙)夏之服凡十有五等,……服大红珠宝里红毛子答纳,则冠珠缘边钹笠。"

【答纳】 见"答纳衣"。

【辫线袄】 古代服饰名,始于金代,河南焦作金墓出土陶俑,即穿此衣,至元代广为流行。其制窄袖,腰作辫线细折,密密打裥,又用红紫帛拈成线,横腰间;下作竖折裙式。《野获编》:"若细缝裤褶,自是虏人上马之衣。"最初可能是身份低卑的侍从和仪卫穿着。《元史·舆服志》列入"仪卫服饰"条内。《元史·舆服志》:"羽林将军二人……领宿卫骑士二十人……皆角弓金凤翅蹼头,紫袖细褶辫线袄,束带,乌靴……"但从元刻本图像看,穿辫线袄者,不限仪卫,尤其在元代后期。如元人刻本《事林广记》插图中的武官;《全相平话五种》插图中的"蕃邦"侍臣官吏形象,多穿着辫线袄。至明代,上层官吏,甚至皇帝,亦爱着此服饰。

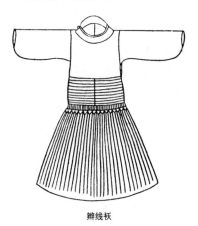

辫线袄

【元织金缎袍服】 元代蒙古贵族高官服用的一种织金袍。亦称"纳石失锦袍"、"纳失失锦袍"、"纳克实锦袍"。为一种织金锦缎袍服。以"缕皮傅金"为织纹,用圆金线、片金织造,有大红、绛红、杏黄、橙黄、紫蓝、宝蓝、古绿、银褐等色。金彩相映,十分华贵。有专门匠师教习,精心织作。以作百官衣料和赏赐等用。参见"纳石失"。

穿织金袍服的元代贵族

【纳石失锦袍】 见"元织金缎袍服"。

【纳失失锦袍】 见"元织金缎袍服"。

【纳克实锦袍】 见"元织金缎袍服"。

【宝里】　元代百官一种加襕之袍服。《元史·舆服志》一："(百官)夏之服凡十有四等，素纳石失，聚线宝里纳石失一，枣褐浑金间丝蛤珠一，大红官素带宝里一，大红明珠答子一，桃红、蓝、绿、银褐各一，高丽鸦青云袖罗一，驼褐、茜红、白毛子各一，鸦青官素带宝里一。"又："(天子)服大红、桃红、紫蓝、绿宝里。"注："宝里，服之有襕者也。"蒙语称襕袍为"宝里"。

【乐工袄】　元代仪卫所服袄袍。以绯色锦制作，琵琶窄袖，腰间辫线细褶。《元史·舆服志》一："乐工袄，制以绯锦，明珠琵琶窄袖，辫线细褶。"

【海青衣】　①元蒙一种衣式。其款式，于前臂肩间开缝，在缝间出二衣裳袖，二袖又反后双悬，并纽于背缝间，一若有四臂者。②古代一种宽袖长袍。明·郑明选《秕言》："吴中称衣之广袖者为海青，按李白《诗》：'翩翩舞广袖，似鸟海东来。'盖言广袖之舞，如海东青也。"僧尼外袍的袖甚宽大，故也称海青。

【燕尾衫】　古衣服名。以背分叉如燕尾，故名。《元诗选·山阴集钞·题扇》诗："乌丝细写蚕头篆，白纻新裁燕尾衫。"

【元男服】　元代男子服装，多从汉族，"制以罗，大袖盘领，俱右衽。"公服之冠，皆用幞头，制以漆纱，展其双脚。平日燕居，皆穿窄袖袍，或在袍服之外，罩一短袖衫子。劳作者，裹巾或戴笠，短衣，长裤，便鞋，腰间束带。

元代男服
（元《卢沟运筏图》）

【元女服】　元代贵妇服装。袍式宽而长大，大袖于袖口处较窄，袍长曳地。袍以大红织金、吉贝锦、蒙茸、琐里为时尚，亦喜用黄、绿、茶色、胭脂、鸡冠紫和泥金等色。后妃侍从服翻鸿兽锦袍、青丝缕金袍和琐里绿蒙衫等。戴姑姑冠，披云肩，足穿红靴。一般妇女服襦裳，色多素淡。亦服"半臂"衣。至元末，都下流行高丽服饰。

元代贵妇服饰

【四合如意云肩】　古代云肩之一。其式，云肩外形以四如意组成，前胸后背各一，左右两肩各一，故名。较早见于隋代敦煌画观音服饰，五代前蜀王建墓石刻乐舞伎，和南唐李昇墓陶舞俑，均饰有四合如意云肩。金·张瑀《文姬归汉图》，文姬肩上之四合如意云肩，形制十分完整，在历代画作中符合此制者，以此画为上。至元贵族男女通行四合如意大云肩，成为官服定式，只孙宴特种官服更不可少。明清时期，亦见有服此云肩者。

四合如意云肩
（金·张瑀《文姬归汉图》）

【元纳石失佛衣】　元代佛衣珍品。藏北京故宫博物院。佛衣为立领、对襟、云头式披肩。衣长43、领高8、肩宽70、胸宽78.5、飘带长42、带宽6.8厘米。佛衣用红底团龙、团凤、龟子纹纳石失为面料，在红色地上，用扁金线满地织龟子纹；在菊瓣形开光内织团龙、团凤纹。织纹为三枚右向经斜纹地，经线正捻，纬线由四股线组成，正捻，经密1厘米90根，纬密1厘米40根。纳石失，是用扁金线或圆金线织造的一种高级丝织物，在元代极为盛行。《元史·舆服志》：纳石失，即织金锦。元代纳石失织锦实物稀少，这件元纳石失佛衣，织造精工，提花规整，金线匀细，纹饰有序，表明元代织金锦精湛高超的织造技艺。参见"纳石失"。

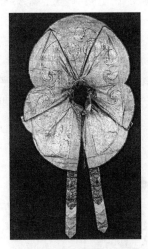

元代纳石失佛衣
（北京故宫博物院藏品）

【腰线衣】　元代蒙古族一种长袄。用纻丝彩锦制作，交领窄袖，下长过膝。特点是以彩丝捻成细线，横缀于腰，用以束腰，又作装饰。贵者用浑金纳石失，或腰线绣神襕，尊卑均可服用，蒙族妇女亦可着之。至明初,仍有此衣式,多小吏服之。宋·彭大雅《黑鞑事略》:"其服,右衽而方领,旧以毡毳革,新以纻丝金线,色用红紫绀绿,纹以日月龙凤。无贵贱等差。"徐霆疏正:"又用红紫帛捻成线,横在腰,谓之腰线,盖马上腰围紧束突出,采艳好看。"

腰线衣
(元至治年间刻本《全相五种平话》插图)

【明代服装】 明时官服制度,皇帝穿龙袍,大臣穿绣有"蟒"、"斗牛"、"飞鱼"等花纹的袍服,各按品级。一般官服多为本色云缎,前胸后背、各缀一块彩绣"补子"。头蓄发绾髻,戴乌纱帽,腰围玉带。冬季上朝,戴皮毛暖耳。普通衣服式样多继承宋、元遗制。这时结衣还用带子,不用纽扣。男子戴的巾,有一种像一块瓦式,名"纯阳巾",明太祖名为"四方平定巾",士人多戴。另有一种帽子,用六片布料拼成,取名"六合一统帽",小贩和市民,多戴。妇女平时在家,常

明代妇女服装
(穿背子、衫、半臂、裙。明·唐寅《孟蜀宫伎图》)

戴遮眉勒条,冬天出门,则戴"昭君套"式的皮风帽。女子有穿长背心的,这种背心样式和兵士的罩甲相近,故又名"比甲"或"马甲"。

【明皇帝冕服】 明代皇帝冠服之一。洪武三年(1370)规定,除祭天地、宗庙服用衮冕服外,其他场所均不用。后登极、册立、正旦、冬至等大典都服用。洪武十六年(1383)规定衮冕,冕前圆后方,元表纁里,前后各十二旒。元衣黄裳,十二章纹,白罗中单,白罗大带,蔽膝,革带,玉佩,大、小绶,金舄。永乐三年(1405)又定,冕綖广一尺二寸,长二尺四寸(周尺),余与前制大体相同。

明代皇帝十二章纹团龙袍服

【明皇帝皮弁服】 明代皇帝冠服之一。时制,弁用乌纱冒之,前后十二缝,每缝缀五采玉十二。服为绛纱衣,蔽膝,革带,大带,白玉佩,白袜黑舄,御殿服之。如谢恩、亲征、策士、传胪、定功赏、四夷朝贡等典礼。

【明皇帝武弁服】 明代皇帝冠服之一。明制,弁用绛纱冒之,上锐,十二缝饰五采玉。衣为韎衣韎裳,韎韐(即韨)赤色,舄如裳色。明国初,亲征遣将之,后服用不多。

明皇帝常服(明太祖像)

【明皇帝常服】 明代皇帝冠服之一。明洪武三年(1370)定制,头戴乌纱折角向上巾,身穿盘领窄袖袍,腰束带,用金玉琥珀等。永乐三年(1405)定制,头戴折角向上巾,后名"翼善冠"(唐太宗初服翼善冠,明成祖复制之)。身穿黄色盘领窄袖袍,前后和二肩,饰金采盘龙纹,腰束玉带,足穿皮靴。

【明皇帝燕弁服】 明代皇帝冠服之一。明代嘉靖七年(1528),采古制,定燕居之服。弁制如"皮弁服"之制,也为乌纱,分十二瓣,压金线,饰五采玉云各一,弁后有四山;衣为古"玄端服"之制,玄色青缘,二肩绣日月纹,前饰盘圆龙一,后饰盘方龙二,边加龙纹八十一;领、两袖饰龙文五九,裳饰龙文四九,衬用"深衣",素带朱里,腰围玉龙九片;白袜,元色履。

穿燕居服的明仁宗像
(《历代帝王像》)

【明缂丝衮服】 明代皇袍珍品。1956~1958年北京定陵出土。衮服上有绢制标签,墨书"万历四十五年(1618)……衮服"字样。衮服现藏北京定陵博物馆。衮服长135、两袖通长234、大襟宽135、小襟宽98厘米。为一件上衣下裳相连的大襟服,里外三层:面为缂丝;里为黄色方目纱,中层由绢纱、罗织物拼合。整件衮服无纽扣,仅在两腋下缝有丝带鼻,留有小开口,与长襟罗带相系结。纹饰以花卉、"寿"字作底纹,上用孔雀羽缂有"十二章纹";十二团龙分布于前后身、两肩和下摆两侧。这件缂丝衮服,所用强拈丝线,直径只有0.15毫米,纬线直径0.2毫米,工艺技术极高。

【明织金缎龙袍】 明代龙袍珍品。1970年山东邹县明代朱檀墓出土。织金缎龙袍身长130、袖长约110厘米。交领、窄袖。米黄色，两肩及胸背上绣金织盘龙云纹袖及膝栏饰行龙云纹花草，胸下部饰三组九行盘线。内衬一素面中衣，饰三组九行盘线，上缀29枚小金花，右襟一行11对金扣。织造十分精工。《明史·舆服志》二：亲王冠服，其常服与东官同，"袍赤，盘领窄袖，前后及两肩各金织盘龙一。"盘龙窄袖，金织龙袍，正合此制。朱檀为朱元璋第十子，封鲁王。

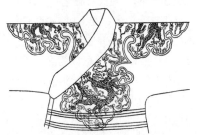

明鲁王朱檀织金缎龙袍(下：纹饰细部)
(1970年山东邹县明代朱檀墓出土)

【明百官祭服】 明制，洪武二十六年(1393)定，一品至九品，青罗衣，白纱中单，均黑色缘；赤罗裳，皂缘，蔽膝，方心曲领；冠带和佩绶，同朝服。文武官分献陪祀服之。在家穿用祭服，三品以上去方心曲领，四品以下，去佩绶。嘉靖八年(1529)更定，大体与朝服同，独锦衣卫堂上官，服大红蟒衣，飞鱼服，戴乌纱帽，束鸾带。祭社稷、太庙，服大红便服。

【明官服】 明代主要承袭唐制，有部分修订。皇帝服冠有：冕服，除祭天地、宗庙时穿用，其他场合均不用。后在册立、登极、正旦、冬至等大典亦用。范围为帝、皇太子、郡王都用。帝用皮弁服，乌纱帽、上尖，十二缝五采玉。衣绛纱、蔽膝、革带、大带、白玉佩、白袜赤舄。用于谢恩，视征、露布等一般礼节。通天冠、武弁、常服亦如唐制。文武百官之祭服、朝服、公服和常服，亦为唐制，无大更改。

明代官服
(明人《沈度写真像》)

【明百官朝服】 明制，洪武二十六年(1393)定：公冠八梁，笼巾貂蝉，立笔，前后玉蝉；侯七梁冠，笼巾貂蝉，立笔，前后金蝉；伯同侯，前后玳瑁蝉，都插雉尾；驸马同侯，但不插雉尾，衣用赤罗衣，白纱巾单青缘领，赤罗裳青缘，赤罗蔽膝，赤白二色大带，革带，佩绶，白袜，黑履；一品七梁冠，不用笼巾貂蝉，玉革带玉佩，绶用四色织成花锦，下结青丝网玉环；二品六梁冠；三品五梁冠；四品四梁冠；五品三梁冠；六品、七品二梁冠；八品、九品一梁冠；其他差降在于革带用犀金、银钑花、银、乌角及绶纹样和四色、三色、二色的分别，独御史冠用獬豸。凡大祀、庆成、正旦、冬至、圣节及颁诏开读、进表、传制时服之。嘉靖七年(1528)更定，大体相同，惟增长过腰指才七寸，不使掩下裳。裳用前三幅、后四幅，每幅三襞积，革带后系佩绶。万历五年(1577)令百官正旦朝贺，不得服朱履。

【明百官公服】 明制，洪武二十六年(1393)定：袍用盘领右衽，袖宽三尺。一品至四品绯袍；五品至七品青袍；八品、九品绿袍；未入流杂职官子八品以下同。袍的花纹，以花径大小，区分品级，如一品用大独科花，径五寸；二品，小独科花；三品，散苔花，无枝叶；四品、五品，小杂花纹；六品、七品，小杂花纹，花的直径小于四品、五品。头戴漆纱幞头，旁二等展角，各长一尺二寸。腰带一品为玉；二品犀；三品、四品金荔枝；五品以下用乌角。鞋为青革，垂挞尾于下，足穿皂靴。凡每日早晚朝奏事、侍班、谢恩、见辞服之。后改朔望朝用之。其余常朝，用便服，公、侯、驸马、伯服饰，与一品相同。

明公服
(戚继光像，戴乌纱帽，穿团领蟒袍，玉带青鞮)

【明百官常服】 明制，洪武三年(1370)定：凡常朝视事，用乌纱帽，团领衫，腰束带。一品玉带，二品花犀，三品金钑花，四品素金，五品银钑花，六品、七品素银，八品、九品乌角；公、侯、伯、驸马，与一品同。洪武二十四年(1391)定：常服用补子，分别品级；公、侯、伯、驸马绣麒麟、白泽；文官一品仙鹤、二品锦鸡、三品孔雀、四品云雁、五品白鹇、六品鹭鸶、七品鸂鶒、八品黄鹂；武官一二品狮子、三四品虎豹、五品熊罴、六七品彪、八品犀牛、九品海马，杂中练鹊、风宪官獬豸。此外，尚有葫芦、灯景、艾虎、鹊桥、菊花、阳生等补子，乃品服之外的补子，较为随便。

【蟒衣】 袍服名。明万历时阁臣多赐蟒衣，衣上绣蟒，形与龙相似而少一爪，清代称蟒袍。自公侯至七品官，凡遇典礼，皆穿蟒袍，地蓝色或石青,通身以金线绣蟒。蟒数自八至五,按等级为差。参阅明·沈德符《万历野获编·蟒衣》、《清通志·器服略》。

【蟒袍】 古代官服之一种。袍服绣有蟒形图纹,故名。明代万历时,阁臣多赐蟒衣。清服制,公侯至七品官,皆穿蟒袍。《皇朝礼器图式》载:皇子蟒袍,用金黄色,片金缘,通绣九蟒,裾四开,其形制达于宗室。民公(异姓之封爵者)用蓝及石青诸色随所用,通绣九蟒,皆四爪,曾赐五爪蟒缎者亦得用之,侯以下至文武三品、郡君额附、奉国将军以上、一等侍卫同。文四品,蓝及石青诸色随所用,通绣八蟒,皆四爪,武四、五、六品,文五、六品,奉恩将军及县君额附、二等侍卫以下皆同。文七品则通绣五蟒,亦四爪,武七、八、九品及未入流者皆同。

穿蟒袍的明代官吏
(明人《王鏊写真像》)

【麒麟服】 明代官服。为明公、侯、驸马、伯常服。《明史·舆服志》三:"(洪武)二十四年定,公、侯、驸马、伯服,绣麒麟、白泽。""历朝赐服,文臣有未至一品而赐玉带者,自洪武中学士罗复仁始;衍圣公秩正二品,服织金麒麟袍、玉带。"明制分两种:一种将麒麟纹直接织于衣胸背、两肩和膝襕等处;一种绣成补子,缝于胸背处。麒麟,古代传为瑞兽,身似鹿,牛尾狼蹄,周身鳞甲,头有肉角一。汉·司马相如《上林赋》:"兽则麒麟角䚡。"唐·司马贞索隐引张揖曰:"雄曰麒,

雌曰麟。其状麇身、牛尾、狼蹄、一角。"相传麒麟性仁慈,不践草虫,不食生物,体表威严,被视为祥瑞之征。《礼·礼运》:"麟、凤、龟、龙,谓之四灵。"唐有麒麟袍,武官所服。参见"麒麟袍"。

明代麒麟补子
(南京明代徐阶墓出土)

【飞鱼服】 古代官服。明代国家织造局专织一种飞鱼形衣料,系作不成形龙样,有一定品级才许穿着,名"飞鱼服"。《明史·舆服志》:"张瓒为兵部尚书,服蟒。帝怒曰:'尚书二品,何自服蟒?'张瓒对曰:'所服乃钦赐飞鱼服,鲜明类蟒,非蟒也。'"飞鱼类蟒,亦有二鱼。所谓飞鱼纹,是作蟒形而加鱼鳍鱼尾为稍异,非真作飞鱼形。飞鱼服是次于蟒衣的一种荣重服饰。至正德间,如武弁自参游以下,都得飞鱼服。嘉靖、隆庆间,这种服饰也颁及六部大臣及出镇视师大帅等,有赏赐而服者。《山海经·海外西经》:"龙鱼陵居在其北,状如狸

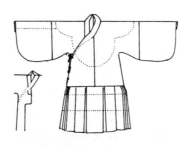

上:明代飞鱼服式样
下:过肩飞鱼纹
(山西省博物馆藏)

(或曰龙鱼似狸一角,狸作鲤)。"因能飞,所以一名飞鱼,头如龙,鱼身一角。服式为衣分上下二截相连,下有分幅,二旁有襞积。

【三襕贴里】 明代钦赏内臣之一种服饰。明·刘若愚《酌中志·内臣佩服纪略》:"自逆贤(魏忠贤)擅政,改蟒贴里,膝襕之下,又加一襕,名曰三襕贴里,最贵近者方蒙钦赏服之。"

【喜相逢】 明代万历年间一种新式朝服。明·刘若愚《酌中志·内臣佩服纪略》:"按蟒衣贴里之内,亦有喜相逢色名,比寻常式样不同。前织一黄色蟒,在大襟向左,后有一蓝色蟒,由左背而向前,两蟒恰如偶遇相望戏珠之意。此万历年间新式。"

【明状元服】 明代制定,状元头戴二梁冠,朝服用绯罗,白纱中单,锦绶,银带,佩,朝靴,另备乌纱帽一顶。

【明进士服】 明代官服之一。《明会典》:"进士巾服:进士巾,如今乌纱帽之制,顶微平,平展角,阔寸余,长五寸许,系以垂带,皂纱为之。深色蓝罗袍,缘以青罗,袖广而不杀,革带青鞓,饰以黑角,垂挞尾于后,笏用槐木。"

【对襟衣】 明代一种服式。宋时"貉袖",到明代叫"对襟衣"。洪武二十六年(1393)令,"骑士服对襟衣,便于乘马也。不应服而服者,罪之。"可知在明初,为武将骑士专用,平民不许穿着。参见"貉袖"。

【太清氅】 古代外衣之一种。用纯丝和蕉骨相兼捻织,作夏服,轻快凉爽。宋·陶谷《清异录·衣服》载:临川(今江西抚州)上饶之民,新创醒骨纱,采用纯丝、蕉骨相兼捻织,夏季服之,轻凉适体。陈凤阁乔始作外衫服用,名"太清氅"。

【直裰】 古代家居常服,也作"直掇"。斜领大袖,四周镶边的袍子,因

背之中缝直通到下面,故名"直裰",也指僧衣道袍。宋·郭若虚《图画见闻志·论衣冠异制》:"晋处士冯翼,衣布大袖,周缘以皂,下加襕,前系二长带,隋唐朝野服之,谓之冯翼之衣,今呼为直裰。"明·王世贞《觚不觚录》:"腰中间断以一线道横之,谓之'程子衣';无线道者则谓之道袍,又曰直掇。"亦指僧袍。《水浒传》第四回:"智深穿了皂布直掇。"明时,凡举人、贡生、监生员,亦穿直裰,亦称"蓝袍"、"直身",四周镶有黑边。《儒林外史》中的儒生,大多穿这类服饰。以后虽有改制,如举人、贡生改穿黑色袍服,但生员仍需穿着蓝袍。

【直掇】 古代家居常服,亦指僧衣道袍。见"直裰"。

【直身】 与道袍相似,或称"直裰"。宋时已有此衣式,是一种宽大而长的衣,元代禅僧也服此衣,为一般士人所穿。明初太祖制民庶章服用青布直身即此。后有作民谣云"二可怪,两只衣袖像布袋"者应即指此衣。

穿直裰的明代儒生
(山西博物馆藏明代陶俑)

【道袍】 古时燕居之服,腰中间断,以一线道横贯者,称程子衣;无线道横贯者,称道袍,又名直掇(裰)。参阅明·王世贞《觚不觚录》。

【程子衣】 古代衣名。明·王世贞《觚不觚录》:"腰中间断以一线道横之,下竖摺之,则谓之'程子衣'。"即

《明宫史》所说的"大摺",前后作三十六或三十八摺不等,为一般士大夫所日常穿着。《野获编》:"又有陈子衣,阳明巾,此固名儒法服,无论矣。"此衣与世人所穿的裰子(裰折)式同,在民间称"程子衣"。明·徐俌墓出土有程子衣实物,藏南京博物院。

程子衣
(明代徐俌墓出土)

【盘领衣】 古衣名。所谓"盘领",即属一种高圆领。这种服装是明代官宦、士庶都可以穿的一种流行式样。一般士庶男子穿的盘领衣,是窄袖、缺胯,服色除黄及官宦服色外,其他如蓝、赭、皂、白等不限,故又把士庶男子穿的盘领衣,称"杂色盘领衣";官宦穿的盘领衣则是宽袖、下加襕,服色按品级有大红、青、绿等。杂色盘领衣的形式,明初时规定:庶人衣长离地五寸,袖长过手六寸,袖桩宽一尺,袖口五寸。衣的质料,按规定

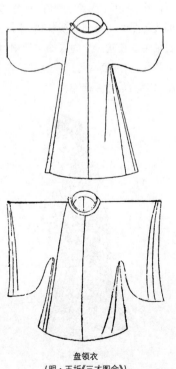

盘领衣
(明·王圻《三才图会》)

不准使用金绣、锦绮、纻丝、绫罗等,只许用绸、绢或素纱等。对60岁以上老年人穿的杂色盘领衣,可以是大袖、袖长过手,挽回时可到不及肘三寸的地方(即小臂上部),其他与庶人衣同。

【直身袍】 古代长袍。形制与道袍近似,斜领大袖,宽而长。衣背由两片缝制而成,直通下缘,故名"直身袍"。直身袍始见于宋代,元代禅僧及士人均服此服。明代初年,太祖制庶民服,青布直身,即此衣式。

【直裰】 明代士人所穿袍服。袍身宽大,两旁缀裰,故名。多用于士人。明·冯梦龙《警世通言·王安石三难苏学士》:"不多时,相府中有一少年人,年方弱冠,戴缠鬃大帽,穿青绢直裰,捆手洋洋,出来下阶。"

【胖袄】 明代九边将士、锦衣卫等人员所服之棉上衣。因其棉质较厚,故名"胖袄"。三年一给,在京师者五年一给。袄长齐膝,窄袖,内实以棉花。《明史·舆服志》三,称"袢袄":"二十一年定旗手卫军士、力士,俱红袢袄,其余卫所,袢袄如之。凡袢袄,长齐腰,窄袖,内实以棉花。"

【袢袄】 见"胖袄"。

【贴里】 明代宦官所着之袍。以纱罗纻丝为之,大襟窄袖,下长过膝。膝下施一横襕。颜色有定制,视职司而别。如明初规定,御前近侍用红色,胸背缀以补子;其余宦官用青色,不用补子。明·刘若愚《酌中志》卷十九:"贴里:其制如外廷之裰褶。司礼监掌印、秉笔、随堂、乾清宫管事牌子、各执事近侍,都许穿红贴里缀本等补,以便侍从御前。凡二十四衙门、山陵等处官长,随内使小火者,俱得穿青贴里。逆贤于蟒贴里膝襕之下,又加一襕,名曰三襕贴里,最贵近者方蒙钦赏服之。"

【明皇后礼服】 明制,洪武三年

(1370)定：皇后礼服，用于受册、谒庙和朝会。冠用圆匡，饰九龙四凤，大小花十二枝，两旁各饰二博鬓，十二花钿。服袆衣，深青质，绣画赤质五彩翟纹十二等。内衬素纱中单黼领，朱色罗縠缘袖端，衣边及后裾。蔽膝色，同衣色，酱色为上缘，上绣画翟纹三等。大带亦同衣色，革带，青袜，金饰舄。永乐三年(1405)：冠为漆竹丝圆匡，外冒翡翠，饰翠龙九，金凤四，中一龙衔一大珠，上有翠盖，下垂珠结，余亦是口衔珠滴，冠加翠云四十片，大珠花十二枝，每枝牡丹二朵，花蕊二个，小花亦十二枝。冠两旁各饰三博鬓，饰金龙翠云并垂珠滴。翠口圈一副，饰珠宝钿花，珠翠面花五事，珠排环一对。皂罗额子一，描金龙纹，用珠十二颗。穿翟衣，深青色，翟文十二等，间小轮花。红领、袖端衣边后裾缘织金云龙纹，玉色纱中单用红领，袖端等织黼纹十三。蔽膝同衣色，织翟纹三等间以小轮花，用酱色缘，并织金云龙纹。玉革带，大带，副带，绶，小绶，玉佩，青袜，描金云龙舄，舄首饰珠五颗。

明皇后礼服
(明孝恪皇后像《历代帝后像》)

【明皇后常服】　明制，洪武三年(1370)定：双龙翊龙冠。四年(1371)更定：龙凤珠翠冠。真红大袖衣，加霞帔，红罗长裙，红背子。首服特髻，上加龙凤饰，衣为织金龙凤纹加彩绣。永乐三年(1405)更：皂縠为冠，附以翠博山，冠饰金龙一，翊珠翠凤二，均口衔珠滴，前后珠牡丹二朵，花蕊八，翠叶三六，珠翠镶花鬓二，珠翠云二十一片，翠口圈一副，金宝钿花九，上饰珠九颗，金凤一对，口衔珠

结。两旁各饰三博鬓，饰鸾凤，金玉钿二十四，边垂珠滴。服黄大衫，深青霞帔，上织金云霞龙文，或绣或铺翠圈金，饰珠玉坠。红线罗大带，有缘。红缘裙，绿缘，织金采色云龙纹。玉带，青绮鞋，描金云龙文，玉事件十，金事件三。青袜，舄色同翟衣。

明皇后常服(大袖衣，袖口、领饰行龙纹彩绣)

【明皇妃常服】　明制：皇妃、皇太子妃冠饰为九翚四凤，大小花钗各九枝，二博鬓九钿，服用翟衣。常服鸾凤冠，诸色团衫。视王妃、公主等服饰各有贯制，其首饰花枝依次而递减。

【明庶妇服装】　明代庶妇服饰，中等人家女子，通常穿宽袖衫，肩围云肩，长裙，外着比甲。一般人家妇女，只上衣下裙，礼服只能用紫色，不可用金绣；可着紫绿、桃红等袍衫、团衫，不得用深色如大红、黄色、鸦青等。佣人等服绢布袄领长袄长裙，小婢用长袖短衣长裙。江南农妇束短裙，便于劳作，庶民妻女可用"披风"等作礼服，禁宝石、金银首饰。

明代庶妇服饰
(明·仇实父《仕女图》)

【假钟】　古代一种长外衣。亦称"一口钟"。形如钟覆，无袖不开衩，故名。明·方以智《通雅·衣服》："周弘正著绣假钟，盖今之'一口钟'也。"参见"一口钟"。

【罩甲】　古代服装名。明代有两种：一种为对襟的，一般军民步卒等不准服用，惟骑马者可服；一种为非对襟者，则士大夫等均可服之。黄色罩甲为军人所服，衣式较短，始自正德间，其后中外都效之，即如巡狩、督饷、侍郎、巡抚、都御史等也都服此罩甲。内官穿窄袖衣亦加罩甲于外，且有织金绣者。清·王应奎《柳南续笔·罩甲》："今人称外套亦曰'罩甲'。按罩甲之制，比甲则长，比披袄则短。创自明武宗，前朝士大夫，亦有服之者。"

穿罩甲的明代军卒
(山西阳城明墓出土陶俑)

【比甲】　即马甲，是一种无袖、无领的对襟马甲。其样式，古代的较后来

穿比甲的明代妇女
(《燕寝怡情》图册)

的马甲为长。据传产生于元代,初为皇帝所服,后才普及于民间,转而成为一般妇女的服饰。《元史·世祖后察必传》:"(后)又制一衣,前有裳无衽,后长倍于前,亦无领袖,缀以两襻,名曰比甲,以便弓马,时皆做之。"元代妇女穿比甲似不太多,直到明中叶才形成一种风气,多为青年妇女穿着。到清代更为流行,且不断有所变革。

【明织金妆花缎女夹衣】 明代后服珍品。为万历朝孝端皇后常服。1958年北京定陵出土。夹衣为对襟立领,两袖宽大。衣长79、两袖通长240厘米。女夹衣地纬用绿丝线,主体花用彩丝和金线。云龙纹主要装饰于前胸、后背及肩袖;两襟用云龙戏珠织金妆花缎;花纹间点缀有海水江牙和花卉纹等。明代织金妆花缎极珍贵,传世品较少,用织金妆花缎缝制皇后常服,更为罕见。

明代万历帝孝端皇后织金妆花缎夹衣
(1958年北京定陵出土)

【大衫】 明代宫廷贵妇礼服。宋代时称"大袖",明代时称"大袖衫",简称"大衫"。《宋史·舆服志》:南宋后妃常服,"大袖,生色领,长裙"。《明会典》称大衫为"大袖衫",宗室女眷大臣命妇礼服之一。后妃大红,绉丝纱罗;命妇真红,绉丝绫罗。《明会典》载:"大袖衫,领阔三寸,两领直下一尺,间缀纽子三,前身长四尺一寸二分,后身长五尺一寸,内九寸八分,行则摺起。末缀纽子二,纽在掩纽之下,拜则放之。袖长三尺二寸二分,根阔一尺,口阔三尺五寸,落摺一尺一寸五分。掩纽二,就用衫料,连尖长二寸七分,阔二寸五分,各于领下一尺六寸九分处缀之。于掩下各缀纽门一,以住摺起后身之余也。兜

子,亦用衫料两块斜裁,上尖下平,连尖长一尺六寸三分,每块下平处各阔一尺五分,缝合。于领下一尺七分处缀之,上缀尖皆缝合,以藏霞帔后垂之末者。"

【大袖】 见"大衫"。

【大袖衫】 见"大衫"。

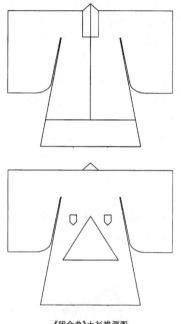

《明会典》大衫推测图

【大衫霞帔】 明代宫廷贵妇礼服。《明会典·礼部十八·冠服》:皇后冠服,大衫霞帔,衫用黄色,绉丝纱罗随用;霞帔深青为质,织金云霞龙文,或绣,或铺翠,圈金饰以珠,绉丝纱罗随用。皇妃、亲王妃冠服,大衫霞帔,衫用红色,绉丝纱罗随用;霞帔深青为质,织金云霞凤文,或绣,或铺翠,圈金饰以珠,绉丝纱罗随用。郡王妃冠服,大衫霞帔,衫用大红,绉丝纱罗随用;霞帔以深青为质,金绣云霞翟文,绉丝纱罗随用。参见"大衫"、"霞帔"。

【明云蟒纹织金妆花缎女衣料】 明代衣料珍品。1961年明代寺庙大佛像腹内发现,现藏北京故宫博物院。衣料为绿缎地,蟒纹用圆金线织造,鳞片用宝蓝、黄色勾勒,蟒眼、眉、角、爪和鳍用白色;蟒纹间为五彩祥云,下为江崖和海涛;所有花纹,都以金

线勾边,显得十分华贵富丽。衣料用"挖花"技法织造,工整精致。衣料长328、宽66.5厘米。上织有剪裁暗线,照线剪裁,就可缝制成一件直领、对襟、宽袖的女服。从衣料主题纹饰分析,当是一件王侯以下品级命妇或女官的袍服匹料。从织造技艺和纹饰风格观察,衣料当是南京织造的云锦。

明代云蟒纹织金妆花缎女衣料
(北京故宫博物院藏品)

【主腰】 元明时期妇女贴身内衣。类似"抹胸"。通常有两种:一种仅用一方帛,钉带缚于胸间;一种开有衣襟,袖口,有纽扣,似"背心"。明·西周生《醒世姻缘传》第九回:"计氏洗了浴,……着肉穿了一件月白绫机主腰。"秦徵兰《天启宫词》:"泻尽琼浆藕叶中,主腰梳洗日轮红。"自注:"以刺绣纱绫阔幅,束腰间,名曰'主腰'。"江苏泰州东郊明代张氏墓,出土一件"主腰",近似背心,置有钩肩,用带系缚,衣长59、宽约41厘米。

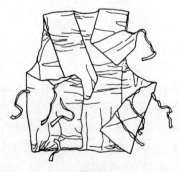

明代主腰
(江苏泰州东郊明代张氏墓出土)

【"僰人"服式】 明代遗物。1974年，四川宜宾地区珙县"僰人"悬棺葬发现。计清理十具悬棺，出上衣共六十三件。形制相同，均系麻布制成的高领、桶腰对襟衫。领高10、身长56、袖长57厘米。无扣袢，用布条或绸带拴合。领口、袖口和前襟均绣有花纹装饰。两前襟均用蓝色或黄色的绸条子，镶成长方形的花格子，共十一条，宽14厘米。领口和袖口都镶有花边。腋下开有长6.5厘米的口。肩部饰有长23、宽11厘米绿色或黄色长方形的绸条子，一端缝在衣上，一端为活动的，类似肩章，走路或骑马都可以飘动。裤共出三十件，形制相同。长44、裤管长64.5、裤裆宽88厘米。麻布制成，布纹中有编织而成的几何形白色暗花，是提花技术。裤的形制较特殊，整个裤的形状呈等边三角形，裆为等边三角形的底边，两裤管为两等边，右裤管开口，类似今天的游泳裤。开口处的两边各用三块长16、宽11厘米的长方形绣有几何形图案的布块作装饰。两裤管均饰有用黄色或蓝色绸条绣成的九个长方形刺绣品。腰很小，呈倒三角形，底边向上，系带。这种服式具有明显的民族特色。

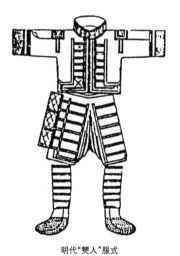

明代"僰人"服式

【清代服装】 清代一改旧制，制定众多服制。明代男子都蓄发绾髻，衣着宽大，穿大统袜浅面鞋。而清代男子，则剃发垂辫，穿箭衣马蹄袖，紧袜深鞋。清代官吏，服用石青、玄青缎和宁绸等外褂，前后开衩，胸背各缀

一"补子"，文官绣鸟，武官绣兽，随品级各有不同。五品以上及内廷官员挂朝珠。士庶帽子，有素冠、毡帽、便帽。官员的礼帽分"暖帽"、"凉帽"两种，上面都有"顶子"，随品级不同，所戴"顶子"颜色和质料也不同。帽后都拖着一把孔雀翎，普通的无花纹，高级官僚的孔雀翎上有"眼"，分一、二、三眼，眼多表示尊贵。亲王或功勋大臣，才被赏戴三眼花翎。一般妇女服装，在康熙、雍正时，时兴小袖，小云肩，近于明式；乾隆以后，袖口日宽，有的大到一尺多，衣服渐变宽变短。到晚清，城市妇女才不穿裙，但上衣的领子转高到一寸以上。镶滚边的衣服很多。满族妇女穿旗袍，喜罩马甲，梳如意头、一字头、大拉翅等。足穿高跟花盆底鞋。汉族妇女南方多系裙，北方扎裤脚。一般男子服式，多长衫马褂。袖管、腰身日益窄小。所谓"京样衫子"。将一身裹得极紧，加上高领，琵琶襟子，宽边大花坎肩，戴瓜皮小帽，是当时的时尚打扮。

清代男女服装
（男：长袍马褂，女：旗装、花盆底鞋）
（《点石斋画报》《图画日报》等）

【清皇帝朝服】 形制为上衣连下裳制，有冬、夏二种。冬朝服有二式，均用明黄色，除朝日用红色，祭祀圆丘、祈谷用蓝色。一式，自十一月朔至正月十五，使用披领及裳，表面紫貂，袖端薰貂，二肩和前后绣正龙各一，襞积（打褶）处行龙六，衣前后绣十二章纹，间五彩云；二式，披领及袖，石青色片金加海龙缘，两肩和前后绣正龙各一，腰帷行龙五，衽（衣襟）正龙一，襞积前后团龙各九，裳正龙二，行龙四，披领行龙二，袖端正龙各一，前后衣裳绣十二章纹，间五彩云，下幅绣八宝平水（吉祥纹）花饰。夏朝服，也为明黄色，惟常雩祭祀用蓝，夕月时用月白，余如冬朝服二式。

穿朝服的清代嘉庆皇帝

【清代皇帝冬朝服】 清皇帝冬朝服有两种款式：一，明黄色，两肩和前胸、后背各绣正龙一条，上衣前后列十二章，间以五色云，下平水江牙。下裳襞积绣行龙六条间以五色云，下平水江牙。下裳其余部位和披领全表以紫貂，马蹄袖端表以薰貂。这是自十一月初一至正月十五所穿。质地多用织成妆花缎或以缎、绸绣制；二，明黄色，上衣两肩及前胸后背饰正龙各一，腰帷行龙五，衽正龙一，襞积前后身团龙各九，裳正龙二，行龙四，披领行龙二，袖端正龙各一。列十二章，即日、月、星辰、山、龙、华虫、黼、黻在衣，宗彝、藻、火、粉米在裳，间以五色云，下幅为八宝平水，披领、袖端、下裳侧摆和下摆用石青色织金缎或织金绸镶边，再加镶海龙裘皮

边。质地用织成妆花缎或以缎、绸刺绣及缂丝。

清代皇帝冬朝服
（清《钦定大清会典》）

【清代皇帝夏朝服】 明黄色,惟南郊祈谷、常雩(意求雨)用蓝,朝日用红,夕月用月色(月色,即浅蓝色)。夏朝服的形式和纹饰与冬朝服二式完全相同,只是在披领、袖端、下裳侧摆、下摆等处单镶织金缎或织金绅的镶边,不再镶海龙裘皮边,即所谓"片金绞边"。质地一般为穿纱地绒绣、纳纱绣及妆花纱、缂丝等。春秋两季的棉、夹朝袍,形式与此相同,质地为缎、绸地绣花、妆花缎、缂丝等。

清皇帝夏朝服

【清雍正云蟒吉服袍】 清代蟒袍珍品。为清·雍正时期南京云锦织造。身长132、两袖通长206厘米。以香色缎为地,以圆金线和五彩绒线为纹纬,运用二退至三退晕法织作云、蝠、金蟒、如意、出水龙、平立水和江山万代等纹饰。纹样结构严谨,造型生动,配色浑厚和谐,金彩辉映,雍容高雅,织工十分精湛。从吉服纹饰和用料分析,应为当时贝勒、贝子等宗室人员所穿的四爪蟒袍。

【清皇太后、皇后龙袍】 清制,有三式:一式为明黄色,领、袖用石青,绣金龙九,间五色云、福寿文采,下幅八宝立水,领前后正龙各一,左右及交

襟行龙各一,裾左右开;二式绣五爪金龙八团,两肩前后正龙各一,襟行龙四,余如一式;三式为下幅不施采章,余如二式。

清皇后龙袍

【龙褂】 清代皇太后、皇后服用之龙褂,有二式:一式,为石青色,绣五爪金龙八团,两肩前后正龙各一,襟行龙四,下幅八宝立水,袖端行龙各二;二式,袖端及下幅,施不同采章,余同一式。皇贵妃、皇太子等亦穿用龙褂。《清朝通志》卷五十九:"皇太后、皇后龙褂,色用石青,棉、袷、纱、裘惟其时。绣文,五爪金龙八团:两肩前后正龙各一,襟行龙四;或加绣下幅八宝立水;袖端行龙各二。……皇贵妃龙褂,贵妃、妃、皇太子妃同。"又:"嫔龙褂,色用石青;棉、袷、纱、裘惟其时。绣文:两肩前后正龙各一,襟夔龙四。"皇子龙褂皆绣四团,形制与皇帝衮服相似,唯无日月章纹及万寿篆文。"《清朝通志》卷五十八:"皇太子龙褂(皇子同),色用石青,绣五爪正面金龙四团:两肩前后各一,间以五色云。棉、袷、纱、裘惟其时。"

清皇太后、皇后龙褂
（《大清会典图》）

【朝褂】 清代皇太后、皇后朝褂有三式:一式是色用石青,片金缘。绣文前后立龙各二,下通襞积,四层相间,上为正龙各四,下为万福万寿。领后垂明黄条,珠宝饰惟宜(按所需而用)。二式为前后绣正龙各一,腰帷行龙四,中有襞积,下幅行龙八。余同一式。三式为前后绣立龙各二,中无襞积,下幅八宝平水。余同一、二式。民公夫人朝褂,前绣行蟒二,后绣行蟒一,领后垂石青条。余同皇后制。其下侯、伯夫人至七品命妇制同。

朝褂(第三式)
（《大清会典图》）

【吉服褂】 清代皇子福晋,色为石青,绣五爪正龙四团,前后两肩各一;亲王福晋绣五爪金龙四团,前后正龙,两肩行龙;下则为绣行龙、正蟒、行蟒和绣花等差别;七品命妇以上,均为绣花八团。

【花衣】 清制,凡遇庆典或年节日,百官和命妇皆穿蟒服,谓之"花衣",一般都穿在外褂之内。蟒服的颜色和所织蟒纹,包括蟒爪之数,都有详细规定:一品至三品,绣五爪九蟒;四品至六品,绣四爪八蟒;七品至九品,绣四爪五蟒。

【端罩】 清代章服,亦称"褡襫"。系职位比较高和皇族近臣及侍卫所穿,形式同补服相似。清代皮裘一般是毛在里面,而端罩是毛露在外面的,有点像后世妇女们所穿的西式翻毛皮大衣。清·挦沙拙老《闲处光阴》:"国朝章服之极珍贵者,为元狐褡襫,

汉文曰端罩,虽亲王亦非赐赉不能服。若既薨没,郎当呈缴,奉旨赏还,方敢藏于家。……其式似表衣而较宽,长毛外向,左右衩微高,各悬飘带一。"皇帝端罩,紫貂为之,十一月初一至正月十五用黑狐,明黄缎里,左右垂带各二,下广而锐,色与里同。皇子端罩,紫貂为之,金黄缎里。亲王端罩青狐为之,月白缎里,若曾获赐金黄缎里,亦可用之。亲王世子、郡王、贝勒、贝子端罩青狐皮,月白缎里。镇国公、辅国公端罩紫貂,月白缎里。民公、侯、伯、子、男,下至文三品、武二品端罩,均以貂皮为之,蓝缎里。一等侍卫端罩用猞猁狲皮,间以豹皮,月白缎里。二等侍卫端罩用红豹皮,素红缎里。三等侍卫、蓝翎侍卫端罩用黄豹皮,月白缎里。

【褡褳】 见"端罩"。

端罩

【行袍】 清代袍名,形制同常服袍,惟长比常服袍减短十分之一,右面的衣裾下短一尺,以便于乘骑之需,又称之为"缺襟袍"。在不乘骑的时候即把这短一尺的一幅用纽扣扣拴,就同常袍一样。这种行袍凡臣工扈行、行围人员,都例服这种行装,下达庶官也都穿着之。这种行装也可当作礼服穿用,如文武官员出差、谒客不必外加外褂,用对襟的大袖马褂加上

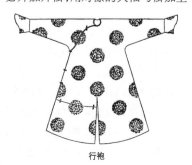
行袍

即可。故宫博物院另有一种后面也将下裾用纽扣扣在行袍上,也是为了乘骑时的方便,不用时即将扣放下。

【四衩袍】 清代皇帝、宗室所服长袍。亦称"开衩袍"、"四衩袍"、"开褉袍"、"开气袍"。其制:袍服腰部以下开有四衩,故名。清·福格《听雨丛谈》:"御用袍、宗室袍,俱用四开衩,前后衩开二尺余,左右侧一尺余。"清制规定:皇帝、宗室用四衩,普通官吏所服仅前后开衩,两侧无衩。丧服之袍,惟皇上用四衩,宗室、士庶皆用两衩。虽非宗室,受皇族宗室特赏,亦可服四衩之袍。

【开衩袍】 见"四衩袍"。

【四衩袍】 见"四衩袍"。

【开褉袍】 见"四衩袍"。

【开气袍】 见"四衩袍"。

清代皇帝所服"四衩袍"

【缺襟袍】 清代官员出行所服长袍。其制:在袍服右襟下部,被裁下一方

穿缺襟袍的清代武官

块,约一尺见方,平时用纽扣绾结,出行骑马时,则解开,以便骑乘。清·赵翼《陔余丛考》:"凡扈从及出使,皆服短褂、缺襟袍及战裙。"清·袁枚《随园随笔》:"今之武官多服缺襟袍子。"清·福格《听雨丛谈》:"若缺襟袍,惟御用四开褉,宗室亦用两衩。"清·范寅《越谚》:"缺襟袍,大襟下截缺块接续者。"

【补服】 清代百官官服。补服款式为圆领、对襟、平袖,袖与肘齐,衣长至膝下,门襟有五颗纽子,石青色,为一种宽松式外衣,故有"外褂"或"外套"之称。补服主要的特点,是用装饰于前胸和后背的"补子"不同纹饰区别官位高低。亲王、郡王、贝勒、贝子等皇室成员用圆形补子;固伦额驸、镇国公、辅国公和硕额驸、民公、侯、伯、子、男以至各级品官用方形补子。清代补子从形式到内容都是在直接承袭明朝官补的基础上修改而来,但尺寸比明代略小。

【外褂】 见"补服"。

【外套】 见"补服"。

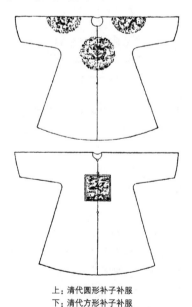
上:清代圆形补子补服
下:清代方形补子补服
(清《钦定大清会典》)

【清代官服】 清制官员服饰。清康熙时期,官服大体定制。皇帝服锦袍龙补,亲王、高官一至四品,服蟒袍,帽起花金顶有各种珠饰,挂朝珠,外

服官袍,饰有补子,内服锦袍,绣有纹饰,锦袍下裙绣水苍纹,下穿裤,足着软靴。此为清代典型之官服。

清代官服

【清常袍服】 清代皇帝、百官燕居之服。亦称"常袍"。圆领、大襟、右衽、箭袖、下摆前后左右均开衩或仅左右开衩、衩高至膝。材质依季节而定,色泽不拘。《清朝通志》:"皇帝常袍服,色及花文随所御,裙左右开,棉、袷、纱、裘惟其时。"清·福格《听雨丛谈》:"满汉士庶常袍,皆前后开褶,便于乘骑也。"

【常袍】 见"常服袍"。

【随季易服】 中国很多朝代均有按季更服之规定,而以清代更为严格。每年春、夏、秋、冬四季,清代都统一规定更换朝冠、朝服;帝王、后妃、百官均有一定制度。春、秋两季易服,定于每年三月、九月,在前一个月,由礼部在初五、十五、二十五三天中,选择一天,上奏朝廷,待皇帝准奏后,由宫中颁发公文至各衙门,后统一更换。春季,服藤竹丝编织的凉朝冠和夹朝衣;秋季,服裘皮制的暖朝冠和镶饰皮边的朝衣;冬季,农历十一月初一至元月十五,服黑狐皮制的暖朝冠和海龙皮、紫貂镶边、熏貂镶袖口的朝衣,并外罩翻毛端罩皮袍。

【丽水袍】 清代袍服之一种。即织绣有"立水"或"八宝立水"纹样的袍服。崇彝《道咸以来朝野杂记》:"丽

水袍与衬衣皆夹衣,虽隆冬穿大毛之期,亦如是。"

【长袍】 服装名称,旧时上下相连的夹衣,称长袍。如果在里面衬填棉花等防寒材料,则称棉长袍。一般均为男子所穿用。

【行裳】 清代衣名。左右各一片,如随侍甲裳之制,上用一横幅以带系之,用毡或袷,冬用裘为表,贵者用鹿皮、黑狐,扈从随行者及庶官都用之。

【太平天国龙袍】 太平天国龙袍为圆领右衽,龙袍正面饰一升龙纹,龙头顶饰一大宝珠;升龙下为两团龙纹,龙袍下沿饰海水江牙纹;龙袍两袖饰二条行龙纹;所有龙纹均为五爪,四周满饰五彩祥云纹。太平天国定制,龙袍除天王可穿外,其他大臣须根据场合,低级官吏禁止服用。

太平天国龙袍

【太平天国忠王龙袍】 太平天国忠王李秀成龙袍,圆领、右衽,宽袖大裾。袍正面饰三条盘龙纹,均为四爪;袍下部饰海水江牙纹;盘龙四周和袍两袖,满饰五彩祥云和八宝吉祥纹样。

太平天国忠王龙袍

【披皮】 又称"大氅",是一种没有袖子,披在肩上的外衣,后也泛指斗篷。清代时,妇女用它作礼服的外套。近代时,妇女作时髦服饰,除夏季不用,春、秋、冬三季都穿用。质料上,有单、夹、棉、皮的。用绸缎缝制,颜色以绿者为时髦,也有大红、粉红、咖啡和灰色等。三十岁以上一般多穿深色,有些用浓重的黑色,以示稳重端庄。长度通常在膝盖部位,冬天的略长些。披风两襟,钉有纽扣或带子,但穿着时往往不用,任其敞开,走路时一般都用两手交叉抓住衣襟,以显示气派和风度。妇女和儿童用的,多绣有花饰,男用一般为素式。

【大氅】 披在肩上的一种服装,今北方人称大衣为"大氅"。见"披风"。

【斗篷】 又名"莲蓬衣"、"一口钟"、"一裹圆"。斗篷,据传是从蓑衣演变而来,最初用棕麻编成,以御雨雪,名谓"斗衩"。到明清时,才多用丝织物制作,并不限于雨雪天使用,当时叫做大衣,是一种御寒的服饰,有长式和短式,有高领和低领。凡冬天外出,不论男女官庶,都喜披裹斗篷,但有个规矩,不能穿着这种服饰行礼,不然被视为不敬。清代中叶以后,妇女穿着斗篷很普遍,制作日益精巧,一般都用鲜艳的绸缎制作,上绣花纹,讲究的在里面衬以皮毛。

清代斗篷
左:长式斗篷 右:短式斗篷

【莲蓬衣】 指一种无袖不开衩的长外衣,又名"斗篷"、"一口钟"、"一裹

圆"。见"斗篷"。

【一口钟】　古代服装名,指一种无袖不开衩的长外衣,以形如钟覆,故名,又称"斗篷"、"莲蓬衣"、"一裹圆"。明·方以智《通雅·衣服》:"周弘正著绣假钟,盖今之'一口钟'也。凡衣掖下安摆,襞积杀缝,两后裾加之。世有取暖者,或取冰纱映素者,皆略去安摆之上襞,直令四围衣边与后裾之缝相连,如钟然。"

【一裹圆】　古代服装名。一口钟的别名。清·西清《黑龙江外记》:"官员公服,亦用一口钟,朔望间以袭补褂。惟蟒袍中不用。一口钟,满洲谓之呼呼巴,无开褉之袍也,亦名一裹圆。"参见"一口钟"。

【斗袯】　见"斗篷"。

【水田衣】　古代妇女衣名。亦称"斗背褡"。是一种以各种零碎织锦料拼合缝制成的服装,形似僧人所穿的袈裟,因整件服装织料色泽相互交错,似水田界画,故名。《闲情偶寄》卷三:"另拼碎补之服,俗名呼为'水田衣'……此制不昉于今,而昉于(明)崇祯末年。"它具有其他服饰不具备的特殊效果,简单而又别致,在明清妇女中甚为流行。吴敬梓《儒林外史》:"那船上女客在那里换衣裳,一个脱去元色外套,换了一件水田披风。"据传,早在唐代,就有这种拼制衣服,王维诗有"裁衣学水田"的描述。水田衣的制作,开始时还较注意匀称,事先将织料剪裁成方形,然后有规律地编排缝合。后来形状各不

相同,料子大小不一,形似补丁,真成了"百纳衣"。另说,水田衣即"袈裟",也称"百纳衣"。

【斗背褡】　见"水田衣"。

【雀金裘】　用孔雀毛织制成的裘衣。亦称"孔雀裘"、"毛锦"。质地轻暖,金翠华丽。在魏晋南北朝时已有制作。《南齐书·文惠太子传》:"太子……织孔雀毛为裘,光彩金翠,过于雉头矣。"清·叶梦珠《阅世编》卷八:"昔年花缎惟丝织成华者加以锦绣,而所织之锦大率皆金缕为之,取其光耀而已,今有孔雀毛织入缎内,名曰'毛锦',花更华丽,每匹不过十二尺,值银五十余两。"清·郝懿行《晒书堂诗抄》卷下:"今优伶有著孔雀及雉头、鸭头裘者。"清·曹雪芹《红楼梦》五十二回有"勇晴雯病补孔雀裘"回目。周肇祥《故宫陈列所纪略》载,解放前故宫陈列所曾展出乾隆时孔雀毛织成的蟒衣,"皆罕见之品"。五十年代北京定陵(明万历帝陵)出土一件孔雀羽妆花锦匹料,用孔雀毛、金线和彩丝交织,织造技术异常精工、细致、繁复。据考证为南京明代所织。1983年南京云锦研究所曾复制北京定陵出土明万历"孔雀羽妆花锦匹料",历时五年,计复制三件,一件赠北京故宫博物院,一件送定陵博物馆,一件留存南京云锦研究所。

【孔雀裘】　见"雀金裘"。

【毛锦】　见"雀金裘"。

雀金裘
(清·光绪刻本改琦《红楼梦图咏·晴雯补裘》)

【氅衣长装】　清代道光后流行的一

种妇女罩衣。类似旗袍,其长掩足,形体宽大,圆领,大襟右衽,左右大开襟,袖宽而短,镶接二三层不同色彩的衬袖;领襟、裙摆都镶有几道花边,在左右腋下开裙上端,用花边组成如意纹饰。开始氅衣长装,仅是满族妇女穿着,以后各阶层妇女都予仿效,遂广泛流行。

穿氅衣长装的清代妇女
(清·吴友如《点石斋画报》)

【清兰花纹漳绒女袄】　清代女服珍品。藏中国历史博物馆。袄长86.5、袖长60.5厘米。立领、右衽、窄袖、宽摆。面料漳绒,绀青色。漳绒产于福建漳州。织造技术繁复。织造时每织四根绒线后,即织入一根起绒杆(细铁丝),织到20厘米左右,在机上用割刀沿铁丝剖割,使铁丝脱开,形成毛绒。毛绒显于缎面,并具有光泽。构成织物的纹样有两种:一绒花缎地,即漳缎;二绒地缎花,称漳绒。女袄整件装饰为一丛兰,生机勃发,舒展自然,织造如此大幅的纹样,技艺难度极高,表现出了清代漳绒匠师的卓越才能。

清代兰花纹漳绒女袄
(中国历史博物馆藏品)

【旗袍】　我国一种富有民族特色的妇女服装。由满族妇女的长袍演变

清代妇女水田衣

而来，由于满族被称为"旗人"，因而这种长袍称为"旗袍"。满族先民原居东北长白山和黑龙江一带寒冷地区，男女老少一年四季都穿袍服，分单、夹、皮三种。样式是圆领，右大襟带扣襻，下摆有直筒式、两面开衩和四面开衩之分；窄袖，其端加半圆形"夹袖"，也称"箭袖"。穿用时习惯用布带束腰，便于骑射。后来随着社会发展，旗袍的式样逐渐有所变化，如在领口、衣襟、袖口等处加镶花纹或彩牙儿等，使服装更美。在北京等地还进一步盛行"十八镶"的做法，即镶十八道衣边，而且样式也变成宽袍大袖，成为清代的时装。辛亥革命后，汉族妇女也普遍穿旗袍。样式由肥变瘦，紧腰身，长及膝下，直领，衣袖由大变窄，并有长短袖之分，两侧开衩，显得更加美观大方。

各种旗袍式样

【马褂】 旧时男子穿在长袍外面的对襟短褂，本为满族人骑马时穿的服装，故名。清代在长衣袍衫之外，上身都穿马褂。其式较外褂为短，长仅及脐部。康熙后雍正时，日益流行，马褂有长袖、短袖、宽袖、对襟、大襟、琵琶襟诸式，袖口平直，不作马蹄式。马褂在嘉庆间，往往用如意头镶缘。咸丰、同治间作大镶大沿。光绪、宣

统间尤其在南方，把它缩短至脐部之上，色有宝蓝、天青、库灰，甚至有用大红色的。料用铁线纱、呢、缎等。满族人有的把马褂做成背心式，其两袖用异色料为之。

穿如意头马褂的清代男子

【行褂】 古代服饰名，比常服褂短，长与坐时齐，袖长及肘。按定制亲王、郡王以下文武品官用石青色；领侍卫内大臣、御前大臣、侍卫班领（长）、护军统领、健锐营翼长用明黄色，诸臣得有赐黄马褂者才能穿着；他如八旗之四正旗副都统、正黄旗者色用金黄；正白旗、正红旗、正蓝旗者各按旗色；镶黄旗、镶白旗、镶蓝旗者用红色缘，镶红旗者用白色缘；其他如前锋参领、护军参领、火器营官都服之；豹尾班侍卫，用明黄色，左右及肩前施双带结之；健锐营前锋参领，色用明黄蓝缘，营兵色用蓝，明黄缘；虎枪营总统领，用明黄，领左右端青缘直下至前裾；枪长色用红，领左右端青缘；营兵色用白，领左右端青缘，都直下至前裾；火器营兵色用蓝、白缘。行褂的形制，下达一般庶官以及扈行者都可穿用，服色不得用黄。

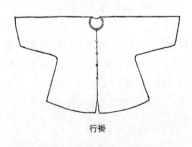

行褂

【黄马褂】 清代一种官服，非特赐不得服。凡穿黄马褂者，有三类人物：

一、随皇帝"巡幸"的侍卫，因职任而穿，故称"职任褂子"；二、行围校射时，中靶或获猎多者，乃行围时所穿，称"行围褂子"；三、在治国或战事中，建有功绩的朝廷要员，这种马褂无论何时均可穿用，时称"武功褂子"。得后一种马褂者，事迹都要载入史册，与前两种有所不同。为此，马褂形制也有些区别：前两种马褂，用黑色纽襻；后一种则用黄色纽襻。

【得胜褂】 马褂之一种。对襟方袖，出门穿用。清傅恒喜其便捷，军中或平时经常穿着，名曰"得胜褂"。后成为一般人士的常服。《啸亭继录》："自傅文忠公征金川归，喜其便捷，名'得胜褂'，今无论男女燕服，皆着之矣。色彩初尚天蓝，乾隆中尚玫瑰紫。末年，福文襄王好着深绛色，人争效之，谓之'福色'。近年尚泥金色，又尚浅灰色。夏日纱服，皆尚棕色，无贵贱皆服之。"参阅徐珂《清稗类钞·服饰·对襟马褂》。

【对襟马褂】 马褂之一种。初尚天青色，至乾隆中尚玫瑰紫，末年福文襄公好着深绛色，人们都效之，谓"福色"；嘉庆时尚泥金色及浅灰色，夏天用纱制则都用棕色，其大袖对襟马褂，可以代替外褂而作为正式的行装，色用天青，大小官员在谒客时服之。其袖较窄而身又较长者，也称"长袖马褂"。

【琵琶襟马褂】 马褂之一种。琵琶襟马褂，右襟短缺，与缺襟袍相类，也称"缺襟马褂"。

穿琵琶襟马褂的清代妇女

【缺襟马褂】 见"琵琶襟马褂"。

【大襟马褂】 马褂之一种。将衣襟开在右边,其四周有用异色为缘边,属于便服类。

【翻毛皮马褂】 将毛露在外表的一种马褂。开始于乾隆年间,初则尚极稀少而奇异,到嘉庆间在冬季服翻毛马褂者甚众,料用贵重的玄狐、紫貂、海龙、猞猁狲、干尖、倭刀、草上霜、紫羔等,有丧者则用银鼠、麦穗子(俗称萝卜丝)等,均属达官富人者服之。

穿翻毛皮马褂的清代官员

【军机坎】 清代一种短袖衣。亦称"褂衬"、"平袖"。出自军机处,故名。清·福格《听雨丛谈》卷六:"军机坎,制如马褂,而右襟袖于肘齐,便于作字也。道光初年,创自军机处。因军机入直,最早最晏,衬于长褂之内,寒易著,暖易解。故又曰褂衬,又曰平袖。以杂色缎帛皆可为之,不必定如马褂之用青色也。数十年来,士农工商,皆效其制,以为燕服。"

【褂衬】 见"军机坎"。

【平袖】 见"军机坎"。

【清宫女马褂】 款式有挽袖(袖比手臂长)、舒袖(袖不及手臂长)两类。女马褂全身施纹彩,并用花边镶饰。后妃所用是由宫廷画师先按主子的意向画样,再由内务府发交各地制作。有的画样是按原大尺寸画的,有的是按比例缩小画成小样,再附原大

的纸样(即裁剪图)。北京故宫博物院还保存着一批清宫女马褂设计图样,内有一份光绪年间的"整枝金银海棠石青缂丝马褂"(黄笺墨书原名)图样,实大尺寸为身长 70.5、半袖通长 91.3、袖口宽 35.5、下摆 42.5 厘米。此外还有"桂花兰花马褂"、"金银墩蓝马褂(宝蓝地)"、"瓜瓞绵绵马褂(石青地)"、"金万字地耦荷色喜字百蝶马褂"、"灵仙祝寿马褂"、"桃红碎朵兰花马褂"、"玉色整枝海棠马褂"等画样。

【太平天国团龙马褂】 太平天国团龙马褂为圆领宽袖,对襟,上饰五纽;马褂正面中央,饰两条相对团龙,团龙中心长方框内书"天王"两字;马褂下部左右两侧各饰半个团龙纹,龙纹上方饰一团寿字;马褂两袖,各饰一团龙纹,龙纹下饰海水江牙纹,龙纹两侧饰五彩祥云纹。

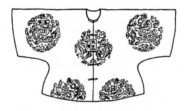

太平天国团龙马褂

【太平天国团花马褂】 太平天国团花马褂为圆领大袖,对襟五纽。马褂正面中央饰一大团花,内容为各式四季花纹。

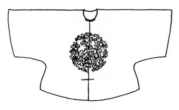

太平天国团花马褂

【坎肩】 无袖的上衣,南方称"背心"。徐珂《清稗类钞·服饰》:"半臂,汉时名绣裾,即今之坎肩也,又名背心。"通常半臂有袖而较短,背心则无袖。

【背心】 亦称"坎肩"。一种无袖之上衣。苏州地区吴语俗称"马甲",南

方名"背心"。古代战马之护甲,亦曰"马甲"。

【马甲】 一种无袖上衣。即背心。男女均服。先着于内,晚清时穿在外面。其中一种多纽祥的背心,类似古代裲裆,满人称为巴图鲁坎肩。马甲有单、夹、棉等多种,有琵琶襟、大襟和一字襟等各种襟式。

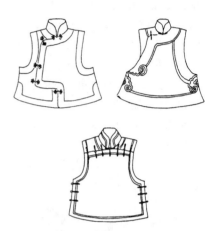

清式马甲

上左:琵琶襟式 上右:一字襟式 下:大襟式

【巴图鲁坎肩】 亦称"多纽马甲"。"巴图鲁"满语系好汉、勇士之意。清·徐珂《清稗类钞·服饰·巴图鲁坎肩》:"京师盛行巴图鲁坎肩儿,各部司员见堂官往往服之,上加缨帽。南方呼为'一字襟马甲',例须用皮者,衬于袍套之中,觉暖,即自探手,解上排纽扣,而令仆代解两旁纽扣,曳之而出,借免更换之劳。后且单、夹、棉、纱一律风行矣。其加两袖者曰鹰膀,则宜于乘马,步行者不能著也。"后穿于外面,俗称"十三太保"。向例为王及公主能服,后期便人人都穿,且做得短小,只及腰下,有琵琶襟、大襟和对襟诸式。四周和襟领以异色镶边。奴仆等则用红、白鹿麂皮为之。其他人的用料和颜色与马褂差不多,苏州地区喜用黑色,后也改用他色。

【多纽马甲】 见"巴图鲁坎肩"。

【十三太保】 见"巴图鲁坎肩"。

【一字襟马甲】 见"巴图鲁坎肩"。

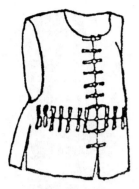

巴图鲁坎肩(多纽马甲)

【猞猁狲大裘】 古代用珍稀动物制作的一种珍贵皮衣。猞猁狲系野猫之一种,产于东北高山,毛皮极珍贵。猞猁狲又名扯里狲、舍利孙。在清代,达官贵人服猞猁狲大裘甚流行。清·王士禛诗:"京堂詹翰两衙门,齐脱貂裘猞猁狲。"清·戴璐《藤阴杂记》:"康熙乙亥(1695),任葵尊宏嘉奏三品以下,禁服貂裘、猞猁狲。"清·郝懿行《晒书堂笔录》引尤西堂言:"在京师入朝时,见同官皆羊裘耳。今闻班行中无不衣狐铅、天马、舍利孙者。"

【银鼠褂】 古代一种珍贵的裘皮褂。银鼠即一种白针的灰鼠皮,价高,极名贵。《道咸以来朝野杂记》:"银鼠真者,色微黄,奇贵。"

【灰鼠裘】 用灰鼠皮制作的一种皮衣。灰鼠,古称鼶,亦名青鼠,其色泽深灰,腹部为白色,皮可制裘。为细毛皮货中较普通的一种。灰鼠毛皮,是清中期比较时兴的制裘毛料。汪启淑《水曹清暇录》:"古人制裘,尚貂及狐貉……近日所珍洋貂、洋灰鼠暨香貂、香鼠,似古时所无。"

【玄狐褂】 古代用黑狐皮制作的一种褂服。清·徐珂《清稗类钞·动物》:"玄狐,黑狐也。产奉天(今沈阳市)等处。色黑,毛暖,其皮为里,价最贵。"清·王士禛《池北偶谈》卷四:"本朝极贵玄狐,……惟王公以上始得服。"

【玄狐服】 古服装名。玄狐,黑狐,

产辽东等处,色黑毛暖。其皮为裘,最贵重。以黑狐裘制成服,清制,王公以上始得服玄狐。次为貂,再次为猞猁狲,三品以上始得服用。参阅清·王士禛《池北偶谈·玄狐》。

【云狐裘】 用一种名贵狐皮制作的裘服。《道咸以来朝野杂记》:"若云狐腿、玄狐腿两种,不恒见,其价尤贵;两种皆带银针,有旋转花纹间之,极好看。"一说,云狐裘皮,是以狐股和狐头顶部两处毛皮拼接而成,因其毛色呈云状图案,故名。

【狐肷褙子】 古代用狐皮制作的一种夹衣。狐肷,为狐两肋之皮,肋皮轻软。《道咸以来朝野杂记》:"狐肋名目极多,有天马肷,即白狐;红狐肷、葡萄肷,即羊猞猁;金银肷、青白肷等,不胜记矣。"《礼记·玉藻》:"帛为褙。"郑注:"褙音牒,夹也。"

【珍珠毛裘褙】 用一种胎羊皮制作的皮服。这种胎羊皮,其毛雪白,毛粒盘曲如珍珠,故名"珍珠毛"。这种羊皮裘服褙子,在清代男女皆服之。

【草上霜裘衣】 用胎羊皮毛制作的一种皮衣。极为贵重。以名贵的黑色骨种羊胎皮为原料,其毛为黑灰色小圆圈,毛尖处呈白色,故称"草上霜"。这种裘皮惟王公权贵服之,一般在冬春和秋冬之交穿着。

【凫靥裘】 古代用野鸭头颈毛制成的一种裘服。靥,《集韵》:"颊辅也。"《淮南子·说林》:"靥辅在颊则好。"注:"靥辅著颊上窒也。"明·宋应星《天工开物·裘》:"飞禽之中,有取鹰腹、雁胁毳毛,杀生盈万,乃得一裘。"《黑龙江外纪》:"达呼尔女红,缀皮毛最巧。尝见布特哈幼童服一马褂,雉毛氄毛为之,均齐细整,无针线迹。"用野鸭头颈部毛制成之裘衣,呈翠绿色,富有光泽,为一种高贵珍品。

【风毛儿】 亦称"皮衣出锋"。清代

甚流行。在衣服的领、袖、襟、摆等边缘部分,加工成出锋毛皮,使之增加美观及显示皮毛之珍贵。参见"皮衣出锋"。

【皮衣出锋】 清代在冬寒着皮衣时,将里面的毳毛露出若干在外,称"出锋"或"出风"。早在清初天聪六年(1632)就有皮衣服许出锋,至道光间又尚珍珠皮毛出锋。在宣统帝携取的衣服单中,就有出风单褂。广州人冬季本可不穿皮衣,但也在衣服的边缘上加以出锋皮毛。妇女的背心等也都作出锋者,男女皆然。

穿出锋皮衣的清代女子
(《海上青楼图记》)

【麻叶皮裘】 属大毛皮货一类之裘服。清·徐珂《清稗类钞》:"其(狐)股里黄黑,杂色者,集以成裘,名麻叶子。"《道咸以来朝野杂记》:"其下者,如乌云豹、麻叶子,虽大毛之属,士大夫不屑穿矣。"

【皮袄】 服装品种名称,以兽皮毛作为夹里的短上衣,有毛的一面向里者,均总称为"皮袄"。如用山羊皮或绵羊皮作为夹里者,称"羊皮袄"等。我国北方的牧区牧民,以穿羊皮袄者较多。

【珍珠披肩】 为清代慈禧所服。德龄(慈禧太后女官)《清宫二年记·宫中的第一天》:"一眼就看见一位老太太穿着黄缎袍,……绣袍外面是披肩,我从来没有看到过比这更华丽更珍贵的东西,这是一个渔网形的披肩,由三千五百粒珍珠做成,粒粒如鸟卵般大,又圆又光,而且都是一样的颜色和大小,边缘又镶着美玉的璎珞。"

【十八镶滚】　指清代后期女服的一种多重缘式。清代妇女服装流行镶加各色边饰,嘉庆时镶滚增多,至咸丰、同治时期,发展为多重镶,镶滚面积,多达服装本身的十分之四左右。"十八镶滚"比喻其多。当时有"白旗边"、"牡丹带"、"盘金间绣"和"金白栏干"等诸多名目。

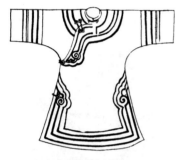

清代镶滚女袄

【莲瓣小云肩】　古代妇女云肩之一。因以莲瓣相间排列组成,故名。在清初时期中上层妇女中较流行。通常以绸缎罗锦制作,上绣各式花卉吉祥纹样。清《雍正行乐图》中,一皇妃,穿长比甲、长百褶裙,肩上罩一莲瓣小云肩,制作十分精致,形象清晰具体。历代妇女云肩,清以前形制都较大,扩及双肩垂下,像这种小云肩,大不及肩者较少见。

着莲瓣小云肩的清代妃子
(清《雍正行乐图》,北京故宫博物院藏)

【十如意云肩】　古代妇女云肩之一。以十如意形组成,故名。在明清之际贵族妇女中较流行。以绫罗制作,刺

绣各色精细纹饰,敷色典雅俏丽。清《雍正行乐图》(原藏北京故宫博物院)中一皇妃,身着长袍,肩上罩一十如意小云肩,精工绣作,形制十分清晰具体。如意云肩,历代多四合如意和六如意云肩,十如意式云肩较少见。

着十如意云肩的清代妃子
(清《雍正行乐图》,北京故宫博物院藏)

【柳叶形小云肩】　古代云肩之一。云肩以柳叶形相间组合构成,故名。在明清之际较流行,中上层妇女便服领下,多外饰一柳叶形小云肩,为这时期衣着特征之一。其工艺加工,有一色刺绣小折枝花的,有五彩杂呈加饰窄沿牙子和羊皮金银滚边的,有戳纱绣和挖绒沿珠边的,配色不同,变化各异。清初《燕寝怡情图》中,两贵妇衣领上,均饰有此种云肩的具体形象。

穿柳叶形小云肩的清初贵妇
(清初《燕寝怡情图》册)

【玉针蓑】　古代一种雨衣。《诗·小雅·无羊》:"何蓑何笠。"传:"蓑,所以备雨。"《释文》:"草衣也。"一说"玉针蓑"用白玉草编织制成;一说是以蔺草织成,蔺草茎中有白瓤,"玉针",似指草白之色类玉,是一种美称。清·曹雪芹《红楼梦》四十九回,有此"玉针蓑"名目。

襄衣
(明·王圻《三才图会》)

【清代雨衣】　清代帝王百官所穿雨衣,有严格制度规定,只有皇帝可用黄色;皇子以下,包括王公、侯、伯、子、文武一品官,御前侍卫,各省督、抚,雨衣通用红色;二品以下文武官员,只能用青色雨衣。雨衣的款式上下分制,着在上身的称"雨衣",着在下体的称"雨裳"。所用材料冬夏有别。《清史稿·舆服志》:"毡、羽纱、油绸各惟其时。"毡是一种用兽毛压制而成的材料,其质厚实,不仅可用来御雨,而且还可遮挡风雪,兼有御寒功能,所以多用于冬季。春秋季节,清代官吏所穿的雨衣则用油绸、羽纱、羽缎为之。油绸即在质地紧密的丝绸上涂以桐油,相当于古时的油绢。

【雨裳】　见"清代雨衣"。

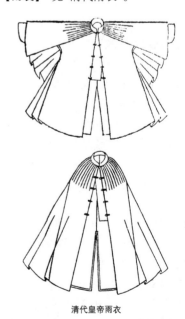

清代皇帝雨衣

【多罗皮雨衣】　徐珂《清稗类钞》载,清代有一种雨衣,以一种名叫"多罗"的树叶编织而成,名谓"多罗皮雨

衣":"多罗,蒙古树名,其精者编作雨衣,轻巧便捷,入水不濡,卷之一手可握,每套值银二百余。"

【棕衣】 棕毛制作的衣,即"蓑衣"。

【油葵雨衣】 清·李调元《南越笔记》载:"油葵生阳江恩平大山中,树如蒲葵,叶稍柔,亦曰柔葵,取以作蓑,御雨耐久。谚曰:'蒲葵为扇油葵蓑,家仲二葵得利多。'"不过这种雨衣以农夫、渔人所着为多,仕宦之家的雨衣,则多用油绢制作,取其质轻。

【油葵蓑】 见"油葵雨衣"。

【苏州水乡镶拼衣】 苏州水乡妇女的一种俗服。亦称"拼接衣"。因用多块色布镶拼而成,故名。龚建培《江南水乡妇女服饰与民俗生态》:镶拼部位,多在衣领、胸襟、后背和袖子等处,以两种或多种色布拼接。方法有三种:一、袖子用不同色布或花布拼接,衣领布料与袖子同;二、前胸、后背上下部分和袖子,用不同色布或花布,上深下浅,领用浅色;三、前胸右上襟上半段,后背下半段、袖子中段、袖口用浅布镶拼。拼接的滚边、纽袢多运用传统工艺,制作精细。滚边有细秀滚、一边滚、双边滚、宽边滚、线香滚和绿香滚等。纽袢有盘香、葫芦、团寿、梅花和蝴蝶等。纽袢都钉于领口、领圈、大胸等部位。镶拼布的配色,春秋季色较俏丽,夏季多冷色,冬季多暖色;讲究深淡相间,淡中有俏,俏中有艳。追求典雅、别致、时尚的审美情趣。

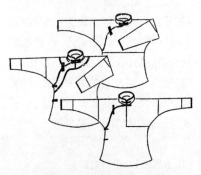

苏州水乡妇女的镶拼衣
(《江南水乡妇女服饰与民俗生态》,
《江苏文史研究》1998 年 3 期)

【拼接衣】 见"镶拼衣"。

【竹裯衣】 古代福州地区生产的一种竹衣。福州竹裯,多分布在福建、浙江,散生于海拔 1 200 米左右,百山祖玉山竹,俗称"玉山竹",截成短管,长径寸,用红麻线连缀制成。酷暑贴身而穿,有消暑降温功效,可使外衣不被汗沾湿,古代官员大贾都爱穿用。郑丽生《福州民俗志》(1995 年油印本):"竹裯,福州有。不隶干道家,而是在家的职业道士,应人之请作各种祈禳法事时,要穿长道袍。暑天道袍之内所穿的'套裯',有一种非常奇特的,削竹为细管,长径寸,中穿孔,如小小竹枝,以麻线连缀之,组织成衣。民国之后,犹及见之,今则荡然无存。"

【坐轿衣】 旧时新娘上轿所穿之外衣,故名。主要流行于四川等地区。通常用红色或红底间以小花的布料制作而成。新娘将上轿时穿上,随"送亲"队伍到男家后,则换下,另穿结婚礼服。

【肚裙】 台湾地区新娘的一种传统婚俗衣装。在出嫁当天穿着。裙内放铅钱,以"铅"、"缘"谐音,取意姻缘;并装有乌糖、五谷、猪心等,象征生活甜蜜、多生贵子、夫妇同心。肚裙布料日后用以裁制产儿衣服,故肚裙又示生子之兆。

【逊衣】 清代仪卫卤簿、抬轿执仗人

穿逊衣的清代服役者

役所穿的服装。古称"逊衣"。都为短装,为便于劳动操作。

【号衣】 古代兵士、差役等所穿带有一定记号的衣服,古称"号衣"。

清代巡勇、士卒所穿号衣

【水龙号衣】 旧时救火人员所穿的服装。救火人员都由各行业青壮年担任,一遇火灾,闻锣响即来。随即穿上蓝色号衣、蓝布背心;衣前后饰一白圆布,上书各自衔头,如"司龙"、"司苗"、"司筹"、"司烛"、"运水"和"上高"等名;号帽翻棉,似法师之帽。

【马蹄袖】 清代凡礼服袖端,都做成马蹄形,故名"马蹄袖"。男子及八旗妇人皆有。通常的便服像不开衩的袍子,有时权作礼服之用,则于衣袖

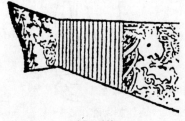

清代马蹄袖

的夹缝中用纽扣将另制的马蹄袖扣之,俗称"龙吞口",礼毕解下,则仍作为常便服使用。

【龙吞口】 见"马蹄袖"。

【现代服装】 民国初,盛行穿中山装。中山装被定为行政官员和国民之礼服、常服。男大学生都穿学生装。民国初女子礼服,上穿袍衫,长至膝齐,对襟、左右及后下开衩;下穿裙。三四十年代,妇女盛行穿旗袍。五六十年代,男女都穿人民装、列宁装。八九十年代,随着改革开放,流行穿西服、茄克衫、牛仔装和各种针织品服装。这一时期每一阶段的服装,都直接、间接地反映了时代的特色。

穿短袄套裙的民国初年妇女
（传世照片）

【长衫】 近现代服装名称。一种传统的中式男子单长衣,上下相连。民国时期较流行,现乡间仍有老者穿

穿长衫的民国男子
（《查加伍人物线描》）

着。南方地区称"长衫",北方地区俗称"大褂"。

【大褂】 见"长衫"。

【短衫】 近现代服装名称。一种传统的中式短单上衣,不分男女。立领、长袖、长至腰部。民国时期甚流行,现乡间仍有穿用。南方地区均称"短衫",北方地区俗称"短褂"。

【短褂】 见"短衫"。

穿短衫的民国儿童
（《查加伍人物线描》）

【中山装】 现代服装名称。为孙中山所创制和倡导,故名"中山装"。他从"适于卫生,便于动作,宜于经济,壮于观瞻"出发,亲自设计,带头穿着。并定制为当时行政官员、国民之礼服和常服。夏用白色,余用黑色。款式初为翻领,有背缝,后背中腰处有腰带,前襟九扣,上下口袋褶外露。

民国官员所穿的中山装
（华梅《人类服饰文化学》）

根据《易经》、周代礼仪等内容,依据国之四维(礼、义、廉、耻),定为前襟四个口袋;依据五权分立(行政、立法、司法、考试、监察),确定前襟为五扣;依据三民主义(民族、民权、民生),定制袖口为三扣等。以后又改为后背无缝,大口袋改成贴口袋,胸前两个小口袋改为平贴口袋,袋盖有明扣眼。整体造型端庄、整齐、美观、大方。毛泽东、周恩来、江泽民等亦作为礼服和常服穿用。

【学生装】 现代服装名称。多为民国时期大学生所服,故名。短立领,对襟式,五扣,衣正面下方左右,各有一暗兜,左侧前胸缀一明兜。鲁迅、周恩来青年时期,均穿学生装。

学生装
（华梅《人类服饰文化学》）

【民国女子礼服】 民国初定制,上身穿袍衫,其长与膝齐,有领,对襟式,左右及后下端开衩,周身饰锦绣,纹饰随所宜;下穿裙,前后中幅(即裙门)平,左右打裥,上缘两端用带。

【制服】 亦称"标志服装",简称"标志服"。帽、衣、裤的款式、色泽和附件均有定制,故名。如军人、学生、铁路、航空和邮电员工等的服饰,从式样、色彩、肩章、领章和纽扣等,一看就可知他们的职业和身份等。

【标志服装】 见"制服"。

【标志服】 见"制服"。

【东方衫】 服装名称,采用传统的中式立领,和前衣片相连,中间开襟,圆角的下摆,两侧开衩,曲腰式。在开襟部位饰有四对古色古香的盘花纽扣,衣缝止口沿边并有镶边和嵌线。整件服装既有浓郁的民族特色,又有西式服装新颖、别致、苗条的时代感。大多选用印花细条灯芯绒作为面料,有单、夹两种,适合中老年妇女穿着。

东方衫

【人民装】 现代服装名称,分男式和女式两种。男式是中山装的衣领,三只暗插袋,暗门襟式。女式是小圆角翻驳领,单排三粒纽,左右是两只带袋盖的暗插袋,和女式的军便装式样基本相似。这种服装在五十年代开始流行,因其式样整齐、大方,符合我国穿着习惯,所以很受欢迎。

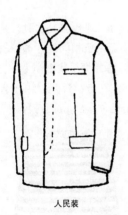

人民装

【列宁装】 现代服装名称。一种由苏联传入的服装式样,依据当年列宁经常穿着的服装式样而制作。其式样是小圆角的翻驳领,双排扣,斜插袋,腰间系腰带。原先在老解放区的干部中流行,五十年代建国以后,列宁装曾在全国范围内风行一时,特别

在干部中间,穿着更为普遍,故又称"干部服"。

【干部服】 见"列宁装"。

列宁装(干部服)

【西装】 服装名称。又称"西服"、"洋装",起源于欧洲,现已成为男子的国际性服装。优点是潇洒大方、穿着舒适;领口不卡紧,穿上后能显示出里面的衬衫、背心、领带和其他饰物;非正式场合可不系领带,门襟纽扣不扣,也不为失礼。从广义上讲,泛指所有的从西方传入或仿西方款式的服装;从狭义上讲,通常专指正规式样的男式(或女式)套装。男西装清代晚期传入我国,已有一百多年历史。西装有两件套(上装、西裤),三件套(上装、西裤、马甲),单上装(上、下装异料或异色)等多种搭配;又有双排扣、单排扣、一粒纽、二粒纽、三粒纽之分;有平驳头、枪驳头等各种式样。八十年代以来,我国穿西装的人日益增多,特别受到青年人的欢迎。

【西服】 现代服装名称。即"西装",亦称"洋装"。

西装(西服、洋装)

【洋装】 现代服装名称。亦称"西服",即"西装"。

【简易西装】 现代服装名称。服装式样,完全和正规的西装相同,但选料和缝制工艺较简易,不太讲究,一般以化纤仿毛织物或中长花呢为面料。有的只做半截夹里(俗称半夹),不做全胸衬,不是属于精制的西装,故名。

【两用衫】 现代服装名称,即衣领下面的驳角,能摊开翻驳,又能扣合关闭作两种用途的单上衣。这种两用衫衣领下第一颗纽扣并不是用开纽孔的形式,而是在领下驳角上端沿边缝一线襻,以代替纽眼。也有将春秋两季适穿的单夹上衣,称之为两用衫的。实际上两用衫应该是指前者,不是后者。

两用衫

【中西式罩衫】 现代服装名称。衣服的外形似传统的中式对襟短褂,旗袍式的衣领,在中间开襟。但裁剪缝纫工艺采用西式的做肩缝、装袖式,故称"中西式服装"。用这种方法做成的棉袄,称中西式棉袄,罩在外面的罩衫,称中西式罩衫。

中西式罩衫

【茄克衫】 现代服装名称。又称"夹克衫"。"茄克"是英文"Jacket"的音译，即短小的意思。故凡是短小的上衣或外衣，国外均通称为"茄克"。茄克衫的式样变化较多，无固定格局，大多是造型短小轻便、翻驳领、圆装袖，贴袋、插袋均有，后衣片可开衩做背缝，女式茄克衫还可做各种形式的分割。可以选用各种面料裁制，用皮革裁制的称"皮茄克"。

【夹克衫】 现代服装名称。即"茄克衫"。

茄克衫(夹克衫)

【拉链衫】 现代服装名称。在开襟部位，用通条长拉链联合的各类单、夹上衣，均总称为拉链衫。拉链衫的式样变化很多，有男式、女式和儿童穿的等等，其中尤以青年男女最爱穿着，式样美观、活泼。

拉链衫

【蝙蝠衫】 现代服装名。上衣两袖张开如蝙蝠翅膀，故名。特点是大袖渐变为窄袖口，袖片与前身相连，下摆较紧小。因其袖窿宽大，使之易通风散热，并宜于活动，穿着潇洒自如，活泼任意，为之备受男女青年喜爱。款式有蝙蝠衫、蝙蝠茄克、蝙蝠大衣

和蝙蝠衫长、短外套等多种。

【蝙蝠茄克】 见"蝙蝠衫"。

【蝙蝠大衣】 见"蝙蝠衫"。

【蝙蝠衫长、短外套】 见"蝙蝠衫"。

【香港衫】 现代服装名称。是广泛流行的一种单上衣。式样是短袖、翻驳领、中间开襟，三只贴袋，袋口略带斜弧。因为它最初在香港地区兴起，故名。

香港衫

【扣子衫】 现代服装名称。又称"T恤衫"，是由短袖汗衫的式样变化而成。翻领，在前衣片中间开半襟，用头套穿，开襟处有三颗纽扣封住，故名。一般均由素色的针织衣料裁制，后来逐渐发展有什色、色织或印有条纹图案等。开始只为男青年喜爱穿着，现已成为一种流行服装，不分年龄、性别，大家都很喜欢穿着，成为夏装的主要服饰品种之一。

【T恤衫】 现代服装名称。即"扣子衫"。

扣子衫

【套衫】 服装式样造型名称。这类衣服一般不作开襟，或只上衣长的三分之一处开襟；或开襟不到底的只作半截开襟。穿着时用头套穿的单上衣，总称为套衫。

套衫

【开衫】 服装式样造型名称，指在前面开襟的单上衣。这类式样的羊毛衫简称"羊毛开衫"或"开衫"。

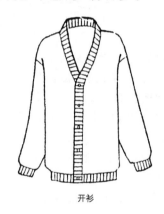
开衫

【海魂衫】 现代服装名称。是一种圆领圈蓝白条相间的汗衫，长袖、短袖均有，原系海军战士作为贴身穿着的汗衫。在电影《海魂》中主人公穿的就是这种汗衫，故而得名。

海魂衫

【弹力衫】 现代服装名称。是一种用弹力布裁制而成的单上衣。弹力

布是双面纬编针织物之一。由正面线圈纵行和反面线圈纵行以一定组合相间配置而形成。特点是弹性较大,有一定的宽伸余地。弹力衫大都是汗衫的式样,圆形的领圈、短袖,不需要开襟,穿着时用头套穿,男式、女式、童式均有。

【广告衫】 现代服装名称。一种圆形的领圈、套衫式的短袖上衣。衣料大多采用针织的化纤衣料。在白色或素色的套衫上印着各种文字或禽兽的图案。原先是在上面印着有关厂商推销商品的文字或图案,故名广告衫。

【恤衫】 现代服装名称。是广东和港澳地区的人,对单上衣和衬衫的俗称。

【T恤】 现代服装名称。英文称"T-SHIRT",原指一种针织圆领套衫,其外形似英文字母大写的"T",故英文原意为T形衬衫,中文译为文化衫。起初只是男式的内衣,一般均为白色或素色,后来逐步发展有什色、色织或印有条纹图案,并成为不分年龄、性别、种族都喜穿着的流行服装。花色、图案、款式变化多样,印有各种外文字母或禽兽图案作为装饰。

T恤

【机恤】 现代服装名称。属茄克衫一类的服装品种。"恤"是英文"SHIRT"的音译,即衣衫的意思,是广东和港澳地区的地方名称。机恤就是机器操作工的一种上衣。衣服短小紧身,袖口装有接边收拢,斜插袋,开襟处有的用拉链,有的用敲纽。现已成为青年们喜爱的日常便服。

机恤

【卡曲】 现代服装品种名称,是广东及港澳地区对一种春秋外衣的俗称。一般讲,卡曲较春秋衫略长,式样基本上和猎装相似,翻驳领、贴袋式,以毛呢或化纤仿毛织物为主要面料,有单卡曲、夹卡曲和半夹卡曲等多种。

【单卡曲】 见"卡曲"。

【夹卡曲】 见"卡曲"。

【半夹卡曲】 见"卡曲"。

卡曲

【夏威夷衫】 现代服装名称。夏威夷是世界闻名的游览胜地,当地的服装设计师根据游人的需要和本地的明丽风光,设计出宽松舒展、轻松随便而色泽艳丽的夏威夷衫。夏威夷衫是尖角的翻驳领,短袖,外贴袋,平下摆。衣料大多饰有各类印花图案,色调对比强烈。

夏威夷衫

【乌克兰衫】 服装名称。是一种富有乌克兰民族特色的衬衣。式样是立领在左侧开半襟,平行的下摆,衬衫式衣袖,大多用白色的绸料或布料裁制。在衣领、襟边和袖口等部位饰缀以特有的乌克兰式的挑花花边。原系乌克兰人所穿着,我国新疆地区哈萨克族男子也较喜爱穿用。

乌克兰衫

【轻便装】 现代服装名称。原为野外打猎穿的服装,现已发展为日常生活穿着的便装。其特点是式样轻盈、活泼,实用性强,非常合身。并大都是无夹里的单衣,穿着随便,无固定的式样,随着流行趋势的变化而经常改换。

【猎装】 现代服装名称。原是借鉴打猎时所穿的服装而设计,故名。首先流行于菲律宾和东南亚等地。特点是做背缝,开背衩,据说这是为了骑马和跨步方便。翻驳领、口袋较多,有贴袋式,也有插袋式,腰间系腰

猎装

带,单排纽、双排纽均有,并缝有肩袢、袖袢等装饰。有的还做成育克式或分割式的。猎装近来穿着者日益增多,已成为时装的组成内容之一。

【沙滩装】 现代服装名称。指去海滨游泳时穿的服装,但并不单指游泳衣裤,而是包括毛巾衫、短裤、短裙和太阳帽等各类服装和服饰用品。

【风衣】 现代服装名称。用防雨卡其或防雨尼龙裁制,犹似中长大衣或雨衣的式样,宜在野外工作或外出旅游时穿着,能抗风避沙,有时也穿在大衣外面,成为大衣外面的罩衣。因风衣也有一定的保暖功能,在春秋季节穿上风衣外出旅游,又能起到一般薄大衣的作用。因风衣大都具有防雨功能,故风衣常被称为风雨两用衣。式样大多和雨衣相似。

风衣

【军便服】 现代服装名称,是一种仿照军装式样裁制的便服。中山装式的衣领,上下左右四只暗插袋,外饰袋盖,颜色以草绿为主,海军蓝次之。这种服装在六十年代后期至七十年代初期,甚为流行。

军便服

【防弹衣】 现代特殊用途的服装。又称“避弹衣”。实际上是保护前胸和后背的避弹背心,它的作用是防止流弹或碎弹片对人体重要部位的伤害。较先进的防弹衣是用一种叫作“开夫拉”的纤维制成的。“开夫拉”纤维具有极高的柔韧性,抗冲击性特别好。当流弹或弹片袭来时,它像一张丝网一样,把子弹牢牢地抓住,并迅速减慢飞来物的速度,把弹片的动能传到整个防弹衣上,可防止击穿人体。

【避弹衣】 现代特殊用途的服装。即“防弹衣”。

【潜水衣】 现代特殊用途的服装。是潜水员和水下工作人员所穿的服装,由潜水衣、潜水鞋、头盔和压铅等组成。潜水衣是一种用金属橡胶和卡其布特制的衣服,潜水鞋的鞋底附有 20 公斤重的铅块,再加上头盔和前后压铅,足有 50 余公斤,并且要求密封性能好,要有不透气、不透水的特点。

【救生衣】 现代特殊用途的服装。是一种用帆布制作、内衬软木、背心式的上衣,或用背带系挂,围在胸背一周。利用软木的浮力,万一人在落水时,可以帮助浮起。主要供渔民、船员等水上作业时防护之用。

【浴衣】 服装名称。是用毛巾布裁制的一种服装品种,用于浴后或游泳后穿着,起到保暖作用。由于毛巾布透气、吸湿功能特好,故制作浴衣非常适宜,穿着舒服。

【晨衣】 服装名称。是早晨起床后在卧室内穿着的一种服装。二十世纪初由国外传入,原是一种用毛巾布做的青果领式的浴衣,现则大多用团花软缎、素色软缎、华丝葛、织锦缎等高档丝织物裁制,式样仍以青果领为主,长袍式,腰间系结腰带或丝带。分男式、女式和童式三种,也有在中间絮棉或衬绒式的。

晨衣

【睡衣】 现代服装名称。俗称“困衣”,晚间睡眠时穿着的服装。式样比较宽松,大都用柔软的全棉衣料或丝织衣料裁制。男式的喜欢用条格衣料,女式的喜欢用小花衣料,并缀以嵌线或尼龙花边等装饰。有的在腰间还系束腰带。

【困衣】 见“睡衣”。

【睡袍】 现代服装名称。有两种用途,一种是用细薄衣料制成,式样较长,大多是套穿式的,睡眠时穿着用。另一种是用较厚实的衣料制成,式样也较长,斜叠襟,无纽扣,腰间系腰带,这是起床后在卧室中穿着的,也称“睡袍”或“晨衣”。这种服装一般城市中人穿着较多,系从国外传入。

女式睡袍

【睡袋】 一种用防雨尼龙作面料和夹里,中间衬垫羽绒、驼毛等防寒材料,连帽式,中间缝有粗齿拉链,作为开襟。主要适宜野外工作人员作睡眠之用,保暖性能良好。另外,还有一种婴儿用的睡袋,可用绸料作为面料和夹里,柔软、保暖,比较实用。

【可脱卸棉袄】 现代服装名称。在裁制时把夹里和丝绵等防寒材料缝在一起，做成一个衣胆，把面料单独裁制成上衣。穿着时把衣胆用纽扣或拉链与上衣面子连在一起成棉袄。在洗涤时可以将面子脱卸，不洗衣胆。面子起到罩衣的作用，故称可脱卸棉袄，是对传统棉袄缝制工艺的一个改革。

【短袄】 服装名称。有夹里，并在中间絮以棉花、丝棉，或骆驼毛等防寒材料的短上衣。如絮棉的称短棉袄等。

【紧身棉袄】 现代服装名称。是一种立领式，腰间缝裥可以收紧的棉袄。棉袄的面料和夹里均选用有色的细布，穿着后显得非常紧身，在外面可以罩穿各类上衣或外衣。这种紧身棉袄在我国五十年代较流行。

【钩针衣】 服装名称。以毛线或纱线为原料，用钩针作为工具。钩套编结而成的服装，称钩针衣。钩针有多种不同的针法，可以钩出各种图案和各种式样的衣服。钩针衣是一种装饰性的外衣，罩在各类衬衫外面，玲珑剔透，美观别致。

【绣衣】 服装名称。以刺绣作为主要装饰的上衣。现主要是指女式丝绸衬衫或裙衫，上面绣有满地花或大面积的刁绣、包梗绣和各类刺绣。绣衣是我国主要的出口服装品种之一，由于我国绣工精细，图案美观，深受国际市场的欢迎。

【梳头衣】 服装名称。是妇女起床后梳头时所穿的服装，主要是防止头屑等玷污服装，起到罩衣的作用，梳头衣的结构简单，没有纽扣和衣领，只是将双肩遮盖就可。

【竹衣】 服装名称。用很细的竹枝，截成3厘米长左右，然后用线串起来成衣。这种竹衣大多是戏曲演员在夏天贴身穿着，主要可防止汗水玷污

外面穿着的服装，并有通风凉快的作用。

【孕妇服】 服装名称。是专供怀孕妇女穿着的服装的总称。这类服装可用细薄松软的条子或小格、小花衣料裁制，在齐胸的部位剪断，下段衣料收有折裥，这样穿在孕妇身上，可起缓冲作用，使人们感觉孕妇的腹部不致过分凸起。

孕妇服

【紧身衣】 服装名称。一种能使妇女体型显得健美的紧身内衣。大都在腋下侧部开襟，用串带扎紧系结，使腹壁收缩，腰部纤细。有的紧身衣还上连胸罩，下连吊袜带，在国外穿用者较多。近年来我国也开始穿用。

【紧身裙】 修正体形用的服饰用品。用多块衣片裁制而成。紧身裙本身的外形轮廓就很有变化，胸部凸耸，腰围细纤，臀部宽高，穿着后侧面用拉链扣合，可以调节和美化人体的体形，起到显长掩短的作用。

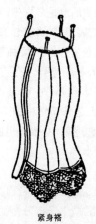

紧身裙

【唐装】 原是我国唐代服装的简称。现实际上是国外华侨、国际友人对我

国传统中式服装的泛称，如我国的旗袍、短袄等，都被泛称为"唐装"。

【洋服】 对国外传入服装的俗称。旧时，我国称国外传入的服装为洋服或洋装。称欧美各国的服装为西洋服装，称日本服装为东洋服装。

【和服】 日本称"吴服"。起源于我国，于晚唐时传入日本。1 000多年来，我国服装式样发生了多次较大的变化；而日本的和服，却依稀可以辨认出我国唐代服饰的影子。和服"宽服大袖"，较适合日本人的体型，也适合日本气候条件。一经在日本流行，盛行不衰，成为日本人民喜爱的民族服装。和服种类、样式繁多。男和服多为深色，常采用茶褐、深蓝、黑色，胸前两边挂着家族标志，称"家纹"。女和服色彩斑斓，绚丽多姿，样式多变。多数女和服上织绣花草、云纹或水纹，腰间束精美的带子，背后隆起部分，由一条长3米左右、宽约25厘米的五彩宽腰带打扎而成，称和服腰带。也有的在打结处衬上一个好似小枕头的小软托，目的是为了谐调身段，起一种装饰作用。和服多数用锦缎或丝绸手工缝绣而成，腰带尤为讲究。现我国苏州、扬州和南通等地的工艺厂，生产和服及和服腰带，外销日本。

女和服

【体操服】 现代运动服之一。体操服须保证运动员技术发挥自如，并要显示人体及其动作的优美。男子一

般穿通体白色的长裤配背心,在裤管口装松紧带,也可穿连袜裤。女子穿针织紧身衣或连袜衣,选用伸缩性能好、颜色鲜艳、有光泽的织物制作。

【田径服】 现代运动服之一。运动员以穿背心、短裤为主。一般要求背心贴体,短裤易于跨步,为不影响运动员双腿大跨度动作,还在裤管两侧开衩或放出一定的宽松度。背心和短裤多采用针织物,也有用丝绸制作。

【球类运动服】 现代运动服之一。通常以短裤配套头式上衣,为保证运动员技术发挥自如灵活,运动服需放一定的宽松量。篮球运动员一般穿用背心,其他球类的则多穿短袖上衣。足球运动衣习惯上采用 V 字领,排球、乒乓球、橄榄球、羽毛球、网球等运动衣则采用装领,并在衣袖裤管外侧加蓝、红等彩条胁线。网球衫以白色为主,女子则穿超短连裙装。

【摔跤服】 现代运动服之一。因摔跤项目不同,服装亦各有差异。如蒙古式摔跤,穿皮制无袖短上衣,不系襟,束腰带,下着长裤,或配护膝。柔道、空手道穿中式白色斜襟衫,下着长大口裤,系腰带。日本等国家还以腰带颜色区别柔道段位等级。相扑习惯上赤裸全身,胯下只系一窄布条兜裆,束腰带。

【举重服】 现代运动服之一。举重比赛时,运动员多穿厚实坚固的紧身针织背心或短袖上衣,配以背带短裤、腰束宽皮带。皮带宽度一般不超过 12 厘米。

【游泳服】 现代运动服之一。简称"泳装"。游泳、跳水、水球、潜泳、冲浪和滑水板等运动,主要穿紧身游泳衣。男子穿三角短裤,女子穿连衣泳装或比基尼泳装。基本要求是运动员在水下动作时不鼓胀兜水,减少水中阻力,因此宜用密度高、伸缩性好、布面光滑的弹力锦纶、腈纶等化纤类针织物制作,并佩戴塑料、橡胶类紧

合兜帽式游泳帽。潜泳运动员除穿游泳衣外,一般还配面罩、潜水眼镜、呼吸管、脚蹼等。

【泳装】 见"游泳服"。

【摩托艇运动服】 现代运动服之一。摩托艇运动速度快,运动员除穿用一般针织运动服外,往往还配穿透气性好的多孔橡胶皮、涂胶雨衣及气袋式救生衣等。衣服颜色宜用与海水对比鲜明的红、黄色,便于在比赛中出现事故时易被发现。轻量级赛艇为防翻船,运动员还需穿用吸水性好的毛质背心,吸水后重量约为 3 千克。

【划船运动服】 现代运动服之一。主要穿背心和短裤,以方便运动员划动船桨。冬季时节,穿有袖毛针织上衣。

【击剑服】 现代运动服之一。主要参考国内击剑运动衣和国外流行的健身型衣衫款式设计。虽式样较多,但多保留着翻立领、装袖口、下摆收口、衣身按拷纽等基本特点。面料大多采用涤棉全线府绸,也有涤棉卡其、中长平纹呢等织物。色泽以米黄、米色、浅棕、酱红等为常见。穿着轻巧,款式别致,亦深受青年喜爱。

【时装】 指款式较新而富有时代感的服装。具有明显的时效性,每隔一定时间出现并流行,且形成一时的风尚。社会生活愈是多样化,时装流行的频度愈高。时装讲求装饰性,在款式、造型、色彩、纹样、缀饰等方面有变化创新,标新立异,能迎合人们一个时期的审美心理。时装需采用新面料、新工艺和新辅料加工,对织物结构、质地、色彩、花型等也应有较高较新的要求。

【牛仔装】 现代服装名称。用一种坚固呢(俗称"牛仔布")为主要面料,缝制而成。有牛仔夹克、牛仔裤、牛仔裙、牛仔衬衫、牛仔泳装和牛仔背心等诸多款式,统称"牛仔装"。1850

年,德国人 L·斯特劳斯仿照得克萨斯牧童紧身裤,用帆布制成工装裤,在加利福尼亚矿区出售,以美国西部传奇英雄"牛仔"名字命名。二十世纪以来,牛仔裤风行各国,六十年代以来发展成牛仔装。八十年代我国开始流行牛仔装。牛仔布是一种坚固耐磨的单纱斜纹棉布,又称坚固呢。现已开发出涤棉牛仔布、弹力牛仔布、毛涤牛仔布、真丝牛仔布等。在印染方面由传统的靛蓝色拓展出浅蓝、煤黑、铁锈等多种颜色,但仍以靛蓝色最流行。牛仔装除传统的紧身式外,还有宽松式。装饰手法有钉珠、贴皮、花边、喷色、补丁、拼接、破洞等多种变化。

【露脐装】 简称"脐装"。为一种短小、露出肚脐的新潮服装。这种短小风格的 T 恤衫、休闲上衣,多为年轻女孩穿用。

【脐装】 见"露脐装"。

【文化衫】 一种印有文字、画像的 T 恤衫。二十世纪九十年代开始出现,上印有"烦着呢"、"我是一只小小鸟"等图文。1991 年夏,南方洪灾,在白色汗衫上印上"风雨同舟"红色文字,很多人都穿。这种文化衫,曾风行一时。

【乞丐装】 华梅《灵动衣裙》载:"时装中的乞丐装,不等同于乞丐所穿的服装。所谓乞丐装,只是人们有意违背常态,去创造的一种艺术性的服装。""二十世纪八十年代,有些养尊处优的欧美青年,……又兴起一阵全身破破烂烂、拼拼凑凑,夸张得不合比例的乞丐装。""衣服边缘垂下缕缕布丝;好端端的布料,有的做成虫蛀状,有的模仿火烧痕,有的故意撕裂;杂色布补丁上再缀上补丁;草编鞋光脚穿;破边帽罩着头,滴拉甩挂、歪歪扭扭、邋邋遢遢。""人无我有,追求异端,放荡不羁,世纪末那种淡淡的悲哀,种种意念,都是乞丐装流行的驱动力。"首创于美国,后传入我国。

少数民族服装

【民族服装】 我国是一个统一的多民族国家,计有 56 个民族。在服装上各民族由于历史传统、风俗意识、地域条件和环境气候等的不同,在服装的材质、款式、色调、装饰等诸多方面,均表现出明显的差异和各自的特点。有的纯朴大方,有的绚丽华美,有的豪迈粗放,有的素静娴雅,这些都集中体现了各民族服装艺术的多姿多彩、优秀传统和独特的民族情结。而同一民族,由于与其他民族的交往、或散居各地等种种因素,亦表现出多种不同。费孝通《中国少数民族服饰图册·序》(刊《中央民族大学学报》1981 年 3 期):"衣和饰的结合,突破了衣着原有的单纯基本功能而取得了复杂的象征作用,成为亲属、权利、宗教等社会制度的构成部分,更为重要的是发展了表示美感的艺术品,显示出民族精神活动的创造力。"

【蒙古族服装】 蒙古族主要聚居于内蒙古自治区和新疆、青海、甘肃、黑龙江、吉林、辽宁等省区的蒙古族自治州、县。自古男女都穿身宽袖长的长袍,束以腰带,着高可及膝的长筒皮靴。男子多戴蓝、黑、褐色帽或束红、黄色头巾;女子盛装时戴银饰点缀的冠,平时则以红、蓝色布缠头。他们现在的服装式样和鞋子已有较多的改进。

元代蒙族服装
(甘肃敦煌 332 窟元代壁画)

【蒙古袍】 蒙古族的传统服式。蒙古语称"特尔力克"。十三世纪蒙古汗国时代,中外旅行家对其式样和制料均有所记述。《黑鞑事略》载:其服右衽,道服领,少数为方领,以毡、皮、革、帛制作,衣肥大,长拖地,冬服二裘,一裘毛向内,一裘毛向外,男女样式相似。这种服式,后稍经改革,沿用至今,牧区男女均穿用。分夹、棉、皮三种。冬以羊裘为里,多用绸、缎、布作面,夏穿布、绸、缎、绢等料。一般用红、黄、紫、深蓝色。袖长窄,下摆不开衩,衣襟及下摆多用绒布镶边,边宽约 6～9 厘米。穿着时稍向上提,以红、紫等色绸缎带紧束腰部,两端飘挂腰间。穿此袍骑马放牧,能护膝防寒,夜宿可当被盖,瘦长袖筒可防蚊,束上宽大腰带,还能保护腰肋骨稳定垂直。

【特尔力克】 见"蒙古袍"。

蒙古袍

【蒙古摔跤服】 蒙古族牧民摔跤手,上身穿硬如盔甲的敞怀牛皮黑色背心,背心衬里的边沿和背部,用两排铜钉镶着双层牛皮;胸口部还另加一层用铜圆钉固定的五角形或圆形的褐色牛皮。脚上穿传统的镶花皮靴。下身一般着肥大内裤,用 10 米大布特制而成。利于散热,免于汗湿贴体;也为适应摔跤角力运动的特点,使对手不易使用缠腿动作。有的加穿一条宽大的套裤,灯笼裤的臀部和套裤的膝部上镶有用牛皮剪成的各种花纹图案。纹样大方豪放,寓意吉祥如意。威武、英俊、慓悍,极富地域民族特征。

蒙古摔跤服
(华梅《中国服装史》)

【鄂尔多斯蒙古族妇女服饰】 蒙古族妇女服饰之一。鄂尔多斯妇女服饰,是内蒙古西部地区蒙族妇女服饰的代表。头饰由头箍、发棒、脑后饰、鬓侧饰组成。头箍为青布,上缀松石、珊瑚和银饰。脑后饰亦是青布作底,与头箍相接,上有珊瑚珠串饰。鬓侧饰垂于双耳与鬓之间,各有六条流苏,以金银、珊瑚、松石珠串坠银铃,垂至肩下,走时发出悦耳之声。椭圆形发棒,用布缝制,上饰珊瑚珠、银饰片,用以装饰发辫,由鬓角垂至胸部。上戴圆顶立檐帽。身穿素色蒙古袍,外套四开裾长坎肩,为金黄色库锦和绣花缎,上饰银钮或铜钮。端庄、华贵、大方。

鄂尔多斯部蒙古族妇女服饰

【察哈尔蒙古族妇女服饰】 蒙古族妇女服饰之一。察哈尔妇女服饰，是内蒙草原中部地区，蒙古族服饰的代表。头饰由头围箍、脑后饰、发夹组成。头围箍为青绸，约二指宽，上缀银托嵌珊瑚、松石。脑后垂有网络，上饰珍珠、玉石。发夹银质，长方形，也饰有珊瑚、松石，垂于耳后。鬓两侧，垂有十数条银珠或珍珠的串饰。冬季戴风雪帽，绸缎面料，狐皮外翻。身穿方领、右衽、马蹄袖蒙古袍，外套前后开裾打褶长坎肩，以库锦沿边，质地都为丝绸织物。

察哈尔茂名安部蒙古族妇女服饰

【科尔沁蒙古族妇女服饰】 蒙古族妇女服饰之一。科尔沁妇女服饰，受满族文化影响较深，为一种蒙满结合款式。头饰由额带箍、簪钗、发筒等组成。额带箍青绸作底，两指宽，上饰松石、珊瑚珠。一横钗、二竖钗，两支通过发筒的立钗，将发束束。冬季戴青绒、狐皮或貂皮缝制的护耳，后有彩绸飘带，上窄下宽。身穿直筒宽袖长袍，外套长坎肩，长袍和坎肩的领、襟、袖等处，有几道宽边，上绣各式花纹。

科尔沁部蒙古族妇女服饰

【陈巴尔虎蒙古族妇女服饰】 蒙古族妇女服饰之一。头饰由头箍、发夹组成。头箍为银质，中镶玉石，上下刻"八吉祥"花纹，后挂有镂空银珠。两侧为羊角状银发夹，上缀珊瑚、松石，底边为多边形银发套，下垂银质法轮、银链。头戴貂皮朱纬帽。此头饰是元蒙以来，蒙古族最古老的一种头上装饰。身穿长袍、长坎肩。长袍最有特点是袖箍和灯笼式抽袖，腰间饰横向装饰带，下摆前有褶。坎肩为对襟、四开裾，前饰五道银钮袢，无领，上身紧，腰间打褶，袖窿镶二指宽库锦边饰。胸前和背后，均饰有银挂件。

陈巴尔虎部蒙古族妇女服饰

【回族服装】 中国少数民族服装之一。据清·乾隆时绘《皇清职贡图》原注称，清初回族主要居住于新疆、甘肃等处。衣着特征男戴红顶貂帽，着金丝织锦衣，束锦带，穿嵌花革鞮。妇女辫发双垂，约以红帛，缀珠为饰。其冠服则与男子相同。《皇清职贡图》所绘清初回族男女形象：男女均戴红顶貂皮沿边帽，着交领小袖长衣。与上述原注基本相合。现回族主要居住于宁夏回族自治区，也散居于全国各地。回族男子一般穿长裤，长褂，秋凉时外罩深色背心，白衫外缠腰带，最大特点是头上戴白布帽。女子服装与汉族类似。有的着衫，长裤，戴绣花兜兜；有的长衫外套对襟坎肩，但一般多习惯蒙头巾，而且裹得很严，有些裹及颈下。回族信仰伊斯兰教。回族崇尚白色，如白衬衫、白盖头等，这与宗教信仰有关。穆罕默德教导教民，白色衣服是最好的衣服，而回族亦视白色为最洁净之色。

上：清初回族服装(清·乾隆《皇清职贡图》)
下：现代回族服装(孔令生《中华民族服饰900例》)

【藏族服装】 中国少数民族服装之一。藏族主要聚居在西藏，以及青海、甘肃、四川和云南等地区。据清·乾隆时绘《皇清职贡图》原注称："男戴高顶红缨毡帽，穿长领褐衣，项挂素珠。女披发垂肩，亦有辫发者。或时戴红毡凉帽，富家则多缀珠玑以相炫耀。衣外短内长，以五色褐布为之……足皆履革鞮。"《皇清职贡图》上绘清初藏族男女形象：男戴笠子帽，着毛织交领长褐衣，挂串珠；女戴红毡凉帽、披发，着长衣。与上述原注基本相合。现藏族男女均戴呢帽或细皮帽，内衣袖长襟短，男着裤，女着裙，外着长袖肥腰圆领、向右开襟系带的藏袍。西藏农区妇女夏秋着无袖袍，前系氆氇围裙，领、袖、衣襟上镶边；男女均系腰带，穿长靴。牧民穿羊皮袍，不缝袍面。僧尼披袈裟。男子发辫盘于头顶，女子发辫披于肩，梳成双辫或小辫，并在辫梢或特制的发夹上挂以饰物。

清初藏族服装
(清·乾隆《皇清职贡图》)

【褚巴】 藏族传统服式。亦称"秋巴"、"处巴",汉语俗称"藏袍"。宽领敞口,肥腰广袖,右侧掩襟,缝缀扣襻或襟带,长可着地。用毛皮、氆氇以及各种呢、绒、绸、缎、麻布、棉布等为衣料,制成单、夹、棉、皮长袍,在衣领、袖口、襟衩、下摆等处,镶有细毛皮或花氆氇及诸色绒、布宽边。牧区牧民睡眠时,将皮袍腰带解下系于底襟,再将袍领提至头顶,作为被袋使用。藏袍的款式因地区不同稍有差异,牧区皮袍多不挂袍面;西藏中部农区妇女所穿藏袍和东部一些地区居民所穿藏袍有的无袍袖。一般袒出右臂,以利劳作,天热袒出上身。

【秋巴】 见"褚巴"。

【处巴】 见"褚巴"。

【藏袍】 见"褚巴"。

穿"褚巴"藏袍的藏族男女

【古休】 藏族传统服式。亦称"古秀"。为西藏塔布土布地区普遍穿着的一种套头式罩衣。系氆氇的长方形片状物,中间挖领套于头颈,前后下垂,腰间束带,前后呈兜状。男式两肩加宽覆于臂端,前后于膝盖以上;女式平垂至踝上。青年妇女的盛装,四角及腰际均镶有金银线织角饰。另有用山羊皮制作的古休,具有防寒和防雨作用。

【古秀】 见"古休"。

【帮典】 一种藏族传统女围裙。用羊毛精工编织,色彩鲜丽、美观大方。其生产过程是,先将羊毛纺制成线,再染色、刷毛,然后织成条状,最后缝合而成。"帮典"品种很多,最好的藏语叫做"斜马",用14～20种染色细毛线,精工织成;其次叫"布鲁",是一种较为普通的围裙。这种帮典围裙,原先只限于已婚妇女穿用,今已破除这一习俗,所有妇女均可穿用,尤其是年轻姑娘,更爱穿用。

【斜马】 见"帮典"。

【布鲁】 见"帮典"。

穿"帮典"围裙的藏族女子
(孔令生《中华民族服饰900例》)

【维吾尔族服装】 中国少数民族服装之一。维吾尔族主要分布于新疆,大多聚居在天山以南的各个绿洲。据清·乾隆《皇清职贡图》注:维吾尔族服装男戴红顶黑檐帽,衣长领齐膝衣。

妇女披发四垂,戴瓜皮小帽,衣用各色褐布。男子穿的长袍,称"袷祥",右衽斜领,无扣,用长条巾扎于腰间。妇女多在宽袖连衣裙外,套穿黑色对襟背心。现大多爱穿西装上衣和裙子。维吾尔族不论男女老幼,都戴绣有花纹的"多帕"(四楞小花帽)。

上:清初维吾尔族服装
(清·乾隆《皇清职贡图》)
下:穿裙衫的现代维吾尔族妇女

【袷祥】 新疆维吾尔族男子的一种长袍。右衽斜领,长及膝盖,无旁衩,无纽扣,腰身肥大,用长方巾扎腰。材质一般用白色、黑色和条花的衣料

穿"袷祥"长袍的维吾尔族男子
(孔令生《中华民族服饰900例》)

缝制。夏季多着白色单袍,冬季穿黑色棉袍,春秋两季着夹袍,节庆日均穿襟边绣有各种花纹的裕祥,腰间系一三角腰带。

【苗族服装】 中国少数民族服装之一。苗族主要分布在贵州、湖南、云南、四川、广西、湖北、广东等省、区。各地区苗族妇女服饰差异较大,式样约几十种之多,但大多数地区妇女穿大领对襟短衣和长短不同的百褶裙,有的长及脚面,有的短至腿根,仅七八寸长。湘西,贵州松桃、凯里,广西大苗山,湖北宣恩等部分地区苗族穿大襟右衽上衣,下着宽脚裤。湘西苗族的上衣无领,衣袖和裤脚绣有宽大花边,头缠格子布或青布头巾,戴耳环、项圈、手镯等饰物。苗族妇女的头饰式样繁多,挽髻于头顶,配上各种式样的包头帕,有的包成尖顶、圆顶,有的把头发绕在支架上高竖于头顶上,别具风格。她们的盛装以黔东南独具特色,把银饰钉在衣服上成"银衣",头上戴着形如牛角的银质头饰,高达尺余。男子服装差别不大,上着大襟或对襟短衣,下穿长裤。滇东北、黔西北、川南交界地区的苗族男子,多穿麻布短衣或长衣,披着编有几何图案的披肩或羊毛毡。古代苗族男子都蓄长发,挽椎髻于头顶,

插木梳或发针,戴耳环、手镯、项圈等饰物。至清代末期,他们已不再蓄发挽椎髻,有的改梳长辫子。据清·乾隆时绘《皇清职贡图》原注称:"衣以蜡绘花于布而染之,既染,去蜡(即蜡染),则花纹似锦。衣无襟袊,挈领自首以贯于身。男以青布裹头,女以马尾杂发,偏髻大如斗,拢以木梳。"《皇清职贡图》上绘苗族男女形象:男着短衣、短裤,女着短衣、短裙、裹腿。与上述原注基本相合。

【苗装百鸟衣】 清代民族服装珍品。百鸟衣精选雄鸡、锦鸡等一百多种鸟羽织成,由三块组合,构成一件完整的女式百鸟衣。百鸟衣,轻软适体,不沾灰尘,不沾雨水,迄今三百多年,仍色泽鲜丽夺目。相传这两件百鸟衣,为清时苗王爱妃之遗物。1983年广西大苗山文化部门,在广西与贵州交界的杆洞区杆洞村一位老太太家发现。

【银衣】 苗族妇女的一种独特服饰。流行于黔东南黄平、雷山、台江、施秉等苗族地区。苗族崇尚银饰,妇女尤喜在头上戴银饰,绣衣裙上缝缀各式银片、银泡和银铃。腰部通常饰长方形银片,衣背饰圆形或半圆形银片,下缀带链银铃,肩、袖部位饰银泡。每一银片刻有各种不同纹样。一套银衣,重达几十斤。每逢庆典、节日、婚嫁穿用,整套服装,银光闪烁,富丽华美,古称"雄衣"。相传,苗族居于深山,姑娘出入常遭野兽伤害,父母特制办一套五色绚丽,满身银光的盛装,行路时银铃作响,光亮耀眼,可防野兽侵袭,亦作为避邪祥瑞之一种吉服。

【雄衣】 见"银衣"。

【楮木叶衣】 古代苗族用楮木之叶制作的一种衣服。《滇书》卷上:我国古代苗族,用"楮木叶以为衣服"。

【草袴】 一种古代苗族服装。元·陶宗仪《南村辍耕录·苗志》:古之苗族,上衣,袖广狭长短与臂同,衣幅长不过膝;袴如袖,裙如衣,总名曰"草裙草袴"。

【草裙草袴】 见"草袴"。

【草衣】 古代苗族用草制作的一种衣服。田雯《苗俗记》:"平伐司苗在贵定县,男子披草衣短裙,妇人长裙绾髻。"

【彝族服装】 中国少数民族服装之一。据清·乾隆时绘《皇清职贡图》原注称,当时彝族分布于"云南曲靖、临安、澂江、武定"等地,后则集中于川滇地区大小凉山一带。衣着特征为"男子青布缠头,或戴斗笠,布衣长衫。妇女青布蒙首,布衣披羊皮,缠足著履"。《皇清职贡图》中绘彝族男女形象:男戴斗笠,着长衣,外披风;女戴花帽,着披风。与原注基本相合。现彝族主要分布在云南、四川、贵州、广西等省、区。彝族服装各地不尽一致。凉山、黔西一带,男子通常穿黑色窄袖右斜襟上衣和多褶宽裤脚长裤,有的地区穿小裤脚长裤,并在头前部正中蓄小绺长发头帕,右方扎一钳形结。妇女较多地保留民族特点,通常头上缠包头,有围腰和腰带;一些地方的妇女有穿长裙的习惯。男女外出时身披擦尔瓦。在他们的衣袖、胸襟、衣领、裤子上,都有盘花或剪贴的图案。盘花是以宽一分的彩色丝辫镶嵌在服装上或盘成连续的花纹。剪贴多是用青色的布,剪成图案。纹样粗犷朴实,色彩鲜明,富有民族特点。

上:清初苗族服装(清·乾隆《皇清职贡图》)
下:苗族蜡染绣女衣

苗族妇女的银饰和银衣
(田顺新《中国少数民族头饰》)

上：清初彝族服装
（清·乾隆时绘《皇清职贡图》）
下：彝族妇女传统服装

上：披"擦尔瓦"披衫的彝族妇女
下：彝族"擦尔瓦"披衫

【擦尔瓦】 中国四川和云南大小凉山一带彝族男女使用的披衫，彝语现称"瓦拉"或"瓦拉勒"。研究者认为，其产生可能与原始游牧生活环境有密切关系。擦尔瓦的形式，包括有流苏（穗状饰物）和无流苏的两种。有流苏的流行于甘洛、越西、喜德、冕宁、西昌、盐源、盐边、宁蒗等县；无流苏的称为"古候瓦拉"，即"高山瓦拉"，流行于美姑、雷波、马边、峨边等地。擦尔瓦用白、灰、青三色羊毛线织成，并织有方格纹、斜纹、水波纹及南瓜籽纹等花纹，一般都是自织自用。缝制一件擦尔瓦，需7幅或9幅毛料，上端系用羊毛编成的粗绳缩口，下端有数目众多的长达30多厘米的流苏。男女老幼不论寒暑，终年披用。白天用御风雨，夜间用作被盖。根据云南省晋宁石寨山及昭通等地出土的文物和图像考察，彝族的先民至迟在汉、晋时代起，就已经使用擦尔瓦了。

【瓦拉】 见"擦尔瓦"。

【瓦拉勒】 见"擦尔瓦"。

【彝族羊皮褂】 彝族服装之一。在云南和贵州部分彝族地区，制作有一种羊皮褂，用整张羊皮缝制，无衣领、衣袖，以羊足为纽扣，保持羊之外形。冬季反穿，毛在内；夏季正穿，毛在外。这是远古披兽皮作衣的一种遗制。

【杰斯】 川、滇大小凉山彝族的一种披毡。有白、灰、青三色，用原色羊毛擀制而成。厚约0.5厘米。上部用羊毛绳收口。套在"擦尔瓦"内，披在身上以御寒。参见"擦尔瓦"。

【壮族服装】 中国少数民族服装之一。据清·乾隆时绘《皇清职贡图》原注称，清初壮族主要居住在桂、平、梧各郡。衣着"男蓝布裹头，……衣锦边短衫，系纯锦裙，华丽自喜。其男子所携，必家自织者。"《皇清职贡图》中所绘壮族男女形象：男戴巾子，着交领齐膝长衣、长裤；女着对襟短衣、长裙。与上述原注基本相合。道光《云南通志》引《伯麟图说》：壮族"男衣彩布，女服绣褐"。现壮族主要聚居于广西壮族自治区、云南省文山壮族苗族自治州，少数分布在广东、湖南、贵州、四川等省。壮族服装各地不一，广西西北部，老年壮族妇女多穿无领、左衽、绣花滚边的衣服和滚边、宽脚的裤子，腰间束绣花围腰，喜戴银首饰；广西西部龙州、凭祥一带的妇女，着无领、左衽的黑色上衣，包方块形状黑帕，上织绣有几何形纹饰，穿黑色宽脚裤子。男子多穿唐装。衣料过去多是自织的土布，现多用机织布。过去有文身习俗，现已改变。

上：清初壮族服装（清·乾隆《皇清职贡图》）
下：现代壮族服装（孔令生《中华民族服饰900例》）

【布依族服装】 中国少数民族服装之一。布依族聚居于今黔南、黔西南两个布依族苗族自治州及安顺地区和贵阳市。服饰的特色，是洁净淡雅和庄重大方。男子穿对襟短衣或长衫，包蓝色或白底蓝方格头巾。妇女大都穿右大襟上衣和长裤，或套镶花边短褂，或系绣花围腰，也有着大襟大领短袄，并配蜡染百褶长裙的。节日里还佩戴各种银质首饰。布依族服装面料，多为自染自织的土布，有白土布,也有色织布。色织布上的花纹多达 200 种。服饰色彩,多为青、蓝底色,上配红、黄、蓝、白等色。布依族服饰工艺,集扎染、挑花、织锦和刺绣于一体,表现出布依族人的聪慧才智。服饰上的图案,有谷粒纹、水波纹、云雷纹、螺旋纹和龙纹等,显然不仅是装饰,也是一种图腾的象征和拜物的标志。

布依族女子服装
(孔令生《中华民族服饰 900 例》)

【朝鲜族服装】 朝鲜族主要聚居于吉林省延边朝鲜族自治州,其次分布于黑龙江、辽宁省、内蒙古自治区和内地一些城市。朝鲜族人民喜爱素白服装。妇女服装为短衣长裙,叫"则羔利"和"契玛"。男子服装为短上衣,外加坎肩,裤腿宽大。外出时多穿斜襟长袍以布带打结,现在改穿制服或西服。参见"则羔利"。

朝鲜族服装
左:女装 右:男装

【白色衣】 朝鲜族男女都喜爱穿白色服装,故素有"白衣民族"之称。男子穿白色短上衣,斜襟,无纽,用布带系结。妇女着白色"则羔利"小褂,袖

口、衣襟镶色泽鲜艳的绸缎边,系红或紫、蓝色绸飘带。老年妇女亦爱用白绒布缠包头,穿素白衣裙。

【快子】 朝鲜族男子的一种俗服。直领、对襟、长裾、无袖,衣裾垂至脚踝;腰系丝带。绸、麻和棉等布料缝制。相传起源于唐代,为朝鲜李朝初期君臣的一种制服,后庶民、军卒亦通服。

朝鲜族"快子"俗服
(《中国民族民俗文物辞典》)

【纱帽官带】 朝鲜族新郎礼服。为团领官服,胸背饰有双鹤纹饰,腰系犀带,头戴乌纱帽,脚登木靴。朝鲜李朝时期,制定《四礼便览》,允许庶民将官服作新婚礼服穿用。但规定,须以村落为单位,仅能缝制一套,全村共用。

朝鲜族新郎所穿的纱帽官带礼服
(《中国民族民俗文物辞典》)

【涧衣】 朝鲜族新娘礼服。亦称"币帛服"。无领,袖宽长,袖中部镶饰有红、黄、蓝三条彩缎,袖口饰有"十长生"花纹;前为两裾,后一裾,前裾比

后裾短 20 厘米;面为红色,里为蓝色;衣前饰"十长生"图案,后饰"二姓之合"、"万福之源"、"寿如山,福如海"等吉祥图案。涧衣原系中国之唐代服装,后传入朝鲜,成为李朝时期女子之婚礼服。另一种"圆衫",亦为朝鲜族新娘之礼服,其形制、色泽、花饰与涧衣大同小异。

【币帛服】 见"涧衣"。

朝鲜族新娘所穿的涧衣礼服

【则羔利】 朝鲜族一种传统女式短上衣。朝鲜语音译,意为"小褂子"。年轻女子衣长仅 30 厘米左右,随着年龄增长渐加长,但不过腰带以下。流行于吉林、辽宁、黑龙江等朝鲜族聚居区。衣多白色。用棉布或丝绸制成。款式为斜襟、无纽扣,以长布带或丝绸带系结。少女穿的袖口和衣襟上镶有彩色花边,飘带有红、紫、蓝等色,称为"半回装则羔利"。"则羔利"亦名"契玛"。

【半回装则羔利】 见"则羔利"。

【契玛】 见"则羔利"。

穿"则羔利"的朝鲜族妇女

【满族服装】 中国少数民族服装之一。满族分布于全国各地，以居住于辽宁省的为最多。满人原出女真，入关前称"大金"或"后金"。男子剃去周围头发，束辫垂于脑后，穿马蹄袖袍褂，两侧开叉，腰中束带，为便于骑射。妇女衣着远法辽金，还受元代蒙族妇女长袍影响，惟己不左衽。早期偏于瘦长，袖口亦小，衣着配色调和典雅。较后穿宽大直筒旗袍，足穿"花盆底"鞋，比普通女鞋高二三寸，有的甚至高四五寸，为此满族妇女显得修长。参见"旗袍"。

【满族妇女服装】 古代满族妇女穿长袍，外罩一件马甲，是当时的时尚装束。马甲样式，有大襟、对襟和琵琶襟等多种，长度多在腰际，并缀有各式花边。满族妇女爱梳旗髻，比普通汉族妇女的发髻要高出五六寸，所穿"花盆底"旗鞋，比普通女鞋高二三寸，有的甚至四五寸，为此满族妇女给人的感觉，比普通妇女修长得多，这主要是借助于服饰的缘故。

满族妇女服装
上：清《雍正行乐图》
下：清·光绪时女服

【侗族服装】 中国少数民族服装之一。侗族主要分布在贵州、湖南各地和广西壮族自治区的三江、龙胜、融水等县。侗族都爱穿自纺、自染、自织的侗布，喜青、紫、蓝和白色。宋·陆游《老学庵笔记》载：在宋代长、沅、靖等州，有仡伶（侗族）"男女未娶者，以金鸡羽插髻"，"女以海螺数珠为饰"。明《贵州图经新志》载：明代黎平府属"侗人"，"男子科头跣足，或跂木履"，"妇女之衣，长裤短裙，裙作细褶褶，居加一幅刺绣杂文如缓，胸前又加绣布一方，用银钱贯次为饰，头髻加木梳于后"，"好戴金银耳环，多至三五对，以试结于耳根。织花细如锦，斜缝一尖于上为盖头，脚跂无跟草鞋"。清代文献也描述：侗人椎髻；首插雉尾，卉衣；怀远（三江）侗人："罗汉首插雉羽，椎髻，裹以木梳，着半边花袖衫，有裤无裙，衫最短，裤最长。女子挽偏髻，插长簪，花衫、耳环、手镯与男子同。有裙无裤，裙最短，露其膝，胸前裹肚，以银缀缀之，

侗族男女传统服装
（孔令生《中华民族服饰900例》）

男女各徒跣。"近现代，南部侗族，男着右衽无领短衣，包大头帕，着大管裤，云钩花鞋。有的地方，逢年过节着盛装时，头插羽毛为饰。妇女装束在贵州天柱、锦屏九寨和湖南通道北部及保靖县一带，穿右衽圆领衣，把肩滚边，订银珠大扣；姑娘以红绳结辫盘头；出嫁后挽髻于后，包对角头巾，腰系飘带。贵州黎平、锦屏毗连地区，妇女衣长及膝，包三角头帕，有的与当地汉族妇女装束相似。湖南通道及广西三江、龙胜部分地区，女着大襟无领衣，衣裤都较宽大，无纽扣，着褶裙或管裤，头插银簪。贵州榕江县乐里、瑞里等地妇女，上衣宽袖右衽，衣襟镶宽流边，上绣龙凤、蝴蝶、花卉，裙长及膝，着无跟草鞋。侗族妇女喜佩银饰。有银圈、手镯、戒指、耳环等等。每逢喜庆佳节，年轻姑娘佩戴的项链、项圈层叠于胸前，手圈八九对；全副重量达一二十斤，以示富裕荣耀。

【木叶衣】 古代僮（侗）族用木叶制作的一种衣服。邝露《赤雅》："僮人，编鹅毛，夏衣木叶。"

【瑶族服装】 中国少数民族服装之一。瑶族主要分布在广西壮族自治区及湖南、云南、广东、贵州等省，多居住在山区。清代瑶族，据乾隆《皇清职贡图》原注载：男女喜着青蓝短衣，缘以深色，或时用花帕裹头。瑶妇短衣短裙，跣足登山。近现代男女服装主要用青、蓝土布制作。男子喜着对襟无领的短衫，下着长裤或过膝短裤。广西南丹县瑶寨男子喜着绣边白裤；广东连南瑶族男子喜留发髻，插以雉毛装饰，并以红布帕包头。广西防城地区的花头瑶女子，头上包裹白边绣花方帕，上压玫瑰色彩穗，两边自耳部垂下，长及肩部。广西凌云县瑶女着较长的上衣，将前襟翻上而掖入腰带之中。广西南丹地区瑶女着坎肩，腋下不连缝，而形成前后两片，下身为短裙。而广西龙胜地区红瑶女子，则穿无领窄袖上衣，下着长裙，一般着短裙者再于小腿外打裹腿。

上：清初瑶族服装(清·乾隆《皇清职贡图》)
下：现代瑶族服装

【茶山瑶族服饰】 茶山瑶是瑶族中一支，服饰独特。成年男子穿黑色紧身衣裤，白衬衣，纽扣又密又多；留长发挽髻于头顶，用绣花黑长带缠裹，并插上三根银钗。姑娘服饰鲜亮艳丽，头上插三支弧形银钗，每支长约一尺五寸，宽约二寸，重约两斤。前额围一条宽约二寸的大红彩带，脑后垂挂一块白头巾，衣服均以大红彩带镶边，几件衣服从里到外逐件稍短，颜色错落，对比强烈。下穿短(或长)裤，脚穿凤尾鞋，小腿套有红花边的黑色脚筒，膝部外露，便于山区行动。

【白族服装】 中国少数民族服装之一。据清·乾隆时绘《皇清职贡图》原注称，当时白族居住主要地区为"云南临安、曲靖、开化、大理、楚雄、姚安、承昌、永北、丽江等地。人民衣食风俗和一般汉人无多区别，亦有缠头、衣短衣、披羊裘者"。《皇清职贡图》中所绘白族男女形象：男戴斗笠，着交领短衣、短裤；女裹巾子，着对襟短衣、短裤。与上述原注基本相

合。近代妇女衣短而袖口宽大，加宽花边，裤脚也加花边，着镂空绣花鞋。惟头部仍缠围巾，首饰用银，还保留清同治、光绪时式样。李思聪《百夷传》：白族"以青纱分编，绕首盘系，裹以攒顶黑巾，……衣绣方幅，以半身细毡为上服"。现白族大多居住在云南省大理白族自治州，其余分布于云南、贵州和四川等省区。白族服装，各地略有不同。大理等中心地区男子头缠白色或蓝色的包头，身着白色对襟衣和黑领褂，下穿白色长裤，肩挂绣着美丽图案的挂包。大理一带妇女多穿白色上衣，外套黑色或紫色丝绒领褂，下着蓝色宽裤，腰系缀有绣花飘带的短围腰，足穿绣花的"百节鞋"，上衣右衽佩着银质的"三须"、"五须"；已婚者挽髻，未婚者垂辫于后或盘辫于头，都缠以绣花、印花或彩色毛巾的包头。

上：清初白族服装(清·乾隆《皇清职贡图》)
下：现代白族服装

【各许六】 白族传统女外衣。白语意为海蓝色上衣。主要流行于云南洱海周围山区。前襟短，后襟长，衣着其尾，袖口和衣襟，缀饰象征鱼鳞、

鱼人的银白色泡子。穿时外系围腰，上刺绣海藻、菱角等水生纹样；裤脚边沿，绣海水波纹；脚穿船形鞋。这种以鱼为装饰主题的俗服，学者认为，似与古代白族对鱼崇拜的习俗有关。

【土家族服装】 中国少数民族服装之一。土家族主要分布在湖南省西部、湖北省西部和四川省的酉阳、秀山等县。土家族的服装，女装为短衣大袖，左衽开襟，滚镶2～3层花边，原着8幅罗裙，后改为镶边筒裤，裤腿边沿有宽带式花饰，扎围腰，发挽髻，戴帽或用自织土布缠头，也有用红布卷成头箍，穿绣花鞋。男着对襟唐装，宽缘边，上饰如意云纹；头包巾。衣料多自纺自织的青蓝土布或麻布，史书称"峒布"、"溪布"。土家族服装色泽尚白、尚黑、尚青蓝的习俗，与土家族的白虎图腾和其远祖居住的洞穴有关。

土家族男女服装
(华梅《中国服装史》)

【哈尼族服装】 中国少数民族服装之一。哈尼族主要聚居于云南红河和澜沧江两岸，哀牢山和蒙乐山之间。明代，女头缠布，以红毡索一尺余续之。清代，男环耳，妇花衫，锦绳辫发，贝珠盘髻，以彩布为统裙，其裙蒙乳以至下体。近现代，女子穿深蓝长袖上衣，对襟，低开领，下身着深蓝短裙，小腿用深蓝布裹腿，头帕、鞋亦均为深蓝色。全身有红、绿、天蓝、橘黄、金银等银质、玻璃、彩线等各种装

饰品,五彩纷呈,俏丽似锦。男子亦着深蓝或黑色短衣、长裤、包头巾;头巾、项间、前襟等处,也饰有银泡、绒球、彩绣和彩穗等各种饰物。哈尼族有一种"龟服"颇具特色,包括崔朗(外衣)、崔巴(衬衣)、崔帕(背心)三件套。为无领、开胸、紧身款式,用靛青土布制作,外衣衩口有三五股红绿丝线锁边,对襟两边饰有细排扣。

衣服的原料,多用冬羊皮缝制大衣,不挂布面。妇女夏天穿长的花布连衣裙,冬季外罩对襟棉大衣。牧民冬季戴三叶帽,热天则扎用三角布制的头巾。妇女头戴白布盖头,盖头外披白布大头巾,头巾左上端佩戴一件首饰,并戴耳环、戒指和手镯。脚登高筒皮靴。最富特色的是所戴小帽,顶插羽毛,尤尚猫头鹰毛,以此为贵,帽边绣花并镶银箔。

包。与上述原注基本相合。李京《云南志略·诸夷风俗》:傣族男以"彩缯束发,衣赤黑衣,蹑绣履。……妇衣文锦衣"。现男子主要着无领对襟或大襟小袖短衫,下着长裤,冷天披毛毯,多用白布或青布包头。过去曾有文身的习俗。妇女传统着窄袖短衣和统裙,但芒市等地妇女婚前着浅色大襟短衫、长裤,束小围腰,婚后改着对襟短衫、黑色统裙。

上:哈尼族男女服装(华梅《中国服装史》)
下:哈尼族龟服

上:清初哈萨克族服装
(清·乾隆时绘《皇清职贡图》)
下:现代哈萨克族妇女服装

上:清初傣族服装(清·乾隆《皇清职贡图》)
下:现代傣族服装

【哈萨克族服装】 中国少数民族服装之一。据清·乾隆时绘《皇清职贡图》原注称:当时哈萨克族居住主要地区为"准噶尔西北"(即汉称大宛地区,有东西二部)。衣着特征"头目等戴红白方高顶皮边帽,衣长袖锦衣,丝缘,革鞮。妇人辫发双垂,耳贯珠环,锦镶长袖衣,冠履与男子同。其民人男妇,则多毡帽褐衣而已"。《皇清织贡图》中所绘哈萨克族男女形象,男女均方形高顶皮边帽,着交领小袖长袍。与上述原注头目冠服基本相合。现哈萨克族主要分布于新疆维吾尔自治区伊犁哈萨克自治州、木垒哈萨克自治县和巴里坤哈萨克自治县。牧民主要用牧畜的毛皮作

【傣族服装】 中国少数民族服装之一。据清·乾隆时绘《皇清职贡图》原注称,清初傣族居住主要地区为"云南曲靖、临安、武定、广南、元江、开化、镇沅、普洱、大理、楚雄、姚安、永北、丽江、景东一带。……男子青布裹头,簪花,饰以五色线。编竹丝为帽,青蓝布衣,白布缠胫。恒持巾帨。妇盘发于首,裹以色帛,系彩线分垂之。耳缀银环,着红绿衣裙,以小合包二三枚各贮白金于内,时时携之"。《皇清职贡图》中绘傣族男女形象:男戴竹笠,着齐膝短衣、短裤;女盘发,裹纱巾垂缨,着筒裙,手携小合

【娑罗笼】 古代傣族一种木棉服装。亦称"娑罗笼段"。唐代南诏国西部茫蛮(傣族,唐宋时称"茫蛮")穿木棉服。娑罗树,即木棉,亦称吉贝,取籽破壳,其中白如柳絮。纫为丝,织为方幅,裁之为笼段。男女通服。其时女子所着统裙,称"五色娑罗笼"。元明时期,其物仍流行于元江流域及滇西地区傣族之中。《新唐书·南蛮列传》:"大和、祁鲜而西,人不蚕,剖波罗树实,状若絮,纽缕而幅之。"《蛮书》卷四:"寻传蛮……披娑罗笼。"

【娑罗笼段】 见"娑罗笼"。

【黎族服装】 中国少数民族服装之一。据清·乾隆时绘《皇清职贡图》原注称，黎族主要居住地区为海南岛五指山及广东钦廉各地区。清初衣着"男椎髻在前，首缠红布，耳垂铜环。……黎妇椎髻在后，首蒙青帕。嫁时以针刺面为虫蛾花卉状，服绣吉贝(棉布绣花)，系花结桶，桶似裙而四围合缝，长仅过膝"。《皇清职贡图》中绘黎族妇女蒙头巾，着短衣、短裙，赤足。与上述原注基本相合。近现代黎族妇女束髻于脑后，插以箭猪毛或金属、牛骨制成的发簪，披绣花头巾，上衣对襟开胸无扣，尚青色，下穿无褶织绣花纹的统裙，盛装时戴项圈、手镯、脚环、耳环等，有些地方的妇女的耳环多且重，耳根下垂至肩，史称"儋耳"。男子结鬏缠头，上衣为无领对襟。下穿前后两幅布的吊幨。这些衣服都以棉、麻为料，自纺、自织、自染、自缝而成。

【黎族树皮衣】 黎族的一种传统服装。每年夏季或秋初，携刀砍取褚树中部一段，一般约长 1～1.5 米，上下各横切一圈，从上边切口选一点，向下竖切开口，取下整块树皮，然后放于地面压平，用木棒捶打，使表皮脱落，留下褚树皮纤维，后将表皮纤维撕去，再继续捶打内皮纤维，使之柔软为止，后将其浸入水中，反复清洗，最后晒干压平，即可缝制上衣、裙子、帽子和腰带等各种服饰。

【遮胸布】 古时黎族妇女的一种胸间小衣。夏季时期，黎族女子上身仅围一块遮胸布，下穿统裙。遮胸布一般缝制成五角形，类似古代汉族的肚兜。

【傈僳族服装】 中国少数民族服装之一。傈僳族主要聚居于云南怒江傈僳族自治州各县，其余分住于丽江、保山地区和迪庆、大理、德宏、楚雄各州及四川的西昌、盐边等地。明代，傈僳族人"披发插羽"。清代，《皇清职贡图》卷七载：姚安、大理、丽江、永昌等府傈僳男人"裹头，衣麻布，披毡衫"。清·光绪《云龙州志》卷五、六：男子"包大头，俱饰以蚌壳"。"女子剃发，戴海䖳小帽，大耳环；著五色衣，每人头挂五色料珠十数串。"现男子多以青、黑、蓝、白布包头，穿自织麻布长衫，也有的穿短袍、裹腿。妇女因服饰颜色不同，傈僳族有白、黑、花三种称谓。云南福贡、兰坪的白、黑傈僳族妇女，穿右衽上衣，黑丝绒长裙。泸水的黑傈僳女子，上衣右衽，腰系小围裙，下为长裤，青布包头。永胜、德宏一带的花傈僳妇女，上衣、长裙均镶绣花边，头缠花布头巾。腾冲、德宏地区的妇女，还将两片缝制精美缀彩球的三角垂穗围于腰后，成为西南民族服装中最典型的一种"尾饰"。

【佤族服装】 中国少数民族服装之一。佤族主要聚居于云南沧源和西盟等地区。《新唐书·南蛮列传》：男子以花布为套衣，亦有百夷装饰者。女子以纱罗布披身上为衣，横系于腰为裙。纱罗布即木棉布，坚厚，或织以青红纹，……行缠用青花布。明代，妇女环黑藤数百围于腰上。男子戴笋箬笠。清代，妇女斜缠锦布于腰，有的红藤束发缠腰，披麻衣。近现代，男子主要穿无领短上衣，裤短而肥，以黑或红布包头，男青年胫部多系竹、藤圈。妇女穿黑色无领短衣，围直筒褶裙，裙腰起自腰腹，故常袒露腹腰处，着草鞋或赤足，小腿和腰间饰藤圈。

上左：清初黎族服装(清·乾隆《皇清职贡图》)
上右、下：现代黎族服装
　　(孔令生《中华民族服饰900例》)

傈僳族男女服装
(华梅《中国服装史》)

佤族妇女服装

【畲族服装】 中国少数民族服装之一种。畲族主要分布于闽、浙、赣、粤和皖五省 80 多个县(市)部分山区。畲族衣装尚青蓝色,衣料多为自织麻布。男装有两种:一是大襟无领青色麻布短衫;一是结婚礼服,青色长衫,红绸腰带,襟和胸前绣有图案,黑色布靴,红顶黑缎官帽。女装尚青色,领襟、袖口饰花边,系绣花围裙,青色长裤,花鞋,饰银饰。发式有未嫁少女与妇女之别:少女用红头绳将头发旋扎成股,盘于顶;妇女多盘高髻似凤凰。婚嫁时戴凤冠,插银簪。有的穿短裤裹绑腿。

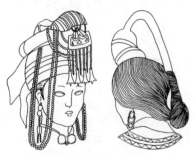

畲族妇女的服装和头饰
(田顺新《中国少数民族头饰》)

【凤凰妆】 畲族妇女传统服饰。以一种仿凤凰的装饰打扮,故名。分凤冠、凤身、凤尾三部分,有少女、成年妇女、老年妇女之别。少女妆:发扎红头绳盘于顶,领、袖口绣花,花腰带向后扎,尾带丝穗,象征凤尾,属雏凤,称"小凤凰装"。成年妇女妆:戴冠,冠用一节小竹筒,前后两端缀银片,上裹红布,用带缚于发髻。冠前饰一长银鼻,上结红璎珞,冠后插银簪,缀以银饰。上着黑大襟高领衣,领口、襟、袖边饰有花边。胸襟花边按红、黄、绿、红、蓝、黑、水绿列成柳条纹图案,黑底处绣水红、黄色等自然纹样,图案占上衣三分之二。再围以绣花合巾,像凤凰颈、腰和翅膀。扎花腰带,腰后飘带增宽,花纹增多,如凤尾。着青色裤,蹬绣花缀缨鞋。这种服饰繁缛复杂,花纹鲜艳,最具畲族特色,称"大凤凰装"。老年妇女妆:头髻低矮,以蓝黑绒线束发,衣服、腰带花纹、色彩稀少。称"老凤凰装"。

【小凤凰装】 见"凤凰妆"。

【大凤凰装】 见"凤凰妆"。

【老凤凰装】 见"凤凰妆"。

畲族凤凰装
(华梅《服饰与中国文化》)

【高山族服装】 中国少数民族服装之一。高山族主要居住于台湾。据清·乾隆时绘《皇清职贡图》原注:"男剪发束以红帛。衣用布二幅,联如半臂,垂尺许于肩肘。腰围花布。寒衣曰缦披,其长覆足,妇女亦然。俱以铜铁环束两腕,或叠至数十。"《皇清职贡图》中绘高山族男女形象:男发际插羽毛,着对襟短衣,戴手镯;女戴串珠项链、手镯,着对襟短衣。与上述原注基本相合。现南部高山族女服,一般包头巾,上衣很短,腰束彩线阔腰带,下为内外裙;男服头巾织有彩线,上衣襟偏于右方,领有各色滚条,袖缘、裙缘亦有红色滚边,腰带绣有彩线,裹腿为两长方形布,上连襟际,下有带绑在脚上。北部高山族一般长衣及膝,开襟无袖,上有红色刺绣。彩色长衣,背部绣有红、桃红、黄、青、蓝等彩色几何图案。

左:台湾南部高山族服饰
右:台湾北部高山族服饰

【曹族、布农族服装】 中国少数民族服装之一。曹族、布农族为台湾高山族之分支,居住于台湾中部高山地区。男子以鹿皮为衣,穿背心,披肩,颈间挂一方形胸袋,腰间用袋蔽下体。盛装穿挑绣胸衣,腰间垂黑布前裙。出猎加皮套背和皮裤。曹族妇女穿左右双合裾,胸衣。布农妇女为长衣窄袖,长裾、肩和袖沿刺绣,黑或红布缠头,跣足。曹族老人盛装穿对襟长袖外衣,黑面红里。布农族男子头戴山羊皮或鹿皮帽,插羽毛,戴耳饰。曹族、布农族男子外出,都佩腰刀,刀鞘为红、黑两色。

台湾布农族男子服装

【泰雅、赛夏族服装】 中国少数民族服装之一。泰雅、赛夏为台湾高山族之分支,居埔里、花莲以北山地。一般上穿无袖胴衣,长及膝,有的短及腹,对开前襟,胸有纽结。泰雅族用一横布作腰裙,胸前用斜布一块为胸衣。春秋冬季,用四幅布,缝成长方形,围于身上。赛夏族只有胴衣和背心。泰雅、赛夏妇女上衣,为对襟长袖,单式腰裙。泰雅族用踞织机织布,原料为苎麻,兼用棉线。用有色棉线与麻线夹织,构成各种纹饰,颜色有红、蓝和黑等。泰雅族用头饰、耳饰、项饰和胸饰。有臂环、腕环、指环和脚饰。项饰用人牙串挂;脚饰用数十根头发搓成。赛夏族用银、铜质腕饰,戴指环。脚饰用珠、贝、织带和毛丝穗子,缠于脚踝以下。

【努库司衣屋郎】 台湾高山族泰雅人的传统礼服。俗称"舞衣"、"附铃长衣"。主要流行于台湾北部地区。

通常在祭祀、舞蹈等场合穿用。在白色麻布做成的努库司上,加织红色麻线于两襟下部与后背下部,加织的红色部分上缘各系一列珠串为旒。其上端系于衣上,下端系一小铜铃;襟、裾均用红绒布带绲边;两襟内侧中央各缝黑色绒线带状物一束,以供系结;裾缘系圆形小铜铃一道。

【舞衣】　见"努库司衣屋郎"。

【附铃长衣】　见"努库司衣屋郎"。

【雅美族服装】　中国少数民族服装之一。雅美族为台湾高山族之一支,居台湾兰屿岛。一般穿对襟短背心,头戴藤盔或木盔,腰缠丁字带。男子鹿皮披肩背部,绘有几何形图案。妇女亦穿背心,腰缠布,冬季以方布披围,在左肩打结,头戴木制八角盔,跣足。

台湾雅美族服装

【排湾、卑南族服装】　中国少数民族服装之一。排湾、卑南族为台湾高山族之分支。排湾族居台湾南部高山地区,卑南族居东南部高山地区。一般都穿对襟长袖上衣,腰系半腰裙。贵族用豹皮作披肩,以豹牙、鹿角为冠,下穿彩色或挑绣套裤,跣足。妇女着直式长裙,膝裤。排湾妇女长衣窄袖,长裙、肩和袖边刺绣,黑或红布缠头,跣足。排湾族善刺绣、贴饰和缀珠,用以装饰服装。

【高山族贝衣】　高山族特有的珍贵

服装。亦称"珠衣"。是过去高山族酋长或族长所穿的一种礼服。对襟无领、无袖、无纽扣,背有小铜铃,里衬一层麻布,外面用贝壳磨成数以万计的红、白小贝珠,用线连成珠串,横一排,竖一排,组合成方块,然后缝制成贝衣。做工精细,美观大方。《禽贡》:"岛夷卉服、厥组织贝"就是指这种贝衣。将串珠直接缝在布上,称"贝布"、"珠布"。

【珠衣】　见"高山族贝衣"。

【贝布】　见"高山族贝衣"。

【珠布】　见"高山族贝衣"。

【拉祜族服装】　中国少数民族服装之一。拉祜族聚居于云南省澜沧县、孟连县,杂居于云南西南边境各县。拉祜族服饰,男子裹黑色头巾,穿无领大襟衫和裤管宽大的长裤。拉古纳支系妇女裹一丈多长的头巾,末端从背后垂及腰际。她们穿开衩很高的长袍,衣领周围和衩子两边都镶有彩色几何纹布块或条纹布条,沿衣领至开襟嵌有银泡。拉古熙支系妇女则穿短衣褶裙或统裙。同汉族、傣族人民交往较多的地方,拉祜族男女也爱穿汉式和傣式服装。

拉祜族男女服装
(华梅《中国服装史》)

【水族服装】　中国少数民族服装之一。水族主要聚居在贵州省三都水族自治县,其余分布在贵州和广西各

地。水族男女都喜欢穿青、蓝两色服装。男子穿大襟长、短衫,用青布包头。妇女上身通常穿蓝布大襟无领半长衫,胸前围一块刺有茨藜花纹的围兜,下身着青布长裤。妇女衣裤四周镶有花边。在清代以前,水族男子均穿和尚领无扣长衫,绾髻于顶;妇女一般穿圆领宽袖的对襟上衣,下穿百褶裙,打绑腿,足登翘尖绣花鞋。

水族男女服装
(孔令生《中华民族服饰900例》)

【东乡族服装】　中国少数民族服装之一。东乡族主要聚居于甘肃东乡族自治区。男子戴白帽,身穿白衫,外套坎肩,有的腰围三角绣花巾,有的在冬季着不挂面大皮袄。妇女服装多青、蓝色,少妇也有穿红、绿色的。衣领圈、大襟均有绣花。袖子较宽,滚有一道花边。下穿套裤,裤管滚两道边,用带扎住。喜庆节日,穿高跟绘花鞋,包头巾,上衣长至膝盖,大襟右衽,袖长至腕。结婚女子,穿长袍或裙子,出嫁后戴黑盖头,中老年妇女戴白盖头。

东乡族男女服装
(华梅《中国服装史》)

【纳西族服装】 中国少数民族服装之一。清·乾隆《丽江府志略》上卷：纳西族妇人"戴尖帽。……服短衣，拖长裙，覆羊皮，缀饰锦绣金珠相夸耀。"纳西族主要聚居于云南省丽江纳西族自治县、维西、中甸及宁蒗县的永宁、德钦、永胜等县和四川省的盐源、盐边等县。现纳西族男子的服装大体与汉族相同。丽江纳西族妇女身穿大褂，宽腰大袖，外加坎肩，系百褶围腰，穿长裤，披羊皮披肩，缀有刺绣精美的七星，旁缀日、月，表示勤劳之意，宁蒗纳西族妇女着长可及地的多褶裙、短上衣、青布大包头，佩大银耳环。

纳西族服装
（华梅《中国服装史》）

【七星披肩】 纳西族妇女传统俗服。亦称"披星戴月"、"永祆葩缪"、"于恩"，纳西语意为彩色羊毛披肩。主要流行于云南丽江纳西族自治县。披肩用上等黑羊皮制作，上呈方形，下为半圆形，用带系服。两肩绣有日月纹，背部横饰一排七星图案，每一星缀一绺白羊革飘带，刺绣用赤、橙、黄、绿、青、蓝、紫七彩丝线绣制，五彩缤纷，十分绚丽。披肩既具装饰作用，又很实用。劳动时作垫肩；热天毛在外，冷天将羊毛贴身，可御寒。周去非《岭外代答》卷六称这种羊毛披肩"昼则披，夜则卧，晴雨寒暑，未始离身"。一说"七星披肩"是一种"寓意青蛙图腾的服饰"。相传纳西族古代崇拜青蛙：东巴经典里称黄金大蛙，民间称智慧蛙。《纳西族的

图腾服饰——羊皮》载："纳西族的羊皮服饰，是他们把羊皮形象地剪裁成蛙体形状，而缀在羊皮光面上的大小圆盘是示意青蛙的眼睛，所以纳西族的羊皮服饰是寓着青蛙图腾的服饰。"

【披星戴月】 见"七星披肩"。

【永祆葩缪】 见"七星披肩"。

【于恩】 见"七星披肩"。

披"七星披肩"的纳西族女子
（孔令生《中华民族服饰900例》）

【景颇族服装】 中国少数民族服装之一。景颇族主要居住在云南西南部，处于亚热带地区，冬季不冷，因此男女终年穿单衣、单裙（裤），裹头裸脚。李京《云南志略·诸夷风俗》：元代景颇族"以木皮蔽体"。明代，绾发为髻，男女皆贯耳佩环，性喜华彩。男首戴骨圈，插雉尾。缠红藤，藤盔藤甲。女子上下围以花帨，手束红藤为饰。清代，有的用红花布一丈许裹头，垂带于后；有的上裸，以布遮腹下。现男子喜裹白或黑色头巾，上缀红绿彩绒球，称为"英雄结"。一般为白衣黑裤。全身主要装饰品有耳环、织花腰带、背包和长刀等。妇女服装分礼服和生活用服两种。大部分着黑色紧身短上衣，颈部及背后满缀着银泡、项圈等，腰围红布及佩藤编的彩色腰籀，露出白色内衣，下着织花羊毛围裙，小腿套织花护腿。中年以上的妇女则包黑色头巾。

景颇族服装
（华梅《中国服装史》）

【孔雀衣】 景颇族妇女的一种传统服饰。相传古时有一孤女，独居深山，以打猎为生，闲暇时，她将各种鸟羽缝制成一件彩衣，仿照孔雀翎，在彩衣上钉缀一些角质和贝壳，使彩衣更加优美俏丽。取名"孔雀衣"。在景颇族的"目瑙纵歌"中，她穿着这件孔雀衣参加舞会，她的这件美丽的孔雀衣，成了人们注目的中心。自此，景颇族妇女互相仿效，孔雀衣就成了景颇族妇女喜庆节日的传统盛装和新娘的嫁妆。

【银泡衣】 景颇族妇女特色服装。亦称"袍衣"。用数十个银制半圆状饰物，缝制在肩背上，同时还饰有银铃和银穗。在节日喜庆时穿着。在日月光照耀下，银光闪烁，舞蹈时并发出悦耳的碰击声。

【袍衣】 见"银泡衣"。

景颇族妇女穿的银泡衣
（田顺新《中国少数民族头饰》）

【柯尔克孜族服装】 中国少数民族服装之一。柯尔克孜族主要分布于

新疆维吾尔自治区克孜勒苏柯尔克孜自治州，其余分散在新疆各地和黑龙江省富裕县。柯尔克孜族的服饰，男子常穿无领"袷袢"长衣，内着绣有花边的圆领衬衣，外束皮带，左佩小刀等物。夏天穿立领短袷袢，春秋喜穿条绒缝制的宽脚裤。女子通常穿连衣裙，外套黑色小背心，南部妇女穿小竖领衬衫。妇女包头巾，喜戴装饰品。柯尔克孜族男子不论老少，一年四季均戴绿、蓝或黑色的灯芯绒圆顶帽。天凉外出时，外加高顶卷檐皮帽或毡帽。这两种帽子的顶部都呈方形，前者帽檐左右各有开口并镶有黑绒一道，常翻露在外，呈卷檐形。

柯尔克孜族男女服装
（华梅《中国服装史》）

【土族服装】　中国少数民族服装之一。土族主要聚居于青海省东部，也有一部分居住于甘肃省天祝藏族自治县。土族服装男女上衣都有绣花高领。男子常穿小领斜襟、袖镶黑边的长袍，腰系绣花长带，穿大裆裤，系

土族男女服装
（华梅《中国服装史》）

两头绣花长腰带，小腿扎上黑下白的绑腿带，戴毡帽，穿云纹布鞋。老年人在长袍外套黑坎肩。妇女穿绣花小领镶花边斜襟长衫，两袖由五色布做成，外套黑、蓝、紫镶花边坎肩。腰系绣花宽腰带或彩绸带，悬挂花手帕、花钱带、荷包、小铜铃等。裤腿外夹一尺高裤筒，下沿蓝、黑色搭配镶边。穿绣花腰鞋，形如靴子。戴各种"扭达"头饰。

【七道花边】　土族妇女的一种传统服装俗饰。这一服饰习俗，主要流行于青海大通、民和、互助等土族地区。土族妇女袖口绣红、橙、蓝、白、黄、绿、黑七色花边。古老盘歌《杨格喽》："阿依姐（对已婚妇女的尊称）的衣衫放宝光，天地的妙用都收藏，红、橙、蓝、白、黄、绿、黑，万物全靠它滋长。"从最低层数，第一道黑色，象征土地；第二道绿色，象征青苗、青草；第三道黄色，象征麦垛；第四道白色，象征甘露；第五道蓝色，象征蓝天；第六道橙色，象征金色光芒；第七道红色，象征太阳。

【达斡尔族服装】　中国少数民族服装之一。达斡尔族主要居住在内蒙

上：达斡尔族女长袍和狍皮大衣
下：达斡尔族男女服装（华梅《中国服装史》）

古各地、黑龙江省，少数居住在新疆塔城县。男子夏穿布衣，外加长袍，用白布包头，戴草帽，足踏"奇卡米"（皮靴）；妇女穿长袍，以蓝色为主，夏日喜穿白袜、花鞋。他们最大的节日是春节，节日里都着盛装，逐户拜年，妇女们互赠礼物。达斡尔族的狍皮大衣和女长衫，具有浓郁的民族风格和地区特色。

【达斡尔族坎肩】　达斡尔族语称"何日格尔奇"。男坎肩有布制和狍皮制两种，一般不加装饰。女坎肩缀多层花边，沿边黑色，接宽花边，约6.5厘米，再接饰一道小花边和齿形花边，开启处饰大云卷。小孩坎肩无领，除饰花边外，上面还绣大型图案，有几何纹及动植物纹样。

【何日格尔奇】　见"达斡尔族坎肩"。

达斡尔族坎肩

【仫佬族服装】　中国少数民族服装之一。仫佬族主要居住于广西罗城仫佬族自治县。仫佬族衣服尚青色。至清代，仫佬族妇女仍穿统裙，今穿大襟上衣，上施较宽的边缘或采用花布装饰；下身着长裤、绣花鞋。外罩兜兜，兜兜上部绣梯形适合纹样。头上则喜梳辫或盘髻。男子穿对襟上衣、长裤，以深色为多。腰间系带，头上缠黑色或深花色包头巾，常将一头垂于肩头。年老男子着琵琶襟上衣，穿草鞋。仫佬族自染的土布，工艺独特，先将长二三丈的土布，浸入蓝靛染缸，反复晒染多次，使色泽匀净，然后涂米汤、薯莨、牛皮胶糊面，晾干后用石磙磙压或用棒槌敲打，这样制成的布发亮闪光，耐用美观。姑娘的

"送嫁衣"、老人的"防老衣",都用这种布缝制。年轻女性用它做"同年鞋",作为定情信物。

仫佬族男女服装
（华梅《中国服装史》）

【羌族服装】 中国少数民族服装之一。羌族主要分布在四川省阿坝藏族自治州的茂汶羌族自治县和汶川县、理县、黑水县、松潘县等地。羌族男女均穿麻布长衫,外套羊皮背心,包头帕,束腰带,着草履或勾尖绣花鞋。妇女尤喜戴耳环、手镯和银牌等饰物。最具特色的是男女皆服的羊皮背心,肩、前襟、下摆处均露出长长羊毛。羌族祖先以畜牧为主,有"西戎牧羊人"之称,为之这种羊皮背心当是羌族古代服装的一种遗制。

羌族男女服装
（华梅《中国服装史》）

【布朗族服装】 中国少数民族服装之一。布朗族主要聚居于云南西双版纳的布朗山、巴达、西定等地区。明代,男子青红布裹头,膝下系黑藤数遭;妇女以花布围腰为裙,上系海贝带一数围。清代,男子仍首裹青红布,系青绿绦,膝系黑藤;女子裙系海贝十数。近现代,男子缠黑布、白布包头,穿对襟无领短衣,黑色宽大长裤;妇女缠大包头,穿紧身无领短衣,下为红绿纹或黑色统裙。布朗族传统服装的面料,都为自织、自染的土布,结实耐磨。布朗族妇女自古就用蓝靛染布,以梅树皮和黄花根作染料,可染成红、黄等色,经久不退。布朗族妇女,都喜爱佩戴各种银饰品。

布朗族男女服装
（华梅《中国服装史》）

【撒拉族服装】 中国少数民族服装之一。撒拉族主要聚居于青海省循化撒拉族自治县,亦有散居于甘肃和新疆等地。男子着白色对襟上衣,外套黑色坎肩,戴黑帽,穿蓝长裤,过去系绣花围肚。妇女穿右衽上衣,外套坎肩,下着长裤,裤管处饰有花边,戴彩花盖头。女衣色多鲜丽。男女上衣下截均长于坎肩,穿时外露衣边,以此为美。（图片仅供参考）

撒拉族男女服装
（华梅《中国服装史》）

【毛南族服装】 中国少数民族服装之一。毛南族主要分布于广西壮族自治区的环江、河池、南丹和都安等地。民国前男子着唐装,亦有穿琵琶襟上衣。妇女穿右襟上衣,宽脚滚边裤,上衣襟边和袖口,有三道镶边,一宽二窄。衣服面料,大多为青蓝色。年轻姑娘喜围一块彩绣长方形围腰。妇女婚前垂辫,婚后盘髻。毛南族的花竹帽工艺精美,男女老少都爱戴,是用毛南乡的金竹、水竹细竹篾精工编织而成,表里双层,帽底编花,男女青年并用它作定情信物,故毛南人刻意求新,常巧思独具,内容均寓意吉祥。

毛南族男女服装
（华梅《中国服装史》）

【仡佬族服装】 中国少数民族服装之一。仡佬族散居于贵州的遵义、仁怀、安顺、平坝等28县和广西壮族自治区以及云南省,为之在服装上有较多差异。男子一般穿对襟上衣、长裤,穿布鞋或赤足,以长帕包头。妇女通常亦用长帕包头,上衣仅及腰部;下穿长裙,裙分三段,中用羊毛

仡佬族妇女传统服装
（华梅《中国服装史》）

织，为红色，上下段用麻织，为青、白条纹；外罩青色无袖长袍，长袍前短后长，绣有花纹，穿时从头套下；足穿钩尖鞋。传统习俗，男未婚以金鸡羽为头饰，女未嫁以海螺为数珠。仡佬族妇女精于纺织，自染自织的细布，柔软细密，俗称"娘子布"。还能织出精致的"铁笛布"和厚实的"僚布"。

【棕衣】　仡老族传统服装。主要流行于贵州西南部地区。作法是将棕叶串叠起来，拼成布样，再按衣服式样裁剪缝制而成。可御寒避雨。

【棕背心】　仡老族传统服装。主要流行于贵州遵义等地区。一般为对襟式，前短后长，领、肩处有圆形开口；长76、腰宽32厘米左右。运用当地棕丝编制而成。旧时多贫穷者穿用，用以御寒遮雨。

【锡伯族服装】　中国少数民族服装之一。锡伯族主要居住在新疆维吾尔自治区与辽宁等地。男子服装兼有满族、蒙古族特点，多穿左右开衩的大襟右衽长袍及短袄，多为青蓝、棕色。女服式样似旗袍，大襟右衽不开衩，下摆较宽。姑娘的长袍比较窄，长及小腿，外套小襟坎肩；已婚妇女长袍较宽，长及脚面，套大襟坎肩；老年妇女长袍更为宽大。妇女服装多滚边并镶有花边，鲜艳美观。青年妇女喜欢将不同颜色、不同滚边的衣服套着穿，五颜六色，别具一格。男

锡伯族男女服装
（华梅《中国服装史》）

子冬季戴护耳帽，夏季戴礼帽，系青布腰带，扎裤腿。妇女喜包白头巾。姑娘梳双辫，婚后盘头翘，戴耳环、戒指、手镯等。此外，还戴系有绣花荷包、小镜子、银牌及有小铃铛的腋带和胸带。

【阿昌族服装】　中国少数民族服装之一。阿昌族主要聚居于云南梁河和陇川，少数散居潞西、盈江、龙陵和腾中等地区。明代，男子顶髻戴竹兜鍪，以毛熊皮饰之，上以猪牙、鸡尾羽作顶饰；妇女采野葛成衣，以红藤为腰饰。清代，男女戴竹笠，饰以羊皮，簪以牙竹，妇女以五彩帛裹髻，腰饰红藤。现代，男子穿无领大襟上衣，长裤，宽腰带一角下垂，用青或蓝花布包头，跣足或穿布鞋；女子穿彩袖对襟衣，下为彩色长裤或长裙，外罩绣花、蜡染小围裳，足穿布鞋或草鞋。有的已婚妇女用黑或藏蓝布包头，内为硬壳，高者达三四十厘米，颇具地区特色。

阿昌族服装
（华梅《中国服装史》）

【普米族服装】　中国少数民族服装之一。普米族主要聚居在云南兰坪老君山和宁蒗的牦牛山地区。明·天启《滇志》：普米族"腰束文花毳带，披琵琶毡"。清·乾隆《永北府志》卷二五：清代普米族"男人披发向上，头戴飞缨大帽。……女人辫发向下，缀以红白杂石"。现男子多穿麻布短衣和宽大裤子，披白羊皮坎肩或氆氇大衣，用毯或布裹腿，习惯在热天将皮衣褪至腰间，两袖作腰带前系垂下，头戴前沿高竖的皮帽，脚穿皮靴。女子穿红或紫红色长袖大襟

短衣，下为天蓝或白的百褶裙，腰束彩条腰带，脚穿长筒皮靴，头缠较大的黑包头巾，带头垂至肩背。

普米族服装
（华梅《中国服装史》）

【塔吉克族服装】　中国少数民族服装之一。塔吉克族主要聚居在新疆塔什库尔干塔吉克自治县。塔吉克族的服饰以帽子最具特色，男子一般戴黑绒圆高统帽，帽檐翻起，腰束花腰带，足穿红色长统尖头软底皮靴。妇女着连衣裙，外罩坎肩，脚穿高统皮靴。最具特色的是首服，塔吉克女子无论多大年纪，均戴一顶用白布或花布做成的圆顶绣花小帽，前边有宽立檐，立檐上有银饰，并从顶上垂下一圈珠饰，花帽缀有后帘，有的还在帽上装一个向上翘的翅，可以上下翻动。女子外出时，帽上另披一块大方头巾，方巾极大，可遮全身，尖角可垂至足踝；方巾一般多为白色，新娘用红色，小孩用黄色。

塔吉克族男女服装
（孔令生《中华民族服饰900例》）

【怒族服装】 中国少数民族服装之一。怒族主要分布于云南省碧江、福贡、贡山三县,兰坪、维西两县亦有几处怒族聚居点。明代,男子发用绳束,高七八寸。妇女结布于发。清代,男女10岁皆面刺龙凤花纹。男子仍用绳束发。有的男女披发,面刺青文,首勒红藤。清·乾隆《皇清职贡图》绘有此图像。现怒族男女都穿麻布衣。一般女子12～13岁以后穿长裙,右大襟上衣。贡山怒族妇女则以两块麻布围身。妇女有胸饰,用精制的竹管穿两耳为饰,都爱用藤环缠于头部、腰部及足踝部。男子穿对襟上衣、长裤、裹腿、草鞋。也有着麻布长衫,系宽腰带,一侧下垂。

乌孜别克族男女服装
(华梅《中国服装史》)

【俄罗斯族服装】 中国少数民族服装之一。俄罗斯族主要居住在东北、内蒙古和新疆地区。男子夏季穿直领汗衫,下为长裤,腰系带;春秋时节,外穿西装;冬季穿翻领皮大衣,戴羊皮剪绒皮帽,足穿高筒皮靴或毡靴。妇女夏季穿印花或绣花连衣裙;冬季穿长裙,外套皮大衣,脚穿高筒皮靴,头戴彩色大头巾。男女汗衫之衣领、前胸及袖口,均饰有精细的几何纹刺绣图案,色泽俏丽。

上:清·乾隆《皇清职贡图》怒族服装
下:现代怒族服装(华梅《中国服装史》)

【乌孜别克族服装】 中国少数民族服装之一。乌孜别克族散居于新疆各地,男女以戴各式各样小花帽为特点。男子穿长袍,束三角形绣花腰带。妇女穿长裙,宽大多褶,不系腰带。一般穿皮靴,外加浅帮套鞋。妇女的绣花靴别致美观。乌孜别克族男子爱穿套头衬衣,领口、袖口和前襟,一般都绣有各种优美的图案。少女穿的连衣裙,色泽十分艳丽,胸前绣花,并缀有亮片、彩珠,有的在连衣裙外,再穿一件深色绣花背心,更显得华贵动人。

俄罗斯族男女服装
(华梅《中国服装史》)

【鄂温克族服装】 中国少数民族服装之一。鄂温克族主要散居于内蒙古和黑龙江地区。男子头戴毡帽或礼帽;穿大襟长袍,袍襟、领、袖等处,镶有较宽刺绣花边;腰束宽腰带,带两头均绣花,并垂丝穗;脚穿高统皮靴。妇女头戴阔边毡帽或筒帽,多深色,帽顶饰有红缨;亦穿大襟长袍,紧腰窄袖,长袍下部较宽大,多褶,呈敞开形,类百褶裙款式,领、袖、下摆等处,亦饰有花边;腰间束宽腰带,带上绣有金线花纹;足蹬皮靴。从事农业、放牧的鄂温克人,以及不同地区,其所穿服装亦有所差异。

鄂温克族男女服装
(华梅《中国服装史》)

【德昂族服装】 中国少数民族服装之一。德昂族主要分布在云南潞西、瑞丽、梁河、盈江、陇川、镇康、永德、耿马、保山和澜沧等县市。德昂族男子,头缠黑白两色的头帕,戴大耳坠、银项圈,上穿蓝或黑色圆领大襟短衫,裤子短而肥大。妇女穿深色上衣,前襟缀有一排银饰,头上用简帕包头巾,腰间围有藤圈,有宽有窄,上涂红、绿、黄等彩漆,数个至数十个不等。下穿长筒裙,多赤足。颈间饰有多层银项圈,腰

德昂族男女服装
(华梅《中国服装史》)

带、衣边都施绣饰穗。德昂族最有特色的是，男女都用五色小绒球作衣饰：男子包头巾两端，妇女衣服下摆，年轻姑娘的项圈和挂包等四周，都以彩色小绒球为饰，艳丽夺目，别具一格。

【保安族服装】　中国少数民族服装之一。保安族主要分布在甘肃省境内。男子穿白色对襟上衣，外罩黑色坎肩，下着黑色或蓝色长裤，头戴白布帽，足穿皮靴或布鞋。妇女穿右衽上衣、长裤、圆领套头坎肩或大襟坎肩，头扎花围巾。老年妇女围深色头巾，围至头、颈和胸前。男女上衣均长于坎肩，穿时以露出衣边为美。

保安族男女服装
（华梅《中国服装史》）

【裕固族服装】　中国少数民族服装之一。裕固族主要分布在甘肃省肃南裕固族自治县和酒泉市的黄泥堡裕固族乡。裕固族男子着高领左大襟长袍，系红、蓝色腰带，戴圆平顶缎

裕固族男女服装
（华梅《中国服装史》）

镶边的白毡帽或礼帽，登高统长皮靴。明花区老人一般还外套马蹄袖，左耳戴大耳环，腰带系腰刀、小铜佛、鼻烟壶等饰品。女子一般穿高领长袍，外套短褂，枣红、紫、绿色腰带，戴喇叭形红缨帽，脚蹬长靴。未婚少女常梳5或7条发辫，帽上加一圈绿色珠穗。已婚妇女常在胸前背后挂戴3条长形"头面"，上用银牌、珊瑚、彩珠等镶成美丽图案。

【京族服装】　中国少数民族服装之一。京族主要分布于广西壮族自治区防城京族自治县的山心、沥尾、巫头三小岛，称"京族三岛"；其余与汉族杂居于恒望、潭吉、红坎和竹山等地区。以渔猎经济为主。妇女穿菱形遮胸布，白色、绯色等浅色对襟、圆领、窄袖短衫，下着长宽黑或褐色裤子；外出时加穿粉绿、天蓝或白色紧身大襟长袍，开衩上至腰部，头戴三角形尖顶斗笠，为女子盛装。男子穿窄袖对襟衣，深色长裤，束腰带。男女服装，大多不加花饰。服装面料，主要有丝绸、香云纱和棉布，颜色以黑、白和红褐为主。京族素以育蚕缫丝和织布技术高超闻名，以前大多丝绸为自织自用。

京族男女服装
（华梅《中国服装史》）

【塔塔尔族服装】　中国少数民族服装之一。塔塔尔族主要居住在新疆伊宁、塔城和乌鲁木齐等城市。塔塔尔族男子喜穿绣花白衬衣，外加黑色齐腰短背心或黑色对襟长衫，裤子也是黑色的。小帽有黑、白两色绣花。

女子以戴镶有珠子的小花帽为美，喜穿白、黄或紫红色连衫带�绉边的长裙，以耳环、手镯和红珠项链为装饰。（图片仅供参考）

塔塔尔族男女服装
（华梅《中国服装史》）

【独龙族服装】　中国少数民族服装之一。独龙族主要聚居于云南高黎贡山、担当力卡山之间的独龙江河谷，少数散居于贡山县北部的怒江两岸。男女以自产的五色独龙毡约多为衣。男子披穿的约多为长方形，从左肩右腋抄向胸前系结，腰束布带，穿短裤或用方布围于臀股前后。妇女头包鲜艳彩巾，穿布料衣，披五色独龙毡，由左腋下拉向前胸，袒露左肩臂，腰系染色藤圈。男女均裹腿赤脚。独龙毡多为垂直条纹图案。独龙族服装具有粗犷原始风俗，与其开化较晚有关。

独龙族男女服装
（孔令生《中华民族服饰900例》）

【鄂伦春族服装】　中国少数民族服装之一。鄂伦春族主要居住于黑龙江

省黑河地区的逊克县、爱辉县，大兴安岭地区的呼玛县，伊春地区的嘉荫县和内蒙古呼伦贝尔盟的鄂伦春族自治县及布特哈旗等地。因处寒冷地区，男女均以皮袍为主服，多是以不挂面皮筒子制成。冬天狩猎时用的狐皮大帽，能遮住半个身体，适宜零下四十摄氏度寒冷天气。制作时要用四张狐皮，七尺色布，半斤棉花，再加各种颜色的绦带和装饰绦带约七八条，最大的有四斤重。还有一种用完整的狍子头制作的帽子，成人与儿童均戴，是最有特色的首服。一年中多穿鱼皮靴，戴鱼皮绣花手套。女子皮袍镶有精致皮边，在领口、袖口与大襟处缝有华丽花纹，特别是在两边开衩处普遍绣有云纹装饰，再以黄、红、绿等色线缝制成色彩鲜艳的图案。春夏日和居家不戴皮帽时，即围鲜艳的围巾或贝壳制头箍。参见"鄂伦春族狍皮女服"。

鄂伦春族男女服装
（华梅《中国服装史》）

【鄂伦春族狍皮女服】 黑龙江鄂伦春人穿的狍皮服装，御寒性高，特别耐磨耐穿。男袍（尼罗苏恩）、女袍（阿西苏恩）都很美观，并具有浓郁的地方特色。其中尤以女袍更为精致优美。袍子的领圈、袖口、衣襟边比其他部位都宽大，有圆形或连续性桃形的，非常引人注目。在整个宽镶边的外围还常常辅之以黑色细线条，在宽、细镶边之间衬有或红或绿或蓝的彩线，给人以爽朗明快的美感。女袍最精致的部位是腰间的开衩，鄂伦春语叫"啥力波"。开衩一般用黑色的皮板剪挖出各种形式的美丽图案，镂空部分的下面衬托着各种颜色，并在

边缘绣以彩线。开衩会合处配各种纹饰，有卷云纹或直线形几何图纹等，有的还饰以铜扣或彩扣。开衩的这种精心制作，不仅为了好看，也是为了防止开衩处被撕裂而做的"加固处理"。由此可见鄂伦春人在实用美学中的聪慧才智。

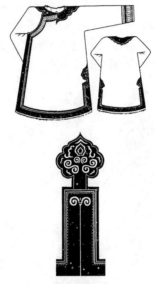
鄂伦春族狍皮女服（下：衣襟图案）

【赫哲族服装】 中国少数民族服装之一。赫哲族居住在东北地区，主要以渔猎为生。据清·乾隆时绘《皇清职贡图》原注称，当时居住地区"与七姓地方之乌扎拉洪科相接"。气候严寒，衣着特别，"夏以桦皮为帽，冬则貂帽狐裘。妇女帽如兜鍪。衣服多用鱼皮而缘以色布，边缀铜铃，亦与铠甲相似。……夏航大舟，冬月冰坚，则乘冰床，用犬挽之。"《皇清职贡图》中绘赫哲族男女，同坐狗拉冰橇。男戴貂帽，着狐裘；女戴兜鍪形皮帽，着鱼皮衣。与上述原注基本相合。近现代赫哲族男女衣服皆用鹿皮和鱼皮制作，足穿鱼皮及狍、鹿腿皮做的靰鞡，内絮靰鞡草。过去妇女的衣

清初赫哲族服装
（《早清职贡图卷》）

服多缘以色布，边缀铜铃，与铠甲相似。二十世纪初，大部分人以棉布为衣，辅之以鱼、兽皮衣。

【乌提口】 赫哲族传统女式上衣。亦称"索布古特勒格勒"。用鱼皮制作。款式如旗袍，衣长过膝，腰身稍窄，下身肥大，呈扇面形。袖肥而短，有领窝而无衣领。襟口、袖口、领边、前胸和后背，都装饰有云纹和动物花样，是用鹿皮等染成各种颜色，剪成缝上；有的在衣边装饰有贝壳、铜钱、铜铃一二排。制作时，将数张皮子拼成一大张，然后剪裁缝制，缝线多用胖头鱼皮制成。旧时赫哲族人普遍穿着，近来已渐少见。

【索布古特勒格勒】 见"乌提口"。

赫哲族妇女穿的乌提口
（华梅《中国服装史》）

【狍皮大哈】 赫哲族民族服装之一。赫哲语称"卡日其卡"。狍皮大哈长达膝盖之下，有大襟和偏襟两种。冬季"大哈"用"成皮"缝制。春夏秋服则用短毛皮缝制，较"成皮"凉爽。襟口用黑色染成云纹。扣子用狍皮绳结成小铜扣、扁扣，上有花纹，美观而耐用。

【卡日其卡】 见"狍皮大哈"。

【赫哲族鱼皮服】 赫哲族传统服装。《黑龙江志稿》："(赫哲人)尤善捕鱼，衣服冬着鹿皮，夏着染色之答抹哈鱼皮。"赫哲族人，因穿鱼皮服，被称为"鱼皮部"。制作鱼皮服的鱼有鲍鱼、鲑鱼和狗鱼等。鱼皮经风干，放入凹木床用木槌捣软，再按衣样剪裁。缝制时先用鱼膘黏合，再用针缝制。线系胖头鱼皮

丝、鹿筋线、狍筋线。通常制成衣袍、套裤、靰鞡、鱼皮乌拉貂尾帽等。妇女的衣襟、袖口、裙边、裤边，多绣有花纹，有的还缀有贝壳、铜铃等饰物，少数还用彩色皮条滚边。鱼皮服冬季狩猎可保暖抗寒，春秋季捕鱼可护膝防水。

上：赫哲族人在制作鱼皮服
《清职贡图卷》
下：穿鱼皮服的赫哲族男子
（孔令生《中华民族服饰900例》）

【门巴族服装】 中国少数民族服装之一。门巴族主要分布在西藏自治区东南部的门隅地区。门巴族男女都穿自纺的红氆氇袍，比藏袍短小。勒布地区的妇女披一件小犊皮，围一白氆氇围裙，梳两条长辫，戴彩色串珠石项链。男子皆戴褐顶橘黄边、前沿留有缺口的帽子，称为"拔耳甲"，脚穿绣花毡靴或布靴。

门巴族男女服装
（华梅《中国服装史》）

【珞巴族服装】 中国少数民族服装之一。珞巴族分布于西藏自治区东南部的洛渝地区及相邻的察隅、墨脱等县。珞巴族各地区的服饰不同，一般男子戴藤条或熊皮盔帽，穿坎肩、披兽皮等。最有珞巴族民族特色的是，熊皮盔帽，熊皮黑色，长毛，戴在头上，长毛披于肩头，显得十分豪迈粗犷。女子穿彩条袖上衣，外罩长背心或斜罩格绒毡，也有穿横条筒裙。裹腿着鞋，或穿长筒皮靴。

珞巴族男女服装
（华梅《中国服装史》）

【阶纳布】 珞巴族妇女的一种传统披衫。亦称"吉纳"。主要流行于西藏珞渝地区。由两块植物纤维纺织的土布缝合成长方形，上部用羊毛绳缩口，下部有的还以色线编3～5寸长的旒须。多为紫红或大红，也有本色或黑色的。姑娘出嫁、妇女走亲访友或宴庆时，都爱披着。

【吉纳】 见"阶纳布"。

【基诺族服装】 中国少数民族服装之一。基诺族主要居住在云南省西双版纳傣族自治州景洪县基诺乡，其余分布于基诺乡四邻山区。基诺族人民男穿白色无领对襟棉布上衣，衣背后绣有圆形彩色光芒图案，下穿宽大的棉布白裤；女子头戴披风式尖顶帽，上穿对襟无领无扣镶有七色纹饰的短褂，胸前着有刺绣精美、缀有圆形银饰的三角形贴身衣兜，下穿黑白色相间、镶边的短裙，多赤足。基诺族的服装面料，多为棉麻混纺的土布，颜色以原色为主，间有黑、红色条作点缀。这种

土布，虽无光泽，不润滑，但结实耐穿，深受基诺族人民喜爱。

基诺族女子服装
（华梅《中国服装史》）

【树皮衣】 云南克木人的一种服装。衣料取自构树，构树皮由韧性极强的长纤维组成，每年七八月间，是树木生长旺盛期，是采集构树皮的最佳时节。采下的构树皮，须在水中浸泡20天左右，后在溪边冲洗，并用木棒捶打，洗去灰黑杂质，露出白色纤维，然后晾干使其柔软，便形成坚韧结实的衣服料子。这是加工植物纤维最原始的一种方法。缝制成服装，由于纤维十分紧密，在茂密丛林行走，不怕刺勾枝挂。此外，克木人还将构树皮纤维制成坐垫、褥子、被盖和帽子等，在日常生活中使用。二十世纪五十年代，树布衣尚在克木人中穿用。

克木人树皮衣

【纫叶衣】 古代少数民族用纫叶制作的一种衣服。陈鼎《滇黔记游》载："夷妇纫叶为衣，飘飘欲仙。叶似野栗，甚大而软，故耐缝纫，具可却雨。"

战铠、戎装

【甲胄】 亦称"介胄"。古代将士之护身服装。甲,也名"铠",用以护身;胄,头盔,亦名兜鍪,用以护头。早期用布绵、皮革等制作,后期(约春秋战国)主要用金属制作。

【介胄】 见"甲胄"。

【盔甲】 古代士兵护身之具。盔,即头盔,用以护首;甲,即铠甲,用以护身。商周时,战甲多以缯帛夹厚棉制成,亦有用犀牛、鲨鱼等皮革制作的。西周春秋时,多青铜甲。战国中期出现铁甲。清制,官之盔甲,外用锦缎包缝,兵士用布。

【铠甲】 古代将士用以护身之具,一般用铁制,也有用其他金属制作的。

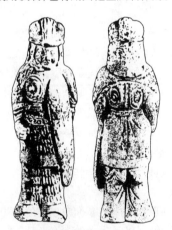

穿铠甲的隋代武将
(安徽合肥西郊出土隋代陶俑)

【戎装】 将士之服装。为便于行军

穿戎装的唐代将军
(陕西西安大雁塔门框石刻)

作战,一般都穿窄袖紧身衣裤和铠甲,历代皆然。《北史·杨大眼传》:"妻潘氏,善骑射,自诣军省大眼;至攻战游猎之际,潘亦戎装,齐镳并驱。"《辽史·仪卫志》二:"蕃汉诸司使以上并戎装,衣皆左衽,黑绿色。"元·杨维桢《去妾辞》:"万里戎装去。"西安大雁塔门框石刻,刻有唐代将士戎装,皆紧身衣裤,身披铠甲。

【戎服】 军服。《左传》襄公二十五年:"郑子产献捷于晋,戎服将事。"《汉书·匈奴赞传》:"是以文帝中年,赫然发愤,遂躬戎服,亲御鞍马。"亦称戎衣。《书·武成》:"一戎衣,天下大定。"汉·孔安国传:"一著戎服而灭纣。"

【戎衣】 见"戎服"。

穿戎服的宋代将士
(宋·李公麟《免青图卷》)

【征袍】 亦称"战袍"。用于征战,故名。《旧五代史·梁书·太祖本纪》四:"赐以金带、战袍、宝剑、茶药。"明《英列传》四十八回:"(常)遇春一领绿色征袍,及一匹追风白马,俱被染得浑身血迹。"

【战袍】 见"征袍"。

穿战袍的明代将士
(北京定陵明代石雕像)

【铠】 战甲。战士护身之具。《汉书·王莽传》:"禁民不得挟弩铠,徙西海。"汉·刘熙《释名》:"铠……或谓之甲,似物有孚甲以自御也。"甲,亦曰"介",亦曰"函"。以字义言,介似应指鳞片积累而成,函式甲宜为筩子式,铠则通名。传说甲是蚩尤制作的,亦有学者认为是夏代帝抒所发明。但人们最早制造甲胄,大概受动物"孚甲以自御"的启发,是用藤条或皮革制造。以后是青铜甲,秦汉时,才称"铠"。唐有锁子甲,用链子衔接,相互密扣,缀合而成。至宋代,铁甲更为盛行,有钢铁锁子甲、黑漆顺水山字铁甲和细甲明光细网甲等名目。元代蒙古骑兵均披网甲(即连环锁子甲),用铁片、铁丝或铜丝贯合而成。蒙古皇帝的铠甲,还镶嵌有各种宝石。明代有一种卫护上身和两膀的铁网衣,卫护手和腕的带网腕甲,卫护下体的铁网裙或铁网裤等。

唐代战铠

【练甲】 古代铠甲名。商周时期的一种战甲,用缯帛中夹厚绵衲成。属于布甲范畴。文献称为"被练之甲"。参见"棉甲"。

【被练之甲】 见"练甲"。

【青铜甲】 战甲,青铜制作的铠甲。铁甲之前,是青铜甲。山东西庵车马坑出土有西周时青铜甲。这时的铜甲较简单,一般制成兽面状的胸甲,四周留有穿线的小孔,可能是钉缀在皮革之上,与皮甲或布甲配合使用的。以后历代战甲,一般都用铁制,殷周青铜甲的实物资料,较罕见。

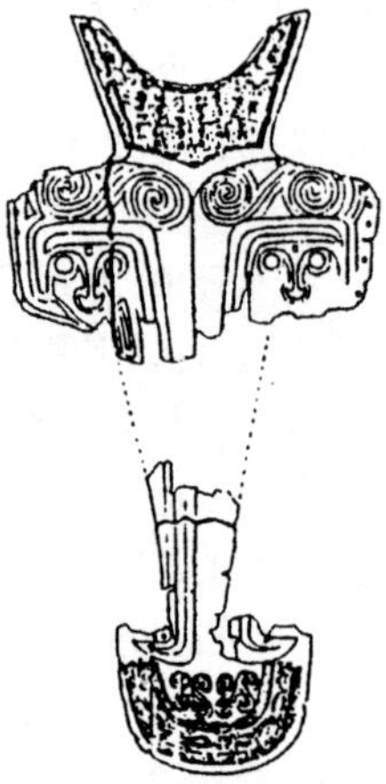

青铜背甲
(云南江川李家山汉墓出土)

【玄甲】 史称汉代铁甲为“玄甲”。《史记·卫将军骠骑列传》:“发属国玄甲军。”《史记正义》释曰:“玄甲,铁甲也。”陕西咸阳杨家湾出土的汉代披甲武士陶俑,可看到各种铠甲样式。铠甲均涂玄色,与文献记载相符。可能是模仿铁制实物的色彩。按出土实物,其样式大致有两种。一种为札甲,采用长方形甲片,胸背两甲在肩部用带系连,有的还加披膊,为汉代铁铠的主要形式。另一种甲式较少见:采用鱼鳞片甲(在腰部、肩部等活动部位,仍用札甲形式)。穿这种甲式者,身份较显贵,为当时的指挥人员。

【铁甲】 战甲,铁制的铠甲。约出现于战国中期。由于铁制武器的出现,皮甲、布甲已无法抵挡铁器袭击,因而出现铁甲之制。铁甲的前身是青铜甲。战国时的铁甲,通常以铁片制成鱼鳞或柳叶形,然后连缀而成。东汉末年,已应用“百炼钢”新技术来制造铠甲。陈琳《武库赋》:“铠则东胡阙巩,百炼精刚,函师震旅,韦人制缝,元羽缥甲,灼爚流光。”铠甲种类,也有新的发展。曹植《先帝赐臣铠表》就列有黑光铠、明光铠、两当铠、环锁铠等名类。以后战甲,名目更多,一般多用铁制。

【铁衣】 铁甲。古乐府《木兰诗》:“寒光照铁衣。”

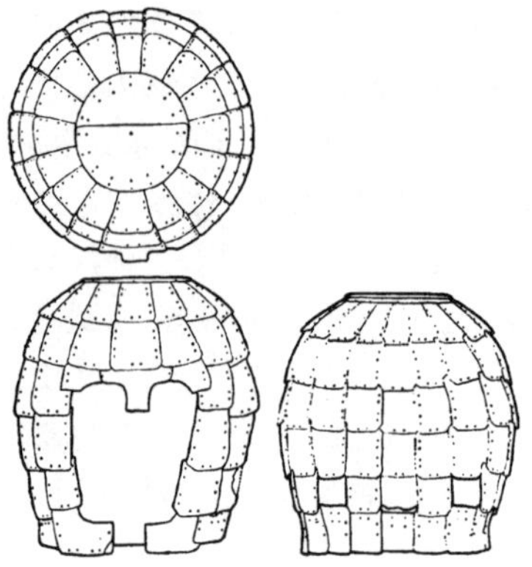

古代铁兜鍪
(河北易县燕下都武阳台出土)

【六属】 古代战士的甲胄由六叶兕皮组连而成,因称“六属”。《周礼·考工记·函人》:“函人为甲,犀甲七属,兕甲六属,合甲五属。”

【旸夷】 古代一种铠甲名。相传越王句践曾身被旸夷之甲。《文选·吴都赋》:“干卤、殳铤、旸夷、勃卢之旅。”注引《越绝书》:“越王身披旸夷之甲,扶勃卢之矛。”今本《越绝书·越绝外传·记地传》作“句践乃身被旸夷之甲,带步光之剑,杖勃卢之矛”。

【犀兕甲】 古代铠甲名。用犀和野牛皮制作,上涂丹漆彩绘花纹。最贵为犀甲。《左传》、《诗经》均提到,坚而耐久,上绘彩色,分段连属,下加锦彩作边缘装饰。湖南长沙楚墓出土有朱髹残甲。

【犀甲】 古代以犀兕之皮为甲。犀兕之革不常有,通常用牛皮,通称犀甲。

【皮甲】 战甲。古代战甲多以犀牛、鲨鱼等皮革制成,上施彩绘,称“皮甲”。河南安阳侯家庄殷代墓残存的战甲遗迹,保留有清晰的皮革印痕,并能看清原来的色彩及纹饰。使用皮甲的时期,主要是殷商、西周乃至春秋战国。较原始的是一种整片的皮甲,以后是用甲片连缀而成。湖北随县战国墓出土有大量皮甲,甲片表面都髹漆。见图。

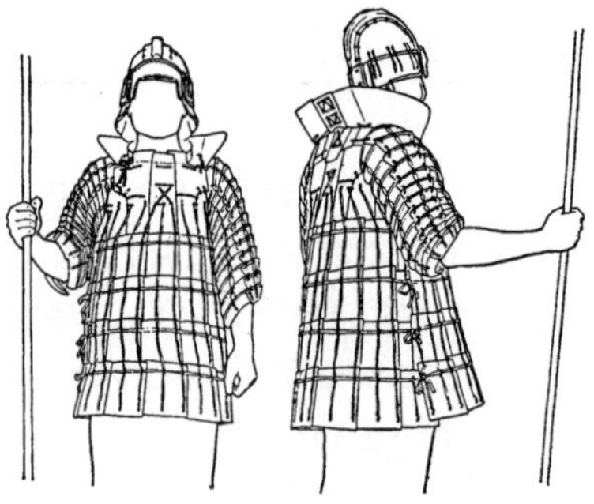

战国皮甲胄复原示意图
(1978年湖北随县擂鼓墩战国曾侯乙墓出土)

【组甲】 古代铠甲名。用丝绳编组而成的一种战甲。《左传》:“楚子重伐吴,至衡山,使邓廖帅组甲三百以伐吴。”

【革笥】 古代用皮革制成的甲胄。《汉书·晁错传》:“材官驺发,矢道同的,则匈奴之革笥木荐弗能支也。”注:“孟康曰:革笥,以皮作如铠者被之。”

【鲛函】 古用鲛鱼皮制成的铠甲。鲛,即“鲨鱼”。亦称“鱼甲”。《文选》晋·左太冲(思)《吴都赋》:“扈带鲛函,扶揄属镂。”晋·刘逵注:“鲛函,鲛鱼甲,可为铠。”唐·陆龟蒙《甫里集·感事》诗:“将军被鲛函,衹畏金矢镞。”陆龟蒙《京口与友生话别》诗:“杖诚为虎节,披信作鲛函。”

【鱼甲】 古代用鲨鱼皮制作的铠甲。亦称“水犀甲”。《文选·王融〈三月三日曲水诗序〉》:“鱼甲烟聚,贝胄星罗。”吕向注:“鱼甲,以鲛皮为甲。”参见“鲛函”。

【水犀甲】 见“鱼甲”。

【贝胄】 古代用贝壳装饰的一种铠甲。《诗·鲁颂·閟宫》:“公徒三万,贝胄朱绶。”毛传:“贝胄,贝饰也。”

【缇衣】 古代一种丹黄色之武士服装。《文选·张衡〈西京赋〉》:“缇衣韎韐,睢盱拔扈。”李善注:“缇衣韎韐,武士之服。《字林》曰:‘缇,帛丹黄之色。’”

【裲裆】 古代一种前当胸后当背的上衣。亦称"两当"、"两裆"。类似今背心。汉·刘熙《释名·释衣服》："裲裆,其一当胸,其一当背,因以名之也。"王先谦《释名疏证补》："今俗谓之背心,当背当心,亦两当之义也。"魏晋南北朝,运用于军服,以皮革或铁片为之。隋唐以后,裲裆衣多用于仪卫之服。《新唐书·车服志》:"裲裆之制,一当胸,一当背,短袖覆膊。"

【两当】 见"裲裆"。

【两裆】 见"裲裆"。

【两当铠】 古代一种保护胸、背的铠甲。亦称"裲裆铠"。《北堂书钞》卷一二一引三国·魏·曹植《上先帝赐铠表》:"先帝赐臣……两当铠一领。"《初学记》卷二二引晋·庾翼《与慕容皝铠书》:"邓百川昔送此犀皮两当铠一领,虽不能精好,复是异物,故复致之。"

【裲裆铠】 铠甲名,是南北朝时期军队中的主要装备,其形制与当时服装中的裲裆衫较接近。材料以金属为主,也有用兽皮制作的。甲片有长条形和鱼鳞形两种,较常见的是在胸背部分采用小型的鱼鳞纹甲片,以便于俯仰活动。《隋书·礼仪志》记,当时武卫服制,左右卫将军等侍从,"平巾帻,紫衫,大口袴,金装裲裆甲";直阁将军等侍从,"平巾帻,绛衫,大口袴褶,银装两裆甲"。陕西西安任家口

穿裲裆铠的隋代武士
(陕西隋李和墓石刻)

北魏邵真墓、河北曲阳嘉峪村北魏韩贿妻高氏墓出土陶俑和洛阳龙门石窟莲华洞武士石雕等,都见有披着裲裆铠的人物形象。凡穿裲裆铠者,除头戴兜鍪外,身上必穿袴褶,少有例外。

【袴褶】 古代服装名。上服褶而下缚袴,其外不复用裘裳,故名"袴褶"。传起于汉末,为便于骑乘,为军中之服。魏晋至南北朝,上下通用,皆为军服及行旅之服。北朝尤盛,以作常服朝服,至施于妇女。唐末渐废,宋代仅仪卫中尚服之。《三国志·吴·吕范传·注》引《江表传》:"范出,便释褠,着袴褶,执鞭,诣阁下启事,自称领都督。"《晋书·舆服志》:"袴褶之制,未详所起。近世凡车驾亲戎,中外戒严服之。服无定色,冠黑帽,缀紫摽,摽以缯为之,长四寸,广一寸。腰有络带,以代鞶革。中官紫摽,外官绛摽。又有纂严戎服而不缀摽,行留文武悉同。其畋猎、巡幸,则惟从官戎服,带鞶革,文官不缨,武官脱冠。"《南齐书·舆服志》叙述近似。《唐书·舆服志》载:帝王导从必着"两当袴褶"。

袴褶
左:穿两当铠、袴褶服官吏陶俑,河北景县北朝封氏墓出土
中:甲胄、袴褶、执盾武士陶俑,河北景县北朝封氏墓出土
右:袴褶服仆从陶俑,河北景县北朝封氏墓出土

【筒袖铠】 胄甲名,主要流行于两晋时期。这种铠甲一般都用鱼鳞纹甲片或龟背纹甲片,前后连属,在肩部装有护肩的筒袖,故名"筒袖铠"。头上戴兜鍪,两侧有护耳,在前额正中

部位下突,与眉心相交,顶上大多饰有长缨。筒袖铠在《南史·殷孝祖传》、《宋书·王玄谟传》等古籍中,都有明确记载。在当时首都河南洛阳地区的晋代墓葬中,常见有披着筒袖铠的武士俑出土。

穿筒袖铠的西晋武士
(河南洛阳西晋墓出土陶俑)

【明光铠】 铠甲名,是一种在胸背部分装有金属圆护的铠甲。《周书·蔡祐传》:"祐时着明光铁铠,所向无前。敌人咸曰:'此是铁猛兽也',皆遽避之。"明光铠一名的来源,据传与胸前后背的圆护有关。因圆护多以铜铁等金属制成,打磨极光,颇似镜子,在阳光照射下,会发出耀眼的"明光",故名。明光铠式样很多,繁简不一:有的在裲裆前后各加两块圆护,有的装有护肩、护膝,复杂的装有数重护肩。身甲大多长至臀部,腰间用皮带系束。北朝末年,明光铠使用更加广泛,并逐渐取代了裲裆铠的形制。以后,在《唐六典》中,在甲制里还把明光铠列为第一种。

穿明光铠的东魏武士
(河北磁县东魏墓出土陶俑)

【金锁甲】 古代一种用金线缀成的

铁甲。故名"金锁甲"。东晋列国前秦车频《秦书》："苻坚使熊邈造金银细镂铠,金为缝以缲之。"(见清·汤球辑《三十国春秋》)唐·杜甫《杜工部草堂诗笺·重过何氏》之四:"雨抛金锁甲,苔卧绿沈枪。"

【锁子甲】 亦称"金锁甲",简称"锁甲"。古代铠甲之一种。《唐六典·两京武库》:"甲之制十有三,……十有二曰锁子甲。"宋·周必大《二老堂诗话·金锁甲》:"至今谓甲之精细者为锁子甲,言其相御之密也。"《正字通·金部》载:锁子甲,五环相互,一环受镞,诸环拱护,箭不能入。马戴《赠淮南将》诗:"塞色侵旗动,寒光锁甲明。"

【锁甲】 铠甲。见"锁子甲"。

【金甲】 古代铠甲名。金子制成的铠甲。另说用金为饰的铠甲。《归唐书·太宗本纪》:"四年六月凯旋,太宗亲披金甲。"《新唐书·李勣传》:"秦王为上将,勣为下将,皆服金甲。"

【银甲】 古代用银制作的一种铠甲。一说用银作装饰的铠甲。用于舞乐。《新唐书·礼乐志》:"披银甲,执戟而舞。"《唐书·礼乐志》:"帝将伐高丽,披银甲。"

【白氅】 古代卫士着的一种披风。《新唐书·仪卫志》上:"武卫鹙氅,骁卫白氅,左右卫黄氅。"

【翎根铠】 胄甲名。元代有一种翎根铠,用蹄筋、翎根相缀而胶连甲片,射之不能穿。尝以此翎根甲赐有功战将。又有象蹄掌甲。

【箭衣】 古代骑射之服。因其衣之制,为便于射箭而创制,故名。明·叶绍袁《启祯记闻录》载:"衣帽有不能备营帽箭衣者,令长服改为箭袖。衣袖端去下半,仅可覆手,方便矢射,名曰'箭袖'。"清之箭衣,下摆开衩,袖口装有箭袖,为便于骑射,清时箭衣外罩,以戎装成为男子之礼服。

【箭袖】 见"箭衣"。

【虎文单衣】 古代一种织绘有虎纹的服装,为武士所服。在汉代专用于虎贲武士。亦称"虎文衣"。《后汉书·舆服志》下:"虎贲武骑皆鹖冠,虎文单衣。襄邑岁献织成虎文云。"《袁绍传》:"幕府辄复分兵命锐,修完补辑,表行东郡太守,兖州刺史,被以虎文。"唐·李贤注引《续汉志》:"虎贲将冠鹖冠,虎文单衣,襄邑岁献织成虎文衣。"

【虎文衣】 见"虎文单衣"。

【豹文袄子】 隋唐时一种织绣有豹文图案的袄子,故名。多为侍卫、武卫将士服用,以显英武。五代·后唐·马缟《中华古今注》上:"(隋文帝征辽)左右武卫将军服豹文袄子。"唐初定制,豹文袄子为侍卫将士之制服。

【瑞鹰袄子】 隋代一种织绣有鹰纹图案的袄子,故名。多左右翊卫将士服用。五代·后唐·马缟《中华古今注》上:"(隋文帝征辽)左右翊卫将军服瑞鹰袄子。"

【纩衣】 古代武将战袍之一。甲上着战袍,袍身短至膝,窄袖,腰束革带。唐·杜甫《初冬诗》:"垂老戎衣窄。"唐·刘秩《裁衣行》诗:"缝袖须缝窄之袖,袖窄弯弓不碍肘。"唐《昭陵六骏》石刻,唐将丘行恭穿甲上套战袍,即此"纩衣"形象。

唐将丘行恭所穿的纩衣
(唐"昭陵六骏"石刻,介眉《昭陵唐人服饰》)

【束甲战袍】 古代武将战袍之一。袍外套甲衣,外披战帔,下露袍裾或战裙。秦汉、隋唐和宋明均服之。

穿束甲战袍的唐代武将
(甘肃敦煌莫高窟唐代彩塑,引自华梅《中国服装史》)

【袒臂战袍】 古代武将战袍之一。右衽开襟,袒露右臂,故名。袍长至足,宽袖,革带,袍上饰有武官"补子",以此区别品级。

明代袒臂战袍

【缺胯战袍】 古代武将战袍之一。

穿缺胯战袍的明代武将
(《明太祖功臣图》)

祖露右臂,右衽开襟,两侧开胯或无胯,仅留前后裆,披甲,外套缺胯袍。将帅出征时服之。在《明太祖功臣图》中,有明武将穿缺胯战袍的形象。

【控鹤袄】 古代控鹤军所服之衣装,故名。多以青绯两色锦制作,上饰圆答宝相花纹。多宿卫兵将穿用。自唐代始,设控鹤府,称宿卫兵将为控鹤军。后元代仍有此制。《元史·舆服志》:"控鹤袄,制以青绯二色锦,圆答宝相花。"

【坐马衣】 古代一种穿于外面的戎装。类明代之罩甲。因便于骑射,故名"坐马衣"。明·徐渭《雌木兰》第一出:"绣裲裆坐马衣,嵌珊瑚掉马鞭,这行装不是俺兵家办。"参见"罩甲"。

坐马衣
(明刊《古城记》)

【罩甲】 明代将士戎装。罩甲,为对襟衣式,属半臂类。明代初期,禁止官民步卒人等服对襟衣,惟骑士可服。正德时诸军都穿黄罩甲,中外皆

穿罩甲的明代将士

效之,即使穿锦绮服装,其外亦必加罩甲,致使市井间也都仿效其制。《明史》:"正德十一年(1516)设东西二官厅,将士悉衣黄罩甲,中外化之。"至正德十六年(1521)禁军民人等穿紫花罩甲。

【清代虎甲】 清代藤牌营兵穿用。有虎帽、虎衣、虎靴等组成。虎帽上绘绣有虎面、虎斑纹;虎衣、虎靴上亦饰有虎皮纹,虎衣袖口处并缀有虎爪装饰。虎甲饰虎纹,以示英武之气。

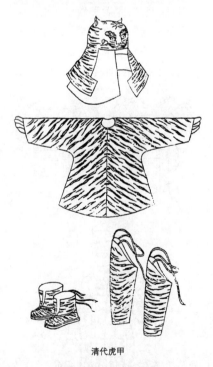

清代虎甲

【藤甲】 古代一种用藤编制成的甲胄。三国时,西南少数民族地区,建有"藤甲军",用野藤编织制成甲胄。明代有用赤藤编织的"赤藤甲",外涂

数道桐油,轻便坚固,能挡刀矢,并可避雨。台湾兰屿岛耶美人,以前亦运用野藤条、藤皮,编制成藤甲。

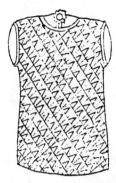

明代赤藤甲

【纸甲】 古代胄甲名。《新唐书·徐商传》:"徐商劈纸为铠,劲矢不能洞。"《潼涌小品》:"纸甲用无性极柔之纸,加以锤软,叠厚三寸,方寸四钉,如遇水雨浸湿,铳箭难透。"这种纸甲当是应急时制作,宋代也用,明代尚传其法。纸甲,适宜南方山地作战。南方多山,步驰难以负重,且天气潮湿,铁甲易锈烂,纸甲轻便,且不怕雨水润湿。

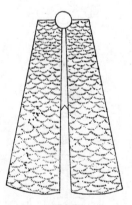

明代纸甲
(《中国古代兵器图册》)

【棉甲】 用布帛、棉絮制成的甲胄。商周时期,战甲多以缣帛夹厚棉制成。以后改为铜甲、铁甲。至明代,又以棉布、棉花制作轻便的战袍、战袄。发展至清代,通常军官、士兵都服棉甲,以绸布作表里,内衬絮棉,外钉有图铜钉作装饰。

清代棉甲

【鸳鸯战袄】 明代将士所服征袍。因表里色泽不一,故名。《明史·舆服志》三:"军士服:洪武元年令制衣,表里异色,谓之鸳鸯战袄,以新军号。"

【号褂】 亦称"号衣"。为古代兵卒所着之制服。清·胡祖德《胡氏杂抄》:"明季兵勇,身穿大袖布衣,外披黄布背心,名曰号衣。"清代和太平天国均沿袭此制。张德坚《贼情汇纂》:"(太平军)打仗必穿号衣,戴竹盔,着平头薄底红鞋。"徐珂《清稗类钞》:"其所募巡士,……身服红号褂,绿袖口,白团心,下着黄色土布袴。"

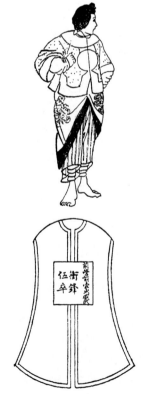

上: 穿号褂的清代士兵
《点石斋画报》
下: 太平天国号衣
《中国近代史资料丛刊·太平天国》

【号衣】 见"号褂"。

【缦胡】 武士缦带名。《文选》晋·左太冲(思)《魏都赋》:"三属之甲,缦胡之缨。"唐·刘禹锡《刘梦得集·许州文宣王新庙碑》:"矜甲胄者知根于忠信,服缦胡者不敢侮逄掖。"

【秦代铠甲】 《尚书正义》引《经典释文》:"甲胄,秦世以来始有铠、兜鍪之文。古之作甲用皮,秦汉以来用铁。铠、鍪两字皆从金,盖用铁为之,而因以作名也。"陕西临潼出土的大批秦兵马俑,刻画完整,一钉一甲俱全。秦兵俑,共穿七种不同形制的甲衣,其中又可分为两种基本类型。一种护甲由整片皮革或其他材料制成,上嵌金属或犀皮甲片,四周留有阔边。这类甲式似军队中指挥人员的装备。另一种铠甲均由正方(或长方)形甲片编缀而成,穿时从上套下,再用带钩扣住,并在里面衬以战袍,大多为普通兵士的装束。铠甲形制,分固定甲片和活动甲片两种。固定甲片主要用于胸前和背后;活动甲片主要用于双肩、腹前、腰后和领口。从铠甲的具体形制来看,各种铠甲分别代表着各人的身份和职务。如步兵穿的甲衣,衣身较长,而骑兵穿的甲衣,衣

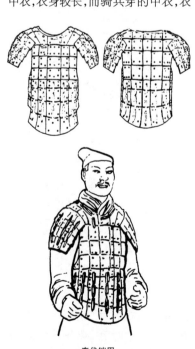

秦代铠甲
上: 秦铠甲复原图　下: 秦始皇陵兵俑
(陕西临潼出土)

身就较短,原因是骑马作战穿着长甲不便。又如普通士兵的甲衣,甲片较大,结构也比较简单;而御手穿的甲衣就比较复杂。因为御手的任务是驾驭战车,驰骋在军阵之前,最容易受到敌方的袭击,所以铠甲结构比较齐全。身份较高的将官,铠甲的构造更为复杂,甲衣上的甲片都很小,有的还绘有精致的花纹。

【汉将士戎装】 汉制,军将服,穿甲〔兜鍪、盆领(围领之甲,称"盆领")、髀裈〕,着臂韝(皮革制臂衣),披袍,袒右臂。武将戎装,戴绛袍,穿赤色絮衣(用丝或麻成絮,夹于衣服中间,可御刀枪,汉时称"软甲"),红色裤,缚裤(将裤腿提起,束于膝上变短,称"缚裤",故军服都用之),盆领,着臂韝,穿皮靴。武官服,戴武冠,冠上插鹖尾为饰,穿赤色袴褶,束革带,着虎纹裤。武士衣装,戴盔,穿甲,着臂韝,穿皮靴。

披铠甲的汉代将士
(陕西咸阳杨家湾出土西汉陶俑)

【汉代铠甲】 汉代铠甲的特点:一、皮革与铁片共用,纯铁铠甲不多见;二、铠甲形制:前后两相连缀似裲裆甲式,亦有只有前身无后身,自头部往下套穿者为多;三、两肩有披膊,有作短筒袖式;四、甲身以前长后短较多,一般长度在腰或腰下,西汉长至腰间;五、甲片形有方、横长方、纵长方、龟甲形、鱼鳞形等;六、护下肢甲和头戴铁兜鍪者少见。西汉以后至东汉的甲铠,铁制者较前增多。三国时铁甲更为完善。

【汉代武官服】 一般武者着短衣大裙(裤);骑士秦代用皂裤,汉改绛裤;伍伯等服缇衣,缇衣赤帻,其他如奴

客缇骑、武士都有服此；虎贲中郎将服虎纹单衣、虎纹裤。卫士等亦服黑衣。汉代着裤时内有小裤，外再加大裤；执役事者手着臂韝；三老五更皆服都纻大袍，单衣皂缘领袖；马援制都布单衣；白衣，白巾，袒帻，为官府趋走贱人，奴客之服。

【西汉铠甲】 1968 年，于河北满城刘胜墓出土。是迄今考古发掘保存最完整的西汉铁甲。铠甲分甲身、双袖和垂缘三部分，共由 2 859 片甲片编制而成。甲片是用块炼铁锻成的，经过退火，提高延性。甲片的形状有两种：一种近似槐叶形，用于编制甲身；另一种是近似长方形而四角抹圆，用于编制两袖和垂缘。两种甲片，大小差不多，都属于小型甲片。较之西汉中期前的用大型甲片的扎甲，有很大进步。铠甲的甲身，用 1 589 片甲片编成，胸前开襟；甲片的编缀是采用上下左右固定的编法，形似鱼鳞，故名鱼鳞甲。双袖较短，各由 439 片甲片编成，上大下小。垂缘连接在甲身下，犹如短裙，共用 392 片甲片编成。双袖和垂缘都是采用左右固定、上下活动的编法，使其伸缩自如，以便于手臂和腰腿的活动。铠甲各部分边缘都用皮革和丝织品包边，里面用皮革和丝绢做衬里，穿起来方便美观。

西汉铁甲复原图
(1968 年河北满城刘胜墓出土)

【南北朝铠甲】 南北朝时期，将士所服的裲裆甲较长，直至腹下；头戴盔，腰束革带；甲片下端作圆角形，或鱼

鳞形，或带椭圆，下体有甲裳(腿裙)，分左右二片，以护双腿；有的在甲身胸前左右，各缀有一圆形的护。仪卫者，上身多穿裲裆甲，下穿大口裤，在大口裤褶上加裲裆甲。除裲裆甲外，亦有肩有披膊、筒袖等的全副铠甲。

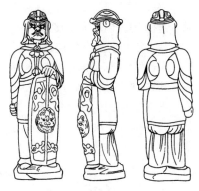

南北朝铠甲
(河北沧州吴桥县北朝墓出土陶俑)

【隋唐戎装】 隋、唐军服，有铠甲，有全身披甲，有保护胸背的裲裆甲；另有战袍和战袄。唐的铠甲有铁、铜，有铜铁合用，或涂以金银，还有五彩髹漆。《唐六典》："甲之制十有三：一曰明光甲，二曰光要甲，三曰细鳞甲，四曰山文甲，五曰乌锤甲，六曰白布甲，七曰皂绢甲，八曰布背甲，九曰

唐代甲胄
(甘肃敦煌莫高窟天王塑像)

步兵甲，十曰皮甲，十有一曰木甲，十有二曰锁子甲，十有三曰马甲。"又："今明光、光要、细鳞、山文、乌锤、锁子，皆铁甲也。皮甲以犀兕为之，其余皆因所用物名焉。"又云："(战)袍之制有五：一曰青袍，二曰绯袍，三曰黄袍，四曰白袍，五曰皂袍。……今之袍皆绣画以武豹、鹰鹘之类，以助兵威也。"这种绣画战袍，可能为当时禁中左右营骑和巡幸侍卫所服。

【宋代军服】 宋代军戎服装有两种：一是用于实战；一种用于仪卫。宋时铠甲，有金装甲、长齐头甲、短齐头甲、金脊铁甲、金锁甲、锁子甲、黑漆顺水山字铁甲、明光细钢甲等。《宋史·兵志》载：全副盔甲有 1 825 片甲叶，分披膊、甲身、腿裙、鹘尾、兜鍪和兜鍪帘、杯子、眉子等组成；用皮线穿联；一副铁甲，重约 49 斤。南宋时，制造轻甲，长不过膝，披不过肘，同时将兜鍪减轻。也有用柔韧纸作纸甲。宋仪卫所服，多用黄绝(粗帛)为面，以布作里，用青绿画甲叶纹，以红锦缘边，用青绝为下裙，红皮为络带，长短之膝，前胸绘人面二目，自背后至前胸缠以锦带。并有五色彩装。即《梦粱录》所说的卤簿仪仗的"五色介胄"。宋·曾公亮《武经总要》载：宋盔甲有头鍪、头鍪顿项；甲身披膊，或称掩膊、身甲、胸甲等几部分。

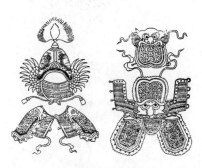

宋代甲胄分件图
左上：兜鍪　　左下：披膊
右上：胸甲　　右下：身甲
(宋·曾公亮《武经总要》)

【辽代戎服】 辽主阿保机，作战时披金镀铁甲、银镀铁甲，常服貂帽、貂裘、衷甲。辽代有一精骑，名"鹘军"，

身被铁甲,驰突轻疾,似飞鹘快捷,故名。

穿甲胄的辽代武士

【金代戎装】 金人战甲只半身,下则为护膝;头盔极坚固,只露面目,枪箭不能贯入。金人作战为骑兵,服金装重甲。金代战甲,有红茸甲、碧茸甲(青茸甲)、紫茸甲、黄茸甲。红茸甲铁甲片,用红丝条相联缀;碧茸甲铁甲片,以碧丝条相联缀;紫茸甲,用紫丝条;黄茸甲,用黄丝条;亦有用皮条穿联的。也有用绵甲,即丝战袍。金代有一支硬军,兵卒服五色绒线串联的战甲。《三朝北盟会编》:"(金人)兜鍪极坚,止露面目。"又:"尽用紫茸丝条穿联铁甲,号紫茸军。其次用黄

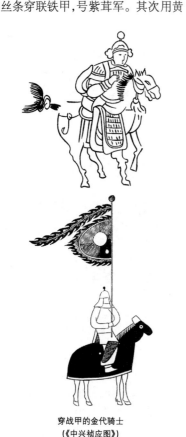

穿战甲的金代骑士
(《中兴祯应图》)

茸,再次用青茸。紫、青、黄三军,一名细军。"细军亦曰硬军。

【元代甲胄】 蒙古兵卒,都头戴铁盔。另有一种胄作帽形,而无遮眉,在鼻部有一较大护鼻器。元代甲胄颇精巧,有柳叶甲、铁罗圈甲(革六重)。在俄罗斯彼得堡宫中,珍藏有蒙古遗存甲胄,内层为牛皮,外层满挂铁甲,甲片连接似鱼鳞,箭不能穿。元代翎银铠,以蹄筋、翎根相缀胶连甲片,亦射之不能穿透。元代皇帝尝以翎根铠甲,赏赐给有大功战将。还有一种象蹄掌甲,制作亦颇精致。

穿铠甲的元代骑兵将士
(《蒙古时代武装骑士图》)

【明代军戎服装】 明代戎服,首有铁盔,甲有身甲、护臂、下裙、卫足几部分组成。《明会典》载,盔有铁帽、头盔、锁子护项头盔、抹金凤翅盔、六瓣明铁盔、摆锡尖顶铁盔、红顶缨珠红漆铁盔等数十种。甲有齐腰甲、柳叶甲、长身甲、鱼鳞甲、电撒甲、圆领甲等。《客座新闻》:明"各边军士从战,身荷锁甲、战裙、遮臂等具,重四十五斤,铁盔、铁脑盖重七斤,顿项、护心、铁胁重五斤"。《明会典》载:洪武七年(1374)令,用线穿甲者,悉改用皮线。廿六年(1393)造甲,每副领叶三十片,身叶二百九片,分心叶十七片,肢窝叶二十片……。弘治九年(1496)令,甲面用厚密青白布钉甲,用火漆小丁。又定青布铁甲,每副用铁四十斤八两。嘉靖二十二年(1543)改直领对襟摆锡丁甲,为图领大襟;四十二年(1563)将六瓣明盔,改造为八瓣帽儿盔,共修造甲 11 312

副。遇朝贺等礼仪,侍卫官戴凤翅盔,穿锁子甲;锦衣卫将军金盔甲;将军红盔青甲、金盔甲、红皮盔抢金甲及描银甲。战袄,洪武初命给守边将锦袄。凡旗手、卫军、力士俱着红袢袄,其余卫所军则着袢袄。这种棉战衣在国初用红、紫、青、黄四色以别;又有表与里同异色,便于将士们易而服之,用以表新军号,谓之鸳鸯战袄。下裤名曰"袙袥裤",即有袢的裤。袢袄的形制,长齐膝,窄袖,内装棉花,为绊羁服式,为御寒军装。明末时,兵勇穿大袖布衣,外加黄布背心,称"号衣"。力士、校尉、旗军等常戴头巾或褡脑,有用布包覆的扎巾,明末兵勇,用五色布扎巾。

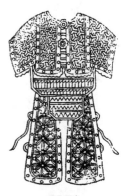

明代甲胄
上:头鍪顿项
中:钢丝连环甲
下:唐猊铠
(《中国古代兵器图册》)

【清代胄甲】 清代的盔帽,不论是用铁还是用皮革制成,都在表面髹漆。其制:前后左右各有一梁,额前正中尖突一块,名叫"遮眉"。遮眉上部有舞擎及覆碗,碗上有一酒盅似的装置,称"盔盘",盔盘中间竖有一根铜管(或铁管),用以承受缨枪、雕翎或獭尾。在盔帽的下部,有用石青等颜色的丝织品制成的护领、护颈及护耳,上面除缀有铜铁泡钉外,还绣有各种纹样。铠甲之制分上下两截,上部为甲衣,甲衣的肩上装有护肩,护肩的下部又有护腋。另在胸前和背后各佩一块金属护镜,名谓"护心镜",护心境的下面(即前襟的接缝处)另佩一块梯形护腹,名谓"前挡"。腰间的左侧也有同样的装置,名谓"左挡"。右侧则不用这种装置,因为有箭囊遮挡。铠甲的下部为围裳,其制分成左右两幅,穿时用带子系在腰间。在两幅围裳的正中接缝处,还覆有一块同样质料制成的"襞膝",上面绣有虎头形象。这些配件装置,除护肩用带子连属外,其余均用纽扣相连。穿着方法与其他服饰稍有不同,一般是从下到上,即先穿围裳,再穿甲衣,待佩上各种佩件后,再戴上盔帽。

清代职官胄甲

【清代皇帝大阅胄甲】 清皇帝大阅胄,主要用皮革制作,上髹漆饰。大阅甲用黄缎缝制,中敷棉,外布金钉;前绣五彩金什龙二,后绣正龙一;前

悬五寸五分大小护心镜一。亲王甲,用石青银子锦制作,月白绸里,中敷铁镍,外布金钉,甲前饰护心镜。

清代皇帝大阅胄甲

【清代将校甲】 清代将校戎装,据《大清会典图》载:白缎表素里,无袖,中敷铁镍,外布黄铜钉,红片金及石青布缘二重,前后绣蟒各一。通绣莲花。裳幅铁镍三重。

清代将校甲
(《大清会典图》)

僧衣、道服、神袍

【宗教服装】　宗教信徒的专有服饰。是在宗教长期演变发展过程中，按教义信条、神学理念、戒律和祭仪等逐步形成的。各种宗教服饰，各不相同，它是一种宗教或一个教派的标识。我国主要有僧衣、道服、神袍、基督教圣衣和伊斯兰朝觐服等多种。

【佛教法衣】　佛教出家人的服装。俗称"僧衣"。法衣意即符合佛法之衣，包括制衣和听衣。制衣传为释迦牟尼所规定，由受持具足戒（大戒）的比丘（男僧）和比丘尼（女僧）穿用；听衣传为佛陀听许弟子穿用的一切服装。制衣有5种，前3种总称支伐罗，即三衣；加2种合称五衣。

【僧衣】　见"佛教法衣"。

穿僧衣的古代行脚僧人
（敦煌壁画）

【道服】　道教道士的服装。道教产生之初，道服曾以氅（鹙鸟羽毛）拈绒，然后编织而成，称鹤氅。其制法早见于汉武帝时方士栾大穿着的羽衣，无袖披用，展如鸟翼，取神仙飞升之意。南朝宋代陆修静定道服有披、褐两种。披即披风类衣物，如讲法师披于肩背的霞帔（绣云霞花纹的短披风，已于元代之后消失），褐即今所说的道袍。明·文震亨《长物志·衣饰·道服》："道服制如申衣，以白布为之，四边延以缁色布，或用茶褐为

袍，缘以皂布。有月衣，铺地如月，披之则如鹤氅。二十用以坐禅策蹇，披雪避寒，俱不可少。"明·王圻《三才图会》所载之图：形制是斜领交裾，四周用黑布为缘，腰系丝绦。近代沿袭的道衣主要有：一、大褂，即长衫，蓝色，袖长随身，袖宽1尺4寸；二、道袍，蓝色，采取传统袍的款式，且有内摆，袖长随身，袖宽2尺4寸或1尺8寸；三、戒衣，受戒时穿的衣服，黄色黑边，袖长随身，袖宽2尺4寸；四、对襟绣花洞衣，着道花时下配灯笼裤，或穿其他裤加裹腿。

上：明代道服
（明·王圻《三才图会》）
下：清代道服

【基督教圣衣、祭衣】　基督教圣职人员服装。原为古罗马帝国俗人服饰，六至七世纪后渐为教会专用，十世纪后逐渐定型。其中，日常用的教服称便装，主要为带有罗马领圈的西服等；礼仪用的教服因派系及仪式有别，称谓也不一致，正教、新教称圣衣（新教的少数教派不用），罗马公教（中国称天主教）称祭衣。基督教服中，天主教的祭衣制度较为完备，如神父弥撒祭衣按脱利腾大公会议规

定8件成套，主要有长白衣、祭披、圣索、领带、手带等。每套中的祭披、领带、手带等必须同一颜色（共有用于不同场合、表示不同意义的红、白、绿、紫、黑等5种颜色）。主教祭衣，配套服饰，还有主教冠、长手套、戴十字项链、执权杖。教皇加冕，加穿大披肩，顶戴三重冕。1962年第二届梵蒂冈公会议后，弥撒祭衣简化，仅穿长白衣，戴领带，但中国天主教仍沿袭旧制未变。

【伊斯兰朝觐服】　伊斯兰教的一种特定服装。在伊斯兰教五功（念功、拜功、斋功、课功和朝功）仪式场合，伊斯兰教服装大多采用伊斯兰国家的民族服装。男子多为头缠白布包头，或戴多种多样显示族别、身份、地位的帽，身穿大衣、长袍（袷袢）或大褂。在朝功中，朝拜者一律穿朝觐服，即"哈吉衣"。男子披无任何接缝的两幅白布，一幅长约2米，披在肩上遮上体，称里达；一幅长约1.5米，围在腰间蔽下身，称伊札尔。女子穿黑、白、灰等素色布长衫，有的戴盖头或面纱。在穆斯林到达圣地之前要选一洁净之地，净身受戒更衣，因此哈吉衣又称"戒衣"。

【哈吉衣】　见"伊斯兰朝觐服"。

【戒衣】　见"伊斯兰朝觐服"。

【袈裟】　佛教僧尼的法衣，又名"离尘服"、"无垢衣"、"福田衣"、"消瘦服"、"法衣"、"坏衣"、"覆膊"、"掩衣"等。谓其覆左膊而掩右掖的衣式，在袈裟的右肩下，用一大环作为扣搭之用，名曰"哲那环"又叫做"跋遮那"。袈裟是由许多块碎布补缀而成，因而又称之为"衲衣"，为此衲衣便成了僧侣服装的通称了。袈裟的颜色本为赤色，到了唐代由于品官服有紫、绯、绿等色的区别规定，所以也赐给个别高僧以紫色袈裟，袈裟的衣色，也由于常服颜色的变更而有所变换，如缁、黄褐、褐等色，但还是以红色袈裟为上。

穿袈裟的宋代僧人
(宋代银罗汉雕像,1965年山东长清县
宋真相院释迦舍利塔地宫出土)

【僧服】 佛教僧尼的衣服。《汉族僧服考略》:"佛教僧侣的衣服,根据佛教的制度,限于三衣或五衣。三衣是安陀会、郁多罗和僧伽黎。安陀会是五条布缝成的内衣;郁多罗是七条布缝成的上衣;僧伽黎是九条乃至二十五条布缝成的大衣。五衣是于三衣之外加上僧祇支和涅槃僧。僧祇支是覆肩衣,用以衬三衣穿着的,涅槃僧是裙子。"三衣规定颜色不许用上色或纯色,在新制的衣服上,必须缀上另一种颜色的一块面,用以破坏衣服的整色,所以叫坏色衣。

唐代僧服
(敦煌莫高窟唐代壁画·达摩多罗尊者)

【法衣】 僧人在举行宗教仪式时穿的服装。《法华经·序品》:"剃除须发,而被法服。"一个佛教徒,削发修行,身穿僧衣,为教义所定。故僧人在举行宗教礼仪时,均须穿这种"法衣",故亦称僧衣为"功德衣"、"法服"。《魏书·裴植传》:"遗令子弟,命尽之后,翦落须发,被以法服,以沙门礼葬于嵩高之阴。"

【功德衣】 见"法衣"。

【法服】 见"法衣"。

【三衣】 梵文 Tricivara 的意译。佛教比丘穿的三种衣服。一为"僧伽梨",意译为"大衣"、"重衣"、"杂碎衣",以 9～25 条布缝制,用于集会等。二为"郁多罗僧",意译为"上衣"、"中价衣"、"七条衣"、"入众衣",以七条布缝成,用于听讲、礼诵。三为"安陀会",意译为"内衣"、"中宿衣"、"五条衣",以五条布缝成,用于日常作业和就寝。缝制时布条须纵横交错,拼接成四字形。南朝·梁·慧皎《高僧传·唱导·昙光》:"宋明帝于湘宫设会,闻光唱导,帝称善,即敕赐三衣瓶钵。"唐·玄奘《大唐西域记·印度总述》:"沙门法服,惟有三衣……三衣裁制,部执不同,或缘有宽狭,或叶有小大。"唐·贾岛《送去华法师》诗:"秋江洗一钵,寒日晒三衣。"清·姚鼐《嘉庆丁巳阻风于繁昌三山矶》诗:"三衣藏服屝,一钵寄餐薇。"

【五衣】 古代五种僧衣。一为"僧伽梨",意译为"大衣"、"重衣"、"杂碎衣",以 9～25 条布缝制,用于集会和出入宫廷城镇。二为"郁多罗僧",意译为"上衣"、"中价衣"、"七条衣"、"入众衣",以七条布缝制,用于听讲、礼诵。三为"安陀会",意译为"内衣"、"中宿衣"、"五条衣",以五条布缝制,用于日常作业和就寝。四为"僧祇支",意译为"掩掖衣"、"覆肩衣",其制左开右合,上长过腰,着时覆于左肩,掩于两掖,僧、尼皆服。五为"厥修罗",意译为"篅衣"、"下裙",其制以长方形布帛为之,缝纳两侧,成筒状,着时伸入两腿,腰系纽带,尼姑专用。

【七条】 即郁多罗僧,意译为"僧人之上衣"。因衣有横截七条,故称。见唐·玄应《一切经音义》卷十四。《水浒传》第六回:"智深谢了,收拾起坐具、七条,提了包裹,拿了禅杖、戒刀,跟着行童去了。"参见"三衣"。

【僧伽黎】 佛教僧尼大衣名。《事物纪原》僧褐条载引《僧史略》云:"汉魏之世,出家者多着赤布的僧伽黎。"《事物异名录》:"僧伽黎,僧大衣也。"《汉族僧服考略》:"僧伽黎是九条乃至二十五条布缝成的大衣。"属佛教僧侣的三衣之一。见"僧服"。

【偏衫】 亦称"一边衣"、"一肩衣"、"褊衫"。僧尼的一种服装,开脊接领,斜披在左肩上,像袈裟之类的法衣。《僧史略》上《服章法式》:"又后魏宫人见僧自恣,偏袒右肩,乃施一肩衣,号曰偏衫,全其两扇衿袖,失祇支之礼,自魏始也。"清·沈自南《艺林汇考·服饰篇》卷五:"褊衫谓偏袒左肩而施其衣,故制为褊衫而全其两肩也。"

【一边衣】 见"偏衫"。

【一肩衣】 见"偏衫"。

【褊衫】 见"偏衫"。

穿偏衫(一边衣)的古代僧人
(敦煌壁画)

【偏袒】 僧人的衣服。亦称"褊袒"。僧人之服多袒右肩,故名。《释氏要览》卷中"礼数偏袒,天竺之仪也。此礼自曹魏世寝至今也。律云,偏露右肩,即肉袒也。律云,一切供养,皆偏袒,示有便于执作也。"明·顾起元《客座赘语》三:"隋炀帝为晋王喢戒师衣物,有圣种纳袈裟一缘,……郁泥南丝布褊袒一领。"

【褊袒】 见"偏袒"。

【掩衣】 古代一种僧衣。袈裟的别名。一切有部律中名僧脚崎,唐云掩腋衣,简称掩衣,又名无垢衣。僧服三衣,恐有污染,因先以此衣掩右腋,交络于左肩上,然后再披着三衣。参阅唐·释慧琳《一切经音义》四一六《波罗密多经》。清·沈自南《艺林汇考·服饰》卷五:"袈裟,……又名覆膊,又名掩衣,谓覆左膊而掩右腋也。"

【掩腋衣】 见"掩衣"。

【无垢衣】 僧衣,袈裟的别名,又名"离尘服"。见《翻译名义集·沙门服相》、《释氏要览·法衣》。

【纳衣】 亦称"衲衣"、"百衲衣"。僧衣。南朝·梁·释慧皎《高僧传·释慧持》:"持形长八尺,风神俊爽,常蹑草屩,纳衣半胫。"纳,补缀之意;百衲,言其补缀之多。

【衲衣】 见"纳衣"。

【百衲衣】 僧衣之一种,简称"百衲"。百衲,谓密缝细衲,补缀之多。有的僧人,以表苦修,用各种旧布拼缝,名"衲衣"。南朝·梁·释慧皎《高僧传·释慧持》:"持形长八尺……纳衣半胫。"

【山水纳】 宋代禅僧之一种纳衣。用缯采剪裁缝制,上绣花纹。宋·元照《行事钞资持记》:"今时禅众,多作纳形,而非法服。裁剪缯采,刺缀花纹,号山水纳。"

【无畏衣】 僧人之常服,即衲衣。

唐玄奘法师所穿纳衣(粪扫衣)
(陕西西安大雁塔玄奘法师像)

【离尘服】 古代僧服,即袈裟。《翻译名义集·沙门服相·袈裟》:《大净法门经》云:袈裟者晋名"去秽";《大集》名"离染服";《贤愚》名"出世服"。《真谛杂记》云:袈裟是外国三衣之名,名含多义,或曰"离尘服",由断六尘故。或名"消瘦服",由割烦恼故。

【去秽】 见"离尘服"。

【离染服】 见"离尘服"。

【出世服】 见"离尘服"。

【消瘦服】 袈裟的别称。《翻译名义集·沙门服相》:"袈裟者,晋名'去秽'……名含多义,或名'离尘服',由断六尘故;或'消瘦服',由割烦恼故。"

【迦罗沙曳】 梵语"袈裟"一名的音

穿迦罗沙曳(袈裟)的宋代僧人
(宋人《白描罗汉图》)

译全称。僧人法衣。明·朱国祯《涌幢小品》卷二十八引陈养吾《象教皮编》云:"迦罗沙曳,僧衣也。省罗曳宗,止称迦沙。葛洪撰《字苑》,添衣作袈裟。……乃知袈裟之原,始于迦罗沙曳,至葛洪始加衣字也。"

【忍辱铠】 亦称"忍辱衣"。即僧人所穿之袈裟。佛教徒以袈裟能防一切外界灾难,故以忍辱为喻。《法华经》四《劝持品》:"浊劫恶世中,多有诸恐怖;……我等敬信佛,当著忍辱铠。"后因称袈裟为'忍辱铠'。唐·段公路《北户录》二《米饼》"袈裟为缘"注引南朝·梁·简文帝《谢赍纳袈裟启》之四:"蒙赍郁金泥细纳袈裟一缘,忍辱之铠,安施九种。"又称"忍辱衣"。南朝·陈·江总《江令君集·摄山栖霞寺碑》:"整忍辱之衣,入安禅之室。"

【忍辱衣】 见"忍辱铠"。

【粪扫衣】 亦称"衲衣"、"功德衣"。用碎布拼缀制成之僧衣。唐·释慧琳《一切经音义·大宝积经·粪扫衣》:"粪扫衣者,多闻知足上行比丘常服衣也。此比丘高行制贪,不受施利,舍弃轻妙上好衣服,常拾取人间所弃粪扫中破帛,于河涧中浣濯令净,补纳成衣,名'粪扫衣',今亦通名纳衣。"

【田衣】 亦称"田相衣"。袈裟别名。唐·白居易《长庆集·从龙潭寺至少林寺题赠·同游者》诗:"山屐田衣六七贤,搴芳蹋翠弄潺湲。"

穿田衣的僧人

宋·释道诚《释氏要览·法衣·田相缘起》:"《僧祇律》云:'佛住王舍城,帝释石窟前经行,见稻田畦畔分明,语阿难,言:过去诸佛衣相如是,从今依此作衣相。'"因袈裟僧服,多用方形或条纹布块缝制,与田亩类似,故名"田衣"。

【田相衣】 见"田衣"。

【水田衣】 即袈裟。因多用方形布块缀成,似水田之界画,故名。也称"百衲衣"。

【缦衣】 僧服之一种。袈裟不裁制为田衣(衣缝如田畦)者,原为已出家而未受具足戒之沙弥(小和尚)和沙弥尼(小僧女)之衣。大僧不得服田衣,亦可服之。居士受皈戒,亦着缦衣。

【福田衣】 袈裟之别名。佛家谓积善行可得福报,犹如播种田地,秋获其实。佛教谓世之福田能生功德,又因袈裟之条纹与田亩相似,故名"福田衣"。

穿福田衣的僧人

【稻田衣】 古时一种僧、尼的服装。即"袈裟"。亦称"水田衣"、"稻畦帔"。用零布缀拼而成;一说以绣作方格,因形似稻田,故名。明·杨慎《艺林伐山》十四:"袈裟名水田衣,又名稻畦帔。"清·王韬《淞滨琐话》十:"堂下双方,此身如赘,但愿得净室削发,以水田衣终其身。"

穿稻田衣的清代女尼

【缁衣】 浅黑色僧服。宋·释赞宁《僧史略·服章·法式》:"问:'缁衣者色何状貌?'答:'紫而浅黑,非正色也。'"僧服缁衣,故又作为僧的代称。《新唐书·魏元忠传》袁楚客与元忠书:"今度人既多,缁衣半道,不本行业,专以重宝附权门,皆有定直。"

【方衣】 僧人袍服。亦称"方袍"。其袍服展开呈方形,故名。五代·南唐·刘崇元《金华子·杂编》卷下:"南朝众寺,方袍且多,其中必有妙通《易》道者。"

【方袍】 见"方衣"。

【坏衣】 即僧服。梵语袈裟的意译。僧尼服,教义定制,服色避用青、黄、红、白、黑五种正色,而以其他不正之色,将衣染坏,故称"坏衣",亦名"坏色衣"。参阅《翻译名义集·沙门服相篇·袈裟》。一说,按佛制规定,僧尼三衣之色,不准用上色或纯色,在新制的僧服上,须缀上另一颜色的一块布,用以破坏衣服之整色,故名"坏色衣",简称"坏衣"。

【坏色衣】 见"坏色"。

【禅衣】 古代僧尼法衣。明·文震亨《长物志·衣饰》:"禅衣以洒海剌为之,俗称'琐哈剌',盖番语不易辨也。其形似胡羊毛片缕缕下垂,紧厚如毡,其用耐久,来自西域,闻彼中甚贵。"

【琐哈剌】 见"禅衣"。

禅衣
(大可堂版《点石斋画报》)

【僧衣色泽】 僧服之色,各朝有一定服制,通常不能用青、黄、赤、白、黑等正色,只能用似黑之色,故称"缁衣"。《唐六典》载,当时僧尼衣服颜色有定制,"皆以木兰、青、碧、皂、荆黄、缁环之色",禁用他色。但大德高僧,有赐紫制度,与一般僧人服色不同。

【哲那环】 僧人偏衫肩下的大扣环。元·郑元祐《遂昌杂录》:"师一日访无著延师于饭。饭竟,出一银香合,重二十两,尘土蒙岔如漆黑。无著海师令其打一二十哲那环。"

【染服】 指僧徒着的一种缁衣。缁衣由黑色染成,故称"染服"。《南史·刘虬传》附刘之遴:"先是,平昌伏挺出家,之遴为诗嘲之曰:'传闻伏不斗,化为支道林。'及之遴遇乱,遂披染服,时人笑之。"

【逍遥服】 古代一种僧服。用毛织造。明·杨慎《艺林伐山》卷十四:"袈裟,内典作毟毼,盖西域以毛为之,又名逍遥服。"

【毟毼】 即"袈裟"。见"袈裟"、"逍遥服"。

【道袍】 道家之法服。斜领交裾,宽袍大袖,茶褐色或青灰色,袍身四周和袖口以黑色缘边。古代一般文人士子也着此服。《蒙鞑备录》:"蒙古族妇女,所穿宽大衣,如汉族道服,用丝条约束其腰间。"

古代道袍
（美国波士顿博物馆藏古画）

【乌纳裘】　道士所着之衣。《全唐诗》六一三皮日休《江南道中怀茅山广丈南阳博士》："不知何事迎新岁，乌纳裘中一觉眠。"

【月衣】　用白或茶褐色布帛所制之道服。摊开形似弓月，故名。明·屠隆《起居器服笺》："道服，制如中衣，以白布为之，四边延以缁色，或用茶褐为袍，缘以皂布。有月衣，铺地俨如月形，穿起则如披风，以吕公黄丝绦之中空者副之。二者用以坐禅，策蹇、披雪、避寒俱不可少。"

【毳衣】　古代僧、道袍服的一种。亦称"毳袍"。《法苑珠林·头陀》载：毳衣，有的以鸟羽织制而成，有的还织造有精美纹饰。其款式似鹤氅衣。一说，因其质地精劣而得名。五代·南唐·李中《访龙光智谦上人》诗："竹影摇禅榻，茶烟上毳袍。"

【毳袍】　见"毳衣"。

穿鹤氅毳衣的道人
（《清宫珍宝皕美图》）

【藏族喇嘛教服饰】　喇嘛教服饰由印度传入，强调律制，它保持了佛教对其服饰的诠释，分十三类：一、朗袈，袈裟的一种，用黄布绺拼缝而成，为僧侣在礼佛、讲经、听经、化缘和参加仪式时必服；二、拉奎，上衣，用布条、幅布缝制；三、唐奎，即比丘所穿的网格裙；四、夏木特，白天所穿下衣裙，主要为防止上衣"拉奎"染汗；五、夏木特森，僧侣夜间所穿内裙，款式、尺幅与"唐奎"同；六、委森，白天所穿内上衣，款式、尺幅与上衣同，意在防止袈裟汗湿；七、定哇，僧侣睡时所用垫子，长3肘、宽2肘6指。谓超越此制，将成为孽根；八、委森森，夜间用的内衫；九、东其，拭面巾，一肘见方；十、纳森，比丘患疮疾时所穿之衣；十一、延嘎普，护疥之衣；十二、扎赛，僧侣剃发时用来装剃下头发的布；十三、亚奎，遮雨布，长9肘、宽3肘8指。

【朗袈】　见"藏族喇嘛教服饰"。

【拉奎】　见"藏族喇嘛教服饰"。

【唐奎】　见"藏族喇嘛教服饰"。

【夏木特】　见"藏族喇嘛教服饰"。

【夏木特森】　见"藏族喇嘛教服饰"。

【委森】　见"藏族喇嘛教服饰"。

【定哇】　见"藏族喇嘛教服饰"。

【委森森】　见"藏族喇嘛教服饰"。

【东其】　见"藏族喇嘛教服饰"。

【纳森】　见"藏族喇嘛教服饰"。

【延嘎普】　见"藏族喇嘛教服饰"。

【扎赛】　见"藏族喇嘛教服饰"。

【亚奎】　见"藏族喇嘛教服饰"。

【藏族僧侣服饰】　至元代，藏族僧侣服饰已基本定型。藏传佛教分不同派系，服饰各有不同。黄教僧侣着黄色袈裟，红教僧侣着红色袈裟，头戴法帽。黄教僧侣跳神舞有专门的服装和法具。普通僧人衣着以红色氆氇为主，上披短坎肩，前胸与背面用黄布装饰。举行法会，僧人都披绛红色氆氇大氅，头戴鸡冠形法帽，帽顶有穗，剪缝整齐，向上耸立。大约从公元八世纪开始，西藏出现第一批僧人，服饰由赞普府库供给，后由政府或百姓共同供给。佛教服饰亦形成等级区别，节日与平时亦有不同装束，自成体系。上层僧侣有的衣着华丽，"下坐重华，上张伞盖，身衣锦缎……。"

戴鸡冠帽穿袈裟的藏族僧侣

【藏族跳神服】　藏族僧人法衣。跳神时穿用。衣长约130厘米，下摆十分宽大，达150厘米；右衽、无扣，用带系结；衣袖款式独特：长约55厘米，与肩缝接处宽仅35厘米，前端逐渐放大，至袖口竟宽达85厘米。面料为红色底，间有蓝、绿和黄等色花纹锦缎，蓝布衬里。均为手工织造和手工缝制。色彩鲜明，精致瑰丽。

藏族跳神服

【西凯】 赫哲族萨满服装。赫哲族音译,意为"法衣"或"神衣"。形似对襟马褂。古时用龟、蛇、蛤蟆等兽皮缝制而成。后改用染色的鹿皮,剪成上述动物形状,缝在神衣上。衣长约58厘米。神衣正面缝有皮制蛇六条,皮制龟、蛤蟆、四足蛇、短尾四足蛇各两个;后面较正面少短尾四足蛇两个;两袖底有小皮带四条,似须下垂。下配神裙,长过膝。腰铃似喇叭筒,甩动时相互撞击出声。胸前挂铜钟三至五或七个,背后两至三个。神衣上各种动物,代表萨满护神及其超自然性能。铃声配合鼓声,以增加神秘气氛。

【瑶族道公服】 瑶族道派道士法衣。为度戒等仪式时穿用。度戒,瑶族男孩成人前,道公要为其度戒,以示其成人。瑶族,法师称道公。道公服有花道和红道公服两种,均为长袍,长至脚踝。花道公服,前面绣龙、蛇花纹;后面绣人像、龙等纹样;下摆处绣"武当山"、"灵香山"、"鹤鸣山"、"玉京山"等文字。花道公服,前面不绣花纹;后面绣一方形框,框内绣人像或龙、蛇等图案。

【鄂伦春族萨满服】 鄂伦春族萨满法衣。鄂伦春族多信奉萨满教,认为萨满通神,能却病消灾,每一氏族都有一个萨满。萨满服由神帽、衣、裙组成。帽、衣为狍、鹿皮制作,裙为布制。帽顶饰铜鹿角一对,中有一神鸟,帽前垂穗,遮住双眼。衣长约85厘米,无领、前开襟,黑布缘边,下摆前后左右开有四衩,前胸缀贝数十枚,后背饰多面铜镜,最大直径30厘米。裙为腰裙,腰下有若干条五色裙带条,上饰狼、熊、蝎和"卐"纹等彩绣,下挂有铜铃等饰品。蒙古族、赫哲族、达斡尔族等的萨满神服,亦多为皮革缝制,鹿角帽,衣上饰有铜镜,裙缀彩色绣带等饰品,款式都大同小异。

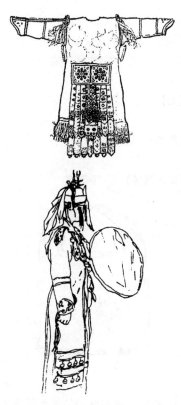

鄂伦春族萨满服

【壮族巫师服】 壮族巫师法衣。巫师法事穿用。头戴彩冠,类似僧人之法冠,上绣五采花纹,帽顶两侧角各垂饰小丝缤,冠后饰五条彩带,长约130厘米。穿长红衣,衣长至脚踝,无领、右衽、布扣,腰束红布带。

壮族巫师服

童装、婴服

【童装】　服装类别名称,是指对 14 岁以下孩子所穿服装之总称。其中包括各种年龄、男女性别和春夏秋冬四季。例如幼儿装,是指 2～4 岁儿童穿着的服装。婴儿装(又称宝宝装),是周岁以内的儿童服装。满月装是指婴儿满月时穿着的服装,整套的满月装除了上衣和裤子以外,还应包括帽子和软底鞋,大都用绒布制作,可作为礼物赠送亲友。

古代童装
上:宋代童装(宋·苏汉臣《秋庭戏婴图》)
下:元代童装(元人《同胞一气图》)

【縏裯】　涎衣。简称“裯”,小儿之衣。《方言》:“縏裯谓之裯”。郭璞注:“即小儿次衣也。”次,即涎字。

【涎裹衣】　小儿涎衣,即“围嘴”一类的衣物,吴语称“围涎”。

【围涎】　亦称“围嘴”,小儿之涎衣。简名“裯”。朱骏声《说文通训定声》:“苏(州)俗谓之围涎,着小儿颈肩以受涎者,其制圆。”用布帛缝制,有的绣有花纹和文字,多吉祥寓意。我国北方地区,称“涎水牌牌”。用厚布料缝制,

中间开一圆形领口,四周向外延伸,可覆盖项下和两肩,沿领窝缀祥。类似古之“云肩”。精致的饰有彩绣。

【裯】　见“围涎”。

【围嘴】　见“围涎”。

【涎水牌牌】　见“围涎”。

围涎(围嘴)

【蜡烛包】　民间常用的婴儿服饰用品。用一幅 80 厘米见方的小被褥,让婴儿睡在中间,斜角包裹,使婴儿有一个相对安定的环境。柔软,保暖,使用方便。因它的包扎形式和旧时蜡烛店包裹蜡烛的形式相似,故名。

蜡烛包

【太阳裤】　儿童裤类名称,又称“日光裤”。式样是下面一条三角短裤,上面有护胸,适宜在盛夏季节儿童穿着,有利孩子们的活动和健康,能使较多的皮肤接触阳光。太阳裤的式样变化主要是护胸,有饭单式的护胸,有各种动物头型的护胸,以及各种几何图形的护胸。

【日光裤】　现代裤类名称,即“太阳裤”。

太阳裤

【田鸡服】　一种现代童装。亦称“田鸡裤”。款式很像青蛙,故名“田鸡服”。属连衣裤的一种,短袖、短裤、无领,衣料宜柔软、轻薄,色宜活泼、倩幽,适宜儿童夏季穿着。

【田鸡裤】　见“田鸡服”。

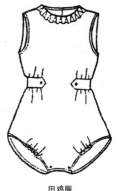

田鸡服

【铁裹衣】　一种婴幼儿俗服。俗称“裹铁衣”。用黑布缝制,寓意婴幼儿穿黑色之衣,形似铁裹,可辟邪除恶,茁壮成长,故名。通常多为无领、无袖、无扣,下摆和袖口不缝边,留有布料毛茬,并用软带系结。柔软贴身,适合婴幼儿穿用。有些地区,在给婴幼儿穿“铁裹衣”时,口念祝语:男孩念“金盖盖、银顶顶,铁裹汉罗身;免灾、去病,快快长成大后生”。女孩念“金盖盖、银顶顶,铁裹花花身”。

【裹铁衣】　见“铁裹衣”。

【毛衫】　婴儿内衣的一种。通常均为薄棉布缝制,冬季用绒布,质地柔软,无领、无扣、右衽,用布带系结,因衣襟、下摆、袖口处都不缝边,故名

"毛衫"。这种毛衫,穿着方便、舒适,最适宜初生婴儿服用,在江浙等地十分流行。有关它的起源,民间有一种传说:明末民族英雄史可法,孤军抗清,英勇牺牲于扬州。他手下都督刘肇基,为报国仇,遗书夫人:"国破忠烈在,复仇赖儿郎!"刘夫人遵嘱为生下之遗腹子穿上明代衬衣,都不缝边,示意:此仇不报,痛苦无边,贴记于心。此事传扬民间,人们仰颂史可法、刘肇基之爱国热忱,便都给初生婴儿穿此类毛衫。相沿成俗,至成世风。

【鱼儿皮】 山西祁县一带流行的一种婴儿俗服。用各种花布、色布缝制,为开裆连衣式;衣裤后部,用绿、黄、蓝等色布,缝成鱼脊、鱼鳞、鱼尾等形象,故名"鱼儿皮"。以此寓意孩子永远生活富裕、幸福、吉祥。通常在婴儿满月时,由外婆赠送与外孙。

【包肚】 民间一种传统童装。用彩布剪成围腰形式,上颈开半圆领口、镶边花、脑颈后用一布扣,前面另用花布剪半月亮形,上绣花卉、禽类图案,缝合在胸前布上,成一个大荷包;上端又做一个半月形小荷包缝上。多为不满10岁的孩子所穿。因制作材料不同,又分"麂皮包肚"、"转肩包肚"等。主要流行于贵州安顺、平坝和普安等地区。

【麂皮包肚】 见"包肚"。

【转肩包肚】 见"包肚"。

【连脚裤】 婴幼儿服装。有些地区亦称"连腿裤"。我国有很多地方流行。布制,有棉、夹两种,裤开裆,有前胸后背,用布带连双肩系扎,裤脚下部连脚板缀缝,形成一体。适合周岁以内婴幼儿穿用,十分保暖,既方便又实用。连脚裤,通常都自制自用。

【连腿裤】 见"连脚裤"。

婴幼儿连脚裤

【富贵百家衣】 流行于不少地区的一种小孩俗服。亦称"长命富贵衣"、简称"百家衣"。因以索要百家布片缝制而成,寓意福祉祥瑞,长命富贵,故名。通常有夹棉两种,有衣有裤,裤名"长命百岁裤"。在缝制时,将百块布片剪成方形或菱形、六角形、长条形等,按不同颜色搭配组合,缝缀而成。通常由外祖母缝衣,祖母缝裤,在婴儿出生后向百家亲友、乡邻索布缝制。俗语曰:"奶奶的裤子姥姥的袄,长命富贵步步高。"服之可长寿多福。清·翟灏《通俗编·服饰·百家衣》:"百家衣,小儿文褓也。"

【长命富贵衣】 见"富贵百家衣"。

【百家衣】 见"富贵百家衣"。

【长命衣】 仫佬族儿童俗服。衣料为自织土布,用蓝靛染色,必须由外婆亲手裁制;在衣背面,用白布书写"长命富贵"四字,缀缝其上,以祈求婆庙庇荫,除病却灾,茁壮成长,长命富贵。俗称"长命衣"。

【裤裙】 土家族童装。布料原为花帕,系母亲未婚时所织。款式似裤又像裙,故名。穿时,通常将裤管捆扎于小腿,解开时裤管变为裙状。裤裙两面都用棉线彩绣,鲜丽明快,实用耐穿,富有浓郁乡土气息。流行于湖北恩施、利川和四川石柱等土家族地区。

【周服】 朝鲜族儿童俗服。为儿童"抓周"时之礼服,故名。男孩:头戴福巾,上身穿七彩缎上衣,外罩七色缎周衣或坎肩,足穿布袜。女孩:头戴童帽,上身穿七彩缎上衣,下身为红色长裙,足穿布袜。均无纽扣,系带。

朝鲜族儿童周服

【和尚衣】 仫佬族童装上衣。因近似僧衣,故名。衣料为土布,蓝靛色,不过浆、不压滚,质地柔软;衣前襟折至右腋窝,用线系扎,或用布扣;无领。

【"五毒"背心】 民间儿童俗服。我国不少地区较流行。通常用红、黄、蓝、白、绿五种色布拼接缝制,上绣壁虎、蜈蚣、蜘蛛、蝎子、蟾蜍五种纹样,质朴鲜丽,布局匀称。大多在端午节时制作,给孩子穿上,民间认为穿"五毒"衣,可避邪祛病,安康纳福。

【鼠纹童背心】　苗族儿童俗服。因饰有鼠纹,故名。款式为小圆领,无前后之分,可两面穿用;外为蓝缎,里为红市布;袖孔红缎绲边,衣扣钉于一侧肩上;背心满施彩绣,鲜花盛开,周饰老鼠、彩蝶等图案。苗族认为:家有余粮才会生鼠,鼠纹寓示生活富裕幸福。鼠纹童背心俗服,流行于贵州台江、施洞等苗族地区。

【屁帘儿】　旧时系在儿童开裆裤屁股后的一块方布。流行于北方地区。有夹、棉两种。一般以棉布、棉絮缝制,大小 2 尺见方,有里有面。有的面上刺绣有图案,多取吉祥纹样。围腰结系,可以挡风,亦可垫坐。

系屁帘儿的儿童

【苗族儿童围腰】　苗族童装之一。围腰多数用蜡染作饰,蓝底白花,亦有白底蓝花,图案都为苗族地区流行的几何、山花、虫鸟等纹样。质朴清新,具有浓郁地方特色。围腰都用于罩在衣服外面,可不易弄脏衣裤,夏季时,儿童上身仅系一围腰,下穿一条短裤。

苗族儿童蜡染围腰

【贴绣口水兜】　瑶族婴幼儿服饰。主要流行于广西都安瑶族地区。通常用数层黑布缝制,上贴绣有彩绸剪成的各色花卉纹;内径约 8、外径 17、围宽 9 厘米;外呈花瓣形,两端缀有纽扣,以供脱戴。

【黄衫】　隋、唐时少年所穿的黄色华贵服装。《隋书·麦铁杖传》:“辽东之役,请为先峰……将度辽,谓其三子曰:‘阿奴当备浅色黄衫,吾荷国恩,今是死日,我既被杀,尔当富贵。’”《新唐书·礼乐志》十二:“乐工少年姿秀者十数人,衣黄衫,文玉带。”杜甫《少年行》:“黄衫年少来宜数,不见堂前东逝波。”

【且末幼儿连衣裙】　且末王国童装珍品。1996 年,新疆且末扎滚鲁克 1 号墓地出土一件圆领套头幼儿连衣裙,毛质,长 63、下摆宽 52、腰宽 38、肩通宽 35.5、领口宽 15.5、左右袖长均为 23、袖宽 12.5～9.5 厘米。属且末二期文化范畴,是且末的主体文化,年代为春秋至西汉。裙由上下两部分组成,上半身应用百衲工艺将不同颜色毛褐,隐条纹毛褐,彩色横凸条纹毛褐,凸条纹毛褐等拼缝而成;下摆为一整幅的棕色平纹毛褐缝制,下摆呈上小下大的喇叭状,双袖为红色凸条纹毛假纱,在袖口及领口,上肩处均饰有红色压线。裙上半身正面,为彩色横凸条纹褐,红色褐、原白色褐拼缝而成。上身背面为一粉红色凸条纹假纱、彩色横凸条纹褐、原白色褐、红色褐拼缝而成,下摆为原棕色褐缝缀。这件连衣裙具有典型的西域服饰文化特征。

春秋—西汉且末王国百衲连衣裙
(1996 年新疆且末扎滚鲁克墓地出土)

衣襟、衣领、衣袖、衣袋、纽扣

【衣襟】 衣服开门的部位。由门襟和里襟两部分组成。门襟叠在里襟上。按衣襟的开法不同,分斜襟、挖襟、偏襟和曲襟四种。

【斜襟】 衣襟的一种。亦称"扯襟"。从领口斜开至腋下。通常婴儿穿用的中式毛衫,都是斜襟,亦名"和尚领扯襟衫"。衣襟由领口直斜至挂肩以下者,称"大斜襟"。

【扯襟】 见"斜襟"。

【和尚领扯襟衫】 见"斜襟"。

【大斜襟】 见"斜襟"。

斜襟

【挖襟】 衣襟的一种。亦称"大襟"。中式服装,由直开领人中线起与挂肩划一虚线,中间凸出连成曲线。曲线形状各异,其款式称"大元襟"、"中元襟"、"小元襟"等。将曲线剪开,上部挂肩向下拉、下部大身向上拉,在曲线处形成较大重叠,使装贴边和里襟后,可使门襟遮住小襟。

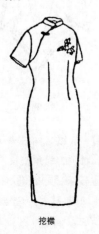
挖襟

【大襟】 见"挖襟"。

【大元襟】 见"挖襟"。

【中元襟】 见"挖襟"。

【小元襟】 见"挖襟"。

【偏襟】 衣襟的一种。亦称"琵琶襟"。衣襟开在摆缝与前身中线的一半处。以前在衣襟上,钉有5～10档直脚纽,形似手持琵琶之状,故民间俗称"琵琶襟"。

【琵琶襟】 见"偏襟"。

偏襟

【曲襟】 衣襟的一种。其衣襟近似偏襟,而在下摆处呈弯曲之状,故名"曲襟"。

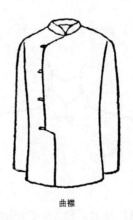
曲襟

【领】 即衣领,位于前、后衣片的上端最高处,是围住人体劲脖的服装衣片附件之一。领是总称,不同的式样造型和不同的用途有不同的命名。常用的有将衣领竖立在领圈上的"立领";有衣领由领脚撑起,领面向外翻摊的"翻领";以及衣领和衣身

上端驳角连在一起,穿着时驳角翻摊在胸前两侧的"翻驳领"等三类。目前常穿的男女西装衣领,是典型的翻驳领。

【铜盆领】 衣领名称。衣领本身没有领脚撑起,衣领下口直接和衣片领圈相缝合,衣领全部翻摊在衣片的领圈沿边。翻摊的衣领外形和我国过去使用的铜盆翻边相似,故称铜盆领。

铜盆领

【驳领】 衣领名称,又称"翻驳领",即衣领下面没有纽扣和纽眼,而是有一段驳头(又称驳角)翻出,成翻驳领式。目前穿着的各类胸前敞开、衣领翻摊在胸前两侧的,均属驳领范畴。驳领是一总称,不同的驳领式样有不同的名称,如平驳领、连驳领、抢驳领等。

【翻驳领】 衣领名称,即"驳领"。

【平驳领】 衣领名称。小方形的平角衣领和平形的驳头驳角配合在一起,就成平驳领。传统的男式西装驳领,是平驳领的典型造型。

平驳领

【连驳领】 衣领名称。领面和驳头的面料(即挂面)相连,由独片衣片组成,中间没有衣缝(即串口线),故称连驳领。

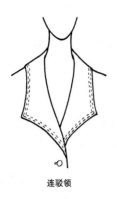

连驳领

【抢驳领】 衣领名称,俗称"抢驳头"。小方形的平角衣领,下面驳头的驳角长而带尖,并向上斜升。抢驳领最多应用于男式西装、大衣和风衣。

【抢驳头】 衣领名称,即"抢驳领"。

抢驳领

【扎结领】 衣领名称,又称"花结领"或"飘带领"。衣领是一长条的带状衣料,长短、宽窄没有固定格局,可按需要自行设计。穿着后衣领可在领圈中间扎结,潇洒、飘逸。

【花结领】 衣领名称,即"扎结领"。

【飘带领】 衣领名称,即"扎结领"。

【围巾领】 衣领名称。衣领是一条双层宽长的巾状衣料,尺码规格大致

围巾领

和围巾相仿。衣领的中段和领圈缝合,两端是活络的,穿着后衣领的两端可当作围巾使用。

【海军领】 衣领名称,又称"水兵领"或"水手领",已成一种固定格局的领式。海军领的衣片领圈开得较低,前面是驳头和领面相连,后领似一幅方形的盖布。

【水兵领】 衣领名称,即"海军领"。

【水手领】 衣领名称,即"海军领"。

海军领

【立领】 衣领名称,又称"竖领"或"高领",是将领面和领里竖立在领圈上的一种衣领品种。如我国的旗袍衣领和学生装的衣领都属立领的一种。立领是我国服装行业的习惯用语。

【高领】 衣领名称,即"立领"。

【竖领】 衣领名称,即"立领"。

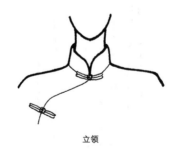

立领

【翻领】 衣领名称,是一种衣领由领脚撑起,领面向外翻摊的衣领品种。有的虽无领脚,但衣领缝在领圈上后,领面向外翻摊者也称翻领。翻领的式样变化主要在于领角,常用的有方角、圆角、尖角等,并有大翻领、小翻领等多种区别,是目前使用较多的衣领品种之一。

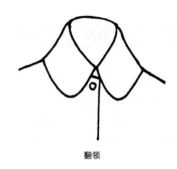

翻领

【青果领】 衣领名称,又称"丝瓜领"或"晨衣领"。衣领和驳头相连,外围沿边是一道弧线,没有领嘴和缺口,驳领的外形和青果相似,故名。又因这种衣领在晨衣中应用较多,故名。

【丝瓜领】 见"青果领"。

【晨衣领】 见"青果领"。

青果领

【倒甩领】 衣领名称。小圆角的翻领,大而略长,下配平角形的驳头,领角大于驳角,形成倒甩式,故称倒甩领。

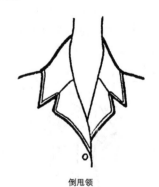

倒甩领

【蟹钳领】 衣领名称,是一种翻驳领的俗称。衣领的领角较长,下面驳头的驳角也较长,领角和驳角并齐,中间有一道缺口,其整个造型犹似螃蟹的蟹钳,故名。

蟹钳领

【燕子领】 衣领名称。衣领和驳角（头）相连，衣领的领角细而尖长，驳角很小，连成后的造型与燕子的尾部造型相似，故名。最多应用于女式衬衫和女式春秋衫。

燕子领

【袖】 俗称衣袖或袖子，是和上衣的袖窿相连，套在胳膊上的筒状的服装附件之一。袖是总称，不同的造型或品种有不同的名称。常用的衣袖不仅分长袖、短袖、中袖，还有独片式的衬衫袖，二片式的圆装袖，以及套肩袖、灯笼袖、喇叭袖、装连袖，等等。关于衣袖的长度区分标准，按照行业的习惯是这样定的：衣袖的长度超过手肘，至手腕关节者（包括超过手腕关节者）称为长袖。衣袖的长度至手肘部位左右者称为中袖。衣袖的长度不超过手肘部位者称短袖。

【衣袖】 见"袖"。

【袖子】 见"袖"。

【圆装袖】 衣袖名称，是日常使用最多的衣袖形式之一。因其袖山部分呈圆弧形，衣袖缝合以后也是成圆筒状，故称圆装袖。日常穿着的中山装、西装、春秋衫等都是圆装式的。

圆装袖

【套肩袖】 衣袖名称，又称"套裤袖"或"插肩袖"。衣袖的上端连出一段顶端和衣领相连。上端连出的一段即是衣身的肩部，故称套肩袖。因其形状和套裤的裤管相似，故又称套裤袖。

【套裤袖】 衣袖名称，即"套肩袖"。

【插肩袖】 衣袖名称，即"套肩袖"。

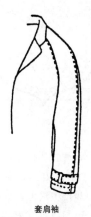

套肩袖

【灯笼袖】 衣袖名称。衣袖袖身宽松，上端收有皱褶，下端用袖口接边扣紧，形成上下两端紧中间宽胖，和民间的灯笼相似，故名。灯笼袖可以做成长、中、短等各种长度。

灯笼袖

【喇叭袖】 衣袖名称。大都在短袖和中袖中应用。衣袖的袖口较大，呈喇叭形状，故名。喇叭袖上衣，在清代和民国间较流行，均为女性穿着。

喇叭袖

【装连袖】 衣袖类名称。属连袖式的式样造型，肩缝和袖中缝相连。但在结构上衣片和袖片分开，仍须通过装袖工艺把衣片和袖片连接。装连袖以两片式袖片结构为主。

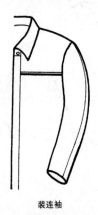

装连袖

【衬衫袖】 衣袖名称，是一种专用的衣袖形式，特点是独片式，袖山较浅，袖肥较宽，穿在身上，袖窿部位宽松，抬手方便。男女衬衫的袖片形状基本相似，有时也被作为工作服、茄克衫的衣袖。

衬衫袖

【蝙蝠袖】 衣袖类名称。紧窄的袖口,宽松的袖窿,双手平举时,衣袖犹如展翅的蝙蝠,故名。宜用轻薄柔软的衣料裁制,衣身的造型也宜宽松,以资配合。

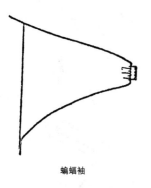

蝙蝠袖

【连袖】 衣袖类名称,是衣片和袖片连在一起的服装结构和衣袖形式。连袖是一统称,常用的有不做肩缝的中式连袖和做肩缝的西式连袖,以及装连袖等多种。

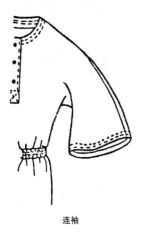

连袖

【罩袖】 衣袖袖片名称,主要用于中式的连袖服装,因受衣料的门幅限制,连袖的长度不足时,须另用料拼接,这拼接的衣料称罩袖料。

【马甲袖】 即无衣袖的俗称。马甲是一种无袖式的服装。马甲袖实际上在衣身上只有袖窿而无衣袖。

【袋】 即衣袋,原是指用软薄材料制成的有口盛器。如:布袋、皮袋、文件袋等。服装上的口袋是用衣料裁制成一端开口,可盛放小件物品的服装附件,也是服装式样构成内容之一。口袋是一个总称,不同品种和式样的口袋有不同的名称。常用

的有袋布贴缝在衣片上的"贴袋";有将衣片剪开,用挖缝方法制成的"挖袋";或缝在衣、裤两边的插袋;也有在贴袋的袋布中再做一只挖袋,将两种衣袋形式混合在一起,一袋两用,称挖贴袋等,共四种形式。

【贴袋】 衣袋名称,将一幅贴袋的衣料,沿边折转,贴缝在衣片的口袋部位即成。贴缝在衣片正面者称明贴袋;贴在衣料反面的称暗贴袋;在贴袋料中间折裥,裥底向上者称胖裥贴袋,裥底向下者称暗裥贴袋;在贴袋三边连有贴边折转者称胖体贴袋,胖体贴袋又称"老虎袋",男式中山装下端的两只大贴袋即是这种胖体贴袋。

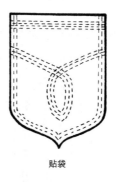

贴袋

【表袋】 衣、裤袋名称。是放置手表或怀表的口袋。有上衣表袋和裤表袋两种。旧时,中式上衣胸前月亮形的挖袋,是专门放置怀表的。男式正规西装背心胸袋,过去也是专门放置怀表的。现在的表袋大都是缝在裤右前片的裤腰下方,是夹层式的暗袋。

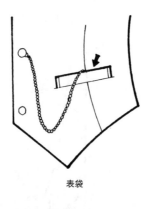

表袋

【贴花袋】 服装装饰附件名称,服装(主要是指童装)上的贴袋,是利用其

他边角零料裁制成的。形状有各类可爱的小动物的造型或花卉瓜果,或各种几何图形。贴缝在服装上,既可作为口袋有实用意义,又能起点缀美化的装饰作用。是贴布花又是贴袋,故称贴花袋。

【装饰袋】 衣袋名称,有的只有袋盖,没有袋布;有的虽有袋布但不能盛放物品,纯然是起装饰作用的衣袋。

【手巾袋】 衣袋名称,即男式西服胸前的小袋,因该胸袋主要是放置手巾(绢)作礼仪装饰之用,故名。这是一种专用的衣袋,一般不宜安放其他物品或作其他用途。

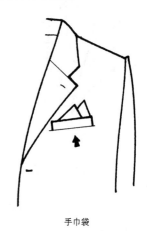

手巾袋

【手臂袋】 衣袋名称,缝制在衣袖上的口袋,主要是起装饰作用和服装式样造型的一种变化,过去曾经作为血型卡袋使用。血型卡袋是日本人在第二次世界大战时最先应用,因在衣袖部位做袋,要查找血型卡时非常方便。

手臂袋

【开贴袋】 衣袋名称,是新颖的口袋形式之一。是在一般平贴袋的袋布中再缝一只开袋,一袋可两用,故称开贴袋,大多用于男女大衣或春秋衫。

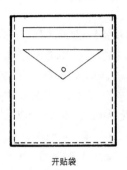

开贴袋

【挖袋】 袋类品种名称,又称"开袋",是将衣料剪开,内衬袋布做成的口袋。它的形式很多,有只在挖袋开口的下口沿边,缝上一段嵌线,上口沿边缝上袋盖的单嵌线式挖袋;有开口部位上下都缝嵌线的双嵌线挖袋;有没有袋盖的一字形挖袋,等等。有直形、斜形、弧形的挖袋,缝纫方法虽然基本相似,但行业习惯都称为直插袋、斜插袋或弧形插袋。

【开袋】 见"挖袋"。

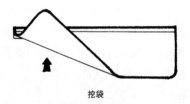

挖袋

【插袋】 衣、裤袋名称,插手袋的简称。一般均是缝在衣、裤(裙)左右两侧,在前、后衣片、裤(裙)片的缝合处做的口袋,如裤边插袋等。也有将衣

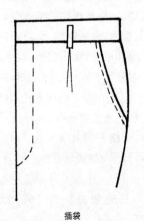

插袋

料剪开,内衬袋布,做成口袋称插袋的。但它和挖袋不同,挖袋大多外饰袋盖,而插袋却没有袋盖,只在开口部位缝上一片袋片,或开口的两边缝上两道嵌线,等等。

【插手袋】 衣、裤袋名称,即"插袋"。

【后枪袋】 裤袋名称,又称"后插袋",是缝在西式男裤的后裤片上的口袋,据说开始时这一口袋是专门放置手枪用的,故名。现已成有名无实的习惯称呼。如果只做单只后枪袋,应该做在右边的后裤片上。

【后插袋】 见"后枪袋"。

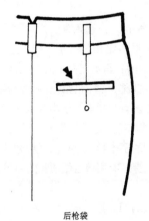

后枪袋

【纽扣】 金银纽扣是贵族衣服的组成部分,同时也是一种有特色的装饰。以金玉为扣,自唐朝有之,明朝大为盛行也极为讲究,主要用于女服领口。明朝晚期还流行在金纽扣上镶嵌宝石或珍珠。纽扣的形制是从古代的纽和扣逐渐演变而成,有正负或曰雄雌两部分,雄者为扣,雌者为纽,相合便成一副纽扣。纽扣造型主要有八种:一种是双蝶组合;一种是花蝶组合;一种是双鱼组合;一种是莲鱼组合;一种是婴莲组合;一种是花卉(如牡丹、莲花)组合;一种是云样组合;一种是人物组合。其中,双蝶组合的"黄金双蝶之纽",在元朝社会被认定为"当世希觏之物",见载于元朝伊世珍《嫏嬛记》。至清代,纽扣才广为流行,开先仅有贝壳、木制几种,以后又有布结纽、铜扣、金银扣、玉扣、瓷扣、珍珠扣和烧蓝扣等多种;还有的刻镂

有各种花饰,如婚服的"喜"字,老人的"寿"字纽等。现在主要盛行各种塑料纽扣,五光十色,多姿多彩。

上:明代莲花双鱼金扣(江苏江宁殷巷出土)
下:民国福如东海银扣(传世品)

【五纰】 古时皮袄上五个丝绳纽子。《诗·召南·羔羊》:"羔羊之皮,索丝五纰。"高亨注:"周代人的衣,一边缝上五个(或三个)丝绳的纽子,古语叫做纰,今语叫做纽。"

【金银掆扣】 明、清时的一种高贵装饰纽扣。约起始于明代万历时期,至清代康熙、雍正时尚流行。形状如一蝶,用金银作成,应用似后来按扣,乾隆时渐改用绸子编成短纽扣。衣服特征为领子高约寸许,用一二领扣,腰间部分,系带子打结,不用纽扣。北京西郊青龙桥万历七妃子墓和定陵万历皇后衣领间,均有实物发现,都是用金银制作。《天水冰山录》提到的"金银扣",可能指的就是这种"金银掆扣"。

饰金银扣的清代妇女
(清初《燕寝怡情图》册)

【银纽扣】 服装附件。明清时较流行,现蒙古和藏族等袍服上还常见到。通常在衣服上用五颗,亦有多至

十三颗。扣子大小不一,大的如葡萄,小的似黄豆。有镂空、累丝、点蓝、錾刻、浮雕和镶嵌等多种工艺手法。造型多球形,亦有蝶形、桃形、花形和人形等。内容多吉祥喜庆寓意,企求吉庆、多福、多寿、平安。

清代银纽扣(传世品)

【铜纽扣】 服饰附件。以铜质制作的扣子,故名。明清较为盛行,形式多样,工艺较高。一种为扁平圆形,面上有的镌铸有双喜字,有的装饰有各种吉祥图案,如"五福庆寿"、"仙鹤衔花"、"喜鹊牡丹"等。另一种是球形铜扣,其中有中空的镂空花扣,也有实心的铜扣,扣面上均镌有动物、花卉及文字图案。铜扣在满族服饰上应用较多。在蒙古、鄂伦春、珞巴、土家等少数民族的服饰上,迄今亦还饰有铜扣。

【布纽扣】 服装附件。用棉纱、棉布、绸绢等材料制作,故名。布扣是我国最早使用的纽扣,流行时间最长,民间至今仍在使用。其盘花和编制的结头种类很多,蕴含中国传统纹饰诸多元素,它为服装增添了浓郁的民族韵味。

【木纽扣】 服装附件。以木材制作,形状有四眼圆平扣、两眼圆平扣、两眼方扣和漆花扣等。一般选用质地牢韧的红木等材质,用车削和手工雕刻的方法制成扣形,再钻眼,有素式和雕花等多种形式。女扣有的还染色,并在扣面或扣孔周围绘上花纹图案。如清代道光年间风行的朱红漆面刻有复杂花纹的木质纽扣,现已成为文物藏品。木扣大多用于编织衣服、中式便服以及妇女儿童服装。

【宝石扣】 服装附件。是一种用各种自然宝石制成的名贵纽扣,主要作为装饰。材料有玛瑙、珊瑚、和田玉和水晶等。有的与金属结合制成,如嵌金玛瑙扣、包金珍珠扣和包金翡翠扣等。

【骨角扣】 服装附件。用动物骨、角等制作的纽扣。制作工艺:把骨角切成小片,再磨成圆形、方形、菱形等各式扣形,后打孔抛光,大多为手工制作。骨角扣多用于中式老年衫裤,牢固美观。我国东北地区以狩猎为主业的鄂伦春、鄂温克、达斡尔族,至今仍保留有用兽骨做纽扣的习俗。

【陶瓷扣】 服装附件。是一种用陶瓷制作的扣子,明清时较常见。我国少数民族中的高山族,世代传承,至今仍在衣服上使用瓷扣。现在台湾的泰雅人、卑南人传统服饰的披肩上,还饰有各种白瓷扣。

【竹纽扣】 服装附件。一种用竹做成的扣子,故名。有用薄竹片编织而成,有用竹根节经烘烧加工制成,也有的是编织和金属材料结合构成。大多利用竹子的原色,在竹乡山区,竹扣应用广泛。竹扣的最主要特色是可显示其民族服装特有的地区风韵。

【果实扣】 服装附件。利用一种质地坚硬的果实所制的扣子,故名。如用橡树果实做的橡子扣,有的在橡子背面安上金属扣眼,并在金属面上喷瓷漆;用椰子作的椰子扣,将椰壳切成平面,去皮,磨平,凿孔,做成圆形椰子扣,主要用于男式服装。

【核桃纽】 服装附件。指纽头上的纽结像一个小型的核桃,故名。如纽脚是直型的,称直脚纽或一字纽,大多应用在中式的普通便服,如罩衫、短袄、短褂上。

【胶木纽扣】 服装附件。花式有平面、宽边、宽边单面、鱼眼、凹面、独眼女式、凹面裤扣、薄阔花面、特阔平扣、瓜轮形、扇形、二眼凹面和铁路职工服装专用的铁路徽章扣等;大小分15、16、18号等10种;颜色有黑、灰、绿、棕、米色、天蓝、紫红、淡黄、墨绿、橘黄等,花色品种达350多种。优点是:耐热、耐冷,在开水和冷水中都不变形;不生蛀,不怕鼠咬;愈摩擦愈光亮,愈用愈滑;久藏失去光彩,只需用布略蘸油脂揩擦,便能光亮如新。

【贝壳纽扣】 服装附件。用淡水湖沼贝壳制成。我国长江中游地区的湖沼,盛产这种贝壳。制这种纽扣时,先把原色贝壳纽扣放在一种化学药水里浸一下,然后取出放在国产的酸性颜料或盐基性颜料、活性染料的溶液里加温,再取出放在另一种化学药水里洗去浮色即成。能染成粉红、蓝、黄等十多种颜色。纽扣发光,像珍珠;耐高温,即使用高温熨斗烫千百次,也不变形、变色。

【苏州螺甸纽扣】 亦称"苏州贝壳纽扣"。是江苏苏州的名产之一。它的原料是从内湖及内河打捞的淡水贝壳,主要来自江西、湖南二省(用于制造纽扣的贝壳,一般要经过三四年的生长期)。螺甸纽扣的特点是洁白、坚固、耐用,色泽鲜艳,光彩夺目,能耐高温和电烫,永不变形、变色。品种一般分为6类:平面扣、珠面扣、鱼眼扣、克美扣、新式扣和老式扣(在新式扣和老式扣中还有二眼与四眼之分)。规格一般从3.4至7.4毫米(直径);质量等级分五档。

【苏州贝壳纽扣】 见"苏州螺甸纽扣"。

【长沙蚌壳纽扣】 湖南长沙特产。服装附件。产品品质坚实、色泽光亮、耐高温耐压、永不变形，素有"珍珠扣"之称，闻名国内外。大小分 34、38、42、46、50、54 号等 16 种规格；花色有大边、雅络、鱼眼、八宝、夏威夷、光明等 6 种花色。长沙纽扣的生产，一般要经过车坯、磨光、打眼、漂光、拼选等工序。

【珍珠扣】 见"长沙蚌壳纽扣"。

【包纽】 服装装饰附件名称。是利用衣服裁剩下来的边角衣料，包裹衬垫物后，所制成的一种纽扣。因它的造型别致，所以装饰效果很好。特别是各类长绒、裘皮和人造毛皮、皮革所制成的服装，用包纽的效果更好。包纽的形状很多，除了圆形以外，还有方形、菱形、三角形、椭圆形和棒形等多种。

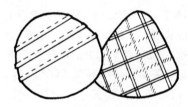

包纽

【盘花纽】 服装附件名称。是我国特有的传统纽扣形式。用色彩鲜艳的绸料编缝成纽袢条后(中间要嵌一根细铜丝，使纽袢条富有弹性)，可以任意盘曲成各种花卉、鸟蝶图案，有的还可盘曲成镶色或实芯(即用绸料包裹棉花后嵌填在空格中)、空芯的盘花纽。造型灵巧秀致，又富有民族特色，是高贵中式女服的装饰上品。有的在盘花纽上，嵌有真假宝石。

盘花纽

【行业扣】 服装附件。指用以标志各行业的一种纽扣，故名。行业扣是以最鲜明的扣面图案特征，作为行业的标志。均具一定寓意。行业扣的使用，已有悠久的历史，如明代军队就已使用标志性扣子。现代军队、警察、学生、邮电、铁路、司法、医务、税务、海关等部门人员服装纽扣，都镌刻有专门的图案，各有含义。

服装附饰、附件

【霞帔】 古代妇女的披服。亦称"霞披"、"霞褙"。形似两条彩练，绕过头颈，披挂于胸前，下垂一颗金玉坠子。霞帔在南北朝时已出现，隋唐以后，人们赞美这种披服美如彩霞，故取名"霞帔"。白居易《霓裳羽衣舞歌》："虹裳霞帔步摇冠。"宋·陈元靓《事林广记》后集十《服用原始·霞帔》："开元中令王妃以下通服之，今代霞帔非恩赐不得服。"《宋史·刘文裕传》："封其母清河郡太夫人，赐翠冠霞帔。"明《格致镜原》卷十六引《名义考》："今命妇衣外以织文一幅，前后如其衣长，中分而前两开之，在肩背之间，谓之霞帔。"明代规定，一、二品命妇霞帔，用蹙金绣云霞翟纹；三、四品用金绣云霞孔雀纹；五品绣云霞鸳鸯纹；六、七品绣云霞练鹊纹；八、九品绣缠枝花纹。每条阔三寸二分，长五尺七寸。见《明会典》、《明史·舆服志》三。清代霞帔阔如背心，中间缀以补子，下施彩色流苏，是诰命夫人的专用服饰。

【霞披】 见"霞帔"。

【霞褙】 见"霞帔"。

霞帔

【云肩】 古代妇女披于肩上的装饰品。云肩，至迟在唐代已有，唐·吴道子《送子天王图》上就绘有一女子肩上披有云肩。元代时，仪卫、舞女多披云肩作饰。《元史·舆服志》一："云肩，制如四垂云，青缘，黄罗五色。嵌金为之。"在甘肃敦煌莫高窟元代壁画供养人身上，反映较具体。到明代，一般妇女将它作为礼服上的装饰。至清代，汉族妇女在行礼或新婚时，偶也穿着，但不常用。直到光绪末年，江南妇女由于低髻垂肩，恐油腻玷污衣领，才较多使用云肩作装饰。

上：披云肩的古代贵妇
（唐·吴道子《送子天王图》）
下：披云肩的明代妇女
（明·陈洪绶《仕女图》）

【蔽膝】 古代礼服的一种服饰。革制，上广一尺，下展二尺，长三尺。束于腹前，为礼服组成部分。天子纯朱色，诸侯黄朱，大夫赤色。《左传》桓公二年，郑玄注曰：韍，太古蔽膝之象，冕服谓之韍，其他服谓之韠，以韦（熟牛皮）为之。因在膝前，故称"蔽膝"。由于最早衣服形成是先有蔽前之衣，所以后来把蔽膝施于尊严的冕服，以示不忘古意。蔽膝天子用直，色朱，绘龙、火、山三章；公侯前后方（杀其四角使其方，变于天子之直，即去上下各五寸），用黄朱，绘火、山二章；卿、大夫绘山一章。

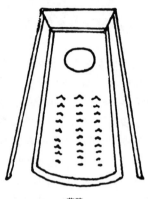

蔽膝
（明·王圻《三才图会》）

【韠】 古代蔽膝。革制，古代官服上的装饰。亦作"韠"。《诗·桧风·素冠》："庶见素韠兮，我心蕴结兮。"《礼记·玉藻》："韠，下广二尺，上广一尺，长三尺，其颈五寸，肩革带，博二寸。"疏："他服称韠，祭服称韨，是异其名，韨韠皆言为蔽，取蔽鄣之义也。"

【韠韨】 古代蔽膝。《礼记·玉藻》："韠，君朱，大夫素，士爵韦。"郑玄注："朝服用韠，祭服用韨。"《释名·释衣服》对韠韨则不加区分，谓"韨，韠也。韠，蔽膝也，所以蔽膝前也。"

【韎韐】 古代祭服上蔽膝。用茅蒐草染成赤黄色，故称韎韐。大夫以上服韨，士则服韐。《诗·小雅·瞻彼洛矣》："韎韐有奭，以作六师。"笺："韎韐，祭服之韠，合韦为之。"

【赤韨】 古代礼服的一种装饰。亦称"赤绂"、"赤芾"。古诸侯卿大夫之蔽膝，以韦制成。《礼记·玉藻》："再命赤韨幽衡，三命赤韨葱衡。"也作"赤绂"。《后汉书·东王宪王苍传》

上疏:"宜当暴骸膏野,为百僚先,而愚顽之质,加以固病,诚羞负乘,辱污辅将之位,将被诗人三百赤绂之刺。"又作"赤芾"。《诗·曹风·侯人》:"彼其之子,三百赤芾。"

【赤绂】 见"赤韨"。

【赤芾】 见"赤韨"。

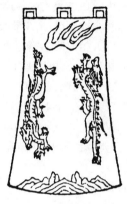

赤韨(《三礼图》)

【绂】 蔽膝,缝于长衣之前。古代礼服的一种服饰。周制帝王、诸侯及诸国上卿,皆朱绂。通"韨"、"绋"、"芾"。《易·困》:"朱绂方来。"疏:"绂,祭服也。"汉·班固《白虎通·绋冕》:"绋者何谓也? 绋者蔽也,行以蔽前。……天子朱绋,诸侯赤绋。《诗》六:'朱绋斯皇,室家君王。'又'赤绋金舃,会同有绎。'"今《诗·小雅·斯干·车攻》皆作"芾"。

【昭君套】 明清妇女戴于头上的一种皮暖额。亦称"包帽"、"齐眉"。因形似王昭君出塞所戴之头罩,故名。昭君套首服,是从古代抹额演变而来。《续汉书·舆服志》注,胡广曰:"北方寒凉,以貂皮暖额,附施于冠,因遂变成首饰,此即抹额之滥觞。"平步清《霞外攟屑》卷十:"以貂皮暖额,即昭君套抹额,又即'包帽',又即'齐眉',伶人则曰额子。"樊彬《燕都杂咏》诗注:"冬月闺中以貂皮覆额,名'昭君套'。"明人撰《醒世姻缘传》服饰中,有"昭君卧兔"等名称。

【包帽】 见"昭君套"。

【齐眉】 见"昭君套"。

上:戴昭君套的妇女(清·吴友如《古今百美图》)
下:戴貂皮暖额的明代妇女(《清宫珍宝丽美图》)

【观音兜】 一种类似头巾的头饰。亦称"观音斗"。因与观音所戴帽兜相同,故名。以呢、绒、缎面缝制,以黑者为多,亦有深灰、蓝、紫等色,四周沿边。戴时须有圆帽套于内。通常为老者所服,尼姑及年老和尚也有戴用者。旧时南北方都较流行,一般于秋冬季节戴用。

【观音斗】 见"观音兜"。

【幂䍦】 古代一种障身的大幅方巾。用轻薄透明纱罗制成。戴时披体而下,障蔽全身。马缟《中华古今注》称:幂䍦,"类今之方巾,全身障蔽,缯帛为之"。最初是西域地区少数民族的装束,不仅妇女用,男子也戴。《旧唐书·吐谷浑传》:"男子通服长裙缯帽,或戴幂䍦。"到唐代,男子已不用,妇女只在出远门时服用。《旧唐书·舆服志》:"武德、贞观之时,宫人骑马者,依齐、隋旧制,多着幂䍦。虽发自戎夷,而全身障蔽,不欲途路窥之。王公之家,亦同此制。永徽之

后,皆用帷帽,拖裙到颈,渐为浅露。"

幂䍦

【头盖】 哈萨克族服饰。为了适应草原生活,哈萨克族的妇女,习惯戴"头盖"。前垂胸,后垂腰。四周及胸前部分,常见用红、黄、绿等色绣上花纹,也有用金银线绣的。

戴头盖的哈萨克族妇女

【文公帕】 古代潮州妇女的一种障面长巾,亦名"韩公帕"。《金陵琐事》:"广东潮州妇人出行,则以皂布丈余蒙头,自首以下,双垂至膝,时或两手翕张其布以视人,状如可怖,名曰:'文公帕',昌黎遗制也。"此当为昌黎在贬潮州时所制。清·张心泰《粤游小志》亦有此记载。

【韩公帕】 古代潮州妇女的一种障面长巾。见"文公帕"。

【包头巾】 巾类名称,属围巾的一种。正方形状,由绸料、毛料或化纤织物裁制,并有素色、印花或提花等多种形式。使用时将包头巾对折成

等腰三角形,在脖下系结。也可作为围巾使用。

【方巾】 巾类名称,又称头巾,一种正方形的纺织物,常用的有丝织和毛织的多种。对角折叠后可作包裹头的包头巾,或作多层折叠后作围巾使用。

方巾

【额帕】 又名"头箍",妇女包于头额,明代较盛行,老幼皆用。一般用乌绫为之,夏则用乌纱。每幅约阔二寸,长四寸。后用全幅斜折,阔三寸裹于额上,垂后而再抄向前作方结。年老者或加锦帕。崇祯时尚狭,用二幅,每幅方尺许,斜折阔寸余,一幅施于内,而一幅加之于外,另作方结加于外幅正面。万历间暑天尚有用骔尾为之。

戴额帕的明代老年妇女

【搭头袱】 撒拉族、东乡族等少数民族用以饰头、防沙的头巾。亦称"面江"。有素的,有花的,通常多用纱、绸、绒布等制成,遮蔽头顶、两耳及颈部,露出面孔,既作饰品,又以此防沙保护肌肤。

【面江】 见"搭头袱"。

【披帛】 古代妇女服饰名。三代无帔,秦始有披帛,以缣帛为之,汉时用罗。一说始于唐开元中,限于宫中女

官及嫔妃服用。按出土文物形象资料观察,隋唐女服多用披帛,又称"画帛"。通常以轻薄的纱罗裁成,上面印画图纹。长度一般都在两米以上,用时将它披搭在肩上,并盘绕于两臂之间。走起路来,披帛随着手臂的摆动而飘舞,很优美。又旧俗婚娶,不论男女,皆披绛帛。后世庆功也有披红之事,即古之披帛。参阅五代·后唐·马缟《中华古今注·女人披帛》、宋·陈元靓《事林广记·服用原始霞帔》、清·虞兆隆《天香楼偶得·披帛》。

披披帛的古代舞女

【画帛】 古代妇女服饰名。隋唐时女服多用披帛,常以纱罗裁成,上印画图纹,故名。见"披帛"。

【披红】 旧俗结婚时,新人及赞礼者身披红帛,谓之"披红",古也称"披帛"。见"披帛"。

【被巾】 妇女的领巾。《方言》四:"帣裱谓之被巾。"

【帮帔】 是一种肩巾,用整幅绢帛横披于肩上,胸前打结系缚,秦汉时士人多披用。

【颖】 通"褧"。指单层的披肩。《仪礼·士昏礼》:"(女从者)被颖黼。"郑玄注:"颖,禅也……士妻始嫁,施禅黼于领上。"

【帔】 帔肩。《释名·释衣服》:"帔,

披也,披之肩背。"

【比肩】 即"披肩",披在肩上的一种服饰。

【奉圣巾】 古代妇女披帛的一种。旧称"奉圣巾"、"续寿巾"、"续圣巾"。五代·后唐·马缟《中华古今注》:"开元中,诏令二十七世妇,及宝林、御女、良人(均宫中女官名称)等寻常宴、参、侍,令披画帛,至今然矣。至端午时,宫人相传谓之'奉圣巾',亦曰'续寿巾'、'续圣巾',盖非参从见之服。"宋·陈元靓《事林广记》引实录曰:"三代无帔。秦时有披帛,以缣帛为之,汉即以罗。晋永嘉中制绛晕帔子。开元中令王妃以下通服之。"

【续寿巾】 见"奉圣巾"。

【续圣巾】 见"奉圣巾"。

【帔肩】 亦称"披领"、"搠肩"。古时妇女披在肩上的一种服饰。现在妇女服用的斗篷式的上装,也叫"披肩"。又清代官员的朝服,也加披肩。徐珂《清稗类钞·服饰类》:"披肩为文武大小品官衣大礼服时所用,加于项,覆于肩,形如菱,上绣蟒。"清代有冬夏两种,冬天用紫貂或用石青色而加以海龙缘镶;夏天用石青加片金缘边,是清代文武大小官员在穿大礼服时所用,八旗命妇也如此。北京故宫博物院藏附有墨书"金龙朝袍上天青绛丝搠肩样一块,照样织做"字样的披领画样,除画出具体纹样外,并在领托和披领外缘注明"此位分织做素地,京内成(承)做片金"字样。在龙纹与领托及披领外缘之间的两道金边部位注明"此位由杭榻做扁金缘"字样。

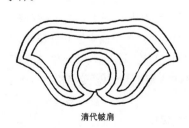

清代帔肩

【披领】 见"帔肩"。

【搧肩】 见"帔肩"。

【领衣】 是联结于硬领之下前后二长片的一种领衣。像牛之长舌,故在浙江杭州俗称"牛舌头"。中间开放,用纽扣系结。一般夏季用纱,冬季用绒或皮毛,春秋季用缎,讲究的用织锦、绣花。在清代,领衣之外,须穿外褂,如穿行装,则着于袍的里面。

【牛舌头】 即领衣,浙江杭州俗称"牛舌头"。见"领衣"。

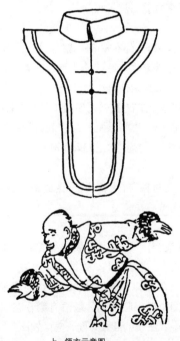
上:领衣示意图
下:穿领衣的清代男子

【披肩领】 形似披肩,也叫"大领",是加在朝服领口之上的一种领衣(朝服本身无领),是清朝朝服上的一种特殊加饰。

【大领】 见"披肩领"。

【硬领】 清代礼服例无领,另于袍上加以硬领。其料春秋两季用湖色的缎,夏天用纱,冬季用皮毛或绒,有丧者用黑布。

【贾哈】 古代披领。《夷俗考》:"别有一制,围于肩背,名曰'贾哈',锐其

两隅,其式样像箕,左右垂于两肩,必以锦貂为之。"此式辽时已有,元代仍用。

披"贾哈"的元代男子

【盖巾】 古代妇女外出所服之面巾披肩。亦称"面纱"。主要用以遮尘。宋·周辉《清波杂志》载:女子行路,用方幅紫罗障蔽半身,俗称盖头,唐帷帽之制。宋·高承《事物纪原》载:唐初宫人服幂䍠,全身障蔽。永徽后用帷帽,后戴五尺方皂罗,名帷头,今曰盖头。富贵家,用销金作装饰。宋之盖头,常为盖于头上而下垂者。穆斯林妇女用作遮面护发头巾,从头顶直垂至肩部。始见于明·马欢《瀛涯胜览》。源于伊斯兰教把妇女头发列为"羞体"。《古兰经》规定:"你当告诉众穆民女子,俯首下视,遮其羞体","当令她们把头顶垂在衣领上,不要露出装饰",故以其遮盖之。其颜色因年龄和地区有所不同,在中国西北部回、撒拉、东乡等族地区,少女和年轻妇女用绿色,中年为黑色,年老者尚白色。多选用纱、绸、绒等料制作。亦为装饰,也起防沙保洁作用。妇女戴盖巾已成为民族之习尚。

【面纱】 妇女蒙在脸上的纱,尤以阿拉伯地区的妇女使用较多,按照伊斯兰教的法典规定,妇女蒙上黑色的面纱,是为了防止她们的姿容引起男人们的邪念。在西欧一些国家,过去也有在女式帽子中附上一段面纱的,表示戴用者已怀孕。我国北方妇女在脸部蒙面纱,主要是为防止灰尘。

【紫罗盖头】 盖头的一种。宋代盛行盖头,讲究的用紫罗制作,通称"紫罗盖头"。明清时仍有应用。

戴盖头的宋代妇女

【面衣】 古代面罩。用纱罗丝织物缝制,主要在出行时用以障蔽风尘,男女均用。《晋书·惠帝纪》:帝远行,"高光进面衣,帝嘉之。"明代《昨日非庵纂》:"燕市带面衣,骑黄马,风起飞尘满衢陌,归来下马,二鼻孔黑如烟突。"明代意大利人利玛窦《中国札记》:"(北京)这里在多灰尘的季节,任何人外出,……都要戴一条长纱,从帽子前面垂下来,从而遮蔽起面部,面纱的质量非常精细,可以看到外面,但不透灰尘。"

【红轮】 古代妇女佩带之帔巾。亦称"红纶布"。一种绛色的帔巾。北周·庾信《庾子山集·奉和赵王美人春日》诗:"步摇钗朵(梁)动,红轮披(帔)角斜。"唐·李贺《歌诗编·嘲谢秀才》之四:"泪湿红轮重,栖鸟上井梁。"

【红纶巾】 见"红轮"。

【帨】 古代一种佩巾。古时妇女用帨以擦拭不洁,在家时挂在门右,外出时系在身左。《诗·召南·野有死麕》:"无感我帨兮,无使尨也吠。"女子出嫁时母亲亲为系帨,以示告诫,这种仪式称结帨。用以拭面、擦手的帨,汉代以来又称为手巾;清代妇女家居,亦常佩挂手巾,一般常系于衣襟或佩于腰间。

【手巾】 见"帨"。

左：战国纱手巾(湖南长沙左家塘楚墓出土)
右：东汉佩巾(新疆民丰东汉墓出土)
(以上均引自高春明《中国服饰名物考》)

【采帨】 清代命妇的一种佩饰。用彩缎缝制，上彩绣纹饰，长一米左右，呈上窄下宽条形，底部为三角锥形。上端有挂钩和东珠或玉环，环的上面有丝绦数根，用以挂针管、小袋等物。取《礼记·内则》"妇事姑，……右佩箴管、线、纩、施縏帙"的古礼而制备。命妇着礼服，须佩采帨，以色泽和饰纹不同，区分品秩的高低。《清史稿·舆服志》："(皇后)采帨，绿色，绣文为'五谷丰登'。佩箴管、縏袠之属，绦皆明黄色。"皇后以下，各有差异，妃子绣文为"云芝瑞草"；皇子福晋，为月白色，无绣花。

清代　五谷丰登绣文采帨
(北京故宫博物院藏品)

【褵】 古代女子出嫁时所系的一种佩巾。本作"缡"。也作"襂"。见《正字通》。《后汉书·马援传》诫兄子严、敦书："施衿结褵，申父母之戒，欲使汝曹不忘之耳。"

【缡】 古代女子出嫁时系的佩巾。

《汉书·外戚传下》："申佩离(通'缡')以自思。"

【襂】 见"褵"。

【帕】 巾；佩巾。杜甫《骢马行》："赤汗微生白雪毛，银鞍却覆香罗帕。"

【婚礼盖巾】 旧时行婚礼时，新娘蔽面之巾，一般用红绸，上绣五彩花纹，四周垂有流苏，也称"披帛"、"盖头"。宋·吴自牧《梦粱录·嫁娶》："(两新人)并立堂前，遂请男家双全女亲，以秤或用机杼挑盖头，方露花容，参拜堂次诸家神及家庙。"这种风俗一直延续到明清，仍十分流行。

【搭面】 古代女子出嫁时，盖头的巾，通常用绸缎制作，上绣花。见"盖巾"。

新娘蔽面用"盖巾"(搭面)
(《查加伍人物线描》)

【领巾】 古代妇女披于领肩的一种服饰。在新疆吐鲁番出土的古代文书中，有"白小绫领巾"和"绯罗领巾"等记载。可知这类领巾是用绫、罗等丝织品制成，色彩众多。估计可能是一种三角形状的披巾，约流行于魏晋、隋唐时代。北周·庾信《庾子山集·春赋》："镂落窄衫袖，穿珠帖领巾。"

【袜】 古代妇女领巾。《方言》四："帗袜"。《注》："妇之领巾也。"清·戴震《疏证》："《玉篇》'帗，妇人巾'，

'袜，入领巾'。"

【绻领】 古之翻领。《淮南子·氾论》："古者有鍪而绻领，以王天下者矣。"注："绻领，皮衣屈而纨之，如今胡家韦袭反褶以为领也。"

【卷领】 领翻于外叫卷领。古人认为这是原始的服式。《文选》晋·左太冲(思)《魏都赋》："追亘卷领与结绳，眄留重华而比踪。"也作"绻领"(《淮南子·氾论》)、"挛领"(《晏子春秋·谏》下)。

【挛领】 见"卷领"。

【直领】 外衣领口的式样。汉·桓宽《盐铁论散不足》："古有庶人耋老而后衣绣，其余则麻枲而已。……及其后，则丝裹枲衣，直领无袆，袍合不缘。"《汉书·广川惠王越王传》："刺方领绣"。《注》引晋灼："今之妇人直领也。"

【交领】 古代衣领，下连到襟，故称交领。

【领套】 一种用毛线编结成的服饰用品，成条带状，宽约 7 厘米左右。围在颈脖一周，用揿扣组合，能代替围巾起保暖作用。最适宜套在各类中式服装的高领外面，亦称"领圈"。

【领圈】 即"领套"。

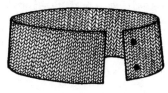

领套

【围巾】 围于颈脖部位的服饰用品。亦称"项帕"、"风领"、"拥项"、"围脖"、"回脖"、"围项"、"围领"、"围领脖"。围巾主要具保暖和装饰作用。通常用绸缎、呢绒、羊毛、兔毛、毛腈等制作或编织，有长条形、方形和三角形等多种形式。宋·周密《武林旧事》卷二："元夕节物，妇人皆戴珠翠、

闹蛾……项帕。"近人徐珂《清稗类钞·服饰》:"围巾者,以棉织品、毛织品为之;其佳者,则为貂皮、狐皮。加于项,旋绕之,使风不入领,以御寒,女子用之者为多。"明·屠隆《考槃余事》卷四:"冬则绵服、煖帽、围项。"

【项帕】 见"围巾"。

【拥项】 见"围巾"。

【围脖】 见"围巾"。

【回脖】 见"围巾"。

【围项】 见"围巾"。

【围领】 见"围巾"。

【围领脖】 见"围巾"。

围巾

【风领】 即"围巾",清代称"风领"、"套领"。清·曹雪芹《红楼梦》四十九回:"一时湘云来了,……头上带着一顶挖云鹅黄片金里子大红猩猩毡昭君套,又围着大貂鼠风领。"清·范寅《越谚·服饰》:"套领昔绣,今但缎镶缀明珠,系于项为领,亦妇饰。"参见"围巾"。

【套领】 见"风领"。

【领带】 现代男式服装配套用的主要装饰用品。领带大多用绸料裁制,也有用毛料或麻织品制作的。领带是一总称,随着服装流行趋势的变化,领带造型、色彩和纹样也经常变换。最常用的领带是箭头型的,也有平头型的。领带必须用斜料裁制,除了传统的素色领带和条纹领带外,八十年代以来还流行绣花领带和手绘领带。

领带

【领结】 又称"蝴蝶结"。用绸料制作,有黑色、紫红、格子等多种。两边对称,造型灵巧。男女都可应用,系在衣领下前方的中间,和礼服一起穿用,起到礼仪作用。女子日常系用时,起装饰作用。

【蝴蝶结】 见"领结"。

领结

【领带夹】 俗称"领带别针"。使用时将领带和衬衫的衣襟一起夹住,不使领带飘动,是男用的服饰用品之一,用金属制作。名贵的领带夹也有用合金、银或K金制作,在领带夹的表面饰有精细的图案或镶有玉石、宝石及钻石等,造型别致。有的还和衬衫的袖口对扣配套,一起使用。

【领带别针】 见"领带夹"。

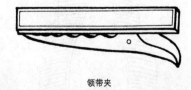
领带夹

【捍】 古代射者所着的一种皮革制袖套,又名拾、遂。《礼记·内则》:"右佩玦、捍、管、遰、大觿、木燧。"注:

"捍谓拾也,言可以捍弦也。"

【褠】 臂衣,袖套。亦作"韝"、"幗"。《后汉书·明德马皇后纪》:"仓头衣绿褠,领袖正白。"注:"褠,臂衣,今之臂韝,以缚左右手,于事便也。"参见"臂韝"。

【韝】 见"褠"。

【幗】 见"褠"。

【假袖】 东乡族妇女服饰。旧时盛行于今甘肃东乡族自治县及广河、和政等地。妇女上衣从肘到袖口间,用红、绿、蓝各色布缝制成数段,并在各段绣有花边,以示美观。戴上这种假袖,好似穿了数件衣服。

【臂韝】 亦称"臂捍"、"臂衣"。若今之套袖。《汉书·东方朔传》:"董君绿帻傅韝。"唐·颜师古注:"韝,即今之臂韝也。"唐·杜甫《杜工部诗史补遗·即事》:"百宝装腰带,真珠络臂韝。"臂韝,缚于左右手臂,为便于操作,一般为武士或服劳役者所戴用。原先以皮革制作,后亦有用布帛缝制。

【臂捍】 见"臂韝"。

【臂衣】 见"臂韝"。

戴臂韝的古代武士

【锦臂韝】 古代妇女用的一种袖套。唐·杜甫诗有"真珠络臂韝"语。古画中之形象,惟见于高昌初唐壁画。至五代,敦煌壁画贵族妇女犹常不断出现。可知这种衣式始终还保留于西北,成为当地贵族妇女习惯衣着之一种。在射箭时用的皮袖套,专名叫"射褠"。用于妇女衣袖头,应名"锦臂褠"。参阅沈从文《中国古代服饰研究·唐凌烟阁功臣图部分》。

【射褠】　射箭用的臂捍。今称护袖。用皮革制成,着于左臂,以便于张弦。

【衣圭】　衣襟裁成燕尾状,向两旁垂下的部分称衣圭。《汉书·江充传》:"曲裾后垂交输。"注引如淳:"交输,割正幅,使一头狭若燕尾,垂之两旁,见于后,是《礼深衣》'续衽钩边'。贾逵谓之'衣圭'。"

【交输】　古代一种衣饰。把一幅布帛对角裁开,垂于身后两旁,像燕尾形状。《汉书·江充传》:"充衣纱縠禅衣,曲裾后垂交输。"

【胸罩】　妇女紧胸托乳的一种乳衣,又称"乳罩"或"奶罩"。胸罩有多种不同的式样,有中国式的背心型胸罩和硬衬胸罩,以及海绵假奶双层胸罩等,另外还有美国式耸尖头型胸罩;俄罗斯式高而圆型的胸罩;日本式的弹性胸罩等。

【乳罩】　妇女托乳紧胸的一种乳衣,即"胸罩"。

【奶罩】　见"胸罩"。

胸罩

【束胸】　古时妇女紧束胸部的一种贴身内衣。明代妇女有束胸的习俗,

清代、民国时期得到继承。这种束胸内衣,旧时称为"捆身子"、"小马甲"。清·韩邦庆《海上花列传》十八回:"漱芳见浣芳只穿一件银红湖绉捆身子。"天笑《六十年来妆服志》(刊于《杂志》1945 年 6、7 月号):"自流行了小马甲,……是以戕害人体天然生理。小马甲多半以丝织品为主,……对胸有密密的纽扣,把人捆住,因从前的年青女子,以胸前双峰高耸为羞,故百般掩护之。"

【捆身子】　见"束胸"。

【小马甲】　见"束胸"。

【束腰】　妇女紧束腰部的一种贴身内衣。主要用于补整腰部和显示女性之形体曲线。通常有腰夹型、绑肚型和产妇型等多种。选用弹力网眼经编织物缝制,须量体裁剪。服用束腰时,常系带束紧。

束腰

【肚绑】　修正体形用的服饰用品。用棉布和弹力布拼合缝制,侧面一排扎带,可以调节松紧。穿用肚绑对腹部脂肪较多的体形,能有收缩作用,并使腹部不过于耸起。有的孕妇在生产后,喜欢用肚绑来调节体形和保持体形的健美。同"束腹"。

【束腹】　妇女紧束腹部的一种贴身

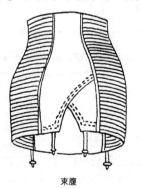
束腹

内衣。一般选用具有伸缩性的柔软织物缝制。束腹的长度,通常在腰际以下至大腿上部,以紧束整个腹部为准。有的在下边沿,并附饰有吊袜带。

【三合一紧身衣】　将乳罩、束腰、束腹三者合而为一的一种贴身内衣。亦称"全合一束身衣"、"三合一束身衣"。一般用具有弹性的轻软织物缝制,多为裤裆扣合款式,上饰有两背带,下附吊袜带。主要适合体胖妇女穿用,以显示女性之形体曲线和保持外衣之线条轮廓。

【全合一束身衣】　见"三合一紧身衣"。

【三合一束身衣】　见"三合一紧身衣"。

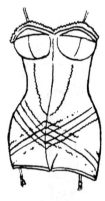
三合一紧身衣

【行縢】　亦称"行缠"、"行滕",古称"邪幅",俗称"腿绷"、"裹腿"或"绑腿"。《诗·小雅·采菽》:"邪幅在下"。郑玄《笺》云:"邪幅,如今行縢也。逼束其胫,自足至膝。"汉·刘熙《释名》:"逼所以自逼束,今谓之行縢,言以裹脚,可以跳腾轻便也。"自春秋以来,成为兵卒习用,汉魏沿袭到宋明清仍不废除。河北望都 1 号汉墓壁画,伍佰着行縢(见中国历史博物馆藏摹本)。《宣和遗事》中的巡兵,脚系粗布行縢。除士兵外,一般远行者也有裹着的,如宋人诗中有"已办布袜青行缠"句。西南各兄弟民族地区,至今犹习惯使用行縢,足着草鞋,行动便利。

【行滕】　见"行縢"。

行縢
（引自宋画、砖雕）

【行缠】 古代一种缠腿布。即"行縢"。古称"邪幅"。古时男女皆用之。《乐府诗集·双行缠曲》之二："新罗绣行缠,足跌如春妍。"《全唐诗》二四三韩翃《寄哥舒仆射》："帐下亲兵皆少年,锦衣承日绣行缠。"参见"行縢"、"邪幅"。

裹行缠的明代卫队
（明人《出警图》）

【邪幅】 古代一种裹腿布。用布帛裹胫至脚,便于远行、腾跳。其布帛古称"邪幅",汉人称"行縢",今称"裹腿"、"绑腿"。俗称"腿绷"。《诗·小雅·采菽》："赤芾在股,邪幅在下。"汉·郑玄《笺》："邪幅,如今行縢也。逼束其胫,自足至膝,故曰在下。"参见"行縢"。

【裹腿】 见"邪幅"。

【绑腿】 见"邪幅"。

【腿绷】 见"邪幅"。

【色兰其】 台湾高山族妇女的一种胫饰。流行于台湾北部和东部等地区。一副两条。呈长方形,长约31、宽约38厘米。以红绒线与黑棉线织成方格形花纹与黑条纹,共4块。下

边用黑布绲边。上端的一角附一条长约65、宽约3厘米的织带,用以系于胫上。多在赴宴时着用。以贝珠镶边或用彩色棉布绲边、上织方格纹者,为男子参加庆典时的盛服。

【过加】 旧时土族传统腿饰。流行于青海互助土族自治县等地。用一种黑白各半,宽约3、长约5尺的带缠腿。缠时把黑色的一边放在上面。

【暖耳】 古代一种耳套。唐人称"耳衣",明代叫"暖耳"。《明宫史》（实刘若愚《酌中志》一部分）称,宫廷月令节分穿戴,十一月"百官传戴暖耳"。又称"常行近侍则戴暖耳。其制用玄色素绉作一圆箍,二寸高,两旁用貂皮,长方如披肩。凡司礼监写字起,至提督止,亦只戴暖耳。"这种御寒用具,必得封建帝王许可,才能戴用。老百姓不能随便戴,戴即犯罪。参阅明·杨慎《丹铅总录·诗话·耳衣》。

【耳套】 也称"耳衣"、"暖耳"。见"煖耳"、"暖耳"。

【耳衣】 亦称"煖耳"。古之耳套。耳衣,至迟在隋唐时期已有使用,后一直沿用迄今。《全唐诗》四七九李廓《送振武将军》："金装腰带重,铁缝耳衣寒。"铁,一作"锦"。

【煖耳】 耳套,唐人称"耳衣"。明·沈德符《万历野获编·貂帽腰舆》："京师冬月,例用貂皮煖耳。"明时,用黑色素绉作一圆箍,高二寸许,两旁用长方貂皮像披肩式垂之。百官于十一月始戴。

戴煖耳的明代武将
《明太祖功臣图》

【宫貂】 古代用貂皮所制的耳衣。古时宫中冬季所用暖耳,都为貂皮缝制,故名"宫貂"。明·李东阳《陵祀归得赐暖耳诗和方石韵》之一："赐煖宫貂同日戴,冒寒郊马有人骑。"

【褡膊】 一种盛财物的长布口袋。亦称"搭膊"、"褡裤"、"褡袱"、"搭褡"、"搭包"、"褡裢"、"搭连"。一般用布帛缝制,亦有用皮革为之,双层,中间开口,两端为口袋,以放置钱物。用时搭于肩上,故名。亦有的束于腰间或用手提,小的褡包可悬挂于腰带。明·沈德符《万历野获编·礼部》二："按祖制,乐工俱戴青卍字巾,系红绿搭膊。"清·佚名《都门竹枝词》："口袋搭连满满装。"

【搭膊】 见"褡膊"。

【褡裤】 见"褡膊"。

【褡袱】 见"褡膊"。

【搭褡】 见"褡膊"。

【搭包】 见"褡膊"。

【褡裢】 见"褡膊"。

【搭连】 见"褡膊"。

背褡膊的清代男子
《查加伍人物线描》

【袢膊】 挂于颈间的一种绳索,为便于操作的工具。通行于宋代。一般用丝麻作成,特制的有银练索。宋人记厨娘事,曾提及用银索袢膊进行烹

调。《武林旧事》卷六记南宋浙江杭州小经纪约百八十种,内中即有"裰膊儿"一种,指专卖这种用具兼修理的手艺人。可知当时裰膊的应用十分普遍。宋人绘《百马图》中二铡草人衣袖都用绳索(裰膊)缚定挂于颈间,从中可知当时裰膊的具体使用情况。裰膊为宋时所始创,元时仍继续使用。

裰膊
(宋人绘《百马图》中二铡草人)

【筒帕】 云南民族挂包。民间称"筒帕"、"背袋"、"口袋"。少数民族地区,男女老幼出门、过节、赕佛、赶摆、赶街、集会和劳动时,盛装杂物或作装饰之用,都用筒帕。筒帕大多是棉织,也有丝织、绒织、毛织、麻织和篾编等。工艺加工有织花、刺绣、挑花、贴花和蜡染。纹饰风格多样,不同地区和不同生活习惯,形成各不相同的内容和形式。傣族织物喜用孔雀、马、象、花蝶为主体图案,衬以花草;彝族、景颇族爱用动植物和几何纹相间作装饰;爱伲、佤、崩龙、哈尼等民族,大多喜用几何图案。配色上,多喜黑、红、天蓝、橘黄、墨绿等色,对比强烈,鲜艳绚丽。

【背袋】 见"筒帕"。

彝族筒帕

【口袋】 见"筒帕"。

【毛连】 古代一种毛制的盛物口袋。用羊毛制作,两端有袋,单其中。用线或毛绳缝制。有粗细之分,有间以杂色毛的。形似褡连,故名。

【包袋】 一种一端开口,可以盛放小件物品、钱币等,能随身携带的服饰用品之统称。一般用硬质材料(如皮革等)制作的称"包";用软质材料(如布料等)制作的称"袋"。有各种品种和造型,形状大小不等,无具体格局,小如袖珍式的钱包,大如外出使用的旅行袋等。

【钱包】 包袋类名称。一种小型的包袋,造型精致灵巧,包口用拉链或金属搭扣扣合,内可放钱币等物。用皮革、绸缎等各种材料制作,有的还用钉珠片、串珠、刺绣、镶色、轧花等作装饰,并有各种造型。

钱包

【服装装饰工艺】 要使裁制的服装美观、秀丽、灵巧而逗人喜爱,除了在式样设计和裁剪缝制上要显示出新颖别致以外,还必须通过适当的装饰工艺来点缀。服装装饰工艺指利用针线或其他材料的制作、添加、修饰、点缀,使原先较为一般的服装,造型变得秀丽、美观,富有艺术情趣。服装上常用的装饰工艺很多,除了依靠服装本身的衣缝缉线、折裥、收省、分割作为装饰以外,还可运用镶色、嵌线、滚条和增加花边、带裰等各类附件,以及通过刺绣、贴花、钉珠片等形式作为装饰。

【手绘】 服装装饰工艺名称,就是在夏季穿着的衬衫上通过手绘的方法画出各类花卉鸟蝶等纹样作为装饰。这种手绘图样的装饰从八十年

代开始流行,特别是国产纺织纤维颜料问世以后,使用者更多。手绘最好采用国画或水彩画的形式,在衣服的领角或胸前作适当点缀,使之富有新意。在女式夏裙或男子领带中,也有采用手绘装饰的形式,效果颇佳。

【盘花】 服装装饰工艺名称,又称"纽裰条装饰"。它是先用布条缝成带状的纽裰条,然后将纽裰条盘曲成各种形状,再钉缝到衣服上面去作为装饰。这种盘成各种形状的纽裰条最好钉在网眼布、帐子布、珠罗纱和尼龙纱等透明或半透明的衣料上,这样就会虚实结合,秀丽雅致,富有艺术情趣。

【纽裰条装饰】 服装装饰工艺名称,即"盘花"。

【针迹缉线】 服装装饰工艺名称,一种最简单、最常用的缝纫装饰工艺,就是在服装的衣缝或止口沿边,等距离地缝上一道或双道针迹缉线作为装饰,即俗称"缉止口"或"压止口"。为了使缉线针迹更加显露,装饰效果更好,可将缝线的颜色和衣料的颜色形成强烈对比。或者还可采用缝线较粗、针迹较长的方法等作缉线装饰。

【压止口】 服装装饰工艺名称,针迹缉线的俗称。见"针迹缉线"。

【缉止口】 服装装饰工艺名称,针迹缉线的俗称。见"针迹缉线"。

【云纹缉花】 服装装饰工艺名称,又称"云头花",是针迹缉线的装饰形式之一,主要用于丝棉服装或羽绒服装上面。因为这些衣料松软,里面衬有驼毛、羽绒、定型棉等防寒材料,通过针迹缉线后,有针迹线缝的地方就向下凹进,没有针迹的地方就向上鼓起,形成了凹凸的立体线缝针迹花纹,装饰性很强。最简单的云头花是利用各种形状的弧线盘曲而成,也可

缉成方格、菱形、鱼鳞、六角形等各种图形。

【云头花】 见"云纹缉花"。

【花绦】 又称"绦子"、"花边"或"阑干",可作为帷幕、桌围、椅披或床沿等边饰,主要用于镶滚衣服的边缘,一般多用于衣服的领口、袖端、襟边及下摆。我国服装使用花绦,已有2 000余年的历史。花绦最初的用途,是增加衣服的牢度。因为古时服装多用轻薄柔软的衣料制成,领袖襟裾等部位易于磨损,为此才用较厚实的料子(如织锦)镶沿。由于缘边在衣服上的面积较大,地位较显著,因此常在上面织绣各种纹样,在实用基础上,以增添装饰效果。湖南长沙、湖北江陵等地出土的战国、西汉服饰,所有的衣物上,大多缀有花绦边饰。在我国服装史上,运用花绦最为广泛的时期,主要是在清中晚期。尤其在咸丰、同治年间更为盛行。各种花绦式样繁多,对服装款式变化,起到很大作用。通常只用本色或素色的衣料制成服装,钉上各种五彩缤纷的花绦,当时被视为妇女、儿童服饰的一种必需的装饰品。

【绦子】 见"花绦"。

【花边】 见"花绦"。

【阑干】 见"花绦"。

【板网】 服装装饰工艺名称。又称"打揽",国外称它为"司麦克"。它是先用各种颜色的缝线,将衣料抽成有规则的皱褶,然后再用有颜色的缝线进行有规则的编缝,使之成为各种美丽的网状图案。这一装饰工艺的特点,是立体感强,色彩丰富秀丽,既装饰了服装,又能使制品起到松紧带的作用。它适用于女装或童装,在我国少数民族的服饰上采用者也较多。

【打揽】 见"板网"。

【司麦克】 见"板网"。

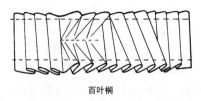

板网

【收皱褶】 缝纫技法名称,常用的有机收和手收两种。机收时先将缝纫机的针码放长,面线放松,然后沿边作缝一道,将面线抽紧,衣料便会皱缩成褶;手收是用手针在衣片的沿边作行缝一道,然后再将抽线收紧成皱褶,待收到需要的长度为止,缝线的两端打结。皱褶的关键是要求细密均匀,最后是上面盖布或缉线使皱褶固定、不移动。

【缉细褶】 服装装饰工艺名称。又称"缉塔克"。先把需要折褶的部位,烫转烫成折褶,然后在折褶的沿边部位缉线(一般离边0.15～0.2厘米左右),使折褶固定。缉细褶的形式有直列、横列、斜向和菱格形等多种。

【缉塔克】 服装装饰工艺名称,即"缉细褶"。

缉细褶

【百叶褶】 服装装饰工艺名称。是折褶的一种形式,主要应用于女式服装的胸前、衣袋或枕套、靠垫的边缘作装饰之用。百叶褶的制作方法是用一幅长条的衣料,按照需要的尺码,向一个方向折叠成一个个相连接的折褶,因褶的形式很像房屋遮阳用的百叶窗,故名。如在中间缝牢,两

边的折褶向相反方向折叠,即成逆向百叶褶;如折褶一边向前折叠,另一边向后折叠,即成倒顺百叶褶。

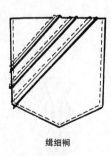

百叶褶

【锁边】 亦称"拷边"、"包缝"。是用专用的缝纫机(即俗称拷边机或包缝机)将衣片轮廓的边沿锁光,不使衣片的经、纬纱支失散。目前凡是做单层的服装,除了特别松薄的衣料之外,对衣片周围轮廓都必须进行锁边处理。

【拷边】 见"锁边"。

【包缝】 见"锁边"。

【绲边】 滚边。章炳麟《新方言·释器》:"凡织带皆可以为衣服缘边,故今称缘边曰绲边。"

【滚边】 服装装饰工艺名称,又称"滚条",是用一种其他薄质衣料将衣片的衣缝沿边包光作为装饰的一种缝纫工艺。滚条大都选用色泽鲜艳的绸料,因为绸料质薄而软,滚制方便,效果较好。滚条有狭滚、阔滚、单面滚光和双面滚光等区分。用作滚边的材料,最好是斜料的,开剪滚边料的方法和开剪嵌线布的方法是相同的。

【滚条】 服装装饰工艺名称,即"滚边"。

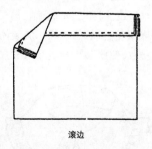

滚边

【嵌线】 服装装饰工艺名称,就是在衣缝的边缘或拼接处的中间嵌上一

道带状的衣料作为装饰。嵌线衣料的颜色或花纹有时与衣片的颜色或花纹是不同的。一般用条格衣料作为嵌线比较醒目，装饰效果也较好。成品嵌线的宽度一般以 0.3 厘米左右为好，不宜过粗。做嵌线的衣料应该斜裁，因为斜料略有伸缩性，嵌在圆弧形衣缝中，容易平服，同时斜料的两边不易松散吐毛。嵌线还分有绳和无绳两种，作为服装上的嵌线，大都是无绳的。

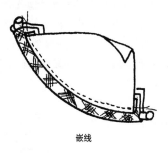

嵌线

【镶色】　服装装饰工艺名称，指在服装的衣缝沿边，或在衣片的中间，镶缝其他颜色的衣料作为装饰。镶色有明缝镶、暗缝镶和包缝镶、盖缝镶等多种。其中以暗缝镶和盖缝镶为最简便，只要将两块衣料对拼，或将镶料盖贴在衣片上面即可。

镶色

【嵌花边】　服装装饰工艺名称。花边，是服装上的主要装饰附件之一，有白色和单色的尼龙花边，有彩色提花编织的丝质花边等。在服装的领边、袖口边、门襟边以及胸前、裙摆等处，嵌镶花边以后，能增添服装的秀丽、雅致，使服装更显灵巧可爱。特

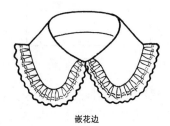

嵌花边

别是姑娘或儿童的衣裙上装，装饰花边以后，如锦上添花。嵌缝花边的方法有夹嵌法、盖嵌法、压嵌法、拼嵌法等多种。

【月牙边】　服装装饰工艺名称。把服装的止口沿边修剪成弧曲月牙的形状，然后在沿边用绣线锁光，或缝上相同形状的贴边。月牙边主要用于女式或儿童服装的领圈、衣襟、袖边和下摆等有关部位的沿边。

月牙边

【鸡心边】　服装附件装饰名称，又称"饺子边"或"小元宝边"，是用薄质的化纤衣料或丝质衣料折皱后，再用针线牵串缝制而成，其形状很像连续成串的小鸡心，故名。它主要缝在妇女或儿童服装的领边、袋口边等部位作装饰用。作为鸡心边的衣料应是直丝长条形、中间不能有接缝，牵串的针迹都应在鸡心边的反面。

【饺子边】　见"鸡心边"。

【小元宝边】　见"鸡心边"。

鸡心边

【荡条】　服装装饰工艺名称。又称"宕条"。滚、镶、嵌、荡是服装的传统装饰工艺。荡条大多用质地柔软、色彩鲜艳的绸料或缎料裁制，宽度约 1 厘米左右。缝在衣襟、下摆、袖边等处作为装饰之用，它不是缝在止口的沿边，而是缝在里边，缝在沿边的是滚边，缝在里口的称荡条。荡条有单荡、双荡、多荡和明荡、暗荡等多种区别。

【宕条】　见"荡条"。

荡条

【荷叶边】　服装附件装饰名称。是利用直条衣料，一边和衣片缝合并略作皱裥，一边松散不缝。这松散不缝的一边就成高低起伏，如同荷叶边沿的形状，故名。在民间大都使用在枕套等服饰用品的沿边，作为装饰之用。

【木耳边】　服装附件装饰名称。制作木耳边的衣料，必须细薄柔软，和衣片缝合的一边，皱裥较为紧密，缝成后的边沿起伏的折皱犹如木耳，故名。木耳边和荷叶边的区别主要是荷叶边的宽度应在 5 厘米以上，皱裥较少，木耳边的宽度较窄，一般在 3 厘米左右，皱裥较密。在市场上有现成尼龙木耳边供应。

【三角边】　服装附件装饰名称，又称"齿形三角边"，是用多块薄料折叠后连接起来的齿形花边，一般镶嵌在领边或袋口边缘，作为装饰之用。制作三角边的衣料必须正方，不宜用斜料，面积以 3 厘米见方为宜，如衣料较厚可先剪去一角再折叠。先将衣料折成等腰三角形，然后将齿口逐个

相包连接,并要求齿口间隔均匀,平直,整齐。

【齿形三角边】 见"三角边"。

【波浪边】 服装附件装饰名称,属荷叶边类装饰。荷叶边是用直条衣料缝皱而成。波浪边是利用圆弧形或螺旋形的衣料,使其里口短,外口长,在缝纫时将弧形的衣料拉直,里口和衣片缝合,这时弧形衣料的外口就会很自然地产生高低起伏的形状,成波浪形的装饰,故名。

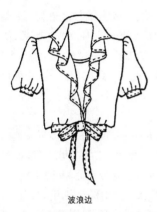

波浪边

【裥】 衣服扣的一种,为服装的副料,能起重要的装饰作用,也有一定的实际作用。一件女大衣或风衣,在腰部加个齐腰裥,显出掐腰,能减少大衣的肥大筒型感,使之美观、大方;有些男上衣,运用肩裥,给人以肩宽背厚的感觉,弥补了窄肩、溜肩的不足;上衣底边或袖口、袋边,运用带裥,可使服装"年轻化"。裥在服装上的具体选用,要根据不同面料、色彩和不同季节的服装,进行合理搭配。一般硬质单一色调(灰、驼、蓝色等)面料,做出的带裥服装,能显示出衣服的挺括性;夏季男女衬衫或连衣裙,适用于形状细窄一点的裥,点缀在肩、袖等部位;春、秋、冬服装的裥,要宽大一些,点缀于胸、腰、袋、下摆等部位。

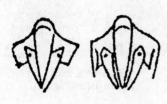

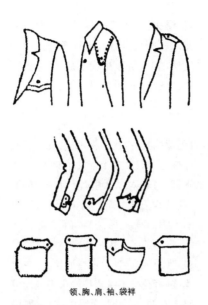

领、胸、肩、袖、袋裥

【银花饰片】 明代遗物。1977 年,北京海淀区八里庄,明·武清侯李伟夫妇墓出土。银花片图案运用錾花单线刻成,计 147 片。纹饰有番莲、灵芝、银锭、古钱、艾叶、方胜、天马、"寿"字、河图、蝙蝠、"吉庆有余"等,银质较低,为衣物饰片。

明代银花饰片
(北京海淀区八里庄明墓出土)

【须坠】 服装装饰附件的名称。亦称"坠须"。是利用绒(毛)线制作的装饰用品,可以用在女式服装、帽子等的抽带两端作装饰用。制作的方法是:按照须坠长短需要备硬卡纸一块,先把绒线缠绕在上面,然后一端扎紧扎牢,一端剪断,并把它反过来再扎一周(像扎拖把的方法一样),即成。

【坠须】 见"须坠"。

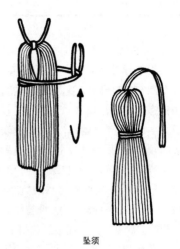

坠须

【绒球】 服装装饰附件的名称。利用绒(毛)线,缠绕、剪开制成,可用于服装、鞋帽等作装饰之用。制作的方法是:用一块硬纸版,纸版的大小根据需要的绒球大小而定,把绒线缠绕在纸版上,约 30 圈左右,然后在中间扎牢、扎紧,两端剪断,搓圆即成。

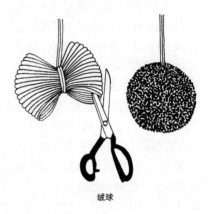

绒球

彩裙、裆裙

【裙】 古为下裳。《说文》作"帬"（帬，裙的异体字）。古代男女同穿，今专指妇女的裙子。我国妇女穿裙，历史悠久。两汉以来，妇女穿裙，就有文字记载。《急就篇》二："袍襦表裹曲领帬"。《后汉书·明德马皇后纪》："常衣大练，裙不加缘。"西汉时流行一种折叠成许多褶纹的"留仙裙"。晋代时兴绛纱复裙、丹碧纱纹双裙等。唐朝妇女一般穿红色裙子，白居易有"血色罗裙翻酒污"（《琵琶行》）之句。元朝后期，妇女兴素淡色的裙子。明代又流行百褶长裙，以红色为主。清代的裙子，名目繁多，曹雪芹《红楼梦》提到有大红灰鼠皮裙、葱黄绫子棉裙、翡翠撒花洋绉裙等。现代裙款式更为繁多。裙长短的区别，会带来感觉上的变化。如：短裙能使人感到轻松活泼，长裙使人产生文静、稳重感。裙一般由裙腰和裙体构成，有的只有裙体而无裙腰。按裙腰在腰节线的位置区分，有中腰裙、低腰裙、高腰裙；按裙长区分，有长裙（裙摆至胫中以下）、中裙（裙摆至膝以下、胫中以上）、短裙（裙摆至膝以上）和超短裙（裙摆仅及大腿中部）；按裙体外形轮廓区分，大致可分为统裙、斜裙、缠绕裙三大类。

【帬】 见"裙"。

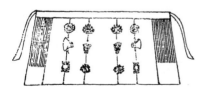

衮冕服中的裙（下裳）
（《明会典》）

【裳】 裙的异体字。古之裳。《玉篇·衣部》："裳，……裳也。亦作裙。"

【下裙】 穿在下身的裙子。《说文·巾部》："常，下帬也。""帬"，为裙的异体字。汉乐府《陌上桑》："缃绮为下裙，紫绮为上襦。"

【散幅裙】 古代一种散幅不缝的女裙。《荆湖近事》："周行逢为武安节度使，妇人所着裙皆不缝，谓之散幅裙。或曰：裙子于身以幅多为尚，周匝于身。"

【无缘裙】 古代一种不施缘的女裙。亦称"秃裙"。多士庶女子穿用。《太平御览》卷六九六引《汝南先贤传》："戴良嫁五女，皆布裙无缘。"《后汉书·明德马皇后纪》："（后）常衣大练，裙不加缘。"汉·刘向《列女传》卷八："（明德马皇后）遂登后位，身衣大练，御者秃裙不缘。"长沙马王堆汉墓出土女裙，以四幅素绢拼成，裙腰以素绢为之，无缘，为较早的一件无缘女裙。

【秃裙】 见"无缘裙"。

无缘裙
（湖南长沙马王堆汉墓出土）

【留仙裙】 古代妇女的一种皱褶裙。汉·刘歆《西京杂记》载：一天，赵飞燕穿着一条云英裙与汉成帝同游太液池。正当她在鼓乐声中翩翩起舞时，忽然刮起一阵大风，她像燕子一样被吹飞起来。周围的宫女见状急忙上前拉住她的裙子，才免于被风刮走。但是赵飞燕的裙子被拉出许多皱褶。出乎意料的是，这皱褶层叠的裙子却另有一番韵致。于是，宫女们竞相效仿，故意将裙子人为地做出许多褶裆，时人称其为"留仙裙"。

【汉百褶毛布长裙】 汉代长裙珍品。现藏新疆博物馆。裙腰上缘微残，长94厘米；腰上宽89厘米；裙腰与裙摆连接处呈百褶形，摆底宽246厘米。长裙腰高而直，呈筒形，下摆为喇叭口状。裙摆分六层，分别是胭脂红编织毛缘和氉织花纹毛缘及土黄毛布。

氉织花纹有兽首、十字形、六棱、曲折、菱格和三角形纹等，色泽有白、蓝、红、黄、棕、绿和紫红等。长裙被污染，有残损，故有些花纹和色彩已不易辨识。

汉代百褶毛布长裙
（新疆博物馆藏品）

【战裙】 武士所着之裙服。为便于骑乘，多制为两片。清·赵翼《陔余丛考》卷三十三："战裙之始，按《国语》……注：'跗注者，兵服，自腰以下注于跗。'则今之战裙，盖本此也。"

【百折裙】 古代一种多折女裙。亦称"百叠裙"、"百褶裙"、"百裆裙"。相传始于魏晋南北朝，两宋较流行，后历代妇女均喜爱服用。"百折"，谓其"多折"之意，实则多则百余，少则数十。折裆宽窄随意，若两侧者，须左右相等。清·李渔《闲情偶寄》卷三："近日吴门所尚'百裆裙'，可谓尽美。"清·李斗《扬州画舫录》卷九："近则以整缎折以细缝，谓之'百折'。"可见百折裙在清代有些地区尚盛行。

【百叠裙】 见"百折裙"。

【百褶裙】 见"百折裙"。

穿百折裙的古代女子
（高句丽双楹冢姜道东壁壁画）

【石榴裙】 古代一种大红色女裙。以石榴花练而成,故名。梁元帝《乌栖曲》:"芙蓉为带石榴裙。"石榴裙在唐时是一种流行服饰,尤其中青年妇女,特别喜欢穿着。如唐人小说中的李娃、霍小玉等,就穿这样的裙子。唐诗中亦有许多描写,如李白诗:"移舟木兰棹,行酒石榴裙";白居易诗:"眉欺杨柳叶,裙妒石榴花";杜审言诗:"桃花马上石榴裙";万楚诗:"红裙妒杀石榴花"等。石榴裙一直流传至明清,仍然受到妇女欢迎。《红楼梦》里亦有大段描写,可相印证。

【围裙】 古代劳作时系缚的一种布裙,男女均用。商周时俗称"縪巾",秦汉后称"襜巾"、"大巾",明清时名"围裙"。雷镌《古经服纬》卷中:"《郑风》之縪巾,《方言》之大巾是也。以后代之名释之,即汉之屌褣,今之围裙矣。……今之围裙上端,亦纽属于领,此即古之襜巾可知。"

【縪巾】 见"围裙"。

【襜巾】 见"围裙"。

【大巾】 见"围裙"。

系围裙的晋代农民
(甘肃嘉峪关晋墓壁画)

【绕衿】 裙。《方言》四:"绕衿谓之帬(帬,裙的异体字)。"注:"俗人呼接下,江东通言下裳。"衿,一本作"衿"。也作"绕领"。《广雅·释器》:"绕领,帔,帬也。"参见"裙"。

【複裙】 一种夹裙。古称"複裙"。晋·张敞《东宫旧事》:"皇太子纳妃,有绛纱複裙、绛碧结绫複裙。"(《说郛》五九)

【羊肠裙】 古代裙名,是流行于我国西北少数民族地区的一种褶裙,汉末三国时传入内地。据载,这种裙用布一匹,由于挛缩如羊肠而得名,形式比较瘦窄。魏晋时贵族妇女多以着羊肠裙为时髦;至隋唐时,士庶女子也有穿的。宋·叶廷珪《海录碎事·衣服》:"羊肠裙:敦煌俗,妇人作裙,挛缩如羊肠,用布一匹。皇甫隆禁改之。"

【长裙】 魏晋南北朝和隋唐时期较盛行的一种裙式。约始于汉末。《续汉书·五行志》:"献帝时,女子好为长裙。"《晋书·五行志》:"(晋)武帝泰始初,衣服上俭下丰,著衣皆压腰。元帝大兴初,是时为衣者又上短,带才至于腋。"隋代,妇女裙腰,高者多束至腋下,裙沿曳地。至唐代,长裙流行束之胸部,上胸半袒。甘肃敦煌唐代壁画、各地出土之唐代女俑,均可见到妇女所服长裙。到五代后,长裙渐消退,裙腰降至腰部。五代·周文矩《宫中图》和唐·张萱《捣练图》中,都绘有当时的长裙款式。至宋明时,有的裙子长度,比唐代更甚,最长者曳地四五尺。明·田艺蘅《留青日札》卷二十:"先见广西妇女衣长裙,后曳地四五尺,行则两婢前携之。"

唐代妇女穿的长裙
(唐·张萱《捣练图》)

【短裙】 一种较短的裙子。长不掩踝,短至膝间。多为劳作者服用。五代·后唐·马缟《中华古今注》卷中:"始皇元年,宫人令服五色花罗裙,至今礼席有短裙焉。"《文献通考·四裔》:"丈夫以缯采缠头,衣毡褐,妇人辫发,著短裙。"清·李宗昉《黔记》卷三:"蛮人在新漆、丹江二处,男子披

草蓑,妇人青衣,花布短裙。"

【唐代女裙】 唐代晚期,流行宽体长裙,一般用五幅丝帛缝制,亦有用六幅、七幅、八幅,甚至有十二幅的。十二幅裙的宽度,达3.48米。唐·刘存《事始》:"裙,古人已有裙八幅直缝乘骑,至唐初,马周以五幅为之,交解裁之,宽于八幅也。"1972年,新疆吐鲁番阿斯塔那出土有唐"宝相花印花绢褶裙"和"瑞花印花绢褶裙",前者为油绿色地,白色宝相花,宽摆窄腰,长26厘米。后者为棕黄色地,黄色瑞花,长25.5厘米。两裙现藏新疆维吾尔自治区博物馆。

上:唐代宝相花绢裙
下:瑞花绢裙
(1972年新疆吐鲁番阿斯塔那出土)

【黄裳】 古代一种黄色之裙。《诗·邶风·绿衣》:"绿兮衣兮,绿衣黄裳。"

【衬裙】 古代女子的一种里裙。隋代炀帝时,用夹缬花罗所制。五代·后唐·马缟《中华古今注》:"衬裙,隋大业中,炀帝制五色夹缬花罗裙,以赐宫人及百僚母妻。"

【红裙】 古代一种红色女裙,年轻女子最喜爱穿着。唐代很盛行。当时染红裙的染料,主要从石榴花中提取,故红裙别称为"石榴裙"。唐·李白有"移舟木兰棹,行酒石榴裙"诗句。万楚有"眉黛夺将萱草色,红裙妒杀石榴花"诗句。从出土文物观察,裙式主要有齐胸和齐腰两种,流行的是贴身

适体的窄长裙。质地有绫、罗、绮、缦、绢、纱等。参见"石榴裙"。

红罗裙
（明·王圻《三才图会》）

【花间裙】 唐代流行的一种女裙。裙上缀有竖道细纹,在两细纹间饰有当时盛行的宝相花或四瓣花纹,故名"花间裙"。《旧唐书·高宗本纪》:"其异色绫锦,并花间裙衣等,糜费既广,俱害女工。"陕西西安王家村唐墓,出土一三彩女俑,所穿长裙即为花间裙。

穿花间裙的唐代贵妇
（北京故宫博物院藏唐三彩女俑）

【十二破】 隋唐妇女的一种裙式。隋唐时期流行间色彩裙,运用两三种颜色的绫罗拼合缝制,形成条纹的裥褶效果,新颖、时尚、优美。"十二破",是指用十二条彩绸拼合的裙,故名。

系间色彩裙（十二破）的唐代妇女
（甘肃敦煌莫高窟329窟唐供养人）

【百鸟裙】 古代用百种鸟羽织造的一种彩裙。传唐代中宗(李显)女安乐公主,令尚方用百鸟毛羽,织造两裙,正视、旁视、日中、影中,各为一色,裙中并呈现出百鸟之状。《新唐书·五行志》一:"安乐公主使尚方合百鸟毛织二裙,正视为一色,傍视为一色,日中为一色,影中为一色,而百鸟之状皆见。"后传至民间,广为流行,致使山林珍禽捕杀殆尽。唐·张鷟《朝野金载》卷三:"安乐公主造百鸟毛裙,以后百官、百姓家效之,山林奇禽异兽,搜山荡谷,扫地无遗,至于网罗杀获无数。开元中,禁宝器于殿前,禁人服珠玉、金银、罗绮之物,于是采捕乃止。"明·于慎行《榖山笔尘·杂记》:"唐安乐公主有织成裙,直(值)钱一亿,花卉鸟兽,皆如粟粒,正视、旁观、日中、影中各为一色。"

【百鸟毛裙】 见"百鸟裙"。

【织成裙】 见"百鸟裙"。

【花笼裙】 古裙名,用一种轻软细薄而透明的丝织品,即"单丝罗"制成的一种花裙。亦称"笼裙"。上用金线绣成花鸟形状,是罩在它裙之外的一种短裙。这种裙,有花重色复之感,流行于唐代。五代·后唐·马缟《中华古今注》卷中:"隋大业中,……又制单丝罗以为花笼裙,常侍宴供奉宫人所服。"《新唐书·五行志》一:"(安乐)公主初下降,益州献单丝碧罗笼裙,缕金为花鸟,细如丝发,大如黍米,眼鼻觜甲皆备,瞭视者方见之。"

【单丝碧罗笼裙】 古代裙名。《蜀中广记》卷六十七《方物记》:唐代"安乐公主出降武延秀,蜀川献单丝碧罗笼裙,缕金为花鸟,细如丝发,鸟子大仅黍米,眼鼻嘴甲俱成,明目者方见之。"安乐公主为唐中宗女儿。《旧唐书·五行志》亦有此记载。

【晕裙】 古代一种彩裙。俗称"月华裙"。以晕染织物作成,故名。《宋史·乐志》十七《教坊》:"女弟子队……六曰采莲队,衣红罗生色绰子,系晕裙,戴云鬟髻,乘彩船,执莲花。"唐代女子也流行穿晕裙,如甘肃敦煌莫高窟107窟唐代壁画所绘一妇女,即穿着晕染之长裙。

穿晕裙的唐代妇女
（甘肃敦煌莫高窟107窟唐代壁画）

【茜裙】 古代一种大红色女裙。亦称"蒨裙"。茜草,根可作大红色染料。用茜草根染的衣料所作之女裙,古称"茜裙",大红色泽,蒨丽可爱,隋唐时期年轻女子都爱穿着。李群玉《黄陵庙》诗:"黄陵女儿茜裙新"。

【蒨裙】 同"茜裙"。为一种红色女裙,古时中青年女子都喜穿着。唐·杜牧《樊川集·村行》诗:"襄唱牧牛耳,篱窥蒨裙女。"宋·姜夔《小重山》词:"东风冷,香远茜裙归。"宋·苏轼《浣溪沙》词:"相排踏破蒨罗裙。"

唐代绛红印花绢裙
（新疆阿斯塔那出土）

【青裙】 古代一种青色女裙。都为老年妇女、农家女子服用。宋诗:"青裙归田舍。"北宋·苏东坡诗:"主人白发青裙裤。"

【拂拂娇】 古代彩裙名。五代·后唐·同光年间,帝见晚霞云彩可爱,命染院作"霞样纱",并以此作"千折裙",分赐宫嫔。自后民间亦爱好之,竞作彩裙,名曰"拂拂娇"。宋·陶谷《清异录》卷下:"同光间,上命染工作霞样纱为千褶裙,分赠宫嫔,是后民间尚之,号'拂拂娇'。"

【千折裙】 见"拂拂娇"。

穿拂拂娇(千折裙)的五代女子
(五代·周文矩《重屏会棋图》)

【郁金裙】 古代裙名。唐宋时期贵族妇女穿用。使用郁金香草浸染,使裙子具郁金香色、郁金香味,故称"郁金裙"。唐·李商隐《牡丹》诗:"垂手乱翻雕玉珮,折腰争舞郁金裙。"张泌《妆楼记》:"郁金,芳草也。染妇人裙最鲜明,然不奈日炙。染成,则微有郁金之气。"用郁金香作染料,可染成黄色,这种黄色的裙子,穿在身上,芳香诱人,故深受青年女子的喜爱。

【笼裙】 见"花笼裙"。

【百裥裙】 古代裙名,是据隋唐裥裙形成,两宋时褶多而细,故名"百裥裙"。清初,苏州妇女又崇尚"百裥裙",裙式用整幅缎子打折成百裥。

南宋百裥裙(下右为褶裥示意)
(福州南宋黄昇墓出土)

周锡保《中国古代服饰史·清代服饰》:"曾见有三条百褶裙实物,前面裙门绣花加花边栏干,左右打细褶,相合恰好是一百褶;另一条半身为八十折,整裙即有一六〇折,……名不虚传"的百褶裙。见"百折裙"。

【月华裙】 古代裙名。据传为一种浅色画裙,裙幅共十幅,腰间每褶各用一色,轻描淡绘,色极淡雅,风动色如月华,因此得名。清代月华裙,在一裥之中,五色俱备,好似皎洁的月亮呈现晕耀光华。清·叶梦珠《阅世编》卷八:"数年以来,始用浅色画裙。有十幅者,腰间每褶各用一色,色皆淡雅,前后正幅,轻描细绘,风动色如月华,飘扬绚烂,因以为名。"李渔《闲情偶寄》卷三:"吴门新式,又有所谓'月华裙'者,一裥之中,五色俱备,犹皎月之现光华也。"

【间色裙】 古代一种色泽相间的女裙,故名。亦称"间裙"。唐代较流行,年轻女子都喜穿用。《旧唐书·

穿间色裙的晋代、唐代女子
上:甘肃酒泉丁家闸古墓壁画
下:陕西三原唐墓壁画

高宗本纪》:"其异色绫锦,并花间裙衣等,糜费既广,俱害女工。天后,我之匹敌,常著七破间裙。"

【间裙】 见"间色裙"。

【藕莲裙】 古代一种红绿相映的女裙。因其色似荷莲,故名。有缂丝、彩绣和堆纱。明·范濂《云间据目钞》卷二:"梅条裙拖、膝裤拖,初尚刻丝,又尚本色,尚画,尚插绣,尚堆纱;近又尚大红绿绣,如藕莲裙之类。"

【赶上裙】 一种宋代女裙。亦称"上马裙"、"马裙"。宋代理宗朝,宫中妃嫔等都系束前后相掩的裙,长而拖地,名曰"赶上裙"。由于这种裙式不同于一般的裙,当时认为是一种奇装。《宋史·五行志》三:"理宗朝,宫妃系前后掩裙而长窄地,名'赶上裙'。"明·田汝成《西湖游览志馀》卷二:"理宗时,宫中系前后掩裙,名曰上马裙。"清·魏子安《花月痕》第四十二回:"有个垂髫女子,上身穿件箭袖对襟鱼鳞文金黄色的短袄,下系绿色两片马裙,空手端在炕前。"

【上马裙】 见"赶上裙"。

【马裙】 见"赶上裙"。

【旋裙】 古代裙名。宋代妇女乘驴出行,系束一种旋裙,前后开衩,以便乘骑。这种旋裙,开始行之于京都女妓,后来又为一般士大夫之家相效。

【襜裙】 古代女裙之一种。金代较盛行,用六幅绸帛缝制,上彩绣全枝纹饰,色多黑紫。《金史·舆服志》:"妇人服襜裙,多以黑紫,上编绣全枝花,周身六瓣积。……此皆辽服也,金亦袭之。"

【锦裙】 古代女裙之一种。金代女真妇女常服此裙。裙式为左右各缺2尺左右,用绣帛裹细铁丝为圈,使其扩张展开,上面再罩以单裙。下身束襜裙,尚紫黑色,其上编绣全枝花,全裙用 6 个折裥,本为辽人服饰,金人承袭而用之。

【元云龙八宝纹缎裙】 元代缎裙珍品。1964 年江苏苏州张士诚母曹氏墓出土。裙长 90、宽 340 厘米,保存完好,现藏苏州博物馆。织物组织,为正反五枚缎,经丝银灰色,纬丝褐色。图案织有朵云、团龙和杂宝纹样。杂宝源出八宝,又称八吉祥。这件缎裙只采用了四宝:莲花、宝伞、双鱼和盘长。朵云、团龙、杂宝,排列有序,布局均衡,色泽柔和,织造精工,显示了元末织造的高超技艺。

【横幅】 古代一种腰裙。《晋书·倭人传》:"其男子衣以横幅,但结束相连,略无缝缀。"《南史·林邑国传》:"男女皆以横幅古贝绕腰以下,谓之'干漫',亦曰'都漫'。"腰裙以后一直较流行,尤其是明清时期,妇女穿着者较多。贝绕腰以下,谓之干漫,亦曰都漫。《梁书·诸夷传》:"泰应谓曰:'国中实佳,但人裸露可怪耳。'寻始令国内男子著横幅。横幅,今干漫也。大家乃截锦为之,贫者乃用布。"清·厉荃《事物异名录》卷十六:"干漫、都漫……如今之所谓裙也。"

明代妇女腰裙(横幅)

【干漫】 见"横幅"。

【都漫】 见"横幅"。

【合欢裙】 明代一种裙式。亦称"襕裙"。其裙作反围,自后腰,围向前腹,双向相合,故取名"合欢裙"。

【襕裙】 见"合欢裙"。

【马尾裙】 古代衣裙名,盛行于明代成化年间。据传其式来自朝鲜,裙式作下折,蓬工张大。弘治初,在京士人都爱着马尾裙。马尾裙,用马尾或毛麻织物裁制,故名。明·陆容《菽园杂记》卷十:"马尾裙始于朝鲜国,流入京师,京师人买服之,未有能织者。初服者,惟富商、贵公子、歌妓而已。以后武臣多服之,京师始有织卖者,于是无贵无贱,服者日盛,至成化末年,朝官多服之者矣。"

【清代朝裙】 着于外褂之内、开衩袍之外,在朝贺及祭祀时用之。皇太后、皇后之冬朝裙用片金加海龙缘,上用红织金寿字缎,下石青行龙妆缎,皆正幅,有襞积;夏朝裙,片金缘,缎纱随用。余如冬。其下至皇太子妃皆同。一品命妇冬朝裙与民公夫人同,片金加海龙缘,上用红缎,下石青行蟒妆缎,皆正幅,有襞积。下至三品命妇皆同。夏朝裙,片金缘,缎纱随用。余同冬朝裙。《大清会典》卷四十四:"皇后冬朝裙,片金加海龙缘,上用红织金寿字缎,下石青行龙妆缎,皆正幅,有襞积。皇贵妃、贵妃、妃、嫔皆同。皇后夏朝裙,片金缘,缎、纱惟时。余如冬朝裙。"卷五十:"朝裙,公主福晋,下至辅国公夫人、乡君,冬片金加海龙缘,上用红缎,下石青行龙妆缎;夏片金缘,缎、纱惟时,皆正幅,有襞积。民公夫人至三品命妇,奉国将军淑人,冬夏朝裙,下皆用行蟒。奉恩将军恭人,四品命妇至七品命妇,朝裙,皆片金缘,上用绿缎,下石青行蟒妆缎,冬夏用之。"

清代皇后朝裙

【弹墨裙】 清代一种女裙。亦称"墨花裙"。因其运用墨弹之色作染料,故名。其色调淡雅似水,清新明快,倩净柔和。年轻女子都爱之,清时甚流行。其工艺是:用纸剪镂成各种花样,或用天然花叶,放置于浅色丝帛上,然后对准花样、花叶用淡墨色弹洒,待阴干后去掉纸花、花叶,丝帛上就显出黑白相间的花纹。清·曹雪芹《红楼梦》五十七回:紫娟"穿着弹墨绫薄绵袄"。清·李渔《闲情偶寄》:"惟近制弹墨裙,颇饶别致。"

【墨花裙】 见"弹墨裙"。

【襕干裙】 清代一种绣花女裙。裙的款式,大体与百褶裙类似,唯裙腰较紧窄,下摆较大。裙两侧打大褶,每褶间镶饰襕干;裙门、裙下摆,镶饰大边,色泽与襕干边相同。晚清时代襕干裙较流行。有一条晚清时水红暗花绸襕干裙传世实物,裙中及裙褶间,均彩绣有蝴蝶和牡丹等纹饰,配色秀丽,绣工精致。

清代绣花襕干裙
(传世实物)

【凤尾裙】 古代裙名。用绸缎裁剪成大小规则的条子,每条上绣以花鸟图纹,在两畔镶以金线,拼缀成裙,下配有彩色流苏,称为"凤尾裙"。其裙式,状如凤尾,故名。主要流行于清康熙、乾隆时期。清·李斗《扬州画舫录》卷九:"裙式以缎裁剪作条,每条绣花,两畔镶以金线,碎逗成裙,谓之凤尾。"凤尾裙有三种类型,第一种是在裙腰间下缀绣花条凤尾;第二种是在裙子外面加饰绣花条凤尾,每条凤尾下端垂小铃铛;第三种是上衣与下裙相连,肩附云肩,下身为裙子,裙子外面加饰绣花条凤尾,每条凤尾下端垂小铃铛。第三种凤尾裙,也作新娘婚礼服。

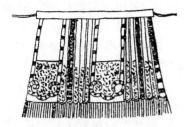

清代凤尾裙

【清代百褶裙】　清时一种打褶的绣花女裙。前后有 20 厘米左右宽的平幅裙门,裙门的下半部为装饰区,上绣各种华丽纹饰,以花鸟虫蝶最为流行,边加缘饰;两侧各打细褶,有的各打 50 褶,合为百褶;也有各打 80 褶,合为 160 褶;每个细褶上也绣有精细花纹,上加褶腰和系带;底摆加镶边。

【马面裙】　清代一种女裙。晚清较流行。前面有平幅裙门,后腰有平幅裙背,两侧有褶。裙门、裙背加纹饰。上有裙腰和系带。

【玉裙】　清代乾隆时期流行的一种女裙。清·李斗《扬州画舫录》卷九:"近则以整缎褶以细裥道,谓之百褶。其二十四褶者为玉裙,恒服也。"

【鱼鳞百褶裙】　清代一种女裙。主要流行于咸丰、同治年间。俗称"时样裙"。裙褶处,交错以线钉合,裥褶较多,称"百褶";张展紧缩,开合自如,展开时,似鱼之鳞,故取名"鱼鳞百褶裙"。《清代北京竹枝词·时样裙》:"凤尾如何久不闻? 皮绵单袷费纷纭。而今无论何时节,都著鱼鳞百褶裙。"

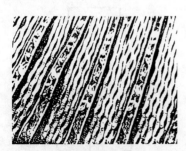

清代鱼鳞百褶裙(部分)
(传世实物)

【时样裙】　见"鱼鳞百褶裙"。

【红喜裙】　清代新娘婚礼服用裙。式样通常有单片长裙和襕干式长裙两种,大红色,上绣五彩花。穿时与大红色或石青色地绣花女褂配套。红喜裙在民国时期仍为民间普遍使用的一种女婚礼服。

【粗蓝葛布裙】　清代满族下层劳动者所穿的裙子,据《故宫周刊·汉译满文老档拾零》载,努尔哈赤于天命八年(1623)6 月发布命令,曾提到"无职之护卫随侍及良民,于夏则冠菊花顶之新式帽,衣粗蓝葛布裙,春秋则衣粗布蓝裙"。此种穿蓝粗布裙的习俗,在我国汉族劳动人民中及众多少数民族中也有,汉族民间不仅用粗蓝布作裙子,而且用蓝印花布制作裙子,裙式有蔽膝裙、中短裙、长裙等。

【粗布蓝裙】　见"粗蓝葛布裙"。

【作裙】　又称"腰裙",清代江浙一带农村、小镇的手工业者,大都喜欢用这类裙子。作裙一般用蓝布制作,在腰间两侧缀缀以彩线绣制的板网(俗称打揽)的工艺装饰。作裙用两幅裙料组成,穿用时用扎带系在腰部,有长的,亦有短的,现苏州农村尚流行这种作裙。

【腰裙】　见"作裙"。

【缚裙】　古代妇女的一种短裙。裙

系作裙的晚清老者

长至膝,多系结于衣裤外,通常在劳作时穿用。为便于劳动,常将裙裾缚于腰间,故名"缚裙"。在江南一带甚流行,有的还饰有绣花,一般为青、蓝色。

缚裙

【襦裙】　苏州水乡妇女的一种俗服。龚建培《江南水乡妇女服饰与民俗生态》:苏州地区水乡妇女的襦裙,一般用两幅布前后叠压做成,束加在衣衫外腰部。襦裙两侧用彩色丝线绣100～110 个细密裙裥,称之为"须风吊栀子裥",裙周边用色布或花布正面滚边,后面贴边,可两面穿用。腰带很长,绕腰一周至腰后挽结,另有饰带下垂至腿部。由于襦裙紧束于腰,凸显出腰部的纤细,蓬起的裙摆,

上:苏州水乡妇女穿的襦裙
下:襦裙卷开图《江南水乡妇女服饰与民俗生态》,《江苏文史研究》1998 年 3 期)

又夸张了臀部,充分地显示了妇女的形体之美。

【襕腰头】 苏州水乡妇女的一种俗服。龚建培《江南水乡妇女服饰与民俗生态》:苏州地区水乡妇女的"襕腰头",是和襕裙连用的一种饰物,束在襕裙外面。襕腰头一般为三部分拼接而成,中间用淡蓝布,两边拼接深蓝或黑色布,四周滚内贴边。与之相连的腰带称"穿腰"、"背腰",上彩绣各种图案。

【穿腰】 见"襕腰头"。

【背腰】 见"襕腰头"。

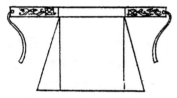

苏州水乡妇女的襕腰头
(《江南水乡妇女服饰与民俗生态》,
《江苏文史研究》1998 年 3 期)

【饭单】 一种系于腰间的小裙。通常为妇女系于颈,垂于胸,长至膝,亦有稍短的,腰间用两带结于后。一般都为劳动操作时使用。清朝时,在上部尚镶有如意头,并绣有花纹作装饰。

【系双裙】 主要流行于上海崇明岛。岛上海风猛烈,妇女们特别是新娘,腰间都紧束两条裙子,怕大风吹飘裙子,故称。

【十带裙】 旧时新娘系缚的一种彩裙。以前在陕西澄城等地区,民间流行一种婚姻习俗,新娘出嫁日,须穿一条用十条二寸宽的彩绸或彩缎缝制的裙子,称为"十带裙"。"十带"与"世代"谐音,以寓世代福寿连绵之含义,为当地一种寓意吉庆的服饰。

【开襟裙】 现代裙类名称,又称"拷纽裙"。裙子在前面中间开襟到底,并钉纽扣或缀以拷纽,是直裙类的式样变化之一,可用灯芯绒、卡其、劳动布或各类化纤衣料裁制,方便、实用。

【拷纽裙】 现代裙类名称,即"开襟裙"。

现代开襟裙

【斜裙】 裙类名称,又称"喇叭裙"。因为它在裁剪时,是按圆径 90 度制图,腰口小,下摆大,呈喇叭形,并且裙片完全是斜丝绺构成,故名。斜裙是总称。按裙片的组合结构,可分为两片式、四片式和六片式等多种,也有用一块正方形的衣料剪成圆形,正中剪出圆形的腰孔,就成无缝的斜裙,即俗称独片式枱面裙。四片裙是斜裙的式样变化,由前后左右四块裙片组成。是日常穿着较多的斜裙,如果用条子衣料裁制,前后裙片还可组成人字形的花纹,适宜女童、女学生和青年姑娘穿着。六片裙是由前后中片和左右侧片共六片裙片组成。六片裙宜裁制略为长些,宜用素色衣料裁制,穿着后给人以苗条修长的感觉。

斜裙

【喇叭裙】 裙类名称,即"斜裙"。

【定型裙】 裙类名称,大多用针织纯涤纶织物裁制。在裁制之前将衣料用专门的工具(如热塑轧棍等)进行热塑定型处理,使处理后的裙褶能经久不退。用这种衣料裁制的女裙,即成定型裙,广州、上海等地称为"叠影裙"。

【叠影裙】 现代裙类名称,广州、上海等地对定型裙的俗称。见"定型裙"。

【密裥裙】 一种折裥较密较多的女裙式样。古代称"百褶裙"、"百裥裙"、"百折裙"。密裥裙的每一裥距,一般约在 2～4 厘米之间。参见"百裥裙"、"百折裙"。

密裥裙

【折裥裙】 裙类名称,又称"折裥直裙"。就是在裙片中,通过各种形式折裥后做成裙子的总称。常穿的有暗折裥裙(裥底在反面)、扑裥裙(裥底向上)、顺风裥裙(折裥向一个方向)、百裥裙(折裥很多很密)和间隔裥裙等多种,暗裥裙即俗称夹克裙。就是在前裥片中间收有暗折裥一只,上端用针线缝牢固定,下端松散,以便于行走跨步。暗裥裙造型端庄、整齐,适于中年妇女穿着。

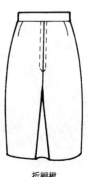

折裥裙

【折裥直裙】 见"折裥裙"。

【皱裥裙】 裙类名称,是结构最简单,裁制较方便的裙子之一。皱裥裙就是在裙子的腰口作不规则的皱裥收拢,或在腰口串上松紧带后,成自然的皱裥收拢。皱裥裙腰口小、裙围宽散,适宜女童、女学生和女青年穿着。皱裥又称"细裥"或"乱裥",收裥虽无规则,但却要求细密、均匀。

【细裥】 见"皱裥裙"。

【乱裥】 见"皱裥裙"。

皱裥裙

【直裙】 裙类名称,又称"折裥裙"。是利用衣料的直丝绺裁制,并通过各种形式的折裥(有规则或无规则的)、开衩、做缝等缝成的裙子。一般讲,直裙的裙围较小,从臀围至裙围之间是一条直线,或稍略斜出,其长度在膝下 20 厘米左右。

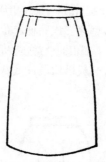
现代直裙

【间隔裥裙】 我国传统名称谓"马面裙"。裙子两侧为折裥,中间一段光面,俗名"马面",故名。有的在马面中,还缀以各式彩绣。参见"马面裙"。

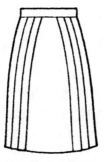
间隔裥裙(马面裙)

【八裥裙】 裙类名称,属折裥裙的一种。前裙片的中间是一块马面,左右两边各有四条顺风折裥。后裙片是独片式、平整、无裥。造型别致,线条优美、跨步方便,适合中青年妇女穿着。

【背心裙】 现代裙类名称,又称"马甲裙"。上面是一段背心式的上衣,下面和各种式样的裙子相连接,穿着方便,美观实用。里面可衬穿衬衫或各类针编织物与毛线编结服装,是春秋季节理想的服装品种之一。

【马甲裙】 现代裙类名称,即"背心裙"。

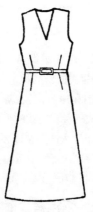
现代背心裙

【连衣裙】 现代裙类名称,又称"连衫裙"或"布拉吉"(俄语的译音)。这是由衬衫式的上衣和各类裙子相连接成的一种裙类品种,有长袖的、短袖的,有领式的和无领式的各种式样变化。连衣裙是一个品种的总称,是姑娘们喜欢的夏装之一。因为衣和裙的连接恰好在人体的腰部,所以服装行业中,俗称它为"中腰节裙"。因

其高低适中,造型美观、秀丽,适合各种层次的妇女穿着。

【连衫裙】 现代裙类名称,即"连衣裙"。

【中腰节裙】 现代裙类名称。连衣裙的俗称。见"连衣裙"。

现代连衣裙

【布拉吉】 现代裙类名称,布拉吉是俄语译音。见"连衣裙"。

【育克裙】 现代裙类名称,又称"高腰节裙"。"育克"是外来语,它是由育克和裙子两部分组合而成。因为育克较短,一般都在腰围以上,或在齐胸围处拼接,这样就将裙子的腰围提高,故又称高腰节裙。不论是上面的育克或下面的裙片,都可作多种不同的造型变化。

【高腰节裙】 现代裙类品种名称,即"育克裙"。

【独幅裙】 现代裙类名称,是用独幅衣料裁制的女裙。利用衣料的门幅宽度作裙长,在裙腰部分收有皱裥,裙围大约是腰围的三倍,用 70 厘米门幅的衣料裁制,最为省料合宜,裁制简易方便,适宜家庭中自行裁制。

【吊带裙】 现代裙类名称。它和背带裙不同,背带一般都较宽长,并在背后打衩,而吊带较窄短。吊带裙一般在腰节以上部位都有一段护胸和护背的衣料。在盛夏季节穿着凉快、

舒适,除了女童以外,成人也穿着,在国外比较流行。

【旗袍裙衫】 是融合旗袍和衬衫式样所创造的一种女式服装。下半部吸取旗袍的长处,两边开衩,收腰较紧。线条简洁明快,上半部采取衬衫的做法,穿着松快、凉爽、舒适。既具有旗袍典雅大方的特点,又有衬衫宽松适体的长处。省料、价低、美观,适合青年妇女穿着。

穿旗袍裙衫的现代妇女

【裙掌】 一种能使外面裙子蓬松鼓起的衬裙,大多用硬挺的衣料裁制,或在制作时打很多的折裥及作上浆处理等,把外面的纱裙撑起,显出膨胀的轮廓,主要是旧时用于各类晚礼服中的长裙,现代使用者较少。

【旗袍裙】 现代裙类名称,是取旗袍下半段作为造型的一种女裙式样。两侧像旗袍一样开衩,裙子的腰部紧窄,臀围部位宽出,下摆又较窄,裙子造型附合人体体型,优美流畅。用料省,裁制简易,很受妇女们(特别是中老年妇女)的欢迎。

现代旗袍裙

【缠绕裙】 现代裙类名称。用缠绕法裁制,故名。方法是用布料缠绕躯干和腿部,用立体裁剪法裁制。因缠绕方法不一,裙式也多种多样。缠绕裙常作为晚礼服穿用,当人体动作时,裙体皱褶的光影效果常给人以韵律美感。

【钟形裙】 现代裙名称。因裙之外形似钟,故名。一般裙之腰部,常以褶饰,使裙体蓬起,再内加衬里,用亚麻布质的衬裙。

【西装裙】 现代裙名称。因与西装上衣配套穿用,故名。常运用收額和打褶等手法,使裙体合身。通常都选用呢绒、化纤混纺织物、针织面料裁制。制作时宜与西装上衣款式和色彩和谐与统调。

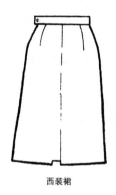

西装裙

【直身裙】 现代裙类名称,又称“直统裙”,是裙类的新品种之一,特点是胸围、腰围和裙围,三者基本上一样粗细,形成一种直筒式的形状。衣片结构,是上下相连,腰间不作剪断。有时为了跨步方便,在近裙摆处接上一段收有折裥的接边。直身裙不论

现代直身裙

孩子或成人都可穿着。

【直统裙】 见“直身裙”。

【三节裙】 现代裙类名称,又称“接裙”或“塔式裙”。接裙、直裙、斜裙是构成裙类的三个主要品种。接裙有很多形式,三节裙是其中式样变化之一。三节裙是用三种颜色三节裙料组成,也有用一种颜色组成或横料、直料交错使用。其中上节最小,中节次之,下节最大,在每节裙片的上端收有皱裥。三节裙的特点是造型别致,色调鲜艳明快,适合年轻姑娘穿着。因其裙片由多节组成、逐节放大、上小下大形如宝塔,故又名“塔式裙”。

【接裙】 见“三节裙”。

【塔式裙】 见“三节裙”。

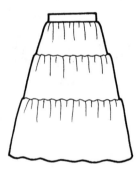

现代三节裙

【波浪裙】 裙类名称,属斜裙的式样变化之一。利用两片式斜裙裙片,在腰口的某一部位,在缝纫时作稍略的拨开和上提,在这一部位裙片的斜丝绺上提,就会形成高低起伏的波浪状,故名。波浪的设置必须是前后左右对称,一般以四波浪或八波浪式较多。

波浪裙

【背带裙】 现代裙类名称。下面是各种式样的裙子，上面配以背带(背带可宽可狭，有多种式样)，穿着时利用背带把裙子吊起，方便实用。背带裙最适宜给10岁左右的女孩子或女学生穿着。

现代背带裙

【饭单裙】 裙类名称，又称"护胸裙"。即在裙子的上端胸部处，加上一只饭单(即护胸)。饭单的式样很多，有方角形、圆角形等。在清代，尚镶有如意头纹，并绣有花作装饰。饭单裙是妇女系于颈间，垂于胸前，长至膝，亦有稍短的，腰间用两带结于后，一般都为劳动操作时使用。做女孩的饭单裙，饭单可裁制成各种小动物头像作装饰，如小猫、小兔等，活泼有趣。

【护胸裙】 现代裙类名称，即"饭单裙"。

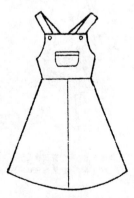

饭单裙

【超短裙】 现代裙类名称，又称"迷你裙"。日常一般穿着的女裙。其长度应以下肢的膝盖为准，如裙长不到膝盖为短裙，在膝盖以上10厘米，其

至更短者，称超短裙。据说超短裙由美国的服装设计师鲁道夫·格恩莱希在二十世纪六十年代首先推出。由于超短裙的轻盈、活泼，能充分显露女性下肢的健美体态、活动灵活自在，所以一经问世，就受到西方妇女的欢迎。

【迷你裙】 见"超短裙"。

【藏族围裙】 围裙，藏语称"邦丹"，亦称"邦垫"、"班代"。用羊毛织成，织法独特，编织精密，美观大方，是西藏著名手工艺品之一。按传统工艺，先把羊毛纺成纱，染成各种颜色，就可以织出多种颜色的品种。一种称"协玛"的上等围裙，有14种以上颜色。围裙上织有不同色彩横条，有宽纹和细纹两种。宽纹以宽阔强烈对比的色条相配置，具有粗犷明快的风格；细纹以纤细相关色条组成，具有娴雅温和的格调。卫藏地区喜以三幅20厘米宽的彩色横条羊毛织物错落拼缝，并加金银线织角饰镶缀，鲜艳绚丽。藏北牧区多用黑牦牛绒或山羊毛织物，垂以绿穗，称"霍莫邦垫"。西藏山南贡嘎县杰德秀称为"围裙之乡"，相传生产围裙已有五六百年历史，享有盛名，历史上曾远销印度、尼泊尔、不丹以至西欧等国。西藏各地束围裙的习惯有不同。以前，拉萨地区只许已婚女子束扎，日喀则地区从小就系。现在围裙已成为藏族年轻姑娘、中老年妇女普遍使用和喜爱的饰品。

藏族妇女穿的围裙

【邦丹】 围裙，藏语称"邦丹"。见"藏族围裙"。

【邦垫】 见"藏族围裙"。

【班代】 见"藏族围裙"。

【霍莫邦垫】 见"藏族围裙"。

【统裙】 中国傣族的传统服装，又作"桶裙"、"幢裙"、"筒裙"。佤族、崩龙族(现称德昂族)、景颇族的妇女也穿用。统裙出现很早，唐人樊绰《蛮书》载：傣族妇女"披五色娑罗笼"，指以娑罗布做的统裙或衣服。明人李思聪《百夷传》载："妇人……身穿窄袖白布衫，皂布桶裙，……贵者以锦绣为桶裙，其制作甚陋。"明《景泰云南图经》也说傣族妇女"衣白布窄袖短衫，黑布桶裙"。这是对"桶裙"一词的最早记载。最初的统裙是以木棉为原料纺织的娑罗布(又称"桐华布"、"吉贝布")制作的。统裙有长短二种，长者自腰腹及脚背，约3尺；短者自腰腹及膝盖，约2尺。通常先将土布织成方幅，然后稍加剪裁，缀联两头，成为桶状。裙子一般以花为主，也有单色(黑或蓝)或是在一边镶有红、蓝、花布的。穿时不用腰带，用手将一角拧成结，掖入腰间，前面形成一个自上而下的大褶，大褶随习惯向左向右均有。

【幢裙】 见"统裙"。

上：傣族长统裙
下：傣族短统裙

【桶裙】 亦称"筒裙"、"统裙"。我国南方许多民族穿着的一种女式裙服。因裙子似圆桶形，故名。唐时称"娑罗笼"，男女皆用。现云南傣、景颇、德昂、哈尼、阿昌、布朗等族妇女，仍穿着这种裙子。用单色或多色方布缝缀而成，长及踝。旧时以当地土制棉布上缀花纹者为多，亦有用丝绸为原料的。

【筒裙】 见"桶裙"。

【通裙】 古代女裙之一种。《旧唐书·南平僚传》："妇人横布两幅，穿中而贯其首，名为通裙。"通裙，可能即为傣族传统之统裙。唐·樊绰《蛮书》："披五色娑罗笼"，指用娑罗布制作之统裙。参见"统裙"。

【五色娑罗笼】 古代傣族一种女式统裙。唐·樊绰《蛮书》：傣族妇女"披五色娑罗笼"，系指以当地娑罗布做的统裙。元、明时，尚流行于元江流域和滇西地区傣族中间。

【黎桶裙】 亦称"黎桶"。西南少数民族所着。以黎锦为之，周身折有细裥，穿时由首贯入。初为黎民所着，故名。清·屈大均《广东新语》卷十五："亦有织为巾帨与裙者，裙曰'黎桶'，横幅合缝如井栏，皆素花假锦百裥而成。"

【黎桶】 见"黎桶裙"。

【娑裙】 亦称"婆裙"。唐宋时岭南少数民族新娘所穿长裙。长达丈余，以藤系腰，裙幅多余部分抽提，聚收于腰。《新唐书·南蛮传》下："妇人当项作高髻，饰银珠琲，衣青娑裙，披罗段。"宋·周去非《岭外代答》卷六："其裙四围缝制，其长丈余，穿之以足，而系于腰间，以藤束腰，抽其裙令短聚，所抽于腰，则腰特大矣，谓之娑裙。"

【婆裙】 见"娑裙"。

【契玛】 朝鲜族一种传统女裙。具有浓厚的民族特色。流行于吉林、黑龙江和辽宁等地区。多以棉布或丝绸缝制而成。视年龄大小有各种式样。中年妇女多穿长裙和筒裙。长裙长及脚跟，穿时把裙子下摆一端提起掖在腰带里。筒裙是缝合的筒式裙子，腰间有许多细裥，上端连一白布小背心，前胸开口扣纽扣，穿时从头部下套，裙长过膝。少女多穿短裙，短至膝盖，颜色多样。

契玛(朝鲜族女裙)

【佤族条纹裙】 流行于云南南部佤族，为一种民间传统女装。通常用各种彩色棉线或麻线编织而成，长短不一，有过脚踝的长裙，也有不过膝的短裙。一般为两色，以红色为主，间有另一种颜色的粗细不等的横向条纹；也有以红、黑色为主，间有蓝、白、紫等彩色条纹，多为青年妇女所喜爱。

穿条纹裙的佤族女子
(孔令生《中华民族服饰900例》)

【柯尔克孜族连衣裙】 柯尔克孜族传统女装。流行于新疆克孜勒苏柯尔克孜自治州。衣裙宽大，用布、绸或白纱布作裙料，长及膝盖下，上端束于腰间，下端镶制皮毛，并带银制纽扣。在克孜尔河以南地区多为平裙，北部地区裙子下端多叠成折皱。袖口、领口均有手工绣花。年轻姑娘多选用红、绿色或花色料做裙；少妇多选用白、绿、黄色；老年妇女多采用蓝色，丈夫去世后则穿黑色。

穿连衣裙的柯尔克孜族女子
(孔令生《中华民族服饰900例》)

【苗族细褶裙】 苗族妇女裙式的一种。清代西南苗族妇女，喜爱细褶裙，有多至二百褶者，有的甚至穿五重，较次者亦有二三重。式样有长的，亦有短的。有素色，亦有彩色，并有苗绣细褶裙。

穿细褶裙的苗族妇女

【苗族白鸡毛裙】 流行于贵州三都水族自治县和榕江县地区,为苗族的一种传统女装。系一种青布条裙,上彩绣有动物、花卉纹样,或全幅采用桃花,或用蜡染;裙下边沿,吊饰白鸡毛一周,故名。为苗族妇女最爱穿用的服饰之一。

【土族胡尔美彩裙】 土族民间传统女装。亦称"蝴蝶裙"。流行于青海民和回族土族自治县和互助土族自治县等地区。作法是用红色布,分为左右两扇,缀制有褶纹,上连于裙腰,下用白布沿边,裙式形似蝴蝶两扇红翅膀,故名。土族青壮年妇女,十分喜欢穿用。

【蝴蝶裙】 见"土族胡尔美彩裙"。

【尹甲】 布朗族妇女穿的一种外筒裙。在西双版纳布朗族地区较流行。一般在臀部以上多为红色横条花纹,

腿部以下为绿色或黑色。有的还镶着花边。布朗族妇女出外穿两条筒裙。内筒裙为一色白或一色黑。在家或在地里干活仅着内筒裙。

【纳西族百褶围裙】 纳西族成年妇女穿的一种裙子。流行于云南丽江纳西族自治县、宁蒗彝族自治县、中甸县等地。元·李京《云南志略》载:宁蒗一带女孩十三岁行成年礼时始穿。分内、外两层,多以浅蓝色布料为外层,白布作里衬;亦有白布作外层的。裙长及足。因裙围由腰始呈竖条叠层,故名。有的妇女,喜着多褶裙,长可及地。

穿百褶围裙的纳西族妇女
(孔令生《中华民族服饰900例》)

【墨约】 门巴族妇女的一种传统长裙。多用白底长条花布缝制,亦有以白色氆氇制作。有的裙边还装饰有短须,优美大方。西藏墨脱地区的门巴族妇女,多爱穿长条花色裙子,爱戴耳环和戒指。

穿筒裙(尹甲)的布朗族女子
(孔令生《中华民族服饰900例》)

穿墨约长裙的门巴族妇女
(孔令生《中华民族服饰900例》)

【犵狫裙】 古代女裙之一种。为仡佬(犵狫)族传统女裙,故名。宋·朱辅《蛮溪丛笑》载:犵狫裙幅,两头缝断,穿时自足而入,质地阑斑厚重,裙之下段纯以红。即范史所谓之独立衣。现仡佬族妇女,多着斜襟或对襟短衫,穿长裙,长裙绣有各式花纹,有的系深色长围裙。

穿传统女裙的仡佬族妇女
(孔令生《中华民族服饰900例》)

【彝、苗等族百褶裙】 彝、苗、侗、傈僳、普米等族妇女的一种传统衣裙。历史悠久,主要流行于西南地区。唐·樊绰《蛮书·名类》载:"乌蛮"妇女,"以黑缯为衣,其长曳地";"白蛮"妇女,"以白缯为衣,下不过膝。"明(弘治)《贵州图经新志》卷六《风俗》篇载:仲家妇人以青布一方裹头肩细褶青裙,多至20余幅,腹下系五彩,挑花方幅若绶,仍以青布袭之。此裙皱褶多而密,故名。裙有长短之分,长者曳地,短者及膝。侗族的百

穿百褶裙的彝族女子
(孔令生《中华民族服饰900例》)

褶裙由前后两片构成。穿时小腿裹绑腿或穿袜筒。不论寒暑，在节日和外出作客时均穿。川、滇大小凉山彝族地区，一般系用三种不同彩色的布缝缀而成。裙面折叠很多，长曳到地。

【塔拉吉】 台湾高山族泰雅人的一种传统服装。亦称"哈瓦卡·吐毕兰"。主要流行于台湾北部地区。实为一种围腰。为猎头凯旋跳舞时穿着的盛服。长方形，以红绒线与黄棉线交织而成。上有黑色条纹。褶下系结有一列百颗黄铜小铃，舞蹈时发出清脆之音，非常悦耳。

【哈瓦卡·吐毕兰】 见"塔拉吉"。

【瑶族围裙】 瑶族妇女大多喜爱系一条围裙，围裙裙边多绣有山峦图案，象征她们志在深山安居乐业，并有爱山的情志；在围裙中间留出一片空白，象征她们具有纯洁的心灵。这种刺绣山峦图案的围裙，也代表了瑶族妇女一种极其高尚的胸怀。

【布依族栓短围腰裙】 布依族妇女的一种传统围腰裙。系这种栓短围腰裙的妇女，表明她尚未出嫁。围腰长约33厘米。上端用花飘带栓于腰上，下摆与上衣下摆等齐；两边为天蓝色底，中间为青缎，上彩绣牡丹或荷花或喜鹊梅花，两边彩绣各种花卉图案。做工精细，绣工齐整，配色谐和。还有一种栓长围腰裙，为已婚妇女系用，围腰上顶胸口，下齐膝盖，青布缝制，无彩绣，亦不饰绣花飘带，为一种便于劳作的围腰裙。以上两种围腰裙，主要流行于贵州西南地区的布依族。

【萨满神裙】 即萨满法衣。萨满教，以前在蒙古、赫哲和鄂伦春等少数民族地区较流行，每一氏族，都有一个萨满。在进行法事活动时，头戴神帽，身穿法衣、神裙。各地的萨满神裙，大体近似。神裙由飘带、铜铃、铜镜等组成。飘带一般为36条，前后幅各18条，布带与兽皮各半，上饰彩绣；布带每条一节、四节不等；神裙前幅有铃三、五、七不等；裙上附属饰品数量也不等，如铜镜、四足蛇、龟和珠数串数等，这与萨满的级别有关。

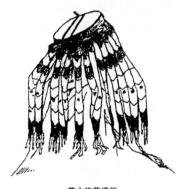

蒙古族萨满裙

袍服纹、色

【古代舆服纹、色起始】《后汉书·舆服志》对舆服纹样、色彩起源作较详阐述，从中以明晰古人作服之初衷。其文曰："上古穴居而野处，衣毛而冒(帽)皮，未有制度。后世圣人易之以丝麻。观翚翟之文，荣华之色，乃染帛以效之。始作五彩成以为服，见鸟兽有冠角𬌺胡之制，遂作冠冕缨緌，以为首饰，凡十二章。故《易》曰：庖牺氏之王天下也，仰观象于天，俯观法于地，观鸟兽之文与地之宜，近取诸身，远取诸物，于是始作八卦以通神明之德，以类万物之情。黄帝、尧、舜垂衣裳而天下治，盖取诸乾坤，乾坤有文，故上衣玄，下裳黄。日、月、星辰、山龙、华虫作绘；宗彝、藻、火、粉、米、黼黻𫄨绣，以五彩章施于五色作服。"

【龙衮】古帝王朝服。上绣龙纹。《礼·礼器》："礼有以文为贵者，天子龙衮，诸侯黼，大夫黻。"《礼·玉藻》作"龙卷"。唐·王维《王右丞集·送韦大夫东京留守》诗："天工寄人英，龙衮瞻君临。"

穿龙衮服的明仁宗像
(《历代帝王像》)

【肩挑日月、背负七星】古代服饰寓意纹样。在古代帝王冕服左右肩膊，绣或织上日月纹样，在后领下绣或织上星宿纹样，俗称："天子肩挑日月，背负七星。"《隋书·礼仪志》："大业元年，炀帝始诏吏部尚书牛弘、工部尚书宇文恺、兼内史侍郎虞世基、给事郎许善心、仪曹郎袁朗等，宪章古制，创造衣冠，自天子达于胥吏，服章皆有等差。若先所有者，则因循取用。弘等议定乘舆服合八等焉。"又因北周以来，衣上绣文十二章中日、月、星辰三事已改用于仪仗旗上，据虞世基议，才又把日月回复到帝王冕服左右肩膊上，星宿则在后领下。从此以后，山龙九物各重行十二，织绣五色相错成文。九章而加日月星，足成古绣文十二章数。《尚书·益稷》载：帝王冕服，于左右髀上为日月各一，当后领下而为星辰，又山、龙九物，各重行十二。在《历代帝王图》中，七位帝王所穿冕服，左右髀上皆有日月纹饰。

穿冕服(上饰肩挑日月，背负七星纹)的汉昭帝像
(明·王圻《三才图会》)

【十二章纹】古代祭祀服上的图案。十二章纹依次为：日、月、星辰、山、龙、华虫、宗彝、藻、火、粉米、黼、黻。十二章纹均有取义：日(日中有乌，彩云托之)、月(月中有玉兔捣药，下彩云护之)、星辰，取其照临；山(山岳一座)，取其稳重；龙(五爪龙一对，身被鳞甲)，取其应变；华虫(彩羽雉鸟一对)，取其文丽；宗彝(祭祀礼器，绘虎、蜼各一)，取其忠孝；藻(丛生水草)，取其洁净；火(若光焰之状)，取其光明；粉米(白米)，取其滋养；黼(斧形)，取其决断；黻(常作亞形，或两兽相背形)，取其明辨。皇帝在最隆重场合，穿十二章纹礼服，其次，视礼节轻重而定，大抵与冕旒相称。如冠用九旒，衣裳则用七章；冠用七旒，衣裳用五章，以此类推。故有衮冕服、鷩冕服、毳冕服、𫄨冕服及元冕服之分别。

十二章纹

【日】十二章纹之一。《五经图》十二章纹所绘日纹，为日以彩云护之，日中有三足乌。《说文》："日者，……太阳之精。"《广雅》："日名耀灵，一名朱明，一名东君，一名大明，亦名阳乌。"古人认为日中有三足乌，《淮南子》："日中有踆乌。"高诱注："踆，尤蹲也，谓三足乌。"汉·张衡释曰："日阳精之宗，积而成乌，足有三趾，阳之类数也。"古代常以三足乌表示太阳，三足乌亦称"金乌"，古时成为太阳之别称。《诗·小雅》中"九如"，以"如日之升"作颂词，取高升之义。十二章纹"日"列为第一章，当具有光照大地天下祥和之吉庆寓意。

日纹
(《五经图》)

【耀灵】见"日"。

【朱明】见"日"。

【东君】见"日"。

【大明】见"日"。

【阳乌】见"日"。

【金乌】 见"日"。

【月】 十二章纹之一。《五经图》十二章纹所绘月纹，为月以彩云相护，月中有玉兔捣药。《淮南子》："月者，太阴之精。"古代神话，以玉兔、蟾蜍替代月。《五经通义》："月中有兔与蟾蜍何，兔，阴也；蟾蜍，阳也。而与兔并明，阴系于阳也。"《三国·典略》："兔者，明月之精。"《册府元龟》："晋中兴书徵祥说曰：'白兔者，月精也。'"十二章之月纹，当取其光明之含义。

月纹
（《五经图》）

【星】 十二章纹之一。《五经图》十二章纹所绘星辰为三星鼎立，上一星与下两星直线联之。此图或"北斗"之略图。汉·司马迁《史记》："及秦并天下，令祠官所常奉天地名山大川鬼神可得而序也。雍有日、月、参、辰、南北斗之属，百有余庙。""辰"一说泛指众星，用如"星辰"；一说专指北斗星，用如"北辰"。北齐·颜之推《颜氏家训》："日为阳精，月为阴精，星为万物之精。"十二章中，日、月、星，谓之"三辰"。日、月、星，显系为最富神灵的天神，故列于冕服十二章纹的第一、二、三章，则取其照临天地之义。

星纹
（《五经图》）

【山】 十二章纹之一。山纹，以线绘山形。西周便有祭"五岳"之祭礼。

《周礼》："以血祭社稷、五祀、五岳。"《礼记·王制》："天子祭天下名山大川，五岳视三公，四渎视诸侯。诸侯祭名山大川之在其地者。"《汉书·郊祀志》下："（宣帝神爵元年）自是五岳、四渎皆有常礼。东岳泰山于博，中岳泰室于嵩高，南岳潜山于灊，西岳华山于北阴，北岳常山于曲阳。"《释名》："山，产也，言产生万物。"《说文》："山，宣也，宣气散生万物。"《韩诗外传》："夫山，万人之所瞻仰。材用生焉，宝藏植焉，飞禽萃焉，走兽伏焉，育群物而不倦。有似夫仁人志士，是仁者所以乐山也。"《礼记·明堂位》郑注："山，取其仁可仰也。"十二章中之山纹，以取其"产"、"宣"、"仰"等含义。

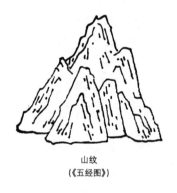

山纹
（《五经图》）

【龙】 十二章纹之一。《五经图》十二章所绘龙纹，为相对双龙，左为降龙，右为升龙。古时认为：龙能灵变，能兴云雨，利万物，济苍生，是最高的祥瑞。隋·顾彪《尚书疏》："龙取其变化无方。"宋·聂崇义《三礼图》："龙能变化，取其神。"十二章之龙纹，则取其灵变、祥瑞之义。

龙纹
（《五经图》）

【华虫】 十二章纹之一。《五经图》中所绘华虫为一雉形。华虫是雉的别称，俗称"野鸡"。其羽华丽，古时常作服饰。《书·益稷》："山龙华虫作会。"《传》："华，象草华；虫，雉也。"《疏》："草木虽皆有华，而草华为美。……雉五色，象草华也。"《月令》五时皆云'其虫'，虫是鸟兽之总名也。"此释华虫为二物。《周礼·考工记·画缋》："画缋之事……鸟、兽、蛇。"汉·郑玄《注》："所谓华虫也，在衣，虫之毛鳞有文采者。"《礼·王制》："制三公一命卷，若有加则赐也。"唐·孔颖达《疏》："华虫者，为雉也。……雉是鸟类，其颈毛及尾似蛇，兼有细毛似兽。"唐·杨炯《公卿以下冕服议》："华虫者雉也，雉身被五彩，象圣王体兼文明也。"隋·顾彪《尚书疏》："华取文章，雉取耿介。"

【雉】 见"华虫"。

【野鸡】 见"华虫"。

华虫纹
（《五经图》）

【火】 十二章纹之一。《五经图》所绘火纹，为火焰燃烧之状。《礼记·明堂位》郑注："火，取其明也。"《说文》："火，南方之行也。炎而上，象形。"《尚书·洪范》："火曰炎上。"孔颖达引王肃疏："火之性炎盛而升

火纹
（《五经图》）

上。"古"火"字形,似燃烧之火焰,故其字形有"象形"之说。如《尚书·益稷》孔安国注:"火为火字。"十二章中之火纹,当取其兴旺明亮之寓意。

【宗彝】 十二章纹之一。宗彝,系指在杯形祭器上,绘有虎、蜼图纹。蜼,为一种长尾猿。《尔雅·释兽》:"蜼,卬鼻而长尾。"郭璞注:"蜼似狝猴而大,黄黑色,尾长数尺。"《周礼·春官·司尊彝》:"凡四时之间祀,追享、朝享,裸用虎彝、蜼彝。"《周礼·司服》贾疏:"虎取其严猛,蜼取其有智,以其卬鼻长尾,大雨则悬于树,以尾塞其鼻,是其智也。"《礼记·王制》孔疏:"宗彝者,为宗庙彝尊之饰,有虎蜼二兽。虎有猛,蜼能辟害,故象之。不言虎蜼,而谓之宗彝者,取其美名。"十二章之宗彝纹,取其"智"、取其猛、取其不忘祖先和取其辟邪等象征意义。

宗彝纹
(《五经图》)

【藻】 十二章纹之一。《五经图》十二章所绘藻,为丛生水草之形。《尚书·益稷》孔传:"藻,水草有文者。"宋·聂崇义《三礼图》氅冕条:"藻,水草也。取其文,如华虫之义。"十二章之藻纹,当取其象征文采之义。

藻纹
(《五经图》)

【粉米】 十二章纹之一。也作"黼黻"。《尚书·益稷》:"日、月、星辰、山、龙、华虫、作会,宗彝、藻、火、粉米、黼、黻、絺绣,以五采彰施于五色作服。"疏引汉·郑玄注以粉米为白米,指白色米形花纹。《孔传》:"粉,若粟冰,米,若聚米。"分粉米为二物。《旧唐书·舆服志》:"社稷,土谷神也。粉米由之成也。"宋《蔡沈集传》:"粉米,白米,取其养也。"聂崇义《三礼图》:"粉米取其洁,又取其养人也。"隋·顾彪《尚书疏》:"粉取洁白,米取能养。"十二章之粉米纹,当取其象征洁白、养人之义。

【黺纩】 见"粉米"。

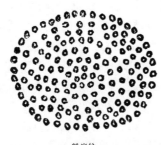

粉米纹
(《五经图》)

【黼】 十二章纹之一。为黑白相间的斧形纹样。《尚书·益稷》孔安国注:"黼若斧形。"《尔雅·释器》:"斧谓之黼。"晋·郭璞注:"黼文画斧形。"《考工记·画缋》:"白与黑谓之黼。"《说文》卷七下:"黼,白与黑相次纹。"《周礼·司服》贾疏:"黼,谓白黑,为形则斧纹,近刃白,近上黑,取断割焉。"冕服采用黼纹,象征临事能断。其色刃白身黑,谕意能断是非。《旧唐书·文苑传上·杨炯》:"黼能断割,象圣王临事能决也。"宋·陈祥

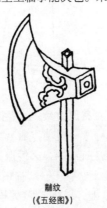

黼纹
(《五经图》)

道《礼书》卷二:"黼即斧也,刃白而銎黑,有专断之义。"

【黻】 十二章纹之一。黻纹,为黑青相间的亞形纹样。《考工记》:"黑与青谓之黻。"《周礼·春官·司服》疏曰:"黻,黑与青,为形则两'己'相背。"《尔雅》孙注云:"而自古画像则作'亞'形,明两'弓'相背戾,非两'己'相背戾也。两'弓'相背,义取于物,与斧同类。两'己'之'己'何物耶? 然则各传注所言两'己'者,岂非两'弓'相沿之误与?"《汉书·韦贤传》师古注云:"黻,画之'亞'文。"十二章之黻纹,取臣民背恶向善,取君臣有合离之义。

黻纹
(《五经图》)

【唐袍绣文】 唐代官服锦绣纹饰。《唐车服志》:"诸卫大将军中郎以下,给袍者皆易其绣文,千年卫以瑞牛,左右卫以瑞马,骁骑卫以虎,武卫以鹰,威卫以豹,领军卫以白泽,金吾卫以辟邪。"这种锦类,近年西北地区出土有野猪、飞马、灵鹫、羊、板角鹿、对马、骆驼和狮子等。

唐代对马纹锦
(新疆吐鲁番阿斯塔那出土)

【大科】 古锦袍上绣的大朵团花。《旧唐书·舆服志》:"(武德)四年(621)八月敕:三品以上,大科绸绫及罗,其

色紫,饰用玉;五品以上,小科绅绫及罗,其色朱,饰用金。"也作"大窠"。唐·崔令钦《教坊记》:"圣寿乐舞,衣襟各绣一大窠。"大窠,即大团花。唐·周昉《纨扇仕女图》中一宦者,其袍服胸背和下裙前后,均绣有大科团花。

【大窠】 见"大科"。

穿大科团花袍的唐代女官
(唐·周昉《纨扇仕女图》)

【独科花】 古代官服上的一种标志花纹。金、元、明时之官服,上有独科花等标志,以花的不同形状和彩色,来标志官职的高下。《金史·舆服志》、《元史·舆服志》和《明史·舆服志》,均有较详记载。

【明官员公服纹饰】 明制规定:一品为圆径五寸大独科花,二品三寸小独科花,三品二寸无枝叶之散花,四品、五品一寸半小杂花,六品、七品一寸小朵花,八品、九品无花。上朝奏事、谢恩时穿用。

【背胸】 亦称"胸背"、"补子"。古代官吏章服区分品级之一种徽饰。用金银彩丝织或绣于章服前胸后背,故名。其制始于明代。清称补子,文官绣禽,武官绣兽,不同品级所绣各异。清·刘廷玑《在园杂志》一:"常见福清叶相国向高集内,有钦赐大红贮丝斗牛背胸一袭。背胸,或即补子也。"参见"补子"。

【胸背】 亦称"补子"、"背胸"、"绣补"。是古时官员章服上区分品级的

徽志。见"补子"。

【补服】 明、清时凡装饰有补子的官服,称补服,也称"补褂"。前后各缀有一块补子,形式比袍短又类似褂但比褂要长,其袖端平,对襟,所以或称"外褂"、"外套",在清代官服中是主要的一种,穿用场所和时间也多。能表示官职差别的补子,即是两块绣有文禽和猛兽的纹饰。《大清会典图》:皇子,龙褂用石青色,绣五正面金龙四团,两肩及前后各一团,间以五彩云。亲王,绣五爪金龙四团,前后正龙,两肩行龙,用石青色,凡补服的服色都如此。郡王,绣五爪行龙四团(前后二肩各一)。贝勒,绣四爪正蟒二团(前后各一)。贝子,绣五爪行蟒二团(前后各一),固伦额驸同。镇国公,绣五爪正蟒二方,前后各一,辅国公、和硕额驸、民公、侯、伯补服制同。凡方补之形制,下达庶官都如此。清代定制:文官绣鸟,武官绣兽。一品文"鹤",武"麒麟";二品文"锦鸡",武"狮";三品文"孔雀",武"豹";四品文"雁",武"虎";五品文"鹇",武"熊";六品文"鹭鸶",七品文"鸿鹚";六七品武均为"彪";八品文"鹌鹑",武"犀牛";九品文"练雀",武"海马"。此外,都御史、按察史等执法官,均绣"獬豸"。命妇受封,亦用补子,各从其夫之品以分等级。参阅《清通典·礼嘉》四、《清会典事例·冠服通例》)。

【补褂】 见"补服"。

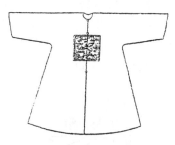
清代文一品官补服

【补】 古官服之纹绣。《续文献通考·王礼考·内使冠服》:"永乐以后,宦官在帝左右,必蟒服,制如曳撒,绣蟒于左右……又有膝襕者,亦如曳撒,上有蟒补,当膝处横织细云

蟒。"参见"补服"。

【补子】 明清官员章服上区分品级的徽志。也叫"背胸"、"胸背"。其制始于明代,清代称补子。一般用彩线绣制,亦称"绣补"。也有织造的。文官绣鸟,武官绣兽。明代补子大者达40厘米;清代补子一般都在30厘米左右。明代补子织在大襟袍上,所以补子前后都是整块;清代补子是缝在对襟褂上,因此补子前片都在中间剖开,成两半块。明代补子以素色为多,底子大多为红色,上用金线盘成各种图案,五彩绣补较少见;清代补子大多用彩色,底子颜色很深,有绀色、黑色和深红等。明代补子四周,一般不用边饰;清代补子都装饰有花边。明代有些文官(如四、五、七、八品)的补子,常织绣一对禽鸟,而清代的补子都绣织单只禽鸟。清代命妇礼服,也缀有补子,所绣纹饰,一般都视其丈夫或儿子的品级而定。唯武官的母、妻不用兽纹,而用鸟纹。如武一品绣麒麟,其母、妻则用仙鹤。意思是妇女生性文雅,不必尚武。妇女所用补子,一般比男用小些,长宽约在24～28厘米之间。见"补子纹饰"。

补子

【绣补】 古代官服上一种标志图案。

绣补

明、清时期,文武百官之公服,胸背加有补子,根据品级缀饰各种不同鸟兽图案。一般都用刺绣绣制,故名"绣补"。参见"补子"。

【金龙】 据《大清会典图》载:五爪金龙为清代亲王补服纹样。龙,古人认为它是最高的祥瑞。《说文》:"(龙)能幽能明,能细能巨,能短能长";能"兴云雨,利万物";"注雨以济苍生。"认为龙是最大的神物。龙原先是神武和力量的象征,封建社会被作为帝德和天威的标志,不准乱用。亲王补服上的龙纹为正面龙,头部左右对称,龙身作坐势,五爪,俗称坐龙,为龙纹中最尊贵的一种龙纹,常用于清代帝王服饰。

【正面龙】 见"金龙"。

【坐龙】 见"金龙"。

清代金龙补子
(《大清会典图》)

【蟒袍】 明清高官服饰。蟒似龙形,民间一般通谓"五爪为龙,四爪称蟒",实则首、鬣、火焰等均略有差异。蟒袍为贵重服饰,非特赐不得擅服。蟒纹分正蟒(亦称坐蟒)和行蟒两种。历来人臣赐服以赐正蟒为最尊贵。正蟒纹,头部左右对称,好似一条正面坐的蟒;行蟒纹,为蟒作行走之状。清代贝勒官服的补子,绣四爪正蟒二团,前后各一。清代贝子官服补子,绣行蟒二团,前后各一。山东省博物馆藏戚继光画像,所穿蟒袍,其蟒纹为四爪行蟒纹饰,较正蟒为次。

【正蟒】 见"蟒袍"。

【行蟒】 见"蟒袍"。

明·戚继光像(服四爪行蟒袍)
(山东省博物馆藏品)

【飞鱼】 明代高官补服纹样。明代正德时,武弁自参游以下,服飞鱼服。嘉靖、隆庆间,颁及六部大臣及出镇视师大帅等,有赏赐才能服之。《山海经·海外西经》:"龙鱼陵居在其此,状如狸(或曰龙鱼似狸一角,狸作鲤)。"因能飞,所以一名飞鱼,头如龙,鱼身一角。《明史·舆服志》:"张瓒为兵部尚书,服蟒。帝怒曰:'尚书二品,何自服蟒?'张瓒对曰:'所服乃钦赐飞鱼服,鲜明类蟒,非蟒也。'"明时,飞鱼纹类蟒形,有鱼鳍、鱼尾,亦有两角。飞鱼服是次于蟒衣的一种荣重服饰。山西省博物馆藏有明代飞鱼服,飞鱼为龙形,有二角,后为鱼尾形。

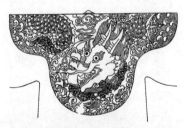

明代飞鱼服上的飞鱼纹
(山西省博物馆藏品)

【斗牛】 明代高官补服纹样。明《岐阳世家文物图像册》上,有十一世临淮侯李邦镇画像,其胸背补子,与一般蟒纹相似,惟头部两角作向下弯曲,似牛角之状。《名义考》:"斗牛如龙而觬角。"觬角即角作曲貌,一如弓鞬式。形异于龙、蟒之角。《埤雅》:"虚危(星名)以前像蛇,蛇体如龙。"故知斗牛纹并非牛形,而是一种想象的形象。《宸垣识略》:"西内海子中有斗牛,即虬螭之类,遇阴雨作云雾……且视之,湖水破裂一道已纵去。"亦谓非真牛形。又故宫太和殿脊兽中有斗牛一兽,头不作蟒形,遍体作鳞片,尾与麒麟尾相似。此兽纹亦用于服饰。斗牛纹服,次于飞鱼之服,属赐服之一。南京板仓明代徐俌墓出土有斗牛补,其斗牛纹与临淮侯李邦镇画像斗牛大体相同,头部两角作向下弯曲状,似牛角之形。徐俌为中山王徐达五世孙,成化元年(1465)袭魏国公。其斗牛服亦当属赐服。

上:明代斗牛服上的斗牛纹(引自《岐阳世家文
物图像册》十一世临淮侯李邦镇画像)
下:明代斗牛补纹样(南京板仓明代徐俌墓出土)

【麒麟】 古代服饰图案。明代作为贵戚服上之补子。《明史·舆服志》:"(洪武)二十四年(1391)定公、侯、驸马、伯服,绣麒麟、白泽。"南京太平门外板仓徐俌墓,曾出土一件明代麒麟纹补服,用片金织麒麟。徐俌为明开国功臣中山王徐达五世孙,袭封魏国公,其麒麟补服,与史载相同。麒麟为传说之仁兽。《说文》："麒，仁兽也，麇身，牛尾，一角；麟，牝麒也。"古以麒麟象征祥瑞。《管子·封禅》："今凤凰麒麟不来，嘉谷不生。"《瑞应图》："麟者仁兽也。……不践生虫，不折生草，不群居，不侣行，不食不义，不饮洿池；贤者在位则至。"清代麒麟作武官一品补子。

明代麒麟补
（南京板仓明代徐俌墓出土）

【白泽】　古代服饰纹样。白泽，传说中神兽名。传说黄帝巡狩东至海，登恒山，于海滨得白泽神兽，能言，达于万物之情。帝令以图写之，以示天下。后成为章服图案。明代有白泽补子，为明贵戚之服饰。《明史·舆服志》："（洪武）二十四年（1391）定公、侯、驸马、伯服，绣麒麟、白泽。"

明代白泽补
（明·王圻《三才图会》）

【天鹿】　为明代高官补服纹样。南京太平门外板仓明代徐俌墓，曾出土一件天鹿纹补服，天鹿纹补子，长、宽40厘米，用片金织天鹿纹，天鹿形似长颈鹿，四周饰海水江牙、松、竹、梅、银锭、犀角等纹样。天鹿亦称"天禄"、"福禄"、"白鹿"。天鹿为传说中之神兽，为祥瑞的象征。其形类狮，

独角长尾，能辟不详。《艺文类聚》九十九引《瑞应图》："天鹿者，纯善之兽也，道备则白鹿见，王者明惠及下则见。"北周·庾信《庾子山集·一春赋》："艳锦安天鹿，新绫织凤凰。"徐俌为明朝开国功臣中山王徐达五世孙，生前为南京守备，袭封魏国公。

【天禄】　见"天鹿"。

【福禄】　见"天鹿"。

【白鹿】　见"天鹿"。

明代天鹿补
（南京板仓明代徐俌墓出土）

【仙鹤】　明清一品文官补子纹样。《明史·舆服志》载：洪武二十四年（1391）定制，文官一品补子纹样，为仙鹤纹。南京博物馆珍藏的一件明代素缎仙鹤纹补服，胸背织有方形两只相对的仙鹤，而一般明清仙鹤补，仅为一只仙鹤。鹤，相传为一种长寿的瑞鸟，《诗经·小雅》："鹤鸣于九皋。"释文引《韩诗》："九皋，九折之泽。"《淮南子》："鹤寿千岁，以极其游。"《相鹤经》："鹤者，阳鸟也。……七年小变，十六年大变，百六十年变止，千六百年形定。"说鹤是"羽族之宗长，仙人之骐骥"。刘向《九叹远游》："腾群鹤于瑶光。"故古人称鹤为仙鹤。

上：明代仙鹤补
下：清代鹤补（《大清会典图》）

【锦鸡】　明清时为二品文官补子纹样。锦鸡，亦称"金鸡"。锦鸡，头上有金色冠羽，颈黄色，背部绿中有紫，尾毛长，因其五彩似锦，故名。《虞衡志》："南中有锦鸡，一名金鸡，形如小鸡，头项毛发金色，身红黄相间，极有文彩。"《禽经》："腹有彩文曰锦鸡。……岁采捕之，为王者冠服之饰。"

【金鸡】　见"锦鸡"。

上：明代锦鸡补
下：清代锦鸡补（《大清会典图》）

【孔雀】　明清时定为文官三品补子纹样。孔雀，亦称"越鸟"、"火离"。为古之瑞禽。《增益经》："孔雀有九德，一颜貌端正，二音声清彻，三行步翔序，四知时而行，五饮食知节，六常念知足，七不分散，八不媱，九知反复。"《埤雅》："（孔雀）遇芳时好景，闻弦歌，必舒张翅尾，盼睐而舞。"即孔雀开屏。

【越鸟】 见"孔雀"。

【火离】 见"孔雀"。

上：明代孔雀补
下：清代孔雀补（《大清会典图》）

【雁】 明清时定制为文官四品补服纹样。雁，古人认为是一种瑞鸟、智鸟，古多作为礼仪诚信的标志。《正字通》："雁，知时鸟也。"《物类相感志》："大曰鸿，小曰雁。"古相传雁为有序、守时之鸟："雁奴阳鸟也，飞作八字在天，人若张其一，则飞行中缺一位也。"《仪礼》："大夫执雁，取其候时而行也。……婚礼下达，纳采用雁。"《周书》："白露之日鸿雁来，鸿雁不来，远人背畔；小寒之日雁北方，雁不北方，民不怀上。"《淮南子》："夫雁从风而飞，以爱气力；衔芦而翔，以备弋缴。"雁，具备多种古人所提倡的伦理道德和人伦天性，故被视为瑞鸟、智禽、诚信的象征。

上：明代云雁补
下：清代雁补（《大清会典图》）

【白鹇】 明清文官五品补子纹样。白鹇，羽白似雪，间有黑色波纹，故亦称"白雉"、"银鸡"。因其举止飘洒，清闲，故又称"鹇"。唐·萧颖士《白鹇赋》："情莽渺以耿洁，貌轩昂以安闲。无驯扰之近性，故不惬于人寰；游必海裔，栖必云间。"唐·李白《求白鹇诗》："请以双白璧，买君双白鹇。白鹇白于绵，白雪耻容颜。照影玉潭里，刷毛琪树间。夜栖寒月静，朝步落花闲。我愿得此鸟，玩之坐碧山。胡公能辍赠，笼寄野人还。"白鹇，古人认为是极珍贵的飞禽。

【白雉】 见"白鹇"。

【银鸡】 见"白鹇"。

上：明代白鹇补
下：清代白鹇补（《大清会典图》）

【鹭鸶】 明清时，定制为文官六品补子纹样。鹭鸶羽毛洁白，腿长、颈长，嘴亦尖长，头上一缕长羽披后，神态潇洒。古人诗中昵称为"雪客"、"白鸟"、"鲜禽"。张华注："鹭，白鹭也，小大逾大，飞有次序，百官缙绅之象。"故古人以鹭的习性来寓百官缙绅井然，为官有序。

【雪客】 见"鹭鸶"。

【白鸟】 见"鹭鸶"。

【鲜禽】 见"鹭鸶"。

上：明代鹭鸶补
下：清代鹭鸶补（《大清会典图》）

【鸂鶒】 明清时定为文官七品补子纹样。鸂鶒毛羽美丽，双游有序。

上：明代鸂鶒补
下：清代鸂鶒补（《大清会典图》）

《本草释名》:"(鸂鶒)其形大于鸳鸯,而色多紫,亦好并游,故谓之紫鸳鸯也。"《图经》:"鸂鶒于水渚宿,老少若有敕令也,雄者左,雌者右,群伍皆有式度。"《淮赋》:"鸂鶒寻邪而逐害。"鸂鶒,相互关照,行动很有秩序,故古人极为称道。

【紫鸳鸯】　见"鸂鶒"。

【黄鹂】　明代八品文官补子纹样。黄鹂其羽呈金黄色,故多以黄或金名之。黄鹂鸣声婉转,故有"莺歌"、"莺语"、"莺韵"等美称。《开元遗事》:"唐明皇于禁苑中见黄莺,呼为金衣公子。"《诗经》:"春日载阳,有鸣仓庚","睍睆黄鸟,载好其音";"伐木丁丁,鸟鸣嘤嘤,出自幽谷,迁于乔木。"为此,"莺迁"古时喻为升级和乔迁的颂词。

明代黄鹂补

【鹌鹑】　明代文官九品清代文官八品补子纹样。鹌鹑形似鸡,羽褐色,

上:明代鹌鹑补
下:清代鹌鹑补(《大清会典图》)

上有暗黄色斑纹。《本草释名》:"鹑性醇,窜伏浅草,无常居而有常匹。"雄鹌鹑好斗,《本草集解》记古时"畜令斗搏"。《甘氏星经》:"鸟之斗,竦其尾;鹑之斗,竦其翼。"说鹌鹑好搏斗而很机智。宋时以斗鹌为乐事,清·无名氏《燕台口号》:"(重阳)是日天坛中以斗鹌鹑为戏。"可见以斗鹑取乐,自宋至清盛行不衰。"鹑"与"安"有谐音关联,寓有平安吉祥之含义。

【练雀】　清代九品文官补子纹样。《大清会典图》有其图纹。练雀回首展翅,作站立状,上红日彩云,下海水江牙。《禽纹》:"练雀,俗名寿带鸟,似鹊而小,头上披一带。"《事物绀珠》:"练雀,尾长色白,又名拖白练。"练雀,称"绶带鸟",成年雄鸟的头、颈和羽冠,均为深蓝辉光,中央两根尾羽,比体躯长四五倍,形似绶带。

【寿带鸟】　见"练雀"。

【拖白练】　见"练雀"。

【绶带鸟】　见"练雀"。

清代练雀补
(《大清会典图》)

【狮】　明代武官一、二品补子纹样,清代定制狮纹为武官二品补子纹样。狮子,古称"师子"、"狻猊"。《汉书·西域传》:"乌弋国有师子,似虎,正黄,尾端毛大如斗。"狮古时称为神兽。旧说"狮,虎见之而伏,豹见之而瞑,熊见之而跃"。《穆天子传》:"狻猊日走五百里。"郭璞注:"师子也,食虎豹。"《宋书》:"林邑王范阳迈倾国来拒,以具装被象,前后无际,士卒不能当。宗悫曰,吾闻狮子威服百兽,乃

制其形,与象相御,象果惊奔,众因溃散。"故古时认为狮子为"百兽之王"。由于狮子勇猛,常以其表示威武,以镇八方。为此,明清时定制狮为武一、二品补服纹饰。

【师子】　见"狮"。

【狻猊】　见"狮"。

明代狮补

【虎】　明代武官三品、清代武官四品补服纹样。虎,古代尊为"百兽之长",又具有辟邪、长寿之含义。《本草集解》:"虎,山兽之君也。"《风俗通》载:虎者阳物,百兽之长也。谓可辟恶。《抱朴子》:"虎及鹿兔皆寿千岁,五百岁则变白。"《尔雅》:"虎浅毛曰虦猫,白虎曰甝,黑虎曰虪,似虎而五指曰豸区,似虎而非真曰彪,似虎而有角曰虒。"由于虎勇猛威武,故虎纹常与武事有关,如用于武官补服,虎服、虎冠、虎甲均为将士所服,虎符用于调兵等。

上:明代虎补
下:清代虎补(《大清会典图》)

【豹】 明代武官四品、清代武官三品补服纹样。豹比虎小,尾长,体黄色,密布圆或椭圆形黑褐色斑纹。我国有北豹,分布于长江流域以北至东北等地;南豹,分布于东南至西南各地。豹性凶猛、敏捷、威武,故豹纹常适用于作武事装饰。《正字通》:"(豹)状似虎而小。白面,毛赤黄,文黑如钱圈,中五圈左右各四者,曰金钱豹,宜为裘;如艾叶者,曰艾叶豹,次之;色不赤毛无文者,曰土豹;《山海经》:玄豹,黑文多也;《诗》:赤豹,尾赤文黑也;又西域有金钱豹,文如金钱。"

【北豹】 见"豹"。

【南豹】 见"豹"。

【金钱豹】 见"豹"。

【艾叶豹】 见"豹"。

【土豹】 见"豹"。

【玄豹】 见"豹"。

【赤豹】 见"豹"。

上:明代豹补
下:清代豹补(《大清会典图》)

【熊】 明清时定为武官五品补服纹样。古时以熊为瑞兽,亦象征勇猛、雄壮、威武,并有长寿之说。《穆天子传》:"春山百兽所聚也,爰有赤熊罴,瑞兽也。"《抱朴子》:"熊寿五百岁则能化。"《续搜神记》:"熊居树孔中,东土人击树,呼为子路则起,不呼则不起。"说熊,通达人性。《广异记》:"巴西有巨熊,称六雄将军。"

上:明代熊补
下:明代熊补(《大清会典图》)

【彪】 明代武官六、七品补服皆用彪纹,《大清会典图》载,彪为清武官六品纹样。彪,虎身斑纹,《法言·君子》:"以其弸中而彪外也。"庾信《枯树赋》:"熊彪顾盼,鱼龙起伏。"喻其似小老虎勇猛。古人认为,彪是虎一胎所生几只虎仔的最后一只,即小虎;彪字另称,是指其美丽的斑纹,引申为文采貌。

上:明代彪补
下:清代彪补(《大清会典图》)

【犀】 明武官八品、清武官七、八品补子纹样。犀,在吻上生有一角或二角,哺乳类动物,角是珍贵药材,有凉血、解毒、清热作用。《尔雅》:"犀似豕,形似牛,猪头大腹。"刘欣期《交州记》:"犀其毛如豕,蹄有三甲,头如马,有二角:鼻上角长,额上角短。"明·李时珍《本草纲目》:"大抵犀、兕是一物,古人多言兕,后人多言犀;北音多言兕,南音多言犀,为不同耳。"《抱朴子》:"(犀)以其角为义导者,得煮毒药为汤,以此义导搅之皆生白沫,无复毒势。"言犀角有解毒之功效。古代视犀角为珍贵饰品,三国·魏·曹植《七启》:"饰以文犀,雕以翠绿。"吕向注:"文犀,犀角有文章也。"明·王世贞《觚不觚录》:"隆庆即位,……侍郎至按察使皆腰犀。"犀,古代认为是瑞兽。

上:明代犀补
下:清代犀补(《大清会典图》)

【海马】 明清武官九品补服纹样。明代海马补,为一马回首扬尾,张开四蹄在海浪中奔驰,上为彩云。按图像看,海马似为神兽。明清武官补用走兽,以象征猛鸷。

上：明代海马补
下：清代海马补《大清会典图》

【彩云捧日】 据《大清会典图》载：彩云捧日为清代耕农官补服纹样。日纹，为太阳纹。《说文》："日者，实也，太阳之字从○一，象形也。"《诗·小雅》："如日之升。"作高升之意。云为祥瑞之物，《春秋元命苞》："阴阳聚为云。"《礼统》："云者运气布恩普也。"《河图帝通纪》："云者天地之本也。"南朝·齐·孔稚圭《北山移文》："度白雪以方絜，干青云以直上。"彩云捧日，寓祥瑞高升和普照大地等诸多寓意。

清代彩云捧日补子
《大清会典图》

【獬豸】 明清法官补服纹样。獬豸，传说中的兽名。《晋书·舆服志》："或说獬豸，神羊，能触邪佞。（汉·杨孚）《异物志》云：'北荒之中有兽，名獬豸，一角，性别曲直。见人斗，触不直者。闻人争，咋不正者。楚王尝

获此兽，因像其形，以制衣冠。'"清代御史及按察使补服前后，皆绣獬豸图案，明时亦用之。獬豸纹，作为法官补子，非常合适，甚切其意。

清代獬豸补
《大清会典图》

【"射眼"龙纹】 为太平天国时特有的一种龙纹。金田起义前，洪秀全借上帝及耶稣之口，把龙比作"魔鬼"、"妖怪"、"东海老蛇"。继后将自己穿的龙袍上龙的一眼"射闭"，名谓"射眼"。即在画龙时，将龙的一双眼圈放大，眼珠缩小，另一眼比例正常，两道眉用不同颜色。宣布规定，凡是射了眼的龙纹，是"宝贝金龙"。癸丑三年(1853)后，取消射眼规定。《天父下凡诏》称："今后天国天朝所刻之龙尽是宝贝金龙，不用射眼也。"南京"太平天国纪念馆"尚有一件绣有"射眼"盘龙纹的太平军将领马褂。上绣有射眼盘龙纹：一眼睁着，一眼闭着。

【宝贝金龙】 见"射眼龙纹"。

【海水江牙】 明清服饰纹样。常见应用于官吏礼服的下部，以织造或彩绣为之。海水，寓"四海清平"之意；江牙为寿山石，象征"江山万代"之意。

海水江牙

【八团补子】 简称"八团"。是清代皇室贵族吉服和常服上的一种团花装饰。每一团花直径约25厘米，多

数为刺绣，亦有少数为织物。这些团花按不同题材，八个为一组，按一定位置订补到服装上。不同题材的八团服装，供不同身份者在不同场合穿用。《钦定大清会典》对何种身份，穿何种色泽、题材及八团在服装上的固定位置，均有严格规定。如对皇后吉服，定为："皇后龙袍，色用石青，绣文，五爪金龙八团。两肩、前后正龙各一，襟行龙四，……"。团花装饰以八个为一组，故名"八团"。八团服装为清代皇室成员的一种专有服装，非皇帝赏赐，一般官员不得穿用。

【八团】 见"八团补子"。

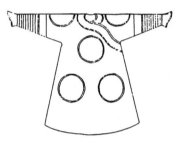

清八团补子

【八团补子题材】 八团补子是清代皇室贵族吉服和常服上的一种团花装饰，一组为八个，故名。题材内容都为吉庆纹样。动物有龙、凤、鹤、蝶等；花卉有牡丹、莲花、水仙、绣球、梅、兰、竹、菊等；果品有石榴、桃子、柿子、佛手等。组合成"五福捧寿"（五蝠中间一寿字）、"吉庆有余"（磬和鱼）、"喜相逢"（两彩蝶对舞）、"玉堂富贵"（玉兰、海棠、牡丹）等种种吉祥图案，以显示皇室贵族的尊贵。参见"八团补子"。

八团补子喜相逢纹样

【卍纹】 古代服饰纹样。卍字，古人认为是太阳、火、河流的象征。在佛

教中,卍的梵文读音,是"室利靺蹉",意为"胸部的吉祥标志"。古时并译为"吉祥云海相",为释迦牟尼32瑞相之一。《辞海》:"卍字在梵文中作室利靺蹉,意为吉祥之所集。……用作万德吉祥的标志。"唐代武则天时期,将卍纹定为万字。此后,卍纹历来被作为吉祥、光明、神圣、幸福、子孙绵延和万代兴盛的象征。在我国各民族中,卍纹均具有不同的含义。西藏原始苯教,卍纹是作为崇拜的教徽;土家族认为卍纹象征太阳光芒,包藏宇宙,神圣无比;苗族认为,卍纹象征水车,旋转不息,五谷丰登;维吾尔族认为卍纹象征吉祥;羌族认为卍纹象征人畜兴旺。在古代服饰中,卍纹运用很多,如卍字锦、卍字流水、卍字不断头纹等,都受到人们普遍的喜爱。

清代服饰上的卍字不到头纹样

【一年景纹服饰】 据《酌中记》载:"一年景"纹样,以春旛(旗旛)、灯球(圆形灯笼)、竞渡(赛龙舟)、艾虎(虎衔艾枝)、雪月(雪景)等景物相组合;或以桃、杏、荷、菊、梅等花卉相构成。宋·陆游《老学庵笔记》卷二:"靖康时,京师织帛及妇人首饰衣物,皆备四时。如节物则春旛、灯毬、竞渡、艾虎、云月之类,花则桃、杏、荷花、菊花、梅花皆并为一景,谓之一年景。"一年景纹服饰,在明清时常见以春、夏、秋、冬四季花卉组成,如桃花、荷花、菊花、梅花构成,以示一年完美之意。福州南宋黄昇墓出土一牡丹、荷花、菊花、梅花染织被面,为一件典型的宋代一年景纹样。

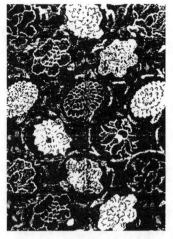

明代一年景四季花卉织金妆花缎
(南京织造府织造,北京故宫博物院藏)

【灯笼锦】 亦称"天下乐"、"庆丰收"。为宋代流行织锦之一。以灯笼为主纹,间以谷穗,挂以流苏,四周蜜蜂飞舞。灯笼以示喜庆,谷穗代表五谷,蜂与丰同音,寓意五谷丰登,丰衣足食,以祝颂生活美好幸福,普天同庆。宋·梅尧臣《碧云騢》:"彦博知成都,贵妃以近上元,令织异色锦。彦博遂令工人织金线灯笼载莲花,中为锦纹。……明年上元,中官有诗曰:'无人更进灯笼锦,红粉宫中忆佞臣。'"元《蜀锦谱》中,所列官告锦、臣僚袄子锦中,均有"天下乐"锦名目,可见灯笼锦为宋代四川蜀锦的流行著名品种。灯笼锦在明清织锦中,亦为华丽多彩的彩锦之一。

清代灯笼锦
(北京故宫博物院藏品)

【天下乐】 见"灯笼锦"。

【庆丰收】 见"灯笼锦"。

【万寿圣节纹服饰】 明皇帝生日称"万寿圣节"。据《酌中记》载:明代为恭祝皇帝万寿圣节,服"万万寿"、"洪福齐天"(以红蝙蝠、红日、彩云象征)纹服饰。北京定陵出土有明"万寿灵芝龙纹织金妆花缎"等织物,即是明代万寿圣节皇帝生日所服之衣料。

明代万寿灵芝龙纹织金妆花缎
(北京定陵出土)

【喜庆服饰】 明代凡遇尊上徽号、册封大典、国喜、婚礼、诞生,据《酌中记》载:服织绣有"金色喜字纹"服饰。北京定陵出土有明代"喜字并蒂莲织金妆花缎",当是这类喜庆服饰衣料。

明代喜字并蒂莲织金妆花缎
(北京定陵出土)

【"颁历"服饰】 明代皇帝更换年号,颁布新历,据《酌中记》载:定制服"宝历万年"纹(用八宝、荔枝、卍字、鲶鱼隐喻、取意、象征)服饰,以示祝颂吉庆之意。

清代八宝纹织锦

【明宫廷应景服饰】 明代一年四季，随时令更换应景服装花饰，据《酌中记》载：正旦节，宫眷内臣，服葫芦景补子蟒衣，帽上佩大吉葫芦、万年吉庆纹样铎针。元宵节，宫眷内臣服灯笼景补子蟒衣。清明节，宫眷内臣穿罗衣，上饰秋千纹样。端午节，宫眷内臣穿五毒(蝎、蛇、蜈蚣、壁虎、蟾蜍)、艾虎(虎衔艾枝)补子蟒衣。七

上：明代童子骑羊两色缎
下：明代秋千纹洒线绣

巧节，宫眷服鹊桥相会(牛郎织女)补子。中秋节，服月兔纹衣装。重阳节，宫眷内臣，服重阳景菊花补子蟒衣。冬至，"冬至阳生"，宫眷内臣皆服阳生补子(在补上织绣"童子骑羊"，象征"阳生")蟒衣。

【百子图】 古代服饰纹样。明清时期较流行。北京定陵出土有明万历皇帝孝靖皇后一件洒线绣夹衣，上彩绣有百个儿童在庭园内戏嬉，有的敲锣打鼓，有的读书弹琴，有的踢毽投丸，有的玩灯跳绳，也有的耍龙灯，形态各异，活泼生动，极富生活情趣。宋·辛弃疾《鹧鸪天·祝良显家牡丹一本百朵》："恰如翠幄高堂上，来看红衫百子图。"明·许仲琳《封神演义》第十回载：姬伯燕山收雷震，说周文王有99子，后得雷震子，共计百子，故有"文王百子"之传说。古代服饰以百子图作题材，是以示子孙众多，以祈子孙繁衍之吉祥含义。

明代万历帝孝靖皇后百子图女夹衣
(北京定陵出土)

【清代丝绸服饰花纹】 清·卫杰《蚕桑萃编》概括为七类：贡货花样、时新花样、官服花样、吏服花样、农服花样、商服花样、僧道服式花样。从一个侧面反映了当时社会各阶层，因生活方式和理念的不同，产生的不同审美需求。

【清贡货花样】 清代服饰纹样。清·卫杰《蚕桑萃编》载，贡货花样有："天子万年"、"江山万代"、"万胜锦"、"太平富贵"、"万寿无疆"、"四季丰登"、"子孙龙"、"龙凤仙根"、"大云龙"、"如意连云"、"朝水龙"、"八仙祝寿"、"二龙二则"、"八结龙云"、"双凤朝阳"、"寿山福海"等。这些纹饰，均为当时入贡宫廷专用的各种图案，平民不得使用。

清代八仙祝寿锦缎
(《中国历代装饰纹样》)

【清时新服花样】 清代织花纹饰。据清·卫杰《蚕桑萃编》载，时新花样有："富贵根苗"、"四则龙"、"福寿三多"、"团鹤"、"樵松长春"、"闻喜庄"、"五子夺魁"、"欢天喜地"、"松鹤遐龄"、"富贵白头"、"大菊花"、"大山水"、"大河图"、"大寿考"、"大博古图"、"大八宝"、"大八吉"、"花卉草虫"、"羽毛鳞介"和"锦纹"等。这些纹饰，均为当时的流行图案。

清代锦地大菊花织锦
(《中国历代装饰纹样》)

【清官服花样】 清代织花纹饰。清·卫杰《蚕桑萃编》载，官服花样有："二则龙光"、"高升图"、"喜庆大耒"、"万寿如意"、"挂印封侯"、"雨顺风调"、"万民安乐"、"忠孝友悌"、"百代流芳"、"一品当朝"、"喜相逢"、"圭文锦"、"奎

龙图"、"秋春长胜"、"五福捧寿"、"梅兰竹菊"、"仙鹤蟠桃"等。这些纹饰，均为当时官服纹样，平民不得擅用。

清代五福捧寿纹官服花样
（《中国历代装饰纹样》）

【清吏服花样】 清代织花纹饰。清·卫杰《蚕桑萃编》载，吏服花样有："窝兰"、"八吉祥"、"奎龙光"、"伞八宝"、"金鱼节"、"长胜风"、"三友会"、"秀丽美"、"枝子梅"、"万里云"、"水八宝"、"旱八宝"、"水八结"、"旱八结"、"花卉云"、"羽毛经"、"走兽图"、"佛龙图"等。这些纹饰，定为当时吏服花样，平民不得使用。

明代八吉祥缠枝莲织金妆花缎
（北京定陵出土）

【清农服花样】 清代织花纹饰。

清代瓜瓞（蝶）绵绵织锦缎
（《中国历代装饰纹样》）

清·卫杰《蚕桑萃编》载，农服花样有："子孙福寿"、"瓜瓞绵绵"、"喜庆长春"、"六合同春"、"巧云鹤"、"金钱钵古"、"串菊枝枝菊"、"水八仙"、"暗八仙"、"福寿绵绵"等。这些纹饰，为当时农服上常用图案。

【清商服花样】 清代织花纹饰。清·卫杰《蚕桑萃编》载，商服花样有："利有余庆"、"万字不断头"、"如意图"、"五福寿"、"海棠金玉"、"四季纯红"、"年年发财"、"顺风得云"、"小龙儿"、"富贵根雏"、"百子图"等。这些纹饰，均为当时商界服装上常用图案。

清代富贵花(牡丹)织锦
（《中国历代装饰纹样》）

【清僧道服花样】 清代织花纹饰。清·卫杰《蚕桑萃编》载，僧道服式花样有："陀罗经"、"福带"、"唵嘛呢叭咪吽"、"舍利子"、"八结祥"、"串枝莲"、"佛贡碑"、"藏经字谱"、"九子莲花"、"富贵长春"、"金寿喜图"、"莲台上宝"、"喀哪路带"、"其花在甲"。这些纹饰，均为当时僧、道服装上图案。

清代八吉祥花样

【晚清宫廷四季服饰】 在清末慈禧当政时期,宫廷四季服饰图案为:春季,用牡丹花纹;夏季,用莲荷纹;秋季,用秋菊纹;冬季,用黄色腊梅花纹。

晚清莲荷(上)、三秋(中)、梅竹(下)
八团漳缎衣料

【片锦边】 清代服装衣边镶滚的一种装饰。清代妇女服装,盛行以片锦边作装饰,一般镶于领口、袖口和下摆等处。镶边的滚条,一道称一镶。清中期后,滚条渐多,有的镶条居衣料十分之四。一般用三镶,大致是第一道最宽,二、三道较窄。清《训俗条约》:"至于妇女衣裙,……而镶滚之费更甚,有所谓白旗边、金白鬼子栏杆、牡丹带、盘金间绣等名色。"

【金华】 金花,古代服饰之一。《文选·七启》:"金华之舄,动趾遗光。"《南史·南齐废帝东昏侯纪》:"担幢诸校具服饰,皆自制之,缀以金华玉镜众宝。"

【十二章纹色彩】 十二章纹色彩,历史中记载不多,只有《尚书大传》中有:"山龙纯青,华虫纯黄,作会;宗彝纯黑,藻纯白,火纯赤。"又"山龙青也,华虫黄也,作缋黑也,宗彝白也,藻火赤也。"《隋书·礼仪志》引《尚书大传》说"以此相间而为五彩,郑元议已自非之"。并云:"五彩相错,非一色也,今并用织成于绣五色错文。"其他如黑与青谓之黻,即左青而右黑。黑与白谓之黼,即刃白而銎(穿柄处)黑,对于黼黻之用青黑白三色当属无疑。但在宗彝的色泽上,有纯黑、纯白二说。所以说用白色者,以宗彝有虎、蜼,虎与青龙相对,东方色青故以龙青;西方金色白以虎,故宗彝用白,此则以五方之色而定纹样之色。但宗彝乃画绣于衣,衣玄而宗彝也用黑,则二者相混,故以郑说宗彝用白,而虎蜼像其本色为之较合。南方火,火赤色,且火色本赤,当无疑义。惟藻色有白、有赤。郑玄云:藻水草苍色,则藻之本色亦苍为较符。粉米为白色,因像粉米之色亦合。它如日、月、星辰也应为白。在配色上有释说为上衣玄,配以日、月、星、山、龙、华虫等白、青、黄、赤、黑则成五彩,是谓之五彩备;下裳是纁色,纁是兼有赤、黄之色,再合以黼黻之白、青、黑三色则亦成五彩。这种说法也有道理。但当以一物的主要色调为主,不必以一物并具备有他色而疑其主调之色。古之所谓绣,是备有五彩者。其中有一物备五彩,也包括一衣之间备五彩的意义。绘是以粉分界域而加以色和刺之以文的意思。

【唐代服色】 唐高祖制定,大臣常服,亲王至三品,用紫色大科团花绫罗,五品以上用朱色小科团花绫罗,六品用黄色双钏绫,七品用绿色龟甲、双巨、十花绫,九品用青色丝布杂绫。唐太宗对百官服色,作了更详细规定。据《新唐书·车服志》所记:三品以上袍衫紫色,束金玉带,十三銙;四品袍深绯,金带十一銙;五品袍浅绯,银带十銙;六品袍深绿,银带九銙;七品袍浅绿,银带九銙;八品袍深青,九品袍浅青,输石带八銙。唐以前,黄色可上下通服,至唐代,认为赤黄为近日之色,日是皇帝尊位的象征,故定赤黄为皇帝常服专用之色,臣民不得僭用,后历代沿袭此制。

【一就】 古指一套色彩。古代贵族作为服饰的色彩,因等级不同而异,有五彩为一就,三彩为一就或二彩为一就不等。《周礼·春官·典瑞》:"瑑圭璋璧琮缲皆二采一就以聘。"孙诒让正义引金榜云:"天子之缫五采备为一就,公侯伯三采备为一就,子男二采备为一就。"《礼记·礼器》:"有以少为贵者,大路繁缨一就,次路繁缨七就。"

【三英】 古代皮衣上的一种装饰物。《诗·郑风·羔裘》:"羔裘晏兮,三英粲兮。"朱熹集传:"三英,裘饰。未详其制。"马瑞辰通释:"《初学记》卷二十六引郭璞《毛诗拾遗》:'英,谓古者以素丝英饰裘,即上素丝五纰也。'《田间诗学》引范氏说,谓五纰、五緎、五总,即此《诗》三英也。古者衣以章身,即以表德。传云:'三英,三德'者,盖谓以象三德耳。"明·何景明《七述》诗:"灿三英以外饰,诚五纰之可羞。"

【福色】 一种红色。清代专指服色名。清代乾隆年间,大臣福康安喜服一种高粱红和樱桃红色的服装,当时竞相仿效,甚为流行,时称"福色"。

历代冠、巾、帽

【冠】 古代贵族男子所戴的帽子。古礼,贵族男子年二十而加冠,举行"冠礼"。但古代的冠,只是加在发髻(挽束在头顶的头发)上的一个罩子,很小,并不覆盖整个头顶,其样式和用途同后世的帽子大不相同。《说文》:"冠,絭也,所以絭(束缚)发。"古人蓄长发,用发笄(簪子)绾(系,盘结)发髻,然后再用冠束住。上古的冠,只有冠梁。冠梁不很宽,有褶子,两端连在冠圈上,戴起来像个罩子一样,从前到后,罩在发髻上。可见,那时的冠,并不像后来的帽子那样把头顶全部盖住。冠圈的两旁有两根小丝带,叫"缨",可以在颔下打结。《史记·滑稽列传》:"淳于髡仰天大笑,冠缨索绝。"古代的冠,种类较多,质料和颜色也不尽相同。秦汉以后,冠梁逐渐加宽,同冠圈连成覆杯的样子,冠的名目和形制也日益复杂。古代的"冠梁",可根据梁数的多寡来区别官阶的高低。例如唐代品官服制,一至三品戴三梁冠,四、五品戴两梁冠,六至九品戴一梁冠。宋代贵族妇女也戴冠,例如安阳宋代韩琦墓出土的金丝编织的花冠,制作工细,与故宫旧藏的《历代帝后图》中宋代皇后所戴的凤冠极为相似。

【帻】 古时包头发的巾。亦称"帻巾"、"缲纷"、"兑"。初为民间所服用。蔡邕《独断》:"帻者,古之卑贱执事不冠者之服也。"当时庶人的帻是黑色或青色的,所以秦称平民为"黔(黑色)首",汉称仆隶为"苍(青色)头"。由于帻有压发定冠的作用,所以后来贵族也戴帻,帻上再加冠。这种帻前面覆额,略高,后面低些,中间露出头发。至西汉末,上下通行。《急就篇》二:"冠帻簪簧结发纽。"注:"帻者韬发之巾,所以整嫧发也。常在冠下,或但单着之。"另外,还有一种比较正式的帻,有帽顶,戴帻可不再戴帽。参阅《后汉书·舆服志》下、《隋书·礼仪志》七。

【帻巾】 见"帻"。

【缲纷】 见"帻"。

【兑】 见"帻"。

戴帻的汉代男子
(河北望都汉墓壁画)

【弁】 冠名。古代男子穿礼服时所戴的冠称弁。吉礼之服用冕,通常礼服用弁。弁分皮弁和爵弁两种:皮弁用于田猎战伐,武官戴用,所以称武官曰弁,如将弁、兵弁、马弁;爵弁用于祭祀。皮弁用白鹿皮制,尖顶,类似后世的瓜皮帽。爵弁,亦作"雀弁",色如雀头,赤而微黑。《书·金縢》:"王与大夫尽弁。"亦为加冠的通称。《诗·齐风·甫田》:"突而弁兮。"

【帽】 据说,帽是没有冠冕以前的头衣,但上古文献中很少谈到帽。魏晋以前,汉人所戴的帽只是一种便帽,后来帽逐渐成为正式的头衣。例如,宋代有幞头帽子,官僚士大夫戴的方顶重檐桶形帽;元代有外出戴的盔式折边帽或四楞帽;明代有乌纱帽、六合一统帽;清代官员的礼帽,又分夏天的凉帽、冬天的暖帽,还有通常用的瓜皮小帽、毡帽、风帽、凉帽等。明·李时珍《本草纲目·服器·头巾》:"古以尺布裹头为巾,后世以纱罗布葛缝合,方者曰巾,圆者曰帽,加以漆曰冠。"帽,亦称"帽子"、"头衣",亦作"冒"。

【帽子】 见"帽"。

【头衣】 见"帽"。

【冒】 亦作"帽"。汉·刘熙《释名·释首饰》:"帽,冒也。"《新唐书·西域传·吐谷浑》:"俗识文字,其王椎髻黑冒,妻锦袍织裙。"

【巾】 帽的一种,以葛或缣制成,形如帢,横着额上,古时尊卑共用,如汉末农民起义军裹黄巾。后来贵族士大夫也有以裹巾为雅的。一说为裹头的布,古时平民百姓所戴。《释名·释首饰》:"二十成人,士冠,庶人巾。"可见庶人只能戴巾。《玉篇》:"巾,佩巾也,本以拭物,后人着之于头。"当时庶人的巾,大概又作擦汗的布,一物两用。

裹巾的汉代男子
(山东沂南汉代画像石)

【新石器时代半坡型尖顶高冠】 陕西西安半坡出土的两件彩陶盆,在盆内均绘有一人面纹,为圆形脸,上面都画有块面纹饰,表明当时流行文面的习俗;头上均戴有三角形尖顶高冠,冠帽两侧并饰有细密线纹,使高冠造型更为优美壮丽。据人类学者研究，有些民族的部落酋长，头上常装饰某些饰品，以此作为权威的象征。脸面两边所饰之鱼纹，可能是祈求渔猎丰收和子孙繁衍的一种意象标志。两件彩陶盆属新石器时代仰韶文化半坡类型，距今约 6 000～7 000 年。

新石器时代尖顶高冠
（陕西西安半坡出土彩陶盆纹饰）

【新石器时代庙底沟型圆帽】 陕西临潼邓家庄出土一件庙底沟型戴帽人物陶塑。陶塑前胸后背各有两个突出小孔，圆目，鼻口端正，圆形脸，头戴一顶厚实的圆形帽，鬓发齐耳。这件陶塑属新石器时代仰韶文化庙底沟类型，距今约 5 000～6 000 年。

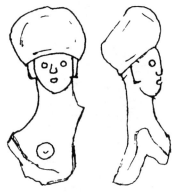

头戴圆帽的庙底沟人
（陕西临潼邓家庄出土庙底沟型陶塑人像）

【良渚平顶帽】 1991 年江苏昆山赵陵山良渚遗址，出土一件人形玉饰，人作倒立伏，脸部清晰，头戴平顶帽，帽上饰有五道弦纹。这是目前见到的新石器时代后期首件平顶帽。

良渚平顶帽
（1991 年江苏昆山赵陵山出土人形玉饰）

【良渚尖顶大羽冠】 1986、1987 年浙江余杭反山、瑶山良渚遗址，出土诸多玉饰，有数件玉饰上刻有人面纹（一说为神人纹），均呈倒梯形脸，圆眼、大鼻、大口，头上都戴有尖顶大羽冠，毛羽饰满冠帽。原始人类和后进民族的部落酋长或祭祀庆祝重大活动等，人们头上都插饰有众多五彩鸟羽。良渚尖顶大羽冠，是反映当时良渚先民生活方式的一种俗饰。

新石器时代良渚文化尖顶大羽冠
上：1986 年浙江余杭反山良渚墓地出土玉琮
中：1987 年浙江余杭瑶山良渚祭坛遗址出土玉冠状玉饰
下：1986 年浙江余杭反山良渚墓地出土冠状玉饰

【新石器时代玉冠饰】 主要在良渚文化遗址和安徽含山凌家滩遗址发现。良渚文化玉冠饰主要发现于浙江余杭反山、瑶山、汇观山等祭祀遗址的墓葬中。玉冠饰多出土在墓主头部的一侧，形状有倒梯形、圆底三叉形和半圆形三种。长度（半径）在 6～9 厘米之间。倒梯形的上宽下窄，上端正中有突出或凹入的冠顶饰，下部琢成平底短榫状，榫上琢有小孔，少的 2 个，多的 5 个。冠饰面上琢饰线刻"神人"、"神徽"纹，或透雕"神人"、"神徽"纹。"神人"头戴的羽状冠与玉冠饰形状相似。三叉形玉冠饰轮廓略呈半圆形，由圆弧形底部向上伸出三叉，两端的长，中间的较短，也有 3 枝一样长者。但不管哪一种，中间的叉顶都有一圆形或椭圆形的孔，有的孔上还另插一根玉管，用来插装羽毛或其他缨饰。两端的叉横穿或纵穿小孔，以供穿缀固定之用。有的素面，有的在冠面全部或局部琢饰"神人"、"神徽"纹、兽面纹等。半圆形冠饰中部略向前凸鼓。背部有一至三组对钻的隧孔。正面或光素无纹，或雕刻兽面"神徽"纹。出土时以四件为一组等距离排列在死者的头部上方，应是缝在死者冠或头饰上

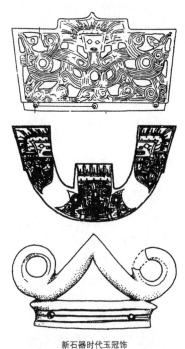

新石器时代玉冠饰
上：倒梯形玉冠饰（浙江余杭反山墓地出土）
中：三叉形玉冠饰（浙江余杭瑶山遗址出土）
下：山形玉冠饰（安徽凌家滩遗址出土）

的饰件。安徽凌家滩遗址出土的一件玉冠饰，上部中央呈三角形，与两边环状，构成“山”形；下部底座为长条形，上饰三条弦纹，两边各有一小孔，以供穿缀之用。

【禹冠】 为夏代夏禹所戴之冠，故名。山东武梁祠汉代画像石刻有夏禹画像，头戴三角形帽。《石索》中清代学者朱竹垞云：“禹冠即礼所谓毋追冠。冠形作锐小，手执锹臿。”《礼记·郊特牲》、《仪礼·士冠礼》：“毋追夏后氏之道也。”中国服饰史专家周锡保《中国古代服饰史·服饰的起源》认为：“按毋追或作牟追，其形似覆杯前高广，后卑锐。此像虽略似覆杯形，但又不全似，以其手执农具，故可能为台笠。”

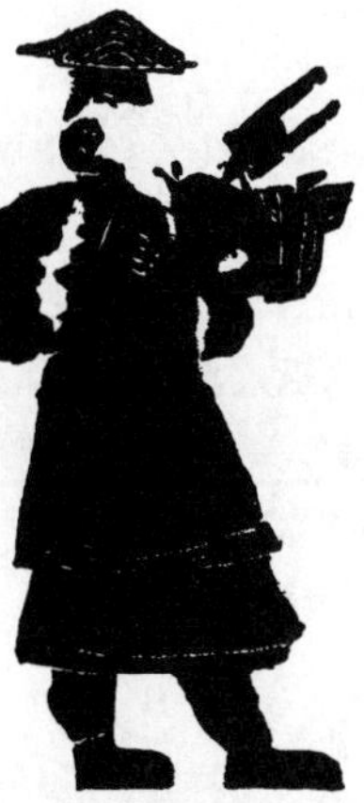

禹冠
（山东武梁祠汉代画像石夏禹图像）

【商代高冠】 中国历史博物馆藏有两件商代人形玉佩饰，佩饰中人物都头戴高冠，冠顶都作勾形，冠身均饰有棱。河南安阳殷墟出土一侧身玉人（参阅《殷墟玉器》1982年文物出版社图版113页），其高冠形制与上述中国历史博物馆收藏的两件商代人形玉饰十分类似，可能这是当时商代贵族的一种流行冠式。

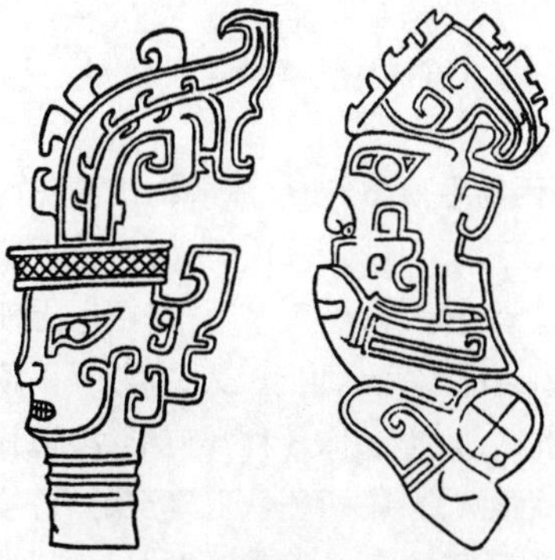

商代高冠
（中国历史博物馆藏商代人形玉饰）

【商代尖顶高帽】 河南安阳殷墓曾出土一玉人立像，衣作交领，腰系韠，头戴尖顶高帽，帽后作凹状，似为冬季下翻可保暖双耳，如后代之护耳帽。安阳殷墓出土之玉人立像，已流失于美国。

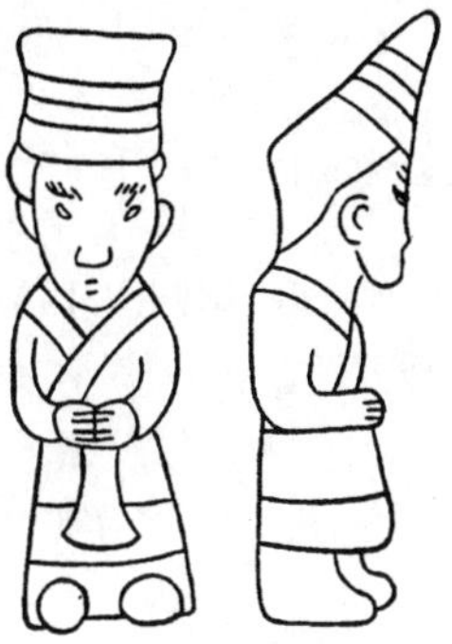

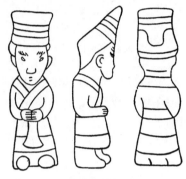

戴尖顶高帽的殷人
（河南安阳殷墓出土玉人立像）

【筒圈冠】 商周间的一种冠式。形似筒圈，故名。在河南安阳殷墟、安阳四盘磨村和侯家庄西北冈等，都出土有玉、石人形雕像，均戴有这种筒形冠，有素式和花式两种，花式上刻饰的都为几何形纹。

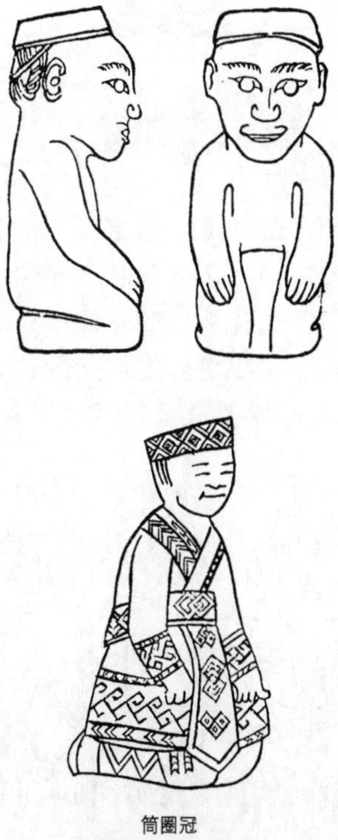

筒圈冠
上：河南安阳殷墟出土石雕人像
下：侯家庄西北冈商代雕像

【殷哻】 殷代的一种祭冠。其冠前大后小，黑而微白。《仪礼·士冠礼》：“周弁，殷哻，夏收。”《后汉书·舆服志》：“爵弁，一名冕……所谓夏收、殷哻者也。”汉·蔡邕《独断》：“殷哻黑而微白，前大后小。”《礼王制》：“殷人哻而祭，缟衣而养老。”

【绳圈冠】 商代冠式之一。这种绳圈冠，服饰学者认为是商殷时期的一种特有冠式。其式似绳索之形，故名。四川广汉三星堆商代遗址出土的青铜人像，头上戴的即是这种绳圈冠。

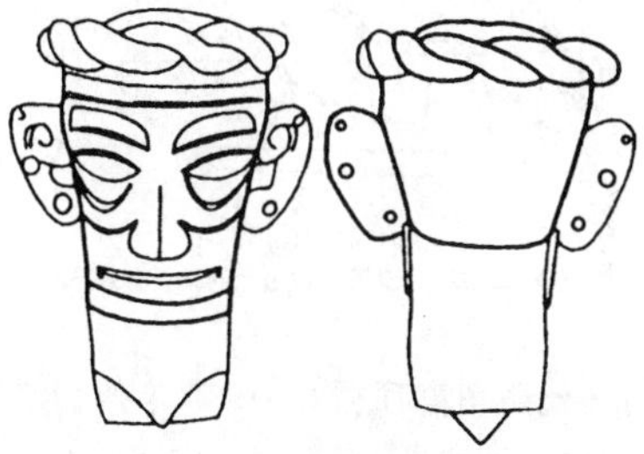

商代男子所戴的绳圈冠
（四川广汉三星堆商代遗址出土青铜头像
引自李芽《中国历代妆饰》）

【晚商圆形高花冠】 四川广汉三星堆遗址出土一件青铜立人，头戴高花冠，冠下部饰两周长方形圈纹；上部为盛开花形帽顶，并镂刻有精细花纹，类似后代之委貌冠。这种圆形高花冠，在中原地区极为罕见，当为四川广汉三星堆一种特有冠式。时代相当于晚商时期。这一大型人像，大眼、大耳、大嘴，身躯高大，高262厘

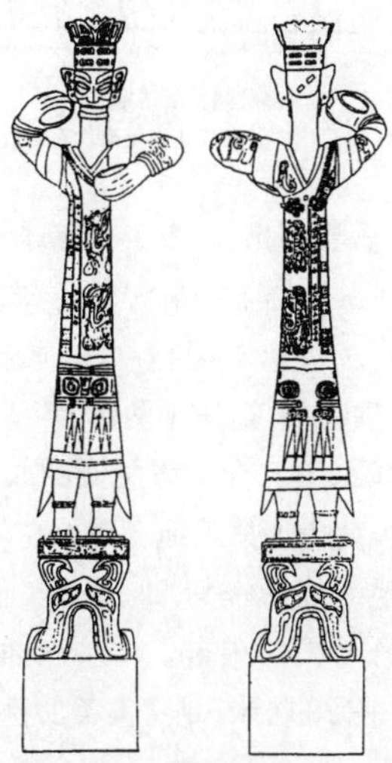

晚商圆形高花冠
（四川广汉三星堆遗址出土商代青铜立人）

米。身穿龙衣,赤足,足踝饰有珠形脚镯。

【商代平顶圆帽】 1986 年四川广汉三星堆遗址出土一商代石刻,上镂刻二人,身穿长袍,足登翘头履,大眼阔嘴,耳戴大耳坠,头戴平顶圆帽,帽上饰有两行圆点纹。

商代平顶圆帽
(1986 年四川广汉三星堆出土商代石刻纹样)

【商代菱角高顶帽】 1986 年四川广汉三星堆遗址出土一商代石刻,上刻三人,双膝跪地,似作舞状,大眼大嘴,耳戴双环,头戴高顶帽,帽两侧作上翘菱角形。这种菱角高顶帽,类似南朝之"白纱帽"。参见"白纱帽"。

商代菱角高顶帽
(1986 年四川广汉三星堆出土商代石刻纹样)

【商代插羽毡帽】 2005 年新疆罗布泊小河墓地出土。最大直径 23.5 厘米。用灰白色羊毛毡制成,质松软。帽圆、顶略尖,帽檐下两侧,各缝有一根毛绳系带。帽上缀两圈四长针合股的浅黄色加拈毛绳。帽偏左侧,用浅黄毛线横缀一只 22 厘米长伶鼬,鼬头悬于帽之前部。帽左侧插两支羽饰,长 28 厘米,是将禽类腹部细软的灰黄羽毛,用动物筋,一簇簇捆扎于一根细木杆上,羽毛束端部,再用

红毛绳缠紧,羽饰木杆露于外面的涂红色,端部削尖,近红毛绳的部分,刻划有 4 道弦纹。

商代插羽毡帽
(新疆罗布泊小河墓地出土)

【西周小冠】 河南洛阳出土一西周人形车辖,衣作方领直裾,头戴小冠,罩护发髻,冠下有垂缨系结于颔下。小冠为圆形,上饰有三周"十"字形镂空小花。

戴小冠的西周铜人
(河南洛阳出土西周铜车辖)

【西周尖顶弁帽】 甘肃灵台白草坡西周墓出土一西周玉人,头戴尖顶弁帽,帽两边饰有"回"形图纹。古代弁,用于礼服,弁分皮弁和爵弁两种,皮弁用于战伐、田猎,爵弁用于祭祀。

戴弁帽的西周玉人
(甘肃灵台白草坡西周墓出土西周玉人)

皮弁用白鹿皮制,尖顶,类后世的瓜皮帽。白草坡玉人头戴的尖顶弁,可能为当时的一种皮弁。

【西周花冠】 山西曲村晋侯墓地出土一西周玉人,上衣似为宽袖,下着裳,腰有束带,带下垂韠,足下穿翘头履,头上戴一花冠,冠形宽大,冠两侧和冠顶均作卷形。如此宽大的花冠,在西周时期较罕见。

西周花冠
(山西曲村晋侯墓地出土西周玉人)

【西周高冠】 山西曲村晋侯墓地出土一西周玉人,上衣下裳,颈有披肩,腰下垂韠,头上戴高冠,冠顶作圆弧状,最上端突出一乳头形。玉人两鬓覆面,五官清晰,似为女性。

西周高冠
(山西曲村晋侯墓地出土西周玉人)

【西周平顶帽】 上海博物馆藏一西周玉人,大鼻、大口、裸身,仅腹下围以紧身短裙,头戴平顶帽,帽上无任何装饰。另一西周玉人,亦戴一平顶圆帽,帽上满饰各种几何形纹,帽式呈腰圆形,帽两侧从双耳至脑后,帽檐垂下,似冬季可护及两耳。可见,西周时平顶帽已有多种型式和花色。

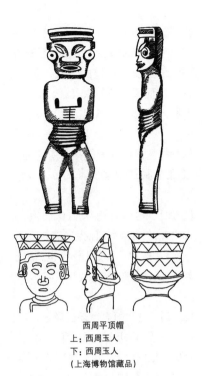

西周平顶帽
上：西周玉人
下：西周玉人
（上海博物馆藏品）

【春秋翘角帽】 江苏六合程桥出土一春秋铜器线刻残片，上面线刻有二人，一人坐在凳上，一人手执农具在劳作，两人都头戴翘角帽，帽上饰有三角，皆高高翘起。其帽似用金属丝或竹丝为框，外缀布帛制作而成。这种帽式，在春秋时期较罕见。

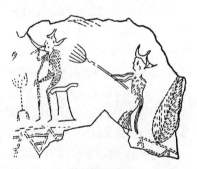

春秋翘角帽
（江苏六合程桥出土春秋铜器线刻残片）

【高冠】 古代一种高顶冠。春秋战

高冠
（吉林集安高句丽墓壁画）

国时期甚为流行。《墨子·公孟篇》："昔者齐桓公，高冠博带，金剑木盾。"《楚辞·离骚》："高余冠之岌岌兮，长余佩之陆离。"又《九章·涉江》："带长铗之陆离兮，冠切云之崔巍。"汉·王逸注："戴崔巍之冠，其高切青云也。"

【战国～秦汉匈奴金冠饰】 1972年，内蒙古阿鲁柴登出土。金冠饰四件一套，由鹰形冠饰和黄金冠带两部分组成。鹰形冠饰一件，下部为金片锤打成半球面体，上面有动物图案：四狼两两对卧，四只盘角羊，也是两两成对，顶上傲立雄鹰一只；头部、颈部镶嵌两块绿松石，头、颈可以左右摇动。整个冠饰构成雄鹰鸟瞰狼咬羊的生动画面。戴在头上稍一摇动，金冠上的雄鹰便会摆动头尾。全高7.3厘米，重192克。黄金冠带由三条半圆形金条组合而成，其末端上下两条之间，有榫卯插合。每件长30、周长60厘米，共重1 202克。这件冠饰，可能是匈奴某个部落王的冠饰。时代在战国或秦汉。

战国～秦汉匈奴金冠饰
（1972年内蒙古阿鲁柴登出土）

【南冠】 春秋时楚人冠名。《国语·周》中："陈灵公与孔宁仪行父南冠以如夏氏。"《注》："南冠，楚冠也。"《左传》成九年："晋侯观于军府，见钟仪，问之曰：'南冠而絷者谁也？'有司对曰：'郑人所献楚囚也。'"按《淮南子·主术》："楚文王好服獬冠，楚国效之。"汉代称为獬豸冠。后来用《左传》典，把南冠作为远使或羁囚的代称。北周·庾信《庾子山集·率尔成咏》诗："南冠今别楚，荆王遂游秦。"

【楚冠】 亦称"南冠"。汉·蔡邕《独断》卷下："法冠，楚冠也，一曰柱后惠文冠。"唐·柳宗元《为安南杨侍御祭张都护文》："既受筐篚，载加命服，赐有楚冠，有惭豸角。"集注引孙汝昕曰："胡广曰：《左传》有'南冠而絷者'，则楚冠也。或谓之獬豸冠，一曰柱后惠文冠，执法者服之。"

【冕】 古代帝王、诸侯及卿大夫所戴的礼帽，后来专指皇冠。《淮南子·主术训》："古之王者，冕而前旒。"高诱注："冕，王者冠也。"冕的形制和一般的冠不同。冕的上面是一幅长方形的版，叫延（綖），延的前沿挂着一串串的

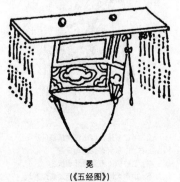

冕
（《五经图》）

圆玉,叫旒。天子有十二旒,《礼记·玉藻》:"天子玉藻,十有二旒。"诸侯以下,旒数各有等差:诸侯九,上大夫七,下大夫五。南北朝以后,只有帝王可以戴冕,所以常用"冕旒"作为帝王的代称。王维《和贾至舍人早期大明宫之作》:"万国衣冠拜冕旒。"

【冕旒】 古代礼冠之一种。俗称"太平冠"。古时帝王、诸侯、卿大夫参加盛大祭祀所服,为礼冠中最贵重者。内朱外黑,冠顶置有版,名延,稍前倾,延前后端悬挂玉珠串,称旒。天子之冕十二旒,诸侯冕九旒,上大夫冕七旒,下大夫冕五旒。旒之多少,以别尊卑。历代冕旒形制,大致相同(见附图汉魏等六种冕旒,均大同小异)。南北朝后,服制规定,唯有皇帝才得戴冕。《礼记·王制》载:冕旒,夏称"收";殷称"吋";周称"冕"。相传冕制起于黄帝,至周代才完备。《后汉书·舆服志》:"冕皆广七寸,长

尺二寸,前圆后方,朱绿裹玄上,前垂四寸,后垂三寸,系白玉珠,为十二旒。"冕用前低后高形式,其意为戒王者骄矜之气,虽职位弥大至高,也要有弥下之心。冕旒上"延"、"旒"、"纩"、"统"等诸物,都寓有规劝人君不自大,不听馋,明是非,求大德而不计小过等义。故民间习称为"平天冠"。

【太平冠】 见"冕旒"。

【三冠】 夏、商、周三代之冠。指夏之"毋追",殷之"章甫",周之"委貌"。《仪礼·士冠礼》:"委貌,周道也;章甫,殷道也;毋追,夏后氏之道也。"汉·郑玄注:"三冠,皆所服以行道也。其制之异同,未之闻。"参见"毋追"、"章甫"、"委貌"。

【毋追】 夏代冠名。《礼·郊特牲》:"委貌,周道也;章甫,殷道也;毋追,夏后氏之道也。"《后汉书·舆服志》下:"委貌冠、皮弁冠同制,长七寸,高四寸,制如覆杯,前高广,后卑锐,所谓夏之毋追,殷之章甫者也。"清·朱彝尊以为汉《武梁祠碑》禹像,冠顶锐而下卑,即《郊特牲》之毋追。参阅《曝书亭集·汉武梁祠碑跋》。

【章甫】 殷代一种冠帽。即"缁布冠"。古冠礼,始加"缁古冠"。《礼记·士冠礼》:"章甫,殷道也。"注:"章,明也。殷质,言以表明丈夫也。甫,或为父,今文为斧。"《礼记·儒行》载:章甫,谓殷代之玄冠,宋人冠之。孔子居宋,载章甫之冠。

【麻冕】 古代一种礼冠。用缁布(黑色丝织物)缝制,制作较精细。《论语·子罕》:"麻冕,礼也;今也纯。俭。"朱熹集注:"麻冕,缁布冠也。纯,丝也。俭,谓省约。缁布冠以三十升布为之,升八十缕,则其经二千四百缕矣。细密难成,不如用丝之省约。"

冕、鷩冕、毳冕、絺冕。《周礼·夏官·弁师》:"掌王之五冕,皆玄冕,朱里延纽。"按《司服》的说法,冕有六种,《弁师》篇中不算玄冕,故称五冕。五冕,帝王祭祀时戴用。

【絺冕】 古代帝王祭祀时所穿的冠服,细葛制成,绣刺绣。

【三加】 古代冠礼,初加缁布冠,次加皮弁,次加爵弁,称为三加。《礼·冠义》:"故冠于阼,以着代也。醮于客位,三加弥尊,加有成也。"

【王冠】 古代冠名。即远游冠,汉时诸王所服,后历朝沿用,直至元代渐消失。根据《后汉书·舆服志》下记载:"远游冠,制如通天,有展筒横之于前,无山述,诸王所服也。"《资治通鉴·汉献帝建安二十四年》记载:"读奏讫……御王冠。"

【远游冠】 古代冠名。《后汉书·舆服志》下:"远游冠,制如通天,有展筒横之于前,无山述,诸王所服也。""山述",即在梁与展筒之前,高起如山形者。远游冠魏晋时皇太子、皇帝兄弟和其他王子都戴远游冠,区别是太子用翠羽为緌(帽带系结后垂下来的末梢),上缀白珠,其他人用青丝为緌。南朝远游冠上始加金博山。隋代皇帝祭祖戴五梁远游冠,太子和诸王用三梁远游冠。唐以后皇帝不再用远游冠,太子谒庙、还宫、元旦和初一朝会戴三梁远游冠,加金博山,冠上附九只蝉和其他珠翠做装饰。亲王远游冠也是三梁,但不饰蝉。宋代只有太子在册封、谒庙、朝会时戴远游冠,十八条梁,青罗做面,饰金涂银的钑花,金博山,红帽带,犀牛簪。宋徽宗以后也加附蝉。远游冠有五时服备为常用,即春青、夏朱、季夏黄、秋白、冬黑。西汉为四时服,春青、夏赤、秋黄、冬皂。至元代始废。远游冠亦名"通梁"。

【通梁】 见"远游冠"。

冕旒
上左:山东济南出土汉舞乐群俑
上右:山东沂南汉墓画像石
中:吉林辑安五盔坟北朝壁画
下:山西大同北魏司马金龙墓漆画屏风

【五冕】 古代五种王冠。即衮冕、衮

远游冠

【元服】 古代帝王之冠。《仪礼·士冠礼》:"令月吉日,始加元服。"《周书》:"成王将加元服,周公使人来零陵,取文竹为冠。"《汉书·昭帝记》:"四年春正月丁亥,帝加元服。"颜师古注:"元,首也;冠者,首之所著,故曰'元服'。"

【通天冠】 古代帝王礼冠。亦称"平顶"、"卷云冠"、"平天冠"、"平冕",简称"通天"。用于百官朝贺和祭祀典礼等。高九寸,铁卷梁,垂白玉珠十旒。《后汉书·舆服志》:"通天冠,高九寸,正竖,顶少斜却,直下为铁卷梁,前有山、展筒、为述。"相传楚庄王通梁组缨,似通天冠,秦时采楚冠之制为之。汉代百官月正朝贺,天子戴通天冠。《晋书·舆服志》:"平冕,王公卿助祭于郊庙服之。"宋·孟元老《东京梦华录·驾宿太庙奉神主出室》:"皇帝头冠皆北珠装结,顶通天冠,又谓之'卷云冠'。"平天冠,自秦代至明代,历代皆备,至清时始废之。

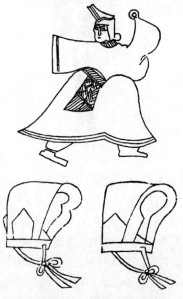

上:戴通天冠的秦王(汉代石刻《荆轲刺秦王》)
下:宋·聂崇义《三礼图》通天冠

【平顶冠】 见"通天冠"。

【平天冠】 见"通天冠"。

【平冕】 见"通天冠"。

【通天】 见"通天冠"。

【山冕】 亦称"通天冠"。古冠名。以冠梁前有山,故名。《文苑英华·南郊颂序》:"被太裘,服山冕。"参阅《后汉书·舆服志》。

【承天冠】 古代冠名。即"通天冠"。宋仁宗天圣二年(1024)为避讳而改"通天"为"承天",形制未变。《宋史·舆服志》三:"仁宗天圣二年,南郊,礼仪使李维言:'通天冠上一字,准敕回避。'诏改'承天冠'。"参见"通天冠"。

【通天冠的演变】 通天冠,为历代帝王礼冠。高九寸,正竖,顶少斜却,铁卷梁,前有山,展筒、为述。汉用于百官朝贺,天子戴通天冠。山东武氏祠画像石上刻有通天冠,形象较简易。以铁为梁,竖于顶,梁前以山、述为饰。汉以后历代常有变更,逐渐华丽。晋时于冠前加饰金博山;隋代于

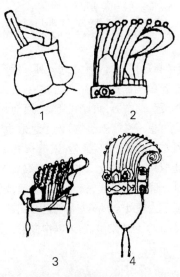

历代通天冠
1 山东武氏祠汉代画像石
2 敦煌石室发现唐代咸通九年刊本《金刚般若波罗蜜经》卷首画
3 北宋·武宗元《朝元仙仗图》
4 明·王圻《三才图会》

冠上附蝉,缀以珠翠;唐时为二十四梁,附蝉十二,首施珠翠,饰金博山,组缨翠緌,玉犀簪导;两宋时通天冠俱用此珠卷结。明时沿其制,入清始废。

【玄冠】 古代天子之冠,黑色。《礼·玉藻》:"玄冠朱组缨,天子之冠也。"图从黄以周《礼书通故》,冠之两旁谓"纰",外施檐谓"武",固武者谓"緌",固冠者谓"缨"。《仪礼·士冠礼》:"主人玄冠朝服。"

玄冠

【卷云冠】 古代帝王戴的一种礼冠。亦称"平天冠"、"通天冠"。用于朝贺、祭祀等典礼。宋·吴自牧《梦粱录·驾回太庙宿奉神主出室》:"上御冠服,如图画星官之状,其通天冠俱用北珠卷结,又名'卷云冠'。"宋·孟元老《东京梦华录·驾宿太庙奉神主出室》:"驾乘玉辂,……头冠皆北珠装结,顶通天冠,又谓之'卷云冠'。"参见"平天冠"。一说,为舞乐者之彩冠,《宋史·乐志》十七:"一曰菩萨队,衣绯生色窄砌衣,冠卷云冠。"

【翼善冠】 古代天子之冠。亦称"翊善冠"。历代均服,形制各异。《旧唐书·舆服志》、《唐会要·舆服》载:唐时贞观八年(634),太宗初服翼善冠,朔望视朝,以常服及帛练裙通服之。《明史·舆服志》载:明代成祖永乐三年(1405),定皇帝常服,冠以乌纱覆之,折角向上,亦曰翼善冠。1957年,北京定陵出土明代万历帝翼善冠,冠用细竹丝作胎髹漆,以黑纱等敷面,后山前面饰金丝二龙戏珠纹,上缀珍珠宝石,冠后饰两片金翅,折角向上,与《明史·舆服志》所述

相符。

【翊善冠】　见"翼善冠"。

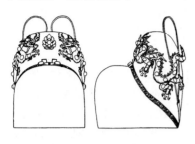

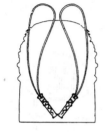

明代翼善冠
(1957年北京定陵出土)

【步摇冠】　战国时期的一种冠式。用纱縠丝织等制成，以丝缨系结于颈。《汉书·江充传》:"充衣纱縠禅衣，曲裾，后垂交输，冠禅缅步摇冠，飞翮之缨。"湖南长沙子弹库楚墓出土一帛画，上绘一佩剑男子，服曲裾深衣，头戴一冠，用缨系之，拟为"步摇冠"。一说，三国时燕代地区流行一种"步摇冠"，为鲜卑慕容部莫护跋所袭用，《晋书·慕容廆载记》:"莫护跋，魏初率其诸部入居辽西，从宣帝伐公孙氏有功，拜率义王，始建国于棘城之北。时燕、代多冠步摇冠，莫护跋见而好之，乃敛发袭冠，诸部因呼之为步摇。其后音讹，遂为慕容焉。"

戴步摇冠的楚人
(湖南长沙子弹库楚墓出土帛画)

【爵弁】　亦称"雀弁"。历代礼冠之一种，制如冕，次一级。似雀头，色赤而微黑，无缫(无旒)。《仪礼·司冠礼》:"爵弁服。"《注》:"爵弁者，冕之次。其色赤而微黑，如爵头然。"广八寸，长尺二，前小后大，用极细葛布或丝帛制作。祭祀时，士和乐人所服，以鹿皮制成的名皮弁。

【雀弁】　古代礼冠之一种。亦称"爵弁"。《书·顾命》:"二人雀弁执惠，立于毕门之内。"疏:"郑玄云：赤黑曰雀，言如雀头色也。雀弁制如冕，但无藻耳。"参见"爵弁"。

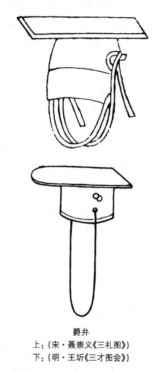

爵弁
上:(宋·聂崇义《三礼图》)
下:(明·王圻《三才图会》)

【缁布冠】　古代冠帽之一种。用黑色丝织物制成。《礼·玉藻》:古人"始冠，缁布冠，自诸侯下达，冠而敝之可也。玄冠朱组缨，天子之冠也。缁布冠缋緌，诸侯之冠也。"《仪礼·士冠礼》:"缁布冠，缺项，青组缨属于缺，缁缅，广终幅，长六尺。"缺项，冠后于人项处空缺，以青色组缨扎结；缁缅，黑色之发巾，古人以巾笼发，后再加冠。

【九旒冕】　古代王公之礼冠。《宋史·舆服志》:"九旒冕，鎏金银花额，犀、玳瑁簪导……亲王、中书门下，奉祀则服之。"宋·周密《武林旧事·皇

子行冠礼仪略》:"内服跪受服，兴，置匜于席，执九旒冕者升，掌冠者降三等受之。"

九旒冕
(《重校三礼图》卷三插图)

【追】　古代冠名。《周礼·天官·追师》:"追师掌王后之首服。"注:"郑司农(众)云：追，冠名。"

【皇】　古代冠名。《礼·王制》:"有虞氏皇而祭。"注:"皇，冕属也，画羽饰焉。"

【祭冠】　古时祭天及其他祭礼所用之冠。《礼·王制》:"有虞氏皇而祭，深衣而养老；夏后氏收而祭，燕衣而养老；殷人冔而祭，缟衣而养老；周人冕而祭，玄衣而养老。"皇、收、冔、冕，皆古人祭祀之冠。晋·司马彪谓夏收、殷冔，俱指爵弁。见《后汉书·舆服志》下。

祭冠

【齐冠】　古代祭祀宗庙之冠。亦称"斋冠"。外表黑布，冠下缀有各色组缨，以别等差。《礼·玉藻》:"玄冠丹组缨，诸侯之齐冠也；玄冠綦组缨，士之齐冠也。"汉·郑玄注:"言齐时所服也。四命以上，齐祭异冠。"汉兴，则以长冠作为斋冠。《后汉书·舆服志》下:"长冠，一曰斋冠。……祀宗

庙诸祀则冠之。"《晋书·舆服志》："长冠,一名齐冠。"

【冠弁】 皮帽。天子田猎的服装。《周礼·春官·司服》："凡甸(田猎),冠弁服。"《礼·郊特牲》称为"委貌"。

【皮冠】 古时田猎之冠。国君田猎,招虞人,以此为符信。《左传》："卫献公戒孙子文、宁惠子食,……不释皮冠而与之言,二子怒。"明·王圻《三才图会·衣服》一："皮冠,招田猎的虞人之皮冠,以其所有事也。"

【綦弁】 古代皮冠的一种。《书·顾命》："四人綦弁,执戈上刃。"传："綦,文鹿子皮弁。"疏："郑玄云:'青黑曰綦。'王肃云:'綦,赤黑色。'"一说綦为綦会,但缝中而无玉饰,士之服。

【皮弁】 古冠名,用白鹿皮做成,为视朝的常服。其缝合处名会。会有结饰,缀以五采玉,名璂。天子十二会,十二璂,下以次递减。冠顶名邸,用象骨制成。《周礼·夏官·弁师》："王之皮弁会五采玉璂,象邸玉笄。"郑玄注:"会,缝中也。璂读如薄借綦之綦,綦,结也。皮弁之缝中,每贯结五采玉十二以为饰,谓之璂。……邸,下柢也,以象骨为之。"黄以周《礼书通故·名物》一:"《释名》云:'弁,如两手相合拊时也。以爵韦为之,谓之爵弁;以鹿皮为之,谓之皮弁;以韎韦为之,谓之韦弁。'据《释名》说三弁之制相同,惟其所为皮色为异耳。"隋唐时皇太子至六品以上官,皆戴皮弁。明嘉靖八年定制,弁上锐,黑色纱冒,前后十二缝,每缝间饰五采玉十二,与绛纱衣、蔽膝、革带、大

带、白袜黑舄配套。朔望视朝、降诏、降香、进表、四夷朝贡、外官朝觐、策士、传胪、祭太岁山川时服用。

【韦弁】 古代冠名。熟牛皮制成,赤色,制如皮弁。《仪礼·聘礼》："君使卿韦弁,归饔饩五牢。"注:"韎韦之弁,兵服也。"疏:"韎即赤色,以赤韦为弁也。"《荀子·大略》:"天子山冕,诸侯玄冠,大夫裨冕,士韦弁,礼也。"周代兵服尚赤,故用韎草(茅蒐草)将皮染成赤色。晋代韦弁则制如皮弁,顶上尖,用韎染成浅绛色。到北朝即无。

【鹿帻】 古代用鹿皮制的一种裹发巾。隐士所服。唐·陆龟蒙《甫里集·寄茅山何威仪》诗之二:"身轻曳羽霞襟狭,髻耸峩烟鹿帻高。"《新唐书·朱桃椎传》:"长史窦轨见之,遗以衣服、鹿帻、麂鞾,逼署乡正。(桃椎)委之地,不肯服。"

【獭皮冠】 古代皮冠之一种。亦称"獭皮帽"。因用獭皮制成,故名。汉时流行于西南少数民族地区。《后汉书·西南夷传》:"有邑君长,……冠用獭皮。"《梁书·陈伯之传》:"年十三四,好著獭皮冠,带刺刀。"

【獭皮帽】 见"獭皮冠"。

【魝冠】 古代一种用大鱼皮缝制的冠帽。亦称"却冠"、"鲑冠"、"鲲冠"。《史记·赵世家》:"黑齿雕题,欲冠秫绌,大吴之国也。"裴骃集解引徐广曰:"《战国策》……又一本作'鲑冠黎绖'也。"按,今本《战国策·赵策》二作"鲲冠"。鲍彪注:"鲲,大鲇,以其皮为冠。"

【却冠】 见"魝冠"。

【鲑冠】 见"魝冠"。

【鲲冠】 见"魝冠"。

【方山冠】 亦称"巧士冠"。古代祭

祀时帝王侍从官吏和乐师等所戴之礼帽。似进贤,高七寸,以五彩縠为之。不常服,唯郊天与祠宗庙服之。《后汉书·舆服志》下:"巧士冠,高七寸,要后相通,直竖,不常服,唯郊天黄门从官四人冠之。"又"方山冠似进贤(冠),以五彩縠之。祠宗庙,大予、八佾、四时、五行乐人服之。"

【巧士冠】 即"方山冠"。汉·蔡邕《独断》卷下:"车驾出,后有巧士冠,其冠似高山冠而小。"参见"方山冠"。

方山冠
(宋·聂崇义《三礼图》)

【建华冠】 古代冠帽之一种。祭祀歌舞时乐人所服。汉之形制,帽形似缕鹿,柱卷用铁,上串有铜珠九颗,以鹬毛为饰。故又名"鹬冠"。晋代、陈时乃如汉制。

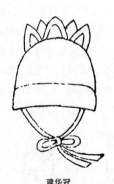

建华冠
(宋·聂崇义《三礼图》)

【弁冕】 弁、冕皆古代男子冠名。吉礼之服用冕,通常礼服用弁。《谷梁传》僖公八年:"朝服虽敝,必加于上;弁冕虽旧,必加于首。"唐·元稹《长庆集·和乐天赠吴丹》诗:"弁冕徒挂身,身外非所宝。"

【牟追】 古代冠帽之一种。其形如覆杯,前高广,后卑锐。汉·刘熙《释

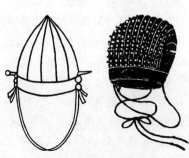

皮弁 (右:明《中东宫冠服》插图)

名·释首饰》:"牟追,牟,冒也,言其形冒发追追然也。"

【危冠】 高冠。《庄子·盗跖》:"使子路去其危冠,解其长剑,而受教于子。"陆德明释文引李颐曰:"危,高也。"

【术氏冠】 汉制前圆,吴制,差池四重。古"述"与"术"字通。蔡邕《独断》:"术"为"鹬"之转音,非道术之谓。聂氏《三礼图》:画鹬羽为饰,其色绀。《三礼图》之说存疑,惟冠式作差池四重则合。为司天官所戴,至东汉已不施用。

术氏冠
(宋·聂崇义《三礼图》)

【长冠】 又称"斋冠",是一种"竹皮冠"。《后汉书·舆服志》称,汉高祖刘邦未发迹时,以竹皮为之,故称"刘氏冠"。因这种冠帽为高祖早年所造,所以后来被定为官吏的祭服,规定爵非公乘以上,不得服用,以示尊敬。因形似鹊尾,又称"鹊尾冠"。湖南长沙马王堆1号汉墓出土的彩衣

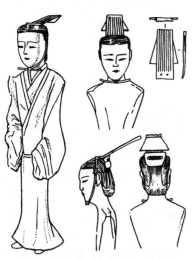

戴长冠的汉代侍者
(湖南长沙马王堆汉墓彩衣木俑)

木俑,头顶大多竖有一块长形饰物,形制如板,前低后高,可能就是这种长冠的模型。

【貌冠】 古冠名。汉高祖刘邦所作竹皮冠,也叫委貌冠、刘氏冠。《淮南子·氾论》:"履天子之图籍,造刘氏之貌冠。"注:"高祖于新丰所作竹皮冠也,一曰委貌冠。"参见"刘氏冠"。

【刘氏冠】 亦称"斋冠"、"长冠"、"竹皮冠"、"竹叶冠"、"鹊尾冠"。古代冠帽之一种。《后汉书·舆服志》、《史记·高祖纪》载:高祖为亭长时,以竹皮为冠,时时冠之,及贵常冠。故名"刘氏冠",又名"竹皮冠"。因这种冠为高祖早年所造,后被定为祭服,爵非公乘以上,不得服用,以示敬重。故又称"斋冠"。其制如鹊尾,故又称"鹊尾冠"。其形较长,故又名"长冠"。《隋唐·礼仪志》作"竹叶冠"。至晋代,去竹改用漆缅制冠,皇帝祭祀大典服之。

【斋冠】 冠名。汉高祖刘邦微时以竹皮为冠,谓之"刘氏冠"。后依此造"长冠",一曰"斋冠"。高七寸,广三寸,促漆缅为之,制如板,以竹为里。祀宗庙诸祀则服之。参阅《后汉书·舆服志》下。

【竹叶冠】 即"刘氏冠"。见"竹皮冠"。

【鹊尾冠】 即"长冠",又称"斋冠"、"刘氏冠"、"竹皮冠"、"竹叶冠"。因形似鹊尾,故名。见"长冠"、"刘氏冠"。

【竹皮冠】 亦称"刘氏冠"、"长冠"。古代冠帽之一种。相传汉高祖刘邦在作亭长时,以竹皮为冠,故名。参见"刘氏冠"。

【却非冠】 古代冠帽之一种。似斋冠(亦称"长冠"),高半尺,上广下窄,宫殿门吏、仆射服之。《后汉书·舆服志》、《隋书·礼仪志》载:却非冠

制如长冠,高五寸,上宽下促。《通典》卷五十七:"却非冠,汉制:似长冠,皆缩垂五寸,有缨缕。……梁北郊图执事者缩缨缕。隋依之,门首禁防伺非服也。大唐因之,亭长门仆服之。"

上:却非冠(宋·聂崇义《三礼图》)
下:戴却非冠的汉代男子(辽宁金县汉墓壁画)

【樊哙冠】 相传为汉初樊哙所创,故名。此冠取义鸿门宴时,樊哙闻项羽欲杀刘邦,忙扯破衣裳裹住手中的盾牌戴于头上,闯入军门立于刘邦身旁以保护刘邦,后创制此种冠式以名之。赐殿门卫士所戴。《太平御览》卷六八五引周迁《舆服杂事》:"樊哙冠,楚汉会于鸿门,项羽图危高祖,樊哙闻急,乃裂衣苞楯,戴以为冠,排入羽营。"《后汉书·舆服志》下:"樊哙冠,汉将樊哙造次所冠,以入项羽军。广九寸,高七寸,前后出各四寸,制似冕。司马殿门大难卫士服之。或曰樊哙常持铁盾,闻项羽有意杀汉王,哙裂裳以裹盾,冠之入军门,立汉王旁,视项羽。"《通典》卷五十七:"樊哙冠,汉将樊哙造次所冠,……晋、宋、齐、陈不易其制。"南朝以后其制无闻。

樊哙冠
左：宋·聂崇义《三礼图》
中：山东金乡汉代朱鲔墓石刻
右：江苏洪楼汉代画像石

【进贤冠】 古代冠名。《后汉书·舆服志》下："进贤冠，古缁布冠也，文儒者之服也。前高七寸，后高三寸，长八寸。公侯三梁，中二千石以下至博士两梁，自博士以下至小吏私学弟子皆一梁。"梁即冠上的横脊，展筒即以缅（纱类，本为冠内韬发之用）为筒，裹于梁及梁柱。魏晋以后历代多用之，至元代始废。

戴进贤冠的汉代官吏
（山东沂南汉墓画像石）

【觟冠】 古代执法官所戴之冠。《太平御览·冠》："（《淮南子》）曰：楚庄王好觟冠，楚效之也。"今本《淮南子·主术》作"獬豸冠"。汉·高诱注："獬豸之冠，如今御史冠。"即古之"法冠"。参见"獬豸冠"、"法冠"。

【法冠】 本为楚王之冠，后来秦御史及汉使节、执法者也戴此冠。《史记·淮南王安传》："于是王乃令官奴入宫，作皇帝玺、……汉使节法冠。"《集解》："蔡邕曰：'法冠，楚王冠也。秦灭楚，以其君冠赐御史。'"《后汉书·舆服志》下："法冠，一曰柱后。高五寸，以缅为展筒，铁柱卷，执法者服之，……或谓之獬豸冠。獬豸，神羊，能别曲直，楚王尝获之，故以为冠。"

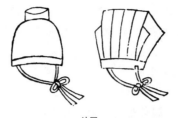

法冠
（宋·聂崇义《三礼图》）

【獬豸冠】 亦称"铁柱"、"柱后"、"铁冠"、"獬冠"、"觟冠"、"触邪冠"、"豸冠"、"黑豸"。古代执法官吏戴的冠帽。高五寸，用缅（方目纱）作展筒，用铁作帽骨，故名"铁冠"。后有两根上端卷曲之铁柱，故又名"铁柱"。秦、汉御史，唐御史台、监察御史以上官吏，皆服此冠。《后汉书·舆服志》："法冠，一曰柱后，……或谓之獬豸冠。獬豸，神羊，能别曲直，楚王尝获之，故以为冠。"按獬豸，一角，性忠，见人斗而触不直者，闻人论则咋不正者，故以其形为冠，冠上作一角状。所以此冠为执法者所戴。唐·岑参《送魏升卿擢第归东都》诗："御史铁冠重绣衣。"又岑参《送韦侍御先归京》诗："闻欲朝龙阙，应须拂豸冠。"《新唐书·百官志》："殿中侍御史九人，……具服，戴黑豸升殿。"

【铁柱】 见"獬豸冠"。

【柱后】 见"獬豸冠"。

【獬冠】 见"獬豸冠"。

【触邪冠】 见"獬豸冠"。

【黑豸】 见"獬豸冠"。

獬豸冠
（河南洛阳出土汉代模印画像砖）

【铁冠】 即古"法冠"，亦称"獬豸冠"，又名"柱后"。以铁为柱，置于冠上，执法者服之。《后汉书·高获传》："歆下狱当断，获冠铁冠，带铁锁，诣阙请歆。"唐·岑参《岑嘉州诗·送魏升卿擢第归东都》："将军金印弹紫绶，御史铁冠重绣衣。"

【豸冠】 即"獬豸冠"。古法官所戴之冠。唐·岑参《岑嘉州诗·送韦侍御先归京》："闻欲朝龙阙，应须拂豸冠。"《唐会要·御史台·弹劾》："乾元二年四月六日，勑御史台，所欲弹事，不须先进状，仍服豸冠。……大事则豸冠、朱衣、缥裳、白纱中单以弹之，小事常服而已。"参见"獬豸冠"。

【侧注】 古代冠名。《史记·郦生陆贾传》附朱建："衣儒衣，冠侧注。"也作"仄注"。《汉书·五行志》中之上："昭帝时，昌邑王（刘）贺遣中大夫之长安，多治仄注冠。"《注》："李奇曰：'一曰高山冠，本齐冠也，谒者服之。'（颜）师古曰：'仄，古侧字也。谓之侧注者，言形侧立而下注也。'"

【仄注冠】 见"侧注"。

【高山冠】 冠名，亦名"侧注冠"。汉·蔡邕《独断》："御史冠法冠，谒者冠高山冠。"《后汉书·舆服志》下："高山冠，一曰侧注。制如通天，（顶）不邪却，直竖，无山述展筒，中外官、谒者仆射所服。"天子亦有戴高山冠的，《汉旧仪》："乘舆冠高山冠，飞月

高山冠
左：汉代画像石
右：山东孝堂山汉代石祠画像石

之缨丹纨里"即是。高山冠本为赵制,秦灭赵,以其君冠而制之。一说为齐王之冠制,赐群臣冠之。参阅《晋书·舆服志》。

【侧注冠】 见"高山冠"。

【委貌冠】 古代男子礼冠。亦称"委貌"、"绫儿"、"玄冠"。以黑色的丝织物制成。《礼·郊特牲》:"委貌,周道也。"《白虎通·绋冕》:"谓委貌者,委曲有貌也。为朝廷理政事行道德之冠。"一说:古谓冠檐曰委武,因其有委武为饰,故曰委貌。《后汉书·舆服志》下:"委貌冠、皮弁冠同制,长七寸,高四寸,制如覆杯,前高广,后卑锐,……委貌以皂绢为之,皮弁以鹿皮为之。"隋代后,渐变为学士、舞者之冠,贵族遂不戴。

【委貌】 见"委貌冠"。

【绫儿】 见"委貌冠"。

【玄冠】 见"委貌冠"。

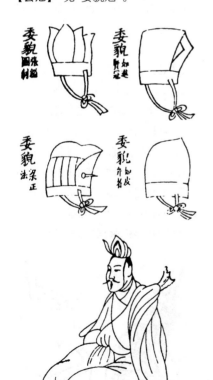

上:宋·聂崇义《三礼图》委貌冠
下:戴委貌冠的晋代男子
(晋·顾恺之《女史箴图》)

【却敌冠】 古代冠帽之一种。其制前高四寸,后高三寸,长四寸。朝鲜古乐浪郡出土汉代漆画奁上绘有却敌冠形象。《后汉书·舆服志》:"却敌冠,前高四寸,通长四寸,后高三寸,制似进贤冠,卫士服之。"

左:戴却敌冠的汉代男子(朝鲜古乐浪郡出土汉代漆画奁)
右:却敌冠(宋·聂崇义《三礼图》)

【缁撮】 古代一种束发小冠。用黑布缝制。《诗·小雅·都人士》:"彼都人士,台笠缁撮。"朱熹集传:"缁撮,缁布冠也。其制小,仅可撮其髻也。"故名。

缁撮
(明·王圻《三才图会》)

【鞨巾】 古代一种头帕。《列子·汤问》:"北国之人,鞨巾而裘。《方言》俗人帕头是也。帕头,憷(幧)头也。"明·方以智《通雅》卷三十六:"(鞨巾)以皮为之。"

【环幅】 古代一种正方巾。周为一幅,布幅广二尺二寸。《仪礼·士丧礼》:"布巾环幅不凿。"注:"环幅,广袤等也。"胡培翚正义:"谓巾之制正方也。凡布幅广二尺二寸,广袤等,则方矣。"

【结衣】 古代的头巾。

【帢】 亦作"峡"、"恰"。古代士人所

戴之便帽。以缣帛为之,尖顶无檐,前有缝隙。相传为三国曹操所创。《三国志·魏志·武帝纪》载:操死"敛以时服"。裴松之注引《傅子》:"魏太祖以天下凶荒,……拟古皮弁,裁缣帛为帢,合于简易随时之义,以色别其贵贱。"曹操时或冠帢帽会宾客,后士人皆冠之。

【峡】 见"帢"。

【恰】 见"帢"。

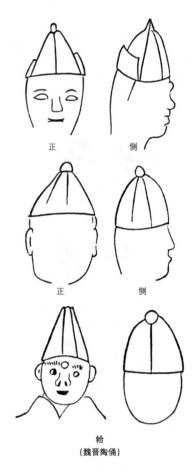

正　　　　侧

正　　　　侧

帢
(魏晋陶俑)

【腻颜帢】 古帽名。《世说新语·轻诋》:"王中郎(坦之)与林公(支遁)绝不相得。王谓林公诡辩;林公道王云:'著腻颜帢、缝布单衣,挟《左传》,逐郑康成(玄)车后,问是何物尘后囊。'"晋·永嘉间改魏颜帢为无颜帢。见《晋书·五行志》上。腻颜帢即无颜帢之类。参见"无颜帢"。

【无颜帢】 古代冠帽之一种。为一种不覆额之帽。《战国策·宋》载:战国宋康王,为无颜之冠以示勇。

《三国志·魏·武帝纪》载：曹操裁缣帛为白帢，横缝其前以别后，名颜帢。《晋书·五行志》载：晋·永嘉间，改颜帢为无颜帢。

【帢帽】 古代士人所戴之一种便帽。用缣帛缝制，状如弁而缺四角。相传为三国曹操创制，他自己亦冠蛤帽会见宾客。见《曹瞒传》，简称"帢"。参见"帢"。

【白帢】 古代未仕者戴的白帽。汉末曹操以资财乏匮，拟古皮弁，裁缣布为白帢，以易旧服。晋·陆机临逮前释戎服着白帢见牵秀，又张茂以官非朝命，遗命白帢入棺，不用朝服。参阅《晋书·五行志》上、《陆机传》、《张轨传》附张茂。

【大白】 古代的一种白布冠。即"大帛冠"。《礼·杂记》上："大白冠。"疏："大白者，古之白布冠也。"

【大帛冠】 见"大白"。

【大白冠】 见"大白"。

【白布冠】 见"大白"。

【大帛】 古代的一种白布冠。《礼记·玉藻》："大帛不绥。"郑玄注："帛，当为白，声之误也。大帛，谓白布冠也。"

【禅缅步摇冠】 汉代一种冠名。用单层缅作冠，行步时则摇动，故名"禅缅步摇冠"。《汉书·江充传》："充衣纱縠禅衣，曲裾后垂交输，冠'禅缅步摇冠'。"

【头巾】 古代裹头用之巾帻。古时士以上有冠无巾，巾惟庶人所戴，汉以来始上下通服。相传汉元帝额有壮发，不欲使人见，始服帻，群臣仿效。然尚无巾。王莽秃顶少发，便在戴冠前，扎一头巾，以遮其丑。

【冒絮】 纳有絮之头巾。亦称"絮巾"、"巾絮"、"巾帤"、"陌絮"、"蒙絮"、"陌额絮"。《汉书·周勃传》："文帝朝，太后以冒絮提文帝。"颜师古注："晋灼曰：'《巴蜀异志》谓头上巾为冒絮。'师古曰：'冒，覆也。老人所以覆其头。'"宋·程大昌《演繁露》卷十一："冒絮，冒音陌。颜师古曰：'老人以覆其头。'应劭曰：'陌额絮也。'详其所用，当是以絮为巾，蒙冒老者额额也。……以絮为巾即冒絮矣。北方寒，故老者絮蒙其头，始得温暖。"

【絮巾】 见"冒絮"。

【巾絮】 见"冒絮"。

【巾帤】 见"冒絮"。

【陌絮】 见"冒絮"。

【蒙絮】 见"冒絮"。

【陌额絮】 见"冒絮"。

【幅巾】 秦汉时期的一种头巾。因用整幅布帛裹头，故名"幅巾"。东汉末年，黄巾军即用黄色幅巾裹头，以此为标识。幅巾原为庶民所服，至东汉末，王公、将帅、士人多以服幅巾为雅。《后汉书·郑玄传》："玄不受朝服，而以幅巾见。"《三国志·魏武帝纪》裴松之注："汉末王公，多委王服，以幅巾为雅；是以袁绍、崔钧之徒，虽为将帅，皆著缣巾。"幅巾至魏晋之际，仍多服用，唐宋后，幅巾一般均为贫民所用。

【介帻】 古代的一种巾帽。尖顶长耳，多用于文吏。流行于两汉和魏晋时期。帻类帕首之状，开始只把鬓发包裹，不使下垂，长耳之裹发巾。汉代在额前加立一个帽圈，名为"颜题"，与后脑三角状耳相接。巾是覆在顶上，使原来的空顶变成"屋"，后高起部分呈介字形屋顶称为"介帻"，呈平顶状的称"平上帻"。汉·蔡邕《独断》载：帻是古代卑贱执事不能戴冠者所用。《晋书·舆服志》："《汉注》曰，冠进贤者宜长耳，今介帻也。冠惠文者宜短耳，今平上帻也。始时各随所宜，遂因冠为别。介帻服文吏，平上帻服武官也。"《隋书·礼仪志》六："帻，尊卑贵贱皆服之。文者长耳，谓之介帻；武者短耳，谓之平上帻。各称其冠而制之。"

戴介帻的汉代文吏
（河南密县打虎亭汉墓画像石）

【帻梁】 古代一种束发巾。《仪礼·士冠礼》："缅布冠。"汉·郑玄注："缅，今之'帻梁'也。……缅一幅，长六尺，足以韬发而结之矣。"缅，束发之帛。

【巾帻】 束发之巾。汉代以来，流行以幅巾裹发，称巾帻。《隋书·炀帝纪》载：隋大业二年（606）制定舆服，武官平巾帻、袴褶。《新唐书·五行志》载：唐昭宗时，十六宅诸王以华侈相尚，巾帻各自为制度。

【帻巾】 即"头巾"。《方言》四："覆结谓之帻巾，或谓承露，或谓之覆髳，皆赵魏之间通语也。"

【解散帻】 古代头巾的一种。为南齐达官王俭所创。《南齐书·王俭传》："作解散髻，斜插帻簪，朝野慕之，相与放效。"《南史》"髻"作"帻"。

【黑介帻】 古代一种黑色头巾。漆布为之。《晋书·职官志》："太宰、太傅、太保、司徒、司空、左右光禄大夫、光禄大夫，开府位从公者为文官公，冠进贤三梁，黑介帻。"《隋书·礼仪志》三："布围,围阙南面,方行而前。帝服紫袴褶、黑介帻。"《新唐书·车服志》:"(天子)黑介帻者,拜陵之服也。"《明史·舆服志》三："洪武五年定斋郎,乐生,文、武舞生冠服。斋郎,黑介帻,漆布为之,无花样;……文舞生及乐生,黑介帻,漆布为之,上加描金蝉。"

【岸帻】 帻,头巾。本覆于额上,把帻掀起露出前额称"岸帻"。亦称"岸巾",简称"岸"。清·纳兰永寿《事物纪原补》卷三引《纲鉴》："宋太祖岸帻跣足而坐,翰林窦仪至苑门,却立不进,太祖遽索冠带而后召入。"永寿注："露额曰岸,发有巾曰帻。"

【岸巾】 见"岸帻"。

【岸】 见"岸帻"。

【帕头】 亦称"帞头"、"络头"、"幧头"、"峭头"、"绡头"。古代男子的一种束发之头巾。《释名·释首饰》："绡头,绡,钞也,钞发使上从也。或曰陌头,言其从后横陌而前也。"1957年四川成都天迴山崖墓,出土一件陶塑说唱俑,头戴之帕头,即如上述。汉·扬雄《方言》："络头,陌头也。……自河以北,赵魏之间曰幧头。又自关而西,秦晋之郊曰络头,南楚江湘之间曰陌头。"古乐府《陌上桑》："少年见罗敷,脱帽著峭头。"

【帞头】 即"帕头"。

【络头】 即"帕头"。

【幧头】 即"帕头"。

【峭头】 即"帕头"。

【绡头】 即"帕头"。

【樵头】 古代一种头巾。男子束发服之,同"帕头"。《吴越春秋·勾践入臣外传》:越王"著樵头"。

戴帕头的汉代说唱艺人
(四川成都天迴山汉代崖墓陶塑说唱俑)

【半帻】 古代一种无顶头巾。多用于士人,亦用于儿童。亦称"半头帻"、"空顶帻"。汉·蔡邕《独断》卷下："元帝额有壮发,不欲使人见,始进帻服之,群臣皆随焉。然尚无巾,如今半帻而已。"《后汉书·刘盆子传》:"盆子时年十五,……侠卿为制绛单衣、半头赤帻、直綦履。"唐·李贤注："帻巾,所谓覆髻也。《续汉书》曰:'童子帻无屋,示未成人也。'半头帻即空顶帻也,其上无屋,故以为名。"

【半头帻】 见"半帻"。

【空顶帻】 见"半帻"。

戴半帻的汉代男子
(辽阳棒台子汉墓壁画)

【青帻】 古代一种深蓝色的头巾。古时通常仆隶常戴青帻。深蓝之色,亦称"苍色"。因此古称仆隶为"苍头"。《礼记》疏："汉家仆隶谓苍头,以苍巾为饰,异于民也。"

【绿帻】 古代的一种绿色头巾。多

用于奴仆杂役和罪人。蔡邕《独断》:"帻者,古之卑贱执事不冠者之服也。"《汉书·东方朔传》:"董君绿帻傅韬,随主前,伏殿下。"颜师古注："绿帻,贱人之服也。"唐代李封为延陵令,凡吏民有罪,不加杖罚,但责令裹绿头巾以示辱。致使吴地人以此服出入乡州为大耻。元、明时规定娼家男子戴绿头巾以示辱。明·郎瑛《七修类稿》卷二十八："吴人称人妻有淫者,为绿头巾。"

【绿头巾】 见"绿帻"。

【毡帽】 帽名,用毡制成的帽。毡帽的制作汉代时已有,新疆汉代楼兰遗址和罗布淖尔墓都有出土。唐时有用白毡制作的,称"白题"。另有一种浑脱毡帽,用乌羊毛制作。清代时浙江绍兴制的乌毡帽,十分有名,沿用迄今。毡帽,清时多为农民、商贩、劳动者所戴,有多种形式:一、半圆形,顶部较平;二、大半圆形;三、四角有檐反折向上;四、帽檐反折向上作两耳式,折下时可掩耳朵;五、帽后檐向上,前檐作遮阳式;六、帽顶有锥状带。士大夫所戴者,用捻金线绣蟠龙,四合如意加金线缘边,有的加衬毛里;《梁书·末国传》:"土人剪发,著毡帽,小袖衣。"《旧五代史·吐蕃》:"明宗赐以虎皮,人一张,皆披以拜,委身宛转,落其毡帽。"

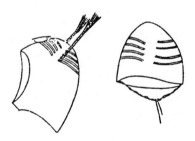
汉代毡帽
(新疆罗布淖尔墓,汉代(楼兰)烽燧堡遗址出土)

【芙蓉冠子】 古代宫女夏季戴的花冠。亦称"芙蓉冠"。其冠式类芙蓉(荷花)之叶,故名。秦汉宫中妇女所服,用碧罗缝制,上饰五彩通草花。即以后之花冠。五代·后唐·马缟《中华古今注》:"冠子者,秦始皇之制也。令三妃九嫔,当暑戴芙蓉冠子,以碧罗为之,插五色通草苏朵子。"宋·冯鉴《续事始》引《实录》:"汉宫掖承恩者,赐碧芙蓉冠子并绯芙蓉冠子。"

【芙蓉冠】 见"芙蓉冠子"。

【笼冠渊源】 东汉始有笼冠,为笼状硬壳套于帻上,是汉武弁大冠的发展。隋代笼冠,外廓上下平齐,左右为略向外展的弧形,近似长方形。唐贞观至景云间笼冠,外罩呈梯形,渐趋华丽,最后演变为笼巾。

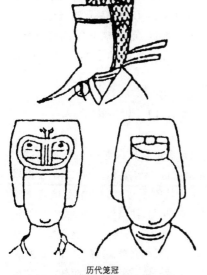

历代笼冠
上:山东沂南东汉画像石
下左:武汉周家大湾隋墓陶俑
下右:陕西咸阳唐代独孤开远墓陶俑

【古代丧冠】 古代宗法社会,制定有丧服制度,按与死者的亲疏远近,以不同期限,服不同丧服。服丧期间,须披发,穿不同质料麻布做的孝服,戴孝冠。俗称"披麻戴孝"。丧礼服制,从重到轻有五种:用最粗麻布做的称"斩衰";用粗麻布做的称"齐衰";用熟麻布做的称"大功";用较细麻布做的称"小功";用细麻布做的称"缌麻"。同时佩戴"斩衰冠"、"齐衰冠"、"大功冠"、"小功冠"、"缌麻冠"等丧冠,并在额部系用麻布做的额带,古称"首绖"。参见"斩衰服"、"齐衰服"、"大功服"、"小功服"、"缌麻服"。

【斩衰冠】 见"古代丧冠"。

【齐衰冠】 见"古代丧冠"。

【大功冠】 见"古代丧冠"。

【小功冠】 见"古代丧冠"。

【缌麻冠】 见"古代丧冠"。

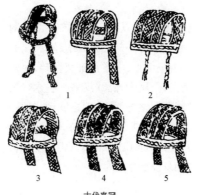

古代丧冠
1. 斩衰冠 2. 齐衰冠 3. 大功冠
4. 小功冠 5. 缌麻冠
(引自《三礼图》、《五服图解》等)

【厌冠】 古代服丧所戴之冠。简称"厌"。《礼记·曲礼》下:"苞屦、极衽、厌冠,不入公门。"郑玄注:"此皆凶服也。厌,犹伏也。丧冠厌伏。"

【厌】 见"厌冠"。

【弁绖】 古代吊丧时所戴的一种素冠,加有麻布。《周礼·春官·司服》:"凡吊事,弁绖服。"注:"弁绖者,如爵弁而素,加环绖。"疏:"今言环绖……谓以麻为体,又以一服麻为体,纠而横缠之,如环然。故谓之环绖。"

【簪笔】 古代朝见,插笔于冠,以备记事。《史记·西门豹传》褚少孙补:"西门豹簪笔磬折,向河立良久。"《正义》:"簪笔,谓以毛装簪头,长五寸,插在冠前,谓之为笔,言插笔备礼也。"《宋书·礼志》五:"绅垂三尺,笏者有事则书之,故常簪笔,今之白笔,是其遗象。三台五省二品文官簪之,王公侯伯子男卿尹武冠不簪,加内侍位者簪之。"汉代制度:官吏奏事必须书写于奏牍(木简)上。笔即插头上耳边一侧。簪笔与手板(笏)本出

于实用,后成为官制具文,限于御史或文官使用。晋代后,簪笔不再实用,成为一种装饰。故又称"白笔"。山东沂南汉墓出土画像石上,有"簪笔"之具体形象。

插戴簪笔的汉代官吏
(山东沂南汉墓出土石刻画像)

【白笔】 古代的一种冠上饰物。晋南北朝时,仿簪笔制度使用"白笔",如簪导由后插入顶发。《晋书·舆服志》:"笏者,有事则书之,故常簪笔,今之白笔是其遗象。三台五省二品文官簪之,王、公、侯、伯、子、男、卿、尹及武官不簪。加内侍位者乃簪之。"北朝高级官吏戴漆纱笼冠,由后上升悬垂一缨总于额间,称"垂笔",也由汉代簪笔发展而来。

【立笔】 宋代着朝服时,有一种立笔的形制,即在冠上簪以白笔,削竹为笔干,裹以绯罗,用丝作毫,拓以银镂叶而插于冠后。此本为古代珥笔之意,旧时簪此白笔以奏不法的官员所用。宋代旧令,本为文职七品以上服朝服者簪白笔,武官则不簪,其后武官也有簪之者。

冠上插立笔的宋代官吏
(宋·李公麟《九歌图》)

【组缨】 古结冠之丝带。《墨子·公孟》:"昔者楚庄王鲜冠组缨,绛衣博袍,以治其国。"《礼·玉藻》:"玄冠朱组缨,天子之冠也。……玄冠丹朱组缨,诸侯之冠也。"《辞源·组缨条》:"(礼)天子朱组缨,大夫丹组缨,士綦组缨。""汉唐以后,有用彩色者,有随绶色者,其色不一。今祭冠皆有组缨。大总统绛色,文武各官紫色,士庶青色。"

【曼胡缨】 古代结冠用的一种粗带子。亦称"缦胡缨"、"鬘胡缨"。《庄子·说剑》:"然吾王所见剑士,皆蓬头、突鬓、垂冠,曼胡之缨,短后之衣,瞋目而语难,王乃说之。"晋·张协《张景阳集·杂诗》之七:"舍我衡门衣,更被缦胡缨。"唐·李白《李太白诗·闻李太尉大举秦兵出征东南……留别金陵崔侍御十九韵》:"拂剑照严霜,彫戈鬘胡缨。"

【缦胡缨】 即"曼胡缨"。

【鬘胡缨】 即"曼胡缨"。

【绥】 古代冠缨一类之丝带。

【纮】 古代冠冕上着于颌下的带子,带子两端上结于笄。《周礼·夏官·弁师》:"玉笄朱纮。"注:"纮一条属两端于武。"疏:"谓以一条绳先属一头于左旁笄上,以一头绕于颐下,至句上于于右相笄上绕之。"《国语·鲁》下:"王后亲织玄纮,公侯之夫人,加之以纮綖。"

【紞】 古代冠冕上用以系瑱的丝带。《左传》桓公二年:"衡、紞、纮、綖,昭其度也。"疏:"紞者,县瑱之绳,垂于冠之两旁。"《诗·周南·葛覃》毛传:"古者王后织玄紞。"

【玄紞】 古代礼冠的前后丝饰物。《国语·鲁》下:"王后亲织玄紞。"注:"紞,冠之垂前后者,……所以悬瑱当耳者也。"

【鬏带】 亦称"覆巾"。髻带。《方言》四:"络头……其偏者谓之鬏带,或谓之鬏带。"注:"鬏带,今之偏叠幧头也。"

【緌】 帽带的末梢部分。《诗·齐风·南山》:"葛屦五两,冠緌双止。"《礼·内则》:"冠緌缨。"疏:"结缨颔下以固冠,结之余者,散而下垂,谓之緌。"

【金貂】 汉以后皇帝左右侍臣的冠饰。《后汉书·舆服志》下:"武冠……侍中、中常侍加黄金珰,附蝉为文,貂尾为饰。"《汉书·谷永传》:"戴金貂之饰,执常伯之职者。"颜师古注:"常伯,侍中也。"诗词中多以金貂称侍从贵臣。温庭筠《湘东宴曲》:"湘东夜宴金貂人。"

【綦会】 古代皮帽缝中用五彩玉装饰。《文选·张衡〈东京赋〉》:"珩纮纮綖,玉笄綦会。"李善注:"《周礼》曰:'……王之皮弁,会五彩玉棋。'郑玄曰:'会,缝中;棋如綦,綦谓结;皮弁于缝中每贯结五彩五十二以为饰,谓之綦会。'"

【璪】 用彩丝贯玉在冕前下垂的装饰。《礼·郊特牲》:"祭之日,王被衮以象天,戴冕,璪十有二旒。"

【綖】 古代冕上的装饰;覆在冕上的布。《左传》桓公二年:"衡、紞、纮、綖,昭其度也。"杜预注:"綖,冠上覆。"孔颖达疏:"此四物者,皆冠之饰也。"

【纩纮】 古代帝王冠帽之垂饰。用黄绵制作,垂于冠之左右。《晏子春秋·重而异者》:"纩纮充耳,恶多所闻也。"《说文》:"纩,絮也。纮,冠卷也。"

【珥珰】 亦称"明珰"。冠上之垂珠。《新唐书·骠国传》:"冠金冠,左右珥珰,條贯花鬘。"

【象瑱】 冠冕两侧下垂结于丝绳上的饰物,以象牙为之,下垂当耳,可用以塞耳。《诗·齐风·著》:"充耳以素乎而。"汉·毛苌《传》:"素,象瑱。"参见"充耳"。

【冠礼】 古代成年男子的一种加冠之礼。亦称"成人礼"。《礼记·曲礼》上:"男子二十,冠而字。"二十行加冠礼,并命字,以示成人。行冠礼,须占卜择日,仪式隆重。行冠礼,通常要加冠三次:一燕服之冠,叫缁布冠,闲居戴之;二朝服冠,叫皮弁,朝会用之;三祭祀冠,叫爵弁,祭祀戴之。戴冠,必须将发于头顶挽梳成髻,再戴冠,即是"发有序,冠才正"。古代的这种冠,与后世之帽形制有很大不同,它仅是一种冠圈,套住发髻,后用缨(丝绳)于颏下系结,将冠固定于头顶;而后世之帽是全部罩着头顶。

【成人礼】 见"冠礼"。

【南朝巾帽】 《隋书·礼仪志》:"宋齐之间,天子宴私,著高白帽,士庶以乌,其制不定,或有卷荷,或有下帬(同"裙"),或有纱高屋,或有乌纱长耳。"齐·东昏侯令作"逐鹿帽",形根窄狭;又别立帽式,骞其口舒二翅,名"凤度三桥";裙向后总而结之,名"反缚黄鹂";还有"山鹊归林"、"兔子度坑"等诸多帽式。

【白纱帽】 是南朝时一种特有的冠帽,尤为天子的首服,亦作"白纱高顶帽"、"白高帽"、"白帽"、"高屋帽"。南朝天子宴私,都戴白纱帽。如王敬则拔白刃……乃手取白纱帽加萧道成(即南齐高帝、太祖皇帝)首,令接皇帝位。南齐沈攸之云:"我被太后令,建义下都,大事若克,白纱帽共着耳。"南朝凡成为皇帝者,即戴白纱帽。梁天监八年(509)乘舆宴会改服白纱帽,都是以其贵白纱帽之故。《画史》:"尝收范琼画梁武帝像,武帝戴白冠。"《邵氏闻见录》:"又宣王姜后免冠谏图,宣王白帽,谓此六朝冠也。"今存阎立本《陈文帝图》,亦戴白帽。这都是在图像中戴白纱帽者,这是南朝冠制与其色泽的特点。参阅周锡保《中国古代服饰史》。

【白纱高顶帽】 南朝一种特有的冠帽。见"白纱帽"。

【白高帽】 即"白纱帽"。

【白帽】 南朝皇帝平时着高顶白纱帽,至陈则为上下通服,皇太子在宫中则戴乌纱帽,在永福省(永福省在禁中,即在帝所居宫中)则戴白纱帽。隋初皇帝及官员平时戴乌纱帽,接宾客时戴白纱帽。唐代因之,形制小异,又以白帽为丧服。

【高屋帽】 古代冠帽之一种。以纱帛等缝制,有卷荷、下裙、长耳诸式,有白、黑等色。以白纱高屋帽为最贵,为天子首服,南朝天子宴私,都服白纱帽。《隋书·礼仪志》载:南朝宋、齐时期,天子宴私,着白高帽,士庶以乌,其制不定。有卷荷、下裙、纱高屋、乌纱长耳等制。今又复制白纱高屋帽。

戴白纱帽的陈文帝像
(唐·阎立本《历代帝王图》)

【折角巾】 古代的一种巾帽。亦称"角巾"、"垫巾"。这种巾,棱角分明。两汉、魏晋南北朝高士、儒士都爱戴此帽。相传为东汉名士郭林宗所创,故又名"林宗巾"。《后汉书·郭泰(字林宗)传》载:郭泰外出遇雨,巾帽一角沾湿而叠之,时人慕而效之,故意折巾一角。后遂称"折角巾"。《太平御览》卷六八七引《郭林宗别传》:"林宗尝行陈梁间,遇雨,故其巾一角垫而折二,国学士著巾莫不折其

角,云作林宗巾。"南朝·梁·吴均《赠周散骑与嗣》诗:"唯安莱芜甑,兼慕林宗巾。"

【角巾】 见"折角巾"。

【垫巾】 见"折角巾"。

【林宗巾】 见"折角巾"。

戴角巾的魏晋高士
(唐·孙位《高逸图》)

【白接䍦】 古代的一种白头巾。以白鹭之羽为之,取其洁净,士人都喜戴之。始于晋,流行于南朝和唐宋间。亦称"接篱"、"接䍦"、"睫䍦"、"白鹭缞"。南朝·宋·刘义庆《世说新语·任诞》:"山季伦(简)为荆州,时出酣畅,人为之歌曰:'山公时一醉,径造高阳池。日莫倒载归,酩酊无所知。复能乘骏马,倒著白接䍦。'"唐·李太白诗《襄阳歌》:"落日欲没岘山西,倒著接篱花下迷。"宋·陆游《晨起》诗:"晨起凭栏叹衰甚,接篱纱薄发飕飕。"

白接䍦
(清刻本《吴郡名贤图传赞》)

【接篱】 见"白接䍦"。

【接䍦】 见"白接䍦"。

【睫䍦】 见"白接䍦"。

【白鹭缞】 见"白接䍦"。

【葛巾】 古代一种用葛布制作的头巾。故名。流行于汉魏时期。葛布质地坚韧,组织疏松,适用于暑天,故士人夏季都喜服之。晋·张华《博物志》:"汉中兴,士人皆冠葛巾。"《南齐书·吴苞传》:"(吴苞)冠黄葛巾,竹麈尾,蔬食二十余年。"葛巾,形制如帕,而横着,尊卑共服。《艺人类聚》卷六十七辑晋人裴启《语林》:"诸葛武侯与宣皇在渭滨将战,宣皇戎服莅事,使人视武侯,乘素舆,葛巾毛扇,指麾三军。"显见,诸葛亮当年所戴,为葛巾。一说孔明戴所谓"纶巾"、"诸葛巾",为一种讹传和附会之说。《宋书·陶潜传》:"郡将候潜,值其酒熟,取头上葛巾漉酒,毕,还复著之。"宋·苏轼《分类东坡诗·犍为王氏书楼》:"书生古亦有战阵,葛巾羽扇挥三军。"

【缣巾】 古代一种用细绢制成的头巾。流行于汉魏时期。缣为一种双丝细绢。《释名·释采帛》:"缣,兼也,其丝细致,数兼于绢,染兼五色,细致不漏水也。"《淮南子·齐俗训》:"缣之性黄,染之以丹则赤。"《宋书·礼志》:"是以袁绍、崔钧(豹)之徒,虽为将帅,皆为缣巾。"

【幅巾】 盛行于汉魏的一种儒雅装束。用细绢一幅束发,故名。《三国志·魏志·武帝纪》:曹操死后,"敛以时服"。裴松之注引《傅子》:"汉末王公,多委王服,以幅巾为雅。是以袁绍、

襄幅巾的北齐男子
(山西太原北齐墓壁画)

崔豹之徒,虽为将帅,皆著缣巾。"李贺《咏怀》诗:"头上无幅巾,苦蘖已染衣。"

【疏巾】 古代的一种头巾。流行于汉魏时期。以练布制成,为麻织物,质地粗疏,平民通服。一说练为绤属,即粗葛。《后汉书·祢衡传》:"衡乃着布单衣,疏巾,手持沃梲杖,坐大营门。"可见,疏巾古代多用于庶人。《类篇》作"练巾":"练,绤属,后汉祢衡著练巾。"

【练巾】 见"疏巾"。

【岑牟】 古代巾帽之一种。鼓角吏所服。帛绢制成。《后汉书·祢衡传》、《通史志》、《世说新语》载:魏武帝(曹操)谪祢衡为鼓吏,着岑牟单绞之服。岑牟,鼓角士之胄也。

【小冠】 古代冠名。始于汉,盛行于魏晋,隋与唐初仍流行。形制是前低后高,中空如桥,因其小,故名。是由汉代梁冠去梁改进而成。魏晋流行戴小冠,缩小于头顶,称小冠子。惟在顶部横别一小簪导,绾住发髻,以不同材料区别等级。不久复转加大,到隋代重新定为制度,必用金、玉、犀角、象牙作成。朝服簪导则由扁平转成圆锥状,一端方头,位置也有改变,

小冠

由帻部圆孔横贯发髻,长约一市尺,两端露出寸许。

【小冠子】 见"小冠"。

【鹿皮冠】 用鹿皮制作的一种冠帽。亦称"鹿皮帽"。隐士所戴。《三国志·魏文帝纪》黄初三年"冬十月,授杨彪光禄大夫"注引《魏略》:"诏曰:'……谒请之日,便使杖入,又可使著鹿皮冠。'彪辞让不听,竟著布单衣,皮弁以见。"《宋书·何尚之传》:"尚之在家常著鹿皮帽,及拜开府,天子临轩,百僚陪位,沈庆之于殿廷戏之曰:'今日何不著鹿皮冠?'"又《何点传》:"梁武帝与点有旧。及践阼,手诏论旧,赐以鹿皮巾等,并召之。"

【鹿皮帽】 见"鹿皮冠"。

【鹿皮巾】 古代一种用鹿皮做的头巾。隐士所服。《南史·陶弘景传》:"(梁武)帝手敕招之,赐以鹿皮巾,后屡加礼聘,并不出。"省作"鹿巾"。五代·前蜀·韦庄《浣花集·雨霁池上作呈侯学士》诗:"鹿巾藜杖葛衣轻,雨歇池边晚吹清。"

【鹿巾】 见"鹿皮巾"。

【合欢帽】 魏晋南北朝时期的一种暖帽。金镂织成。系用厚实的织锦丝帛制成,多以两片缝合而成,故称"合欢帽"。取和合乐之吉意。晋·陆翙《邺中记》:"季龙猎,着金缕织成合欢帽。"《艺文类聚》六四,晋·东哲

戴合欢帽的北魏人像
(甘肃敦煌千佛洞发现的北魏刺绣)

《近游赋》:"老公戴合欢之帽,少年着蕤角之巾。"甘肃敦煌莫高窟千佛洞出土的北魏刺绣,上绣四位人像,均头戴合欢帽,帽顶中央下洼,系两片织锦缝合制成。山西大同云冈石窟第十八窟,供养人石雕,亦戴这种合欢帽,可见当时较流行这种帽式。

【倚劝】 古代帽名。以生纱为之。《南史·齐废帝海陵王妃》:"时又多以生纱为帽,半其裙而析之,号曰'倚劝'。"

【凤度三桥】 古代帽名。《南史·齐和帝纪》载:南齐时,东昏侯萧宝卷与群小设计的一种帽式,翘其口而舒两翅,名曰"凤度三桥"。

【胡公头】 古帽名。南朝·梁宗懔《荆楚岁时记》:"十二月八日,谚云:'腊鼓鸣,春草生。'村民打细腰鼓,戴胡公头及作金刚力士以逐除。"一本作"胡头"。《南史·倭国传》:"男女皆露紒,富贵者以锦绣杂采为帽,似中国胡公头。"

【胡头】 见"胡公头"。

【卷荷帽】 也叫"莲叶帽",为古代士庶之冠,其制为圆顶,中竖一缨,帽檐翻卷,形似荷叶,故名"卷荷"。河南邓县出土的南北朝画像砖中,有一组部曲鼓吹者形象,头上戴的正是这种帽式。《隋书·礼仪志》七:"案宋、齐之间,天子宴私,著白高帽,士庶以乌,其制不定。或有卷荷,或有下裙,或有纱高屋,或有乌纱长耳。"《北史·萧詧传》:"担舆者,冬月必须裹头,夏月则加莲叶帽。"

戴卷荷帽的六朝吹鼓手
(河南邓县六朝墓画像砖)

【莲叶帽】 见"卷荷帽"。

【神弁】 晋代冠名。《邺中记》："石季龙，宫婢数十，尽著皂裤，头著神弁，如今礼先冠。"

【漆纱笼冠】 亦称"笼冠"、"纱冠"、"漆纱冠"。是魏晋南北朝时期的主要冠饰，男女皆可服用，以黑漆细纱制成，故名"漆纱笼冠"。其制：平顶，似圆形"套子"，两边有耳垂下；戴时必须罩于冠帻之外，才成为帽子，下用丝带系缚。这种冠帽，最早产生于汉代。河南洛阳汉墓画像砖的彩绘武卫、山东沂南汉墓石刻武士，都戴有漆纱笼冠。湖南长沙马王堆西汉墓出土的漆奁中，发现实物一具，顶部略呈圆形，与魏晋南北朝的形制有所不同。陕西乾县唐代章怀太子李贤墓壁画上，亦见有戴漆纱笼冠的文史。

【笼冠】 见"漆纱笼冠"。

【纱冠】 见"漆纱笼冠"。

【漆纱冠】 见"漆纱笼冠"。

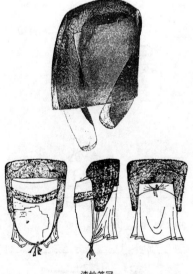

漆纱笼冠
上：湖南长沙马王堆 3 号汉墓出土
下：甘肃武威磨咀子汉墓出土

【蝉冠】 古代一种以蝉纹为饰的冠帽。亦称"貂蝉冠"。汉代侍从官员之冠，以蝉纹、貂尾为饰。蔡邕《独断》："大尉以下冠惠文，侍中加貂

蝉。"唐·钱起《钱考功集·中书王舍人辋川旧居》诗："一从解蕙带，三人偶蝉冠。"参见"貂蝉冠"、"貂蝉"、"金珰"。

【貂蝉冠】 古代冠帽之一种。以貂尾为饰，附蝉为纹，故名。皆古时高官显贵服之。《宋史·舆服志》："貂蝉冠，一名笼巾，织藤漆之，形正方，如平巾帻。饰以银，前有银花，上缀玳瑁蝉，左右为三小蝉，衔玉鼻，左插貂尾。三公、亲王侍祠大朝会，则加于进贤冠而服之。"明代沿用为公、侯、伯的朝服冠戴。《明史·舆服志》："公冠八梁，加笼巾貂蝉，立笔五折，四柱，香草五段，前后金蝉。伯七梁，笼巾貂蝉，立笔两折，四柱，香草二段，前后玳瑁蝉，俱插雉尾。驸马与侯同，不用雉尾。一品，冠七梁，不用笼巾貂蝉。"

貂蝉冠

【蝉冕】 即"蝉冠"。《文选·咏史》诗："咄此蝉冕客，君绅宜见书。"汉·蔡邕《独断》："大尉以下冠惠文，侍中加貂蝉。"《梁书》王瞻等传《史臣曰》："泊东晋王茂弘（导）经纶江左，……其后蝉冕交映，台衮相袭，勒名帝籍，庆流子孙。"

【笼巾】 亦称"貂蝉冠"。古代冠帽之一种。祭祀、大朝会等服之。参见"貂蝉冠"。

【突骑帽】 后周时期盛行，本属西域民族所服。李贤注曰："突骑，言能冲突军阵。"原来可能是武士骑兵之服，后来普及民间。据记载，文帝项有瘤

疾，为不让人见，也常戴此帽以为遮蔽。因其帽裙较长，可能为风帽一类的帽式。戴时多用布条系扎顶部发髻，故史书称"索发之遗像"。在北齐狄回洛墓出土的陶俑中，有这种帽的样式。《梁书·武兴国传》："（其国之人）著乌皂突骑帽，长身小袖袍，小口裤，皮靴。"《隋书·礼仪志》七："后周之时，咸著突骑帽，如今胡帽，垂裙覆带，盖索发之遗象也。又文帝项有瘤疾，不欲人见，每常著焉。相魏之时，著而谒帝，故后周一代，将为雅服，小朝公宴，咸许戴之。"1974 年河北磁县东陈村东魏墓出土彩绘陶俑即此帽式。

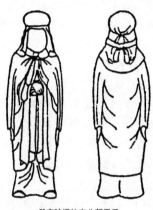

戴突骑帽的南北朝男子

【折风帽】 古代高丽人戴的一种帽子。折风，是指这种帽可以翻转挡风。唐·李白《高句骊》诗有"金花折风帽"句。《北史·高句骊传》："人皆头著折风，形如弁，士人加插二鸟羽。贵者，其冠曰苏骨，多为紫罗为之，饰以金银。服大袖衫、大口裤、紫皮带、黄革履。"

【乌丸帽】 古代乌桓族人的帽子。乌桓即乌丸，为东胡族的一支。公元前三世纪末，东胡为匈奴所灭，部分残部退保乌桓山，后称"乌桓"。在今内蒙古阿鲁科尔沁旗以北，即大兴安岭山脉南端。乌丸帽以毵毵缝制，上饰彩绣。《北史·吐谷浑传》："慕利延遂入于阗国，……遣使通宋求援，献乌丸帽、女国金酒器、胡王金钏等物。"

【一角帽】 异域民族习俗，妇女戴一

角帽,表示有一个丈夫,有两个丈夫戴二角帽。《隋书·西域传》:"兄弟同妻。妇人有一夫者,冠一角帽,夫兄弟多者,依其数为角。"明·罗懋登《三宝太监西洋记通俗演义》第七十八回:"只见女人头上有戴三个角儿的,有戴五个角儿的,甚至有戴十个角儿的。……有三个丈夫,戴三个角。"

【三角帽】 见"一角帽"。

【左貂】 古代以貂尾饰于武冠之左,称"左貂"。《后汉书·宦者传序》:"汉兴,仍袭秦制,置中常侍官。然亦引用士人,以参其选,皆银珰左貂,给事殿首。"《隋书·礼仪志》七:"貂蝉,案《汉官》:'侍内金蝉左貂,金取刚固,蝉取高洁也。'董巴志曰:'内常侍,右貂金珰,银附蝉,内书令亦同此。'今宦者去貂,内史令金蝉右貂,纳言金蝉左貂。"《新唐书·百官志》二:"左散骑与侍中为左貂,右散骑与中书令为右貂,谓之八貂。"

【貂尾】 汉代侍臣冠上饰物。以貂鼠之尾插在冠上以示显贵。汉·蔡邕《独断》卷下:"(武冠)侍中、中常侍加黄金珰,附蝉为文,貂尾饰之。"唐代侍中、中书令、左右散骑常侍等八位大臣可插貂尾,称"八大貂"。宋代,又将其插于笼巾,遂成三公亲王冠饰。称"貂羽"。

【貂羽】 见"貂尾"。

饰貂尾的北朝官吏
(河南洛阳宁懋石室北朝石刻画)

【黄金珰】 简称"金珰"。汉代近臣冠前黄金牌饰。汉·卫宏《汉官仪》

卷上:"中常侍,秦官也。汉兴,或用士人,银珰左貂。光武以后,专任宦者,右貂金珰。"汉·蔡邕《独断》卷下:"侍中中常侍,加黄金珰,附蝉为文,貂尾饰之。"参见"金蝉"。

【金珰】 见"黄金珰"。

【金蝉】 亦称"金附蝉",简称"蝉"。用金箔作成蝉形,故名。饰于冠帽中央,涵义清虚、高洁。《后汉书·舆服志》下:"侍中、中常侍加黄金珰,附蝉为文。"晋·崔豹《古今注》卷上:"蝉取其清虚识变也。在位者有文而不自耀,有武而不示人,清虚自牧,识时而动也。"

【金附蝉】 见"金蝉"。

【蝉】 见"金蝉"。

金蝉

【巾子】 古代头巾。如幞头、巾帻之类。汉以来盛行用幅巾裹发。隋文帝时文官已有平头小样巾;大业十年(614)丞相牛弘又上议请着巾子,以桐木为垫。唐武德初,亦有平头小样巾子;武后也常以丝葛巾子赏赐百官。参阅五代·后蜀·马鉴《续事始·巾子(说郛)》、《新唐书·车服志》。

【唐巾】 唐时帝王的一种巾帽。当时常作便帽用之,后士人亦戴之。至明代时,进士巾亦称唐巾。《元史·舆服志》:"唐巾,形制如幞头,而撇其角,两角上曲,作云头之状。"

【幞头】 亦作"襆头",是一种包头用的巾帛。在东汉时期,已较流行,魏

晋以后,巾裹成为男子主要首服。北周武帝时,作了改进,裁出脚,后幞发,故俗谓之"幞头"。经改制的巾帛,四角成带状,通常以两带系脑后垂之,似两条飘带,两带反系头上,令曲折附顶(见图:幞头系结法)。由于两带反曲折上,系结于顶,故又名"折上巾",也称"四脚"、"软裹"。隋时以桐木为骨子,使顶高起,名"军容头"。唐始以罗代缯。皇帝用硬脚上曲,人臣下垂。并有"平头小样"、"武家诸王样"、"开元内样"、"英王踣样"诸式。五代时幞头后垂二带,变为硬脚,向两侧平举。宋代幞头,以藤织草巾子作里,用纱作表,涂漆,称"幞头帽子",可随意脱戴。两脚变化很多,有弓脚、卷脚、交脚、直脚等诸形。幞头的式样,为不同身份的重要标志,皇帝和官僚的展脚幞头,两脚向

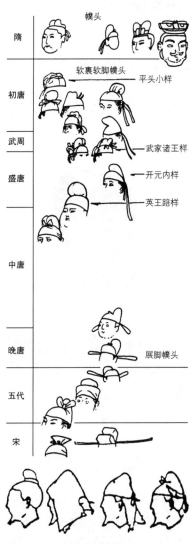

上:幞头演变简表
下:幞头系结法

两侧平直伸长，身份低的公差和仆役，多戴无脚的幞头。参阅唐·封演《封氏闻见记·巾幞》、宋·沈括《梦溪笔谈·故事》、《宋史·舆服志》五、《三才图会·衣服》、孟元老《东京梦华录》，清·俞正燮《癸巳存稿·幞》。

【襆头】 古代的一种头巾，即"幞头"。《资治通鉴》一七三陈·太建十年："甲戌，周主初服常冠，以皂纱全幅向后襆发，仍裁为四脚。"注："今之幞头始此，制微有不同耳。杜佑曰：后汉末，王公卿士以幅巾为雅，用全幅皂而向后襆发，谓之头巾，俗人因号为幞头。后周武帝因裁幅巾为四脚。襆，与幞同。"从北周至宋代，襆头不断变化，宋·沈括《梦溪笔谈》卷一："本朝幞头有直脚、局脚、交脚、朝天、顺风，凡五等。"金、元时期，又见卷脚、凤翅幞头等诸式。参见"幞头"。

【四脚】 幞头之别称。《资治通鉴》一七三陈·太建十年："甲戌，周主初服常冠，以皂纱全幅向后襆发，仍裁为四脚。"后周武帝，因裁幅巾为四脚。唐人亦称四脚。参见"幞头"。

【软裹】 即"幞头"。

【军容头】 古时幞头的一种。唐时较流行。《朱子语类·杂仪》："唐人幞头，初止以纱为之。后以其软，遂砑木作一山子，在前衬起，名曰军容头。其说以为起于鱼朝恩。一时人争效之。"

【折上巾】 亦称"四脚"、"软裹"。即古代之幞头。包头用布帛，魏晋已很盛行。北周时作改进，裁出脚，后襆发。经改制四角成带状，以两带系脑后垂之，两带反系头上，令曲折附顶。因两带反曲折上，系于顶，故名"折上巾"。

【平头小样】 隋唐时期的一种幞巾。文官服之。头顶巾子低平，甚至为平顶，故名"平头小样"。《新唐书·车服志》："隋文帝……文官又有平头小

样巾，百官常服，同于庶人。"《旧唐书·舆服志》："武德以来始有巾子，文官名流尚平头小样者。"唐代画家阎立本所绘《步辇图》及四川邛崃龙兴寺石雕上的人物，即用这种巾子。

平头小样
上：唐代陶俑（四川邛崃龙兴寺石雕）
下：唐·阎立本《步辇图》

【英王踣样】 唐代的一种幞巾款式。传为中宗李显所创。李显在藩时为英王，其式高踣，故名"英王踣样"。《唐会要》："景龙四年（710）三月内宴，赐宰臣以下内样巾子，其样高而踣，皇帝在藩时所冠，故时人号为'英王踣样'。"《新唐书·车服志》："至中宗又赐百官'英王踣样'巾，其制高而踣，帝在藩时冠也。"

【踣样巾】 古代巾帽之一种。亦称"英王踣样巾子"、"踣养巾"。其形高而踣，唐代较流行。《新唐书·车服志》："中宗又赐百官'英王踣样'巾，其制高而踣，帝在藩时冠也。"唐代之幞头，有"平头小样"、"武家诸王样"和"英王踣样"诸式，踣样巾即英王踣样之式。参见"幞头"。

【英王踣样巾子】 见"踣样巾"。

【踣养巾】 见"踣样巾"。

英王踣样（踣样巾）
唐代陶俑

【武家诸王样】 指唐代武则天时期诸家幞巾式样，故名。亦称"武家样"、"武氏内样"、"武家高巾子"。其式加高顶部，分为两瓣，左右凸起，中间凹陷。为当时一种流行幞巾。传为武则天所创。《通典·礼志》："天授二年（691），武太后内宴，赐群臣高头巾子，呼为'武家诸王样'。"五代·马缟《中华古今注》称为"武家高巾子"，亦曰"武氏内样"。宋·赵彦卫《云麓漫钞》称为"武家样"。陕西乾县章怀太子、懿德太子及永泰公主墓壁画，男女幞头，均作武家诸王样。

【武家样】 见"武家诸王样"。

【武氏内样】 见"武家诸王样"。

【武家高巾子】 见"武家诸王样"。

戴武家诸王样幞头的唐代男子
（陕西乾县唐代永泰公主墓石刻画）

【仆射样子】 唐代的一种巾样。为唐代裴冕所创的幞头式样，裴冕官"右仆射"，故取名"仆射样"。《旧唐书·裴冕传》："自制巾子，其状新奇，市肆因而效之，呼为'仆射样子'。"宋·钱易《南部新书》卷三："裴冕自创巾子，尤奇妙，长安谓之仆射样。"

赵彦卫《云麓漫钞》卷三："裴冕尝自(为)巾子,谓之仆射巾。"

【仆射样】　见"仆射样子"。

【仆射巾】　见"仆射样子"。

【内样巾子】　唐代玄宗时期的一种幞巾。因最初为宫内所创,故名。亦称"开元内样"。顶部圆大,俯向前额,以桐木、丝葛、皮革等缝制。《慕府燕闲录》："明后赐臣下'内样巾子'。"唐·封演《封氏闻见记》卷五:"巾子制:顶皆方平,仗内即头小而圆锐,谓之内样。开元中,燕公张说当朝,文伯冠服以儒者自处,玄宗嫌其异己,赐内样巾子、长脚罗幞头,燕公服之入谢,玄宗大悦。因此令内外官僚百姓并依此服,自后巾子虽时有高下,幞头罗有厚薄,大体不变焉。"《通典》卷五十七:"景龙四年三月,中宗内宴,赐宰臣以下内样巾子。"

【开元内样】　见"内样巾子"。

内样巾子(亦称"开元内样")
(陕西西安东郊出土唐代陶俑)

【官样巾子】　盛唐巾帽式样。简称"官样"。比英王踣样为高,左右分瓣明显,做成两球状。《旧唐书·舆服志》:"玄宗开元十九年十月,赐供奉官及诸司长官罗头巾及官样巾子,迄今服之也。"《唐会要》卷三十一:"开元十九年十月,赐供奉及诸司长官罗头巾及官样圆头巾子。"《新唐书·车服志》则简称为"圆头巾子"。

【官样】　见"官样巾子"。

【官样圆头巾子】　见"官样巾子"。

【圆头巾子】　见"官样巾子"。

【顺风幞头】　唐代幞头的一种。用铁丝、琴弦等制成椭圆或蕉叶形硬脚,蒙以漆纱,裹戴时两脚偏于一侧,具临风之意,故名"顺风幞头"。《宋史·乐志》:打毬乐队服饰"衣四色窄绣罗襦,系银带,裹顺风脚簇花幞巾。"沈从文《中国古代服饰研究》:将两脚提掖,使之偏于一侧者,即"顺风幞头"。陕西西安唐代韦洞墓壁画中一男子,即裹顺风幞头。

裹顺风幞头的唐代男子
上:陕西西安唐代韦洞墓壁画
下:唐·韩滉《文苑图》

【直脚幞头】　古代幞头的一种。亦称"平脚幞头"、"展脚幞头"、"长角幞头"、"舒角幞头",简称"平脚"、"展脚"。五代时,南方偏霸,已有将幞头硬脚向两旁延伸,以象龙角的记载。甘肃敦煌五代壁画《曹仪金进香图》,及辽庆陵壁画中后晋降辽官僚,均有较短平脚幞头出现。宋统一后,使硬脚加长,定型成为官服制度之一。一般硬脚向两侧平伸,最长的超出肩之宽度,用铁丝等作成。据宋人记载,系因百官入朝站班时,为避免交头接耳谈话,所以加长硬脚,使之有一定

距离。殿上司仪值班镇殿将军易于发现,便于纠正弹劾。宋代直脚幞头的特点是两脚平直,脚长过肩。故又称"长脚幞头"。使用时将直脚插于幞头之后。《宋史·舆服志》:"(幞头)五代渐变平直。国朝之制,君臣通服平脚。"甘肃敦煌莫高窟五代壁画和南薰殿旧藏《历代帝王像》,都绘有直脚幞头形象。

【平脚幞头】　见"直脚幞头"。

【展脚幞头】　见"直脚幞头"。

【长角幞头】　见"直脚幞头"。

【舒角幞头】　见"直脚幞头"。

【平脚】　见"直脚幞头"。

【展脚】　见"直脚幞头"。

【长脚幞头】　见"直脚幞头"。

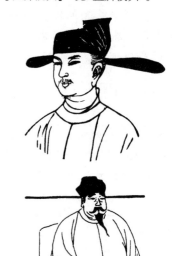

直脚幞头
上:甘肃莫高窟五代壁画
下:南薰殿旧藏《历代帝王像》之
宋代帝王(长脚幞头)

【朝天幞头】　幞头之一种。亦称"朝天巾"。朝天是指两脚直上朝天,故

名。亦为硬脚,以漆纱铜丝丝弦等所制。始于五代,宋时因之。宋·毕仲询《幙府燕闲录》:"五代帝王多裹朝天幞头,二脚上翘;四方僭位之主,各创新样;或翘上而反折于下;或如团扇、蕉叶之状,合抱于前。"王得臣《麈史》:"幞头,……两脚稍屈而上,曰'朝天巾'。"高平开化寺宋代壁画和故宫南薰殿旧藏《名臣像》,可见到这种幞头图像。

【朝天巾】 见"朝天幞头"。

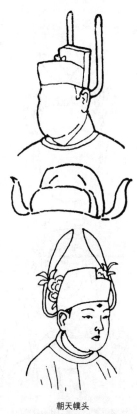

朝天幞头
上:山西高平开化寺宋代壁画
中:河南偃师宋代砖雕
下:山西高平二仙庙金代石刻

【软脚幞头】 幞头的一种。亦称"垂脚幞头"。原先用四方形皂帛作巾,至北周武帝时于方帕上裁出四脚,并予接长,形如阔带。裹发时将巾帕覆于头顶,后两脚自下而上,系结于额;前两脚包过额,绕至顶后,缚结下垂,其皂帛巾脚软而下垂,过颈及肩,故名曰"软脚幞头",亦称"软翅纱帽"。

【垂脚幞头】 见"软脚幞头"。

【软翅纱帽】 见"软脚幞头"。

裹软脚幞头的唐代男子
(《唐人游骑图》)

【硬脚幞头】 幞头的一种。亦称"翘脚幞头"。中唐以后,幞头之脚,以铜、铁丝等为骨,幞脚变硬,故名"硬脚幞头"。幞巾两脚,形似鸟翅,微微上翘,故又名"翘脚幞头"。《宋史·舆服志》:"(幞头)唐始以罗代缯,惟帝服则脚上曲,人臣下垂。五代渐平直。国朝之制,君臣通服平脚,乘舆或服上曲焉。其初以藤织草巾子为里,纱为表,而涂以漆。后惟以漆为坚,去其藤里,前为一折,平施两脚,以铁为之。"宋·赵彦卫《云麓漫钞》卷三:"(幞头)以纸绢为衬,用铜铁为骨。"宋·朱熹《朱子语类》卷九:"唐宦官要常似新幞头,以铁线插带中。"由于幞脚以铁丝为骨架,硬脚常翘之,故有"硬脚"、"翘脚"之名称。

【翘脚幞头】 见"硬脚幞头"。

【硬脚】 见"硬脚幞头"。

【翘脚】 见"硬脚幞头"。

裹硬脚幞头的男子
(唐·韩滉《文苑图》)

【漆纱幞头】 以漆纱制作,故名。亦称"纱幞头",简称"纱幞"。始于唐末五代,流行于两宋。宋·郭若虚《图画见闻志》卷一:"又别赐供奉官及内臣圆头宫样巾子,至唐末方用漆纱裹之,乃今幞头也。"《宋史·舆服志》五:"幞头……国朝之制,君臣通服平脚,乘舆或服上曲焉。其初以藤织草巾子为里,纱为表,而涂以漆。后惟以漆为坚,去其藤里,前为一折,平施两脚,以铁为之。"1975年江苏金坛茅麓出土一漆纱幞头,高圆顶,硬脚,脚用竹条为骨,外表纱,上涂黑漆。帽高20、脚长38厘米,为南宋遗物。参见"南宋漆纱幞头"。

【纱幞头】 见"漆纱幞头"。

【纱幞】 见"漆纱幞头"。

【交脚幞头】 幞头的一种。交脚是两脚相交。亦称"交角幞头"。河南方城盐店庄宋墓出土陶俑所裹幞头,两脚交叉于帽前。山西芮城永乐宫元代壁画所绘男仪卫所裹交脚幞头,两脚交叉于帽后。交脚幞头亦为硬脚,以漆纱铜铁丝等所制,多用于宫廷仪卫和乐伎。宋·孟元老《东京梦华录》:"(宋仪卫)或衣红黄罨画锦绣之服者,……或裹交脚幞头者。"《文献通考·乐志》:"剑器队,衣五色绣罗襦,裹交脚幞头。"《元史·舆服志》一:"(仪卫服色):交角幞头,其制,巾后交折其脚。"《明史·舆服志》三:"洪武三年定制,执仗之士,首服皆缕金额交脚幞头。"《续通典·礼志》十二:"交角幞头,元制,巾后交折其角,仪卫之服。……明初定执仗之士首服。"

裹交脚幞头的元代武士
(山西芮城永乐宫三清殿元代壁画)

【交角幞头】 见"交脚幞头"。

【局脚幞头】 幞头的一种。宋代主要为仪卫、艺伎所服。以漆纱铁丝为之。亦称"曲脚幞头"、"卷脚幞头"、"弓脚幞头"、"折脚幞头"。局脚，即弯曲的幞头脚。《宋史·仪卫志》："宫中导从之制，……紫衣，弓脚幞头。"吴自牧《梦粱录》："文武官皆顶双卷脚幞头。"宋·徐兢《宣和奉使高丽图经》："控鹤军，服紫文罗袍，五采间绣大团花为饰，上折脚幞头。"河南禹县白沙宋墓壁画和焦作金代邹瑷墓画像石上，可见到当时的局脚幞头的形象。

【曲脚幞头】 见"局脚幞头"。

【卷脚幞头】 见"局脚幞头"。

【弓脚幞头】 见"局脚幞头"。

【折脚幞头】 见"局脚幞头"。

局脚幞头
上：金墓壁画
中：宣化辽墓壁画
下：焦作金代邹瑷墓画像石

【牛耳幞头】 宋代幞头的一种。亦为硬脚幞头，以漆纱丝弦铜丝等所制，其两脚形似牛耳，故名。宋代多艺伎乐工裹戴。王得臣《麈史》："(优人幞头)后又为两阔脚，短而锐者，名'牛耳幞头'。"河南禹县白沙北宋墓壁画和山西平定姜家沟北宋墓壁画上的乐部与舞乐者，都裹戴此类幞头。

戴牛耳幞头的宋代乐伎
(河北禹县白沙北宋墓壁画)

【花角幞头】 宋辽、金元时期仪卫、艺伎所服的一种幞头。亦称"花脚幞头"。漆纱为之，两角、帽额饰象生花饰。《元史·舆服志》："仪卫服色，……花角幞头，制如控鹤幞头，两角及额上，簇象生杂花。"1993年，河北宣化辽代张文藻墓发现散乐图壁画，画上艺伎，都戴幞头，两脚饰花，幞头上都簇有象生花，与《元史》所述"两角及额上，簇象生杂花"均相符合，当即为这一时期的"花角幞头"。河南焦作金墓、内蒙赤峰元墓等处壁画，亦见有这种幞头图像。

【花脚幞头】 见"花角幞头"。

戴花角幞头的辽代乐伎
(河北宣化辽代张文藻墓壁画)

【凤翅幞头】 金元时期的一种帽式。亦称"凤翅唐巾"。主要是在幞头两边，装饰有凤翅，故名"凤翅幞头"。《元史·舆服志》："凤翅幞头，制如唐巾，两角上曲，而作云头，两旁覆以两金凤翅。"幞头加凤翅，可能始于唐后期，甚至下递至五代。在唐代武士陶俑中，有戴盔者，在盔两旁有各添作翅形者，当时可能只是表示其有飞快之意，装饰于幞头者未见，亦不见于史载，到金元时才应用于幞头，主要应用于宫廷仪卫。河南焦作金墓壁画中，有此形象。

【凤翅唐巾】 见"凤翅幞头"。

上：凤翅幞头
下：凤翅唐巾(河南焦作金墓壁画)

【无脚幞头】 古代幞头之一种。亦称"圆顶幞头"、"团顶幞头"。是幞头中最低的一等，在宋元时期，使役人等常戴此幞头。以黑色漆纱所制，硬胎、圆顶、无脚，故名。宋代仪卫、皂隶常服之。宋·孟元老《东京梦华录》："挟辂卫士，皆裹黑漆团顶无脚幞头。"宋·吴自牧《梦粱录》："介胄跨马之士，或小帽锦绣抹额者，或顶黑漆圆顶幞头者。"河南巩县宋永熙陵男吏石雕和宋·萧照《中兴祯应图》中皂役，都裹这种圆顶、额颜正中剖开或缺口的无脚幞头。

【圆顶幞头】 见"无脚幞头"。

【团顶幞头】 见"无脚幞头"。

戴无脚幞头的宋代皂役
(宋·萧熙《中兴祯应图》部分)

【高头巾】 唐代武则天时流行的一种头巾。亦称"武字样"。《幕府燕闲录》:"武后时臣下巾子谓之武字样,又有高头巾之名。"

【武字样】 见"高头巾"。

【冲天冠】 唐代冠名。其冠脚冲上,故名。《事类统编》引《事物绀珠》:"国朝,转脚不交向前,其冠缨象善字,名翼善冠。后改转脚向上,名曰冲天冠。"

【进德冠】 唐代太宗时期的一种冠帽。传为唐太宗赐贵臣之冠。《新唐书·车舆志》:"太宗制进德冠,以赐贵臣。玉綦制加弁,以金饰梁,花跌,三品以上加金络,五品以上附山云。"太宗朝重臣李勣墓出土有"三梁进德冠",支架为三梁,冠外饰缠枝花纹,黑色,其中六瓣花为金色,发笄白色,绶带为朱色。沈从文认为,西安石刻《凌烟阁功臣图》中秦叔宝头上冠戴,

似应为"进德冠"。参阅《中国古代服饰研究》。

戴进德冠的唐代官吏
(西安石刻拓本《凌烟阁功臣图》)

【浑脱毡帽】 亦称"赵公浑脱",简称"浑脱"。为唐初太尉长孙无忌所制,以乌羊毛制之,后人多效之,谓之赵公浑脱。按浑脱是把牛羊皮全体脱下,吹气其中使满。元代谓革囊或皮馄饨。《草木子》:北人杀小牛,自脊上开一孔,去其内骨肉,外皮皆完,揉软用以盛乳酪酒潼,谓之浑脱。赵公浑脱谅类于此式。《新唐书·五行志》一:"太尉长孙无忌以乌羊皮为浑脱毡帽,人多效之,谓之'赵公浑脱'。"一说即"苏莫遮"。《唐会要》卷三十四:"比见都邑城市,相率为浑脱,名为苏莫遮。……胡服相效,非雅乐也。浑脱为号,非美名也。"清·刘廷玑《在园杂志》卷一:"长孙无忌之浑脱,以乌羊毛为之……即今之毡笠、毡帽也。式虽不一,而帽之名则同。"

戴浑脱毡帽的唐代女子
(新疆吐鲁番出土唐绢画)

【赵公浑脱】 见"浑脱毡帽"。

【浑脱】 见"浑脱毡帽"。

【苏莫遮】 见"浑脱毡帽"。

【通天百叶冠子】 隋代宫女所戴之冠。以珠翠美玉为饰。五代·后唐·马缟《中华古今注》卷中:"至隋帝于江都宫水精殿,令宫人戴通天百叶冠子,插瑟瑟钿朵,皆垂珠翠。"

【玉叶冠】 古代冠帽之一种。传唐高宗武则天女太平公主,为帝后所爱,所制冠帽,以宝玉作装饰,名曰"玉叶冠"。时人莫计其价。

【唐孔雀冠帽】 唐代女帽。1991年在陕西西安东郊唐墓,曾出土有一组唐代彩绘女乐骑马俑,其中一位女子,头戴一顶孔雀冠帽,造型写实。孔雀头高昂,双目前视,双翅抿于背上,长尾舒展于女俑背后;孔雀头、背、尾毛羽,均饰翠绿色,余者饰淡赭色,敷彩谐和而又俏丽。孔雀冠帽的造型,可能是随佛教从印度传入中原,亦可能来自当年南诏所属的云南孔雀之乡,反映了唐人广收博采的胸怀和追求新颖"时世妆"的心态。

唐代孔雀冠帽
(1991年陕西西安东郊唐墓出土彩绘女乐骑马俑)

【帷帽】 古代防风沙之帽,又称"帏帽",是一种高顶宽檐的笠帽。在帽檐周围(或两侧,或前后)缀有一层网状面纱,下垂至颈。早先是西域人民的服饰。《事物原始》:"帷帽创于隋代,永徽中拖裙(帽裙,即网纱)及颈。今世士人往往用皂纱全幅缀于油帽或毡笠之前,以障风尘,为远行之服,

盖本于此。"《新唐书·车服志》:"初,妇人施冪罗以蔽身,永徽中,始用帷冒,施裙及颈,坐檐以代乘车。"宋·郭若虚《图画见闻志·论衣冠异制》:"至如阎立本图昭君妃虏,戴帷帽以据鞍。"注:"帷帽,如今之席帽,周回垂网也。"武则天以后,帷帽递相仿效,浸成风俗,十分盛行。《旧唐书》:"则天之后,帷帽大行,冪罹渐息。"新疆阿斯塔那唐墓出土的骑马女俑,戴尖顶笠子帽,帽裙用方格网纱织成,装于帽檐左右两侧,下垂及颈,与史书记载相符合。

【帏帽】　见"帷帽"。

帷帽
上:新疆吐鲁番阿斯塔那唐墓骑马女俑
中:宋人《胡笳十八拍图》
下:明·王圻《三才图会》

【胡帽】　即西域地区引进的"浑脱帽"。唐玄宗开元年间,胡服之风盛行,妇女皆着胡服、戴胡帽。《旧唐书·舆服志》:"开元初,从驾宫人骑

马者,皆着胡帽。"胡帽一般多用较厚锦缎制成,也有用乌羊毛做的。帽子顶部,略成尖形,有的周身织有花纹;有的还镶嵌有各种珠宝;有的下沿为曲线帽檐;亦有的装有上翻的帽耳,耳上饰鸟羽;还有的在口沿部分饰有皮毛。式样众多,繁简不一。如唐人诗词称:"织成蕃帽虚顶尖","红汗交流珠帽偏"。这种帽式流行时间不长,约结束于天宝初年。

【浑脱帽】　见"胡帽"。

唐代各式胡帽

【搭耳帽】　古代的一种胡帽。用锦缎或羊皮制作,帽顶略呈尖形,帽饰如意云纹,有的两侧装有上翻帽耳,外出可翻下护住双耳。亦称"爪牙帽子"、"撤耳帽子"。五代·后唐·马缟《中华古今注》卷中:"搭耳帽,本胡服。以韦为之,以羔毛络缝。赵武灵王更以绫绢皂色为之,始并立其名爪牙帽子。盖军戎之服也。又隐太子常以花搭耳帽子,以敞猎游宴,后赐武臣及内侍从。"唐开元时期,盛行穿胡服,戴胡帽。宋·王谠《唐语林》卷四:"十五日酺酒间,裴潾卧于私第,幽求忽来诣潾,直入卧内,戴撤耳帽子,著白襕衫。"参见"胡帽"。

【爪牙帽子】　见"搭耳帽"。

【撤耳帽子】　见"搭耳帽"。

戴搭耳帽的唐代妇女
(甘肃敦煌莫高窟 159 窟唐代壁画)

【温帽】　古代冬季戴的帽子。起保暖之用,故名。亦称"暖帽"。五代·后唐·马缟《中华古今注·大帽子》:"(温帽)本崑叟草野之服也。至魏文帝,诏百官常以立冬日贵贱通戴,谓之温帽。"

【暖帽】　见"温帽"。

【芏绥】　头巾名,用芒心制的头巾。唐·段成式《酉阳杂俎》:"峡中俗夷风不改,武宁蛮好着芒心接离,名曰芏绥。"

【扬州毡帽】　为古时江苏扬州所产,故名。帽有檐,坚实耐用,冬季所服。宋·李昉《太平广记》卷一五三引《续定命录》:"(晋国公裴度)是时京师始重扬州毡帽,前一日,广陵帅献公新样者一枚,公玩而服之。……(贼)再以刀击,(王)义断臂且死。度赖帽子顶厚,经刀处微伤,如线数寸,旬余如平常。"唐·李廓《长安少年行十首》诗:"金紫少年郎,绕街鞍马光。身从左中尉,官属右春坊。划戴扬州帽,重熏异国香。垂鞭踏青草,来去杏园芳。"

【帕首】　古代一种裹头之巾帻。唐·韩愈《昌黎集·送郑尚书序》:"大府帅或道过其府,府帅必戎服,左握刀,右属弓矢,帕首袴鞾,迎郊。"宋·刘直庄《贺制置李尚书》:"绿沉金锁,帐环百万之精兵;帕首腰刀,庭列诸屯之大将。"

【方山巾】　古代儒生所戴之冠。

唐·李白《李太白诗》二五《嘲鲁儒》："足著远游履,首戴方山巾。"

【圜冠】 古代冠帽之一种。帽制圆形,儒士所服。《庄子·田子方》："儒者,冠圜冠者,知天时;履句履者,知地形。"

【乌巾】 古代一种黑色的巾帽。色泽纯黑,故名。亦称"黑头巾"、"乌匼"。多隐士所戴。唐·张彦远《法书要录》："吴时张弘好学不仕,常着乌巾,时号张乌巾。"

【黑头巾】 见"乌巾"。

【乌匼】 见"乌巾"。

【皂巾】 古之黑色头巾。唐·段成式《酉阳杂俎·黥》引《尚书大传》:"虞舜象刑,犯墨者皂巾。"

【桦巾】 古代用桦皮做的一种巾帽。唐《寒山子集·寒山诗》:"桦巾木屐沿流步,布裘藜杖绕山回。"

【语儿巾】 古代一种头巾。唐·元稹《长庆集·和乐天送客游岭南二十韵》诗:"贡兼蛟女绢,俗重语儿巾。"自注:"南方去京华绝远,冠冕不到,唯海路稍通,吴中商肆多膀云,此有语儿巾子。"

【鼠耳巾】 古代头巾名。《全唐诗》四六八刘言史《山中喜崔补阙见寻》:"鹿袖青藜鼠耳巾,潜夫岂解拜朝臣。"鼠耳巾,系一种尖顶形头巾。

【危脑帽】 古代的一种小帽。仅戴头顶,俛首即坠,故名。五代时盛行于蜀中(今四川)。《新五代史·前蜀世家·王衍》:"蜀人富而喜遨,当王氏晚年,俗竞为小帽,仅覆其顶,俛首即坠,谓之'危脑帽'。"

【抹额】 古代男子束于额上的巾帛。亦称"抹头"、"包头"、"额子"。以各种绡绢,缚裹于头额,秦代已有,后历朝袭之。宋·高承《事物纪原》:"秦始皇至海上,有神朝,皆抹额、绯衫、大口袴。侍卫,自此抹额,遂为军容之服。"《新唐书·娄师德传》:"乃自奋戴红抹额来应诏。"《席上腐谈》:"以绡绣其头,即今之抹额也。"在宋代的仪卫中,如教官服幞头红绣抹额;招箭班皆长脚幞头,紫绣抹额,即用紫红等色绡绢,裹在额上;在伶人中,用横幅黑帛约束头发、发髻则显露于头顶,也包住前额,则称"额子"。宋·米芾《画史》:"又其后方见用紫罗为无顶头巾,谓之额子。"

【抹头】 见"抹额"。

【包头】 见"抹额"。

【额子】 见"抹额"。

上:束抹额的唐代男子(陕西西安唐代李贤墓壁画)
下:束抹额的宋代男子(宋人《文会图》)

【蕃帽】 隋唐时歌舞者所戴之帽。一说为"胡帽"的一种。唐·刘言史《王中丞宅夜观舞胡腾》诗:"石国胡儿人少见,蹲舞樽前急如鸟,织成蕃帽虚顶尖,细毡胡衫双袖小。"西域石国的胡腾舞传入中原,舞者戴蕃帽,帽顶尖形,中虚。当时胡帽顶部多尖状,考蕃帽实为胡帽之一种,中唐时期甚盛行。蕃帽上图案,由小珠缀成,故又名"珠帽"。新疆吐鲁番唐墓

出土绢画、陕西西安唐代韦顼墓石刻,均有此帽形象。

【珠帽】 见"蕃帽"。

戴蕃帽(珠帽)的唐代舞者
(陕西西安唐代韦顼墓石刻画)

【白题】 古代毡笠帽的一种,用白毡制成,为三角形、高顶,顶虚空,有边,卷檐。汉魏时由西北少数民族地区传入内地,隋唐时广行民间,为役人和歌舞者所戴用。宋·张邦基《墨庄漫录》卷二:"杜子美《秦州诗》云:'马骄珠汗落,胡舞白题斜。'题或作蹄,莫晓'白题'之语。……始悟白题乃胡人为毡笠也。子美所谓'胡舞白题斜',胡人多为旋舞,笠之斜,似乎谓此也。"清·厉荃《事物异名录》卷十六:"白题乃胡人为毡笠也。子美所谓:胡舞白题斜。"

戴白题帽的唐代舞者
(陕西咸阳边方村唐墓陶俑)

【研光帽】 古代用研光丝绢制作之帽。宴舞时戴之。唐·南卓《羯鼓录》:"(汝南王)琎常戴研绢帽打曲,

上自摘红槿花一朵，置于帽上笪处，二物皆极滑，久之方安。遂奏《舞山香》一曲，而花不坠落。"宋·苏轼《东坡题跋·记谢中舍诗》："徐州倅李陶，有子年十七八，素不甚作诗。忽咏《落梅诗》云：'流水难穷目，斜阳易断肠。谁同砑光帽，一曲《舞山香》。'"砑光，是用光滑的石头去碾磨布帛、绢绸，使之发光的工艺。砑光帽，即是用砑光绢制作的帽子，故名。

【叠绡帽】 唐代文宗、武宗时期的一种便帽。以染缯代罽为之。唐·李济翁《资暇集》卷下："（毡帽）太和末又染缯而复代罽，曰叠绡帽。虽示其妙，与毡帽之庇悬矣。"

【阿斯塔那出土唐代纸冠】 1963～1965 年新疆维吾尔自治区吐鲁番县阿斯塔那盛唐至中唐墓地出土。纸冠较完整，上绘有几何形小花，从中可窥见唐代的冠式。

唐代纸冠
（新疆吐鲁番阿斯塔那出土）

【南诏王冠】 南诏皇帝戴的冠帽。史称"头囊"。《蛮书》卷八："蛮其丈夫一切披毡，其衣服略与汉同，唯头囊特异耳。南诏以红绫，其余向下皆以皂绫绢。其制度取一幅物，近边撮缝为角，刻木如樗蒲头，实角中，总发于脑后为一髻，即取头囊都包裹头髻上结之。"《张胜温画卷》中的利贞皇帝和《南诏图卷》中的南诏中兴王，戴的就是这种圆锥形王冠，雕镂精细，高冠左右雕日月图案，突出王者如日月普照人间，以显示其尊贵的神性地位。

头戴南诏王冠的利贞皇帝
（《大理图画卷》）

【头囊】 唐代时南诏王、高级官吏和侍卫人员的一种头帕。南诏王头帕用红绫，高级官吏和侍卫人员用黑绫。结扎头帕的方式：先用红绫或黑绫一幅，在它的一端边缘处，缝成一角，以刻成角状的木头填实其中。然后，把头发梳在一起，在脑后打成一髻，再将带有角状物的红棱或黑绫包裹在头上。按规定：羽仪以下有特殊功勋的官员，也可以戴头囊。一般士兵和男子，只可在前额处把头发打成一长髻，而不准戴头囊。

【韩君轻格】 古代一种巾帽。传为五代时南唐韩熙载所创制，故有此称。《南唐书拾遗》："韩熙载在江南，造轻纱帽，谓为'韩君轻格'。"宋·陶谷《清异录·衣服》亦有同样记载。

【轻纱帽】 见"韩君轻格"。

戴韩君轻格的韩熙载
（五代·顾闳中《韩熙载夜宴图卷》）

【异样纱巾子】 五代巾帽名。因其帽式呈三重之形，造形新异，制作工艺较繁复，主要以纱帛为主，故名"异样纱巾子"。五代·周文矩《重屏围棋图》中有此帽形。

异样纱巾子
（五代·周文矩《重屏围棋图》）

【蟠龙帽】 传为五代时一种官帽。因帽顶饰一蟠龙纹，故名。传唐·陈闳《八公图》中有此帽式，而按其服饰形制，时代应晚于唐。

蟠龙帽
（传唐·陈闳《八公图》）

【栗玉并桃冠】 宋代冠名。宋徽宗赵佶，尝戴栗玉并桃冠，用白玉为簪

戴并桃冠的赵佶像
（宋·赵佶《听琴图》）

贯之,服赭红羽衣。宋·蔡伸《小垂山》:"鹤氅并桃冠,新装好,风韵愈飘然。"宋·赵佶《听琴图》,传上绘即赵佶像,头戴并桃小玉冠,身穿鹤氅羽衣,作双手抚琴之态。

【一梁冠】 古代饰有一道横脊的冠帽。简称"一梁"。在梁冠中级别最低。汉代为千石以下小吏所戴。汉·蔡邕《独断》卷下:"进贤冠……千石八百以下一梁。"《宋书·礼志》五:"尚书秘书郎、太子中舍人、洗马、舍人,朝服,进贤一梁冠。"《新唐书·车服志》:"文官朝参、三老五更之服,……五品以上两梁,九品以上及国官一梁。"《明会典》卷六十一:"洪武二十六年定,文武官朝服:梁冠、赤罗衣、白纱中单。……八品、九品冠一梁。"

【一梁】 见"一梁冠"。

一梁冠
(明《中东宫冠服》)

【两梁冠】 古代用缁布制作的一种冠帽。上有两道横脊,故名。为古代博士和某些高级文官所戴用。《后汉书·舆服志》下:"宗室刘氏亦两梁冠,示加服也。"宋·王禹偁《暮春》诗:"壮志休磨三尺剑,白头谁籍两梁冠。"宋·陆游《行在春晚有怀故隐》诗:"归计已栽千个竹,残年合挂两梁冠。"亦省称"两梁"。唐·韩偓《残春旅舍》诗:"两梁免被尘埃污,拂拭朝簪待眼明。"

【二梁】 古冠名。古代以冠上梁数区分官职级别。汉代,中二千石以下至博士二梁;晋,卿、大夫至千石以上二梁;唐、宋四品、五品二梁;明六品、七品二梁。唐·皮日休

《添鱼具诗·箬笠》:"纵带二梁冠,终身不忘尔。"

戴二梁冠的明代官吏
(《吴中名贤像》夏泉)

【三梁冠】 古冠名。简称"三梁"。为公侯所服。古冠以竹为衬里,有一梁至五梁之分。汉·蔡邕《独断》:"进贤冠,文官服之。前高七寸,后三寸,长八寸。公侯三梁;卿大夫、尚书、博士两梁;千石、六百石以下一梁。汉制礼无丈。"唐·李贺《竹》诗:"三梁曾入用,一节奉王孙。"王琦汇解:"吴正子以汉、唐冠制,有三梁、两梁之制,恐指此。《周书》曰:'成王将加元服,周公使人来零陵取文竹为冠。'徐广《舆服志杂注》曰:'天子杂服,介帻五梁进贤冠,太子诸王三梁进贤冠。'吴说是。"

【三梁】 见"三梁冠"。

三梁进德冠
(陕西礼泉县昭陵李勣墓出土)
(《昭陵唐人服饰》)

【四梁冠】 古代礼冠之一。因冠上饰有四道横脊,故名。简称"四梁"。明代规定用于四品官吏朝服。《明会典》卷六十一:"洪武二十六年定,文武官朝服:梁冠、赤罗衣、白纱中单。……四品四梁冠,革带用金。"王圻《三才图会·衣服》二:"凡贺正旦、冬至、圣节、国家大庆会,则用朝

服,……四品四梁冠。"

【四梁】 见"四梁冠"。

四梁冠
(明·王圻《三才图会》)

【五梁冠】 古代礼冠之一。冠上有五根横脊,故名。简称"五梁"。即进贤冠。《后汉书·法雄传》:"伯路冠五梁冠,佩印绶,党众浸盛。"《晋书·舆服志》:"进贤冠,古缁布遗象也,斯盖文儒者之服。前高七寸,后高三寸,长八寸,有五梁、三梁、二梁、一梁。人主元服,始加缁布,则冠五梁进贤。"《宋史·舆服志》四:"一品、二品冠五梁,中书门下加笼巾貂蝉。"明·王世贞《觚不觚录》:"见上由东阶上,而大珰四人皆五梁冠祭服以从。窃疑之。"

【五梁】 见"五梁冠"。

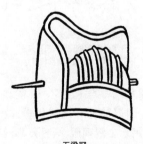
五梁冠
(宋人《文姬归汉图》)

【六梁冠】 古代礼冠之一。简称"六梁"。冠前饰有六道横脊,故名。《宋史·舆服志》四:"进贤冠……第三等六梁。"明代规定专用于二品官吏的朝服。《明会典》卷六十一:"洪武二十六年定,文武官朝服:梁冠、赤罗衣、白纱中单。……二品冠六梁,革带绶环用犀,余同一品。"王圻《三才图会·衣服》二:"二品六梁冠。"

【六梁】　见"六梁冠"。

【七梁冠】　古代礼冠之一。因冠上饰有七道横脊，故名。简称"七梁"。宋代七梁冠列为第一第二等。一等为亲王、使相、三师、三公所戴，二等为枢密使、太子太保所戴。明代规定专用于侯以下，一品以上官吏朝冠。《明会典》卷六十一："洪武二十六年定，文武官朝服：梁冠、赤罗衣、白纱中单。……侯冠七梁。一品冠七梁。"明·王圻《三才图会·衣服》二："一品七梁冠。"

【七梁】　见"七梁冠"。

上：明代七梁玉发冠
下：戴七梁冠的明代官吏（《越中三不朽图赞》翰林院侍讲）

【八梁冠】　古代礼冠之一。简称"八梁"。因冠前饰有八道横脊，故名。明代用于公爵朝服。《明会典》卷六十一："洪武二十六年定，文武官朝服。……公冠八梁，加笼巾貂蝉，立笔五折，四柱，香草五段，前后用玉为蝉。"

【八梁】　见"八梁冠"。

【南宋漆纱幞头】　1975年，江苏金坛茅麓出土。圆顶硬脚，脚用竹条为骨，表里二层纱，表纱涂黑漆以使坚硬，头高约20、脚长38厘米，脑后开口系带。幞头亦名折上巾，起自

后周。唐中叶以前为软裹，后来士大夫以其不便应急，遂衬以木骨子，并有硬脚之制。宋代"初以藤织草巾子为里，纱为表而涂以漆，后惟以漆为坚，去其藤里"，故曰"漆纱幞头"。

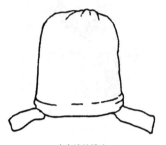

南宋漆纱幞头
（1975年江苏金坛茅麓出土）

【泰州师益墓出土宋长脚幞头】　宋代幞头珍品。1999年江苏泰州东郊宋代蒋师益墓出土。幞头通长116、帽身高21、左右宽16.5～18、前后宽22、帽体直径18、单翅长53.5厘米。幞头以罗纱为表，外髹黑漆，长脚以粗铜丝为骨架，上缠网状细铜丝。据《宋史·舆服志》等古文献记载，宋统一后，长脚幞头形制脚长与肩等宽，有的超出肩之宽度，蒋师益墓出土的长脚幞头，可能为当时的实用之物。宋代出土的幞头实物十分罕见，甚为可贵。

宋代长脚幞头
（江苏泰州东郊宋代蒋师益墓出土）

【东坡巾】　古头巾名，又名乌角巾，相传为宋代苏东坡（轼）所戴，故称。其巾制有四墙，墙外有重墙，比内墙稍窄小。前后左右各以角相向，戴之则有角，介在两眉间。明·杨基《眉庵集·赠许白云》诗："麻衣纸扇趿两展，头戴一幅东坡巾。"《东坡居士集》有"父老争看乌

角巾"句，因而有东坡巾之名。苏州博物馆藏明代李士达作《西园雅集图》中的苏东坡，即戴东坡巾。参阅《古今图书集成·礼仪典·三才图会·东坡巾图说》。

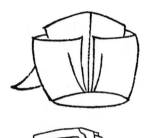

上：东坡巾（明·王圻《三才图会》）
下：戴东坡巾的宋代男子（宋·李公麟《维摩演教图》）

【唐巾】　古代士人头巾。其式与唐代幞头相类，故名。宋、元、明时，都较流行。《宣和遗事》："徽宗闻言，……把一领皂褙穿者，上面着一领紫道服，系一条红丝吕公绦，头戴唐巾，脚下穿一双乌靴。"《元史·舆服志》一："执事儒服，软角唐巾，白襕插领，黄鞓角带，皂靴。"又："唐巾，制如幞头，而撱其角，两角曲作云头。"明·王圻《三才图会》："其制类古毋追，尝见唐人画像，帝王多冠此，则固非士大夫服也，今率为士人服矣。"

其制类古毋追尝见唐人画像帝王多冠此则固非士大夫服也今率为士人服矣

唐巾
（明·王圻《三才图会》）

【苏子瞻帽】 宋代士人便帽。苏东坡,字子瞻,相传苏东坡被贬前,曾戴此帽式,人皆仿效,故名。亦称"子瞻样"、"东坡帽"。宋·李廌《济南先生师友谈记》:"士大夫近年效东坡,桶高檐短,名帽曰子瞻样。"《王直方诗话》:"元祐之初,士大夫效东坡,顶短檐高桶帽,谓之子瞻样,故云。"周密《齐东野语》卷二十:"(隐语)有以今人名藏古人名者云:人人皆戴子瞻帽。"

【子瞻样】 见"苏子瞻帽"。

【东坡帽】 见"苏子瞻帽"。

东坡帽
(元·钱选《蹴鞠图》)

【羞帽】 古代帽名。科举时代高中状元、榜眼、探花所戴的一种帽子。宋·吴自牧《梦粱录·士人赴殿试唱名》:"帅漕与殿步司排辨鞍马仪仗,迎引文武三魁,各乘马戴羞帽,到院安泊款待。"宋·西湖老人《繁胜录》:"(状元、榜眼、探花)各有黄旗百面相从,戴羞帽,执丝鞭,骑马游街,武状元亦如此。"

【大障日帽】 古代帽名,为农、商所戴。《宋书·五行志》:元康中,天下商农通着"大彰日",其形彰日覆耳,也叫做"屠苏"。言其形如屋式之大而又覆耳。

【屠苏】 见"大障日帽"。

【温公帽】 宋代帽名。为宋时司马

温裁帛绸所制,故名。赵彦卫《云麓漫钞》载:宣政之间,人君始巾。在元祐间,独司马温公、伊川先生,以屡弱恶风,始裁帛绸色首。当时只谓之温公帽、伊川帽,亦未有巾之名。

【伊川帽】 宋代程颐,宅于伊河川嵩县西北耙楼山,号称"伊川先生"。用帛绸制头巾,世称"伊川帽"。赵彦卫《云麓漫钞》卷四载:在元祐间,独……伊川先生以屡弱恶风,始裁帛绸色首,当时谓之……伊川帽。

【诸葛巾】 古代一种头巾,因诸葛亮曾经戴过,故名。《三才图会·衣服》一:"诸葛巾,一名纶巾。诸葛武侯(亮)尝服纶巾,执羽扇,指挥军事。"见"纶巾"。

诸葛巾

【纶巾】 古代用丝带做的头巾,又名"诸葛巾"。相传为三国时诸葛亮所创。《晋书·谢万传》:"万着白纶巾,鹤氅裘,履版而前。"苏轼《念奴娇·赤壁怀古》词:"羽扇纶巾,谈笑间,强虏灰飞烟灭。"见"诸葛巾"。

纶巾
(宋人《文会图》)

【翠纱帽】 宋代儒生巾帽。以翠纱为之,故名。宋·王得臣《尘史》卷上:"庆历以来,方服南纱者,又曰翠纱帽者。盖前其顶与檐皆圆故也。久之,又增其身与檐,皆抹上疏,俗戏

呼为笔帽。然书生多戴之。"

【笔帽】 见"翠纱帽"。

【偃巾】 宋代士人头巾。漆纱制成,巾朝后下抑。宋·王得臣《尘史》卷上:"近年如藤巾、草巾俱废,上以漆纱为之,谓之纱巾。……其巾之样,始作前屈,谓之敛巾。久之作微剑而已;后为稍直者,又变而后抑,谓之偃巾。已而又为直巾者。"

【敛巾】 见"偃巾"。

【直巾】 见"偃巾"。

【方檐帽】 宋代儒生戴的一种宽檐大帽。宋·王得臣《尘史》卷上:"又为方檐者,其制,自顶上阔,檐高七八寸,有书生步于通衢,过门为风折其檐者。"

【罗隐帽】 传为唐代士子罗隐所创制,故名。亦称"减样方平帽"。宋·陶谷《清异录》卷下:"罗隐帽,轻巧、简便、省料。人窃仿学相传,为减样方平帽。"

【桶顶帽】 古代一种毡帽。形高似桶形,故名。亦称"桶帽"。高八寸,檐半寸。文人、雅士和逸老,皆好戴用,多用毡缝制,可作御寒之帽,在民间广为流行。《朱子语类》卷九十一:"桶顶帽,乃隐士之冠。"

【桶帽】 见"桶顶帽"。

戴桶顶帽的宋代老者

【乌角巾】　古时隐士之帽。唐·杜甫《杜工部草堂诗笺·南邻》："锦里先生乌角巾，园收芋粟不全贫。"宋·陆游《剑南诗稿·小憩长生观饭已遂行》："道士青精饭，先生乌角巾。"

【浩然巾】　古帽名。帽背有长披幅的风帽，相传为唐代孟浩然风雪中所戴的头巾，古画有此图，故名。明清时代，平民不得戴此。清·吴敬梓《儒林外史》第二十四回："只见外面又走进一个人来，头戴浩然巾，身穿酱色绸直裰，脚下粉底皂靴，手执龙头拐杖，走了进来。"

戴浩然巾的古代老者
(传宋·赵佶《风雨山水图》)

【鹪鷃巾】　宋代一种头巾，巾形似燕。宋·刘敞《公是集·鹪鷃巾》诗："远思意而子，因作鹪鷃巾。"自注："余率意作之，以便当暑，其形制如燕也。"

【华阳巾】　古代巾帽名。宋初隐士陈搏尝戴华阳巾见宋太宗，又太宗在退朝时亦戴华阳巾。

【四边净】　古代巾帽之一种。宋之巾制。传为秦伯阳所创。宋·赵彦卫《云麓漫钞》："巾之制，有圆顶、方顶、砖顶、琴顶。秦伯阳又以砖顶服去顶内之重纱，谓之四边净。"

【仙桃巾】　古代巾帽名。米芾记李公麟画《西园雅集图》中的王晋卿即戴仙桃巾。又程伊川所戴纱巾，背后望之如钟形，其状乃似道士所戴者，谓之仙桃巾。宋徽宗尝戴栗玉并桃冠，用白玉为簪贯之，服赫红羽衣（《三朝北盟会编》作：着销金红道袍），羽衣当属于鹤氅一类。宋代蔡伸《小垂山》："鹤氅并桃冠，新装好，风韵愈飘然。"苏州市博物馆藏明代李士达所作的《西园雅集图》中秦少游所戴者即仙桃巾。《烬余录甲编》："漆冠并用桃式"，或可作并桃冠状之释，宋画中有作此双桃式之巾。由此可见，宋代的并桃冠、双桃巾、仙桃巾等形式，是宋代一种突出的巾式。

【并桃冠】　见"仙桃巾"。

【双桃巾】　见"仙桃巾"。

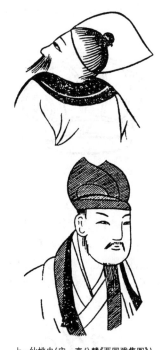

上：仙桃巾(宋·李公麟《西园雅集图》)
下：双桃巾(宋人《唐十八学士图》)

【胡桃结巾】　古代巾帽名。宋·陆游《老学庵笔记》："予童子时，见前辈犹系头巾带于前，作胡桃结"，即是将幞头的二带，反折于顶，而结成胡桃

胡桃结巾

的结式，故名。

【角巾】　古代一种有棱角的头巾。隐士之冠饰。《晋书·羊祜传》："尝与从弟琇书曰：'既定边事，当角巾东路，归故里，为容棺之墟。'"唐·高适《高常侍集·答侯少府》诗："江海有扁舟，丘园有角巾。"

【一字巾】　头巾的一种，相传起于宋代韩世忠。《夷坚志》甲志一《韩郡王荐士》："绍兴中，韩郡王（世忠）既解枢柄，逍遥家居，常顶一字巾，跨骏骡，周游湖山之间。"参阅《建炎以来系年要录》一〇四绍兴十一年。

戴一字巾的韩世忠
(宋人《中兴四将图》)

【京纱帽】　宋代士庶戴用。因以光洁纱罗制作，故又名"光纱帽"。宋·王得臣《尘史》卷上："始时，惟以幞头光纱为之，名曰'京纱帽'。其制甚质，其檐有尖而如杏叶者，后为短檐，才二寸许。"

【光纱帽】　见"京纱帽"。

【逍遥巾】　古代巾名。为宋代庶人所服。宋·米芾《画史》："庶人花头巾，稍作巾幅，逍遥巾。"辽金时期，老年妇女也戴逍遥巾。

【狸帽】　宋代一种裘皮帽。用狸皮制作，故名。狸，猫科。体大如猫，全体浅棕色，多褐色斑纹，毛皮可制裘，制帽尤甚。古诗云："茸茸狸帽遮梅额，全蝉罗剪胡衫窄。"

【龟屋】 古代用龟壳制成之小帽。宋·陆游《剑南诗稿·近村暮归》："鲨樽恰受三升酝,龟屋新裁二寸冠。"自注:"予近以龟壳作冠,高二寸许。"清·俞正燮《癸巳存稿·陆游龟屋龟堂》:"所谓二寸龟屋者,如今道士冒发总处小冠耳。"

【毡笠】 用毡或皮革所制的一种暖帽。帽形尖圆,卷帽檐,前高后低,帽顶饰有小花,为西域游牧民族帽式。宋·高承《事物纪原》卷三引《实录》"(席帽)本羌人首服。以羊皮为之,谓之毡帽,即今毡笠也。秦汉竞服之。"唐·李济翁《资暇集》卷下:"永贞之前,组藤为盖,曰席帽。取其轻也。后或以太薄,冬则不御霜寒,夏则不障暑气,乃(以)细色罽代藤,曰毡帽。贵其厚也。非崇贵莫戴,而人亦未尚。元和十年六月,裴晋公之为台丞,自化理第早朝时,青镇一帅拒命,朝廷方参议兵计,而晋公预焉。帅二俾健步张宴等伺刃伺便谋害,至里东门导炬之下,霜刀欻飞,时晋公系帽,是赖刃不即及而帽折其檐。既脱祸,朝贵乃尚之。近者布素之士皆戴焉。"《明史·李自成传》:"自成毡笠缥衣。"

毡笠
(明·王圻《三才图会》)

【苏公笠】 竹笠名。广东惠州、嘉应等地区妇女多戴笠。笠四周缀以绸帛,下垂,绸帛有淡红、淡绿、淡青、白等色,以遮风日。造型甚具地方特点。相传为宋代苏轼遗制,故名"苏公笠"。见清代梁绍壬《两般秋雨庵随笔·韩公帕苏公笠》:"惠州、嘉应妇女多戴笠,笠周围缀以绸帛,以遮风日,名曰苏公笠。眉山遗制也。"

戴苏公笠的元代妇女
(山西芮城元代永乐宫壁画)

【额子】 宋时一种无顶头巾。古称"额子"。宋·米芾《画史》:"士子国初皆顶鹿皮冠。弁遗制也,更无头巾。……其后方见用紫罗为无顶头巾,谓之额子,犹不敢习庶人头巾。"

【重戴】 折上巾又加以帽。故名"重戴"。《宋史·舆服志》五:"重戴,唐士人多尚之,盖古大裁帽之遗制,木野夫岩叟之服,以皂罗为之,方而垂檐,紫里,两紫丝组为缨,垂而结之领下。所谓重戴者,盖折上巾又加以帽焉。宋初,御史台皆重戴,余官或戴或否。"

【黑三郎】 古代巾帽之一种。宋·陶谷《清异录》载:五代后唐庄宗李存勖,常爱服俳优所用巾裹,有圣逍遥、安乐巾和黑三郎等诸多名目。

【浑裹】 古代巾帽名。是头巾一类的东西。亦称"诨裹"。大多为教坊、诸杂剧人所戴用。宋·孟元老《东京梦华录》:"教坊色长……皆浑裹宽紫

戴浑裹的宋代杂剧艺人
(宋·《杂剧人物》)

袍……诸杂剧色皆浑裹。"一般人则不用。宋·灌圃耐得翁《都城纪胜·瓦舍众伎》:"杂剧部又戴诨裹,其余只是帽子幞头。"宋·吴自牧《梦粱录》:"杂剧部皆浑裹。"

【诨裹】 见"浑裹"。

【顶珠】 古代冠顶上的一种珠饰品。亦称"帽珠"。流行于宋金以来各代。金代称为顶珠,明代称为帽珠。是区别官阶的重要标志。《金史·舆服志》:"巾之制,以皂罗若纱为之,上结方顶,折垂于后。……是贵者于方顶,循十字缝饰以珠,其中必贯以大者,谓之顶珠。"元代成宗帝像,头戴七宝重顶冠,上缀大珠一。《明史·舆服志》:"庶人帽,不得用顶,帽珠上止许水晶、香木。"《清史稿·舆服志》:"皇帝朝冠,冬用薰貂,十一月朔至上元用黑狐。上缀朱纬。顶三层,贯东珠各一,皆承以金龙四,饰东珠如数,上衔大珍珠一。"

【帽珠】 见"顶珠"。

顶珠(帽珠)
(甘肃漳县元代汪世显家族墓出土檐帽)

【白角冠】 古代冠名。宋仁宗时,宫中用白角为冠。这种冠很大,有至三尺,有至等肩者。指冠之相等于肩之广,和垂之于两肩的长。《绿窗新语·引青琐高议》载:"仙女问张俞曰:'今日妇女首饰衣服如何?'俞对:'多用白角为冠,金珠为饰。'"

【仪天冠】 宋代皇太后礼冠。祭祀天地、宗庙时戴用。仪天,取有仪于天之意,故名。《宋史·后妃传》上:"明道元年冬至,……太后亦谒太庙,乘玉辂,服袆衣、九龙花钗冠,斋于庙。质明,服衮衣,十章,减宗彝、藻,去剑,冠仪天,前后垂珠翠十旒。"《文献通考·帝系考》三:"皇太后服仪天冠,衮衣以出。"

【龙凤花钗冠】 南宋皇后礼冠。主要用于祭祀及朝会。上饰九龙四凤。《宋史·舆服志》三:“中兴,仍旧制。其龙凤花钗冠,大小花二十四株,应乘舆冠梁之数,博鬓,冠饰同皇太后,皇后服之,绍兴九年(1139)所定也。”《五礼新仪·皇后冠服》:“首饰花一十二株,小花如大花之数,并两博鬓。冠饰以九龙四凤。”

【花钗冠】 宋代贵妇礼冠。《宋史·舆服志》三:“花钗冠,小大花十八株,应皇太子冠梁之数,施两博鬓,去龙凤,皇太子妃服之。乾道七年(1171)所定也。”又:“命妇服。政和议礼局上:花钗冠,皆施两博鬓,宝钿饰。……第一品,花钗九株……第二品,花钗七株……第四品,花钗六株……第五品,花钗五株……。”

【宋皇后龙凤冠】 宋代皇后礼冠。冠上饰有龙纹、凤纹,故名。冠形高大,与肩等宽,又俗称“等肩冠”,因其冠两翼下垂及肩,故又名“垂肩冠”。南薰殿旧藏《宋神宗皇后像》,所戴三博鬓龙凤冠,饰龙凤纹,冠形高耸,宽与肩等,垂于肩齐,材为金银珠翠。《宋史·舆服志》三:“妃首饰花九株,小花同,并两博鬓,冠饰以九翚、四凤。”皇后之冠,与妃有别,饰三博鬓、龙凤纹,亦当合宋制。龙凤冠,主要用于祭礼、朝会等。

戴龙凤冠的宋代皇后
(南薰殿旧藏《宋神宗皇后像》)

【九翚四凤冠】 宋代命妇礼冠。宋·周密《武林旧事》卷二:“诣后殿西廊观看公主房奁:真珠九翚四凤冠;褕翟衣一副;真珠玉珮一副;金革带一条;玉龙冠、绶玉环。”

【北珠冠】 宋代命妇礼冠。冠上以北珠为饰,故名。宋·周密《武林旧事》卷二:“公主房奁,……(有)北珠冠花篦环。”宋·李廌《济南先生师友谈记》:“太祀及中宫皆缕金云月冠,前后亦白玉龙簪,而饰以北珠,珠甚大。”

【辫肩冠】 宋代女冠。亦称“辨肩冠”。宋·王得臣《尘史》:“(宋)妇人冠服,首冠始黄镀白金,或鹿胎之革,或玳瑁,或缀彩罗为攒云五岳之类。……后以长者屈四角而下至于肩,谓之辫肩。”《宣和遗事》载:宋徽宗赵佶眷恋名妓李师师有“辫肩高髻垂云碧”之头饰。《梦溪笔谈》记妇人戴“垂肩冠”(亦称“等肩冠”),其冠作两翼抱面,下垂及肩,即是这种“辫肩冠”。

【辨肩冠】 见“辫肩冠”。

【云月冠】 宋代女冠名。为一种镂金冠,太后、皇后所服。宋·李廌《济南先生师友谈记》:“太后暨中宫,皆镂金云月冠,前后亦白玉龙簪而饰以北珠。”

【团冠】 宋代妇女的一种冠饰。因冠呈圆形,故名。初以竹编为之,后以角代竹。北宋皇祐、至和间,妇女都喜戴团冠。宋·王得臣《尘史》卷上:“(宋)妇人冠服,……俄又编竹而

上:戴团冠的宋代妇女(河南禹县白沙宋墓壁画)
下:戴团冠的宋代贵妇(宋人《女孝经图》)

为团者,涂之以绿,浸变而以角为之,谓之团冠。……习尚之盛,在于皇祐、至和之间。”河南禹县白沙宋墓壁画,见有此冠式。一说,团冠另一式作莲花冠状,可能由前莲花冠演变而来。

【玉龙冠】 宋代贵妇宝冠。冠上饰有玉龙,故名。宋·周密《武林旧事》卷二:“先一月,宣宰执常服系鞋,诣后殿西廊观看公主房奁:真珠九翚四凤冠;褕翟衣一副;真珠玉佩一副;金革带一条;玉龙冠、绶玉环。”

【花冠】 用罗绢通草装饰的冠帽。古称“花冠”。最初见于唐代,张鷟《朝野佥载》记有唐代宫女戴花冠的情景,至宋更为流行。花冠用材,有罗绢通草,也有金玉玳瑁。制作的花有:桃、杏、荷、菊、梅等多种。在宋代,花冠不仅妇女喜戴,男子亦戴。周密《武林旧事》记皇帝群臣于正月元日祝寿册宝,上下一律簪花。有诗戏曰:“春色何须羯鼓催,君王元日领春回。牡丹芍药蔷薇朵,都向千官帽上开。”反映了当时的风尚。

上：戴花冠的唐代妇女（唐人《宫乐图》）
下：戴花冠的宋代妇女（宋人《女孝经图》）

【一年景】 宋代花冠的一种。宋代妇女有戴花冠的风俗，有的用鲜花，有的用假花；有的插单枝，有的插数枝；还有的将四季花卉，合插于一顶冠上，时称"一年景"。宋·陆游《老学庵笔记》："靖康初，京师织帛及妇人首饰衣服，皆备四时。……花则桃、杏、荷花、菊花、梅花，皆并为一景，谓之'一年景'。"戴"一年景"花冠的宋代妇女形象，台湾故宫博物院藏的南薰殿旧藏《历代帝后图》上有此描绘。戴花冠习俗始于唐和五代，至宋代更为盛行。

戴"一年景"花冠的宋代妇女
（南薰殿旧藏《历代帝后图》）

【冠梳】 北宋一种流行的冠帽。为一种两鬓垂肩的高冠，用漆纱、金银和珠宝等制作，于额发部位安插有白角梳子，梳齿上下相合，数目或四或六不等。始于宫中，后普及民间，并演变为当时妇女的一种礼冠。宋仁宗时，宫女角梳均在一尺以上，由于梳子过长，而且左右皆插，加之高髻、高冠，使得妇女上轿只能侧首而入，礼仪时只能行肃拜或拜手礼。南宋·王木《燕翼诒谋录》载：皇祐元年（1049）仁宗

为此下令"不得以角为冠梳，冠广不得过一尺，长不得过四寸，梳长不得过四寸。"而仁宗逝世后，"奢糜之风依旧盛行，冠不特白角，又易以鱼鲛；梳不特白角，又易以象牙、玳瑁。"

戴冠梳的宋代贵妇（下：摹本）
（宋人《娘子张氏图》）

【重楼子高冠】 宋代的一种女高冠。

戴重楼子高冠的宋代贵妇
（宋人《花石仕女图》）

以铁丝、竹篾为框，外饰纱绢，其式高耸，累叠三层，如重楼之状，故名。宋人《花石仕女图》中女子，即戴一重楼子牡丹高冠，内穿低胸内衣，外套窄袖褙子，下穿长裙，为典型的宋代妇女衣装打扮。重楼子高冠，为两宋时妇女一种时尚妆，宋妇女喜戴高冠之习尚，为沿袭五代之风，而且冠形越发高大，有至三尺，宽与等肩，饰以金银珠翠和五彩装花。

【叠香英】 宋代花冠之一。宋·王观《芍药谱》载：叠香英，是紫楼子，广五寸，高盈尺，大叶中细叶二三十重，上又耸大叶如楼阁状。"叠香英"，当为宋时的一种紫色重楼子高花冠。

【晓装新】 宋代花冠之一。宋·王观《芍药谱》载：晓装新，属白缬子，叶端点小殷红色，每朵三四五点，像衣中点缬。缬，古称镂空版印花或防染印花织物为缬。分"夹缬"、"蜡缬"和"绞缬"三大类，能印染成多种花色。"晓装新"，似在白色底上扎染成殷红色小花，属"绞缬"工艺。

【点装红】 宋代花冠之一。宋·王观《芍药谱》载：点装红，是红缬子，色红而小。

【宝装成】 宋代花冠之一。宋·王观《芍药谱》载：宝装成称髻子，色微紫，高八九寸，广半尺余，每一小叶上络以金线，缀以玉珠。

【髻子】 即"宝装成"。

【尽天工】 宋代花冠之一。宋·王观《芍药谱》载：尽天工，是柳浦青心红冠子，于大叶中小叶密直。

【冠群芳】 宋代花冠之一。宋·王观《芍药谱》载：冠群芳是大旋心冠子，深红色，分四五旋，广及半尺，高及五六寸。

【赛群芳】 宋代花冠之一。宋·王

观《芍药谱》载：赛群芳，为小旋心冠子，比"冠群芳"大旋心冠子小些。

【元宝冠】　古代冠名，其形前后高耸，中空露髻，形似元宝，故名。冠用锦制，名金黄。宋时仕宦及商贾之家子女，喜尚戴此冠，以取其吉利。山西太原晋祠宋代彩塑和河南偃师宋墓画像砖上妇女，均戴有元宝冠。

元代宝冠
（山西太原晋祠宋代彩塑）

【莲花冠】　古代冠名，因其形似莲花，故名。亦称"莲华冠"。唐时已在士庶女子间流行，宋沿其制。冠上大多用金、翠羽等作装饰，颜色鲜艳，为官宦、士庶女子喜尚，一直很流行。宋·米芾《画史》："蔡骃子骏家收《老子度关山》，……老子乃作端正塑像，戴翠色莲华冠，手持碧玉如意。"五代蜀后主王衍令妓妾戴莲花冠，众人见之新奇，争相效仿，一时风靡京师。其冠以金箔制成，状似莲花，使用时扣覆于髻，以簪绾系。《旧五代史·王衍传》："衍奉其母徐妃同游于青城山，驻于上清宫。时宫人皆衣道服，顶金莲花冠，衣画云霞，望之若神仙。"

【莲华冠】　见"莲花冠"。

莲花冠

【莲花团冠】　五代、两宋贵妇礼冠。以莲花为饰，上作圆形，故名。宋人作《女孝经图》中有妇女戴莲花团冠形象。

莲花团冠

【胎鹿皮冠】　宋代的一种女冠。以胎鹿皮制作，故名。《宋史·五行志》："士庶家竞以胎鹿皮制妇人冠，山民采捕胎鹿无遗。"宋·王得臣《尘史》卷上："妇人冠服涂饰，增损用舍，盖不可名记。今略记其首冠之制，始用以黄涂白金；或鹿胎之革，或玳瑁，或缀采罗为攒云五岳之类。"宋·吴自牧《梦粱录》卷十三："若欲唤个路钉铰、修补锅铫，……染红绿牙梳、穿结珠子、修洗鹿胎冠子、修磨刀剪、磨镜，时时有盘街者，便可唤之。"

【攒云五岳冠】　宋代贵妇女冠。用金银、鹿胎、玳瑁、绫罗、彩锦等贵重材质所作，时称"攒云五岳"。宋·王得臣《尘史》："妇人冠服，首冠始黄镀白金，或鹿胎之革，或玳瑁，或缀采罗为攒云五岳之类。"

【山口冠】　宋代女冠。宋·王得臣《尘史》："编竹而为团者，涂之以绿，浸变以角为之，谓之团冠。……又以团冠少裁其二边而高其前后，谓之山口。"

【盖头】　古代妇女覆发的一种头巾。亦称"盖巾"。主要流行于宋、元、明时期。宋·高承《事物纪原》卷三："唐初宫人著幂䍦，虽发自戎夷，而全身障蔽，王公之家亦用之。永徽之后用帷帽，后又戴皂罗，方五尺，亦谓之幞头，今曰盖头。"宋·孟元老《东京

梦华录·娶妇》："其媒人有数等，上等盖头。"宋时妇女一般亦常戴用盖头。一种紫色罗的，名曰"紫罗头"。宋·周辉《清波杂志》卷二："妇女……以方幅紫罗障蔽半身，俗谓之'盖头'。盖唐帷帽之制也。"宋·吴自牧《梦粱录·嫁娶》："（两新人）并立堂前，遂请男家双全女亲，以秤或机杼挑盖头，方露花容。"

【盖巾】　见"盖头"。

【紫罗头】　见"盖头"。

戴盖头的宋代妇女
（上：宋·李嵩《货郎图》局部）

【销金盖头】　古代妇女一种覆脸的高贵盖巾。通常用于新妇出嫁，用销金锦或彩绣制作，上有凤穿牡丹或鸳鸯戏荷等纹饰。流行于宋元明清时期，民国初尚有此风俗。宋·吴自牧《梦粱录》载：宋时新娘拜堂后，须请男方双全女亲，揭取盖头。元·关汉卿《窦娥冤》第一出："梳着个霜雪般

白鬏髻,怎戴那销金锦盖头?"明·冯梦龙《警世通言·小夫人金钱赠年少》:"这小夫人着乾红销金大袖团花霞帔,销金盖头。"

【袜子】 古代妇女包头巾。简称"袜"。《尔雅·释器》:"妇人之袆谓之缡。"郝懿行义疏:"登州妇人络头用首帕,其女子嫁时,以绛巾覆首,谓之袜子。"

【袜】 见"袜子"。

【面衣】 古代一种覆面之巾。以绫罗为之,缀有四带,垂于背,外出时蒙于脸部,露出双眼。亦称"面帽"。汉·刘歆《西京杂记》卷一:"赵飞燕为皇后,其女弟在昭阳殿,遗飞燕书曰:'今日嘉辰,贵娣懋膺洪册,谨上褵三十五条,以陈踊跃之心。金花紫纶帽、金花紫罗面衣……'"宋·高承《事物纪原》卷三:"又有面衣,前后全用紫罗为幅下垂,杂他色为四带,垂于背,为女子远行乘马之用。亦曰面帽。"

面衣
(明·王圻《三才图会》)

【实里薛衮冠】 辽代帝王朝冠。辽人谓之"国服衮冕"。《辽史·仪卫志》二:"(辽)皇帝服实里薛衮冠,络缝红袍,垂饰犀玉带错,络缝靴,谓之国服衮冕。"

【金文金冠】 辽代帝王祭祀礼冠。《辽史·仪卫志》:"大祀,皇帝服金文金冠,白绫袍,红带,悬鱼,三山红垂。"

【硬帽】 辽代皇帝小祀所戴礼冠。《辽史·仪卫志》:"小祀,皇帝硬帽,红克丝龟文袍。"

【辽鎏金银冠】 辽代银冠珍品。内蒙哲里木盟奈曼旗,辽圣宗陈国公主驸马萧绍矩墓出土。全冠用16块银片再以银丝缀合制成;每块银片,都饰有镂孔细花,底纹为鱼鳞、古钱等几何纹,团花中为各种花鸟纹,冠正中錾刻二飞鹤和一道人像。银冠造型新颖别致,工艺精湛高超,全体鎏金,光亮辉煌。全冠高31.5、宽31.4、冠口直径19.5厘米。重587克。出土时位于驸马头部。宋·孟元老《东京梦华录》:"大辽使顶金冠,后檐尖长如大莲叶,服紫窄袍,金蹀躞。"《宋史·吴奎传》:"奉使契丹,……归遇契丹使于途,契丹以金冠为重,纱冠次之。"可见当时辽契丹高官,流行服金冠礼俗。萧驸马墓出土银冠,金银细工如此卓越,较罕见。

辽代鎏金银冠(下:摹本)
(内蒙哲里木盟辽驸马萧绍矩墓出土)

【辽陈国公主高翅鎏金银冠】 辽代金银器艺术珍品。1986年,内蒙古哲里木盟奈曼旗青龙镇辽陈国公主驸马合葬墓出土。口径19.5、高26、立翅高30厘米。银冠用透空镂雕鎏金薄银片制成。冠顶为圆形,两旁各有一立翅。冠正面及立翅均镂雕相对凤鸟,周围辅以卷云纹。清理时银冠旁有一银质鎏金道教造像,像下为双重镂空六瓣花叶形底座,像后有背光,边缘有九朵卷云,或似九枝灵芝。

造像人物高髻长须,身着宽袖长袍,双手捧一物,盘膝而坐。座底有二孔,与冠顶二孔相吻合,推测原应缀于冠顶。工艺精湛,纹饰华美,较罕见。银冠为辽代宫廷特制殡葬服饰。

辽陈国公主高翅鎏金银冠
(内蒙哲里木盟奈曼旗辽陈国公主驸马合葬墓出土)

【毡冠】 辽代臣僚朝冠。《辽史·仪卫志》:"(朝服)臣僚戴毡冠,金花为饰,或加珠玉翠毛,额后垂金花织成夹带,中贮发一总。""夹带"、"贮发",指契丹有髡发习俗,留有颅后之发,将发加彩帛编辫,贮于夹带之中。

【爪拉帽】 辽代的一种暖帽。圆形、圆顶,用带系结,带垂于脑后。爪拉帽,又叫"罩剌帽"。据史载,辽主查剌,有时戴此帽,为避讳,所以后转音为爪拉。

【罩剌帽】 见"爪拉帽"。

戴爪拉帽的辽代妇女
(辽宁昭乌达地区辽墓壁画)

【花株冠】 金代皇后礼冠。用绢罗、金钿、花株等制成。《金史·舆服志》:"皇后冠服,花株冠,用盛子一,青罗表、青绢衬,金红罗托里;用九龙、四凤,前面大龙衔穗球一朵,前后有花株各十有二,及鸂鶒、孔雀、云鹤、王母仙人队、浮动插瓣等;后有纳言,上有金蝉衔金两博鬓,以上并用铺翠滴粉缕金装珍珠结制,下有金圈口,上用七宝钿窠,后有金钿窠二,穿红罗铺金款幔带一。"《大金集礼》称"花珠冠"。

【花珠冠】　见"花株冠"。

【犀冠】　金代、明代贵妇礼冠。以犀角为饰,故名。《金史·舆服志》中:"皇后冠服。……犀冠,减拨花样,缕金装造,上有玉簪一,下有玳瑁盘一。"《明史·舆服志》二:"皇太子妃冠服:……犀冠,刻以花凤。"

【吐鹘巾】　金人的一种头巾。方顶,下垂两带,皂罗纱为之。《续通典·礼志》十二:"吐鹘巾,金制,以皂罗若纱为之,上结方顶,折垂于后。顶之下际两角各缀方罗径二尺许。方罗之下,各附带长六七寸。当横额之上,或为一缩襞积。贵显者于方顶上,循十字缝饰以珠,其中必贯以大者,谓之顶珠。带旁各络珠结授,长半带垂之。"

【六角梭笠帽】　金人的一种冠帽。六角形,尖顶,帽上呈楞状。《三朝北盟会编》载:(金人)戴毡笠,此或亦为毡笠,梳双辫垂于两肩,胸有护胸。河南焦作金墓出土舞蹈俑,戴六角尖顶笠帽,双辫垂于肩,胸有护胸,与文献所载相符。

戴六角梭笠帽的金人
(河南焦作金墓出土舞蹈俑)

【蹋鸱】　古代巾帽之一种。金人所

服头巾。宋·周煇《北辕录》:金人"无贵贱,皆著尖头靴,所顶巾谓之蹋鸱。"(《说郛》五四)宋·范成大《石湖集·蹋鸱巾序》:"接送伴田彦皋爱予巾裹,求其样,指所带蹋鸱,有愧色。"诗:"重译知书自贵珍,一生心愧蹋鸱巾。"

【蹋鸱巾】　见"蹋鸱"。

【七宝重顶冠】　元代皇帝冬天礼冠。亦称"钹笠冠",因其形似钹,故名。冠顶高竖,数重珍宝,上缀一大珠。《元史·舆服志》一:"天子质孙,……服大红、桃红、紫蓝、绿宝里,则冠七宝重顶冠。"《续通典·礼志》十二:"七宝重顶冠,元皇帝之服,冬则冠之。"明·陶宗仪《辍耕录》载:"成宗大德间本土巨商中卖红刺石一块于官,重一两三钱,估直中统钞十四万锭,用嵌帽顶上。自后累朝皇帝相承,凡正旦及天寿节大朝贺时则服之,耳带耳环。"史书载:元成宗像,头戴七宝重顶冠,上缀大珠一,耳戴耳环。按陶宗仪为元末明初人,所记与元成宗像相符,当属实。

戴七宝重顶冠的元成宗像
(南薰殿旧藏《历代帝王像》)

【金答子暖帽】　元代蒙古贵族男子服用的一种冬帽。《元史·舆服志》:"天子质孙冬之服,凡十有一等,……

戴金答子暖帽的元世祖忽必烈像
(南薰殿旧藏《历代帝王像》)

服红黄粉皮,则冠红金答子暖帽;服白粉皮,则冠白金答子暖帽。"元太宗时,太宗服貂皮暖帽。

【貂皮暖帽】　元代蒙古贵族男子冬帽。用貂皮所制,故名。南薰殿旧藏《历代帝王像》元太宗窝阔台,头戴貂皮暖帽,方领衣。

戴貂皮暖帽的元太宗窝阔台

【带后檐帽】　元代帝王礼帽。其帽圆顶,后檐披肩,故名。南薰殿旧藏《历代帝王像》元太祖成吉思汗、元世祖忽必烈像,均戴这种带后檐帽。《元史·舆服志》一:"天子质孙,……服珠子褐七宝珠龙答子,则冠黄牙忽宝贝珠子带后檐帽。服青速夫金丝阑子,则冠七宝漆纱带后檐帽。"《元史·世祖昭睿顺皇后传》:"旧制帽无前檐,帝因射,日色眩目,以语后,后因益前檐,帝大喜,遂命为式……国人皆效之。"

戴带后檐帽的元太祖成吉思汗像

【连蝉冠】　元代定制为祭祀山东曲阜孔庙之祭冠。《元史·舆服志》一:"曲阜祭服,连蝉冠四十有三:七梁冠三,五梁冠三十有六,三梁冠四。"《续通典·礼》十二:"连蝉冠,元制为曲阜祭服。"

【冠檐笠子帽】　元代蒙古族笠帽的

一种。因其帽檐较宽,故名。甘肃敦煌莫高窟 332 窟,元代壁画两蒙古贵族行香人,戴有此帽式。

戴宽檐帽的元代蒙古贵族男子
(敦煌莫高窟 332 窟元代壁画)

【钹笠帽】 元代蒙古族所戴的一种夏季帽子。亦称"钹笠"。帽式如乐器之铜钹,故名。《元史·舆服志》:"夏之服,凡十有五等,服答纳都纳不失(质孙服),则冠宝顶金凤钹笠。"钹笠帽,顶上饰珠,有的还饰有珠垂饰,笠后披有一片布帛以护领。天子、庶人皆可服用。

【钹笠】 见"钹笠帽"。

戴钹笠帽的元代蒙古贵族男子

【钹笠冠】 元代蒙古族的一种夏帽。圆弧顶,顶尖饰有圆珠,宽檐,士庶皆可戴用,为夏季外出之常服。

钹笠冠

【鞑帽】 元、明时一种暖帽。为北方游牧民族帽式,故名。用兽皮制成瓜皮帽形,帽檐缘毛皮出锋,帽顶以兽尾为饰。明·王圻《三才图会·衣服》一:"鞑帽,皮为之,以兽尾缘檐,或注于顶,亦胡服也。"

鞑帽
(明·王圻《三才图会》)

【学士帽】 为元代仪卫执士所服。其帽两角如匙形下垂,式似唐巾。《元史·舆服志》一:"仪卫服色……学士帽,制如唐巾,两角如匙头下垂。"又《舆服志》三:"殿上执事:挈壶郎二人,掌直漏刻。冠学士帽,服紫罗窄袖衫。"

【学士巾】 元代士人、平民所服。其帽式似唐巾,故又名"元式唐巾"。通常市民、小贩亦有戴用的。

【元式唐巾】 见"学士巾"。

戴学士巾的元代士人

【凤翅缕金帽】 元代仪卫所服。帽翅凤形,缕金为饰。故名"凤翅缕金

帽"。《元史·舆服志》三:"中宫导从:宫人,凡二十(二)人。……冠凤翅缕金帽,销金绯罗袄,销金绯罗结子,销金绯罗系腰,紫罗衫,五色嵌金黄云扇,瓘玉束带。"

【渔民裹巾子】 元代沿海渔民所戴的一种巾子。用布帛或麻葛为之,即古之巾帻,多黑或灰色。

戴渔民裹巾的元代渔民

【步光泥金帽】 元代后妃礼帽。元·陶宗仪《元氏掖庭记》:"后妃侍从各有定制:后二百八十人,冠步光泥金帽,衣翻鸿兽袍袍。"

【罟姑】 古冠名。宋代舞人所戴之冠。宋·俞琰《席上腐谈》:"向见官妓舞《柘枝》,戴一红物,体长而头尖,俨如靴形,想即是今之罟姑也。"

【姑姑冠】 古代蒙古贵族妇女礼冠。亦称"故姑"、"故故"、"罟罛"、"固姑"、"罟姑"、"括罟"、"罟罛"、"顾姑"或"古库勒"、"箍箍帽"。皆一物异名,取其音同。《长春真人西游记》:"妇人冠以桦皮,高二尺许,往往以皂褐笼之,富者以红绡,其末如鹅鸭,故名'故故',大忌人触,出入庐帐须低回。"姑姑冠的制作方法,彭大雅《黑鞑事略》说得较具体:"姑姑之制,用画木为骨,包以红绢,金帛顶之。上用四五尺柳枝或铁打成枝,包以青毡。其向上人则用我朝翠花或五彩帛饰之,令其飞动。以下人则用野鸡毛。"宋·孟珙《蒙鞑备录》:"凡诸酋之妻,则有顾姑冠,用铁丝结成,形如竹夫人,长三尺许。用红青锦绣,或珠金饰之。"陈元靓《事林广记·后集》卷十:"固姑,今之辁旦回回妇女戴之,以皮或糊纸为之,朱漆剔金为饰,若南方汉儿妇女则不戴之。"甘肃敦煌莫高窟和安西榆林窟等元代壁画,传世作品南薰殿旧藏《历代帝后像》中,都有姑姑冠的具体描绘,可与文献记载相印证。

【罟罛】　见"姑姑冠"。

【罟姑】　见"姑姑冠"。

【括姑】　见"姑姑冠"。

【古库勒】　见"姑姑冠"。

【箍箍帽】　见"姑姑冠"。

戴姑姑冠的元代皇后
(南薰殿旧藏《历代帝王像》)

【罟罟冠】　古冠名。金、元贵族妇女所戴之冠。明·沈德符《顾曲杂言》:"元人呼命妇所戴笄曰罟罟,盖其土语也。"参见"姑姑冠"、"固姑"。

【顾姑】　元、明时蒙古贵族妇女戴的一种头冠。用铁丝结成,形如竹夫人,长三尺许,用红青锦绣或珠金饰之,其上有杖一枝,用红青绒饰。杨允孚《滦京杂咏》等书记载,由于顾姑冠冠体过长,插上翎枝等冠顶饰物后,长度又有增加,所以妇女戴此冠出入营帐,只能将头低下;乘舆外出,须将翎枝拔下。1974年,内蒙古四子王旗古墓发现许多完整的"固姑帽",长筒形,高约一尺,用桦树皮围成,外

面包着花绸子,缀各种珠子,有的顶上插着一根三四寸高的木棍儿,上端连着一个圆木珠;也有的插着许多蓝孔雀羽毛。

戴顾姑冠的蒙古贵族妇女
左:元·佚名《元王妃像》
右:引自《世界文化史大系》

【固姑】　元、明时蒙古贵族妇女戴的一种头冠。亦作"姑姑"、"顾姑"、"故姑"、"故故"。元·蒋平仲《山房随笔》引聂碧窗《泳北妇》诗:"江南有眼何曾见,争卷珠帘看固姑。"《永乐大典》服字韵引《析津志》作"罟罟"。

戴固姑冠的元代蒙古贵族妇女
(下:安西榆林窟元代壁画)

《真珠船》作"顾姑"。《续通志》作"古库勒"。俗称"箍箍帽"。《草木子》:"元朝后妃及大臣之正室,皆带姑姑,衣大袍,其次即带皮帽。姑姑高圆二尺许,用红色罗盖。唐金步摇冠之遗制也。"

【姑姑】　见"固姑"。

【故姑】　见"固姑"。

【故故】　见"固姑"。

【九龙冠】　元代的一种女礼冠。上饰九龙,故名。相传帽为金色,上饰大绒球一,大小珠数十,后朝天翅二。《元史·礼乐志》:"次妇女一人,冠九龙冠,服绣红袍。"齐如山《行头冠巾》卷下:"九龙冠,冠黄色,前饰金色双软龙云物,后装金色翅两根,带穗。"

【凤翘冠】　古代妇女的一种饰有凤形的冠。《元史·礼乐志》五:"寿星队……次八队,妇女二十人,冠凤翘冠,翠花钿。"

【昆仑巾】　元代宫廷中的一种女巾。为三层,巾内有轴,行则巾顶自转,百花摇,蜂蝶飞,奇异新颖。元·陶宗仪《元氏掖庭记》:"丽嫔张阿玄乃私制一昆仑巾,上起三层,中有枢转,玉质金枝,绉绤为花,团缀于四面;又制为蜂蝶杂处其中,行则三层磨运,百花自摇,蜂蝶欲飞,皆作攒蕊之状。"

【明万历金冠】　古代金冠珍品。1957年,北京定陵出土。通高24厘米,用极细金丝编成,有一斤六两多重,冠后上方有累丝金龙两条,作戏珠状,盘绕在透明的金丝网面上,制作工艺精巧,两条龙造型一致,神形兼备。金冠,为明代第十三个皇帝朱翊钧的王冠,挖掘定陵地宫时,金冠放于头旁。据说朱翊钧生前喜欢戴这种金冠。由于明代皇帝赏赐等原因,当时宫廷内臣也戴一种用金累丝制成的冠帽。

明代万历金冠(下：摹本)
(北京定陵出土)

【龙威冠】 明代皇帝谒陵礼冠。明·朱国桢《涌幢小品》卷六："嘉靖五年(1526)，世宗既奉章圣皇太后，谒庙礼成；十五年(1536)三月议兴寿工，三月丙子，又奉皇太后率皇后谒陵，发京师，次玄福宫，上戴龙威冠，绛纱袍。"

【朱檀墓出土明冕】 明代古冕珍品。1970年山东邹县明代朱檀墓出土。通高18、长49.4、宽30厘米。冠系藤篾编制，涂黑漆，表敷一层黑罗绢；镶有金圈、金边，冠两侧有梅花金穿，贯一金簪。綖板，前圆后方，九旒，旒贯红、白、青、黄、黑五色玉珠。板下有玉衡，连接于冠上两边凹槽内；衡两端有孔，以悬充耳。用材高贵，制作精致。

【忠靖冠】 明代礼冠之一种。亦称"忠靖巾"、"忠静冠"、简称"靖巾"。嘉靖七年(1528)所定之冠服制，取"进思尽忠，退思补过"之意。以铁丝为帽框，外蒙乌纱，冠后竖立两翅(古称"山")，正前上方隆起，以金线压出三梁，名"忠靖冠"。三品以上，冠用金线缘边，四品以下，不准出金，只缘浅色丝线。明·王圻《三才图会·衣服》一："忠靖冠有梁，随品官之大小为多寡，两旁暨后以金线屈曲为文，此卿大夫之章，非士人之服也。"其制产生于嘉靖七年(1528)。《明史·舆服志》三：嘉靖七年，世宗谕曰："比来衣服诡异，上下无辨，民志何由定。朕因酌古玄端之制，更名'忠静'，庶几乎进思尽忠，退思补过焉。朕已著为图说，如式制造。在京许七品以上官及八品以上翰林院、国子监、行人司，在外许方面官及各府堂官、州县正堂、儒学教官服之。武官止都督以上。其余不许滥服。"江苏有实物出土，现藏南京博物院。

【忠靖巾】 见"忠靖冠"。

【忠静冠】 见"忠靖冠"。

【靖巾】 见"忠靖冠"。

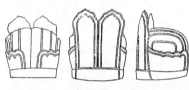

忠靖冠
(1966年苏州明代王锡爵墓出土)

【束发冠】 古代男子的一种冠戴。明·王圻《三才图绘·衣服》一："束发冠，此即古制，尝见三王画像多作此冠，名曰'束发'者，亦以仅能撮一髻耳。"明·刘若愚《酌中志》："束发冠，其制如戏子所戴者……。凡遇出外游幸，先帝圣驾尚此冠。"按南京明墓出土的束发冠，有三种类型：一类是明梁冠形式，其尺寸小于定制梁冠，其中有六梁、五梁冠，经考订，其梁数与墓主人生前官阶较吻合，为生前所戴的一种燕居之冠；一种类似忠靖冠，为明代职官退朝燕居所戴，形制前饰冠梁，压以金线，后列二山，亦以金缘；再有一类为扁身半圆形，金质，其上锤镟满饰云纹，出土于定远王沐晟墓，为沐晟生前所服。参见"明云纹束发金冠"、"明琥珀五梁束发冠"。

明代束发金冠

【明云纹束发金冠】 明代冠饰珍品。南京江宁殷巷沐晟墓出土。冠长14.3、宽5.6厘米。冠面锤镟有如意云纹，两头有两个插孔，发簪横贯于发髻，以作固髻之用；金簪首錾刻有云雷纹，中嵌一红宝石。此金冠，当为沐晟燕居时束发之冠。沐晟，黔宁王沐英次子，洪武三十一年(1398)袭西平侯，卒后追封定远王。

明代云纹束发金冠
(南京江宁殷巷明代沐晟墓出土)

【明琥珀五梁束发冠】 明代冠饰珍品。南京太平门外板仓徐俌墓出土。冠长6.7、宽3.2、高3.7厘米。冠用血红色整块琥珀雕琢而成，呈半月形，中空，上饰"五梁"。《明会典》卷六一载："三品冠五梁，革带，用金。"冠两侧，各有一小圆孔，对插金簪一对，以作固髻之用。徐俌，为中山王徐达五世孙，成化元年袭魏国公，戴五梁冠，与徐俌职位相符。

明代琥珀五梁束发冠
(南京太平门外板仓明代徐俌墓出土)

【明杂宝纹金包髻圆冠】 明代贵妇冠饰。南京中华门外邓府山明墓出土。金包髻圆冠为一扁圆形金盖，直径9.2厘米。为一种束发用具。金盖两侧有两小圆孔，可用两根圆头发簪插入，以作固髻之用，兼具美饰功

明代杂宝纹金包髻圆冠
(南京中华门外邓府山明墓出土)

用。盖面锤鍱饰有法螺、宝瓶、银锭、法轮等杂宝图案,与飞鸟、彩云相间排列,其间配饰飘动的彩带,动静结合,曲折起伏,如凌空飞舞。构图均匀,形象生动,工艺精良,制作卓越,为明代冠饰精品。

【夽檐帽】 即元代"钹笠帽",明代称"夽檐帽"。《事物绀珠》:"圆帽,元世祖出猎,恶日射目,以树叶置胡帽前,其后雍古剌氏乃以毡片置前后,今夽檐帽。"从传世《明宣宗行乐图》《明宪宗元宵行乐图》中得知,明时帝王便服均使用。

夽檐帽
(《明宪宗元宵行乐图》)

【保和冠】 明代诸王之常冠。通常为燕居时所服。据古文献载,明·嘉靖七年(1528),参照皇帝忠静冠、燕弁冠帽形制作:圆帽框,外饰黑纱,分九瓣,各压金线,冠后为四山形。

【冲天冠】 明代官帽。因其帽展角向上,故名。明·王三聘《古今事物考》卷六:"冲天冠,唐制交天冠,以展角相交于上。国朝吴元年,改展脚,不交向前朝,其冠缨取象善字,改名翊善冠。洪武十五年,改展角向上,名曰冲天冠。"

【纱帽】 古代君主或贵族、官员所戴的一种帽子。以纱制成,故名。《北齐书·平秦王归彦传》:"齐制,宫内唯天子纱帽,臣下皆戎帽。特赐归彦纱帽以宠之。"《宋史·符昭寿传》:"昭寿以贵家子,日事游宴,简居自

恣,常纱帽素氅衣,偃息后圃,不理戎务。"明代始定为文武官常礼服。明制,凡文武官常服,致仕及侍亲辞闲官、状元及诸进士、内外官亲属、内使监皆用纱帽。后即泛指官帽。参阅《明史·舆服志》三。

【乌帽】 乌纱帽之简称。用乌纱制作的一种冠帽。东晋时名"乌纱帢",南朝置乌纱帽,隋时帝王贵臣多服之,后行于民间,贵贱都戴,至明始定为官帽礼服。

【乌纱帽】 古代官帽之一种。用黑纱制作,故名。东晋时,宫官服之,名乌纱帽。南朝宋明帝初,建安王休仁置乌纱帽,帽檐用乌纱抽扎,民间俗称司徒状。隋代帝王大吏多戴乌纱帽。后渐行于民间,上下通服。自折上巾通行,乌纱帽逐渐废除。至明代始定为文武官员之礼服。前低后高,两旁置双翅。《明史·舆服志》:"凡常朝视事,以乌纱帽、团领衫、束带为公服。"

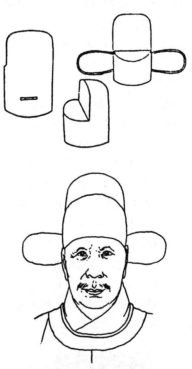

上:明代乌纱帽(上海卢湾区明代潘氏墓出土)
下:戴乌纱帽的明代官吏(明人《刘伯渊画像》)

【中官帽】 明代内侍官帽。以铁丝为框,用纱裹之,后列三山,并增方带二条垂于后。无职官亦有戴者,惟顶

后垂方纱一幅,曰内使帽。明·王三聘《古今事物考》卷六:"中官帽,至洪武十九年(1386),始创其制。《实录》:'中官之帽,用纱裹之,增方带二条于后。无官者,顶后垂方纱一幅,曰内使帽。'"

【内使帽】 见"中官帽"。

戴中官帽的明代内侍
(明代益庄王墓陶俑)

【三山帽】 明代太监官帽。简称"三山"。帽呈三山之势,故名。明·罗懋登《三宝太监西洋记通俗演义》第四十六回:"(三宝太监郑和)头上戴一顶嵌金三山帽,身上穿一领簇锦蟒龙袍。"

【三山】 见"三山帽"。

三山帽
(明·王圻《三才图会》)

【方顶巾】 宋、明时快行、亲从官冠帽。亦称"平顶巾"。其巾顶呈平面形,故名。《明史·舆服志》三:"刻期冠服:宋置快行、亲从官,明初谓之刻期。冠方顶巾,衣胸背鹰鹞,花腰线袄子,诸色阔匾丝绦,大象牙雕花环,行縢八带鞋。"明·益庄王墓出土亲从官陶俑,头戴方顶巾,胸背均有鹰鹞花纹补,与《明史·舆服志》所载

相符。明·王圻《三才图会》有此巾式,惟无后披。

【平顶巾】 见"方顶巾"。

上:戴平顶巾的明代亲从官(明·益庄王墓出土男俑)
下:明代方顶巾(明·王圻《三才图会》)

【刚叉帽】 明代宫内奉御近侍、太监服用。亦称"官帽"。竹丝为胎,青绉纱蒙之,帽两侧呈三角尖形,形似刚叉,故名。明·刘若愚《酌中志》十九:"官帽,以竹丝作胎,真青绉纱蒙之,自奉御至太监皆戴之,俗所谓'刚叉帽'也。"

【官帽】 见"刚叉帽"。

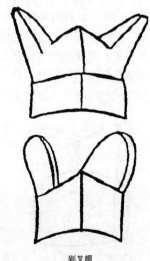

刚叉帽
(周锡保《中国古代服饰史》)

【瓜拉帽】 古代一种小帽。明·阙名《松下杂抄》上:"凡诞生皇子女,弥月剪胎发。百日命名后,按期请发者,如外之每次剃头者然,一茎不留如佛子焉。皇子戴玄青绉纱六瓣有顶圆帽,名曰瓜拉帽。"

【边鼓帽】 古帽名,是一种顶尖而长、带檐的圆帽。元代遗制,为一般市井少年、平民和仆役等常戴。明·嘉靖时最为流行,至清代,亦较常见。其式是将较高平顶帽上部,改为尖长形,俗名"边鼓帽"。

戴边鼓帽的明代乐伎
(明代益庄王墓陶俑)

【烟墩帽】 古代巾帽名。式如大帽,檐直而顶稍细,冬用天鹅绒或纻绉纱,夏则用马尾结成之,上缀金蟒珠玉等,亦内臣所戴。四川阳城明墓出土陶俑有此式,陶俑现藏四川省博物馆。

戴烟墩帽的明代男子
(四川阳城明墓陶俑)

【进士巾】 明代进士头巾。类似乌纱帽,用皂纱制作。《明史·舆服志》三:"进士巾如乌纱帽,顶微平,展角阔寸余,长五寸许,系以垂带,皂纱为之。"

【凌云巾】 古代巾帽名。类似忠静冠,以细绢为质,在帽两侧和帽后,用金线或绿线,刺绣云纹,故名。通行于明代中期,多士人服之,商贩白丁亦有戴者。明·余永麟《北窗琐语》:"迩来又有一等巾样,以细绢为质,界以绿线绳,似忠静巾制度,而易名曰'凌云巾'。虽商贩白丁,亦有戴此者。"田艺蘅《留青日札》:"凌云巾,用金线或青绒线,盘屈作云状者。"明代嘉靖时,因凌云巾与朝廷颁布的忠靖冠相近似,不辨尊卑,被禁用。《明史·舆服志》:"嘉靖二十二年(1543),礼部言士子冠服诡异,有凌云等巾,甚乖礼制,诏所司禁之。"参见"忠靖冠"。

戴凌云巾的明代士人
(明刊本《环翠堂乐府天书记》)

【云巾】 古代巾帽。明·王圻《三才图会》:"云中有梁,左右前后用金线或素线屈曲为云状,制颇类忠静冠,士人多服之。"《越中三不朽图赞》陈海樵公像,陈系隐士,像中冠服为明代服饰,戴云巾,但不见后二山,为稍异。

戴云巾的明代士人
(《越中三不朽图赞》陈海樵公像)

【儒巾】 古代儒生所戴的一种头巾。故名"儒巾"。宋·林景熙《霁山集·元日得家书喜》诗:"爆竹声残事事新,独怜临镜尚儒巾。"以黑色绉纱为表,漆藤丝或麻布为里。明时统称方巾,生员所服。明·王圻《三才图会》:"儒巾,古者士衣逢掖之衣,冠章甫之冠,此今之士冠也,凡举人未第者皆服之。"明·王三聘《古今事物考》卷六:"儒巾,国朝所制,今国子生所戴是也。"清·叶梦珠《阅世编》卷八:"予所见(前代)举人与贡、监、生员同带儒巾,儒巾与纱帽俱以黑绉纱为表,漆藤丝或麻布为里,质坚而轻,取其端重也。"

【方巾】 见"儒巾"。

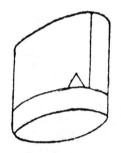

儒巾
(明·王圻《三才图会》)

【番子巾】 古代帽名。主要流行于明代。以丝绸或布帛制作;多黑色、深蓝;类似唐巾,无带。多为士人戴用。

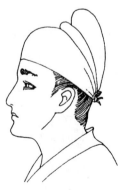

戴番子巾的明代士人

【治五巾】 明代士人巾帽。巾饰三梁,类古五积巾。明·王圻《三才图会·衣服》一:"治五巾,有三梁,其制类古五积巾,俗名缁布冠,其实非也。士人常服之。"

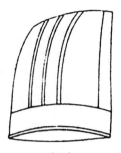

治五巾
(明·王圻《三才图会》)

【玉台巾】 明代巾帽名。玉台本为山名,因其巾帽式样,类似玉台山形,故名"玉台巾"。用青罗缝制,是取山名雅尚而又像其形。明·顾起元《说略》卷二十一:"凌云巾、玉台巾、两仪巾,皆时制。"

【披云巾】 古代一种冬用之巾帽。明·屠隆《起居器服笺》:"或段(缎)或毡为之,匾巾方顶,后用披肩半幅,内絮以绵。以朣仙所制,为踏雪御寒之具。"

戴披云巾的明代士人

【山谷巾】 古代的一种巾帽。通行于明代。相传为黄庭坚遗制。黄庭坚号山谷道人,首戴此巾,故名。明·田艺蘅《留青日札》卷二十二:"山谷巾,黄庭坚遗制。"

【凿子巾】 古代的一种巾帽。通行于明代。其制为唐巾而去其带耳。明·田艺蘅《留青日札》卷二十二:"凿子巾如唐巾,而去其带耳。"

【两仪巾】 古代的一种巾帽。通行于明代。其式后垂飞叶两扇。明·顾起元《说略》卷二十一:"凌云巾、玉台巾、两仪巾,皆时制。"

戴两仪巾的明代文士
(《越中三不朽图赞》)

【软巾】 明代士人所戴巾帽。以轻绢纱或乌绫罗制作,两带缚于后,垂于两肩。《明史·舆服志》三:"(明洪武)二十四年(1391),以士子巾服,无异吏胥,宜甄别之,命工部制式以进。太祖亲视,凡三易乃定。生员襕衫,用玉色布绢为之,宽袖皂缘,皂绦软巾垂带。贡举人监者,不变所服。"

戴软巾的明代士人

【汉巾】 明代士人的一种头巾。假以汉名,非为汉巾,以附风雅。明·王圻《三才图会·衣服》一:"汉巾,汉时衣服多从古制,未有此巾。疑厌常喜新者之所为,假以汉名耳。"明·顾起元《客座赘语》卷一:"近年以来殊

汉巾
(明·王圻《三才图会》)

形诡制,日异月新,于是士大夫所戴其名甚夥,有汉巾、晋巾、唐巾。"

【周巾】 明代的一种便巾。明时较流行,贵贱都戴,方便实用。用纱罗或布帛为之,系结于头,余幅垂于两肩。

戴裹周巾的明代士人
(《越中三不朽图赞》明·太仆寺卿)

【包巾】 明代较流行的巾式。士人、武士、舞乐者都戴之。一般均用皂罗或纱布为之,包裹于发髻上,并有两带垂之于肩。武士和舞乐者,多用青罗制作。《明史·舆服志》三:"永乐间,定殿内侑食乐。奏平定天下之舞,引舞、乐工皆青罗包头。"明·罗懋登《三宝太监西洋记通俗演义》第十三回:"(温元帅)蓝靛包中光满目,翡翠佛袍花一簇。"

裹包巾的明代士人
(《越中三不朽图赞》明·唐六如像)

【五积冠】 明代士庶便帽。漆纱为

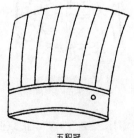

五积冠
(明·王圻《三才图会》)

之,辟积五摄,象五常,故名。明·王圻《三才图会·衣服》一:"五积冠,按王氏制度云缁布冠,今人用乌纱,漆为之,武连于冠,辟积左缝叠五摄,向左,以象五常。用时以簪横贯之。"

【瓦楞巾】 明代士人、平民戴的帽子。亦称"瓦楞帽"、"瓦珑帽"。因用骔丝为之,故又名"瓦楞骔帽"。四方形,其帽顶折叠似瓦楞,故名。在《越中三不朽图赞》中之陆包山,即戴此帽式。明·范濂《云间据目钞》卷二:"瓦楞骔帽,在嘉靖初年,惟生员始戴,至二十年外,则富民用之,然亦仅见一二,价甚腾贵。……万历以来,不论贫富,皆用骔帽。"

【瓦楞帽】 见"瓦楞巾"。

【瓦珑帽】 见"瓦楞巾"。

【瓦楞骔帽】 见"瓦楞巾"。

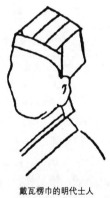

戴瓦楞巾的明代士人
(《越中三不朽图赞》)

【四方平定巾】 亦名"方巾",明初颁行的一种方形软帽。为职官、儒士所戴的便帽,以黑色纱罗制成,其形四角皆方,所以又名"四角方巾"。《七修类稿》:"今里老所戴黑漆方巾,乃杨维祯入见太祖时所戴。上问曰:'此巾何名?'对曰:'此四方平定巾也。'遂颁式天下。"戴这种巾帽,服装可随便穿着,不像其他服饰规定严格。到明末,随着服装制度的衍变,这种巾帽形式也有很大变化。《阅世篇》:"其便服,自职官大僚而下至于生员,俱戴四角方巾。……其后巾式时改,或高或低,或方或扁,或仿晋唐,或从时制,

总非士林莫敢服矣。其非绅士而巾服或拟于绅士者,必缙绅子弟也。不然则医生星士相士也。"

【四角方巾】 明代初期颁行的一种方形软帽,亦名"方巾"。见"四方平定巾"。

明代四方平定巾
(明·王圻《三才图会》)

【方巾】 一种方形软帽,为明代秀才以上功名的人所戴。亦称"四方平定巾"。洪武三年(1370)颁行。明·王圻《三才图会》:"方巾,此即古所谓角巾也,制同云巾,特少云文,相传国初(明初)服此,取四方平定之意。"因其制四角皆方,故名"方巾"。

戴方巾的明代儒士
(明万历刻本《御世仁风》等插图)

【长者巾】 明代年高内臣所戴之巾帽。形制如东坡巾,后垂二方叶如程子巾。帽前缝缀一大西洋珍珠,二旁饰五爪龙,帽后二方叶中,饰蟠苍龙纹,多内臣年高者服用。

【飘飘巾】 古代巾帽名。其式前后都有披一片者,具有儒雅风度。明末时流行,士大夫子弟等都爱戴。飘飘巾与纯阳巾略相似,惟纯阳巾前后披的片上,制有盘云纹。清·姚廷遴《姚氏记事编》:"明季服色俱有等级,乡绅、举贡、秀才俱戴巾,百姓戴帽。寒天绒巾绒帽,夏天鬃巾鬃帽;又一等士大夫子弟,戴飘飘巾,即前后披一片者。"

戴飘飘巾的明代士子
（明·曾鲸作《肖像画册》）

【老人巾】 明代老者戴的一种软巾帽。始于明初。巾帽顶部倾斜，前高后低，帽下边缘以宽边，用纱罗缝制，质松软，深受老年男子喜爱。明·王圻《三才图会·衣服》一："今其制方顶，前仰后俯，惟耆老服之，故名老人巾。"又："吏巾，制类老人巾。"

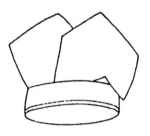

老人巾
（明·王圻《三才图会》）

【偃月冠】 明代士庶、释道之冠。简称"偃月"。因状似半弦之月，故名。明·文震亨《长物志·衣饰》："冠，铁冠最古；犀玉、琥珀次之，沉香葫芦者又次之；竹箨、瘿木者最下，制惟偃月、高士二式，余非所宜。"陈植注："偃月，冠形如'偃月'。明·朱之蕃《箨冠》诗：'龙孙头角旧青霄，蜕甲斑纹永不凋。偃月制成箸短鬌，切云巀嶪就映高标。'"明·屠隆《考槃余事》卷四："（冠）有铁者、玉者、竹箨者、犀者、琥珀者、沉香者、瓢者、白螺者，制惟偃月、高士二式为佳，瘿木者终少风神。"

【偃月】 见"偃月冠"。

【遮阳大帽】 明代儒生礼帽。亦称"遮阳帽"，简称"大帽"。宽檐高顶，形如笠帽。明·杨仪《明良记》："我朝科贡，恩例四等人胄监，满日，并许戴遮阳大帽。"明·王圻《三才图会·衣服》一："大帽，尝见稗官云：国初高皇幸学，见诸生班烈日中，因赐遮阳帽，此其制也。"清·褚人获《坚瓠九集》："明制，士人入胄监满日许戴遮阳大帽，即古笠。"

【大帽】 见"遮阳大帽"。

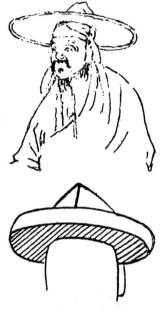

上：戴遮阳大帽的明代儒生（《吴郡名贤图传赞》）
下：明蜀王府太监宁墓出土戴遮阳大帽的男俑

【小帽】 明代男子所戴便帽，六瓣合缝，下缀以檐如筒。别于官帽、礼冠，故名。相传明太祖时始有。见顾炎武《日知录》卷二十八。又谓便帽的统称。如，青衣小帽。《西厢记》第二本第二折："乌纱小帽耀人明。"旧时瓜皮帽亦称"小帽"，亦名"六合一统帽"。

【遮阳帽】 帽名，又称"圆帽"。古代笠子，明时，凡科贡入监生有恩例者，方许戴遮阳帽。《七修类稿》："洪武末，许士子戴遮阳帽。"《三才图会》："国初高皇幸学，见诸生班烈日中，因赐遮阳帽，此其制也。今起家科贡者则用之。"其形一般作成尖顶（亦有平顶），四周有宽阔的边檐，形似斗笠。这种帽子，最先可能出自元俗，《事物绀珠》："圆帽，元世祖出猎，恶日射目，以树叶置胡帽前，其后雍古剌氏乃以毡片置前后，今多檐帽。"元代檐

檐帽和明代遮阳帽，究竟有何不同，目前还难以弄清。但从它们的形制、作用及沿革关系分析，两者似为一物，图像反映基本一致，如元人刘贯道绘《元世祖出猎图》所示。

【圆帽】 亦叫"遮阳帽"，像笠，较小，用乌纱，里面加以漆，属毡帽之类，始于元世祖。见"遮阳帽"。

【六合一统帽】 俗称"瓜皮帽"，又名"小帽"、"六合巾"。用六片罗帛拼成，多用于市民百姓，相传为明太祖所制。《枣林杂俎》："清时小帽，俗呼'瓜皮帽'，不知其来已久矣。瓜皮帽或即六合巾，明太祖所制，在四方平定巾之前。"即取"六合一统"之意，故名。其质料：夏秋用纱，春冬用缎；颜色多黑，夹里用红。富者用红片金或石青锦缎缘其边。如当时"竹枝词"云："瓜皮小帽趁时新，金锦镶边窄又匀。"小帽形式有平顶、尖顶、硬胎、软胎。平顶大多是硬胎，内衬棉花。尖顶大多为软胎，不戴时可折之藏入衣袋。帽上"结子"，都用红色丝线编结，有丧用黑或白色。结子大小，随时而变。一度崇尚樱桃般小结，转而流行大结。清末，也有不用帽结，代以珊瑚、水晶、料珠等。在帽缘正中，有的缀有一块四方形帽准作装饰，多用玉，亦有用碧霞珠宝的。

【六合巾】 见"六合一统帽"。

戴六合一统帽的明代男子
（四川成都出土明代陶俑）

【瓜皮帽】 又名"小帽"，《旧京遗事》称"瓜拉冠"，《松下杂抄》谓"瓜拉

帽"。其式,六瓣合缝,下缀帽檐。因形似西瓜皮,故名。相传创于明代朱元璋,取六合一统之意。明·谈迁《枣林杂俎·和集》:"嘉善丁清惠(宾),嘉靖甲子,乡试,隆庆辛未进士。……父戒之曰:'汝此行,纱帽人说好,我不信。吏巾说好,我益不信。即青衿说好,亦不信。惟瓜皮帽子说好,我乃信耳。'"清·徐珂《清稗类钞·服饰》:"小帽,便冠也。春冬所戴者,以缎为之;夏秋所戴者,以实地纱为之,色皆黑。六瓣合缝,缀以檐,如筒。创于明太祖,以取六合一统之意。国朝因之。……俗名西瓜皮帽。"

【瓜拉冠】 见"瓜皮帽"。

【西瓜皮帽】 见"瓜皮帽"。

戴瓜皮帽的明代士人
(明万历刻《御世仁风》)

【四带巾】 元明时期士庶所戴头巾。巾上缀有四带,故名。《元史·顺帝本纪》:"上用水手二十四人,身衣紫衫,金荔枝带,四带头巾。"明·田艺蘅《留青日札》卷二十二:"洪武改元,诏衣冠悉服唐制,……士庶则服四带巾,杂色盘领衣。"《明史·舆服志》三:"洪武三年,庶人初戴四带巾,改四方平定巾。"

【金貂巾】 明代优伶所戴头巾。因巾上饰有金貂蝉,故名。明·王圻《三才图会·衣服》一:"其制即幞(头)也,古惟侍中亲近之冠则加貂蝉,故有汗貂及貂不足之说。兹特缀以金耳,非貂也,疑优伶辈傅粉时所

服,非古今通制也。"

金貂巾
(明·王圻《三才图会》)

【卍字巾】 明代教坊乐工所戴之头巾。形如"卍"字,故名。明·沈德符《野获编·礼部二·教坊官》:"按祖制,乐工俱戴青卍字巾,系红绿搭膊。常服则绿头巾,以别于士庶。"《明史·舆服志》三:"教坊司冠服。洪武三年(1370)定,教坊司乐艺,青卍字头巾,系红绿褡膊。"始用于庶民,明代初,被规定为教坊司官吏的首服,后广施于各类教师,尤以武艺教头为常服。卍字巾,即"万字巾"。

【万字巾】 见"卍字巾"。

【皂隶巾】 明代皂隶所戴头巾。传皂隶巾帽式,主要取自元代卿大夫之冠式。洪武三年(1370)始为圆顶,洪武四年改为平顶,前后高低不一,正中有折,两侧饰黑色流苏,或插翎翅。明·王圻《三才图会》:"皂隶巾,不覆额,所谓无颜之冠是也,其顶前后颇有轩轾,左右以皂线结为流苏,或插

戴皂隶巾的明代衙役
(明崇祯刻本《反奸书》插图)

鸟羽为饰,此贱役者之服也。"皂隶巾,亦名"平顶巾"。明·朱国祯《涌幢小品》卷二十六:"白英先以平顶巾执工簿,立于旁。"

【金鹅帽】 明代帽名。为校尉人等所服。色黑,饰金花。《明史·舆服志》:"(明洪武)十四年(1381)改用金鹅帽,黑漆,钑金荔枝铜钉样,每五钉攒就,四面稍起襕,鞓青紧束之。"

【鼓吹冠】 明代冠名。为宫廷乐人、乐工所戴之冠。平顶,黑色,冠前饰花或无花,冠后红帔。《明史·舆服志》:"御前供奉俳长,鼓吹冠,红罗胸小袖袍,……乐人皆戴鼓吹冠。又王府乐工冠服……七奏乐乐工,俱红绢彩画胸背方花小袖单袍,有花鼓吹冠,……其余乐工用绿绢彩画胸背方花小袖单袍,无花鼓吹冠。"

【阔带巾】 明代乐工所戴头巾。用皂罗为之,饰有阔带,故名。《明史·舆服志》三:"朝会大乐九奏歌工:……其和声郎押乐者:皂罗阔带巾,青罗大袖衫。"

【不认亲】 古代的一种头巾。明末时民间所戴用。以低侧其檐,自掩眉目,故名。参阅清·凌扬藻《蠡勺编·不认亲》。

【皂罗头巾】 明代永乐间舞者所戴头巾。《明史·舆服志》三:"永乐间,定殿内侑食乐。……奏车书会同之舞,舞人皆皂罗头巾,青、绿、玉色皂沿边襕,茶褐线绦皂皮四缝靴。"

【鬃巾】 古代以马鬃毛编织的一种巾帽。亦称"鬃帽"。明代中晚期较盛行。多用于暑天。鬃巾有疏密两种:疏者称"朗素";密者名"密结"。质地光润、爽朗、透气。以安徽安庆所产为最优。明·范濂《云间据目抄》:"鬃巾,始于丁卯以后,……今又有马尾罗巾、高淳罗巾;而马尾罗者,与鬃巾乱真矣。……万历以来,不论贫富皆用鬃,价亦甚贱,有四五钱、七

八钱者;又有朗素、密结等名。而安庆人长于修结者,纷纷投入吾松矣。"天然痴叟《石点头》第四回:"一个后生……头戴时兴密结不长不短鬃帽,……"

【鬃帽】　见"鬃巾"。

【懒散巾】　明代一种不用系带的网巾,似渔网覆首,故取名"懒散巾",亦称"懒收网"。清·采蘅子《虫鸣漫录》:"相传明末时,人皆不愿戴网巾,或束发加帽;或裹网巾而不系带,谓之'懒散巾'。"

【懒收网】　见"懒散巾"。

【网巾】　明代一种系束发髻的网罩。亦称"网子"。多用黑色丝绳、马尾或棕丝编织而成。网口以帛作边,边子两幅稍后缀一小圈,用金玉或铜锡为之。两边各系小绳交贯于两圈内,顶束于发,用以裹头上,使发齐正。有总绳拴紧,所以又名"一统山河",或称"一统天和"。网巾的作用,除了约发外,还是男子成年的标志。一般衬在冠帽之内,也可直接露在外面。网巾的产生,约在明洪武初年,据传与明太祖有关。《七修类稿》:"太祖一日微行,至'神乐观',有道士于灯下结网巾。问曰:'此何物也?'对曰:'网巾,用以裹发,则万发俱齐。'明日有旨,召道士命为道官,取巾十三顶颁于天下,使人无贵贱皆裹之也。"天启中,削去网带,止束下网,名曰"懒收网"。上至贵官,下至生员吏隶,冠下皆着网巾。

【网子】　见"网巾"。

【一统山河】　头巾名,又名"一统天和",是古代一种系束发髻的网罩。见"网巾"。

【一统天和】　头巾名,又名"一统山河",是古代一种系束发髻的网罩。见"网巾"。

上:戴网巾的明代缫丝工人(明·宋应星《天工开物》)
下:网巾(明·王圻《三才图会》)

【罗罗笠帽】　罗罗有戴笠为帽的习俗,相沿很久。明(景泰)《云南图经志书》卷二:明代曲靖"罗罗……男子椎髻披毡,摘去须髯,以白布裹头,或里毡缦,竹笠戴之,名曰茨工帽。见官长贵,脱帽悬于背,以为礼之敬也。"

【茨工帽】　见"罗罗笠帽"。

【披肩】　俗称"护帽"。明代较通行。《明宫史》水集部"披肩"条:"披肩,貂鼠制一圆圈,高六七寸不等,大如帽。两旁各制貂鼠二长方,毛向里,至耳,即用钩带斜挂于官帽之后山子上(使整个官帽除两翅外,都罩有貂鼠毛)。旧制,自邱公等至暖殿牌子(均宫中大太监官名)方敢戴。……凡圣上临朝讲,亦尚披肩。至于外廷,如今所戴帽套,谓之曰'云字披肩'。闻今上登极后,令左右渐次改戴'云字披肩'随侍,然古制似已顿易也。"

【护帽】　亦名"云字披肩",俗称"护帽",明代有此式。参见"披肩"。

【云字披肩】　见"披肩"。

披肩(护帽)
(明万历刻本《御世仁风》插图)

【帽正】　巾帽正前方的一种饰品。亦称"帽准",俗名"一块玉"。主要起到将巾帽戴端正的作用,故名。明清时期较流行。帽正常见的有翡翠、玛瑙、羊脂玉、珍珠和金银饰件等,以玉最为习见。一般为长方形或椭圆形,多素面,也见有浅浮雕、透空雕等装饰。

【帽准】　见"帽正"。

【一块玉】　见"帽正"。

帽正
(清代传世实物)

【铎针】　明代内侍之帽饰。钉于帽之中央。明·蒋之翘《天启宫词注》:铎针,以金银珠宝镶成,有大吉、葫芦、万年、吉庆等名色。明·刘若愚《酌中志》卷十九:"铎针,金、银、珠、翠、珊瑚皆可为之。年节则大吉葫芦、万年吉庆。元宵则灯笼。端午则天师。中秋则月兔。颁历则宝历万年。其制则八宝荔枝、卍字、鲇鱼也。冬至则阳生,绵羊太子、梅花。重阳则菊花。万寿圣节则万万寿、洪福齐天之类;洪福者,于齐天字之两旁,左右各有红色蝙蝠一枚,以取意耳。凡遇诞生、婚礼,及尊上徽号、册封大典,皆万万喜。此所谓铎针者,单一枚,有锌居官帽中央者是也。"

【明皇后、皇妃、命妇冠饰】 明代皇后、皇妃、命妇所服之冠,统称为"凤冠",分龙凤冠、鸾凤冠、翠凤冠和翟冠。翟冠依品秩高低,分九翟冠、七翟冠、五翟冠、四翟冠、三翟冠和二翟冠等。翠是五彩的野鸡,翟是长尾的野鸡,皆形似凤。皇后礼服用九龙四凤冠,常服用双凤翊龙冠。皇妃礼服用九翟四凤冠,后来用九翟冠,常服用鸾凤冠。皇嫔用九翟冠。皇太子妃礼服用九翟四凤冠,常服用犀冠(刻以花凤),后来用燕居冠。亲王妃礼服用九翟四凤冠,后来用九翟冠,常服用犀冠(刻以花凤)。公主冠饰与亲王妃同。世子妃冠用七翟,其余同亲王妃。郡王妃、郡主皆用七翟冠。长子夫人和镇国将军夫人用五翟冠。辅国将军夫人、奉国将军淑人和镇国将军恭人都用四翟冠。辅国将军宜人和奉国中尉安人用三翟冠。县主用五翟冠,郡君四翟冠,县君和乡君皆三翟冠。公、侯、伯夫人与一品夫人同。一品至九品夫人冠饰皆用珠翟:一品夫人五翟,二品至四品夫人四翟,五品和六品夫人三翟,七品至九品夫人二翟。

【明皇后凤冠】 明代皇后册封、祭祀、朝会所戴之冠。《明史·舆服志》:洪武三年定"凤冠圆匡冒以翡翠,上饰九龙四凤,大花十二树,小花数如之。两博鬓,十二钿。……永乐三年定制:其冠饰翠龙九,金凤四,中一龙衔大珠一,上有翠盖,下垂珠结,余皆口衔珠滴;珠翠云四十片,大珠花小珠花数如旧。三博鬓,饰以金龙、翠云,皆垂珠滴"。1958年,北京昌平定陵,出土孝靖皇后凤冠,高27、口径23.7厘米,重2300克。以漆木丝扎制内胎,通体饰各色珠宝,前部顶端有金龙九条,每龙口衔珠滴,下饰八凤均点翠,另一凤在最后。九龙、九凤当取九鼎之意,象征九州最高夫人的尊贵。"九"在中国传统意识中,为阳数之极。冠后底部左右饰

翠扇式翘叶,点翠地,嵌金龙,再饰以花饰珠宝。豪华精巧,金碧辉煌。与《明史·舆服志》凤冠定制,大体相符合。

【明万历凤冠】 古代凤冠珍品。1957年北京定陵出土。计出土四顶,经修整复原。其中孝端后王氏一顶,上有三龙二凤。龙凤全为金制。龙口衔珠宝,左右二龙各衔长串珠结,凤口衔珠滴,凤上满饰朵朵翠云(都在硬纸上点翠),并装饰有以宝石为中心的珠花。六扇博鬓在后面,舟面三扇,左右分开。冠的里面都是漆竹丝作的圆锥,边缘上镶了金制口圈。其他三顶凤冠的做法也大致相同,只是龙凤的数目有增减,有九龙十二凤的、六龙三凤的。每顶凤冠上镶有珍珠5000多颗,宝石100多块。其中有一块宝石价值白银五六百两。当时有些宝石是从锡兰、印度进口的。

明代孝端皇后凤冠
(北京昌平定陵出土)

【龙凤珠翠冠】 明代皇后常服冠。《明史·舆服志》:"皇后常服……(洪武)四年更定龙凤珠翠冠。""永乐三年更定,冠用皂縠,附以翠博山,上饰

龙凤珠翠冠
(《历代帝王像》)

金龙一,翊以珠。翠凤二,皆口衔珠滴。前后牡丹二,花八蕊,翠叶三十六。珠翠穰花鬓二,珠翠云二十一,翠口圈一。金宝钿花九,饰以珠。金凤二,口衔珠结,三博鬓,饰以鸾凤。金宝钿二十四,边垂珠滴。金簪二。珊瑚凤冠嘴一副。"

【鸾凤冠】 明代皇妃、皇嫔及内命妇的常服冠。《明史·舆服志》:"皇妃,皇嫔及内命妇冠服……常服、鸾凤冠、首饰、钏镯用金玉、珠宝、翡翠。"

【九翟冠】 明代妃子礼冠。《明史·舆服志》:"九翟冠二,以皂縠为之,附以翠博山,含珠翟二,小珠翟三,翠翟四,皆口衔珠滴。冠中宝珠一座,翠顶云一座,其珠牡丹、翠穰花鬓之属,俱如双凤翊龙冠制,第减翠六十。又翠牡丹花、穰花各二,面花四,梅花环四,珠环各二。"

【九翟四凤冠】 明代太子妃礼冠。《明史·舆服志》:"皇太子妃冠服,……永乐三年(1405)更定,九翟四凤冠,漆竹丝为匡,冒以翡翠,上饰翠翟九,金凤四,皆口衔珠滴。珠翠云四十片,大珠花九树,小珠花数如之。双博鬓,饰以鸾凤,皆垂珠滴。翠口圈一副,上饰珠宝细花九。珠翠面花五事。珠排环一对,珠皂罗额子一,描金凤云,用珠二十一。"

【凤冠】 古时妇女礼冠之一种。因其冠以凤鸟为饰,故名。汉制惟太皇太后、皇太后、皇后,祭祀服之。以后历朝,均有变革。晋·王嘉《拾遗记》:"石季龙……使翔凤调玉以付工人,为倒龙之珮;萦金为凤冠之钗。"宋代列入"冠服制度"。《宋史·舆服志》三载,北宋后妃在受册、朝谒景灵宫等场合,俱戴凤冠。形制:"花九株,小花同,并两博鬓,冠饰以九翟、四凤。"明时凤冠,有两种形式。一种是后妃所戴,冠上除缀有凤凰外,还有龙、翠等装饰。如皇后凤冠,缀九龙四凤,皇妃凤冠,缀九翟四凤等。另一种为命妇(亦称外命妇)所戴彩

冠,上面不缀龙凤,仅缀珠翠、花钗,习惯也称凤冠。另外,明清时,平民女子盛饰戴彩冠,也叫凤冠,多用于婚礼。相沿至清末。凤冠,亦称"凤子冠"。

【凤子冠】 见"凤冠"。

明代凤冠
(北京明定陵出土)

【三博鬓】 古代贵妇礼冠两侧花饰。用细竹丝制作,呈长条形片状,外表绫罗,上饰珠翠,左右各饰三片。隋唐、两宋时,后妃命妇礼冠,已有二博鬓之饰,之后演变为三博鬓。《明史·舆服志》二:"永乐三年(1405)更定,冠用皂縠,附以翠博山,上饰金龙一,翊以珠。……三博鬓,饰以鸾凤。金宝钿二十四,边垂珠滴。"

明代命妇礼冠两侧之三博鬓
(明《中东宫冠服》)

【二博鬓】 古代贵妇礼冠两侧花饰。亦称"双博鬓"、"两博鬓"。隋唐、宋明较流行。《隋书·礼仪志》七:"贵妃、德妃、淑妃,是为三妃。服褕翟之衣,首饰花九钿,并二博鬓。"《旧唐书·舆服志》:"武德令,皇后服有褕衣、鞠衣、钿钗礼衣三等。褕衣,首饰

花十二树,并两博鬓,其衣以深青织成为之,文为翬翟之形。"《宋史·舆服志》三:"妃首饰花九株,小花同,并两博鬓,冠饰以九翟、四凤。"《明史·舆服志》二:"永乐三年(1405)更定,九翟四凤冠,漆竹丝为匡,冒以翡翠,上饰翠翟九、金凤四,皆口衔珠滴。珠翠云四十片,大珠花九树,小珠花数如之。双博鬓,饰以鸾凤,皆垂珠滴。"

【双博鬓】 见"二博鬓"。

【两博鬓】 见"二博鬓"。

【庆云冠】 明代初期命妇冠服。《明史·舆服志》:"(一品命妇)常服用珠翠庆云冠,珠翠翟二、金翟一,口衔珠结,鬓边珠翠花二,小珠翠梳一双,金云头连云钗一,金压鬓双头钗二,金脑梳一,金簪二;金脚珠翠佛面环一双;镯钏皆用金。"二品命妇金翟七;三品金孔雀六;四品金孔雀五;五品银镀金鸳鸯四;六品七品银镀金练鹊四。八品九品小珠庆云冠,银间镀金银练鹊三、二,并蒙作礼冠用。其他饰件也按品级递减。

【珠冠】 古代妇女礼冠。以珠翠制作的一种女冠。明洪武二十六年(1393)规定:"一品,冠饰珠翠五、珠牡丹开头二、珠半开三、翠云二十四片、翠牡丹叶十八片、金翟二……"按照习俗,一般无品秩妇女,在结婚或入殓时,也可服戴,但平时决不允许私戴。

【翠云冠】 明代命妇服用。清·郝懿行《证俗文》卷二:"明洪武十八年乙丑(1385),颁命妇翠云冠制于天下。"

【翟冠】 明代命妇礼冠。以珠翟为饰,故名。明制定:一品冠珠翟五,二至四品珠翟四,五、六品珠翟三,七至九品珠翟二。明·顾起元《客座赘语》卷四:"今留都妇女之饰,在首者翟冠,七品命妇服之;古谓之副,又曰步摇。"明二世岐阳王配曹夫人毕氏

像,见《岐阳世家文物图像集》,毕氏所戴翟冠为金翟二,珠翟九,左右垂挑珠牌一。按李文忠公曾封王爵,此像与明制大体相符合,见附图。

戴翟冠的明代命妇
(明人《曹夫人毕氏画像》)

【王母队金凤冠】 古代贵族妇女的一种冠服。其做法是用若干枝细金工作成上有乐舞群仙百十人大小金钗,插于冠上,在一列列仙山楼阁前为西王母祝寿的景象,故名。江西明藩王墓曾出土有类似金钗,工艺极其精巧,结构繁杂,楼阁仅方寸,人物只一分许高,巧夺天工。

【明角冠】 明代妇女的一种冠饰。为妇女发髻之冠饰,用明角所制,故名。戴时,套束于发髻顶部。

【昙笼】 古代的一种女冠。多未成年女子服之。北京称"云髻",四川称"昙笼"。明·杨慎《升庵外集》:"女子未笄之冠,燕京名'云髻',蜀中名'昙笼'。"

【云髻】 见"昙笼"。

【卧兔儿】 明代妇女戴的一种暖额。明时甚流行,因其式样如卧兔,故名。原材料有貂鼠、狐皮、海獭和猞猁狲等各种皮料,故帽名又有"貂鼠卧兔儿"、"狐皮卧兔"、"海獭卧兔儿"和"猞猁狲卧兔"等各种称谓。卧兔暖额,清时亦较盛行。清·曹雪芹《红楼梦》第六十三回:"(宝玉)见芳官梳了头,挽起鬓来,戴了些花翠,忙命他改妆,……说冬天作大貂鼠卧兔儿带。"这种额饰,在《清宫珍宝百美图》

等文献中，均有具体形制。

【貂鼠卧兔儿】 见"卧兔儿"。

【狐皮卧兔】 见"卧兔儿"。

【海獭卧兔儿】 见"卧兔儿"。

【猞猁狲卧兔】 见"卧兔儿"。

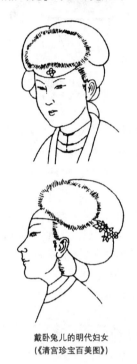

戴卧兔儿的明代妇女
（《清宫珍宝百美图》）

【包头】 古代妇女头饰。以锦绫、乌纱等为之，包于头额间，明清妇女劳作时多爱戴之。清初刻《康熙耕织图》中诸多妇女，都戴有各种包头。清·叶梦珠《阅世编》卷八："今世所称包头，意即古之缠头也。古或以锦为之。前朝冬用乌绫，夏用乌纱，每幅约阔二寸，长倍之。予幼所见，皆以全幅斜褶阔三寸许，裹于额上，即垂后，两秒向前，作方法，未尝施裁剪也。……崇祯中，式始尚狭，遂截半为之，即其半复分为二幅，幅方尺许，斜褶寸余阔，一施于内，一加于外，外者稍狭一、二分，而别装方结于外幅之正面，缠头之制一变。今裁幅愈小，褶愈薄，体亦愈短，仅施面前两鬓，皆虚以线暗续于鬓内而属后结之，但存其意而已。或用黑线结成花朵，于乌绫之上，裁剪如式，内施硬衬为佳，至有上用红锦一线为缘，而下

垂于两眉之间者，似反觉俗。"

戴包头的清代劳作妇女
（清初刻本《康熙耕织图》）

【清代皇室冠帽】 清代定制，冠有朝冠、吉服冠、行冠、常服冠、雨冠等，分冬夏二种。冬冠叫暖帽，夏冠叫凉帽。皇帝冬朝冠有薰貂、黑貂，檐上仰，上缀朱纬，长出檐，顶三层，贯东珠各一，皆飞以金龙四，饰东珠如其数，上衔大珍珠一，梁二在顶左右，檐下两旁垂带交项下；夏朝冠，织玉草或藤丝，竹丝为质，表以罗，缘滚石青片金二层，里用红片金或纪纱，檐敞，不向上折，上缀朱纬，内加圈，带属于圈。前缀金佛，饰东珠十三，后缀舍林，饰东珠七，条制如冬朝冠；冬吉服冠，有海龙、薰貂、紫貂，檐上仰，缀朱纬，长及于檐，顶满花金座，上衔大珍珠一，梁一区顶上，檐下两旁垂带交项下；夏吉服冠，织玉荣或藤丝，竹丝为质，表以罗，红纱绸里，石青片金缘，檐敞，上缀朱纬，内加圈，条制如冬吉服冠；冬常服冠，红绒结顶，不加梁，条制如冬去服冠；夏常服冠，红绒结顶，不加梁，条制如夏吉服冠；冬行冠，黑狐制成用黑羊皮、青绒、青呢制，采用冬常服冠；夏行冠，

织玉草或藤丝、竹丝制作，红纱里，缘如其色，上缀朱，牦顶及梁皆黄色，前缀珍珠一。参见"朝冠"、"吉服冠"、"行冠"、"常服冠"、"雨冠"。

【朝冠】 清代皇帝、皇后礼冠。各有定制。《清朝通志》卷五十八："皇帝朝冠，冬用薰貂、黑狐惟其时。上缀朱纬，顶三层，贯东珠各一，皆承以金龙各四，饰东珠如其数，上衔大珍珠一。夏织玉草或藤丝、竹丝为之，缘石青片金二层，里用红片金或红纱。上缀朱纬，前缀金佛、饰东珠十五，后缀舍林，饰东珠七，顶制同。"《大清会典图》卷五十八："皇后朝冠，冬用薰貂，夏用青绒，上缀朱纬。顶三层，贯东珠各一，皆承以金凤，饰东珠各三，珍珠各十七，上衔大东珠一。朱纬上周缀金凤七，饰东珠各九，猫晴石各一，珍珠各二十一；后金翟一，饰猫晴石一，小珍珠十六，翟尾垂珠。……冠后护领垂明黄绦二，末缀宝石，青缎为带。"皇帝冬朝冠，从九月十五日或二十五日起始戴。皇帝夏朝冠，三月十五日或二十五日始戴。

左：清代皇帝冬朝冠
右：清代皇帝夏朝冠
（《大清会典图》）

【吉服冠】 清代皇帝、百官、命妇礼冠。分冬、夏两种。清·吴荣光《吾学录初编》卷八："吉服冠，……上缀朱纬，长及于檐；梁一亘顶上，两旁垂带，交额下。"《大清会典》卷四十一："皇帝冬吉服冠，有海龙，有薰貂，有紫貂，上缀朱纬，顶满花金座。上衔大珍珠。……夏吉服冠，织玉草，或藤丝竹丝，红纱绸里，石青片金缘。上缀朱纬，顶如冬吉服冠。"冠上顶饰材质，以区别品级。如皇子用红绒结

顶;亲王、亲王世子、郡王、贝勒、贝子用红宝石顶;镇国公、辅国公、镇国将军、辅国将军用珊瑚顶;奉国将军用蓝宝石顶;奉恩将军用青金石顶;一品官用珊瑚顶;二品用镂花珊瑚顶;三品用蓝宝石顶;四品用青金石顶;五品用水晶顶;六品用砗磲顶;七品、八品用素金顶;九品用镂花金顶。皇后、贵妃用东珠顶;妃、嫔用碧珰珫顶;皇子福晋用红宝石顶。

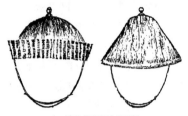

左:清代皇帝冬季吉服冠
右:清代皇帝夏季吉服冠

【行冠】 清代帝王巡行所戴之冠。其制有冬夏两种。《清史稿·舆服志》二:"冬用黑狐或黑羊皮,青绒,余俱如'常服冠'。夏织藤竹丝为之,红纱里,缘上缀朱氂,顶及梁皆黄色,前缀珍珠一。"参见"常服冠"。

左:清代皇帝冬行冠
右:清代皇帝夏行冠

【常服冠】 清代帝王所戴礼冠。亦称"常冠"。与常服袍相配使用。其制有二:夏季以竹篾为胎,上饰纱绸,尖顶、敞檐,冠顶缀红绒小结。冬季以兽皮为之,圆顶、翻檐,冠顶缀红

清代常服冠
(传世实物)

绒结,结四周垂红丝穗。清·吴荣光《吾学录初编》、清·福格《听雨丛谈》和《清史稿·舆服志》三书,均有著录。

【常冠】 即"常服冠"。

【雨冠】 清代皇帝冬季雨冠,为高顶式,前有深檐。夏季雨冠为平顶式,前檐展敞。表按不同季节用明黄色毡、油绸或羽缎制作,月白缎里。《清朝通志》卷五十八:"皇帝雨冠,色用明黄,毡及羽缎为之,月白缎里;或油绸为之,不加里,带用蓝布。冬制顶崇而前檐深,夏制顶平而前檐敞,遇雨雪则加于冠上。"《清史稿·舆服志》二:"凡雨冠,民公、侯、伯、子、男、一、二、三品文、武官,御前侍卫,乾清门侍卫,上书房、南书房翰林,批本处行走人员,皆用红色。四、五、六品文、武官,雨冠中用红色,青缘。七、八、九品文、武官,雨冠中用青色,红缘。"

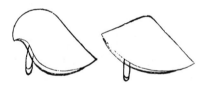

左:清代皇帝冬雨冠(《大清会典图》)
右:清代皇帝夏雨冠(《大清会典图》)

【清代郡王冠帽】 清代定制,郡王冬季朝冠,冠顶金龙二层,饰东珠8颗,上衔红宝石;夏朝冠前缀舍林,饰东珠4颗,后缀金花,饰东珠3颗。吉服冠、行冠、常服冠与亲王世子同。

清代郡王冬朝冠
(《大清会典图》)

【清代贝子冠帽】 清代定制,贝子冬季朝冠,冠顶为金龙二层,饰东珠6颗,上衔红宝石;夏季朝冠前缀舍林,有东珠2颗,后缀金花,有东珠1颗。吉服冠,顶用红宝石,戴三眼孔雀翎。

清代贝子夏朝冠
(《大清会典图》)

【东珠帽】 清代一种饰有东珠的冠帽,故名。清定制:皇室贵族和有功大臣,方可戴用。东珠,因产于清代先世发祥之地东北松花江,清太祖认为东珠是世之重宝,为此饰于王公等冠顶,以昭示贵焉。以此在清代视戴东珠帽为殊荣。《清史稿·施世骠传》:"诏优叙,赐世骠东珠帽、黄带、四团龙补服。"

【黑狐大帽】 因以黑狐为之,故名。为清代皇帝御赐之冠帽。《清实录·清太宗文皇帝实录》:"黑狐大帽,大臣不得自制,惟上赐许戴。……其黑狐大帽,系御赐者,入朝准戴,平居俱行禁止。"

【缨帽】 清代官吏礼帽。亦称"纬帽",俗称"红缨帽"。因帽顶饰有红缨子,故名。冬为暖帽,多以皮制,多黑色;夏用凉帽,用纱或竹丝作胎,无檐。缨帽,源于金代女真,元代蒙古人亦戴用。《明一统志》卷八九载有女真帽缀红缨之记述。清太祖曾禁止村民戴有缨凉帽。清太宗曾禁帽止锭尖缨。顺治许令黑帽缀红缨。后改为只有官兵帽上饰红缨,直至清亡。

【纬帽】 见"缨帽"。

【红缨帽】 见"缨帽"。

缨帽
(清代传世实物)

【万丝帽】　清代官吏夏季凉帽。尖顶,敞檐,葛纱为之,上饰红纬。清·富察敦崇《燕京岁时记·换葛纱》:"每至六月,自暑伏日起至处暑日止,百官皆服万丝帽。"清·崇彝《道咸以来朝野杂记》:"穿葛纱,冠用万丝帽,是以细生葛组成者,色深黄。"

【雨缨帽】　清代的一种凉帽。亦称"羽缨帽"、"羽缨凉帽"、"雨缨凉帽",俗名"凉篷"。用篾或藤编织,顶尖,帽缨缀犀牛毛。清·福格《听雨丛谈》卷一:"羽缨耐风雨,夏日行装用之,无职庶人不准戴纬帽者亦用之。其缨以犀牛毛用茜草染成,佳者鲜泽柔细,望之如绒,一缨可值白金二十两。若寻常僮从所冠者,只值数百文耳,其低昂悬殊之价如此。品官羽缨帽,照常戴顶,庶人则束其根如菊花顶。"

【羽缨帽】　见"雨缨帽"。

【羽缨凉帽】　见"雨缨帽"。

【雨缨凉帽】　见"雨缨帽"。

【凉篷】　见"雨缨帽"。

【凉朝帽】　清代官吏礼冠。清定制,每年春三月十五日或二十五日始戴凉朝帽。《清会典事例·礼部·冠服通例》:"十五年题准,每年春用凉朝帽……或三月十五日或二十五日为始。"

【暖朝帽】　清代百官礼帽。清定制,每年秋九月十五日或二十五日,始戴暖朝帽。《清会典事例·礼部·冠服通例》:"十五年题准……秋用暖朝帽……

或九月十五日或二十五日为始。"

【雨帽】　以细竹作胎,外缀油绢、油纸或羽缎。使用时加于冠巾之上,其式不一。明·刘若愚《酌中志》卷十九:"雨帽则如方巾,周围加檐三寸许,亦有竹胎绢糊、黑油漆如高丽帽式者。"《清高宗纯皇帝实录》卷七八四:"御用雨衣、雨帽,用明黄色。一品大臣以上,及御前行走侍卫,各省巡抚,用大红色。文三品、武二品,只用大红雨帽,至三品以下官员及跟役人等,亦用区别,以辨等威,今拟文武三品,皆准用大红雨帽。四品、五品、六品,用红顶黑边,七品、八品、九品,及有顶带人员,用黑顶红边,交礼器馆增入官服图,并入《会典》。"

【尖缨冠】　清代官吏所戴之冠。冠顶缀红缨一簇,上饰小珠一颗。清·福格《听雨丛谈》:"国初,未定冠顶戴之制,时品官及士族子弟,皆用红绒不结顶(俗称'菊花顶'),旧制曰'尖缨冠'。其制如江南杨梅半颗,今外首误以菊花顶为红绒结顶,非也。"

【清公服冠】　清代举人、贡生、监生、生员履行公职所戴之冠。《清朝通志》卷五八:"举人公服冠,顶镂银座,上衔金雀,……贡生、监生皆同,……生员公服冠,顶镂花银座,上衔银雀。"

【大帽子】　清代男子冠帽,有礼帽、便帽之别。礼帽俗称"大帽子"。其制有两式:一为冬天所戴,谓"暖帽";一为夏天所戴,为"凉帽"。《燕京岁时记》:"每至三月,换戴凉帽,八月换戴暖帽,届时由礼部奏请。"见"暖帽"、"凉帽"。

【清暖帽】　清制,官吏冠服分暖帽、凉帽,按例于立冬前数日换戴暖帽。《清会典事例·礼部·冠服》:"(顺治)九年(1652)议准,凉帽、暖帽上圆月,官员用红片金,庶人用红缎。"暖帽形制,多为圆形,周围有一道檐边。材料多用皮制,也有呢、缎、布制的。

颜色以黑色为多。最初以貂鼠为贵,次为海獭,再次则狐,其下则无皮不用。由于海獭价昂,有以黄狼皮染黑而代之,名曰骚鼠,时人争相仿效。康熙时,江宁等地新制一种剪绒暖帽,色黑质细,宛如骚鼠,价格较低,一般学士都乐于戴用。暖帽中间装有红色帽纬,丝或缎制。帽子的最高处,装有顶珠,多为宝石,颜色有红、蓝、白、金等。顶珠是区别官职的重要标志。见"凉帽"、"顶珠"。

戴暖帽的清代官吏

【清凉帽】　清代官吏夏秋间所戴的缨帽。清制,官吏每岁立夏节前,则换戴凉帽。其式无檐,形如圆锥,俗谓喇叭式。初尚扁而大,后尚高而小。质用藤、竹、篾席或麦秸,外裹绫罗,多为白色,也有湖色、黄色等。上缀红缨顶珠,制同暖帽。四品以上用片金裹,五品以下用红缎裹。参阅清·顾张思《土风录·凉帽》、《清会典·事例·冠服通例》。

戴凉帽的清代官吏

【清礼冠冠顶装饰】　为清代百官品级的主要标志之一。清一品大员,用红宝石装饰。红宝石常见的有大红、暗红、玫瑰红、蔷薇红，而以血红和鸽血红为珍品。二品官帽顶为珊瑚，颜色主要有桃红、绛红，以艳红为最名贵。三品官帽顶为蓝宝石。四品官帽顶为高档玉石青金石，有天蓝、深蓝、紫蓝等色。五品官帽顶为水晶。六品官帽顶为车渠，它是海洋中一种软体动物的贝壳，略呈三角形，壳大而厚，有黄、绿、青、紫等色。七品官帽顶为素金顶。八品官帽顶为阴文镂花金顶。九品官帽顶为阳文镂花金顶。各级品官，都须按定制，不得僭越。

【顶戴】　亦称"顶带"。清代用以区别官员等级(共分九品)的帽饰。其颜色、质料各不相同。通常皇帝可赏给无官的人某品顶戴，亦可对次一等的官赏加较高级的顶戴。例如总督为从一品官，赏加头品顶戴，即等于按正一品待遇。"戴"亦作"带"。主要由花座和不同色质的宝石组成。参见"顶子"。

【顶带】　见"顶戴"。

【顶子】　清代礼帽顶饰。简称"顶"。是区别官员品级的重要标识。分朝冠用和吉服冠用两种。朝冠顶子共有三层：上为尖型宝石，中为球形宝珠，下为金属底座。吉服冠顶较简单，只球型宝珠和金属底座两部分。底座有用金的，也有用铜的，上面镂刻花纹。在底座、帽子和顶珠的中心，都钻有一个5毫米直径的圆孔，从帽子的底部伸出一根铜管，然后将红缨、翎管及顶珠串上，再用螺纹小帽旋紧。顶珠的颜色和材料，按官员的品级而不同。顶子区别：朝冠顶子：文武一品为红宝石；文武二品为珊瑚；文武三品为珊瑚、武三品为蓝宝石；文武四品为青金石；文武五品为水晶；文武六品为砗磲；文武七品为素金；文武八品为阴文镂花金顶；文武九品为阳文镂花金顶；未入流同九品；进士、状元为金三枝九叶；举人、贡生、监生为金雀；生员为银雀；一等侍卫如文三品；二等侍卫如文四品；

三等侍卫如文五品；黄翎侍卫如文六品。吉服冠顶子：文一品为珊瑚；文二品为镂花珊瑚；文三品为蓝宝石；文四品为青金石；文五品为水晶；文六品为砗磲；文七品为素金；文八品为阴文镂花金顶；文九品为阳文镂花金顶；武一至九品同；未入流向九品。常服冠、行冠的顶子与吉服冠相同。各品受有封号的命妇，其顶子与品官相同。凡革职官员，都摘去所戴的顶子。

【顶】　见"顶子"。

左：吉服冠顶子　右：朝冠顶子
(清代传世实物)

【顶珠】　是指古代礼冠冠顶所缀的珠子。亦称"帽珠"、"顶子"。流行于宋金以来各代。金代称为顶珠，明代称为帽珠，清代称为顶戴。是区别官阶的重要标志。《金史·舆服志》："巾之制，以皂罗若纱为之，上结方顶，折垂于后。……是贵者于方顶，循十字缝饰以珠，其中必贯以大者，谓之顶珠。"《明史·舆服志》："庶人帽，不得用顶，帽珠上许水晶、香木。"《清史稿·舆服志》："皇帝朝冠，冬用薰貂，十一月朔至上元用黑狐。上缀朱纬。顶三层，贯东珠各一，皆承以金龙四，饰东珠如数，上衔大珍珠一。"各级品官顶珠的材质和颜色，按等级均有所不同。参见"顶子"。

【帽珠】　见"顶珠"。

【朱纬】　清代官帽顶上的一簇红色缨子，清时称"朱纬"。通常用大红丝绳制作。清代舆服制度规定：朝冠、

吉服冠、行冠、常服冠之暖帽和凉帽，帽顶都必须缀有朱纬。

【红绒结顶】　清代皇戚礼冠顶饰。简称"红绒结"。以红绒编缀，故名。《大清会典图》卷四十一："皇帝冬常服冠，红绒结顶。"清·金梁《清宫史略·红绒结》："乾隆五十三年十二月谕：'皇子皇孙等俱戴红绒结顶帽。载锡系朕元孙，亦应戴红绒结。'嗣后曾元孙阿哥等俱著戴红绒结顶帽。"清·福格《听雨丛谈》卷一："御用常冠、皇子常冠皆用红绒结顶。"自注："俗谓'算盘结'。"

【红绒结】　见"红绒结顶"。

【算盘结】　见"红绒结顶"。

清代礼冠冠顶的红绒结顶

【雨缨】　古代帽饰之一种。清代夏日戴用之便礼帽，上饰帽缨，用氂牛尾毛染色制成，名曰"雨缨"。追捕、消防、临戎等服之。

【雀顶】　清代官帽之顶饰。区别官职尊卑的一种标识。《清会典事例》谓：清代服制规定：举人公服之冠顶，镂花银座，上衔金雀；生员公服之冠顶，镂花银座，上衔银雀；俗名"雀顶"。

【象邸】　帽饰，用象骨做的帽顶。

【青金】　即"青金石"。清代朝冠顶饰之一。贵重玉石，色泽美观，有深蓝、天蓝、紫蓝、淡绿蓝诸色。古时都被用来制作皇帝之明器。清服制规定：皇子、郡王、世子、贝勒妻、四品官，朝冠顶，皆衔青金。

【青金石】　见"青金"。

【翎】 清代礼冠上的一种饰物。用孔雀翎毛和鹖羽制作。是区别品级的一种标志。参见"翎子"。

【翎子】 古代礼冠上的一种饰物。清代凡戴礼帽,一般在顶珠之下都装有二寸长短的翎管一支,质用白玉翡翠,也可用料器代替,借此安插翎枝。翎枝来自明朝。《养古斋丛录》:前明都督江彬等,在白红笠(遮阳帽)上,植靛染天鹅翎,贵者三英(枝),次者二英,最次一英。清代翎子有花翎、蓝翎之别。花翎用孔雀翎毛,又称"孔雀翎",其制如明制,有一眼、二眼、三眼之分。所谓"眼",即指翎毛尾梢的彩色斑纹。一般以三眼为最贵。蓝翎以鹖羽为之,无眼。明、清两朝的翎子差别,主要在装法:明代将翎子插在帽顶中间,呈直竖状;清代将翎子拖于脑后。见"花翎"、"蓝翎"。

【花翎】 清代官员的冠饰,并用以区别官员的品级。用孔雀翎饰于冠后,以翎眼多者为贵,又称"孔雀翎"。一般是一个翎眼,多者双眼或三眼。开始时惟有功勋及蒙特恩者,方得赏戴;咸丰后,凡五品以上,虽无勋赏亦得由捐纳而戴一眼花翎;大臣有特恩的始赏戴双眼花翎;宗臣如亲王、贝勒等始得戴三眼花翎。《清会典事例·礼部·冠服》:"戴翎之制,贝子戴三眼孔雀翎,根缀蓝翎;镇国公、辅国公戴双眼孔雀翎,根缀蓝翎;护军统领、护军参领戴单眼孔雀翎,根缀蓝翎;护军校戴染蓝鹭鸶翎。"花翎本以三眼为最贵,康熙时某皇子也想戴花翎,于是特制五眼花翎赐之。自后福文襄公立大功,得四眼花翎。此皆异数。见"翎子"、"蓝翎"。

【孔雀翎】 清代礼冠上的一种饰物。见"花翎"。

【蓝翎】 清代礼冠上的一种饰物,插在冠后,用鹖羽制成,蓝色,故称"蓝翎"。俗称"老鸹翎",又名"鹖翎"。初用以赏赐官阶低而有功之人,后很

滥,并可出钱捐得。昭梿《啸亭续录》卷一:"凡领侍卫府官、护军营、前锋营、火器营、銮仪卫满员五品以上者,皆冠戴孔雀花翎;六品以下者,冠戴鹖羽蓝翎,以为辨别。"见"翎子"、"花翎"。

【老鸹翎】 见"蓝翎"。

【鹖翎】 见"蓝翎"。

清代礼冠上的双眼孔雀翎
(清·传世实物)

【一眼花翎】 清代花翎之一。亦称"单眼花翎"、"一眼孔雀翎",简称"一眼"。清·福格《听雨丛谈》卷一:"本朝最重花翎,如古之珥貂也。其例应随秩戴翎者,……辅国公、镇国将军、辅国将军单眼花翎。"《清史稿·舆服志》二:"凡孔雀翎,……一眼者,内大臣,一、二、三、四等侍卫,前锋、护军各统领、参领,前锋侍卫,诸长府长史,散骑郎,二等护卫,均得戴之。"

【单眼花翎】 见"一眼花翎"。

【一眼孔雀翎】 见"一眼花翎"。

【一眼】 见"一眼花翎"。

【双眼花翎】 清代花翎之一。亦称"双眼孔雀翎"、"二眼孔雀翎",简称"二眼"。《清史稿·舆服志》二:"(镇国公)吉服冠,入八分公顶用红宝石,未入八分公用珊瑚,皆戴双眼孔雀翎。"又:"凡孔雀翎,……二眼者,镇国公、辅国公、和硕额驸戴之。"清·昭梿《啸亭续录》卷一:"国初勋臣,功绩伟茂,多有赐双眼花翎者。"《大清会典》卷四十五:"双眼孔雀翎,镇国公、辅国公、和硕额驸戴之。"

【双眼孔雀翎】 见"双眼花翎"。

【二眼孔雀翎】 见"双眼花翎"。

【二眼】 见"双眼花翎"。

【三眼花翎】 清代花翎之一。亦称"三眼孔雀翎",简称"三眼"。《大清会典》卷四十五:"三眼孔雀翎,贝子、固伦额驸戴之。"清·周寿昌《本朝花翎之兆》:"我朝,军功赏戴孔雀翎,至贵者三眼,次双眼,次单眼,又次则雕翎。盖正德时已为之兆云。"

【三眼孔雀翎】 见"三眼花翎"。

【三眼】 见"三眼花翎"。

【清代皇后朝冠】 清代皇太后及皇后之冬朝冠,薰貂为之。上缀朱纬,顶三层,贯东珠各一,皆承以金凤。饰东珠各三,珍珠各十七,上衔大东珠一,朱纬上周缀金凤七。饰东珠各九,猫睛石各一,珍珠各二十一。后金翟一,饰猫睛石一,小珍珠十六。翟尾垂珠,五行二就,共珍珠三〇二。每行大珍珠一,中间金衔青金石结一,饰东珠、珍珠各六,末缀珊瑚。冠后护领,垂明黄条二,末缀宝石,青缎为带。夏朝冠,青绒为之,余制如冬朝冠。

清代皇后朝冠

【清代太后、皇后、命妇吉服冠】 清代皇太后、皇后吉服冠,薰貂为之。

上缀朱纬,顶用东珠。皇贵妃、贵妃制同。一品命妇顶用珊瑚。其下二品命妇则顶用镂花珊瑚,三品用蓝宝石,四品用青金石,五品用水晶,六品用砗磲,七品用素金等。大体与男品官同。

清代命妇吉服冠

【清皇子福晋、公主朝冠】 顶镂金三层,饰东珠10颗(没有金凤),上衔红宝石、朱纬。上周缀金孔雀5个,饰东珠7颗,小珍珠39颗,后金孔雀1个,垂珠三行二就,中间金衔青金石结一,饰东珠各3颗,末缀珊瑚,冠后护领垂金黄绦二,末缀赤珊瑚,青缎为带。吉服冠顶用红宝石。世子福晋、郡王福晋、贝勒夫人、和硕公主、郡主、县主朝冠大同小异,均为顶镂金二层,饰东珠。世子福晋、和硕公主九;郡王福晋、郡主八;贝勒夫人、县主七,上衔红宝石,朱纬。上周缀金孔雀5个,饰东珠世子福晋各6颗、郡王福晋各5颗、贝勒夫人各3颗。后金孔雀1个,垂珠三行二就,

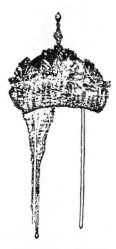

清代皇子福晋、公主冬朝冠

中间金衔青金石结一,末缀珊瑚。冠后护领垂黄金绦二,贝勒夫人为石青绦二,亦末缀珊瑚,青缎为带。吉服冠顶均用红宝石。

【清民公夫人,侯、伯、子、男夫人朝冠】 冬用薰貂,夏以青绒为之,顶镂花金座,中饰东珠:民公夫人4颗、侯夫人3颗、伯夫人2颗、子夫人1颗,男夫人中饰红宝石1颗,上衔红宝石(男夫人上衔镂花红珊瑚),前缀金簪3支,饰以珠宝。冠后护领绦用石青色,吉服冠,薰貂为之,顶用珊瑚。

清代民公夫人至七品命妇冬朝冠

【拉虎帽】 清代一种皮帽。脑后分开以两带系之。另一种脑后不分开的,名安髩帽。又帽身用毡,左右两旁用毛,下翻可以掩耳,前用鼠皮,叫耳朵帽,原为皇帝、王公所戴。

【安髩帽】 见"拉虎帽"。

【耳朵帽】 见"拉虎帽"。

【围帽】 清代男子的一种绫缎制的帽子。帽式有多种,皇族、士人均戴。清光绪帝戴的黑缎围帽,帽顶缀有丝带结顶,结顶下披饰有朱纬,帽上绣有金色长寿吉祥文字。清·德龄(慈禧太后女官)《瀛台泣血记》第十四回:"(光绪)头上戴着一顶黑缎子的围帽,帽顶上有一颗用丝带打就的结子。结子下面,还披着许多像流苏一样的红线,帽子上也有花纹绣着,那

是许多金色的长寿字。"

【一口钟帽】 清代纬帽之一。亦称"一口钟"。其帽式似钟形,故名。为当时一种时尚帽型。清·净香居主人《都门竹枝词》:"雨缨铁杆不招风,纬帽都兴一口钟。"

【一口钟】 见"一口钟帽"。

【钹帽】 清代一种官帽。形如钹,故名。其后专用为夏日礼帽,上缀红缨,有职者中安座,戴顶。明·叶绍袁《启祯记闻录》:"十二日奉新旨,官民俱衣满洲服饰,不许用汉制衣服冠巾,由是抚按镇道,即换钹帽箭衣。"

【盔衬】 清代一种尖顶便帽,咸丰时期较流行。因其帽顶与当时盔帽类同,故名。清·徐珂《清稗类钞·服饰》:"小帽,便冠也。春冬所戴者,以缎为之;夏秋所戴者,以实地纱为之。色皆黑。六瓣合缝,缀以檐。……咸丰初元,其形忽尖,极尖者曰盔衬。"

【乌毡帽】 帽名。用普通羊毛进行反复锤炼、浆洗,制成圆边、尖顶帽型,通常颜色多黑色,故名"乌毡帽"。厚实细密,做工精细,为浙江绍兴特产,具有浓郁的地方特色,相传始于清代道光年间,光绪时较盛行。产品以手感柔软、质地坚韧为优,具有吸水慢、干燥快、保温性好等特点,不仅能御寒,且能遮雨。

乌毡帽

【风兜】 一种遮风御寒的帽子。亦称"风帽"、"暖兜"。曹庭栋《养生随笔》卷三:"脑后为风门穴,脊梁第三

节为肺俞穴,易于受风,办风兜如毡雨帽以遮护之。不必定用毡制,夹层绸制亦可。缀以带二,缚于颔下,或小纽作扣,并得密遮两耳。家常出入,微觉有风,即携以随身,兜于帽外。"

【暖兜】 亦称"风兜"。挡风御寒之暖帽。清·曹雪芹《红楼梦》第五十回:"远远见贾母围了大斗篷,带着灰鼠暖兜。"暖兜,又名"巾兜"。《红楼梦》第七十六回:"说着,鸳鸯拿巾兜与大斗篷来。说:'夜深了,恐露水下了。'"

风兜

【风帽】 一种挡风御雪的帽子。亦称"风兜"、"雪帽"。清·徐珂《清稗类钞·服饰》:风帽"中实棉,或裘以皮,以大红之绸缎或呢为之。"宋·范成大《石湖集·正月十四日雨中与正夫朋元小集夜归》诗:"雨中风帽笑归迟。"清·曹雪芹《红楼梦》第四十九回:"黛玉换上掐金挖云红香羊皮小靴,罩了一件大红羽绉面白狐狸皮的鹤氅,系一条青金闪绿双环四合如意绦,上罩了雪帽。"

【雪帽】 见"风帽"。

【帽罩】 古代抵御风寒的一种帽兜。亦称"云字披肩"、"帽套"。明·刘若愚《酌中志》卷十九:"凡圣上临朝,亦尚披肩。至于外廷,如今所戴帽套,谓之曰'云字披肩'。"清·徐珂《清稗类钞·服饰》:"全红帽罩,惟三品以上入内廷者,准服;四、五品官虽内直,不用也。"

【云字披肩】 见"帽罩"。

戴帽罩的清代老者

【帽套】 冬季御寒的一种传统棉帽。主要流行于北京、天津、唐山等地区。用深色布缝制,内垫薄棉;无帽顶,于额处作一发圈,套在头上,从鬓角开始,作左、右、后三片帽扇联缀至肩,下有结扣;可护两颊、颈部及双耳。戴用时,通常先戴一顶其他帽子,再将此帽套戴上。脱戴方便、实用,现老年人中尚有使用。

戴帽套的晚清老者
(查加伍《查加伍人物线描》)

【帽兜】 古代的一种冬用暖帽,布帛或皮为之,内有棉絮。亦称"兜帽"。清·李光庭《乡言解颐·杂十事》:"北地冬用帽兜,以蔽风雪,亦有用毛里者。"民国·周振鹤《苏州风俗》:"中年妇女及农家少女,则带兜帽;富室缀以珠宝,然今已不多见。"

【兜帽】 见"帽兜"。

【观音兜】 古代妇女的一种冬季遮风御寒的暖帽。因观世音菩萨像常戴此帽式,故名。明清妇女冬天亦常用之。清·曹雪芹《红楼梦》第四十九回:"刚至沁芳亭,见探春正从秋爽

斋出来,围着大红猩猩毡的斗篷,带着观音兜。"

戴观音兜的清代妇女
(清·王芸阶《红楼梦人物图》)

【清银镀金葫芦帽花】 清代帽花珍品。一组四个。长10.5、宽9厘米。北京故宫博物院藏品。帽花用纯银制作,镀金,镶嵌珍珠。上饰葫芦、盘肠、团寿、莲花和蝙蝠等多种吉祥纹样,寓吉庆长寿之意。帽花为前后左右四片,纹饰相同,均衡对称。制作极为精细工整,材质珍贵,技艺精湛。帽花为当年清代后妃所戴用。

清代银镀金葫芦帽花
(北京故宫博物院藏品)

【银帽花】 旧时戴于帽上的一种饰品。一般分两种:一种饰于幼儿帽上;一种饰于老年妇女帽上。婴儿满月或周岁,民间很多地方盛行戴帽花,内容有"长命百岁"、"暗八仙"、"弥陀佛"、"八宝纹"、"状元及第"、"荣华富贵"、"平安吉庆"等吉祥图案。多用盘花、镂刻、压模、镶嵌等手法制作。造型多为圆形,有的饰一件,亦有的饰数件,大小不等。老年妇女的帽花,多为"团寿"、"松鹤"、

"八仙庆寿"、"福禄寿喜"、"竹报平安"等纹饰,在老人祝寿生日时由晚辈作为贺礼赠送。

银帽花

【冠架】 古时放置冠帽的器具。亦称"帽筒"。多为清代物品。通常用瓷、玉、漆等多种质料做成。瓷冠架以乾隆时期较多,其造型上部多呈球形,下有圆托,中间连以十字形支柱;球形有镂空带盖者,球内可放香料用以熏帽。清后期冠架演变为筒形,称为"帽筒"。

【帽筒】 见"冠架"。

【太平天国官员朝帽】 太平天国在永安年间,拟定初期冠服制度,攻克武昌后"舆马服饰即有分别",定都天京(南京)后,又作修改,并建立"绣锦营"和"典衣衙"。龙袍除天王可穿外,其他官员须根据场合,低级官员禁止穿用。缀有龙纹的朝帽,为多数官员首服。洪秀全在金田起义前,借上帝及耶稣之口,将龙比作"魔鬼"、"妖怪"、"东海老蛇"。后将自己穿的龙袍上龙的一眼"射闭",名谓"射眼"。即是将龙一只眼圈放大,眼珠缩小,另一眼比例正常,两道眉用不同颜色。宣布规定,凡是射了眼的龙,是"宝贝金龙"。后在癸丑三年(1853)下《天父下凡诏》称:"今后天国天朝所刻之龙尽是宝贝金龙,不用射眼也。"

【八宝帽】 太平天国将领礼帽。以八片黄缎缝制,上饰各色珠宝,故名。清·徐珂《清稗类钞·服饰》:"洪秀全及其部下之各酋,均戴八宝帽,以黄缎八片缝成,缀珠宝。"

【八卦帽】 太平天国侯以下将领礼帽。清·徐珂《清稗类钞·服饰》:"(太平天国)侯以下戴八卦帽。"

【太平天国龙凤金冠】 太平天国冠服,一反清代定制,天朝视"剃发垂辫"是强加于人的奴隶标记,将清代官服"往来践踏",并设计具有太平天国特色的服饰式样。太平天国龙凤金冠,亦称"角帽",为高顶圆帽,帽檐饰海水江牙,海水江牙上为两条相对的行龙纹,行龙纹上饰两相背的凤纹,凤嘴口衔二流苏,垂向下方。如此式样的龙凤金冠,历代罕见,确具有太平天国自己的特色。

【角帽】 见"太平天国龙凤金冠"。

太平天国龙凤金冠

【忠王朝冠】 太平天国忠王李秀成朝冠,冠帽下缘饰杂花纹,冠身前饰一猛虎纹,虎瞪眼大嘴,翘尾作猛扑之势,虎两侧各作一雄鹰,昂首展翅,冠顶饰一飞凤纹。忠王朝冠,凸显英武宏威之气象。

太平天国忠王李秀成朝冠

【太平天国凉帽】 太平天国凉帽,帽式亦较特殊,帽檐为一圈上翻锯齿纹,圆顶,帽顶饰一雄狮纹,瞪眼翘尾,威武壮观,帽后悬有一杆,垂有流苏。

太平天国凉帽

【太平天国号帽】 圆形,帽式高耸,帽顶圆尖,帽上饰有四圆圈,内书"太平天国"四字,四周饰有彩云莲花等吉祥纹样。帽檐两侧,垂有二带,可供系结。

太平天国号帽

【太平天国帽额】 帽额为一倒梯形,中央长方形外框内,写有"天王"二字;下面饰海水江牙纹;海水江牙纹上为两相对行龙纹;行龙纹上为两相背的飞凤纹;最上方中间为彩云捧日,两侧为七星纹。帽额左右两边缀有二丝带,供系结之用。

太平天国帽额

【太平天国风帽】 风帽亦称"风兜",又名"雪帽",为一种挡风御雪的暖帽。中有棉絮,或以裘皮为之。太平天国风帽上,上面饰有升龙戏珠纹,两侧为彩云纹,风帽下部饰有飞凤纹。此风帽当为天王或王侯等大臣所戴用。

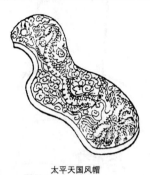

太平天国风帽

【皮帔高帽】 清代哈萨克族男子的一种暖帽。清·徐珂《清稗类钞·服饰》:"(哈萨克人)男子著皮帔高帽,内衬幧头。……年十三四,则以金丝缎及杂色绸布制为小帻,四时均加皮帔高帽,谓之突马克,其上或用猞猁、貂狐之毛,或用羊皮,视家之贫富为之。其式六方,顶高三四寸,后帔长尺许,皆皮里也,戴时,露口眼于外,冬日以御霜雪。"

【雀洛汗】 清代哈萨克族妇女面衣。清·徐珂《清稗类钞·服饰》:"(哈萨克人)其姑为易戴白布面衣,曰雀洛汗。其制以白布一方,斜纫如袋,幪首至于颏,而露其目,上覆白布圈,后帔襜襜然,下垂肩背,望而知为妇装也。"

【鬓角兜】 苏州水乡妇女的一种头饰。龚建培《江南水乡妇女服饰与民俗生态》:亦称"小兜"。用两块半月形黑布片缝制而成,护于双鬓,前额部位缀有红、绿宝玉或珍珠、金银饰片,兜后绣彩花。主要作用:一、保护头部,不受风寒侵入;二、压住头发,不使散乱;三、系扎角兜,能使脸型显得秀长,使面部增加俏丽之色。这种鬓角兜,以前在江浙地区老年妇女中,亦常见戴用。

【小兜】 见"鬓角兜"。

【拼绣包头巾】 苏州水乡妇女头饰之一。为苏州水乡妇女的一种标志性俗服。龚建培《江南水乡妇女服饰与民俗生态》:苏州水乡妇女拼绣包头巾,中青年妇女通常用二或三块色

苏州水乡妇女戴的鬓角兜
(《江南水乡妇女服饰与民俗生态》,
《江苏文史研究》1998 年 3 期)

彩不同的布拼缝,中间主体部位用黑色,两边用月白、浅蓝、翠蓝色镶拼,两边巾角,绣有梅、莲荷、牡丹等图案。老年妇女大多全为黑色。所有包巾四边和拼接处,都饰滚边或用彩线锁边。另用五彩系带,以纽扣固定于包巾窄边两角,用以将包巾紧扎于发髻。苏州水乡妇女的这种包头拼绣巾,具有浓郁的民俗生态地方特征,为其他地区所不见或罕见。

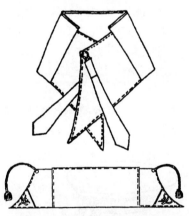

苏州水乡妇女的拼绣包头巾(下: 卷开图)
(《江南水乡妇女服饰与民俗生态》,
《江苏文史研究》1998 年 3 期)

【麻冠】 古代丧冠。用麻布缝制,故名。《清史稿·礼志》十二:"制服五:曰斩衰服,生麻布,旁及下际不缉。麻冠、绖,菅屦,竹杖。妇人麻屦,不杖。曰齐衰服,熟麻布,旁及下际缉,麻冠、绖,草屦,桐杖。妇人仍麻屦。"

【山梁冠】 古时我国沿海舟山一带服丧时的一种冠帽。用稻草绳盘结制成。吕洪年《源于明代抗倭的沿海特异风俗》(刊《民俗研究》1990 年 2 期)载:按沿海舟山的风俗,父母死后,子女要头戴稻草绳盘结的帽冠,为父母

送终。这稻草绳盘结的帽冠,叫"山梁冠"。旧时在苏南一带,长辈死后,直系男性子孙,服丧送殡时,也要身穿白衣,头戴用草绳盘结的白圆帽。

【八角帽】 现代帽类名称。一种八角形帽子。帽瓦前高后低,帽前中间有半月形帽舌,帽顶外口呈八角形,故名。红军时期、抗日战争和解放战争时期,革命干部、战士常戴这种八角帽。帽均为灰色,帽前缀有一颗红星,原为八路军之军帽。二十世纪五十年代前,广大民众都戴,盛行一时,称为"解放帽"。

【解放帽】 见"八角帽"。

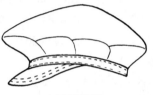

八角帽(解放帽)

【大盖帽】 现代帽类名称。圆形帽顶,帽墙上宽下窄成锥形,下接帽边,帽边外大多围以黑色(或彩色)缎条。前方中间缀以帽徽或帽花,前沿伸出半月形帽舌,大多用作于军帽或制服帽等,特点是威严庄重。

大盖帽

【软木帽】 现代帽类名称,旧时的一种遮阳帽。圆顶,四周有宽出的帽檐,可以遮阳,以软木作坯,外面用白色或浅色布料裹包,戴用时轻盈凉快,现已被布质太阳帽所取代。

软木帽

【马帽】 现代帽类名称,原为骑马人所戴用的一种帽子。由六块瓜皮式的帽片组成,中间前方有一半月形的帽舌,上方缀有帽花。有用单一色调帽料裁制的,也有用两种颜色拼镶而成。现时小学生很喜欢戴用这种马帽,显得活泼而精神。

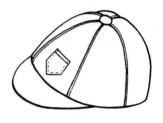

马帽

【铜盆帽】 现代帽类名称,旧时的一种帽子品种。开始由国外传入,用毡呢制作,圆形平顶式,帽墙很低,下端四周有凸出的帽檐,将帽子翻过来安放,极似我国旧时使用的铜盆,故名。后来铜盆帽式样改成目前呢帽的式样,已经不像铜盆,但习惯上还是称它为铜盆帽。

铜盆帽

【橄榄帽】 现代帽类名称,又称"船形帽",因其帽形两端尖,中间宽,形似橄榄而得名。美国步兵曾用它作为军帽。现时我国有些饭店、宾馆服务员和飞机上的女服务员,仍戴用这种橄榄式帽子。

【船形帽】 见"橄榄帽"。

橄榄帽

【贝雷帽】 现代帽类名称,亦称"法国帽"、"法兰西帽"。原是居住在法国和西班牙边境巴斯克地区的农民,

在很随便的场合戴用的一种便帽。式样是圆形平顶无沿式,帽顶帽墙连在一起,往往用两种颜色镶制而成,帽片是三角形的,有八片,帽顶中间有一小襻。也有整只帽子是用一块圆形的帽片制作而成。帽口沿边用松紧带收紧,帽顶中有一带状帽滴,男女都可戴用,潇洒俊美。在民国时期,文化人士中较流行。

【法国帽】 现代帽类名称,即"贝雷帽"。

【法兰西帽】 即"贝雷帽"。

贝雷帽(法国帽)

【海军帽】 现代帽类名称,又称"水兵帽"。各国海军帽的式样基本相同,是一种无檐舌的大盖帽、椭圆形帽顶,后边中间缀有两条黑色缎飘带。

【水兵帽】 现代帽类名称,即"海军帽"。

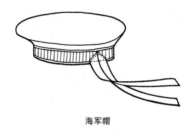

海军帽

【礼帽】 现代帽类名称。分冬夏两式,冬用黑色毛呢,夏用白色丝葛。其制多圆顶,下施宽阔帽檐。近代时,穿着中西服装都戴此帽,为男子庄重服饰。清末时期,礼帽传入中国。民国初常见于礼仪场合,故名"礼帽"。礼帽,通常分大礼帽和小礼帽两种。大礼帽帽冠较高,小礼帽又称"汉堡帽"。中国运用传统工艺制作礼帽,做法是先将羊毛擀压成毡坯,再盔烫成帽胎,再经整理、装饰成形。

【汉堡帽】 见"礼帽"。

各式礼帽

【圆顶帽】 现代帽类名称,又称"便帽",是现今男子戴用较多的帽子品种之一。圆形帽顶,周边有一圈帽墙,下接帽边,前方中间有一半月形帽舌,可用卡其、哔叽或呢料制作,多为上青、黑色或棕色。中国人民解放军军帽也属圆顶帽式。

【便帽】 现代帽类名称,即"圆顶帽"。

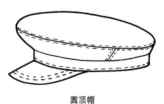

圆顶帽

【风雪帽】 现代帽类名称。又称"罗宋帽"、"罗松帽"。是一种保暖性能特好的男式冬帽,尤为中老年人所喜爱。用双层骆驼绒制作,帽墙成三翻式,把帽墙翻下,前面脸部露出一蛋形圆孔,仅露出双眼,耳朵、后脑、脖子等都可罩住。传说这种帽子,最初由苏联等北方国家传入。民国·周振鹤《苏州风俗》:"朔风时带风帽,或罗松帽。"

【罗宋帽】 现代帽类名称，即"风雪帽"。

【罗松帽】 即"风雪帽"。

风雪帽(罗宋帽)

【开浦帽】 现代帽类名称。亦称"鸭舌帽"、"鸭舌便帽"。是一种后边高、前边低成斜坡式，帽前沿像鸭舌状的帽子，原系从国外引入，现成男子日常便帽之一，适宜在春秋季节戴用。民国·周振鹤《苏州风俗》："夏季带草帽。常呢绒等帽，以及鸭舌便帽，以学生为多。"

【鸭舌帽】 即"开浦帽"。

【鸭舌便帽】 即"开浦帽"。

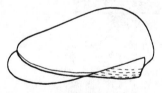
开浦帽(鸭舌帽)

【工作帽】 帽类名称，属劳动防护用帽之一。主要供纺织厂、机械厂等女工在车间操作时使用，它既能防止头发、辫子等不被转动的电动机皮带或机器卷入，造成事故，又能保护戴用者的头发不被灰尘等弄脏，故在戴用时必须将头发全部罩去。工作帽由一块较大圆形的帽片组成，外口收有皱褶，下接一圈帽边，并用抽带或松紧带收紧。

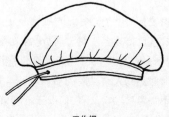
工作帽

【针织帽】 现代帽类名称，俗称"绒(毛)线帽"，是用毛线或腈纶绒等为原料，用针织机织编而成，并可通过提花织出各种花纹。帽墙呈圆筒状，上端绕缝收口，并饰以绒球，下端可以向上折翻成外翻边式。针织帽富有弹性，保暖性能好，也可用毛线自行编结。

针织帽

【筒帽】 现代帽类名称，按头围约60～65厘米左右，用毛线织成长约40厘米的一个圆筒，可织成条形或其他花纹，也可用两三种颜色交错编织。不愿戴帽时，可叠三折，围在脖子上，就成大脖套；在筒的一头勒上皮筋，扎成花头，另一头卷一个边，戴在头上，就成了小花帽。也可将筒帽戴在头上，头前翻出一个二寸左右的卷边，下边套到脖子上，便是围脖帽。一物多用。这种筒帽，特别受到当代年轻人的喜爱。

【大脖套】 见"筒帽"。

【小花帽】 见"筒帽"。

【围脖帽】 见"筒帽"。

【压发帽】 现代帽类名称，一种晚间睡眠时保护头发整齐用的帽子。大多用棉毛布或各类富有弹性的针织衣料制作。由六块瓜皮式帽片组成，帽顶端有一小型圆球作为帽滴。

【草帽】 帽类名称，以麦秆、麻草、金丝草等为原料编织成的帽子，通称为草帽。有的是直接用草料编结成帽；有的是先用麦秆等编成草辫，然后再缝成草帽。草帽有各种式样，因它能在夏天遮阳挡雨，透气性好，故又称"凉帽"。

【凉帽】 帽类名称，即"草帽"。

草帽

【太阳能帽】 现代帽类名称，一种具有奇特功能的帽子，又称太阳能风凉帽，可帮助人们除热消暑。这种风凉帽，是在帽中安装一个以太阳能为动力的微型风扇，风扇从帽子顶部的孔中吸入冷气，然后让冷空气从人的头发中通过，再由帽底排出，冷热空气循环，使头上汗水蒸发，因而十分凉爽。

【收音机帽】 现代帽类名称，一种具有奇特功能的帽子。将一种小型太阳能收音机安装在便帽的遮阳帽舌上方，由采光板收集的太阳能，可供这种中波段收音机接收 36 个小时。只有在天气不好的情况下，才需使用常规电池。帽檐一侧装有耳塞机，使用方便，又不会吵扰他人。帽型大方，色泽鲜艳，尤受青年们的喜爱。

【能通话安全帽】 现代帽类名称，一种具有奇特功能的帽子。在一顶塑料安全帽的帽檐四周装有精巧的电子器件，黑色的帽带内是微型的喉头送话器，还有发射、扬声和接收装置，在 500 米内可以和戴有同样帽子的人通话；如果置身高处，传送范围可以更远一些。

【安全帽】 现代帽类名称。有防冲击、防电击或摔伤等多种功能。用塑料或轻金属制成，内配装有能起缓冲作用的吊带，戴时将帽带从颚下系住。分为交通、电业、建筑等类型。

【登山帽】 现代帽类名称。亦称"高山帽"。多用羊毛等毛纤维，经压纳制成。质地厚，保暖性强，帽檐狭窄，可御严寒。

【高山帽】 即"登山帽"。

笠

【笠】 即"笠帽",亦称"笠子"。通常用竹篾或棕皮等编制。亦有用牛尾、马尾、皂罗等制作。贵州的水族,就有用马尾编织的一种马尾花帽,特点是透气、散热、凉爽、耐用、美观,为夏季戴用。明·李时珍《本草纲目》:"笠乃贱者御雨之具,……近代以牛、马尾、棕毛、皂罗漆制,以蔽日者,亦名笠子。"

【笠帽】 见"笠"。

【笠子】 见"笠"。

戴笠帽的唐代纤夫
（甘肃敦煌初唐壁画）

【茅蒲】 亦称"萌蒲"、"苎蒲"。即斗笠。《国语·齐语》:"首戴茅蒲,身衣袯襫。"注:"茅蒲,簦笠也。袯襫,蓑襞衣也。……茅,或作'萌'。萌,竹萌之皮,所以为笠也。"《管子·小匡》作"苎蒲"。

【萌蒲】 见"茅蒲"。

【苎蒲】 见"茅蒲"。

【缴笠】 古代的一种雨笠。缴,伞之异体字。缴笠帽顶尖锐,帽檐宽敞,形似雨伞,故名。宋·沈括《忘怀录·附带杂物》:"泥靴、雨衣、缴笠。"

【黄冠】 古代农夫之冠帽。《礼·郊特牲》:"野夫黄冠。黄冠,草服也。"

【席帽】 以藤席为骨架编成的帽。亦称"蓆帽"。取其轻便,相当于以后的笠帽。《资暇集》:"永贞之前,组藤

为盖,曰席帽。"《中华古今注》:"藤席为之骨,鞔以缯,乃名席帽。至马周以席帽油御雨从事。"《释常谈》:"戴席帽谓之张盖。"在席帽上蒙覆油缯的,叫"油帽"。宋·高承《事物纪原》卷三"席帽:本羌人首服。……后故以席为骨而鞔之,谓之席帽。女人戴者,四缘垂下网子以之蔽,今世俗或然。"清·李调元《南越笔记》卷一:"今粤中女郎善操舟,皆戴席帽。四围施巾以蔽面。即古制所称苏幕遮也。"

【蓆帽】 见"席帽"。

戴席帽的宋代男子
（宋·张择端《清明上河图》）

【簦笠】 古代一种手执的笠,称"簦",即有柄的斗笠。《史记·平原君虞卿列传》:"蹑蹻担笠。"《国语·齐语》:"首戴茅蒲,身衣袯襫。"韦昭注:"茅蒲,簦笠也。"参见"茅蒲"。

【竹巾】 竹笠的别称。宋·俞琰《席上腐谈》上:"毡之异名曰毛席,毯之异名曰毛褥,犹竹笠呼为竹巾。"

【竹笠】 用竹丝、竹篾编制的笠帽。古时称"竹巾"。中国南方盛产各种名竹,柔韧坚挺,适宜编制竹笠,式样繁多,各具特色。如广西毛南族的花竹帽,用当地金竹、墨竹编织,它质地柔韧,颜色鲜艳,编出的花纹似锦缎图案。瑶族编制的亮油细篾帽,细篾

如发丝,造型优美,色泽油亮透明,工艺精致。高山族编织的女笠,编法多样,花色众多,多白底红花,红白相映,对比鲜明。清·李光庭《乡言解颐》卷四:"南方多用竹笠,北方则麦莲编成,谓之草帽子。"

竹笠

【草笠】 一种草编的笠帽。今称"草帽",以麦秸编的最为普及,山东编制的最为著名。《礼·郊特牲》:"草笠而至,尊野服也。"清·郝懿行《征俗文》卷二:"今人草笠以席。若蒲,若麦秸,皆可为之。野夫常戴。"

【草帽】 见"草笠"。

戴草笠的渔夫
（《雪渔图》）

【羽笠】 古代一种饰有鸟羽的笠帽。多文雅之士戴之。用细篾丝编制,上饰彩画之毛羽。明·屠隆《考槃余事》卷三:"有竹丝为之,上缀鹤羽,名羽笠。……披羽蓑,顶羽笠,执竿烟水,俨在米芾寒江独钓图中。"

【凉笠】 用竹丝编织的笠帽。夏天戴之遮日,故名。明·周祈《名义考》卷十一:"程晓《伏日》诗:'今世褦襶子,触热到人家。'诸韵书训'褦襶'为'不晓事',二字从衣,何以云不晓事?盖褦襶,凉笠也。以竹为(之),蒙以

帛,若丝缴檐,戴之以遮日炎。"

戴凉笠的老者
(清《马骀画宝》)

【台笠】 用台草等编制的笠帽,故名。亦称"苔笠"。《诗·小雅·都人士》:"彼都人,台笠缁撮。"汉·郑玄笺:"以台皮为笠。"

【苔笠】 见"台笠"。

【叶笠】 用树叶、竹篾编制的笠帽。明·屠隆《考槃余事》卷三:"竹丝为之,上以檞叶细密铺盖,名叶笠。"

【桦笠】 古代一种用桦树皮、叶制作的笠帽。故名。《旧五代史·刘崇传》:"(崇)被毛褐,张桦笠而行。"西南少数民族和东北赫哲族,都用桦树皮制作桦皮帽,形如斗笠,大檐尖顶,可避雨遮阳。《云南志略·诸夷风俗》:古时僚人以"桦皮为冠"。民国《桦川县志·风俗》:赫哲族"男以桦皮为帽"。参见"桦皮帽"。

【风笠】 一种挡风避雨的笠帽。明·冯梦龙《醒世恒言·张淑儿巧智脱杨生》:"风笠飘摇,雨衣鲜灿。"

【雨笠】 一种可避雨的笠帽,故名。为细竹篾和箬叶等制作,圆形宽沿。元·乔吉《满庭芳·渔夫》:"渔家过活,雪篷云棹,雨笠烟蓑,一声欸乃无人和。"

【荷笠】 古代一种用干荷叶作帽顶的斗笠,故名。唐·韦庄《赠渔翁》诗:"草衣荷笠鬓如霜,自说家编楚水阳。"

戴雨笠的清代农夫
(清《康熙耕织图》)

【葵笠】 古代一种用葵叶作帽顶的斗笠,故名。宋·叶廷珪《海录碎事·笠门》:"《贵州图经》云:郡有葵,可以为笠,谓之葵笠。"

【箬笠】 用箬叶制作的笠帽。亦称"箬帽"、"篛笠"、"篛帽"。箬叶质薄,长达45、宽约10厘米,箬叶为长江流域特产,可作防雨用品,民间端午用作裹粽。以箬叶作笠,自古已有。唐·张志和《渔父》词:"青箬笠,绿蓑衣,斜风细雨不须归。"宋·陆游《春行》诗:"箬帽丝丝雨,芒鞋策策泥。"明·王士性《广志绎·西南诸省》:"土人每出必披毡衫,背箬笠,……笠以备雨也。"

【箬帽】 见"箬笠"。

【篛笠】 见"箬笠"。

【篛帽】 见"箬笠"。

箬笠

【螺笠】 用竹丝编制的一种笠帽。式如螺形,故名。《文献通考·四裔》七:"螺笠,竹丝缕织,状如田螺,最为工致。"

【斗笠】 用竹篾箬叶编制的一种笠帽。帽式如斗形,故名。多农夫、渔

民戴用。明·田艺蘅《留青日札》卷二十三:"乡村农夫许戴斗笠、蒲笠。"

戴斗笠的唐代纤夫
(甘肃敦煌莫高窟唐代壁画)

【藤笠】 古代用藤丝编制的笠帽,故名。亦称"云笠"。明·文震亨《长物志·衣饰·笠》:"笠,细藤者佳,方广二尺四寸,以皂绢缀檐,山行以避风日。"明·屠隆《考槃余事》卷三:"有细籐作笠,方广二尺四寸,以皂绢蒙之,缀檐,以遮风日,名云笠。"

【云笠】 见"藤笠"。

戴藤笠的老者
(清·上官周作)

【金藤笠】 古代一种金黄色的藤笠帽。用细藤丝精工编织,以熟桐油反复涂刷多次,使之更坚韧耐用,色泽金黄,故名"金藤笠"。可避雨遮阳。精致的还饰以彩绣帽箍和丝绸飘带。清·曹雪芹《红楼梦》第四十九回:"(贾宝玉)披上玉针蓑,带了金藤笠,登上沙棠屐,忙忙的往芦雪庭来。"

【蒲笠】 用蒲草编制的笠帽。古代多农夫戴用。蒲草,亦称香蒲,叶片

可编织笠帽和席子。元·张养浩《村居》："便有些斜风细雨,也近不得这蒲笠蓑衣。"《明史·舆服志》三:"今农夫戴斗笠、蒲笠,出入市井不禁,不亲农业者不许。"

戴蒲笠的清代农夫
(清《康熙耕织图》)

【小花笠】 古代编织有花纹的一种小斗笠,故名。用竹篾、葛草、箬叶等材质制作。《文献通考·四裔》八:"髻露者,以绛帛约髻根,或以绛帛包髻,或戴小花笠。"宋·周去非《岭外代答》卷二:"黎装,……首或以绛帛包髻,或带小花笠,或加鸡尾,而皆簪银篦二枝。"

【油帽】 古代一种遮雨蔽日的便帽。为西域少数民族所创。亦称"苏摩遮"、"苏幕遮"、"苏莫者"、"飒磨遮"。都为梵语同音异译。藤席为骨,外表油缯,檐宽顶锐。宋·王延德《高昌行纪》:"高昌即西州也。……俗好骑射,妇人戴油帽,谓之苏幕遮。"《宋史·外国传》:"(高昌)俗好骑射。妇人戴油帽,谓之苏幕遮。"

【苏摩遮】 见"油帽"。

【苏幕遮】 见"油帽"。

【苏莫者】 见"油帽"。

【飒磨遮】 见"油帽"。

【莲花笠】 古代僧者、道士所戴笠帽。其斗笠似莲花之形,故名。莲花作为佛教之标志,代表"净土",象征"纯洁",寓意"吉祥",故僧人、道者都喜戴莲花斗笠。宋·钱易《南部新书》:"道吾和尚上堂,戴莲花笠,披襕执简。"

【蛮笠】 古代西南少数民族的一种竹笠帽。用细竹篾编织,冒以鱼毡,顶尖圆,高尺余。戴此笠,宜于骑乘。宋·周去非《岭外代答》卷六:"西南蛮笠,以竹为身,而冒以鱼毡,其顶尖圆,高起一尺余,而四周下垂。视他蕃笠其制似不佳,然最宜乘马,盖顶高则定而不倾,四垂则风不能扬,他蕃笠所不及也。"

【花竹帽】 为毛南族一种特有的竹编帽。亦称"顶盖花"、"顶卡花"(意为美丽)。清《庆远府志》载:明代时以毛南六圩(今广西环江下南乡)编织的花竹帽最佳。民国《思恩县志》(思恩,清辖境相当于今广西旧迁江、宾阳以西,红水河以南,武鸣以北,平果以东地区)载:"(思恩)出产最精致的斗笠。"史载之"斗笠",即"花竹帽"。是用毛南族山乡一种颜色鲜艳、质地柔韧的金竹和墨竹篾条编织而成,帽分内外两层。编表层,选出15片主篾,每片两端均分成24片分篾,共720片分篾,细如发丝;加上60~80片横栅,上下交叉编织出类似壮锦的图案;编里层时,选出12片主篾,每片两端均分成15片分篾,共360片分篾,加上20~30片横栅,交叉编织出一种锦缎似的花纹。表里两层编好后,里层上面覆一层薄纱纸,顶部覆一块花布,再盖一块深蓝布,将表层盖在上面,然后边沿用细篾把两层复合串紧。表层的顶部略尖,为了防止磨损,还用鹅毛根破成片,顺着主篾编织的脉络覆上。花竹帽直径约50~60厘米。可遮阳,可作雨具,毛南族男女青年,并把它作为定情的珍贵礼物。每当春节、中秋节和毛南人自己的"分龙节"时,男女青年盛装聚会,他们互相邀请对唱山歌。这时,如果男青年中谁拿了一顶花竹帽,就表示他今天是来定情的。唱罢歌,他就将自己的花竹帽送给意中人。如果姑娘接受了这一爱情信物,就表示他俩已定情。这种以花竹帽作为定情信物的风俗,相传已有百多年历史。

【顶盖花】 见"花竹帽"。

【顶卡花】 见"花竹帽"。

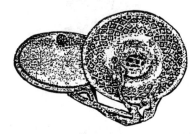

毛南族花竹帽

【哈尼族细花篾帽】 云南墨江地区哈尼族,采用薄如纸片、宽约2厘米的篾片和细如棕丝的细篾交织编织而成,后用熟桐油涂刷,反复多次,使之坚韧耐用,既可避雨,又可遮阳。再配以彩绣的帽箍和飘带,使篾帽更为精致美观。有的哈尼族青年,还配上新颖的帽箍,赠送给恋人作为定情信物。在二十世纪六十年代,曾特制优美的细花篾帽,作为哈尼族最珍贵的礼品,送给毛泽东主席。

【高山族女笠】 台湾高山族妇女都喜戴笠帽,外出可遮阳,下雨可避雨,造型优美,实用牢固。笠帽编法多样,花色繁多。通常有素式和花式两种。其中花式女笠以各种几何形图案变化

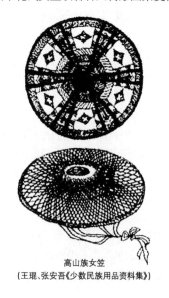

高山族女笠
(王琨、张安吾《少数民族用品资料集》)

最为丰富,色彩一般为白底红花,红白相衬,对比强烈。女笠造型,有尖顶宽檐的,有锥形无檐的,亦有小圆顶宽檐的。帽内均缀有两带,以供系结。

【畲族斗笠】 畲族大部分散居于福建、浙江两省,以及江西、广东、安徽等省部分山区。畲乡遍布竹林,竹资源丰富,有石竹、斑竹、金竹、雷公竹多种。畲族斗笠整个是用油嫩剔透的五彩九重篾编织而成。笠外缘有两条边和三条边两种,上面有斗笠燕、顶、四格、三层檐、云头、燕嘴、虎牙、斗笠星等花纹。竹篾细如发丝,细度不到0.1厘米,一顶斗笠的上层篾有220～240条之多。花纹细巧,工艺精细,再配上水红绸带、白带及各色珠子,使之更富有民族风情。畲族斗笠清代制作已很精美,《皇清职贡图》中一畲族老农,就戴有编织细密精致的斗笠。畲族斗笠,亦称"畲族花笠"。

【畲族花笠】 见"畲族斗笠"。

戴斗笠的清代畲族老农
(《皇清职贡图》)

【瑶族亮油细篾帽】 云南文山地区的瑶族,运用细如发丝之细篾,编制斗笠,通常多为圆顶圆形,斗笠周圆很大,可遮日避雨。这种细篾帽,编好后,采用当地盛产的桐油,待熬热后,用刷子涂刷于帽上,反复数十次,篾帽渐变为黄色,呈半透明状,油亮、坚韧,但又柔软而耐重压。这种细篾帽,优美实用,当地瑶族男女都爱戴用。

【傣族笠帽】 云南德宏地区傣族的笋壳小篾帽,用细薄的竹篾编成,中间衬以干竹笋壳,圆形尖顶,可遮光避雨。新平花腰傣的斗笠,形如太阳能灶,戴时多喜高高地斜于前额,别

具民族乡韵。

戴笠帽的花腰傣妇女
(邓启耀《中国西南少数民族服饰文化研究》)

【保如】 赫哲族的一种桦树皮帽。亦称"夏帽"。式样与东北汉族的尖形"苇笠头"相似。可遮日、避雨。高约30、直径约40厘米。用桦树皮卷成锥形,用细麻绳缀连,接缝处涂松脂以防透水。帽边缘内外,都用桦树皮贴边,帽内缀有帽箍,帽上刻绘有各种几何形花纹,制作精致优美。

【夏帽】 见"保如"。

赫哲族保如凉帽

【钹笠】 元代蒙古族的一种竹编凉帽。其帽式似铜钹,故名。《元史·舆服志》一:"服答纳都纳石失,则冠宝顶金凤钹笠;……服大红珠宝里红毛子答纳,则冠珠缘边钹笠。"

戴钹笠的元代蒙古男子
(甘肃安西榆林窟元代壁画)

【臺笠】 明代一种避雨笠帽。臺,即莎草,用莎草皮编织,帽形尖圆,可用于避雨,为明代皇帝所戴用。

臺笠
(明·王圻《三才图会》)

【棕结草帽】 明代中军、捕快所戴用。用棕、草编织,式似笠帽,而略高耸,帽顶饰有红缨。清·叶梦珠《阅世编》卷八:"(明代)则有中军巡捕官,冠棕结草帽,如笠而高,服大红斗牛锦绣以壮观。"

棕结草帽

【方顶笠子】 明代农民所戴竹笠,式如方顶,故名。用细竹篾作胎,外罩马尾漆纱罗。元代笠子帽,亦为方顶式,蒙古族中层官吏所戴。明代弘治刻本《李孝美墨谱》中所绘之制墨工人,都戴这种方顶笠子。

【马连波】 清代一种圆屋宽沿笠帽。清·李光庭《乡言解颐》卷四:"南人多用竹笠;北方则麦莛编成,谓之草帽子。……圆屋宽檐者,谓之马连波,高屋窄檐者,曰香河高,望去无一点瑕疵,若无缝然,尤好在戴久而檐不垂。"

【香河高】 见"马连波"。

童帽

【半头帻】 古代的一种头巾。未成年人所用。《后汉书·刘盆子传》："盆子时年十五,……(刘)侠卿为制绛单衣,半头赤帻。"《注》："帻巾,所谓覆髻也。……半头帻即空顶帻也,其上无屋,故以为名。"

【童子帻】 亦称"半头帻"、"空顶帻"。古代未成年者所服之巾帽。《后汉书·舆服志》载：未冠者,服童子帻,示未成人也。《刘盆子传》载：盆子年十五,服半头赤帻。唐·李贤注："半头帻即空顶帻也,其上无屋,故以为名。"

【空顶帻】 古时童子的头巾。见"童子帻"。

【蕞角巾】 古代少年巾帽之一种。其形呈尖角形,故名"蕞角巾"。《艺文类聚·近游赋》："少年着蕞角之巾。"

【卷帻】 未冠童子之帻巾。因卷帻为露顶帻,所以亦称"缺顶"。蓝田吕氏说："以布为卷帻,以约四垂短发而露其髻。冠礼,谓之缺顶。冠者必先用此缺顶而后加冠。古者有罪,免去冠戴,而缺顶独存。故谓之免冠。"《仪礼·士冠礼》："缁布冠"。汉·郑玄注："今未冠笄者,著'卷帻'。"孔颖达疏："此举汉法以况义耳,……明汉时卷帻亦以布帛之等,围绕发际为之矣。"《通典·礼志》四十一："广陵王未冠,吴王、章郡王卑幼,不应居庐,古但有冠无帻,汉始制帻,可如今服卷帻。"明·杨慎《谭苑醍醐》卷六："今未笄冠者,着卷帻,颇象之所生也。"

【缺顶】 见"卷帻"。

【扬州帽】 唐代的一种少年冠帽。为扬州所造,故名。唐·李廓《长安少年行十首》诗："金紫少年郎,……刬戴扬州帽,重熏异国香。"

【搭罗儿】 宋代儿童戴的一种小帽。宋·周密《武林旧事》载：宋时浙江杭州一带小儿有戴"搭罗儿"者。即孩子在初凉时节,戴的小帽,用帛缕或锦缎或皮毛,圈于额发,似发圈。此小帽一直流传至今,清末民国时期,一般用色布缝制,上绣有花纹,帽前上方缀一红绒球,帽两侧并垂有小流苏。清·翟灏《通俗编》卷二十五："搭罗,乃新凉时孩子所戴小帽,以帛维缕,如发圈然。"

上：宋画中儿童戴的搭罗儿
下：民国时期的搭罗儿

【边鼓帽】 明代的一种少年帽。帽形尖长,以手鼓之状,故名。清·郝懿行《证俗文》卷二："弘治时,市井少年帽尖长,俗云边鼓帽。"顾炎武《日知录·冠服》："嘉靖初,服上长下短,似弘治时。市井少年帽尖长,俗云边鼓帽。"

【五彩帽】 明代的一种童帽。以五彩刺绣为饰,故名。亦名"楼子"。明·田艺蘅《留青日札》卷二十二："官民皆带帽,其檐或圆,或前圆后方,或楼子,盖兜鍪之遗制也。所云楼子,即今南方村中小儿所戴五彩帽。"

【楼子】 见"五彩帽"。

【双耳金线帽】 古代童帽。明·田艺蘅《留青日札》卷二十二："余幼时尚见小儿带双耳金线帽,皆元俗也。"

【清代童帽】 清代童帽式样众多,有的在帽顶左右两旁开孔装两只毛皮的狗耳朵或兔耳朵,以鲜艳的丝绸制作,镶嵌金钿、假玉、八仙人、佛爷等,帽筒用花边缘围,称狗头帽、兔耳帽。有的前额绣上一个虎头形,两旁与帽筒相连,帽顶留空,称虎头帽。

【八吉祥帽】 古代的一种童帽。帽上以"八吉祥"图案为饰,故名。用绫罗绸缎制作,上饰法螺、法轮、宝盖、宝伞、宝壶、双鱼、莲花、百结八种吉祥纹样。有彩绣的,有以金银制作的。《金瓶梅词话》第四十三回："(迎春)抱了官哥儿来。头上戴金梁缎子八吉祥帽,身穿大红氅衣。"儿童戴八吉祥帽,寓吉祥康乐之意。

【春鸡帽】 旧时一种饰有公鸡图案的童帽。每年立春日,陕西潼关一带地区,流行妇女给孩子缝制"春鸡帽"。通常用彩布剪一鸡形,昂首翘尾,用红布作鸡冠,用黑豆作鸡眼,缝于小孩帽之前端;也有在帽上,绣制一五彩公鸡。民间认为："鸡"与"吉"谐音,立春戴"春鸡帽",寓"春吉"祥瑞之义。

【"五毒"帽】 端午时节制作的童帽。陕西西安用布贴绣制,在帽圈的前方,将"五毒"题材的香包缀于上面,两鬓下垂有几组彩色小流苏,一般用布制成,亦有用丝绸做的,有的地区称为"端午帽"、"端阳帽",制作大同小异。这是一种反衬的艺术手法,表现毒虫的现象,反衬出除害辟邪的心愿。主要寄托了长者对孩子的一种良好祝福。"五毒",通常指蟾蜍、蜈蚣、蜘蛛、蝎子、蛇。

【端午帽】 见"五毒帽"。

【端阳帽】 见"五毒帽"。

【狮子帽】 民间流行的一种童帽。用色布缝制,帽顶贴绣狮子纹样,故名。一般狮头做得较大,狮身较短,狮尾可摆动。形象夸张稚拙,色彩鲜明,生动可爱。民间习俗认为,狮子为百兽之王，儿童戴狮子帽，可辟邪消灾，吉祥安康。

【虎头童帽】 布制，亦有绸制，上有刺绣；有单的、棉的，亦有仅只帽圈没有帽顶的，这是热天戴的，南北农村均流行。其中以山东沂蒙山区做的更具乡土特色，一般以绿绸布做面料，用彩色布点缀，然后用彩线绣制而成。帽呈筒形，留出面部。老虎面部五官匀衡，粗眉、大眼、阔口；色彩以红、黄、蓝、绿、紫五色为主，以黑、白和金银线作点缀，明快协调。有的在耳、鼻、口部，加上白色或彩色兔毛，使老虎的形态更为生动。各地制作的虎头帽，大同小异，但各有特色。

【虎头帽】 见"虎头童帽"。

戴虎头帽的农村儿童

【老虎帽】 广泛流传于民间的一种童帽。一般用黄色布缝制，有虎头、虎身和虎尾组成，故名。虎的眼、鼻、口和虎纹等，有彩绣的，有贴绣的，亦有绣绘结合的。形象都较夸张，但憨态可掬，色泽斑斓，十分可爱。北方有的饰有帽后片，南方者没有。老虎帽各地制作均大同小异，各有特点。儿童戴老虎帽，主要企盼孩子像老虎一样健壮成长，表达了家长对儿童爱护的一种心态。

【猫头帽】 一种苗族童帽。仿照猫头，用各种色布缝制，故名。苗语称"么别"。猫与虎为同类，虎古称"兽中之王"。苗族习俗认为，孩子戴猫头帽，可借助虎威，以使儿童苗壮成长，辟邪吉祥。

【么别】 见"猫头帽"。

【狗头帽】 一种民间童帽。石宗人《湖南五溪地区盘瓠文化遗存之研究》(刊《中南民族学院学报》1991年5期)载：盘瓠族群，曾以"狗头冠"或"犬尾"作为装饰。如湖南五溪地区的小孩，喜戴狗头帽，帽的两耳竖立，耳里还缀满茸毛，异常逼真。还有一种冬天用的狗头帽，从帽后边往后延伸成一条呈三角状的宽尾，苗语叫"尖帽吉刀光"，意为犬尾帽。……昔日，这种头饰上的"尾式"，是犬图腾的一种表现形式。在清末民初亦流行一种儿童戴的狗头帽，于帽顶两旁开洞，用毛皮作成双耳，用贴绣或彩绘作狗的五官，一般多用色彩鲜艳的绸缎制作，镶有花边或皮毛边。帽前檐镶缀有金银钿等饰物。

【狼头帽】 宋代的一种童帽。帽以狼头作饰，故名。《西湖老人繁胜录》："夜市扑卖狼头帽、小儿巾抹头子、细柳箱、花环钗朵篮儿头帉、销金帽儿。"

【罗汉帽】 一种传统童帽。中国南北方广大地区均很流行。亦称"银佛头帽"。因帽上以银罗汉(有的地方称"佛头")为饰，故名。通常以彩缎或色布缝制，有棉、夹两种，北方用兔毛缘边；帽前缀有十八银铸小罗汉，有的饰五尊银坐佛头，以寓佛爷保佑之意；亦有的还绣有五彩吉庆纹样；帽后垂有银铃、仙桃、葫芦、银锁、双鱼银印等饰物，取长命、富贵含义。一般在婴儿百天或周岁时，由外婆或姑姑赠送。

【银佛头帽】 见"罗汉帽"。

左：流行于北方地区的罗汉帽
右：流行于南方地区的罗汉帽

【荷花帽】 一种传统女童帽。主要流行于大江南北。亦称"莲花帽"。通常有两种：一种以荷花作帽形；另一种帽上用荷花为饰；用彩绸或色布缝制，以五色丝线绣荷花；在帽前正中绣花蕊，两边各绣三片莲瓣。民间认为女孩戴荷花帽，可似荷花一样清纯美丽，情操高洁；另说莲花为佛界标志，代表"净土"，象征"纯洁"，寓意"吉祥"，以此祝愿儿童可受到佛的保佑，长命富贵，祥瑞如意。

【莲花帽】 见"荷花帽"。

荷花帽

【相公帽】 旧时民间传统男童帽。流行于南北各地。旧时受仕途习俗文化影响，喜将男孩童帽，帽型作成古代公子帽式样或乌纱帽之形，上绣彩花，饰有绒球，下垂流苏。主要祈盼孩子将来仕途辉煌，前程远大，大富大贵。

广西肇兴侗族相公帽

【公子帽】 传统童帽。亦称"荷花公子帽"。主要流行于江南地区。因帽上饰有银铸算盘、文房四宝，并配有荷花等彩绣纹样，俗谓："戴了公子帽，长大可求得功名"。故名"公子帽"。一般为四五岁以下儿童戴用。

【荷花公子帽】 见"公子帽"。

【满族童帽】　满族散居全国各地,故各地区满族童帽都有所不同。帽式多边圆形,帽顶有平顶、尖顶和弧形。都用丝绸锦缎制作,上彩绣各种花纹,多吉祥和几何形图案。帽顶有的饰有彩色绒球,有的多达八九个;有的饰有流苏。帽檐一般多饰有二方连续花边,有的在帽檐正中还饰有珠饰。满族童帽,式样繁多,花色齐备,制作工巧,五彩纷呈。

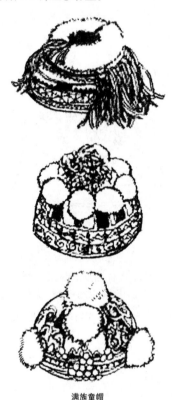

满族童帽
(王琨、张安吾《少数民族用品资料集》)

【无顶童帽】　仫佬族绣花儿童帽。圆形,无顶,夏天所戴。帽正面突起,用五彩色布缝制成倒牡丹花状,在花瓣上绣制各种吉祥纹样,亦有的饰以九尊银佛像;在帽两端,各粘一撮兔毛;帽边沿彩绣各种几何形花边。整顶童帽,色彩鲜丽,绣工精细,制作优美。

【瑶族童帽】　男孩多头戴青色圆形帽,帽檐镶以红布,以红色或青色布为顶,状如枣子;顶上还坠以一条有红(或黄)色线穗的珠串。女孩多头戴青色圆帽,帽檐镶以宽约4厘米的红色刺绣,从帽顶垂下10余条宽约2、长10多厘米的红、黄等色布条。

【神像帽】　茶山瑶族童帽。因帽上饰有诸多神像,故名。亦称"公仔帽"。一般都为周岁幼儿戴用。通常在帽前缝制有九个银神像:中间是太白金星;两边是李铁拐、汉钟离、吕洞宾、张果老、曹国舅、韩湘子、蓝采和、何仙姑,即传说中的八位神仙。大人给孩子戴神像帽,是祈盼神仙保佑孩子,福寿安康,吉祥如意。

【公仔帽】　见"神像帽"。

【哈尼族童帽】　通常多用自织彩布缝制,多圆形,平顶,帽身彩绣有各种花卉和几何形纹。有的帽顶缀有绒球,有的缀有花形装饰,一般帽顶多饰有流苏;帽檐有的饰二排联珠纹,有的为素边;帽侧有的还垂饰有一二串珠饰。

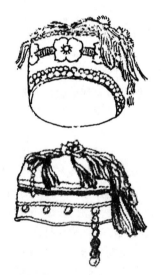

哈尼族童帽
(王琨、张安吾《少数民族用品资料集》)

【白族童帽】　白族童帽,以彩绣为主要装饰。它以"鱼尾帽"作为母体,可绣制成"虎头帽"、"狮头帽"、"兔头帽"、"猫头帽"、"青蛙帽"和"老鼠帽"等多种帽式。常用图案有梅花和菊花等。帽正上方通常装饰玛瑙或琥珀制作的佛像、青蛙;帽两侧缀以银饰。有的在帽顶两侧饰弹簧绒球,在帽后缀饰银铃。白族童帽,多姿多彩,有可摆动的绒球,有叮当作的银铃,种种装饰,极富童趣。

【白族莲花帽】　白族的一种女童帽。

主要以莲花、莲叶图案绣制而成,故名。在帽身还彩绣有白鹤、飞鹰、白兔以及"长命"、"富贵"等吉庆文字纹样。多以绫罗绸缎制作,色彩绚丽,造型优美。女孩戴莲花帽,家长以此希冀孩子心灵纯洁,健康长寿。

【侗族罗汉帽】　侗族的一种传统童帽。帽檐有两层银饰,上层为十八罗汉,下层为十八朵梅花,象征"十八罗汉护身,一切鬼神莫近"。两鬓各佩一月形银饰,下面各有一银狮,仰头望月,脚踏银球。帽后系有7～11根短银链,末端吊有象征吉祥、长寿、富贵的银铃、四方印、葫芦、仙桃、金鱼和鹰爪等饰物。侗族罗汉帽,极具侗族浓郁乡土特色。

【侗族绣花童凉帽】　侗族传统儿童凉帽。圆形,无顶,主要用布壳缝制而成。外表为红、绿绫罗,帽冠作成花形,上绣二龙戏珠纹,冠后壁剪贴、镶锁成莲花形,莲花中心饰一银泡。帽檐两侧饰红、绿绫绣花蝴蝶结,下坠黄色流苏。所有绣花都运用结籽盘绣针法,坚实优美,装饰性强。帽上绣、锁、贴多种工艺手法,和谐协调,精致而巧妙,展示了侗族妇女精湛的绣艺。配色鲜艳明亮,富有情趣。

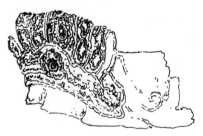

侗族绣花童凉帽

【折子帽】　东乡族的一种女童帽。圆形,帽顶绿色或蓝色,帽檐有红色或绿色皱褶的花边,在帽檐靠耳朵处,垂有用彩色丝线做的穗子,有的还在穗子上串满各色珠子。多用绸、丝绒缝制。小女长大成少女,则改戴盖头。

【克摆什】　近代哈萨克族的一种童帽。用五彩丝绒制作,上饰狐毛。

清·徐珂《清稗类钞·服饰》:"(哈萨克族)儿童小帽,谓之克摆什,以五色绒丝组织之,上系训狐毛,曰玉库尔,避邪祟也。"

【壮族耳花童帽】 帽为圆形,用黑布缝制,帽两侧各缝耳朵一个,帽后饰一粉红丝线小尾,以各种彩色布片拼剪成蝴蝶、云勾等纹样,贴于黑色帽顶,大小云勾贴在帽的周围,再用金线压边,红线订缝。整顶帽以红色为主,有大红、粉红、桃红、黄、绿、紫、白等色;最后以刺绣针法在贴布上绣花;耳朵用粉红色布镶边;帽下沿贴天蓝色布边,饰白色几何形花边。耳花童帽五彩缤纷,绣工精细,造型新奇,具有浓郁壮族民间特点。

【壮族彩绣童帽】 在二十世纪三十年代,主要流行于广西龙州等壮族地区。龙州地区壮绣历史悠久,绣工精美,远近闻名。故这一地区制作的童帽,亦以彩绣为饰。一般先用剪花贴于绸或布上,后按纹样内容配色,用平针、抢针、盘针等针法绣制。童帽上都绣二龙戏珠、双凤朝阳、蝶恋花等吉祥图案。色泽鲜明谐和、绣制精工,造型优美独特,具有浓郁的地区特色。

壮族彩绣童帽

【土家族婴儿冠帽】 土家族风俗,婴儿各个时期,须戴不同儿童帽。杨昌鑫《土家族风俗志》载:土家族刚满月婴儿,须戴布缝的"金瓜小帽",……名为保护气门。待半岁左右,春秋季戴"紫金冠",夏季戴"冬瓜圈",绣花镶金,额门外插英雄标,或饰五彩绒球。至冬季,戴"虎头帽"。

【虎爪镶银帽饰】 土家族传统童帽

饰品。土家族有崇尚白虎的心理,故在童帽上常以虎爪为饰,寓意辟邪除恶,祈愿孩子健康成长。虎爪银镶帽饰,是以白银制成银花片,包镶虎爪,与银铃、银爪锤等,相互组成装饰于童帽,主要饰于耳祥两端上方。湖北恩施鹤峰博物馆,珍藏有三件土家族传统童帽虎爪饰件,虎爪均包饰有纯银片,工艺精细。

【八卦帽】 土家族的一种传统童帽。用丝绸制作,帽为八角形,帽中间彩绣一八卦纹,外沿绣八仙过海人物图案,故名。帽高 8、直径 21 厘米。清末民初主要流行于湖北长阳一带土家族地区。

【荷叶帽】 土家族传统童帽。帽顶作成荷叶形,故名。帽祥彩绣吉祥花卉纹样,帽檐配饰 11 个神态各异的银质罗汉。所有刺绣图案和饰件,均寓意祈盼菩萨保佑孩子健康成长,多福多寿,吉祥如意。

【瓦盖头】 土家族的一种绣花幼儿帽。亦称"瓦盖帽"。因帽顶形似瓦片,故名。用绸布缝制,上绣有"二龙戏珠"、"狮子绣球"、"鸳鸯戏水"、"牡丹"和"莲荷"等吉庆图案。给孩子戴"瓦盖头"帽,祝愿孩子长大后头顶青瓦房,幸福富裕,如意安康。此风俗在湖北西部土家族地区较流行。

【瓦盖帽】 见"瓦盖头"。

【盖顶狮子头帽】 仫佬族冬季童帽。帽形似狮子头,故名。帽正中以青或蓝布缝剪成狮之双眼、鼻、嘴;狮耳似心形;用丝线编一棱状网,覆于帽顶,作为狮头之毛发。形象夸张,憨态可掬。在两耳处,垂下似弧状,可护住耳朵。帽檐边,彩绣有蝴蝶、菊花等图案。大人给小孩戴盖顶狮子头帽,企盼儿童吉祥安康,茁壮成长。

【莲莲帽】 羌族的一种传统童帽。圆形,平顶,帽顶两侧饰白色鸡毛绒球,或用野鸟毛羽装饰;用色布缝制,

帽身四周均彩绣有花鸟和各种几何形图案,色泽鲜艳,绣工精美;帽两边,垂饰有流苏、银铃和银链等饰品。

羌族莲莲帽

【银帽花】 苗族童帽上的一种银帽饰。苗语称"么榜尼"。帽似瓜瓢。分有尾(柄)和无尾两种,有的顶部留空。前额有九尊银佛,两侧配两个银圆片,后勾为七个形状各异的响铃。银佛象征神佛保佑,左右圆片象征太阳的温暖,七个响铃象征驱魔除恶。苗族习俗认为,儿童戴银帽花,可得到神灵保佑,孩子安康吉祥,长命富贵。

【么榜尼】 见"银帽花"。

【祈安牌】 回族童帽传统帽饰。回族习俗认为:用黄金或白银制作成八卦形,镶饰于孩子帽上,可得到真主庇佑,驱除邪恶,吉祥安康。故称这种儿童帽上的金银饰件为"祈安牌"。主要流行于福建泉州一带回族地区。

【帽花】 指装饰于帽上的金玉饰品。亦称"帽饰"。多用于婴儿满月、周岁等喜庆节日。多以福禄寿、八仙、八宝、法器、弥勒佛等为主题,寓意祥瑞。老年妇女的帽花,多团寿、团鹤、秋菊、牡丹、双蝶等内容,都是老人祝寿时,儿媳亲朋等赠送。旧时南北民间较为流行,有鎏金、银制和玉石等制作。

【帽饰】 见"帽花"。

清代银帽花
(传世品)

盔、胄

【盔】 战士用以保护头部的帽子,古代称"胄",秦汉以后又叫"兜鍪",后代称"盔",亦名"首铠"、"头铠"。多用铜铁等金属制成,也有用藤或皮革做的。现代多用钢制。现在所能见到的最早头盔,是河南安阳殷墟出土的铜盔,呈虎头形,里面为粗糙的天然红铜,外镀厚锡一层,光泽如新。六朝时,都用铜铁制作。宋代的胄,重量较前减轻。元代铁胄较多,也有皮胄。明代盔有三种:一是御林军用的铁锁子盔;二是体形铁盔;三是普通军官和兵士用的高钵大眉庇简单铁盔。清代头盔,用皮革作里,外罩有铜钵。

【头盔】 战士用以保护头部的帽子。见"盔"。

【头铠】 即"头盔"。见"盔"。

【首铠】 即"头盔"。见"盔"。

上:唐代头盔　下:五代·前蜀头盔

【兜鍪】 头盔,古称"胄",秦汉以后称"兜鍪",亦名"首铠"、"头鍪"。见《书·费誓》孔颖达疏。《后汉书·袁绍传》:"绍脱兜鍪抵地",亦作"兜牟"。兜鍪取名于胄的形状像鍪。鍪是一种炊具,圆底、敛口、边缘翻卷。《说文》:"胄,兜鍪也。""兜鍪,首铠也。"《汉书·扬雄传》下:"鞮鍪生虮虱。"颜师古注:"鞮鍪即兜鍪。"

【兜牟】 见"兜鍪"。

【胄】 古代战士作战时戴的头盔。又称兜鍪。圆帽形,左、右及后部向下伸展,保护头顶、面侧、颈部。《诗·鲁颂·閟宫》:"公徒三万,贝胄朱缓。"《左传》僖公三十三年:"左右免胄而下。"

【蚕帽】 古代头盔之一种。亦称"蠡帽"。"蚕"同"蠡",一种贝类动物,蚕帽以形似而名之。一说因其形似瓠瓢,故名。《通典·兵·守拒法附》载:凡攻城之兵,皆头戴蚕帽,以御矢石。

【蠡帽】 见"蚕帽"。

【䩜】 头盔。同"胄"。《荀子·议兵》:"冠䩜带剑。"注:"䩜与胄同。"

【鞮鍪】 即头盔。亦称"鞮鞪"。《战国策·韩》一:"甲、盾、鞮鍪、铁幕、草块、吠芮,无不毕具。"《汉书·韩延寿传》:"令骑士兵车四面营阵,被甲鞮鞪居马上,抱弩负籣。"注:"鞮鞪,即兜鍪也。"参见"兜鍪"。

【鞮鞪】 见"鞮鍪"。

【庆忌冠】 武冠之一种,又名大冠。一说即古之惠文冠,为赵惠文王所造;一说为洀泽之神庆忌所用,故名庆忌冠。参阅《晋书·舆服志》。

【惠文冠】 冠名,古代武官所戴的冠。相传战国时赵惠文王所制,故名。汉以后侍中、中常侍都戴此冠。

或加黄金珰,附蝉为饰,插以貂尾,因亦称"貂珰"、"貂蝉"。

【繁冠】 亦称"大冠"。古代武冠之一种。汉·蔡邕《蔡中郎集》:"武冠或曰繁冠,今谓之大冠,武官服之。"

【武弁】 古代武冠。武官冠帽。《太平御览》卷六八五引《三礼图》:"武弁,大冠也,士服。"《新唐书·车服志》:"武弁者,讲武、出征、蒐狩、大射、祃、类、宜社、赏祖、罚社、纂严之服也。"

戴武弁的汉代武官
(四川成都出土画像砖)

【大冠】 ① 武冠。《战国策·齐》六:"(田单)遂攻狄,三月而不克之也。齐婴儿谣曰:'大冠若箕,修剑拄颐。攻狄不能,下垒枯丘'。"《东观汉记·车服志》:"武冠,俗谓之大冠。"② 高冠。北齐·颜之推《颜氏家训·涉务》:"梁世士大夫皆尚褒衣博带,大冠高履。"

【武冠】 冠名。即"武弁"。古代武官之冠,亦称武弁大冠、"笼冠"、"建冠"、繁冠。汉侍中、中常侍加黄金珰,附蝉为文,貂尾为饰,名赵惠文冠。或加插双鹖尾,竖左右。称"鹖冠"。相传乃战国赵武灵王效胡服时始用。秦汉因袭不变,乃作武士之冠。参阅《后汉书·舆服志》下、王国维《观堂集林·胡服考》)。

【武弁大冠】 见"武冠"。

【笼冠】 见"武官"。

【建冠】 见"武冠"。

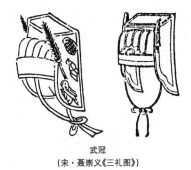

武冠
（宋·聂崇义《三礼图》）

【戎帽】 即将士之军帽。《北齐书·平秦王归彦传》："齐制，宫内唯天子纱帽，臣下皆戎帽，特赐归彦纱帽以宠之。"

【鹖冠】 古代武官所戴之冠。鹖，即鹖鸡。汉·曹操《鹖鸡赋序》（《大观本草·鹖鸡》）："鹖鸡猛气，其斗终无负，期于必死。今人以鹖为冠，像此也。"《古禽经》："鹖冠，武士服之，象其勇也。"鹖性好斗，至死不却，武士冠插鹖毛，以示英勇。《后汉书·舆服志》下："武冠，俗谓之大冠，环缨无蕤，以青系为绲，加双鹖尾，竖左右，为鹖冠云。"传河南洛阳出土汉代画像砖，一武士骑马射箭，冠上饰双羽，与鹖冠相类似。唐代李贞墓出土陶俑，冠前方饰一昂首展翅鹖鸡，装饰华丽。

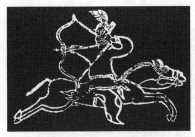

上：戴鹖冠的汉代武士（传河南洛阳出土汉画像砖）
下：戴鹖冠的唐代武士（唐代李贞墓出土陶俑）

【鹖尾冠】 古代冠名。简称"鹖冠"。插有鹖羽的武士之冠。《古禽经》："鹖冠，武士服之，象其勇也。"应劭《汉官仪》："虎贲，冠插鹖尾。鹖，鸷鸟中之果劲者也。每所攫撮，应爪摧碎。尾上党所贡。"《续汉书》："羽林左右监皆戴武冠，加双鹖尾。"鹖性好斗，至死不却，武士冠插冠毛，以示英勇。《后汉书·舆服志》下："（武冠）加双鹖尾，竖左右，为鹖冠云。"可证汉代或较早已有鹖冠，汉以来成为制度，虎贲骑士头戴鹖尾，均由此发展而来。鹖冠之具体形状，大抵与传河南洛阳金村古墓出土战国错金银狩猎纹铜镜上骑士之冠相似。高句丽双楹冢南北朝壁画骑士所戴鹖冠和北朝宁万寿孝子石室二门卫所戴鹖冠，描写更完整具体。河南安阳侯家庄1004殷墓出土的两件铜盔，盔顶中心作一管状物，可能为插鹖尾或别的鸟翎所作，用以象征威武或区别军中等级。

戴鹖尾冠的战国武士
（河南洛阳金村出土战国狩猎纹铜镜部分纹饰）

【鹬冠】 古代用翠鸟羽制成之冠。《左传》僖二四年："郑子华之弟子臧出奔宋，好聚鹬冠。"亦为古时掌天文者之冠。唐·颜师古《匡谬正俗·鹬》："鹬，水鸟。天将雨即鸣。……古人以其知天时，乃为冠象此鸟之形，使掌天文者冠之。"

【鵔鸃冠】 《汉书·佞幸传序》："故孝惠时，郎、侍中皆冠鵔鸃，贝带。"颜师古注："以鵔鸃毛羽饰冠，海贝饰带。鵔鸃，即鷩鸟也。"汉以后为近臣所著。严武《寄题杜拾遗锦江野亭》诗："莫倚善题鹦鹉赋，何须不着鵔鸃冠。""鵔鸡"即"鵔鸃"。

【鵔鸡冠】 见"鵔鸃冠"。

【鵔鸃】 古代武冠。《淮南子·主术》："赵武灵王贝带鵔鸃而朝，赵国化之。"案《史记·佞幸传》："故孝惠时郎、侍中皆冠鵔鸃，贝带。"《索隐》引《淮南子》作"赵武灵王服贝带鵔鸡"。云南晋宁石寨山出土汉铜鼓纹，一人冠插双羽；北朝宁万寿孝子石室镌刻卫士，冠上亦插有双羽，当即为鵔鸃之冠。

上：戴鵔鸃冠的汉人（云南晋宁石寨山出土汉代铜鼓纹）
下：戴鵔鸃冠的北朝卫士（北朝宁万寿孝子石室卫士纹样）

【雄鸡冠】 古代勇士之冠。简称"鸡冠"。汉·司马迁《史记·仲尼弟子列传》："子路性鄙，好勇力，志伉直，冠雄鸡，佩豭豚。"山东嘉祥武氏祠东汉画像石《孔子弟子图》中的子路，在平上帻上戴一雄鸡冠，与《史记·仲尼弟子列传》载子路"好勇力，……冠雄鸡"之记述相符合。敦煌莫高窟257窟北魏壁画，一力士也戴有雄鹖冠。民国·尚秉和《历代社会风俗事物考》卷四载："以雄鸡为冠，取其勇猛，其形状之可畏，亦獬豸之亚。"

【鸡冠】 见"雄鸡冠"。

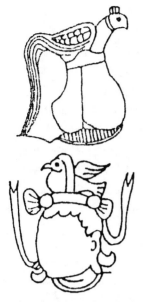

上：戴雄鸡冠的子路(山东武氏祠东汉画像石)
下：戴雄鹖冠的北魏力士(敦煌莫高窟 257 窟
北魏壁画)

【虎冠】 古代将士的一种头盔。盔以虎头作帽饰，以示威武，故名。唐·李贺《荣华乐》诗："峨峨虎冠上切云，竦剑晨趋凌紫氛。"《八公图》中一勇将，戴有虎冠，凸显英武之气势。

戴虎冠的古代勇将
（《八公图》）

【虎头帽】 古代武士所戴的虎头形

戴虎头帽的清代绿牌营、藤牌营兵
（《唐土名胜图会》）

帽子。《南齐书·魏虏传》："(魏主拓跋)宏引军向城南寺前有顿止，(南阳太守房)伯玉先遣勇士数人著斑衣虎头帽，从伏窦下忽出，宏人马惊退。"《资治通鉴》齐明帝建武四年："伯玉使勇士数人，衣斑衣，戴虎头帽，伏于窦下，突出击之。"元·胡三省注："虎头帽者，帽为虎头形。"清代绿牌营兵和藤牌营兵，都戴虎头帽，穿虎皮衣。

【虎磕脑】 古代一种饰有虎皮纹的磕脑。亦称"虎皮磕脑"。元末明初·施耐庵《水浒传》第七十六回："两员步军骁将，一般结束，但见：虎皮磕脑豹皮裩，衬甲衣笼细织金。"清代绿牌营兵、藤牌营兵，都头戴虎皮磕脑，身穿虎皮衣。清《大清会典图》中有虎磕脑图像。

【虎皮磕脑】 见"虎磕脑"。

虎磕脑
(清《大清会典图》)

【铜胄】 古代战士作战时戴的头盔，盛行于商代和西周，又称"首铠"、"兜

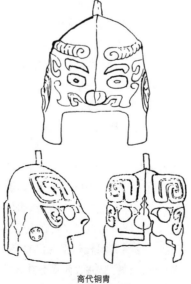

商代铜胄
(河南安阳殷墟出土)

鍪"、"头鍪"、"盔"。圆帽形，左右和后部向下伸展，以同时保护头顶、面侧和颈部。有的胄顶，有可插缨饰的管，有的胄前部装饰有兽面花纹。商代铜胄，在河南安阳曾出土有多件殷时的铜胄，胄顶有插缨饰的管，有的胄前面饰有兽面图案。

【周代铜胄】 在北京昌平白浮西周墓、辽宁昭乌达盟宁城南山根西周晚至春秋早期墓和昭盟赤峰美丽河周代墓等处，都有周代铜胄出土。北京昌平白浮 2 号西周墓出土的一件残破铜胄，经修复，铜胄左右两侧向下伸展，形成护耳，胄顶中央有纵向网状长脊，脊中部有系缨的环孔，通高23、脊高3、脊长18厘米。宁城南山根出土的铜胄，与白浮出土的大致相同，唯胄顶中心竖立有一方钮，上横穿一方孔；胄上附有四根皮条痕迹，表明是戴胄时用皮条结扎。美丽河出土的铜胄在左右两侧各有一小钮，其他与南山根的基本类同。

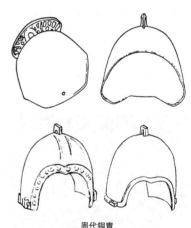

周代铜胄
上：北京昌平白浮西周墓出土
下左：辽宁昭乌达盟宁城南山根西周晚期至春
秋早期墓出土
下右：昭盟赤峰美丽河周代墓出土

【匈奴铜胄】 内蒙出土有战国至秦汉时多件匈奴将士所戴铜胄，铜胄多圆形，帽顶有锥形、尖形和圆弧形等多种。胄顶上都饰有兽纹和鸟纹：兽纹一般为鹿或羚羊纹，都很巨大，昂首卷角，挺立于胄顶，突显英武之气；鸟纹多雄鹰纹，展翅作飞翔状。匈奴铜胄，具有浓郁的时代和草原特色。

战国、秦汉匈奴铜胄
（内蒙古出土）

【狸头白首】 秦代武士冠名。五代·后唐·马缟《中华古今注》："昔秦始皇东巡狩，有猛兽突于帝前，有武士戴狸皮白首，兽畏而遁。遂仪服皆戴作狸头白首，以威不虞也。"

【汉代盔帽】 汉代将士盔帽有武冠、樊哙冠、却敌冠和鹖冠等诸式。《后汉书·舆服志》："武冠，一曰武弁大冠，诸武官冠之。"又："却敌冠前高四寸，通长四寸，后高三寸，……卫士服之。"沈约《宋书》："太祖赐孝武以诸葛筒袖铠，铁帽。"《汉官仪》虎贲中郎将冠两鹖尾，虎贲五百人戴鹖尾。清·道光刊本《古圣贤像传略》，上绘周亚夫像，所戴帅盔，顶饰有红缨，帽后下垂有护项，可护耳、护颈。

戴帅盔的周亚夫
（清·道光刊本《古圣贤像传略》）

【西魏盔帽】 魏晋南北朝时期，练铁技术进一步提高，钢开始用于武器，将士普遍应用铁盔铁甲。甘肃敦煌莫高窟，西魏壁画上描绘两员武将，头戴铁盔，马披铁甲，手执兵器作冲锋状。盔顶上饰有若马尾状飞缨，盔帽作尖形，两侧缀有护项、护耳、护颈，呈片叶形，当是一种铁制之细铠，表明西魏时之战铠，较前已有很大的提高和改进。

头戴铁盔盔帽的西魏将士
（甘肃敦煌莫高窟西魏壁画）

【赤帻】 古代的一种赤色头巾，故名。多为武士所服。亦称"武帻"、"绛帻"。始于秦，两汉魏晋相沿袭。《后汉书·舆服志》下："秦雄诸侯……武吏常赤帻，成其威也。"卫宏《汉官旧仪》卷下："武吏赤帻大冠、行滕带剑、佩刀持盾、被甲。"《东观汉记》光武帝建平元年："帝深念良久，天变已成，遂市兵弩、绛衣、赤帻。"《宋书·礼志》五："又有赤帻，骑吏武吏乘舆鼓吹所服。求日蚀，文武官皆免官著赤帻对朝服，示威武也。"《晋书·舆服志》："车前伍百者，卿行旅从，伍百人为一旅。汉代一统，故去其人，留其名也。"史称伍佰著赤帻。《周礼·司服》注："今时伍佰缇衣，古兵服之遗色。"河北望都1号汉墓壁

赤帻
（河北望都1号汉墓壁画上之伍佰戴赤帻）

画，有伍佰著赤帻。中国历史博物馆藏有摹本。明·罗欣《物原·衣原》："秦孝公作武帻。"

【武帻】 见"赤帻"。

【绛帻】 见"赤帻"。

【黑帻】 古代的一种黑色巾帻。魏晋南北朝武将、仪卫都戴之。《通典·礼志》十七："黑帻，骑吏、鼓吹、武官服之。"

【平上帻】 魏晋武官所戴头巾。亦称"平帻"、"平巾"。因帻上平如屋顶，故名。《三国志·魏·贾逵传》注引《魏略·李孚传》："及到梁淇，使从者斫问事杖三十枚，系著马边，自著平上帻，将三骑，投暮诣邺下。"《晋书·舆服志》："介帻服文吏，平上帻服武官也。"

【平帻】 见"平上帻"。

【平巾帻】 古代武将所戴的一种头巾。亦称"平上帻"。魏、晋时武官所服。隋朝，武将、侍臣通服。唐代，武官、卫官公事服之，天子、太子骑马服之。《晋书·舆服志》："冠惠文者宜短耳，今平上帻也。始时各随所宜，遂因冠为别。介帻服文吏，平上帻服武官也。"《通志·器服》一："武弁、平巾帻，诸武职及侍臣通服之。"《隋书·礼仪志》六："诸王典签帅，单衣，平巾帻。典签书吏，袴褶，平巾帻。"《新唐书·车服志》："平巾帻者，武官、卫官公事之服也。"

【平巾】 古代武官、内臣所戴的一种巾帽。宋·高承《事物纪原·旗旒采章·帻》："其承远游、进贤者，施以掌导，谓之介帻；承武弁者，施以笄导，谓之平巾。"明·刘若愚《酌中志·内臣佩服纪略》："凡请大轿长随及都知监戴平巾……平巾，以竹丝作胎，真青罗蒙之，长随内使小伙者戴之。制如官帽而无后山，然有罗一幅垂于后，长尺余，俗谓纱锅片也。"

【隋代盔帽】　隋代甲胄精坚，如武汉隋墓出土、现藏中国历史博物馆的甲士青瓷俑，所戴头盔，呈球形，是运用鱼鳞片式制作，可见其制作工艺之精湛。北京故宫博物院藏隋代甲士陶俑，头盔工艺更精，功能更全面，其盔帽左右及后部，都向下伸展至肩部，可护项、护耳、护颈。

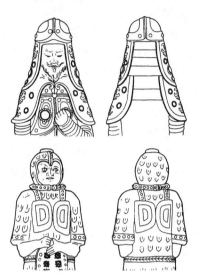

隋代盔帽
上：北京故宫博物院藏隋代甲士陶俑
下：武昌隋墓出土隋甲士瓷俑（以上引自沈从文《中国古代服饰研究》）

【唐代头盔】　据《唐六典》载：唐代甲之制十有三：有明光甲、光要甲、细鳞甲、山文甲、乌锤甲、白布甲、皂绢甲、布背甲、步兵甲、皮甲、木甲、锁子甲、马甲。明光、光要、细鳞、山文、乌锤、锁子为铁甲，皮甲以犀兕为之。同时亦有铜、铜铁合用或以金银涂之，还有五彩髹漆。唐代头盔，《武经总要》载，有"顿项"的兜鍪，有"披膊"，臂间或有臂鞲，有在颈间加护颈

上：戴头盔的唐代甲士（敦煌130窟唐代壁画）
下：戴头盔的唐代射手（敦煌156窟晚唐壁画）

者。敦煌130窟唐壁画甲士和敦煌156窟晚唐壁画一射手，头戴盔帽，都有连顿项护颈。

【唐代鹖冠】　鹖冠，武官所戴之冠。鹖，雉类，性好斗，至死不却。武士戴鹖冠，示其英勇无畏。《古禽经》："鹖冠，武士服之，像其勇也。"北京故宫博物院藏唐武士俑，所戴头盔，多饰有各类猛禽鸟纹，作展翅状，昂首翘尾，示英武之气，当为一种鹖冠。唐代李贞墓出土武士俑，冠前方亦饰一昂首展翅之鹖鸡。

唐代鹖冠
（北京故宫博物院藏唐代武士陶俑）

【压耳帽】　古代帽名。《册府元龟》：

压耳帽
（唐代武士俑）

"广德二年(764)二月禁，王公百官家及百姓着皂衫及压耳帽子，异诸军官健也。"压耳帽的式样当为掩二耳的帽式，为军健所戴者。

【宋代头盔】　宋代铠甲有金装甲、长齐头甲、短齐头甲、金脊铁甲、连锁甲、锁子甲、黑漆顺水山字铁甲、明光细钢甲等。《宋史·兵志》载：全副盔甲有1 825片甲叶，由披膊、甲身、腿裙、鹘尾、兜鍪和兜鍪帘、杯子、眉子等构成，用皮线穿联，重约49斤。《梦溪笔谈》卷十九载：宋代铁甲，用冷锻法制甲片连缀而成，在50步外用强弩射之，不能射穿。宋代头鍪多铁制，呈圆形复钵状，后缀防护颈部的顿项，顶部突起，缀一丛长缨，以壮威严，两侧有两带，供系结加固。有的在头盔两旁饰有凤翅装饰。而在唐代武士戴盔陶俑中，盔两侧就有作翅形状装饰，以示飞快之意；金元时期流行有"凤翅幞头"，即此形状。宋代头鍪，宋·曾公亮《武经总要》中，著录有图例。参见"凤翅幞头"。

宋代头盔
（宋·曾公亮《武经总要》）

【明代盔帽】　《明会典》载：有铁帽、头盔、锁子护项头盔、抹金凤翅盔、六瓣明铁盔、八瓣黄铜明铁盔、四瓣明铁盔、摆锡尖顶铁盔、水磨铁帽及头

盔、水磨锁子护项头盔、镀金宝珠顶勇字压缝六瓣明铁盔、黄铜宝珠顶六瓣明铁盔、黄铜十字铃杆顶勇字压缝明铁盔、红顶缨朱红漆铁盔、黄铜宝珠顶朱红漆及浑贴金铁盔。玉簪瓣明铁盔有：紫花布火漆丁钉顿项衬盔及黑缨花皂绢盔旗、青绿丝顿项青棉布衬盔、盔袢黑缨花皂绢红月盔旗等。红笠军帽，正德间设东西两官厅，都督江彬等即戴红笠，并在红笠上缀以靛染天鹅羽翎，贵重者飘以三翎，次者二翎。

明代盔帽
上：明代常遇春墓前武士石像
中：四川博物馆藏明代嘉靖武士瓷俑
下：山东泰安岱庙明壁画仪卫人像(引自周锡保《中国古代服饰史》)

【**靛染天鹅翎**】　明代将领的一种冠饰。翎分一、二、三英，以多者最为荣耀。《明史·舆服志》："都督江彬等，承日红笠之上，缀以靛染天鹅翎，以为饰，贵者飘三英，次者二英。兵部尚书王琼得赐一英，冠以下教场，自谓殊迁。"

【**盖脑**】　明代武将盔帽。为厚巾，有表有里，表有纹饰，衬于盔下，连于帽后，盖挡后脑，故称"盖脑"。为明制所特有。

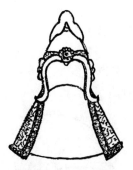

明代盔帽(盔下即为"盖脑")

【**将巾**】　明代武士的一种头巾。俗称"扎巾"、"结巾"。明·王圻《三才图会·衣服》一："将巾，以尺帛裹头，又缀片帛于后，其末下垂，俗又谓之扎巾、结巾。"

【**扎巾**】　见"将巾"。

【**结巾**】　见"将巾"。

【**勇字大帽**】　明代军士所戴的一种军帽。上有"勇"字表号。明·罗懋登《三宝太监西洋记通俗演义》第十九回："这一行害病的军人，听说道病军祭江，……都爬起来梳了头，洗了脸，裹了网巾儿，带了勇字大帽。"

【**缠棕帽**】　明代武士所戴用。亦称"缠骔帽"。用藤编制，帽身高耸，窄檐，帽顶饰水晶缨珠。明·王圻《三才图会·衣服》一："缠棕帽，以藤织成，如胄，亦武士服也。"明·陆容《菽园杂记》卷六："永乐间有圬工修尼寺，有缠骔帽于承尘上，帽有水晶缨珠，工取珠卖于市。"

明代缠棕帽
(明·王圻《三才图会》)

【**缠骔帽**】　见"缠棕帽"。

【**清代盔帽**】　清代铠甲，有明甲、暗甲、棉甲和铁甲。头盔有铁、革，分遮眉、舞擎、护领。盔上有覆碗、盔盘，上饰有管、枪，周围垂貂尾、獭尾、朱牦、鹖翎。垂于帽后的是护项，垂于左右的为护耳，额下有护颈。如总督、巡抚、提督，顶竖二片鹖翎，总兵、副将顶垂獭尾，参将顶垂朱牦等。藤牌营、绿营兵等戴虎帽，后垂护领。

上：清代平定新疆鄂垒扎拉图战役戴头盔的将士
下：山西省博物馆藏清代盔帽(引自周锡保《中国古代服饰史》)

【**清皇帝大阅盔帽**】　盔顶饰大红垂缨，上缀金饰东珠；宝盖盘座髹漆，镂

清皇帝大阅盔帽
(《唐土名胜图会》)

金龙纹;盔身有前后梁,盔体下有护项、护耳、护颈,表为杏黄缎,通绣五爪龙纹,外布金钉,系丝带二,以供系结;护颈前并缀有三金纽扣。

【清代侍卫内臣盔帽】　其盔式有四。盔顶植鹏翎二,宝盖盘座髹漆,镀金花及云龙,周缀貂尾缨十二,中有前后梁,盔体下有护项、护耳、护颈,用石青缎为表,蓝布里,通绣蟒五,中敷铁镆,外布银钉,系石青缎带二。胄衬石青缎表,蓝绸里。余一为顶植蜜鼠尾,周垂朱牦;一为顶植獭尾,周垂黑髦;一为顶獭尾,周垂朱牦。护项、护耳、护颈均不加绣文。此外尚有顶植薰獭尾、豹尾、猞猁狲之别。《大清会典图》有图例。

清代侍卫内臣盔帽
（《大清会典图》）

【清代皇帝随侍盔帽】　清皇帝随侍胄。石青缎表加缘,红里,如常服冠制,中敷以铁,上缀朱纬,红绒结顶。帽檐绣金行龙四,中为金寿字,后垂护项,绣金正龙,左右护耳绣行龙,当耳镂空金园花以达聪(即能听)。俱石青缎表加缘,月白缎里。

清代皇帝随侍盔帽
（《大清会典图》）

【四周巾】　古巾名。为武士、壮士、兵丁乡勇等青壮男子或农民义军所常戴的一种巾帽,官宦士绅均不戴此巾。其形式是用一块方二尺的布帛,从前额往后裹头,在两耳的上部扎紧,打结,其剩余部分顺后自然垂下,颜色有黑、黄等多种。在民间流行较广,至明与清初时还有戴的。

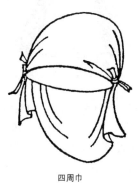

四周巾

【护项】　古代头盔的组成部分。缀于头盔后部,以盖裆保护颈项,故名。亦称“固项”、“顿项”。一般用厚帛为之,亦有用皮革制作。

【固项】　见“护项”。

【顿项】　见“护项”。

少数民族冠、帽

【藏族各式男帽】 藏族各地男式帽多达数十种。最有民族特色的是金花藏帽，以毡为帽坯，帽顶为金丝缎，边缘饰金线，帽翼为四支，前后翼较大，左右翼较小。年轻人戴展现前翼，显得英俊；老年人戴展开四翼，用以保暖。城市藏民一般戴礼帽，喇嘛戴僧帽；农牧民都戴金花帽或狐皮帽；赛马骑手戴蒙古王公帽，少儿骑手戴高尖白绒帽；格萨尔艺人戴羽毛帽，藏戏艺人戴扇形仙女帽；神汉戴骷髅装饰的帽。其他还有拓帽、兽皮帽等。

【金花帽】 一种藏帽。用当地生产的毪氇和皮毛作帽料，以金丝缎、金丝带和银丝缎作帽饰，做成的帽子在阳光下金光闪亮，鲜艳夺目，故名"金花帽"。藏族男女老少都喜欢戴。这种帽有四个帽檐：前后较大；左右较小。故戴时有所区别，女的一般把两个大帽檐折进帽内，只留左右小帽檐在外；男的一般把左右及后边的帽檐都折进帽内，只留前面一个大帽檐，下雪天时，四个帽檐均在外。老年人通常把四个帽檐都露在外面。金花帽藏语称"霞冒加赛"。

【霞冒加赛】 见"金花帽"。

【藏族凤冠】 林耀华《民族学研究》（中国社会科学出版社，1985年）载：川康嘉戎藏族的凤冠，内部为一个牛毛编织的圆环，四周绕匝红绿珊瑚假珠，将牛毛覆盖，套在毛环上的为一对大形银箍，箍上镶有三颗真红绿珊瑚，价值昂贵。凤冠较重，戎女戴于头上，转动不易，但觉巍然之靓丽红装。

【藏族斗笠式红穗帽】 藏族主要居住于西藏，亦有部分分布在青海、四川等地区，各地因生活和习俗的不同，藏民所戴的帽子亦各不同。在四川牧区的藏民喜戴一种斗笠式红穗帽，帽呈高筒形，斜宽帽檐，帽顶四周，垂饰一圈红穗。这种斗笠式红穗帽，极具藏族豪爽的民族特性。

戴斗笠式红穗帽的四川牧区藏族妇女
（《中国西南少数民族服饰文化研究》）

【藏族瓜叶式帽】 藏族主要分布在西藏以及青海、甘肃和四川等地，各地区藏民的帽子各不相同，其中白马藏人的一种瓜叶式帽，形制较新颖奇特。帽作扁圆形，帽檐作成荷叶边，顶帽为一巨大的瓜叶柄，翘向前方。整个帽呈瓜叶状，故名。白马藏人的瓜叶式帽，造型优美新奇，具有浓郁的高原民族乡土风情。

戴瓜叶式帽的白马藏族妇女
（《中国西南少数民族服饰文化研究》）

【珞巴族头盔】 珞巴族主要分布在西藏东南部的珞渝地区，珞巴人的帽子有熊皮和竹藤条编制的圆盔两种。珞巴族阿迪人的头盔用整条藤子编成，呈圆形，无檐。一侧用整条藤子或削开的半边藤子横贯顶部，固定后，再延伸到另一侧。头盔的前面，常装饰有两个交叉的野猪牙，顶部有的还饰以熊皮或牦牛尾，显得十分威武和具有豪迈之气。

【灵雅】 珞巴族博嘎尔、棱波等部落的一种传统男帽。亦称"熊皮帽"。用熊皮缝制，故名。主要流行于西藏珞渝等地区。分帽盔、帽檐和披挂三部分。帽盔用木模压制成有沿的头盔状，干后定形；帽檐饰一圈1寸宽、留有长毛的熊皮，套在帽檐上方，长毛呈放射状；披挂为一块边长8寸，呈梯形的熊头原皮，上有两个眼窝，用绳与帽檐连接，垂挂于后颈。此帽作战能防刀箭；狩猎可穿越荆棘，保护头部；下雨可防雨。

【熊皮帽】 见"灵雅"。

珞巴族"灵雅"熊皮帽

【八拉嘎帽】 西藏门隅地区门巴族的一种自制暖帽。无男女之别。系用毪氇做成的圆顶帽。帽顶为黑色，下部为红色，翻檐部分为黄褐色浅绒，帽檐右前方留一缺口，戴时缺口对向右眼之上方。（图片仅供参考）

戴八拉嘎帽的门巴族青年男女
（孔令生《中华民族服饰900例》）

【坤帽】 满族妇女冠帽。亦称"坤秋帽"、"坤秋"。帽顶平圆，上饰金银彩绣，以朱丝线挽结于顶；帽檐上仰，周边不开张;帽后垂饰有两条绸带,长约 60 厘米,上绣饰有花纹。权贵之家坤帽,以薰鼠、水獭和海龙皮缝制。坤帽,清代时较流行。

【坤秋帽】　见"坤帽"。

【坤秋】　见"坤帽"。

坤帽(坤秋帽)

【耳朵帽】　满族的一种暖帽。用细毡制作,黑色或褐色,半圆或圆锥状,两侧饰有两耳,上缀毛皮,在室内两耳反折向上,外出放下可护耳。清代和民国时期,北方满族老人和农民,都喜欢戴这种耳朵帽。

【黑笠】　朝鲜族男子传统礼帽。用竹条和马鬃制作,黑色,形似笠帽,故名。在古代高丽末期,重新修订君臣百姓服制,规定正三品以下官吏,须戴不同顶子的黑笠,由截尖圆锥形笠顶、环形笠檐和细长笠带组成。至二十世纪初,改变为短顶窄檐型,允许平民亦可戴用。二十世纪四十年代,在吉林延边地区,尚有朝鲜族人戴用此黑笠帽。(图片仅供参考)

戴黑笠的吉林延边朝鲜族老人
(田顺新《中国少数民族头饰》)

【蒙古银冠】　古代蒙古贵族妇女冠饰。通常为纯银制作,鎏金,镶嵌有红珊瑚或各式宝石,运用镂空、錾刻和浅浮雕等技法,图案多为吉祥喜庆纹样。工艺精细,造型别致,色泽富丽。节日、婚嫁、走亲访友时戴用。

清代蒙古银冠

【蒙古红穗帽】　蒙古布里亚特人之暖帽。圆顶,上有红缨和顶珠,下有护耳,并缀有两带,可供系结。相传在十三世纪时,布里亚特人曾隶属于贝加尔湖周围 11 个部族联盟。布里亚特人为不忘历史,他们在制作帽子时,民间相传有"以帽的顶珠象征太阳,红穗代表阳光,帽上缝制的 11～14 条横向网纹标志部族的组成"等诸多说法。有些地区的布里亚特人由于对历史认知的不同,制作象征部族祖先网纹时,有的为 8 条,而有的为 32 条。在布里亚特人传统观念中,帽子不仅记录了历史传承,同时还蕴含着部族的兴旺和发达。为此,布里亚特人在制作和装饰帽子时,特别谨慎、细致和严肃。

蒙古布里亚特人红穗暖帽

【窝尔图】　蒙古族的一种暖帽。貂皮所制,故又称"貂皮帽"。帽式如清代官帽,帽顶饰红绒球,后檐开缝,缀

饰四绸带。清·徐珂《清稗类钞·服饰》:"(清代)新疆、蒙人之服饰:其貂皮冠谓之窝尔图。"自注:"式如官帽,顶缀红绒球,后檐开缝,缀绸带四。"

【貂皮冠】　见"窝尔图"。

【鹰帽】　蒙古族的一种冬皮帽。其帽形似鹰,故名。相传为元代皇后为元世祖打猎而特意缝制。通常用黑绵羊羔皮制作,以黑色布作里。冬季行猎或外出,戴上鹰帽,暖和轻便,虽骑马疾驰,此帽亦不必担心被风吹落。有些地区称此帽为"尾帽",形制虽相同,但则用红色布为里。

【尾帽】　见"鹰帽"。

蒙古族鹰帽

【大布绷子】　蒙族帽名,用布做的太阳帽,内蒙阿拉善右旗汗淖儿一带,时兴"大布绷子",直径一米多,形状类似汉族的草帽。用纯白布做成,边缘用细铁丝的圆圈绷起,故而得名。内蒙沙漠的光强,曝晒时间长而烈,"布绷子"成为他们必备的防护物。

【四片瓦皮帽】　蒙古族、土族的一种冬季戴的暖帽。通常用羊羔皮、貂皮或狍皮等制作,皮帽四周有四块方形皮毛,放下后,可护住双耳和颈脖,故称"四片瓦皮帽"。

【巴尔虎圆顶帽】　蒙古巴尔虎人传统暖帽。圆顶,上饰顶珠和六个如意纹,帽檐上翻,下缀二飘带,极富民族特色。其中的"套尔其格帽"很具特色,以红色算盘结作顶,用库锦贴作花边,色泽鲜明亮丽,又庄重大方。其他还有"薄毡帽"、"韩达帽"和"马胡子帽"等多种帽式,其制作、材质和帽式等,亦与其他地区的不同。

【套尔其格】 见"巴尔虎圆顶帽"。

蒙古巴尔虎圆顶帽

【冬扬迪马格勒】 达斡尔族的一种传统男帽。帽顶缀摺缝制,有的用紫貂尾作饰;帽前檐较高,护耳较短小,护耳镶饰水獭或猞猁皮,毛皮外翻;帽通常有两式:一种较高;另一种较矮。

冬扬迪马格勒

【元宝马格勒】 达斡尔族夏季男帽。圆形,帽檐上翻,前高后低,帽檐两侧凹下呈弧形,黑色,帽顶四周饰一圈几何纹,中间缀有顶珠。因其帽檐形似元宝,故俗称"元宝马格勒"。

元宝马格勒

【平顶圆花帽】 达斡尔族传统女帽。以黑或红绒布制作。圆形、平顶,帽后垂饰有两条丝绸飘带,带上饰有彩纹,帽顶饰有四个如意图案,中间饰一绛色顶结,帽边有的饰有貂皮,有的用织锦或丝缎。

达斡尔族平顶圆花帽

【米亚日特玛格勒】 达斡尔族男子皮帽。一般都用狍子头皮制作,将狍头皮完整地剥下,再饰以双眼和耳朵,帽形很像狍子头部。两侧饰有护耳,翻下可保护两耳。亦有用狼或狐狸头皮制作的。此帽是狩猎民族严冬狩猎必备的暖帽,在狩猎时可起伪装作用。其帽形与赫哲族、鄂伦春族的狍头皮帽属一个类型,都是狩猎和冬季之暖帽。

"米亚日特玛格勒"皮帽

【裕固族红缨帽】 裕固族妇女喜戴红缨帽,尖顶,呈喇叭形,宽檐,前绿镶饰两道黑边,帽顶缀大红色线穗,一般红缨穗都垂至帽檐,亦有少数垂饰至肩部。

裕固族红缨帽
(孔令生《中华民族服饰900例》)

【维吾尔族四方花帽】 维吾尔族传统著名绣帽。是维吾尔族服饰的组成部分。唐代时西域男性多戴卷檐尖顶毡帽,款似当今"四片瓦"。明代受阿拉伯和中亚文化影响,维吾尔族男子削发戴小罩绣花帽。清代初期,花帽冬用皮,夏用绫,前插禽羽;女帽用金银线绣花。当时塔什干四楞花帽成为维吾尔族花帽的主流,一直延续至今。主要有"奇依曼"和"巴旦姆"两种,统称"尕巴"(四楞小花帽)。奇依曼花帽,深受青年人欢迎。色泽绚丽,针迹细腻,用金银彩线刺绣,并缀有各色珠子。巴旦姆取名于巴旦杏。巴旦杏源于波斯,是一种能在干旱沙漠地带生长开花结果的树木。巴旦姆花帽用白色丝线,根据巴旦杏特性和形似新月的果核,绣制成涟漪和小珠簇拥着巴旦杏核的装饰图案,象征涓涓清泉哺育着果实累累的果木。这种淡雅大方的巴旦姆花帽,多受中老年人喜爱。花帽刺绣有多种方法:丝线平绣、十字花绣、丝线结绣、串珠片绣、格子架绣、盘金银绣、钩花刺绣、扎绒刺绣以及刺、扎、串、盘综合绣等。绣制时,先在四瓣帽面刺绣花纹,后将四瓣帽面以顶为中心缝合并衬好帽里,套在木制帽模上成型,最后镶制里绒布边。这种方形小花帽,优美可爱,具有浓郁的民间气息。

【奇依曼】 见"维吾尔族四方花帽"。

【巴旦姆】 见"维吾尔族四方花帽"。

【尕巴】 见"维吾尔族四方花帽"。

维吾尔族四方花帽

【维吾尔族妇女羔皮袖珍小帽】 在新疆和田、于田、民丰、且末一带,维吾尔族妇女在盖头顶上前端所戴大似酒盅的小帽,象征吉祥。以羊羔皮制成,一般为黑褐色、黑绿色和黑白色三种,其规格为底径 3~4 厘米,顶径 1.5~2 厘米。相传,古代南疆于田(于阗)王灭了邻近的一个小国,将亡国太子之妻阿米娜掳回。阿米娜聪慧过人,用灵巧的双手为王后缝制了五顶羔皮袖珍帽,国王见王后戴上袖珍帽后,显得十分年轻,心里非常高兴,并对阿米娜称赞不已,王后对阿米娜也更加喜爱。从此以后,这种小帽成了妇女的装饰品和吉祥物。喜庆或走亲访友时戴黑绿或黑褐色的,丧葬时戴黑白色。

戴袖珍小帽的维吾尔族姑娘
(孔令生《中华民族服饰 900 例》)

【杜帕】 即维吾尔族绣花小帽。这种绣花小帽,其帽式、色彩、纹饰因地而异,主要可分为四种:一、"其曼杜帕":即花卉杜帕,绿底白花,帽圆顶

平,为一整体,不能折叠装入衣袋。以喀什噶尔的制品最为有名。1985年 10 月长沙举办的全国少数民族工艺品评比会上,喀什噶尔的其曼杜帕曾名列前茅;二、"克兰姆杜帕":为地毯式图案杜帕,整体为四块构成,故能随时折叠入袋。上绣地毯式几何图案和花卉,故名;三、"塔什干杜帕":"塔什干"为苏联地名,那儿也有维吾尔族。当地生产一种白底绿纹几何图案杜帕,名叫"塔什干杜帕"。也是四片瓦式结构,能折叠。此种杜帕,样式新颖,深受年轻人喜爱;四、"巴旦木杜帕":喀什噶尔所产,黑底白花,以繁简不同的"巴旦木"(植物,木本,果实可食)枝叶为基本图案。也是四片瓦结构,黑白色彩对比明显,为青年农民所喜戴。

【其曼杜帕】 见"杜帕"。

【克兰姆杜帕】 见"杜帕"。

【塔什干杜帕】 见"杜帕"。

【巴旦木杜帕】 见"杜帕"。

【四片瓦】 维吾尔族、哈萨克族、柯尔克孜族男子戴的一种毡帽。用四块白毡片缝合制成。毡片缝合之处,由黑绒布压边,与白色对比,形成四根醒目线条。帽里镶黑绒布,帽边向上微卷,帽顶呈方形,有的中央缀有一支黑绒流苏,下垂至额头部。这种帽子天凉可防寒气,天热可遮烈日,牧区男子都爱戴用。

【如玛勒】 维吾尔族、乌孜别克族妇女头巾。维吾尔族和乌孜别克族民间自古流传有"以巾为帽"的习俗,至今仍视妇女戴头巾为一种礼节。为此从小到老,妇女都喜爱戴各种头巾。头巾的使用以年龄的不同而有所区别:青年妇女的头巾较小,颜色艳丽;中年妇女的头巾稍大,颜色深沉;老年妇女的头巾特大,一般拖至身后大腿部以下,均为白色或黑色。

戴"如玛勒"的维吾尔族妇女
(孔令生《中华民族服饰 900 例》)

【塔克亚】 哈萨克族妇女戴的小帽。多为红、绿、蓝一色绸缎制成,形似手鼓;帽顶中央插饰猫头鹰羽毛一撮,帽围上绣有花卉,缀有珠穗、流苏。哈萨克族年轻姑娘都喜爱戴这种塔克亚小花帽。

戴"塔克亚"小花帽的哈萨克族姑娘
(孔令生《中华民族服饰 900 例》)

【吐麻克】 哈萨克族姑娘戴的一种小帽。通常为未出嫁的姑娘所戴用。用皮革、呢绒或布料缝制。帽壁用彩线绣花,并缀有串珠、金银、玉石,在帽顶插有象征吉祥、欢乐、勇敢的飞禽羽饰。这种"吐麻克"小帽,具有浓郁民族特色。

吐麻克小帽

【三叶皮帽】 新疆阿尔泰地区哈萨克族克勒衣部落冬季所戴暖帽。通常用羊羔皮或狍皮制作,以红、紫、黄三色缎子做面子,帽左、中、后三面下垂,似三叶之形,故名。

【塔吉克族高统帽】 塔吉克族的一种暖帽。亦称"高顶圆帽"。以黑绒布制作,上面绣有几道间隔匀称的花纹,靠近帽边处镶有一寸宽花边,用黑羊羔皮做帽里,平时翻出一圈毛边,适合高寒山区的气候特征,天气寒冷时拉下帽边,掩住双耳和面颊。女子则戴圆顶的绣花棉帽,其特点是帽的后半部较长,像块棉帘子,可以遮住双耳和头的后部。

【高顶圆帽】 见"塔吉克族高统帽"。

【狍头皮帽】 北方渔猎民族用狍头皮制作的一种帽子。赫哲族语称"阔日布恩出",鄂温克、鄂伦春族语称"妹他阿贡"。形式奇特别致,具有狩猎生活特点。男女都戴。其制法,在剥狍皮时,把头皮完整地剥下,加工后把耳朵和眼睛缝补得与原样相似,再用耳皮做一对帽耳缝上,用狍皮或狐狸的尾巴皮镶边。北方猎民选狍头作伪装皮帽,颇具匠心。狍子为大兽中之弱者,是虎、豹、熊等的捕食对象。猎人趴伏灌草丛里,微露狍头皮帽,宛如一狍子,以引诱猛兽,出其不意猎之。鄂温克猎人有句民谚:"要想去打猎,别忘狍皮帽;戴上狍皮帽,准保猎获宝。"

【阔日布恩出】 见"狍头皮帽"。

【妹他阿贡】 见"狍头皮帽"。

狍头皮帽

【桦皮冠】 古代少数民族用桦树皮制作的一种冠帽。亦称"桦皮帽"。《云南志略·诸夷风俗》:古时僚人以"桦皮为冠"。民国《桦川县志》卷五《风俗》:赫哲族"男以桦皮为帽,冬则貂帽狐裘"。帽形如斗笠,尖顶大檐,既可遮光,又可避雨。可见,桦皮冠,南北均有。

【桦皮帽】 见"桦皮冠"。

【高山族羽冠】 台湾高山族阿美部族和曹部族等,都流传有戴饰羽冠的习俗。阿美部族善制各式羽冠,多种多样,阿美妇女亦喜爱戴花冠。曹部族喜戴皮帽,在皮帽上插饰有种种羽毛,制成羽冠,男女都戴。

高山族羽冠

【鹿头冠】 台湾高山族排湾贵族男子所戴暖帽。用鹿头皮为之,故名。一般保留鹿角或鹿耳;在鹿之鼻上,插饰两支豹牙;于额上穿插一兽皮条;外围以兽皮圈作帽檐,皮毛外翻。戴用这种鹿皮头冠,主要象征富有和荣誉。

鹿头冠
（孔令生《中华民族服饰900例》）

【高山族花冠】 台湾高山族妇女传统头饰。流行于台湾东部、南部地区。用鲜花编成的环状头冠。阿美女子盛装时,除用鲜花编成花环戴在头上或头巾外,还缀以小铁片穗和小铜铃,并插有镀银发簪。

高山族花冠

【银盔】 台湾高山族雅美部族盔帽。主要流行于台湾省兰屿岛。状如斗笠,圆锥形。骨架用铜线构成,外面敷银箔,光可照人。银箔经精工锤打,轻薄如纸,匀称地缠绕于盔架上。传统制作带有迷信色彩,须恪守诸多禁忌,以防"恶灵"玷污;做成后,举行隆重庆典，杀猪取血涂染其间，使之具有"灵气"和"神威"。作为从事渔猎的雅美人的神圣之物，只有男子在新船试水、住宅落成及鱼汛伊始遥祭海神时才能佩戴，以求神明护佑，人寿年丰。

【贝珠筒帽】　台湾高山族泰雅人男子传统竹帽。泰雅语称"戛波波卡哈"。流行于台湾北部地区。用竹篾手工编制而成。竹篾编带长约55，宽约22厘米，将其一面满缀珠串，然后以此面朝外围成筒状，两端用珠串连接。全带缀有4道长约5厘米的珠串，并在两道之间用珠串相互隔开，最外缘再以2道珠串镶边。这种贝珠筒帽，限部落酋长与猎头多次者戴用。

【夏波波卡哈】　见"贝珠筒帽"。

【黎族妇女头巾】　世居海南岛的黎族妇女，亦爱用头巾裹头，有的用一块大方巾包头，有的用长条布在头上围绕数圈，有多种裹法，通常以织花布为主，亦有用黎锦的，锦上纹饰有吉祥祝福之寓意。

戴头巾的黎族妇女

【彝族头巾】　管彦波《文化与艺术——中国少数民族头饰文化研究》载：彝族花腰支系自称"聂苏泼"的

头巾，常用4～5块不同颜色的布料拼接在一块长方形蓝色或白色的布料上制成，头巾四角缀以银泡，银泡空隙处饰以各色彩线结成的缨花和流苏状垂缨。头巾遮于前额的横沿上，绣着三组各为单元的花卉连续图案，称"插在额前的三朵花"。头巾上段中间用宽1厘米，长8～10厘米的各类彩色布条组成色阶式的直幅图案，左右两边则绣以花卉等对称图案，色彩艳美，对比强烈，具有韵律和节奏之美。

【聂苏泼】　见"彝族头巾"。

戴头巾的彝族妇女
（孔令生《中华民族服饰900例》）

【彝族冠帽】　云南彝族支系撒梅人，其冠帽随年龄增长，有明显不同。巴莫阿依媛等《彝族风俗志》载：半岁至二三岁幼儿戴童帽。满三岁，男孩不再戴帽，女孩戴"鸡冠帽"，帽如公鸡之冠。未成年女孩，帽之两侧，绣有三角或圆形图案，成年后不再绣花。姑娘婚后，……帽式随之改变，戴"沙帕瓦"帽，彝族称为"来斯波"。

【沙帕瓦】　见"彝族冠帽"。

【来斯波】　见"彝族冠帽"。

【银饰冠帽】　古云南彝、壮等族的一种帽饰。董一道《古滇土人图志》载，彝族的白猓、撮鸡支系女子，前者帽上镶银泡垂穗带；后者戴鸡冠帽，上镶银泡二排，坠带上也饰有多枚银泡。旱摆夷(傣族)女子，在帽顶和帽

四周，也以银泡、珠子为饰。沙兔(壮族)女子，戴圆筒形帽，帽筒上下各饰一排银泡、珠子，帽下沿垂须穗。云南少数民族帽上银饰，常见的有银泡、银乳钉、银雀、银龙、银仙人菩萨像等。

上：彝族女子鸡冠帽上的银饰
下：壮族女子帽上的银饰
（《云南民族文物　身上饰品》）

【鸡冠帽】　彝族传统女帽。流行于云南红河、昆明郊区等彝族地区。因以鸡冠作为帽形，故名。传说古代有位彝家姑娘，被恶魔所缠，忽有公鸡鸣叫，吓走恶魔，姑娘得救，特做鸡冠帽戴在头上，以示纪念。现形成彝族女子的一种特有帽饰，以寓康泰、祥瑞和幸福。帽用绸缎、布帛作面料，帽形似雄鸡之冠，帽上施彩绣，并缀有银泡等饰品，闪闪发亮，象征月亮和星星。色泽鲜丽明快，款式独特。昆明郊区彝族支系撒梅人的鸡冠帽主要用刺绣和缀穗，黑底上绣着鲜艳的花纹，就像雄鸡火红的冠子。禄劝彝族甘彝姑娘戴的鸡冠帽叫"吴柏"，形似鸡冠，前面正中绣一只雄鸡。红河南岸傣族妇女的鸡冠帽则用硬布剪成鸡冠形状，再用大小1 200多颗银泡镶绣而成。

【吴柏】　见"鸡冠帽"。

成,状如喜鹊,故称。帽子的周围都用彩色丝线绣成艳丽夺目的花边,有的在正面镶上一排碧绿的玉石小佛或银制桂花作装饰,更使喜鹊帽熠熠生辉。姑娘们有的让长长的辫梢从翘起的帽尾后露出披在背上,有的则直接将辫梢盘在帽上。

【俄罗】 彝族人称"包头"。彝族成年男女头上都缠绕丈余长的布,在额以上包缠。一般男子和中、老年妇女多用青布或黑布,年轻姑娘和新婚少妇则多缠白布,故分别称为"青包头"、"白包头"和"青绕子"、"白绕子"。

【青包头】 见"俄罗"。

【白包头】 见"俄罗"。

【青绕子】 见"俄罗"。

【白绕子】 见"俄罗"。

【罗窝帽】 彝族妇女的一种传统帽子。圆形,黑色,戴时平置于头顶,形似莲叶。有的还饰以紫或黄色之扁窄帽带。彝族民间习俗认为:只有生育过孩子的妇女,才能戴罗窝帽。

【彝族篾帽】 将竹子剖成粗细匀净的篾丝,经切丝、刮纹、打光和劈细即编织。分晴、雨两种。雨天用者以竹丝编成夹层,其间垫以棕、辽叶、桦木皮等。晴天用者,以竹丝盘织,帽顶设一提手。式样威严、英武,亦名"英雄帽"。编织技法有盘丝、架丝、胡椒眼和牛眼睛等多种。

【白族头巾】 女用,多为方形。主要有四类:一、挑花头巾。蓝布底白线挑花,用几何针法挑制各种图案。青年人头巾的挑花艳丽、繁多。二、刺绣头巾。流行于洱源西山、乔后等山区。以天蓝或浅绿色布为底,边为锯齿形彩线挑花,中间绣山花野草,色彩以大红大绿为主调。三、扎染头巾。主要流行于大理周城地区。用

白布以靛蓝扎染。朴素、明快。四、多层头巾。流行于剑川三河、丽江九河等地。除饰有较简单的蓝底挑花外,多用头巾包扎造型与层数区别长幼:女童的头巾为单层,用红线扎成兔耳形;青少年女子用红线将双层头巾在头上环扎一周,翻披在后;婚后妇女则戴多层头巾,少则八层,多则十余层,无论层数多寡,最上边一层定为蓝色,挑制白花;老年人头巾层数为三五层,以黑线挑花。

戴头巾的白族妇女
(孔令生《中华民族服饰900例》)

【凤凰帽】 管彦波《文化与艺术——中国少数民族头饰文化研究》载:凤凰帽,为云南大理洱源县凤羽、邓川一带白族姑娘之帽饰。清代至民国初甚为普遍,现仅部分山区流行。帽系用两瓣鱼尾形的帽帮缝合而成,故亦称"鱼尾帽";帽身就像一只凤凰鸟,上覆以月牙形帽罩,两边镶佛像和"长命富贵"的银牌,边角镶龙绣凤,周围钉满银泡,帽的前部为银制的凤凰头帽花,后部呈鱼尾状。其来源,可能与鸡图腾有关。相传,凤羽有白王的避暑山庄和牧场,白王三公主常到凤羽,喜与百姓朝夕相处,老百姓很喜欢她,鸟吊山的凤凰便把凤冠赠她作帽子。凤凰帽,有的地区称

戴鸡冠帽的彝族妇女
(田顺新《中国少数民族头饰》)

【喜鹊帽】 云南峨山彝族少女的一种传统冠帽。管彦波《文化与艺术——中国少数民族头饰文化研究》:喜鹊帽,一般帽顶做空,帽尖缀一银泡,帽尾向后翘起,用黑白相间的布料做

戴喜鹊帽的彝族妇女
(田顺新《中国少数民族头饰》)

"凤冠帽",亦有的称"姑姑帽"。

【鱼尾帽】　见"凤凰帽"。

【凤冠帽】　见"凤凰帽"。

白族凤凰帽(亦称"鱼尾帽")

【姑姑帽】　白族妇女所戴用。主要流行于云南大理周城、昆明西山、下关山区、洱源山区等十几个地区,各地帽式各异。通常用布壳衬里,色布为面,有的上饰有挑绣和银饰;银饰以银梅花为主,其他还有银珠、银马头、银凤和银铃等。银光闪烁,色泽鲜明,制作精美。

【白族鸡冠帽】　云南白族妇女的传统冠帽。其帽顶部,形如鸡冠之形,故名。帽身一周饰以花瓣形装饰,上彩绣各种图案,五彩纷呈,优美艳丽,白族年轻姑娘都喜爱戴这种色彩靓丽的鸡冠帽。

戴鸡冠帽的白族姑娘
(孔令生《中华民族服饰900例》)

【瑶族三角帽】　瑶族妇女的一种彩帽。亦用作头饰。流行于广西资源

县瑶族村寨。帽用竹篾、麻藤、色布等缝制,上饰彩绣,帽顶呈三角状,形似塔状,帽式别致独特。色布颜色,因戴用者年龄不同而有所区别:青年女子喜好花色,寓青春烂漫,前程似锦;中年妇女爱用蓝气,象征晴朗蓝天,兴旺吉祥;老年妇女常用青色,寓意四季常青,长命百岁。

戴三角帽的瑶族妇女
(田顺新《中国少数民族头饰》)

【瑶族高帽】　《韶州府志》:"板瑶,戴板于首,以油蜡束发沾其上,月整一次,夜以高物皮首而卧。"实际此帽非木板所制,而系竹架,架之前面,以白色细黑花边线带编成排,蒙以青布,再用大白巾一方从后包至帽前之两侧,然后用绣满花纹之青布裹于上,左右两下角,垂黑色丝带两串,黑白二色相掩映,间以红色刺绣花纹,鲜艳别致。戴帽时先将发扎成小束,盘于顶上,用帽涂使之光滑,然后戴上高帽,即不再取下,睡眠亦如此,故瑶妇只能平睡而不能辗侧,床头必距墙壁尺许,以便高帽有空闲安插,所谓月整一次之俗是确实的。瑶族传统高帽,各地均有所不同:广西桂林和贺县多尖形;广西融水和湖南江华,

多以竹或木等组成的支架形;而广西临桂的为一种方形平顶之高帽。参阅田顺新编绘《中国少数民族头饰·瑶族》。

戴高帽的瑶族妇女
(田顺新《中国少数民族头饰》)

【木头帽】　瑶族妇女的一种巾帽。在广西贺县,土瑶女子十四五岁需换装,多戴木头帽,帽呈扁圆形,上面和前后左右,都盖有毛巾,有的多达二十几条,加上丝线帽带,重的可达七八斤。

盖饰毛巾帽带的瑶族妇女

【景颇族高包头】 景颇族妇女的一种传统俗文化装饰。具有特定的象征意义。景颇族习俗,在姑娘结婚生儿育女后,选一吉日,背着酒、肉和礼物回娘家,要求授予"妈妈"称呼。娘家即请一位年老妇女为其举行戴"高包头"仪式,祝愿她今后日子过得更加幸福美满,儿孙满堂。"高包头"代表成熟和稳健,是已婚的标志;戴高包头的妇女意味着享有决定家庭事务的权利,受到人们的重视和尊敬。这一习俗,主要流行于云南德宏等一带景颇族地区。

【固独如】 景颇族在跳"木脑纵歌"时领舞者戴的一种帽子。这种"固独如"帽子,须在犀鸟的头骨上,插饰各种鸟羽和野猪牙作装饰。景颇族民间有一种神话传说:鸟类从太阳神宫返回大地,推选孔雀为首领,犀鸟作盛大舞会总指挥,选会念经的野鸡及其他鸟类作接待和护卫,因此,在人类的"固独如"帽上要插饰这些鸟类的羽毛;还因野猪在"木脑纵歌舞会"上,有参加挖场地的功劳,故"固独如"帽上,亦饰有野猪的牙齿。

景颇族"固独如"帽

【珠帽】 傈僳族妇女喜爱的一种巾帽。傈僳语称"奥勒"。珠帽用较小红白珊瑚或料珠串连成条形,直排在帽前部,帽顶部用贝壳或白料珠串成条,横排两道,帽前部的一圈用铜质圆珠串起来作装饰,帽后部戴头帕或空着。整个帽子由串串红、白彩珠相串,加上闪闪发光的金属片,十分耀眼和靓丽。

【奥勒】 见"珠帽"。

戴珠帽的傈僳族妇女
(田顺新《中国少数民族头饰》)

【拉祜族尖顶圆形帽】 拉祜族圆形帽,为圆形尖顶,帽顶为红色,帽身为青蓝色,有成人和儿童两种。成人的圆形帽由九片青蓝布组合缝成,帽顶缀一红顶子。九片青蓝布象征多民族和睦相处,红顶子象征拉祜族强悍、勇敢。小孩的圆形帽由三片布组合缝成,红色顶子,其象征意义与大人的相同,三片布则象征古时拉祜族的三十名妇女英雄。拉祜族尖顶圆形帽,其帽形很像明清时期的西瓜皮帽。

戴尖顶圆形帽的拉祜族男子
(孔令生《中华民族服饰900例》)

【马尾花帽】 水族男子的一种传统凉帽。因用马尾毛编织而成,故名。简称"马尾帽"。高约7.7、直径19厘米。圆顶、圆围,顶上缀有圆纽,亦有筒式、瓜瓣式和遮帽式等。帽上编织有菱形网眼状等多种几何形花纹。水族人民爱养马,马尾毛资源较丰富。马尾花帽的特点是透气、散热、凉爽、美观、耐用,故很受水族男子的喜爱。主要流行于贵阳都匀和安顺等地区。

水族马尾花帽

【蛮姑】 贵州水族妇女的一种包头帕。亦称"花姑"。有种种式样和披搭法,颇具特色:一为用六七尺长的青、白色土布,展开罩住头顶,在脑后留出尺余尾端,然后在脑前收束绕头一周别紧,再将尾端翻上别于头上右侧;一式为三尺许黑白方格土布,横搭于头,两端在脑后交叉,吊须垂于耳后两侧;一式为挑花黑毛巾,横搭于头,两端收束别于脑后;一式为长条青布,包头之后,再用白毛巾横搭别于脑后;一式为两幅二尺许青布拼成方巾,上端两角缝上带子,包头后用带子缠束,多为老年妇女用。男性多用青白色土布长条巾包头。

【花姑】 见"蛮姑"。

【土家族箍箍帽】 土家族妇女所戴。杨昌鑫《土家族风俗志》载:这种帽,帽前缀有一朵银宝花,两面钉有一对龙,龙后面饰一对凤,凤后面一对虾,虾后面为一对银帽襟;帽前下檐,缀有九只凤,每只凤口,含有银针三根。土家族妇女箍箍帽,具有浓郁的民族特色。

【基诺族尖顶帽】 基诺族妇女喜戴一种白色三角形尖顶帽,用长约60、宽约20~30厘米的竖条花纹土布对折,缝住一边制成。有的帽顶饰有红缨,有的帽尾饰有红、蓝、黑刺绣花纹,有的帽后檐一直垂至肩背,有的甚至垂至腰间。帽顶和发式，是基诺族未婚姑娘和已婚少妇的主要区别标志。已婚妇女所戴帽子是尖平顶，将发打成结子，用竹制发卡卡住，帽子往前倾斜；未婚女子的帽子则是尖顶，头发散披于肩上。

戴尖顶帽的基诺族妇女
（孔令生《中华民族服饰 900 例》）

【布依族花帕】 汎河《布依族风俗志》载：（贵州）镇宁布依族头饰较为复杂和特殊，婚前顶花帕，帕上绣有花鸟虫鱼，先用四尺白布作汗巾，再用四尺白布绣上花卉为帕，包在头上以后，将长发盘在花帕外层，并用假发和青丝线编织成粗辫缠绕于真发

辫的外层，用一方七寸左右长的青帕或深蓝色帕从头顶搭至后脖颈。左右两鬓佩扎着各色小花，显得大方秀美。

戴花帕的布依族妇女
（孔令生《中华民族服饰 900 例》）

【假壳】 布依族妇女的一种头饰。布依语称"长更考"。用竹笋壳作架，外饰青布，状似畚箕，架尾连接有约300厘米长缠发用青布带。贵州镇宁布依族苗族自治县，布依族妇女中流行戴"假壳"头饰。当地布依族有女子婚后"不落夫家"的风俗，即婚后仍回娘家居住。"不落夫家"的时间通常为二三年，有的长达七八年。如

若丈夫希望妻子早日回家，就带上"假壳"到女家，设法将其戴在妻子头上。由于当地布依族女子鄙视婚后就与丈夫同居，认为"不落夫家"的时间越长越体面，因此想把"假壳"戴在女方头上十分不易。一般要乘其不备，突然将其发辫松开，迅即戴上。新娘头上佩戴"假壳"后即回夫家，从此"假壳"成为她头上的一种永久性头饰。

【长更考】 见"假壳"。

戴"假壳"头饰的布依族妇女
（孔令生《中华民族服饰 900 例》）

【壮族头巾】 石景斌《壮族服饰介绍》（刊《中南民族学院学报》1992年 1 期）载：壮族"黑衣壮"布头巾有三种：一种白色小头巾，两端织

戴头巾的壮族妇女

有黑色条纹,并饰有流苏;一种为青布吊穗头巾,两端编织有吊穗;另一种为青布蜡染大头巾,长4~5尺,宽1尺余,两端用浅红或浅蓝色线扣锁一道花边,两对角是蜡染三角形图案,缠头时长发髻下部向上至脑门重复交叠,使两端的两角蜡染图案下垂于头部左右两侧,前面衬托出脸蛋,脑后露出闪闪的银饰,十分美丽动人。这种青布蜡染花边大头巾,主要是走亲访友和赶集时所戴用。

【号帽】 回族穆斯林戴的一种帽子。亦称"礼拜帽"、"巴巴帽"。用布帛缝制,圆筒形,平顶无檐,尚白、黑,亦有蓝、灰和棕色。相传唐宋间,伊斯兰教传入中国,穆斯林男子戴白色无檐平顶圆帽的习俗,亦随之相继传入。回族群众信仰伊斯兰教,穆斯林在做礼拜时,要求前额和鼻尖碰地,以示虔诚,因而戴无檐小帽比戴有檐帽方便。故取名"礼拜帽"。回族男子在日常生活中也常戴此帽。回族老年人喜用毛线编织号帽,为冬季保暖。

【礼拜帽】 见"号帽"。

【巴巴帽】 见"号帽"。

戴号帽的回族男子

【回族巾帽】 回族人巾帕和冠帽合戴,具有一定的宗教含义。回族"阿訇"的经文水平达到一定程度时,即行穿衣仪式,穿上绿袍,戴上象征清真寺圆顶的帽子,并缠以白色包头布,称为"穿衣阿訇"。帽呈尖顶形,帽上并装饰有各种花纹。

【穿衣阿訇】 见"回族巾帽"。

回族穿衣阿訇巾帽
(邓启耀《中国西南少数民族服饰文化研究》)

【回回帽】 回族、东乡族、保安族男子戴的无檐小帽。亦称"号帽"、"顶帽"、"孝帽子"。有无檐小白帽、小黑帽,大多喜欢戴白帽。白帽多用棉布制作;黑帽多用华达呢、羊绒或黑毛线制作。因所处的地区和教派不同,"号帽"也有所区别。

【顶帽】 见"号帽"。

【孝帽子】 见"号帽"。

戴回回帽的东乡族男子
(孔令生《中华民族服饰900例》)

【缠头】 古代回族的一种白头巾。我国回族人民,有一部分习以白布缠头,清代官书或文籍中常称为缠头回或缠回。清·萧雄《听园西疆杂述诗》三有"缠头人物状貌"诗题。

【达斯达尔】 波斯语音译,意为"缠巾"。撒拉、东乡、保安、回等信仰伊斯兰教的民族男子戴的一种头巾。据传,伊斯兰教创始人穆罕默德在做礼拜时头缠"达斯达尔",相传至今。阿訇和一些穆斯林男子去清真寺做礼拜时,都头缠"达斯达尔",其长约数尺,有白黄两色,缠法颇多讲究。

【东乡族妇女盖头】 东乡族约定俗成妇女都须戴盖头,分绿、黑、白三种。女孩七岁到八岁,戴绿色盖头,出嫁后戴黑色盖头,有的婚后生小孩后才戴黑色盖头,到50岁或有孙子以后,戴白色盖头。盖头材质,都选用纱、绸或绒等制作。盖头既是一种装饰品,同时亦起到保洁防沙等作用。

戴盖头的东乡族妇女
(孔令生《中华民族服饰900例》)

【苗族头帕】 管彦波《文化与艺术——中国少数民族头饰文化研究·帽饰》载:苗族头帕多用以青色、蓝色或白色为基本色调的布料做成,但各地苗族在不同的季节包裹头帕、头巾的方式以及头帕与其他头部饰物所形成的头饰式样都不尽相同。如贵州镇宁苗族的头帕装束中,虽然旧场、偏坡一带和锁头坝一带均以青色帕子裹头,但帕子的长宽以及帕子外层佩戴的各色花帕均不一样。台江县反排、巫菱等地苗族,妇女裹长方形窄帕,男子则用长约十四五丈、宽约四五寸的布缠在头上,形如一顶斗笠。雷山县掌坡苗族则用自织自染的藏青色布料制作长约两丈的头帕,并在头帕的两端用红绿丝线挑上花纹。黄平苗族行两层头帕。具体是额前用一条小白布将梳成的长髻扎稳后,再用一块与衣服颜色同色的头帕。而贞丰、安龙等地苗族的两层包帕为,里层边沿绣有花边露于外,外层包紫黑色并作成线穗垂足于额上,呈椭圆形。四川筠连县联合乡苗族的青年妇女,头上包大脑壳,先用毛织的红头绳扎长辫,盘在头顶,戴着头纱。头纱是用细线编成一个圆的框子,上面包上各式各样的青布帕、白布帕或花布帕。秀山县兴隆乡苗族,男子多用青布或深蓝布包头,并在包头时于额中及两耳上方均包扎成一"人"字形折纹。贵州仁怀县后山乡的苗族妇女头巾长约一丈五尺,包头帕的方法有两种:一种是在头上层层重叠,称为"锅圈帕";另一种是把头帕对叠整齐包在额头中心交叉成剪刀状,称为"剪刀帕"。

戴头帕的苗族妇女
(孔令生《中华民族服饰 900 例》)

【锅圈帕】　见"苗族头帕"。

【剪刀帕】　见"苗族头帕"。

【苗族凤冠】　据刘显银《黄平苗族银饰艺术》(刊《民族艺术》1991 年 4 期)载:苗族凤冠,系用数百朵精美小花,结扎于半球形细铁箍上,冠顶中夹饰一银凤鸟,两侧饰四只形态各异小银鸟;冠正面挂有三块银牌,牌下均缀有小银喇叭或银的菱角,随着头的摆动,会发出悦耳的声音;冠后有三层冠尾银带,形似凤尾。银冠净重,可达二市斤以上。

【"大头苗"头帕】　苗族"大头苗"头帕,颇为奇异,据向翔、龚友德《从遮羞板到漆齿文身——中国少数民族服饰巡礼》载:云南华宁通红甸一带的"大头苗"妇女,喜欢把头发与几根红黑头绳相绞,边绞边盘,在头顶形成圆圈,有如戴一圆箍。再用五块花色头帕,折成 6 厘米左右宽,然后便开始紧密结实地向外一圈圈地缠绕,最后缠成一个比双肩还宽、直径达 50 厘米以上的头帕圆盘。圆盘下方为黑色,黑中偶尔露一两个红白圈子;四周彩花,多为红色图案;五条头帕的十绺缨络或均匀地散垂于四周,或

戴"大头苗"头帕的苗族妇女
(孔令生《中华民族服饰 900 例》)

主要分布在前方。要缠成这么一个头帕盘,每根头帕不下数丈,五根一共长达十数丈甚至数十丈。

【雉尾冠】　苗族男子的一种冠帽。亦称"野鸡毛帽"。流行于贵州威宁、赫章、水城、盘县和纳雍等苗族地区。帽用竹篾编制,上缀彩布,并饰彩绣,帽顶部遍插雉尾羽,约需雄雉数十只,绚丽壮美,以示阳刚之气。雉尾冠帽,通常在"跳花节"上戴用,苗族青年男子身着织锦服,手持葫芦笙,表演箐鸡舞,以此炫耀才艺,博取姑娘欢心。苗族雉尾冠,具有古代先民"羽人"之遗风。

【野鸡毛帽】　见"雉尾冠"。

雉尾冠

【银角】　苗族妇女的一种传统帽饰、头饰。流行于贵州苗族地区。外形似双角,银制,故名。银角中空,重二斤左右,有的錾刻有花纹,戴饰于帽上或插于发髻,并与其他银牌、银线、银泡配用。《清平县志》:"挽高髻、插银角。"即指此。

戴银角的苗族妇女
(田顺新《中国少数民族头饰》)

【苗族花帽】　圆形,帽收口打褶,以布帛缝制,通常为紫铜色,用红、黄、蓝和白等彩色丝线,绣制各种几何纹

样,色泽富丽,具有苗锦风韵。这种
花帽,主要为苗族少女戴用,有的地
区女童亦爱戴。流行于贵州黄平、凯
里、施秉、镇远、福泉和瓮安等苗族
地区。

苗族花帽

【竹鏊】 古代少数民族的一种冠帽。
景泰《云南图经志书》卷六:阿昌"男
子顶髻,戴竹鏊,以毛熊皮缘之,上以
猪牙雉尾为顶饰"。

【阿昌族妇女包头】 云南阿昌族妇
女都打包头,在青布包头上缠绕彩色
丝线,插上绒球、鲜花或银花。有的
地区已婚妇女,打黑或藏蓝色包头,
内衬硬壳,高者可达三四十厘米,上
簪花垂穗或挂两三串珠饰,盛装时,
更增诸多饰品。

打包头的阿昌族妇女
(孔令生《中华民族服饰900例》)

【碧约小帽】 哈尼族支系碧约妇女
戴的帽子。姑娘所戴小帽,以黑色土
布缝制而成,有六个角,四周镶有小
银泡,帽顶正中镶有一大银泡,在大
银泡之下缝有一束红线。未成年女
子戴一顶,成年女子戴两顶。

戴碧约小帽的哈尼族姑娘
(孔令生《中华民族服饰900例》)

【骨苏冠】 古代高丽的一种冠帽。
简称"骨苏"。多以紫罗为之,杂以金
银为饰。《周书·异域志》上:"丈夫
衣同袖衫,大口裤……其冠曰骨苏,
多以紫罗为之。杂以金银为饰。"
明·谢肇淛《五杂俎》卷十二:"骨苏,
高丽冠也。"

【骨苏】 见"骨苏冠"。

【小罩刺帽】 古代西域民族所戴用。
国王庶民皆戴。明·沈德符《万历野
获编》卷三十:"马哈麻者,……其王
带小罩刺帽,簪鹓鹤翎,衣秃袖衫,削
发贯耳。"又:"(柳城)男子椎髻;妇人
蒙皂布,垂髻于额,俱依胡男子削发
戴小罩刺帽,号回回妆。"

【锁锁帽】 古代回纥族妇女所戴用。
用锁锁木所制,故名。明·田艺蘅
《留青日札》卷二七二:"锁锁帽出回
纥,用锁锁木根制之为帽,火烧不灭,
亦不作灰。"

僧帽、道冠、神帽

【**僧帽**】 佛教僧人、尼姑的巾帽。亦称"和尚帽"。各时代均有所不同。宋《僧碑》载："僧皆乌巾，则宋僧也裹巾。"元代僧人（红喇嘛教）皆戴红兜帽，亦称"茜帽"。以后有"毗罗帽"、"宝公帽"、"僧伽帽"、"山子帽"、"班吒帽"、"瓢帽"、"六和巾"、"顶包"和"芙蓉帽"等各种帽式和帽名。《事物异名·事物绀珠》有著录。

戴僧帽的济公
（清《马骀画宝》）

【**一盏灯帽**】 古代的一种僧帽。因其帽式如一盏油灯，故名。圆形，帽檐作莲瓣状，莲瓣内又饰莲花纹，帽顶突出一截，上饰菊花纹。以丝绸绫罗缝制，纹饰用彩绣。多男僧人作法事时戴之。

一盏灯僧帽
（明·王圻《三才图会》）

【**芙蓉冠**】 古代僧道人所戴的一种冠帽。制如芙蓉，故名。亦称"芙蓉帽"。芙蓉，古名芙蕖，今称荷花，即莲花。荷花，出污泥而不染，故佛教视莲花为"净土、纯洁"的象征，寓意"吉祥"。故历来僧道都喜爱戴芙蓉冠、莲花帽。唐·陆龟蒙《袭美以纱巾见惠继以雅音因次韵酬谢》诗："知有芙蓉留自戴，欲峨烟雾访黄房。"自注："桐柏真人戴芙蓉冠也。"明·王圻《三才图会·衣服》一："芙蓉帽，秃辈不巾帻，然亦有二三种，有毗卢、一盏灯之名。此云芙蓉者，以其状之相似也。"

【**芙蓉帽**】 见"芙蓉冠"。

戴芙蓉冠的明代男子
（明·万历刻本《目连记》）

【**僧伽帽**】 僧人所戴的一种帽子。亦称"僧帽"。为八种释冠之一。《金瓶梅词话》第五十回："见他戴着清净僧帽，披着茶褐袈裟。"明·黄一正《事物绀珠》载：僧人有八种释帽：毗罗帽、宝公帽、僧伽帽、山子帽、班吒帽、六和巾、瓢帽、顶包。

【**宝公帽**】 见"僧伽帽"。

【**山子帽**】 见"僧伽帽"。

【**班吒帽**】 见"僧伽帽"。

戴僧伽帽的清代老僧
（清《清宫珍宝皕美图》）

【**毗卢帽**】 古代僧帽。亦称"毗罗帽"、"毗卢帽子"、"毘卢帽"。相传系根据佛教如来佛毗卢舍那之名命名。明·黄一正《事物绀珠》载：僧人八种释帽，有毗罗帽、僧伽帽、六和巾、宝公帽、山子帽、班吒帽、瓢帽、顶包。

【**毗罗帽**】 见"毗卢帽"。

【**毗卢帽子**】 见"毗卢帽"。

【**毘卢帽**】 见"毗卢帽"。

戴毗卢帽的清代僧人
（清《清宫珍宝皕美图》）

【**妙常冠**】 女尼所戴之冠帽。亦称"妙常巾"。妙常，即尼姑陈妙常。明传奇《玉簪记》"追舟"一出，为昆剧、川剧、京剧、汉剧等传统剧目，久演不衰。写尼姑陈妙常乘舟追赶书生潘必正的故事。妙常为南宋人，原名陈娇莲，出身书香门第，因兵乱流落金陵，入女贞观作道姑，授名妙常。女尼陈妙常所戴冠巾，冠顶饰如意纹，作长条形，覆扣于头顶，后垂两带至腰间。此冠式新颖别致，名曰妙常

戴妙常冠的陈妙常
（明《玉簪记》）

冠,中青年女尼均喜戴此冠巾。清·曹雪芹《红楼梦》第一〇九回:"只见妙玉头带妙常冠,身上穿一件月白素绸袄儿,外罩一件水田青缎镶边长背心。"

【妙常巾】 见"妙常冠"。

【瓢帽】 僧尼所戴的一种圆形巾帽,形如葫芦制的水瓢之状,故名。明·西周生《醒世姻缘传》第六十四回:"(白姑子)次早起来,……戴了一顶青纬罗瓢帽,穿了一件栗色青罗道袍。"

【道冠】 古代道士所戴冠帽。冠式甚小,仅能罩住发髻,用玉簪或银簪贯之。明·王圻《三才图会·衣服》一:"道冠,其制小,仅可撮其髻,有一小簪中贯之。此与雷巾皆道流服也。"

道冠
(明·王圻《三才图会》)

【三教巾】 古代受中极戒道士戴的一种巾帽。清·闵小艮《清规玄妙·外集》:"凡全真所戴之巾有九式:一曰唐巾、二曰冲和……中极戒者,三教巾、三台冠。"

【三台冠】 见"三教巾"。

【熊须冠】 古代冠名。道士所服。唐·张籍《张司业集·送吴炼师归王屋》诗:"独戴熊须冠暂出,唯将鹤尾扇同行。"

【角冠】 道冠。韦应物《送宫人入道》诗:"公主与收珠翠后,君王看戴角冠时。"罗邺《谢友人遗华阳巾》诗:"剪露裁烟胜角冠,来从玉洞五云端。"

【霞冠】 道士所戴的冠,有光色,故

称。孟郊《同李益崔放送王炼师还楼观》诗:"霞冠遗彩翠,月帔上空虚。"

【混元巾】 道冠之一种。布制,帽顶有圆孔。全真教道士所戴用。为道士"九巾"之一。九巾:混元巾、九梁巾、一字巾、方山巾、太极巾、荷叶巾、靠山巾、纯阳巾和唐巾。

【雷巾】 道士之巾帽。类儒巾而高,脑后缀片帛,饰二软带。亦称"九阳巾"、"九阳雷巾"。明·王圻《三才图会·衣服》一:"雷巾,制颇类儒巾,惟脑后缀片帛,更有软带二,此黄冠服也。"黄冠,道士所戴之冠,亦作为道士之别称。

【九阳雷巾】 见"雷巾"。

雷巾
(明·王圻《三才图会》)

【橐籥冠】 宋代道士所戴的一种冠帽。橐籥,为古代冶炼鼓风器具。橐籥冠,制如鼓风器,故名。宋·陶谷《清异录》卷下:"道士所顶者橐籥冠。"

【星冠】 古代道士所戴的一种冠帽。唐·戴叔伦《汉宫人入道》诗:"萧萧白发出宫门,羽服星冠道犹存。"清·纪昀《阅微草堂笔记》:"道士星冠羽衣坐堂上。"

【星朝上巾】 宋代道士所戴的一种头巾。亦称"笼绡"。宋·陶谷《清异录》卷下:"道士所顶者橐籥冠,或戴星朝上巾,曰笼绡。"

【笼绡】 见"星朝上巾"。

【黄冠】 道士所戴束发之冠。用金属或木类制成,其色尚黄,故名"黄冠"。亦为道士的别称。唐求《题青城山范贤观》诗:"数里缘山不厌难,为寻真诀问黄冠。"清·闵小艮《清规玄妙·外集》:"黄冠鹤氅,为太上之门人。"

黄冠

【六板帽】 道士所戴的一种巾帽。亦称"板帽"、"板巾",俗称"瓦楞帽"。通常用骔丝和人发等编织,因有孔缝,透气凉爽,适宜夏天使用。明·范濂《云间据目钞》卷二:用头发织成板,做六板帽,甚大行。

【板帽】 见"六板帽"。

【板巾】 见"六板帽"。

【瓦楞帽】 见"六板帽"。

【二仪巾】 古代道士之巾帽。亦称"二仪冠"、"两仪巾"。二仪,指天地或阴阳,《易·系辞》上:"是故易有太极,是生两仪。"因巾帽绘有太极图纹,故名。《太平御览》:"真诰曰:……'冠戴二仪,衣被四象,故谓之法服'。"清·张英《渊鉴类函》卷三〇七:"二仪,道士冠也。"

【二仪冠】 见"二仪巾"。

【两仪巾】 见"二仪巾"。

【纯阳巾】 明代隐士、道人头巾。亦称"洞宾巾"、"吕祖巾"、"乐天巾"。传纯阳祖师吕洞宾成仙前曾戴此巾,故名。明·屠隆《起居器服笺》:"有纯阳巾亦佳,两旁制玉圈,右缀一玉瓶,可以簪花,外此者非山人所取。"一说,制如汉巾、唐巾,顶角稍方,上附一帛,折叠成裥。另说,用丝帛缝制,帽顶作成竹简状襞积下垂。《清宫曲宝曲美图》中绘有纯阳巾形象。明·王圻《三才图会》载:称纯阳巾,以八仙吕纯阳(洞宾)而名;名乐天巾,以唐代诗人白乐天(居易)而名。

【洞宾巾】　见"纯阳巾"。

【吕祖巾】　见"纯阳巾"。

【乐天巾】　古代的一种头巾,也称"纯阳巾",顶上用帛作成简状襞积。参见"纯阳巾"。

戴纯阳巾的吕纯阳
(清·康熙刊本《芥子园画传》)

【九阳巾】　道士之冠名。元·马致远《黄粱梦》第一折:"你有那出世超凡神仙分,系一条一抹条,带一顶九阳巾。君,敢着你做真人。"《西游记》第二十五回:"三耳草鞋登脚下,九阳巾子把头包。"

【冲和巾】　古代年长道士所戴头巾。用玄色罗帛缝制。清·闵小艮《清规玄妙·外集》:"凡全真所戴之巾有九式:一曰唐巾、二曰冲和、……其或老者戴冲和。"

【北斗冠】　古代道士所戴冠帽。三国·魏·曹植《与陈孔璋书》:"夫披翠云以为衣,戴北斗以为冠。"明·谢肇淛《五杂俎》卷十二:"北斗,道冠也。"

【七星冠】　道士所戴有七星纹饰之冠帽。《宣和遗事》前集:"忽值一人,松形鹤体,头顶七星冠,脚着云根履,身披绿罗襕,手持着宝剑迎头而来。"《红楼梦》第一○二回:"法师们俱戴上七星冠,披上九宫八卦的法衣。"

戴七星冠的张天师
(清代苏州桃花坞木版年画)

【虎文巾】　仙人、道士头巾。《太平御览》卷六七五辑梁·陶弘景《真诰》:"龙冠金精巾、虎巾、青巾、虎文巾、金巾,此天真冠巾之名。"

【逍遥巾】　古代年轻道士所戴头巾。用纱罗为之,戴于头上安闲舒适,逍遥自在,故名。清·闵小艮《清规玄妙·外集》:"凡全真所戴之巾有九式:一曰唐巾、二曰冲和、三曰浩然、四曰逍遥。……其或老者戴冲和,少者戴逍遥。"

【玄冠】　古代道士之冠帽。《太平御览》:"真诰曰:'海空经曰:真仙道士并戴玄冠,披翠被。'又'洞神经曰:受道之人,皆玄冠草履'。"

【冲虚巾】　古代受天仙戒道士所戴的一种巾帽。清·闵小艮《清规玄妙·外集》:"上等有道之士,曾受初真戒者,方可戴纶巾、偃月冠;……天仙戒者,冲虚巾……"

【五岳冠】　古代受天仙戒道士所戴之冠。冠作覆斗形,有的作箕形,罩住发髻,用玉簪固定。清·闵小艮

《清规玄妙·外集》:"上等有道之士,……天仙戒者,……五岳冠。"

五岳冠

【莲花巾】　古代女道士的一种头巾。状若莲荷之形,故名。自佛教传入我国,便以莲荷作为佛教标志,寓意"净土、纯洁、吉祥"。故历来僧道都喜爱戴"莲荷冠"、"莲花巾"。唐·李白《江上送女道士褚三清游南岳》诗:"吴江女道士,头戴莲花巾。"明·田艺蘅《留青日札》卷二十二载:吴江女道士,头戴莲花巾。

【荷叶巾】　全真教道士所戴的一种头巾。为道士"九巾"之一。九巾:混元巾、九梁巾、太极巾、荷叶巾……

【紫阳巾】　古代全真教道士所戴的一种头巾。清·闵小艮《清规玄妙·外集》:"凡全真所戴之巾有九式,……冷时用幅巾,雪夜用浩然,平常用紫阳、一字,各从其宜。"

【一字巾】　见"紫阳巾"。

【藏族喇嘛僧帽】　藏族喇嘛僧帽分"班仁"、"班同"两种。均有寓意。精通十明者,才有资格戴"班仁",精通五明者,佩戴"班同"。卓孜玛、卓鲁、执事僧所戴,多为前者,一般僧侣所戴,多为后者。这种僧帽的形制近似昂首公鸡,故俗称"鸡冠帽"。藏传佛教中因派系不同,所戴僧帽颜色有别,格鲁派戴黄色鸡冠帽,苯教戴黑色鸡冠帽,宁玛派戴红色鸡冠帽。因而有红帽系、黄帽系和黑帽系等称谓。活佛在夏季所戴的僧帽,称唐绣帽。

【班仁】　见"藏族喇嘛僧帽"。

【班同】 见"藏族喇嘛僧帽"。

藏族喇嘛僧帽

【神帽】 北方渔猎民族萨满戴的一种帽子。赫哲族的神帽分"斡格布廷"(初级神帽)和"富耶基"或"胡也刻"(鹿角神帽)两种。以鹿角叉的多少而分品级;鹿角分三、五、七、九、十二、十五叉,共六级。也可看出派别。男女萨满的神帽,除初级神帽外,均有飘带。飘带分品级,有布和熊皮的两种,长短不一。帽前飘带较短,遮住眼睛,露出鼻子;旁边与后面的飘带长些,一般约 60 厘米。帽后有一特长飘带,并拴一铜铃,拖至脚跟。三叉鹿角神帽,只有布带 9 条,无皮带。五叉才有皮飘带。十五叉鹿角神帽飘带有 52 条,皮带有 19 条。神帽上的铜铃,三叉拴 11 个,五叉拴 17 个,十五叉拴 19 个。由于萨满派别和品级不同,神帽的样式略有差异。

【斡格布廷】 见"神帽"。

【富耶基】 见"神帽"。

【胡也刻】 见"神帽"。

神帽

【福依基】 赫哲族萨满神具。意为"鹿角神帽"。神帽顶部插有鹿角,故

名。据鹿角枝叉多少,以区分等级高低,通常分三叉、五叉、七叉、九叉、十二叉和十五叉六级。在鹿角间,饰有一铜制或铁制鸠神,两旁又各有一空吉神(有翼神兽)。神帽上饰有飘带和铃铛。铃铛上饰兽面图案。帽前饰有一铜镜。鄂温克、达斡尔、鄂伦春等民族,亦有这种神帽,形制、纹饰大同小异。

【鹿角神帽】 见"福依基"。

【猴皮帽】 羌族"端公"的一种法帽。相传羌族习俗:认为金丝猴为许(端公)的护法之神(或传说是猴头的祖师),每当"端公"作法事时,必戴猴皮帽,以此象征祖师金丝猴附体。在跳神时,其步伐常为两脚紧并,舞步是上下左右跳跃,以代表金丝猴的动作。在平时也要供奉"猴头童子",使用猴头法器。

【"嘎那"篾帽】 为云南武定、禄劝等地彝族"毕摩"的专用篾帽。帽呈圆形,直径二尺,以青毡敷于外壳,有两只特大的鹰爪悬挂于帽的两侧,鹰爪上还缠包着若干条红布。据"毕摩"介绍,帽之制作,要请最好的工匠选择最好的日子砍最好的竹子,再选最好的日子破篾编制,且一月只编一次,每次只能编二至三匹篾子,一顶篾帽约要二三年才能编成。篾帽上的毡子,有的地方要选用黑色公羊脖子上的毛弹制,还要七个妇女头上的头发掺入。篾帽上的鹰爪必须是九斤以上的大鹰爪。有关"毕摩"帽的传说和佩戴要求,参阅《毕摩帽说明》,刊《云南民俗集刊》3 集。

【壮族佛婆帽】 壮族道门巫婆法帽。主要流行于广西龙州等壮族地区。宽约 34、长约 139 厘米。帽顶呈碑形,帽身上饰彩绣和剪纸,黑底,绣有龙、凤、麒麟和如意等吉祥纹样。帽身下垂饰有 7～9 条约 110 厘米长的飘带,每条飘带均绣有 6～9 幅不同的吉庆图案。整件佛婆帽,配色艳丽,绣工齐整,十分精致。因龙州地

区素以壮绣闻名,故制作的佛婆绣帽,亦很精工优美。

壮族佛婆帽

手套、手笼

【手套】 套在手上的服饰用品，有防寒或保护手的作用。按材料分有棉纱、毛绒、锦缎、皮革等；按式样分有长、短、单指、分指；有仅护手背而露十指的，也有全护十指的。有些精致的长手套或网眼手套，主要是用于礼仪和装饰。男女都戴用。湖南长沙马王堆汉墓曾出土有精致的刺绣手套，表明手套在西汉早期已较流行。

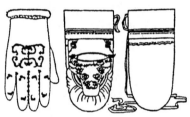

上：西汉刺绣手套（长沙马王堆汉墓出土）
下：现代绣花手套

【汉信期绣手套】 西汉绣花手套。湖南长沙马王堆汉墓出土。墓内第268号竹简："素信期绣尉一两，赤缘，千金绦饰。"素，即素绢；信期绣，指绣花纹样名称；一两，指一副；赤缘，指手套镶有红色缘边；千金绦饰，指装饰的绦带织有"千金"字样。手套绣工精致，缝制精美。古代遗留手套甚少，汉代绣花手套更为难得，十分珍贵。

汉"信期绣"手套
（湖南长沙马王堆汉墓出土）

【"延年益寿大宜子孙"锦手套】 东汉手套珍品。1959年新疆民丰大沙漠1号墓出土。手套作为长筒形，长24、宽12厘米，大拇指戴着，其他四指外露。锦为平纹经锦，底色为绛色，上用浅驼、白、宝蓝等色织成鸟兽云纹和"延年益寿……"铭文。据夏鼐研究，这种锦需要75片提花综才能织成，是当时制作最复杂的一种织物。参阅夏鼐《新疆新发现的古代丝织品——绮、锦和刺绣》，《考古学报》1963年1期。

【魏晋刺绣方格纹锦手套】 魏晋手套珍品。现藏新疆博物馆。是一副带拇指套的直筒手套，上、下开口，全长分别为32.7、31厘米，上宽11、10.5厘米，下宽12厘米。手套顶部由天青色绢缘边，折叠成双层。拇指套由蓝绢缝制，用锁针绣法绣出鸟、藤草纹等。左手套的表和里都是用两种织锦缝合而成，其中上半部是绛式方格纹织锦，下半部是白地蓝格纹织锦。绛式方格纹织锦的方格内填有十字花瓣、立鸟、菱形回纹等，由蓝、白、红、绿色组成。右手套的里面与左手套相似，但是上半部分是刺绣图案，由一块较大的刺绣裁剪而成。图案为藤草纹、鸟纹、环纹等。用色有白、绿、红、黄、天青色等。在手套

魏晋刺绣方格纹锦手套（上：表面 下：里面）
（新疆博物馆藏品）

下部口缘缝缀有白绢系带，带长16、宽1.5厘米。

【波勒】 达斡尔族的一种传统手套。用狍皮制作，保暖、坚实、适用，有的饰有团寿、如意和各种几何形纹，富有民族特色。分三类：火若替波勒（五指手套）、海奇波勒（没腰的手套，即"手闷子"）、主日阿思波勒（带腰手套）。做五指手套，将毛剪成半厘米左右，能五指伸进去，便于取物和劳动。带腰手套宜保暖，手心腕处留有活口，取东西时手掌可从活口缝中伸出来，手套的巴掌就扒在手背上，运用自如。

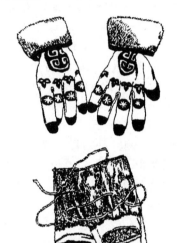

达斡尔族手套
（《中国民族民俗文物辞典》）

【卡其玛】 赫哲族常用手套。流行于我国黑龙江、松花江、乌苏里江流域。其式样较多。为了便于持枪狩猎，将手套背面的抽褶与手掌部的另一块皮子缝在一起；在大拇指上部挖洞，再镶狍皮边挡风，开枪射击时将手指由洞伸出，便于装弹和扳机；再用较薄的兽皮或鱼皮条做带子，缝在手套口上，戴时扎好，可御寒保温，也免丢失。另一种是五指并拢不分开，将手掌、手背两块皮子缝在一起。后改用布制手套作里，再以鱼皮缝套罩外，防水耐磨。还有一种以柔软的狍皮染成黄色缝制，五指分开，背后绣有各种花纹，美观耐用。

【手笼】 清末光绪至宣统间,上海等地流行短袖,手腕常露外。为防寒时冷风吹侵,制作一种像圆筒般的手笼,两手可纳置其中,俗称"臂笼子"。一般用棉实其中,表以锦缎花绣,考究的用貂、狐皮毛为之。后北京等地亦较流行。

【臂笼子】 手笼的俗称。见"手笼"。

用手笼取暖的清代男子
(清·宣统时《图画日报》)

【手筒】 一种似提包式的服饰用品,左右两边开口可以插手,以保持手的暖和。中间装缝拉链,可盛放钱币等小件物品。手筒需用和大衣相同衣料裁制,和大衣配套穿着,这类大衣大多用裘皮或长毛绒等衣料裁制,在四十年代至五十年代各大城市最为流行。

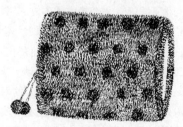

手筒

裤子

【袴】 本作"绔",现写作"裤"字。古时指套裤,以别于有裤裆的"裈"。《礼记·内则》:"衣不帛襦袴。"孙希旦集解:"襦,里衣;袴,下衣。二者皆不以帛为之,防奢侈也。"《说文》:"绔,胫衣也。"即是说,袴没有裆,是套在腿上起御寒作用的。《太平御览》引《列士传》:"冯援(冯谖)经冬无袴,面有饥色。"又引《高士传》:"孙略冬日见贫士,脱袴遗之。"汉代,男人穿的袴有裆;女人穿的袴无裆;女人穿裙,或不穿袴。至两宋时期,一般多穿开裆袴。《方言》四:"袴,齐鲁之间谓之褰,或谓之襣;关西谓之袴。"满裆之袴,古作"裈"。现裤有长裤、短裤、中式、西式等各种不同品种和式样。现代我国城乡居民穿着的裤子,大多属西式裤,中式裤是无前后裤片之分,无侧缝、无开襟、裤管较大,裤腰用另布(一般均用白布裁制),腰臀很肥的平面型裤子。西式裤是立体型的,穿在身上适身合体。裤的长度不到膝盖部位者称短裤;裤的长度至下肢脚面部位者称长裤,裤的长度介于长裤和短裤之间者称中裤,一般约在膝盖下 10 厘米左右。西式裤并有男式、女式、童式等区分。

左:宋代男子穿的开裆袴(宋人《盘车图》)
右:南宋开裆夹裤(江苏金坛南宋周瑀墓出土)

【绔】 今称套绔,左右各一,分裹两胫。参阅清·段玉裁《说文解字·注·绔》。

【膝裤】 亦称"角袜"。古之套裤。《炙毂子》载:膝裤三代名"角袜",前后两只相成,中心系带。为古时袜之制,与今膝裤同。古之袜,今膝裤之制,后改为有底,遂分其名:一曰袜,一曰膝裤。

【穷袴】 古代一种前后有裆的缚带袴。亦称"穷绔"、"穷裤"。《汉书·外戚传》:"虽宫人使令皆为穷袴,多其带。"颜师古注:"服虔曰:'穷袴,有前后当,不得交通也。'……穷袴即今之绲裆袴也。"从文字记载看,这种穷袴,在当时主要是宫廷妇女的服饰。

【穷绔】 见"穷袴"。

【穷裤】 见"穷袴"。

【缚衣】 妇女所穿的小衣,相当于后世的套裤。《急就篇》二:"禅衣、蔽膝、布母缚。"《说文》:"缚,蘅貉中女子无绔,以帛为胫空,用絮补核,名曰缚衣,状如襜褕。"

【藕覆】 古代的一种裤袜,别称"藕覆"。《致虚阁杂俎》载:太真贵妃着鸳鸯并头莲之锦裤袜,帝戏曰:"贵妃裤袜上真鸳鸯莲花,不然安得有此白藕乎!"太真贵妃由是名裤袜为"藕覆"。

【新石器时代的裤子】 1988 年,在甘肃玉门出土一件新石器时代人形彩陶,高 20 厘米,头顶中空,侈口,双眼镂空,胸部饰网纹饰件,下穿不连裆裤子,袴长至足,无袴腰,用带系缚,脚穿翘头靴。这是新石器时代早期的一种长袴形象资料。

穿不连裆裤子的新石器时代彩陶人形
(1988 年甘肃玉门出土)

【瑞兽纹文句锦缘氍花毛布裤】 东汉或西晋毛布裤珍品。新疆出土,现藏新疆博物馆。直筒合裆毛布裤长110、腰宽 61 厘米。裤身为两幅氍花毛布,裤筒为直筒状,裤口宽 29.5、31厘米。裤筒上装饰两排横条形氍织花纹,裤筒缘边皆为相似的瑞兽纹文句锦,锦面图案是藤草纹,之间饰有鹿、虎、对鸟和瑞兽等纹样,由蓝、白、绛红、果绿、土黄色组成。两条裤腿均保存一块较大织锦,右裤筒织锦文字是"恩泽下岁大孰宜子孙",左裤筒织锦文字是"子孙富贵寿"。在裤筒缘边其他小片织锦上,也有"富贵寿"、"恩泽"等字。经拼对,织锦文句可缀合成全文:"恩泽下岁大孰宜子孙富贵寿"十二字。

东汉—西晋瑞兽纹文句锦缘氍花毛布裤
(新疆博物馆藏品)

【跗注】 古代一种用皮革制的军裤。《左传》成公十六年:"有韎韦之跗注。"杜预注:"跗注,戎服。若裤而属于跗,与裤连。"韎韦,浅赤色之柔牛皮。《国语·晋语》:"鄢之战,却至以韎韦之跗注,三逐楚平王。"清·郝懿行《证俗文》二:"跗注,著足而属于裤,如今勒子鞋之制,取其装束劲急而防失坠也。"河南汲县山彪镇战国墓出土铜鉴,上刻有攻战图纹,兵卒下服长裤,与足相连属,当为战国之跗注军裤。

穿跗注军裤的战国兵卒
(河南汲县山彪镇出土战国铜鉴)

【袯袥】 古代的一种小袴。汉·扬雄《方言》卷四:"大袴谓之'倒顿',小袴谓之'校衬'，楚通语也。"《字汇·衣部》："校衬，小袴，服以取鱼者。"

【大袴】 古代一种有裆的长袴。亦称"倒顿"、"大袑"、"雹袴"。汉·扬雄《方言》卷四："大袴谓之倒顿。"晋·郭璞注："今雹袴也。"《汉书·朱博传》："(朱博)又敕功曹：官属多褒衣大袑。"唐·颜师古注："袑，谓大袴也。"

【倒顿】 见"大袴"。

【大袑】 见"大袴"。

【雹袴】 见"大袴"。

穿大袴的南北朝男子
(帐下督高句丽古墓壁画)

【裈】 古代有裆短裤。亦作"㡓"。汉·刘熙《释名·释衣服》："㡓，贯也，贯两脚，上系腰中也。"汉·史游

穿裈(有裆短裤)的汉代百戏艺人
(山东沂南出土汉代画像石)

《急就篇》："襜褕袷複褶袴裈。"唐·颜师古注："合裆谓之裈。"《说文》段注："㡓，幒也。……今之满裆裤，古之裈也。"

【㡓】 见"裈"。

【犊鼻裈】 一种有裆的短裤，因其形似犊鼻，故名。《史记·司马相如列传》："相如身自着犊鼻裈，与保庸杂作，涤器于市中。"集解引韦昭书注云：犊鼻裈以三尺布作之。刘奉世曰："犊鼻穴在膝下，为裈财令至膝，故习俗因以为名，非谓其形似也。"这与《急就篇》所说在膝上二寸为犊鼻相符。这种短裈一直沿至清代，江苏南方有之，名曰"牛头裤"。简称"犊鼻"。

【牛头裤】 见"犊鼻裈"。

【犊鼻】 见"犊鼻裤"。

穿犊鼻裈的汉代杂役
(汉代画像石)

【中帬】 古代的一种内裤。亦称"中裙"、"中裠"。《汉书·石奋传》："取亲中帬，厕牏，身自浣洒。"颜师古注："中帬，若今言中衣也。"王先谦补注："中帬者，近身下裳，今有裆之袴，俗为小衣者是矣。"清·刘大櫆《胡孝子传》："至夜必归。归则取母中裙秽污，自浣涤之。"清·王晫《今世说·德行》："下至中帬厕牏，皆自涤之。"

【中裙】 见"中帬"。

【中裠】 见"中帬"。

【纨绔】 古代用细绢缝制的裤。亦称"纨袴"。《汉书》一〇〇上《叙传》："数年，金华之业绝，出与王、许子弟为群，在于绮襦纨绔之间，非其好也。"注："纨，素也。绮，今细绫也。并贵戚子弟之服。"

【纨袴】 见"纨绔"。

【缚袴】 魏晋南北朝是袴子的盛行时期，士庶百姓多以着袴为时尚。袴的形制较宽松，袴管较肥大，俗称"大口袴"。与大口袴相配的上衣做得较紧身，称"褶"，褶和大口袴穿在一起，当时称为"袴褶"，为这时期的一种流行服式。南朝·宋·裴松之注引《江表传》："(吕范)出，更释袧，著袴褶。"《太平御览》卷六九五引《西河记》："西河无蚕桑，妇女以外国异色锦为袴褶。"由于袴管肥大松散，以三尺丝带将袴管于膝盖处缚紧，走路骑乘较为便捷，这种缚带的袴子，当时称"缚袴"。《东昏侯纪》："(东昏侯)戎服急装缚袴，上著绛衫，以为常服。"穿着这种缚裤的人物形象，在河南邓县南北朝墓出土的画像砖，山西大同北魏司马金龙墓出土的漆画以及河北景县北朝封氏墓出土的陶俑上都有所反映。

【大口袴】 见"袴褶"。

穿缚袴的北朝男子

【条纹裤】 古代裤名。初唐新装。新出土的新疆初唐壁画证明，这种条纹裤是五色相间丝织物。一般缝制

成小裤口，为唐初时之新装。参阅《中国古代服饰研究·步辇图》。

唐代条纹裤
（陕西西安南里王村唐韦洞墓石刻线画）

【胫衣】 古代套裤。《说文》："袴，胫衣也。"清·段玉裁注："今所谓套裤也，左右各一，分衣两胫。"

【套裤】 裤类名称，又称"裤套"。只有左、右裤管，而没有裤裆、裤腰，穿着时用系带方式和裤带系结在一起。汉·许慎《说文解字》："袴，胫衣也。"段注："今所谓套裤也。"清代，其形式为上口尖，下裤管平，穿时露出臀部及上腿后面上部。有棉、夹、单之分，面料有布、缎、纱、绸、呢等，大都为男子所服。北方由于气候寒冷，服时则把裤脚管用丝织的扁宽带子扎紧，南方亦有效此作扎裤管的。后有在裤脚上镶以黑缎的。马夫、侍僮则穿窄小的套裤。满族妇女及江苏北部的妇女亦有穿套裤的，并在裤管下镶滚如意头饰，下用一对纽扣扣紧。近代则多穿有裆的套裤。套裤主要作为防雨和防污的穿着之用。我国在秦汉以前就有这类套裤，称无裆裤。现时穿着的

穿套裤的清代男子

有裆裤，就是从它演变发展而成。

【裤套】 即"套裤"。

【永谐裤】 古代裤名。新婚后穿用，寓永久和谐之意，故名。《戊辰杂钞》："新婚三日后，命工分作两裤，婿女各穿其一，谓之'永谐裤'。"

【佛光袴】 古代的一种袴子。佛光者，指以杂色横合为绮。宋·陶谷《清异录》："五代潞王（李）从珂出驰猎，从者皆轻零衫、佛光袴。"

【南宋周瑀墓出土袴子】 1975年，江苏金坛茅山黑龙岗南宋周瑀墓出土合裆袴4件和开裆袴3件。合裆单裤筒为前后两幅缝合，上接裤腰，另加三角形裆，于右侧开腰系带。开裆裤有2件夹的，1件丝绵的，裤筒为前后两幅缝合，上接裤腰，裤筒内侧上有一个三角形小裆分开而不缝合，于背后开腰，两端系带。

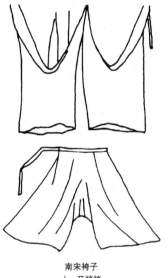

南宋袴子
上：开裆袴
下：合裆袴
（江苏金坛茅山黑龙岗南宋周瑀墓出土）

【水裩儿】 宋元时期的一种短裤。为男子游泳、嬉水时穿着，故名。

【牛头子裈】 明清时劳作者所着的一种短裤，亦称"牛头裈"、"梢子"。裤形似牛头，故名。明·田艺蘅《留青日札》二十二："汉司马相如着犊鼻裈，……即今之牛头子裈。一名梢

子，乃为农夫衣，而士人无复服之者矣。"清·徐珂《清稗类钞·服饰》："牛头裈者，农人耘田时所著之裤也。江苏有之，裤甚短，形如牛头，故名。盖耘时跪于污泥中，跣足露胫。本可不著，著此者，以有妇女同事田作，冀蔽其私处，不为所见也。"

【牛头裈】 见"牛头子裈"。

【梢子】 见"牛头子裈"。

穿牛头子裈的明代农夫
（明人《皇都积胜图》）

【戎服袴】 古代兵事所服之袴。都用皮革缝制，战事临阵所穿，故名"戎服袴"。《后汉书·马援传》："身衣羊皮裘皮袴。"这种皮袴，即为军中所穿之戎服。

【虎文锦裤】 古代的一种锦文裤。上饰虎纹，故名。多武将服之。《汉官仪》："虎贲郎将，衣'虎文锦裤'。"《后汉书·舆服志》下："五官、左右虎贲、羽林、五中郎将，羽林左右监皆冠鹖冠，纱縠单衣。虎贲将虎文绮，白虎文剑佩饰。"《太平御览》卷六九五引汉应劭《汉官仪》："虎贲中郎将衣纱縠单衣，虎纹锦裤。"《通典·职官志》十一："虎贲中郎将，主虎贲宿卫，冠插两鹖尾，纱縠单衣，虎文锦袴，余郎亦然。"至唐代亦用于舞乐之人。《新唐书·礼乐志》十一："舞人更以进贤冠，虎文袴，螣蛇带，乌皮靴，二人执旌居前。"

【豹文锦裤】 古代一种织有豹纹的锦裤，故名。多武将和宫中仪卫将军服之。《新唐书·礼乐志》十一："朝会则武弁、平巾帻、广袖、金甲、豹文绮、乌皮靴。"

【掩裆裤】 旧时较流行的一种裤式。由裤腰、裤裆、裤腿组成。有单、夹、棉三种。裤裆较肥大，顶部与裤腰连缝，裤腿分开角度较大。穿时将裤腰裹紧折叠，用带系结。男女均穿，南北皆有。

【拼裆裤】 苏州水乡妇女的一种俗服。龚建培《江南水乡妇女服饰与民俗生态》：苏州地区水乡妇女的拼裆裤，裤腿多用兰地白花或白地兰花的靛蓝花布缝制，裤裆用兰或黑色土布拼接。裤管紧窄，宽裤裆。紧裤腿、宽裆、外加卷膀，为适应参加当地的水田劳作。

苏州水乡妇女的拼裆裤
（《江南水乡妇女服饰与民俗生态》，
《江苏文史研究》1998 年 3 期）

【灯笼裤】 现代裤类名称，裤管宽松，裤脚收拢，裤腰部位嵌缝松紧带，上下两端紧窄，中段松肥，形如灯笼，故名。大多用柔软的绸料或化纤衣料裁制，适宜作练拳和练功等穿着之用。清·徐珂《清稗类钞·服饰》："晋北人夜多卧炕，女子有自幼至老从不履地者。……其所著棉裤，重至十斤，土人号曰灯笼裤，状其大也。"也有人称裤管宽松、系有绑腿的裤，为灯笼裤。

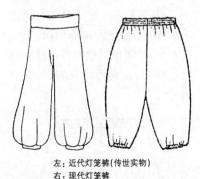

左：近代灯笼裤（传世实物）
右：现代灯笼裤

【直筒裤】 现代裤类名称，又称"筒裤"。直筒裤的裤脚口，一般均不翻卷。由于脚口较大（与中裆相同），裤管挺直，所以有整齐、稳重之感。在裁剪制作时，臀围可以略紧，中裆应略为上提，这样更能反映裤管的宽松挺直的特点。

【筒裤】 现代裤类名称，直筒裤的简称。见"直筒裤"。

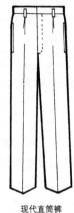

现代直筒裤

【三骨裤】 现代裤类名称，我国俗称"中裤"。三骨是港澳地区对英制三夸脱（Quarter）的谐音。三夸脱即四分之三的意思。裤长在四分之三部位的中裤称为三骨裤。其长度约在穿着者膝盖下 10～20 厘米之间。这种裤子在港澳地区穿着者较多，八十年代也曾在内地流行。

【中裤】 现代裤类名称，三骨裤的俗称。见"三骨裤"。

【喇叭裤】 现代裤类名称，是一种裤裆短，裤腿窄，裤脚口较大，形似喇叭的长裤。喇叭分大小两种，小喇叭的裤脚口比中裆略大，约在 25 厘米左右。大喇叭的裤脚口，有的竟在 30 厘米以上，穿着后像把扫把在扫地。因为这种裤脚口实在太大，不合我国

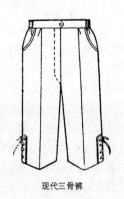

现代三骨裤

穿着习惯，故穿用者较少。喇叭裤大多用劳动布裁制，衣缝止口沿边缉双道针迹明线。

现代喇叭裤

【马裤】 现代裤类名称。一种特为骑马方便而制作的裤子。膝部以上宽松肥大，以下就特别窄瘦，恰好裹住腿部，并作开襟，有一排纽扣扣合。有一种专门用以制作马裤的斜纹衣料，称"马裤呢"。

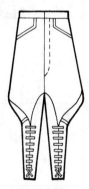

现代马裤

【牛仔裤】 现代裤类名称。一种用靛蓝色粗斜纹布裁制的直裆短、裤腿窄，缩水后穿着紧包臀部的长裤。因其最早出现在美国西部，曾受到当地的矿工和牛仔们的欢迎，故名。现时

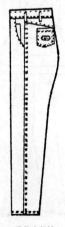

现代牛仔裤

的牛仔裤大多用劳动布(又名坚固呢)裁制。衣缝沿边缉双道橘红色的缝线针迹,并缀以铜钉和铜牌商标。牛仔裤的造型现已成固定格局,不分男女均可穿着。

【连衣裤】　现代裤类名称,也称"连衫裤",是上衣和裤子连在一起的一种服装形式,主要用于儿童穿着。连衣裤大都没有衣领,在背后开襟,式样结构简单,穿脱方便,在民间和农村穿着者较多。有些机械修理工的工作衣,也有采用连衣裤式样的。1985年以来,在女式时装式样中,有尝试采用连衣裤结构的倾向。

【连衫裤】　现代裤类名称,即"连衣裤"。

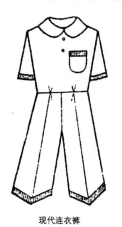

现代连衣裤

【背带裤】　现代裤类名称,又称"饭单裤"或"工装裤",是在普通的长裤或短裤上面,加上一只护胸(俗称饭单),穿着时用背带,不用腰带,故名。因为这种裤子的造型,是从机工工作裤的式样变化而来,故又称工装

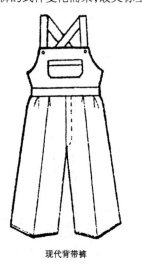

现代背带裤

裤。现今背带裤大多作为男女童裤穿着,也有部分女青年把它作为日常便服穿着。

【饭单裤】　现代裤类名称,即"背带裤"。

【工装裤】　现代裤类名称,即"背带裤"。

【连袜裤】　裤类名称,又称"芭蕾舞裤"。是一种袜裤相连的服饰用品,大多用高弹力的尼龙丝针织而成。应属针织品袜类的范畴。有成人型和儿童型、薄型和中厚型等多种,最适宜在春夏之交穿着裙子时用。

【芭蕾舞裤】　现代裤类名称,即"连袜裤"。

【裙裤】　现代裤类名称,从造型外观看,很像一条裙子,实际上是一条有裆缝的裤子,所以称它为裙裤。它的式样特点,是前后均有大型暗折裥,裤脚宽大,并可做成各种式样的插袋或贴袋。裙裤是女式服装中的特殊品种,羽毛球、网球等女运动员都喜穿着,也可作为旅游或游泳后的穿着。而现时大多女青年,则作为夏季便服穿着。

现代裙裤

【运动裤】　现代裤类名称,是体育运动员所穿裤子的总称。一般均是指田径运动员或球类运动员所穿的短裤,大多在裤腰处装缝松紧带,裤脚口呈圆弧形,裤的侧缝下端开衩或嵌缝富有弹性的针编罗纹。裤料色调鲜艳多彩。有时还缝有镶色的滚条等作装饰。现已成男女青年在盛夏

季节穿着的便裤,属于生活服装的组成部分。

现代运动裤

【阿罗式衬裤】　现代裤类名称,俗称"双裆衬裤"或"瓶裆衬裤"。因该衬裤系美国阿罗内衣公司所首创,故名。衬裤的特点是没有后裆,后裤片是一瓶状形的,裤缝是在裤片的左右两侧,穿在身上,不会有臀沟的夹裆现象,非常舒适,特别受胖体人的欢迎。

【双裆衬裤】　现代裤类名称,阿罗式衬裤的俗称。见"阿罗式衬裤"。

【瓶裆衬裤】　现代裤类名称,即"阿罗式衬裤"。

现代阿罗式衬裤

【平脚裤】　现代衬裤类名称,裤脚不像三角裤那样向上翘,而是齐平,故称平脚裤。有一种简易式的平脚裤,前后裤片结构相同,连缝在一起,并利用拼裆布拼宽横裆和拼长直裆,因此用料较省,日常穿用者较多。

现代平脚裤

【衬裤】 衬于外裤内的一种内裤。主要起保暖和装饰作用。常见的衬裤有：紧贴形长衬裤、灯笼形衬裤、裙型衬裤和松紧式衬裤等。用料夏季用薄软的丝、棉织物，冬季选用较厚的毛、棉织物。

【三角裤】 一种贴身内裤。俗称"三角裤衩"。主要有两种：一种裤腰低于肚脐；一种裤腰高于肚脐。裤料多选用透气有弹性的纯棉针织物。

【三角裤衩】 见"三角裤"。

【通身袴】 古代少数民族的一种袴子。用青娑罗缝制，其袴与上衣相连，故名"通身袴"。《新唐书·扑子蛮传》载："其西有扑子蛮，趫悍，以青娑罗为通身袴。"

【鱼皮裤】 赫哲族用鱼皮制作的一种套裤。赫哲语称男鱼皮裤为"敖约刻"；女皮裤为"嘎荣"。男裤上口为斜口，女裤上口为齐口。男女套裤皆镶边或刺绣花纹。春、秋、冬均穿。冬天穿它打猎耐磨，春秋打鱼穿它不透水。裤料一般用槐头鱼、哲罗鱼或狗皮皮制作，鱼皮晒干后，须用木锤锤软，才可缝制。

【敖约刻】 见"鱼皮裤"。

【嘎荣】 见"鱼皮裤"。

穿鱼皮裤的赫哲族妇女
（孔令生《中华民族服饰900例》）

【兽皮裤】 鄂温克、鄂伦春、赫哲等族的一种传统冬服。流行于黑龙江、松花江、乌苏里江流域和大、小兴安岭地区。主要用兽皮缝制，故名。赫哲族皮裤裤腰以棉布缝制，裤裆裤腿为狍皮；鄂温克族皮裤种类较多，长短不一，用鹿皮、犴皮制作，无毛的春秋季节穿用，有毛的，毛在外面的冬季穿用，短的夏季穿用；鄂伦春族皮裤男子穿的裤腿较短，仅及膝部，女子穿的裤腿长达脚面，较男子穿的瘦，裤襟为椭圆形，可覆盖至胸部，并缝有两条带子套在颈部，后腰有开口。

穿大脚裤的彝族男子
（孔令生《中华民族服饰900例》）

【大脚裤】 彝族的一种传统男裤。亦称"大裤脚"。主要流行于四川雷波、马边、峨山、屏山等地区。用一匹宽8寸、长2丈8尺的蓝色或黑色布缝制而成。无腰，宽大。讲究者在脚口镶3寸宽的色布，并镶一圈丝织细栏干，其外边不缝上。平时穿两侧垂地如褶裙，跑跳时须将两个裤脚向上挽卷，并将多余的布压在裤带之上。

穿大裆裤的土家女子
（孔令生《中华民族服饰900例》）

【大裤脚】 见"大脚裤"。

【大裆裤】 土族的一种传统裤服。主要流行于青海等地区。通常用窄幅毛蓝粗布为料，剪成两块长方形的裤身、两块直角三角形的大衩、两块钝角三角形的小衩和裤腰缝制而成。裤长3尺、腰围3尺、立裆2尺5寸、裤脚5寸。因裤裆较肥大，故名。

【巴基】 朝鲜族的一种男裤。主要流行于黑龙江、吉林、辽宁等地。其裤裆肥大，一般有45厘米，裤脚为22厘米，宜于盘腿而坐。穿时裤脚用丝带捆绑。一般用白色布缝制，也有用深色布料。

穿巴基裤的朝鲜族男子
（孔令生《中华民族服饰900例》）

【帖弯】 土族妇女的一种传统裤套筒。主要流行于青海互助土族自治县、乐都和同仁等县。套筒宽一尺左右，接在裤筒膝下。在互助地区，中青年妇女的裤为蓝色，套筒用黑色；若裤为黑色，则套筒为蓝色。套筒和裤子相接处白布夹条，套筒下沿与套筒的颜色黑蓝或蓝黑搭配，使泾渭分明。少女的套筒用红色。同仁地区妇幼套筒一般是红色，老年妇女为咖啡色。但在吉庆节日，青年女子的套筒上黑下灰各半，以示庄重。

【笼裤】 渔民海上捕鱼时穿的一种裤子。主要流行于我国东南沿海捕鱼地区。裤腿呈直筒形，裤身、裤腰特别肥大，主要为操作灵活方便。用栲树皮栲成酱黄色，质地牢固，不沾水，穿着十分普遍，故有"菩萨穿笼裤"之民谚。

足衣

【袜】 足衣。古代袜有用皮革做的，有用布帛或丝锦制作的。皮革的称"皮袜"、"韤"，布帛的称"布袜"，丝锦的称"丝袜"、"锦袜"、"罗袜"。不缝的布袜，称包脚布。汉代的袜，高约一尺，袜上端有带，穿时用带系紧上口。袜色有白色、赤色等。《后汉书·礼仪志》："有绛裤袜。"凡穿祭服，用赤色袜。现代袜的造型，多种多样，有长统袜、中统袜、短统袜等，还有平口、罗口，有跟、无跟和提花、织花等多种式样和品种。

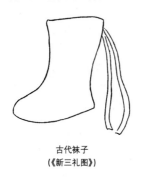

古代袜子
（《新三礼图》）

【足衣】 袜子。《说文》："韤，足衣也。"

【锦勒】 袜名，古锦制之袜。

【韤】 即"韤"、"袜（袜）"。《说文》："袜是足衣。"最初，韤大概是皮做的。韤字后写作"练"，说明韤的质料已有所改变。

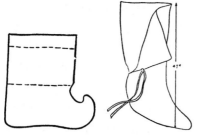

左：宋代绢袜（福州南宋黄昇墓出土）
右：明代袜子（上海松江明墓出土）

【角袜】 古代袜名。以柔皮制作，系带，先秦时人所服。五代·马缟《中华古今注》："三代及周，著角袜，以带系于踝。"宋·高承《事物纪原》："袜……，三代已有之，谓之角袜，前后两相承，系之以带。"明·王三聘

《古今事物考》：初有"角袜"，以带结于踝，至魏文帝吴妃，始改样以绫罗细绢制之，并绣绘彩纹，穿于足，再套于履，用以护足。

【半袜】 古代妇女所穿的一种无底袜。亦称"膝裤"。《事物异名录·半袜》引明·田艺蘅《留青日札》："唐世妇人皆著袜，今妇人缠足，其上亦有半袜罩之，谓之膝裤。"清·赵翼《陔余丛考·袜膝裤》："今袜有底，膝裤无底，形制有别；但古时袜或似今膝裤之制，后人改为有底，遂分其名。一名'袜'，一曰'膝裤'。"参见"膝裤"。

【鸦头袜】 古代吴越地区的一种女袜。鸦头，即"丫头"。俗称"叉头袜"。这种袜穿着时，脚拇指与其他四指可分开。如"丫"形，故名"鸦头袜"。穿着这种鸦头袜，与当时的习尚和地理环境有关。唐·李白《越女词》："屐上足如霜，不着鸦头袜。"金·元好问《续小娘歌》："风沙昨日又今朝，踏碎鸦头路更遥。"这种布袜的形式我国现已不多见，但在日本仍有穿用。

【叉头袜】 见"鸦头袜"。

【千重袜】 古代的一种多层罗锦袜。用罗帛十余层，锦夹络之，冬季服用。宋·陶谷《清异录·衣服》："唐制，立冬日进千重袜，其法用罗帛十余层，锦夹络之。"

【袜裤】 古代女子的一种长筒袜。古时妇女不穿裙时，以袜裤套于胫部裤上。袜裤，系从契丹传入中原。《宋史·舆服志》："（徽宗大观七年）又诏敢为契丹服若毡笠、钓墩之类者，以违御笔论。钓墩，今亦谓之'袜裤'，妇人之服也。"

【袜套】 古时的一种脚袋。可单独穿用，亦可穿于长袜外边，主要起保护长袜的作用。

【韤船】 古人对袜子下缘的称谓。清·梁同书《直语补证》："今人称韤

下缘曰船。……一云，船，领缘也。施之于韤，形更近似。"

【汉代袜子】 袜子，可能开始是用皮革做的，故名里有"革"或"韦"。后将材料改为织物，后其名里有"丝"或"衤"。现存早期袜子实物，多为两汉遗物，袜子质料有罗、绢、麻及织锦等，全部为布帛。比这些布帛容易保存的皮革之袜，却不见一例，可见最晚不迟于汉代，袜子的质料大多用布帛所制。西汉时期的袜子，长沙马王堆西汉墓出土的两双女夹袜，为双层素绢缝制，齐头、短勒，勒后开口，开口处系有袜带。袜底长 23、勒长 21～22.5、口宽 12～12.7 厘米。湖北江陵凤凰山西汉墓出土的一双女袜，用麻布制作，底长 22 厘米，出土时穿于死者足部。新疆民丰汉墓出土的一双东汉红罽绣花锦袜，制作精致，显见东汉的袜子材质和制作比西汉时要高贵和考究得多。

上：西汉绢袜（长沙马王堆西汉墓出土）
下：东汉锦袜（新疆民丰尼雅东汉遗址出土）

【"延年益寿大宜子孙"锦袜】 东汉足衣珍品，1959 年新疆民丰大沙漠 1 号墓出土。足衣基本上作成长筒状，足趾部分略收小，左：长 45.5、宽 17.5 厘米；右：长 43.5、宽 17.3 厘米。左右稍有差异。锦为平纹经锦，底色为绛色，上用白、宝蓝、浅驼、浅橙色织成鸟兽云纹和"延年益寿大宜子孙"八字铭文。据夏鼐研究，这种锦需要 75 片提花综才能织成，是当时制作最复杂的一种织物。参阅夏鼐《新疆新发现的古代丝织品——绮、锦和刺绣》，《考古学报》1963 年 1 期。

【菱纹"阳"字锦袜】 东汉足衣珍品，1959年新疆民丰大沙漠1号墓出土。足衣作成长筒形，足趾部分收口呈圆形。长39、宽14厘米。锦用绛紫、白、宝蓝等色织成菱形四方连续纹和"阳"字铭文。

东汉菱纹"阳"字锦袜
（1959年新疆民丰出土）

【清皇帝锦绵袜】 清代皇帝御用锦袜。锦缎缝制，内缀丝棉，冬季服用。袜上缘织绣有祥云、行龙纹，袜身饰缠枝莲纹，制作十分豪华精致。

清代皇帝锦绵袜

【狍皮袜】 赫哲、鄂伦春、鄂温克等族的一种冬用传统足衣。主要用狍皮缝制，故名。男女均穿。主要流行于松花江、黑龙江、乌苏里江和大、小兴安岭等地区。赫哲语称"都库吞"，鄂伦春语为"道布吐恩"，鄂温克语名"道克顿"。狍皮袜通常为前开口，毛向内，高17、长27厘米左右。保暖性特好，主要用以御寒保暖。尤其冬季外出狩猎，可与兽皮靴或靰鞡同时穿用。

【都库吞】 见"狍皮袜"。

鄂伦春族狍皮袜
（中国历史博物馆藏品）

【道布吐恩】 见"狍皮袜"。

【道克顿】 见"狍皮袜"。

【塔吉克毡袜】 塔吉克族的一种传统毡花袜。因主要用白毡缝制，故名。当地亦称"脚绕普"、"审吐巴"。流行于新疆塔什库尔干塔吉克自治县等地区。在毡袜袜口常刺绣有红、黄、绿、蓝、黑圆形、菱形等多种几何花纹，穿时袜口绣花露于靴外，分外醒目。

【脚绕普】 见"塔吉克毡袜"。

【审吐巴】 见"塔吉克毡袜"。

【麦斯海袜】 穆斯林的一种皮袜。"麦斯海"，阿拉伯语即"皮袜子"。流行于西北地区。多用黑色软薄牛皮缝制，洁净光亮。穆斯林每天五次礼拜，礼拜前须小净、洗脚。冬季每天洗脚极不便，按规定，穿"麦斯海袜"，于小净时可免去洗脚，只用湿手在袜尖至后跟摸一下，以此表示已洗脚，故穆斯林老人冬季最爱穿麦斯海皮袜。

【连裤袜】 一种连裤的长筒女袜。质地柔软轻薄，富有较好的伸缩弹性。由于长筒袜与裤衩连属一体，故无须单提袜子，简便舒适。

【花套袜】 现代袜类名称，是纱线袜中花色品种最多的短统袜。有男花套袜和女花套袜之分；袜口类型有罗口（包括单、双罗口和翻口）和橡口两类；花型组织有横条花、罗纹花、对称三角花、单花板、双花板、吊线、方格、网眼以及印花、绣花等多种，花型变化较繁复。

【健康袜】 现代袜类名称，一种具有特异功能的袜子。按人的脚、腿所需不同的按摩程度，采用四种松紧不同的织法（中织、强织、最强织和无压力）。穿上这种袜子，双脚就被包紧，无论走动、站立，还是下坐，不同的部位都能受到不同程度、有松有弛的按摩，促进人的脚和腿的血液循环，因而消除疲劳，故取名"健康袜"。

【运动袜】 袜类名称，又称罗口粗线球袜或回力球袜，外形与一般单罗口袜相同，但所用纱线的精细和根数，则与其他单罗口袜显然不同。运动袜一般采用4根36号(16s)纱或5根28号(21s)纱织成，由于所用线较粗，且根数也多，所以质地粗厚，结实耐磨，适合爱好运动者穿着，故取名运动袜。

【医疗袜】 袜类名称。用弹力锦纶丝和橡胶丝交织而成，全部是罗纹组织。袜子的外形，有上下开口的袜筒和只有袜头的无跟袜两种。适宜静脉曲张、脉管炎、淋巴肿的病员作辅助医疗穿用。这种袜子的弹性特别好，穿上后就像打上绑带一样，曲张的血管受到压迫，促进血液循环，减轻腿部胀痛。

【长袜】 袜筒长及大腿以上的女袜。一般分完整型、经编针织型和无缝型三种。完整型根据脚形而增减针数，后跟处有缝，因是成型织出，所以又叫成型袜；经编针织型袜是用经编机编出来的料子裁剪后，在脚后跟加缝线而制成的长袜；无缝长筒袜是用小圆形编织的K式螺旋机织制，并通过热处理把筒形变成脚形状，从脚尖织起，后跟无缝，故称长筒无缝袜。

【短袜】 袜筒长度从脚踝处到接近膝盖部位的一种袜子。一般袜筒长至膝盖以上的称超膝短袜；长至膝盖的称为高短袜；长度到脚踝骨的短袜，称超短袜。

【童袜】 儿童穿的袜子。分三类：平口童袜，如平口棉毛花童袜、平口花童袜等；花套袜，如双口花童袜、双口素色童袜、翻口花童袜、宝宝袜；球袜，如罗口素色童球袜、双口吊格童球袜等。童袜按公分分若干种，如10、12、14、16公分等，供各年龄儿童穿用。

历代靴、鞋、履

【履】　鞋。单底的叫履,复底的称舃。履本为动词,是"践"、"踩"或"着鞋"的意思。《诗·魏风·葛屦》:"纠纠葛屦,可以履霜,因长跪履之。"战国后,履字渐作为名词。《荀子·正名》:"粗布之衣,粗䌷(鞋带)之履,而可以养体。"从先秦时起,履头已有高起且略向后卷的絇。絇本不分歧,这种履即通常所称的笏头履,汉代常见歧头履。湖南长沙马王堆1号汉墓和湖北江陵凤凰山168号墓,均出土有这种履的实物。至唐代,妇女所着的履变化繁复,履头或尖,或方,或圆,或分为数瓣,或增至数层,式样很多,以后履的样式变化不大。

【靴】　亦作"鞾",一种高至踝骨以上的长筒鞋,来自西域。《中华古今注》:"靴者,盖古西胡也,昔赵武灵王常服之。其制:短勒、黄皮。"这种靴子的实物,曾有残件出土,上面布满圆铜泡钉,与文献可相印证。《说文》:"鞮,革履也,胡人履连胫谓之络鞮。"络鞮就是后代的所谓靴。可见,靴是从外族传入中原的。以后靴在我国甚流行。《晋书·刘兆传》:"尝有人着靴骑驴,至兆门外。"《南史·萧琛传》:"(琛)乃着虎皮靴,策桃枝杖,直造俭(王俭)座。"

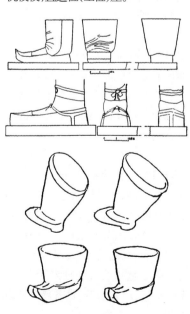

上:秦代靴
下:唐代靴

【屦】　上古的鞋叫屦,一种便履,以麻葛等材料制成,叫"麻屦"、"葛屦"。其制多为薄底,为仕宦平常家居穿着。出外行走,则穿屐。《诗·魏风·葛屦》:"纠纠葛屦,可以履霜。"据说,葛屦是夏天穿的,冬天穿用皮制的皮屦。一般的屦,为麻绳所编,编时边编边砸,使之坚实耐用。《孟子·滕文公》上:"捆屦织席以为食。"赵岐注:"捆,犹叩椓也。织屦欲使坚,故叩之也。"

【鞋】　古代作"鞵"字。《说文》:"鞵,生革鞜也。"(鞜,用兽皮做的鞋。)可见鞋是鞜的一种。古书上常用皮屦、革舃、革履、韦(熟牛皮)履等词,来指用皮做的鞋子。鞋,初时用皮革制成,故"鞋"字从革。后也有用丝、麻制作的,名"丝鞋"、"麻鞋"。穿时上面用带收紧,一旦脱下,"则舒解也",古时"解"与"鞋"同音,故以鞋名之。再以后,"鞋"字成为鞋类的总称。

宋代鞋

【兽皮袜】　一种最原始的"鞋"。亦称"裹脚皮"。系用整块兽皮切割而成,用绳包扎于脚上。这种兽皮袜原始鞋,可能已有近万年历史。新疆吐鲁番出土有3 200多年前的一种简易高帮"皮鞋",可能就是在兽皮袜的基础上,改制形成的。

新疆吐鲁番出土的高帮"皮鞋"
(距今约3 200年)

【裹脚皮】　见"兽皮袜"。

【新石器时代圆头鞋、尖头鞋】　在甘肃玉门烧沟新石器时代遗址,出土一件半身人形彩陶罐,穿原始蔽膝裙、胫衣,下着一双圆头鞋。甘肃玉门烧沟出土的四坝文化半身人形彩陶罐,穿三角网纹下裳,足穿一双尖头鞋。可见,远在新石器时期,我国的先民已制作有圆头、尖头等多种鞋式。

上:新石器时代圆头鞋(甘肃玉门烧沟新石器
时代遗址出土半身人形彩陶罐)
下:新石器时代尖头鞋(甘肃玉门烧沟出土四
坝文化半身人形彩陶罐)

【良渚文化木屐】　世界最早之木屐。1987年,浙江宁波慈湖遗址上层出土。计两件,皆为左脚屐。屐身比足稍大,略呈长方形,前宽后窄。其中1件屐身平整,屐上有五个小孔,头部一孔,中部和后部各两孔,两孔间挖有凹槽,槽宽和孔径相同,推测屐是用绳子穿过小孔嵌于槽内和足面系牢。另一件圆头方跟,三对小孔,后

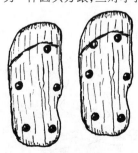

浪渚文化木屐
(1987年浙江宁波慈湖遗址上层出土)

端两组孔间挖凹槽,槽宽和孔径亦相同。这两件良渚文化遗物,距今已有4 000多年历史。

【商代皮靴】　2005年,新疆罗布泊小河墓地出土。高22.5、底长29、前宽13.5、后宽9厘米。用三块皮子缝制。靴底毛朝外,棕红间灰白色。在靴底脚心与后跟间两侧,各留出一个小凸棱。靴面正中,涂饰有一条红道,红道两侧穿有数个小洞,洞内对插羽毛和红毛线。用一条灰色毛绳,穿过靴口两侧孔洞,并在靴腰处绕两圈,后系紧,在灰毛绳两端结有缨穗。

商代皮靴
(新疆罗布泊小河墓地出土)

【舄】　复底鞋。鞋面为绸缎,鞋底加一层木底以防泥湿。为古时祭祀所用之履。在古履中,以舄为贵。《天官》:"舄只于朝觐、祭祀时服之。"周皇帝之舄有三种颜色:白、黑、赤。以赤舄为上服,因"赤者盛阳之色,表阳明之义"。皇后之舄也有三色:赤、青、元。以元色为上服,因"元者正阴之色,表幽阴之义"。所以皇帝

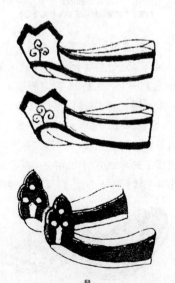

舄
上:(宋·聂崇义《三礼图》)
下:(明《中东宫冠服》)

在最隆重场合穿赤舄,皇后穿元舄。舄多为绸缎所制。舄与其他鞋履的不同主要在于鞋底,一般都装有木制的厚底,使其不受潮湿。崔豹《古今注》:"舄,以木置履下,干腊不畏泥湿也。"因其下置木,故穿时走泥地不怕泥湿。后,舄引申为鞋的通称。《史记·滑稽列传》:"屦舄交错。"

【金舄】　古代祭祀所服之履。其舄以黄金为饰,故名。古时舄只于祭祀和朝觐服之。《诗·小雅·车攻》:"赤芾金舄。"孔颖达疏:"金舄者,即《礼》之赤舄也。故笺云:'金舄,黄朱色。'加金为饰,故谓之金舄。"

【复舄】　古代的一种复层木底鞋。《古今注》:"舄,以木制履下。"《方言》:"自关而西谓之屦,中有木者,谓之复舄;自关而东谓之复履。"《急就篇》:"履舄。"注:"复底而有木者,谓之舄。"

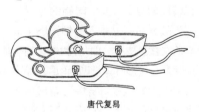

唐代复舄

【赤舄】　亦称"朱舄"。古代天子祭天之履。帝王有赤、白、黑三色舄,以赤舄为上服。赤,为盛阳之色,表阳明之义。天子于最隆重场合著赤舄。舄用丝绸缝制。《诗·豳风·狼跋》:"赤舄几几。"毛传:"赤舄,人君之盛履也。"注:王吉服有九,舄有三等,赤舄为上。赤舄为舄之最上。《后汉书·舆服志》下:"赤舄绚屦,以祠天地。"

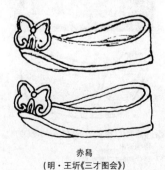

赤舄
(明·王圻《三才图会》)

【鲁风鞋】　春秋时鲁国式样的一种鞋。相传孔子居鲁时,常服鲁风鞋。宋·陶谷《清异录》载:唐代宣宗李忱,性儒雅,令有司仿照孔子履以进,曰"鲁风鞋"。

【遵王履】　古代鞋履之别称。宋·陶谷《清异录》载:唐宣宗李忱,令有司仿造孔子履以进,名"鲁风鞋"(相传为孔子所着鲁国式样之鞋),臣下多效之,稍改其样,别称"遵王履"。

【礼鞸】　古代祭祀用的一种靴鞋。古履,以舄为贵。《天官》:"舄,只于朝觐、祭祀服之。"舄多为绸帛所制,舄之鞋底,装有木制厚底,使其不受潮湿。古制,祭服用赤、黑两舄。晋·崔豹《古今注》载:"舄,以木置履下,干腊不畏泥湿也。"祭祀脱舄升坛,祭毕下坛穿舄。相传唐宋以后,公服用鞸,祭祀按古制仍穿舄。明代嘉靖时,改穿礼鞸(靴),始除服舄之制。参见"舄"。

礼鞸

【靸角】　亦称"仰角"、"印角",简称"靸"。古履的一种。《方言》四:"丝作之者谓之履,麻作之者谓之不借,粗者谓之屦,东北朝鲜洌水之间谓之靸角。"又:"徐士邳圻之间,大粗谓之靸角。"《注》:"今漆履有齿者"。也作印角。《急就篇》:"靸鞮印角褐襪巾。"唐·颜师古《注》:"印角,履上施也。形若今之木履而下有齿焉,欲其下不蹶,当印其角,举足乃行,因为名也。"

【仰角】　见"靸角"。

【印角】　见"靸角"。

【鞧】 见“鞧角”。

【帛屐】 用帛制的鞋。汉·刘熙《释名·释衣服》:“帛屐,以帛作之,如孱者;不曰帛孱者,孱不可践泥者也;此亦可以步泥而浣之,故谓之屐也。”

【革履】 古代的一种用皮做的鞋。因用皮革所制,故名“革履”。通常在履上有带,穿时将带拉紧,使履口收缩,固着于足;脱履,将带解开,即可脱下。《汉书·郑崇传》:“哀帝擢为尚书仆射,数求见谏争,上初纳用之,每见曳革履,上笑曰:‘我识郑尚书履声。’”颜师古注:“孰(熟)曰韦,生曰革。”

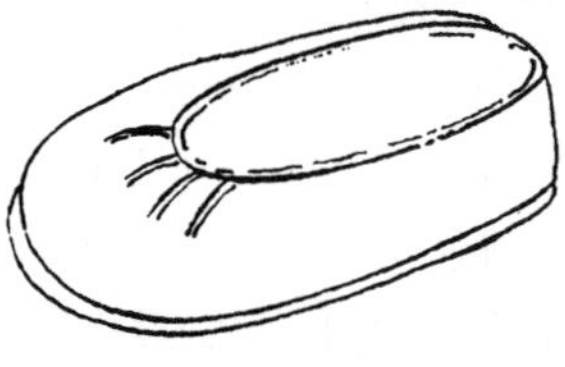

革履
(《新三礼图》)

【丝履】 古代的一种用丝帛为面的鞋,故名。秦汉时颇为盛行。亦称“丝屦”。《诗·魏风·葛屦》:“纠纠葛屦,可以履霜。”孔颖达疏:“凡履,冬皮,夏葛,则无用丝之时。而《少仪》云‘国家靡敝,君子不履丝屦者’,谓皮屦以丝为饰也。《天官·屦人》说‘屦舄之饰有絇、繶、纯’,是屦用丝为饰。”我国较早的丝履,出土于湖南长沙马王堆1号汉墓,其女尸足上着有丝履,履头两叉分向左右翘起,薄底、浅帮。东汉后丝履讲究的或施以彩绣,或缀以珠宝。

【丝屦】 见“丝履”。

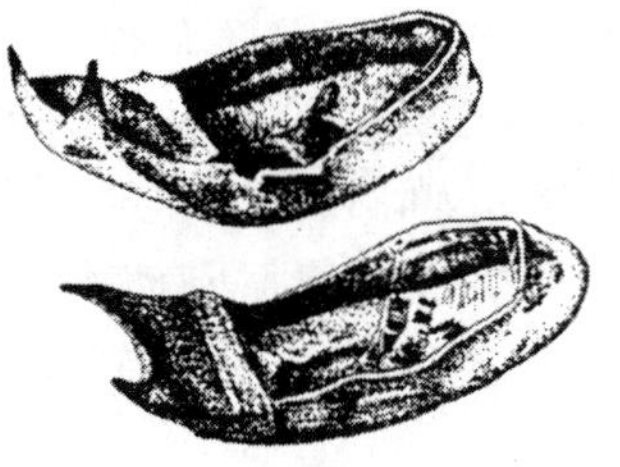

西汉丝履
(湖南长沙马王堆1号汉墓出土)

【吉莫靴】 古代的一种皮靴。《北齐书·韩宝业传》:“臣向见郭林宗,从家出,着大帽,吉莫靴。”唐代·张鷟《朝野佥载》:“宗楚客造一宅新成,……磨文石为阶砌及地,著吉莫靴,行则仰仆。”

【络鞮】 古代的一种长筒靴。皮革缝制,本为胡服。鞮,用兽皮制的鞋。《说文》:“鞮,革履也。”段玉裁注:“胡人履连胫,谓之络鞮。”

【鞮】 古代兽皮做的鞋。《说文》:“鞮,革履也。”

【鞜】 兽皮做的鞋。《汉书·扬雄传》下:“躬服节俭,绨衣不敝,革鞜不穿。”

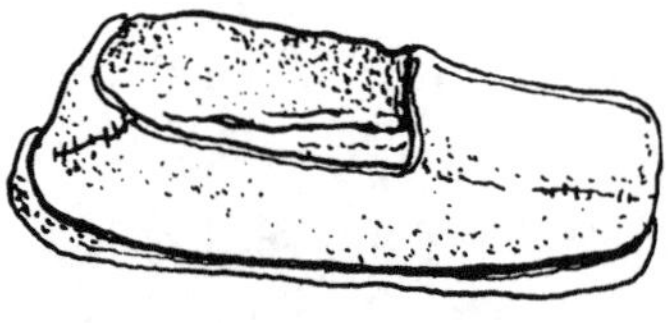

汉代皮鞋
(湖南长沙汉墓出土)

【陶靴、陶鞋】 古代陶制的靴、鞋。均为随葬品。青海乐都柳湾出土有辛店文化彩陶靴一件,时代约为商代中晚期。靴形具体清晰,靴面彩绘有几何形曲直线纹。从中可看出商人当时穿靴的情景。在安徽亳县隋开皇二十年(600)迁葬的王幹墓中,出土有陶鞋,鞋作高翘头,与隋唐时流行的翘头履相一致,亦反映出当时穿履鞋的一种习俗。陶靴、陶鞋出土极少,甚罕见。

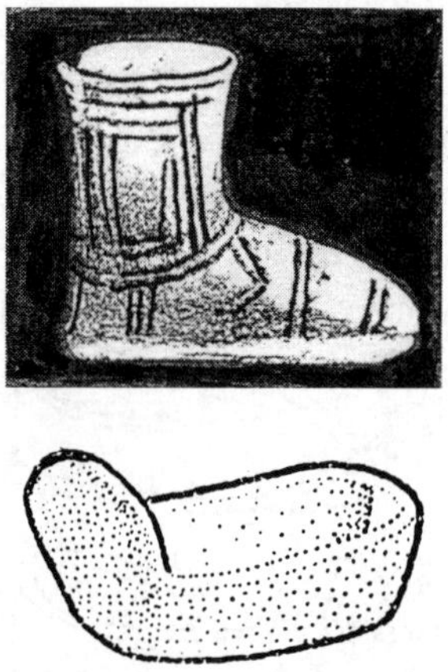

上:辛店文化(约商代中晚期)彩陶靴(青海乐都柳湾出土)
下:隋代陶鞋(安徽亳县出土)

【玉履】 古代帝王的殓服。为玉制葬鞋。用玉片按等级的不同,用金丝、银丝、铜丝联缀制成,与玉衣配套服用。玉履之制,约始于春秋战国,通行于汉代,魏晋后渐废止。参见“玉衣”、“金缕玉衣”。

【三国漆画木屐】 1984年,安徽马鞍山市郊东吴名将朱然及其妻妾合葬墓出土一双漆画木屐,屐身小巧,中有三个较细孔眼,底有两齿。显然此双小巧漆画木屐,为朱然妻妾之随葬品,推测当时应有五彩丝绦为系。汉晋时期,木屐广为流行,男女均穿用,当时贵族大贾所穿木屐,款式多样,装饰华美。《后汉书·五行志》:“延熹中,京都长者皆着木屐,妇女始嫁,至作漆画,五采为系。”《晋书·宣帝纪》载:宣帝为便于行军快捷,命将士穿软材平底木屐行军于蒺藜中。《南史·谢灵运传》载:谢灵运常穿一种前后两齿可随意折卸的木屐,上山去前齿,下山去后齿。唐·李白《梦游天姥吟留别》诗句“脚著谢公屐,身登青云梯”即描写此意。

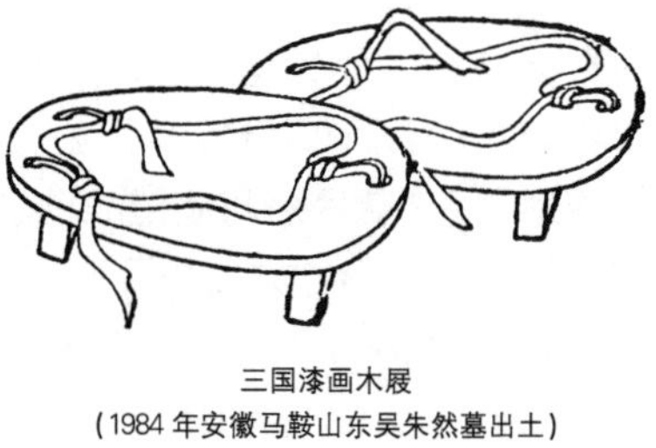

三国漆画木屐
(1984年安徽马鞍山东吴朱然墓出土)

【东晋织成履】 东晋织成履珍品,1964年新疆吐鲁番阿斯塔那北区第39号墓出土。履长22.5、宽8、高4.5厘米。履用褐红、白、黑、蓝、黄、土黄、金黄和绿八色丝线编织而成,上有散点几何小花纹,并织有“富且昌宜侯王夫延命长”十字铭文。同墓出土有东晋升平一一年(367)、一四年

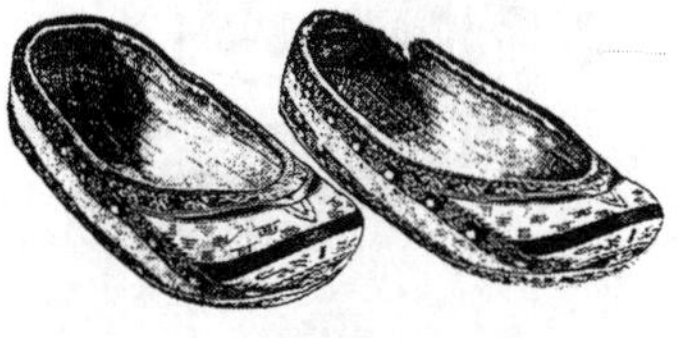

东晋织成履
(新疆吐鲁番阿斯塔那北区39号墓出土)

(370)文书。丝履织工精细,配色和谐,色泽如新,鞋式优美,制作精致,为汉晋文献中所记的"丝履"的新发现。

【方头履】 古代鞋名。因其鞋头呈平方形,故名。亦称"平头履",简称"方履"。创始于先秦时期,秦汉时较流行。陕西临潼秦始皇陵东侧兵马陶俑,有不少将士俑皆穿这种方头履。湖北江陵凤凰山西汉墓出土的彩绘女木俑,亦为这种方履。西汉前,为天子、诸侯专用,后士庶皆可穿用。晋太康后,妇女都爱着方履。至隋唐,方履用作舞鞋。宋、明时期,仍有人穿着方头履。

【平头履】 见"方头履"。

【方履】 见"方头履"。

穿方头履的秦代将士
(陕西临潼秦始皇陵东侧出土将军陶俑)

【歧头履】 古代鞋名。汉代已有,长沙马王堆1号汉墓出土的帛画上,墓主人脚上即着有歧头履。歧头履是晋、六朝高齿屐的前身。它是古代一种高头分梢履,履头两叉分向。《说略》中记画家米芾为文德皇后画履一事,载其制:"有唐文德皇后遗履,以丹羽织成,前后金叶裁云为饰,长尺,底向上三寸许,中有两系,首缀二珠,盖古之歧头履也。"

【高头分梢履】 见"歧头履"。

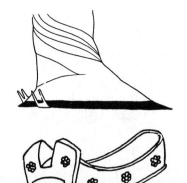
上:西汉歧头履(湖南长沙马王堆汉墓帛画)
下:唐代歧头履

【五文织成靴】 晋代的一种高级女靴。用五色丝麻织物制成。《晋书·石季龙传》:"季龙以女骑一千为卤簿,皆着五文织成靴,游于戏马观。"

【长勒靴】 古代的一种长筒靴。靴长至膝。《南史·陈暄传》:"袍拂踝,靴至膝。"《隋书·礼仪志》:"玉梁带,长勒靴,侍从田狩则服之。"北宋·沈括《梦溪笔谈》:"窄袖绯袍,短衣,长勒靴。"上海市宝山县明墓出土有明代短勒靴,长度类似现代的中统胶靴,现藏上海博物馆。

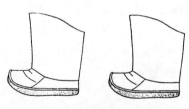
明代短勒靴
(上海宝山县明墓出土)

【仙飞履】 古代的一种履鞋名。亦称"伏鸠头"、"鸠头"。以瑞鸠为饰,鸠,瑞鸟,寓吉祥之意,故名。明·杨慎《履考》:"(隋)炀帝令宫人靸瑞鸠头履,谓之'仙飞履'。"《续事始》:"履舄,……西晋永嘉元年,……宫内妃御皆之,始有伏鸠头、凤头履子。"五代·马缟《中华古今注》:"至东晋……即有凤头之履。"隋代之"仙飞履",即为晋时"鸠头、凤头履"之遗制。

【伏鸠头】 见"仙飞履"。

【鸠头】 见"仙飞履"。

【鸳鸯履】 古代绣有鸳鸯的鞋。五代·后唐·马缟《中华古今注·鞋子》:"汉有绣鸳鸯履,昭帝令冬至日上舅姑。"《全唐诗》三三四令狐楚《远别离》诗之二:"玳织鸳鸯履,金装翡翠帘。"

【丛头履】 古代鞋名。鞋头似一丛花朵之形,故名。流行于唐、五代时期。用彩帛裹丝绵缝制。唐·和凝《采桑子》词:"丛头鞋子红编细,裙窣金丝。"即咏此。甘肃敦煌莫高窟和安西榆林窟,唐、五代壁画中常见有穿丛头履鞋的妇女。

穿丛头履的唐代贵妇
(甘肃敦煌莫高窟 130 窟唐代壁画)

【高齿履】 古代鞋名。晋、六朝高齿履,是从汉代歧头履演变而来。颜子推曾骂齐梁子弟喜着高齿履。其形制在鞋之头部高高耸起,履头向左右两叉分向,呈"ΥΥ"状。在唐·阎立本《列帝图》中隋文帝侍臣即着高齿履。传吴道子《送子天王图》中亦见有此履式。鞋之前部高耸式样,开先男女原有分别,男的头方,女的头圆,以后即混同无别。沈从文《中国古代服饰研究·晋六朝男女俑》:"关于脚下穿著的,'屐者,妇圆,男子头方。至太康初,妇人屐乃头方。'又'旧为屐者,齿皆达,彻上,名曰露卯。太和(366～371)中忽不彻,名曰阴卯'。……屐齿上扁而达(即向上翻起薄薄一片部分,有缝由上到下),像个'卯'字,所以叫'露卯'。后忽不彻(有缝不到底),所以到'阴卯'。……

'齿'、'卯'在鞋上的位置,大致还是在鞋子前面如牙齿状东西为合理,而不是指底部高起部分。"

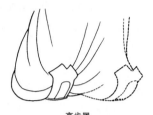

高齿履
(唐·阎立本《列帝图》)

【笏头履】 古代鞋名。是从晋代高齿屐演进而来。鞋之前部高高耸起,呈圆弧形,如笏头,故名。河南邓县出土南北朝模印彩绘砖上的贵族和两侍女,均穿鞋头高耸之笏头履,图像十分清楚。南北朝时期,这种履称"笏头履",至隋唐时,称为"高墙履"。多女用,亦见有男子穿用。

【高墙履】 见"笏头履"。

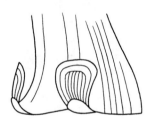

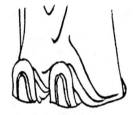

上:南北朝笏头履(河南邓县南北朝墓模印彩绘砖画像)
下:隋代高墙履

【重台履】 古代的一种鞋式。亦称"重台屐"。鞋头翘起部分形如重台,故名"重台履"。相传南朝宋时有此式样。五代·后唐·马缟《中华古今注》:"宋有重台履。"隋唐时期较流行,多女用,男子亦穿。陕西唐代墓壁画中,常见有妇女着重台履。唐代元稹有"金蹙重台履"诗句。此鞋多为礼仪场合穿用。

【重台屐】 见"重台履"。

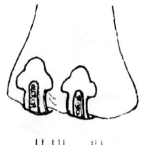

穿重台履的唐代妇女
(下:新疆吐鲁番阿斯塔那出土"唐人仕女图"部分)

【生香屐】 古代一种衬有香料的鞋。能散发清香,故名。元·龙辅《女红余志》:"无暇屐墙之内,皆衬沉香,谓之生香屐。"

【尘香履】 古代贵族妇女所穿之鞋。《烟花记》:"陈宫人卧履,皆以薄玉花为饰,内散以龙脑诸香屑,谓之尘香。"

【珠履】 缀有明珠的鞋子。亦称"珍珠履"。《史记·春申君列传》:"春申君客三千余人,其上客皆蹑珠履以见赵使,赵使大惭。"

【珍珠履】 见"珠履"。

【飞云履】 古代履名。唐·冯贽《云仙杂记》引《樵人直说》飞云履:相传唐·白乐天居庐山草堂曾作飞云履。玄绫为质,四面以素绡作云朵,染以四迭香,行步振履,足下如生云气。故取名"飞云履"。

【莲头履】 古代鞋名。因鞋头以莲花为饰,故名。亦称"莲花履"。日本京都正仓院,藏唐人"树下美人图"屏风,绘两位唐代妇女,穿交领上衣,披帛,下着长裙,其中一位妇女足穿莲花履,履首所饰莲头十分清晰。

穿莲头履的唐代妇女
(日本正仓院藏唐人"树下美人图"屏风)

【雀头履】 古鞋名。传"雀头履"为唐代杨贵妃之鞋,真珠饰口,薄檀为苴。元·伊世珍《瑯嬛记》中引《姚鸳尺牍》:"马嵬老媪拾得太真袜以致富。其女名王飞,得雀头履一只,真珠饰口,以薄檀为苴,长仅三寸。王飞奉为异宝,不轻示人。"

【小头履】 古代鞋名。因鞋头尖小,故名。主要流行于唐代天宝时期,为当时的一种新时妆。唐·白居易《上阳白发人》诗:"小头鞋履窄衣裳,……天宝末年时世妆。"即指这种"小头履"鞋。唐·周昉《纨扇仕女

上:穿小头履的唐代妇女(陕西西安唐墓出土三彩陶俑)
下:宋代女式小头履(湖北江陵宋墓出土)
(以上均引自高春明《中国服饰名物考》)

图》卷，可看到这种履式。湖北江陵宋墓亦出土有小头履女鞋。

【句履】 鞋名。《庄子·田子方》："儒者冠圜冠者，知天时；履句屦者，知地形。"《释文》："句，音矩。徐邈其俱反。李(颐)云：方也。"句屦也作"句履"。《汉书》九上《王莽传》："受……玚奉玚玭，句履，鸾路乘马。"注："孟康曰：其形歧头，句音巨俱反。"

【六合靴】 古代靴履名。六合，取天地四方之含义。为一种短靿的黑色皮靴，结实耐穿，舒适轻便，古时为帝王的常服便靴。用七片皮革缝合，有六道缝接处，故名。俗称"六缝靴"。亦称"六合鞾"。《旧唐书·舆服志》："(帝)其常服：赤黄袍衫，折上头巾，九环带，六合靴。皆起自魏、周，便于戎事。"《辽史·仪卫志》二："皇帝柘黄袍衫，折上头巾，九环带，六合鞾。起自宇文氏。唐太宗贞观以后，非元日、冬至受朝及大祭祀，皆常服而已。"隋、唐、宋、元、明代皆穿用，清代将其改制为"布靴"。《隋书》："帝王贵臣，多服乌皮六合靴。"《说略》："唐初天子，服六合靴。"明·田艺蘅《留青日札》卷二十二："乌皮六缝，靴也。唐有此名，故曰高力士终以脱乌皮六缝为深耻。"

【六缝靴】 见"六合靴"。

【六合鞾】 见"六合靴"。

【乌皮六缝】 见"六合靴"。

唐代六合靴

【唐代女鞋】 中国历代女鞋，以唐代变化最为多样，履头或圆，或方，或尖，或高，或矮，或分为数瓣，或增至

数层，式样繁复。贵有锦鞋、珠履，而葛履、草履也是唐代妇人所喜爱的服饰之一。温飞卿《锦鞋赋》："碧臙绡钩，弯尾凤头。"《旧唐书·舆服志》载："武德来妇人著履，规制亦重，又有线靴，开元末妇人例著线鞋，取其轻便于事，侍儿乃著履。"白居易诗："小头鞋履窄衣裳，天宝末年时世妆。"《盐邑志林》引《见只编》："唐文德皇后遗履，以丹羽织成，前后金叶裁云为饰，长尺，底向上三寸许，中有二系，首缀二珠，盖古之岐头履也。臣米芾图并书。"《车服志》："妇人青衣碧缬，平头小花草履，彩帛缦成履，及是越高头草履。"

唐代妇女所着各种履头部前视
(1. 莫高窟375窟壁画；2. 莫高窟171窟壁画；3.《簪花仕女图》；4. 莫高窟202窟壁画；5. 莫高窟156窟壁画；6. 莫高窟205窟壁画；7.《历代帝王图》；8. 阿斯塔那230号墓出土绢画；9. 莫高窟石室所出绢画，据《敦煌画的研究》附图125；10、13. 莫高窟130窟壁画；11、12. 莫高窟4窟壁画；14.《宫乐图》)

【唐代锦鞋】 唐代锦鞋珍品。1968年新疆吐鲁番阿斯塔那北区第381号墓出土。同墓出唐大历十三年(778)文书。鞋长29.7、宽8.8、高8.3厘米。制成云头形，做工精致。计使用了三种锦：鞋是用黄、蓝、绿、茶青四色丝线织成的变体宝相花平纹经锦；鞋里衬是用蓝、绿、浅红、褐、蛋青、白六色丝线织成的彩条花鸟流云平纹经锦，其中蓝、绿、浅红三色施晕绸，这是目前所知唐代最绚丽的一种晕绸锦；鞋尖和锦袜同用一种由大红、粉红、白、墨绿、葱绿、黄、宝蓝、墨紫八色丝线织成的斜纹纬锦，图案为红地五彩花，以大小花朵组成花团为

中心，绕以各种禽鸟、行云和零散小花，外侧又杂置折枝花和山石远树，近锦边处还织出宽3厘米的宝蓝地五彩花卉带状花边。整个锦面构图繁缛，形象生动，配色华丽，组织也极为致密，反映了唐代中期织造斜纹纬锦的高度水平。鞋内还附有黄色回纹绸垫一双，绸面光平，回纹匀整，表明当时一般丝织物的技艺也非常精湛。

唐代锦鞋
(新疆吐鲁番阿斯塔那出土)

【解脱履】 丝制的无跟履。唐·王献《炙毂子杂录·靸鞋舄》："梁天监中，武帝以丝为之，名解脱履。"(《说郛》四三)宋·苏轼《苏文忠诗合注·谢人惠云巾方舄》之二："拟学梁家名解脱，便于禅坐作跏趺。"

【泥靴】 古代一种泥制的鞋。为随葬品。陕西礼泉县烟霞乡西周村阿史那忠两小龛内，出土有13只泥靴，时代为唐。泥靴出土文物，甚罕见。

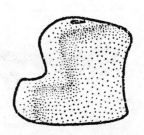

唐代泥靴(陕西礼泉县西周村出土)
(《中国鞋文化史》)

【小靴】 古代妇女穿着的一种小型靴。一般作为雨具用。用皮革制作，有的雕镂有花纹并染色。

【错到底】 北宋妇女的一种缠足鞋。鞋底尖锐，通常为二色合成，鞋面刺绣朵云、金叶，坡跟三寸长；鞋上缝有丝带，系于脚踝之上。元·张翥《多丽词》："一尖生色合欢靴。"说的就是这种缠足小鞋。宋·陆游《老学庵笔

记》卷三:"宣和末,妇人鞋底尖,以二色合成,名'错到底'。"明·田艺蘅《留青日札》卷二十:"其妇人鞋底以二色帛前后半节合成。则元时名曰'错到底',不知起于何代。"

【南宋菱纹绮履】 江苏金坛南宋周瑀墓出土。履长 23.5、后跟深 5 厘米,为浅帮圆口鞋。棕色菱纹绮面,履头镶深棕色牙边为梁,口沿镶深棕色绢边。口梁上饰烟色绢缨结,驼黄绢里,无底。

南宋菱纹绮履
(江苏金坛南宋周瑀墓出土)

【南宋银鞋】 浙江衢州市南宋墓出土有银鞋、银鞋面、银鞋底,银鞋长 14、宽 4.5、高 6.7 厘米;鞋口沿錾刻有如意云纹;鞋面由两片组成,錾刻有宝相花纹;鞋底錾刻有"罗双双"三字铭文。制作十分精致,这种银鞋出土文物,较罕见。

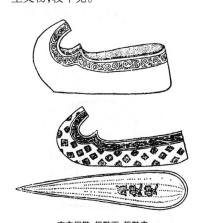

南宋银鞋、银鞋面、银鞋底
(浙江衢州市南宋墓出土)

【银靴】 古代以银制作的一种靴鞋。在内蒙古奈曼旗辽墓和浙江衢州南宋墓,都曾出土有银靴与银鞋。《南唐近事》:"元宗幼学之年,冯权常给使左右。上深所亲喜,每曰:'我富贵之日,为尔置银靴焉。'保大初……,语及前事,即日赐银三十斤,以代银靴。(冯)权遂命工锻靴穿焉,人皆晒之。"参见"辽金花银靴"、"南宋银鞋"。

【辽金花银靴】 辽代银靴珍品。1986 年,内蒙古哲里木盟奈曼旗青龙镇辽陈国公主驸马合葬墓出土。计两双,一双略大,高 34、底长 32 厘米。靴用薄银片锤成靴筒、靴底两部分,靴筒用两片银片相合,下接靴底,用银丝缀合。靴口为椭圆形,靴筒上宽下窄,外侧略呈扇形,靴头较尖,底细长微凹。靴筒上錾刻 4 只凤凰,靴面錾刻 2 只凤凰,每一凤凰旁有 4 朵祥云纹,錾花处均鎏金。两双靴的图案布局,略有差异。用料高贵,纹饰华丽,极为罕见。银靴为辽代宫廷特制的殡葬服饰。

辽代金花银靴
(1986 年内蒙古哲里木盟奈曼旗
辽陈国公主驸马合葬墓出土)

【金代罗地绣花鞋】 金代绣鞋珍品。1988 年黑龙江阿城巨源金代济国王墓出土。鞋长 23 厘米,鞋面上下分别用驼色罗、绿色罗,上绣串枝萱草纹。鞋头略尖,上翘。鞋底较厚,麻制。鞋内衬米色暗花绫。刺绣针法平实、贴切,技法纯熟,配色和谐。金代刺绣十分罕见,甚珍贵。

金代罗地绣花鞋
(1988 年黑龙江阿城巨源金代济国王墓出土)

【不到头】 古代的一种尖头靴。流行于宋、金时期。因其鞋头较尖,穿时足趾不及靴尖,故名。据《暌车志》载:不到头靴鞋,传说为金国主完颜亮所创,其靴尖长,主要为上马蹲蹬方便。

【凤头履】 古鞋名。鞋头以凤纹为饰,故名,亦称"凤翘"。相传秦时有"凤头履",西晋时有"凤头鞋"。五代·后唐·马缟《中华古今注·冠子朵子扇子》:"(秦始皇)令三妃九嫔……靸蹲凤头履。"宋·苏轼《东坡集·谢人惠云巾方舄》诗之二:"妙手不劳盘作凤。"自注:"晋永嘉中有凤头鞋。"

【凤翘】 见"凤头履"。

凤头履

【凤头鞋】 古代的一种高级绣鞋。简称"凤头"。多女用。以绸缎作鞋面,上彩绣凤身,凤头作立体造型,饰于鞋头,厚底。制作精致,均为上层命妇所穿用。始于晋代,明清时较通行。初用布帛缝制,明清时期,有用金银片模压,制成凤首,装缀于鞋头,凤身多为刺绣。《续事始》:"履舄,……西晋永嘉元年,始因黄革为之。宫内妃御皆着之,始有伏鸠头、凤头履子。"五代·马缟《中华古今注》:"鞋子,……至东晋以草木织成,即有凤头之履。"清·李渔《闲情偶

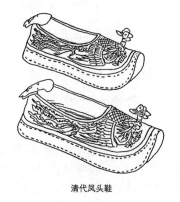

清代凤头鞋

寄》:"从来名妇人之鞋者,必曰'凤头'。世人顾名思义,遂以金银制凤,缀于鞋尖以实之。"北京故宫博物院尚珍藏有清代宫廷妇女之凤头鞋。

【凤头】 见"凤头鞋"。

【云舄】 一种装饰有云纹的鞋。明·屠隆《起居器服笺》:"以蒉草及棕为之云头,如芒鞋。或以白布为鞋,青布作挽云头,鞋面以青布作条,左右分置,每边横过六条,以象十二月意,后用青,云口以青缘。似非尘土中着脚行用,当为山人济胜之具也。"

【文履】 一种布鞋。明·屠隆《起居器服笺》:"用白布作履,如世俗之鞋。用皂丝绦一条,约长一尺三四许,折中交屈之,以其屈处缀履头,近底处取起出履头一二分而为二,复缀其余绦于履面上,双交如旧画图,分其两稍,缀履口,两边缘处是为絇;于牙底相接处用一细丝绦,周围缀于缝中是为繶;又以履口纳足处,周围缘以皂绢,广寸许,是为纯;又于履后缀二皂带以系之,如世俗鞋带是为綦。如黑履则用皂布为之,或白或蓝,为絇繶纯綦也。"

【云头鞋】 古代的一种鞋式。亦称"云头履"。鞋翘头部分,制成云头状,故名。《全唐诗》有"云头踏殿鞋"诗句。新疆吐鲁番阿斯塔那唐墓曾出土有云头锦鞋,锦缎华丽,做工十分精致。参见"唐代锦鞋"。

【云头履】 见"云头鞋"。

云头鞋

【云头靴】 元代的一种靴式。靴头部分以云纹作饰,故名。《元史·舆服志》:"云头靴,制以皮,帮嵌云朵,头作云象,鞯束于胫。"有的在鞋头、鞋跟处,均装饰有云纹图案。

元代云头靴

【蛮鞾】 古代的一种舞鞋。用麂皮缝制。亦称"胡鞾"、"蛮靴"、"鸾靴"。《诗话总龟》二十四引《古今诗话》唐·舒元舆《赠李翱》:"湘江舞罢忽成悲,便脱蛮靴出绛帷。"宋·苏轼《谢人惠云巾方舄》诗:"胡靴短靿格粗疏,古雅无如此样殊。"明·胡应麟《少室山房笔丛》卷十二:"唐诗'便脱鸾靴出翠帷'。"

【胡靴】 见"蛮鞾"。

【蛮靴】 见"蛮鞾"。

【鸾靴】 见"蛮鞾"。

【线鞵】 唐代的一种线鞋。《新唐书·车服志》:"开元中,初有线鞵,侍儿则著履。"唐代履多用草编成,线鞵则用彩色线或麻线结成。辽宁旅顺博物馆藏有实物数种,保存完好。新疆亦出土有麻线编织成的线鞵多种。

【线靴】 唐代一种靴鞋。《新唐书·车服志》:"武德间妇女曳履及线靴。"这种线靴是用麻线或彩线结成。

【线鞋】 古代用细麻线编织的鞋,故名。唐时妇女常着线鞋。《旧唐书·舆服志》:"武德来,妇人着履,规制亦

唐代线鞋
(新疆吐鲁番唐墓出土)

重,又有线靴。开元来,妇人例着线鞋,取轻妙便于事。"线鞋实物,新疆吐鲁番阿斯塔那古墓群屡有出土,以麻绳编底,丝绳为帮,做工细致。甘肃敦煌莫高窟147窟晚唐壁画中,有一女孩的线鞋,描绘特别清楚。

【麻鞋】 古代用麻线编制和用麻布制作的鞋,都称"麻鞋"。相传始于周代,后历代均沿用。唐·王叡《炙毂子录》载:鞋,周以麻为之,谓之麻鞋,贵贱通服。麻鞋轻快、耐穿,夏日穿用十分凉爽。新疆吐鲁番唐墓出土有一部分麻鞋,编织精致,编法多样,式样各异。唐·杜甫《杜工部草堂诗笺·述怀》:"麻鞋见天子,衣袖见两肘。"

唐代麻鞋
(新疆吐鲁番阿斯塔那唐墓出土)

【绲屦】 古代用粗麻绳编织之鞋。绲,绦(绦)也。屦,鞋。《荀子·富国》:"布衣绲屦之士诚是,则虽在穷阎漏屋,而王公不能与之争名。"注:"绲,绦(绦)也。谓编麻为之。粗绳之屦也。"

【蒲履】 鞋名。蒲履穿着轻便,唐代甚流行。亦称"蒲鞋"、"蒲草鞋"。《册府元龟》卷六一载太和六年(832)王涯奏议说:"吴越之间织高头草履,纤如绫縠,前代所无。费日害功,颇为奢巧。"为此,唐文宗曾禁止妇女穿蒲履,但仍盛行。明·胡应麟《少室山房笔丛》卷十二:"至五代蒲履盛行。《九国志》云'江南李升常履蒲靸'是也。然当时妇人履亦用蒲。"可见,蒲履一直受到人们欢迎。唐代蒲履实物,新疆吐鲁番阿斯塔那曾有出土,编制十分精致。

【蒲草鞋】 见"蒲履"。

唐代蒲履
（新疆吐鲁番阿斯塔那出土）

【屮跻】 古代的一种草鞋。《汉书·卜式传》："式既为郎，布衣屮跻而牧羊。"注："跻，即今之鞋也，南方谓之跻。"屮，《说文·屮部》："草木初生也。"跻，亦谓草鞋。

【草鞋】 用稻草或芒草编制的鞋。商周时称"扉屦"、"芒屦"、"草屦"，汉以后称"草鞋"。清·徐珂《清稗类钞·服饰》："草鞋，为劳动者所著。"

【扉屦】 见"草鞋"。

【芒屦】 见"草鞋"。

【草屦】 见"草鞋"。

【八搭麻鞋】 一种用麻编织的鞋。亦称"八答麻鞋"、"八踏鞵"、"八踏鞋"。用麻编制，有四对鞋耳，互相穿搭系缚，故名。轻软透气，耐穿，适宜远行。流行于宋元时期，云游僧道和行旅商贩常喜穿用。元·施耐庵《水

浒传》第二十七回："下面腿绷护膝，八搭麻鞋。"

【八答麻鞋】 见"八搭麻鞋"。

【八踏鞵】 见"八搭麻鞋"。

【八踏鞋】 见"八搭麻鞋"。

【居士屦】 古代用麻、草编织的一种鞋。为古代隐士所服之鞋，故名"居士屦"。唐代隐士宋桃椎，住于山中，不受赠送，曾织屦十双，放在路上，人们说是"居士屦"，以米及茶与之交换，置原地，取屦去。见《新唐书》一九六本传，《宋诗钞·秋崖小藁钞·山居》之二："云粘居士屦，藤覆野人家。"

【搏腊】 古麻鞋、草鞋的别称。即"不借"。汉·刘熙《释名·释衣服》："不借，言贱易有，宜各自蓄之，不假借人也。齐人云搏腊；搏腊犹把鲊，齇貌也。"清·毕沅注："搏腊，犹言不借，声少异耳。"

【绳菲】 古代的一种用麻绳编制的鞋。《仪礼·丧服》："绳屦者，绳菲也。"注："绳菲，今之不借也。"参见"不借"。

【不借】 古代用麻编织的鞋。亦称"不惜"、"薄借"、"搏腊"。丝制者称"履"，麻制者称"不借"。以贱而易敝，不借于人，故名。《急就篇》卷二："裳韦不借为牧人。"颜师古注："不借者，小屦也，以麻为之，其贱易得，人各自有，不须假借，因为名也。"汉·桓宽《盐铁论·散不足》："及其后，则綦下不借。"晋·干宝《搜神记》卷十七："操二三量不借，挂屋后楮上。"宋·王安石《独饭》诗："窗明两不借，榻净一簟簟。"参阅《方言》第四、汉·刘熙《释名·释衣服》。

【不惜】 见"不借"。

【薄借】 见"不借"。

【葛屦】 古代鞋名。用葛制成的鞋，夏季穿用。《诗·魏风·葛屦》："纠纠葛屦，可以履霜。"《传》："夏葛屦，冬皮屦，葛屦非所以履霜。"《笺》："葛屦贱，皮屦贵。魏俗，至冬犹谓葛屦可以履霜，利其贱也。"

【蒲鞋】 用蒲茎编织的一种暖鞋。亦称"蒲靴"、"蒲窝子"。寒冬季节穿用，保暖性能尤好。主要产于山东地区。

【蒲靴】 见"蒲鞋"。

【蒲窝子】 见"蒲鞋"。

【暖靴】 冬季穿的靴子。《宋史·舆服志》五："校猎从官兼赐紫罗锦旋裥暖靴。"

【麻竹】 古代南方穿用的一种草鞋。桂馥《滇游续笔·麻竹》：云南地区"土人破麻绳作履，谓之麻竹"。

【棕綦】 一种用棕毛（棕衣）制的鞋。綦，原是鞋带，借指鞋。宋·梅尧臣《宛陵集·元政上人游终南》诗："环锡恣探胜，棕綦方践陆。"

【宕口鞋】 用蒲草或稻草编制的鞋。亦称"陈桥鞋"。著名产地为上海松江陈桥，故名。明·范濂《云间据目钞》卷二载："宕口蒲鞋"，旧云"陈桥"，俱尚滑头，初亦珍异之。……自宜兴史姓者，客于松江，以黄草结宕口鞋甚精，贵公子争以重价购之，谓之"史大蒲鞋"。此后宜兴业履者，率以五六人为群，列肆郡中，几百余家，价始甚贱，士人亦争受其业。清·曹庭栋《养生随笔》卷三载：陈桥草编凉鞋，质甚轻，底薄而松，湿气易透，暑天可著。

【宕口蒲鞋】 见"宕口鞋"。

【史大蒲鞋】 见"宕口鞋"。

【陈桥草编凉鞋】 见"宕口鞋"。

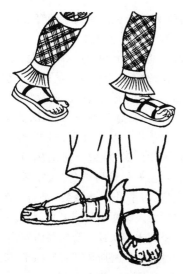

八搭麻鞋
上：宋代行脚僧（局部·敦煌壁画）
下：元代侍童（局部·元·王振鹏《伯牙鼓琴图》）

【扉屦】 草鞋;麻鞋。《左传·僖公四年》:"若出于陈郑之间,共其资粮扉屦,其可也。"疏:扬雄《方言》云:"扉,麤屦也。丝作之曰屦,麻作之曰扉。不借,粗者谓之屦。"

【屩】 草鞋,也作"蹻",又叫"屝"。《孟子·尽心》上:"舜视弃天下,犹弃敝蹻也。"(敝蹻,破草鞋。)《释名·释衣服》:"屩,草履……出行著之,屩屩轻便,因以为名也。"屩,后来也泛指鞋子。《送东阳马生序》:"当余之从师也,负箧曳屩,行深山巨谷中。""负箧曳屩",即背着书箱,拖着鞋子。

【屝】 古代一种草编的鞋履,较轻便,适宜行走。《释名·释衣服》:"屝,草履也。……出行著之,屝屝轻便,因以为名也。"也叫"屩"。

【跂蹻】 古时一种有跟的草鞋。跂同"屐",蹻同"屩"。

【芒屩】 草鞋。《晋书·刘惔传》:"家贫,织芒屩为养。"

【素屦】 古代一种无采饰之鞋。为居丧大祥后所穿。《周礼·天官·屦人》:"掌王及后之服屦,为赤舄、黑舄、赤缲、黄缲、青句、素屦、葛屦。"疏:"素屦者,大祥时所服,去饰也。"

【苞屦】 席草编的鞋。古人居丧时所穿。《礼·曲礼》下:"苞屦,扱衽,厌冠,不入公门。"疏:"苞屦,谓藨蒯之草为齐衰丧屦。"

【菅屦】 古代草鞋之一种。用菅草编制而成,故名。古时居丧时服之。《仪礼·丧服》:"菅屦者,菅菲也。"贾公彦疏:"周公时谓之屦,子夏时谓之菲。"胡培翚正义:"后世或谓丧屦为菲……菲与扉同。"

【绣鞋】 刺绣的鞋。简称"绣鞋",亦称"绣花鞋"。历史悠久,制作精致,明清时期流行。以前,姑娘出嫁前,都要精心绣制结婚时穿的绣花鞋。一般都用大红底色,上绣人物和花鸟等图案,内容寓意吉庆。现在绣鞋是大宗的手工艺品,年产七八千万双,产值达两亿元左右。我国绣鞋产地,以上海、苏州等地产品最为著名,畅销世界各地,很受欢迎。绣花鞋,多为女鞋,亦有童鞋。各地用材、针法、习俗不同,风格各异,丰富多彩。

【绣花鞋】 见"绣鞋"。

清代绣鞋
(中央民族大学民族研究所文物室藏)

【丁鞋】 即"钉鞋"。古时雨天所穿的鞋。亦称"油鞋"。宋·叶适《水心集·送吕子阳》诗:"火把起夜色,丁鞵明齿痕。"鞵,同"鞋"。旧时江南钉鞋,多形似棉鞋,用布缝制,半高勒,遍纳帮,厚底,上桐油若干次,鞋底遍钉有大头铁钉,钉头似螺蛳形。适宜雨雪天泥路行走,防滑、耐穿、不透水,农家普遍穿用。水族亦有一种油浸防滑的钉鞋,制作工艺大体与江南地区流行的大体相同。

【油鞋】 见"丁鞋"。

【钉鞋】 见"丁鞋"。

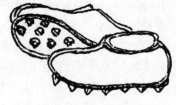
丁鞋

【丁鞵】 古时一种有钉齿之雨鞋。即钉鞋。鞵同"鞋"。宋·叶适《送吕子阳自永康携所解老小访余》诗:"火把起夜色,丁鞵明齿痕。"

【丁屐】 古时一种防滑、底有钉齿之木鞋。宋·叶绍翁《四朝闻见录·天子狱》:"公为从官时,天夜大雪,某醉归,见公以铁柱杖拨雪,戴温公帽,丁屐微有声。"

【跣子】 拖鞋。隋唐时为靸鞋的俗称。《急就篇》卷二:"靸鞮卬角褐袜巾。"唐·颜师古注:"靸,谓韦履,头深而兑,平底者也,今俗呼谓之'跣子'。"参见"靸鞋"。

【靸鞋】 无跟之鞋,即拖鞋。简称"靸"。《急就篇》卷二:"靸鞮卬角褐袜巾。"颜师古注:"靸,谓韦履,……俗呼谓子'跣子'"。三代时,皆以皮为之,始皇二年改用蒲制,从晋到唐多用草制,梁武帝曾用丝制。见唐·王叡《炙毂子杂录》。陶宗仪《辍耕录》卷十八"靸鞋":"西浙之人,以草为履而无跟,名曰靸鞋。妇女非缠足者,通电之。"

【靸】 见"靸鞋"。

汉代穿靸鞋的百戏艺人
(四川汉代画像砖)

【撒鞋】 亦称"靸鞋"。一种拖鞋。头深而兑。三代都用皮作,后用蒲、草、丝制。至明清时,以布和皮制之,在鞋帮用线密密缝纳,鞋头较深,特点仍保持,鞋头有梁,有的梁上包有皮革。这种鞋,当时均为奴仆下人所穿。参见"靸鞋"。

【木屐】 古代的一种木底鞋。《后汉书·五行志》:"延熹中,京都长者皆著木屐,妇女始嫁至,作漆画五采为系。"《急就篇》颜师古注:"屐者以木为之,而施两齿,所以践泥。"《晋书·

宣帝纪》:"关中多蒺藜,帝使军士二千人,著软材平底木屐前行。"

木屐

【沙棠履】　亦称"棠木屐"。古代用沙棠木制作的一种有齿木底鞋,故名。屐,在魏晋时较盛行,唐宋以后使用范围渐小。棠梨木为制屐原材料,古称沙棠,也称杜梨,落叶乔木,质地坚韧。

【棠木屐】　见"沙棠履"。

【枹木履】　古代用枹木制的鞋。夏季穿用,轻快、凉爽、舒适、实用。唐·刘恂《岭表录异》:"枹木,产江溪中,叶细如桧,身坚类桐,……用其根,刳而为履,……轻如通草。暑月著之,隔卑湿地气。"

着木屐的宋代老者
(宋·马远《雪屐观梅图》)

【屧履】　古代的一种木底鞋。均为妇女穿用。春秋吴王宫中,以梗梓板藉地,名"响屧廊"。西施穿"屧履",行则有声,故名"响屧廊"。屧履为江南妇女所喜用,亦为歌舞伎的一种专用鞋。

【谢公屐】　古代的一种有齿木屐。简称"谢屐"。《南史·谢灵运传》载:

南朝宋诗人谢灵运,常穿有齿木鞋游山,木屐底装有活动齿,上山去除前齿,下山去除后齿。相传这种木屐由他首创,故名。李白《梦游天姥吟留别》:"脚著谢公屐,身登青云梯。""谢公屐",即谢灵运穿的一种木鞋。

【谢屐】　见"谢公屐"。

【蜡屐】　古代的一种打蜡的木底鞋。木屐,有齿的木底鞋。《世说新语·雅量》:"或有诣阮(孚),见自吹火蜡屐。"在木屐上打蜡,可防湿、耐用、有光、美观。

【南宋小足绣鞋】　南宋绣鞋珍品。1975年福建福州南宋黄昇墓出土。计出土6双,其中一双穿在墓主人黄昇脚上。绣鞋均作翘头式,鞋头缀有一簇丝带,作成蝴蝶结,后跟缝有丝带,以供系结。花罗鞋面,麻布底。刺绣针法齐整,布局匀称。鞋长13.3～14、宽4.5～5、高4.5～4.8厘米,为一种典型的小号弓鞋。

南宋小足绣鞋
(福建福州南宋黄昇墓出土)

【三寸金莲】　在中国古代,妇女"缠足"是一种风俗,最小的足,被视为美女之典型。中国这一习俗,曾长期流行,"缠足"被称誉为"三寸金莲",后三寸金莲亦泛指为"缠足鞋"。俗称"小足鞋"。《南史·齐·东昏侯记》:南齐东昏侯曾命宫女,用金箔剪成莲花,贴于地上,令潘妃行于莲上,一步一姿,千娇百媚,行过的路上,像开出了众多金莲,这就是所谓的"步步生莲"。一说,南唐李后主喜音乐和美色,令宫女窅娘用帛缠足,状似新月,在六尺高的金莲台上作舞,飘若仙子凌波。相传缠足自此得名为"金莲"。从此宫内盛行缠足,并以缠足为美、

为贵、为娇、为雅。三寸金莲鞋,分高统和低帮两种,以低帮为多。一般以木为底,外包白布或色布;鞋面有布、绸、绫、麻等;上绣有彩花图案。三寸鞋,底弯七分,使鞋长变为二寸六分,其作用可使原来的三寸鞋,显得更小,三寸小足也由于呈弓形而缩小了。一说,小足鞋形似莲瓣,故名"三寸金莲"。另一特点是鞋底内凹,弯曲如弓,因而又有"弓鞋"、"弓履"等名称。

【缠足鞋】　见"三寸金莲"。

【小足鞋】　见"三寸金莲"。

【弓履】　见"三寸金莲"。

上:清代三寸金莲鞋(安徽省博物馆藏)
下:清代三寸金莲靴(南京博物院藏)
(以上均引自《中国靴文化史》)

【弓鞋】　古代称妇女缠的小脚为"弓足",所穿之鞋称"弓鞋"。一说,弓鞋鞋底内凹,弯曲似弓,故名。亦称"弓履"、"弓鞵"。妇女缠足之习俗,约始于南唐、北宋时期。清·叶梦珠《阅世编》卷八载:弓鞋之制,以小为贵,由来尚矣。……窄小者,可以示美。《清稗类钞·服饰》:"弓鞋,缠足女子之鞋也。京、津人所著,宛如弓形,他处则惟锐其端,而以扬州之鞋为最尖。"

【弓鞋】 见"弓鞋"。

【三寸弓】 古之弓鞋。小足鞋,旧时缠足女子所穿。元·无名氏《集贤宾·忆佳人》套曲:"想则想蹴金莲三寸弓,启樱桃半点红。"参见"三寸金莲"。

【半弓鞋】 古代缠足女子所着的小脚鞋。简称"半弓"。习俗以"一虎口"(约四五寸)称"一弓",半弓鞋,喻其鞋极为纤小。元·乔吉《水仙子·赠姑苏朱阿娇会玉真李氏楼》:"柔荑指怯金杯重,玉亭亭鞋半弓。"

【半弓】 见"半弓鞋"。

【弯弯鞋】 甘肃洮岷地区旧时流行的一种小足鞋。旧时妇女自小缠足,使拇指上翘,余四趾折于足底,形成似新月的弯弯脚,所穿之鞋,称"弯弯鞋"。其式:鞋尖上翘,鞋底前收呈瓜子形,鞋面绣彩花,着膝裤后小腿紧收,凸显足式。

【高底】 古妇女高跟鞋底。旧时,缠足妇女,为使足形显得纤小,而加于鞋跟的木块。清·李斗《扬州画舫录》九:"女鞋以香樟为高底。在外为外高底,有杏叶、莲子、荷花诸式。在里者为里高底,谓之道士冠。平底叫底儿香。"

【高底鞋】 清代满族妇女穿用的高跟木底绣鞋。亦称"花盆底鞋"、"马蹄鞋"、"旗鞋"。高跟为木制,高约三寸,木跟镶于鞋底脚心部位,木跟用白细布包裹,在不着地部分,多数用刺绣或穿珠作饰。跟底形状,一种形似"马蹄",故名"马蹄鞋";一种形似"花盆",故名"花盆底鞋"。有的还在鞋头处,装饰有丝穗,长可及地。清代后期,长袍、宽口裤、高底鞋,定为宫中礼服,为此慈禧亦常服高底鞋。老年妇女,通常穿稍矮或平底的鞋。

【花盆底鞋】 见"高底鞋"。

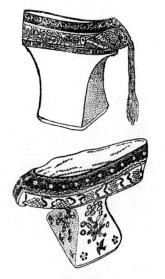

清代高底鞋
上:花盆底鞋(德国古鞋博物馆藏品)
下:马蹄鞋(辽宁沈阳故宫藏品)
(以上引自《中国鞋文化史》)

【马蹄鞋】 见"高底鞋"。

【旗鞋】 见"高底鞋"。

【鞈鞈】 古代西域少数民族无前壅之靴。汉·刘熙《释名·释衣服》:"鞈鞈,靴之缺前壅者,胡中所名也。"《新唐书·西域传·东女》:"王服青毛绫裙,……足曳鞈鞈。鞈鞈,履也。"

【革华】 古代舞鞋,用麂皮制成。

【利屣】 古代的一种舞鞋。鞋头尖小。《史记·货殖列传》:"今夫赵女郑姬,设形容,揳鸣琴,揄长袂,蹑利屣。"裴骃集解:"屣,舞屣也。"

【朝靴】 古代官员穿着上朝的一种长筒靴。靴,自唐以来,成为朝见皇帝时的正式官服,故名朝靴。各代朝

孔府衍圣公穿用朝靴
(山东曲阜孔府藏)

靴形制不同。清·徐珂《清稗类钞·服饰》:明清时,"凡靴之头皆尖,惟著以入朝者则方"。清初规定,平常人不得着靴,其后文武官员及士庶均着之,惟平民则不着。山东曲阜孔府珍藏有衍圣公生前穿用之朝靴,为一实例。

【军机跑】 是清代军机大臣的一种专用靴,故名。为绿牙缝靴,开始靴底较厚重,清后期改用通草为底,底薄,为便于利步行走。清·夏仁虎《旧京琐记·俗尚》:"仕官平居多著靴,嫌其底重,乃以通草制之,亦曰篆底,后乃改为薄底,曰军机跑。"

【鹞子鞋】 古代的一种轻便鞋。作军鞋穿用。清·刘献廷《广阳杂记》四:"打仗不可不多备鹞子鞋。鞋须穿过二三日者方妙,新恐与足不相得也。"鞋首以鹞子为饰,故名,以示凶猛之意。

【爬山虎】 清代的一种轻便快靴。多为公差和士兵穿用。为薄皮底,缝制坚实,牢固耐穿,轻便利步,尤便行山路,故名。亦称"薄底靴"、"薄底快靴"、"快靴"。清·徐珂《清稗类钞·服饰》:"爬山虎,靴名,亦称快靴。底薄筒短,轻趫利步。武弁之如戈什哈差官者著之。"

【薄底靴】 见"爬山虎"。

【薄底快靴】 见"爬山虎"。

【快靴】 见"爬山虎"。

【镶鞋】 古代鞋名。亦称"京鞋"、"厢鞋"。因用双色三色镶拼缝制,故名。明清时期男子都爱穿此鞋。通常用呢绒双色镶拼缝制,头饰如意云纹,多厚底,有一镶、二镶、三镶,鞋头有二梁、三梁之别。清代以北京所产著名,俗称"京式镶鞋"。

清代镶鞋(京鞋)
(清·张恺《升平雅乐图》部分)

【京鞋】 见"镶鞋"。

【厢鞋】 见"镶鞋"。

【京式镶鞋】 见"镶鞋"。

【掐金挖云靴】 清代的一种高级皮靴。《红楼梦》曾描述过林黛玉所穿的一双"掐金挖云靴"。在靴缝内嵌饰金线,称"掐金";在靴面镂空组成云纹边饰,名"挖云"。沈阳清故宫珍藏有一双帝王穿用的挖云皮靴,其制作工艺技法,与《红楼梦》所述,大体相似。

【蝴蝶梦鞋】 清代较流行的一种靸鞋。简称"蝴蝶梦"。蝴蝶梦鞋,为薄粉底,蓝、黑绒云头衬花的双梁鞋。是专为《庄子鼓盆成大道》戏文设计的,戏名《蝴蝶梦》,鞋也叫"蝴蝶梦"。当时时兴月白、藕合等浅而娇嫩颜色,衬以黑绒云头贴花,嵌饰金线,鞋头还缀有颤动的绒蝴蝶,使之特别显眼。这种鞋男女都时兴,因当时旗人均是天足。"百本张"俗曲《逛城隍庙》:"身穿着西湖色,……西湖水染绣罗娇……足登着蝴蝶梦。""百本张"马头调《阔大奶奶逛西顶》:"月白缎子帮儿配的是瘦鞋底儿的蝴蝶梦。""百本张"俗曲子弟书《风流公子》:"那小鞋儿大概是八寸罢,做了个得;虽不平金打子堆绫顾绣,消魂的俏步儿一挪那蝴蝶一哆嗦。"清·曹雪芹《红楼梦》第四十五回,写贾宝玉"里面只穿半旧红绫短袄,系着绿汗巾子,膝上露出绿绸撒花裤子,底下是掐金满绣的绵纱袜子,靸着蝴蝶落花鞋"。这种蝴蝶落花鞋,即是当时流行的蝴蝶梦。

【蝴蝶梦】 见"蝴蝶梦鞋"。

【蝴蝶落花鞋】 见"蝴蝶梦鞋"。

【婚鞋】 女子结婚时所穿之鞋。鞋面都为大红或粉红色,鞋头刺绣有五彩喜庆图案,较常见的有富贵花(即牡丹)、双蝶、双喜等花纹。古时女子结婚拜堂时,需穿黄色鞋,名"踩堂鞋"。结婚上轿穿黄布折成的鞋,称"黄道鞋"。进洞房上床要穿软底鞋,由新郎脱下,称"睡鞋"。

【踩堂鞋】 见"婚鞋"。

【黄道鞋】 见"婚鞋"。

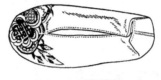

近代绣花婚鞋
(《中国鞋文化史》)

【睡鞋】 古代妇女睡眠时穿的鞋。亦称"眠鞋"。元、明、清时较为流行。一说,为使缠足,紧裹不弛,故睡眠时必须穿鞋。一说,旧时女子结婚,进洞房上床所穿之鞋,曰"睡鞋",上床时须由新郎帮助脱下,鞋内有画,新郎新娘同看。通常睡鞋均为软底,鞋面、鞋底均有彩绣,有的还以珠玉作饰。清·顾张思《土风录》:"闺阁中临寝着软底鞋,曰'睡鞋',取足不放弛也。"徐珂《清稗类钞·服饰》:"睡鞋,缠足妇女所着以就寝者,盖非此,则行缠必弛。"

【眠鞋】 见"睡鞋"。

清代睡鞋
(《中国鞋文化史》)

【牛皮直缝靴】 古代皮靴名,是一种式样较简单的皮靴。所谓"直缝",指靴用两块皮面缝制,前后有直缝如线。不像"六缝靴"那样复杂、美观。北方老百姓多穿它。

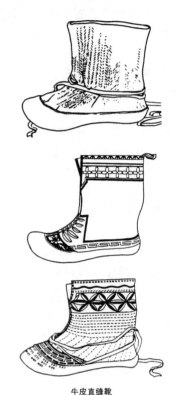

牛皮直缝靴

【晋国鞋】 古时山西晋南一种婚嫁女绣鞋。为古晋国王室所传,故名。鞋帮为大红缎面,上彩绣十果(葡萄、石榴、桃、枣、佛手、桂圆、荔枝、白果、柿子、龙眼)皮金花纹。绣时空出纹样外轮廓,中间绣一针丝,空一绺金,金彩相映,十分美观。因鞋面有十果图案,所以亦称"十果鞋";十果为金色,故又称"金果鞋"。此鞋为旧时晋南民间嫁女的必备之物。

【十果鞋】 见"晋国鞋"。

【金果鞋】 见"晋国鞋"。

【板趾头绣鞋】 苏州水乡妇女的一种俗服。龚建培《江南水乡妇女服饰与民俗生态》:"板趾头绣花鞋"头部略翘,形式和水乡的木船相仿,故又称为"船形绣鞋"。鞋面由两片缝合而成,中间用五彩丝线缉成花纹,俗称"锁梁"。鞋帮以青兰土布为面料，年轻妇女结婚多用紫红缎作鞋面。绣花都在鞋帮前端，左右对称，色彩鲜艳。幼女、少女，绣"囡囡花"、"蝶恋花"等纹饰。青年妇女以"蝶穿梅菊"、"五园梅"和"小妹妆"等为纹样。新婚妇女常以蝙蝠、双桃、荸荠、梅花来隐喻"福寿齐眉"。中年妇女的鞋花，以"三梅花"和以兰、梅、荷组成的"蓝采和"等。老人鞋花多绣"年年增寿"和"上山祝寿"等吉祥长寿图案。

【船形绣花鞋】 见"板趾头绣鞋"。

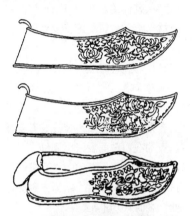

苏州水乡妇女穿的板趾头绣鞋
（《江南水乡妇女服饰与民俗生态》，
刊《江苏文史研究》1988年3期）

【猪拱头绣鞋】 苏州水乡妇女的一种俗服。龚建培《江南水乡妇女服饰与民俗生态》："猪拱头绣花鞋"，鞋帮面窄浅轻巧，多为春秋季穿用；冬季鞋帮较高，以适应御寒。"猪拱头绣花鞋"的主要特点是：其鞋头花为两鞋帮相合，需组合成一完整图纹。缝合部分常见为"蝴蝶纹"。一种"拉锁子绣花"（按，为苏绣针法之一，俗称"打倒子"，形如"打子针"，绣品结实

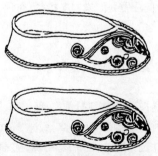

苏州水乡妇女穿的猪拱头绣鞋
（《江南水乡妇女服饰与民俗生态》，
刊《江苏文史研究》1998年3期）

耐用，质朴优美）——蜷翅蝴蝶，为"猪拱头绣花鞋"特色之一，工艺较复杂精巧，难度较高。

【虎头童鞋】 我国南北方都有给儿童绣制虎头鞋的习俗，尤其在广大农村，十分盛行。材质一般都用棉布，亦有用绸缎的。刺绣运用贴绫、贴布、补花等工艺，用彩线缝绣。制作虎头鞋，主要希望自己的孩子，像老虎一样强健壮实，健康成长。同时小孩好动，鞋端极易磨破，用布或皮在鞋头、鞋帮缝制成虎头图案，不仅使童鞋耐穿，而且美观和具有童趣。彝族民间亦流行有虎头鞋。鞋正面形似虎头，为婴儿和老人穿用。婴儿鞋以两片鞋帮在鞋头部位拼成，刺绣出眼睛、鼻子、额头上的"王"字和嘴边的胡须，外观拙朴可爱；老人鞋以黑布剪贴工艺为主，鞋头微向上翘，色泽沉稳。彝族虎头鞋，是彝族民间虎崇拜在衣饰上的一种反映。壮族儿童的虎头鞋，用黄布为鞋面，上用绿、白色线绣成虎斑纹，前部用红布剪成虎头形，并用黄、黑色线绣成虎的双目、鼻、口和须，虎头边缘缀以棉絮，再剪两小块椭圆形黄布缂以红线边作为虎耳。

虎头鞋
（《中国鞋文化史》）

【兔鞋】 旧时流行于民间的一种俗服。给幼儿穿用，俗谓：穿兔鞋可像兔儿一样腿脚利落，行走敏捷；以此

兔鞋

企求康健吉祥。通常用蓝布、红布或黑布缝制，绣上白鼻、红眼，缀以长兔耳，鞋后口沿缀一绣带，为兔尾。具有浓郁的生活情趣和民俗特色。每逢中秋节，天津等地区幼儿，均穿兔鞋。

【猫头鞋】 旧时流行于民间的一种俗服。给幼儿穿用的童鞋，民间约定成俗：从幼儿学走路起始，要求穿破七双。通常用彩布或绸缎缝制，用蚕茧剪成猫眼、猫鼻，用兔毛作猫耳，用棕丝作猫须，以彩线精心绣制。色泽鲜丽，生动可爱，纤巧精致。在古代猫虎曾受到人们祭祀，民间称老虎为"大猫"。为此，父母给小儿穿猫头鞋，盼孩子像猫一样轻盈、灵敏，避鼠辟邪；猫为吉祥物，庇佑孩童茁壮成长。清·王誉昌《崇祯宫词》载："白凤装成鼠见愁。"注：明代崇祯年间，宫人在鞋面刺绣兽头图纹，取名"猫头鞋"。壮族、水族民间亦流行有给儿童穿猫头鞋的传统习俗。壮族儿童猫头鞋，鞋面用红布，两侧及后面用蓝、黄、黑等彩线刺绣图案，鞋头用五彩丝线绣猫头图案，边缘缀以棉絮。整体配色五彩缤纷，造型朴拙可爱，极富童趣。水族儿童的猫头鞋，是一种男性鞋式，鞋尖呈方形，略向上翘，用深色布剪成两只猫耳状，嵌饰于鞋头，后跟两侧，镶饰流云纹饰。这种猫头鞋，在民国初年还较盛行。

【狗头童鞋】 民间流行的一种俗服。一般均为布制；有单的，也有棉的。面料多采用红、黄、蓝或黑色。以彩色布剪贴缝制或绣制成狗的眉、眼、耳、鼻，形象均运用图案的夸张手法。狗头鞋主要为使鞋头经穿耐磨，同时具有装饰作用。这种狗头鞋，家长都

狗头童鞋
（《中国鞋文化史》）

喜爱给属狗的幼儿穿用。十二生肖,民间认为是吉祥物,给小孩穿,以此祝愿其生活幸福,康乐如意。

【鸡头鞋】　旧时流行于民间的一种俗服。给儿童穿用。主要流行于西北地区。常用色布制作,鸡冠用红色,鸡嘴用黄色,鸡眼用黑色,鞋口沿用绿色或蓝色。这种鸡头鞋,五彩缤纷,极具乡土生活情趣,家长都喜爱给属鸡的幼儿穿用。十二生肖,民间认为是吉祥物,给小孩穿,以祝愿其幸福如意。

鸡头鞋

【马裤靴】　骑马时穿的一种长统皮靴,故名。亦称"马裤鞋"。鞋长至脚踝之上,要配合着马裤穿用。多中青年男子穿着。

【马裤鞋】　见"马裤靴"。

【兀剌靴】　东北地区的一种保暖皮鞋。亦称"护腊靴"。兀剌,即乌拉草,亦称护腊。因于皮靴内衬垫有乌拉草以保暖,故名。这种保暖的兀剌靴,两宋时期已较流行,《事物原始》、《渔樵记》等古文献,均有著述。

【护腊靴】　见"兀剌靴"。

【靰鞡鞋】　东北地区特有的一种保暖鞋。亦称"乌拉鞋"。用牛、马、猪等皮革作帮底,纳榴抽脸,帮上贯以皮耳,以布作靿,用绳系耳,鞋内以乌拉草作衬垫,故名。

靰鞡鞋

【乌拉鞋】　见"靰鞡鞋"。

【笋鞋】　用笋箬制作之鞋,故名。主要流行于浙江南部地区。当地妇女多以干笋箬相叠,制成鞋底,特点是轻快、干燥、吸脚汗。适宜夏季穿用,舒适畅快。清·方子颖《温州竹枝词》:"江城烟雨趁新晴,结伴嬉春着屐行。何用游山双不借,棕鞋也似笋鞋轻。"

【芦花靴】　用芦花、稻草编织的鞋,冬季穿,苏北地区称"茅靴",亦称"茅鞋"。江浙等地区河边滩地,遍生芦苇,芦花靴即是用稻草打制加工,夹以芦花、布条编织而成。用棉绳夹以芦花制成的较精细,有的用棉布包缝靴边,也有的在编织时,掺加彩色鸡毛,制法各不相同。还有在靴底前后钉有木块的,雨雪天亦可穿用,成了芦花木屐靴。

【茅靴】　见"芦花靴"。

【茅鞋】　见"芦花靴"。

【芦花木屐鞋】　见"芦花靴"。

【大铲鞋】　旧时乡间农民穿的一种布鞋。鞋头略翘,呈方形,鞋帮前面有前开后合两道鞋梁,类似铲形,故名。通常多黑色,用厚实粗布制作,缝制十分坚实细密,山东一带农村较流行。

【滑冰鞋】　滑冰穿的鞋。亦称"溜冰鞋",简称"冰鞋"。多皮革制,鞋底有冰刀,刀为铁制。清·富察敦崇《燕京岁时记·溜冰鞋》:"冰鞋,以铁为之,中有单条缚于鞋上,身起则行,不能暂止。技之巧者,如蜻蜓点水,紫燕穿波,殊可观也。"清·高宗《冰嬉赋序》:"国俗有冰嬉者,护膝以芾,牢鞯以韦,或底含双齿,使啮凌而人不蹈焉;或荐铁如刀,使践冰而步愈疾焉。"

【溜冰鞋】　见"滑冰鞋"。

【冰鞋】　见"滑冰鞋"。

【跑凌鞋】　即滑冰鞋。清·张焘《津门杂记》中:"又有所谓跑凌鞋者,履下包以滑铁,游行冰上为戏,两足如飞,缓疾自然,纵横如意,不致倾跌。"

滑冰鞋刀架

【寿鞋】　死者所穿之鞋。男式,通常为黑、蓝、褐色鞋面,鞋底有的绣或印有莲荷图案。女式,一般用较艳丽的色彩,鞋面绣彩花,鞋底饰莲花、梯子纹样,寓意:"脚踏莲花步步高。"

【丧鞋】　为哀悼纪念死者所穿之鞋。亦称"孝鞋"。鞋面多白色;亦有用青、灰色,鞋口沿白边;还有的为黑色,在鞋头缝一白布。悼念长辈穿孝鞋,有的在白鞋面后跟中间缝一长条红布条,意为"后代红"、"后来红"。古代以穿麻履、草鞋,作为孝鞋。各地区、各时代均不相同。

【孝鞋】　见"丧鞋"。

【皮扎翁】　古代北方流行的一种套于小腿的皮统,穿时扎缚于行膝之外,为下人所服。明代洪武二十五年(1392)规定,庶人不许穿靴,只准穿皮扎翁。明代各衙门掾吏、令吏、书吏、典吏等,均不许着靴,只许着皮扎翁。皮扎翁,即一种"皮筒子",和现在北方穿的皮腿套相似。穿时套在小腿上,其上有带系缚(用以代替靴筒),脚上再另着鞋履。这种皮腿筒,一直沿用到清末。皮扎翁,亦称"皮扎鞴"。

【皮扎鞴】　见"皮扎翁"。

【绚】　古代鞋头上的一种装饰。即今鞋梁有孔,可以穿系鞋带。《仪礼·士冠礼》:"屦,夏用葛,玄端黑屦,青绚缱纯。"注:"绚,……状如刀衣鼻,在屦头缱缝中。"

【屐鼻】 鞋梁,鞋头上成长条形隆起的部分,古称"屐鼻"。

【禁步】 古代缀于妇女裙边或鞋上的小铃铛。跨步较急或稍大,即丁当作声,视为失礼,故名。《清平山堂话本·快嘴李翠莲记》:"金银珠翠插满头,宝石禁步身边挂。"即指此意。

【清宫靴掖】 靴掖,是掖于高筒靴口内的一种扁平长方形小袋,一面装饰有彩绣或彩锦,一面为素缎,因其丝织物光滑,易于插掖进靴筒,故名。清·李光庭《乡言解颐》:"世有轻如袖纳,重异腰缠,比带胯而不方,视荷囊而甚扁者,靴掖是也。零星寸纸,以靴掖盛之,便于取携也。"靴掖多男用,清宫廷中女鞋没有高腰靴,为此女用靴掖,仅作为装饰见于成套织绣女红中。一说,以后的名姓片夹,是由靴掖演变而来;一说是源自东洋的"名刺夹"。参见"名姓片夹"。

清代光绪靴掖
(北京故宫博物院藏品)

【内联升鞋业】 中国鞋业百年老店。以制作传统布鞋为特色,名闻中外。1853年开始创办,地址在当时北京东江米巷(今东交民巷),创始人赵廷,河北武清县人。当时主要为清廷皇室、官吏制作靴鞋,并集望族名士的鞋码鞋样编成《履中备载》。其传统的经营方式是前店后厂。辛亥革命后,以呢、缎面布鞋为主要产品,其中以"千层底"布鞋制作最为讲究精巧,以鞋面不涂浆糊的软帮和鞋边不饰白粉为特色。1957年起逐渐以生产、销售皮鞋为主,但仍保持传统布鞋的生产。现内联升鞋厂位于北京市感化胡同,鞋店位于小齐家胡同。

【小花园鞋店】 上海小花园鞋店,创始于二十年代,主要经营绣花鞋、软底鞋、尖足鞋和拖鞋等各种鞋类。其中有尖头尖口、大脚尖口、大圆口和小圆口等。尤以绣花鞋最具盛名。鞋面采用真丝软缎,绣花运用苏绣,有正抢、反抢、打子、结子、平金、盘金、平针等几十种针法;配色和顺,针脚平齐,构图匀称;绣制彩蝶、花鸟最细处,一根丝线要分二三十股,比发丝还细,一色从深到浅,要分多种色阶。故绣制的绣鞋,名闻中外。小花园鞋店迄今还保留有最具代表性的四季绣花鞋:春鞋绣玫瑰,夏鞋绣荷花,秋鞋绣菊花,冬鞋绣梅花。小花园创制的纳皮底布鞋,也很有名,其猪棕穿线法已流传有半个多世纪。生产工艺是用优质黄牛皮底,用麻线镶鸡心跟;第一道为暗线,第二道为立针;纳底后跟,为5至6档,掌部为20档。特点是:即使断了其中一线,也决不影响其余线脚。这种鞋耐穿、舒适、坚实、美观。

【素头式皮鞋】 现代皮鞋名称,是属皮鞋中的基本式样。造型是前帮完整,没有埂线、滚边和镶盖等结构,平整而光滑。这种皮鞋,前帮面压后帮面者,称内耳式(内八式);后帮压前帮者,称外耳式(外八式)。鞋头的式样有圆头、扁头、尖头、方头、小圆头等多种。这种皮鞋比较宽敞,造型大方,穿着舒适。

素头式皮鞋

【蛤壳耳式皮鞋】 现代皮鞋名称,一种与素头式皮鞋相类似的皮鞋。因为前帮面有一凸起镶盖上去的滚边,形如蛤壳,故名。其他部位与素头式基本相同。蛤壳耳式的造型富有变化,显得轻盈、活泼,适宜年轻人穿着。

【香槟式皮鞋】 现代皮鞋式样的商品名称和俗称,即用两种不同颜色帮皮镶成的皮鞋。常用的有黑、白两色相拼,或棕白两色相拼。皮鞋的式样,有素头式、蛤壳耳式和三接(节)头等多种。

香槟式皮鞋

【圆口一带式皮鞋】 现代皮鞋名称,又称"搭袢式"。有各种式样,如两节一带式,单搭袢、双搭袢和丁字袢式(北方称娃娃鞋)等。这种皮鞋与套式皮鞋相接近,只是在鞋口式样上略有不同,并增加了袢带,是女式皮鞋和女童皮鞋中主要品种之一。

【搭袢式皮鞋】 见"圆口一带式皮鞋"。

圆口一带式皮鞋

【五香豆式皮鞋】 皮鞋式样的商品名称和俗称。因这种皮鞋的前帮面皮与蚧壳相接的部分,有一道凸起的埂线,鞋头方中带圆,外形犹如五香豆,故名。五香豆式只是鞋头部分式样变化,可以做成扎带蛤壳式,也可做成套式,有男式的,也有女式的等各种式样变化。

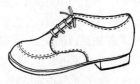

五香豆式皮鞋

【雕花皮鞋】 现代皮鞋式样的商品名称。其式样造型基本上和蛤壳耳式和三接(节)头式等相似,不同的是在前、后帮面的有关部位砸以小圆孔装饰,或大小不同的子母孔装饰,或把孔饰成图案,显得高雅、豪华,富有艺术情趣。

雕花皮鞋

【四眼式皮鞋】 现代皮鞋名称,俗称
"青年式皮鞋",属蛤壳耳式类,在鞋
耳上有四只鞋眼,故名。

【青年式皮鞋】 现代皮鞋名称,即
"四眼式皮鞋"。

【套式皮鞋】 现代皮鞋名称,俗称
"船鞋"和"睡装鞋"。是式样变化最
多的一种花色皮鞋,有不结带的浅口
式鞋,有各种舌口鞋,有大舌铜扣式
鞋,有皮结式以及松紧口式等多种。
这种鞋的特点是穿脱方便,轻便舒
适。由于"口门"开得大而靠前,加上
不结带,因此,这种鞋型比同规格的
素头皮鞋楦跖围减少半个型(3.5 毫
米),基本宽度也减少半个型(1.3 毫
米)以达到穿着跟脚的要求。套式皮
鞋男式、女式、童式均有。

【船鞋】 见"套式皮鞋"。

【睡装鞋】 见"套式皮鞋"。

套式皮鞋

【健身鞋】 现代鞋类名称,又称"运
动鞋"。具有多种特点:造型健美、
鞋帮采用猪皮绒面革,鞋底中间装一
层 EUA 塑料底发泡材料,穿着轻巧
柔软,富有弹性;透气性能特好,无脚
臭;鞋跟往后包,走路时脚后跟不着
地,起到减轻后脑震动,保护脑神经
的作用,既适于平地走、跑、跳,又适
宜爬山旅游。

【运动鞋】 见"健身鞋"。

少数民族靴鞋

【清代蒙靴】 清代蒙靴珍品。内蒙古五当召广觉寺,珍藏有一双蒙古族一世活佛罗布森扎拉森穿用的皮制蒙靴,距今已200多年。蒙靴为高统,靴头略尖,靴口沿饰几何形纹,靴头和靴帮饰卷云如意等图案,构成简洁古朴。此靴在约3厘米布底中央,设置一菱形状透气口,使脚与泥地之间,隔一层内底。这种制靴工艺,可使靴内通气,而且能除湿,穿着舒适。这表现了200多年前蒙古制靴匠师们科学的设计理念和卓越的工艺水平。

清代蒙靴
(内蒙五当召广觉寺藏,引自《中国鞋文化史》)

【蒙靴】 蒙族人民穿的靴子。亦称"唐吐马"。蒙族牧民冬季多穿"唐吐马",类似半筒皮靴,多以黑布、条绒制作。上用彩线绣出云纹和几何形纹。靴子里面有长筒毡袜。是蒙古族人民骑马、放牧、挤奶等生产活动和日常生活中的必备品。靴口宽大,靴内可套毡袜、棉袜以保暖,适合野外放牧生活;靴脸短,穿脱方便;靴底平直,骑马不易套蹬,保险安全;夏天防蛇蝎、露水,冬季还可踏雪,也防沙石灌入靴内,与牲畜打交道时,还能防止被它踢伤脚面。

【唐吐马】 见"蒙靴"。

蒙靴

【蒙古靴】 亦称"蒙靴"。蒙古族的一种长统靴。分布靴和皮靴两种。布靴以厚布或帆布制成,柔软轻便。皮靴以牛皮、马皮或驴皮制成,结实耐用,防寒防水。靴前带尖形,稍向上翘,骑马不易挂镫。靴帮通常装饰有图案,用彩色丝线绣出云纹、植物纹和几何形纹。靴身宽大,靴里或衬皮或衬毡,冬季可套棉袜或毡袜。四季穿用。骑马穿它能护踝,夏天能防蚊,冬天可御寒。

蒙古靴

【科尔沁马海靴】 蒙古族传统布鞋。亦称"敖伊莫勒·古图勒"、"敖日雅莫勒·古图勒"。男女都穿。男靴用黑绒布制作,靴帮饰云纹、鳄爪形和盘花图案;靴勒中部饰"寿"字、"卐"字等吉祥图案;靴勒四角,亦彩绣各种吉庆纹样。女靴用绿或天蓝绒布缝制,靴帮上彩绣凤凰和各种花卉纹饰,敷彩较男靴俊俏和鲜艳。

【敖伊莫勒·古图勒】 见"科尔沁马海靴"。

【敖日雅莫勒·古图勒】 见"科尔沁马海靴"。

【鄂尔多斯马海靴】 蒙古族传统布鞋。用黑布、条绒缝制。靴帮彩绣或贴绣云纹、回纹等花饰;在靴勒、靴头和后帮,则刺绣或贴绣蝴蝶、蝙蝠、金

马海靴

鱼和莲花等色泽鲜丽的吉祥图案。鄂尔多斯马海靴,造型大方美观,配色俏艳,工艺精湛,并具有浓郁的蒙古族特色。

【不里阿耳蒙靴】 蒙古族传统皮靴。始于十三世纪元蒙时期,系用蒙古不里阿耳人在伏尔加河流域制作的马皮所制,故名。亦有的用香牛皮制作,亦称"香牛皮靴"。靴头上翘,呈尖形,靴筒宽大而高,可套穿毡袜、裹腿毡;古铜色或棕黄色鞋帮,通梁和嵌条为牙绿色;靴面贴饰盘肠、回纹、皮球花等蒙族吉祥图案。造型大方,敷色古朴,独具风采,给人以豪迈凝重之感。这种蒙靴,防水防潮,保暖性强,便于骑射,不易挂镫,上下马方便,既护腿又护踝,故长期以来,蒙古族人民都爱穿用。

【香牛皮靴】 见"不里阿耳蒙靴"。

不里阿耳蒙靴

【藏靴】 藏语称"杭果"。藏族长统靴鞋的统称。为卫藏地区流行的典型样式。一般用黑色氆氇缝制的长筒、配以纳纳的厚底,帮面和鞋腰镶衬红色或彩色横条毛布,色调鲜明。主要产于拉萨、日喀则、泽当等地。其中以日喀则所产尤为著名。藏北和西藏东部,用白色氆氇作筒,单层牛皮包底,型式简朴。川西、昌都和拉萨市区有黑色革面或绒面,厚皮绱底的带脸皮靴,与旧时蒙古、汉、满等民族通行的皮靴类似,以巴塘所产为最多。藏靴的规格品种按原材料划分,大约为三种,即全牛皮藏靴、条绒腰藏靴和毛棉花氆氇腰箕巴靴。从尺码规格分,有大、二、三、四、五共五个靴号。藏靴无男女之分,只有长腰与短腰之别,单靴和棉靴之分。藏靴

质量要求很严格。尺寸要合乎标准，靴头缝线要求整齐。三道梁的股子头夹缝要求十分端正，针码均匀不龇牙。每只藏靴的靴底针码不能少于57～58针。正因为有如此严格的质量要求，使藏靴牢固耐穿。美观大方，御湿保暖，行走舒适，深受藏族牧民的欢迎。

【杭果】 见"藏靴"。

【松巴鞋】 藏族传统皮靴。鞋为长筒，鞋筒通常用黑氆氇制作。亦称"扎巴靴"，汉语称"牛鼻靴"。用厚牛皮做底，靴面用呢绒或平绒缝制；靴筒两面饰有用氆氇组成的各种几何形图案；靴头呈尖状，向上翘起。这种松巴鞋，保暖、耐磨、适用、美观。另有一种高档皮制松巴鞋，称"松巴梯呢玛"。做工十分讲究，棕黄色皮质，靴前面和两侧，均贴样缝以火焰宝珠缠枝纹，后跟为吉祥结图案；勒、底结合处和前后结合部位，都用0.3厘米宽绿线装饰，显得华贵而典雅。这种松巴鞋，只有在喜庆节日才穿用。松巴鞋，以四川平武制作的最有名。

【扎巴靴】 见"松巴鞋"。

【牛鼻靴】 见"松巴鞋"。

【松巴梯呢玛】 见"松巴鞋"。

藏族松巴鞋
（《中国民族民俗文物辞典》）

【金牛皮藏靴】 藏靴三大传统品种之一。靴头饰有十字形，系用一种绿股子皮制成三道夹缝。绿股子皮，是驴屁股皮鞣制成，绿色，结实耐磨；靴底用牛皮5～7层，厚约2～3厘米。式样美观大方。这种皮靴适宜牧区

穿用，特点是不用擦鞋油，只需用吃完手抓羊肉或酥油的油手，往靴上来回摩擦，即可使靴面越擦越柔软，油光闪亮，既能防水，又牢固耐穿。此靴有单棉两种：单靴靴头、靴腰，只用一层牛皮；棉靴则在皮里，再衬一层羊皮毡或氆氇。

【条绒腰藏靴】 藏靴三大传统品种之一。靴头亦饰有十字形，用绿股子皮制成三道夹缝；靴腰用条绒制作；靴里衬一层帆布和一层白布；边镶大红布；靴头、靴底都用牛皮。除条绒腰外，余者与全牛皮藏靴相同。条绒腰藏靴都为老年男女藏民穿用。

【箕巴藏靴】 藏靴三大传统品种之一。这种藏靴，其靴式很像古战场上将军穿的战靴，靴腰长可及膝，上半截用红黑牛皮，中间用毛花氆氇，有的用棉纱氆氇，也有全用红黑牛皮。靴头用黑牛皮，前方脚趾处鼓出一个角，高约1.5～2厘米。靴底用一层较厚牛皮压制成船形，边上翻后包住靴头约1厘米，用线缝合。底子磨破后可拆下重换。

【嘎洛鞋】 传统藏鞋的一种主要样式。以牛皮做底，鞋帮用三层氆氇粘制缝纳而成，鞋的后跟和鞋尖缝黑色牛皮，鞋面用染黑牛皮拉条及金丝线镶边，鞋尖朝上翘起，鞋帮用黑色氆氇和围裙料子做成，黑色在下，高约一尺，彩条围裙料呢在上，高约二寸，花纹竖立。鞋后帮开五寸竖口，口分别用染红羊皮加固，以便提携。穿用方便。

【鱼皮轧鞡靴】 赫哲族用鱼皮缝制的一种皮靴。多用哲罗、槐头、干条、草报等鱼皮缝制，内填轧鞡草，故名。靴头尖翘，轻巧保暖，坚实耐穿，可防滑，男女皆穿用，适宜在冰道、雪地行走。制作工艺，先取下鱼皮，经晒干、捶软、剪裁，用鱼皮线缝制而成。鞋帮和鞋底用整块皮制成，鞋帮上另绱鞋腰。鞋头打有许多褶，形似半统靴子。主要流行于黑龙江乌苏里江赫哲族地

区。鱼皮轧鞡靴，亦称"鱼皮乌拉"，简称"鱼皮靴"，赫哲语称"温他"。

【鱼皮乌拉】 见"鱼皮轧鞡靴"。

【鱼皮靴】 见"鱼皮轧鞡靴"。

【温他】 见"鱼皮轧鞡靴"。

赫哲族鱼皮轧鞡靴

【奇哈密】 鄂伦春族传统冬用皮靴。男女都穿用。主要流行于黑龙江大小兴安岭鄂伦春族地区。用加工鞣熟的狍皮和鹿皮作靴料，用狍筋缝制；毛面向外，按狍、鹿皮的自然花纹，拼对缝接；靴底用去毛的犴皮，坚韧耐磨，轻巧实用。穿用时，先着狍皮袜，使之更加温暖。奇哈密皮靴，有高矮两种，高的约37、矮的约18厘米。

鄂伦春族奇哈密皮靴

【鄂温克族长勒靴】 内蒙鄂温克族传统皮靴。当地称"温特靴"。男女都穿用。早期用牛皮做靴底，羊皮或牛犊皮、马皮做靴勒。二十世纪后期有用白帆布作靴勒，用牛皮做靴底。有冬夏两种：夏用单层皮制，冬用带毛皮制。男靴勒绣驯鹿、狍子、犴等野兽图案，女靴勒绣蝴蝶、花草等图案。长勒皮靴，具有保暖、防潮、坚实耐穿等特点，并具有浓郁游牧民族的特色。

【温特靴】 见"鄂温克族长勒靴"。

鄂温克族长靿靴

【畲族爬山虎鞋】 畲族的一种山地鞋。适合上山劳作时穿用。鞋面为自织的粗布，鞋底用杉木，两旁各钉4颗铁乳钉，乳钉直径约1厘米；鞋面与鞋底，用麻线缝合。鞋长约25、底厚约2厘米。男女都穿。男式鞋通常作成虎头形，女式鞋作成凤鸟形。

【线耳花鞋】 布依族的一种传统花色鞋。制作俏丽，色泽鲜艳，鞋式优美，作工精细，常被青年作为定情的信物。线耳花鞋用布作底，白棉线做帮；耳子用白棉线搓成索穿套入帮的粗麻索内，下端夹入鞋底；耳子上编织各式花纹图案，有的用各色花线编织，再用纯白花缎作鞋后跟，鞋尖上扎有彩色小蝴蝶。主要流行于贵州兴义等地区。

【细耳草编鞋】 布依族的一种传统编织鞋。编织精美，晴雨两用，结实耐穿。主要流行于贵州等地区。分两种：一种用糯谷草芯编织，适用于劳动和雨天穿；另一种用苎麻和布丝丝编织，鞋尖扎有一小朵泡花，耳子穿綦细致，适应于晴天穿。妇女们并在耳子的边上用彩布绣花，作为装饰。

【勾尖绣鞋】 彝族女子的一种婚嫁绣鞋。流行于云南西南部彝族地区。鞋呈船形，尖头向上、内勾，鞋面彩绣各种喜庆图案。彝区风俗，姑娘出嫁，家人及诸亲友，都要赠送一双勾尖绣鞋给新娘作为嫁妆，祝福她平安、吉祥、快乐。

【彝族凉鞋】 彝族传统夏季用鞋。鞋底上层用棕片，下层用白布，用麻线纳实，底长约25厘米左右；鞋帮用红、绿和粉红丝线编织；鞋跟为红布，上贴绣云雷纹图案。彝族凉鞋，男女都爱穿用，夏天穿着，舒适、透气、凉爽、轻快，具有浓郁的彝族特色。

彝族凉鞋
（《中国民族民俗文物辞典》）

【花云子绣鞋】 土族传统女绣鞋。简称"花云子鞋"。土族妇女，精于刺绣，所绣花鞋，造型优美，配色鲜丽俊俏，绣工精细灵巧。花云子鞋，亦为绣鞋的一种。先做四片鞋帮坯，再蒙丝绸或彩布面料，然后用五彩丝线精工绣制云纹盘线图案，故名"花云子绣鞋"。最后将鞋帮前后缝合，鞋头缀一绺短穗彩线，鞋后跟饰三指大小红布溜跟，再绱鞋底。

【花云子鞋】 见"花云子绣鞋"。

【朝鲜族木屐】 朝鲜族的一种传统木鞋。相传初期，仅在木板上系绳，拖于足尖。后逐渐改进，采用轻而坚实的赤杨或松木凿制，经加工打磨等制成。屐呈船形，鞋头尖翘，浅帮，鞋底呈"八"字形高底，高约4厘米，主要为雨天在泥泞地行走。男女都穿，通常女式木屐制作较精美光洁，屐帮两侧，有的还刻绘有纹饰。

朝鲜族木屐

【竹麻草鞋】 仫佬族的一种传统编织鞋。主要流行于广西罗城仫佬族自治县。为竹编麻草鞋。做法是将嫩竹经火烤、刮皮、抽丝，再轻捶后晾干；再在小木凳前置一丁字形小架，上挂4个麻网；先编织鞋头，再织鞋身，后安上5个鞋手，再将联接鞋身的两根鞋梁，分别穿过鞋手，扣牢扎紧。竹麻草编鞋，坚实耐用，适合陡峭山路和崎岖石道行走。

【者撵】 水族的一种传统草鞋。按材质、工艺可分三种：一全部用折糯米草编织，用草绳绑扎，较粗糙；二用折糯米草织鞋底，鞋耳、尖、后跟以麻搓制，用纱线穿绑，较精细；三是全部用青麻编织，工艺精细，轻便舒适。这些草鞋又分为单边穿用和双边穿用两式。

【白族丝线草鞋】 白族青年耍龙、耍狮、赶节日庙会时穿用的一种特制的草鞋。白族当地称"舍活介"。此鞋全部用麻布丝线编织而成，鞋头饰有一朵朱红丝线的大花，鞋面用五股或七股白色丝绦排列构成，鞋后跟以白线铺底，用黑线扎绕成梅花形，一朵朵缀饰上面。这种丝线草鞋，质朴大方，优美俏丽，坚实耐穿，并具有浓郁白族乡土特色。

【舍活介】 见"白族丝线草鞋"。

【云云鞋】 羌族的一种传统女花鞋。因其鞋帮上刺绣有各色彩云纹样，故名。主要流行于四川茂县等地区。鞋式似小船、浅帮、鞋头微翘。造型优美，绣工精细，色彩鲜丽。羌族妇女节日喜庆和走亲访友时穿用。

【凯鞋】 哈萨克、维吾尔、塔塔尔、乌孜别克、柯尔克孜等族的一种传统套鞋。皮制、圆口、尖头、浅帮，式似船形，形制宽大，多黑色。穿时套于靴或鞋的外面，进屋即脱下；主要为保持内鞋和室内地毯、地板干净整洁。流行于新疆等地。

【瑶族木底草鞋】 瑶族儿童传统雨鞋。鞋面用稻草芯加细麻编织，呈麻花状；鞋底用白木板制作，厚约四五厘米;鞋头微翘略尖,鞋跟平方,形似小船。木底草鞋,鞋底较厚,雨天行走不易湿脚,并具有防滑、透气、经磨和耐穿等特点。造型纯朴大方,编工精美,瑶族儿童都爱穿用。

瑶族木底草鞋

【壮族定情鞋】　壮族传统婚姻习俗:以鞋作为定情信物。如男女青年情深意切,女方就精心制作一双白底布鞋送给男方。鞋子所留线头用死结连在一起,象征生死相连,永不分离,男方即可托媒人说亲。一般男女青年相识,姑娘制鞋相送,鞋子有个扣子,如果姑娘不钉上扣或鞋里垫布的后跟不缝完,有意留给男方去接线,意为你愿连就连,象征姑娘应允;若扣子钉齐,后跟缝完,意为路已尽头,到此为止,象征姑娘拒绝。这一婚俗,主要流行于广西靖西和德保等壮族地区。

【壮族扎根童鞋】　简称“扎根鞋”。壮族传统习俗,妇女做童鞋时,在纳鞋底时,特意于脚心处留几根长约二寸许的绳子头不剪掉,用以象征“根儿”。民间认为穿上带“根儿”的鞋,儿童可以扎根成活,长命百岁,吉祥幸福。

【扎根鞋】　见“壮族扎根童鞋”。

【壮族绣花女鞋】　简称“壮族女花鞋”。清末民初时期,主要流行于广西龙江等壮族地区。鞋头呈钩形,像龙船。分有后跟和无后跟两种。鞋底较厚,多用砂纸做成。刺绣针法有齐针、拖针、混针、盘针、堆绣、压绣等。色彩年轻人喜用亮底起白花,常用石榴红、深红、青、黄、绿等艳丽色,纹样有龙凤、双狮滚球、蝶花、雀等;老年人多用黑色、浅红、深红等色,纹

样有云、龙、天地、狮兽等。也有老年妇女喜用素面鞋底,用深蓝色作鞋面,上绣红、白和淡红花卉纹样,鞋头有豁口。古朴而庄重。

【壮族女花鞋】　见“壮族绣花女鞋”。

壮族老年妇女绣花鞋
(《中国民族民俗文物辞典》)

【棕丝鞋】　用棕丝编织而成,故名。① 珞巴族传统男式棕鞋,主要流行于西藏珞渝等地区。鞋帮、鞋底,都用棕丝编织,以白、黑、红色染的羊毛编靴筒,轻快实用,色彩美丽,适用于上山行猎护脚。② 流行于四川的一种棕丝鞋,用木片作鞋底,以棕丝编鞋帮,形如靴,底端钉有铁钉,雨天穿用可防滑、防水。

戏曲服装

【戏曲服装】 演戏用的衣着和服饰的总称。又叫"行头"、"戏衣"。包括盔帽、蟒、靠、褶、帔、靴等。我国的传统戏曲服装，基本上是依据明代服饰式样，加以艺术处理而创造设计出来的。传统戏衣名目众多，主要的有 20 种左右。然而由于色彩、纹样和质料的不同，以及穿戴时的不同搭配，使整个戏衣显得变化多端，丰富多彩，富有艺术表现力。戏衣的色彩分上五色、下五色。在质料上，早期多用呢、布，后来主要采用缎、绸、绉等丝织品。戏衣的纹饰，有龙、凤、鸟、兽、鱼、虫、花卉、云、水、八宝、暗八仙等。同一内容又有不同的表现形式，如龙有坐、散、游、团；水有立水、卧水等。刺绣也有绒绣、线绣、平金、金夹线、银夹线等区别。目前北京、上海、苏州、广州等地，是我国设计、制作戏曲服装的几个主要基地。

【行头】 戏曲衣着、服饰的总称。见"戏曲服装"。

【戏衣】 演戏用的衣着和服饰的总称。见"戏曲服装"。

【戏衣的设计、制作】 戏衣的制成，工序十分繁复。首先必须根据剧情内容来考虑舞台的整体效果：剧中人物的穿戴、道具、布景以及图案色调和先后场次间的气氛衔接，都要做到心中有数。整体确定后，然后根据剧中人物的不同年龄、性格、身份、扮相，来设计样稿，再按样稿进行配料、绘画、刺绣。再经别浆、剪裁、缝纫、熨烫、上领、上蟒摆、缝里子，最后经过加工整理才算完成。

【蟒】 戏曲服装。亦作"蟒"。也叫"蟒袍"。帝王将相的官服。圆领大襟，上绣云龙、花朵、凤凰等，下摆及袖口绣有海水，后有两摆。蟒有男蟒、女蟒之分。男蟒长及足，色分上五色(红、绿、黄、白、黑)，下五色(粉红、湖色、深蓝、紫、古铜或香色)十种。图纹有独龙、团龙两种。女蟒式样与男蟒无大差异，长仅及膝，后无摆。穿时加云肩，上绣丹凤朝阳、凤采牡丹等。梅兰芳在《贵妃醉酒》中扮演杨贵妃时，作了改革，在周围又加了一道三寸左右的水纹边，满身绣团凤及金银线图案。另有一种"香色蟒"，绣团龙海水，为太后、年老郡主、一品诰命夫人所穿，故亦称"老旦蟒"。这种"老旦蟒"，色彩一般纯度不高，比较沉着。纹样比较简洁，疏密有致。近七八十年来，又增加了一种"改良蟒"，式样与蟒同。只是纹样简化，胸前绣龙纹，下摆、袖口有回纹、草龙纹等，穿着与蟒同。

【蟒】 戏曲服装，见"蟒"。

【蟒袍】 简称"蟒"。戏曲服装。见"蟒"。

【男蟒】 见"蟒"。

【女蟒】 见"蟒"。

【香色蟒】 见"蟒"。

【老旦蟒】 见"蟒"。

男蟒

【靠】 戏曲服装。又名"甲"。传统戏中武将的装束。靠身分前后两块，满绣鱼鳞等纹样。圆领、紧袖，腿部有护腿两块，叫"靠牌"，也叫"靠腿"；背间有一虎头形的硬皮壳，叫"背虎壳"；背虎壳上可插四面三角形小旗，叫"靠旗"；领口有靠领，称"三尖领"。靠又有软硬之分，不用靠旗的叫"软靠"。颜色分上五色、下五色，根据剧中人物的年龄、性格、脸谱而区分服装的颜色。另有"仓字靠"，黑色，饰周仓者专用，其靠牌、靠肚比一般大，便于衬胸、臀等。又有"二郎靠"，是饰二郎神者专用，深黄色，方靠旗。女将所穿的"女靠"，自腰至足缀有彩色飘带数十根，内穿衬裙。另一种"改良靠"，为一般将士所穿，紧身，腰间系大腰包，靠腿分前后左右四块，两肩和腰间有半立体虎头，颜色有"上五色"五种。

【靠旗】 戏曲服装。将官身背之令旗，上阵时作传令用。亦为"靠"的装饰物。缎质绣花三角形小旗四面，颜色与"靠"同，插在背后"背虎壳子"里。

【靠肚】 戏曲服装。"靠"的一部分。"靠"的前片腰部，绣一大虎头，叫"靠肚"。

【靠牌】 戏曲服装。也叫"靠牌子"、"下甲"。是"靠"的一部分。由两块绣有鱼鳞或虎头的单片，系于腰间，用以遮护两腿。

上：男靠 下：女靠

【靠牌子】　见"靠牌"。

【硬靠】　见"靠"。

【软靠】　见"靠"。

【仓字靠】　见"靠"。

【女靠】　见"靠"。

【改良靠】　一种经过改良的戏曲服装。分"改良男靠"和"改良女靠"两种。形制与软靠类似。缎制、无领、窄袖、大襟、腰身较紧、腰间束箍。由上衣、腰裙、靠领和腰箍等组成。改良靠上不绣鱼鳞形纹,改良男靠绣龙纹,改良女靠绣凤纹。在靠领、护肩、下甲边围等处,装饰有排须。在《三江口》中周瑜穿白色改良靠,《凤仪亭》中吕布穿粉色改良靠,《走麦城》中吕蒙穿黑色改良靠。穿改良靠时,改良靠的颜色,需与面部妆色等相协调统一。

【改良男靠】　见"改良靠"。

【改良女靠】　见"改良靠"。

上:改良男靠
下:改良女靠

【霸王靠】　戏曲服装。黑色,式样与其他男靠相同,唯靠肚下沿缀有黄色排穗,为《霸王别姬》等剧中楚霸王专用,故名。

【鱼鳞甲】　戏曲服装。为《霸王别姬》中虞姬的专用戏服。样式与改良靠相似,由上衣和下甲组成。上衣是立领式大襟短袄,领外加饰云肩;前甲护裆片,左右连接胯甲护腿片,每片各镶饰两条飘带;全甲用黄色缎面,上绣鱼鳞状图案,前胸加绣护心镜,或用光片串缀成重叠状鱼鳞纹。

【二郎靠】　戏曲服装。式样亦与其他男靠相同,深黄色,方靠旗,为《闹天宫》、《劈山救母》等剧中二郎神的专用戏服,故名。

【仓子靠】　戏曲服装。黑色,样式与一般男靠相同。唯其靠牌、靠肚均比一般男靠为大,便于榰体、衬胸、衬臀,为《走麦城》和《青石山》等剧中周仓专用。周仓在戏班里习称"仓子",故名"仓子靠"。

【宫装】　戏曲服装。又名"杨妃衣",是剧中贵妃、公主所穿的女礼服。上衣下裳,长至足际。衣用红缎,绣花宽袖,沿数道各色花边。腰以下缀各色绣花飘带数十根,中幅绣凤凰牡丹。《贵妃醉酒》中的杨贵妃和《打金枝》中的唐公主,均穿此装,戴凤冠、披云肩,极为华丽。

【杨妃衣】　戏曲服装。见"宫装"。

宫装

【古装】　戏曲服装。梅兰芳创始,与京剧通用的明式服装相区别。根据国画中所绘古代妇女装束,研究、设计制成。应用于《黛玉葬花》等"古装戏"中。穿"古装"的角色,梳"古装头"。

古装

【官衣】　戏曲服装。传统戏中文官服。圆领大襟。后有两摆,素底,胸前背后有绣花"补子"两块,上绣飞禽,如仙鹤等。分男女两种,颜色有紫、红、蓝、黑等,依次区分官阶大小。宰相、国老等穿紫色服;巡按、府道等穿红色服;知县等穿蓝色服;黑色无"补子",又名"素服",是门官等所穿。女官衣后无摆,较男官衣短。颜色有红、秋香色两种。红官衣为一品夫人所穿,也作为传统戏的结婚礼服。现丑角所扮演之官员亦穿用,如《唐知县审诰命》的知县就是穿红官衣。香色官衣与香色女蟒性质略同,为老旦扮演之一品诰命夫人所穿。

【素服】　见"官衣"。

【红官衣】　见"官衣"。

【香色官衣】　见"官衣"。

官衣

【开氅】 戏曲服装。大领大襟。长及足,左右胁下有摆两块。衣周围和袖口有三至五寸左右与衣不同颜色的水纹边。上绣狮、虎、麒麟、豹等走兽图像(武官用走兽,文官用飞禽),是武将军中的便服,宰相告老回乡时亦穿用。颜色有红、绿、黄、白、黑。

开氅

【褶子】 戏曲服装。传统戏中一般平民的便服。"男褶子",大领大襟,长及足,分花素两种。花色有"武生褶子",分上五色、下五色十种,上绣花卉或小团花,里子亦绣花,为武生敞胸时所用。上五色多为花花公子、强徒、恶霸所穿,丑行谋士等亦穿;下五色为英雄、义士侠客所穿。"小生褶子"颜色众多,图样有角花、领花、边花等,一般公子少爷均穿。单色有黑、蓝、红、古铜等,黑、蓝二色为小生落难和贫穷书生所穿;红色是穿蟒、对帔时所衬,亦称"衬褶";古铜色是老生所穿。"女褶子"有大襟、对襟两种,分花色、素色。大襟的多为素色,是老年妇人所穿;对襟大领绣角花,为小姐的便服,颜色各异;另有小领,也叫"青衣褶子",绣边花或滚边,是贫妇人所穿。

【男褶子】 见"褶子"。

【武生褶子】 见"褶子"。

【小生褶子】 见"褶子"。

【衬褶】 见"褶子"。

【女褶子】 见"褶子"。

【青衣褶子】 见"褶子"。

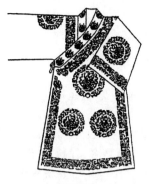
武生褶子

【时式褶子】 戏曲服装。式样是小领、对襟、长袖(带水袖),长至膝部,各色均有,也有上绣各种图案的。古时并无此种褶子,近百年才时兴,专为青年女子所穿。

【箭衣】 戏曲服装。圆领大襟,马蹄袖,前后开衩齐腰。颜色有上五色、下五色十种。分"龙箭"、"花箭"、"素箭"三种。龙箭上绣龙纹,下绣海水,多为皇帝出朝时所穿,武将亦有用之;花箭为武将战败丢盔弃甲时所穿,上绣团花;素箭有黑、蓝等色,是公差、老军所穿,也有在穿靠时作为衬衣,亦称"衬箭"。

【素箭衣】 见"箭衣"。

【衬箭衣】 见"箭衣"。

【龙箭衣】 戏曲服装。为帝王、将帅的军便服,多于行路时穿之,须束鸾带。式样为小领、大襟、纽襻、瘦袖(马蹄袖)。长至足部。绣以团龙、海水等纹样。色彩有红、黄、白、黑、绿、紫等色。

龙箭衣

【花箭衣】 戏曲服装。式样与龙箭

衣相同,但不绣龙纹,只绣团花或其他花纹,为一般英雄、武将的便服。武举人大多亦穿此衣。

花箭衣

【马褂】 戏曲服装。为武官骑马行路的官服,帝王外出时也穿箭衣罩马褂。圆领对襟,长二尺左右,上部绣团龙或团花,下部绣海水江牙。颜色有红、绿、黑、黄、白五色。如《下河东》里的赵匡胤穿黄马褂,《汾河湾》的薛仁贵,穿白蟒箭衣青马褂。

马褂

【团龙马褂】 戏曲服装。圆领对襟,式样与普通马褂相同,长二尺许,上绣团龙海水,颜色有红、绿、黄、白、黑五种,穿此衣内必衬箭衣,一般将士或卫士所穿。

【外褂】 戏曲服装。清代服装。小领、对襟,长至膝部。一般演清代戏时用之。演门官也多着此衣。

【虎皮披褂】 戏曲服装。式样如披肩、战裙,上绣虎皮纹,有黄、黑、白三种颜色。为猎户、小妖、小鬼所穿。

【小披褂】 戏曲服装。又名"卒坎"。式样为红底绣花之对襟小马褂,黄布里,里绣虎皮纹。为兵、卒所穿。小鬼、夜叉则反穿之。

【海青】　传统戏曲服装。式样与"褶子"类似,唯全为黑色。为家院所穿用。如京剧《义责王魁》中王中所穿。

【青袍】　戏曲服装。黑色布质,样式与褶子相同,唯无水袖。传统戏中文职役卒所穿用。

【帔】　戏曲服装。由于在使用时大多男女作对使用,故亦称"对帔"。传统戏中帝王将相、豪绅的便服。对襟,左右胯下开叉,满身绣团花、团寿、龙凤、鹿鹤等,全衣有十二、十八团不同。颜色有红、黄、蓝、黑、紫等。红帔常用于官宦、豪门结婚之男女礼服,黄帔上绣龙凤团花,为帝王、皇后、太后的便服,其他是告老家居的显宦和豪绅、官吏家居时的便服。女帔,长仅及膝,式样、纹饰、色彩与男帔相同。

【对帔】　戏曲服装。见"帔"。

【观音帔】　戏曲服装。式样与帔类同。但用白地色,绣以蓝色或黑色竹叶纹样。专为观音所穿,故名。

【斗篷】　戏曲服装。式样是小领、无衣袖。用时绕身一围,披于身上,长至足部。用大红绸、缎制成。绣云龙纹。为帝王、官员外出行路时所披,番王行路时必须披之。如《反五侯》里的李存孝、《过五关》里的关羽等都披斗篷。另外还有一种女斗篷,式样与斗篷同,但绣花,颜色有红、粉红、绿、月白等。为有地位的女子或女英

男斗篷

雄行路时所穿。如《昭君出塞》里的王昭君、《穆柯寨》里的穆桂英等披女斗篷。

【女斗篷】　见"斗篷"。

【八卦衣】　戏曲服装。又名"八卦氅"。为足智多谋的军师所穿。有紫、蓝、白等色。式样大襟大袖,前胸后背绣太极图,分列八卦图案,四周沿宽边,腰间缀有飘带。如《群英会》中诸葛亮穿紫八卦衣,到《白帝城》中孔明就穿白八卦衣(为素服)。

【八卦氅】　戏曲服装。见"八卦衣"。

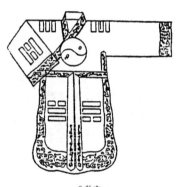

八卦衣

【包衣包裤】　戏曲服装。也叫"抱衣抱裤"、"豹衣豹裤"、"英雄衣"、"打衣"。大领、大襟、束袖,下衣边有打褶白绸二层,名叫"走水"。裤袄同色,上绣小团花等纹样,为英雄、义士、草寇等格斗时所穿,穿此衣者叫"短打武生"。便于手持单刀等短武器,动作灵活。如黄天霸及梁山英雄多穿用。

【抱衣抱裤】　戏曲服装。也叫"包衣包裤"、"豹衣豹裤"、"英雄衣"、"打衣"。见"包衣包裤"。

【豹衣豹裤】　戏曲服装。见"包衣包裤"。

【英雄衣】　戏曲服装。见"包衣包裤"。

【打衣】　戏曲服装。见"包衣包裤"。

包衣包裤

【快衣】　戏曲服装。又名"夸衣"、"夜行衣"。江湖英雄、绿林好汉所穿。小领、对襟、短身、无走水,袖下及胸前都有一排纽扣(俗名"百骨纽",亦称"英雄结")。有素色和绣花两种,一般多为黑色。如《武松打虎》中的武松,《三打祝家庄》里的石秀,均穿黑色快衣。

【夸衣】　戏曲服装。或作侉衣。见"快衣"。

【夜行衣】　戏曲服装。见"快衣"。

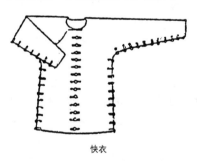

快衣

【上手衣】　戏曲服装。为四上手所用,上手指将官之随从官。用黄布制成,大领大襟,类似英雄衣。但不绣花,无走水。

【下手衣】　戏曲服装。武戏中下手所用。下手指番王的随员或寨主的喽啰兵。式样与上手衣类同。用青布制成。

【富贵衣】　戏曲服装。为"花郎"(乞丐)、"穷人"所穿之衣。在"黑褶子"上补缀若干块杂色绸子,以表示衣服破烂、浑身补缀的意思。"富贵衣"名称的来历,一般说法是:穿衣之人,

将来必定显贵,故取此名。如《棒打薄情郎》中莫稽、《彩楼记》中吕蒙正,都穿此衣。

富贵衣

【安儿衣】 戏曲服装。式如茶衣,有水袖。此衣性质与"富贵衣"相近。一般将来不能成名之人,如书童等,穿茶衣。今后成为有名望之人物,幼时穿此衣,如薛丁山幼时穿之。另有一种传说,姜维小时穿此衣,因其乳名安儿,故名"安儿衣"。

【太监衣】 戏曲服装。又名"铁勒衣"。为宫廷中的大小太监所穿。式样是大领大襟,长身宽袖(带水袖),前后身绣团花图案,四周及腰际镶沿蓝色或黑色宽边(有的大部绣花),有红、黄等色,戴太监帽,执仪仗。

【铁勒衣】 戏曲服装。见"太监衣"。

【龙套衣】 戏曲服装。龙套名标旗手,又名文堂,为古式高级文武官员仪仗队的前导。服式为圆领大襟、大袖,前后开衩,四周镶宽边,缎地绣龙,故名"龙套衣"。有红、白、黑、绿、蓝和紫等色。两军对阵,龙套服色大多与本将帅所穿蟒、靠一色,或色调相近。如《镇檀州》岳飞穿白靠白蟒,四龙套即穿白色。

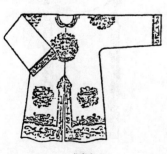

龙套衣

【站堂铠】 传统戏曲服装。亦称"铠"、"大铠"、"丁字铠"、"帽钉铠"。形似软靠,无靠旗但宽腰,前片无靠肚,靠牌连在铠上,前腹部位饰虎牙图案,下联吊鱼。有两种:一种为大红缎面,上绣连环丁字图案,称"丁字铠",四身一堂,为帝王随驾仪仗队或金殿御林军武士服装;另一种为黑素缎面,上镶护心镜或电镀帽丁,叫"帽丁铠",亦是四身为一堂,为剧中统帅的随从军士和白虎节堂的站堂军士专用服装。

【铠】 见"站堂铠"。

【大铠】 见"站堂铠"。

【丁字铠】 见"站堂铠"。

【帽丁铠】 见"站堂铠"。

站堂铠

【水衣】 戏曲服装。又名"汗衣"。粗布制成,带水袖。男、女角色外穿蟒、披等宽袖衣服时,内里均穿水衣,以在舞袖时易于用力,还可以防汗水浸入外衣。

【汗衣】 见"水衣"。

【茶衣】 戏曲服装。短式褶子。用

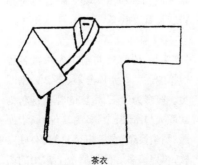

茶衣

蓝布制成的对襟短衫,大领大襟,一般不带水袖。凡扮茶坊酒肆跑堂人,及牧童、书童、樵夫和渔翁等,均用此服。

【坎肩】 戏曲服装。穿在外面的无袖上衣,又称"马甲"、"背褡"、"背心"。分花坎肩、素坎肩、卒子坎肩、和尚马甲和水纹田背心五种。花坎肩,为花旦、小旦用,缎制绣花。平民女子、宫女、丫环等均可穿。素坎肩,深色,较长,扮老学究、媒婆等用。卒子坎肩,红色,有花有素。中间有白色圆块,书一"卒"字或"勇"字。为小卒、报子等所用。其反面,多以黄布绘虎皮纹,称虎皮坎肩,扮小鬼用。和尚马甲,黄色,腰际镶绿绸;或绿色,腰际镶黄绸。为勇猛的和尚及伽蓝神用。水田纹背心,为道姑专用。

【花坎肩】 见"坎肩"。

【素坎肩】 见"坎肩"。

【卒子坎肩】 见"坎肩"。

【和尚马甲】 见"坎肩"。

【水纹田背心】 见"坎肩"。

花坎肩

【官裙】 戏曲服装。女子所用,围于腰间。长度超过足部;正中有马面、绣花;周围有百褶。有的周边有绸绉。用色有红、绿、杂色等。红官裙显示庄重,女子着蟒或官衣时必须穿之,如《贵妃醉酒》中的杨贵妃等。

【水裙】 戏曲服装。白布短裙,系于腰间。大多为渔夫、樵夫、店小二等,上身常穿茶衣,如京剧《钓金龟》中的张仪所穿。

【彩裤】 戏曲服装。红、黑、白色绸质裤子。采用绸质,取其轻便灵活,适宜于舞蹈动作。

【腰包】 戏曲服装。也叫“腰裙”。样式与水裙仿佛,长度与一般裙子相同。男角色多系于老斗衣之上,女角色则系于青褶子上。如京剧《石秀探庄》中的钟离老人,即在老斗衣外系扎腰包。《牧羊圈》中的赵锦棠则在青褶子上系扎腰包。

【腰裙】 戏曲服装。见“腰包”。

【云肩】 传统戏曲服装。女子极庄重之服饰。女子穿蟒或宫衣时必须加云肩。有时穿披,亦可加云肩。其样式是围脖一圈,大仅过肩,各色均可,以平金绣花。周围有云钩,缀穗。皇后用黄色穗,其余用红色或五色穗。

云肩

【袈裟】 戏曲服装。僧人作法时所穿,用时斜披于肩上,一般均为红色。有的绣花。

【法衣】 戏曲服装。道士作法时所穿,各种颜色均有,前后身见方,无袖,下摆及袖宽等长及足部,中间开缝、挖领,周身镶边,中绣八卦、松鹤等花纹。

【猴衣】 戏曲服装。又名“智多衣”。式样与英雄衣相同。周身绣兽皮图案,为扮演孙悟空所穿。戴黄缎虎皮软罗帽,披虎皮褂,足穿黄缎虎皮快靴。

【智多衣】 戏曲服装。见“猴衣”。

【皂隶衣】 戏曲服装。式如箭衣,布制。衙役戴皂隶帽时穿之。

【刽子手衣】 戏曲服装。上衣为马褂,下系战裙。刀斧手着之。

【罪衣罪裙】 戏曲服装。又叫“罪衣裤”。大领,对襟,普通袖;裤子为一般样式。红色,布质。有的系白裙,传统戏中罪犯穿用。

【罪衣裤】 戏曲服装。见“罪衣罪裙”。

【露肚】 戏曲服装。式样类似快衣,但露胸。原为扮妖精者穿之。后短打戏中的武生也多用之。

【京剧服装上五色】 京剧服装色泽专有术语。红、绿、白、黑、黄(老黄、鹅黄、牙黄、杏黄)五种颜色,称京剧服装之“上五色”。与京剧服装之“下五色”,共称为“箱中十色”。参见“京剧服装下五色”。

【京剧服装下五色】 京剧服装色泽专有术语。紫、蓝、粉红、湖色、古铜或秋香五种颜色,称京剧服装之“下五色”。与京剧服装之“上五色”,共称为“箱中十色”。参见“京剧服装上五色”。

【正五色】 戏曲服装颜色分正五色、副五色和杂色三大类。正五色是指红、白、黑、黄、绿。

【副五色】 戏曲服装颜色分正五色、副五色和杂色三大类。副五色是指粉、蓝、紫、湖、绛。

【盔头】 传统戏曲剧中人所戴各种冠帽的通称。大体分冠、盔、巾、帽四类。冠多为帝王、贵族的礼帽;盔,为武职人员所戴;巾,多为软件,属于便服;帽类最杂,自皇帽至草帽,有硬有软,名目繁多。目前舞台上常用的盔头,主要指帅盔、草王盔、夫子盔、中军盔、紫金冠、凤冠、堂帽、相貂、驸马翅等硬质冠帽,也包括鸭尾巾、员外巾、小生巾、八卦巾、罗帽等软质帽巾。按人物的年龄、身份、性别、地位等的不同而分别使用。大都着重装饰性,常缀以珠花、绒球、丝绦、雉尾等,必须同身上穿着的各种服装相协调。据有经验的盔头艺人讲,传统的盔头,包括各种大小附件,计约300种。

【皇巾】 传统戏曲盔头。又称“帝巾”。黄缎制成,前低后高,背后有朝天翅一对。多为皇帝生病时戴用。

【帝巾】 传统戏曲盔头。多为皇帝有病时所戴用。见“皇巾”。

【皇帽】 传统戏曲盔头。又名“王帽”,又称“唐帽”、“堂帽”。帽形微圆,前低后高。全部为金黄色,上缀有杏黄色的绒球,帽后形如元宝,上有金龙,并有朝天小翅两根,左右各有杏黄色大丝穗两根,此帽为皇帝所专用,如《打金砖》中的刘秀、《斩黄袍》中的赵匡胤。

【王帽】 传统戏曲盔头。见“皇帽”。

【唐帽】 传统戏曲盔头。又称“皇帽”、“王帽”、“堂帽”。见“皇帽”。

【堂帽】 传统戏曲盔头。又称“皇帽”、“王帽”、“唐帽”。见“皇帽”。

皇帽

【九龙冠】 传统戏曲盔头。全金色，上缀杏黄色大绒球一只和大小珠子数十个，后有朝天金翅两根。冠周围饰有点翠龙九条，故名"九龙冠"。为剧中帝王戴的便帽，如《上天台》里的刘秀等戴之。

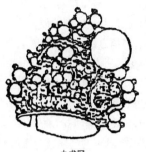

九龙冠

【天平冠】 传统戏曲盔头。亦称"冲天冠"、"平顶冠"、"日月冠"、"玉皇冠"。冠顶为一长方形平板，前高后低，称"延"，上镂饰七星和日月纹；板下缀正黄色大绒球，前后垂旒，左右挂大穗，为玉皇、阎王戴用。皇帝用得很少，只有商纣王、秦始皇、隋炀帝等几人。《青石山》中的关羽（称协天护国大帝），也戴此冠。另有女天平冠，略小，武则天用。

【冲天冠】 见"天平冠"。

【平顶冠】 见"天平冠"。

【日月冠】 见"天平冠"。

【玉皇冠】 见"天平冠"。

天平冠

【太子盔】 传统戏曲盔头。又名"紫金冠"和"太子帽"。冠上端有一形似蓓蕾的小冠，上下均是银色水珠及粉红色的绒球，盔后下方有一小丝穗牌，全部为银白色，左右各有大丝穗两根。颜色以银色为多，亦有金色的。多用于王子和年少将领。如周瑜、吕布、李世民等所戴用。

【紫金冠】 传统戏曲盔头。即"太子盔"。

【太子帽】 传统戏曲盔头。即"太子盔"。

太子盔

【侯帽】 传统戏曲盔头。又名"侯盔"。式样是，两边各有一个平方顶、瓦片形的"耳不闻"，以遮掩耳部。有的侯帽翅子翘得高些，并缀以凤毛穗。分金、银色两种。为有功的文臣武将的礼冠。如《二进宫》中的徐延昭、《黄金台》里的乐毅等戴之。武将的侯帽，顶端加戴头，称为"台顶"。一说：此帽为忠贞刚正、两耳不听谗言的开国元勋所戴，故俗称"耳不闻"。如《大保国》中的徐彦昭。

【侯盔】 传统戏曲盔头。见"侯帽"。

【台顶】 传统戏曲盔头。武将的"侯帽"，顶端加戴头，称为"台顶"。见"侯帽"。

【耳不闻】 见"侯帽"。

侯帽(台顶)

【黑貂】 传统戏曲盔头。又名"黑大铠"，地位较高的武将戴用。式样与相貂类同，但无翅子。胎地用黑漆，镶以金边纹饰，加珠子和绒球。

【黑大铠】 传统戏曲盔头。见"黑貂"。

【扎镫】 传统戏曲盔头。一作"踏镫"。帽形近方，前低后高，背后有朝天翅一对。旧时只有黑色的，称"铁幞头"。后又发展出金、银色两种，上加绒球和珠子。在近世戏箱中，汾阳帽去掉如意翅即为金扎镫，一物两用。汾阳帽属于文扮，扎镫属于武扮。

【踏镫】 传统戏曲盔头。见"扎镫"。

扎镫

【鞑帽】 传统戏曲盔头。又名"双龙鞑帽"、"飞龙帽"和"大帽"。用黄缎制成，圆顶大沿，上嵌双龙，加珠子绒球，后面垂黄色飘带两根。为皇帝、大臣微服私访时所戴，有的番邦主将亦戴用。如《汾河湾》中的薛仁贵，《回荆州》中的刘备和《八大锤》中的金兀术。

【双龙鞑帽】 传统戏曲盔头。见"鞑帽"。

【飞龙帽】 传统戏曲盔头。见

"鞑帽"。

【大帽】 传统戏曲盔头。见"鞑帽"。

双龙鞑帽

【学士盔】 传统戏曲盔头。又名"桃叶纱帽"。式样同乌纱帽,两翅如桃叶形,月白色。李白戴之。

【桃叶纱帽】 传统戏曲盔头。见"学士盔"。

【文阳盔】 传统戏曲盔头。又名"汾阳帽",俗称"文阳"。外形与相貂基本相同,金地龙纹,缀有绒球和珠子,两旁为金色如意翅。功高爵显的重臣老将,多戴此盔。如《草桥关》里的姚期,《五截山》中的曹操和《打金枝》中的汾阳王郭子仪(为"汾阳帽"名称的由来)等戴之。

【汾阳帽】 传统戏曲盔头。见"文阳盔"。

【文阳】 传统戏曲盔头。"汾阳帽"的俗称。见"文阳盔"。

文阳盔

【相貂】 传统戏曲盔头。又称"相帽"。帽形近方,前低后高,纯黑色。为丞相专用,故名。另有花相貂,形同黑相貂,缎面绣花,有秋香色、古铜色、紫色几种,为老年宰相所戴。还有一种饰有龙纹,称龙相貂。

【相帽】 传统戏曲盔头。为丞相所戴用。见"相貂"。

【花相貂】 见"相貂"。

【龙相貂】 见"相貂"。

上:龙相貂
下:花相貂

【相巾】 传统戏曲盔头。原名"九梁冠",上绣九梁,后有小翅子两根。为宰相、太师的便帽。如《宇宙锋》里的赵高、《将相和》里的蔺相如等戴之。

【九梁冠】 见"相巾"。

相巾

【驸马套翅】 传统戏曲盔头。简称"驸马套"。式样是在弧形金箍(即乌纱帽)上缀珠子绒球,两旁有大穗。为驸马戴用。如《铡美案》里的陈世美、《打金枝》里的郭暖等戴之。《四郎探母》中杨延辉戴驸马套时,须加插翎挂尾,以表示招赘于番邦。

【驸马套】 传统戏曲盔头。驸马套翅的简称。见"驸马套翅"。

驸马套翅纱帽

【判官纱帽】 传统戏曲盔头。式样

类似乌纱帽,尖翅,红色,帽上缀金彩花,帽前插一大绒球。专为判官所戴用,故名。

【乌纱帽】 传统戏曲盔头。简称"纱帽"。文武官员所戴的官帽,上至朝官、大臣,下至知府、县丞,均可戴用。有方翅、圆翅、尖翅三种。一般称乌纱帽,多指方翅纱帽,清正、有功名的官员多戴此帽,如《二进宫》里的杨波、《打严嵩》中的邹应龙、《辕门斩子》里的杨延昭等戴方形翅帽;圆形翅帽,多由丑角所扮演的官员戴用,如《四进士》里的刘提、《清官册》里的驿丞等戴此帽;尖翅纱帽为奸佞、贪婪的官吏所戴用,如《一捧雪》中的严世番等戴之。

【纱帽】 传统戏曲盔头。乌纱帽的简称。见"乌纱帽"。

上:方翅纱帽
中:圆翅纱帽
下:尖翅纱帽

【帅盔】 传统戏曲盔头。全部为黄色,形如覆钟,盔顶有戟头和红色大缨穗一个,前面缀有绒球、水珠,后有小披风。此盔为领兵大元帅所戴用,如:徐达、《木兰从军》中的元帅等。另有一种"老旦帅盔",是在老旦凤冠上加饰戟头和后兜,如挂帅出征的佘太君所戴的老旦帅盔。

【老旦帅盔】 见"帅盔"。

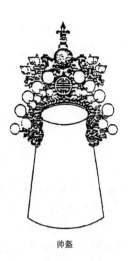

帅盔

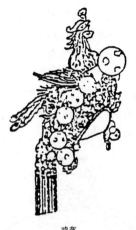

鸡盔

【夫子盔】 传统戏曲盔头。式样前似"大额子",均有水珠、绒球。盔顶有"火焰",后带大披风,左右各有大丝穗、白色飘带各一个。此盔绿色为关公所用、白色为岳飞和赵云所戴用。

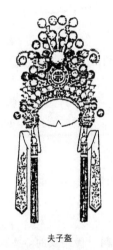

夫子盔

【荷叶盔】 传统戏曲盔头。由皇帽变化而成。后部略呈圆形,如荷叶状,带有小朝天翅,插珠子绒球。有金胎、银胎两种。为有功勋的武将所戴。如《御果园》里的秦琼、《天水关》中的马岱戴金荷叶盔;《八大锤》里的岳飞等戴银荷叶盔。另外有权势的大太监也戴荷叶盔,如《盗御马》里的梁九公、《法门寺》中的刘瑾戴金荷叶盔。

【鸡盔】 传统戏曲盔头。形略似帅盔,唯顶部有一凤凰高出,后有流须下垂,为女将所戴。

【倒缨盔】 传统戏曲盔头。式样类

似中军盔,上有铜丝梗,以盔后倒垂一大红缨束为其特征,故名"倒缨盔"。此盔为武将所戴。盔背饰黑缎,加绣后兜,金色贴绢,为剧中剽悍勇猛大将的头盔,如《淮河营》中的李左军,《华容道》中的周仓。若改为银色盔,白绒球,左右耳挂白缎飘带,插白色倒缨,白后兜,应为三国戏中的马超专用盔头,称"马超盔"。

【马超盔】 见"倒缨盔"。

倒缨盔

【草王盔】 传统戏曲盔头。金黄色,上安黄绒球,盔后部成方形,左右无穗。为割据之王,如孙权、刘璋戴之。有的反王、寨主如宋江等,也戴此盔,但要加雉尾,故贬称叫"反王帽"。

【反王帽】 见"草王盔"。

【狮子盔】 传统戏曲盔头。盔顶有狮子形,前面加额子绒球。多为丑角扮演的武将所戴,如《逍遥津》里的华歆等戴之。

【虎头盔】 传统戏曲盔头。盔顶有虎头,带后兜,前面加额子绒球,有黄、黑、白、红等颜色。武将戴用,如

《闹江州》里的王英戴黑虎头盔,《太平桥》里的李存孝戴黄虎头盔。

【扎巾】 传统戏曲盔头。即"包巾"。为古代武将所戴的包头巾。有软、硬之分。软扎巾,为缎制,上绣花纹,前圆形,后有一板竖起(内以铁丝为骨),饰有大火焰(即绒球架子),用时或加面牌,或加额子。有红、黄等色。《定军山》里的黄忠戴黄扎巾。硬扎巾又名"扎巾盔",上有火焰,配大额子,有黑、红、绿、蓝等色。如《黄鹤楼》里的张飞,戴黑扎巾,《辕门斩子》中的孟良,戴红扎巾。

【包巾】 传统戏曲盔头。见"扎巾"。

【扎巾盔】 传统戏曲盔头。即"硬扎巾"。见"扎巾"。

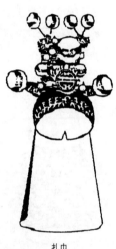

扎巾

【鬃帽】 传统戏曲盔头。也叫"苍蝇罩"。黑色,用马鬃织成,下圆上尖,中空如罩,故名。剧中一些有武艺的人的帽子,如京剧《九龙杯》中杨香武、《丁甲山》中李逵等。

【苍蝇罩】 传统戏曲盔头。见"鬃帽"。

【大额子】 传统戏曲盔头。此盔为武将额前所戴用,全部上下均缀绒球、水珠,盔长过耳,正中有大绒球及牌镜一面。如张飞、牛皋、赵云等均戴用(后配扎巾)。另有一种"小额子",又名"一字额子",为校尉、刽子

手戴用,纹饰较简单。

【一字额子】 传统戏曲盔头。"额子"的一种,为校尉、刽子手所戴用。见"大额子"。

大额子

【罗帽】 传统戏曲盔头。又名"生罗帽"。有硬、软、花、素之分。它的基本式样是:帽身较高,上为六角形,顶有圆球,下为圆形。硬罗帽挺直,软罗帽可折合。花罗帽绣花,颜色有红、绿、蓝、白、紫、粉红、豆青等色,其硬者四周遍缀绒球,多为江湖侠士人物戴用。素罗帽为黑色,多为家院等下层人物戴用。

【生罗帽】 传统戏曲盔头。见"罗帽"。

上:硬花罗帽
下:软花罗帽

【解元巾】 传统戏曲盔头。又称"学士巾"。缎制,绣花,前低后高,两旁有如意形软翅,为已取得功名的文人所戴。

【学士巾】 传统戏曲盔头。见"解元巾"。

【小生巾】 传统戏曲盔头。帽顶至两耳边有硬如意纹样,上绣五彩图纹,两耳下垂丝须。有"文生巾"、"武生巾"两种。"文生巾"后有飘带两根,是秀才、书生等所用;"武生巾"后无飘带,并在顶部加一红绸结,为剧中扮武生者所用。

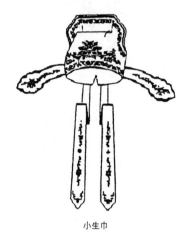

小生巾

【武生巾】 传统戏曲盔头。式样类似"文生巾",但两旁加有大穗,顶有蝴蝶扣(小火焰和绒球)。为武生公子所戴。

【文生巾】 传统戏曲盔头。俗称"相公帽"。帽顶像桥形,前面镶有一块玉。后垂两条飘带。颜色有粉红、白、绿、月白等色。为一般文生公子所戴。如《拾玉镯》里的傅朋等戴之。

【相公帽】 传统戏曲盔头。文生巾的俗称。见"文生巾"。

文生巾

【束发冠】 传统戏曲盔头。又名"多子头"。是古代贵族少年束发所戴的

礼冠。有金胎和银胎两种,上缀珠子、绒球,下垂孩儿发。如《岳家庄》里的岳云、《红楼梦》里的贾宝玉均戴此冠。

【多子头】 传统戏曲盔头。见"束发冠"。

【棒槌巾】 传统戏曲盔头。用缎料制成,帽上绣花,后有桃形小翅子,有红、绿两种颜色。为纨绔子弟所戴。如《野猪林》中的高衙内等,戴此帽。

棒槌巾

【荷叶巾】 传统戏曲盔头。又名"四轮巾"、"傧相帽"。式样是方形,黑底色,帽上绣花。为官府幕僚、门客和相士所戴。如《群英会》里的蒋干等戴之。

【四轮巾】 传统戏曲盔头。见"荷叶巾"。

【傧相帽】 传统戏曲盔头。见"荷叶巾"。

荷叶巾

【凤冠】 传统戏曲盔头。又名"翠凤冠"。冠上嵌翠凤,缀满珠子,两旁垂流苏(穗子),有后扇。主要有大凤冠

和半凤冠两种，半凤冠较大凤冠简单。为皇后、贵妃、公主所戴。如《盗宗卷》里的吕后、《贵妃醉酒》中的杨玉环等戴大凤冠；《祭江》里的孙尚香等戴半凤冠。另外还有一种老旦凤冠，式样较为简单，两旁无流苏，为年老的后、妃和诰命夫人所戴。如《祭江》里的吴太后等戴此冠。

【翠凤冠】 传统戏曲盔头。见"凤冠"。

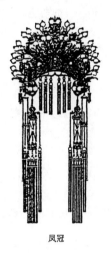

凤冠

【七星额子】 传统戏曲盔头。又名"女额子"，是古代女帅、女将所戴的面额，缀上粉红或豆青色绒球两排，每排七个绒球，故名。如《樊江关》里的樊梨花、《穆柯寨》里的穆桂英等戴之。

【女额子】 传统戏曲盔头。见"七星额子"。

七星额子

【过桥】 传统戏曲盔头。一作"过翘"。半圆形，戴于头顶。有大小之分，纹饰有繁简。小过桥，缀有绒球、穗子，为宫女所用。大过桥，饰有点翠立凤或珠凤，旁挂排子穗或花篮穗，供王妃、公主戴用，又称"半凤冠"。《大登殿》中王宝钏、《回荆州》中孙尚香，均戴用。

【过翘】 传统戏曲盔头。见"过桥"。

【半凤冠】 传统戏曲盔头。见"过桥"。

过桥

【员外巾】 传统戏曲盔头。正方形，前面有长方形如意披挂两块，后有绣花飘带二根。富绅和退职的官僚所戴。如《清风寨》中的张员外、《牧虎关》里的高旺等戴之。

员外巾

【纬帽】 传统戏曲盔头。又名"凉帽"，上缀毫缨，有顶珠，后插翎子。为番邦及清代文武官员夏天所戴的官帽。如《雁门关》里的韩昌、《金沙滩》里的耶律休哥等戴此帽。

【凉帽】 传统戏曲盔头。见"纬帽"。

【貂裘帽】 传统戏曲盔头。又称"裘帽"和"秋帽"。式样为圆顶大檐，上缀红缨，有顶珠，后插孔雀翎子。为番邦和满清文武官员冬天戴的官帽。如《四郎探母》里的国舅、《破洪州》里的白天祚等戴此帽。

【裘帽】 传统戏曲盔头。见"貂裘帽"。

【秋帽】 传统戏曲盔头。见"貂裘帽"。

【虎头帽】 传统戏曲盔头。帽顶绣有虎头形，后兜绣虎皮纹，为武戏中的上下手所戴。有黄、黑二种。黄虎头帽为四上手戴用；黑虎头帽为四下手所戴。

【风帽】 传统戏曲盔头。文武官员外出行路所戴的避风帽罩，有红、黄两色。黄色风帽为帝王所戴，如《清河桥》里的庄王；《捉放曹》里的曹操等戴红色风帽。女风帽上须绣花，如《奇双会》里的李桂枝等戴之。

风帽

【鸭尾巾】 传统戏曲头盔。又名"鸭尾帽"。顶上有毛绒，形如鸭尾，故名。颜色有蓝、白、古铜等色。为一般平民和商人所戴，如《四进士》中的宋士杰戴古铜色鸭尾巾。有的江湖老英雄也戴鸭尾巾，但帽上加有绒球。如《龙潭鲍骆》中的鲍自安，戴白色鸭尾巾。

【鸭尾帽】 传统戏曲盔头。见"鸭尾巾"。

鸭尾巾

【如意巾】 传统戏曲巾帽。古铜色，方形，巾顶左右上端抹角，绣八宝、勾云飘带，戴时将飘带束于左颧肌部位。为剧中仙人或有仙术人物所戴用。

【霸盔】 传统戏曲盔帽。亦称"八面威"。为剧中称威称霸人物所戴。由倒缨盔增饰而成，但尺寸宽大，大额子前扇，正中面牌，左右两侧与耳子处，对称镶饰金龙、雄狮，组成二龙戏珠或狮子滚绣球图案。后扇形似覆钟，上顶立吞口，插弹簧挑喇叭口状红色倒缨，套八角形荷叶片宽沿，每角挂红色丝缨。盔背加饰平金汉文边纹、龙、狮图案后兜。《霸王别姬》中项羽，《将相和》中廉颇戴此盔帽。

【八面威】 见"霸盔"。

【蛇形套】 传统戏曲头饰。圆箍式，正中镶抽花绒球面牌，左右各镶九圈蟠蛇，突出四须，表示蛇形，上缀光珠绒球，沿圈上装绒球，下装蝴蝶。白色蛇形头箍，为剧中白蛇专用，皎月色蛇形头箍，为剧中青蛇专用。

【钻天盔】 传统戏曲盔头。定套，扁圆形翻沿帽，翻沿周围饰光珠。盔顶卧莲花瓣。有蒙黄缎绣猴毛图案和铁纱贴金点绸两种。为齐天大圣孙悟空专用盔帽。

【八角盔】 传统戏曲盔头。其式，前高后低成两层，前扇正中凹陷，突出四角；左右两侧上端，各凹陷双角，正视呈八角形。一种，缀光珠白绒球，银色贴绢，如《失襄阳》剧中关平所

戴；一种，缀光珠、蓝或白色绒球，贴金点绢，如《锁五龙》剧中程咬金所戴。另一式为金色缀红色绒球，后扇上插软火焰，挂双球彩绸，从两鬓垂下，名为"二郎岔"，《闹天宫》剧中二郎神杨戬专用。

【二郎岔】 见"八角盔"。

【判盔】 戏曲传统盔头。盔式与纱帽同，但较纱帽宽而高，又称"判帽"。帽面蒙红色缎。前脸加饰蝠形下口，镶蝠形帽正。帽背插一对飞蝠桃形立翅，高出后扇。全盔饰贴金点绢五蝠捧寿图案。盔帽前后扇上下层中间，附饰对称的红绸抽花彩球。为钟馗专用。

【判帽】 见"判盔"。

【八卦巾】 传统戏曲巾帽。亦称"道巾"、"道士帽"。帽形与高方巾相似，帽顶扁形，状似小屋之顶面，下为方形；前口镶饰一长方形玉帽正；帽正面中间绣有太极图纹，四周绣八卦图案；帽后有两根飘带。颜色有黑、紫两种。多为有道术之人戴用，《借东风》中诸葛亮作法时，亦戴此巾。

【道巾】 见"八卦巾"。

【道士帽】 见"八卦巾"。

八卦巾

【草帽圈】 传统戏曲盔头。仅有帽圈而无帽顶，帽里用绸料，绣有寿字等纹样。为剧中樵夫、渔夫所戴。如

《三打祝家庄》里的石秀、《打渔杀家》里的肖恩等戴之。另有一种小草帽圈，为渔家妇女所戴，如《打渔杀家》里的肖桂英戴之。

【月牙箍】 传统戏曲盔头。陀头和尚束发戴的头箍。箍前有一月牙形装饰物，故名。如《野猪林》里的鲁智深等戴之。《西游记》里的孙悟空戴黄软罗帽、套月牙箍。

【草箍】 传统戏曲盔头。黄布制成，为江湖人物所系的头箍。如《扫松下书》里的张旺等戴之。

【御姬罩】 传统戏曲盔头。也叫"渔婆罩"。为剧中妇女的凉帽。形如草帽圈，四围密排五色珠串，正中镶大绒球。山西梆子《小放牛》中村姑、京剧《回荆州》中女车夫均用。

【渔婆罩】 传统戏曲盔头。见"御姬罩"。

【太监帽】 传统戏曲盔头。形状类似荷叶盔，黑色饰金，上嵌金龙，加珠

上：大太监帽
下：小太监帽

子和绒球,两旁垂大穗。宫廷太监所戴用。如《贵妃醉酒》里的高力士、《法门寺》中的贾桂等戴之。另有一种小太监帽,式样较为简单,两旁无穗子。如《打金枝》中的四小太监戴小太监帽。

【中军盔】 传统戏曲盔头。式样如钟形,盔顶高而尖,全部为金黄色,此盔为中军官的专用品,故名。

中军盔

【大叶巾】 传统戏曲盔头。又名"差官帽"。官府差官、旗牌等戴用。刽子手亦戴大叶巾,但插有雉尾一根,套大额子。另有一种小叶巾,为扮演龙套、旗牌的角色所戴用。

【差官帽】 传统戏曲盔头。见"大叶巾"。

【皂隶帽】 传统戏曲盔头。帽为黑色,旁插孔雀翎一根(或插白鹅翎)。如《失印救火》里的白槐,《洛阳桥》里的夏德海均戴皂隶帽、穿皂隶衣。

皂隶帽

【观音兜】 传统戏曲盔头。式样类似风帽,白色、硬壳,绣以竹叶纹样。帽后部成莲花瓣形,下有披风,专为观音菩萨所用。

【昆卢帽】 传统戏曲盔头。又名"地藏帽"。式样是长圆形,硬胎,有顶。如来、地藏王、目莲僧等戴用。

【地藏帽】 传统戏曲盔头。见"昆卢帽"。

【八角冠】 传统戏曲盔头。又名"二郎盔"。盔上有八角,盔后部作月牙形,上加珠子绒球。神话人物的盔上扎彩球,有金、银两种色。如《无底洞》里的二郎神、《锁五龙》中的程咬金戴金八角冠;《水淹七军》里的关平等戴银八角冠。

【二郎盔】 传统戏曲盔头。见"八角冠"。

【五佛冠】 传统戏曲盔头。式样是圆帽,金顶,前面连缀五片花瓣形,上绣佛像,两旁垂白飘带。为僧人进香朝拜或做水陆道场时戴的礼冠。如《西游记》戏里的唐三藏、《翠屏山》里的海和尚都戴此帽。

【和尚帽】 传统戏曲盔头。又名"僧帽"。式样类似船形。有黄色和黑色两种。黄色为老方丈戴用,黑色为一般僧人所戴。如《五台山》里的老方丈戴黄色僧帽,《翠屏山》里的小和尚戴黑色僧帽。

【僧帽】 传统戏曲盔头。见"和尚帽"。

【道姑冠】 传统戏曲头饰。黑色金边,上绣小牡丹花图案,形状近似等腰梯形,前口中凹,两侧弯云边,用时卡于大头之上,冠背挂十八节片云层式垂穗后兜,其色有杏黄、皎月两种。为剧中年轻的女道姑及女僧所用。如《思凡下山》中的色空,《秋江》中的陈妙常都戴此帽。

名师、名家

【伯余】 古代传说，最初制造衣裳的人。《淮南子·汜论》："伯余之初作衣也，緂麻索缕，手经指挂，其成犹网罗。后世为之机杼胜复，以便其用，而民得以掩形御寒。"注："伯余，黄帝臣。《世本》曰：伯余制衣裳。一曰伯余，黄帝。"

【薛灵芸】 三国魏文帝时成衣名工。生卒年不详。文帝改灵芸之名曰夜来。妙于针工，虽处于深帷之内，不用灯烛之光，裁制立成。非夜来缝制，帝则不穿。宫中号为"绣神"。

【高隆之】 北朝羽仪、百戏戏衣艺人。字延兴。北齐人。生卒年不详。《北齐书》载：东魏天平初，领营构大将军，京邑制造，莫不由之。公家羽仪、百戏服制，时有改易，皆延兴为之。

【高延兴】 见"高隆之"。

【何氏】 (555～631)唐代早期服饰裁制缝线艺人。佚名。山西文水人，奉职掖庭，位居司制。《唐六典·内官·宫官·内侍省》卷十二："司制，掌衣服裁制缝线之事。"1982年4月，陕西省博物馆征集到唐代宫人何氏墓志一合，青石资，方形，阳刻篆文"大唐故宫人何氏墓志"。全文如下："大唐故宫人司制何氏墓志，宫人何氏，太原文水人也，以甲族选入中宫，奉职掖庭，位颁司制，柔仪外(热)，温性内融，艺业优闲，识度该赡，褕翟之饬，黼黻之仪，五采章明，六服著品，内司裁制，网不取则，逝川易往，仪驭难留，从心之礼既逾，月制之期遂及，贞观五年(631)岁辛卯正月辛酉朔廿三日癸未遘疾而卒，春秋七十有六，归葬于长安县之龙首原，刊贞石于玄堂，播徽音于终古，乃为铭曰：光光令挨，灼灼华□，爰自素里，入侍丹墀；洞识洽闻，处恭□职；博通体制，妙闲仪饬；居诸不停，泡□非久；风烛奄至，孰安眉寿；寂寂重壤，□幽深夜，懿空傅，芳尘永谢。"

【李绅】 唐代宪宗时元和进士，擢翰林学士，累官至尚书右仆射门下侍郎。字公俸。工诗，精针工。为相时，俗尚轻绡染蘸碧，为妇人衣，绅自为小君剪裁。《唐朱揆钗小志》有著录。

【李公俸】 即"李绅"。

【张阿元】 元代人。女。生卒年不详。为丽嫔。性机敏，善针工。制昆仑巾，上起三层，中有枢转，玉质金枝，纫彩为花，团缀于四面，又制为蜂蝶杂处其中，行则三层磨运，百花自摇，蜂蝶欲飞，皆作攒芯之状。又制飞琼流翠之袍，趋步之际，缥缈若月宫仙子。帝见之，指谓众嫔妃曰："张嫔气宇清越。"又制绣丝绞布之裘，雪叠三山之履，以进御，帝服其裘，穿其履，冠春阳一线中，巾乃方士所进，云是东海长生公所服，帝珍重之。作宝光楼以藏，始出服之。

【马皇后】 元末明初人。明太祖朱元璋妻。生卒年不详。宿州徐王马公女。知书，精女红。太祖每出军，遗暇率诸校妻，缝纫衣裲，以备不给。后性俭，尝命练故织为衾褥，缉裁余缯帛，织工治丝，有荒类者，纂集为衣帔。主身御澣濯，久纰不即易，曰：此弋绨遗法也。《胜朝彤史》有著录。

【张皇后】 明代张后，佚名。善针工。尝用白绫间新桑色绫，制衣如鹤氅式，服之礼大士，宫中称为"霓裳羽衣"。后常用素绫作地，手剪五色绢，叠成诸佛菩萨妙相，宫中奉释教者，恒相仿效，谓之"堆纱佛"。《天启宫词》有著录。

【华氏】 女。清代人。佚名。生卒年不详。京师(今北京)宣武门外潘家河沿陈联妻。所作活计，精针工妙。传入禁中，派充供奉教习宫嫔。

【柏俞龄】 清代吴江同里人。女。生卒年不详。精缝工。尝制一红绫袙，复中嵌白绫，如满月，绘"王祥卧冰图"，谛视之，非绘也，乃聚碎绫为之。其三之一为冰，二为岸，冰有横斜裂纹，细如丝。岸近冰处，迤逦若山坡。王祥坐岸边磐石上面，清瘦有寒冻色，幅巾脱置身旁，浅碧色上衣已解带，胸腹袒露，衣内外凡四层，各异色，风飏其裾，表里皆见。下着绛红袴，翘一足，将脱其屦，屦青色，白袜系里带，带结宛然。岸上枯树二株，寒鸦集焉。计圆绫径五寸，图之工细，殆画家所谓豆人寸马，无以过之，而绝不见针线迹，殆鬼工焉。后更有求制者，则谢曰：目昏不能为矣。还善制雷纹琵琶和折枝梅花洞箫。《吴江县续志》有著录。

【沈从文】 (1902～1988)当代著名作家、工艺美术史论家。湖南凤凰县苗族人。原名沈岳焕。三十年代主要从事文学创作，并先后任教于武汉大学、山东大学、西南联合大学、北京大学。建国后，致力于文物研究工作。1950年至1977年，在中国历史博物馆先后任副研究员、研究员。1978年后，在中国社会科学院历史所任研究员，主持中国古代服饰研究工作。1953年起，为第一至第六届全国政协委员。1983年为第六届全国政协常务委员。1980年，应美国哈佛大学、耶鲁大学等邀请，赴美讲学，对中国工艺美术优秀传统的介绍与论述，引起了美国学者的关注。五十年代，他提出文史研究必须结合实物，用辩证唯物论进行研究的观点。30年来，他运用这一观点对工艺美术史论作了大量的探索，对某些工艺史、物质文化史领域的问题提出了新的见解，填补了学术上一些重要空白。沈从文的工艺美术专著主要有《中国古代服饰研究》、《唐宋铜镜》、《龙凤艺术》、《中国丝绸图案》、《战国漆器》、《明锦》等。

【沈岳焕】 即"沈从文"。

沈从文

【林幼崖】　（1907～1986）广东抽纱绣衣设计名师。广东潮安县人。从事抽纱设计工作几十年，技艺精湛，经验丰富。他设计的抽纱、披肩、绣衣图案，构思巧妙，富于变化，新颖典雅，美观活泼。他对龙凤图案、各种花卉变形图案有很深造诣，具有自己独特的风格。他的代表作《丹凤传书》，曾荣获第二届中国工艺美术百花奖金杯奖。《双龙双凤》绣衣，获创作设计二等奖。他是中国著名的汕头地区水仙牌绣衣的主要创始人之一。1979 年，汕头市授予他绣衣工艺美术师称号。

【冯秋萍】　（1911～2001）当代上海绒线编结艺术家。女，浙江上虞县人。从小喜爱绒线编结。解放以来，她设计的"孔雀开屏披肩"、"野菊花荷叶边春装"、"并蒂莲旗袍"、"杜鹃花拉链衫"等都获好评。她善于运用新材料，创造新针法，设计出各种造型新颖、色彩协调、风格不同的绒线编结服装，深受欢迎。1983 年，她为上海十八毛纺厂生产的长毛绒、珠子绒、双色波形绒等新材料设计的 12 种服装，被评为上海绒线服装设计优

冯秋萍

秀作品奖。冯秋萍也是一位绒线编结教育家，在上海举办学校和训练班，在电台举办讲座传授技艺，培养了不少人才。撰写了《秋萍绒线刺绣编结法》、《绒线棒针花式编结法》等 26 本专著。1986 年，被上海市授予特级工艺美术大师称号。

【陆成法】　当代上海西服裁剪名师。名闻中外。他擅长裁剪不同体形的各式男女服装。他对量衣、算料、设计、裁剪、试样等各种工艺技术，都十分精通，真正能做到"量体裁衣"，合身合体，穿着舒适；而且线条优美，造型端庄，大方典雅。

【黄培英】　（1913～1983）上海著名绒线编结艺术家。女。上海人。童年即爱好绒线编结，并掌握了编结技艺。1928 年开办培英编结传习所，传授编结知识。1926 年起应聘到丽华公司，荣华等商业电台讲授编结技法。1956 年应聘任上海工艺美术研究室研究员，从事绒线编结的研究和创作。

从 1933 年起，黄培英先后编写出版《培英丝毛线编结法》、《绒线童装编结法》、《民间线结》、《花边编结法》等 20 本书。其中 1933 年编写的《培英丝毛线编结法》一书，由其族兄黄炎培题书名，插图着装模特为胡蝶、周璇、陈燕燕、言慧珠等电影、戏曲明星，该书发行量高达 30 万册。1928 年，黄培英的绒线编结作品参加上海工商部中华国货展览会，获得一等奖和金、银质奖章。二十世纪三十年代，她独创的桃、李、梅、蔷薇等花型镂空毛衣，成为当时女士们的时髦外装。1956 年，她设计款式从 3 种结法化出 20 多种结法、200 多种图案花样。代表作品有《三梭花旗袍》、《白色大礼服》、《野菊花披肩》等。曾参加全国和上海市展览，深受中外人士的喜爱。

【谢杏生】　（1916～2013）当代上海戏曲服装设计家。江苏吴县人。14 岁开始设计剧装，有 50 多年丰富经验。被誉为"海派"戏服创始人之一。

他通过对戏剧服装的长期研究，掌握了几十个不同剧种、不同流派、不同角色的戏服设计式样。早年曾为梅兰芳设计布景用的梅花图案绣球，以后梅花绣球成为梅派艺术的标志。他为梅兰芳设计的"宫装"、"斗篷"、"鱼鳞甲"等服装，深受观众喜爱，被著名演员童芷苓、言慧珠和李玉茹等誉为杰作，要求仿照添置。他为周信芳设计的麒麟绣球，也成为麒派艺术的象征。戏剧影片《红楼梦》、《追鱼》、《天仙配》等主角服装，以及 1979 年赴欧洲访问演出的上海京剧团服装，均由他设计。现任上海戏剧服装厂设计室主任，上海舞台美术学会顾问。1979 年 8 月，全国工艺美术艺人、创作设计人员代表大会上，被授予工艺美术家称号。

谢杏生

【夏力汉·阿布拉】　（1927～　）当代新疆库车民族花帽名师。女。维吾尔族，新疆库车县巴依库克人。14 岁学作花帽，经长期刻苦钻研，具有丰富的经验。手艺巧，技术高。她制作的民族花帽，式样优美自然，色泽艳丽鲜明，刺绣针脚均匀。原先"格来目式"和"艾拉式"花帽，式样陈旧，图案有花无叶，颜色不匀。经她不断改进，式样新，图案美，色彩谐和。原先仅有三种花帽，经她不断创造发展为几十个新品种。在绣花、镶边等工序方面，不断改进，使库车民族花帽的质量得到很大提高。夏力汉·阿布拉制作的民族花帽，受到了库车、库尔勒·阿克苏、巴音郭楞等地广大农牧民的赞扬和喜爱。

【王宇清】　江苏高邮人。台湾中国

古代服饰研究著名学者和教育家,国际服饰学术会议的倡议和创始人。国际服饰学术会议已召开了十届,对服饰文化学科的国际交流作出了贡献。王宇清是文学博士,曾从事台北历史博物馆筹建工作并任第二任馆长。现任台北辅仁大学织品服装研究所教授、辅仁大学亚洲服饰文化中心主任、中华服饰学会名誉理事。著有《周礼六冕考辨》、《冕服服章之研究》、《中国服装史纲》、《历运服色考》、《历代妇女袍服考实》、《徐福造像衣冠之拟议》等多部学术专著。

【李之檀】　1955 年毕业于中央美术学院绘画系。长期在中国历史博物馆从事陈列美术工作。1959 年曾任中国历史博物馆建新馆时“中国通史陈列”总体设计。1962～1964 年参加沈从文《中国古代服饰研究》的编辑、绘图工作。1987 年主持筹办“中国历代妇女形象服饰展览”在日本五城市展出。曾任黄能馥《中国服饰艺术源流》和《中国历代服饰艺术》两书的图片顾问。2001 年出版了《中国服饰文化参考文献目录》,这本著述历时十多年完成,达到了一定的深度和广度,收录极为丰富。1992 年被聘为研究馆员,同年享受国务院颁发的政府特殊津贴。参见“中国服饰文化参考文献目录”。

【周汛】　(1935～　)女。江苏武进人。1957 年毕业于上海戏剧学院舞台美术系。先后在上海京剧院、上海戏剧学院、上海戏曲学校从事设计、教学和研究工作。曾任上海艺术研究所中国服饰史研究室副研究员、《中国服饰全集》编委会主编。著有《略论中国古代服饰的演变》、《论太平天国的衣冠服饰》、《中国服饰史研究与服饰研究的历史》等论文。与他人合撰和主持编撰的著作有《中国历代服饰》、《中国服饰五千年》、《灿烂的中国古装》、《中国古代服饰风俗》、《中国历代妇女妆饰》等。《中国服饰五千年》有英、德、法等数种文字版本出版,并在中国、美国、德国和香港等

地获奖。

【骆崇骐】　(1945～　)广东广州人。又名骆崇麒。幼年随家移居上海。早年曾从事翻译、编辑和记者工作,二十世纪八十年代后专事制鞋业的情报职业。1986 年,他只身行程五万余里进行鞋文化史的自费考察,收集到的人类古鞋照片,是迄今世界上最完整的。1989 年 3 月举办了“骆崇骐中外古典鞋饰研究珍贵照片展示会”,受到国内外人士好评,当时纺织工业部部长吴文英参观了该展览,与他亲切交谈并合影留念。1989 年 4 月,在骆崇骐的呼吁下,在安徽泗县创建了我国首家“中国古鞋博物馆”,创办了国内第一份《鞋文化研究》交流刊物。美国和德国的专业杂志,载文高度评价骆崇骐的研究工作“为世界鞋史谱写了中国的一页”。

【骆崇麒】　即“骆崇骐”。

骆崇骐

【华梅】　(1951～　)女。天津人,祖籍江苏无锡。1977 年起在天津美术学院任教中国工艺美术史课,1983 年开始中国服装史教学,1994 年创建服饰文化学新学科。出版专著 40 部,主编 4 部专集和 7 套丛书,《中国服装史》1989 年出版,至 2006 年再版印刷 22 次,为全国服装专业所选用。百万言《人类服饰文化学》获中国图书奖等 7 项大奖;40 万字《服饰与中国文化》获天津市社会科学成果一等奖,其服饰教学获全国普通高校教学成果天津市一等奖。多部著作被翻译成英文、日文、韩文等在国外发行。

《人民日报·海外版》设个人专栏“衣饰文化”、“服饰百年路”、“服饰与人”,连载至今。所著《中国服装史》、《西方服装史》、《服装美学》、《服装概论》获批为国家级“十一·五”规划教材。其专业论文、电视专题片及教学论文获多项大奖。2004 年起,应邀为日本奈良国立女子大学、新加坡拉萨尔——新航艺术学院、法国里昂国立时装设计大学、巴黎法兰西时装学院、新西兰国立理工学院、新西兰服装技术研究院等讲授中国服饰文化。现为天津师范大学美术与设计学院院长、教授、师大华梅服饰文化学研究所所长。1994 年国家人事部授衔“有突出贡献中青年专家”,1995 年享受国务院政府津贴。1997 年天津市劳动模范,1998 年全国教育系统巾帼建功标兵、全国教育系统劳动模范、全国模范教师。2007 年获天津市教育系统“十大女杰”称号。全国政协委员。国际服饰文化学会会员。

华梅

【高春明】　(1956～　)上海人。现任上海艺术研究所执行所长、研究员。毕业于上海戏曲学校。早期曾师从沈从文、周锡保、周汛学习中国服饰,后长期致力于中国服饰文化的研究工作。曾主持《中国五千年服饰展》大型文物展,任总策划、总设计。编撰和主持编辑的著述有《中国历代服饰》、《中国服饰五千年》、《中国古代服饰风俗》、《中国历代妇女妆饰》、《中国衣冠服饰大辞典》和《中国服饰名物考》等。大部分著作被译成英、法、德、日、韩等文字出版。有的获中国图书奖、全国优秀图书奖、美国传

艺第 25 届书展 CA84 优异奖、香港
最佳中文艺术书籍奖和上海优秀图
书一等奖等奖项。

高春明

【沈银银】 现代浙江民间刺绣艺人。
浙东(浙江东部)沈师桥人。善做各
种虎头鞋,自成一格。她不但鞋子做
得讲究,"虎头"也变化众多:有红丝
线绣的"龙头",绿丝线绣的"凤头",
黑丝线绣的"猫头",还有"狮头"、"蝶
头"等。造型虽变形夸张,却主题突
出,美丽生动,逗人喜爱。色泽艳而
不俗,绣面清秀,具有强烈的南国乡
土情趣。庚葆、马信芳《民间工艺采
风录》(刊《文汇报》1984 年 2 月 1 日)
有著录。

服装著作

【人类服饰文化学】 华梅著,1995 年天津人民出版社出版。全书分 6 章:一、人类服饰史;二、服饰社会学;三、服饰生理学;四、服饰心理学;五、服饰民俗学;六、服饰艺术学,后有结语。彩图 43 面,各章附有插图,全书百万言,556 面。该书出版后,获中国图书奖、全国服装图书最佳奖、十五省市社科图书奖和天津市优秀图书特等奖等。

《人类服饰文化学》护封

【中国古代服饰研究】 沈从文编著,王㐨助编,陈大章、李之檀、范曾、王亚蓉等绘图,1981 年商务印书馆香港分馆出版。该书是著者历时十几年完成的我国第一本较系统的研究中国古代服饰的专著。卷首有郭沫若撰写的序言以及沈从文撰写的中国古代服饰研究引言,全书 25 万言,插图 700 幅,其中彩色图 100 幅。全书以出土及传世文物为依据,结合考古材料及大量文献记载,对历代服饰(包括丝织印染、金属工艺及少数民族服饰)进行了系统研究,从政治、经济、军事、文化等各个角度进行了探索,提出了很多新见解、新观念。该书不但具有学术价值,对工艺美术、服装、发型、饰物设计等专业人员亦具有实用参考价值。

二一·汉贮贝器上滇人奴隶和奴隶主

图六六 汉——乘肩舆奴隶主
(云南晋宁石寨山出土贮贝器盖 云南省博物馆藏)

　　《史记·夏本纪》称,禹行四载,"陆行乘车,水行乘船,泥行乘橇,山行乘檋"。虽出于传说,但古代阶级社会,奴隶主或封建主,利用特权乘檋(即舆),役使劳动人民抬他们爬山越岭,这种原始交通工具的应用,时间必相当久远。金文"輦"字多作四人拉车形象,后来最高封建统治者坐的用人扛抬的舆轿,还叫做"輦"或"步輦"。《左传》、《史记》均常有关于"舆"的记载。许慎《说文》"箯"字下云:"竹舆也。"段注《公羊传》曰:"胁我而归之,箯将而来也。"何注:"箯者竹箯,一名编舆,齐鲁以北,名之曰箯。将,送也。"《史记·张耳传》记有汉高祖使泄公持节问贯高"箯舆"前。《汉书·严助传》:"舆轿而隃岑(即岭)。"注曰:"今竹舆车也。江表作竹舆以行是也。"说明虽详尽,形象无可征。因为大量汉代砖石刻画及壁画上,还少发现足当"箯舆"这种交通工具形象。
　　图六六为云南晋宁石寨山出土铜器人物纹饰,其中"箯舆"形象值得注意。
　　证诸记载,得知汉代以来,这种工具名称有箯、筍、编舆、竹輂,同是一物。主要材料用竹子,使之轻便易举。四人肩抬,则本图两个铜器纹饰反映十分完备,且为目前所见最早图像。晋人绘《女史箴图》中"班姬辞輦"部分所见,有八人同抬,晋代则名叫"八舁舆"。邓县画像砖墓雕砖所见,和大同新出司马金龙墓葬中彩绘屏风画上所见,都应叫"平肩舆"(图八六及插图五八)。陶潜上庐山赴会坐

《中国古代服饰研究》书影

【中国古代服饰史】 周锡保著。1984 年中国戏剧出版社出版。该书是著者数十年来从事中国历代服饰的研究和教学的成果。全书按照中国自古以来至明清的各个历史时期,系统地分章分期阐述中国服饰的形成,以及其后的服饰特色和制度的承前启后和演变发展。该书着重以历代文献来引证史料所载的图像,并以著者在各地描绘服饰实物所集的形象来核实文献,从而形成该书严谨的

《中国古代服饰史》封面

科学性和较高的学术水平的特点。书中附有彩色图版 29 幅。

【中国服装史】 华梅著,1987 年天津人民美术出版社出版。全书分十章:一、先秦服装;二、秦汉服装;三、魏晋南北朝服装;四、隋唐五代服装;五、宋辽金元服装;六、明代服装;七、清代服装;八、二十世纪前半叶汉族服装;九、二十世纪前半叶少数民族服装;十、二十世纪后半叶服装。书后附有历代服装沿革简表。该书出版后受到各方好评,连印 9 次,并被国内许多院校定为教材。1998 年作者应用考古新材料,结合国内外学者的科研新成果,作了修订。全书 212 面,图文并茂,印制精美。

《中国服装史》封面

【中国服饰五千年】 上海市戏曲学校中国服装史研究组编著,周汛、高春明撰文,1984 年商务印书馆香港分馆、学林出版社出版。全书分九个篇章,以历史年代为序,结合大量服饰实物及有关文物,对中国五千年服饰演变作了综述性介绍。书末有古代服饰部位名称图释、历代服饰沿革表、服装展示图尺寸表、参考书目及图版索引等附录。1985 年出版了台湾版、法文版及德文版;1987 年又出版了英文版。

【中国历代服饰】 上海市戏曲学校中国服装史研究组编著,周汛、高春明撰文,上海学林出版社,1984 年 4 月出版。全书分上古、秦汉、魏晋南北朝、隋唐五代、宋、辽金元、明、清、

近代等九个篇章,系统介绍了中国五千年服饰演变的历史。图片数百幅、复原服饰展示图百余幅,为了解中国历代服饰、形制、色彩及纹样提供了丰富资料。

《中国历代服饰》外文扉页

【中国历代服饰艺术】 黄能馥、陈娟娟编著,1999 年中国旅游出版社出版。作者根据考古学、文化人类学、服饰史学的研究成果和服装学的原理以及作者掌握的出土及传世文物图像资料,结合古代文献,按历史年代和服饰品类,对中国历代服饰的艺术发展,进行了梳理研究。除服装款式外,对织染绣、装饰纹样及各种装饰品也有论述。充分表现了中国传统服饰艺术的辉煌面貌。全书 520 页,40 万字,插图 1 800 幅,内容丰富。书末附录有中国少数民族服饰的简要介绍。

【中国历代妇女妆饰】 周汛、高春明著,1988 年学林出版社、香港三联书

《中国历代妇女妆饰》护封

店出版。全书分发饰、首饰、冠饰、面饰、耳饰、颈饰、手饰、服饰、腰饰、足饰等 10 篇;下列辫发风采、凤冠威仪、脂粉春秋等 30 个专题,全面揭示了中国历代妇女从头到脚、由外及内所穿戴的各种服饰与饰物。有图版 600 余幅。书前冠有《历代妇女时世妆》图,书末附有名词索引及参考文献。

【中国历代女性像展】 为展览图录,中国历史博物馆编集,李之檀、吕长生等撰写,1987 年日本泛亚细亚文化交流中心出版发行。展览在日本东京等五城市巡回展出,介绍了从战国至清代历代妇女的形象与服饰。

【历代妇女袍服考实】 王宇清著,1975 年台北中国旗袍研究会出版。作者认为:现代中国妇女穿着的“长袍”,俗称“旗袍”。一般认为这种袍装,是满族“旗人”传留。实际上,中国妇女所穿的袍,远溯周、秦、汉、唐时代,即是袍、裙并用,并非始自满清旗人妇女才穿长袍。根据历史考据,因为宋、明时代,妇女普通习尚裙袄,及至满人入关主政之后,由于前代遗民仍旧穿裙,而“旗人”妇女不同于汉人,多穿着长袍,世俗因而称之为“旗袍”。市招写为“祺袍”,“祺”音“忌”,巾也、系也,与袍无关。而“祺”音“其”,含“吉祥”与“安泰、不忧不惧”之义,故应改“旗袍”为“祺袍”。

【中国服饰名物考】 高春明著,2001 年上海文化出版社出版。作者长期从事中国古代服饰文化研究工作,谙熟历代服饰历史背景。该书分发饰考、首饰考、冠饰考、妆饰考、耳饰考、颈饰考、手饰考、服饰考、腰饰考和足饰考等 10 篇。作者对历代服饰名物制度、各地区各阶层的服饰形制,作了较全面的考订。作者以文献求征实物,以实物印证文献,在考证中颇多创见。全书 80 余万字,1 500 多幅线描图,文图并茂,精制精美。

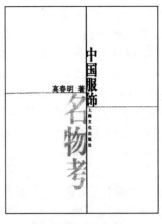

《中国服饰名物考》扉页

【汉代服饰参考资料】 张末元编著。1960 年人民美术出版社出版。该书主要内容有汉代服制概说、政治经济对生活服饰的影响、衣服裁剪方法、宫廷仕宦服装、侍从仆婢服装、庶民服装和百戏服装等。

【中国古舆服论丛】 孙机著,1993 年文物出版社出版。全书分上下编,上编收有:深衣与楚服、洛阳金村出土银着衣人像族属考辨、进贤冠与武弁大冠、汉代军服上的徽识、说金紫、幞头的产生与演变、南北朝时期我国服制的变化、唐代妇女的服装与化装、我国古代的革带。下编收有:两唐书舆(车)服志校释稿之一、之二、之三。2001 年进行了增订,新增了不少新内容。该书附有几百幅线描图,考订十分翔实。

《中国古舆服论丛》扉页

【三礼图】 汉·郑玄、晋·阮谌、唐·张镒等人所撰《三礼图》共六种,都已失传。现存有宋·太常博士聂

崇义撰《三礼图》20 卷。聂崇义于五代·周·显德年间奉诏参照前代六种旧图编写，是流传至今解释中国古代礼制附有图像较早的一书。宋·沈括《梦溪笔谈》、欧阳修《集古录》等多认为与三礼注解不合。现存者还有明·刘绩撰《三礼图》四卷，但舛误更多。

【三才图会】　又名"三才图说"。明·王圻、王思义辑。分天文、地理、人物、时令、宫室、器用、身体、衣服、人事、仪制、珍宝、文史、鸟兽、草木等 14 个门类，每一事物写其图像，加以文字说明。衣服图会三卷，述上古至明代服饰，展示明代服饰典章和礼制，图像与文字说明并用。有明万历槐荫草堂刻本，1987 年江苏广陵古籍刻印社及 1988 年上海古籍出版社影印万历本。

【三才图说】　即"三才图会"。

【天中记】　明·陈耀文撰，60 卷，30 册，明万历二十三年(1595)刻本。第四十七卷之冠、冕、帽、巾、帻、衣、襦、衫、裙、裩、裳、袠、裤、带。第四十八卷之衮、履、鞲、屐、鞾、屝、屦、袍、褐。第四十九卷之梳篦、步摇、钗、铛、珥、钏、指环、笄、粉、胭脂、的、锦、绷、绢、缣。第五十卷之罗、绮、绫、縠、纱、绌、布、纻、绨、绤、绵、絮。

【皇朝礼器图式】　亦称"钦定皇朝礼器图式"。清·允禄等撰。北京故宫博物院藏有乾隆内府彩绘本。册页、绢本，不分卷，全书共 92 册，分祭器、仪器、冠服、乐器、卤簿、武备六门。图式板框 41×39 厘米，右为设色图画，绘图精美，左为楷书图说，记载详实。又有木刻印本，乾隆二十四年(1759)奉敕编纂，全书 18 卷，卷四至卷七为"冠服"部，有：皇帝冠服，皇太子及皇子宗室王公额驸冠服及朝带，民公冠服、朝珠朝带，皇太后、皇后、皇贵妃以下至乡君冠服，民公夫人以下冠服之规定。卷一三为"武

备"部，有：兵服甲胄，皇帝大阅胄甲，随侍胄甲，骁骑校甲、皇帝行冠、袍、带、行裳等。木刻印本插图为木刻版画，也极精美。

【钦定皇朝礼器图式】　即"皇朝礼器图式"。

【大清会典】　原书名"钦定大清会典"。清·托津等修，清代典章制度之总汇。成书于康熙、乾隆、嘉庆间。包括《大清会典》80 卷、《大清会典事例》920 卷、《大清会典图》138 卷。书中存清代服饰典章制度，如《事例》"礼部婚礼类"中记公主下嫁礼至官员士庶婚服饰礼制；"冠服类"载上自皇帝下至士庶冠服；"冠服通例"详述规格、形制、佩饰、纹样、衣料及服色制度。《大清会典图》完成于嘉庆朝，木刻版画图清晰具体，数量宏大，并有文字说明，极富参考价值。冠服类有：王公百官服图之端罩、补服、朝服、蟒袍、公服袍、舞生袍、执事袍、乐生袍；王公百官行衣、雨衣、朝珠、带等图；公主福晋命妇冠图、服图、金丝图、耳饰图、领约图、朝珠图、彩帨图等。有嘉庆二十三年(1818)刻本。通常所见为光绪年间内府刻增修本。

【钦定大清会典】　即"大清会典"。

【事物异名录】　清·万荃原辑，关槐增编。40 卷，分 39 部。以事物原名为目次，叙列异名，分析其类，将引他书相关内容，附于其后。卷十二为"服饰"部，记有巾帻冠冕、衣裘裳袴、袜鞋舄履、首饰发髻、耳环钏戒、粉黛胭脂、布帛珍宝等名物 200 多种。有乾隆四十一年(1776)四明古观堂本、乾隆五十三年(1788)粤东刻本、1969 年台北新兴书局影印 38 卷本、1990 年北京中国书店《海王邨古籍丛刊本》。

【太平天国别史】　别名"贼情汇纂"。清·张德坚著，12 卷。书中"服饰"篇记载了：太平军永安初定冠服制度、攻克武昌后"舆马服饰即有分别"，以

及定都天京后，改革原定服制，并创建"绣锦营"、"典衣衙"等制造衣服的专门机构等史实。农民起义首次制定的服饰制度，对清代服饰既有否定，又有沿用，具有自己的鲜明特色。该书于 1952 年编入上海神州国光社出版的《中国近代史资料丛刊·太平天国》，1957 年上海人民出版社再版。

【贼情汇纂】　即"太平天国别史"。

【灵动衣裾】　华梅著，2007 年天津古籍出版社出版。全书分三个章节：一、衣饰文化，203 篇文章；二、服饰百年路，21 篇文章；三、服饰与人，132 篇文章。衣饰文化、服饰百年路和服饰与人，是华梅在《人民日报·海外版》"神州副刊"上刊出的三个专栏撰写的文稿，时间从 1993 年起，长达十多年。每篇文章千字左右，配有精美插图，短小精悍，文图并茂。每篇文章均具有深厚的文化底蕴，又有对当今衣服文化现状的深入观察与思考以及未来走向的展望。文章既有文采，更有独特的视角和独到的见解，融知识性、趣味性和可读性于一体。《人民日报·海外版》资深编辑张何平认为：华梅的这些服饰文章，既从文化方面丰富和升华了海外版的内容，又如服饰那样美化了版面。时间跨度十余年，文章数百篇，经久不衰，并越来越旺盛，这在《人民日报·海外版》的历史上是个特例，是一个十分醒目的亮点。

《灵动衣裾》扉页

【新中国 60 年服饰路】 华梅著，2009 年中国时代经济出版社出版。作者是新中国的同龄人，人类服饰文化学专家，她以亲历者的身份，专业的独特视角，全方位地描述了新中国 60 年服饰路。该书内容有温馨的 50 年代、革命的 60 年代、初醒的 70 年代、时尚的 80 年代、狂热的 90 年代、多元的 21 世纪初、回眸变迁，后有结语。全书约 45 万字，并附有 600 多帧老照片，极真实形象地记录了新中国 60 年来服饰演变的历程。全书 391 面，文图并茂，装帧精美。

《新中国 60 年服饰路》书影

【中国民族服饰】 王辅世主编，上海戏剧学院舞台美术系人物造型、服装设计教研室编绘，1986 年四川人民出版社和香港和平图书有限公司联合出版。是一部介绍我国各民族服饰的大型画册。全书以精美图画为主，有 500 多幅图画，辅以 200 多幅生动的生活实物照片，展现出 56 个民族琳琅满目的服饰的特征、风貌，表现刺绣、织锦、蜡染、印染等精湛的技艺。书中还对各民族服饰的渊源和特点，作了简洁的文字介绍。

【蒙古民族服饰文化】 刘兆和主编，2009 年文物出版社出版。该书为“蒙古民族文物图典”系列丛书之一。收集清代至民国时期内蒙古东、中、西部八个部落的蒙古族男女服饰，每一部落服饰均包括女子头饰、帽子、长袍、坎肩、裤子、靴子和佩品等内容，展现了各部落服饰特点及部落服饰间的共同之处。蒙古族的服饰文化是在历史长河中逐渐融合了曾经在蒙古高原生活过的多个少数民族及中原汉服文化的特征，并保留了自身独特民族风格之后形成的草原服饰文化。

【清代满族服饰】 王云英著，1985 年辽宁民族出版社出版。该书通过收集清代服饰资料特别是满族服饰资料，阐述了清代服饰的演变和发展，并突出了满族服饰在其中的作用。

《清代满族服饰》封面

【中国少数民族服饰】 韦荣慧编著，2007 年中国画报出版社出版。全书对蒙古族、回族、藏族、维吾尔族、苗族、彝族、壮族、布依族、朝鲜族、满族、侗族、瑶族、白族、土家族、哈尼族、哈萨克族、傣族、黎族、傈僳族、佤族、畲族、高山族、拉祜族、水族、东乡族、纳西族、景颇族、柯尔克孜族、土族、达斡尔族、仫佬族、羌族、布朗族、撒拉族、毛南族、仡佬族、锡伯族、阿昌族、普米族、塔吉克族、怒族、乌孜

《中国少数民族服饰》封面

别克族、俄罗斯族、鄂温克族、德昂族、保安族、裕固族、京族、塔塔尔族、独龙族、鄂伦春族、赫哲族、门巴族、珞巴族和基诺族 55 个少数民族服饰的质地、款式、色彩、纹饰，以及地域习俗等，都作了较详情的介绍，并附有大量彩图。全书近 7 万字，172 面，文图并茂。

【中国西域民族服饰研究】 李肖冰编著，王宇清序，1995 年新疆人民出版社、台湾美工图书社合作出版。作者走访天山南北，沿丝绸古道实地考察，对新疆现存的和出土的服饰文物及岩画、壁画、木雕、泥俑、塑像等形象材料，进行了分析，结合文献、史籍，对西域历代民族服饰的特点、款式、图案、色彩等作了较详细的分析比较。涉及的古代民族有氐、羌、匈奴、塞、乌孙、月氏、突厥、回鹘等。并对服饰文物进行了实地临摹和科学复原。选用图片 600 多幅。对新疆现代民族服饰也做了详细介绍，其中不少是作者实地考察的第一手材料。

【脉望馆钞校本古今杂剧·穿关】明代戏曲服饰史料。脉望馆为明代藏书家赵琦美(1563～1624)书室名。赵氏钞校的元明杂剧，清初为钱曾(1629～1702)所得，录于《也是园书目》中，故又称《也是园古今杂剧》。后又数易其主。1938 年收为国有，藏北京图书馆。1939 年，商务印书馆选出 144 种排印出版，题为《孤本元明杂剧》。1959 年，郑振铎又将现存的 242 种编入《古今戏曲丛刊》第 4 集，影印出版。在这批元明杂剧中，有 102 种附有“穿关”。“穿关”详列了每折戏的登场人物及其应穿戴的衣冠等。“穿关”即穿戴关目之意。“穿关”记载有主要冠服名目 200 多种，经过不同搭配所形成的装束样式近 300 种。这些冠服名目，大都可以从史籍上找出它们的生活来源。其中既有明代以前的服饰因素，也掺杂了明代的服饰。这批“穿关”，是迄今发现最早的比较系统的戏曲服饰史料，对研究中国古代的服饰，有很大的参考价值。

【昆剧穿戴】　昆剧服饰史料。共两集。曾长生口述,苏州戏曲研究室记录整理,徐凌云、贝晋眉校订,收入《戏曲研究资料丛书》,1963 年印行。全书记载了早年苏州全福班、昆剧传习所常演的 456 出折子戏的人物装扮,其中包括发饰、盔帽、髯口、服式、戏鞋及所用砌末等。对于研究昆曲人物装扮,以及戏曲舞台美术的历史演变,具有参考价值。

【中国戏曲服装图案】　东北戏曲研究院研究室编。1957 年人民美术出版社出版。全书共编选中国戏曲服装图案 73 幅,是从中国旧有的戏曲服装和民间刺绣实物及个别同志创作的图案中,加以组织整理编绘而成的。

【中国鞋文化史】　骆崇骐著,1990 年上海科学技术出版社出版。全书分 10 部分:一、古代鞋名释;二、古代的皮革鞋饰;三、靴——民族交融的产物;四、草鞋与木屐文化;五、布鞋——中国鞋饰的灵魂;六、军鞋三千年;七、"三寸金莲"与中国妇女;八、少数民族鞋靴谈薮;九、古代穿鞋规制与习俗;十、图例说明。书后附有古今鞋图 282 幅。全书约 13 万字,143 面。

《中国鞋文化史》封面

【中国服饰文化参考文献目录】　李之檀编,2001 年中国纺织出版社出版。历时十多年才编撰完成,资料极

为宏丰。分 7 大类,84 目,总计 6 501 条;一、古文献举要 463 条;二、综合论述 410 条;三、断代论述 1 533 条;四、专题论述 886 条;五、麻毛棉丝 669 条;六、织染绣 1 659 条;七、丝绸之路与服饰文化交流 981 条。这本文献目录,为服饰文化的研究者和历史学、考古学、民族学、民俗学、民艺学、影视界、美术界、演艺界、服饰设计界提供了众多丰富的材料,便于大家参考和检索。

《中国服饰文化参考文献目录》封面

染 织

染　织

综合

【染织】 ① 广义为染与织的合称。染即染色，染色在某种意义上含印花，因为织物印花是局部染色；织即织造、织花；染织狭义指印花和织花。② 染织美术的简称，如染织美术专业有时简称"染织专业"。

【染织美术设计】 又称"纺织品美术设计"。根据纺织材料的性能、工艺特点以及经济、实用、美观的原则，对纺织品的色彩、花型、外观形态作出的设想与计划。我国染织美术有悠久的历史传统，早在殷商时期丝织物就有装饰纹样出现，河南安阳出土的铜戈把上、北京故宫博物院收藏的玉刀上黏附着提花丝织品的残痕，出现几何形纹样。这些简单的几何图案到了春秋战国时代更加丰富。汉代的染缬技术已比较完备，出现了许多新作品。长沙马王堆 1 号汉墓出土的纺织品，展现了这个时期的染织美术设计的高超技艺。三国时期，由于织机的改良，为染织美术发展创造了有利条件，纹样的组合、构图更加丰富，出现丰茂的大卷叶和宝相花等多层次的富丽纹样。唐代染织美术高度发展，四方连续的放射形图案大量出现，纹样题材多样，色彩富丽。染织美术设计家窦师伦设计了很多图案，名"陵阳公样"。宋代继承了唐代的传统，花样趋向于写实，缂丝具有较高的艺术成就。北宋时的"李装花"，南宋时的"药斑布"开始流行。元代丝织加金技术发达，产品富丽华贵。当时棉花生产已相当普及，松江出现了"错纱配色，综绒挈花"织花被面，棉织品的美术设计开始发展起来。明代织锦图案格局多变，色彩多用正色间以白、黄或金银线，或以复色相配。清代织锦品种甚多，纹样排列流行清花散点、丁字连锁法和车转法等，有些图案流于繁琐。解放以后染织美术得到空前发展，呈现丰富多彩的局面。

【中国丝绸】 我国是世界上最早发明蚕丝的国家。根据出土实物和文献记载，新石器时代晚期，古代劳动人民已知种桑养蚕，亦有丝织物出现。商代甲骨文字中有桑、丝、帛、蚕。这一时代已有平纹素织和挑出菱形图案的丝织物。周代丝织物的种类更为丰富，并掌握了提花技术，这是丝织工艺一个极大的进步。公元前三世纪，我国即以盛产丝织物而闻名于世，被称为"丝国"。汉代丝织工艺的实物资料，最有代表性的是湖南长沙马王堆汉墓出土的丝织物，突出地反映了 2 000 多年前我国缫纺蚕丝的高水平。丝织物的加工方法有织花、绣花、泥金印花和印花敷彩等。西汉至南北朝时期出现了纬线起花锦，唐代纬锦非常流行，这是丝织工艺一大发展。唐代丝织物的图案纹样开创了新风格，给后代以深远影响。宋代设有大规模的丝织作坊和锦院，丝织物图案题材比唐代更为丰富。缂丝工艺在这一时代已发展相当成熟。元、明、清丝织工艺在生产规模、技术、艺术上均有巨大成就，全国设有许多官营织局，民营作坊各地皆是。明·弘治间漳州人林洪，改进了织机，使丝织水平有了进一步提高。妆花技术的发明，是明代丝织工艺的重大成就，到了清代又有进一步发展。近百年来，由于帝国主义的侵略和国民党统治集团的摧残，丝织工艺生产一落千丈，景象十分萧条。建国以后，丝织工艺得到迅速的恢复和发展，产量大幅度增长，质量也相应地提高，花色品种，绚丽多彩。为了使丝绸名称规范化，我国自 1960 年以来，将丝绸的品种分为：纺、绉、绸、缎、绢、绫、罗、纱、葛、绡、呢、绒、绨、哔叽等十四大类；按其原料可分：真丝、人丝、合纤、交织和金银线等五类。品种不同，质地、手感、用途均不相同。我国传统的丝织工艺产地很多，以蜀锦、云锦和宋锦为代表，被称为"中国三大锦"。现代丝织工艺以上海、杭州、苏州等地最为著名。目前，丝织物加工方法主要有织花和印花两种。著名的品种有：织锦缎、古

香缎、真丝印花绸，等等。壮族、傣族等兄弟民族织锦以其特有的图案纹样和色彩，形成浓厚的民族风格。这些丝织工艺品，不仅受到国内人民的欢迎，而且还远销世界各地，为祖国赢得了极好的声誉。

【丝绸之路】 又称"丝路"。指东起长安西至地中海沿岸的贸易通道。早在公元前二世纪汉使张骞就开辟了这条道路，因中国的大量蚕丝、丝织品通过这条路线西运，故名。此后的近千年中外商人、学者、外交使节等通过这条道路进行经济文化交流，实际上丝绸之路已超出丝绸贸易的含义。最早将这条通道命名为"丝绸之路"的是十九世纪德国地理学家希特霍芬，此名称一直沿用至今。

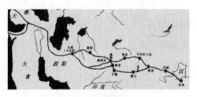

丝绸之路示意图

【丝国】 养蚕缫丝是中国的发明，并很早就向西方输出蚕丝、绸缎。所以古希腊和罗马人称中国为"赛里斯"国，译成汉语为"丝国"。

【织染局】 官署名。明代全国各地织染局：浙江杭州府、绍兴府、严州府、金华府、衢州、台州、温州、宁波、湖州、嘉兴等府，南直棣镇江府、苏州、松江、徽州、宁国府、广德州；福建福州府、泉州府，江西布政司，四川布政司，河南布政司，山东济南府。（《大明会典》卷三）

【织造工】 织云锦机工，行业中称"织手"。拽花工生产时坐在织机的花楼上，负责"花本"提花程序的操作。织造工坐在下面，根据提花程序操作，所引起的经丝升降浮沉的变化，专司妆彩（即配色）织纬。织造云锦，必须拽花工和织造工紧密配合，上下协作，方能生产。

【拽花工】　见"织造工"。

【暴室】　即染房。暴,即曝,为染品晒干之意,官中工场之一。

【画缋】　在织物或服装上用调匀的颜料或染液进行描绘图案的方法,周代帝王服饰已使用。古代画缋技法常"草石并用",即先用植物染液染底色,再用彩色矿物颜料描绘图案,最后用白颜料勾勒衬托。《考工记》:"画缋之事,杂五色……后素功。"简要地叙述了这一过程。

【楚帛画】　战国时期的两件楚帛画,均出土于湖南长沙楚墓。现藏湖南省博物馆。第一件1946年出土,在白色丝帛上画有一女子,立于新月形物上。女子发髻后垂,两手作合掌状,身着长袍,博袖长裙,上饰云气纹。女子左上方画有一龙一凤。龙无角,夭矫直上;凤有冠,作探爪攫拿状。第二件系1973年出土,画上有一男子驭龙而行,龙作舟形,其下有鱼,尾端有鹤。男子高冠长袍,手抚佩剑,顶有伞盖。一般认为画中人物是墓主肖像。表现墓主人在动物引导下飞翅升腾,以表示死者灵魂飞升登遐,这类画与当时的信仰神仙的思想有密切关系。在形制方面接近文献记载的铭旌。

【妇女凤鸟图帛画】　战国时代作品。现藏湖南省博物馆。长沙东南郊陈家大山楚墓出土。绛红细绢地,以蓝黑、黑、粉白敷彩涂染作画。画中有一侧面的娟秀细腰妇女,作合掌祷祝状。妇女头上方有一只展翅长

妇女凤鸟图帛画

翘的凤鸟与一只独脚节尾的夔龙奋力搏斗。龙和凤是古代神话中的吉祥之物,战国时,常用作织锦和刺绣的纹饰。

【御龙舟人物帛画】　战国时代作品。现藏湖南省博物馆。长沙市城东南子弹库楚墓出土。长37.5、宽28厘米,朱红细绢地,是在织物上彰施涂染的最早实物之一。敷彩平涂渲染兼用。画中男子单线勾勒,略施彩色,龙舟、鹤、鱼、舆盖白描涂染而部分以金白粉敷彩。画中男子驾驭着巨龙,龙呈舟形,龙尾上有一鹤。上方为舆盖;左下角为一条鲤鱼。舆盖、缰绳及衣着等飘带右拂,人、龙、鱼朝左,表现了前进的方向。画的内容是乘龙升天的形象,反映了战国时盛行的成仙登天思想。

战国长沙子弹库御龙舟人物帛画

【汉代帛画】　主要指丧葬出殡时张举的一种在帛上绘出图画的旌幡。也有人根据墓中出土的"遣策"称之为"非衣"。入葬时作为随葬品将其盖在棺上。湖南长沙马王堆1号、3号汉墓和山东临沂金雀山9号汉墓,都出土过这种帛画。长沙马王堆汉墓还出土绘有人物、车马、房屋建筑等内容的不属旌幡性质的帛画。旌幡帛画一般长2米多,和棺的长度相仿。马王堆汉墓所出的两幅,上部较宽,全幅呈T字形;金雀山汉墓的一幅,上下等宽,形成长方条状。帛画的内容,自上而下分三部分,表示天

上、人间、地下。天上部分画太阳和月亮,还有星辰、升龙、蛇身神人等图像;太阳中有金乌,月亮中有蟾蜍和玉兔,有的还有奔月的嫦娥。人间部分画墓主人的日常生活,有出行、宴飨或祭祀的场面。也有起居、乐舞、礼宾等的情景。地下部分画怪兽、龙、蛇、大鱼等水族动物,实际上是表示海底的"水府"或"黄泉"、"九泉"的阴间。帛画的主题思想,一般认为是"引魂升天",但也有人认为是"招魂以复魄",使死者安土。

西汉长沙马王堆帛画①

西汉长沙马王堆帛画②

【非衣】　见"汉代帛画"。

历代织锦

【锦】 泛指具有多种彩色花纹的丝织品。锦的生产工艺要求高，织造难度大，所以它是古代最贵重的织物。"锦，金也，作之用功重，其价如金。"古人把它看成和黄金等价。这种织物有经起花和纬起花两种，也叫经锦和纬锦。经锦是用两组或两组以上的经线同一组纬线交织。经线多是二色或三色，一色一根作为一副，如果需要更多的颜色，也可以使用牵色条的方法。纬线有明纬和夹纬；用夹纬把每副中的表经和底经分隔开，用织物正面的经浮点显花。锦已有3 000年以上的历史，战国、西汉以前流行以二色或三色经轮流显花的经锦，包括局部饰以挂经的挂锦、具有立体效果的凸花锦和绒锦。1959年在新疆民丰尼雅遗址发现的东汉"万年如意锦"使用绛、白、绛紫、淡蓝、油绿五色，通幅分成十二个色条，就是汉代典型的经锦。纬锦是两组或两组以上的纬线同一组经线交织。经线有交织经和夹经；用织物正面的纬浮点显花。1969年在新疆阿斯塔那发现的唐代锦袜，在大红色地上起各种禽鸟花朵和行云的图案，就属于这一种锦。经锦和纬锦具有不同的织造效果。经锦的纬密比较低，只用一把梭子，生产效率比较高。纬锦织造比较费时，但可以使用两把以上的梭子，容易变换色彩，色彩丰富。这两种锦在中国出现的时间都比较早。但是六朝以前织造的，以经起花为主；隋唐以后织造的，似乎以纬起花为主。在苏联的巴泽雷克发现一批中国战国时期的丝绸，就有用红绿二色纬线织造的纬斜纹起花的纬锦。产生于宋代前后的宋锦以地经、地纬交织成经斜组织，按结经与纹纬交织成纬斜组织。金元之际流行加金的丝织物——织金锦，又称"纳石失"。明清时盛行以挖花四纬为主要显花手段的重纬织物妆花缎。妆花缎的彩纬多达30～40种，锦面的经、纬方向都有逐花异色的效果，是中国织锦

最高水平的代表。锦在历史上曾用多棕多蹑机和束棕花楼机织造，现代生产采用纹版提花机。

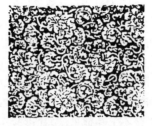

明代青地牡丹加金锦

【织锦】 ①古代"织锦回文"的简称。②指锦的织造，或指锦。参见"锦"。

古代织锦纹样

【纬锦】 锦从织造方法上划分的一个大类。它是以两组或两组以上的纬线同一组经线交织而成。经线有交织经和夹经。用织物正面的纬浮点显花。纬经与现代锦在织造上基本一样，经是单色，纬线是多色。织机较经线起花机复杂，能织出比经锦更繁复的花纹和宽幅的作品。纬锦在唐代已很盛行，织造得十分精致。1969年在新疆阿斯塔那发现的唐代锦袜，在大红地上起各种禽鸟花朵和云纹图案，就属于这种纬锦。在苏联巴泽雷克曾发现一批我国战国丝绸，其中有一用红、绿两色纬线织造的纬斜纹起花的纬锦。证明我国至迟在战国时代已创造出了精美的纬锦。

【经锦】 又称"经丝彩色显花"。这种锦，纬线只用一色，经线用多种色，

三色经锦组织图

由经线织物的花纹。汉代的经锦经线多用三色，一种织出花纹，一种织作轮廓线。这种锦的图案的特点，是同一纹样同一色彩，形成直行排列。

【经丝彩色显花】 见"经锦"。

【联珠纹锦】 联珠纹是唐代纹样中最有代表性的一种，非常流行，它是在团纹的四周边上饰以若干小圆圈，如同联珠，故名。用联珠纹装饰的织锦，称为联珠纹锦。有人认为远在我国原始时代的彩陶装饰中就已有联珠纹的萌芽；以后殷周的青铜器上，六朝的石刻上、陶瓷上都曾出现过联珠纹。有人却认为联珠纹受当时波斯萨珊时代的图案的影响。从中外图案的比较看，它受外来影响是明显的。特别是隋唐时代，中外交往频繁，这是完全可能的。《步辇图》中那位外国使者所穿的便是联珠纹装饰的织物。

【动物纹锦】 以动物为装饰题材的一类织锦。

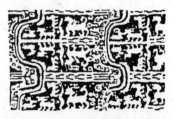

北朝动物纹锦

【兽锦】 锦类名。织有兽形图案的锦缎。战国、两汉、魏晋南北朝以及隋唐出土的丝织物中较常见。

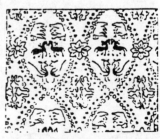

唐代兽纹锦

【织文】 ①古代有彩色花纹的丝织品。据《尚书·禹贡》记载，产于山东、河北、河南部分地区。②"文"即

"纹",经纬交织,织物表面呈现的纹路、纹样。

【像景】 又称景象织锦。将人像、风景、花卉、文字织进丝织品中,故名。能达到近似于绘画和照片效果,供室内装饰和欣赏。黑白像景织物,经用白色真丝,纬线用黑白两色人造丝。也有用棉纱作纬线交织的品种,一般为纬二重织物。以白纬和经丝交织成平丝组织,黑纬和经丝以缎纹组织交织,产生由深到浅的色阶以表现像景的画面明暗层次。彩色像景是一种以黑白像景着色而成,一种则是运用纬多重组织,以彩纬直接织造而成。中国丝织像景最早出现于杭州都锦生丝织厂。

【冰蚕锦】 古代锦名。《乐府杂录》:"康老子遇老妪持锦褥货鬻,乃以半千获之,波斯(今伊朗)人见曰,此冰蚕丝所织也,暑月置于座,满室清凉。"

【织贝】 古锦名。织有贝纹的锦。宋·蔡沈《集传》:"织贝,锦名,织为贝文,《诗》曰'贝锦'是也。"夏鼐认为,织贝"可能是缀贝的织物,不一定是丝织品",参阅《我国古代蚕、桑、丝、绸的历史》(载《考古》1972 年 2 期)。

【球路纹】 又称"球露纹"。以一大圆为一个单位中心,组成主题图案,上下左右和四角配以若干小圆,圆圆相套相连,向四周循环发展,组成四方连续纹样,在大圆小圆中间配以鸟兽或几何纹,这种图案风格、形式,称为球路。它是唐联珠、团花图案的发展变格。用以上风格形式的图案装饰的织锦即为球路锦。新疆出土的北宋球路双鸟、双羊锦便是这种锦的典型。

锦缎中的球路纹(单元)

【球路锦】 见"球路纹"。

【球露锦】 ① 蜀锦名。本作"毡露锦"。也名真红雪花球露锦。见元费著《蜀锦谱》。② 以球露(球路)纹装饰的彩色丝织物。参见"球路纹"。

【改机】 是明代弘治(1488～1505)年间福州林洪所创造。福建丝织品,原先赶不上其他地区,林洪改革缎机,把用五层经丝织制的织品,改成四层经丝,织出的品种,细薄实用,人们称做"改机"。改机织出的花纹,正反如一,仅是正面的花纹和地色,和反面相反。改机织出的织物,除作衣料外,还可供装饰之用,因而极受欢迎,风行全国。改机在清代又经改进,继续生产。《图书集成·织工部纪事》引《福州府志》:"闽缎机,故用五层,弘治间,有林洪者,工杼轴,……遂改机为四层,名为'改机'。"改机又称"双层锦"。以平纹表里换层的双层提花织物。

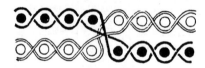

改机组织剖面图

【云锦图案创作口诀】 经过艺人长期的艺术实践总结有八句口诀:量体定格,依材取势;行枝趋叶,生动得体;宾主呼应,层次分明;花清地白,锦空均齐。

【填花燕纹锦】 锦名。属动物纹锦。湖南长沙左家塘等地战国楚墓出土。

【褐地矩纹锦】 战国织锦。1957 年,湖南长沙左家塘楚墓出土。残长19.9、宽8.2厘米。丝织残片由两块锦拼缝,在锦的一边有 0.8 厘米的黄绢作边,绢上墨书有"女五氏"三字,在锦面上盖有朱印一枚,印呈长方形,由于丝织品已残,印已残缺。经密:表层 40 根/厘米,里层 40 根/厘米,计 80 根/厘米。纬密:明纬 22 根/厘米,夹纬(纹纬)22 根/厘米,计

44 根/厘米。经丝配置:以褐色经丝作地纹,橘黄色经丝显花,在某些花纹区内,除褐、橘黄两色外,加牵一条 0.8 厘米的浅土黄色经彩条,在这个色条区内,以褐色作地纹,以橘黄、浅土黄二色显花,纬丝褐色。组织:加土黄色经的彩条区为三重经锦组织,其余区域为二重经锦组织。

战国褐地矩纹锦

【褐地双色方格纹锦】 战国织锦。1957 年,湖南长沙左家塘楚墓出土。共出 7 块。其中最大的一块残长 17、宽 11 厘米。经密:140 根/厘米。纬密:60 根/厘米(明纬 30 根,夹纬 30 根)。经线为棕色及浅棕色,直径粗 0.07 毫米。浅棕色挂经,直径粗 0.12 毫米。普通经的排列棕色 1 根,浅棕色 1 根,即 1:1 排列。普通经 42 根,挂 1 根;普通经 2 根,挂经 1 根(即普 42:挂 1:普 2:挂 1:普 42),横宽每 3 毫米配置挂经 2 根,即每一菱形细格配置挂经 2 根。二重经锦组织(加特殊挂经)。挂经只在菱形细格中心几何花的部位有 4/1 的上浮点,以填充中心花,其余部位沉于织物背面,形成长达 6 毫米的背浮点。两根挂经的浮点相同。

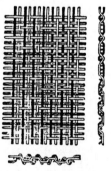

二重经锦组织结构示意图

【棕色地几何纹锦】 战国织锦。湖南长沙左家塘楚墓出土。残片长32.5、宽23.5厘米。在深棕色地上,橘黄色的经线以三上一下的组织,提花显出菱形线条框架组成的几何纹

花。它和江陵马山砖厂 1 号楚墓的几何纹锦十分相似，颇有楚地几何纹锦图案的传统风格。

【龙凤条纹锦】 战国织锦。湖南左家塘出土。锦面纹样以装饰性龙凤为主，配以几何图形图案，因龙凤均用直线构成，整体效果和谐统一，疏密有致。

战国龙凤条纹锦

【龙凤棋格纹锦】 战国织锦。1982年湖北江陵马山砖厂 1 号墓出土。以棋格为骨架，"格"中填以"S"形龙凤纹样，为菱形适合。龙纹在格中与凤缠绕，并形成对称格局。整个纹样几何形特征明显，有浓郁的装饰意蕴。

战国龙凤棋格纹锦

【舞人、动物纹锦衾】 1982年湖北江陵马山砖厂 1 号墓出土的战国丝织品。衾：被子。锦衾：锦面的被子。此种锦纹样复杂。花纹图案由龙、凤、麒麟等瑞兽和歌舞人物组成，每个小单元呈三角形排列，左右对称，共有 7 个单元组成，横贯全幅的花纹。经向长 5.5 厘米，纬向宽 49.1厘米，经纬密度为 156×52 根/平方厘米。这样大的花纹单位在战国时期的织锦中首次发现。

战国舞蹈人物动物纹锦

【彩条动物纹锦(衾面)】 1982年湖北江陵马山砖厂 1 号墓出土的战国丝织品。衾：被子。绵即丝绵。用织锦为被面，用丝绵作填充材料的被子。N₅彩条动物纹锦面衾长267、宽约 210 厘米，锦面由五幅拼缝而成，幅宽约 50 厘米。锦面地经由土黄、棕、浅褐三色平行彩条组成，分别用朱红、灰黄、浅褐经线提花。图案单位由动物纹、三层相套的六边形和其他几何形组成，并采用分区移位方法，用简单的图案构成多变的纹样。

【波纹孔雀纹锦】 汉代织锦。纹样以规则的波纹作底，上面饰以用直线轮廓构成的孔雀和六角形几何图案，形成点、线、面对比，给人以强烈的形式感。色彩古朴调和。

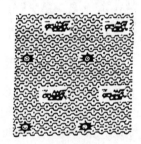

汉代波纹孔雀纹锦

【菱形"阳"字锦】 1959年新疆民丰东汉墓出土。织出铭文的经锦。用绛紫、白、黄褐三种丝线织成，锦中有一工整的"阳"字。因该锦已制成一双袜子，故一些著作中称"菱形'阳'字锦袜"。

【万世如意锦】 织锦精品。1959年新疆民丰东汉墓出土的、织出铭文的经锦。图案从右侧开始，有一组流利的云纹，主干作侧卧的 Z 字形，末尾又向上蜗卷。在其两侧凸出的部分对以如意头形的卷云纹，而凹进的部分对以叉刺形的茱萸纹。主体的尾部有隶书铭文一个字。这组云纹的左边，又是一组侧卧的 C 字形的云纹，末尾作箭头形，接着有三个茱萸纹和一纹竖立的 S 形卷云纹，依次循环。第一循环嵌入"万世"两字，第二循环嵌入"如意"两字，第三循环仅保存开端部分的花纹，没有铭文。各个

循环中，彩条的配色并不相同，绛地上起白色铭文，突出明显，绛紫、淡蓝和油绿三色都作为茱萸花和卷云纹等线条，但在每段分区上彩条色泽各异，富有变化。

汉代万世如意锦

【延年益寿大宜子孙锦】 1959年新疆民丰东汉墓出土的、织出铭文的平纹经锦。这种锦用绛、白、宝蓝、浅驼、浅橙五色丝线织成。据夏鼐研究，这种锦需要 75 片提花综才能织成。图案造型奇诡，间隙处缀有"延年益寿大宜子孙"八字隶体铭文。纹样少对称性，经线循环横贯全幅，纬线循环约 5.4 厘米，织造较为繁难。

【红地韩仁绣锦】 著名的汉代织锦。新疆出土。多色多层(重经)经线提花锦。这个时代的织锦以云气和动物相结合的纹样为常见，并将吉语穿插其间。纹样成条状横贯全幅，上下循环单位较小，目的在于减少提花综，提高生产效率。地出现的颜色有深红(底色)和黄两种，但经条色彩的变化，多到 21 组。其相间变化的顺序(由左到右)：绿、棕、蓝、绿、棕、蓝、棕、绿、蓝、绿、蓝、棕、绿、蓝、棕、绿、蓝、棕、绿、蓝、绿。经条宽窄变化，给色彩轻重的布列，以调剂和影响。锦上织有作者名字和吉祥语句："韩仁绣文衣，右子孙无亟。"织物画面生动，景物自如，色泽富丽，是汉锦中的代表作品。

汉代韩仁绣锦

【"万年丰益寿"飞鹿双虎锦】 汉代织锦。采用织物文字图案,"万年丰益寿"寓寄吉祥含义。纹样鹿奔虎跃,富有动感,色彩鲜明。

汉代"万年丰益寿"飞鹿双虎纹锦

【香色地红茱萸纹锦】 锦名。1972年长沙马王堆汉墓出土。图案以写意花卉与菱形点子结合组成,呈直条形。花朵用块面平涂方法,点子以空心线圈构成连续枝条,并以少量的菱形图案为点缀,排列恰当,虚实结合,纹样风格和选材都比较新颖。

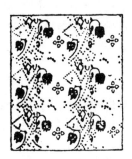

汉代香色地红茱萸纹锦

【长乐明光锦】 汉代织锦。新疆楼兰发现。图案以动物纹样为主体,布以"长乐明光"四字,寄寓吉祥之义,疏密有致,色彩富丽。

汉代"长乐明光"锦

【绒圈锦】 以多色经丝和单色纬丝交织而成,织物表面的矩纹图案部位,呈现有立体感的环状绒圈,是汉代织锦中的特殊品种。出土实物目前仅见于马王堆汉墓。从出土实物可知纹样以几何形线条矩形为主,亦有小块面、角点子与地纹经回文形等交替构成。

汉代香囊底部绒圈锦

【鸣鸟纹锦】 1972年长沙马王堆1号汉墓出土(原是用于瑟衣片上),图中可看到栖息在树枝上的鸟儿,中间镶嵌着似倒立状报晓的雄鸡在和鸣。把现实生活中的景象,运用到织锦纹样中,将点、线、面有机地结合起来组成图案。

汉代鸣鸟纹锦

【隐花星花纹锦】 1972年长沙马王堆1号汉墓出土。纹样以四叶花瓣和八角星为主要题材,还有枝叶、点纹等。显花以线条为主,辅以块面空心点纹。地纹与花经一种颜色,花纹布满幅面,有时隐时现的效果,别有韵味。

汉代隐花星花纹锦

【凸花锦】 1972年长沙马王堆1号汉墓出土。以各种变化几何纹组成图案,花纹上下交错排列,布满整个

汉代凸花锦

幅面。纹样笔法以小块面实体和线条围成的空心纹互相匹配,有虚有实,搭配得体,经线起花浮于表面,显示凸花效果。

【夔龙锦】 湖南长沙马王堆3号汉墓出土。实物呈黄棕色。地经浅棕色,花纹经为深棕色,亦即用甲、乙两种染好的深色经丝,和一种颜色的色纬丝交织。花是四枚变化组织,用提花机织成。花回的长度为2.1、宽度为2.3厘米。夔龙锦主要取材于殷周彝器上的夔龙纹饰,整幅纹样有变形的夔龙翱翔云游,安详地戏耍火珠,与此相配合的耳杯纹布局协调,整体效果生动简练。

汉代夔龙纹锦

【斿豹锦】 汉代织锦。湖南长沙马王堆3号汉墓出土。原物用在绣枕侧面,它以三种色经为一组,甲经为朱红色,乙经深褐色,丙经黑色。甲经起花纹,乙经起地纹,丙经为织底组织,用一根褐色纬丝与之交织。色泽鲜艳。纹样中可看到斿豹飞跃腾空、回首远眺的逼真形象,豹形体矫健有力。

汉代斿豹纹锦

【新神灵广纹锦】 蒙古人民共和国诺音乌拉汉匈奴墓出土。纹样以流畅的线条组成飘逸的云纹,空余部位填饰汉隶"新神灵广"铭文。具有动中有静的艺术效果。"新神灵广,长寿万年"为秦汉时期的吉祥语。此纹样在一定程度上反映了封建统治者

祈望与神仙分享欢乐,长生不老的思想。经沈从文考证,这类纹样,为西汉时期长安东西二织室纹样。

汉代新神灵广纹锦

【永昌锦】 东汉织锦。织品为典型汉代经锦。采用表、里经轮流浮起显花的方法。经线共四色,其中深青、浅褐、赭石三色经丝通幅用,另一艾绿色经丝则分区牵入,但处理巧妙,画面并不显露色条。纹样仍以云气纹为骨架,穿插以三脚禽、双角双翼兽等神话动物和羊、虎等现实动物,并缀有铭文"永昌"二字,字划方折。纹样风格较"长寿明光锦"及"长乐明光锦"更为粗放稚拙。

【长寿明光锦】 东汉织锦。织品属于经二重组织。表经采用三上一下组织,里经采用三下一上组织。纹样以卷云纹为骨干,穿插以神话或现实中的各种动物,并缀以吉祥铭文。禽兽纹共有五种:一虎、一豹、一双角巨兽、一独角双翼兽、一长脚有冠禽鸟。铭文"长寿明光"作带篆意之隶体,惟"光"字运笔圆转。以驼灰、黄褐、蓝灰三色显花,宝蓝作背景;并以黄褐作纵向细直条,可以视作后世"绸"、"大绸锦"及"间道锦"的前身。

【象纹锦】 典型的汉代三色经锦。图案主体为圆形框架内的象纹。造型粗壮稚拙。这在汉代染织品中较为少见,而在唐代颇盛行。可视作后世团花型兽纹的雏形。

【鱼蛙纹锦】 东汉织锦。织品采用重经组织,即表、里经互换显花。纹样以鱼纹和蛙纹为主,造型古朴稚拙。鱼蛙纹在新石器时期中国的彩陶文化中十分流行,在汉锦中较少见。

【菱形花起毛锦】 汉代织锦。1972年甘肃武威磨嘴子出土。用三重三枚经线起绒织法。花纹由宽0.5、高1厘米的两种小菱形花纹上下对称横向排列,每个菱形花纹上下之间相距3毫米,左右之间相距0.6毫米。花纹周正,排列整齐,厚实、柔软、美观。绒圈纹经略加拈,绒圈高0.7~0.8毫米。它比长沙马王堆1号汉墓出土的起毛锦的织纹更为紧密;绒圈高度基本一样,只有0.1毫米的差度。说明到西汉末期起毛锦的织造技术已有了一定的进步。估计织造这种起毛锦,除采用正织外,可能已有提花装置和两个不同张力的卷经轴,以及起毛杆等装置。《玉篇》说:"纼",即"刺也"。《广绢》说"绢帛纼起如刺也";《急就篇》中有"锦绣缦纼离云爵"。注:纼,谓之刺也。这种起毛锦很可能就是所谓的"纼"。

汉代菱花形起毛锦结构图

【茱萸锦】 古代锦名。指织有茱萸纹的锦。茱萸是一种乔木,有浓烈的香味,可作为药材。古代人认为茱萸能够避邪长寿,故这种纹样古代用得较多,它是汉代刺绣的典型纹样。茱萸锦汉代开始流行。据《邺中记》记述,茱萸锦还分"小茱萸"、"大茱萸"两种。

【五星出东方利中国锦】 汉晋文字锦。1995年10月新疆和田民丰县尼雅遗址古墓出土。锦长16.5、宽11.2厘米,为五重平纹经锦,用五组色经根据花纹分别显花,织出星、云气、孔雀等纹样。上下两组循环花纹之间织出"五星出东方利中国"小篆文字。此锦用白、赤、青、黑、黄代表对应的金、木、水、火、土五星聚合兆示"利中国"。此锦色泽鲜艳,织纹诡

秘神奇,文字纳结激扬,工艺精湛,具有极高的历史、研究价值。

汉晋五星出东方利中国锦

【交龙锦】 古代锦名,有大交龙、小交龙之分。《三国志·魏志·东夷传》:"诏书报倭女王曰:……今以绛地交龙锦五匹,……答汝所献贡直(值)。"

【句文锦】 古代锦名。《三国志·魏志·东夷传》:"又特赐汝绀地句文锦三匹。"

【绛地交龙锦】 古代锦名。据《三国志·魏志·东夷传》记载,在三国时(238)日本女王卑弥呼派遣使者来中国,向魏明帝赠送了两匹二丈斑布。魏明帝回赠了绛地交龙锦、绀地句文锦。

【绀地句文锦】 古代锦名。参见"绛地交龙锦"。

【璇玑图锦】 东晋列国前秦苏蕙制作的一种回文诗图锦。蕙夫窦滔被徙流沙,因织锦为璇玑图寄滔,共840字,宛转循环皆可诵读。相传其图锦纵横八寸,五色相宜,以别三、五、七言。宋、元间僧起宗以意推求,得三、四、五、六、七言诗3 752首,分为七图。明·康万民增立一图,增读其诗至4 206首,合起宗所读,共成7 958首。参阅《晋书·窦滔妻苏氏传》、《四库提要·别集·璇玑图诗读法》。

【织锦回文】 见"璇玑图锦"。

【明光锦】 古代锦名,有大明光、小明光之分。据晋·陆翙《邺中记》记载,东晋时,后赵置织锦署,在中尚方,有大登高、小登高、大明光、小明光等锦。

【方格兽纹锦】 北朝至隋代织锦。这是一件五色经锦。经线分区牵入，每区仅三色。其中绿色和黄色经丝轮流用作纹样地色，在纵向形成宽条纹，横向则以红、白、蓝等经丝作细条，这样就组成了富有变化的方格纹。兽纹有牛、狮、象三种。狮、象白色，分别用红、蓝色线条勾勒轮廓，造型夸张；牛蓝色，用白色线条勾边，形象逼真。实物为残片，长18、宽13.5厘米；一侧留有幅边，宽3厘米，作蓝白细条。出土于新疆阿斯塔那北区99号墓；同墓出土高昌延寿八年(631)文书，表明该锦的织造年代当在此以前。

北朝(或隋)方格兽纹锦

【对羊锦(覆面)】 北朝织锦。织品用于覆盖尸首脸部。在锦的周围以平纹绢折绸缝缀而成。对羊纹规整简朴，有汉锦遗风。重经组织，二组经线轮流显花。出土于新疆吐鲁番阿斯塔那墓地。

【树叶纹锦】 北朝织锦。1995年新疆吐鲁番阿斯塔那北区墓出土。该处出土的树叶纹锦共有5件，多系花

北朝树叶纹锦

型相同，而颜色有别。其中一块为高昌和平元年(551)，残片长20、宽6.5厘米。织物为经二重组织，表面呈畦纹效应。用绛红、宝蓝、叶绿、淡黄和纯白色织制。用色复杂，色彩显明，锦面细密，质地薄，牢度高。据同墓出土的随葬物名疏为"大树叶"和"柏树叶锦"，故过去称为"树纹锦"似不妥切。

【菱形忍冬锦】 北朝织锦。二色织锦。在菱形框架内填以十字忍冬纹。具有近似印花般的粗放效果。出土于新疆吐鲁番附近的阿斯塔那墓葬群。

【夔纹锦】 北朝平纹织锦。1967年新疆阿斯塔那北区88号墓出土。纹样精致简练，用赭、宝蓝、黄、绿、白五色丝线织成。用色复杂，锦面细密，质地薄，牢度高。

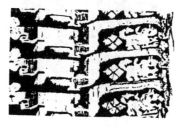

六朝夔纹锦

【骑士对兽纹锦】 六朝织锦。纹样以对称的马、象等兽类为主体，故名。1968年新疆吐鲁番阿斯塔那出土。纹样以圆与圆相切构成四方连续，在相切处饰以葵花，在圆环以外部位一组为双马，另一组为四马。圆环内是纹样主体，饰有骑士射鹿、对象、对狮、对驼纹；另一不完整的圆环内，饰有四马呈莲台的形状。整个纹样精

六朝骑士对兽纹锦

巧丰富，繁而不乱，动物形象生动而富有装饰趣味。

【几何花鸟兽纹锦】 北朝织锦。1972年新疆吐鲁番阿斯塔那北区敦煌太守且渠封戴墓出土。现藏于新疆维吾尔自治区博物馆。在波折弧线和直线构成的龛状几何骨格中，填饰鹿和其他动物。它们与几何骨格形体的空间严格适合，和谐统一，给人以一种韵律感。

北朝几何填花鸟兽纹锦

【对鸟对羊树纹锦】 六朝织锦。1965年新疆吐鲁番阿斯塔那延昌二十九年(589)唐绍伯墓出土，现藏新疆维吾尔自治区博物馆。树纹是整个纹样的主体，呈塔形，用块面组成。树梢两侧饰有对鸟纹。树纹之上是嘴衔忍冬的对鸟纹，其旁为果实累累的葡萄树纹。塔形树纹的下面为对羊纹，羊角用夸张的手法画得很长，羊的颈部系有绶带，羊两两对卧神态悠然。纹样协调自然，具有很强的装饰性。

六朝对鸟对羊树纹锦

【几何花纹锦】 北朝丝织品。新疆阿斯塔那出土。以几何纹为骨架，在

空余部分填饰人与动物纹样,具有工整细巧的艺术效果。

北朝几何花纹锦

【龙虎朱雀纹锦】 北朝织锦。实物为 A·斯坦因在敦煌莫高窟发现。纹样的波折弧线和直线构成的龛状几何骨格中,填饰龙、虎、朱雀,它与汉代锦织物上的自由排列的云气动物纹明显不同,动物造型比较清瘦,图案组织更规范化,形式更齐整严谨。

北朝龙虎朱雀纹锦

【联珠孔雀"贵"字纹锦】 隋代织锦。在联珠纹中饰有孔雀,联珠连续的空隙处填织对称的马纹和"贵"字,整个纹样匀称,具有动与静的对比。

隋代联珠孔雀贵字纹锦

【联珠四天王狩猎纹锦】 隋代织锦。有人称"四骑士"纹锦并认为是唐代织锦。实物现藏日本法隆寺。四位披戴铠甲跨着天马的武士,拉满弓弦,向迎面扑来的狮子射箭,中间是菩提树,是"生命之树"、"吉祥之树"。联珠圆环之间嵌饰向四面放射的宝相花。有人认为,人物高鼻虬须,形象如胡人,马的后腿有"山"、"吉"两个汉字表明织物来自中国汉族织工之手。纹样精细,造型准确生动,具有波斯萨珊朝纹样风格。

隋代联珠四天王狩猎纹锦

【菱格狮凤纹锦】 甘肃敦煌莫高窟,隋427窟彩塑菩萨上身袒衣所饰纹样。在工整的几何形菱格中分别填饰狮子与凤两种动物,纹样精致,具有很强的装饰性。

隋代菱格狮凤纹锦

【"胡王"锦】 "胡王"泛指西域一些国家的国王。隋代织锦。1963～1965年新疆吐鲁番阿斯塔那发现。长19.5、宽15厘米,出于延昌二十九年(589)唐绍伯墓。三重三枚平纹经锦,每平方厘米经线48根,纬线32根(包括明、暗纬),经线直径0.3毫米,纬线直径0.2毫米,主题花纹区是黄色地

上以红、绿等色经线显花,每一个花纹循环单位由一人执鞭牵驼间以"胡王"二字并绕以半圆圈组成,它反复倒置循环,构成上下对称,形象生动的花纹图案。残存幅边。这类织物很可能是出自中原地区或西域汉族工匠之手。

隋代"胡王"锦

【散点小花锦】 唐代织锦。散点是唐代丝织图案具有代表性的组织,无论是菱形、圆形均互相独立存在,具有对比的美感。散点小花锦以两种小簇花布于锦面,显得和谐统一。

唐代散点小花锦

【茶色地花树对羊纹锦】 唐代织锦。以花树、羊为主体组成图案,成对称格局,饰以数只蝴蝶飞舞其间,显得生动而富有情趣。

唐代茶色地花树对羊纹锦

【联珠猪头纹锦】 唐代织锦。1969年新疆吐鲁番阿斯塔那77号墓出土。实物残长16、宽14厘米,经密每厘米20根,纬线为红、白、黑三色,纬

密为每厘米 96 根。花纹为野猪头，獠牙上翘，舌部外伸，脸上有"田"字纹贴花三朵，外绕联珠纹一圈。色彩鲜艳，对比强烈。

唐代联珠猪头纹锦

【棋纹锦】　唐代织锦。新疆吐鲁番出土。锦面纹样为不规整几何形，较粗犷，具有印花效果。地色较深沉，花纹呈黄色。

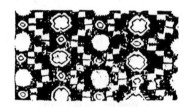

唐代棋纹锦

【联珠对马纹锦】　新疆阿斯塔那北区唐墓出土。其织法仍是汉代织锦三色经显花法。经线分区中，除了橙、白两色之外，还有藏青色。纬线采用绛色、橙黄、深蓝等分段换色。纹样是在圆环上分布以轴线对称的 16 个联珠，轴线上的 4 个圆环交接区分布了唐花和四方唐草纹。圆圈中间的对马有翅膀，当为"天马"。马脚下部是一组藏青色的花卉图案，由中央一个莲蓬形物，下垂三瓣莲花和两侧蔓生的卷叶纹组成。这种颈项上有绶带的"天马"，在埃及安丁诺的七世纪的丝织物上也有发现，一般认为是受波斯纹饰的影响。

唐代联珠对马纹锦

【飞鸟团花锦】　唐代织锦。1968 年新疆吐鲁番阿斯塔那 381 号墓出土。花纹以五彩大团花为中心，周围绕以四只飞鸟，飞鸟的尾部附近有红、蓝六瓣花四朵，花下部衬以枝干绿叶相扶。大团花下部另有两只小鸟在花间飞翔。在锦边织出蓝地五彩花卉带。以八种色彩织成的这一飞鸟纹锦是唐代的杰作，它的花纹图案布局紧凑而协调，色彩鲜艳，飞鸟竞翔，形态逼真。

唐代飞鸟团花锦

【联珠华冠鸟纹锦（覆面）】　唐代织锦。1959 年新疆吐鲁番阿斯塔那 332 号墓出土，现藏新疆维吾尔自治区博物馆。于联珠环内填饰一鸟纹，鸟嘴衔串珠，头、颈处饰两组装饰物，有人认为这是华冠。鸟的颈部、翅膀和胸腹部都用联珠装饰。鸟姿态生动，造型完美。

唐代联珠华冠鸟纹锦

【花树对鹿纹锦】　唐代织锦。原物为一覆面，新疆吐鲁番阿斯塔那出土。团窠的中央为一"生命树"。枝繁叶茂，果实累累，小鸟飞穿其间，树干下端有两排对称的"花树对鹿"的文字。以树干为对称轴，饰以长角鹿纹。大鹿健壮，其颈部用联珠纹装饰，并系有带饰，身上有龟背状几何纹。左上角有一联珠小窠，四周饰有变形花纹，成对称"十"字状。纹样层次丰富，给人以花团锦簇之感。

唐代花树对鹿纹锦

【缠枝朱雀纹锦】　唐代织锦。实物藏日本正仓院。纹样以两个散点组成，主体纹样四周以缠枝葡萄组成，中间饰一矫健的朱雀。整个纹样生动细密，蜿蜒曲折。

唐代缠枝朱雀纹锦

【牡丹纹锦】　唐代织锦。原物为包琵琶的锦囊，牡丹纹呈团花状。纹样由外向里有多种层次，花形饱满，端庄富有变化，有很强的装饰性。

唐代牡丹纹锦

【龟背王字纹锦】　唐代织锦。又称"王"字条纹。1966 年新疆吐鲁番阿斯塔那北区 44 号墓出土，现藏新疆维吾尔自治区博物馆。在六边形的龟背纹中嵌入"王"字构成横条状纹样。在中间部位的"王"字四周有六个六边形似一花朵，故又称"朵花王字条纹"。纹样主体以六边形块面组成，"王"字笔画粗壮，近似于现代的齐笔美术体，两者组合在一起协调统一，结构新颖。

唐代龟背王字纹锦

【联珠对鸡纹锦】 1969年新疆吐鲁番阿斯塔那北区134号唐墓出土,现藏新疆维吾尔自治区博物馆。在一圆环内饰以两只对称的鸡,故称对鸡纹。联珠圆呈带状排列,其余部分不加任何纹饰,整个纹样更有带状感,构图别致新颖。

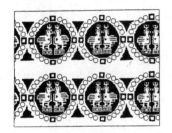

唐代联珠对鸡纹锦

【联珠拂菻对饮纹锦】 唐代织锦。新疆吐鲁番出土。唐代称东罗马帝国的所属君士坦丁堡一带为大拂菻,小亚细亚为拂菻。在联珠圆环中画一对卷发高鼻,穿窄袖对襟紧身花袍,登高统靴的拂菻人,中间放着一个罗马式大酒罐,纹样新颖,结构严谨。这类题材有可能是专为胡人设计生产的,从纹样艺术风格上可以看出是吸收了外来文化的营养。

唐代联珠拂菻对饮纹锦

【联珠鹿纹锦】 1959年新疆吐鲁番阿斯塔那唐墓出土,现藏新疆维吾尔自治区博物馆。在圆环上布以联珠,在圆环的中心部位为一昂首行进的斑纹大鹿,鹿头轩昂,鹿角锋利,鹿脚矫健。在中心垂直轴和水平轴通过的位置上饰以朵花。其纹样风格与波斯萨珊时期织锦纹样接近。"鹿"与"禄"为谐音,象征吉利、俸禄。

唐代联珠鹿纹锦

【红地团花纹锦】 唐代织锦。新疆吐鲁番出土。在经斜线上织出类似莲花的花朵和四出的忍冬相间的团花锦,它的图案、地色和锦背面纹样清晰都和相传的"蜀江锦"相似,是当时的一种新产品。

唐代红地团花纹锦

【格子红锦】 唐代织锦。是在经斜线织出的类似莲花的花朵和四出的忍冬相间的团花锦。它的图案、地色、锦背纹样清晰程度等与锦江锦相似。

唐代格子红锦

【联珠对鸟对狮"同"字纹锦】 唐代织锦。直接采用波斯萨珊王朝图案。它表明了通过"丝绸之路"的频繁贸易、文化交流,我国丝织工艺汲取了西北少数民族以及中亚、西亚的纹饰、技法。

【蓝底瑞花锦】 唐代织锦。中国历史博物馆藏。以变形花朵以散点排列成四方连续图案,绛黄色的花纹勾上红白边子,配上绿色花心,这些明亮的颜色与宝蓝地色形成对比,给人以庄重协调之感。

【红地小团窠锦】 唐代织锦。新疆阿斯塔那北区出土。这种锦以红绿对比为主调,点缀白色联珠纹和宝蓝边线,色彩调和,寓静穆于华丽之中。

【联珠孔雀纹锦】 唐代织锦。以团窠为主体,围以联珠纹,团窠中央饰以两只对称的孔雀,色彩华美,具有很强的装饰效果。

唐代联珠孔雀纹锦

【瑞鹿团花锦】 唐代织锦。唐代流行宝相花纹样,所点缀之祥鸟瑞兽,作对称格局,成双成对,团花、簇花丰满华丽。瑞鹿团花锦图案体现了这种风格。

唐代瑞鹿团花锦

【联珠鹿纹锦】 唐代织锦。在联珠纹样中布以鹿纹,鹿的形象夸张,洗练,富有装饰性。色彩由米黄作地色,深蓝作鹿纹,配以白色联珠,再以淡绿点缀,显得古朴而鲜明。参见"联珠纹锦"。

【狮子纹锦】 古代织锦。以狮子作为装饰纹样的锦缎。以狮子作为装饰纹样，南北朝、隋唐时代就很流行，两宋时期这种图案用于丝织品装饰更为常见。还有用翠色羽毛拈成线，织成狮子纹样的锦，称之为翠毛狮子锦。

唐代狮子缠枝纹锦
（日本奈良正仓院藏）

【翠毛狮子锦】 参见"狮子纹锦"。

【晕间提花锦】 新疆阿斯塔那出土的唐代锦裙。锦用黄、白、绿、粉红、茶褐五色经线织成，然后再于斜纹晕色彩条纹上，以金黄色纬线织出蒂形小团花，这既是第一次考古发现的"锦上添花"锦，又是第一次考古发现的晕间锦。

【鱼油锦】 古代织锦名。《杜阳杂编》："唐会昌（841～846）中，女王国贡龙油绫、鱼油锦，文彩尤异，入水不濡湿，云有龙油、鱼油故也。"

【高昌双羊纹锦】 织锦实物为一覆面，1972年新疆吐鲁番阿斯塔那出土，现藏新疆维吾尔自治区博物馆。

高昌双羊纹锦

纹样以羊为题，作对称式二方连续排列，羊造型优美矫健，两腿细长，昂头作鸣叫状。纹样写实，和谐统一。

【浮光锦】 古代锦名。《杜阳杂编》："唐敬宗宝历元年（825），高昌国献浮光锦裘，浮光锦丝，以紫海之水染其色也，以五采丝蹙成龙凤，各一千二百络，以九色真珠。上衣之以猎北苑，为朝日所照，光彩动摇，观者炫目，上亦不为之贵。一日驰马从禽，忽值暴雨，而浮光裘略无沾润，上方叹为异物也。"

【宫锦】 宫中特制的锦缎。《旧唐书》一九〇下《李白传》："白衣宫锦袍。"

【联珠对鹅纹锦】 唐代织锦。实物于1970年新疆吐鲁番阿斯塔那北区92号墓出土，现藏新疆维吾尔自治区博物馆。于联珠圆环中饰一对鹅纹。鹅造型准确，栩栩如生。

唐代联珠对鹅纹锦

【花卉几何纹锦】 唐代织锦。实物于新疆阿斯塔那北区出土。纹样简练，富有装饰性。

唐代花卉几何纹锦

【赤狮凤纹蜀江锦】 唐代蜀锦，日本收藏。该锦图案较复杂，色彩也很丰富。它是以小珠和百合花为圈的团花横向排列，在上排团花内织有对首的两狮，上部以香炉图案为中心，左右配以幡织图案，下方配云彩图案。在下排团花内织有对称展翅的凤凰，

上下方配置图案和上排相似。在两排团花之间的纵向界道里，排列着双鹿，在上下排团花之间的界道里，排列着双马。地色为红色，红地上交替表现出白、藏青、黄等色彩，充分体现出彩条经锦的特征。

【益州新样锦】 唐太宗时丝绸纹样设计家、画家窦师伦组织设计了许多丝织提花新花样，这些纹样用于锦中称为新样锦，因窦师伦为益州（今四川省）大行台检校修造，故这类锦又称为"益州新样锦"。参见"陵阳公样"。

【卓氏锦】 传为西汉时卓文君家中所织。唐代文学家有不少记述"卓氏锦"的诗文。郑谷《锦诗》中说："文君手里曙霞生，美号仍闻借蜀城。"张何《蜀江春日文君濯锦赋》："即有卓氏名姝，相如丽室，织回文之重锦，艳倾国之妖质。……懿其彩色足重，鲜明可嘉。青为禁柳，红作宫花。能使御尉萦障，夫人饰车。郎宫居而列宿，郡守衣而还家。岂若乎齐纨之与楚练，岂并细縠之与轻纱。"作了细致的描述。

【明霞锦】 古代锦名。《杜阳杂编》："唐大中（847～860）初，女蛮国贡明霞绵锦，练水香麻以为地，光耀夺馥著人，五色相间，而美丽于中国云锦。"

【神锦衾锦】 古代锦名。《杜阳杂编》："唐元和八年（814），大轸国贡神锦衾锦，乃冰蚕丝所织。方二尺，厚一寸，其上龙文凤彩，殆非人工。其国以五色石甃池，采大拓叶饲蚕于池中。始生如蚊睫，游泳于其间，及老可五六寸。池中有挺荷，虽惊风疾吹，不能倾动，大者可阔三四尺。而蚕经十五月，即跳入荷池中，以成其茧，形如斗，自然五色。国人缫之，以织神锦，亦谓之灵泉丝。上始览锦衾与嫔御大笑曰：'此不足为婴儿绷席，曷能为我被邪。'使者曰：'此

锦之丝冰蚕也，得水则舒，水火相返，遇火则缩。'遂于上前令四官张之，以水一喷之，则方二丈，五色焕烂，逾于向时。上叹赏其奇异，因命藏之内库。"

【银红地宝相花纹锦】 1970 年新疆乌鲁木齐南郊盐湖南岸天山古墓出土。锦为四重五枚斜纹纬锦。经线分明经和暗经，明经单根，暗经双根，每厘米经线 60 根，纬线 36 根。银红色地上以黄、蓝、白等色纬线显出宝相花纹。花纹为典型的唐代宝相花，分菱形和圆形两种，相互作阶段式排列。

唐代银红地宝相花纹锦

【红地宝相花纹锦】 1964 年新疆吐鲁番阿斯塔那 24 号唐墓出土。宽 8、长 24.6 厘米。同墓出土有神龙二年 (706) 文书。四重五枚斜纹纬锦，纬线每厘米 40 根，经线分明经和暗经，明经单根，暗经双根，每平方厘米合计 44 根。纬线直径 0.25 毫米，明经直径 0.2 毫米。红地上以绿、赭、黄等色纬线显出宝相花纹，庄重严谨，色彩艳丽，呈现三晕色。整块锦由上下两条彩色边线截为整齐的条幅式，可能是专门用于衣服边饰。幅边完整，系用两根经约 1.5 毫米的麻线结成，并绕以彩色纬线。这块纬锦的图案花纹是唐代流行的宝相花纹，与过去所发现的联珠鸟兽纹样风格完全不同，是比较少见的精品。

【斜纹纬锦】 1969 年新疆吐鲁番阿斯塔那北区唐墓出土。原物为一对锦袜。锦袜的锦幅宽大，并存有幅边，可清楚看出，这是一块斜纹纬锦。这块纬锦，在红地上用八种颜色的丝线构成图案，组织严密，配色华丽，花鸟形态也非常生动自然，不论在组织技法上，还是在花纹的描绘技巧上，都达到很高水平。

【对鸟对兽双面锦】 1973 年新疆吐鲁番阿斯塔那出土。这种锦的基本组织是双层组织。锦地为沉香色显白色变体方胜四叶纹图案。它的织法是白色经与纬、沉香色经与纬各自相交织成二层平纹织物。较大的花纹部分呈"袋状"，可以明显地看出它的二层组织。这种双面锦与明代改机相似，也有把它叫做"双面绢"的，现在我国仍有生产。过去认为改机为明代林洪始创。根据这次发现，至少在唐垂拱年间 (685～688) 我国丝织工人已织造这种双面锦了。

唐代对鸟对兽双面锦

【对鸟"吉"字纹锦】 1963～1965 年新疆吐鲁番阿斯塔那唐墓出土。同墓出土有重光元年 (620) 衣物疏。三重三枚平纹经锦，每平方厘米经线 52 根，纬线 34 根 (包括明、暗纬)，经线直径 0.4 毫米，纬线直径 0.25 毫米。白色或绿色地上以绿、浅蓝或白、深蓝等色经线显花，花纹图案为对鸟、花树间有汉字"吉"字。

唐代对鸟"吉"字纹锦 (局部)

【蓝地重莲团花锦】 北宋织锦。新疆阿拉尔出土。图案以莲花为主体作团花饰以锦面，具有较强的装饰性。

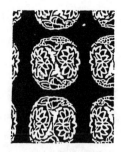

北宋重莲团花锦

【瑞草云鹤锦】 锦名。南宋初，由国家主持茶马贸易的"茶马司"兼营锦缎，为适合少数民族的喜爱而织的锦。此外还有如意牡丹锦、大百花孔雀锦、真红樱桃锦等流行的纹锦。

【臣僚袄子锦】 宋代政府按品级每年赏赐给高级官员的织锦。共分七等，分送一定花纹的锦，如翠毛、宜男、云雁、细锦、狮子、练雀、宝照大花锦、宝照中花锦等。

【宝照中花锦】 宋代织锦。见"臣僚袄子锦"。

【宝照大花锦】 宋代织锦。见"臣僚袄子锦"。

【团窠锦】 古代织有团窠纹样的锦。团窠是外形近似圆形的图案，一般它要与其他纹样相组合，例如联珠鹿纹锦，就是以团窠的主体，围以联珠纹，团窠中央饰以鹿纹。宋代陆游《剑南诗稿》三二《斋中杂题》："闲将西蜀团窠锦，自背南唐落墨花。"

【米黄地灵鹫纹锦】 北宋织锦，又称"球路双鸟纹锦"，是著名的古锦代表作品，原物为一件锦袍。新疆阿拉尔出土，故宫博物院藏。纹样严谨，富有装饰意趣，色彩明快。

米黄地灵鹫纹锦

【球路双鸟纹锦】　见"米黄地灵鹫纹锦"。

【球路双羊纹锦】　宋代织锦。实物于新疆阿拉尔北宋墓出土。球路中饰以对称的双羊,圆环带上加嵌阿拉伯文。两羊前一足举起相对而立神态自若,大圆与小圆、大的块面与点、线形成对比,画面充实丰富。此类纹样从题材到创作手法都可以看出它既受了西亚和拜占庭艺术风格的影响,又与唐代流行的纹样样式一脉相承。

宋代球路双羊纹锦

【天华锦】　织锦名称。又名"锦群"、"添花锦",取其"锦上添花"之意,故名。天华锦是一种满地规矩纹锦,源于宋代的"八达晕"锦。它的最早形式,可追溯到唐代的"云裥瑞锦"。元代称"八搭晕"。天华锦的基本构成是用圆、方、菱形、六角、八角形等各种几何形,作有规律的交错排列,组成富有变化的锦式骨架。在几何形骨架中,填以回纹、万字、古钱和锁子等纹样;在主体的几何骨架中,填入较大的主题花,使之成为一种主花突出、锦式和锦纹变化丰富的满地纹锦。特点是:锦中有花,花中有锦,花纹繁复规矩,整体效果和谐统一。明清两代,这种锦多用于佛经经面,配色丹碧玄黄,错杂融浑,华美而精丽。

清代菊花天华锦

【灯笼锦】　宋时成都锦名。因以金线织成灯笼形状的锦纹,故名。纹样以灯笼为主体,饰以流苏和蜜蜂。流苏一般是谷穗的变形图案,代表"五谷"。蜜蜂的"蜂"、灯笼的"灯"与"丰""登"是谐音,这样便联成"五谷丰登"的吉祥语。灯笼锦元、明时代得到了进一步发展,纹样更趋成熟。

明代灯笼锦

【穿枝莲纹片金锦】　元代织锦。1970年新疆乌鲁木齐南部盐湖南岸天山古墓出土,从出土文物分析,当为元代遗物。穿枝莲"片金"锦经线由丝线组成,分单经和双经两组,单经直径0.15毫米,双经直径0.4毫米。纬线由片金、彩色棉线和丝线组成,片金和彩色棉线作纹纬,丝线作地纬。片金宽0.5毫米,彩色棉线直径0.6～0.75毫米。单经与纹纬成平纹交织,双经与地纬成平纹交织,在显花处,双经被夹在中间成为暗经。每平方厘米经线52根,纬线48根。纬线以片金和彩色棉线显花,花纹图案以开光为主体,穿枝莲补充其间,花纹遍地,不露空隙,线条流畅,绚丽辉煌。穿枝莲纹是元代的常见装饰,在元代的瓷器和织物中均可见到。

元代穿枝莲纹片金锦

【鸾凤纹锦】　元代织锦。两只鸾凤上下呈"推磨式"飞舞,中间为一朵硕大的秋菊,作品色彩明丽,主体突出,很具生活情趣。

元代鸾凤纹织锦

【兔纹锦】　元代织锦。将一株花和一只兔子组成一个近似方形的单元纹样,然后成直线排列,而第二排则将单元纹样反过来再成直线排列。以此组成四方连续图案。兔子昂首向后观看,前面的一条腿微微举起,好像随时在准备奔跑。生动地表现了兔子胆小、温顺的神态。

元代兔纹锦

【万年青纹锦】　元代织金锦。用直线将幅面分成两种宽度的纵向条状,在条形中布以变体万年青和卷草纹,整个纹样犹如二方连续的绦带拼合而成,具有装饰性。

元代万年青纹锦

【草叶团花纹织金锦】 在元代永乐宫三清殿壁画神像手持的琵琶袋上，以蔓草组成全幅，纹样简洁，运用了线与面的对比、面的大小对比，给人以装饰美感。

元代草叶团花纹织金锦

【云气拥寿纹锦】 元(或明)代织锦。在一圆中饰以变体的寿字，四周云纹环绕，以此为一个单元连缀成四方连续图案，再用一云纹延长成带状，将各个散点联系起来。整个纹样给人以飘飘欲仙之感。

元(或明)代云气拥寿纹锦

【长梗牡丹纹锦】 元(或明)代织锦纹样。以苍老的枝干和硕大的牡丹花头为主体组成连续图案，在枝干上生出许多小花小叶作陪衬。纹样写实，对比强烈，别具一格。

元(或明)代牡丹纹锦

【灵芝团龙纹金锦】 元代织金锦著名作品之一。纹样以团龙为主体，四周饰以灵芝，粗细、疏密形成对比，富有很强的装饰效果，色彩金碧辉煌。

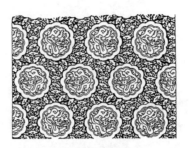

元代灵芝团龙纹金锦

【人物缠枝纹撚金锦】 元代织锦。1970年新疆乌鲁木齐南郊盐湖南岸天山古墓出土。人物缠枝纹"撚金"锦经线由丝线组成，分单经和双经两组。纬线由两根平行的撚金线和一棉线组成，撚金线作纹纬，棉线作地纬。单经与纹纬成一上三下斜纹交织，双经与地纬成平纹交织。每平方厘米经线65根，纬线40根。纬线以撚金线显花，花纹图案中比较显目的部分是一人像，似一菩萨，修眉大眼，隆鼻小口，脸型略长，头戴宝冠，自肩至冠后有背光，以缠枝纹作衬。

元代人物缠枝纹撚金锦

【缠枝牡丹纹金锦】 元代加金丝织物著名作品之一。纹样严谨，富装饰意趣，色彩明快，金光闪烁。现藏于故宫博物院。

元代缠枝牡丹纹金锦

【片金】 按1970年新疆乌鲁木齐南郊盐湖南岸天山古墓所出元代片金锦和撚金锦为例，"片金"似以金箔黏附在宽仅0.5毫米的皮子上，作纬线以织；"撚金"是以丝线为胎，外加金箔而成的金缕丝线，作纬线以织。将金箔和皮子加工得如此细薄，可见元代织锦工艺水平当是很高的。另外，不论是"片金"锦还是"撚金"锦，均是以丝线、棉线、金线等混合织造。

【撚金】 见"片金"。

【鹦鹉纹金锦】 元代加金提花丝织品。纹样以两只对称的鹦鹉为主体，其余部位布以细密图案以形成对比，色彩效果富丽而调和。

元代鹦鹉纹金锦

【纳石失】 加金的丝织物。又称"织金锦"。一般指以片金线或圆金线为纹纬的织金锦或织金缎以及绣金锡缎。元代前后借指中国镇海等地汉族与回鹘族织工生产的同类产品。中国古代丝织物加金大约始于战国，汉代以后进一步发展，唐宋时期织金技术已臻成熟。但织金锦的真正流行，要到女真族统治中国北部后才开始，到元代则达到极盛。唐宋丝织物以色彩综合为主的艺术风格,至此一变为用金银线来作主体表现。"纳石失"可能是波斯语讹译而来,也有写作"纳失失"、"纳失思"、"纳克实"。

元代龙凤团花纳石失

【织金锦】 见"纳石失"。

【纳失失】 见"纳石失"。

【纳失思】 见"纳石失"。

【纳克实】 见"纳石失"。

【八宝云纹锦】 元末织锦。苏州张士诚母曹氏墓出土。实物长 12、宽 11 厘米。正反五枚缎组织。纹样以连续曲尺云朵间以如意、珊瑚、玉钏、银锭等八宝图案。

【鸳鸯莲鹭锦】 明代织锦。设计者把鸳鸯、鹭鸶、金鱼、荷花、水藻等不同种类的素材,精心组织,融为一体,显得匀整、协调、生动活泼、呼应、交错,使人目不暇接。纹样简洁,色彩的对比和面积大小变化掌握得十分恰当,全部花纹都用银线勾边,色彩富丽而调和。

明代鸳鸯莲鹭锦

【红地折枝梅花锦】 明代织锦。以梅花为图案主体,从花瓣到花蕊变化得非常丰满,在处理枝干时,又能顺应其苍老遒劲的气势,分截为较短的折枝穿插在花朵之间,刚柔相济,疏密有致。

宋代梅花纹锦

【瑞鹊衔花锦】 明代织锦。锦面图案以花鸟组成,瑞鹊、折枝花卉造型生动、饱满,整个构图疏密有致,具有较高的艺术价值。

明代瑞鹊衔花锦

【落花流水锦】 古代锦类名。艺人根据唐人诗句"桃花流水杳然去,别有天地非人间",和宋人词"落花流水红"等含义,加以艺术表现创作出一种"落花流水纹"。这种宋代颇为流行的织锦装饰纹样又称曲水纹、紫曲水,是以单朵或折枝形式的梅花或桃花,与水波浪花纹组合而成,具有浓厚的装饰趣味。用落花流水纹装饰于锦,这种锦即称为落花流水锦。故宫博物院藏宋徽宗书《后赤壁赋画卷》包首"梅花曲水锦",就是这种锦的代表作。元明以来,在全国各地的锦缎作坊里都得到了发展,并为其他工艺品广泛采用,由一种变为十余种,通称"落花流水"纹。

宋代落花流水锦

【缠枝莲纹锦】 明代织锦。锦面以莲花为主体,花型饱满,枝叶穿插生动,富有装饰意趣。

明代缠枝莲纹锦

【海棠纹锦】 明代纹锦。纹样以较写实的海棠的花、枝、叶构成,点、线、面形成对比,是当时颇受欢迎的品种之一。

明代海棠纹锦

【梅蝶锦】 明代织锦。织品采用经面斜纹为地组织,作纬面斜纹固结的彩纬显花。图案风格简练,形象生动,俯、仰两种彩蝶翩翩起舞,串枝梅摇曳生姿。

【曲水纹】 纹样名。见"落花流水锦"。

【梅花曲水锦】 锦名。见"落花流水锦"。

明代落花流水锦

【缠枝花卉纹织金缎】 明代织锦。产于南京。以片金纬显花,用一组红色地纹经和一组管片金的接结经与一组红色地纹纬及一组片金花纹纬交织。图案是以宛转流畅的枝干,衬托着饱满的四季花,花头大而满布,起着金彩夺目,富丽堂皇的艺术效果。织金缎多用来作幔帐、垫面及镶滚衣边、帽边等等。此锦现藏故宫博物院。

【紫曲水】 纹样名。见"落花流水锦"。

【孔雀妆花锦】 明代织锦。北京定陵出土。用孔雀羽毛和金线交织,织造技术非常工致精巧,为一件织金妆花龙袍。据考证为南京产品。

【兜罗锦】 古锦名。明代曹昭《格古论要》四《古锦论·兜罗锦》:"兜罗锦出南蕃、西蕃云南,莎罗树子内锦织者,与剪绒相似,阔五、六尺,多作被,亦可作衣服。"

【万字缠枝花锦】 明代织锦。织品为明《大藏经》装裱材料。经丝仅蓝色一种;纬丝两种,蓝色为地纬,红色为花纬。由于纹纬特别粗,显花时纬浮较长,因此花纹凸起。图案为勾连万字地纹上显缠枝花卉主纹,花形有莲花、牡丹、山茶等。

【水波藏龙锦】 明代织锦。织品为明《大藏经》封面装裱材料。经地纬花,经丝浅赭色,纬丝暗红色。花纹隐约。龙为四爪蛟龙,波纹满布幅面。

【绣球花纹锦】 明代织锦。实物为

明代绣球花纹锦

明刊《大藏经》经面。纹样以写实的绣球花为主体,配以花叶、花苞组成,形象饱满,结构严谨。

【鹤寿纹锦】 明代织锦。实物为明刊《大藏经》经面。在寿桃中绘制一展翅仙鹤,构思奇特,极富浪漫色彩。

明代鹤寿纹锦

【菊花寿字纹锦】 明代双面锦纹样。明清时期,宫廷一年四季随时令活动改换应景花样。这一纹样即属此类。明代宫廷四季应景服饰,据《酌中记》载,重阳节:宫眷内臣自九月初四日换穿罗,服重阳景菊花补子蟒衣。纹样以菊花作两点排列,空隙部位饰以"寿"字和枝叶,花形饱满,形成粗细、大小对比,彰显出丰富的效果。

明代菊花寿字纹锦

【鲤鱼水波纹锦】 明代织锦。用块面表现肥硕的鲤鱼,用曲线布满全

幅,作地纹,使面与线形成对比,整个纹样富有动感。

明代鲤鱼水波纹锦

【缠枝莲花八吉祥纹锦】 明代织锦妆花纱。实物于1958年在北京明代定陵孝靖皇后棺内发现,原装腰封上写明"南京供应机房织造上用纱柘黄织金彩妆缠枝莲花托八吉祥一匹,宽二尺,长四丈,应天府江宁县织匠赵绪,染匠倪全,隆庆陆年拾月"字样。纹样以缠枝纹为骨格,在花头部位饰以"八吉祥"。花枝穿插自然,疏密有致,八吉祥纹隐饰其中,毫不突兀,十分统一。

明代缠枝莲花八吉祥纹锦

【花草纹锦】 明代织锦。以各种小花小草组成,花朵的大小、叶子的疏密形成对比,具有节奏感。花形写实,穿插自如,有较好的服用效果。

明代花草纹锦

【莲花纹锦】　明代织锦。以莲花、荷叶为主体构成四方连续图案。荷花花形完整饱满，荷叶缩小了比例，其空隙部分布以荷梗和云纹。形成了主次分明、疏密适当的艺术效果。

明代莲花纹锦

【胡桃纹锦】　明代织锦。实物藏于故宫博物院。外形似胡桃，内饰以如意头及菱形纹，空余部位布上小花细叶，与主体胡桃形成强烈对比，整个纹样点、线、面有机配合，显示出优美的装饰效果。

明代胡桃纹锦

【万寿百事如意大吉葫芦纹锦】　北京明定陵出土。为明代宫廷四季应景服饰，据《酌中记》记载，正旦节：自年前腊月廿四日祭灶之后，宫眷内臣即穿葫芦景补子蟒衣，帽子上佩大吉葫芦、万年吉庆纹样的铎针。纹样以"万寿百事如意大吉"文字吉语与葫芦组成，空隙部以葫芦藤蔓和五瓣花、小葫芦填饰，块面大小对比强烈。

明代万寿百事如意大吉葫芦纹锦

【盘绦四季花卉纹锦】　明代织锦。实物为一装饰用锦，现藏故宫博物院。在六出形联合排列的场面内，分别填充梅花、牡丹、菊花、宝相花等。又在主花周围沿六出形骨格边缘部位，填饰龟骨、锁子、双矩等小几何纹。主次分明、刚柔相济，形成丰富的艺术节奏效果。

明代盘绦四季花卉纹锦

【如意云鹤锦】　明代织锦。织品为明《大藏经》封面装裱材料。经地纬花，经丝青色，纬丝香色。纹样为四合云和鹤衔灵芝。

【寿字织银锦】　明代织锦。织品为万历年间刊印的《大藏经》封面装裱材料。在暗花地纹上起片银线浮纬主纹。主纹为寿字、杂宝、云鹤。

【双龙戏珠锦】　明代织锦。织品为万历年间刊印的《大藏经》封面装裱材料。经缎地，纬浮花。花纹为几何形框架内的三爪小龙戏珠纹，小龙下方有小型海水江崖。

【八吉祥锦】　明代织锦。实物现藏故宫博物院。全幅以八吉祥(天盖、莲花、海螺、宝伞、盘长、金鱼、宝壶、法轮)组成。纹样复杂，六种器物、一种动物、一种花卉虽各不相干，但排列均匀，十分统一。

明代八吉祥纹样锦

【"极乐世界"织成锦图轴】　清代织锦。高4.48、宽1.965米，画心高2.89、宽1.75米。这是一幅根据佛教题材织制的"西方净土变"。清代统治者迷信佛教，在宫廷佛堂供奉这类织成的宗教画，因此集中各地名工巧匠，精工织制了许多以"经变"故事为题材的作品。这一件"极乐世界"织成锦图轴，系清宫画师设计，以历代传统的"经变"画为蓝本，把帝王宫殿的画栋雕梁及王公贵族的形象也都画了进去。佛画本身不但是"供奉"的对象，也是帝王贵族生活、理想的缩影，因此织造这类佛画特别受到统治者的重视。这幅图轴以如来说法为中心，用放射透视的手法，在彩云飘绕、宏大华美的宫殿场景中安置了332个神态不同的人物，水山树石，奇花珍鸟，穿插其间，图景形象，全以工笔细线勾勒，线条流利，笔姿生动。此锦藏北京故宫博物院。

【加金缠枝花卉天华纹锦】　清代织锦。苏州织造。纬线显花。主花和石榴、桃子、莲蓬、佛手等于同一缠枝上并发，均用双根捻金线织出；金线极细，由于捻金线反光率比片金弱，加上缠枝花下满铺各种细致的几何锦地纹，整个调子秀丽优雅，为清代苏州仿宋式锦的"锦上添花"锦的优秀作品。多用作书画装潢及装裱锦匣。此锦藏故宫博物院。

【云地宝相花纹重锦】　清代织锦。产于苏州。纬丝显花。为清代重锦的代表作。它以十四把不同的长织梭织制,用个别的短织梭作为色彩的点缀。花纹采用四层"退晕"和金线包边的设色方法,以浅蓝、绿为主调,用暖色衬托,色彩复杂而又调和,明快而又淡雅。此锦藏北京故宫博物院。

【冰梅纹加金锦】 清代织锦。雍正、乾隆时期对织金加银方法作了很大改进,金丝细如毫发,花纹织后不露痕迹,"冰梅纹加金锦"为代表作,此锦地布以不规则的冰裂纹,梅花为主体。形成了线与面的对比,有"乱中见整"的艺术效果。

【朵花蔓草纹锦】 清代织锦。纹样以花、草加以变化,成对称格局,疏密得当,明显地受到外来图案的影响。

清代朵花蔓草纹锦

【六角连环纹锦缎】 清代丝织品。织品采用经缎为地组织,浮纬显花。经线分两组,地经蓝色熟丝,接结经为本色生丝。纬线有蓝灰、草绿、黑、白、浅褐和朱红六种,其中朱红为活色。

【蓝地桃榴佛手锦缎】 清代丝织品。实物为两条佛幡。经面缎织地,浮纬显花。纹样以勾连万字地纹上的花卉水果为主纹,其中桃象征"寿",榴象征"多子",佛手象征"福",整个纹样有"福寿多子"的寓意。

【双凤五福八吉祥织锦】 清代织锦。实物为一靠背套子,整件独幅织成。织物组织为宋式锦组织:经斜纹地,纬斜纹花,用专门的接结经固结纹纬。纹样由对凤、五只蝙蝠和八吉祥(天盖、莲花、海螺、宝伞、盘长、金鱼、

宝壶、法轮)组成,间缀以宝相、牡丹等花卉。纹样繁复,作向心组合。设色典雅,色调丰富。

【皂地八角团花锦】 清代织锦。皂地八角团花锦是典型仿古宋式锦。经地纬花。在格子藻井背景上填以宝相花和小朵花。设色古雅。应属清代前期制品。用作书画裱装材料。

【朵花回回纹锦】 清代织锦。朵花回回锦是新疆维吾尔族传统织物,清代曾入贡朝廷。纬线显花,亦分长梭、活色:褐、白长梭;红、蓝活色,分区使用。纹样作平列式布置,带有明显的伊斯兰风格特征。

【缠枝菊花纹锦】 清代织锦。采用多根折枝花,枝叶缠连组成图案。花头、花叶经过加工处理,极富装饰性,整个作品疏密有致,布局匀称,有很高的艺术价值。

清代缠枝菊花纹锦

【龟背纹加金锦】 清代织锦。以六边形几何纹为底纹嵌以花卉为主的图案,适当用金色线条包边,色彩虽很强烈,但又很调和,很具装饰性。

清代龟子纹加金锦

【宝蓝加金缠枝莲花纹锦】 清代织锦。莲花饱满,枝叶缠绕自然、色彩鲜明富丽,是清锦中的上品。

清代宝蓝加金缠枝莲花纹锦

【玉兔纹锦】 清代织锦。兔子是民间认为的瑞兽之一,常用于染织纹样。此锦表现兔子在月夜活动的景象,它两耳竖起,目光注视前方,前腿微抬,好像随时准备逃跑之势,极为生动。其色彩为表达夜间的意境起到极好的作用。

清代玉兔纹锦

【朵花几何纹锦】 清代织锦。这种散答花,主要采用几何纹与规则花形的有机组合而成,纹样复杂,层次分明,主体突出,对比强烈又很统一。有人认为这种锦纹组织形式受西方十九世纪罗可可细密装饰风的影响。

清代朵花几何纹锦

【仙鹤江牙纹锦】 清代织锦。此锦以仙鹤、海水、江牙、云彩为题材，呈对称格局，其宝蓝底色鲜艳夺目，对比强烈，具有很强的装饰意趣。

清代仙鹤江牙纹锦

【缠枝牡丹纹锦】 清代织锦。底纹为回字纹，浮在面上的是以块面表现的牡丹花和花叶。纹样饱满，线条流畅，层次分明，生动自然。

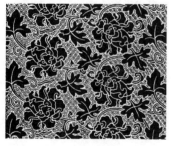

清代缠枝牡丹纹锦

【狮子戏球纹锦】 清代织锦。狮子戏球是我国图案的传统题材。此锦狮子形象矫健完整，装饰性极强。其球设计成花形与飘带祥云一起飘舞，整个纹样极富动感。布局匀称，疏密有致，是清锦中的珍品。

清代狮子戏球纹锦

【富贵三多纹锦】 清代织锦。采用石榴、佛手、寿桃组织成整幅图案。利用谐音寓意多子、多寿、多福。采用品蓝加金色彩，显得极富丽而典雅。

清代富贵三多纹锦

【圆花盘绦纹锦】 清代织锦。实物藏故宫博物院。外形似曲折盘旋的丝带，这种几何纹称为盘绦纹。圆花盘绦纹，以细密的几何形盘绦纹为地，浮现在上面的圆花实际上也是几何纹，以块面的形式出现，形成面和线的对比，效果和谐统一。

清代圆花盘绦纹锦

【松鼠葡萄纹锦】 清代织锦。以松鼠葡萄为题材组成四方连续图案，松鼠沿着葡萄藤窜上窜下，不但生动逗

人，而且巧妙地解决了连续纹样中由于动物颠倒给人不舒服的感觉。葡萄枝叶茂盛果实累累，它与松鼠形成静与动的对比。

清代松鼠葡萄纹锦

【小花格子纹锦】 清代织锦。实物现藏于故宫博物院。四合如意向四面生长出花叶，构成方形。按此方形的对角线再连缀方形，组成大的方格，在方格内填饰花朵。整个纹样工整简洁。

清代小花格子纹锦

【几何朵花纹锦】 清代织锦。以直线组成的几何纹作底，上面布以写实的朵花，直线与曲线(枝梗)形成对比，具有底静花动、花清地明的艺术效果，给人以强烈的形式美感。

清代几何朵花纹锦

【四花云纹锦】 清代织锦。藏故宫博物院。以大小两种花头组成一个对称的散点，并以此进行排列，空余部分以云纹填饰，整个纹样风格奇

特,富有装饰意趣。

清代四花云纹锦

【拐子龙纹锦】 清代织锦。清龙纹多是蛇身鸡爪的结合,较繁复,而这幅作品龙却是十分简练,且姿态生动,具有很强的装饰效果。

清代拐子龙纹锦

【海棠如意纹锦】 清代织锦。实物藏四川省博物馆。纹样以重复交叉的直线和大小八瓣形花构成,其中心部分是连环如意纹,在空余部分饰以连续矩纹。矩纹的细密线条与其他粗疏线条形成对比,点、线、面形成对比,整个纹样具有丰富和谐的艺术效果。

清代海棠如意纹锦

【蝶花纹锦】 清代织锦。藏于故宫

清代蝶花纹锦

博物院。将四瓣、五瓣、多瓣的花卉,加以图案化艺术处理,组成四方连续纹样,点、线、面形成对比又很协调统一,具有很强的装饰性。

【织金陀罗经被】 清代织锦,南京产品。北京清东陵慈禧墓出土。织金经被上的经文文字只1厘米大小,整个经被为270厘米见方,是一件特宽的织品。织工十分精细,文字秀丽,是一种清代的特殊锦类,甚为罕见。

各地名锦

【云锦】 传统织锦之一。明、清时为宫廷织品，有多处官办织造局生产，用于宫廷服饰、赏赐等。晚清以来始有商品生产，行业中才产生"云锦"的名称，以其富丽华贵，绚烂如云霞而得名。现代只有南京生产，常称为"南京云锦"。现代云锦继承了明、清时期的传统风格而有所发展，传统品种有妆花、库锦、库缎等几大类(见"妆花"、"库锦"、"库缎")，库锦、库缎等以清代织成后输入内务府"缎匹库"而得名，沿用至今。妆花类织物是代表云锦技艺特色和风格的品种，图案布局严谨庄重，纹样造型简练概括，多为大型饱满花纹作四方连续排列，亦有彻幅通匹为一单独、适合纹样的大型妆花织物(如明、清时龙袍、炕褥毯垫等)用色浓艳对比，常以金线勾边或金、银线装饰花纹，以白色相间或色晕过渡，以纬管小梭挖花装彩，织品典丽浑厚，金彩辉映，是云锦区别于蜀锦、宋锦等其他织锦的重要特点。建国后，在传统品种的基础上创新发展了既有云锦传统风格又适应现代生活的新品种，如雨花锦、敦煌锦、金银妆、菱锦、装饰锦及台毯、靠垫等，供应蒙、藏兄弟民族服饰和书画装裱、旅游纪念品、外贸等的需要。

【则数】 指南京云锦在缎料幅宽尺寸内，横向排列的单位纹样数目。花纹单位最多为"二十八则"，一般多织"四则"和"六则"花。"二十八则"，就是横向排列有二十八个花纹单位；"四则"和"六则"，就是横向排列有四个、六个花纹单位。

【显妆】 云锦设计和织造配色的专门术语。指花纹配色，使其在地色的衬托下，能显现出理想的色彩效果。如深色地配浅色花，浅色地配深色花；或运用与地色成对比的色彩，装饰花纹，以达到明显的效果。

【妆花】 原意指用各种彩色纬线在织物上以挖梭的方法形成花纹。这种方法，在汉唐的一些挖花织物上(例如织成)均有出现，到宋元期间已广泛应用。构成方法是在地纬之外，另用彩纬形成花纹。这种方法可以应用于缎地、绢地或罗地上。在缎地上则为妆花缎；在绢地上则为妆花绢；罗地上则为妆花罗。到清末，妆花变成了妆花缎的简称。在早期，则在织物上绘出花型后再用手工挑起经纱而织入的。以后逐步推广用拉花机提花，依次引入彩纬、地纬。妆花配色较繁，最少四色，多至十八色，一般用六色至九色。妆花中有叫"金宝地"的，用圆金线织底子，在金底上起彩色花纹，配色十分复杂，在同一段上下左右相邻的两个单位花纹虽一样，配色则不同，因此，制织极费时间。另一种叫"芙蓉妆"的，也是在缎底上起彩色花纹，但配色上不如通常妆花和金宝地那样复杂，它在同一段上下左右相邻的两个单位花纹一样，而配色也一样，只是在全件料子上分出几段不同的颜色，所以制织的速度也比较快些，过去像这种织法的妆花，花样多用芙蓉花，因此叫做"芙蓉妆"。后来虽不用芙蓉花，凡是这样织法的织物，仍叫"芙蓉妆"。

夔龙莲蝶妆花缎

【妆花缎】 见"妆花"。

【金宝地】 云锦妆花品种中的一种。它是用金线织满地，在满金地上织出五彩缤纷、金彩交辉的图案，它的主体花纹用多层次色彩表现。过去这一传统品种主要是作为一种宫廷里的装饰用料，现在用于内蒙古、西藏的少数民族的服饰。

【库锦】 云锦三大类品种之一。又称"织金"，在缎地上以金线或银线织出各式花纹丝织品，故名。库锦中尚有"二色金库锦"和"彩花库锦"两种，多织小花。前者是金银线并用；后者除用金银线外还夹以二至三色彩绒并织。云锦原为清代贡品，织成后送入内务府入"缎匹库"，故名库锦。

【库缎】 云锦传统品种之一。又名花库缎、摹本缎。有本色花库缎、地花两色库缎、妆金库缎、金银点库缎、妆彩库缎等品种。有些虽不属锦类，但行业习惯统归之为云锦。本色花库缎或称暗花库缎，为正反缎纹组织的单色提花丝织物。一般以经面缎纹为地，纬面缎纹为花，又有纹部缎纹浮长较地部浮长的不同，而有亮花、暗花之分。亮花浮长大于地部，暗花浮长小于地部。地花两色库缎，清代特称"内缎"，经纬异色，织出地花异色的缎织物。其他如妆金库缎、妆彩库缎、金银点库缎等，均是在本色库缎的基础上，局部纹样用挖花方法少量加织金银线、彩纬的变化品种。

灵仙祝寿富贵长春库缎

【凤穿莲花纹锦】 清代云锦。凤凰在缠枝纹中飞翔，盛开的荷花朝气蓬勃，意趣盎然。象征爱情幸福美满。

清代凤穿牡丹纹锦

【四合云莲纹锦】 清代云锦。花、叶均用在块面上勾线塑造形式。线条流畅,花纹饱满、工整,具有很强的装饰效果。

清代四合云莲纹锦

【蜀锦】 汉至三国时蜀郡(今四川成都一带)所产特色锦的通称。蜀锦(包括经锦和纬锦)常以经向彩条为基础,以彩条起彩、彩条添花为特色,织造时有独特的整经工艺。朱启钤《丝绣笔记》:"盖春秋末时蜀未通中国,郑、卫、齐、鲁无不产锦。"又云:"自蜀通中原而织事西渐,魏晋以来蜀锦勃兴……"西汉时,蜀锦品种、花色甚多,用途很广,行销全国。《太平御览》引《诸葛亮集》:"今民贫国虚,决敌之资唯仰锦耳。"唐代蜀锦保存到现代的有团花纹锦、赤狮凤纹蜀江锦等多种,其图案有团花、龟甲、格子、莲花、对禽、对兽、斗羊、翔凤、游鳞等。宋代蜀锦仍然品种繁多,十分精美,可从元《蜀锦谱》中窥见一斑。明末全国性大动乱对蜀锦生产摧残严重,清代蜀锦得到恢复,并受到江南织锦很大影响。现代蜀锦用染色熟丝织造,质地坚韧,色彩鲜艳。传统构图大体可分为雨丝锦、方方锦、条花锦、散花锦、浣花锦和民族缎六种。

蜀锦

【锦城】 又称"锦官城"。成都的古称。在历史上这里是蜀锦的主要产地与集散中心,因此而定名。

【锦官城】 见"锦城"。

【贝锦】 古代锦名,上有贝形纹饰。左思《蜀都赋》:"贝锦斐成,濯色江波。"

【十样锦】 十种纹样的织锦。戚辅之《佩楚轩客谈》:"孟氏在蜀时制十样锦,名长安竹、天下乐、雕团、宜男、宝界地、方胜、狮团、象眼、八搭韵、铁梗襄荷。"

明代天下乐锦

【散花锦】 蜀锦品种之一。又称"杂花"或"满花锦"。在一幅织锦上布满不同的单色或复色纹样,常用的纹样有:瑞草云鹤、如意牡丹、云雁、百鸟朝凤、龙爪菊,等等。纹饰富于民族风格和地方色彩。

【樗蒲锦】 宋·程大昌《演繁露》卷六:"今世蜀地织绫,其文有两尾尖削而中间宽广者,既不像花,亦非禽兽,乃遂名为樗蒲。岂古制流于机织,至此尚存也耶!"

【民族缎】 蜀锦品种之一。有单色或金线织成的两种。缎面上的图案从经纬交织中显现出自然光泽。纹样有葵花、团龙、万字、金寿字等。民族缎用作服料和装饰,深受兄弟民族的欢迎。

【通海缎】 蜀锦品种之一。又称"杂花"或"满花锦"。在一幅锦缎上布满不同的单色或复色图案,纹饰富有民族风格和地方色彩,如:瑞草云鹤、如意牡丹、云雁、百鸟朝凤、龙爪菊等。

【月华缎】 蜀锦品种之一。由数组彩色经线排列成由浅入深,逐渐过渡的色彩,然后加上装饰花纹,如雨后初晴的彩练。这种巧妙的艺术构思,据说是丝织工匠从天空中的彩云和自然色谱的变化中受到启发。在工艺技术处理上,充分体现了蜀锦牵经技术的特点。牵经时,根据品种设计所确定的彩条配色图,以及经线配色的编号,按彩色的次序、宽窄、色经的深浅变化规律排列筬子,每牵完一柳头,必须调换一部分筬子,叫做"手手换"。"月华"的这种牵经方法,乃蜀锦所独具。

【浣花锦】 蜀锦品种之一。是宋代劳动人民从落花流水荡起的涟漪中受到启发设计的花样。"浣花锦"是对"落花流水锦"的继承和发展。它有绸地、缎地两种,纹样极为丰富。如:大小方胜、梅花点、水波纹等。特点是简练、古朴、典雅、大方。"浣花"这一名称的由来,还有一说是因这种锦缎成后,多在锦江河上游的浣花潭内洗濯,故名。

【铺地锦】 蜀锦品种之一。即"锦上添花"锦。缎面上用几何纹样或细小的花纹铺地,花纹上再嵌以大朵花卉,如宝相花等。色彩富丽,层次分明,有的还嵌上金线,极为富丽堂皇。这种装饰方法充分体现了蜀锦的风格和特点。

【雨丝锦】 蜀锦品种之一,锦面用白色和其他色彩的经线组成,色经由粗渐细,白经由细渐粗,逐步过渡,形成色白相间,有明亮对比色光的丝丝雨条,雨条上再饰以各种花纹图案,给人以一种轻快舒适的韵律感。它与"月华"不同的地方是用色经彩条的宽窄来达到深浅过渡的效应。彩条的配色一般多用比较明快的对比色，彩条粗、细对称，既调和了对比强烈的色彩，又突出了彩条之间的花纹。达到了"烘云托月"的艺术效果。"雨丝锦"的品种较多，图案内容丰富，如天安门、望江楼、百花潭、杜甫草堂、梅竹、牡丹、葵花、龙凤、蝶舞花丛等。

雨丝锦(近代蜀锦)

【格子花纹蜀江锦】　日本收藏的较有代表性的唐代蜀锦。该锦为复式平纹组织的经锦。锦面由等形的方格组成，格内饰有联珠花，忍冬、蔓藤花配于四角。经条采用三色线，既表现纹底，也表现在纹样，因此，锦面呈五彩缤纷效果。

【方方锦】　蜀锦品种之一。在织物单一的底色上，以彩色经纬线配以等形方格，格内饰以不同色彩的圆形或椭圆形的图案。这种装饰方法，是对唐代"红子格"的继承和发展。组织结构为缎地上现纬浮花。四川南充曾用上述工艺方法制成方方被面。

【宋锦】　指具有宋代织锦风格、用彩纬显色的纬锦。相传在南宋高宗南渡后，为满足当时宫廷服装和书画装饰的需要开始生产。南宋时已有紫鸾鹊锦、青楼台锦等40多种。宋锦用三枚斜纹组织，两种经纱(面经用本色生丝，底用有色熟丝)三种色纬(纹与地兼用的色纬和两种专用的纹纬)织成。宋锦纹样繁复，配色典雅和谐。龟背纹、绣球纹、剑环纹、古钱套、席地文四方连续的图案，朱雀等动物图案，百吉等字形图案最为常见，适合于作服装和装潢书画之用。近代也生产结构简单的盒锦(小锦)，是纬二重小提花织锦，多用环形和万字形花纹。宋锦又称"宋式锦"或"仿

宋锦"。现代以苏州所产著名，有"大锦"、"合锦"、"小锦"等品种，各有不同特点和适用范围。

【宋式锦】　见"宋锦"。

【仿宋锦】　见"宋锦"。

【大锦】　又称重锦，传统宋锦一个大类名称。被广泛用于装裱名贵书画及装饰品，也可以作为华丽服装材料等。图案有仿汉唐古锦的，也有在继承传统基础上演变的。

【合锦】　质地疏松的装潢锦，传统宋锦的大类名称。织物图案大多是和合形、对称连续的横条形。风格别致，姿态整齐，是美观实用的装饰品。用于一般书画立轴和屏条的裱装、装潢等。产品有二十四花万钱如意，小六花百梭云幅等。

【小锦】　传统宋锦的大类名称。有月华锦、万字锦、水浪锦三种。花纹细小，产品有素，有花，是用于装潢的普通织锦，适宜于裱装小件物品制作锦盒。

【荆缎】　即湖北荆州锦缎，又名"荆锦"、"江陵锦"。主要产地江陵。荆缎具有独特风格，经面嵌花，图案上以万字栏杆、麦菱、曲线回纹等典型的楚图案为主。另配寿桃、精鹿、福象等古雅纹样。形式上组织方块、条状、菱形、多边形等几何色块，黄、蓝、红、绿相间，呈鲜明对比，艳丽生辉，特别是图案与色块的配合，具有浓厚的楚文化艺术特色。古代主要用于婚丧挂屏、祭祖敬神、纳礼、进贡。荆缎历史悠久。1975年在江陵凤凰山西汉墓葬中出土的丝织品菱纹锦，经线起花，结构复杂，图案生动，色彩绚丽，与荆缎风格极其相似。唐朝诗人李白的《荆州歌》中有"荆州麦熟茧成蛾，缲丝忆君头绪多"的诗句，足见当时荆州养蚕缫丝十分盛行。据《唐书·地理志》记载，公元760年，江陵向唐肃宗进贡的礼品中，就以万文

绫、赀布等丝织品为主。明末清初，荆缎形成了自己的独特风格。1920年巴拿马国际博览会上，荆缎被评为第三名。现在江陵丝绸厂年产荆缎一百多万米，花色品种数十个。

【荆锦】　锦名。见"荆缎"。

【江陵锦】　见"荆缎"。

少数民族织锦

【傣锦】 中国民族织锦之一。主要产地为云南的西双版纳、德宏和耿马等地区，均为傣族聚居区，世代生产，取名"傣锦"。用苎麻为原料，采用腰机织造，织幅约 33、长仅 50 厘米左右。以细苎麻线织成平纹地组织，用较粗的染色苎麻纱作彩纬织入。平纹部分不显花，使用色纬时，纬浮显色于织物表面。纹样以几何形图案为主。一般在深底上浮现红、黄、绿和蓝等多种鲜艳色，中间布以黑、白、棕等颜色，对比强烈，又和谐统一。傣锦质地坚实，花饰优美，风格独特。产品原先多作被面、背带等使用，现傣锦亦远销海外，在国际上深受喜爱。

【苗锦】 是苗族人民传统生活用品、工艺美术品。《黔书》载："锦用木棉染成五色织之……"汉末三国时代已有五色的苗锦。用经线作底，纬线起花，通经断纬方法织造。经线多用自纺白纱，纬则用适合于图案花纹的各色丝绒或丝线，数经纬排织。基本组织为人字斜纹、菱形斜纹或复合斜纹，多用小型几何纹样，图案结构严谨，由直线和由短直线构成的曲线以及点线面组合而形成。一种是以"之"字形的二方连续反复结合；一种是菱形四方连续。喜欢用桃红、粉绿、湖蓝、青紫等色，瑰丽而具独特风格。

【绒锦】 《丝绣笔记》引《黎平府志》卷三："以麻丝为经。纬，挑五色绒，其花样不一，出古州司等处。苗家每逢集场，苗女多携以出售。"

【壮锦】 壮族古代叫俚族、僚族、俍族和土族，从宋代起，才改称为僮，现在又改称为壮。壮族有很古老的历史，世世代代居住在我国西南部的广西、云南、贵州和湖南部分地区。壮锦又称"僮锦"、"绒花被"，较厚实。《广西通志》载："壮锦各州县出，壮人爱彩，凡衣裙巾被之属莫不取五色绒，杂以织布为花鸟状，远观颇工巧绚丽，近视则粗，壮人贵之。"壮锦最适于作被面、褥面、背包、挂包、围裙和台布等。壮锦是用棉或麻的股纱作经线，以不加捻或者微捻两种彩纬织入起花，在织物正面和背面形成对称花纹，并将地组织完全覆盖，增加厚度，还有用多种彩纬挑出的，纹样组织复杂，多用几何形图案，色彩鲜明，对比强烈，具有浓艳粗犷的艺术风格。

【回回锦】 西北地区的织锦，多为维吾尔族制作，花纹具有波斯和中亚地区的艺术风格。特点是多用金线织花，有华丽绚烂的效果。这种锦在清朝是著名品种。

【僮锦】 见"壮锦"。

【菱格彩花壮锦丝毯】 清代丝织品。现藏河北承德避暑山庄博物馆。这种壮锦组织与纹样较为典型。纹样在几何形骨架内填以小花。浅黄、浅绿两种构成地纹的纬丝通梭织入，其余大红、粉红、杏黄、群青、嫩黄诸色俱作挑花；小花形状虽雷同，但上下左右色彩变换较为自由。

【洞锦】 古代织锦。又称"棉锦"。贵州黎平府属地青特洞等处所产。以白纱为经，蓝纱为纬，随机挑织，自备各种花形，巾帨尤佳。即所谓"诸葛锦"，亦名"洞锦"。张应诏《诸葛锦诗》："丞相南征日，能回季谷春，干戈随地用，服色逐人新，绉幅参文绣，花枝织朵匀，蛮乡椎髻女，亦有巧于人。"参阅《丝绣笔记》。

【棉锦】 见"洞锦"。

【武侯锦】 又称"诸葛锦"。为三国时代，蜀汉诸葛亮所提倡推广。诸葛亮封武乡侯，简称"武侯"，故名。《遵义府志》：(今贵州铜仁)"用木棉线染成五色织之，质粗有文采。俗传武侯征铜仁蛮不下时，蛮儿女患痘，多有殇者求之，武侯教织此锦为卧具生活，故今名曰武侯锦。"因该锦多用木棉线所织，所以又叫"木棉锦"。

【诸葛锦】 见"武侯锦"。

【木棉锦】 见"武侯锦"。

【土家锦】 湘西、鄂西南土家族织锦，当地称"打花"。因主要用作铺盖(被面)亦常通称为"土花(打花)铺盖"，土家语称"西兰卡普"。传统土家锦以棉线为经，各色棉、毛、丝等纤维为纬，斜型腰机，通经断纬手工挑织，彩纬满铺显花。纹饰大多采用各种花鸟虫草走兽和生活用具，经抽象概括为象征性和几何形图案，配色浓烈鲜艳，有粗犷、朴质、敦厚、绚丽的民族风格。源于古代当地的"溪布"、"峒布"、"斑布"，文献多有记载，宋·朱辅《溪蛮丛笑》："绩五色线为之，文彩斑斓可观，俗用为被或衣裙，或作巾，故又称峒巾。"乾隆《永顺府志》："斑布即土锦，土人以一手织纬，一手用细牛角挑花，遂成五色。"土家锦过去均为民间自织自用，后来有专业工厂生产，创新发展了多种旅游纪念品和日用、装饰织品。

【打花】 见"土家锦"。

【土花铺盖】 见"土家锦"。

【西兰卡普】 用土家锦制作的被面，土家语称"西兰卡普"。西兰意为铺盖，卡普意为花，即当地汉语所称的"土花铺盖"或"打花铺盖"。通常亦用作土家锦的代称。参见"土家锦"。

【瑶锦】 瑶族民间织锦。以广西瑶锦较闻名。应用也较普遍，常见有床毯、被面、背袋、裲芯(一种布质背幼儿兜带上的一块装饰织物)、彩织带(用作腰带、脚笼带等)，多为棉经丝纬，腰机织造。瑶族世居深山峻岭，受自然环境的陶冶，织锦纹样多为方形、菱形、三角形等几何形作对称式波状二方连续排列,组成山峰、巨龙等象征性图案,色彩多用大红、桃红、橙黄等暖色调,间以蓝、绿、白、紫等,色彩鲜明强烈。

【佤锦】 云南佤族民间织锦。用腰机织作,以红黑为基调组成有节奏的色条,配以黑白构成的严谨而细致的几何纹,用作衣裙、被单、背袋等。

【布依锦】 贵州布依族民间织锦。用土织机挑织,以彩纬显花。图案花纹均为几何纹,大多在黑地或白地上织彩花,喜用大红、黄、绿、紫蓝、橙等艳丽色彩。民间多用作被面、门帘、背带芯等。

【高山锦】 又称"台湾锦",台湾高山族民间织锦。多用棉、麻等植物纤维,用腰机手工织造。作五彩棋格花纹。故宫博物院保存有清代大幅被单类织品。

【台湾锦】 见"高山锦"。

【拉祜锦】 云南拉祜族民间织锦。用腰机挑织,常以红色为地,以黑白纬织出山川、星斗、虫草、竹木等抽象图案。主要作筒裙、背袋等。

【黎锦】 海南省黎族民间织锦。有悠久的历史,《峒谿纤志》载:"黎人取中国彩帛,拆取色丝和吉贝,织之成锦。"范成大《桂海虞衡志》记载的"黎单"、"黎幕"宋代已远销大陆,"桂林人悉买以为卧具"。黎锦是用古老的踞织腰机、综杆提花、断纬织彩,也有经丝先经扎染花纹,再织纬,亦有夹织鸟雀羽毛作局部装饰的。花纹多以直线、平行线、方形、三角形、菱形等组成几何形,表现抽象的人物、动植物纹,有的还织出吉祥文字。常用图案有马、鹿、斑鸠、蛇、蛙、藤果以及人形等,随各地区黎族人民生活环境、风俗、习尚和传统而运用,常可从黎锦图案款式,区别出不同地区黎族支系。黎锦配色多以棕、黑为基本色调,青、红、白、蓝、黄等色相间,配制适宜,富有民族装饰风味。多制作成筒裙、摇兜、崖被或作服装边饰。

缂丝

【缂丝】 我国传统的丝织工艺品之一。中国缂丝历史悠久,新疆楼兰汉代遗址曾出土用缂丝织成的毛织品。吐鲁番唐墓则发现有几何形的缂丝带,表明缂丝最晚起源于公元七世纪中叶。隋唐五代比较流行,到宋代已相当繁盛。明清时期缂丝已开始专业化生产,技术水平进一步提高。旧时又称刻丝、刻丝作、克丝、刻色。现在一般称为缂丝或刻丝。主要产地是苏州。以生丝作经,各色熟丝作纬,织造时,不同于一般丝织物的提花结本,而是用小梭、拨子等工具,采用抢、结、环和长短梭等技法,将多种彩色纬丝仅于花纹需要处与经丝交织。过去缂丝著录所说的"通经断纬",即指这种织法,使花纹与素地、色与色之间呈现出一些小孔和断痕,"承空观之如雕镂之象"。花纹色彩正反两面各一。现代又发明双面异色缂丝。缂丝按用途分为两类,其中一类作靠垫、台毯、腰带等高级日用品,另一类是以摹刻名人书画为主的艺术欣赏品。

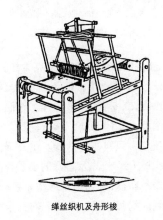

缂丝织机及舟形梭

【克丝】 见"缂丝"。

【刻丝】 见"缂丝"。

【刻丝作】 见"缂丝"。

【齐缂法】 缂丝技法之一。依本色经上描绘的花纹和色彩,用彩色粗纬进行平纹穿经,分区分段平行整齐地进行缂织,故称齐缂或纬缂。在色纬与色纬之间有明显的纵向"水路"。

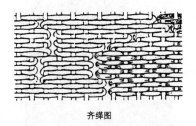

齐缂图

【纬缂】 见"齐缂法"。

【抢缂法】 缂丝技法之一。用不同的色纬,以后缂继前缂,而渐匀其色。就是把两种或两种以上相邻的不同颜色,根据花纹轮廓的形状,进行抢色、和色的缂织方法——一般以表现分层波浪纹和云水纹饰最多,亦用于花的蓓蕾和叶的嫩片等花纹。

【构缂法】 缂丝技法之一。在花纹的边缘部位,以另一种颜色或金线构缂出明显的边界线。有单股丝线和双股丝线构缂两种,起着分清色阶和划分界线的作用。

【套缂法】 缂丝技法之一。以层次色阶的粗纬,在分色区域,按顺序相套,长短参差,以减少"水路"的裂纹,从而提高缂织物的坚牢度。双套缂的缂织纬短,线较细密,显色易于调和婉转,晕色丰富。表现的云气纹和翎毛纹饰细腻而有绒毛感。

【朱缂法】 缂丝技法之一。宋代朱克柔创制的长短抢缂法的简称。使用深浅多色阶纬线,长短参错互用,而逐渐产生空间晕色的装饰效果。

【缂金法】 缂丝技法之一。元代使用赤圆金和淡圆金线两种金线缂织花纹的统称。明代又增加用片金线缂织花纹。清代的"三色金"缂,是在深色地上,使用赤圆金、淡圆金和银色三种拈金银线,使缂丝作品有金光闪烁的效果。

【"三色金"缂】 见"缂金法"。

【缂鳞法】 缂丝技法之一。按龙鳞、鱼鳞和锦鸡、凤凰等羽片上的花纹,用彩纬或孔雀翎毛上的羽绒黏合的翠金线缂织鳞片,再用金线勾缂鳞片(或羽翅)使花纹界线分明,且有立体感。

【三蓝缂法】 缂丝技法之一。在浅色地上,用深蓝、品蓝、月白或加金等三色退晕,抢缂成各种花纹图案,并用金色勾边。水墨缂是在浅色地上用黑色、深灰、浅灰三晕色抢缂法织花纹,并用深色或白色勾边。纹饰典雅庄重。

【水墨缂】 见"三蓝缂法"。

【缂绣混色法】 缂丝技法之一。以缂织为主,加彩绣和敷彩画三者混色添彩的综合运用,形成缂、绣、绘结合的花纹图案。清代"九阳消寒图轴"就是这种典型的艺术珍品。

【缂丝带】 唐代作品。1973年,新疆吐鲁番阿斯塔那出土。缂丝织成条带用作女舞俑的束腰带。幅宽1厘米,被剪成9.5厘米长的一段。草绿地,显大红、橘黄、土黄、海蓝、天青、白色、沉香等八彩织成的四叶形图案。图案采用唐代建筑、壁画上常用的分段退晕方法,织出花纹色晕层次。织法是通经断纬,至少用彩色不同的八只小梭子在花纹的各个局部挖花织成。过去认为我国缂丝起源于五代,盛行于两宋。现在看来,我国的缂丝至少在七世纪中叶就已出现了。

唐代缂丝带

【异兽忍冬莲花纹缂丝】 唐代缂丝织物。实物现藏日本正仓院。一般的缂丝纹样都追求逼真,写实,有些就是以名人字画为粉本的。此纹样装饰性强,无论是异兽、忍冬还是莲花,都不求形似。但可以看出当时的缂织技术已相当精良。

唐代异兽忍冬莲花纹缂丝

【紫鸾鹊谱纹缂丝】　北宋作品。现藏辽宁博物馆。属传世缂丝。原件高131.6、宽55.6厘米。在紫色经丝地上，用分区分段挖花缂织法，经面以单丝抢缂为主，间以齐缂；缂织细部分用两根经丝，粗则跨越五根，缂织技艺非常高超。图案每组由五横排花鸟组成。形态各异的鸾鹊均作展翅飞翔状。凤凰祥鸟衔着如意，在花丛中飞舞。花卉以"重楼子"牡丹、佛莲为主，衬以折枝荷花、海棠等纹饰。整个花纹图案热烈繁茂，充分表现了盛唐的风韵。

宋代紫鸾鹊谱纹缂丝

【月季鹌鹑图缂丝】　宋代作品。现藏南京博物院。为无名氏所作传世精品。画面下方有鹌鹑三，或低首作觅食状，或抬头作呼唤状；有山石二，一居中，一居左下角，一大一小一高一低遥相对应；石旁有菊数枝，月季一丛，石后有竹数竿。刻画细致入微，为南宋院画典型。缂织精巧，以渗和戗、长短戗作"渲染"，以构缂表现"钩斫"，以平缂作色块平涂，整幅作品气韵生动。

【斑鸠纹缂丝】　宋代作品。体形类似于鸽子的斑鸠，背羽呈淡褐色，有棕色斑点，多栖于山林树丛之间，民间视它为瑞禽。此作品酷似一幅中国花鸟画，色彩雅致，写实生动，很具欣赏价值。

宋代斑鸠纹缂丝

【安居乐业纹缂丝】　宋代作品。一只鹌鹑将捕捉到的蚱蜢吞食，背景为竹枝和野菊花，色彩和谐，构图匀称，凸显出一派安乐景象，作品以鹌(安)谐音表达安居乐业的吉象寓意。

宋代安居乐业纹缂丝

【翠鸟荷花纹缂丝】　宋代作品。一只翠鸟蹲在莲蓬之上注视着水草丛中游动的小鱼，作品极具生活情趣。画面背景为浅淡的橙红色，其他景物为绿色调，形成对比，夏日的荷塘小景，表现得真实而生动。

宋代翠鸟荷花纹缂丝

【鸾鸟天鹿纹缂丝】　北宋缂丝作品。实物藏于故宫博物院。以鸾鸟、鹿为主体隐于花叶丛中组成纹样，鸾鸟展翅高飞，鹿回首奔跑，显示出静与动的对比。这幅缂丝作品基本上保持了隋唐风格。缂法简单，力求实用，保持了彩锦的装饰风格，与后来纯欣赏的"书画织物化"的缂丝截然不同。

宋代鸾鸟天鹿纹缂丝

【莲塘乳鸭缂丝】　南宋朱克柔作。在莲花盛开的池塘中，以游戏争食的母鸭为中心，岸边的白鹭和翠鸟与之相映成趣，蜻蜓飞舞，草虫唧唧，把游禽、飞鸟、草虫、花卉等自然生态和奇山异石、潺潺流水等自然景色，浑然结合在一起，可谓是巧夺天工，精湛绝伦。

南宋朱克柔缂丝《莲塘乳鸭图》

【山茶蛱蝶缂丝】　南宋朱克柔作品。现藏辽宁博物馆。属传世的缂丝。原件高25.6、宽25.3厘米。在磁青色绢地上，用彩纬缂织盛开的三朵山茶花和一只飞舞的蛱蝶。用齐缂法缂织枝干绿叶，以及盛开的山茶花的花瓣和花蕊；蝶翅用抢缂法晕色；蝶须辅以构缂点缀。分枝上的三个蓓蕾含苞待放，被虫蚀过的黄叶，表现

南宋山茶蛱蝶缂丝

得十分逼真。左下角有朱克柔缂制的朱印一帧。南宋的"朱缂"被誉为中国缂丝技艺的高峰。

【牡丹花缂丝】 南宋朱克柔作品。以折枝牡丹为题材,深色底,淡绿花叶,浅米色花尖,加上朱红色印章,色彩层次分明,主题突出,很具欣赏价值。

南宋朱克柔牡丹花缂丝

【八仙祝寿图缂丝】 南宋作品。现藏辽宁博物馆。属传世缂丝。原件高 38.3、宽 22.8 厘米。在牙色经丝地上,用彩色纬丝缂织跨鹤寿星和八仙,是一幅八仙仰面迎接老寿星光临的生动画卷。人物除用齐缂、抢缂法外,在人物面部眉须、衣帽和鹤翅上均发展了细纹构缂的技法。八仙中的铁拐李高举酒葫芦为老寿星献酒祝寿,形象最为生动。这幅缂丝原为北京清皇宫珍藏,上面盖有乾隆、嘉庆皇帝御览之宝朱印四枚。

【山水轴缂丝】 南宋沈子蕃作品。

南宋沈子蕃山水轴缂丝

采用传统中国山水画构图,山、水、树木、亭、船、小桥描绘精到,表现了古代人幽雅闲适的生活。笔法工细,意境深远。

【梅鹊图缂丝】 南宋沈子蕃缂丝代表作。现藏故宫博物院。长 104、宽 36 厘米。两只鹊儿栖息在梅花的主干上,一只将嘴藏在背部的羽毛里稍事休息,一只注视着前方,进行防卫,周围梅花盛开,花香四溢,寓意喜上眉(梅)梢,寓意吉祥。

南宋沈子蕃梅鹊图缂丝

【牡丹团扇缂丝】 元代作品。现藏辽宁博物馆。属传世缂丝。原件高 22.6、宽 26.3 厘米。在缂色地上,用彩色线齐缂和抢缂牡丹的红花绿叶,花瓣的轮廓和叶脉、枝干,用金银线构缂,使红花绿叶相托,更显富丽堂皇。

【东方朔偷桃图轴】 元代作品。现藏北京故宫博物院。传世品。以宋代绘画为粉本。画面设计则采用了填色、勾线、二色互相参差换彩的方法。在纹样边缘或二色相遇处,则使用构缂进行线条勾勒,或以"长短戗"进行调色过渡。此外,还采用了两色丝线捻合的"合色线",类似现代毛纺工艺中的混纱。作品上方缂织着透露于云端的仙桃累累的树枝;下方配置以灵芝、水仙和竹石;正中为耸肩回首的东方朔,手捧偷得仙桃。

【青地粉花缂丝】 1959 年新疆乌鲁木齐东南盐湖出土。这件元代缂丝使用了熟练的披梭戗色法,增强了花朵的晕感;还使用了单双子母经,使断纬和经纬的结合更加牢固,并突出了绘画上的勾勒效果,这些都是宋代缂丝中罕见的技法。这件青地粉花缂丝作品,现藏新疆维吾尔自治区博物馆。原作残片长 31、宽 16 厘米。作品由于使用披梭戗色法,花形饱满,色彩由深至浅,显示出丰富的层次。地为青色,整个色调鲜明而典雅,构图平稳。代表了元代缂丝的水平。

【缂丝靴面】 1970 年新疆乌鲁木齐南郊盐湖南岸天山古墓出土,从出土文物分析,当为元代遗物。缂丝为一双高统牛水靴的靴面,并非完整一块,而是用不同小块多件拼缝制成。有紫地粉花、绿花;绿地粉花等。图案内容有柳枝叶、海棠花和梅花。色彩鲜明,花纹自然生动。织法为通经断纬,比较简单。经线以两股丝线捻合而成,较紧实,线径为 0.02 毫米。纬线为单股丝线,每平方厘米经纬线 13×38 根。

【百花辇龙纹缂丝】 元代缂丝。实物为传世品,现藏台北故宫博物院。此幅缂丝是《镂绘集锦》册中的第一幅作品。作者以写实的手法,描绘了一条五爪龙昂首行于菊花、牡丹、山茶、栀子、百合花丛中,纹样丰富充实,花卉枝叶布满全幅,与龙成为一个整体,龙游动于百花丛中这种表现方法在传统纹样中较为少见。

元代百花辇龙纹缂丝

【几何百花纹缂丝】 元代缂丝。实物现藏故宫博物院。以回纹几何纹为地,上面布以莲、菊、牡丹等花卉,云纹、龙纹隐其中间,画面匀称统一。这幅缂丝不同于那些复制绘画的作品,其风格更接近于织锦。

元代几何百花纹缂丝

【仪凤纹缂丝】 元代作品。多种鸟儿围绕着一株白玉兰,它们或栖或飞,姿态各异,充满生气与活力。这幅作品色彩丰富和谐,表现了大自然的美好。

元代仪凤纹缂丝

【山花双鸟缂丝】 明代作品。两只小鸟栖息在绿叶丛中,嫣红的山茶花使画面色彩充满活力,在构图上花鸟集中在右上角,其他部分均较空虚,形成了虚实对比,继承了中国花鸟画传统。

明代山花双鸟缂丝

【芙蓉云雁纹缂丝】 明代作品。两只大雁正在蓝色的河边,一只引项鸣叫,一只正低头觅食,一动一静形成对比。在周围芙蓉花的衬托下,显得富有生气,画面主次分明,色彩明暗安排得当,主题突出。

明代芙蓉云雁纹缂丝

【团形孔雀纹缂丝】 明代作品。展翅而飞的孔雀为圆形,四周云彩飘动,色彩热烈喜庆,呈现出一派祥和气氛。

明代团形孔雀纹缂丝

【凤穿牡丹喜相逢纹缂丝】 明代服装中的圆形补子。原件藏于中央工艺美术学院。凤凰在一圆形中盘旋飞翔,其间饰以盛开的牡丹、山茶和飘逸的祥云,纹样疏密有致,色彩富丽。

明代凤穿牡丹喜相逢纹缂丝

【云鹤纹缂丝】 明代作品。实物为纽约的库巴·赫维特美术馆所藏。以流畅的灵芝云作底,缂出一对相互呼应的自由飞翔的仙鹤,表达了长寿吉祥的含义,翔鹤姿态生动优美。

明代云鹤纹缂丝

【獬豸纹缂丝】 明代作品。獬豸是人们通过想象创作出来的祥瑞神兽,古有"獬决讼"之说,为此獬豸的形象为历代法官的代称。明代以獬豸为风宪官公服。此幅作品祥云密布,花草、海水、江牙,饰于下方,獬豸坐于地上,双目肃然而视,注意周围,主体形象端庄敦厚,威严而不失生动。

明代獬豸纹缂丝

【万寿双龙缂丝】 明代传世作品。现藏苏州市博物馆。实物高28、宽22厘米。是用金线平缂万字和圆寿字。两条夔龙的龙头、身躯和尾部用深蓝丝线缂织,龙升腾中的云纹局部用金线构缂。纹饰简练而又生动。

【长生殿缂丝】 明代传世作品。现藏镇江市博物馆。取材于唐·白居易《长恨歌》,描绘唐明皇与杨贵妃七夕定情华清宫长生殿的场面。用色是按宫廷中深沉暗光而以绛红、紫、黑等暖色调为主,用捻金线勾勒渲染,更显出金碧辉煌的宫廷气氛。缂法有齐缂、平缂、抢缂、鳞缂等多种技法,尤以金线构缂取得强烈的色彩效果。

【双鹤双桃缂丝】 明代作品。现藏苏州市博物馆。实物高43、宽32厘米。在棕黄地上,用红、黄、蓝、灰、绿、白色丝线缂织花纹图案。缂法以齐缂、平缂为主,展翅的翔鹤的背部用缂鳞缂织。双桃的轮廓用金黄色线构缂,构成明显的水路。整个幅面花纹配置典丽雅致。

【瑶池集庆图轴缂丝】 明代珍品。是故宫博物院藏明代丝织品中最大的一件,也是世存明代缂丝作品中最大的一件。画心纵 260.3、横 205 厘米。为清宫旧藏,曾著录于《石渠宝笈》,为乾隆皇帝所珍视,上有"乾隆鉴赏之宝"、"三希堂精鉴玺"、"宝蕴楼书画录"等五枚御章。在画面显著部位,以紫赤圆金线和五彩丝线,织出西王母头戴凤冠,手持如意,安详而坐的形象;西王母身后有二仙女掌扇,身前有仙女敬香,下有众仙女分别手持各种宝物,前来祝寿。周围陪衬翔凤、流云、海水、山石、竹梅、梧桐等象征长寿的景物,以有关形象组成吉祥图案。织工精细,缂工复杂,花纹形象生动,用色协调典雅,构图严谨有序。

【醉八仙缂丝】 清代作品。现藏镇江市博物馆。明清缂丝以八仙传说为题材者较多,此幅作品突出一个醉字,不落俗套。缂工、设色、造型俱佳,构图布局尤见特色。人物道具全处于右下角,左上彩云几缕,深符密不透风,疏可走马之趣。乍看八仙挤作一堆,事实上可细分为三个层次:一层为吕洞宾与汉钟离,吕作对酒状而钟推辞不饮;一层为何仙姑与张果老,亦作劝酒推辞之状;一层为曹国舅、蓝采和、韩湘子、铁拐李,李兴犹未尽,曹、何已醉眼蒙眬,蓝则已呼呼大睡。八人醉态可掬,神态各异。

【福寿富贵椅披缂丝】 清代作品。现藏承德避暑山庄博物馆。福寿富贵缂丝椅披以缂织为主,辅以绣绘。图案主体在勾连万字地上作富贵团花(牡丹),四周围绕着蝙蝠、寿桃和牡丹;团花也有蝙蝠组合于其中;蝙蝠口中衔万字。因此纹样亦寓有"万福万寿"、"福寿双全"等主题。桃、

叶、花和蝙蝠翅膀等处都略加渲染;主体外加绣曲折边框线。

【双龙穿璧缂丝】 清代作品。承德避暑山庄博物馆藏。作品纹样取材于商周钟鼎加变化。穿缠于玉环之中的双龙为夔,双翅怪兽为饕餮纹变形。康熙、雍正时期的染织工艺品纹饰多喜仿古,这件作品亦然。

【九龙靠背缂丝】 清代作品。现藏承德避暑山庄博物馆。这是一件缂丝制作的皇室日用品。运用了抢缂、齐缂、构缂、双套缂、鳞缂等技法。以勾连万字为地纹,海水江牙为边饰,蝙蝠、寿桃等吉祥物为点缀,突出表现九条龙姿态不同的龙纹。九龙中八条为行龙,两两相对有四种姿态,或仰或俯,或升或降,围绕着中心的那条正龙。

【群仙祝寿图缂丝】 清代作品。现藏苏州市博物馆。群仙祝寿图综合运用缂、绣、绘技法,表现风格类绢本敷彩工笔画。作品主题为八仙及寿星共祝西王母寿辰。作品高 102.4、宽 61 厘米。

【团龙缂丝】 清代作品。现藏苏州市博物馆。实物为一桌围,40 厘米见方。黄地,中作五爪正龙及一火珠,以五彩云、蝙蝠、海水江牙构成团花。龙身以圆金线缂织。

【九阳消寒图轴缂丝】 清代缂丝的艺术珍品。采用"缂绣混色法"制成。参见"缂绣混色法"。

【云雁江牙纹缂丝】 清代作品。在

清代云雁江牙纹缂丝

一方形构图里,一只大雁飞于海水江牙之上,云彩之中虚实对比,颇具匠心。

【燕子荷花缂丝】 清代作品。淡绿色的荷叶占据了 2/3 画面,左上角为粉红色荷花,燕子栖息在荷梗上,主体突出、写实,色彩清雅,很具审美价值。

清代燕子荷花缂丝

【飞虎纹缂丝】 清代作品。老虎形态夸张,前腿高举展翅欲飞,极具浪漫色彩,打破了缂丝作品以工笔花鸟画为粉本、底稿的常规,别具特色。

清代飞虎纹缂丝

绮、纺、绉、罗、纱

【绮】　据《说文》解释是有花纹的缯。平纹地起斜纹花的单色丝织物。《汉书·高帝纪》八年："贾人毋得衣锦、绣、绮、縠、絺、纻、罽。"注："绮，文缯也，即今之细绫也。"绮有逐经(纬)提花型和隔经(纬)提花型两种，后者也称"汉式组织"绮。

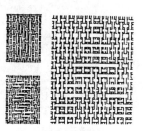

左上：逐经提花型组织图
左下：逐纬提花型组织图
右：隔纬提花型组织图

【文绮】　古时称华丽的丝织物为"文绮"。

【几何龙凤云纹绮】　汉代丝织。实物为A·斯坦因在新疆吐鲁番阿斯塔那发现。绮为一种平纹起斜纹花的织物。纹样中菱格相接处有四个云头合成四面放射对称的图案，菱格内一格填饰两对龙凤对舞，一格内有四只立凤。纹样丰满，优美新颖。这一含义吉祥的题材可能是适应婚庆需要而设计生产的。

汉代几何龙凤云纹绮

【杯纹绮】　汉代丝织。实物于湖南

汉代杯纹绮

长沙马王堆西汉墓出土。杯纹外形与战国时代杯纹相似。这一纹样以两个杯纹单元组成，利用线条的粗细变化使整个纹样有虚有实，形成虚实的对比。

【葡萄兽纹绮】　汉代丝织品。葡萄枝叶繁茂，果实累累，一兽卧于葡萄园中，一只呈奔走状，很具生活情趣。纹样疏密有致，构思奇巧。

汉代葡萄兽纹绮

【几何对鸾纹绮】　实物于1972年在湖南长沙马王堆1号汉墓出土，现藏湖南省博物馆。绮为一种平纹起斜纹花织物。纹样以细线戳线组成的耳杯形为骨格，在菱形空间中分别填饰对鸟纹和变体花草纹，雅致大方，优美华丽。1933～1937年在叙利亚贸易都市帕尔米拉古墓出土的对龙纹汉绮，其图案骨格基本相合，凤是女性象征，龙是男性的象征，这两种纹样有可能是配对花样。

汉代几何对鸾纹绮

【对龙纹绮】　汉代丝织品。实物于1933～1937年在丝绸之路一端的叙利亚贸易都市帕尔米拉古墓出土，墓葬年代为公元83～237年，是我国东汉或稍晚由我国输出的。在45度斜线几何菱格中填饰呈回顾式对称龙纹，其中轴线为菱形钝角对角线，另一菱形中填饰变体花草纹。这一纹样与汉绮对鸾纹极为相似，只是它填饰的是凤纹，凤是女性的象征，龙是男性的象征，这两种纹样有可能是配对花样。

汉代对龙纹绮

【几何填花对兽对鸟纹绮】　汉代丝织。实物为A·斯坦因于新疆发现。绮为一种平纹起斜纹花织物。在45度斜线菱格中填兽、鸟两类动物，两兽成例影式对称，对鸟成回顾式对称，其中轴线均为各几何菱形的钝角对角线。动物形象造型古朴，矫健优美。

汉代几何填花对兽对鸟纹绮

【双鱼纹绮】　蒙古拿英乌拉出土的汉代双鱼纹绮。纹样以两鱼纹为一组排列，很具装饰性。

汉代双鱼纹绮

【云雷纹丝织物残痕】　北京故宫博物院保存的一把商代玉刀，上面有丝织品云雷纹残痕。雷纹由36根纬组成，平纹地，斜纹显花，纹样清晰大方。

上：玉戈上回纹绮纹样
下：玉戈正反面

【菱纹绮】 1959 年新疆民丰出土,东汉染品代表作之一,呈黄色,纹样规整,大面积施染均匀,染色纯正。

汉代双菱四兽纹绮(叙利亚出土)

【对鸟纹绮】 汉代丝织品,湖南长沙马王堆 1 号汉墓出土,以不规则菱形组成四方连续图案,在菱形中饰以对称的鸟与其他纹样,结构严谨。

对鸟纹绮

【套环对鸟纹绮】 新疆阿斯塔那的相当于北朝时期的墓葬中出土。经斜纹绮,纹饰复杂,质地细薄透明。

【套环"贵"字纹绮】 北朝—隋丝织

北朝套环"贵"字纹绮

品。1966 年新疆阿斯塔那北区 48 号墓出土。经斜纹绮,纹样以精致的椭圆套环组成,两圆交套处饰以"贵"字,纹饰复杂,质地细薄透明。

【联珠龙纹绮】 唐代丝织品名。在联珠纹中配上两条对称的龙,图案简练,给人以静中有动之感。参见"联珠纹锦"。

【联珠双龙纹绮】 唐代丝织品。龙纹在圆形适合中采用相向对称式。造型简洁。龙头健实,口微张而吐舌于外,圆眼,龙颈细瘦屈曲,胸脯丰厚有力,身躯弯曲至尾部蛇行上翘,四肢伸屈有力,依圆取势;三趾展开,前爪与花纹、联珠相接,使整个适合纹样浑然一体,夸张变化中主次清楚、层次分明。

唐代联珠双龙纹绮

【四合如意纹绮】 宋代丝织品。1975 年于福州北郊浮仓山黄升墓出土。以"米"字几何纹排成方格,格中填饰四合如意纹,规则工整,装饰性强。

宋代四合如意纹绮

【梅花方胜"卐"字纹绮】 宋代丝织品。福州南宋墓出土。纹样以几何纹方胜、"卐"字、"米"字和梅花、树叶多种主题组成,并不杂乱,而显得十分统一。直线和曲线、线与面形成对比,给人以美感。

宋代梅花方胜"卐"字纹绮

【矩形点小花绮】 南宋丝织品。1975 年,江苏金坛茅麓出土。平纹地上显纬花。以四根经线为一组,三梭平纹,一梭织四枚矩形点子花,利用三片提综即可织造。

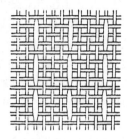

南宋矩形点小花绮组织图

【方形小花绮】 南宋丝织品。1975 年,江苏金坛茅麓出土。以一梭织平纹,一梭起四枚纬浮花,用十片素综,112 梭循环织造。只是以经线显花。是由 17 朵小的经浮花组成的一个长 2、宽 1.9 厘米图案,再由同样的两个图案组成长 7、宽 6 厘米的一组图案,远观犹似大提花织物。

南宋方形小花绮组织图

【菊花纹绮】 南宋丝织品。1975 年,福建福州浮仓山出土。地平纹组织。蚕丝,经纬线无拈,经线细,纬线一粗一细。粗纬显花,花纹是菱形框内显菊花,每平方厘米经纬密是 36 × 36 根。

【黄褐色长春花绮】 南宋丝织物。1975 年,福建福州浮仓山出土。地平纹组织,蚕丝,经纬线无拈,经纬线均一粗一细,粗纬显长春花纹。经纬密每平方厘米是 30～38×25～30 根。

【菱纹绮】 元初丝织品。现藏无锡市博物馆。织品采用平纹地组织,隔纬提花。浮纬长度相同,跨越三根经线,作或左或右的斜向排列。织品较轻薄。纹样简明,似格子藻井。无锡钱裕墓出土。

【凤穿牡丹绮】 元代后期丝织品。现藏苏州市博物馆。实物为一件女裙。平纹地组织上起纬浮长组成的花纹。纬浮长从跨越三根经线到十余根经线不等。属逐经提花型。经细纬粗,织物紧密精细,地部纬组织点作粟状鼓起。纹样中凤作俯仰两种,牡丹作若断若连之缠枝,构思颇见匠心。光泽尚好,呈深褐色,与原来色调相去已远。苏州曹氏墓出土。

【纺】 质地坚韧轻薄、表面细洁的平纹丝织物,又称纺绸。按原料分为:真丝纺如杭纺、电力纺;人丝纺,如有光纺、无光纺;尼龙涤纶纺,如尼丝纺、涤丝纺;经纬采用不同原料交织的纺绸,如富春纺、华春纺。

【纺绸】 丝织物。旧时以浙江杭州产品最佳,称杭纺。江苏吴江之盛泽镇所产,谓之盛纺。皆为素地,作衣料。其质薄而轻,亦称素绸,常作衣里。

【盛纺】 江苏省吴江县盛泽镇生产的纺绸。

【电力纺】 用桑蚕丝织成的纺绸。二十世纪初,因电动丝织机取代脚踏机而得名。经纬均有桑蚕丝织造,平纹组织。质地轻薄柔软、平挺爽滑,较一般绸料轻薄飘逸,宜做夏季服装,及高级服装的里料、伞面、绝缘材料和打字带用绸。

【棉纬富春纺】 交织印花绸品种之一。以无光人造丝为经,本色丝光棉纱为纬,平纹组织。质地厚薄适中,既可做衣料,又可做被面。纹样多为写实的中、小型花卉,色彩鲜艳,常用对比色。是农村和城镇妇女欢迎的品种。

【无光纺】 人造丝织物。经纬均用无光人造丝织造,平纹组织。绸身平挺洁白、手感柔软、不粘身、不易变色,宜做服装。

【绉】 织物大类名称。指呈现明显绉效应并富有弹性。真丝绉在我国历史悠久,战国时代就有生产,古代称绉为縠。用拈丝作经,两种不同拈向的拈丝作纬,或将两种不同收缩性能的原料交替排列以平纹组织织造而成。一些化纤丝绉织物也有利用轧纹起绉的。绉织物往往在经过精练后处理而形成绉效果。使织物产生绉效应的组织,称为绉组织,故绉又为组织名称。

【縠】 古称质地轻薄纤细透亮、表面起绉的平纹丝织物为縠。《周礼》疏:"轻者为纱,绉者为縠。"

【洋绉】 《蚕桑萃编》卷七:"即湖绉,经纬用纯生丝,织成后下机,再为炼染。"

【绉纱】 古代纱织物。这种纱,表面自然绉缩而显得凹凸不平,虽然细薄,却给人一种厚实感。1959 年,在长沙左家塘 44 号楚墓中,出土过一块浅棕色的绉纱手帕,它向我们揭示了织制绉纱的奥妙,原来绉纱经、纬丝线的拈度和拈向不同,织成后绉缩相错,表面因此变得高低不平。绉缩的方法,后来有所发展。汉代就利用加过强拈的纱线受潮湿后产生绉纹这一规律,有意识地用强拈的丝线来织成纱,然后浸水使之收缩而起绉。在长沙马王堆 3 号汉墓出土的四块浅绛色绉纱,就是用这种方法织造的。当时,专门叫它为"縠"(《坛韵》:"绉纱曰縠")。

【浅褐色绉纱】 南宋丝织品。现藏福建省博物馆。实物为单衣镶花边。实物出土于福州黄升墓。单衣身长 71 厘米。衣襟两旁各镶两条花边同衣长。较窄一条小襟花边宽 1.5 厘米,为贴金印花,纹样为菖蒲浮莲等,较宽一条对襟花边宽 5.2 厘米,彩绘芙蓉、小童攀折花枝及人物楼阁等。

【双绉】 薄型绉类织物。又称双纤绉。平纹组织。经丝采用无拈单丝或弱拈丝。纬丝用强拈,织造时二左二右拈向,依次交替织入,故织物表面精练后起隐约的细致绉纹。质地轻柔、平滑光亮、坚韧、富有弹性。宜做夏季各种服装。

【留香绉】 平纹、绉地、经向起花的丝织物。由真丝、人丝经与真丝纬交织的提花织物。炼染后,由于蚕丝与人丝对染料的亲和力不同,可呈现两种不同色彩。它是经二重纹组织,两组经分别起十二枚缎纹花,以人丝经花为主。真丝经起花时,人丝经与纬在背面衬以平纹,人丝经起花时,真丝经与纬在背面衬以斜纹。由于纬丝加强拈,两组经张力又不同,因此平纹地产生绉的效果。织物鲜艳夺目,花纹细致美观。纹样多用花卉为素材,花派或写实或变形,多用规则的四方连续排列。

【罗】 质地轻薄,丝缕纤细,经丝互相绞缠后椒孔的丝织物。始于春秋战国以前。《释名》:"罗文疏罗也。"《类编》:"罗,帛也。"罗在炎热的夏季,尤其在南方民间,是日常生活中人们爱穿的高级丝织品。

【素罗】 指经纱起绞的素织物罗,经丝一般有弱捻,纬丝无捻,素罗根据绞经的特点,可分为二经绞罗、三经绞罗及四经绞罗等品种。

【商铜觚表面平纹丝织物残痕】 1973 年,河北藁城台西村商代遗址的发掘中,发现粘在铜觚上的几处丝织品痕迹,大体可辨认出五种规格的丝织品残片。序号 1、2 的丝织物是平纹的"纨"，它和过去安阳殷墟出土的基本接近。序号 3 的丝织物，经纬丝径比较纤细，经纬密度稀疏，应属于平纹纱类织物。序号 4 的丝织物隐约像绞纱组织，应属于纱罗一类。从这些残片能够看出，商代丝织物已有很多品类了。序号 5 属于平纹绉丝织物的"縠"，这是我国目前所见出土年代最早的一块縠的实物。

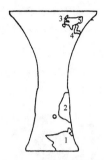

台西商墓出土铜觚表面平纹丝织品残迹位置

【花罗】 是罗地起各种花纹图案的罗织物的总称，也称提花罗，从秦汉起即是罗中的名贵品种。比较流行。长沙马王堆 1、3 号汉墓，湖北江陵凤凰山均有大量的花罗出土。

【宋罗】 采用绞经组织，质地轻薄，丝缕纤细，经线互相绞缠，呈胡椒眼形状的椒孔丝织物。罗在我国有悠久的历史，自汉唐以来，织罗技术得到高度发展。到宋代，"宋罗"更名噪一时，生产规模也很大。全国的"贡罗"达十万匹以上。罗的名贵品种有孔雀、瓜子罗、宝花罗、满园春罗、花罗，还有云罗、亮罗、结罗、越罗、透额罗和方目罗等。

宋代罗纹样

【两经绞罗】 两根经丝绞织入一根纬丝的简单罗织物。有花罗和素罗之分，质地轻薄。

【三经绞罗】 以三根经丝为一组相绞为地组织的花罗。每组经丝中有一根绞经、两根地经，绞经在地经左右两侧盘旋绞转。有起平纹花、斜纹花和隐纹花等多种。

三经牡丹罗纹图

【四经绞罗】 以四根经线为一组左右绞转而形成较大孔眼的罗。也有素罗和花罗两种。

四经绞素罗实物放大图

【妆花罗】 见"妆花"。

【朱红色杯形菱纹罗】 西汉丝织品。现藏湖南省博物馆。长沙马王堆 1 号汉墓出土。幅宽 49.5 厘米。以绞经和地经相互绞缠而形成网纹，地纹是四经绞组织，花纹是山地经和绞经脱节而形成大孔眼。花纹图案为纵向的瘦长菱形，两侧各叠加一个不完整(不对称)的较小菱形，形似楚国传统的耳杯酒器，故名耳杯形纹饰。

【红色杯纹罗】 1959 年新疆东汉墓出土。此罗已使用在一件云纹刺绣粉袋的蒂形边饰上。红色鲜艳而又沉着，花纹规整，它表明了机织技术的熟练，这在丝织工艺普遍提高的情况下，才有可能出现。

【孔雀罗】 罗纹丝织品。唐、宋时提花罗机经改革后而生产的花纹复杂

的名贵品种。

【瓜子罗】 罗纹丝织品。唐、宋时提花罗机经改革后生产的花纹复杂的名贵品种。

【菊花罗】 罗纹丝织品。唐、宋时提花罗机经改革后生产的花纹复杂的名贵品种。

【春满园罗】 罗纹丝织品。唐、宋时提花罗机经改革后生产的花纹复杂的名贵品种。

【云纹罗】 宋代罗纹丝织物的名贵品种。产于润州(今江苏省镇江)、常州一带。

【贡罗】 上贡之罗。实为封建社会的统治阶级从全国各地搜刮来的罗纹丝织品。罗的生产在宋代达到了历史最高水平，其中江浙一带的"贡罗"占全国三分之二以上。

【六角梅花罗】 北宋丝织品。现藏湖南省博物馆。织品利用绞经与平纹组织构成小芝麻形地纹。再由小芝麻纹组成大六角形框架。框架内填五瓣朵梅。朵梅纹用每隔两纬一绞的变化组织。这种罗织物与清代的芝麻纱很相似。衡阳宋墓出土。

【方格朵花纹罗】 宋代丝织品。现藏湖南博物馆。衡阳宋墓出土。织品采用绞经地组织，纬斜纹显花。纹样为斜方格内的八瓣朵花。制作用生织匹染的方法。

【烟色素罗】 1975 年宁夏银川贺兰山西夏陵区出土。经密 48～50 根/厘米，纬密 15～16 根/厘米。经丝宽度为 0.2～0.3 毫米，纬丝宽度为 0.86～1.0 毫米。组织是四根经丝一组的素组织，其中空心经线为地经，影条经线为绞经。织造素罗要一套绞经装置，在古代是用一种特制的绞综环来控制绞经的。其上机工艺如下图。罗纹的形成，是由绞综环套在经

丝上,绞综环的另一端按照密度分布扎结在综丝杆上,当综丝杆按规律提沉综环时,绞经和地经依次左右绞转而相互绞缠,形成素罗组织罗纹。

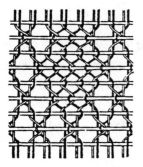

宋代烟色素罗组织结构示意图

【棕色纹罗】 1975 年宁夏银川贺兰山西夏陵区出土。经密为 82～86 根/厘米,纬密为 20～22 根/厘米。经丝宽度为 0.14～0.25 毫米,纬丝宽度为 0.64～0.71 毫米。其组织结构如下图。它的地纹罗是四根一组的绞经组织,花纹部分是两经相绞的平罗组织。织制纹罗要配置提花束综装置来控制地经的运动,上机工艺较复杂。织制时,地经由提花束综来管理升降。提起地部组织点时,部分经丝未被绞经丝纠缠住,致使脱节而形成较大孔眼;其余未留下的未脱节的部分,起两经相绞的作用而形成图案花纹的两经相绞的平罗组织。这和四根一组的地纹组织不同,故在织物表面形成一个区域一个区域的花纹来。下口综在投纬时全部提起,闭口时全部沉落,这样就可减少被综丝夹起的浮经,在投下一梭纬丝时保持较清晰的梭口,确保纹罗织物的质量。

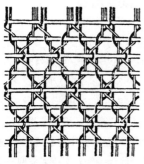

宋代棕色纹罗组织结构示意图

【穿枝牡丹纹罗】 宋代丝织。1973 年湖南衡阳何家皂北宋墓出土。纹

样设计抓住了牡丹的特征,进行了图案化处理,花朵与枝叶的小块面形成了对比,具有很强的装饰效果。

宋代穿枝牡丹纹罗

【山茶蔷薇纹罗】 宋代丝织。1975 年福州浮仓山南宋黄升墓出土。纹样以山茶、蔷薇组成,花叶大小多变,有正面的,也有侧面的,排列匀称,疏密得当,形象准确,整个纹样很见写实功力。

宋代山茶蔷薇纹罗

【鸟衔菊花团花纹罗】 宋代丝织品。实物于 1973 年湖南衡阳何家皂北宋墓出土。纹样以展翅飞翔的小鸟嘴衔菊花组成圆形适合团纹,花叶进行了夸张处理,团花装饰在织物的几何小花上形成很强对比,使整个纹样富有层次感。

宋代鸟衔菊花团花纹罗

【芙蓉叶中织梅纹罗】 1975 年福州北郊浮仓山南宋黄升墓出土。纹样在勾线的叶子中饰以梅花,构思巧妙,花形新颖奇特,富有装饰意趣。

宋代芙蓉叶中织梅纹罗

【牡丹花心织莲纹罗】 1975 年福州北郊浮仓山南宋黄升墓出土。在牡丹花心部位饰以两种不同姿态的莲花,在勾线的叶子中饰以莲花,花叶间用细而流畅的线连接。造型奇特,构思大胆,别开生面。

宋代牡丹花心织莲纹罗

【缠枝山茶纹罗】 宋代丝织品。江苏金坛茅麓出土。纹样以单瓣、复瓣牡丹为主体,以山茶、石竹作配合,主次分明。牡丹花头丰盈饱满,枝叶线条流畅。这一纹样另一特点是花回单位长达 60 厘米,使花的气势得到极好的发挥。

宋代缠枝山茶纹罗

【整枝牡丹纹罗】 宋代丝织品。实物 1975 年于福州北郊浮仓山黄升墓

出土,现藏福建省博物馆。以整枝牡丹的枝茎穿插布满全幅,不但有上扬和下垂的大花朵,还有小花和花苞,花形写实,姿态生动。

宋代整枝牡丹纹罗

【牡丹梅花纹罗】 宋代丝织品。实物1975年于福州北郊浮仓山黄升墓出土,现藏福建省博物馆。以牡丹、梅花的枝叶穿插布以全幅,牡丹花头硕大,梅花饱满小巧,花形写实,姿态生动。

宋代牡丹梅花纹罗

【牡丹芙蓉五瓣花纹罗】 宋代丝织品。实物为一种褐色的罗织物,于1975年福州南宋黄升墓出土。花的茎枝为"S"线,以穿枝式布满全幅。花形写实,一朵上扬,一朵低垂,互相呼应,生动而富有情趣,五瓣小花点缀其间,形成大小块面的对比。

宋代牡丹芙蓉五瓣花纹罗

【牡丹芙蓉纹罗】 宋代丝织品。实物1975年于福建北郊浮仓山南宋黄升墓出土。纹样以牡丹为主体,芙蓉

作陪衬,在牡丹花头旁生出花苞,花形写实,茎枝穿插生动。

宋代牡丹芙蓉纹罗

【茶花牡丹凌霄芙蓉纹罗】 宋代丝织品。实物于1975年福州北郊浮仓山黄升墓出土,纹样将多种花卉有机地组合在一起,富有变化,并不突兀,花形写实,穿插自然,姿态生动。如此多的花卉组织的纹样在以前的染织品中较为少见。

宋代茶花牡丹凌霄芙蓉纹罗

【浮仓山出土南宋罗织物】 1975年福建福州浮仓山出土。罗为绞纱组织,经线弱拈,纬线无拈。有三种织法:其一为二经相纠素罗,经纬密大致有两类,每平方厘米① 15～16×15～16 根,② 46×36 根;其二为三经相纠花罗,经纬密大致有三类,每平方厘米① 36×24～26 根,② 45×19～39 根,③ 54×22～24 根。经线平纹显花,以牡丹、芙蓉为主,或以牡丹为主的四季花;其三为四经相纠素罗,经纬密大致有三类,每平方厘米① 52～56×14～16 根,② 72×14～16 根,③ 64×29 根。

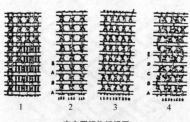

南宋罗织物组织图
1、2. 三经相纠花罗 3. 二经相纠素罗 4. 四经相纠素罗

【几何小花罗】 南宋丝织品。1975年江苏金坛茅麓出土。利用了两种"链式罗"组织的骤散差异,形成孔眼之疏密,以孔眼大者为地,小者为花,织物虽为单色,花地依然分明。这一链式几何花罗的编结方法非常巧妙,上下左右,联结自如,似渔网,如编结,环环相扣。织物纹样为四瓣几何小花朵组成的、两个散点排列的四方连续图案。

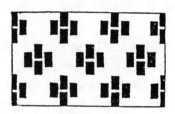

南宋几何小花罗

【缠枝牡丹花罗】 南宋丝织品。1975年江苏金坛茅麓出土。这次出土衣物中有两种大提花的缠枝牡丹花罗。两个品种的缠枝牡丹花罗的花、地组织均相同。花部采用三枚经斜纹。地组织以三根经线为一组,一根纠经、两根地经同穿一筘。织造时利用纠综与提花束综装置相配合,使纠经在地经两侧按照组织左右纠转,两根地经则分别以一上二下之顺序,与纠经同时形成梭口。这样织出来的罗,不需间隔平纹,就会自然形成三梭一组的横条效应,其组织结构之巧妙,实是宋代织工们别出心裁的创造。同样,图案的绘制也非常出色。其中一个品种的图案采用以复瓣、单瓣两朵大牡丹花为主体,由石竹、茶花等相陪衬的缠枝花卉,整个图案笔触敦厚,线条流畅。花回单位因花势而长达 60 余厘米,显得很有气魄。另一花罗的图案则是以两朵单瓣大牡丹为主体的缠枝装饰纹样。小花坐落枝头,摇曳多姿,叶内有花,叶内有叶,别具风格。

【褐色山茶罗】 南宋丝织品。现藏福建省博物馆。福州黄升墓出土。原为单衣镶花边。实物较宽一道花边为彩绘。先用描金勾边,再填色敷彩。较窄一道为贴金印花,即用金箔黏贴在先印好纹样的织物上形成图案,再加以研光。叶内空隙处敷填灰蓝色。

【烟色梅花罗】　南宋丝织品。福建省博物馆藏。福州黄升墓出土。实物为镶花边单衣。衣料用地四经绞、花二经绞罗,襟里用平纹纱。衣襟花边一条绣花,一条印金。衣式为对襟窄袖,有人认为即文献中所指"旋袄",有人认为这是"褙子"。

【绛色牡丹纹罗】　南宋丝织品。现藏福建省博物馆。福州黄升墓出土,零料。织品属三经绞隐纹花罗。纹样极有特色,在牡丹的花、叶内套织莲花和折枝小花。构思别具匠心。

【猴戏加绣妆花罗】　元初丝织品。现藏无锡市博物馆。实物为花边裙。实物出土于无锡钱裕墓。裙料为绸,裙缘饰花边为加绣妆金罗,纹样为猴戏图。

【折枝牡丹花罗】　元代后期织品。现藏苏州市博物馆。织物地部为二经绞组织,花部为平纹组织,具有地亮花暗的效果。因此,也有人指此为宋代文献上的"暗花纱";明清以来,也被称作亮地纱。生产这种织物的机具,应如南京博物院藏南宋院画《耕织图》(傅楼珣所作)所表现的那样,在花楼机前装以绞综(《梓人遗制》"华机子"条称之为"白踏",《天工开物》称之为"打综")。色调为青绿,雅洁可爱;似用鼠李在含钙盐的明矾浴中染得;也可用靛蓝与槐花或黄檗套染而成。苏州曹氏墓出土。

【云纹罗】　明代丝织品。现藏浙江省博物馆。织物采用平纹组织为地部,二经绞组织为花部。有人称之为实地纱。虽然稀疏轻薄,结构仍相当稳定。织造也较简便。纹样为变化如意云式,作堆积状成四方连续,循环单位虽小而使人感到变化无穷。色紫,可用苏枋木浸汁先染一过,再用青矾媒染而得。浙江缙云县出土。

【纱】　①棉、毛、麻、化学纤维等纺成的细缕,可以拈线织布。②丝织物类名。《汉书·江充传》:"充衣纱縠禅衣。"颜师古注:"纱縠,纺丝而织之也。轻者为纱,绉者为縠。"

【方目纱】　古纺织物名。也称"方空"。

【轻纱】　古代纱织物。宋·陆游《老学庵笔记》卷六:亳州(今安徽亳县、涡阳、蒙城及河南鹿邑、永城等县地)"出轻纱,举之若无,裁以为衣,真若烟雾"。

【松竹梅纹纱】　宋代丝织。实物1975年于福州北郊浮仓山黄升墓出土,现藏福建省博物馆。纹样以松针、竹叶和梅花组成。简洁生动,布局匀称。松竹梅被称为"岁寒三友",是我国传统纹样。

宋代松竹梅纹纱

【矩纹花纱】　南宋丝织品。1975年,江苏金坛茅麓出土。花纱以一绞一纱组织地、平纹为花的大提花织物,地明花暗,属于亮地纱一类。这种纱的组织看来简单,由于织造充分利用了绞纱的特点,采取经纬密度配置(15×21根/厘米),使得织物透明、飘逸,成为一种少见的、稀经密纬的提花纱类品种。织物的图案以三行"工"形纹为基础组成,可能即当时所

南宋矩纹花纱

说的"三法暗花纱"。"三法"两字出自释典。宋代佛教仍兴盛,所以采用这个名称。

【皓纱】　织物名,纱之团花疏朵,轻薄如纸。为明代末蒋昆丘制,当时名重京师。参见清·俞樾《茶香室续钞·皓纱》。

【宫纱】　浙江杭州、绍兴一带特产的丝织物。经用生丝,纬用熟丝,细密轻薄而透明,常为夏服。尤宜糊制宫灯。古时以此贡奉内廷,故称宫纱。

【莨纱】　也叫"香云纱"。丝织物品。盛产于广东。平纹绞纱织物,经过上莨、过乌、水洗等加工而成。上莨是用薯莨的液汁(含有胶质、丹宁酸等)多次涂于熟坯绸上,并晒干,使织物表面黏聚一薄层黄棕色的胶状物质。过乌,即用含有氧化铁的泥土涂布于织物表面,与丹宁酸作用,使胶状物变成黑色,外观上类似涂漆。莨纱色泽的日晒和水洗牢度极佳,防水性能很强,易于发散水分,爽滑柔润,穿着时感到轻快凉爽,耐穿易洗。表面漆状光泽耐磨性较差,揉搓后容易脱落,是其缺点。适于作炎热季节服装用。

【香纱】　生丝织成的薄纱。

【乔其纱】　经纬均以加强捻的丝二左二右排列相间交织成平纹组织的绉类丝织物。经纬密度紧密,炼染后起收缩作用,绸面上起细致均匀的绉纹和明显的沙孔。质地轻薄飘逸、透明,富有弹性。宜做夏季衣料和围巾、头巾等。乔其纱有真丝、人造丝、涤纶长丝和交织等类。有时在其上面外加经丝、纬丝,织出缎花或嵌织金银丝更显得富丽、优雅。

【乔其绉】　见"乔其纱"。

【羽纱】　我国丝织物品种之一。以人造丝为经,棉纱作纬,以斜纹组织织造而成。一般染成单色,多用于衣服的夹里。

绸、缎、绫、绢、绒

【绸】 丝织物的一个大类。指采用基本组织或混用变化组织或无其他类丝织物特征的、质地紧密的丝织物。按原料分有绵绸、双宫绸,采用柞蚕丝的鸭江绸、涤纶绸。习惯上把绸与起缎纹效应的缎联系起来作为丝织物的总称——绸缎;有时也用丝绸作为丝织物的代称。

【孔雀纹绸】 五代丝织品。纹样以花头组成对称的"十字"形,将绸面分成若干方格,在方格中,布以孔雀和流行纹,形成回旋动感,特色鲜明。

五代孔雀纹绸

【牡丹纹烟色暗花绸】 唐代丝织物。1970 年新疆乌鲁木齐南郊盐湖南岸天山古墓发现。绸为二上一下斜纹地,纬线起花,花纹流畅生动,可以看出是牡丹花图案。每平方厘米经线52 根,纬线 52 根。

【缎机宁绸】 古代丝织品名。《蚕桑萃编》卷七:"四川宁绸多用缎机",故名。

【万寿绸】 古代丝织物。安徽合肥所产。乾隆《江南通志》卷八六:万寿绸"出合肥机房,在万寿寺左右,故名"。

【柞绸】 用柞蚕丝织成的丝织物的总称。辽宁是柞蚕的主要产区之一,柞蚕产量占全国总产量的百分之七十以上。在辽宁,形成了以丹东为中心的柞蚕放养区,并且开始有了柞绸工业。丹东的缫丝、丝绸工业已有两三百年历史,建国后品种、质量都有发展与提高,在国际市场上受到欢迎。

【塔夫绸】 英文 taffeta 的译音。含有平纹织物之意。用熟丝织成的绢类织物。分素塔夫、花塔夫、方格塔夫、闪色塔夫和紫云塔夫等多种。花塔夫绸是塔夫绸中的提花织物,地纹用平纹,花纹是八枚缎组织。由于经线密度紧密,使花纹突出光亮,质地坚牢、轻薄挺括、色彩鲜艳、光泽柔和,但不宜折叠重压。纹样一般偏中型、大型,花派流畅、大方。宜做服装、伞面及鸭绒被套等。

【蓓花绸】 用人造与锦纶丝交织的纬二重高花丝织物。人造丝与锦纶丝受热后缩率不同,地纬锦纶丝收缩力大,文纬人造丝收缩率较小,膨化处理后锦纶丝收缩而人造丝隆起,形成高花。

【绵绸】 由绢纺落绵为原料织成的手感柔软、条干均匀、表面有粗节的厚实丝织物。《资治通鉴》一七三陈太建九年注:"绵绸,纺绵为之,今淮人能织绵绸,紧厚,耐久服。"

【叠套云纹绸】 明代丝织品。现藏湖南省博物馆。织品纹样为由线条组成的几何图案,如经变形的叠套或云纹。在明代丝织物中较为少见。织物品种属于暗花绸。

【银锭万字绸】 明代丝织品。现藏苏州市博物馆。织物采用平纹地浮纬花,花纹微有凸起。纹样为万字地纹上散点排列银锭纹。织物平整,纹样清晰。

【深湘地十字花绸】 明代丝织品。现藏福州鼓山。织品为万历年间刊印的《大藏经》封面锦裱。纹样是由小方块组成的几何图案,规整典雅。

【太子绵羊纹绸】 明代丝织品。明清时期,宫廷一年四季随时令改换应景花样。这一纹样即属此类。明代宫廷应景服饰,据《酌中记》记载,重阳节:十一月冬至节,宫眷内臣皆穿阳生补子蟒衣。冬至后阳光直射的位置向北移动,白昼渐长,故谓"冬至阳生"。阳与羊同音,在补子上织绣童子骑羊的纹样,作"阳生"的补子。童子骑在羊背上穿行在花丛之中,童子形象健壮,绵羊矫健有力,结构严谨,疏密有致。

明代太子绵羊纹绸

【"卍"字"田"字纹绸】 明代丝绸。实物为上海松江明代墓葬出土的衣料。纹样以"卍"字"田"字进行巧妙组合,极富装饰效果。

明代"卍"字"田"字纹绸

【缠枝牡丹纹绸】 明代丝绸。以单一的牡丹花、叶组成,但并不单调,花形姿态生动,枝叶穿插自如,布局匀称。

明代缠枝牡丹纹绸

【缠枝牡丹菊花纹绸】 明代丝绸。实物为故宫博物院藏品。牡丹、菊花均采用对称画法,花叶比较写实,设计十分注重点、线、面的对比。纹样重点突出,枝叶配合妥适。

明代缠枝牡丹菊花纹绸

【缠枝莲花纹绸】　明代丝绸。实物为故宫博物院藏品。底纹为"卍"字纹,主体莲花,形象饱满,姿态生动;"卍"字是规整的直线,莲花为曲线组成,直线、曲线形成对比,使纹样具有很强的形式美感。

明代缠枝莲花纹绸

【缠枝菊花纹绸】　明代丝绸。故宫博物院藏品。纹样用单一的菊花为题材,无论是花头、花叶都用十分写实的手法描绘,姿态优美,茎叶穿插生动自如。

明代缠枝菊花纹绸

【如意牡丹纹绸】　明代丝绸。将牡丹变化成如意,以枝干串联并以如意作叶组成四方连续图案,花形饱满穿插生动,块面匀称,疏密有致,具有较强的装饰性。

明代如意牡丹纹绸

【山茶纹绸】　明代丝绸。以山茶花为主体,以枝叶作衬托组成四方连续图案。花头较大,占据较大面积,空余部位填饰枝叶,具有浑厚朴实的艺术特色。

明代山茶纹绸

【多花缠枝纹绸】　明代丝绸。实物为一传世品织金绸。纹样以缠枝牡丹、梅花、菊花、宝相花组成,虽花形各异,但很统一,穿插自然。各种花

明代多花缠枝纹绸

的花头硕大丰满。

【缎】　利用缎纹组织的各种花、素丝织物。缎纹组织中经、纬只有一种以浮长形式布满表面,并遮盖另一种均匀分布的单独组织点。因而织物表面平滑、有光泽。经浮长布满表面的称经缎;纬浮长布满表面的称纬缎;明·宋应星《天工开物·乃服》:"凡倭缎……经面织过数寸,即刮成黑色。"本作"段"字,《元典章》工部有"段匹"条,段,即今"缎"。

【鸳鸯缎】　《蚕桑萃编》卷七:"鸳鸯缎,一面系线绉,一面系锦经,表面两色。"

【金丝缎】　《蚕桑萃编》卷七:"金,系两层分面,金底金花。"

【云龙八吉祥缎】　元初丝织品。无锡钱裕墓出土。现藏无锡市博物馆。织品采用正反五枚缎组织,经缎为地,纬缎为花。经细纬粗,经密纬疏,表现出较佳的缎纹效果。织造前需先经精练染色,织具需使用配以升、降两种片综的花楼机。纹样主体为云龙。错落有致地点缀以海螺、双鱼、盘长、宝伞、法轮等仙道宝物以喻吉祥。可视作早期暗花缎中的杰作。

【寿字云纹缎】　元代丝织品。实物为外衣的片断,发现于尼罗河上游阿休特(Asyat)附近的阿尔·阿斯南(Al—Asnan),现藏伦敦·维多利亚与亚伯特美术馆。圆形的"寿"字四周布以云纹,形成一个单元,并以此排列,各单元间以长条状的云纹相连

元代寿字云纹缎

接,大的块面——圆花与长条状云纹的细线形成对比,具有很强的装饰性。

【青地彩云寿字金龙妆花缎】 明代丝织品。现藏福州鼓山。织品在青色经缎地上挖花。龙鳞、寿字用圆金线挖织,彩云以及杂宝用彩色绒纬挖织,并用金线勾边。

【佛相缎】 明代丝织品。现藏湖南省博物馆。织品采用纬二重组织,经缎地浮纬花,纬线分地纬和纹纬两种。经、纬丝精炼染色后用小花楼机织造。纹样为两方连续图案。立佛、坐佛相间排列,立佛双手合十作低首聆听状,坐佛端坐说法。上方有宝瓶、法螺等吉祥物,大小不等之圆点或为坠落之天花。

【太极云纹缎】 明代丝织品。织品为万历年间刊印的《大藏经》装裱材料。太极纹的两个部分代表阴阳两仪,合成一圆意为"天地万物归一"。太极是中国儒、道两家常用的概念,其象征图像被视作吉祥纹而用于染织品。

【灯笼纹织金缎】 明代织物。北京定陵出土。明、清时期,宫廷一年四季随时令改换应景花样。这一纹样即属此类。明代宫廷应景服饰,据《酌中记》记载,正月十五日元宵节(亦称上元节):宫眷内臣即穿灯笼景补子蟒衣。以正方形和圆形略有重叠组成纹样骨架,在这两个几何形内填饰灯笼,以外部分饰以仙鹤,纹样精致,具有很强的装饰性。

明代灯笼纹织金缎

【灵芝万寿升降龙纹缎】 为明代宫廷应景服饰,据《酌中记》记载,万寿圣节:皇帝生日称为"万寿圣节",穿万万寿、洪福齐天(用彩云、红日、红蝙蝠象征)的衣服。以棋格为骨架,填饰升降龙、灵芝、"卍"字、"寿"字,纹样精巧,细腻。

明代灵芝万寿升降龙纹缎

【喜字并蒂莲纹缎】 明代妆花缎。实物于北京定陵出土。明、清时期,宫廷一年四季随时令改换应景花样。这一纹样即属此类。明代宫廷应景服饰,据《酌中记》记载,喜庆:遇诞生、婚礼、尊上徽号、册封大典、国喜,穿金喜字衣服。喜字并蒂莲纹,花形饱满,枝叶穿插生动,工整的喜字布饰其间,增添不少情趣。

明代喜字并蒂莲纹缎

【落花流水游鱼纹缎】 明代丝织品。

明代落花流水游鱼纹缎

落花流水是明代织锦纹样的重要格式。落花流水游鱼纹,以水波纹为底,上面布以折枝花和鲤鱼。水波疏朗,花卉优美,鲤鱼生动。全幅形成线与面的对比,具有很强的形式美感。

【百花献寿纹缎】 明代丝织品。实物为明刊《大藏经》经面。花瓣、花心以工整的六角形组成,其叶为写实型,布以全幅,其空余部位配以"寿"字。无论是花还是"寿"字都为对称格局,纹样构思奇巧,富有装饰性。

明代百花献寿纹缎

【落花流水纹缎】 实物为成都明墓出土,现藏四川省博物馆。落花流水的意境很美,诗人常吟出"落花流水红"、"落花流水杳然去"的诗句。丝绸纹样也作为创作设计的题材。这一落花流水纹样以线条组成波纹作地,上面飘浮着几朵桃花,形成线与面的对比,具有乱中见整的艺术效果。

明代落花流水纹缎

【蜜蜂缠枝花缎】 明代丝织品。现藏湖南省博物馆。织品采用正反缎组织。经丝极细,Z向微拈,纬丝粗,无拈,在织品中成扁平态。

由于经丝过细,密度不够大,对纬线单独组织点遮盖不充分,地部的缎纹效应稍差。图案作蜜蜂飞舞于花丛中。花作缠枝,有六种。风格浑厚粗放,蜂、花、枝、叶写实传神。

【绿地缠枝莲妆花缎】 明代丝织品。现藏浙江省图书馆。织品用作明《大藏经》装裱材料,以五枚经缎为地,银红、浅绿、白、黄、宝蓝、墨绿诸色彩纬显花,浮纬的固接用变化纬斜组织。纹样为线条有力的缠枝金钟莲。

【墨绿地宝相花妆花缎】 明代丝织品。现藏浙江省图书馆。织品为明《大藏经》封面装裱材料。五枚经缎地,彩纬花,彩纬的固接用经丝一根隔一根的纬斜组织。经丝较细较稀,地部的遮盖较差。纹样为缠枝宝相花和牡丹花,风格粗放有力。

【五谷丰登妆花缎】 明代丝织品。现藏北京故宫博物院。织品以经面缎纹为地组织,彩纬挖花,金线勾边。纹样有灯笼、蜜蜂、谷穗,谐"五谷丰(蜂)登(灯)"。这种主题较早见于宋代蜀锦,名叫"灯笼锦"、"庆丰年"或"天下乐"。

【小团凤缎】 明代丝织品。现藏湖南省博物馆。织品采用明代常见的正反缎组织。经、纬丝预经练染,色调相同。因地部、花部的组织不同而形成暗花。虽为单层织物,但由于经、纬紧度较大,织物颇厚实。用带片综的花楼机织造,因纹样循环较小而花本亦小。纹样由展翅飞翔的小团凤构成,一正一反相错排列。这种排列方法,在云锦行业称作"整剖光"。团凤用笔简练,由凤的翅、尾羽构成团花的形式。这种织物,是明代妇女常用的衫裙面料。

【如意云八宝缎】 明代丝织品。现

藏苏州市博物馆。织品用作明《大藏经》装裱材料。明《大藏经》刊印于永乐至万历年间,其中有宋元旧料,也有当时新织的。织品长 40、宽 13 厘米。属于二色花缎。

【四合如意云纹缎】 明代万历年间丝织品。福建省太宁县出土。现藏福州省博物馆。采用正反五枚缎组织。纹样循环为长 13、宽 10 厘米。经丝密度 105 根/厘米,纬丝密度 44 根/厘米。同墓出土此种织品多块,其中一块作棉袍袖面料。

【大红地云龙妆花缎】 清代丝织品。现藏承德避暑山庄博物馆。实物为戏装蟒袍局部。龙身用圆金线挖织,彩云用多种色纬挖织,片金通梭勾边,地组织为八枚经缎。龙五爪,《野获编》称四爪为蟒,但戏装不在此例。云纹形态多变。

【老龙头妆花缎】 明代丝织品。现藏福州鼓山。织品为万历年间刊印的《大藏经》封面的装裱材料,用的是内库旧藏零料。青色经缎地,片金线通梭织作龙头龙身,鼻、目、鬃须处用彩纬挖织。

【八吉祥寿字织金缎】 清代丝织品。现藏承德避暑山庄博物馆。织品以八枚经缎为地,通梭织入彩纬显花。团寿用圆金线织出,鲤鱼、宝伞、莲花、盘长、法轮、海螺、宝瓶、天盖八种吉祥物用彩纬织出。彩纬分区换色,每区彩纬不超过三种。织物上保留了"万隆安本机真库圆金"织款。

【松梅竹缎带】 清代丝织品。现藏承德避暑山庄博物馆。缎带采用纬二重组织,以经面缎纹为地,纬浮显花,经丝为青紫色;纬丝分金黄、银白两色。纹样以常见的"岁寒三友"为主题,松、梅、竹作写生折枝式。松、竹枝干上耸和梅枝下俯交错排列。两方连续的纹样以松、梅、竹各一成一循环。相邻循环中的枝叶花朵色

彩黄白互换,因而考虑色彩的话循环要大一倍。织造一般用专门的栏杆机(织带机);也可用普通提花机,牵经时牵入缎带边组织所需的异色经丝,同时织成数条缎带剪开使用。清代衣饰流行多重镶滚,因此缎带一类织品生产特别多。

【折枝花卉蝴蝶妆花缎】 清代丝织品。现藏北京故宫博物院。织品采用八枚经缎为地组织,彩色绒纬挖花织入。纹样为清地图案,循环未满,图示部分以芙蓉山石及大小蝴蝶为主体,四周饰以小折枝花。芙蓉花作红、白、大、小四种;蝴蝶用十余种颜色,刻画入微;山石则玲珑剔透。以大面积平滑无疵的黑色缎面为背景,虽然使用了大红、宝蓝等多种鲜艳色彩,画面仍然显得闹中有静。纹样勾边所用圆金线极细,宜于作蝴蝶须触等细部。这是妆花缎中较为少见的精巧之作。

【缠枝莲妆花绒缎】 清代丝织品。现藏北京故宫博物院。织品以割绒为纹样背景,彩纬显花,金线勾边。经丝分绒经(金黄)、地经(黄)和接结经(红)三种;纬线为地纬(黄)、圆金线和彩绒三种,其中彩绒又有豆绿、墨绿、大红、粉红四色。地纬和圆金线通梭织入,彩绒则用小纡管挖织,所有浮纬俱用专门的接结经加以固结。兼起绒和妆花,就织造原理而言,可称是古代手工机织中最为复杂困难的。文献中虽有记载,南京老年手工机匠也偶有还能忆及,但实物仅见此一种。纹样为独幅大型缠枝莲。莲瓣作勾云状,故宫中俗称"大勾莲";花芯中有金线织就的莲蓬,因而也叫"金钟莲"。画面中横列两种两方连续的带状纹。一作勾连万字,一正一反;一作夔龙饕餮,俗称"拐子龙"。康熙时工艺品多仿古,这种"拐子龙"即源于商周钟鼎。实物为面积较大的残片,原应为一炕褥。

【蓝地富贵妆花缎】 清代丝织品。现藏承德避暑山庄博物馆。八枚金经缎地,多色彩纬显花。未用金银线。花纹轮廓用白色勾边,可以缓和花纹色彩的对比,云锦行业中称之为"大白相间"。

【敷彩团花漳缎】 清光绪年间丝织品。现藏北京故宫博物院。这是漳缎中罕见的品种。地组织采用六枚非正则经缎,割绒显花,绒根采用三纬固结法。绒经为白色熟丝,地经为宝蓝色丝。织就下机时成蓝地白花,再用笔在纹样上一一敷彩。这样就解决了绒花色彩太多,用染色绒经织造变换不易的困难。团花由牡丹、灵芝、卍字、蝙蝠、寿桃等构成,组合后寓"富贵如意,万福万寿"之意。敷彩用色明快和谐,不落俗套。如牡丹用雪青,寿桃用蓝用绿,其意不在写实而求装饰效果。织品是专门设计用作坎肩的织成料。料幅宽 60.5、长 130 厘米,称"件"而不称"匹"。团花直径为 19 厘米,全料共八团。织品的近轴头处,有"福寿千秋图"五字织款。

【团花纹缎】 清代漳缎。以团花为一个单元,连续成织花图案。团花以"牡丹"、"如意"、"卍"字、"蝙蝠"、"桃"组成。牡丹表示富贵,加上"如意"就成了"富贵如意","卍"字谐音"万",蝙蝠的蝠谐音"福",双桃取其"寿",这些组织在一起变成"万福万寿"。这种吉祥图案在清代染织装饰中颇为常见。

清代团花纹缎

【缠枝牡丹纹缎】 清代丝织品。将牡丹的枝叶、花头,经过装饰变化,布满全局,整体效果姿态生动,疏密有致,具有很强的装饰意趣。

清代缠枝牡丹纹缎

【蝴蝶牡丹纹缎】 清代丝绸品。以写实手法,描绘蝴蝶飞舞在牡丹之间,花形饱满,蝴蝶生动,整个纹样构图自然生动,极具装饰效果。

清代蝴蝶牡丹纹缎

【麒麟纹缎】 明代丝织品。民间认为麒麟是一种瑞兽,有"麒麟送子"之说。整个纹样以线条表现,麒麟迈步向前,抬头回望,神态生动,四周的云纹起衬托作用。

明代麒麟纹缎

【万字百蝠漳缎】 清雍正年间丝织品。现藏北京故宫博物院。织品为一炕褥,红色经缎为地,绿色割绒为万字地纹,黄青浮纬显蝙蝠及寿桃纹。机头布边以黄色纬浮作背景,绿色割绒作勾连万字缘饰。

【古香缎】 是由织锦缎派生的品种之一。是真丝经与有光人丝纬交织的熟织提花织物。题材为风景、亭、

杭州生产的古香缎

台、楼、阁等,色彩淳朴、古色古香,故名。它是一组经与三组纬交织的纬三重纹织物,甲乙二纬与经织成八枚经面缎地。是我国丝绸中具有代表性的品种。

【织锦缎】 我国传统的丝织品种之一。织锦缎是十九世纪末在我国江南织锦基础上发展而成的。它是以缎纹为地,以三种以上的彩色丝为纬,即一组经与三组纬交织的纬三重纹织物。八枚经面缎纹用提花机织造。现代织锦缎按原料可分为:真丝织锦缎、人丝织锦缎、交织织锦缎和金银织锦缎等九种。花纹精致,色彩绚丽,质地紧密厚实,表面平整光泽,是我国丝绸中具有代表性的品种。

【花软缎】 我国传统的丝织品种之一。是真丝经与有光人丝纬交织的提花织物。织后经炼染,由于蚕丝与人造丝对染料的亲和力不同,花与地呈现两种不同的色彩。它是一组经和两组纬交织的纬二重纹织物,八枚经面缎纹。质地轻薄,手感柔软,经面光亮。

【软缎】 以生丝为经、人造丝为纬的缎类丝织物。由于真丝与人造丝的吸色性能不同,匹染后经纬异色,在经密不太大时具有闪色效果。软缎有花素之分。素软缎采用八枚纹组织。花软缎在单层八枚缎地组织上显纬花和平纹暗花。在每两梭纬线

之中,一梭在绸缎正面起纬花,一梭在纬花下衬平纹。

【金玉缎】 我国丝织品种之一。是真丝经与人丝纬交织,或经纬都是人造丝的纬二重纹织物,八枚经面缎纹地。织物特点与织锦相似,主要区别是:织锦缎是三色以上的彩色花纹;金玉缎则是单色或二色。绸身细洁,绸面平整,光彩悦目、华丽大方。纹样大多是变形的花花草草,也可以是动物或由几何形组成。通常用一色纬花,可加少许平纹暗花;线条粗细相同,富有变化。

【真丝缎】 经纬均用桑蚕丝织造,系八枚缎纹组织。因采用全真丝,故质地较一般织物轻薄,绸身柔软,平挺光滑。印花后光泽鲜艳,具有优良的色光。是春、夏、秋季适销品种。

【羽缎】 也称"羽绸",织物名。以小号(细支)棉纱作经纬织成的缎纹组织物。织成后再经染色、电光,表面富有光泽,作伞布和鞋口条用。古代羽缎为鸟羽所织。

【金雕缎】 以人造丝和尼龙丝为原料的重经高花丝织物。表面具有凹凸花纹,花纹饱满,富有弹性。为使织物具有浮雕效果,纹经采用两根有色加拈人造丝、地经采用两根有色加拈尼龙丝,纬线采用两根有色无拈人造丝织造。

【绫】 中国传统丝织物的一类。最早的绫表面呈现叠山形斜路,"望之如冰凌之理"而故名。绫有花素之分。《正字通:系部》:"织素为文者曰绮,光如镜面有花卉状者曰绫。"绫采用斜纹组织或变化斜纹组织。传统花绫一般是斜纹组织为地,上面起单层的暗光织物。绫质地轻薄、柔软,主要用于书画装裱,也用于服装。绫在汉代以前就有了,汉代的散花绫用多综多蹑机织造,三国时马钧对绫机加以改革,能织禽兽人物较复杂的

纹样,唐代绫得到了很大发展,白居易《杭州春望》诗:"红袖织绫夸柿蒂,青旗酤酒趁梨花。"唐代的官员们都用绫作官服。在繁多的品种中,浙江的缭绫最为有名,宋代在唐的基础上又增加了狗蹄、柿蒂、杂花盘雕和涛水波等名目。并开始将绫用于装裱书画,元、明、清时期产量渐减。

【八梭绫】 古代织绫名。《云仙杂记》引《摭拾精华》:"邺中老母村人织绫,必三交五结,号八梭绫,匹直米陆筐。"

【团绫】 丝织品名。《周书·武帝纪》下建德六年:"戊寅初,令民庶已上,唯听衣绸、绵绸、丝布、团绫、纱、绢、绡、葛、布等九种,余悉停断。"《资治通鉴》一七三陈太建九年注:"团绫,土绫也,亦谓之花绢。"

【两窠绸绫】 古代丝织物名。两窠指绫的幅面织有两个大团花图案。在唐代,以定州(今河北满城以南,安国、饶阳以西,井陉藁城、束鹿以北地区)产的两窠绸绫闻名于世。

【锦绫】 浙江湖州市双林绫绢厂根据国内外市场需要,经过多次精心试织成功的锦绫,是一种新的书画装裱材料。它取锦、绫之长,把二者的优点合为一体,别具一格。锦绫的图案大多为麒麟、龙、凤、缠枝花、菊花等,花型隆起,有立体感,色彩有浅金黄、古黄、米色、豆红、豆灰等,具有浓厚的民族风格和装饰趣味。由于它吸取锦和绫的长处,因此缩水率与宣纸相适应,用来装裱书画,能使画面不打皱,不起翘,十分平整。

【裱画绫】 用作装裱中国画、书籍以及高级礼品盒等的绫类丝织物。用桑蚕丝织制,在斜纹地组织上采用异向斜纹组织起花。花型细腻,风格古朴素雅,质地轻薄。

【独窠文绫四尺幅】 古代丝织物名。唐代代宗(763～779)时,有些丝织品被禁止织造,其中提到一种"独窠文绫四尺幅"的丝织物。照词意解释,这是一种直径长四尺的大团花。一个团花,就布满丝织物的整个画面,故名独窠文绫四尺幅。在日本正仓院,保存有一幅唐代"狮子舞锦",一只狮子在宝相花枝藤中曼舞,每朵宝相花上面,都站着载歌载舞的人物,有的打长鼓,有的弹琵琶,有的吹笙笛。花纹的单位,足有三四尺长,整幅画面充满一片欢腾热闹的景象,气势宏伟。这可能就是独窠文绫四尺幅的织物。

【联珠龙纹绫】 唐代丝织品。在圆环中心部有一根花柱,并以此为对称轴,两边饰以昂首前行的龙纹。圆环上和圆环外分别饰两圈联珠。圆环外面空间为四面对称放射状的花叶纹。纹样优美生动,气势宏大。

唐代联珠龙纹绫

【葡萄唐草纹绫】 唐代丝织品。实物藏日本正仓院。纹样以缠枝葡萄为主体,其空余部位饰以对称型装饰纹样,丰富多样,具唐代织物风采。

唐代葡萄唐草纹绫

【吴绫】 古代丝织品。江苏吴江名产。乾隆《吴江县志》卷五："吴绫见称往昔,在唐充贡。今郡属惟吴江有之,邑西南境多业此,……其纹之擅名于古,而至今相沿者,方纹及龙凤纹,至所称天马辟邪之纹,今未见之。其创于后代者,奇巧日增,不可殚记。"

【棕色异向绫】 宋代丝织品。1975年宁夏银川贺兰山西夏陵区出土。用生蚕丝织造。经密52～56根/厘米,纬密40～42根/厘米。经丝宽度0.50毫米,纬丝宽度0.53～0.59毫米。组织结构如图。地纹作三上一下的变化斜纹组织,摆脱了一般绫织物单向左斜或右斜的规律,而把左斜和右斜对称地结合起来,巧妙地织成隐约的"S"形斜纹。花部纬向采用一上三下"Z"形斜纹组织,由于纬线比经线略粗,因而斜纹的纹路比较清晰。这种异向绫在其他地区出土的绫织物中是少见的品种之一。异向绫用双把吊提花束综织制,纬向四枚纹由素综提升。由于经向和纬向的浮长基本一致,经纬丝直径差异较少,经纬丝的色泽比较接近,因此织物表面纬向显花若隐若现,别具一种朴素的风格。

宋代棕色异向绫组织结构示意图

【"工"字纹绫】 宋代丝织品。1975年宁夏银川贺兰山西夏陵区出土。这种绫在斜纹地组织上起空心工字形的几何图案花纹。经线密度44～46根/厘米,纬线密度25～27根/厘米。经丝宽度0.71毫米,纬丝宽度1.0～1.07毫米,纬丝显花部分的宽度为1.57～2.00毫米。花纹是以空心线条组成的工字形图案,工字套叠合榫,线条粗细均匀,富有民族风格。

下图是它的纹样示意。花纹循环较小,采用小提花束综装置就可织造。工字纹绫的组织结构。它以细经粗纬为结构特点。地部采用二上一下经面斜纹组织,纬浮起花长达七根以上,纬纹隆起,凹凸效果分明,颇如现代的纬显高花织物。这是在传统的唐绫织法基础上发展起来的一种新颖别致的纬线显花法。在工字绫表面还残留敷彩或印金粉的痕迹,这在花纹上还曾印制金粉图案,为此色彩更斑斓绚丽。

宋代"工"字纹绫

【穿枝大理花纹绫】 宋代丝织品。实物为北宋元祐元年制帖绫。现藏故宫博物院。花形写实,姿态优美,枝叶穿插生动。

宋代穿枝大理花纹绫

【穿枝牡丹纹绫】 宋代丝织品。实物为北宋元祐元年制帖绫,现藏故宫博物院。纹样写实,枝叶穿插自然生动。

宋代穿枝牡丹纹绫

【穿枝纹绫】 实物为北宋元祐元年制帖绫。现藏故宫博物院。纹样以写实形象组成。花形简洁,疏密有致,优美生动。

宋代穿枝纹绫

宋代穿枝牡丹荔枝童子纹绫

【穿枝牡丹荔枝童子纹绫】 实物为北宋元祐元年制帖绫,1973年湖南衡阳何家西渡区皂北宋墓出土,现藏湖南省博物馆。纹样以写实手法将牡丹、荔枝相连于一枝,其余部分饰童子,运用点线面形成对比,生动有趣,华美动人。牡丹象征富贵,荔枝谐音"立子",童子手攀蔓藤象征攀腾向上,寓意"富贵立子攀登"。

【穿枝装饰纹绫】 实物为北宋元祐元年制帖绫。现藏故宫博物院。纹样以图案化的大理花为主体,结构严谨,富有装饰意趣。

宋代穿枝装饰纹绫

【梅花彩球纹绫】 1975年福州北郊浮仓山宋黄升墓出土。梅花枝梗连接流畅的曲线,绣球装饰其间,以器物与花卉在一起形成四方连续,这在宋绫中不多见。纹样题材新颖别致,处理方法较独特。

宋代梅花彩球纹绫

【牡丹纹绫】 实物于1975年福州北郊浮仓山南宋黄升墓出土,现藏福建省博物馆。纹样饱满庄重,花枝叶分布匀称。

宋代牡丹纹绫

【穿枝山茶纹绫】 宋代丝织品。有人称"穿枝蔓草纹"。实物为北宋元祐元年制帖绫。现藏故宫博物院。纹样简练概括,穿插自然。

宋代穿枝山茶纹绫

【缠枝芙蓉花绫】 元代后期丝织品。苏州市博物馆藏。异单位同向绫。地部为二上一下左斜纹(经斜),花部为一上五下左斜纹(纬斜)。这类织物,在元代用辅之以片综的花楼机生产。由于经线很细,织物紧密,比之于唐代的同向绫,这块织物更适宜表现写生风格的图案。经纬纱线虽然采用了相同的香色(棕褐色),依靠花地组织对光线反射的差异仍然形成轮廓清晰的暗花。苏州南郊曹氏墓出土。

【盘绦团凤纹绫】 实物为明刊《大藏经》封面裱绫。纹样以盘绦、团凤作为题材,这种"几何嵌花"的形式在历代染织纹样中颇为常见,几何纹规整,团凤在圆的范围中活动自如,这样就形成互补和对比,给人以静中有动之感。

明代盘绦团凤纹绫

【勾连万字纹绫】 明代丝织品。现藏福建省博物馆。织品地部采用斜纹组织,浮纬显花。经、纬丝分别染色后织造。图案为平面几何纹,全由刚劲有力的线条组成,颇具形式美;由折线相连的万字终幅不断,又含吉祥的寓意。万字斜置,使画面具有动感。由于地部紧实而花部松弛,经、纬丝滑移而使纹样略呈凸起。

【如意云纹绫】 明代丝织品。现藏湖南博物馆。地部采用三上一下经斜纹,花部采用一上七下纬斜纹。织物紧密厚实,花纹凸起。图案为缠绵不断的四合如意云纹。可用生织匹练匹染的方法来生产,染色后的织物须加以整理使整体平服。

【杂宝织金绫】 明代丝织品。现藏浙江图书馆善本楼。织品为明刊《大藏经》封面裱绫。在暗花地上用片金浮纬显主花。主花为由单犀角、如意头、珊瑚枝、火珠、古钱等杂宝组成的小团花。

【长春花绫】 宋代丝织品。现藏湖南博物馆。以三上一下右斜纹为地组织,一上三下左斜纹为花组织。生织匹染,依组织不同而显暗花。花纹为满地缠枝纹。

【满地万字绫】 元代后期丝织品。现藏苏州市博物馆。实物为一件袄子面料,出土于苏州张士诚母曹氏墓。图案为凸起的万字纹。

【卷草纹绫】 明代丝织品。现藏福州鼓山。织品为万历年间刊印的《大藏经》封面裱装材料。

【绢】 古代丝织品名。《急就篇》卷二颜师古注:"绢,生白缯,似缣而疏者也。"以生丝为经纬,采用平纹或平纹变化组织的丝织物,质地挺爽,供书画、裱糊扇面、扎制灯彩之用。中国古代常用绢抄写诗词、书写经文,记载文献等。在汉以前,绢专指麦黄色的丝织物,《说文》:"绢缯如麦稍。"绢,现代用桑蚕丝与人造丝或化纤长丝交织,仿制。

【季绢】 古代轻细疏薄的绢。

【回纹丝织物残痕】 1937年(瑞典)西尔凡发现马尔米博物馆和远东博物馆珍藏的我国殷代青铜器觯和钺上,有很多与铜黏附在一起的丝织品残片,经分析和研究,确认这些残片中,存在着平纹地上显菱形花纹的丝织品,这是我国最早发现的绮,一个菱形花纹的纬纱循环为30根。上述丝织物也有些学者称其为绢。

左:钺上回纹图案
右:钺上回纹结构图

【云纹花绢】 汉代丝织物。纹样流畅舒展,连绵不断。

汉代云纹花绢

【涡云纹绢】 东汉丝织品。实物为彩色涂料印花绢,于甘肃武威磨嘴子出土。采用三套色型版印花,并用阴阳合模的轧纹进行工艺加工。纹样的线条流畅飘逸,富有涡旋动感。

汉代涡云纹绢

【鹅溪绢】 古代的一种绢,简称"鹅溪"。因产于四川省三台县的鹅溪而得名。古人常用这一丝织物作画。苏轼《文与可画筼筜谷偃竹记》:"书尾复写一诗,其略曰:'拟将一段鹅溪绢,扫取寒梢万尺长。'"宋·黄庭坚《题郑防画夹》诗:"欲写李成骤雨,惜无六幅鹅溪。"

【纨素】 精致洁白的细绢。班婕妤《怨歌行》:"新裂齐纨素,皎洁如霜雪。"泛指丝织品。陆贽《书中奏议·均节赋税恤百姓第一条》:"绮丽之饰,纨素之饶,非从地生,非自天降。"

【缣素】 供书画用的白色细绢。

【院绢】 书画所用的一种绢。唐绢丝粗而厚,宋之院绢,则匀净厚密。元绢类宋绢。明内府绢与宋绢同。参阅明·曹昭《格古要论·古画绢素》。

【自成绢】 古代利用将要吐丝的蚕,放在光滑的平板上,让它往来吐丝,形成一缕缕、一层层杂乱交错的丝絮片。《西吴蚕略》:"蚕老,不登蔟,置平案(台)上,即不成茧,吐丝满案,光明如砥。""吴人效其法,以制团扇,胜于纨素。"就是说的自成绢的制作方法。

【妆花绢】 见"妆花"。

【独梭绢】 绘画所用的较为稀薄的绢。宋代以南京为生产中心发展起来。

【绛地宝相花印花绢裙】 唐代丝织品。1972年新疆吐鲁番阿斯塔那出土。此件为裙的残存部分。

唐代绛地宝相花印花绢裙

【方格如意纹绢】 实物为明刊《大藏经》封面。以如意纹组成的狭条状纵横交叉构成方格,方格中布以用如意头组成的方形纹样,并作为全幅的主体。整个纹样用线组成,线的粗细长短形成很强的节奏感。"如意"表达人们祈求万事如意的心愿,故这一类纹样受到普遍的欢迎。

明代方格如意纹绢

【绒】 表面起绒毛或绒圈的织物。

【双面绒】 双面起绒的织物。出现于明代。

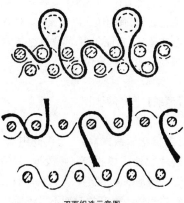

双面织造示意图
上:割绒前 下:割绒后

【雕花天鹅绒】 南京丝织名品。相传数百年前由福建省漳州传来,明清两代最为鼎盛。如今的孝陵卫,就是当年以生产雕花天鹅绒著名的丝绒大街,雕花天鹅绒是在蚕丝组成的绒经上,用特制的刀子破出丝绒,雕成各种各样花卉图案。全部工序都用手工操作,一天只能雕70厘米左右。雕花天鹅绒色泽沉净,图案典雅,能给人以隽美的享受。它可以制成高级沙发套、幕帏、衣料、拖鞋和手提包等实用工艺品;也可以雕名人书画,制成挂屏和条幅,供人欣赏。

【卫绒】 古代织物名。陈作霖《金陵物产风土志》卷一五:南京东郊孝陵卫,生产一种剪绒,因织者多是孝陵卫人,故名"卫绒"。见"雕花天鹅绒"。

【漳绒】 我国传统的丝织品之一。产于福建漳州,故名。有花素两类。素漳绒表面全部为绒圈,而花漳绒则是将部分绒圈按花纹割断成绒毛,使之与未割的绒圈相间构成花纹。使用桑蚕丝作原料也可用桑蚕丝作经,棉纱作纬交织的地组织上,以桑蚕丝或人造丝起绒圈。织造时每织四根绒线后织入一根起绒杆(细铁丝),织到一定长度时(约20厘米),即在机上用割刀沿铁丝剖割,铁丝脱离织物,则成毛绒。此毛绒根据纹样的设计,就能使纹样清晰地显示在缎面上,并有光泽。构成织物的纹样有两种形式,一种是绒花缎地,即漳缎;一种是绒地缎花,称为漳绒。有单色和双色之分,有的还嵌以金银线。质地厚实坚牢,富丽华贵,可做秋冬衣料或高级沙发套、窗帘等。

【漳缎】 见"漳绒"。

【宝相花漳缎方袱】 明代丝织品。现藏福建省博物馆。经缎地、割绒花。缎地平滑,绒毛密集,纹样质朴,风格粗放。生产的时期不早于明代末期。

【多福莲花彩花绒】 清代织物。现藏承德行宫。织品以金黄色割绒为地,多种彩纬显花。纹样中心为一大勾莲,四周围绕着金钟莲和蝙蝠纹。因用作炕褥,局部地区的绒毛已磨损脱落。

【天鹅绒】 绒类织物的一种。它的经、纬丝都是经过精练或染色的,故它是一种熟织物。织物表面原为经线形成的毛圈,后根据图案纹样将部分毛圈割断成毛绒,这样毛绒与毛圈相间形成图案。这种织物色彩富丽,手感好,耐磨。适合于服装和室内装饰等用。

【丝绒】 割绒丝织品的统称。表面有绒毛,大都由专门的经丝被割断后所构成。由于绒毛平行整齐,故呈现丝绒所特有的光泽。如立绒、乔其绒等。多作服装及装饰用。

【烂花乔其绒】 交织印花绸品种之一。平纹组织。经线分主副二经,主经与纬线均用生丝拈合线,浮在纱面的副经一般采用无光人造丝或有光人造丝。经烂花工艺处理后,绒面呈现各种纹样,露出乔其纱地。绸身轻薄柔软、纱地透明。宜作服装、头巾、窗帘等。

【乔其绒】 真丝与人丝交织,起毛组织,质地柔软,正面绒毛紧密,是顺向倾斜。纹样比较粗犷。印花后光彩炫耀、庄丽华贵。可做服装、围巾、窗帘、靠垫及帷幕等。

【灯芯绒】 割纬起绒,表面形成纵向绒条的织物,因绒条像旧时用的灯草芯,故名。质地厚实,保暖性好,适宜做秋冬外衣、鞋帽面料,也可用作幕布、窗帘、沙发面料等。印花灯芯绒一般先印花后割绒,故图案设计必须考虑其割绒后的效果,纹样不宜纤细。

布

【布】 麻、葛和棉织物的通称。

【葛布】 我国新石器时代使用葛这种植物的纤维作纺织原料。据《韩非子·五蠹》记载的传说，尧的服装是"冬日麑裘,夏日葛衣"。1972 年江苏吴县草鞋山出土的三块织物残片就是用葛纤维织造的。质地比较厚实并有明显横菱纹的丝织物。采用平纹、经重平或急斜纹组织织造。为了达到起横菱纹的外观效应,经丝细而纬丝粗,经丝密度高而纬丝密度低。经丝原料多采用人造丝,纬丝采用棉纱或混纺纱;也有经纬均采用桑蚕丝或人造丝的。葛有不起花的素织葛和提花葛两类。多作春秋服装或冬季棉袄面料。

【绉絺】 葛之精细者,可做夏衣。《诗·鄘风·君子偕老》:"蒙彼绉絺。"毛传:"絺之靡者为绉。"郑玄笺:"绉絺,絺之蹙蹙者也。"陈奂传疏:"靡,古糜字。絺于绤较细,而绉尤絺之极细者也。……案《诗》之绉絺,是当暑之里衣。"参见"絺"。

【青绚细绚】 古代的一种用丝麻织成的绚,密针细缝,缀珠玉为饰。

【纻】 苎麻织成的粗布。《礼记·丧服大记》:"絺、绤、纻不入。"孔颖达疏:"纻是纻布。"

【宾布】 秦汉时湖南、四川一带少数民族作为赋税交纳的布匹。《后汉书·南蛮传》:"秦昭王使白起伐楚,略取蛮夷,始置黔中郡。汉兴改为武陵,岁令大人输布一匹,小口二丈,是谓宾布。"

【龟甲四瓣花纹毛织品】 东汉时织物。新疆民丰出土。纹样的构成,以龟甲为骨格,在中间填以大四瓣花纹,四角衬以小花。

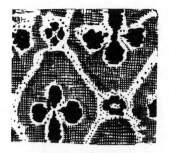
东汉龟甲四瓣花纹毛织品

【蜀布】 麻织物。西汉时期蜀地(现四川)名产,故名。

【稯】 通"缪"。很粗的麻葛布。《说文》:"布之八十缕为稯。"

【七稯布】 汉代织物(汉代的布,主要以麻、葛织成)。文献记载有七稯布。《史记·景帝纪》:"后元二年(公元前 161 年)令徒隶衣七稯布。"汉制每稯(宗)含八十根纱。七、八稯布较粗疏,九、十稯布较细密。用八十缕、九十缕来计算布的粗密与现在所称的二十支、四十支纱名目意义相同。汉代的布和帛,有一定规格质量,通常用缕为布的粗细计算方法,布八十缕为稯。布帛的幅宽和长度,《汉书·食货志》:"太公为立九府圜法,布帛广二尺二寸为幅,四丈为匹。"《说文》也解释:"匹,四丈也。"居延木简上称布为匹,敦煌所出任城亢父缣题字,幅广二尺二寸,长四丈,与《汉书》记载相符合。参见"稯"。

【八稯布】 汉代织物(汉代的布,主要以麻、葛织成)。出土汉简上发现有八稯布。《居延汉简释文》卷二,二页有简文:"广汉八稯布十九匹八寸大半寸,直四千三百廿"。参见"稯"。

【九稯布】 汉代织物(汉代的布,主要以麻、葛织成)。出土汉简上发现有九稯布。《居延汉简释文》卷一,有简文:"九稯布三匹,直三百。"参见"稯"。

【十稯布】 汉代织品(汉代的布,主要以麻、葛织成)。文献记载有十稯布。《汉书·王莽传》:"一月之禄,十稯布二匹。"

【新疆民丰出土的汉棉织品】 1959 年新疆民丰县北大沙漠中发掘出来的东汉合葬墓里,出土了大批织物,其中有些是棉织品。如覆盖在盛着羊骨、铁刀的木碗上的,大约是当作"餐布"使用的两块蓝白印花布,就是棉织品。根据观察,男尸穿着的白布裤和女尸的手帕,也都是用棉纤维织造的。这说明 1 700 多年以前,我国新疆地区已经使用棉布。

东汉几何纹棉布

【白叠】 又称白緤、帛毡,是古代棉布的总称。我国新疆地区的棉布,早在东汉末年已以鲜洁闻名于中原地区。《梁书·高昌传》:"草木,有实如茧,茧中丝如细纩,名白叠子,国人多取织以为布。布甚软白,交市用焉。"

【吉贝】 我国古代东南沿海地区人民对棉的称谓。参见"白叠"。

【帛叠】 云南境内少数民族织制的一种布。《后汉书》八六《西南夷传·哀牢夷》:"知染采文绣,罽毲帛叠,蓝干细布,织成文章如绫锦。"也作"帛毻"。唐·释慧琳《一切经音义》三十《胜思惟梵天所·问经》四《帛毻》:"按帛毻,西园拈草花絮,织以为布,其花如柳絮。"

【帛毻】 古代西南地区少数民族织造的一种布。参见"帛叠"。

【纴绤】 细布。《文选·司马相如〈子虚赋〉》:"被阿纴。"李善注引张揖曰:"阿,细缯也;纴,细布也。"

【纴】 见"纴绤"。

【斑布】 古代色织布。利用各种色纱经纬相间,织成不同形式的条子或格子的棉布。又称五色布。《南史·夷貊传》上:"古贝者,树名也。其华(花)成时如鹅毦。抽其绪,纺之以作布,布与纻布不殊。亦染成五色,织为斑布。"

【北朝棉布】 1959 年新疆于田县屋于来克遗址的北朝墓葬中出土了一件长 21.5、宽 14.5 厘米的"褡裢布",织造致密。在另一座北朝墓葬中,出土了一块长 11、宽 7 厘米的蓝白印花棉布。证明在北朝时期的新疆境内,不仅在吐鲁番地区有了棉织业,于田一带也有了棉织业和棉布印染。

北朝几何纹棉布

【高昌棉布】 1960 年 4 月,新疆吐鲁番阿斯塔那 309 号高昌时期(约当六世纪)墓葬中出土的几何纹棉织锦,是用丝、棉两种纤维混合织成的,残长 37、宽 25 厘米。在属于这个时期的墓葬中,还发现有纯棉纤维织成的白布。

高昌棉布(局部)

【细缬】 即高昌所产的细棉布。

【蛮布】 旧指南方地区,少数民族所织之布。

【桂管布】 棉布。又称桂布。《太平广记》:"尝著'桂管布'衫朝谒……"。因产于岭南桂管地区而得名。白居易诗"吴绵细软桂布密",桂布产于广西,白居易当时在杭州,说明棉布已广传中原地区,成为唐代一种普遍的纺织品了。

【棉菱形花纹织锦】 山东嘉祥元代曹元用墓出土。图案优美,是元代棉织的珍贵资料。因出土时称其为"锦"故沿用至今,有人认为称谓不妥,因为"锦"是古代对多彩提花丝织物的泛称。此件应称为"菱花棉织品"。

棉菱形花纹织锦图案

【女布】 一种细布的名称。宋·王符《潜夫论·浮侈》:"今京师贵戚,……从奴仆妾,皆服葛子升越,筒中女布。"汪继培笺引《荆州记》曰:"秭归县室多幽闲,其女尽织布至数十升,今永州俗犹呼贡布为女子布也。"

【云布】 古代丝棉织交织物。即"丝布"(见"丝布")。古时,凡质地好、美观的布匹,亦称云布。

【冷布】 极稀疏的布。夏天用以糊窗,取其通风透明并防蚊蝇。

【服琐】 细布名。《急就篇》二:"服琐输偝与缯连。"注:"服琐,细布织为连琐之文之。"

【乌骢】 黑白条纹相间的古代色织布。

【文辱】 黑白格子纹的古代色织布。

【城域】 古代色织布。在黑白格子纹中间再添织五彩纱织成的色织布。

【黎单】 木棉布。黎族人所织造的青红间道木棉布,可作卧具。见宋·范成大《桂海虞·衡志器》。

【飞花布】 古代棉织物。上海松江所产。康熙《松江府志》卷四:松江"东门外双庙桥有丁氏者,弹木棉极纯熟,花皆飞起,收以织布,尤为精软,号丁娘子布,一名飞花布。"

【丁娘子布】 见"飞花布"。

【提花布】 一种有织纹图案的棉织物或化纤混纺织物。有白织和色织之分。白织坯布和部分色织坯布须经练漂或染色。一般提花布多用作床单、台布、窗帘等室内装饰;提花府绸、提花麻纱、提花线呢则多用于服装。

【紫花布】 古代棉织物。上海松江所产。"用紫木棉织成,色赭而淡,名紫花布。"(《松江府志》)据光绪《青浦县志》卷二称:青浦县也出产紫花布。《中国博览》二卷十期载,紫花布是南京的特产。乾隆《冀州志》卷七称,冀州种木棉有紫花,故棉布"近有紫花布"。

【色织布】 用不同颜色的经纬线织成的有格子的布,又称格子布。常用于做外衣和裙子。

【毛巾布】 布面具有毛圈的织物。在横向利用纬纱与经纱交错,有另一根纬纱造成毛圈。此类织物以棉纤维为主,使之具有很好的吸水性。

【哔叽】 以棉、羊毛混纺织成的 45 度斜纹组织的布。一般经过光面整理,常作为西装面料。

毡、毯

【毡】 动物毛(主要是羊毛、骆驼毛、牦牛毛等)经湿、热、挤压等物理作用制成片状的无纺织物,具有回弹、吸震、保暖等性能。早在周代已有制毡技术和使用毡的记载。《说文》:"毡,撚毛也。"或曰:"蹂毛成毡。"二十世纪六十年代以来制毡的原料已扩展到化学纤维,如丙纶、涤纶、锦纶等。化纤毡具有强度高、耐酸、耐碱、耐高温、拒水、吸油、防辐射、消音、滤效高等特性,在工业上被广泛应用。

【灵州靴鞡毡】 唐代著名毛织品。灵州,今宁夏灵武县西南。

【丰州驼褐毡】 唐代著名毛织品。丰州,今内蒙古五原县西南黄河北岸。

【汾州鞍面毡】 唐代著名毛织品。汾州,今陕西宜川县东北。

【彩毡】 五彩花毡。将羊毛染色,按图案的要求,将有色毛纤维铺压而成。

【绣毡】 用彩色的羊毛线或丝线在绯、青等单色地上绣出花纹,即成。蒙古诺因乌拉东汉墓出土的一批绣以花卉禽兽纹的毡,即为此类。

【刻毡】 在绯、青等色的毡上,按花纹图案形状剪刻而成,类似现在的地毯。

【防染色毡】 将面或豆粉等拌成糊料在毡上涂描花纹(或用镂空花版漏印)后,浸入植物染料的色液中,经一定时间后取出洗净晒干,毛毡表面就呈现出像蓝印花布一样的双色花毡。

【原州复鞍毡】 唐代著名毛织品。原州,今宁夏固原县。

【宁州五色复鞍毡】 唐代著名毛织品。宁州,今甘肃宁县。

【会州复鞍毡】 唐代著名织品。会州,今甘肃靖远县。

【地毯】 以棉、麻、毛、丝、草等天然纤维或化学合成纤维类原料,经手工或机械工艺进行编结、栽绒或纺织而成的地面铺敷物。它是世界范围内具有悠久历史传统的工艺美术品类之一。覆盖于住宅、宾馆、体育馆、展览厅、车辆、船舶、飞机等的地面,有减少噪声、隔热和装饰效果。中国地毯,已有2 000多年的历史,以手工地毯著名。

【手工地毯】 手工编织的地毯。包括栽绒地毯、平针地毯、绳条盘结毯等,而以栽绒地毯使用最普遍。以天然纤维为原料。在防火、抗静电、保温、隔潮、透气和染色牢度等方面均优于以化学合成纤维为原料的机织地毯。工艺精巧,凡是图画能描绘的形象在高级的手工丝织地毯上都能表现出来。

【手工栽绒地毯】 手工地毯的编织方法有多种,如栽绒、针扎、绳条盘结等。栽绒是我国目前手工地毯普遍采用的编结方法。手工栽绒地毯即指采用手工栽绒法编织的地毯。特点是毯基(俗称纬板)挺实,毯背耐磨,毯面弹性强而牢固。它以棉线作经纬线,用彩色毛纱栽绒型。内在结构是双经双纬网状组织,织作时在前后两根经线组成的一个经头上,用毛纱打一"8"字形栽绒结,用刀斫断,叫"拴头",沿纬向自左至右逐个经头打结,打完一层结,然后由前后两经间过一根横向直粗纬,用铁耙砸平,再沿前后经外缘过一根横向弯曲细纬并砸实,最后用荒毛剪将毛线头剪平剪齐,称"剪荒毛",至此为编织一道,整块地毯就是这样一道道编织而成的。

【拉绞地毯】 手工栽绒地毯的一种。手工栽绒地毯可分为拉绞地毯和抽绞地毯两种。拉绞地毯紧密浓厚,用五股毛线织成,后背不显白纬线。抽绞地毯以四股线织成,质地不如拉绞地毯紧密浓厚,后背显有一道道白纬线。两者织做方法大体相同,只是在过纬工序中有区别:拉绞地毯是绞棒拉下后过粗纬,细纬是抽绞过;抽绞地毯在过粗纬时绞棒则不往下拉,细纬是拉绞过的。

【抽绞地毯】 手工栽绒地毯的一种。见"拉绞地毯"。

【平针地毯】 手工地毯的一种。运用各色羊毛线,在棉纱底布上,以扎针织成。由于地毯是由一个个毛线套组成的,编织紧密,毯面平坦。

【盘金地毯】 手工地毯的一种。原是清代皇宫御用地毯,多作清宫各大殿中御座的装饰品。以金丝织底,用染色真丝搓线织成各种图案。金光闪烁,颇为华丽。1979年,包头地毯厂已恢复盘金地毯的生产。

【机织地毯】 采用机械设备生产的地毯。主要以各种化学、合成纤维为原料。产量大,工效高,成本低,售价廉,可按面积量裁。此外我国还有几种半机械半手工的在习惯上也称之为机织地毯的产品,如北京的JA地毯、TNB地毯,山东的JB地毯,上海的W型地毯、针织地毯,江苏的提花地毯、天鹅绒毯,湖北沙市的无纺织条纹地毯等。

【无纺织条纹地毯】 机织地毯的主要品种。具有色彩丰富、满铺装饰、不拘地形以及可以任意剪裁等优点。1976年,湖北沙市试制成功,从而填补了我国此类地毯的空白。1978年,沙市设计、制造的无纺织条纹地毯成型机获全国科学大会科技成果奖,1985年无纺织条纹地毯获全国工艺美术百花奖银杯奖。近年来又新发展了仿手工印花图案地毯等产品。

【塑料地毯】 地毯的一种。我国塑料地毯于七十年代由江苏无锡首创。以塑料为原料,经高温熔化后喷成丝,再把丝制成地毯丝,用织机编织而成。具有不怕虫蛀,不霉烂,弹性好,耐磨等特点。使用时可根据面积任意拼接,并可刷洗。

【胶背手工地毯】 天津在传统的平针地毯的基础上发展起来的一种地毯。选用高级羊毛，采用平针地毯的织法织做。织成地毯后，在背面刷上一层胶，使之牢固耐用，故名。有全片和半片两种。全片胶背地毯，全部为栽绒毯面，除织法不同于高级羊毛地毯外，平毯、剪片等工艺皆相同，经化学水洗后，具有高级羊毛地毯的效果；半片胶背地毯，花、枝、叶、毯边等部分是栽绒的，毯地部分是平针，花、枝、叶等部分经过片剪，更显突出，别具一格。

【男工地毯】 著名的天津地毯分两个种类：一种是栽绒地毯，俗称"男工地毯"；另一种是胶背地毯，因其前身是家庭副业产品，故名"女工地毯"。

【女工地毯】 见"男工地毯"。

【卡垫】 西藏江孜特产。卡垫的壁毯和地毯产品，制作精美，图案瑰丽，色泽强烈，具有独特的民族风格和地方特色。江孜被誉为"卡垫之乡"，已有160多年的生产历史。卡垫的品种，由原来的8种，逐渐增加到50多种。

【丝织天鹅绒毯】 一种以棉纱为底背，人造丝、人造毛为绒经的提花绒织物。1959年江苏南京仿国外产品制成，木机生产，1966年改为电动织机生产。采用双层割绒生产工艺。苏州和浙江等地也有生产。品种有祈祷毯、挂毯及台毯椅垫等。祈祷毯图案为伊斯兰教堂建筑；挂毯图案以动物、花卉、风景等为题材，可表现国画、油画等多种艺术形式。1983年天鹅牌丝织天鹅绒毯获中国工艺美术品百花奖银杯奖。

【地毯染色工艺】 地毯生产工序之一。是根据地毯毛纱的物理和化学性能，选择适宜的染料，通过物理或化学的方法，使染料均匀而又透彻地固着在毛纤维上，染出符合地毯图案设计要求的毛纱。由于地毯织成后要经化学水洗等，所以染过的色纱要

求耐碱、耐氯、耐酸、耐摩擦。艺术挂毯一般不用化学水洗，但对防晒牢度要求严格。毛纱在染色之前，还须洗涤，以除去各种杂质。

【织毯】 地毯生产的主要工序。它运用专用的手工工具和机械设备，使用棉毛纱等材料，按照图案和规格质量要求、工艺规程和技术操作方法，改变原材料的形态，编织成型地毯半成品或艺术挂毯。手工栽绒地毯的织毯工艺流程是：一、准备工序：上经→绽经→引经→打底子→画样；二、织作工序：拴头→撬边→过粗纬→砸平→过细纬→砸实→剪荒毛→打底子完活；三、下机：机回梁→剪经下活→卷活→穿修→交验。参见"手工栽绒地毯"。

【地毯拴头】 地毯织造技法之一。手工栽绒地毯的内在结构是双经双纬网状组织，织造时在前后两根经线组成的一个经头上，用毛纱打一"8"字形栽绒结，用刀斫断，称"拴头"。拴头时，左手拿毛线右手拿刀，用右手二拇指抠起前棵经，左手把毛线递过去，左手又及时抠起后棵经，右手再把毛线绕过来，左手捏住往下勒平，用刀砍断。

【平毯】 地毯生产的工序之一。它运用专门的平毯机械或手工工具对地毯半成品进行毯面整平处理，以纠正栽绒斫头不齐、毯面局部高低不平等因素，对超过标准厚度的栽绒面进行切削、剪平，使绒层厚薄一致、毯面平整光洁。

【剪片】 地毯生产的工序之一。亦称"剪花"、"片剪"。是我国手工栽绒地毯所特有的一项工艺，二十世纪二三十年代创造。以电剪刀为工具，运用剪、片、投、琢等不同手法和技巧，使花纹边缘形成浅沟状的轮廓线，由于光线的投影而产生"凸如浮雕"的艺术效果，可使花纹更加清晰、生动、完美。并能克服、纠正某些织毯工艺过程中造成的花型不美、线条不圆挺等缺陷。近年来，印度、巴基斯坦等

国的手工地毯也开始采用剪片工艺。

【洗毯】 地毯生产的工序之一。是以氢氧化钠(烧碱)、次氯酸钠、次氯酸钙(漂白粉)及硫酸等为主料，配以草酸、过氧化氢(双氧水)等辅料，加上适量清水，配成液体状洗涤剂，注入洗毯池或洗毯机内，通过浸泡、刮、刷、排液、冲水、脱水、干燥等流程，除去油脂、尘土等污垢，使毯子整洁并回缩定型，还能使毯面绒毛起丝光作用。

【素凸式地毯图案】 地毯图案之一。是在单色无纹样的素色毯面上，用剪片工艺剪出花纹，凸出毯面，有浮雕效果，亦称"素片毯"。也有在织毯时用同色毛纱将花纹织得高出毯面约3毫米，经剪片加工，使花纹更为醒目、突出。色调单纯，素静雅致。

【氍毹】 又称"榻登"。汉代地毯的一种别称。置于床前小榻之上，用以登床。汉代马融给汉武帝奏文中提到："马贤于军中，帐内施氍毹，士卒飘于风雪。"

【榻登】 见"氍毹"。

【细旃】 古代地毯名。《汉书·王吉传》："夫广厦之下，细旃之上，明师居前，劝诵在后。"颜师古注："旃与毡同。"王先谦补注引沈钦韩曰：《韩诗外传：'天子居广厦之下，帷帐之内，旃茵之上。'"据此，细字当作细，茵、细通用。

【东汉彩条地毯】 东汉地毯珍品。新疆民丰尼雅东汉遗址出土。现藏新疆博物馆。残长30、宽10厘米。细经粗纬的平纹组织。经密约19根/厘米，纬密约15根/厘米。用黄、红、蓝、藏青等彩色纬纱分段分区换色，织成多彩厚实的彩条地毯。

【壁毯】 亦称挂毯。原料和编织方法与地毯相同，作室内壁面装饰用。我国壁毯历史悠久，自古以来，新疆、西藏和内蒙古等地就善于用羊毛编织壁毯。壁毯装饰以山水、花卉、鸟兽、

人物、建筑风光等为题材,国画、油画、装饰画、摄影等艺术形式均可表现。大型壁毯多用于礼堂、俱乐部等公共场所,小型壁毯适用于住宅、卧室等。天津、北京、内蒙古、上海、河北、江苏等地生产的壁毯均很著名。

【挂毯】 见"壁毯"。

【几何兽纹挂毯】 唐代织毯珍品,1959 年新疆若羌县楼兰故城出土,残长 18、宽 7.8 厘米。

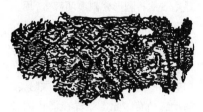
唐代几何兽纹挂毯

【金丝挂毯】 金丝挂毯古代称"红绣毯"、"红线毯",用真丝和金银线编织而成,绒头长,色泽典雅,已有 2 000 多年历史。河北涿县金丝挂毯继承和发展了古代丝毯的传统,构图严谨,色彩绚丽,织工精细。产品有丝绒片和丝盘金两种。图案有绘画式、波斯式、东方式等多种。其中高道数的产品在工艺上可与世界闻名的伊朗丝毯媲美。

【栽绒花毯】 唐代织毯珍品。藏于新疆博物馆。织品残破,部分绒毛脱落,露出地部。绒毛用打结法扣系在地组织上。起绒毛纱较粗,染成各种色彩。地经地纬较细,红棕色。纹样框架由菱格组成,以黑、白二色绒勾边,内用蓝灰、黄褐两色作四个三角形色块,颇富装饰效果。

【花卉人物长方毯】 唐代织毯珍品。藏于日本正仓院。小花纹,图案中有一人物织像,右一人左手执仗,作接球之势。

【碧地二窠长方毯】 唐代织毯珍品。藏于日本正仓院。浅蓝底,紫、褐、绿色二团花纹,以八花组成,杂饰以花草,花纹华丽。

【明九狮栽绒毯】 栽绒毯遗留珍品。现存美国。淡杏黄色地,9 头彩狮构成团花,四周饰以牡丹,外圈再环绕"卍"字形几何纹。纹样象征"九世同堂"。毛毯两端缀有毵毵头,栽绒采用新疆维吾尔族传统的"8"字固结法。羊毛纬,棉纱经。

【清金线地玉堂富贵壁毯】 栽绒毯遗留珍品。故宫博物院收藏。实物大小:长 645、宽 270 厘米,排穗长 11 厘米。图案是根据当时宫廷画稿设计的。纹样由玉兰、海棠、牡丹、灵芝、竹子、蝴蝶、山石等构成。使用了 23 种彩色"绒线"(家蚕丝纤维制成)和金、银线。

【毛毯】 表面有丰厚的毛绒,具有保暖性能的床上用毛织物,也可用作床罩、壁毯等装饰品。分纯毛毯、混纺毛毯、化纤毯三类。毛毯的外观形象多样,有丰满卷缩的绒面型、绒毛挺立又富有丝绒感的立绒型、绒毛顺而长的顺毛型、状似羔皮的滚球型,以及不规则波纹的水纹型等。毛毯图案配色繁多,有几何图案、花卉、风景、动物等。一般毛毯都用拷边、包边、穗边加以装饰和加固。

【绒毯】 棉织的起绒毯。按用棉优劣可分棉毯和废棉毯。产品厚实,手感柔软,具有较好的保暖性能。绒毯可用作寝具、护膝围毯。废棉毯除做盖垫外,还可用作衬料和包装料等。

【六团花壁毯】 十九世纪初产自宁

六团花壁毯

夏地区,底为深蓝色,中间部分由 6 个不同形态的团花组成,周围配以花草,上有 3 只獾犴用联珠连接,下面为海水江牙。大小:长 210、宽 140 厘米。

【几何纹挂毯】 十九世纪产自宁夏地区,整个挂毯采用几何纹设计,具有极强的装饰性。

几何纹挂毯

【博古纹壁毯】 十九世纪产自内蒙古包头地区,蓝色底上配以博古图纹,俗称"三蓝加彩博古毯"。大小:长 255、宽 160 厘米。

博古纹壁毯

【大型《长城》壁毯】 现代天津织造。1974 年作为国家礼品赠送给联合国,悬挂于联合国总部休息厅。壁毯宽 10、高 5 米,重 280 公斤。整块毯面用了 538 万多个栽绒结,240 多种颜色,5 380 多万根毛线。画面展现了长城内外莽莽苍苍、千山万岭、阳光灿烂的磅礴气势。

大型《长城》壁毯

染织纹样

【染织纹样】　一般指通过印染与织造在织物上形成的花纹。织物上的花纹也有用手工描绘的。现代通过轧花形成纹样，有时也称"染织图案"。染织纹样通常分印花、织花两类。

【织物文字纹样】　以文字与动植物、云气等组成的织物纹样。用文字作为工艺图案，多采用吉祥语，在汉锦中有如："延年益寿"、"长乐光明"、"登高明望四海"、"韩仁绣，子孙无极"、"万事如意"、"(永)昌长乐"等。

汉代登高明望四海锦

【纹】　丝织品上的花纹。《新唐书·地理志》五："(越州)土贡宝花花纹等罗，白编交梭十样花纹等绫。"也泛指一般的纹路和花纹。如指纹、罗纹、饕餮纹。

【陵阳公样】　唐太宗时，益州(今四川省)大行台检校修造窦师伦组织设计了许多锦、绫新花样，如著名的雉、翔凤、游麟等，这些章彩奇丽的纹样不但在国内流行，也很受国外欢迎。因为窦师伦被封为"陵阳公"故这些纹样被称为"陵阳公样"。从在西北出土的丝织物，及流传到日本而被保存下来的唐代织物，还可以看到陵阳公样的特殊风格。如唐永徽四年的对马纹锦和对狮、对羊、对鹿、对凤等纹样，都突破了六朝以来传统的装饰风格，又吸收了外来营养，富有独创性。大都以团窠为主体，围以联珠纹，团窠中央饰以各种动植物纹样，显得新颖、秀丽。

【杯纹】　纹样名。大菱形两旁附以两个小菱形的提花图案。多见于汉代丝织物上。因形似耳杯故称"杯纹"，也称"双菱纹"。

【双菱纹】　见"杯纹"。

双菱纹

【四方连续】　古代染织品常用纹样的一种结构形式。指可以向上下、左右反复循环延续的纹样。其构图形式有散点式、连缀式、重叠式多种。四方连续纹样适合于大面装饰。

明代锦纹样(四方连续)　　宋代丝织物牡丹纹

【缠枝纹】　古代染织品常用纹样。又称"穿枝纹"、"串枝纹"、"卷草纹"、"蔓藤纹"，日本习称"唐草"。这类纹样以各种花草的茎叶、花朵或果实为题材，以涡旋形、S形、波形形式构成。由曲线或正或反地相切，或成连续波形或向四周作任意延伸，即成连续纹样、单独纹样。缠枝纹样在世界上不少国家均有典型样式，如埃及、希腊、罗马以缠枝棕榈、缠枝忍冬为典型样式；波斯、印度则是缠枝葡萄、缠枝郁金香、缠枝忍冬、缠枝莲花。我国自唐开始，缠枝纹样日臻成熟，宋、元、明、清得到进一步发展，并十分流行。这类纹样其形式审美宽广，艺术生命力强，具有很高的文化价值。

【穿枝纹】　见"缠枝纹"。

【串枝纹】　见"缠枝纹"。

【卷草纹】　见"缠枝纹"。

【蔓藤纹】　见"缠枝纹"。

【唐草】　见"缠枝纹"。

南宋丝织品缠枝纹样

【喜相逢】　传统纹样的构成形式之一，亦称"推磨式"、"旋子法"。一般是用S线将圆形分割成两部分，用一对动物或两枝花构成一个适合纹样。有人认为这类纹样是由"太极"转化而来。由于采用圆内S形构图，纹样中的动植物互相呼应、回旋、顾盼，富有动感情势。此类纹样在清代的染织物中较为常见。

清代建筑彩画二龙戏珠纹

【推磨式】　见"喜相逢"。

【旋子法】　见"喜相逢"。

【球路纹】　古代染织品常用纹样。又称"毯路纹"。以一个圆为一个单位中心，组成纹样，上下左右和四角配以若干小圆，圆圆相套相连，向四周循环发展，组成四方连续纹样，在大圆小圆中间配以鸟兽或几何纹，这种风格、形式称为球路。它是唐联

宋代球路纹锦

珠、团花纹的发展变格。新疆出土的北宋织锦球路双鸟、双羊纹便是球路纹的代表作。

【毬路纹】 见"球路纹"。

【六答晕】 古代染织品常用纹样。又称"六达晕"（六达指天、地、东、西、南、北）、"六通"。元代称"六搭韵"。其构成形式以圆形为中心，从骨架线向四周六个方向连接成网架，然后饰以自然形。这种用规矩的方、圆等各种几何形和自然形组织起来的纹样，是满地规矩纹的一种最精制作。有人认为六答晕即六种花样搭配，既搭且晕。所谓"晕"就是以微妙的色阶变化来表现色彩浓淡、层次和节奏的一种形式。这类纹样唐代开始出现，宋代逐渐发展起来，宋锦、蜀锦的这种纹样十分精彩。

【六达晕】 见"六答晕"。

【六通】 见"六答晕"。

【八答晕】 古代染织品常用纹样。又称"八搭晕"、"八路相通"、"八达晕"。其构成形式以圆形为中心，从骨架线向上下左右及四个斜角共八个方向连接成网架并饰以自然形。这种用规矩的方、圆等各种几何形和自然形组织起来的纹样，是满地规矩纹的一种最精制作。唐代生产的大绸锦、晕绸锦均用此纹样。有人认为八答晕即八种花样搭配，既搭且晕。所谓"晕"即以微妙的色阶变化来表现色彩的浓淡、层次和节奏的一种形式。两宋时期这种纹饰进一步发展，变化较多，当时有八花晕、银勾晕等。

宋代锦八答晕

元代将八答晕更名为八搭晕。这种纹样样式明锦中应用最多。八答晕纹样庄重华美，配色艳丽而富有变化，如建筑彩画晕，在《营造法式》所举资料中可以见到。

【八搭晕】 见"八答晕"。

【八路相通】 见"八答晕"。

【八达晕】 见"八答晕"。

【联珠纹】 古代染织品常用纹样。在圆轮的边缘饰以圆点串珠构成联珠，故名。圆轮中间常饰以立雁、立鸟、猪头、狮子马、骑士等。这些纹样有的是单独形象，有的则两两对称，所以有时称为"联珠对鸟纹"或"联珠对兽纹"，或以圆轮内纹样称谓，如"四骑士"纹。在圆与圆相接处，常用朵花压叠。圆轮外面的空间用四出菱形瑞花纹填饰。联珠纹由波斯经中亚细亚传入新疆。乌兹别克斯坦的华拉赫沙出土的壁画（五、六世纪）中的联珠立鸟纹图像也出现在克孜尔千佛洞壁画中。许多联珠纹样表明我国装饰纹样在民族传统的基础上，吸收了外来图案的有益成分，闪烁着波斯萨珊朝艺术风格的异彩。对称的纹样设置在联珠圆轮中，显得丰富、生动。圆珠与圆轮规则排列，向四方舒展，统一和谐。

隋唐织锦联珠纹

【落花流水纹】 古代染织品常用纹样。又称"桃花流水纹"、"流水桃花纹"、"紫曲水"、"曲水纹"。此类纹样是宋代成都人根据唐代诗人李白《山中问答》"桃花流水杳然去，别有天地非人间"和宋人词"花落水流红"等句子创作而成的。此类纹样以流水的波纹为衬底，其上布以桃花、梅花及其他花朵。具体形式较多，如：旭日辉映，在水波上飘着大朵的蜡梅（或

桃花），流向他方；有的表现梅花浮于水面，水流触坡迂回；有的是梅花（或桃花）花朵随波上下，有如狂风巨浪送冰梅之势。落花流水纹产生于宋代，故宫博物院藏宋徽宗书《后赤壁赋画卷》包首所用之锦，其纹样即为落花流水纹。这种纹样最为流行的时代是明代晚期，以后各代均有出现。虽然这都是旧题材纹样，但绝不是照抄照搬地因袭前人的作品，而是在观察了自然现象，掌握其规律后创作而成的。在创作过程中对自然现象进行了大胆的取舍，并加以规则化，使之产生很强的装饰性。在宋诗中"花落水流红"暗喻男女爱情。"落花流水"纹样，水在流，花在动，给人以美好的遐想，给人一种"深渊缘水涨，无风波自动，落花点水面，夜月照流萤"的感受。"落花流水"纹，水波用线条组成，花朵用块面画就，线与面形成对比，很具形式美感。

明代锦落花流水纹

【桃花流水纹】 见"落花流水纹"。

【流水桃花纹】 见"落花流水纹"。

【紫曲水】 见"落花流水纹"。

【曲水纹】 见"落花流水纹"。

【皮球花】 古代染织品常用纹样。指外轮廓为小圆形的装饰纹样。即小团花。它一般没有团花复杂，显得简洁，小巧别致，具有很强的装饰性。皮球花很少单独使用，往往三三两两

结合在一起,其空隙部分用花鸟、蝴蝶相配合,这样不但匀称,而且新鲜活泼。这种纹样起源于商代,在安阳侯家庄出土的彩绘龙纹木雕器物痕迹上,有一些用蚌蛤雕成的小团花镶嵌其上。

蓝印花布上的皮球花

【团花】 古代染织品常用纹样之一。指外轮廓为圆形的装饰纹样。结构复杂,圆形直径较大的称为大团花;结构简单,圆形直径较小的称为小团花。后者又称"皮球花"。两个团花连接成一个纹样称"双团花"。有人认为它是在商代铜器上的囧纹和战国铜器上的梅花纹基础上发展演变而来的。隋唐以后,封建统治阶级将"四团凤"、"八团凤"等内容的团花定为他们衣冠的独用装饰纹样。

明代织物团凤　　　清代棉织品中的团花

【云纹】 古代染织品常用纹样。又称云气纹。一般用线条表现其形体卷曲起伏,给人以轻柔流动之感。云纹在古代象征高升如意、吉祥美好。明清云锦织物上有四合如意云、四合云、行云流水等多种构成,形式都很优美。

清代云锦上的四合如意云、卷云纹

【忍冬纹】 古代染织品常用纹样之一。忍冬又称"金银花",因冬季不凋谢而故名。构成方式是以"S"形为基本骨架,在其两边分别生长出双叶或单叶,双叶有相背的、相向的。忍冬纹流行于魏晋南北朝。

北魏石刻忍冬纹

【茱萸纹】 古代染织品常用纹样之一。茱萸是一种乔木,有浓烈的香味,可作为药材。这种纹样以流畅的曲线为骨架,以茱萸枝叶作主体,进行图案化处理而构成。古时风俗,在阴历九月初九重阳节,备茱萸囊,登高,饮菊花酒,以求除灾避难。《西京杂记》:"汉武帝宫人贾佩兰,九月九日佩茱萸,食蓬茸,饮菊花酒,云令人长寿。相传自古,莫知其由。"唐代诗人王维《九月九日忆山东兄弟》:"遥知兄弟登高处,遍插茱萸少一人。"茱萸纹委宛生动,疏密有致,常与云纹配合,更显飘逸。茱萸纹是汉代刺绣典型纹样之一。因茱萸能够辟邪长寿,故茱萸纹又是一种吉祥纹样。

汉代丝织品上的茱萸纹

【樗蒲纹】 古代染织品常用纹样。樗蒲又称摴蒱,原为古代博戏用具,中间宽、两头尖,呈果核形。盛行于汉魏,为斫木制成,一具五枚,又称"五木"。宋·程大昌《演繁露》:"今世蜀地织绫,其文(纹)有两尾尖削而中间宽广者。既不像花,亦非禽兽,乃遂名为樗蒲。"在梭子形中,有的加进珊瑚八宝,有的填嵌龙凤纹。

明代织金罗樗蒲龙凤纹

【灯笼纹】 古代染织品常用纹样。宋代商业繁荣,经济发达,夜市灯具极为丰富,元宵灯节更是热闹非凡,加之平时照明所用,所以灯笼成为人们生活中不可缺少的物品。当时以灯笼纹装饰的锦称之为灯笼锦。这类纹样的结构往往是以灯笼为主,内嵌小花或几何纹,灯笼上端两侧悬谷穗作流苏,象征"五谷",周围饰以飞舞的蜜蜂,利用"丰"与"蜂"的谐音,寓意"五谷丰登",故又称"天下乐"、"庆丰收"。灯笼纹始于北宋,它结构严谨,造型对称端庄,色彩富丽,深受民间喜爱,一直流行到晚清,现在西南兄弟民族在挑花中也还应用这类纹样。

明代清织锦灯笼纹

【天华锦纹】 明清织物常用纹样之一。天华锦又名"锦群"、"添花锦"，取其"锦上添花"之意，故名。天华锦纹是一种满地规矩纹，源于宋代的"八达晕"。它的最早形式，可追溯到唐代的"云裥瑞锦"纹。元代称"八搭晕"。天华锦纹的基本构成是用圆、方、菱形、六角、八角形等各种几何形，作有规律的交错排列，组成富有变化的锦式骨架。在几何形骨架中，填以回纹、万字、古钱和锁子等纹样；在主体的几何骨架中，填入较大的主题花，使之成为一种主花突出、锦式和锦纹变化丰富的满地纹。特点是：锦中有花，花中有锦，花纹繁复规矩，整体效果和谐统一。明清两代，这种锦多用于佛经经面，配色丹碧玄黄，错杂融浑，华美而精丽。

【锦群】 见"天华锦纹"。

【添花锦】 见"天华锦纹"。

清代菊花天华锦纹

【瑞花纹】 唐宋明清织物常用纹样之一。又称"雪花纹"、"瑞雪纹"、"瑞锦纹"。纹样的基本型呈"十"、"米"字形，似雪花。"瑞雪兆丰年"，雪花因含有吉祥之意受到人们的喜爱，故名瑞花，花形较小的称"小瑞花纹"。此类纹样是由放射对称形雪花变化而来，融进了花瓣叶片等自然物形象的某些特征故而与宝相花相似。所不同的是宝相花是分层移位放射的，外层与中心部位是不连接的。瑞锦纹则由中心点直接向四方放射，外围不作分层处理，花形比宝相花小，结构也较单纯。

唐代绢印花瑞花纹
（又名：菱格菱角叶纹）

【雪花纹】 见"瑞花纹"。

【瑞雪纹】 见"瑞花纹"。

【瑞锦纹】 见"瑞花纹"。

【几何纹】 古代染织品常用纹样之一。指用点、线、面以及正方形、长方形、多边形、圆形等按一定的方向、角度、距离有规则排列、交错、重叠、连续构成的具有审美价值的图形。几何纹样大多数是抽象的，少数是具象的。

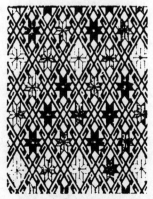

上：唐代丝绸上的几何纹
下：清代壮锦格子花几何纹

【勾连雷纹】 古代染织品常用纹样之一。它的主要特点是"花"的部分与留下的地的部分为双关形成勾状。勾连雷纹用于服饰始于殷商，在河南安阳侯家庄殷墟出土的玉石人像，腰带和衣缘上都刻有勾连雷纹。战国锦勾连雷纹用线条勾勒出一条宽宽的雷纹带，在带上出现曲折、出头等装饰变化，显现出一种均匀性、节奏感。

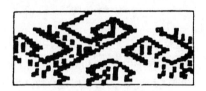

战国织锦勾连雷纹

【杯纹】 古代染织品常用纹样。又称"双菱纹"。由一个大菱形和两旁两个小菱形叠合而成，外形似耳杯故名。这种几何纹样流行于战国春秋时期，汉唐丝织品也可见到。

上：汉绮杯纹
下：唐代丝绸上的杯纹

【双菱纹】 见"杯纹"。

【盘绦纹】 古代染织品常用纹样。

指成绦带状线条穿插连续的一类纹样,常以几何形构成。连绵不断,变化万千,故寓有吉祥之意。

古代万代盘长(盘绦纹)

【龟背纹】 古代染织品常用纹样。指以六角形为基本单元,连缀起来的四方连续纹样,因形状似龟背纹路而定名。古代以龟甲为占卜工具,谓能兆吉凶。《庄子·秋水》:"吾闻楚有神龟死已三千多岁矣。"龟在古代是"四灵"之一,是一种吉祥的灵物,是长寿的象征,受到广泛的欢迎。龟纹有罗地龟纹、六出龟纹、交脚龟纹、灵锁龟纹等,龟背纹是其中的一种。龟背纹由于线与面形成对比,使纹样具有很强的装饰性,简洁而不简单,规整又庄重。

明代锦龟背纹

【方胜纹】 古代染织品常用纹样。"胜"是古代妇女的一种首饰。汉代的"玉胜"出土,提供了胜的形象。胜,古时代作为瑞祥之物。《山海经》:"玉山,是西王母所居地。西王母其状如人,豹尾、虎齿,而善啸;蓬发、戴胜,是司天之厉及五残。"杜甫《人日》诗:"胜里金花巧耐寒。"《西厢记》第三本第一折:"不移时把花笺锦字,迭做个同心方胜儿。"方胜是两个菱形相套的一种纹样,有同心吉祥之意。

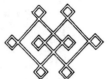

古代方胜纹

【万字流水纹】 指以"卍"字组成的连续纹样,表示连绵长久,寓意万事如意。据古籍记载,武则天长寿二年(693)已将"卍"形读作"万"。在古印度、波斯、希腊也经常用这种纹样作装饰。我国常用它作为图案的地纹。

古代万字流水纹

【密环纹】 古代染织品常用纹样。运用单线条和双线条相互穿插或编织成四方连续纹样。这种纹样是由缠枝纹演变而来,显得丰富,有很强的装饰性。

古代密环纹

【连钱纹】 古代染织品常用纹样。同样大小的圆,以四分之一弧线相重叠,构成一个个相互连接的铜钱形状,因而得名。这种几何纹样简洁而富有装饰意趣。

古代连钱纹

【回纹】 古代染织品常见纹样之一。其基本特征是以连续的回旋形线条构成。迂回曲折,连绵不断,以简单纹样单位创构复杂而丰富统一的画面,有很强的装饰效果。

古代回纹

【方棋纹】 古代染织品常用纹样。又称"棋格纹"。以方格形为骨架,在空余部位填饰花卉或其他纹样,故又有人称它为几何嵌花纹样。此类纹样结构严谨,工整中见活泼。

【棋格纹】 见"方棋纹"。

明代锦如意方棋纹

【冰梅纹】 织物常见纹样。犹如冰面上撒满了朵朵梅花。构成充分运用了形式美法则,以冰纹的线与梅花的面组合在一起,形成对比;冰纹的线是"乱"的,梅花的面是工整的,具有"乱中见整"的艺术效果。

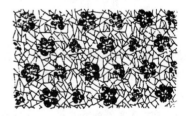

清代加金锦冰梅纹

纺织材料

【葛纤维】 又名葛藤。属于豆科藤本植物。枝长可达8米,多半生长于丘陵地区坡地或疏林之中。我国新石器时代就使用这种植物纤维纺织制成衣服。

【生丝】 桑蚕茧经缫丝后所得的产品。俗称真丝,机缫的又叫厂丝,手工缫的叫土丝。生丝脱胶后称熟丝。中国生丝有悠久的历史,现在的产量占世界首位。

【麻纤维】 从各种麻类植物中取得的纤维,包括一年生或多年生草本双子叶植物皮层的韧皮纤维和单子叶植物的叶纤维。埃及人利用亚麻纤维已有8000年历史,墓穴中的埃及木乃伊的裹尸布长达900多米。中国早在公元前4000年前的新石器时代已采用苎麻作纺织原料。浙江吴兴钱山漾出土文物中发现的苎麻织物残片是公元前2700年前的遗物。

【纻】 古称经脱胶分辟纺绩的麻缕(纱)为纻。《史记》货殖传注:"纻,纴属,可以为布。"纴指苎麻。

【棉纤维】 锦葵目锦葵科棉属植物的种子上被覆的纤维,又称棉花,简称棉。是纺织工业的重要原料。早在7000年前,中美洲可能已开始利用;南亚次大陆也有5000年用棉历史。中国至少在2000年前在现今广西、云南、新疆等地区采用棉纤维作纺织原料。棉纤维制品吸湿和透气性好,柔软而保暖。

【石棉】 也称"石绵",是一种矿物纤维。石棉很早就用于织布。中国周代已能用石棉纤维制作织物,因玷污后经火烧即洁白如新,故有火浣布或火烷布之称。

【纺纱】 把纺织纤维加工成纱线的整个工艺过程。"纺"含有把纤维组成条子并拉细加拈成纱的意思。有些国家也把化学纤维喷丝和从蚕茧中抽丝称为纺纱。在中国则分别称化学纺丝和缫丝,不称为纺纱。

【支数】 公制支数(Nm)是在公定回潮率时1克重的纤维或纱线具有的长度(米)。$Nm = \dfrac{L}{G_K}$ 式中,G_K 为纤维或纱线在公定回潮率时的重量(克),L 为纤维或纱线的长度(米)。纤维或纱线越细,公制支数越高。

【旦尼尔(Denier)】 简称旦(D),用9000米长的纤维或纱线在公定回潮率时的重量(克)表示。$D = 9000\,G_K/L$ 式中 G_K 为纤维或纱线在公定回潮率时的重量(克),L 为纤维或纱线的长度(米)。纤维或纱线越粗,旦数越大。这个单位一般用于表示天然蚕丝、化纤切段纤维、化纤长丝的粗细。

【金银线】 以黄金、白银为主要原料制成的纱线或具有金银光泽的化纤细条状薄膜。传统金银线分为扁金线和圆金线两种。将金箔黏合在纸上切成0.5毫米左右的细条状即成扁金线,然后将扁金线包缠在棉纱或丝线外即成圆金线。现在某些名贵传统织物如云锦仍用上述传统金银丝。二十世纪四十年代发展起来的化纤薄膜金银线,是由两层醋酸丁酯纤维素薄膜夹粘一层铝箔再切割成细条而成。后来又出现用聚酯薄膜通过镀铝、加颜色涂料等工艺制成的涤纶金银线。涤纶金银线有双色金银线、五彩金银丝、彩虹线、荧光线等。

【扁金线】 见"金银线"。

【圆金线】 见"金银线"。

【𬘘衣金缕】 以黄金为主要原料制成纱线,织进毛织物中,即毛织物加金。

【合成纤维】 以石油、天然气为原料,经过合成为高分子,然后纺丝而制得的纤维。它主要品种为聚酰胺纤维、聚酯纤维、聚乙烯腈纤维、聚乙烯醇缩甲醛纤维,此外聚丙烯纤维、聚氯乙烯纤维也有一定的产量。

【人造纤维】 化学纤维的一个大类。粘胶纤维是最大量的人造纤维,用天然纤维素制成,称人造纤维素纤维。它是用木材、棉短绒或某些草类的纤维,经化学处理制成的。人造纤维除粘胶纤维外还有醋酸纤维和铜铵纤维。

【化学纤维】 人造纤维和合成纤维的总称。以自然界的物质为原料,加工成为适宜于纺织应用的纤维称人造纤维;天然原料经过合成然后加工而成的纤维,称为合成纤维。

【腈纶】 主要成分是丙烯腈,包含少量其他成分。加入少量其他成分后,染色性能明显改善。腈纶性能受温度作用的影响较大,常用热处理来改变腈纶的品质,如提高尺寸的稳定性。经过长期使用的合成纤维还有丙纶、维纶和乙纶等。扩大这些纤维的适用范围,提高它们的性能的研究工作仍在进行。

【锦纶】 是中国所产聚酰胺类纤维的统称,国际上称尼龙。锦纶的品种很多,如锦纶$_6$、锦纶$_{66}$、锦纶$_{11}$、锦纶$_{610}$等。其中最主要的是锦纶$_{66}$和锦纶$_6$。各种锦纶的性质不完全相同,共同的特点是大分子主链上都有酰胺链,能够吸附水分子,可以形成结晶结构,耐磨性能极为优良,都是优良的衣着用纤维。

【涤纶】 由聚对苯二甲酸乙二酯组成,是聚酯纤维的一种。涤纶的用途很广,大量用于制造衣着和工业中制品。涤纶具有极优良的定形性能。涤纶纱线或织物经过定形后生成的平挺、蓬松形态或褶裥等,在使用中经多次洗涤,仍能经久不变。

染料

【染料】 可以用适当的方法染着纤维和其他材料，并对日光、洗涤、摩擦、汗、升华有相当稳定性的色素。染料除用于各种纺织纤维外，也用于皮革、橡胶、塑料、油脂、毛发、食品、药品、化妆品等着色。

【矿物染料】 将有色矿物研磨成细粒后制成的染(颜)料，古称石染。

【植物染料】 从植物的根、茎、叶、花、果实中提取的能使纤维和其他材料着色的有机物质。国产植物染料通常有如下几种：蓝色染料——靛蓝；红色染料——茜草、红花、苏枋(阳媒染)；黄色染料——槐花、姜黄、栀子、黄檗；紫色染料——紫草、紫苏；棕褐染料——薯莨；黑色染料——五倍子、苏木(单宁铁媒染)。

【染草】 植物染料。《周礼·地官》："掌以春秋敛染草之物，以权量受之，以待时而颁之。"古代的染草主要有蓝草(蓝色)、茜草(红色)、紫草(紫色)、荩草(黄色)、皂斗(黑色)等。

【动物染料】 从动物躯体中提取的能使纤维和其他材料着色的有机物质，如从胭脂虫体内提取的红色染料。

【淀】 蓝色染料，称为"蓝淀"或"蓝靛"。简称淀。《通志·昆虫草木·草》："蓝三种：蓼蓝、大蓝、槐蓝，皆可作淀。"

【冻绿】 《植物名实图考》称"鼠李"。鼠李科。落叶灌木。叶互生，椭圆状长椭圆形，边缘有细锯齿。春季开花，花小型，黄绿色，生于叶腋，成伞形。果实球形、黑色。产于我国中部至西南部。叶煮汁制绿色染料，此种染料称"冻绿"。明清时期，中国所产的冻绿已闻名国外，被称为中国绿。

【黝紫】 古代丝帛染色名。宋人笔记《燕翼贻谋录》：宋仁宗时，南方有一个染工用山矾叶烧灰染色，染成一种暗紫，文雅富丽，称为"黝紫"。当时黝紫甚为风行。现故宫博物院珍藏的一些宋朝的"缂丝"如"紫鸾鹊谱"、"紫天鹿"、"紫汤荷花"、"紫曲水"等，有人认为其上面的紫色为"黝紫"。

【天水碧】 古代丝帛染色名。《宋史·南唐世家》：南唐后主李煜的妃子有一次在染色的时候，把没有染好的丝帛放在露天处过夜，丝帛因为沾上露水，起了变化，竟然染出了很鲜艳的绿色。后来大家都按照此法染色，并且把这种绿色叫做"天水碧"。

【白云母】 亦称"绢云母"，白色片状矿物颜料，因富有绢丝光泽而得名。磨成极细的颗粒后，有良好的附着性和渗透性，并具有优良的覆盖性能。长沙马王堆1号汉墓出土的"印花敷彩纱"上光泽晶莹的白色花纹，就是白云母绘制而成的。

【合成染料】 染料的一大类。主要从煤焦油分馏产品(或石油加工产品)经化学加工而成。

【媒染】 利用载体使对纤维没有亲和力的染料色素染上纤维的方法。这种载体称为媒染剂。这种染料为媒染染料。我国古代常用的媒染剂有白矾(茜草染红)和涅(矿物染黑)等。

【媒染染料】 见"媒染"。

【直接染料】 能直接溶解于水，对纤维素纤维有较高的直接性，无需使用有关化学方法使纤维及其他材料着色的染料。直接染料能在弱酸性或中性溶液中对蛋白纤维(如羊毛、蚕丝)上色，还应用于棉、麻、人丝、人棉染色。色谱齐全、价格低廉、操作方便。缺点是水洗、日晒后牢度不够理想。

【硫化染料】 需要以硫化碱溶解的染料，主要用于棉纤维染色，亦可用于棉/维混纺织物。成本低廉，染品一般尚能耐洗耐晒，但色泽不够鲜艳。常用品种有硫化黑、硫化蓝等。现在已有可溶性硫化染料问世。

【酸性染料】 一种阴离子染料。一般在酸性溶液中染色。强酸性染料多用于羊毛染色；弱酸性染料多用于真丝绸及锦纶，为真丝织物印染的主要染料。

【碱性染料】 亦称盐基性染料，其发色基团大多数为有机碱类，与无机酸结成盐(氯化物)，少数为其他盐类。染料在水溶液中离解时，因色素基团带阳电荷，因而属阳离子型染料。它的特点是色泽鲜艳，有瑰丽的荧光(主要是玫红、黄、橙等色)，而且着色力很强，用很少量的染料即可得到深而浓艳的色泽。色牢度及耐光性差，但用于腈纶(聚丙烯腈纤维)有较好的牢度。碱性染料对纤维素纤维不上色。七十年代初我国采用接枝方法以阳离子染料在丝绸上染色。

【活性染料】 染料分子结构中含有反应性基因，能与纤维键合，湿处理牢度较好，广泛用于棉、涤/棉印染，也用于人造丝、人造棉和丝绸。

【分散性染料】 在水中的溶解度很小，须以分散性助剂使之成极细的分散体而染色的染料。主要是偶氮、蒽醌和杂环等型。主要用于涤纶及其混纺织物，也可用于醋酸纤维，锦纶也上染但色牢度不好。

【冰染染料】 色酚钠盐溶液和色基重氮盐溶液在纤维上偶合而生成的不溶性偶氮染料。染色时，将纤维先在色酚的钠盐溶液中浸渍(俗称打底)再与色基的重氮盐溶液或色盐溶液在低温下偶合，在纤维上生成染料而显色。色基重氮化时常用冰冷却故名。

【还原染料】 经还原成染料隐色体而后成染色的不溶性染料。先在碱液中经还原作用变成可溶性的隐色体钠盐而为纤维素纤维吸着,再经过氧化,恢复成原来的不溶性染料,一般耐洗、耐晒,坚牢度较高。例如士林蓝等。主要用棉、涤棉混纺织物印染,维纶亦可上色,在丝绸行业中,用于人造丝、人造棉交织,真丝绸拔染印花。

【氧化染料】 为染料中间体,在纤维上氧化生成色淀,主要用于棉印染。

【中性染料】 一种金属铬合染料。能在中性或微酸性溶液中染色。适用于维纶、锦纶、丝、毛及柞蚕丝等染色。具有较高的耐晒坚牢度。

【酞菁染料】 为染料的中间体,在纤维上与金属离子铬合生成色淀,主要用于棉印染。

练、染

【练】 亦作"湅"。把丝麻或布帛煮得柔软洁白。《周礼·天官·染人》："凡染,春暴练。"郑玄注："暴练,练其素而暴之。"南朝·齐·谢朓《晚登三山还望京邑》诗："余霞散成绮,澄江静如练。"唐·杜甫《画鹰》诗："素练风霜起,苍鹰画作殊。"练,有时泛指白色熟绸或作丝绸解释。清·任大椿《释缯》："熟帛曰练,生帛曰缟。"

【练漂】 纺织物精练和漂白的总称,也就是退浆、精练、漂白、丝光等加工过程的统称。

【半浸半晒漂白法】 古代苎麻漂白工艺。将用石灰煮过的苎麻缕摊开在平铺水面的苇帘上,"半浸半晒"多日到麻缕"极白"为止。这是利用日光的紫外线在水面由于界面反应产生臭氧对纤维中的杂质和色素进行氧化,从而起到漂白作用。

【钟氏染羽】 《考工记》："钟氏染羽,以朱湛丹秫,三月而炽之,淳而渍之。三入为𫄸,五入为緅,七入为缁。"意思是:钟氏染羽毛,用丹朱和丹秫浸在水里,三月后,用火炊蒸,并以蒸朱秫的汤沃浇所蒸的朱秫,然后再蒸一次,使汤更浓,然后用以染羽。染三次的颜色称为𫄸,染五次的颜色称为緅,染七次的颜色称为缁。染羽不仅限于染羽毛,亦可用此法染布帛。上述染色方法实为石染浸染法,丹秫是黏性谷物,这里作黏合剂用。

【染色】 纺织材料用染浴处理,使染料和纤维发生化学或物理化学结合,或在纤维上生成不溶性有色物质的工艺过程。染料应在纤维上有一定的耐水洗、晒、摩擦等性能,这种性能称为染色牢度。纺织物的染色,历史悠久。《诗经》中有蓝草、茜草染色的记载,可见中国在东周时期使用植物染料已较普遍。长沙马王堆汉墓出土的绚丽多彩的丝织物,表明 2 000

多年前中国的染色和印花技术已达到一定水平。染色分浸染法和轧染法两种。

【草染】 古代植物染料染色称为草染。主要的染草有蓝、茜、芷和栀等,多为人工种植。染青色主要用蓝草。染红色,主要用茜草。染黄色,用栀子、地黄。染紫色,用紫草。染绿色,用艾草。染皂褐色,用皂斗。

【石染】 古代纺织品以矿物颜料染色,称为"石染"。当时的矿物颜料暗红色的赤铁矿,又名赭石,主要成分是三氧化二铁;红色矿物颜料朱砂;绿色矿物颜料孔雀石,又名石绿;蓝色矿物颜料碱式碳酸铜矿石,又名石青、扁青、大青;黄色矿物颜料石黄;白色矿物颜料胡粉又名粉锡,即铅白。蜃灰是传统的白色涂料。

【浸染】 将纺织物反复浸渍在染液中,使之和染液不断相对运动的染色方法。

【轧染】 织物浸渍染液后受轧辊压力,染液透入织物并去除余液的染色方法。

【套染】 ① 用几种含不同色素的染料分先后两次进行浸染,从而染得由这几种色素调配而成的色彩。如靛蓝与槐花可套染成官绿和油绿;与黄檗可套染青色;与芦木、杨梅树皮可套得玄色;靛水染以苏木盖得天青色或葡萄青色。② 两种不同纤维混纺或交织的织物,用两种不同性能的染料分两次染色称套染。例如涤粘中长布,用分散性染料染涤纶纤维,再以士林染料轧染粘胶纤维,这种工艺称套染。这种套染出来的染色织物有时有闪色效果。色彩以空间混合呈现出来。

【扎经染色】 利用经纱的分批扎结,染色,再用白色或浅色纬纱织成经浮较多的织物,从而获得花纹的一种方法。其扎结和染色原理与绞缬相似,

但效果不同。

【缬】 古称部分镂空版印花或防染印花类织物为缬,分夹缬(一种镂空版印花)、蜡缬(蜡染)、绞缬(扎染)三大类型。

唐代夹缬纹样(新疆吐鲁番出土)

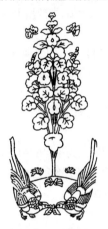

唐代夹缬屏风花树对鸟纹

【绞缬】 又名"撮缬"、"撮晕缬",民间通常称"撮花"。是我国古代纺织品的一种"防染法"染花工艺。《一切经音义》："以丝缚缯,染之,解丝成文曰缬也。"也就是在丝绸布帛上有计划地加以针缝线扎,染色时使其局部因机械防染作用得不到染色,形成预期的花纹。绞缬古代多为民间所用,制作简易,风格朴实大方。一般作单色加工,复杂加工可套染出多彩纹样,具有晕染烂漫、变幻迷离的装饰效果。1959 年阿斯塔那 305 号墓出土的大红绞缬绢,方框形防白花纹。同出有前秦建元二十年(384)文书,为目前所见年代最早的绞缬实物。

【撮缬】 见"绞缬"。

【撮晕缬】 见"绞缬"。

【撮花】 见"绞缬"。

【古代绞缬工艺方法】 大体分为四

类：一、缝绞法：用针线穿缝与绞扎的办法来作防染加工。通过叠坯、缝绞、浸水、染色、整理五道工序完成；二、夹板法。织物被巧妙折叠之后，再用对称的几何小板块将其缚扎夹起来，经染色，可获得防白花纹；三、将坯绸作经向或对角折叠，在不同的位置上以织物自身打结抽紧，然后浸水染色即可；四、叠坯或不叠坯加以绑扎，以造成防白花纹。

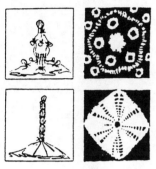

绞缬示意图

【阿斯塔那出土绞缬绢】 晋代染缬丝织品。1963～1965年，新疆维吾尔自治区吐鲁番县阿斯塔那出土。绞缬绢为绛地，白色方形花纹。平纹，每平方厘米经线52根，纬线45根。出于建初十四年(418)韩氏墓。

晋代斜方几何纹绞缬绢

【蜡缬】 又称蜡缬、蜡染。《贵州通志》："用蜡绘画于布而染之，既去蜡，则花纹如绘。"用蜡在织物上画出图案，然后入染，最后沸煮去蜡，则成为色底白花的印染品。由于蜡凝结收缩或加以揉搓，产生许多裂纹，染料渗入裂缝，成品花纹往往产生一丝丝不规则纹理，形成一种独特的装饰效果。蜡缬有单色染和复色染两种。复色染有套色到四五色的，色彩自然而丰富。唐·张萱《捣练图》中有几个妇女的衣

裙就是蜡染工艺制成的。蜡染实为现代纺织品加工的一种"防染法"。

唐代树羊蜡缬屏风

【布依族边饰蜡染】 清代作品，现藏于中央民族大学民族研究所。花边主体呈葵花状，从外向内推进，分四个几何形层次，外侧用两条花边组成，圆形的主花之间饰以对称花纹使构图更趋完整。整个作品细腻精美。这种花边一般用于镶袖口、袖筒以及衣物的装饰。

清代布依族边饰纹样蜡染作品

【蠟缬】 见"蜡缬"。

【蜡刀】 蜡染工具。用来蘸取防染剂(如蜡)在织物上进行描绘图案。

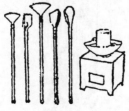

蜡刀等蜡缬工具

【东汉几何纹蜡染】 1959年新疆民丰北大沙漠1号墓出土。蜡染即用蜂蜡、松脂等在布帛上描画花纹，然后在常温中浸染；后将蜡、脂这些防

染物煮除，显出花纹。在制作中布帛表面的蜡因折绉而裂开，染液渗透到织物上，成品显示出不规则的冰纹而别具特色。这一作品为蓝底白花。纹样以圈点、锯齿纹花边和米字几何网格纹组成。此为我国现存最早的蜡染作品之一，具有很高的研究价值。

东汉几何纹蜡染

【人物蜡染花布】 东汉印花织物珍品。现藏新疆维吾尔自治区博物馆。新疆民丰尼雅东汉遗址出土。残长86、宽45厘米。在蜡染花布残片的原图上，有龙尾和脚印。人物是一佛像，颈项上挂一串佛珠，手中执鲜花一束，眼视前方，作献花或授花之状，形象自然生动。它是现存最早的一块蜡染印花织物。

汉代人物蜡染花布

【夹缬】 镂空型版双面防染印花技术。将缯帛夹持于两块镂空版之间

唐代对鹿夹缬屏风

加以紧固,不使织物移动,于镂空处涂刷或注入色浆,解开型版花纹即现:如涂刷防白浆,则经干燥染色后,搓去白浆就能制得色底白花织物。

【鹿纹夹缬】　唐代夹缬罗。在缠枝中,一只鹿正卧地歇息,悠然自得。纹样构图独特、粗犷,艺术特色鲜明。

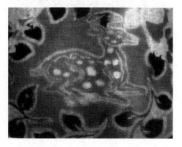

唐代鹿纹夹缬

【明花果纹夹缬】　实物为传世品,现藏于故宫博物院。纹样以桃子、柿子、石榴、荔枝等水果和牵牛花、牡丹花、菊花等花卉组成,古朴庄重,浑厚简练。

明代花果纹夹缬

【清金鱼戏莲纹夹缬】　实物现藏于故宫博物院。在五枚白色素缎上,用浅红、黄、绿、浅蓝、棕色印染出荷花、

清代金鱼戏莲纹夹缬

莲蓬,其间金鱼漫游。荷花、莲蓬由块面组成,粗犷而有装饰效果,金鱼姿态生动,整个纹样和谐统一。

【玛什鲁布】　清代乾隆年间织物。现藏北京故宫博物院。织品用作炕褥,是新疆维吾尔族的贡品。经线用染色蚕丝,纬线用棉纱。经丝预经扎染,用经起绒杆织法织造。

【拜合衫绸】　新疆和田、涉车等处生产的传统丝织品。据传源自古代中亚乌兹别克斯坦,为乌孜别克、维吾尔等民族男式服装用料。以蚕丝为经、棉纱为纬,均先染色,一般以黑、蓝两色经丝相间排列成细条纹,亦有再间以其他彩色宽条纹,织成条纹坯绸,然后在绸面喷洒蛋清,经锤炼形成云纹,从不同角度观之,有忽隐忽现的效果。

【爱德利斯绸】　又名"舒库拉绸",新疆维吾尔族传统丝织品最早在和田地区生产,故又称"和田绸",为维吾尔族妇女喜爱的连衣裙用料。经丝牵成后,在经面按衣裙需要绘出图案,用玉米皮和棉线扎结染色,然后织造。图案多以粗壮的长条、弯钩、叉枝、不规则块面组成大的几何形,以黑、红、黄、绿、蓝等色中一种为主色,配饰其他数色点缀,有鲜明的民族艺术风格。

爱德利斯绸

印花

【印花】 ① 使染料或涂料在织物上形成图案的过程为织物印花。印花是局部染色，要求有一定的染色牢度。② 织物花纹装饰的重要方式之一。我国早在新石器时代就采用凸版印制陶纹，至周代始用于印章、封泥，以至春秋战国，凸版印花已用于织物，到西汉时期已有相当高的水平，湖南马王堆出土的印花敷彩纱就是用三块凸版套印再彩绘结合的产物。隋唐时期已有大量的印花织物通过"丝绸之路"传输到西域，五六世纪又传至日本。在凸版印花开始发展的先后或同时，另一种印花方法——雕纹镂空版相继出现，与凸版印花并驾齐驱。这种印花技术，据史料记载秦汉已有，当时称作"夹缬"。到南北朝的北魏时，这种工艺已有相当大的规模。隋唐时期，技术更趋完善，已能生产"五色夹缬罗裙"等高级产品，并发明了在镂空版上加筛网，解决了印封闭圆圈花纹的困难。宋代，夹缬印花生产已专门化，印花织物非常流行。夹缬在隋唐时已传入日本；宋代以后，随着海上交通的发展，逐步被带到西欧各国。解放前夕采用滚筒印花和"浆印"。解放后，印花工艺技术及生产得到很大发展，先后发展了平版筛网印花、圆网印花等机械化生产，印花工艺不断改进，织物的外观及内在质量获得很大提高。

唐代小散花染缬绢纱

【模版印花】 在木模或铜模的表面刻出花纹，然后蘸取色浆盖印到织物上的一种古老的印花方法。模版采用木质的称为木版模型印花。模版上呈阳纹的称凸版印花、凸纹型版颜料印花。在版面凸起部分涂刷色浆，在已精练和平挺处理的平摊织物上，对准花位，以押印方式施压于织物，就能印得型版所雕之纹样。或将棉织物蒙于版面，就其凸纹处研光，然后在研光处涂刷五彩色浆，可以印出各种色彩的印花织物。凸版渊源于新石器时代，当时用来印制陶纹。春秋战国凸版印花用于织得到发展。西汉有较高的水平，马王堆出土的印花敷彩纱就是用三块凸版套印再加彩绘制成的。

套色凸版印花工艺分版图

【凸版印花】 见"模版印花"。

【型版印花】 在纸版（油纸）、金属版、化学版、木版上雕出镂空花样，覆于织物上，刮涂色浆而获得花纹的印花方法。又称镂空版印花。

花边镂空版示意图

【镂空纸花版印染工艺】 在纸上镂刻图案，成花版。尔后将染料漏印到织物上的印染工艺。用镂空纸版印刷的花型，一个显著的特点是线条不能首尾相连，留有缺口。从 1966～1973 年新疆吐鲁番出土的一批唐代印染织物的花纹观察：纱织物花纹均为宽约 2 毫米的间歇线条组成；白地印花罗花纹花瓣叶脉的点线互不相连接，呈间歇状；绢织物花纹均为圆点和鸡冠形组成的团花，皆为互不连接的洞孔。出土的茶褐地绿白两套色印花绢，第一套白色圈点纹，这些小圆圈除一些因拖浆形成的圆点或圆圈外，凡印花清晰的，其圆圈均不闭合，即圈外有一线连接。这些都是镂空纸花版所特有的现象。特别是这些小圆圈的直径不过 3 毫米，圈内圆点直径仅 1 毫米左右，这绝不是用木版所能雕刻出来的。这种印花版，应是用一种特别的纸版镂刻成的。出土的唐代印染标本表明，至迟在"盛唐"以前，我国丝织印染工人就已经完成了以特别镂空纸花版代替镂空木花版的改革工艺。

唐代镂空纸花版印染织
左：绛地白花白绢纹样
中：茶褐地绿白两套色印花绢纹样
右：绛地白花纱纹样

【印花敷彩纱】 1972 年长沙马王堆1 号汉墓出土。印制的颜料较为精细，据研究这种纱属涂料印花制品。图案为藤本科植物的变形纹样，由枝蔓、蓓蕾、花穗和叶组成，外廓略作菱形（花穗不计），单位面积较小，四方连续，错综排列。通幅有 20 个图案单位。图案的枝蔓部分，线条宛转，交叉处有明显断纹现象，很可能是镂空版印制的，也可能是雕刻凸版印制的。而蓓蕾、花穗和叶则具有笔触的特征，应是描绘而成。根据对图案的分解和模拟试验，织物印好枝蔓后，还需逐笔进行描绘。描绘的工序为六道：一、用朱红色绘出花穗；二、用重墨点出花穗的子房；三、绘浅银灰色的叶、蓓蕾和纹点；四、绘暖灰色的叶和蓓蕾苞片；五、绘冷灰色的叶；六、用粉白勾绘、加点。所印花纹，线条流畅，层次分明。这一印花与绘彩相结合的杰作，特别是用它制成的衣服，在考古发掘中属初次发现。它的出土，使《考工记》中"画缋之事后素功"之说，得到了证实。

汉代印花敷彩纱

【马王堆出土泥金银印花纱】 1972年长沙马王堆 1 号汉墓出土。图案由均匀细密的曲线和一些小圆点组成,曲线为银灰色和银白色,小圆点为金色或朱红色。图案略作菱形,错综连续排列。图案线条特点是:分布较密,间隔不足 1 毫米,光洁,无溃版胀线情形,交叉连接较多,无断纹现象。据分析这种纱为用较小的凸版套印的。

汉代泥金银印花纱

【洒金印花】 通过镂空花版将有色胶粘剂,漏印到织物上。乘色胶未干,即在纹样上洒以金粉。待干后抖拂掉未黏着的金粉,即成洒金花纹。此种印花品种福州南宋黄升墓曾有出土,花纹线条粗犷,色彩浓艳、富丽而又调和。

【印花描金】 通过镂空花版将色浆漏印到织物上,形成花纹而后对花纹进行描金勾边的工艺过程。也有利用金泥直接描绘花纹的。

【织物印金】 将金泥印制到织物上的工艺方法。古代利用金箔或金的碎屑,加入黏合剂的涂料(颜料)。用此涂料(颜料)印花工艺,印成纺织品的纹饰,从而制成金光闪闪、色彩艳亮的描金、印金等印花织物。

【浮仓山出土描金彩绘丝织物】 1975 年,福建福州浮仓山南宋墓出土。斜纹组织。经扁平,似动物纤维,栗壳黄色。纬稍拈,但松散,似植物纤维,深灰色。每平方厘米经纬密是 19～22×17 根。上有描金彩绘。

【二色金】 指锦缎中金线、银线并用。

【四色金】 指锦缎中赤圆金、淡圆金、片金和银线四种线并用。

【北朝毛织品印花】 1959 年新疆于阗屋于来克古城遗址出土,现藏新疆维吾尔自治区博物馆。以圆点和小朵花为两个散点排列,朴素美观,具有很好的服用效果。现在许多染织品仍沿用这种构成形式。

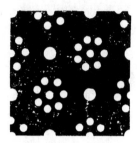
北朝毛织品印花

【六边形几何纹棉布印花】 唐代印花织物。新疆维吾尔自治区博物馆藏。纹样为六边形的块面,在这深蓝色块面上留出地色圆点并组成花型。实物出土于新疆巴楚西南脱库孜萨来古城的唐代遗址。唐时巴楚位于安西都护府所辖安西、疏勒和于阗三镇之间,是丝绸之路北路上的要冲,生产棉织物有悠久的传统。

【狩猎纹印花纱】 唐代丝绸印花精品。套印清晰、花纹复杂,前所未见。在绿色地上显出粉绿的打猎图画,猎者驱马飞奔,有弯弓,有张索,还有的作追驰状。上方有流云飞鸟,前后有花草鹿兔,并杂以山石树木,纹样生动活泼,宛如一幅精妙的图画。

唐代狩猎纹印花纱

【鸳鸯花卉纹印花纱】 唐代印花的精品,浸染均匀,印制工致。纹样简练,富有装饰性。实物于 1968 年新疆吐鲁番阿斯塔那 108 号墓出土。现藏新疆维吾尔自治区博物馆。纹样由簇花、相对而立的鸳鸯与一折枝

花排列连续而成。这两组花纹均用差不多粗细的线条勾画而成,花形饱满,鸳鸯刻画生动。

唐代鸳鸯花卉纹印花纱

【花鸟纹印花绢】 新疆吐鲁番阿斯塔那出土,现藏新疆维吾尔自治区博物馆。在绛色地上印有黄色的花与鸟,其主要纹样似一个圆形适合图案,中间饰以鸳鸯一类的小鸟,色彩对比强烈。为唐代印花织物精品。

唐代花鸟纹印花绢

【猎虎纹印花绢】 唐代印花丝织物,现藏新疆维吾尔自治区博物馆。淡黄色平纹绢地上显出白色骑士弯弓射虎图案。制作方法应为蜡防染或其他防染剂印花。画面生动,是唐代常见的工艺品纹样。这种纹样还见于唐代印花纱。

唐代猎虎纹印花绢

【宋双虎纹印花罗】 南宋印花丝织品。现藏福建省博物馆。宋代黄升墓出土。在绛色罗地上,用镂空型版印制靛蓝双虎花纹。长短尾双虎分两项上下左右错位排列,犹如四对幼

小双虎组成菱形对角的分布单位,再逐项延伸,密布整个罗织物的幅面。

【印花彩绘芍药缨络花边】 南宋印花丝织品。福建省博物馆藏。印花彩绘花边先用凸版印出花纹轮廓,再填敷彩色。纹样花回面积为 16.5×2 厘米。福州黄升墓出土。出土时花为粉红色,蝶为橘黄色,叶为灰蓝、灰绿色,缨球缨络沾染为杂色。

【狮子戏彩球印花花边】 南宋印花丝织品。现藏福建省博物馆。福州黄升墓出土。在绛罗地上,用镂空型版加丝网的印花方法印制。狮子戏彩球图案描绘了跳、跑、跃、立四种狮子戏球的形态,每只狮子配有飘带彩球。以四只狮子戏球为一组,进行刻制型版两套,一套是用黄色颜料印制狮子和球,另一套是用白色颜料印制彩球飘带。再用朱红颜料彩绘狮眼和球。由于实物在棺液内长期浸泡,故印花的颜料已剥落散色,花纹已不清晰。

【元印金方块填花纹罗】 内蒙古元代集宁路故城出土。以花卉布于小块的方形中,按横竖一格间一格排列,远效果有格子色织布效果,由于采用印金工艺,色彩富丽。

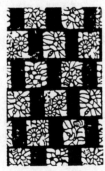

元代印金方块填花纹罗

【缠枝花印花布】 清代印花织物。承德行宫藏。实物原作锦幡衬料。底布为本色平纹棉织物。用镂空版印花。纹样作缠枝花卉,花分两种,作两方连续排列。花叶的刻画技法受欧洲影响,如以小点作阴影层次,纹样风格也略似罗可可式的印花织物。

【山茶纹印花棉布】 清代印花织物。现藏承德行宫。纹样为四方连续小折枝茶花,风格上受到欧洲印花图案的影响。

【广西苗族浆染】 浆染布是广西大苗山区苗族妇女喜爱的实用品,又是装饰品。具有独特的地方色彩。它的图案,根据用途,分头巾和背带盖图案两类。制作方法,分制浆、制针和浆染三个工序。制浆:用刀将枫树皮砍破,待树汁流出,连树皮一块儿揭起,加上牛油(牛的黄油)熬煮,然后去掉浆中的树皮和渣滓,就成了一种灰褐色的胶状物,冷却后似"蜡",可贮藏。同时,将枫树浆置碗、缸中用炭火温化。制针:浆染图案的绘制,只用一只竹针。取楠竹一截,削成五寸长,一端较缝被针稍粗,一端为扁平状的竹针。绘制图案时,用针尖蘸着枫树浆,边蘸边画,如树浆渗出画外,用扁平的一端进行修整。浆染:苗族妇女,人人能制作浆染,劳动之余,将白布对折,找出中心,再用缝衣针在中心画出 90 度垂直交叉的十字线,然后用竹针蘸着枫树浆,绘制图案,随后将布在蓝靛液里浸染数次,即成蓝白二色的浆染作品。

广西苗族浆染背带盖

【偬蜡】 贵州黄平县的偬家人所制作的蜡染花布,称"偬蜡"。

【蓝印花布】 又称靛蓝花布,最初以靛蓝染料印染而成,故名。以油纸刻成花板,蒙在白布上,然后用石灰、豆粉和水调成防染粉浆刮印,晾干后,用蓝靛染色,再晾干,刮去粉浆而成的一种花布。一般用作被面、帐子、门帘、衣料、围腰等。中国纺织品的印花技术,早在汉代即已开始。到了明、清,各地民间的蓝印花布更为普遍流行,有蓝地白花,白地蓝花,各具不同的花样风格。取材于花卉、人物及传说故事,花形一般粗犷纯朴,点线面运用给人以强烈形式美感和装饰意趣。自从二十世纪初机印花布在中国发展以后,蓝印花布产量逐渐减少,但由于它具有独特风格,受到各国人民的欢迎。目前仍有少量生产。

蓝印花布喜上梅(眉)梢

【印经织物】 织物名。在经纱上预先印花,然后织入纬纱的一种织物。这种印花织物纹样边沿不光洁,形成一种若隐若现的艺术效果。

【镂空版印花】 详见"型版印花"。

【锌版印花】 在锌版上雕出镂空花样,覆于织物上,刮涂色浆而获得花纹的印花方法。这种方法适合于印制大花形或粗厚织物,如头巾、毛巾等。现在有时用化学腐蚀工艺代替手工雕刻花版。

【型纸印花】 型纸印花又称纸版印花。在型纸上雕出镂空花样,覆于织物上,刮涂色浆而获得花纹的一种印花方法。型纸是将浸过亚麻仁油、漆或蜡的羊皮纸或其他纸类(必须叠成好多层)干后用生棉、胶水或其他胶质胶合而成。刻花时将型纸二张描绘花纹,用刀雕空,两张中间夹以生丝、人造丝或丝网,然后予以胶着,干后再涂漆或蜡。两纸中加丝网是为了适应被雕花型中间有保留部分的需要。

【碱剂印花】　我国古代丝织物印花方法之一。1966～1973 年新疆吐鲁番出土的唐代猩红色绮片，经新疆七一棉纺厂化验室进行工艺鉴定，证明其白色花纹是用碱剂印于织物所致，花纹部分的丝胶及丝胶层所含的色素被碱剂溶解，而出现透明效果。这种印花方法被称为碱剂印花。碱剂印花适用于生丝纱、罗等织物。这种印花方法未见于文字记载，也未见流传于后世，如不是实物出土，这种方法仍将无闻于世。以前把这种方法定为"蜡缬"是不妥当的。江苏省无锡市丝绸印染厂曾使用碱剂印花工艺在生坯真丝双绉上作过试验，获得成功，并生产了一定数量的产品。

唐代碱剂印花图案

【筛网印花】　在筛网上，按照印花图案封闭其非花纹部分的网孔，使印花色浆透过网孔沾印到织物上的一种印花方法。筛网印花分平网印花和圆网印花两种。

【平网印花】　将筛网固定在框架上，按照印花图案封闭其非花纹部分，色浆在刮刀（一般用橡胶制成）压刮下通过网孔沾印在织物上的一种印花方法。平网印花分机械平网印花和手工平网印花两种加工方式。手工平网印花是镂空版印花工艺的发展。此种方法由于将织物贴在台板上，故不受织物厚薄、弹性大小的限制，套色亦比滚筒印花多，但产量较低，成本较高，一般用于丝绸等高档织物。

【花筒雕刻】　在铜辊表面刻制凹形花纹的加工过程。分五种方法：手

工雕刻，钢芯雕刻，缩小雕刻，照相雕刻，电子雕刻。

【滚筒印花】　色浆借助刻有花纹的滚筒印上纺织品的印花方法。此种方法，始于十八世纪，应用广，产量高，成本低，但受到花样大小及套多少的限制。此外薄型的真丝绸、弹性大的针织品则不能适应。

【喷雾印花】　用含液体的喷雾器，通过有花纹的筛网孔眼或型纸雕空处将染液喷洒到织物上的一种印花方法。又称喷液印花。七十年代研究出用电子计算机程序控制的喷印花法，由很多组合的喷射口间歇喷出各色染液，形成各种色彩的图案，主要用于地毯印花。

【拷花】　漂白、印花或染色织物，经过树脂浸轧和适当烘干以后，用刻有花纹的金属辊进行热轧处理，使织物轧有凹凸花纹，再经高温焙烘固着树脂，使所轧凹凸纹具有耐洗耐穿性能，形成具有新颖凹凸风格的产品。此种工艺方法称为拷花或轧花。主要用于棉、合成纤维及混纺织物的加工。

【轧花布】　见"拷花织物"。

【轧光】　利用纤维在混热条件下的可塑性将织物表面轧平或轧出平行的细密斜纹，以增进织物光泽的整理过程。常用的轧光方式有五种：一、普通轧光；二、叠层轧光；三、摩擦轧光；四、电光；五、局部轧光。

【局部轧光】　织物轧光整理的方式之一，由刻有阳纹花纹的钢辊和软辊组成轧点，在热轧条件下使织物局部轧平或轧出斜线，呈现有光泽的花纹。参见"轧光"。

【拷花印花布】　经过特殊整理，布面呈凹凸花纹的印花织物又称浮雕印花布。（参见"拷花"）

【拷花织物】　经过特殊整理，表面呈凹凸花纹的织物，有漂白、素色、印花品种。由漂白、素色布加工整理的称为凹凸轧花布或拷花布；由印花布加工整理的称为拷花印花布或浮雕印花布。

【轧纹】　见"拷花"。

【圆网印花】　在无接缝圆筒形镍网上，通过感光水洗工艺将封闭其花纹以外的网孔，色浆穿过网孔沾印到织物上的一种印花方法。这种方法始于二十世纪六十年代，发展迅速，已成为较为普及的印花方法。圆网印花的特点是刮刀固定在圆筒形的镍网内，利用圆网连续转动，与刮刀发生刮磨使色浆印到织物上进行印花。它既保持了筛网印花的风格，又提高了印花的生产效率。圆网印花机一般可印制 6～20 种颜色，除卧式排列外，还有立式、放射式以及双面印花等。

圆网印花机

【转移印花】　纺织品印花方法之一。始于二十世纪六十年代末。先将某种染料印在纸上或其他材料上，然后再用热压等方式，使花纹转移到织物上的一种印花方法。多用于化纤针织品、服装的印花。转移印花经过染料升华、泳移、熔融、油墨层剥离等工艺过程。

【防染印花】　在织物上预先印上能够防止地色染料上染的防染剂，以防止花纹上染的一种印花工艺。但有时也可以先轧染烘干后，趁地色未完全发色前，就印上防染剂，用以抑制或破坏地色染料的发色，同样可以达到防染的目的。我国很早就流传的

蓝白花布就是用石灰浆在织物上印花,然后以靛蓝染色而成。防染剂分化学性和物理性两类。化学性防染剂是和地色染料性能相反的化学药剂;物理性防染剂多是植物的胶类或石蜡、陶土等物质,它们只起机械性的缓染或阻染作用,并不参与化学反应。此种印花工艺与拔染印花工艺相比,成本低、病疵少且容易发现。缺点是花纹轮廓不如拔染印花清晰,某些酸性防染剂易使织物脆化。

【拔染印花】 印花方式之一。在已经经过染色的织物上,印上含有还原剂或氧化剂的浆料将其地色破坏而局部露出白地或有色花纹。通常前者称拔白,称后者为色拔。可作为拔染用的地色染料很多,如不溶性偶氮染料、活性染料、直接染料等。由于还原染料本身处于强碱还原剂介质中,因此最适宜作为上述这些染料的地色拔染中的色拔染料。拔染印花工艺繁复,容易产生病疵,成本较高。但拔染比防染印制的花纹精致,轮廓清晰且边缘不露白,效果较佳。因这种印花方式大多数采用雕白粉故又称雕印印花。

【雕白】 见"拔染印花"。

【拔白】 见"拔染印花"。

【色拔】 见"拔染印花"。

【防印印花】 织物印花工艺之一。当一种浆料(色防或防白)印上织物后,其他色浆罩印上去而不会改变原印的颜色。在真丝印花的实践中,因使用的防染剂氯化亚锡又是拔染剂,它既能防染也能雕白、色拔,所以不管防印浆先印或后印,统称"防印"。真丝绸氯化亚锡防印印花中有一种"半防"的方法:先在真丝织物印一种含有匀染剂(如平平加)的半防白浆,再罩上部分色浆,这时,色浆遇防染白浆部分因其染料浓度被冲淡和产生缓染作用,给色量降低,形成和原色调相同而色泽较淡的深浅两层

次。用这个方法,一种防白浆可和许多色浆相交而得到许多颜色层次,仿佛增加了不少套色。如工艺上再作各种巧妙变化,其印花色彩效果更加丰富。

【直接印花】 印花方式之一。将印花色浆直接印到织物上去而故名。此种印花工艺是几种印花方式最简单而又最普遍的一种。根据图案要求不同,又分为白地、满地和色地三种:白地印花花纹面积小,白地部分面积大;满地印花花纹面积大,织物大部分面积都印上花纹;色地的直接印花是指先染好地色,然后再印上花纹,习称"罩印"。但由于迭色缘故,一般都采用同类色、类似色或浅地深花居多,否则迭色处花色萎暗。

【罩印】 见"直接印花"。

【雕印印花】 见"拔染印花"。

【仿蜡防印花】 图案设计仿照蜡防印花的花纹,用现代印花方法印制成类似蜡防印花布风格的产品,称之为"仿蜡防印花"。

【蜡防印花】 以蜡作为防染剂的一种印花方法。蜡防印花最早是用手工方式将蜂蜡或松脂和天然染料印在织物上,再浸入植物染料(土靛)染浴中染色,蜡层受压、受折呈不规则的自然崩裂状形成蜡纹。后来发展为机械印"蜡"(实为松香与适当助剂的混合物),"蜡"凝固后将织物绳状通过圆形小孔,使凝固的树脂受折压而形成裂痕,再用靛青或媒介染料染色,洗去松香后获得蜡纹效果。

【渗透印花】 一般织物色泽、花纹均以正面为主,对织物反面不加要求,但随着服装、方巾要求印花织物正反两面色泽基本一致。在棉织品印花中有双面印花。丝绸印花色浆中加入渗透剂,降低台板温度,使印在织物正面的色浆渗到反面去,以达到正反面色泽基本一致的效果,这种印花

工艺方法称渗透印花。

【涂料印花】 织物印花的工艺方法之一。涂料不同于染料,它对纤维没有直接性。不能和纤维结合,它只是一种不溶性的有色粉末,多半为有机合成物,也有无机物。它在纤维上"着色"的原理是借助于一种能生成坚牢薄膜的合成树脂,固着在纤维表面,因此它对各种纤维的织物都能印花。

【烂花】 以涤纶为芯,用棉、醋酸、粘胶、麻等纤维分别进行包覆或混纺,织成织物。然后根据它们对酸稳定性不同的性质,在上述的织物上酸浆腐蚀炭化其不耐酸的纤维(即棉、醋酸、粘胶、麻纤维)保留其耐酸纤维涤纶,这样就成了半透明的花纹,这种工艺方法称为烂花印花。在印酸浆时,还可同时印以白色涂料作为烂花部分的勾边;或在酸浆中加入耐酸性的分散染料,使花纹部分的涤纶着色;或先印涂料作为防印色浆,再罩印酸浆,在涂料印着部分产生防印效果;或烂花前将织物先染色,再烂花等;使制成的花形丰富多彩。

【发泡印花】 一种具有特殊效果的印花工艺。将含有发泡剂的树脂涂料色浆印到织物上以后,经高温汽蒸,所印的花纹会发起泡来,呈浮雕效果。

【阳离子染料接枝印花】 丝绸印花工艺之一。阳离子染料或碱性染料对丝纤维有亲和力,它色泽鲜艳、着色力强,部分染料具有明亮的荧光,但由于它的色牢度和日晒牢度太差,在真丝印花上很少应用。自从研究出阳离子接枝染色后,它的色牢度大大提高,因此也就同时应用到印花上来。这种印花工艺一般采用同浆法,即将接枝剂与染料同时加入印浆。阳离子接枝染料黄、橙、绯具有鲜艳的荧光效果,其他如蓝、青莲等色不如酸性染料。所以阳离子染料用于真丝绸印花,只限于特殊要求的点缀色。

【转化效果印花】 转化效果印花是利用不同种类印花染料各自所具有的特性或借助于化学药剂的作用,在色与色叠印处发生着色、拼色或消色效果,使叠印染料或同浆印花染料在印花布上某些部分只选择一种染料发色,而在其相邻部分却选择另一种或一种以上的染料发色,以得到色彩丰富多变的效果的印花方法。这一印花方法对于连续细格网条转化为两种或两种以上色彩的网条具有独特风格,弥补和克服了一般印花方法中存在的严格整齐的花型无法对花的困难。同时,这一方法的采用,可以少套印制而获得多套色效果。

【多层次三原色印花】 利用染料的三原色,通过采用连续雕刻法(通称为影写版法)雕刻的浅花筒,在滚筒印花机上叠色印花,从而获得色彩鲜艳、多种层次、类似拍摄花卉印花效果的一种印花工艺方法。这种工艺印花方法要求织物表面平细,否则效果不佳。

【泡泡纱】 呈泡状起绉的棉制印染品。起泡是利用棉纤维遇浓碱会膨化,发生收缩的特性。在棉织物上直接印碱而获得的泡泡纱称为碱泡泡纱,亦称传统泡泡纱;在棉织物上局部印上防碱树脂,全面浸轧碱液生产的泡泡纱,印染行业术语为树脂泡泡纱。

【涤/棉布烂花】 以涤纶为芯,用棉纤维包覆,制成涤/棉芯纱,织成坯布,然后印上酸浆,棉纤维被酸腐蚀炭化,而涤纶纤维保留下来,再经过松式水洗,织物上就呈现出稀薄半透明的花形。这种印花工艺方法为涤/棉烂花布印花。参见"烂花"。

【绒布花色起毛印花】 利用印花涂料色浆中具有一定量的黏合剂、交链剂,印花后经汽蒸或焙烘在纤维表面成膜封闭,使起毛机的钢丝滚上的针不易刺进棉纱表面,致使印有涂料色浆处不起毛,无涂料印浆处能刮绒起毛,从而获得花色起毛印花绒布的一种工艺方法。

织造

【经纬】 机织物一般是由两组线纵横交织而成,其纵向的线称为经线(简称"经");横向的线称为纬线(简称"纬")。

【经】 见"经纬"。

【纬】 见"经纬"。

【生织】 用本色生丝,织好花纹,然后染色显花。它是本色起花。一般常用蚕丝作经,人造丝作纬,因两者吸色力不同,染色后产生深浅两种不同色彩。如传统品种的"留香绉"和"金玉缎"等。生织一般对提花织造而言,平素织物通常都用生丝织造,而很少这样称谓。

【熟织】 先将生丝初步脱胶染好颜色,后再按图案设计稿配色织出。它着重于用色彩体现花纹。如传统品种的"织锦缎"和"古香缎"等。

【交织】 ① 经纬线交替沉浮的织造过程。② 经纬线纤维原料相异的织物称为"交织物"。

【组织】 指织物中的经纬线按一定规律相互交织时的浮沉情况。由于经纬交织沉浮不同,织物表面纹路、肌理效果也不同。平纹、缎纹、斜纹均为织物的组织名称。

【平纹组织】 经线和纬线一隔一地相互沉浮所形成的织物结构形式。

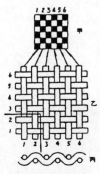

平纹组织示意图

示意图中甲为组织图,乙为结构图,丙为剖面图。

【斜纹组织】 经线和纬线的交织点在织物表面呈现一定角度的斜纹线的结构形式。下列甲为组织图,乙为结构图,丙为剖面图。

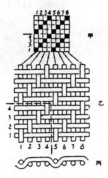

斜纹组织示意图

【缎纹组织】 经线(或纬线)浮线较长,交织点较少,它们虽形成斜线,但不是连续的,相互间隔距离有规律而均匀,此种织物结构形式称为缎纹组织。下列甲为组织图,乙为结构图,丙为剖面图。

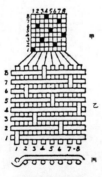

缎纹组织示意图

【衣着纺织品】 用于衣着的纺织纤维制品。包括服装面料、领衬、里衬、松紧带、缝纫线等。衣着织物品必须具备实用、舒适、卫生、美观等基本功能。根据气候环境的特殊情况有时要求具有特殊功能,以保护人体的安全和健康。

【涤棉织物】 用涤纶短纤维和棉纤维混纺成纱线,织成的各种织物,又称棉的确良。具有平挺、耐穿、耐用、尺寸稳定、易洗快干等特点,但吸湿性和透气性较纯棉织物稍差。

【纬编】 织造方式之一。以一根或若干根纱线同时沿着织物的横向,循序地由织针形成线圈,并在纵向相互串套成为纬编针织物。纬编可分为单面和双面两类。常见的袜机、台车、棉毛机等,均属纬编针织机。

【纬编平针织物】 也叫"纬平针织物"。纬编单面针织物之一。其结构在织物的正面呈直条的 V 形线段圈柱,反面为圆弧形线段圈弧。这种织物的横向延伸性较大,一般作内衣、袜子和运动衣等用。

【经编织物】 由一组或几组经纱在经编针织机上同时编成圈、相互串套而成的针织物。

【提花组织】 织物组织名。也叫"大花纹组织"。构成的织物花纹较大,图案也较复杂,例如织锦缎、丝织人像、丝织风景以及提花被面等的织物组织都是。提花组织需要用提花织机制织。

【纹制】 提花织物织造前的准备工作,包括纹样设计、意匠图描绘和提花纹版轧孔的全过程。

【织花】 ① 用各种纤维经、纬线在织机上织成带花纹的织物的过程。② 织物的提花花纹。是织物花纹装饰的两大类之一(还有一类是印花)。我国商代就有织花丝绸。

【织编】 用机织和针织相结合织制织物的方法。用这种方法制成的织物兼具机织物尺寸稳定和针织物弹性的优点,但也带有针织物逆向脱散的缺点。

【意匠图】 根据纹样结合织物组织将花形放大并用点子绘在一定规格的格子纸(意匠纸)上的图样。意匠图是纹版轧孔的依据,绘制意匠图是手工轧制纹版前的重要工序。意匠图上一般只画一个花纹循环,当花纹对称时,可以省略对称部分,只画其二分之一或四分之一。意匠图形的大小用一个花纹循环所需要的纵、横格数表示。意匠图上涂绘的颜色只代表织物中不同的组织结构,并不代表花纹的色彩,也不必与纹样色彩一致,只要求用色醒目、花界分明,便于识图和纹版轧孔。意匠纸是一种印有长方格或正方格的纸张,纵格相当于织物中的经纱,横格相当于纬纱。意匠纸有多种规格,可根据织物经纬密度、组织结构和上机条件适当选用。意匠纸规格选用不当,会使花纹变形。意匠纸的规格用单位长度内纵、横格数的比值表示。

【挑花结本】 织提花织物时,依据花样设计,在经线上挑成花本,作为织花的依据,这种花本要计算经纱的根数,用挑花钩针或小梭子顺次将一部分经纱挑起,而后把纬纱穿过经纱的开口,逐梭交织成花纹。明代宋应星《天工开物》中说的"画师先画何等花色于纸上,结本者以丝线随画量度,算计分寸秒忽而结成之",就是这个意思。

【花本】 将纸面上设计的纹样,过渡到织物上去,再现设计纹稿的"模本"。根据纹样的尺寸规格和经纬密度比例用经(丝线,名"脚子线")纬(棉线或耳子线)线将图纸上设计的纹样,运用传统的"挑花结本"的工艺技法手段,把它编结为"花本"。然后运用花本上机,与机上牵线、经丝的作用关系提经织纬来完成。其作用原理与现代电力提花机上的"纹板"完全相同。

【花本挑花】 织花布或织锦缎时,依据花样设计,在经线上挑成花本,作为织花的根据。这种花本要计算经纱根数,用挑花钩针或小梭子顺次将一部分经纱挑起,而后把纬纱穿过经纱的开口,逐梭交织成花纹。

【花楼】 旧时织锦机上张悬花本的地方,也是拽花工操作的地方。因其隆起像楼,故名。

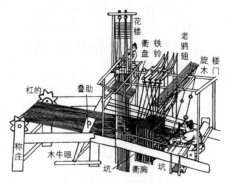

明代提花机图·花楼

纺织器具机械

【山顶洞人的骨针】 原始缝缀工具。1930年在北京郊区房山县周口店龙骨山，发现山顶洞人的居住遗址。出土的骨针，针身保存完好，仅针孔残缺，刮磨得很光滑。它是我国最早发现的旧石器时代的缝纫编织工具。山顶洞人的骨针的发现在染织史上具有重大意义，它表明5万年以前我们的祖先已能够自己缝缀简单的衣着。

【纺专】 原始纺纱工具，即"纺轮"。我们的祖先很早就使用"纺专"进行纺纱。在我国各地许多新石器时代的遗址里，都曾经发现过大量的这种原始工具。所谓纺专，是由陶质或石质作的圆形的一个"盘"，叫"专盘"，中间有一个孔，插一根杆叫专杆。纺纱的时候，先把要纺的麻或其他纤维捻一段缠在专杆上，然后垂下，一手提杆，一手转动圆盘，向左或向右回转，就可以促使纤维牵伸和加捻。待纺到一定长度后，就把已纺的纱缠绕到专杆上去。这样反复，一直到纺专上绕满纱为止。这种纺纱方法是很原始的手工劳动，既吃力又缓慢，捻度也不均匀，产量和质量当然是很低的。

【汉代纺车】 纺纱机器。关于纺车的文献记载最早见于西汉扬雄的《方言》，记有"维车"和"道轨"。兽锭纺车最早的图像见于山东临沂银雀山西汉帛画和汉画像石。到目前为止，已经发现的有关纺织图不下8块，其中刻有纺车图的有4块。1956年江苏铜山洪楼出土的画像石上面刻有几个形态生动的人物正在织布、纺纱和调丝操作的图像，它展示了一幅汉代纺织生产活动的情景。这就可以看出纺车在汉代已经成为普遍的纺纱工具。因此也不难推测，纺车的出现应该是比这为早的。汉代纺车，根据画像石上所画的形状看，和明代《天工开物》上的纺车类似。这种纺车的结构虽然比较简单，但是纺纱能力已经比纺专提高大约20倍。这种纺车上已经使用绳轮传动，证明我国早在2 000年前就在工具机上使用绳轮传动了。使用这种纺车，可以加捻，并合比较均匀一致、粗细要求不同的丝或弦线。1972年长沙马王堆汉墓出土的汉瑟的弦，是用16根丝合股加捻成的，每一根都纺得非常均匀，能发出协调的音律，大概就是用这种纺车加工的。这种纺车，除了可以纺纱之外，还有一个重要的作用，那就是制成纬纱用的纡子。过去用纺专的时候，需要另外的工具摇纡，现在有了纺车，就能兼做这项工作了。这就可以比较大地提高生产效率。

【脚踏纺车】 纺纱机器。脚踏纺车是利用偏心轮在纺车制造上完成的一次改革。脚踏纺车的最早发明时间还有待查考，现在能见到的是公元四到五世纪我国东晋著名画家顾恺之的一幅画上的脚踏三锭纺车。公元1313年，我国著名的农学家王祯所著的《农书》上也出现了三锭脚踏棉纺车和三锭、五锭脚踏麻纺车，证明了脚踏纺车从东晋以后一直都在使用。

脚踏三锭纺车图

【宋代纺车】 纺纱机器。现知共有三种：一、手摇纺车，即汉以来习用的手摇车，专纺Z捻；二、两维纺车，即传世的宋·王居正"纺车图"中的车，也是手摇的。但在左下部没有安置纱锭的设备。另在车轮的顶部，安装机头，插置两枚纱锭（实际也可以插三枚）。车轮为顺时针旋转，需两人操作。可以正背两面兼用，纱锭面向摇轮者，纺Z捻；背向摇轮者，纺S捻；三、脚踏纺车，基本上和两维纺车相同。有3枚或5枚纱锭，由麻绳同时带动。车轮是逆时针旋转，专纺S捻。近代还能看到实物。这种纺车是当时世界上最先进的纺纱工具。我国在五代以前已使用了，马克思在《资本论》中说：直到他写书的那个时期，欧洲还只用一个锭的纺车，找不到两个锭的纺车。

【大纺车】 在王祯的《农书》中，除了对手摇和脚踏纺车作了全面总结外，更介绍了另两种新的纺车，这就是大纺车和水转大纺车。大纺车，它不同于旧的纺车，特点是：纺纱的锭子更多，达32枚，生产力显著增加。一般的单锭纺车，一天只能纺3～5两纱，三锭也不过7～8两，这是指棉。纺麻，用五个锭子也不超过两斤。大纺车是纺麻的，一天一夜可以纺100斤。纺绩的时候需要集中多家的麻才能满足它的生产要求。其次，大纺车的传动已经采用和现在的龙带式传动相仿的集体传动了。现代机器的纺纱，除了最新的气流纺外，机构形式还是离不开锭子和它的传动。只是由于机械动力大，锭子数目更多，速度更快。把古代纺车和现代纺纱机相比，现代传动锭子的滚筒就是纺车竹轮的替代，而最新式的龙带传动，和大纺车的皮弦带动更是同一个方式。它们的纺纱基本原理是一致的。

【斜织机】 织造机器。江苏泗洪曹庄出土的汉代画像石上刻着"慈母投杼图"，图上有脚踏提综斜织机的型制。这种斜织机已经有了一个机架，经面和水平的机座成五六十度的倾角。这样改进以后，操作的人既可以坐着织造，又可以一目了然地看到开口后经面上的经线张力是否均匀，经线有无断头。更重要的是斜织机已经采用脚踏提综的开口装置。在图中可以看到织工们用脚踏一长一短的两块踏板（杆）分别带动综线。当脚踏动提综踏板的时候，被踏板牵动的绳索牵拉"马头"（提综摆杆，前大后小，形似马头），前俯后仰，就使得综线上下交替，把经纱分成上下两层，形成一个三角形的织口。实行手脚并用，用双脚代替了手提综的繁重动作，这样就能使左右手更迅速有效地用在引纬和打纬的工作上。斜织机的生产率比原始织机一般可以提高 10 倍以上，可以大幅度地提高布帛产量。据史籍记载，战国时期诸侯间馈赠的丝绸数量，比春秋时期高得多。秦汉之际，斜织机在我国黄河流域和长江流域的广大地区已经比较普遍，在农村中广泛地采用了这种脚踏提综的织机。从图中还可以看到一把将要落地的两头尖的梭子。利用这小巧玲珑的梭子，来往穿引纬纱，进一步提高了织造的速度，是织布工具的重大革新之一，一直为后世所沿用。

汉代织机画像石（成都土桥出土）

【汉代提花机】　织造机器。从东汉王逸的《机妇赋》，可以知道这种提花机的一些梗概。其中"高楼双峙"，是指提花装置的花楼和提花束综的综统相对峙，挽花工坐在三尺高的花楼上，按设计好的"虫禽鸟兽"等纹样来挽花提综。挽花工在上面俯瞰光滑明亮的万缕经丝，正如"下临清池"一样，制的花纹历历在目。"游鱼衔饵"是指挽花工在花楼上牵动束综的衢线，衢线下连竹棍是衢脚，一般要一千多根，挽花工迅速提综，极像鱼儿在上下争食一样快。提牵不同经丝，有屈有伸，从侧面看，确如汉代人习惯画的星图。"宛如星图，屈伸推移"是一句十分形象化的比喻。"一往一来"是指"推而往，引而来"的打

纬用的筘。他把提花机的作用原理，描绘得惟妙惟肖，提花过程也描绘得十分具体动人，但在民间一般是不容易推广的，也不能适应封建经济进一步发展的需要。三国曹魏初年扶风（今陕西兴平）的马钧，少年时候看到提花机非常复杂，生产效率很低，挽花工的劳动强度很高，"乃思绫机之变，不言而世人知其巧矣。旧绫机五十综者五十蹑，六十综者六十蹑，先生患其丧功费日，乃皆易以十二综十二蹑"。织成的提花绫绵，花纹图案奇特，花型变化多端，而且提高了提花机的生产效率。虽然还没有更多的资料来说明马钧革新提花机的具体型制，就综片数来说，它和南宋楼璹绘制的"耕织图"上的提花机是比较接近的。

【腰机】　一种原始的织机。云南晋宁石寨山汉代遗址出土的贮具器上所塑造的原始织机图像，生动地描写了奴隶们为滇族奴隶主织布的生产活动场面。织布女奴穿着粗布的对襟服，腰束一带，席地而织，用足踩织机经线木棍，右手持打纬木刀在打紧纬线，左手在作投纬引线的姿态。女奴弯着腰在吃力地织着布匹。这种织机可以称为踞织机或腰机。从那上面的形象看，这种原始织机已经有了上下开启织口、左右穿引纬纱、前后打紧纬密的三个方向运动。它是现代织布机的始祖。解放初期我国少数民族还保存着与腰机相类似的织机及原始的织造方法。

【宋元织机】　织造机器。宋末元初，山西万泉（今万荣县）人，木匠出身的薛景石，在《梓人遗制》一书中，给我们留下了立机子、华机子、罗机子和布卧机子等织机的具体型制。并标明装配尺寸，阐明了结构间的相互关系和作用原理。

【宋代罗机】　宋代薛景石《梓人遗制》所载罗机图，和一般的织机或花机均不相同。是由机身、机楼子（机架）、豁丝木、鹅儿（操纵综片的悬

臂）、大泛扇子（综片）、卷轴、滕子（经轴，原图只画一根，可能是两根，因绞经消耗较多，不便与地经同缠于一轴）、脚竹（原书未记）等主要部件组成（这种罗机大概也是汉以来的成式，其特点是鏊丝木架较高，和汉画像石布机的鏊丝木有些相像，在宋以后的织机里，是看不到的）。没有筬框（筘），也没有梭子。用斫刀打纬兼打纬。斫刀长二尺八寸，背部有三直槽，其一内安纾子，旁有虼蜶眼儿（小孔），可以引纬。如织"华子"（织花），须另挂小泛扇子（绞综）。没有花楼和花本，一律用脚竹带动，不用花楼提花。

【鸳机】　织锦机。上官仪《八咏应制》诗："方移花影入鸳机。"李商隐《即日》诗："几家缘锦字，含泪坐鸳机。"

【提花圆机】　编织提花组织和复合针织物的圆形纬编针织机。

【装造】　即现代纹织学上所说的"把吊"。装造系统在汉代已有记载。凡是提花的织机都有花楼，装造系统垂直地装在花楼之上，是由通丝、衢丝、衢盘、综眼、衢脚组成。通丝又叫大纤，每根通丝都相当于一般织机的一片综片。综眼是容纳准备提动的经丝的，通丝的数量根据花数循环确定，每根通丝可以分吊 2～7 根衢丝。

名人、名师、名家

【嫘祖】 一作"累祖"。传说为黄帝轩辕氏之元妃,西陵氏之女,中国养蚕取丝的创始人。北周(557~581)时尊她为先蚕。北宋《通鉴外纪》载:"西陵氏劝蚕稼,亲蚕始于此。"《路史》说西陵氏劝养蚕,育蚕种,亲自采桑治丝,开创了丝织事业。自此,嫘祖被当作上古时代养蚕取丝的始祖,古代皇帝供奉为蚕神。《隋书·礼仪志》亦有相同著录。

【累祖】 见"嫘祖"。

【陈宝光妻】 西汉昭帝、宣帝时织绫艺人。佚名。钜鹿(今河北平乡西南)人。她创造了一种绫锦提花织机。每一经线有一脚踏的蹑,共120条经线,120个蹑。织出的绫锦精美光洁。《西京杂记》:"霍光(汉昭帝时大司马将军)妻遗(送)淳于衍(皇后乳医)蒲桃(葡萄)锦二十四匹,散花绫二十五匹。绫出钜鹿陈宝光家。宝光妻传其法,霍光召入其第,使作之。机用一百二十蹑,六十日成一匹,匹值万钱。"

【韩仁】 西汉末期丝织艺人。在新疆出土的一件汉代丝织彩锦上,织有"韩仁绣文衣,右子孙无亟"字样。《中国历史参考图谱》第7辑第15页著录有"韩仁"古锦。韩仁当为织者名字。

汉代"韩仁"锦绣(新疆出土)

【张安世夫人】 汉代人。佚名。能纺绩,家里有僮七百人,每人都会手艺,由她管束,制成纺织品出售。张安世像是汉代私营手工纺织作坊主。《汉书·张汤附张安世传》:"安世身衣弋绨,夫人自纺绩,家童七百人,皆有手技作业,内治产业,累积纤微,是

以能殖其货。"

【马钧】 三国魏明帝时绫机改革家、机械制造家。字德衡。扶风(今陕西兴平)人。生卒年不详。曾任博士、给事中。他将当时构造繁复、效率低、费工费时的织绫机改革后,提高生产效率数倍。织出的花绫,图案奇丽,配置变化多样,有立体感。因而使魏国丝织物能与蜀锦相媲美。其革新的提花机,综片数和南宋楼璹《耕织图》上的提花机相近。他还创造、制造了灌溉用的提水机具翻车(龙骨水车)、攻城器具轮转式发石机,指南车和水转百戏等。《魏志·杜夔传》注:"扶风马钧,巧思绝世。傅玄序之曰:马先生天下之名巧也,为博士,居贫,乃思凌机之变,不言而世人知其巧矣。"

【翔风】 晋代织锦名工。生卒年不详。女。一作飘风。时人石季伦之爱婢。工于织锦。因见季伦观落叶,听寒蛩心悲,织寒蛩之褥以献之。

【飘风】 见"翔风"。

【苏蕙】 十六国时前秦人。女。生卒年不详。字若兰。始平(今陕西兴平东南)人。符坚时秦州刺史窦滔妻,精织锦,"回文璇玑图诗锦"作者。苏蕙识知精明,仪容秀丽,谦默自守,不求显扬。16岁嫁于窦滔。后窦滔以忤旨被徙流沙,谪戍敦煌,苏蕙织"璇玑图"锦寄滔。相传其图锦,纵横八寸,题诗200余首,计800余言,840字,宛转循环,皆可诵读,纵横及覆,皆成章句。其文点画无缺,才情之妙,超今迈古。

【吴织、汉织、兄媛、弟媛】 南北朝时期人。生卒年不详。江南织工吴织、汉织和衣缝兄媛、弟媛,曾去日本传授种桑养蚕和织绸制衣技术。(日)木宫泰彦著、胡锡年译《日中文化交流史》第30页(商务印书馆,1980年版)载:《日本书记》"雄略记":"八年(464)二月,遣身狭村主青、桧隈民使

博德使于吴国,……十四年(470)正月戊寅,身狭村主青等,共吴国使,将吴所献手末才伎汉织、吴织及衣缝兄媛、弟媛等,泊于住吉津。……三月,命臣连迎吴使,即安置吴人于桧隈野,因名吴原,以衣缝兄媛奉大三轮神,以弟媛为汉衣缝部也。汉织、吴织、衣缝,是飞鸟衣缝部,伊势衣缝之先也。"

【窦师伦】 唐代太宗时织锦纹样设计家、画家。一作师纶。字希言,生卒年不详。善绘事,尤工鸟兽,曾创"陵阳公锦样"。唐·张彦远《历代名画记》卷十:"窦师纶,字希言,纳言陈国公抗之子。初为太宗秦王府咨议,相国录事参军,封陵阳公。性巧绝,草创之际,乘舆皆阙,敕兼益州大行台,检校修造。凡创瑞锦、宫陵,章彩奇丽,蜀人至今谓之陵阳公样。官至太府卿,银、坊、邛三州刺史。高祖太宗时,内库瑞锦、对雉、斗羊、翔凤、游麟之状,创自师纶,至今传之。"师伦曾研究过舆服制度,精通织物图案设计。被唐政府派往盛产丝绸的益州(今四川省)大行台检校修造。他在继承优秀传统图案的基础上,吸收中亚、西亚等地的题材和表现技法,洋为中用,创造出寓意祥瑞、章彩奇丽的各式新颖绫锦,在当时极为流行,被誉为"陵阳公样"。一直流传到中唐还受人喜爱。这种纹锦,在新疆丝绸之路沿线的唐墓有部分出土,从而和文献记载,得到了印证。

【柳氏】 唐代玄宗时印染高手。女。佚名。生卒年不详。婕好妹,嫁与赵姓。性巧慧,使人镂板为花,像之为夹缬。在其生日时,献王皇后,帝见之叹赏,令宫人依样制之,印染花绸作服饰之用。开始印染之法不外传,后渐流传至民间。宋·王谠《唐语林》、宋·高承《事物纪原》、清·王士祯《香祖笔记》,均有著录。按:实则,湖南长沙马王堆1号汉墓已出土有西汉早期凸版套印花绸,至唐代玄宗时,夹缬的应用已较普及。

【张韶、苏玄明】 唐代敬宗时官营染坊染匠。生卒年不详。据《旧唐书》、宋·司马光《资治通鉴》载：张韶、苏玄明于长庆四年(824)不堪统治者压迫，率领长安城几百官营纺、织、染、绣工匠，冲入宫内，大闹清思殿，皇帝敬宗李湛仓皇出逃，张、苏等与御用军队英勇奋战，终因寡不敌众，壮烈牺牲。

【吕礼】 唐代河东(今山西永济)人。生卒年不详。丝织工人。与梁依流落至大食国，遂将染织技艺流传到西方。

【李装花】 北宋洛阳贤坊染工。佚名。生卒年不详。宋·张齐贤《洛阳绅缙旧闻记》载：李为洛阳人，能打装花缬，即印染之花雕版，众谓之李装花。

【吴煦】 南宋缂丝名艺人。字子润。生卒年不详。延陵(今江苏常州)人。主要摹缂名人书画，工细巧妙，达到很高的艺术造诣。他缂制的"蟠桃图"，用五色织，并于上方织题诗句："万缕千丝组织工，仙桃结子似丹红。一丝一缕千万寿，妙合天机造化中。"乾清宫藏有"花卉蟠桃图"缂丝轴，工致精美。

【吴子润】 即"吴煦"。

【沈子蕃】 南宋缂丝名师。名慈。生卒年不详。与朱克柔同时代。吴郡(今江苏苏州)人，一说为定州(今河北定县)人。缂制以名人书画为粉本，工丽典雅，色泽古朴，生动传神。《石渠宝籍》续编，有《花鸟》、《梅花寒雀》、《山水》、《秋山诗意》、《梅鹊》等轴，列为上等珍品，有"子蕃印、沈氏"款。传世作品有《青碧山水图》，上有"子蕃制"三字款；宋徽宗《花卉图》；崔白《三秋图》；《梅鹊图》，故宫博物院藏；《花鸟图》等，都把原画的精神，缂得逼真肖肖，丝纹匀细，神韵生动。

【沈慈】 即"沈子蕃"。

南宋沈子蕃缂丝《山居图》

【朱克柔】 南宋高宗时缂丝名手、画家。字朱强、朱刚。女。云涧(今上海松江)人。生卒年不详。以缂丝女红闻名于世，其作品成为当时官僚、文人争相购买的对象。克柔所作缂丝，人物、花鸟均甚精巧，晕色和谐，清新秀丽。后世收藏家珍同名画。清故宫有《缕绘集锦册》十二开。见《墨缘汇观》、《石渠宝籍》续编。安仪周：《墨缘汇观·名画》，文彦可题字："朱克柔，以女红行世，人物、树石、花鸟，精巧疑鬼，工品价高，一时流传至今，尤成为罕赠。此尺帧，古澹清雅，有胜国诸名家，风韵洗去脂粉，至其运丝如运笔，是绝技，非今人所得梦见也，宜宝之。"克柔亦善画。传世缂丝作品有"莲塘乳鸭图"(上海博物馆藏)、"山茶"和"牡丹"(辽宁博物馆藏)等，缂工精细，风格高古，形神生动，为南宋缂丝中的代表作。

【朱强】 即"朱克柔"。

【朱刚】 即"朱克柔"。

南宋朱克柔缂丝《牡丹图》

【归姓】 南宋嘉定间人。佚名。相传为"药斑布"创始人。生卒年不详。《图书集成》引旧记："药斑布出嘉定及安亭镇，宋嘉定中归姓者创为之。以布抹灰药而染青，候干，去灰药，则青白相间，有人物、花鸟、诗词各色，充衾幔之用。"

【黄道婆】 (约1245～?)女。元代棉纺织家。又名黄婆。松江府乌泥泾镇(今上海市)人。年轻时流落崖州(海南岛极南端的崖县)，从黎族人民学会运用制棉工具和织崖州被的方法。成宗元贞年间重返故乡。在松江府以东乌泥泾地方，教人制棉，传授"做造捍、弹、纺、织之具"及织被面技艺。"错纱配色，综线配花"，都有一定法则，"以故织成被、褥、带、帨，其上折枝、团凤、棋局、字样，粲然若写"。一时乌泥泾和附近地方"人既受教，竞相作为，转贷地郡，家既就殷"。为长江流域特别繁盛的松江棉纺织业，奠定了始基。黄道婆死后，松江人民感念她的恩德，为她举行了葬礼。顺帝至元二年(1336)，并为她立祠，岁时享祀。后因战乱，祠被毁。至正二十二年(1362)乡人张守中重建并请王逢作诗纪念。明熹宗天启六年(1626)张之象塑其像于宁国寺。清嘉庆年间，上海城内渡鹤楼西北小巷，立有小庙。黄道婆墓在上海华泾镇北面的东湾村，1957年重新修整，并立有石碑。上海南市区曾有先棉祠，建黄道婆禅院。上海豫园内，有清咸丰时作为布业公所的跋织亭，供奉黄道婆为始祖。元·陶宗仪《辍耕录》、王逢《梧溪集》均有著录。

黄道婆

【扎马剌丁】 元代丝织名匠。生卒年不详。回回人。曾创制一种名叫"撒答拉欺"的精美丝织品，名闻一时。

【林洪】 明代弘治间织缎艺人。一作林宏。福建福州人。据传曾创造"改机"。把五层经丝织制的织品，改成四层经丝，织出的新品种，细薄实用，人们称作"改机"。改机的花纹正反如一，仅是正反面的花纹和地色相反。《图书集成·织工部纪事》引《福州府志》："闽缎机，故用五层，弘治间，有林洪者，工杼轴，谓吴中多重锦，闽织不逮，遂改机为四层，名为'改机'。"1973 年新疆吐鲁番阿斯塔那 206 号唐墓出土女舞俑的一件短衫，是由双面锦剪裁制成（《1973 年吐鲁番阿斯塔那古墓群发掘简报》，载《文物》1975 年 7 期）。织法是白色经与纬，沉香色经与纬，各自相交织成二层平纹织物，较大的花纹呈"袋状"，可明显地看出它的双层组织。这种双层面锦与明代改机相似。也有把它叫做"双面绢"的。过去认为改机为明代林洪所创，根据这次发现，至少在唐代垂拱年间（685～688），我国已能织造这种双面锦。

【林宏】 见"林洪"。

【赵绪、倪全】 明代隆庆间人。生卒年不详。赵绪为隆庆时南京供应机房织锦匠，倪全为隆庆时南京供应机房染匠。1957 年，北京定陵明万历帝朱翊钧墓，出土有"柘黄织金彩妆缠枝莲八吉祥"锦缎一匹，上有织匠赵绪和染匠倪全和隆庆六年（1572）十月字样。

【沈阿狗】 明代万历间苏州织造府织匠。生卒年不详。1957 年，北京定陵明万历帝朱翊钧墓出土有随葬锦缎，上有织匠沈阿狗和万历等字样。

【薛孝、邹宽】 明代万历时人，生卒年不详。薛孝为明织造府挽花匠，邹宽为织造府染匠。1957 年，北京定陵明万历帝朱翊钧墓出土有"大红织金细龙缎"一匹，上有挽花匠薛孝和染匠邹宽字样。

【葛成】 （1568～1630）又名葛贤，明代万历、崇祯时苏州丝织工匠。江苏昆山人。万历二十九年（1601），税监孙隆加重税捐，苏州机户被迫关闭停工，全城纺纱、织造、染色、踹布工人 2 000 余人聚集玄妙观中，在葛成、徐元、顾云、钱大和陆满等带领下，进行抗税罢工。葛成任指挥。提出"不杀税棍，决不罢休！不取消'派税'，决不罢休"的口号。并宣布"任何人都得听从指挥，行动一致，严禁乘机抢夺"。孙隆的党羽黄建节被罢工群众乱石击毙，税棍汤莘、劣绅丁元复等的住宅被烧，税监衙门被包围，要求停止征税。在群众的威力下，孙隆狼狈逃往杭州。事后明统治者进行镇压，葛成为了保护群众，"愿即常刑，不以累众"，挺身自投案。至万历四十一年（1613）得释。死后葬虎丘五人墓旁，人称"六义士墓"。

【葛贤】 见"葛成"。

【丁娘子】 女。明代织工艺人。佚名。松江（今上海松江）东门外双庙桥人。擅织"飞花布"。康熙《松江府志》卷四："东门外双庙桥有丁氏者，弹木棉极纯熟，花皆飞起，收以织布，尤为精软，号丁娘子布，一名飞花布。"叶梦珠《阅世编》卷七："松江之飞花、龙墩、眉织"，诸布皆有名。《松江府志》卷六《物产》："产邑中极细者为飞花布，即丁娘子布"，为丁娘子所织。

【朱良栋】 明代缂丝名艺人。江苏苏州人。主要缂制吴门画派的画稿，及其他名家作品。缂制精工，轮廓清丽，花鸟神志，生动优美。乾清宫藏有《瑶池献寿图》。《石渠宝笈》、《内府缂丝书画录》有著录。

【吴圻】 明代缂丝高手。字尚中。吴（今江苏苏州）人。据《石渠宝笈续编》著录，旧乾清宫藏有吴圻缂丝明代沈周《蟠桃仙》一轴。下款有"吴门吴圻制"八分书，并有"尚中"一印。

【吴尚中】 见"吴圻"。

【蒋昆丘】 明末纺织名工。生卒年不详。所制皓纱，团花疏朵，轻薄如纸，当时名重京师。清·俞樾《茶香室续钞·皓纱》有著录。

【梁林】 清代康熙时江西铅山县人。生卒年不详。《广信府志》载：梁林，康熙间以擅织帘闻名。

【王奇】 清代乾隆时江宁（今江苏南京）织造府机匠。生卒年不详。《故宫博物院院刊》1980 年 2 期载：1979 年发掘清代乾隆容妃墓，出土酱地妆花寸蟒料，机头上织有"江宁织造臣成善"和"机匠王奇"的字样。

【张长荣、张惠梁】 清代江苏南京人，生卒年不详。云锦挑花名工。南京云锦研究所《云锦》（油印本）载：张长荣，为清代江宁织局挑花堂管事，住南京旧王府御街。子张惠梁承袭父职，也任清代江宁织局挑花堂管事，家住南京糖坊桥。张惠梁子张福永，为现代南京云锦研究所挑花老艺人。擅长云锦图案设计和挑花，1961 年逝世。参见"张福永"。

【黄新一】 近代四川成都著名蜀锦挑花艺人。勤奋好学，他平时留心观察周围装饰的各种美丽花纹，记录下来，作为参考，运用到织锦上去。日积月累，技艺得到很大提高。为此他挑出的蜀锦纹样，生动多变，优美耐看，为人所称赞。于解放前逝世。

【周玉林】 四川成都蜀锦厂著名蜀锦挽花艺人。他挽出的纹饰，精美灵动，人称"挽花大王"。

【林启】 （1839～1900）清代后期纺织教育家。字迪臣。福建侯官人。同治甲子年（1864）举人，光绪丙子年（1876）进士，翰林院庶吉士。1896～1900 年任杭州知府，兴办蚕学馆（今浙江丝绸工学院和绍兴地区农校蚕科的前身），开创中国的纺织教育事业。他还创建求是书院（今浙江大学前身）、养正书塾（今浙江省杭州一中前身),对中国的教育事业起了积极作用。林启认为,中国振兴实业应以蚕丝为先。1897 年,他在西湖金沙港创办蚕学馆,这是中国第一所蚕丝学校,林启兼总办,招收学员授以栽桑、养蚕、制丝等课程。蚕学馆的历届毕业生应各省聘请,在全国各地兴办起一批蚕丝学校。杭州人士为纪念他,在西湖孤山放鹤亭旁建立林社。

【林迪臣】　见"林启"。

林启

【沈金水】　(1884～1966)当代苏州缂丝名师。江苏吴县蠡口镇人。15 岁学习缂丝,他和王茂仙二人,是解放时国内仅存的两位缂丝艺人。1955 年参加苏州市美术工艺刺绣合作社缂丝组工作,后来转入苏州市刺绣研究所,以擅缂金地著名。代表作有"牡丹"和"博古"等中堂。他曾缂制过皇袍、女蟒、马甲、马挂等宫廷用品。他缂织的金地,有平、优、齐、截的优点。他缂制的《金地缂丝牡丹屏》两幅,缂工精细,镶色丰富,分别为北京故宫博物院和天津艺术博物馆收藏。

【杨崇高】　四川成都蜀锦厂著名蜀锦挑花艺人。他善于仿织改进别人的花样。解放后去世。

【庞凤虎】　内蒙古自治区包头著名盘金地毯织造艺人。现在包头地毯厂老艺人李振华,是他的学生。

【朱仙舫】　(1887～1968)中国著名纺织专家。名升芹,江西临川(今属进贤)人。早年曾赴日本入东京高等工业学校学习纺织。1911 年回国,进上海恒丰纺织新局任技师、工程师。1919 年设计 2 万锭久兴纱厂,1922 年建成任经理。1927 年任申新五厂厂长兼任申新二厂厂长,1929 年再兼任申新七厂厂长。1935 年去九江任利中纱厂经理。1936 年任复兴实业公司驻汉口经理。1937 年迁居重庆,任军政部纺织厂少将厂长,主持军纺厂复工事宜,不久即辞职。抗战胜利后,任上海中国纺织建设公司第十六厂厂长;在九江组成兴中纺织股份有限公司(1949 年公私合营,1966 年改名国营九江国棉一厂,成为江西省骨干纺织企业之一)任董事长兼经理。建国后,任纺织工业部计划司司长。1952 年回江西,自 1954 年起,历任江西省轻化工业厅副厅长、江西省科学工作委员会副主任、省参事室参事等职。1930 年与他人发起创立中国纺织学会,当选为理事长,到新中国成立时为止。著有《理论实用纺织学》(上、中、下三编)、《纺织合理化工作方法》和《改良纺织工务方略》,编著有科技丛书《纺织》。

【朱升芹】　见"朱仙舫"。

【吉干臣】　(1892～1976)当代丝织工艺美术家。南京人。擅长云锦图案设计和挑花。20 岁开始,自学挑花技艺,28 岁起公开操业,为云锦生产厂家挑花结本。吉干臣挑花技艺娴熟,倒花、拼花运用自如,对织物组织、织造也有较深研究。解放后,对传统品种的恢复,新品种的设计试制,在技术上作出了较大贡献。如江苏大宗出口的天鹅绒毯,就是在他悉心研究、指导下,运用传统品种彩花绒织造技艺,首先研制试验成功。并改革了挑花绷,使云锦挑花简便易学,更加精确严密。著有《云锦挑花结本基本方法》一书,亦是研究我国古代丝织提花技术的重要资料。从 1956 年起,先后被选为南京市第一、二、三届人民代表大会代表,江苏省第三届人民代表大会代表。

【王茂仙】　(1895～1968)当代苏州缂丝名工。江苏吴县陆墓镇人。14 岁学习缂丝,他和沈金水二人,是解放时仅存的两位有高超技艺的缂丝艺人。1954 年 2 月,参加江苏省博物馆复制工作,1955 年转入苏州市美术工艺刺绣合作社,后转入苏州市刺绣研究所。代表作有《鹅塘翠竹》、《八仙过海》和《双龙戏珠》等。民国初年,曾缂制一件龙袍,技艺十分精妙。

【陈之佛】　(1896～1962)当代著名工艺美术家、工笔花鸟画家、美术教育家。号雪翁,又名陈绍本、陈杰。男。浙江余姚县人。自幼爱好文学和绘画。1916 年毕业于杭州甲种工业学校机织科,后留校任教图案课。1918 年赴日本入东京美术学校工艺图案科学习。学习期间,曾分别参加日本中央美术会展览和农商务省工艺美术展览,并获奖。1923 年回国。先后任上海艺术大学、广州市立美术学校和中央大学讲师、教授、科主任、国立艺专校长。并被聘为联合国文教组织中国委员会委员,兼美术组专员。1924 年在上海创办尚美图案馆,设计丝绸、花布图案,并应邀为鲁迅、茅盾、郁达夫、郭沫若等的书籍和刊物设计封面。建国后历任南京大学、南京师范学院教授、系主任,南京艺术学院副院长;又任中国美术家协会理事、美协华东分会常务理事、江苏省文联副主席、江苏省人大代表。1954 年起主持南京云锦的整理工作,创建云锦研究机构,出版《南京云锦》;同时创建苏州刺绣研究所,提供画稿,亲自指导。1958 年出访波兰和匈牙利。1959 年负责北京人民大会堂江苏厅的室内设计。1960 年创作"丹顶鹤"邮票,被评为"最佳邮票设计"。1961 年,在北京主编《中国工艺美术史》。他是最早将国外的图案理论介绍到我国的学者之一,早在 1916 年就教授图案。著述有《图案构成法》、《中国图案参考资料》、《古代波斯图案》等 20 余种。他的工笔花鸟画,清新典雅,别具一格。代表作有

《松龄鹤寿》、《和平之春》、《鸣喜图》等。《松龄鹤寿》并被制成双面绣屏，陈列于北京人民大会堂江苏厅。

【陈雪翁】 即"陈之佛"。

【陈绍本】 即"陈之佛"。

【陈杰】 即"陈之佛"。

陈之佛

【都锦生】 （1897～1943）浙江杭州西湖茅家埠人。他是杭州丝织风景创始人。在年轻时，酷爱家乡西湖的自然美景。毕业于工业学校，学习机织，故经常想把美丽的西湖十景，织成图画。由此他几经试验，终于在1921年织成第一幅丝织风景"九溪十八涧"，受到称赞。第二年就以"都锦生丝织厂"的名义正式织造生产，产品得到游赏西湖旅客的欣赏，逐渐扩大销路，遍及全国各大城市。1926年，他的丝织风景参加美国费城国际博览会，获金质奖章，名传国外。都锦生的工厂于1937年抗日战争时被毁，他避居上海，忧郁而死，年仅46岁。

【张方佐】 （1901～1980）中国当代著名纺织专家、纺织教育家。浙江鄞县人。青少年时在日本求学，24岁毕业于东京高等工业学校纺织系。次年回国，先后任无锡振新纱厂、浙江萧山通惠公纱厂、南通大生纱厂、上海申新二厂、上海新裕二厂工程师、副厂长、厂长，诚孚纺织专科学校校长、中国纺织建设公司总公司总工程师等职。建国后，先后任华东纺织管理局副局长，交通大学纺织系教授兼系主任，华东

纺织工学院、北京纺织工学院和北京化纤学院的院长，北京市纺织工业局总工程师，纺织工业部纺织科学研究院院长等职。当选为中国纺织工程学会副理事长和名誉理事长。第一至三届全国人大代表、第五届全国政协委员。先后任《纺织建设》、《纺织技术》、《纺织通报》、《纺织学报》编委会主任，《中国纺织科学技术史》编委。热心纺织教育事业，培养了大批纺织技术人员，并为发展我国纺织工业作出了较大贡献。著有《棉纺织工场设计与管理》等书。

【陈维稷】 （1902～1984）中国著名纺织教育家。安徽青阳县人。1925～1928年在英国利兹大学学习，后去德国实习。1930年回国后历任上海暨南大学、复旦大学、苏州工专教授，南通学院教授、教务长，上海交通大学校务委员会常务委员和纺织系主任。三十年代参加抗日救亡运动。1949～1982年任中华人民共和国纺织工业部副部长。主持全国纺织教育事业，重视教师队伍、教材和教学设备的建设，为中国纺织工业培养出大批骨干技术人才。他担任纺织高等院校教材编审委员会主任并亲自主编《中国纺织科学技术史（古代部分）》等学术著作和重要的工具书。1954年起连续当选为中国纺织工程学会的理事长。先后当选为中国人民政治协商会议第二至四届全国委员会委员，第五、六届全国委员会常务委员。

【柴扉】 （1903～1972）当代工艺美术家，中央工艺美术学院教授。长期从事染织美术的教学和研究工作。浙江宁海县人。又名时遴，字云谷。1921～1923年就读于上海美术专科学校。以后曾在重庆艺专、杭州艺专、中央美术学院等处任教，1956年成立中央工艺美术学院，任染织系主任。他设计的染织美术，具有独特的风格。

【柴时遴】 即"柴扉"。

【柴云谷】 即"柴扉"。

【张福永】 （1903～1961）当代织锦艺术家。南京人。擅长云锦图案设计和挑花。祖父张长荣、父亲张惠梁都是清代江宁（今南京）织局挑花堂管事。出身挑花世家，一家六代承袭云锦挑花手艺。张福永幼年丧父，17岁学艺，师承伯父。长期的艺术实践，使他挑出的花本，能为画工传神；由于谙熟挑花技艺，他设计的图案，更符合生产工艺要求。两者相互促进，相得益彰，被称为"张挑花"。解放后，在南京云锦研究所工作，在美术工作者协助下，共整理出2 400多份云锦传统图案资料，加以注释；同时结合自己艺术实践经验，总结了云锦图案的创作规律和方法。对云锦技艺的承前启后，尤其对云锦传统的继承，作出了积极贡献。1959年，出席全国文教群英会。生前为江苏省政协委员，中国美术家协会会员。

【张挑花】 即"张福永"。

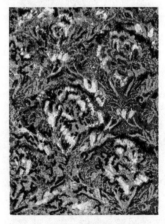
张福永创作设计的云锦牡丹

【叶玉翠】 （1908～1992）女。土家族，湖南湘西龙山县叶家寨人。善于织造各种土家锦。中国工艺美术大师。9岁开始织锦，智慧、勤奋、好学，数年刻苦努力，织出近百种花纹的土家锦。1958年她与湖南省美协李昌鄂共同创作的土家锦壁挂《开发山区》等5幅作品，被选送到世界博览会上展出，受到各方好评。十一届三中全会后，她深入土家山寨收集土家织锦传统纹样，把失传已久的"老鼠

迎亲"、"土王五颗印"等传统珍品发掘整理出来。1979 年 11 月她出席全国工艺美术界创作设计人员代表大会,《人民日报》《人民画报》《民族画报》报道了她亲手创作的 130 多种图案作品。她创作的土家锦《开发山区》《蝴蝶戏牡丹》出国展出,并收藏在中央民族文化宫;《张家界》《岳阳楼》等大型壁挂,陈设在人民大会堂;《燕子花》《椅子花》被选入《中国绢织艺术》,在国内外广泛发行;《老鼠迎亲》等 68 幅作品由轻工部作为国家珍品收藏,并被送到美国、日本、加拿大、英国、菲律宾等国家展出。她历任湘西自治州政协第五届、第六届委员,1984 年被聘为龙山县土家织锦工艺厂的技师和终身顾问,为该厂培养了 200 多名艺徒。开发了 150 多个土家织锦新品种,其产品远销海外。

叶玉翠

【李昌鄂】 (1912～1992)工艺美术家。湖南平江人。1928 年考入长沙市华中美术学校,专攻图案、劳作。毕业后留校任教。1937 年,入上海新华艺专图案系深造。二十世纪五十年代,李昌鄂著述甚多,先后编有《湖南民间印染图案》《湖南民间工艺美术选集》等 8 种著述。1957 年,为开发湖南山区少数民族新织锦,李昌鄂为湖南龙山县土家族老艺人叶玉翠设计了既保留土家族传统图案,又具有新内容的作品,成为美术工作者和民间艺人相结合的典范之一。该作品在英国伦敦国际博览会上获好评。李昌鄂还为北京人民大会堂湖南厅设计了"绿釉花缸"、"竹郁花缸架"、"竹郁桌椅"等。曾任湖南华中艺术

学校、湖南省艺术学校校长。是湖南省政协委员,湖南省美术家协会副主席,湖南陶瓷美术家协会副理事长。参见"叶玉翠"。

【朱枫】 (1915～2009)中国工艺美术大师。浙江吴兴人。早年师从刘海粟学画。在云锦设计工作中,善于从多年国画研习中吸取灵感,图案富丽明快、和谐统一,自成一家;同时使云锦配色达到浓而不重、艳而不俗、繁而不乱的艺术境界。主要代表作品有《孔雀牡丹妆花缎》《蝶恋花》《孔雀牡丹锦》《金宝地万紫千红》,并为人民大会堂和外交部迎宾馆设计雕花天鹅绒沙发面料。主持为北京十三陵复制孔雀羽妆花纱龙袍工作,且承担发掘整理、意匠放大、工艺配色等关键工部分。2005 年获"中国工艺美术终身成就奖"。

朱枫设计的《孔雀牡丹》妆花缎

【陈阿多】 (1917～)当代苏州缂丝名工。江苏吴县蠡口镇人。14 岁随父刻苦学艺,几十年来不断探索改进,技艺得到很大提高,并具有自己的独特风格。缂制的《博古》中堂、《金孔雀》《百寿》台毯等,艳中具秀,古朴典雅,十分精美。1980 年 10 月,曾赴香港表演缂丝技艺,精湛的工艺操作,博得国内外人士一致好评。

【梁树英】 (1919～1999)女。当代织锦工艺美术家。广西宾阳县人。从小喜爱织锦、刺绣,17 岁时学习织造壮锦。1957 年,她设计、织造毛主席手迹"各族人民团结起来"的壮锦,获得好评,后来又织造壮锦台布,被选送北京人民大会堂陈列。她在解放后,

恢复了壮锦及苗锦、侗锦、瑶锦等传统民族织锦产品 20 多种,而且改革工艺,创作了沙发布、床毯、背包、围巾等与生活实用相结合的新产品,其中有的获全区优秀创作设计奖。梁树英现任宾阳县民族织锦二厂技术员,系广西工艺美术学会会员。

【王耿雄】 (1923～2004)当代上海丝绸印花图案设计师,全国丝绸设计能手。男,江苏吴县人。14 岁开始学习丝绸印花图案设计。先后在上海光华印花绸厂、上海丝绸工业公司技术研究所、上海第七印绸厂等处从事丝绸美术设计工作。几十年来设计创作很多优秀丝绸美术作品,具有丰富经验。曾在《美术》《丝绸》《实用美术》和 1975、1979 年瑞士纺织品样本"CREATION TEXTILE"等刊物上,刊出多幅丝绸美术作品。1978 年,参加"上海实用美术展览会"的一幅"雪景"设计工作,运用蜡笔表现,优美、文雅、新颖,在"全国丝绸技术会"上,被评为优秀作品。1977 年和 1978 年,连续被评为全国丝绸设计能手。王耿雄对孙中山先生颇有研究,著有《孙中山史事详录》一书。

【田自秉】 (1924～2015)当代工艺美术史论家,中央工艺美术学院教授。湖南石门人。1948 年毕业于杭州国立艺术专科学校。先后在中央美术学院华东分院、中央美术学院等校任教,长期从事工艺美术史论的教学和研究工作。专著有《中国工艺美术史》《中国染织史》(合著)、《中国工艺美术》(合编)、《民间染织刺绣工艺》(合编)、《中国工艺美术简史》(合编)等。主要的论文有《论工艺美学》《论工艺形象》《论工艺和科学》《空间·时间·系统》《工艺美术的抽象和抽象主义》和《图案美的探索》等。

【徐仲杰】 (1924～2009)江苏省工艺美术大师。早年师从著名国画大师陈之佛。长期从事南京云锦传统纹样整理、研究及创新设计,以及南

京云锦美学理论与史料研究。代表作品有《牡丹金宝地》、《卷叶金宝地》、妆花靠垫《蝶花锦》等。论著有《南京云锦史》、《云锦史略》、《云锦史话》、《南京云锦》、《南京云锦的传统图案与色彩》等。并负责《中国大百科全书·轻工卷》中"云锦"和"织锦"部分的撰写。其中，《云锦史略》收入《江苏文史资料选辑》第二辑，填补了云锦史研究的空白。

徐仲杰设计的《蝶恋花》云锦靠垫

【张德礼】 （1925～ ）当代河北涿县地毯艺术家。河北阳原县人。17岁在北京学习织毯，很快掌握绘图、染线、织造等技艺。在北京15年，先后织造了70多种不同风格的地毯以及用名贵犀牛毛配以金、银线的高级盘金挂毯。1956年张德礼加入河北涿县地毯生产社后，带领高手织造了北京人民大会堂、历史博物馆、民族文化宫以及毛主席、朱德委员长专机中的地毯。1966年带领能手，修复了故宫博物院珍藏的35块丝毯。张德礼擅长宁夏、甘肃、新疆毯的织作，对波斯（今伊朗）毯亦很有研究。创出了具有独特风格的"涿县丝毯"。他创作设计的波斯类、土耳其式、京式博古类、几何形类和挂帘类等几十幅图案，产销对路，深受国内外欢迎。他设计的"610"丝毯图案，1988年获全国工艺美术百花奖金杯奖。在1979年召开的全国工艺美术艺人、创作设计人员代表大会上，被授予工艺美术家称号。

【温练昌】 （1927～ ）当代工艺美术教育家。广东梅县人。1951年毕业于中央美术学院华东分院实用美术系。1980～1991年，任前中央工艺美术学院染织系主任。长期从事染织美术的教学和研究工作。出版著述有《敦煌藻井图案》（合作）、《中国锦缎图案》（合作）、《黑白花卉写生》、《花的变化》和《染织图案基础》（合编）等。创作设计有人民大会堂主席台地毯图案，毛主席休息室地毯图案，迎宾馆地毯、窗帘和沙发面图案，北京饭店地毯和壁纸图案，毛主席纪念堂壁纸以及民族文化宫餐厅大铁花图案等。室内装饰设计有北京展览馆电影厅和首都剧场（合作）等。七十年代，他曾与建筑、造纸等单位合作，首次研制成功塑料印花和压花壁纸新工艺，填补了这方面的空白，获1978年全国科学大会奖。曾任轻工业部高级工艺美术职称评审委员，纺织工业部高级服装设计职称评审委员，中国工艺美术学会地毯专业学会副会长，中国流行色协会顾问，北京市政协委员。

【黄能馥】 （1927～ ）当代工艺美术家，原中央工艺美术学院教授。浙江义乌人。长期从事染织美术的教学和研究工作。主要著作有《中国美术全集·印染织绣》（上下册，任主编）、《龙凤图集》、《中国动物图案》、《古代经济专题史话》（撰写丝绸史部分）、《中国美术史谈义》（撰写中国铜器部分，日本版）、《北京风物志》（撰写特种工艺和民间工艺部分）等。发表的论文有《谈龙说凤》、《龙——中国文化的象征》、《中国艺毯》、《故宫博物院藏宝录》、《织绣珍宝概说》等。主要科研成果有复制定陵出土明代万历帝织金妆花纱过肩龙袍和缂丝孔雀羽十二章衮服袍，指导花纹及色彩复原，成品完成后，1984年获工艺美术金杯奖、珍品奖。

【蔡作意】 （1928～ ）当代丝绸印花图案设计家，全国丝绸设计能手。浙江吴兴人。从事丝绸印花图案设计数十年，1972年曾参加对长沙马王堆出土的汉代丝织品的考证、调查工作。1981年前，两次被纺织工业部评为优秀设计者。他设计的作品，曾先后在西德、法国、瑞士等纺织品期刊、样本上发表。1979年，两次去西德法兰克福参加"INTERSTOFF"国际衣料博览会和考察。1986年，出席了在巴黎召开的国际流行色专家会议。同年参加了在日本召开的"亚洲图案评选会"。曾任上海市丝绸科学技术研究所副所长、上海流行色协会副秘书长、中国丝绸流行色研究中心主任、《流行色》杂志主编、中国美术家协会上海分会工艺美术组副组长、上海服装行业协会理事、上海工艺美术协会理事等职。

【高汉玉】 （1932～ ）当代纺织技术家、纺织科学技术史学者。江苏武进人。1953年毕业于上海华东纺织工学院。长期从事纺织技术和纺织科学技术史的研究。现任上海纺织科学研究院副院长、纺织工业部印染行业技术开发中心副秘书长、办公室主任等职。曾任《中国大百科全书·纺织卷·纺织史》副主编工作。著有《中国古代纺车与织机》、《中国纺织科学技术史》（古代部分）、《湖北曾侯乙楚墓出土的丝织品与刺绣》和《中国历代织染绣图录》等专著及《古代纺织品的考古研究》、《秦汉的丝绸与刺绣》等论文。

【汪印然】 （1936～1994）又名汪源武。江苏镇江人。早年曾在丹阳正则艺术专科学校学习。高级工艺美术师，曾任南京云锦研究所所长。自1959年任云锦设计组长以来，不论工作多忙多累，每晚都坚持学习业务知识，从对云锦了解不多，逐渐成长为精通织锦设计、挑花结本、练染织造和各式织机的专家。1983年任所长期间，国家科委下达北京定陵明代万历皇帝"孔雀羽织金妆花纱"龙袍匹料的复制任务，历时5年，克服材质、设计、染料和织造等方面的种种困难，日夜艰辛完成任务，经专家鉴定，中央领导给予高度表扬。复制完成的"孔雀羽织金妆花纱"荣获全国工艺美术百花奖珍品奖，南京市政府颁发荣誉奖。在此基础上，向国家科委、国家文物局提出复制我国古代丝织文物科研规划，1985年国家文物局正式批准云锦研究所为全国古代丝绸文物复制基地，后为定陵博物馆、湖南博物院和日本国家博物馆等，复制了古代各种丝织文物。汪印然曾设想建立一个从种桑、育蚕、缫丝、染练到图案设计、挑花结本、织造，包括丝织工艺全过程的科技教育中心，后因经费等原因改建为"历代丝织"、"少数民族织锦"和"成品展示"三大陈列室，对外开放后，深得国内外专家好评。自任全国织锦专业委员会主任后，他对全国各少数民族织锦，给以极大关注。亲自调研，为苗锦、瑶锦、壮锦等改进原始织机，无偿为各少数民族培训织锦人材，多次赴海南岛、云南指导黎锦、傣锦的开发和振兴。在不断的奔波劳累中，1991年突患脑溢血，幸及时救治得以逐渐恢复。后在1993年又再赴海南岛研究黎锦创新，至昆明帮助召开傣锦开发会议，再加云锦所的工作，于1994年旧病复发，不幸逝世，年仅58岁。当汪印然主管南京云锦研究所时，只十几名职工，后发展为拥有100多名从设计到织造人员的全国著名织锦研究所；建有三大陈列室，数十台大织机，典藏有诸多古代丝织珍品和清代"汉府"设计图稿，这为南京云锦进一步的发展，从精神到物质，打下了坚实的基础。他为云锦事业，鞠躬尽瘁，人们深深缅怀，称他为"云锦之子"。

【汪源武】 见"汪印然"。

汪印然

【李临潘】 （1936～ ）中国工艺美术大师。当代地毯图案设计家。陕西西安市人。1959年毕业于西安美专。曾任青海人民出版社美术编辑，1963年在天津地毯工业公司工作，曾任天津地毯研究所所长，天津地毯工业公司副经理。在六十年代初，对我国西北地区传统地毯进行调查研究。八十年代以来，三次出国考察地毯市场情况。在艺术挂毯、地毯设计上取得突出成就。在多次设计制作壁毯中，他攻克油画、绘画型壁毯工艺难关，探索出一套从画稿、染纱、配色线到织做形象，运用多色相拼色新工艺，表现复杂的色彩、素描关系的壁毯技术，曾成功地设计织做了一批国家级礼展品壁毯，有《东方红》、《天安门》和《井冈山》等作品。1974年他设计并指导织做的5×10米大型《长城》壁毯，制作精良，气势宏伟，被选为我国赠送联合国的贵重礼品。代表著作有1983年由美国Abrams艺术出版社出版的《中国地毯》一书，被世界地毯业界誉为中国地毯的权威著作。在1988年第三届全国工艺美术艺人、创作设计人员代表大会上，被授予"中国工艺美术大师"称号。1991年被命名为享受国家特殊津贴的地毯美术家。

李临潘设计主持制作的大型《长城》壁毯

【陈占贵】 （1936～ ）当代织毯图案设计家。天津市人。从1950年以来，他织做的地毯和壁毯，都是正品。1958年，他首创"快速拴头法"，每分钟达到60多个头，人称"秒头"，提高工作效率40％，产品质量也有很大提高。他多次参加织毯技术表演赛，获得"技术标兵"称号。他的"快速拴头法"在全国织毯行业推广，作为标准方法。从1966～1968年，陈占贵参与织做的大型艺术挂毯有100多幅。他自己设计织做的《公鸡啼晓》和《盘龙戏珠》，1979年被评为珍品，被中国工艺美术馆收藏。《长城》大型艺术挂毯作为国家礼品赠送给联合国。他曾被评为"青年标兵"、"天津市特等劳模"、"全国劳模"。曾任天津市第九、十届人大代表。在1979年第二届全国工艺美术艺人、创作设计人员代表大会上，被授予"中国工艺美术家"称号，后改称"中国工艺美术大师"。1982年被选为中共第十二届全国代表大会代表。

【王金山】 （1938～ ）苏州缂丝名家。1988年被评为中国工艺美术大师。江苏苏州人。1956年随名师沈金水学习缂丝。聪慧好学，擅长缂花卉、山水、人物、书法等作品，艺术造诣深厚，风格独特。研制、创新的缂丝艺术精品有双面异色异样《蝴蝶·牡丹·山茶》、双面全异《寿星图》等。王金山从艺50多年来，不断创新。以前缂丝都是正背面同形同色，他在汲取姊妹艺术的基础上，创造出了两面异形、异色、异织缂丝新技艺。他缂制的一幅《寿星图》，以银色为底，缂有一位穿红色长袍的老寿星，反面图案以金色为底，缂有一个玄色的篆体"寿"字。作品两面天衣无缝，构图新颖，图案精巧，色彩典雅，观者无不叫绝。作品现藏中国工艺美术珍宝馆。王金山说："《寿星图》一面是人，一面是字，完全不同，为了构思构图，我就想了2年！"为了做《寿星图》，他不仅尝试了移纬法、合纬法等很多新技法，还专门对木机的翻头等做了改革。为了传承缂丝工艺，他还撰写了《苏州缂丝》、《缂丝技艺发展》、《论宋缂丝技艺表现手法》等多篇论文。2008年，被世界手工艺理事会亚太地区分会评为"首届亚太地区手工艺大师"。

王金山

【王林】 （1939～ ）中国工艺美术大师。河北涿州市人。涿州金丝毯设计名师。17 岁开始从事地毯、丝毯设计制作。1958 年被选送中央工艺美术学院深造。王林在长期的丝毯设计中，刻苦学习，汲取古今中外艺术精华，为我所用，逐渐形成自己独特的艺术风格，成为中国丝毯行业图案设计的杰出代表之一。他将涿州金丝挂毯的图案，从原来的十几种，发展到 650 多种。为促进产品的更新，将传统的手工织毯技艺与现代科技、新型材料和先进生产手段相结合，改变传统低道数生产的惯例，创作出既有中国民族艺术特色，又别具一格的织工精、道数高的丝毯和丝盘金两种名牌产品。在全国工艺美术百花奖评比中，两次获得 3 个金杯奖。在 1988 年第三届全国工艺美术艺人、创作设计人员代表大会上，被授予"中国工艺美术大师"称号。

【过焕文】 （1940～2009）江苏工艺美术大师。30 多年来致力于缂丝传承创新、研究开发工作。成功设计缂丝腰带 50 多幅，其中手织《明缀腰带》1986 年获"全国工艺美术百花奖"，行业增创外汇 1 500 万元。研制缂丝艺术品 82 幅，其中缂丝精品长卷《文姬归汉》由香港中艺公司收藏，缂丝精品《丽人图》、《乐姬图》1987 年入选中国美术馆首届精品展。1996～1999 年成功研制日本"浮世绘"名画的缂丝精品创，其中《雪·月·花》被日本著名公司收藏。2000 年成功研制双面透缂；新品《反弹琵琶》深受赞誉。主编《缂丝》专刊；自编《缂丝技

过焕文

工教材》，用"五章八部法"培育五省缂丝新秀。2005 年撰写的《现代缂丝常用技法剖解》被高等院校作为教材。

【宋定国】 （1940～ ）湖北谷城县人。中国工艺美术大师。曾任湖南工艺美术研究所总工艺师。从艺几十年，对产品设计、室内装修、刺绣抽纱、装饰装潢、国画、油画、雕塑，均有较深造诣。尤其对湘西土家织锦的研究、开发及应用作出了突出贡献。1979 年创作的湘绣《屈原怒斥张仪》，获湖南省工艺美术创作一等奖。1986 年为湖南芙蓉宾馆设计的土家锦《室内系列装饰》，获全国工艺美术品百花奖创作设计一等奖和"希望杯"。1987 年，合作研制的大型土家锦壁挂《岳阳楼》陈设于北京人民大会堂湖南厅。1990 年，以他为主为长沙车站迎客大厅设计制作的面积为 170 多平方米的大型土家锦壁挂《武陵胜境》，为全国民族织锦壁挂之最。壁挂在拼接安装中，独创"天衣无缝"拼接成型法，使拼接不见痕迹。获湖南省科技进步四等奖。1992 年，研究发明了"双面织锦"新技术和专用工具，获国家专利。从此结束了土家织锦工艺只能织单面产品的历史。

宋定国

【李华】 （1942～ ）女。苏州人。江苏省工艺美术大师。二十世纪六十年代开始以我国自然景观和人文景观为题材设计地毯、挂毯。在地毯图案设计方面，首创《园林式地毯》，并开创 140 道《雨花式地毯》，以地方特色深加工，成为当时高创汇的中国地毯图案创新系列之一。设计的《苏

州古塔》、《红韵》、《奔马》等，获"全国地毯图案创新奖"、"江苏地毯图案特等奖"、"江苏优秀新产品金奖"。作品被收集于《世界の绒毯》、《中国地毯图案》、《江苏园林式地毯图案》中。曾获"江苏优秀技术开发人员"称号。

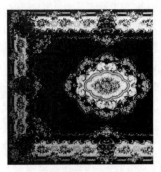

李华设计的苏州《园林式》地毯

【焦宝林】 （1942～ ）江苏省工艺美术大师。毕业于南京艺术学院美术专科。从事扎染技艺研究和创作 30 余年，设计了数千幅扎染画稿并主持了工艺和制作。扎染艺术品有具象有抽象，以人物题材为主。扎染长卷《唐人游骑图》、《八仙图》、《渔光曲》、巨幅扎染立屏《红楼梦人物图》、棉布扎染壁挂《太阳、大海和渔女》等在国内外大奖赛中屡屡获奖，多被博物院（馆）收藏。系列扎染时装和工艺品远销日本、欧美、港台等地区，取得了较好的社会效益和经济效益。

焦宝林

【王德伦】 （1943～ ）中国工艺美术大师。山东威海织毯高手。山东荣成市人。王德伦主持研制的新产品有：美术润色地毯、混合线地毯、两色线地毯和 3.5 支纱 120 道地毯等。由他指导织做不足 1 米的《群猫

图挂毯》,在全国轻工新产品展销会上被日本客人以4万元高价购去,并在日本举办的挂毯展评会上获头奖。根据国内外对地毯的需求,他把国外的先进设备同中国传统手工工艺相结合;将传统的设计工艺同现代化微机结合,创造生产出几十个新花色品种。仿手工机织地毯,1989年获全国工艺美术百花奖优秀新产品一等奖。他发明的地毯编织坐标图,解决了传统织做中对称图案织的不规则及织做过程中容易错色等问题,从而保证了织毯的质量,先后在全省和全国推广应用,这是地毯行业中的一项重大改革。由他主持织做的《贤明带来和平与丰收织毯》,获全国工艺美术百花奖创新设计二等奖。《梅鹤图织毯》,多次作为国礼赠送给新加坡、英国萨特拉姆市、越南黄文欢等。140道精艺毯由华裔于孟石先生赠送给美国总统布什。王德伦任中国工艺美术学会理事。山东省劳动模范、科技拔尖人才,全国劳动模范。在1988年第三届全国工艺美术艺人、创作设计人员代表大会上,被授予"中国工艺美术大师"称号。

王德伦

【俞家荣】　(1943～2008)苏州人。江苏省工艺美术大师。早年师从著名缂丝艺术家张玉明。曾任苏州刺绣研究所缂丝室主任,长期从事缂丝艺术的开发创新和文物复制工作。制作工艺细腻、新颖、精美。1983年科研创新"三异缂丝工艺研究"获江苏省科技成果三等奖。1984年复制的《明万历帝龙袍》获全国工艺美术百花奖"金杯珍品"奖。1988年创新的缂绣结合《熊猫·白猫》,获轻工部金奖。

俞家荣

【李玉坤】　(1947～)中国工艺美术大师。江苏如皋人。自小喜爱绘画、手工。高中毕业后进如皋丝毯厂从事设计工作。1981年至1983年在前中央工艺美术学院装饰艺术系深造。他结合传统丝毯工艺与现代艺术,首创现代艺术丝挂毯,体现精湛、艳丽的特色,进入高档艺术品市场,在海内外享有盛誉,被誉为"中国南派丝毯"代表、"中国现代艺术丝毯的开拓者"。作品多为国外博物馆、中国驻外机构及美国哈佛大学等收藏。其中《和平的春天》、《桂林山水》作为国家礼品赠予联合国。现任江苏如皋丝毯艺术博物馆馆长,著有《织毯行业的技术美学初探》、《发展现代艺术壁挂之我见》等专论。曾获全国"五一"劳动奖章、江苏省"有突出贡献的中青年专家"称号、江苏省劳动模范。享受国务院特殊津贴。第七、八、九届全国人大代表,第十、十一届江苏省人大常委。

李玉坤

【王宝林】　(1950～)江苏南京人,高级工艺师,研究员职称。王宝林自2005年任南京云锦所所长以来,带领全所职工,锐意改革,与东南大学、浙江大学合作,开发了云锦CAD纹织系统,实现了云锦设计、意匠的电

脑化;后又完成电脑挑花项目,使云锦的意匠、挑花、拼花和兜花,摆脱了落后的手工操作状态,适应了当前多品种、小批量生产的市场需求,云锦的创收,从1997年的几十万,猛增至2009年的3 200多万。为了确保云锦手工织造代有传人,王宝林有计划地将云锦专业培训,列入职业教育范畴,2008年联合国教科文民间艺术国际组织,命名云锦所为"云锦源头,传习基地"。在王宝林的精心组织下,前后在国内外举办了"故宫珍藏南京云锦文物精品展"、"世界民族织锦精品展"和巴黎"中国非物质文化遗产节"等十多项大型展览。2005年南京云锦被列入我国"第一批国家非物质文化遗产名录"。2009年"南京云锦织造技艺"被联合国教科文组织列入"人类文化遗产代表名录"。2003年和2006年,召开了两次"南京云锦国际研讨会"。2010年5月在上海世博会联合国馆,成功举办了"中国·南京云锦全球高层论坛"。王宝林主编和出版了《中国南京云锦》、《中国文武官补》和《云锦》等多种大型专著。

王宝林

【王永平】　(1951～)女。江苏省工艺美术大师。毕业于南京师范大学美术系。长期致力于蓝印花布的研究与开发,成功地将蓝印花布拓展到室内装饰品和旅游纪念品、礼品等领域。主持研制的蓝印花布作品既有传统民族特色,又有时代感,并充溢着浪漫情调,在国内外多次获得大奖。并将蓝印与扎染工艺完美结合,《家住长江口》等作品表现手法丰富

多变,在表达自然环境各种意向的同时,体现人们崇尚自然的美好心理,在国际展会上广受好评。

王永平创作设计的《秋韵》扎染女服

【金文】 (1954～)中国工艺美术大师。南京人。早期师从云锦老艺人黄瑞卿、陈必发、王长金等。技艺全面,精于织造。曾参与研究复制战国以来古代织锦精品,如《明万历真金孔雀羽妆花龙袍料》(获第六届中国工艺美术百花奖金杯奖)、汉代《马王堆素纱单衣》、金代《齐国王龙袍料》、清代《北洋水师提督丁汝昌战袍》和《日本琉球王龙袍》等。创新研发的当代云锦作品有的曾获国家大奖,其中《真金孔雀羽大团龙》被故宫博物院收藏。合著有《江南丝绸史研究》、《中国科学技术史(纺织卷)》、《中国传统工艺全集(云锦篇)》,著有《南京云锦》。现为南京博物院民俗所传统工艺研究室主任,上海东华大学兼职教授。

金文

【徐凌志】 (1955～)女。江苏省工艺美术大师。毕业于广西艺术学院美术系,南京艺术学院设计学院研

究生进修班结业。致力于将扎染及蜡染技艺与现代艺术形式融合,在空间、环境及装置中展示新的表现形式。曾在国内外多次举办个人作品展,并获奖。先后有数十本专著和论文出版和发表,有的并获奖。扎染代表作有《青瓷古韵》、《原始节律》、《凤壶的再现》等。现为上海大学数码艺术学院艺术设计系硕士生导师,山东工艺美术学院现代手工艺术学院、澳门科技大学客座教授。

徐凌志

【吴元新】 (1960～)中国工艺美术大师。17岁起专业从事蓝印花布印染刻版工作,30年来全心致力于蓝印花布艺术传承发展。突破传统蓝白二色局限,开发二次上浆、三次刻版、二次染色复色布系列。蓝印花布《狮子滚绣球》、《台布工艺四件套》等造型优美,线条流畅,形象生动,展现民间艺术现代魅力,屡获国家大奖。《年年有余》、《台布、桌旗系列》等被国家博物馆收藏。收集明清以来蓝印花布藏品5 000余件,创新设计近千件蓝印花布纹样及饰品。编辑出版有《中国蓝印花布纹样大全》。30多次赴美国、日本等举办专题展览。并应邀在清华大学美术学院、中

吴元新

央美术学院讲授蓝印花布艺术。为苏州大学硕士生导师。

【赵丰】 (1961～)浙江海宁人。1978年春考入浙江丝绸工学院。1982年开始学习丝绸史,1984年获硕士学位,1997年获博士学位。1997～1999年赴纽约大都会艺术博物馆和多伦多皇家安大略博物馆客座研究;现任中国丝绸博物馆副馆长、研究员,中国纺织品鉴定保护中心主任,上海东华大学(原中国纺织大学)兼职教授、博士生导师,浙江丝绸工学院特聘教授、硕士生导师,国际古代纺织品研究中心(CIETA)理事,浙江省"151人才",浙江省人大常委,全国人大代表。长期从事纺织历史和文物研究,历年来基本解决了如汉代斜织机、元代立机、缎织物起源、并丝织法等中国纺织史上的大量难题;应邀为国内考古所、博物馆及国外收藏机构等分析鉴定历代纺织文物数千件,出具正式鉴定报告十余份;出版了《丝绸艺术史》、《唐代丝绸与丝绸之路》、《织绣珍品:图说中国丝绸艺术史》(中英文对照)、《纺织品鉴定保护概论》(主编)等著作;在国内外专业学术刊物上发表论文近百篇(其中英文十余篇);赴美、加、法、英、德、瑞典、瑞士、日、韩及香港等地的著名博物馆、大学和研究机构讲学约20次。2000年倡议并筹建中国纺织品鉴定保护中心,在大学中招收硕士生和博士生,逐步构架纺织品文物研究学科。目前正在进行《辽代丝织品的研究和保护》和《丝织品病害的防治》等科研项目,主编《中国丝绸艺术》(中英文)和《中国丝绸通史》等出版项目。

赵丰

染织著作

【考工记】 作者不详。据考证,系春秋齐国人记录手工业技术的官书。西汉河间献王(即刘德,? ～前130)得《周官》时,缺《冬官司空》,以此书补入。西汉刘歆(? ～23)时改《周官》名为《周礼》,故亦称《周礼·考工记》。主要记述有关百工之事,分攻木之工、攻金之工、攻皮之工、设色之工、刮摩之工和抟埴之工六部分,分别对车舆、宫室、兵器、织物和礼乐诸器等的制作作了详细记载,并有工艺数据的详细记录,是我国古代一部工艺规范汇编。书中设色之工对我国古代练丝、练绸、染色、手绘、刺绣的工艺以及织物色彩和纹样等都作了详细而完整的记述。《考工记》是研究我国古代科学技术的重要文献。

【周礼·考工记】 见"考工记"。

【中国纺织科学技术史(古代部分)】 陈维稷主编。1984年科学出版社出版。我国全面论述纺织科学技术史的第一部著作。共3编,22章,书前有绪论,书后有结语和附录。全书约65万字,附有大量图片,其中彩色照片100多幅。书中对我国从原始社会到清末手工纺织业发展的全过程进行历史概括和论述。第一编为原始手工纺织时期,叙述纺织技术在我国的起源;第二编为手工机器纺织形成时期,叙述缫丝、纺纱、织造、染色工艺以及完整的手工机器逐步形成的过程;第三编为手工机器纺织发展时期,叙述纺织原料的变迁和换代,缂丝工艺及其手工机器的完善,纺车和大纺车、织机(特别是各种提花织机)的全面发展,练漂、染色、印花、整理技术以及丰富多彩的织品;最后还分析纺纱、织造、染色、整理技术历史发展的辩证规律。对研究我国古代纺织技术史具有重要参考价值。

《中国纺织科学技术史》扉页

【中国古代纺织史稿】 李仁溥著。1983年岳麓书社出版。该书对我国古代纺织业的发展情况进行了系统的叙述。全书分3编:原始社会时期的纺织;奴隶社会时期的纺织;封建社会时期的纺织,共10章。

【中国棉纺织史稿】 严中平著。原名《中国棉业之发展》,于1942年刊行初版,1955年经修订改用现名,并加副题《1289～1937——从棉纺织工业史看中国资本主义的发生与发展过程》。全书叙述从元至元二十六年(1289)元世祖设立"木绵提举司","责民岁输木绵十万匹"的实物贡赋制度起,到1937年抗日战争开始的中国棉纺织业发展史,特别着重分析鸦片战争后的发展。是中国第一本系统地论述棉纺织业发展史的专著,内容丰富,收集和保存了不少珍贵的史料。全书分9章。

【中国棉业之发展】 即《中国棉纺织史稿》。

【中国大百科全书·纺织】 中国大百科全书总编辑委员会《纺织》编辑委员会、中国大百科全书出版社编辑部编。1984年中国大百科全书出版社出版。该卷条目分10个分支:一、纺织史;二、天然纤维;三、化学纤维;四、丝绸;五、纺纱;六、机织;七、针织;八、染整;九、纺织品;十、综合及其他。全卷附有彩图64页,以及纺织大事年表等。是一部重要的纺织专科参考工具书。

【中国美术全集·印染织绣】 黄能馥主编。1985～1986年文物出版社出版。该书分上下两卷,精选古代印染织绣、服装460余件,包括帝后服饰、宫廷陈设用印染织绣品和各族民间生活用品,按时代和品种序列编排,全部彩色精印。图版均附文字说明。卷首有综述性的《中国印染织绣工艺美术的光辉传统》一文。

《中国美术全集·印染织绣》护封

【纺织史话】 上海纺织科学研究院《纺织史话》编写组编著。1978年上海科学技术出版社出版。内容有纺织起源、养蚕取丝、葛、苎麻、棉花、缫丝、纺车、蜀锦、云锦、染织术、丝绸之路等。资料翔实,图文并茂,后附有中国古代纺织技术大事记。

《纺织史话》封面

【锦绣华服——古代丝绸染织史】 赵丰、徐峥编著,2008年文物出版社出版。全书分8章:一、蚕与丝;二、丝绸的历程;三、灵机一动;四、绫罗锦绮;五、染织刺绣;六、丝绸艺术;七、丝绸与中国文化;八、丝绸之路。该书为《中国古代发明创造丛书》之一,用通俗的语言叙述了中国古代丝织印染术发明的历史。内容翔实,图文并茂,生动地再现了中国古代科技发展的历史。

《锦绣华服》封面

【中国染织史】 吴淑生、田自秉著。1986 年上海人民出版社出版。中国文化史丛书之一。该书按照原始社会至清代各个历史时期的发展顺序,对我国古代的丝织、缂丝、麻织、毛织、棉织、刺绣、印染工艺,以及历代染织装饰纹样等,进行了较系统的介绍和阐述。全书资料丰富,并附有彩图 15 幅、单色图 53 幅,以及插图 90 幅。

《中国染织史》扉页

【本草纲目】 明·李时珍(1518～1593)撰成书于万历六年(1578),刊于万历十八年。共 52 卷,分 16 部,60 类。收药物 1 892 种,附有 1 100 余幅药物形态图。内容丰富,系统地总结了我国十六世纪以前药物学的经验。是我国药物学和植物学的宝贵遗产,在矿物学、化学和动物学等方面也有贡献。它对我国药物学的发展起着重大作用,对古代的染料和颜料采集和应用也有影响。书中有

关我国古代染家所用的染料和助剂,共录有 100 余种。其中供精练用的有草木灰、蜃灰、石灰等;供印染用的矿物颜料有丹砂、石青、赭石等;化合颜料有银朱、胡粉等;植物染料有红花、苏枋、栀子、姜黄、靛青等;整理剂和助剂有赭魁(薯莨)、楮树浆、白垩土、青矾等,分别于释名和集解中将异名、产地、种类、性能等,作了详细描述和比较。曾被译成日、德、法、英、俄等文字。

【天工开物】 明·宋应星撰,崇祯十一年(1637)始刊,3 卷。全书全面记述了我国古代农业和手工业的生产技术和经验,附有 123 幅插图。上卷记载谷物豆麻的栽培和加工方法,蚕丝棉纻的纺织和染色技术,以及制盐、制糖的工艺;中卷记载砖瓦、陶瓷的制作,车船的建造,金属的铸锻,煤炭、石灰、硫黄、白矾的开采和烧制,以及榨油、造纸的方法等;下卷记载金属矿物的开采和冶炼、兵器的制造,颜料、酒曲的生产,以及珠玉的采集加工等。对各种农作物和工业原料的种类、产地、生产技术和工艺装备,以及一些生产组织经验等,记载都很详细。其中《乃服》和《彰施》两篇全面而详尽地介绍了当时颇为发达的丝、麻、棉的纺织和染整技术。书中对蚕的饲养方法以及缂丝、织造等方面阐述尤为详细。插图中有"花机图"一幅,画出结构复杂的提花织机。为研究我国古代纺织机械和纺织技术提供宝贵资料。曾被译成日、法、英等文字。

【中国丝绸科技艺术七千年】 黄能馥、陈娟娟著,2002 年中国纺织出版社出版。黄能馥是清华大学美术学院教授,陈娟娟长年在故宫博物院研究古代织绣文物,夫妇俩 40 多年都从事丝绸科技艺术研究工作。《中国丝绸科技艺术七千年》一书,表露出作者长期研究丝绸科技艺术的心得。如书中大量附入织物分析实例;如实物照片,多附有织物分析详细内容;如对古代提花机的类型及发展过程、

缂丝戗色方法、金线和孔雀羽毛线的制作等,都有专门论述。在书前言中并提出了研究丝绸科技艺术四个核心要点:一是织机的提花机结构及提花装造的发展水平,二是丝绸织物的组织设计的历史发展,三是织物图案设计的历史面貌,四是印染刺绣技术的进步。作者认为四个问题清晰了,中国丝绸科技艺术演变进程也就清楚了。这正是作者可贵的经验之谈。

《中国丝绸科技艺术七千年》封面

【释缯】 任大椿著。成书于清代乾隆年间,被收入《燕禧堂五种》和《皇清经解》。任大椿,字幼植,江苏兴化人,著名学者,善文辞,攻经史传注,曾任《四库全书》纂修官。该书根据中国历代文献(以先秦至唐代的文献为主),对丝织物品种、名称进行了分析、整理、总结和考证。提出了中国古代丝织物的三种主要分类方法。还记述了锦的变迁、缎的起源、绮、绫与缎的关系等丝绸发展史方面的若干问题。书中涉及的丝织物品种有数十种,对研究中国丝绸史和现代织物分类、定名等有重要参考价值。这是我国第一部研究古代丝织物品种、分类和名称的著作。

【丝绣笔记】 朱启钤撰。1930 年第一次付印。两年后增补重印。为《丝绣丛刊》、《美术全集》所收。该书是一部关于中国传统丝织物的研究著作。作者曾任北洋政府高级官员,有机会接触清内府等处收藏的珍贵丝织品文物,对丝织文物有很高的鉴赏力。《丝绣笔记》以织成、锦绫、刻丝、

刺绣等中国传统高级丝织品为对象，主要从工艺美术角度进行研究。全书分《记闻》、《辨物》上下两卷。作者广泛收集各种丝织品起源、产地、技术、价格、代表作品、官匠制度的有关文献资料，并加以整理说明，对中国纺织史研究有重大参考价值。

【中国蜡染艺术】 鲁朴编绘。1984年上海人民美术出版社出版。介绍蜡染艺术的图册。共收集了安顺蜡染 46 幅、黄平蜡染 10 幅、丹寨 27 幅、大理蜡染 20 幅、路南蜡染 12 幅。书前有张仃撰写的《序言》，书后是编者撰写的《中国蜡染——少数民族的民间艺术》和《民间蜡染的生产工艺》等，每图还附有简短的文字说明。

【木棉谱】 褚华撰。成书于清代乾隆年间。木棉，系我国古代对棉花的称谓。书中记述了棉种、播种、施肥、锄草、套种、捉花(采棉花)等整个棉花栽培过程的生产技术；记述了棉花初加工、纺纱、织布、染整等生产工艺。《木棉谱》记载上海地区棉纺织生产情况，多系传说的汇编。例如，句容式轧棉车 1 人可当 4 人用；江西乐安人能用 5 只纺锭，一手握 5 根棉条同时纺 5 根纱(实际是加捻而非纺纱)等的记载。

【梓人遗制】 薛景石撰。元中统二年(1261)刊印出版，后被收录在明《永乐大典》卷一八二四五"十八漾匠字诸书十四"(新印本第 172 册)内。薛景石字叔矩，金末元初河中万泉(今山西万荣县)人，生卒年不详，是中国古代杰出的机械设计师兼制造家。该书主要记叙了华机子(即提花织机)、立机子(即立织机)、布卧机子(即织造麻布、棉布的平织机)和罗机子(专织绞经织物的木织机)等四大类木织机以及整经、浆纱等工具的型制。全书绘有零件图和总体装配图 110 幅，都注明机件名称、尺寸和安装位置、制作方法和工时估算。

【蜀锦谱】 元·费著撰。一卷。记述了当时成都锦院之概况和所产八答晕锦、盘球锦、簇四金雕锦等 120 个品种，以及茶马司锦院所产的 20 余个品种。是研究古代蜀锦的专书。

【蜀锦史话】 永向前、何鸿志、刘荣璋撰写，1979 年四川人民出版社出版。《史话》主要叙述了蜀锦的简要历史，介绍了蜀锦的织机、工艺和图案品种以及解放后技术革新等成果。全书约 12 万字。该书主要由四川社会科学研究院主持组织人员编写，曾得到故宫博物院、中国科学院考古研究所夏鼐所长、纺织专家王若愚和北京大学宿白教授等人的许多帮助。

《蜀锦史话》封面

【中国南京云锦】 黄能馥、王宝林、肖泽民合著，2003 年南京出版社出版。该书从北京故宫博物院、承德避暑山庄、西藏博物院、明十三陵博物馆、南京博物院、南京市博物馆、南京云锦研究所和清华大学美术学院等单位，征集到 200 多幅实物图片资料，进行归类整理，分成"历史源流"、"科技内涵"、"文化艺术价值"三部分编写。该书以中、英、日三种文字对

《中国南京云锦》护封

照。《中国南京云锦》是一部融科学性、知识性、资料性于一体的力作，这对于宣传、保护、利用南京云锦，起到了重要的推动作用，同时对从事云锦以及丝绸研究等工作，亦都具有重要的参考价值。

【云锦图案】 南京云锦研究所编绘。1959 年中国古典艺术出版社出版。该图册编绘的云锦图案共有 38 幅。书前有编者撰写的《云锦的艺术成就》一文。

【南京云锦史】 徐仲杰著。1985 年江苏科学技术出版社出版。全书共分云锦的历史发展情况；云锦织造业的生产关系；云锦的品种及其艺术成就 3 章。对云锦起源、江宁织造与曹家、挑花业、云锦图案的题材内容、构成色彩的艺术规律等，都有较详细叙述。

《南京云锦史》封面

【耕织图】 内容为绘写我国古代水稻耕作和丝麻纺织生产过程的图册，图诗相配。南宋刘松年曾画过《耕织图》；南宋楼璹画的《耕织图》中，《耕图》21 幅，《织图》24 幅。据其侄楼钥《攻媿集》卷七十六记述："伯父时为临安於潜令。笃意民事，慨念农夫蚕妇之作苦，究访始末，为耕织二图。耕自浸种以至入仓，凡二十一事，织自浴蚕以至前帛，凡二十四事，事为之图。系以五言诗一章，章八句。农桑之务，曲尽情状。"楼璹的《耕织图》作于宋高宗年间，至宁宗嘉定三年由其孙刻石传世。南宋官府遣使持《耕织图》巡行各郡邑，推广耕织技术，对当时的蚕桑丝织业发展起了很大推动作用。历代

《耕织图》的摹本较多。元、明两代均有摹本，其中元·程棨摹本最为接近真迹。现真本已不可见。现得见的是清康熙三十五年(1696)命焦秉贞绘的《耕织图》内府藏本。《织图》自浴蚕至成衣共 23 幅，其中采桑、养蚕、上蔟、择(选)茧、窖茧共 12 幅；缫丝、络丝、卷纬、整经、织机、攀花(提花)、染色共 7 幅。

【蚕桑萃编】 清·卫杰撰，光绪十八年(1892)成书，15 卷。综合多种蚕书材料参酌河北具体情况而成，是中国古代最大的一部蚕书。除桑政、蚕政、缫政、纺政、绵谱、线谱外，还有织政、染政、花谱等。如织政卷下"绸缎类"，染政卷下"色泽类"，花语卷下"花纹类"，都保存了丰富的史料。并有蚕织缫丝图 3 卷、外纪 2 卷。除对古蚕书的介绍和评价外，重点叙述了当时中国蚕桑和手工织染所达到的技术水平。图谱中绘有当时使用的生产器具，附有说明。一种多锭大纺车反映了当时中国手工缫丝织绸的最高成就。

【新疆地毯史略】 贾应逸、张亨德编著。1984 年轻工业出版社出版。该书根据考古发掘的和各博物馆珍藏的新疆地毯、历史文献、现代新疆地毯的编织技艺，以及在民间搜集到的有关资料，经过整理、综合编写而成。并通过历史的发展和技艺的分类对新疆地毯的若干方面，进行了探讨和研究。

【浙江丝绸史】 朱新予主编。1985 年浙江人民出版社出版。该书比较

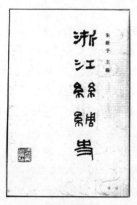

《浙江丝绸史》封面

全面而系统地记述了浙江丝绸的发展历史，对研究浙江以至全国的丝绸史都有参考价值。

【苏州织造局志】 清·康熙二十五年(1686)成书。孙珮编，12 卷。孙珮系江苏吴县人，秀才，曾参加过《苏州府志》《吴志》《关志》等书的编辑，《苏州织造局志》是他较完整的一本著述，内容较丰富。书中详细记载了苏州织造局的沿革、职官、官署、机张、工料、段匹、口粮、宦绩、人役、祠庙等情况。工料一卷，染料一项，就著录有 26 种。段匹一卷，彩装品级的"补子"一项，亦著录有 22 种。这些材料，对整理民族遗产和研究我国丝织业的历史，有较重要的参考价值。

《苏州织造局志》封面

【中国历代织染绣图录】 高汉玉主编。1986 年商务印书馆香港分馆、上海科学技术出版社出版。全书文字分为 5 章，书中图片分为"图版"和"参考图版"两部分，皆彩色印刷。前者注重审美欣赏，后者注重资料的提供，互为补足。每图均有文字说明。书后尚附录名词解释和中国织染绣大事年表等。

【中国丝绸图案】 沈从文、王家树编。1957 年中国古典艺术出版社出版。该书选编了自战国至清末的丝绸图案共 27 幅。后记部分简述了历代丝绸发展的历史和各个时期丝绸图案的艺术风格。

【丝绸之路——汉唐织物】 新疆维吾尔自治区博物馆、出土文物展览工

作组编。1972 年文物出版社出版。从 1959 年到 1969 年，在丝绸之路的我国境内甘肃和新疆两地，发现很多汉唐丝织品，该书选录其中 65 件精品，全部彩色印刷，另附有说明文字一册。

【宋元明清缂丝】 辽宁省博物馆编。1982 年人民美术出版社出版。介绍宋、元、明、清缂丝的大型图册。收入辽宁省博物馆庋藏的两宋、元、明、清缂丝精品 47 图，另收入五代和元代的织成 3 图，作为附录。书后有杨仁恺撰写的《后记》，叙述了缂丝之兴起、发展、装饰风格的演变等，并介绍了织成的工艺。

【故宫博物院藏清代织绣团花图案】 故宫博物院编。1959 年文物出版社出版。该书从故宫博物院收藏的十七世纪中期以来的成衣与衣料中精选出 86 幅图案编成，其中有彩色图版 4 幅。书的前言对我国图案的发展演变作了简要的介绍。

【陈之佛染织图案】 李有光、陈修范编，1986 年上海人民美术出版社出版。陈之佛教授是我国著名的工艺美术家、美术教育家、工笔花鸟画家，对染织工艺和染织图案设计造诣亦很深，这册"染织图案"，是他上世纪二三十年代设计的部分手稿，仅存 108 幅，但从这些残留的手稿中，仍可看出，设计的图案取材广泛，手法多样，风格新颖，格调典雅，具有较高的艺术价值。书前有他生前撰写的一篇《谈工艺美术设计的几个问题》作为代前言。

《陈之佛染织图案》封面

其他

【帛】 战国以前称丝织物为帛。《说文》:"帛,缯也。"秦汉以后称为缯。

【布帛】 丝、麻、棉织物的总称。《礼·礼运》:"治其麻丝,以为布帛。"

【缯】 秦汉时称丝织物为缯。《说文》:"缯,帛也。"长沙马王堆西汉墓出土盛放丝织物的箱子上即标明"缯笥"字样。

【绞】 黑经白纬织物。《礼记·杂记》下:"朝服"郑玄注:"朝服,绞冠。"陆德明释文:"黑经白纬曰绞。"

【缟】 未经练染的本色精细生坯织物。据《汉书》颜师古注解,缟就是本色的缯。清·任大椿《释缯》:"熟帛曰练,生帛曰缟。"

【丝布】 蚕丝与麻、葛等纱交织的布。《周书·武帝纪》下建德六年:"初令民庶以上,唯听衣绸、绵绸、丝布、园绫、纱、绢、绡、葛、布等九种,余悉停断。"北周庾信《庾子山集·谢赵王赉丝布启》。按宋元以后有棉布。丝、棉交织的丝布,近代始有,多为纱经丝纬,俗称棉绸。"以丝作经,而纬以棉纱,曰丝布,即俗所称云布也。"(《松江府志》)可见蚕丝与其他植物纤维交织无论是作经或纬,其织物皆称丝布或云布。

【芏缉】 古代的一种土黄色丝的织物。

【阿】 古代的一种轻细的丝织物名。《史记·司马相如列传》:"被阿锡。"裴骃集解:"阿,细缯也;锡,布也。"

【蝉】 古代薄型丝织物绸的一种,以其薄如蝉翼得名。《急就篇》卷二:"绨络缣练素帛蝉。"现有蝉翼纱这一品种。

【绘绉】 古代织物,一种苍艾色的帛。

【冰纨】 细洁雪白的丝织品,以色素鲜洁如冰,故称。《汉书·地理志》下《齐志》:"其称弥侈,织作冰纨绮绣纯丽之物。"

【缞纯】 古代的一种带穗的织物。

【大练】 粗糙厚实的丝织物。《后汉书·马皇后纪》:"常衣大练,裙不加缘。"李贤注:"大练,大帛也。大帛,厚缯也。"

【缣】 双经双纬的粗厚织物之古称。《释名·释采帛》:"缣,兼也,其丝细致,数兼于绢,染兼五色,细致不漏水也。"《说文》解释,缣就是双丝的缯。汉以后,多用作赏赠酬谢之物,或作货币。唐制布帛四丈为匹,亦谓匹为缣。

【绫】 织物名。宋·范成大《桂海虞衡志·志器》:"绫,亦出两江州洞,如中国线罗,上有偏地小方胜纹。"

【缥】 青白色的丝织品。

【阿缟】 古代织物,一种细软的薄缯。

【绖】 细缯。《广雅·释器》:"绖,练也。"王念孙疏证:"绖,一名细绖。"《释名》云:"细绖,染缣为五色,细且绖,不漏水也。"《潜夫论·浮侈篇》云:"从奴仆妾,皆服……细绖绮縠,冰纨锦绣。"

【练】 古代织物。练,《说文》新附字,布属。《广韵》:"练葛。"《类篇》:"绤属。"《桂海虞衡志》:"绤子出两江州洞,似纻,织有花,曰花练。"《玉篇》则曰:"仿粗丝。"应以布属为可信。

【玄纤】 古代丝织品。据《尚书·禹贡》记载,古徐州(今江苏、安徽北部、山东南部)产"玄纤",玄纤是一种黑

色的细绸子。

【红缦】 古代织物,一种红色的无纹绢帛。

【线春】 丝织品名。用家蚕丝织成,在平纹上起几何形的花纹(如回纹等)。织物坚韧厚实,花纹淳朴,多经练、染、整理而成,呈单色。适于作服装用。

【绨】 ① 古代的一种厚实有光泽平纹染色丝织品。《急就篇》卷三颜师古注:"绨,厚缯之滑泽者也。"② 现代指用有光粘胶长丝作经、用棉线或蜡纱作纬以平纹组织交织的织物。质地粗厚缜密,织纹简洁清晰。纬丝采用丝光棉纱的称为线绨,又分素绨、花线绨;采用蜡棉纱的称为蜡线绨,提花线绨称花线绨。其中大花纹的线绨用于作被面,其他一般用作衣料。

【绡】 轻薄透明的丝织物。现代采用桑蚕丝、合成纤维为原料以平纹或变化平纹织成。适宜制作女式晚礼服、连衣裙以及披纱、头巾等。选用中等捻度的丝线作经线和纬线,经纬密度较小,织物经精练、印染整理后,有捻丝线微微弯曲使经向和纬向结构疏松,形成轻薄透明的绡地组织结构。绡按品种加工方法可分为:平素绡、条格绡、提花绡、烂花绡和修花绡等;按原料不同又分真丝绡、人丝绡、合纤绡、交织绡等。

【红绡】 红丝织成的薄绸。

【织成】 古代名贵丝织成。有人认为它就是缂丝,但更多的学者认为织成的织造方法无法考认,它与缂丝有很多不同。朱启钤在《丝绣笔记》中认为织成与缂丝"是一是二,尚待论定"。

【仪凤纹织成】 元代丝织品。现藏辽宁博物馆。属传世的织成品。原件高53.5、宽54.8厘米。在桃红

色的缎地上，用金彩纬线通梭提花织制百鸟朝凤图案，以拈金线制织羽毛、玉兰枝的框边，花纹更显光彩夺目。

【鸾凤纹织成】 清代作品。一只白色鸾凤展翅飞翔，在深红色底和缠枝花的衬托下显得格外鲜明突出，整幅作品极富装饰意趣。

清代鸾凤纹织成

【罽】 细密毛织物之古称。《尔雅》："氂罽也。"邢昺疏："罽者，织毛为之。"《汉书·高帝纪》下："贾人毋得衣锦秀、绮縠、絺纻、罽。"

【氍毹】 毛或毛麻混织的布、地毯之类，其细者为氍毹。《广韵十虞》"氍"下引《风俗通》："织毛谓之'氍毹'。"《玉台新咏·古乐府诗·陇西行》："请客北堂上，坐客毡氍毹。"

【㲲】 古代西南民族的毛织品名。《后汉书·西南夷传》："（哀牢夷）知染采文绣罽㲲。"

【缋罽】 有彩色的毛织物。《汉书·东方朔传》："木土衣绮绣，狗马被缋罽。"注："缋，五彩也。罽，织毛也，即氍毹之属。"

【褐】 古称粗制毛织物为褐，又称㲲。《天工开物》："褐为贱者服……，褐有粗而无精。"

【氍毹】 一种毛织品。《后汉书·乌桓传》："妇人能刺韦作文绣，织氍毹。"玄应《一切经音义》卷十六"氍毹"注引《声类》："毛布也。"

【缂毛】 缂法即通经回纬织花方法，是我国古代织造工艺中的一朵异花。我国缂法首先用于缂毛。至少在汉代已经有了。1930 年英国人斯坦因在我国新疆古楼兰遗址中，发现一块汉代奔马缂毛。彩色纬纱奇妙地缂出奔马和卷草花纹，体现出汉代新疆地区的纹样风格。这是迄今为止出土文物中时代最早的一件通经回纬织物。现藏于英国皇家博物馆。

【汉人首马身纹缂毛】 实物为一条缂毛裤残片，1948 年新疆和田市洛浦县山普拉的赛依瓦克汉代墓群 1 号墓出土。这一人兽合体的纹样形象，其肩披披风，双手捧正在吹奏的乐器，周围饰以花朵，题材、风格十分奇特。

汉代人首马身纹缂毛

【汉飞鸟纹毛织品】 实物于新疆楼兰出土。纹样以展翅飞翔的小鸟为主体，形成二方连续。纹样简洁，造型生动，颇具装饰性。

汉代飞鸟纹毛织品

【彩条毛罽】 西汉毛织品。现藏新疆考古研究所。新疆汉代遗址出土。是用土黄色和绛红色的双股粗毛纱织成的彩带。织物是平纹组织。由于经纱采用土黄色和绛色间隔排列，纬纱用土黄色纱一根一根地连续织入，因此在毛罽织物表面显露出一条条彩横条的特殊风格。

【花罽】 提花织制的精细毛织物。东汉班固给当时在西域的兄弟班超信中说："窦侍中前寄人钱八十万，市得杂罽十余张。"证明我国新疆地区在汉代以前就生产各种罽，而且以张计量。《三国志·吴志》记载，孙坚"常著金罽"。三国东吴孙皓赐功臣：斑罽五十张，绛罽二十张，紫青罽各十五张。这些都表明，三国时已有带花纹、有彩色线织入的罽。

【人物葡萄纹毛织品】 东汉时代毛织品。1959 年新疆民丰出土。这种在纬线上起花的组织法，有别于中原地区在经线上起花的传统的丝织技法。在黄色地上饰以深绿色的人物与写实葡萄，花纹生动，色彩鲜明。

【龟甲四瓣纹罽】 东汉毛织品。现藏新疆维吾尔自治区博物馆。新疆民丰尼雅汉遗址出土的龟甲四瓣纹罽，残长 24、宽 12 厘米。经纱密度是三股 7 根/厘米，纬纱密度为双股 13 根/厘米。是用纬线显花法，在藏青地上织出黄色的龟甲纹图案，中间嵌着红色的四个朵瓣的小花，花地分明，配色艳丽，纹饰是中原地区风格，体现民族交往的特色。

【忍冬纹毛织品】 魏晋织花毛织品。以忍冬为题材织组缠枝花，形象写实，姿态生动。

魏晋忍冬纹毛织品

【北朝方格纹毛织品】 北朝毛织品。现藏新疆维吾尔自治区博物馆。织品采用平纹组织。经纬毛纱预先染成黄褐和青色。织造时，经纱按一定的间隔排列成宽、窄两种条纹；纬纱则用两把梭子按序轮番投入。这样就形成了深浅、大小、形状富有变化的条格纹。织品出土于吐鲁番附近的阿斯塔那墓地(高昌古城北郊)。

【斜褐】 斜纹粗毛织物的统称。宋人洪皓在《松漠纪闻》中曾提到"斜褐"。新疆民丰地区东汉古墓出土一块蓝色斜褐。新疆和田地区北朝遗址出土一块蓝色印花斜褐,用蜡防法染成。

【霞氎】 《新唐书·吐蕃传》:"所贡有……霞氎、马、羊、橐佗。"明·杨慎《艺林伐山·霞氎》:"吐蕃贡霞氎。"自注:"今之红氍毹。"

【藏被】 藏族纬起绒的厚重毛织物,用藏被织机织造。现在保存的传统藏被织机是脚踏提综平纹织机,藏被的绒纬长一般为 2.5 厘米,既温暖,又柔软。卷起来放在马上,携带方便,适合于游牧。

【梭福】 少数民族的毛织布。元代朱德润《存复斋文集·异域说》:"其地又能撚毛为布,谓之梭福,用密昔丹叶染成沉绿,浣之不淡。"

【氆氇】 藏语的音译。中国藏族制作衣服和坐垫的羊毛织品。产生于公元七世纪吐蕃时期的"拂庐"。氆氇有十多个品种。织法有两种:一、将羊毛用纺锤拈成线,借助简单纺架手工操作。用此方法,一个能干的妇女,一天可织近 3 米氆氇;二、将羊毛用纺车纺成线,再用梯形木结构织机纺织。一个技术熟练的妇女,一天能织宽约 40 厘米、长约 4 米的氆氇。染毛线用茜草、大黄、荞麦、核桃皮等做染料,可染出赭、黄、红、绿等色。藏族人民所织氆氇除自用外,还销往内地或国外,深受欢迎。

【装饰用纺织品】 通常指除衣着纺织品、工业用纺织品以外的纺织品。分室内用品,如:地毯、沙发套、椅套、壁毯、贴墙布、像景、绣品、窗帘、门帘、毛巾、浴巾、茶巾、台布等;床上用品,如:床罩、床单、被面、被套、帐篷、毛毯、绒毯、毛巾被、枕套等;户外用品,如:人造草坪等。装饰用纺织品一般要求具有阻燃性,以保障安全。装饰用纺织品的图案、设色要求从整体效果出发与环境相得益彰,具有较强的装饰性。

【绦】 装饰衣物用的一种丝织窄带。1972 年长沙马王堆 1 号汉墓出土衣物中有两种绦。一种叫"千金绦",一种为"缥缓绦"。

【动物纹针织绦】 战国丝织物。湖北省江陵马山 1 号楚墓出土。是目前世界发现最早的一件动物纹针织绦。织绦和锦及绢缝合在一起作领袖缘。织绦宽度为 15 厘米,厚度为 1.55 毫米,是由横向连接组织和单面提花成圈组织复合的针织品,结构厚实。花纹主题是一只奔兽,用深棕、土黄两色丝线提花。两只奔兽之间的彩条属横向连接组织,其用色有深棕、红棕及土黄。

【千金绦】 1972 年湖南省长沙马王堆 1 号汉墓出土。因为这种绦上织有篆书"千金"二字,而故名。饰有这种绦的三副手套,同时出土的竹简称之为"千金绦饰"。三副手套的掌面上下及锦饰内棺上的贴毛锦边缘,所用"千金绦"较窄,宽仅 0.9 厘米。纹样由"千金"文字、雷纹、波折纹三种组成,分阴阳各异的两个单元,呈绛红色调,色彩古朴。

【千金绦饰】 见"千金绦"。

【缥缓绦】 装饰衣物的一种丝织窄带。1972 年长沙马王堆 1 号汉墓出土。同时出土的竹简提到夹袷时,称之为"缥缓绦饰"。一段的两侧,在白地上织出黑色线,中行在绛红色地上织出黑线组成的波折纹,波折纹上又有两处并列的三条白色横杠,纹样简练,色彩和谐。

【缥缓绦饰】 见"缥缓绦"。

【缀花绢幡】 唐代丝织品。现藏敦煌文物研究所。敦煌莫高窟出土。平纹绢地,花纹先剪后缀贴。

【人字绮幡】 唐代丝织品。现藏敦煌文物研究所。敦煌莫高窟出土。纬显花绮为底料,贴花。经密 42 根/厘米,纬密 38 根/厘米。用作佛幡。

【金条纱】 一种单纯用金银丝缕加绿蓝织成的条子式闪光锦,宋称之为金条纱,其华丽的色彩效果,是后来丝织物中少见的。

【缅】 原为束发之帛,后为冠的代称。《仪礼·士冠礼》:"缅缅,广终幅。"郑玄注:"缅一幅长六尺,足以韬发而结之矣。"《中国百科全书·纺织》:"古称丝织的冠为缅,冠上涂以生漆的为漆缅冠,后俗称乌纱帽。"

【纷帨】 手巾。《礼记·内则》:"左佩纷帨。"陈澔集说:"纷以拭器,帨以拭手,皆巾也。"

【壁衣】 古代装饰墙壁的帷幕,用织锦或布帛做成。唐·岑参《岑嘉州诗》二《玉门关盖将军歌》:"暖屋绣帘红地炉,织成壁衣花氍毹。"

【文绣】 绣画的锦帛,用作衣服。《孟子·告子》上:"令闻广誉施于身,所以不愿人之文绣也。"赵岐注:"文绣,绣衣服也。"《汉书·贾谊传》:"且帝之身自衣皂绨,而富民墙屋被文绣。"

【被面】 被褥和被套的面料。从质地分为绸缎被面和棉布被面。从装饰上分为织花被面和印花被面、绣花被面三类。绸缎被面一般采用大提花机织成,质地偏薄,手感柔软平滑,色彩鲜艳华丽,花形生动精致,是中国传统纺织品之一。提花被面有经纬都是桑蚕丝织成的,即真丝被面;利用桑蚕丝作经、人造丝作纬织成的被面练染后因两种纤维染料吸色性能不同,显出与地色不同色彩的花纹,这为交织软缎被面。经(桑蚕丝)纬(人造丝)预先染好数种颜色,多种色彩的纬线由梭子交替织入,这种被面谓之织锦被面。经用人造丝,纬用棉纱(或蜡纱)交织的被面称之为线绨被面。丝绸印花被面有的在素软缎坯绸被面上印花,也有在独幅软缎被面上套印花纹图案,经整理加工成织锦花被面。绣花被面是在素软缎坯绸上绣花加工而成。绣花被面又分手工绣和机绣两种。棉布印花被面以细支纱为原料,织成坯布经练漂后印制而成,花形较大,色彩浓艳。

【床单】 床上用的纺织品之一,也称被单。一般采用阔幅手感柔软保暖性好的织物。花色品种有全白、素色、条格、印花、提花、拉绒等。印花床单的花型有边花、中花、长条花、对角花、散花、四角中花(俗称四菜一汤)等。提花床单的纹样图案根据设计要求采用多臂机或提花机织造。

【床罩】 床上用品之一。按原料与加工方法分织锦床罩、绉地罩、衬棉床罩、簇绒床罩等。织锦床罩属锦类丝织物,色彩纹样富有民族风格;绉地床罩、簇绒床罩手感柔软;衬棉床罩具有轻、软、滑的特点。床罩的图案设计根据整个房间的陈设色调运筹、把握。

【羽织物】 利用羽毛织成的纺织品。南齐文惠太子(肖道成的长孙)使工匠"织孔雀毛为裘,光彩金翠,过于雉头远矣"。唐中宗(705～710)女安乐公主"使尚方合百鸟毛织成二裙,正视为一色,傍视为一色,日中为一色,影中为一色,而百鸟之状皆见"。南宋《岭外代答·翡翠篇》:"邑州右江产一等翡翠(鸟名),其背毛悉是翠茸的。穷侈者用以撚织。"北京定陵博物馆保存了一件缂丝龙袍,其胸部团龙补子部分,是用孔雀毛绕于蚕丝上织入的。该馆还收藏着一批孔雀毛缂丝织物残片。清·乾隆帝穿的龙袍的龙纹周围底色部分是用绿色孔雀毛纱盘旋而成的。以上说明,自南

北朝至明清均有羽毛用于纺织。

【孔雀羽拈线行龙妆花遍地金】 清代丝织品。现藏北京故宫博物院。织品用多色彩纬挖花,金线勾边及衬作纹样背景,龙身用孔雀羽拈线织出。此类织物,最早出现于明代。明《天水冰山录》有"妆花遍地金"名目。清代南京、苏州的官营织造局也曾生产。

【丝絮片】 用丝纤维不经纺织加工而制成的薄片。清代段玉裁在注《说文》时指出:"按造纸昉于漂絮,其初丝絮为之,以箔荐而成之。"就是说造纸开始于漂絮,缫丝下脚、茧衣、薄皮、双宫茧的乱丝等煮后漂洗,然后进行打击,置于竹帘上晒干。在竹帘上残留的丝絮渣片,就是漂絮的副产品,类似后世的丝绵纸。这类丝絮片早已问世,到了汉代才正式命名为纸。丝絮片是纸的前身。唐代用絮片制成铠甲。宋代用絮片做成"纸帐"、"纸衣"、"纸被"。《渑水燕谈录》记载:贫苦的深山居民"常以纸为衣"。宋·陆游诗云:"纸被围身度雪天,百年狐腋暖于绵。"丝絮片制作技术传到日本,日本的民间用丝絮片来做"寒衣",别称"防寒纸"。

【人造毛皮】 外观类似动物毛皮的长毛绒型织物。绒毛分两层,外层是光亮粗直的刚毛,里层是细密柔软的短绒。人造毛皮常用作大衣、服装衬里、帽子、衣领、玩具、褥垫、室内装饰物和地毯等。制造方法有针织(纬编、经编和缝编)和机织等,以针织纬编法发展最快,应用最广。针织时,梳理机构把毛条分散成单纤维状,织针抓取纤维后套入底纱编织成圈,由于绒毛在线圈中呈"V"形,其针织底布延伸度较大,必须再在底布背面涂黏合剂,使底布定形,不致掉毛。

【人造麂皮】 模仿动物麂皮的织物,表面有密集的纤细而柔软的短绒毛。过去曾用牛皮和羊皮仿制。二十世纪七十年代以来采用涤纶、锦纶、腈

纶、醋酸纤维等化学纤维为原料仿制,克服了动物麂皮着水收缩变硬、易被虫蛀、缝制困难的缺点,具有质地轻软、透气保暖、耐穿耐用的优点,适宜制作春秋季大衣、外套、运动衫等服装和装饰用品,也可用作鞋面、手套、帽子、沙发套、墙布以及电子元件的材料。人造麂皮以超细且化纤(0.4且以下)为原料的经编织物、机织物或无纺布为基布,经聚氨基甲酸酯溶液处理,再起毛磨绒,然后进行染色整理而成。

【博多织】 宋代,日本派人来中国学习织造技术,回国后在博多地方,采用中国技术改造了旧织机设备,出产的纺织品取名为"博多织",而闻名于世。

【火浣布】 见"石棉布"。

【石棉布】 用石棉纤维纺织而成的布。由于具有不燃性,在火中能去污垢,所以中国早期史书中常称之为"火浣布"或"火烷布"。《列子》:"周穆王大征西戎,西戎献锟铻之剑、火浣之布。……火浣之布,浣之必投于火,布则火色,垢则布色,出火而振之,皓然凝乎雪。"

【玻璃布】 用玻璃纤维织成的织物。具有绝缘、绝热、耐腐蚀、不燃烧、耐高温、高强度等性能,主要用作绝缘材料、玻璃钢的增强材料、化学品过滤布、高压蒸汽绝热材料、防火制品、高弹性传送带、建筑材料和贴墙布等。玻璃布的织造方法和一般棉织物相同。通常用树脂等制成涂层织物,也可用涂料等制成印花玻璃布。

刺 绣

刺　　绣

一般名词、刺绣术语

【刺绣】 又名"铖(针)绣",俗称"绣花"、"扎花"。以绣针引彩线(丝、绒、线),按设计的花样,在织物(丝绸、布帛)上刺缀运针,以绣迹构成纹样或文字,是我国优秀的民族传统工艺之一。古代称"黹"、"铖黹"。后因刺绣多为妇女所作,故又名"女红"。据《尚书》记载,远在 4 000 多年前的章服制度,就规定"衣画而裳绣"。至周代,有"绣缋共职"的记载。湖北和湖南出土的战国、两汉的绣品,水平都很高。唐宋刺绣施针匀细,设色丰富,盛行用刺绣作书画、饰件等。明清时封建王朝的宫廷绣工规模很大,民间刺绣也得到进一步发展,先后产生了苏绣、粤绣、湘绣、蜀绣,号称"四大名绣"。此外尚有顾绣、京绣、瓯绣、鲁绣、闽绣、汴绣、汉绣和苗绣等,都各具风格,沿传迄今,历久不衰。刺绣的针法有:齐针、套针、扎针、长短针、打子针、平金、戳纱等几十种,丰富多彩,各有特色。绣品的用途包括:生活服装,歌舞或戏曲服饰,台布、枕套、靠垫等生活日用品及屏风、壁挂等陈设品。

【铖(针)绣】 即"刺绣",俗称"绣花"。见"刺绣"。

【绣花】 刺绣的俗称。又名"铖(针)绣"。见"刺绣"。

【扎花】 见"刺绣"

清代绣女在刺绣

【绣】 用彩色丝、绒、棉线,在绸、布等上面做成花纹、图像或文字。亦称绣成的物品。

清代刺绣团花
(北京故宫博物院藏品)

【文绣】 亦称"纹绣"。古代在丝帛上刺绣,称为"文绣"。以区别于文锦。至汉代在布帛上绣花,才通称为"刺绣"。参见"绨绣"、"刺绣"。

【纹绣】 即"文绣"。

【绨绣】 绣有彩纹的细葛。《书·益稷》:"予欲观古人之象:日、月、星、辰、山龙、华虫、作会、宗彝、藻火、粉米、黼黻、绨绣,以五彩彰施于五色作服。"《传》:"葛之精者曰绨,五色备曰绣。"

【黹】 古代绣叫"黹"。《周礼·春官·司服》:周王的冕服,有所谓"希衣"。据郑玄注,希衣即黹衣,就是刺绣的服饰。

【绣样】 刺绣术语。绣稿图案称绣样,亦名"花样"、"花稿"、"画稿",勾画在绣地上的,称"墨样"。清·丁佩《绣谱》:"绣事,惟选样为尤要。""绣工之有样,犹画家之有稿,其格局布置即一成,而不可易者也。此处最宜斟酌成式,或失之巧,而于理未安;或失之庸,而于势不足;或过于繁,剪裁乏术;或过于简,枯寂无情。须求其秾纤修短,处处合宜,而又必丰韵天然,栩栩欲活,方可入选。"在山西曾出土有南宋绣稿花样,同时出土的还有绣品、绣线和针包等实物。

【花样】 见"绣样"。

【花稿】 见"绣样"。

【画稿】 见"绣样"。

【墨样】 见"绣样"。

清代绣样

【绣花样】 刺绣的一种底样。俗称"花样"、"花样子"、"刺绣花样"。旧时妇女都爱在门帘、帐沿、枕头、衣襟、鞋帽上绣花,用薄粉纸或红纸等剪刻花鸟虫鱼、山水人物和吉祥文字等作为刺绣之底样。故称"绣花样"。用法是将剪花样,描绘于丝织物上,后依图刺绣。很多少数民族,均用剪纸花样绣花。

【花样子】 见"绣花样"。

【刺绣花样】 见"绣花样"。

清代绣花样
(二甲传胪纹小儿兜肚绣花样,天津杨柳青)

【版印绣谱】 供刺绣用的绣稿。习称"绣谱",即刺绣的底样。清末民初,江浙地区,时有流传。内容丰富,有戏文故事、历史人物、花鸟虫鱼、山水名胜、诗文吉祥文字等。用于衣、帽、裙、鞋、荷包、扇袋、笔袋、桌围、门帘、帐沿、发禄袋、枕顶和戏装刺绣花样等。苏州桃花坞曾刻印过各种绣谱,台湾亦有《女红图谱》书流传。画风都质朴、简洁、秀美而富有浓郁的民族民间韵味。

近代江南地区绣谱画稿
交颈鸳鸯纹枕顶

【绣地】 刺绣术语。即刺绣料子，又称"底子"、"地子"、"绣料"。有绸、缎、纱和布等。清·丁佩《绣谱》："缎绫，刺绣以缎为最，绫次之，绸绢又其次也。但皆须素地，如有花纹，绣成光彩必减。宜择细密光洁者为佳。纱罗，以极细根条纱，用单丝穿成，或则满穿，或留素地，亦觉斐然可观。惟针孔必有，出入难以浑圆，只可一格耳。铺罗则宜用纸，又在穿纱下矣。"

【底子】 见"绣地"。

【地子】 见"绣地"。

【绣料】 见"绣地"。

【丝】 苏绣术语。绣面上每条经纬线，俗称为"丝"。

【绒】 苏绣术语。刺绣用的散丝。席佩兰《刺绣》诗："手擘香绒一缕轻。"

【一绒】 苏绣术语。苏绣用的绣线，是用真丝合并成两股，一根绣线的一半，俗称"一绒"。

【一丝】 苏绣术语。是指将一根绣线分劈成十二份，其中一份，俗称为"一丝"。

【绣法】 刺绣术语。是指完美地表现刺绣物体的形象与特征的方法。它除了包含针法运用外，还应包括正确掌握轮廓形状、丝理、转折、线条粗细虚实以及色泽配合等因素。而以

上因素又是相辅相成，融为一体的。

【起针、落针】 刺绣术语。指刺绣过程中运用绣针的两个动作，自下而上，称为"起针"；自上而下，称为"落针"。

【上手、下手】 苏绣术语。刺绣时，一手在绷面称"上手"，一手在绷底称"下手"。

【针脚】 刺绣术语。指刺绣中每一针绣出的线条，俗称"针脚"；线条的长短，称针脚的长短。

【出边】 苏绣术语。凡是分皮绣制的针法，第一皮称为"出边"，亦即物体边缘的第一皮。

【露底】 刺绣术语。在刺绣时，绣线不将所绣物象的底料绣满，露出部分底料，称"露底"。

【分皮】 刺绣术语。在刺绣物象时，分几披层次绣制，称"分皮"。

【起老线】 苏绣术语。用滚针按花样轮廓线绣一圈，后将此线绣没，使轮廓微微突起。传统称为"起老线"。

【皮头】 苏绣术语。指在每一刺绣小单位中，分批绣制出的层次，行话称"皮头"。在抢针与平套针法中，层头清晰，亦称皮头清晰。

【实绣】 刺绣术语。指将画在底料上的花样全部绣满，称"实绣"。

【空心绣】 刺绣术语。指只按花样的轮廓线绣，轮廓中间空着不绣，称"空心绣"。

【记针】 刺绣术语。亦称"记线"。是代替打结的一种方法。在一根线起绣或将绣完时，在未绣的花纹中间绣几针极短的针脚，以藏线头、线尾，称为"记针"。在西汉时期，我国的刺绣已出现有记针代替打结的技法。记针技法，在绣制双面绣时，尤显

重要。

【记线】 见"记针"。

【藏针】 刺绣术语。在绣放射形或曲折形纹样时使用的一种方法。因在曲折处或由小到大的放射形处线条转折难以自然，因而须掺入几针短针，由于短线条是嵌镶在中间的，所以称藏针。采用藏针的方法，使曲折处线条转折自然，绣面平服。

藏针

【丝理】 苏绣术语。又称"丝缕"或"丝路"。是指刺绣线条排列的方向。刺绣主要是用线条来表现，而丝理对表达物体的凹凸转折、阴阳向背具有关键作用。刺绣丝理线条的排列须与植物的纤维组织和动物毛丝生长方向一致，须随它们姿态的不同灵活运用。如花朵有正、反、俯、仰等不同姿势，要正确掌握花的丝理，首先要找出刺绣花样中花的整体中心点和部分中心点，以及两者之间的关系。部分中心必须向着整体中心。刺绣时就须按中心确定丝理方向，这样才能增强绣品的艺术表现效果。如绣鸟，背部中心线是从嘴经过头顶中部与脊椎，直至尾正中部；胸部中心线是从嘴经过中部和两足，直至尾正中部；局部中心线是翅翼的肩间部，以及每一根羽毛的羽干；中心确定后，可根据中心部位确定丝理。绣鸟的背部，丝理顺背部中心线；绣腹部的羽毛，丝理顺腹部中心线；翅翼毛片的丝理向肩间部；每一根毛片羽毛的丝理向羽干，成人字形。花鸟的姿态虽然复杂多变，但中心线的部位不变，均可按中心确定丝理方向，这样才能使绣品形神兼具。

【丝缕】 苏绣术语。即"丝理"。

【丝路】 苏绣术语。即"丝理"。

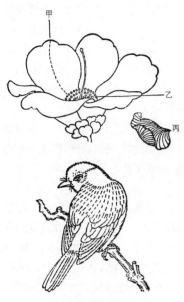

绣花和鸟的丝理
上：花的中心点和中心线
下：鸟的背部中心线

【水路】 苏绣术语。是指刺绣日用品纹样交接与重叠处，所空留的一线绣地，其作用是分清前后层次。水路要求空得齐、匀，绣时要先绣叠在上面完整的花样(让水路留在下面的花样上)，再绣下面的花样。边要绣得平、齐、均匀，才能保证使花样轮廓正确、齐整。

水路

【压瓣】 苏绣术语。是指刺绣欣赏品花样交接或重叠处，不留水路层层相压的一种绣法，其作用是使纹样交界处无空隙而层次清晰。绣时先绣

后面远的物体，针脚要跨过前面花样的轮廓线，再绣前面近一层的纹样。轮廓边缘针迹要齐、密，以分清前后层次。如前后两种物体色彩相同，绣后层物体相压处的用色须略深，用以衬托，使物体具有重叠的真实感。

压瓣

【针法】 刺绣术语。指刺绣中运针的方法，亦是刺绣组成线条的一种形式。每一种针法有一定的组织规律与独特的表现效果，选用合适的针法，能恰当地表现刺绣物体的质感，充分发挥针法的特长，增强刺绣艺术的表现力。如绣花卉，宜采用散套针法，因散套针法线条组织灵活，便于丝理转折自如，使镶色、接色和顺，善于表现花卉娇艳多姿的特点。绣猫，则宜采用施针，因施针的线条是稀铺后分批逐层施密，线条可以略有交叉，适宜表现小猫遍身柔和松软的茸毛。

【针顺画意】 刺绣术语。明清顾绣的一种鲜明特征。顾绣为更好地表达画绣的精神，绣制前，必细慎画理，深刻领悟笔意，胸有成竹，然后以势运针，使绣出的画幅，更富神韵，生动耐看。苏绣、湘绣等，迄今还沿用此绣理、绣法。

【字顺笔势】 刺绣术语。明清顾绣的一种鲜明特征。顾绣为更好地表达书法的字体精神，在刺绣前，必仔细揣摩书法内涵、态势、笔意，成竹在胸，然后才以势运针，施彩刺绣。使绣出的字体更挺秀典雅，生动传神。苏绣、湘绣等，迄今还承继顾绣这一优秀传统的绣理、绣法。

历代刺绣

【妇好墓出土绣迹】　商代刺绣印迹。在河南安阳殷墟妇好墓出土的铜觯上，黏附有菱形绣的残迹，其绣纹组织结构，为锁绣针法。

【㝬伯妾倪墓出土西周绣迹】　刺绣在周代已具有相当水平，当时称"黹"。周王冕服有"希衣"，是刺绣的服饰。1976年陕西宝鸡茹家庄西周㝬伯妾倪墓中，发现有较明显的刺绣印痕。据观察，刺绣的颜色大概是在刺绣以后画(平涂)上去的，绣法为辫子股针法。花纹主要应用单线条(一条辫子股)勾勒轮廓，个别部分为加强纹饰效果，运用了双线条。线条舒卷自如，针脚均匀齐整，说明西周刺绣技巧已很熟练。

西周绣迹辫子股印痕
(陕西宝鸡茹家庄西周㝬伯妾倪墓出土)

【春秋窃曲纹绣】　河南信阳光山春秋早期黄国墓出土，为刺绣残片，用锁绣针法绣制，其锁绣纹虽有脱落，但尚能看出双根锁链中留白的针法，窃曲纹(似蚕纹)用空心勾边形式绣成。

【春秋凤鸟穿花纹绣】　前苏联南西伯利亚巴泽雷克出土。为我国春秋时期遗物。是一块鞍褥面，刺绣用彩色丝线，以连环状辫子股针法绣成，纹饰为凤鸟穿花，作对称构成，刻画生动。纹饰风格与同时期铜、漆器上的图案一致。

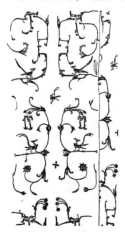

春秋凤鸟穿花绣
(前苏联南西伯利亚巴泽雷克出土)

【长沙楚墓出土刺绣】　战国刺绣珍品。1958年湖南长沙烈士公园3号木椁楚墓出土。绣料(地)为丝绢，针法为辫绣。绣品粘贴于墓棺挡板和壁板上，大部分实物已污损，但仍可看出其中龙纹绣绢龙、云飞腾缭绕的景象，气势生动奔放；凤纹绣绢，幅长120、宽34厘米，凤鸟昂首、卷尾、跷足、飞舞于流云之中，布局匀称，活泼生动，绣工精细，表现了战国刺绣的高水平。

长沙楚墓出土云凤鸟纹刺绣
(湖南长沙烈士公园楚墓出土)

【马山楚墓出土凤鸟花卉纹绣】　战国刺绣精品。湖北江陵马山1号楚墓出土。湖北荆州博物馆珍藏。绣品为黄棕色绢绣绵袍面。刺绣花纹长57、宽49厘米。凤鸟作张翅站立状，展翅的两头绣成两个鸟头，长颈，头作正面状，双眼直视，两耳斜向，高冠分列左右、大腹，双翅颈部均绣成圆点纹。采用深红、土黄、深棕、黄绿、深蓝等绣线，以单列、多列锁绣针法进行套绣。绣工精细，图案构成奇特，表现了楚绣的独特风格。

战国飞凤花卉纹刺绣
(1982年湖北马山1号楚墓出土)

【马山楚墓出土龙凤纹绣衾】　战国中晚期刺绣珍品。1982年湖北马山1号楚墓出土。龙凤绣衾面由20块绣品拼缝，长约191、宽约190厘米。主要纹饰为龙凤纹。龙有大小两种，互相蟠绕，飞腾跳跃。大龙身长约90厘米，形象尤为矫健。凤鸟高冠长羽，宛转飘舞，姿态柔美。色彩为绛红、金黄、浅黄、浅绿等色，色调浓艳强烈。锁绣针法按图案形象不同而变换，如龙须、龙鳞、凤冠、凤翅等，运用单条锁绣纹中空排列显花，龙身、凤翅上的心形、三点圆纹等，使用多条锁绣法分色满布显花。针工精巧入微，表现了战国刺绣的高超技艺。

战国龙凤纹绣衾
(湖北马山1号楚墓出土)

【曾侯乙墓出土战国刺绣】　战国早期刺绣。湖北隋县曾侯乙墓出土。刺绣为残片，长14、宽18厘米。绣线已全脱落，但针眼仍十分清楚。花纹为卷曲花卉纹，线条流畅，针脚整齐、均匀。针法为辫子股绣，用单链状环套针法绣花蕾，用三根、四根绣线并列，绣成满布的卷曲纹。绣地为深棕色绢，质地紧密。

【马山楚墓出土战国绣】 战国中晚期刺绣珍品。1982 年湖北马山 1 号楚墓出土，计 21 件。有绣衾、绣衣、绣袍、绣裤和夹袱等。绣料(地)以绢为主，只一件为罗绣地。一般在绣地上用墨或朱砂绘画图案，然后进行刺绣。针法为锁绣。有的满绣，亦有稀绣。绣技熟练。纹样以凤鸟和龙为主题，以枝蔓、草叶、花卉和几何纹作辅助。构图奇特生动，充满神话色彩。花纹单位较大，为二方、四方连续构成。色泽华美，配色谐和。绣线颜色有棕、红棕、深棕、深红、朱红、橘红、浅黄、金黄、土黄、黄绿、钴蓝等 12种色。绣线为双股合成，投影宽度在0.15～0.4 毫米之间，以 0.15～0.25毫米的为多。

【马山楚墓出土龙凤虎纹绣】 战国中晚期刺绣珍品。1982 年湖北马山1 号楚墓出土。龙凤虎纹绣为罗地禅衣，灰白色罗地，其上图案长 29.5、宽 21 厘米。刺绣由两个对称的花纹单位，组成菱形图案。沿四边用褐色和金黄色彩线各绣一龙一凤；中央绣对向双龙和背向双虎，虎身斑纹用红、黑两色相间绣出，虎牙、眼、爪，用异色相嵌锁绣。整个图案表现出龙飞凤舞、猛虎腾跃的生动场景，充满神奇色彩。构图匀称，色泽华丽，绣工精细，表现了楚绣的高水平。

战国龙虎凤纹绣
(湖北马山 1 号楚墓出土)

【马王堆出土长寿绣】 西汉刺绣珍品。1972 年湖南长沙马王堆 1 号汉墓出土。计出 7 件，其中完整衣物 5件，棺内残衣衾 2 件。均为绢地。针脚一般长 0.1～0.2 厘米，针法为锁绣(或"辫绣")。其中一件黄绢残片，为使花头尖端更细，运用了类似接针

的绣法。绣线直径为 0.5～1 毫米。因这种绣在同出土的竹简中称"长寿绣"，故名。花纹单元较大，每个单元包括穗状流云较多，最多达 20 余朵。花纹分四型：一型：图案单元长 23、宽 16.5 厘米。用浅棕红、紫灰、橄榄绿、深绿等色丝线绣成。十朵朵穗状流云分别为浅棕红、紫灰和橄榄绿三色，穗状流云间的云纹为深绿色。单元中部，有两处橄榄绿色三个圆点，是其显著特点；二型：图案单元长21、宽 15.5 厘米。用朱红、绛红、橄榄绿和深蓝四色丝线绣成。穗状流云为绛红、橄榄二色，流云间填以深蓝色云纹和若干朱红色花蕾和叶瓣。单元中央有一带蓝色眼状朱红色花纹，是其显著特点；三型：图案单元长 30、宽 21.5 厘米。用朱红、金黄、土黄和绿四色丝线绣成。每个单元共有穗状流云 20 余朵，分别为朱红、金黄和绿三色，穗状流云间的云纹为黄色。单元一端，有朱红色像头状花纹一个和如意状花纹两个，另一端有朱红和土黄色如意状花纹各一个，是其显著特点；四型：图案单元长 30、宽 23.5 厘米。用朱红、浅棕红、橄榄绿、深蓝四色丝线绣成。穗状流云为朱红、浅棕红和橄榄绿三色，流云间的云纹为深蓝色。过去在蒙古诺音乌拉出土的汉代丝织物中，有所谓"华云绣"，花纹与此相似。参阅梅原末沼《蒙古ノイン·ウラ发见の遗物》，图版 28～34。

西汉长寿绣
(湖南长沙马王堆 1 号汉墓出土)

【马王堆 1 号汉墓出土刺绣】 西汉刺绣珍品。1972 年湖南长沙马王堆

1 号汉墓出土，数量众多，主要有信期绣、乘云绣和长寿绣三种，其他还有茱萸纹绣、云纹绣、方棋纹绣、铺绒绣和贴羽绣等。根据对 21 件保存完好的衣物和棺内所出 12 件衣衾残片统计，属信期纹绣的 19 件，其中用罗地的 12 件，用绢地的 7 件；长寿纹绣7 件，全是绢地；乘云纹绣 7 件，3 件用绮地，4 件用绢地。信期绣图案纹样单元较小，线条细密，做工精巧，并用菱纹花罗作地，锁绣迹上有"罗纹"效果。长寿绣、乘云绣的纹样单元较大，均为信期绣的 3 倍左右。线条比较粗犷，纹饰优美。彩线色泽浓艳，绣技细腻流畅。刺绣针法均为锁绣法，针和圈距都比战国时的小三分之二多。绣色有绛红、朱红、土黄、金黄、宝蓝、湖蓝、紫云、藏青等。

西汉刺绣
(湖南长沙马王堆 1 号汉墓出土)

【马王堆 1 号汉墓出土乘云绣】 西汉刺绣珍品。湖南长沙马王堆 1 号汉墓出土。现藏湖南省博物馆。在棕红绢地上，用朱红、绛红、土黄、金黄、紫云、藏青等多彩绣线，以锁绣法绣制茱萸纹、如意头纹、卷云纹等，块面和线条较粗壮流畅。尤其是所绣

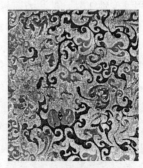

西汉乘云绣枕巾
(湖南长沙马王堆 1 号汉墓出土)

的桃形凤头,似有腾云驾雾的感觉,故在《遣册》中写明乘云绣。凤鸟头部用菱形作眼眶,正中用单行锁绣密圈,以示眼球神光。这些都显示了楚绣构思奇巧,技艺高超。

【马王堆汉墓出土茱萸纹绣】 西汉刺绣珍品。湖南长沙马王堆1号汉墓出土。现藏湖南省博物馆。在棕黄菱纹罗地上,用深绛色、浅绛色绣线绣出茱萸纹和卷草纹等花纹。茱萸纹成行成列排布在菱纹罗上的菱形中间,空隙里绣有卷草纹和云纹等纤细的连理绣迹。针法是锁绣法,茱萸纹卷涡用多列锁绣,而卷草、云纹均是单列锁绣。在西汉时,茱萸纹寓意去恶消灾,长生不老,是植物纹样较早用作寓意纹样的开始。至南北朝时,茱萸纹作为有名的“十样锦”纹饰,生产“大茱萸”、“小茱萸”等名锦。

西汉茱萸纹绣
(湖南长沙马王堆1号汉墓出土)

【马王堆出土信期绣】 西汉刺绣珍品。1972年湖南长沙马王堆1号汉墓出土。计出19件,其中单幅3件,完整衣物10件,棺内残衣袍6件。其中用罗绮作地12件,用绢作地6件,用绮作地1件。针法为锁绣(或“辫绣”)。因这种绣在同出土的竹简中称“信期绣”,故名。花纹单元较小,内容为穗状流云和卷枝花。用朱红、浅棕红、深绿、深蓝和黄等色丝线绣成,针脚一般长0.1～0.2厘米。绣线直径为0.5～1毫米。花纹分为三型:一型:图案单元长9.5、宽7.5厘米,通幅五个半单元。主要特点是穗状流云仅有两朵,上面一朵为浅棕红色,下面一朵为朱红、深绿两色。两朵流云周围的卷枝花,基本为深绿色,间以若干朱红色叶瓣;二型:图案单元长11.5、宽5.5厘米。主要特点是穗状流云有三朵,中间一朵为绛色,上下两朵均为黄、绛两色;流云周围卷枝花基本为黄色,间以若干朱红色叶瓣;三型:图案单元长14、宽9厘米。主要特点是两朵穗状流云较肥大,上面一朵为浅棕红色,下面一朵为橄榄绿色,卷枝花为橄榄绿、紫灰和深蓝三色。信期绣为马王堆1号汉墓中出土的最讲究的一种绣品。

西汉信期绣
(湖南长沙马王堆西汉墓出土)

【西汉铺绒锦绣棺饰】 湖南长沙马王堆西汉墓出土,棺饰用于墓主轪侯妻之内棺,长202、宽69、通高63厘米。棺盖板和四壁板上,分别贴有菱花贴毛锦,在贴毛锦两边和中间,加饰宽12厘米绛地树纹铺绒绣。铺绒绣用朱红、黑、烟三色丝线绣成,平针满绣,针脚整齐,不露绛地。我国古代针法都为锁绣,铺绒绣为首创,极为罕见。这件西汉锦绣棺饰,堪称珍品,现藏湖南省博物馆。

西汉铺绒锦绣棺饰
(湖南长沙马王堆西汉墓出土)

【汉龙凤云气纹刺绣镜套】 汉代刺绣精品。1978年河北阳原三汾沟汉墓出土。出土时镜套部分绣迹已残缺。镜套为圆形,为放置圆铜镜所用。绣面正中绣一龙纹,龙昂首张嘴,长尾高翘,四肢作奔跑状,遨游于瑞云间。四周亦绣有二三龙纹和飞凤,奔腾于云海中,惜部分绣迹已残。均为锁绣,针脚细密均匀,绣制精美,当为当时刺绣高手所作。

汉龙凤云气纹刺绣镜套
(河北阳原三汾沟汉墓出土)

【汉玉佩流云纹绣帷】 汉代刺绣精品。蒙古人民共和国诺音乌拉古匈奴墓出土。绣帷主体花纹为一大玉佩,以丝带相系结,旁饰飞虎双凤纹,四周满饰各种流行纹,其中有些流行纹与长沙马王堆西汉墓出土的长寿绣等流云纹十分近似,可见当时匈奴族与中原文化的紧密联系。绣品大部为锁绣针法,绣面平整,配色和谐。

汉玉佩流云纹绣帷
(蒙古人民共和国诺音乌拉古匈奴墓出土)

【东汉织锦刺绣针凿箧】 东汉锦绣珍品。1959年甘肃武威磨咀子东汉墓出土。针凿箧高17、长33、宽20

厘米。分盖、底二件。苇胎、外饰织锦刺绣。织锦为棕色地黄花、平纹经锦。刺绣为绛红绢地，上绣蓝色藤蔓、绿叶、黄花蕾和卷云纹等，出土时色泽鲜艳。绣丝线很细，为以前所未见。针法为锁绣。针黹筐现藏甘肃省博物馆。

东汉织锦刺绣针黹筐
(1959年甘肃武威磨咀子东汉墓出土)

【汉代菱格卷云纹绣罽】 1984年新疆洛甫县赛依瓦克1号东汉墓出土。罽为一种毛织物。卷云纹绣罽，长33.5、宽7.5厘米。罽为红色，在赤罽地上用蓝色丝线绣制菱形格，在格内用黄色丝线绣四出卷云纹，都用锁绣针法绣制。这件菱格卷云纹绣罽，从其绣法和卷云纹风格来看，具有中原的诸多因素，但罽是毛织物，为之也可能是新疆当地的产品。绣品现藏新疆社会科学院考古所。

汉代菱格卷云纹绣罽
(1984年新疆洛甫县赛依瓦克1号东汉墓出土)

【汉彩绣花叶云纹囊】 东汉刺绣珍品。1934年新疆罗布淖尔出土，现藏中国历史博物馆。高7.5厘米。原物应为香囊，已残破。在深香色绨面

上，以红、黄和绿色丝线，刺绣出花、叶和变形云纹。布局匀称，配色谐和，有的以两色相间，已具有间晕效果，富有较强装饰性。针法为锁绣，针脚匀齐、平整、密集，花纹处不留空白。绣工已相当熟练，用线较粗。

【汉代龙纹绣毯】 汉代刺绣珍品。蒙古人民共和国诺音乌拉12号匈奴墓出土。龙回首扬尾，张口吐舌，胸生两翼，四肢张开，似作腾跃之状，极具气势。类似画像砖、石和漆器之龙纹。龙用辫索针法绣制，针脚均匀，细致齐整，盘旋密集，不露余白；辫索针法走向合度，既明确地表现了龙身各部的结构，又给人以紧凑饱满的整体感。龙四周绣有众多颗粒状圆点纹，这种针法，汉代名"絺"。《说文·系部》："絺，绣文如聚细米也。"近似现在的"打子"针法。

汉代龙纹绣(下：摹本)
(蒙古人民共和国诺音乌拉12号匈奴墓出土)

【汉鱼鸟纹绣毯】 汉代绣毯珍品。

汉鱼鸟纹绣毯
(蒙古人民共和国诺音乌拉古匈奴墓出土)

蒙古人民共和国诺音乌拉古匈奴墓出土。绣毯以鱼、鸟为主纹，鱼作跳跃状，鸟作展翅飞翔状，作菱形四方连续构成，鱼鸟旁饰有菱形四出卷云纹。以锁绣针法绣成，绣面平整。

【汉斗兽纹绣毯】 汉代绣毯珍品。蒙古人民共和国诺音乌拉古匈奴墓出土。绣毯上饰二兽，一兽背生双翼，张口猛扑一麋鹿背上作撕咬状，麋鹿奋力奔跑作挣脱状，气氛紧张。二兽矫健有力，造型生动，形神兼具。

汉代斗兽纹绣毯
(蒙古人民共和国诺音乌拉古匈奴墓出土)

【东汉刺绣云纹粉袋】 1959年新疆民丰北大沙漠1号墓出土。长13、宽12、高6.2厘米。现藏新疆维吾尔自治区博物馆。用白绢作袋身，用红、黄、绿、棕、香色绣制云纹，针法为辫绣。袋口镶饰红菱纹绮，作四叶状。形式美观，又便于收合系结，使用方便。

东汉刺绣云纹粉袋
(新疆民丰北大沙漠1号墓出土)

【东汉花鸟纹绣】 东汉刺绣精品。新疆民丰东汉遗址出土。以变形鸟作主纹，旁饰以各种花卉纹，鸟作直立形，张嘴伸颈，作鸣唱状。这种变形鸟纹，在战国铜器上较常见，这件东

汉花鸟纹绣,尚有战国纹饰之遗风。绣品针脚齐整,都为锁绣针法。

东汉花鸟纹绣
(新疆民丰出土)

【黼绣】 绣有斧形花纹的衣服。《汉书·贾谊传》上疏:"白縠之表,薄纨之里,緁以偏诸,美者黼绣,是古天子之服,今富人大贾嘉会召客者以被墙。"

【绣细文】 汉代齐地生产的一种高级绣品。汉《范子计然》卷下:"能绣细文出齐,上价匹二万,中万,下五千。"山东齐地出产的"绣细文"贵重刺绣,一匹价值两万钱,汉时黄金一斤值万钱,两万钱等同两斤黄金。可见当时绣细文绣价值之高昂。汉·王充《论衡》:"齐郡世刺绣,恒女无不能。"佐证齐地的刺绣世代相传,十分著名。

【五鹿充墓出土汉代刺绣残片】 汉代刺绣珍品。五鹿充墓在河北怀安县,1930年发掘。出土汉代刺绣残片,上有奔兽、凤鸟、群山、流云、狩猎和人物等纹饰,为绸本辫绣,赋染有朱色。同墓出土的漆奁中储有印绶,铜质,龟钮,上刻"五鹿充印"四字。

【阿斯塔那出土十六国·北凉葡萄禽兽纹绣】 十六国刺绣珍品。新疆吐鲁番阿斯塔那晋墓出土。残长23、宽17厘米。在黄色绢地上,用红色和紫色线绣成串的葡萄,用朱红和藏青色等绣制鸭身和鹿头,整体均残缺。针法以齐平绣为主,鸭翅、脚和鹿头、颈等用锁绣框出轮廓。花纹表达了"葡萄熟了"的新疆风情。现藏新疆维吾尔自治区博物馆。

【北魏太和十一年刺绣】 北魏刺绣珍品。1965年在甘肃敦煌莫高窟125、126窟前岩石裂缝中发现。发愿文中残存部分为"广阳王慧安(元嘉)造"。纹样以男女供养人物为主题。女供养人头戴高冠,身穿对襟长衫,衣服上装饰为桃形忍冬和卷草纹。在绸底上用单行锁绣绣人物袍服边缘、花卉、枝干、叶框、魏碑字框。桃形忍冬纹和魏字、帽翅等是双行锁绣。用多行锁绣满绣叶面,用异色突出叶脉。针脚距离小,正面形成人字形锁链纹,背面为首尾衔接的顺针;花边部分用丝线较粗,针脚距离稍大;针的走向,纵向1厘米约8针,横向1厘米亦为8针;其他部分,针间距离较密,纵向1厘米约9针,横向1厘米约11针,针针相连,十分紧密,形成较强的立体感;花边部分个别地方,是反用锁绣针法,形成正面为首尾衔接的顺针,背面为人字形锁纹。这种锁绣正反变化的针法,是在汉代锁绣的基础上的创新发展。绣品色彩以红、黄、绿色为主,次为紫色、蓝色。浅黄色为底色,朱红色主要用于服饰和表现人物鼻、耳、手、脚等肌肉部分的线条。蓝色、绿色用于花纹,紫褐色用于表现冠、靴等深色部位。绣品配色谐调,运色鲜明,锁绣针法多变,为汉所不及。绣品除边饰外,均用细密的锁绣法绣出,是现存最早一幅满地施绣的绣品。

北魏太和十一年刺绣
(甘肃敦煌莫高窟 125、126 窟前岩石缝发现)

【莫高窟发现北魏刺绣边饰】 北魏刺绣珍品。1965年甘肃敦煌莫高窟125、126窟间出土。长59、宽13厘米。在棕黄色绢地上,用土黄、金黄、宝蓝、藏青和绛红等彩线,绣制成六角形和圆形相套连接构成的二方连

续纹,上下配以缠枝忍冬纹样。针法主要为锁绣。针势运用自如,使用两三晕配色法,绣纹线条流畅如画。忍冬纹用多排锁绣,边框用单锁绣切针法异色绣,组成六角形的连点纹,是环子绣针法。

北魏刺绣边饰(下:摹本)
(甘肃敦煌莫高窟 125、126 窟间出土)

【南北朝仙鹤鹦鹉绣裙】 南北朝绣品。据唐代陆龟蒙《锦裙记》载:侍御史赵郡李君家,珍藏有古锦裙一幅,长四尺,下阔六寸,上减四寸半。左绣仙鹤二十,势若飞起,率曲折一胫,口中衔花;右绣鹦鹉二十,耸肩舒尾,四周满布以花卉纹、极细的花边和点缀以金钿之类。

【莫高窟发现唐绣佛像】 唐代刺绣珍品。甘肃敦煌莫高窟发现,著录于斯坦因《千佛图录》第三十四图。绣制精工。中央绣一立佛,着红色袈裟,左手执襟角,右手袒臂下垂,宝盖、身光、花趺齐全,身光周围有山石;主像两旁绣二弟子二菩萨,下端绣二狮子;再下端中央有愿文题榜,已看不出字迹。题榜左边绣有男供养人五身,一僧、一男施主、二子弟屈膝跪坐,一仆侍立(执手杖);题榜右边有女供养人五身,二女施主、二晚辈小娘屈膝跪坐,一侍立婢女。小娘旁边尚有一儿童。从男施主的幞头襕衫和女供养人椎髻、窄袖、长裙的服饰来看,应属武周时代的作品,最晚应在开元之际。

唐绣佛像
（甘肃敦煌莫高窟发现）

【唐蹙金绣夹裙】 唐代蹙金绣珍品。蹙金，为古代一种高级绣品，极为珍贵。系用拈紧粗扁金线刺绣，行线较紧，有皱缩感。1987 年，陕西扶风法门寺出土的唐代文物中，有一蹙金绣夹裙，裙面用金线绣制，满饰云纹图案，云纹用盘金绣法，金光闪耀，极尽富丽豪华。唐·杜甫《丽人行》诗："绣罗衣裳照暮春，蹙金孔雀银麒麟。"即咏这种豪华的蹙金绣服饰。

唐代蹙金绣夹裙
（陕西扶风法门寺唐代遗址出土）

【唐缠枝牡丹鸳鸯纹绣】 唐代刺绣珍品。长 44、宽 22 厘米，为一绣囊袋。整幅满布缠枝牡丹纹，中间安排四足飞翔鸳鸯，穿插自然，构图生动，

柔美丰满；绣线色泽，极为鲜明；牡丹花叶运用平绣针法绣制，针脚匀称，平整服帖，表现出较高的绣技。绣囊原藏甘肃敦煌莫高窟，1907 年被斯坦因盗走。

【唐绣《释迦牟尼灵鹫山说法图》】 唐代刺绣珍品。清光绪三十三年（1907）甘肃敦煌千佛洞发现。图中释迦牟尼袒右肩，头戴天冠，胸佩璎珞，臂穿钏环，身披飘巾，下着裙裳。旁站迦叶、阿难、文殊、普贤。长达一丈，宽五六尺，绣品构图宏伟，布局严谨。绣底为薄绢衬贴麻纱布，针法主要用粗丝线辫绣满绣，惟眉睫与眼睛轮廓部位，运用细丝线平绣，以表示质感。时隔千余年，色泽尚未退尽，全幅大体完好。绣品早年被斯坦因盗往英国，现藏于伦敦不列颠博物院。《西域考古记》、《中国文物织绣卷》和《伦敦博物院中国古物记略·古画类》等，均有著录。

唐绣《释迦牟尼灵鹫山说法图》
（甘肃敦煌千佛洞发现）

【唐辫绣佛像】 唐代刺绣珍品。刺绣佛像用辫绣针法绣制，针脚均匀，工整洁净。绣像长一丈余，佛像慈祥端庄，气势恢宏，神态奕奕。此绣像

唐辫绣佛像
（原藏甘肃敦煌莫高窟，1907 年被斯坦因盗走）

原藏甘肃敦煌莫高窟，于 1907 年被斯坦因盗走。

【唐绣大士像】 唐代刺绣佛像。清·姚际恒《好古堂家藏书画记》卷下："唐绣大士像，妙相天然，其布色、施采、用线，凡三四层叠起，洵神针也。签标曰：神针大士。"

【神丝绣锦被】 唐代刺绣被面。《杜阳杂编》："唐同昌公主出降，有神丝绣被，绣三千鸳鸯，仍间以奇花异叶，其精巧华丽绝比，其上缀以灵粟之珠，如粟粒五色辉焕。"

【唐绣《法华经》】 据《杜阳杂编》载，唐代永贞元年（805），南海贡奇女卢眉娘，工巧无比，能于尺绢之上，绣法华经七卷，字之大小不逾粟粒，点划分明，细于毫发。这是刺绣绣字的最早文字记录。

【五代北宋间刺绣经袱】 古代刺绣珍品。1978 年苏州盘门瑞光塔第三层发现。经袱为罗地，绣有花草图案，针法有斜缠和接针等。正反均未发现线头、线结，花纹正反一致，唯在两叶交接处有跳针。拟似一种早期两面针绣。时代为五代或北宋初期。

【虎丘塔发现北宋绣品】 北宋初年刺绣珍品。1956 年江苏苏州虎丘塔第二层，发现北宋刺绣经袱四块，已残，均为罗地。一块是紫罗地上绣有莲花、菱花纹；一块在深栗色地上绣

唐代缠枝牡丹鸳鸯纹刺绣
（原藏甘肃敦煌莫高窟，1907 年被斯坦因盗走）

北宋刺绣经袱
（1956 年江苏苏州虎丘塔第二层发现）

金黄色莲花和枝叶纹;一块已泛焦黄色,上有毛笔字"丘山寺塔上"字款,并有一残存的刺绣"捨"字。针法主要有齐针、正抢、擞和针等。花纹绣线是用三色线配色和晕色。

【宋绣《金刚般若波罗蜜经》】 据《存素堂丝绣录》载,宋代有刺绣"金刚般若波罗蜜经",绣于绫地上,计56页,5 996字,工巧细密。

【哈拉尔出土宋绣袱】 北宋刺绣珍品。新疆哈拉尔出土。绣袱用贴绣、齐绣和镶纳等方法制成。中间构成一菱形,中绣二对鸟纹,四鸟均作相对排列,长冠飞羽,姿态生动;鸟下有四兽,亦作相对构成;最下有卷云花纹;绣袱四角绣有四个如意纹。疏密适体,虚实相当,绣工细致,色泽谐和,表现了宋绣的高水平。

北宋双鸟纹绣袱
(新疆哈拉尔出土)

【柃八娘款团花绣经袱】 江苏苏州虎丘云岩寺塔二层中发现。边长约46厘米,近似正方形。质地为拉花撒纹灰绿色丝绢,上印16朵圆形花卉。绢上有毛笔墨书题记:"女弟子柃八娘舍裹金字法华经永供养",共16字。其中一角系飘带两条,用以将经卷裹好后束扎卷腰。云岩寺塔修建于959～961年,此经袱应为北宋初年织物。

【慧光塔发现北宋双面绣】 北宋刺绣珍品。1966～1967年在浙江瑞安慧光塔(又名仙岩寺塔)中发现,为北宋庆历以前遗物。计经袱三方。以杏红色单丝素罗为地,用黄、白等色粗绒施平针绣成对飞翔鸾团花双面图案。团花图案直径约3厘米,花纹两面一样,正面脱线处可见粉本,线条细。罗面平,经纬线纺调一致。团花绣线用绒粗,绣面平,针脚整齐。这三方双面绣,是至今所见双面绣品中有明确年代的最早作品。现藏浙江省博物馆。慧光塔始建于北宋仁宗景祐三年(1034),历时9年完工。经袱织绣年代当在此时或稍前。

【宋绣摩利支天喜菩萨】 宋代刺绣佛像。清·姚际恒《好古堂家藏书画记》卷下:"宋绣摩利支天喜菩萨一尊,为四首十二臂,盖仿陆探微画本为之,宋秘府物也。身挂人头念珠,每颗面貌殊别,其他种种,神怪不能殚述。"

【宋绣《普贤像》】 《应庵和尚话语录·卷下·偈颂》载:"平江(宋代时苏州为平江府)吉彬老侄女,吉二娘绣《普贤像》。"自唐代以来,盛行刺绣佛像,以求平安吉祥,宋代信女亦以虔诚态度绣佛,吉二娘当也是当时佛教之信女。

【宋绣秋葵蛱蝶团扇】 宋绣精品。宋无名氏制。纨扇形,纵23.5、横25.2厘米。扇面以多色丝线绣葵花两枝,一含苞一怒放;双蝶蹁蹁,分别停于花心与蕾尖。绣工精致,色泽和谐。绣品钤有"养心殿鉴藏宝"和"重编宝笈"等朱印。

【宋黄昇墓出土绣品】 南宋刺绣珍品。南宋绣品各地出土较多,而以1975年福建福州黄昇墓出土绣品为最集中。花纹以花卉为主,杂以蝴蝶、蜻蜓、鱼藻纹等。刺绣技法,形式多变。如78号蝶恋芍药刺绣花边上的4只蝴蝶,神态不同,针法各异。第一只蝴蝶的须为接针绣,翅为铺针绣,后用齐针绣出圆形斑纹,再用钉线绣出轮廓。第二只蝴蝶的须同第一只,大翅为铺针绣,后用齐针绣出桂花形斑纹,小翅则用斜缠针绣出月牙形斑纹,在大小翅的交界处用擞和针装饰。第三只蝴蝶的翅为抢针绣,中间色略深,前后用浅一色的线抢针绣,在中间深色的翅翼上压擞和针绣。第四只,大翅为铺针,后用压针网绣绣出网状纹,小翅为铺针,后用齐针绣3个椭圆形的斑纹。四朵芍药花瓣繁复,枝叶分布周围,配合得体,针法以铺针和齐针为主,亦有斜缠针法,绣面显得淳厚丰满,达到了形象真实的艺术效果。棕地金茶蘼绣花边。罗地,花和花托用罗织物剪成纹样贴上,四周用色梗线钉绣法绣出轮廓。叶采用染色绵纸剪贴,钉金绣出轮廓。花芯为结子绣,花茎为辫绣。花叶中空部分为填彩。褐色花绫夹衣镶花边绣。花叶用钉金勾边,花瓣用斜丝理齐针绣,叶梗为辫绣,花芯为打子绣。各按内容、用途不同要求,灵活运用多种针法。

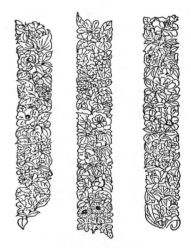

南宋彩绣四季花绶带花边
(福州南宋黄昇墓出土)

【宋绣白鹰轴】 宋绣珍品。高96、宽

宋绣白鹰轴
(台北故宫博物院藏品)

47.7厘米。传世品。台北故宫博物院藏品。用滚针绣鹰眼圈,扎针绣鹰脚,细丝针绣石墩,鹰羽毛用刻鳞针,在羽片外缘先垫一根轮廓线,然后根据羽毛生长规律施绣,使羽毛呈现高下厚薄的真实感,系鹰的蓝索打结处,用粗股丝线盘结,然后钉线固定,流苏也以粗线排列钉固,使之显现不同的纹理质感。上钤有“乾隆御览之宝”、“嘉庆御览之宝”、“三希堂精监玺”和“石渠宝笈”等八朱印。《朱启钤刺绣书画录》等有著录。

【南宋褐色罗彩绣荷包】 南宋刺绣精品。福州南宋黄昇墓出土。通长16、最大宽12厘米。用褐色罗缝制为双层,两袋相连,腰部窄,两底宽,呈束腰形状。腰部有二孔,作系带之用。荷包两面均有莲、荷图案,莲花以金线绣成,荷叶为彩绘。

【南宋贴绣褡裢】 南宋贴绣精品。1975年江苏金坛周瑀墓出土。两底各宽12、中腰为7、通长14.5厘米。外形似银锭。面料为素罗,以牡丹花纹罗为里及背衬。面上花纹图案系贴绣,先以纱、罗、绢等织物剪成花、叶,然后以锁针法绣在褡裢上。花梗部分用不同捻向的两股丝线钉缀,为辫子股状。边沿则以缠针绣法缝合。藏江苏镇江博物馆。

南宋贴绣褡裢
(1975年江苏金坛南宋周瑀墓出土)

【宋童子戏莲纹绣】 宋代刺绣精品。山西南宋墓出土。实物为一长方形枕套,绣品中间为菱花形,饰一童子戏莲:头顶小荷叶,卧于大荷叶上,手持荷花;菱形四角饰四季花纹。整幅绣品,寓意“连生贵子,四季吉祥”。绣品运用平绣、抢针等多种针法绣制,针迹均匀、细密、平整。

南宋童子戏莲纹绣
(山西南宋墓出土)

【宋绣《瑶台跨鹤图》】 南宋画绣珍品。原件高25.4、宽27.4厘米。绢地,上绣楼阁、人物、山水,一仙人跨鹤飞来,瑶台上二童持幢相迎。针法以齐针为主,松针、杉叶作单线散针,屋瓦以捻金线勾型钉线平金绣,建筑戗脊、阑额等,以金箔为地钉线勾边,绮窗用白线平绣以示透明,室内暗壁用墨笔描绘,皆细妙入神。绣工精到,配色谐和。现藏辽宁省博物馆。

宋绣《瑶台跨鹤图》(部分)
(辽宁省博物馆藏品)

【宋绣《梅竹鹦鹉图》】 传世宋绣珍品。辽宁省博物馆藏。原件高27.7、宽28.3厘米。在橘黄色绢地上,用彩色绣线绣制有梅花翠竹,枝头亭立一只转首俯窥的鹦鹉。刺绣针法以齐平绣为主,梅竹用双色套针,绣线长短相嵌,和色相套。鹦鹉背部和腹部以铺纹绣针法,即抢针针法的短直针脚按纹理分层前后衔接起抢,由外缘向内顺序进行;尤其使用创新的旋针技法,依绣纹顺势排列,参差运针,绣出的纹理更自然,更有毛绒感。梅花枝干和鹦鹉的尾部,以斜平针的齐针绣出,排列整齐均匀,显现强烈丝纹质感。鸟眼与花蕊等用打子绣针法,具有立体效果。上钤有“乾隆鉴赏”、“嘉庆御览之宝”、“寿华宫鉴藏宝”、“三希堂鉴玺”、“继泽堂珍藏”等朱印11方。更显示了这幅宋绣的珍稀程度。

宋绣《梅竹鹦鹉图》
(辽宁省博物馆藏品)

【宋人之绣】 明·董其昌《筠清轩秘录》:“宋人之绣,针线细密,用绒止一、二丝,用针如发细者为之,设色精妙,光彩射目。山水分远近之趣,楼阁得深邃之体,人物具瞻眺生动之情,花鸟极绰约嚘唼之态。佳者较画更胜,望之,三趣悉备,十指春风,盖至此乎! 余家蓄一幅作渊明漉倒于东篱,山水树石,景物粲然也。傍作蝇头小楷十余字,亦道劲不凡,用以配子昂《归田赋》真迹,亦似得所。元人则绒稍粗,落针不密,间用墨描眉目,不复如宋人之精工矣。”参阅《中国美术工艺》。

【宋人绣画】 明·高濂《燕间清赏笺》:“宋人绣画山水人物、楼台花鸟,针线细密,不露边缝;设色开染,较画更佳,以其绒色光彩夺目,丰神生意,望之宛然,三昧悉矣。”

【宋绣】 见“宋人之绣”。

【辽代云鹤纹刺绣帷幔】 辽代刺绣珍品。1974年辽宁法库叶茂台辽墓出土。出土时帷幔已残破,根据残片可推断出帷幔的整体,檐下围成一周四面合起,约绣有70多对云鹤和30

多只鸾。一对云鹤作菱形式构成，上面一只作飞翔俯冲状，下面一只作飞翔上升状，四周以彩云作饰，构成别致优美。绣工针脚平服，绣面平整，敷彩明丽。

辽代云鹤纹刺绣帷幔
（1974 年辽宁法库叶茂台辽墓出土）

【叶茂台辽墓出土双天鹿缠枝花纹绣】　辽代刺绣精品。1974 年辽宁法库叶茂台辽墓出土。辽宁省博物馆珍藏。绣面和缂丝拼接缝制成。在棕色菱形花罗地上，用金黄色绣线绣出双鹿和花卉纹饰。针法主要是齐针（直平和斜平）和铺针等。花叶的枝用锁绣，鹿的斑纹用环籽绣点缀。双鹿背部有两翅，当是天鹿。在花丛中奔跑的鹿，寓意吉祥快乐。

【叶茂台辽墓出土粟鸟绣香囊】　辽代刺绣珍品。现藏辽宁省博物馆。1974 年出土于辽宁法库叶茂台辽墓。在深棕纱地上，用棕色绣线和金银线绣制一鸟头，衔粟一串。绣纹针法，鸟头和粟谷用齐针、旋针、铺纹。鸟嘴、眼、耳用金线排盘钉线的钉金绣法，鸟和粟谷的轮廓用银线钉线绣制。圆环用接针绣，再用两根银线并列钉线框边。香囊周部用锁绣绣成链状边饰。风格粗犷。

【金代黄褐罗绣鹤氅】　金代刺绣珍品。1973 年山西大同金代道士阎德源墓出土。长 234、宽 135 厘米。以黄褐色丝罗为面料，四周镶黑边。幅面绣四方相接的仙鹤及云纹图案，鹤

高 14，展翅宽 13.8 厘米，共 72 只，以不同姿态在云中翱翔。黑边宽11.3厘米，上绣飞鹤，四面共 34 只；鹤间夹绣团云，两者相间排列。

【元代绣花龙袱】　元代刺绣珍品。北京庆寿寺双塔发现。绣袱为绸质赭黄色地，中间绣有黄龙和彩云，四角绣有莲荷、牡丹、芍药、菊花，四周还绣有牵牛、野菊和串枝杂花。绣工精细，构图严谨，针法多变，为元绣优秀之作。

【元代李裕庵墓出土刺绣】　元代刺绣珍品。1975 年山东邹县出土。具有较典型的"鲁绣"特点。采用了山东传统双丝拈线不劈破的衣线绣。花纹苍劲雄健，质地坚实牢固。根据不同内容和要求，还采用了辫绣、平绣、网绣、打子绣等多种绣法。针线细密，整齐匀称。较特别的绣法，是在仅有 1 厘米左右的人物上，附加一根丝线，便显出人物面部的眉眼、口鼻和袍服上的束带、交领以及手中的拐杖。各种绣法，反映出当时绣工的熟练技巧，对研究鲁绣的发展历史，以及元代的刺绣工艺有重要参考价值。传世和出土的元代完整刺绣较少见。

元代彩绣镶边
（山东邹县元代李裕庵墓出土）

【元代鲁绣山水人物裙带】　元代鲁绣珍品。1975 年山东邹县李裕庵墓

出土。全长 155、宽 5 厘米。裙襦上的飘带，质地为菱纹暗花绸，上绣山水人物。正中绣园林景色，以花鸟为主，辅以假山、流水、树木、丛草；水中鱼游，天际云行，一老人扶杖立于假山旁，其侧有一幼童。带端图案有若干层次，分别绣祥云、山石、鹤鹿以及老翁。以山东传统衣线绣出，分别采用接针、平针、套针、打子针等技法，具有典型的鲁绣特点。

元代鲁绣山水人物裙带
（山东邹县李裕庵墓出土）

【元代刺绣诏书】　元代时皇帝即位，以示庄重，对部分地区的诏书，用青缎刺绣白字。《辍耕录》载，送给西番的诏书，是用粉书诏文在青缯上，以白绒刺绣，并缀以珍珠。

【元代棕色罗绣夹衫】　元代刺绣珍品。1976 年内蒙古察右前旗土城子村元代集宁路故城窖藏出土。通长 65.5、袖与身总宽 139 厘米。夹衫两肩和前胸等处，均绣有花纹，以鹤为主，一鹤展翅飞翔，一鹤伫立水中，四周绣有荷叶、莲花、翠草、山菊、芦苇、彩云。其他还绣有人物、凤鸟、山兔、彩蝶、牡丹、灵芝、翠竹等。针法以平绣为主，其他尚有打子、抢针、辫子

元代棕色罗绣夹衫（下：纹饰细部）
（内蒙古自治区博物馆藏品）

股、切针和鱼鳞针等各种辅助针法。夹衫现藏内蒙古自治区博物馆。

【元绣《妙法莲华经》卷】 元代刺绣珍品。上海博物馆藏。绢本，通体染磁青色。纵44.1、横1 953.3厘米。卷首彩绣灵山会诸佛像，有榜题15个："乾闼婆众"、"彩画佛像"、"刻雕成相"、"聚沙佛塔"、"诸菩萨众"、"梵天王众"和"六道众生"等。次绣拱牌一座，两旁绣两行龙，内绣元"仁宗御赞莲经"诗一首。经文前绣"妙法莲华经·弘传序"，共24行397字。后接经文，"妙法莲华经卷第一"，下即第一卷完整经文，计9 122字，楷书。卷后署"城东漏泽寺小比丘道安拜书，在城兰桂坊女善人李德廉绣"。其后为彩绣韦驮像。后有墨书题跋32行，款署"南堂比丘请欲焚香拜题"。据跋文，经卷原有七卷（现仅存第一卷），为嘉禾城（今浙江嘉兴市）李德廉刺绣，从第四卷起，德廉外甥女姚德贞亦参与绣制。绣于元至正丙申（1356）时期。构图匀称，主次分明，绣工娴熟，配色和谐；全幅捻线平绣，唯绣线较粗，用针疏松；诸佛眉目，针脚细密，均以一丝线绣制。

【元龙纹绣衣边】 元代刺绣珍品。1964年苏州南郊吴王张士诚母曹氏墓出土。计出土刺绣残品4件，为罗地衣裙边，上绣四龙纹，相向而行，龙之间饰有祥云，构图均衡，形象生动。绣品用接针、绕针、铺针、扎针、正抢、反抢、平套、打子和施毛鳞针等十多种针法绣制，绣面平整，针脚细密，具有很高的工艺水平。

元代龙纹绣衣边
（1964年苏州南郊张士诚母曹氏墓出土）

【明洒线绣百子纹女夹衣】 明代绣衣珍品。明代万历孝靖皇后常服。1958年北京定陵出土，现藏定陵博物馆。夹衣为方领对襟，衣袖宽长。绣地为方目纱或直径纱，上用绛红线绣菱格花纹，再在菱格底纹上刺绣游龙和百子图纹。计6条游龙分布于前胸和两袖，背后为一坐龙。龙身用戗金针法以金线边铺、边钉绣成，龙头用盘金绣针法。在6条游龙四周绣有百子图纹，以山石、花木、"八宝"、"一年景"纹作衬景。画面热闹、均衡、生动。共计运用正戗、反戗、穿纱、铺针、网绣、缠针、接针、盘金、圈金、钉线、松针和擞和针等十多种针法；绣线有彩线、金线、绒线、包梗线和孔雀羽线等十余种。绣工繁复精致，色泽鲜丽明快，层次丰富。质感很强，具有浓郁的装饰风韵。整个纹样寓意"子孙万代，多福多寿"。

明代洒线绣百子纹女夹衣（下：部分绣纹）
（北京定陵出土）

【"天鹿锦"戳纱绣】 明代刺绣珍品。藏故宫博物院。长26、宽29厘米。用红绒线绣成地子，主题"天鹿"由龟背纹组成，每个龟背单元外围用香色绒线戳制，内晕成白色，鹿作伏状，头向后转，尾部直立，在鹿的上首布满彩色（红、绿、蓝、白）朵云，鹿足下有起伏的海水，水中立一山。有数处绣线脱落，天鹿头尾部分在清·乾隆时已经修补，鹿足部分全部脱落，露出白色直经纱地。从绣线脱落处可看到它的刺绣方法。是用戳纱，也称穿纱针法，根据花纹数纱地格子制成的。天鹿锦原是画卷锦裱，乾隆时装裱成卷，在卷首题有"含华蕴古"四

字，并镶有双重素描西番莲花边。前面有乾隆皇帝在乾隆四十四年（1799）夏所题的咏天鹿锦诗："六币琼帷锦，古哉周礼陈，赋曾闻庚氏，束可见吴人，瞫首贻兹制，具端羞彼彬，香光选佛类，装卷表精神。"前后裱绫处，有乾隆"太上皇帝之宝"、"八征耄念之宝"、"五福五代堂古稀天子之宝"等38颗朱红印章。据考证，"天鹿锦"彩绣，可能是明代遗物。

明代"天鹿锦"戳纱绣
（北京故宫博物院藏品）

【明代洒线绣百花攒龙披肩袍料】 明代刺绣精品。北京故宫博物院藏。袍料在方目空纱地上绣有以座龙为主体的复杂花纹，色线绣满全部衣料，不露一点地色。绣袍料运用散针、掺针、滚针、结子针等多种针法绣成。用线以金色为主，其他有红、蓝、绿、紫等10种，金翠交辉，极为华丽。

【明代纳绣仕女图】 明代刺绣精品。绣品计两件，以素纱罗为底料，以纱眼为纹格进行铺绣。但不作满地铺绣，并留纱地为背景；并多作直、斜及方折线条，并非全为块面花纹。两件绣品上共有仕女六，或焚香，或抚琴，或抱琵琶，或摇纸扇，均分置于六角形骨架内。两六角形之间空隙处，饰有兔、猫和禽鸟。整个绣面，装饰性浓郁，作风较粗犷、朴实，用色单纯，具有明显的民间绣特色。现藏湖南省博物馆。

【顾绣】 明代上海顾氏之刺绣。上海顾氏，以明·嘉靖三十八年（1559）进士顾名世起始著称。名世曾筑园于今九亩地露香园路，穿池得一石，

有赵文敏手篆"露香池"三字,因以名园(今露香园路,即为纪念此园得名)。故世称其家刺绣为"露香园顾绣"或"顾氏露香园绣",或简称"露香园绣"、"顾绣"。顾名世字应夫,号龙泉,官尚宝司丞。子三人:长箕英,号汇海;次斗英,字仲韩,号振海;幼奎英,为庶出。振海子二人:长昉之,字彦初;次寿潜,字旅仙,别号绣佛主人。寿潜善画,其师董其昌尝称赏之。妻韩希孟,武陵(今湖南)人,工画花卉,擅长刺绣,神韵生动,为世所珍。在顾绣中,迄今可考者有缪氏、韩希孟和顾兰玉等人,其中以韩希孟为杰出代表,世称"韩媛绣"。陈子龙誉为"天孙织锦手,出现人间"。董其昌惊叹说:"技至此乎!"露香园顾绣,据传得之内院,擘丝细过于发,针如毫,配色精妙。不特翎毛花卉,巧夺天工,而山水人物,也逼肖活现;摹绣古今名人书画,别有会心,发绣亦佳。故世称顾绣之巧,为写生如画,他处所无,名曰"画绣",为女中神针。这种摹仿绘画的刺绣,对后来欣赏性的刺绣影响颇大。珍藏于北京故宫博物院和上海博物馆的顾绣,有不少佳作:绒丝配色,自然浑成,有如晕染,既具质感,复多气韵。特别是韩希孟刺绣的写真手法,对后世仿真绣的发展具有重要启迪作用。在清代,江宁(今南京)、苏州、杭州和上海等地,规模较大的官营丝织机构绣缎部门,在民间丝织业机房中,其制品都以顾绣为标榜。在当时的整个长江下游地区,顾绣几乎成了丝绣美术工艺的通称。见"韩希孟"。

明代顾绣《竹林七贤图》(局部)

【露香园顾绣】 又名"顾氏露香园绣",简称"露香园绣"、"顾绣"。见

"顾绣"、"韩希孟"。

【顾氏露香园绣】 又名"露香园顾绣"。简称"顾绣"、"露香园绣"。见"顾绣"、"韩希孟"。

【露香园绣】 "露香园顾绣"、"顾氏露香园绣"的简称。见"顾绣"、"韩希孟"。

【韩媛绣】 即韩希孟刺绣。见"顾绣"、"韩希孟"。

【韩希孟绣"宋元名迹"册】 明代刺绣珍品。韩希孟,原为梧州关伯珩藏,现藏故宫博物院。为摹绣宋元名迹,皆斗方之作,绣作精巧,共计八幅:第一幅《洗马》,题曰:"一鉴涵空,毛龙是浴。鉴逸九方,风横歆玉。屹然权奇,莫可羁束。逐电追云,万里在目。"第二幅《百鹿》,题曰:"六律分精,苍迺千岁。角峨而班,含玉献瑞。拳石天香,咸具灵意。针丝生澜,绘之王会。"第三幅《女后》,题曰:"龙衮煌煌,不阙何补。我后之章,天孙是组。璀璨五丝,照耀千古。娈兮彼姝,实姿藻黼。"第四幅《鹑鸟》,题曰:"尺幅凝霜,惊有鹑在。毳动氄张,竦时奇彩。啄唼青芜,风摇露澥。晬视思维,谁得其解。"第五幅《米画》,题曰:"南宫颠笔,夜来神针。丝墨盒影,山远云深。泊然幽赏,谁入其林。徘徊延伫,闻有啸音。"第六幅《葡萄松鼠》,题曰:"宛有草龙,得之博望。翠幄珠苞,含浆作酿。文黬睨之,翻腾欲上。慧指灵孅,玄工莫状。"第七幅《扁豆蜻蜓》,题曰:"化身虫天,翩翾双羽。逍遥凌空,吸露而舞。荳叶风清,何伏何所。影落生绡,驻以仙组。"第八幅《花溪渔隐》,仿黄鹤山樵笔,题曰:"何必荧荧,山高水空。心轻似叶,松老成龙。经纶无尽,草碧花红。一竿在手,万叠清风。"参阅《中国美术工艺》。

【韩希孟绣《洗马图》】 明代刺绣珍品。为韩希孟绣《宋元名迹》册中之第一幅。洗马图绣长33.4、宽24.5

厘米,用彩丝绣于白绫之上。正中绣一老者高兴地在给花白马洗刷,花白马惬意地抬起前蹄,昂头长啸,充分展现出人与马的互动情意,岸边一株垂柳轻飘,衬托出环境的清幽。原画为元代大画家赵孟頫手笔。韩希孟不但精于绣,而且善于赏画、解画,故在摹绣宋元名迹时,能再现原作精神,以达到形神兼备的境地。洗马图运用十多种不同针法,敷色和谐,有几处还加有笔墨点染,使绣品更为完美。董其昌题赞曰:"一鉴涵空,毛龙是浴。荃逸九方,风横歆玉。屹然权奇,莫可羁束。逐电追云,万里在目。"画幅下方,绣有"韩氏女红"印。《宋元名迹》绣册,现藏北京故宫博物院。

韩希孟绣《洗马图》
(北京故宫博物院藏品)

【韩希孟绣《花溪渔隐图》】 明代刺绣珍品。花溪渔隐图是韩希孟绣《宋元名迹》册中最后一幅,原作为元四家之一王蒙所作。元末王蒙隐居于临平(今浙江余杭临平镇)之黄鹤山,自号黄鹤山樵。王蒙正是借图中所绘清幽秀美的江南山水抒写自己厌世嫉俗的心境。作品长33.4、宽24.5厘米。画中近景为垂柳、小桥、劲松,苍松挺拔刚劲,透出一股傲气;中景绘一小舟,船头坐一老者,静坐作垂钓状;远景小山错落有致,若现若隐。画中所绘景色,隐喻乱世隐士之情意。韩希孟将画中笔墨的干湿枯润、笔锋的转折藏露,运用自如的绣针,作了充分的表达;几处主要部分,略施点染,绣绘

结合，更使绣作添彩。董其昌为其题赞："何必荧荧，山高水空。心轻似叶，松老成龙。经纶无尽，草碧花红。一竿在手，万叠清风。"绣品右上方题有"花溪渔隐，仿黄鹤山樵笔，韩氏希孟"14字。

韩希孟绣《花溪渔隐图》
（藏北京故宫博物院）

【鹤衔灵芝图顾绣】 明代顾绣精品。江苏镇江市博物馆藏。绣品高135、宽54厘米。从题材形式看，应为后期商品绣，但绣工精巧，山石略作晕染，保持了顾绣的特征。绣法以撇和针为主，鹤顶用结子绣。以青缎为底，用白、灰蓝和深浅赭色等彩线绣制而成，配色清雅、洁静、沉着。仙鹤口衔灵芝，振翅独立于山石上，下绣波涛翻滚，上绣红日彩云。构图匀称，主题突出，极具装饰性。

【明代《七襄楼人物图》发绣】 传世顾绣精品。辽宁省博物馆藏。原件高54.4、宽26.7厘米。在浅绛缎地上，以细发丝作绣线。绣制白描人物二人。长者长袍广袖，神情潇洒。旁一童子右手携琴，回首以左臂上指。天空挂圆月一轮。针法以短针脚平绣为主，绣迹顺墨稿断续，表现人物眉目须发细致入微，神态生动。徐蔚南《顾绣考》载：用白描法摹绣晋代诗人陶渊明的停琴伫月图诗意画稿，绣法极为超脱。绣七襄楼印一。上有题句云："瑞气自天来，新恩列上台。日边应有诏，黄阁待君开。"七襄楼印为顾氏绣本所常用。

顾绣《七襄楼人物图》发绣
（辽宁省博物馆藏品）

【顾绣《乌衣晚照图》】 明代顾绣精品。绣面为圆形，直径48.5厘米。现藏南京博物院。"乌衣晚照"图为一幅风景图，绣有人物、建筑、远山近水、桥梁、山坡，上榜书有"乌衣晚照"四字。刺绣除人物、屋瓦等全为彩绣外，其余山、石、云、水、桥、路和土坡等，只绣制轮廓，后以笔添染淡彩，凸现出顾绣画绣优雅的风格。

明代顾绣《乌衣晚照图》
（南京博物院藏品）

【山水三寿图顾绣】 明代顾绣精品。江苏苏州市博物馆珍藏。绣品高102、宽44厘米。黄绢地刺绣加敷淡彩渲染，风格类宋代以来画绣，寓意吉祥。可列作明清礼品绣的早期代表。画面主体为一长者，额高眉长，表情怡然；另有二侍者，一为长者簪花，一捧酒，神态恭谨。簪花者专注之状刻画生动。背景有山水松石，翔鹤走鹿，杂花生树。画上方偏左有行草款识："名花馥馥，旨酒澄澄，无怀葛天，三寿作朋。""葛天"一典出《吕氏春秋·古乐》："昔葛天民之乐，三人操牛尾，投足以歌八阕。"

【凤凰双栖图顾绣】 明代顾绣珍品。江苏苏州市博物馆藏。绣高86、宽38厘米。上绣凤凰、碧梧、翠竹、彩云和湖石，左上题绣有"旭日朝霞光彩异，碧梧翠竹凤凰栖"诗句。用绛红、蓝、绿、赭、白等10多种彩线绣成。以缎子作地，绣工精细，湖石和坡地，用淡彩渲染敷色，绣画结合。

【杏花村顾绣】 传世明代顾绣图轴精品。江苏苏州市博物馆珍藏。绣轴高84、宽40厘米，为上海露香园顾绣中"画绣"的典型佳作。画中主题是撑伞沽酒老翁，骑牛牧童。杏花村酒店和垂柳树干均用齐平针铺纹绣；水牛和雨伞用抢针和撇和针法，绣出不同层次的色晕效果。山、石堤岸上的草青、小树以彩绘点染，补色套色。画绣结合。上有"借问酒家何处有，牧童遥指杏花村"诗句。款左下有"露香园"、"青碧斋"二方绣朱印。

顾绣《杏花村图》
（苏州博物馆藏品）

【明代苏绣壁挂《沐浴皇恩图》】 明代苏绣珍品。长4.7、宽3.1米。据传绣品是由清代慈禧太后赏赐给当年为其画肖像的荷兰籍宫廷画师休伯特·沃斯的。绣品为橘红色丝绸底料，以盘金双线分隔为六块画面，在双金线间，绣满百花彩蝶花纹；在上下左右四个块面中，绣有梅兰竹菊、松柏牡丹、仙鹤锦鸡、麒麟梅鹿和假山亭子等；中心绣皇帝、皇后与百官庆贺佳节，旁有乐手奏乐。绣有各种人物40余人。所用绣线有各色丝线、金银线、孔雀毛线和蛇蜒线等100多种;针法有接针、绕针、套针、打子、抢针、盘金、点针、撒和针和辫子股针等30多种。整幅绣品,纹饰精美,绣工秀丽,色泽雅洁,人物生动,场面宏大,为明代苏绣精工力作。

明代苏绣壁挂《沐浴皇恩图》(局部)

【明绣《溪山积雪图》】 明代刺绣珍品。《存素堂丝绣录》有著录。《溪山积雪图》为牙色绫本,以赭墨绣山水,使用平针齐绣,间以单线绣,模拟绘画效果:"山穷水态,分外显豁,而墨具五法,斯人必有心师,淡抹浓钩,皆成妙趣,一幅山水,宛似宋人墨迹。"《溪山积雪图》绣制如此精妙,甚为罕见。《积雪图》高186.5、宽49.8厘米。现藏辽宁省博物馆。绣面钤有乾隆、嘉庆两朝图章九玺,有"仪周珍藏"和朱启钤印记。

明代绣《溪山积雪图》

【明洒线绣《秋千仕女图》】 明代宫廷定制有:四季应景服饰。《酌中记》载:清明节,三月初四,宫眷内臣换服罗衣,穿秋千纹衣服。洒线绣秋千仕女图,中央绣一贵妇,头插首饰,身穿长裙,长带飘曳,在作荡秋千之嬉,旁一侍女在推动秋千绳,四周花叶满园。人物动态优美,形象生动。绣品针脚细密,布局均衡,色彩明丽,为明绣之精品。明时洒线绣,亦称"穿纱",以方孔纱或直径线为绣地,用彩色双股合撚线,数计纱孔绣制,通常都用作衣料。

明代洒线绣《秋千仕女图》

【明代刺绣大慈法王像】 明代刺绣精品。纵76、横65厘米。为明代宣德皇帝于1434年赐给西藏佛教格鲁派创始人宗喀巴弟子释迦也夫的一幅彩绣像。释迦也夫(1355～1435)于明·永乐二年(1414)代表其师宗喀巴觐见明成祖,宣德九年(1434)再次应召入朝,赐封为"大慈法王"。绣品先用圆金线勾勒图案轮廓,再用各种彩丝绣全图,局部加金片,光闪夺目,富于立体感。法王头戴尖帽,顶嵌宝石,身披红袈裟,跌坐在莲花宝座上。左右绣藏汉文"至善大法王大圆通佛"字样,双肩分别绣法铃和金刚杵,身后绣背光一圈,佛龛绣海龙、狮子、大象、神鸟等,顶端两角分绣白度母和绿度母,边框绣梵文字母。绣品纹理清晰,色彩鲜艳。

【明代彩绣罗汉】 明代刺绣精品。彩绣罗汉为册页残本,现存11页。每页绣一至两人不等,对页绣有行草题赞,每题七言两句,无款识,押"澹岩"、"群王山樵"朱文印,迎首小印用长方朱文"兰斋"或长圆朱文"我思古人"。画心高26、宽21厘米。旧题所本为东晋顾恺之所作画像,不确。按顾画迹见于著录中并无罗汉一类作品。且十八罗汉之说形成较晚。唐玄奘译《法住记》仅称佛祖命十六罗汉常住人世济度众生。后人加降龙、伏虎或布袋和尚等方敷衍成十八之数。据载最早的十八罗汉为唐末张玄和贯休两僧所作。册页绣品平服,针法多变,配色和谐,脸部、衣褶等部分均用晕色表现,具有较强立体感。彩绣罗汉册页现藏苏州市博物馆。

【明绣大士三十二变相】 明代刺绣精品。民国·紫江《刺绣书画录》:一卷。高八寸,广二丈六尺三寸有奇。"素绫本,乌丝墨绣,每像前有青天绒绣赞,后绣韦驮像一,卷尾天青绒绣。余煌跋云:瑯琊冯桢老,爱龙眠大士三十二变相,属严生尔斯付之绣手,六年而成,毛发毕具,妙相自然,得心应手。……会稽余煌题引首,朱绒绣,石蒲斋长印,跋后朱绣余煌之印。"

【明代刺绣唐卡】 明代刺绣珍品。西藏拉萨大昭寺珍藏有两幅明代刺绣唐卡,上面有"大明永乐年施"六字题款。一幅画面为"第恰"(胜乐金刚),另一幅为"杰吉"(大威德)。这是格鲁派供奉的"桑第杰松"——密宗三佛像中的两幅。全套应为三幅,有一幅不知下落。这两幅500多年前的刺绣唐卡色泽鲜艳,保存得非常完整,是难得的艺术珍品。据载:"永乐十七年(1419)十月癸未,遣中官杨英等赍敕往赐乌思藏。"(《明太宗实录》卷一一四)这个使团据说由120人组成,带来了很多珍贵礼物。后来把他们的名字刻在石碑上,立在大昭寺的坛场中心。今已不存。这两幅唐卡可能是由杨英带来,后赐给大昭寺的。

【衣线绣荷花鸳鸯图轴】 明代衣线绣精品。绣轴纵135.5、横53.7厘米。以湖色暗花绫为地,上绣土坡山石,池塘中一鸳鸯低飞于水面觅食,另一鸳鸯立于岸边;水塘内有盛开的荷莲,上部为石榴花,花丛中一对彩蝶飞舞,构图生动,富有情趣。由平针、打子、稀针、滚针、钉线和鸡毛针等多种针法,交替运用绣成,敷色浓重,具有民间风格。衣线绣的突出特点是,所用绣线是由双股丝线加捻而成,即缝衣用的衣线,故名衣线绣。藏北京故宫博物院,为明代鲁绣的代表作。

明代衣线绣荷花鸳鸯图轴
(北京故宫博物院藏品)

【明代天鹿纹纳纱绣手卷】 明代刺绣珍品。纵29、长246.4厘米,画心纵29、长26厘米。纳纱天鹿纹手卷原是一幅画的包首,清代经过装裱改为手卷,手卷引首有乾隆御笔"含华蕴古"四字,前题有乾隆帝在1779年仲夏题《咏天鹿锦》,同年秋乾隆跋《再题天鹿锦》。绣面用正一丝串针法绣一卧鹿,鹿上部为如意云,下部为海水江牙,鹿身为龟背纹组成;鹿尾、鹿鬃及眼睛等部位,用滚针、缠针等多种针法绣成。用色有香色、黄、杏花、土黄、深褐、深蓝、蓝、月白、银灰、浅绿和白,采取三晕色的手法配色。

【明代纳纱绣夹袖套】 明代刺绣精

品。湖南邵阳明代万历时期墓出土。为一件平纹绢夹袖套,袖口花边为纳纱绣,宽11厘米,绣面为龟背仕女花卉纹。绣工精细,绣面平整,表现出明代纳纱绣的高水平。素纱底经纱,直径0.02～0.03毫米,纬纱直径0.07毫米;绣线,直径0.1～0.12毫米。即绣线比纱底经纬线"粗"得多。针法为二丝串,每隔两根经线,垂直戳纳一针;戳绣两边,为双锁针,虚边,每隔十根纬线(绣线下压10根纬线),垂直绣一针。纳纱绣件现藏湖南省博物馆。

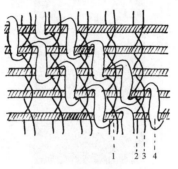

1. 纬线 2. 经线 3. 经线 4. 绣线
明代纳纱绣针法示意图
(湖南邵阳明墓出土)

【明代獬豸纹绣补】 明代刺绣精品。1962年,江西玉山县嘉湖山广西参政夏浚墓出土。补服中心绣獬豸纹,昂首翘尾,瞪眼竖耳,有角,前肢站立,后肢作蹲坐状,上面布满彩云,下为海水江牙。绣工精巧细密,色调谐和。

明代獬豸纹绣补
(江西玉山县嘉湖山明代夏浚墓出土)

【清代康熙石青实地纱彩绣片金单朝服】 清代康熙皇帝传世朝服。现藏中国历史博物馆。长144.5厘米。两开襟,披肩,马蹄袖,中腰以下似裙。石青实地纱料,彩绣片金,胸、背、袖饰团龙纹,中腰及下摆间饰云

龙海水纹,边饰片金云龙八宝图案。附黄纸签一,上题:"织石青实地纱片金边单朝服。铜纽扣。"朝服结构妥适,主题突出,纹饰精美,色泽浑厚、庄重、明丽,制作精工。为清代朝服典型代表作品之一。此单朝服康熙曾穿用过。清代帝王龙袍的制作,先由宫中如意馆工师设计图样,经皇帝审定后,专送江苏南京、苏州和浙江杭州制造绣制。

清代康熙帝彩绣片金单朝服
(中国历史博物馆藏品)

【清代荣宪公主珍珠团龙绣女袍】 清代绣服珍品。1966年,内蒙古巴林右旗白音尔巴彦陶拜山清代荣宪公主墓出土。长150、通肩宽190厘米。深黄色,里层衬白地暗花丝绸。圆领、马蹄形袖,袖头和领口均有黑蓝色丝绸垫边,并用金线织出团花图案,图案正中绣一"寿"字。周身用金丝线穿珍珠绣龙纹8条。两肩各一条龙,两角竖起,四足腾空,头下方用珍珠绣出一"寿"字,间点缀山水、云彩。前胸、后背各一盘龙,圆形,直径

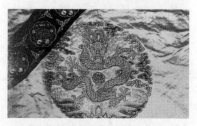

清代荣宪公主珍珠团龙绣女袍(下:龙纹细部)
(内蒙古巴林右旗清代荣宪公主墓出土)

33厘米,神态与两肩绣龙大致相同。前后下缘各有两条龙,四爪腾空,作追逐宝珠状,周点缀云彩。龙下织海水,间有杂宝祥云。清代公主冠、服、金约制度,《清史稿·舆服志》:"固伦公主冠服,制如亲王福晋,和硕公主朝冠、金约,制如亲王世子福晋,余与固伦公主同。"出土的珍珠团龙袍,其制作和装缀与清代公主、亲王福晋服制相符。荣宪公主为清·康熙第三女。墓志有"大清雍正七年(1729)八月十九日"纪年。

【清代荣宪公主苏绣旗袍】 清代苏绣珍品。1966年内蒙古巴林右旗白音尔巴彦陶拜山清代荣宪公主墓出土。计两件。一件长147、通肩宽161厘米,浅豆绿色,夹层。圆领、窄袖、右衽,四扣,扣似用珍珠。袍通身绣吉祥杂宝图案。前身及两袖头绣花瓶、鸟、壶、宝鼎等。前胸绣宝鼎烟壶、果盘,间有螃蟹。下缘绣爵、鼎、如意、宝剑等。后身下缘绣狮子、如意、鼎、书画等。一轴画上绣花卉,并用黑丝线绣"夏日画"三字;另一轴画上绣"春城无处不飞花"诗句,并绣有书画收藏戳记三枚。另一件长144、通肩宽164厘米,深黄色,通身绣彩蝶,作竞相飞舞状。间点缀花卉、彩云。前胸后背各有两大蝶相向戏舞,作圆形,直径26厘米。下缘绣山水,并在山水间点缀吉祥杂宝。色彩素雅,画面细腻,层次凹凸分明,光线明暗适宜。针法多用高绣针,质感效果好,具有苏绣工艺和色无迹、平匀熨帖、丝缕分明的特点。荣宪公主为清·康熙第三女。墓志上有"大清雍正七年(1729)八月十九日"纪年。

【清代云蟒纹孔雀羽米珠绣袍】 清代乾隆绣袍珍品。藏北京故宫博物院。袍长143、两袖通长216厘米。圆领、大襟、右衽直身、左右开裾、马蹄袖。上绣9条大龙:坐龙4条,分布于胸、背及两肩;行龙5条,前后襞积各2,底襟1条。九龙全为五爪龙,底为蓝绿色。按清制规定,亲王、郡王穿蓝或石青五爪龙纹袍,但只能称

"五爪蟒袍",不能称"龙袍"。绣袍用料讲究,绣制精工。用白米珠、红珊瑚珠、捻金银、捻银线、龙抱柱线、各色绣线和孔雀羽刺绣。主体龙纹用白色米珠、红珊瑚珠、金银线;龙腹、鳍、角等部位,用串米珠形的龙抱柱线。使之主题突出,熠熠生辉。四周衬有"八宝"、"暗八仙"和祥云等各种吉祥纹样。后用孔雀羽"铺翠"工艺,使整件绣袍更加灿烂夺目,雍容华贵,美观大方。

清代乾隆云蟒纹孔雀羽米珠绣袍
(北京故宫博物院藏品)

【清代穿串孔雀羽绣蟒袍】 清代刺绣珍品。北京故宫博物院藏。蟒袍以蓝缎作面料,全部用孔雀羽线、米珠、珊瑚珠、捻金线、捻银线、龙抱柱线、五彩绒丝等绣成。龙、仙鹤和蝙蝠纹样,用米珠、珊瑚珠钉绣全身,以状如串米珠的龙抱柱线绣制龙的腹、鳍、角和口尾,以捻金线和捻银线绣制龙须,以各色彩绒用晕色法绣制其他纹饰,用"铺翠"工艺以孔雀羽线盘钉所有花纹空隙处。豪华富丽,五彩缤纷。

【清代光绪帝刺绣龙袍】 清代刺绣精品。河北承德避暑山庄博物馆珍藏。龙袍为皇帝用正规服的"九龙十二章"吉服。以五彩绣线和金线,在前胸、后背及两肩各绣有正龙,前后襟和底襟,绣有升龙、降龙和行龙。龙纹四周,绣有各种寓意吉祥的纹样,前后襟下幅部位,绣有海水、寿山纹,寓意寿山福海。绣袍运用了齐针、套针、抢针、接针、刻鳞针和环子针等十多种针法绣成。配色

富丽,绣工精巧,表现了清代刺绣的高水平。

清代光绪帝刺绣龙袍
(承德避暑山庄博物馆藏品)

【清代穿珠袷夹女龙袍】 清代绣服珍品。针法有钉线、套针和齐针等,采用大量米珠、珊瑚珠和各色料珠绣成。这种串珠绣历代均有制作,但都没有这件龙袍用珠量多。龙袍为衣裳相连直身袍,圆领,右衽,大襟,下幅为左右大开裾,袍袖由中接袖、素接袖和马蹄袖三部分组成。袍上钉有五个鎏金铜扣。袍面为明黄色素缎,主纹饰有9条大龙和十二章纹。9条大龙的分布是:前胸、后背、两肩各绣一条正面龙;前后襟各绣2条升龙;底襟绣1条升龙。全袍龙纹均用穿珠串联钉绣。十二章纹用彩色丝绒绣制。分布是:左肩为日,右肩为月,前领下方为星辰,后领下方为山;前胸左为黼,右为黻;后背左为龙,右为华虫;前襟左为宗彝,右为水藻;后襟左为粉米,右为火。龙袍为光绪年间绣制,可能慈禧穿用过,北京故宫博物院藏品。

【清代苏绣人物十二生肖图】 清代苏绣精品。苏绣人物十二生肖图,为一女装袖边。以历史和神仙传说人物与十二生肖动物相结合构成,构思奇巧,富有情趣,人物生动。如昭君跨马出塞(马);苏武牧羊(羊);哪吒降龙闹海(龙);武松景阳打虎(虎);牛郎七夕相会(牛);许仙端午惊蛇(蛇);苏轼赋鼠放鼠(鼠);猴王桃园偷桃(猴);白兔记衔箭认母(兔);鼓上蚤时迁偷鸡(鸡);杀狗劝夫(狗);上牧豕(猪)。刺绣运用了接针、抢针、缠针、滚针、撒和针、辅针等多种针法,绣法工整、纯净,配色清

丽,风格秀美,表现出苏绣独特的技艺和风采。现藏苏州刺绣研究所。

清代苏绣人物十二生肖图
(苏州刺绣研究所藏品)

【清代缂绣《九阳消寒图》】 清代缂绣珍品。纵 212、横 112 厘米。上饰三个男童、九羊、假山和花树。底色、衬景为缂丝,人物九羊为五彩线刺绣,祥云、山石、水池,以缂、绣相结合,刺绣针法以套针、抢针为主,色彩配有晕色。构图严谨,主次分明,具有浓郁装饰性。上有清·乾隆帝题诗:"九羊意寓九阳乎,因有消寒数九图。子半回春心可见,男三开泰义犹符。宋时作创真趁巧,苏匠仿为了弗殊。谩说今人不如古,以云返朴却惭吾。"诗中表明,是苏州匠师仿宋缂丝《九阳消寒图》作稿本,以缂绣相结合作成。

清代缂绣《九阳消寒图》

【清代广绣三羊开泰挂屏】 清代广绣珍品。长 67、宽 52.5 厘米。北京故宫博物院藏。牙白色缎底,左上角绣太阳彩云,中间绣三羊,以阳和羊、太和泰为同音,称"三羊开泰",寓意祥瑞;周边绣山石、梅竹、飞鸟、彩蝶、秋菊和太湖石等。用辫子股转圈针法,表现卷曲羊毛的质感,生动逼真;以刻鳞、扎针、施针等,表现鸟的翅膀、羽毛和爪子;用打子针,表现凸出的花蕊;用平套针法和参差的洒插针表现山石的层次高低。整幅以沉香、驼灰色为主调,辅以石青、蓝、黄、绿、红作点缀,显得谐和而又倩丽,展现了广绣早期的绣艺风采。

清代广绣三羊开泰挂屏
(北京故宫博物院藏品)

【广绣《孔雀开屏图》】 清代传世作品。原中央工艺美术学院藏。长 125、宽 70 厘米。绣品中央为开屏孔雀、松树,四周有鹰、鹌鹑、家禽等 20

清代广绣《孔雀开屏图》(孔雀细部)
(原中央工艺美术学院藏品)

多只,均嬉戏于花间,构成一幅百鸟和鸣的生动景色。《孔雀开屏图》用散套针、擞和针、抢针和刻鳞针等十多种针法绣成。绣工整齐、针迹精细、水路均匀、色彩绚丽、五光十色,绣品具有浓郁的粤绣纹理分明和敷色富丽的艺术特色。

【清代刺绣《岳阳楼记》】 清代大型刺绣珍品。共 12 幅,全长 30 多米,每幅长255、宽 34 厘米,绣有 393 字。该刺绣于 1987 年初在山东师范大学图书馆发现。据北京故宫博物院专家鉴定,《岳阳楼记》刺绣年代,约在清代嘉庆、道光之间。用绣底显字方法绣成的大型清代刺绣,属首次发现。《岳阳楼记》为北宋范仲淹的一篇散文,以凝练之笔,描写了洞庭湖的壮丽景色。刺绣《岳阳楼记》,文美、字秀、针绝,为书法刺绣艺术之杰作。

【清代富川席花卉绣迎手】 清代传世刺绣珍品。现藏河北承德避暑山庄博物馆。绣品手法奇特,图中央及四角为富川席,用金丝草编结而成。整件绣品结合运用了贴绣、镶纳等技艺,上面先剪贴花样,然后铺绣。四周用青缎镶拼,并绣有环状花边。富川席为金黄色,上绣绛红、淡蓝、草绿,以白作晕色,色泽谐和。

【清代刺绣《金带围图轴》】 清代刺绣精品。上海博物馆珍藏。江苏昆山赵慧君绣制。绣轴花纹为折枝芍药,占整幅五分之一,其余均为题词印章。画韵针神,可称双绝。用擞和针绣制晕色的红花、绿叶和花梗,线细为二丝(一根花线的十二分之一称一丝)。用齐针绣字和印章,绣字用线一丝到一丝半,绣印章用线更细。工精线细,运针纤理舒展。淡红色花朵,加有一条金黄色的花腰,既点明了主题,又极尽艺术风采。

【清代刺绣"囍"字堂幅】 清代刺绣精品。江苏镇江博物馆珍藏。堂幅纹饰,福禄寿三星在囍字上部,寓意"三星高照"。中间两旁是和合两仙。

下部是"八仙祝寿"。张果老骑驴执渔鼓，吕洞宾佩宝剑，蓝采和提花篮，钟离权摇扇，韩湘子吹笛，何仙姑戏荷花，李铁拐背葫芦，曹国舅捧阴阳板。每个人物都有鲜明的特征。针法变化丰富，主要有齐针、套针、擞和针、正抢、叠抢、施毛针、斜缠针、打子、接针、扎针等十余种，随人物形象的不同而灵活运用。运针娴熟精巧，绣制平服齐整，并选用"起老绒"和"留水路"等，以增强艺术感染力。

【清代《绣线极乐世界图》】　清代刺绣珍品。绣心长 287.5、宽 147.5 厘米，连同裱边通长 452、宽 191.6 厘米。白绸地，运用 20 多种针法，30 多种彩线绣成。各种佛教人物多达 326 尊，还有众多殿堂楼阁等。绣技之精湛，色泽之富丽，绣幅之巨大，为古代传世绣品中罕见，现藏北京故宫博物院。《绣线极乐世界图》清宫内务府档案有载：是由宫廷画家丁观鹏画稿，乾隆御题书赞，传旨送往苏州绣作。图轴上端"玉池"，绣有乾隆壬寅(1782)御题书赞，于黄绸底上用蓝丝绣汉、藏、满、蒙四体文字，下侧用朱丝绣"乾隆"钤印二方。图轴题签为"绣线极乐世界图"，绣图描绘的是"西方净土变"。图正中绣阿弥陀如来主尊，左右绣观音和大势至，三尊像各自坐于有华丽顶盖的叠涩须弥座佛龛中。三大佛龛占据图面中心，主题十分突出，表现了西方极乐世界的"西方三圣"。

清代苏绣《绣线极乐世界图》局部
(北京故宫博物院藏品)

【清代六合同春绒绣】　清代传世刺绣珍品。绣品以鹿、鹤和松柏组成"六合同春"吉祥主题。绣法以线代笔，绣出轮廓，加以淡彩晕染，鹿身、鹤羽均用施毛针。绣工精细，绣面平整，配色素雅，主题突出，布局匀称调和。藏镇江市博物馆。

【清代百官上寿绣堂幅】　清代刺绣珍品。河南南阳市社祺县文化馆珍藏。百官上寿是晚清用作寿礼的汴绣典型之作。绣品采用类似书画手卷的形式，由两条横幅缝合而成，一为图案主体，一为边饰。实物上加黄绢，下饰流苏网状编结物。绣品长488、高 106 厘米。主体部分高 76、边饰部分高 30 厘米。纹样主题为"郭子仪七子十一婿"。画面共有人物 27 个，除居中王者模样的为郭子仪外，其余 15 个官员装束的人均为郭子仪子婿辈，此外有观棋、聆琴、作画三清客，煮酒、舀酒、捧酒、斟酒、扶持童子 9 人。以大红缎子组成背景，配色华丽、和谐，针法多变，针脚平齐，场面大，布局均匀，绣面热闹。上有"光绪二十一年(1895)春正月谷旦，宝源社敬叩"字款。

【清代弥勒佛圣界图绣轴】　清代绣轴珍品。北京故宫博物院藏。纵60.03、宽 34 厘米。所绣人物多达 87 个，排列有序，繁而不乱。两尊大佛绣的均是弥勒佛，也称慈氏佛或未来佛，下边手持锁链壶的一尊，表现的是弥勒在教施佛义、普度众生的场面；上面坐的是主佛，即弥勒的真身，是整幅绣的中心；莲花宝座下，是弟子阿夏、文书藏排、金刚和天神。佛祖头顶上用金线绣的大鹏金翅鸟，振翅欲飞，光灿夺目，是佛法威严的体现。绣线有杏黄、明黄、大红、枣红、宝蓝、果绿、深绿、湖色、黑白灰诸色，另外大量采用圆金线，并施以二晕、三晕、四晕等手法，使绣画色彩富于变化，个别部位，如人物头发、下颌等处，还用笔作了点染。绣技主要用散套法铺色，用钉线勾勒线条，再辅以正戗、松针、打子和网针等多种针法。在绣轴背面，贴有满、汉、蒙、藏四种文字的绫签，载明作品年代为清代乾隆四十三年(1778)。

【乾隆千叟宴彩绣灯联】　清代彩绣珍品。灯联为实地纱五彩刺绣，上附明黄色方孔纱，绣工精细，针法多样，水路清晰，敷彩和谐。灯联四周裱

边，明黄纱地，上绣行龙、火珠、祥云、海涛等彩绣。中心为石青色纱地，以平金绣出联文。上端接头为海水、行云、团龙图案，下端做成燕尾状，为海水双龙戏珠图案。对联的天、地杆用铜鎏金锤胎錾花手法制作。天杆两端为龙头，颌下有环。顶部做成帽状，有钩便于悬挂。地杆为仿青铜器龙纹图案。燕尾尖端亦用铜鎏金包裹以增加总量。此外对联两边附加有两条饰带，亦为明黄纱地五彩绣，悬于天杆龙头之颌下。对联为两面合成，是两幅，可前后观看。这种彩绣灯联，甚罕见。其前后灯联语为：东摅木公朝，十年庆典，千叟恩荣，洛社画图鸠杖集；北迎元日诏，五代齿繁，百家算倍，康衢灯火箦骖游。西叙溯成功，振以特磬，声以镈钟，节序新词卑火树；右文郁鸣盛，风有干城，雅有髦士，科名旧事压灯毛。

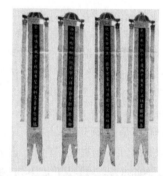

上：清代乾隆千叟宴彩绣灯联
下：彩绣局部纹饰

【清代仙鹤绣补】　清代绣补珍品。二十世纪五十年代，作者在上海征集。长 17.6、宽 19.2 厘米。黄缎底，中绣一白鹤展翅，作飞舞状，一足立于石上，下海水江牙；周边饰以笔定(锭)如意、福(蝙蝠)寿(仙桃)、犀角、双钱等吉祥纹样，上为红日彩云；平金框，内饰"卍"纹边。红日、彩云、"卍"纹用打子针法绣制，其余部分用

齐针针法绣制。仙鹤补,为清代文一品官员服用。"打子"和"齐针"均为苏绣传统针法,绣面平整、匀净、光洁、细密、和顺,均为苏绣的传统特色。为此证实仙鹤绣补,仍为苏州绣制,表现了清代苏绣的高水平。

清代仙鹤绣补
(传世品)

【清代仙鹤结子绣补】 清代绣补珍品。二十世纪四十年代,作者在苏州征集。长 26.7、宽 28.2 厘米。黑缎底,上绣红日祥云,中绣一白鹤立于太湖石上,展翅作飞舞状,下海水江牙纹,祥云间,五只红色蝙蝠飞翔其间,寓"洪福齐天"之意。整幅绣补,均用结子针法绣制,"结子"为苏绣传统针法之一,为"点绣"的一种。特点是用线较粗,均二绒左右,由圆粒组成,形似珠子,粒粒饱满。用结子针法绣制的绣品,结实耐用,适宜绣制实用品。仙鹤补,为清代文一品高官所服用,一副两块,饰于朝袍前胸后背,该绣补,配色典雅、大方,绣面平整、匀净,构图匀称,主题突出,具有较强的艺术感染力。而且全部运用结子针法绣制,十分罕见,极为珍贵。

清代仙鹤结子绣补
(传世品)

【清代女衣对襟《西厢记》绣片】 清代女衣对襟绣片珍品。二十世纪五十年代,作者在上海征集。长 106、宽 11.1 厘米,长条形,装饰于女子上衣对襟。一副两件,左右各一。这副女衣对襟绣片,绣制了全部《西厢记》,计六节:"惊艳"、"抚琴"、"定情"、"拷红"、"送别"、"荣归"。人物刻画生动,形神兼备。敷彩靓丽典雅,色泽丰富谐和。用齐针、网绣、平金、拉锁子等多种苏绣传统针法绣制,针脚齐整,和顺匀净。绣制如此精美的清代女衣对襟全部《西厢记》的绣片,仅见此一例,十分珍贵。

清代女衣对襟《西厢记》绣片
(传世品)

【清代蝶恋花袖口绣边】 清代袖口绣边精品。二十世纪五十年代,作者在上海征集。长 17.7、宽 28.1 厘米。黄色缎底,上绣彩蝶恋花。主要用齐针针法绣制,辅以抢针和切针,针脚齐整,绣面平服,和顺匀净,表现出高超的绣技。色彩有紫酱、湖蓝、大红、桃红、翠绿、白和黑,相间配合,色泽靓丽鲜艳,又明快调和。整件蝶恋花袖口绣边,表现了设计绣制者的巧思和才艺。

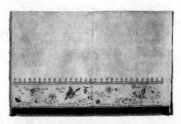

清代蝶恋花袖口绣边
(传世品)

【清代十字花绣袖口边】 清代十字花绣精品。二十世纪五十年代,在上海征集。长 16.3、宽 27.4 厘米。素纱底,长绣亭台小桥、红花绿柳、游船飞鸟,一派春光明媚景色。十字花绣,亦称"十字挑花"、"挑织",以十字形针法显示其特点,即在底料上依据经纬线组织,用细密小十字挑织成花纹。这件清代袖口绣边,即运用这种小十字针法绣成。绣线用大红、宝蓝、柳绿、蓝绿、紫、粉紫、黄和黑,相间配合,色彩绚烂多彩,明丽和谐,具有浓郁的民族民间风格。

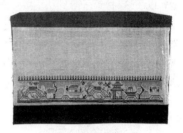

清代十字花绣袖口边
(传世品)

【清代《拾玉镯》绣片】 清代绣片精品。二十世纪五十年代,作者在上海征集。长 28.1、宽 24 厘米。刺绣描写傅朋遗镯,玉姣钟情,刘媒婆戏谑这一瞬间喜剧情节,眉目传情,人物生动。左上方红日高照,鸾凤双飞,亭园四周鲜花盛开,更衬托出喜庆和谐气氛。绣面运用齐针、平金、网绣和扎针等多种苏绣传统针法,刺绣匀净细密,和顺平整。色泽秀丽淡雅,采用"类色配合"手法,大调和小对比,靓俏幽倩。人物刺绣较难绣制,形神兼备更难,这件"拾玉镯"绣片,人物如此精妙传神,十分罕见珍贵。

清代《拾玉镯》绣片
(传世品)

【清代八仙苏绣披肩】 清代苏绣披肩珍品。二十世纪六十年代,作者在苏州征集。圆形,直径 30.1 厘米。披肩以 8 个大如意和 8 个小如意组成,8 个大如意内,绣汉钟离、吕洞宾、蓝采和等八位仙人,八仙手持宝扇、宝剑、花篮等宝物,足登祥云;小如意内,绣四季花卉图案。八仙之名,相传始于元代,明清时期常以八仙组成寓意图案,民间常用作祝颂长寿吉祥之意。刺绣针法,以苏绣传统的齐针为主,其他辅以平金、拉锁子等针法。敷彩应用粉红、朱色、翠绿、湖绿、藏青、天蓝、黑和金色等,相间调配。绣面平整,色泽丰富,主题突出,构图匀称,表现出清代苏绣的高超技艺。

清代八仙苏绣披肩
(传世品)

【清代暗八仙刺绣披肩】 清代刺绣披肩精品。二十世纪五十年代,作者在苏州征集。圆形,直径 36.3 厘米。主纹绣"暗八仙"图案,内圈饰蝙蝠卷云纹,边缘饰连续如意图案。"暗八仙"为我国传统寓意纹样,以八仙手中所持之物(汉钟离持扇,吕洞宾持剑,张果老持渔鼓,曹国舅持玉板,铁拐李持葫芦,韩湘子持箫,蓝采和持花篮,何仙姑持荷叶)组成,俗称"暗八仙",民间认为寓意吉祥长寿。绣面为黑缎底,配深浅宝蓝、深浅酱色、深浅橘黄、白和金等色,采用"间晕"手法,使色调清丽秀美而又典雅。刺

清代暗八仙刺绣披肩
(传世品)

绣运用拉锁子、平金、网绣等苏绣传统针法绣制,光洁、齐整、和顺。此刺绣披肩,似为年长妇女所服用,以祝颂其高寿祥和康乐。

【清代彩蝶方形刺绣披肩】 清代刺绣披肩精品。二十世纪五十年代,作者在苏州征集。方形,直径 26 厘米。女孩服用。纱底,运用苏绣传统针法纳锦绣制,针脚都用垂直针,用深浅绛红、深浅果绿、鼻烟秋香等色绣制,再用盘金勾边,统一全体,使色调在鲜丽的对比中,取得谐和的艺术效果。绣面四角,绣四彩蝶,两相对称排列,相互辉映,可供四面观赏,表现出设计绣制者的巧思。

清代彩蝶方形刺绣披肩
(传世品)

【清代蝶恋花刺绣披肩】 清代苏绣披肩珍品。二十世纪五十年代,作者在苏州征集。直径 39.7 厘米。披肩,亦称"披领",古称"绕领"。女用,服用时,系于颈,披于肩。清代蝶恋花刺绣披肩,葵花外形,中有一圆领口,前开一直襟,缀有一纽扣。绣面绣有 9 只彩蝶,飞舞于丛花中,九蝶姿态各异,五彩缤纷,红花含露盛开,绿叶相衬,显示出一派盈然春意。刺绣应用齐针、打子、切针等多种苏绣传统技法绣制,绣面光洁和顺,配色绚丽秀雅,布局匀称平衡,表现出一种苏绣特有的清秀韵致。

清代蝶恋花刺绣披肩
(传世品)

【清代福寿苏绣枕顶】 清代苏绣枕顶精品。二十世纪五十年代,作者在苏州征集。高 15.5、宽 17 厘米。长方形,圆角。中绣一大寿桃,上绣一蝙蝠纹,寓意福寿双全。素纱底,用纳锦针法绣制,"纳锦"为苏绣的一种传统针法,针脚垂直,绣满全幅。以桃红、翠绿、鼻烟三色绣制,运用"间晕"手法,逐层退晕,使物像具有立体的艺术效果。旧时枕头,都有枕顶,一副两片,装饰于枕头两侧。

清代福寿苏绣枕顶
(传世品)

【清代鲤鱼龙门刺绣枕顶】 清代刺绣枕顶精品。二十世纪五十年代,作者在上海征集。圆形,直径 13.5 厘米。枕顶中央绣"鲤鱼跳龙门"图案,上为龙门,下绣一金色鲤鱼腾跃于海涛间。古代民间认为,鲤鱼跳过龙门,寓意高升昌盛,青云直上。刺绣用齐针、平金、盘金和拉锁子等多种针法绣制,绣面齐整,针脚平服。配色以深浅宝蓝、大红为主调,辅以桃红、黑色,用金色勾边,色调热烈、鲜丽,具有浓郁的民间特色。

清代鲤鱼龙门刺绣枕顶
(传世品)

【清代葫芦形刺绣挂饰】 清代刺绣精品。二十世纪五十年代,作者在苏州征集。高 16.1、宽 9～17.1 厘米。葫芦外形,上系丝绦,可悬挂,下饰彩色丝穗。中绣福寿花篮、亭园小桥,四周饰彩蝶、蝙蝠、"卍"字和百结等吉祥

图案。绛红色底，配以桃红、嫩绿、宝蓝、玉白和金等色，运用间晕手法，色泽明快、俏丽、欢畅，具有浓郁的民间风韵。刺绣为苏绣，应用平针、盘金、网绣等针法，绣面平整光洁，匀净细密。葫芦形绣饰，都挂于新房帐幔两侧，以增添喜庆气氛。葫芦，民间寓为中华第一吉祥物，葫芦形挂饰，内饰诸多吉祥图案，以此作婚庆饰品，十分贴切。

清代葫芦形刺绣挂饰
（传世品）

【清代《凤仪亭》绣花荷包】 清代刺绣荷包珍品。二十世纪五十年代，作者在苏州征集。高10、宽15.1厘米。腰圆形，白缎底，上绣"凤仪亭"。描写吕布和貂蝉，私会于凤仪亭下，貂蝉头梳高髻，上身倚栏，吕布头戴紫金冠，插雉尾，手持画戟，侧身视蝉，相互眉目传情，刻画生动传神。绣花以苏绣传统针法拉锁子为主，辅以齐针和盘金等针法，绣面平整、细密、匀净、和顺。配色以深浅宝蓝、深浅翠绿、绛红、灰紫、淡赭、煤黑等色，相间配合，运用"间晕"手法，色泽对比鲜明，又协调统一。

清代《凤仪亭》绣花荷包
（传世品）

【清代和合二仙绣花荷包】 清代刺绣荷包珍品。二十世纪五十年代，作者在苏州征集。高10.2、宽15厘米。

腰圆形，白缎底，上绣和合二仙。"和合二仙"又称"和合二圣"，即寒山和拾得，两人是唐代高僧，后演变为古代神仙。一人手中持荷，一人捧盒，"荷"与"和"、"盒"与"合"同音，取和谐好合之意。苏州城外建有寒山古寺，内有寒山、拾得塑像。绣花荷包所绣和合二仙，为仙童形象，一人双手捧圆盒，一人手持荷花，头梳丫髻，穿短袍，人物形象生动。主要运用苏绣传统针法拉锁子绣制，脸和手用齐针，假山用盘金，针脚齐整，绣面平服。配色明快谐和，鲜丽典雅。

清代和合二仙绣花荷包
（传世品）

【清代彩绣发禄袋】 清代彩绣珍品。二十世纪五十年代，作者在苏州征集。高16.5、宽22厘米。石榴外形，内饰石榴花、石榴籽；绛红地色，用桃红、宝蓝、石绿等彩丝绣制，运用"浑晕"配色技法，为取得统一全体的艺术效果，花纹轮廓运用盘金手法，显得既富丽又典雅。刺绣运用纳锦、戳纱和盘金针法，均为苏绣传统针法，用色依花样顺序进行，内深外浅或外深内浅，极具装饰效果。发禄袋主要用于婚庆新房，挂饰于床楣两侧，左右各一，极具喜庆气氛。以"榴开百子"为母题，含义丰富。

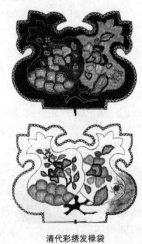

清代彩绣发禄袋
（传世品）

【清代纳锦绣褡裢】 清代纳锦绣精品。褡裢长17.1、宽9.5厘米。二十世纪四十年代，作者在苏州征集。"纳锦"为苏绣传统针法之一，为纱绣的一种。以素纱为绣底，绣时须按格或数眼绣制。绣法都垂直进行，以大套小的几何形图案，绣满全幅，用色一般以每一几何形为单位。这件纳锦绣褡裢，就是以素纱为底，绣时按格垂直绣制，都是以大套小的菱纹几何图案，绣满全幅；用大红、粉红、墨绿、灰绿、淡蓝等色，相间配合，色调明快、鲜丽。褡裢构图匀称，绣面平整，和顺细密，表现了清代苏绣的高水准。

清代纳锦绣褡裢
（传世品）

【清代莲鹭梅鹊绣褡裢】 清代苏绣褡裢精品。二十世纪四十年代，作者在苏州征集。长18.2、宽10厘米。上下绣片为双层，上下绣片间为夹层，都可盛装文书等细软物品。褡裢佩带腰间，上端穿过腰带，将绣面翻在外面，与下部绣面对应，联为一体。

清代莲鹭梅鹊刺绣褡裢
（传世品）

上端绣面绣白鹭莲荷，下端绣面绣喜鹊梅花。均用苏绣传统针法齐针绣制，针脚齐整、光洁、均衡，敷彩秀丽调和，构图疏朗有致。这种刺绣褡裢，旧时是新娘妆品之一，出嫁时需备有褡裢、荷包等绣品，至夫家后馈赠给至亲好友。

【清代"卍"字几何纹刺绣镜套】 清代刺绣镜套精品。二十世纪五十年代，作者在上海征集。圆形，直径18.5厘米。以"卍"字、"卐"形、菱形等几何纹组成。素纱底，用纳锦针法绣制，整幅绣满，绣面平整光洁，均衡和顺。以绛红、粉绿、桃红、淡黄、秋香、煤黑等色，相间配合，节奏明快，靓丽谐和。双层，下有开口，可将镜子套入。

清代"卍"字几何纹刺绣镜套
（传世品）

【清代琴式苏绣扇套】 清代苏绣扇套精品。二十世纪五十年代，作者在南京征集。长28.4、宽5.2～3.5厘米，上宽下窄。扇套上部作成一古琴，绣"绿绮"篆体二字，下部为一琴套，绣几何纹天华锦，以四合如意、

清代琴式苏绣扇套
（传世品）

"卍"字、瑞花和蝙蝠等各种吉祥图案组成。用网绣、齐针和切针等多种苏绣传统针法绣制，绣面齐整和顺。用玫瑰紫、宝蓝、嫩绿、土黄和黑色，相间配合，文雅秀丽。扇套口沿，系有丝缘，可供佩挂于腰间，并饰有彩色丝穗。琴套口部，两侧饰有两根小丝带，并装饰有"百结"。苏绣扇套，多绣制花卉图案，作琴式绣"天华锦"纹的仅见此一例。

【清绣《窅娘舞莲图》】 清代刺绣名家凌杼所绣。凌为吴江县人，以绣山水人物花鸟著名。《窅娘舞莲图》表现南唐李后主宫嫔窅娘，在高六尺的金莲花上起舞，画面以线描为主，设色素雅。窅娘舞姿优美，裙带飘飞。刺绣针脚均匀，绣面平整。绣幅右题"道山清话：李后主宫嫔窅娘纤丽善舞，后主作金莲，高六尺，以宝物饰细带缨络，莲中作品色瑞云，令窅娘以帛缠足，令纤小屈曲作新月状，素袜舞云中，回旋有凌云之态。唐缟诗曰：莲中花更好，云里月常新。因窅娘作也。"下钤有"凌"、"杼"两方印。

清代绣《窅娘舞莲图》
（南京博物院藏品）

【沈立《绣虎图》】 上海博物馆藏。长71.9、宽40.6厘米。为清末民初刺绣名师沈立所作。沈立，字鹤一，为清末民初刺绣艺术家沈寿姊。绣面为一猛虎卧于草丛中。右下角绣"鹤一女史沈立"，阳文"沈立"篆书印。猛虎主要以套针为主，虎眼先绣平针，周围再以接针勾边，更显得虎视眈眈。茅草叶用齐针绣，颜色以绿色为基调，以深浅不同的色线绣出叶子的明暗。老虎以灰色为基调。绣品色感强，色彩素雅，别有风格，与沈寿的仿真绣不同。据沈立的学生南通工艺美术研究所庄锦云鉴别，这幅

作品约绣于上世纪二十年代初，沈立平时不多作绣，要绣的话，一定是精品。从这幅绣虎图中，可以看出，这幅绣品，确是近代刺绣中的佳作。参见"沈立"。

沈立《绣虎图》
（上海博物馆藏品）

【沈寿绣《耶稣像》】 近代刺绣珍品。高55、宽42厘米。绣像根据耶稣脸部肌肉纹理，恰当运用自创的仿真绣，以虚实针、旋针等长短针交差绣法绣制，在配色上大胆应用数股颜色不同绣线，穿于一针，使晕色更为自然和谐。作品将耶稣受刑时愿代世人受苦的面部神情，表现得十分感人。此绣从任何角度观看，都不会因丝线的反光而影响绣品的艺术效果。专家们认为，沈寿此像"绣意后则肖其面，绣耶稣而会其神；彼世界大画家林登氏所绘耶稣像虽云神似，又岂足与之衡短长哉。"此绣像，在1915年美国旧金山"巴拿马——太平洋万国博览会"上，荣获一等大奖。

沈寿绣《耶稣像》

【沈寿绣《柳燕图》轴】 沈寿（1874～1921），清末民初杰出刺绣艺术家。《柳燕图》是沈寿28岁时为其丈夫余觉愧赠友人而绣制的一幅绣画。画面绣一棵柳树，柳枝在徐风中飘摇，一对飞燕在柳枝间飞舞，另一对燕子则欲在柳枝上停息；绣画左上角绣着

识款："壬寅夏,外子自京归,命作小幅,应铍卿观察大人之属,制将成,适外子秋捷至喜,系以诗:'呢喃喜语对情帏,报送明年计染衣,多谢春风好抬举,联翩且向上林飞。'天香阁女士并记。"盖沈氏朱章。按壬寅为清·光绪九年(1902),此时沈寿年华正茂,眼明手巧,绣技熟练,处在从事绣作最佳的年龄段,《柳燕图》虽然幅面不大,却是沈寿刺绣的代表性佳作。刺绣配色秀丽明快,针迹细腻平整,作品形神兼备。《柳燕图》高98、宽35厘米。用套针、齐针、滚针等针法绣制。

沈寿刺绣《柳燕图》

【清代济公绣像】 清代刺绣珍品。清末刺绣艺术家沈寿早期代表作。苏州博物馆珍藏。绣像高88、宽35厘米。在淡蓝色缎底上,绣济公背手执一芭蕉扇,作步行状,近前方有酒两坛,济公两眼注视酒坛,笑逐颜开,形象生动。右上方题有"光绪乙巳春日吴中天香阁女士沈寿制"。作品绣于乙巳年,即光绪三十一年(1905),沈寿时年31岁。绣品题词旁有"御屏风"方形章,下有"三百年第一人"方形章一。右下角又有"姓名长在御屏风"方形章一。原稿是一幅工笔人物画,王剑秋作。针法以撒和针为主,斜缠针、鸡毛针等为辅,滚针等又次之。色彩处理上,开始吸收西洋画的表现方法。济公面部、颈部、衣纹

等处,都根据光线的明暗,分出深浅。用色得当,排针落点相宜。这是沈寿探索"仿真绣"开始时的佳作。

【民国潮绣刺绣云肩】 民国潮绣精品。现藏广东省博物馆。长40、宽40厘米,呈菱形。整件云肩以金线为主线,衣领选用粉红色缎面,周围配浅紫丝线以横针绣法绣出回纹,领边用浅紫、果绿色丝线及金线以插绣手法绣有11组莲花花瓣。中央绣有6朵色彩艳丽的荷花,四角上各衬以一只生动活泼的鸳鸯。鸳鸯采用传统的垫凸工艺,用黑色丝线进行勾勒,突出骨络,将鸳鸯丰满的身姿、优雅的神情表现得栩栩如生。其中,上下两只为雄性,头部用玫瑰、大红色彩,翅膀为金线绣成,并用橘红勾勒出骨络,突出表现雄性的阳刚之美;左右两只为雌性,头部采用橘红、浅黄为主线,翅膀用粉绿色绣成,给人一种温柔可爱的感觉。

【苏绣《姑苏繁华图》】 1995年绣成。由中国工艺美术大师、著名苏绣艺术家顾文霞精心指导,十余名刺绣艺人,经一年四个月精心绣制完成。长1280、宽38厘米。苏绣《姑苏繁华图》稿本,系清·乾隆时御用画家徐扬所作之《盛世滋生图》(又名《姑苏繁华图》),画面生动地再现了当时从太湖和府城西诸山由西往东而北,穿过水乡村庄、市镇,巡礼了府城西部胥门、阊门内外和万年桥一带至七里山塘到姑苏名胜虎丘山的市肆繁华景象。刺绣艺人以针代笔,以线代色绣出了江南的湖光山色,流水人家,田园村舍,古渡行舟,沿河市镇,商业集市等三百六十行和形形色色的人物、景观。有12 000余人物,舟楫排筏近400只,各异桥梁50多座,市招230多家,生动形象地反映了十八世纪中叶,古城苏州市井风情的繁荣盛况。绣品用套针、缠针、散套针和虚实针等10多种针法,500余种彩线绣制而成。针脚齐密、绣面平整、线光明丽、色泽典雅、古朴秀美,具有苏绣精、细、雅、洁的传统特色。苏绣《姑

苏繁华图》是为庆祝苏州建城2 500年而绣制。

苏绣《姑苏繁华图》(局部)
(顾文霞等绣制)

【彩锦绣《长城万里图》】 《长城万里图》由著名工艺美术家、画家张仃设计,长19.5、高3.5米,是我国最大一幅彩锦绣品。作品表现了万里长城的壮丽景色,由南通工艺美术研究所集中一百多名刺绣艺人,耗时5 600余工绣制完成。艺人们运用彩锦绣特有的绣技,将不同山峦岩石结构,表现出不同山脉的趋向,而蜿蜒于丛山的长城,注重折光对比,使之在苍茫景色中显出银光闪烁的艺术效果。画面气势宏大,瑰丽多彩,并富有浓郁的民间情调。

各类刺绣

【簇金绣】　以绣金攒簇为饰。元·张宪《玉司集·神绂十一曲》之三："双头牡丹大如斗，簇金小帽银花缕。"

【蹙金绣】　古代高级绣品。用拈紧的金线刺绣，制成皱纹状的一种绣品。亦称"拈金"。绣制方法：先用金线平铺在纹样上，再以丝线钉扎，分出界划，在金线下面，垫有丝绵。主要用来绣制服饰和孔雀毛羽以及龙鱼等鳞片。唐·杜甫《杜工部草堂诗笺·丽人行》："绣罗衣裳照暮春，蹙金孔雀银麒麟。"

【拈金】　见"蹙金"。

古代蹙金绣衣物

【阑金】　古代服饰花纹上绣织或构画金边，古称"阑金"。1975年福州南宋黄昇墓出土有阑金衣边实物，为一种花卉纹阑金。宋·王栐《燕翼诒谋录》亦著录宋时有阑金服饰，这与黄昇墓出土之阑金衣边相符合。

宋代阑金衣边
（1975 年福州南宋黄昇墓出土）

【背金绣】　古代刺绣技艺之一。宋代有此技艺。在纱罗衣衫背面，刺绣金线花纹，故名"背金"。纱罗织物，轻薄透明，使背面所绣纹饰，显露于外，产生若隐若现的艺术效果。宋·王栐《燕翼诒谋录》著录宋有背金服饰。

【钉金箔】　刺绣传统绣品。亦称"贴金箔"，为贴绣的一种。明清时有此技法。将金箔剪刻成花形，贴于绣地，再用齐针或包梗线钉绣花纹。金箔与绣线，相互辉映，金碧辉煌。

【贴金箔】　见"钉金箔"。

【铺翠绣】　传统刺绣技法之一。用孔雀羽毛铺绣，古称"铺翠绣"。先于绣品上绣制各种花纹图案，再以孔雀翎羽和丝线捻合而成的孔雀羽线盘钉花纹空隙处，形成翠绿色纹样。我国自公元三至四世纪，用孔雀羽毛制裘以来，历代贵族官僚都用孔雀羽织绣衣服。清·曹雪芹《红楼梦》描述晴雯抱病给贾宝石织补孔雀金裘衣的故事，反映了这一事实。《清稗类钞》卷六载：清代慈禧太后曾穿孔雀羽织绣凤凰花纹的衣服，每一凤鸟的口中，还各衔一串长约三寸的珍珠璎珞，稍一行动，前后左右均放异彩。至晚清时期，用孔雀羽毛绣制绣品已较普遍，尤以粤绣和苏绣为多。在扇套、荷包上刺绣的"百鸟朝凤"、"孔雀开屏"等纹样中的凤和孔雀，都是用孔雀羽作成绣线来绣制的，在铺翠处，孔雀羽线能发出天然的五彩闪光。

【洒线绣】　为明代北京刺绣艺人所创。亦称"穿纱"。以方目纱为地，用五彩丝拈线铺绣而成。敷彩以原色为主，间色较少。色调对比强烈、鲜艳。北京定陵出土明孝靖皇后洒线绣百子纹夹衣，是一绞一的直径纱地，用三股彩线、绒线、金线、孔雀羽线和花夹线等 6 种绣线，用 12 种针法绣制，极为富丽精美。北京故宫博物院藏的明代洒线绣云龙袍料和明代洒线绣百花辇龙纹披肩袍料，都是极珍贵的作品。

【穿纱】　见"洒线绣"。

【闺绣画】　古代女子用彩丝绣成的画。明·屠隆《考槃余事·宋绣画》："宋之闺绣画，山水人物楼台花鸟，针线细密，不露边缝，其用绒止一二丝，用针如发细者为之，故眉目毕具，绒彩夺目，而丰神宛然，设色开染，较画更佳，女红之巧，十指春风，迥不可及。"元明以来闺阁绣画高手辈出。如元代浙江吴兴管道昇，字仲姬，为元大画家赵孟頫夫人；明代浙江湖州唐氏，唐时从女；江苏吴县薛素素和浦江倪仁吉等，均以绣画著名。

【闺阁绣】　① 古代一种欣赏绣品之别称。此类绣品，因多出于名门闺媛之手，故名。绣品精致，不计工本，多以古代名画为稿本，一如图绘；② 宋代继承绣制佛画技艺传统，转而绣制名人书画，以追摹宋代院体工笔画的笔墨线条、晕色浓淡及画中风采气韵为能事。宋徽宗于崇宁年间在皇家画院设绣画专科，一时著名绣工如思白、墨林、启美等辈出，融书画于绣画，他们的绣品精致细腻，谓之"闺阁绣"。

【绣画】　指一种半绣半画的绣品。明末顾绣有此绣法。有的只绣一小部分，大部分为绘画；亦有大部分为绣制，小部分绘画。如《莲塘乳鸭图》绣品，乳鸭为刺绣，莲塘水草为笔画。如绣古装仕女，只绣衣上花饰，余皆笔画。画多绣少，所以又称"补画绣"。

【补画绣】　见"绣画"。

明代顾绣（半绣半画绣品）

【绣缋共职】 指绣与画之密切关系。《周礼》缋画注:"凡绣亦须画,乃刺之。故画、绣二工,共其职也。"

【空绣】 指只用丝线绣出画面之轮廓,余者全用毛笔彩绘,谓之"空绣"。在清代乾隆以后,有少部分绣品以画代绣,后日渐增多,出现仅绣轮廓,内部皆空,只用彩绘涂染的"空绣"。

【染绣】 元代时有此绣法。以画代绣,一般人物花鸟用墨描画眉目,其他为刺绣。清代以后还有此流风。

【仿真绣】 清末沈寿创始的一种新绣法。亦称"美术绣"。沈寿运用油画、摄影作品为绣稿,为了表现明暗、透视等效果,在传统刺绣技法的基础上,吸纳日本刺绣的长处,如在表现人物面部时,就按肌肉凹凸浓淡、肌理转折施针。这种融西画肖神仿真的新针法,即为"仿真绣"。沈寿的仿真绣代表作《耶稣像》,在1915年美国"巴拿马——太平洋万国博览会"上荣获一等奖。自此沈寿仿真绣,传誉中外,开创了苏绣崭新的一页。

【美术绣】 见"仿真绣"。

沈寿仿真绣《美国女优倍克像》

【发绣】 运用头发绣制的绣品。头发具有特殊性能,坚韧光滑,色泽经久不褪。发绣以发代线,利用头发黑、白、灰、黄和棕的自然色泽,以及细、柔、光、滑的特性,用接针、切针、缠针和滚针等不同针法刺绣。发绣白地黑线,适宜绣制单线(白描)人物、山水和建筑物等,人物一般背景较少。以质朴素净取胜,绣品针迹细密,色彩柔和,风格独特。

据《女红传征略》载:宋代已有发绣"妙法莲华经"。元代女画家管仲姬绣制的"观音像",观音的发丝、眉毛、眼睛等部位都以人发绣制,现藏南京博物院。明代夏明远的发绣"黄鹤楼"、"滕王阁",后人称其侔于鬼工。浙江倪仁吉的发绣"大士像",神态端庄,现藏北京故宫博物院。清代,有的贞女、孝妇和僧尼剪下自己的青丝,绣制"观音像"、"如来佛"等,以示虔诚。中国发绣主要产于江苏省的苏州、东台以及山东省的济南、青岛等地。

发绣《维摩演教图》(局部)
(周莹华作,获2007"百花杯"中国工艺美术精品奖金奖)

【墨绣】 "发绣"别称。因发绣以黑色为主,故名。发绣历史悠久,《顾绣考》载有:"远绍唐宋发绣之真传。"明末清初浙江浦江倪仁吉,工诗画,精发绣,1957年在浙江义乌发现倪仁吉《大士像》发绣,神态端庄安详,现藏于义乌季梅园。发绣目前以江苏苏州和东台绣制最精,1982年苏州双面发绣《寒山寺图》获全国金杯奖。2001年东台发绣《姑苏繁华图》,获上海艺术节银奖。发绣要求:发要纤细;针法要齐整和顺;色泽要均衡谐和;绣面要光洁美观。参见"发绣"、"倪仁吉"。

【锦绣】 精致华丽的丝绣品。《三国志·吴志·蒋钦传》:"妻妾衣服,悉皆锦绣。"张衡《四愁诗》:"美人赠我锦绣缎,何以报之青玉案。"常用来形容美好的事物。

【填锦】 织绣的一种。将锦的图案剪截一部分,缝制成褡裢或小型佩饰,通常在边缘刺绣出一道边饰,亦有的在中心再装饰一刺绣小品。

【马鬃绣】 运用马鬃、马尾毛绣制的绣品。颜色有棕、黑、白等色。由于马鬃质地丝线坚硬,适宜用缠针、滚针、网绣等针法,表现单线(白描)的人物和建筑物等。色泽经久不褪。马鬃绣,形象清雅素净,针迹细密,风格朴实。与发绣具有同一的艺术效果。

苏绣马鬃绣《神仙卷》(局部)
(赵红埔、吴鸣文绣)

【堆绫绣】 亦称"贴绫绣"。为"贴绣"的一种。周代已有"刻绘为雉翟"的记载。唐宋和明代,都称"剪彩"。通常用各色绫子,根据花纹形状分块剪好,然后组合拼贴于底料,再用接针将绫子花纹沿边钉牢,或在绫片底部与底料缝牢,针脚藏在堆花下面。贴时有平贴法和叠贴法两种,叠贴法可根据物体结构贴出高低层次,有时还用棉花等在下面衬垫出高度或另加其他刺绣针法点缀,使花纹更具立体感。清代堆绫绣小品多用于人物、瓜果、花鸟、草虫、器物等纹样,有的也用来绣制大幅佛像、字画。

【贴绫绣】 见"堆绫绣"。

【剪彩】 见"堆绫绣"。

清代堆绫绣

【钉金绣】　古代传统针法之一。亦称"平金绣"。山西辽代驸马墓曾出土有钉金绣品。是采用捻金线、捻银线按画稿花纹单根或双根回旋排满绣成，再以各色丝线钉牢。还有一种绣法是金线只钉出花纹的外形轮廓，中间空出，称为"圈金"。捻金线可分赤圆金、紫赤圆金、淡圆金三种。捻银线又称白圆金。捻金线、捻银线，再加上钉压线的配色，使绣品呈现出阴阳明暗及微晕变化的色彩效果。湘绣、苏绣、广绣、蜀绣等，都有平金、盘金绣法，均是这一古老针法的传承，而绣法都有所改进。

【平金绣】　见"钉金绣"。

【圈金】　见"钉金绣"。

【平绣】　亦称"细绣"。刺绣常用绣种。是在平面底料上运用齐针、抢针、套针、撇和针和施针等针法进行的一种刺绣。绣面细致入微，纤毫毕现，富有质感。

【细绣】　见"平绣"。

【乱针绣】　又名"正则绣"、"锦纹绣"。是适宜绣制欣赏品的一个新绣种。乱针绣创始于二十世纪三十年代，创始人为杨守玉（见"杨守玉"）。乱针绣主要采用长短交叉线条，分层加色手法来表现画面。针法活泼、线条流畅、色彩丰富、层次感强、风格独特。擅长绣制油画、摄影和素描等稿本的作品。苏州刺绣研究所在继承杨守玉乱针绣针法的基础上，现又创新发展了虚实乱针绣、双面乱针绣、双面异样绣和双面三异绣等刺绣技法，把乱针绣的技艺，提高到一个新的水平。

【锦纹绣】　见"乱针绣"。

【正则绣】　见"乱针绣"。

【彩锦绣】　是在继承传统戳纱绣基础上发展起来的新品种，以"点彩"与"纳锦"两种绣法组成。其工艺特点是在方格纱的底料上，灵活运用点彩、纳锦针法以及染、衬、钉、盘等各种工艺手段，组成独特的点、线、面的刺绣画面。作品具有简洁、明快、华美、装饰性浓郁的艺术特色。

【精微绣】　绣品规格微小，绣工精湛，寸人豆马均绣制神情毕肖。在服饰上所绣花纹和字体，须借助放大镜才能看清。精微绣，以苏州、无锡等地的最为著名。

苏绣精微绣小猫
（顾青蛟设计，吴鸣文绣）

【缉珠绣】　古代刺绣技艺之一。宋·周密《武林旧事》载：宋时，以珍珠香囊进呈于皇太后。绣法：用细珍珠或白色米珠或红珊瑚珠，用丝线钉缀于底料，组成花纹，后以龙抱柱线勾勒轮廓线。通常用天鹅绒或绫缎作绣底，绣出的图案，珠光闪耀，富丽豪华。缉珠绣，以广绣和京绣较著名。

清代缉珠绣
（传世品）

【珠绣】　亦称"穿珠绣"、"玉绣"。用珍珠、缉米珠、珊瑚珠、宝素珠、玻璃珠或光片，钉于绣品，使绣品具有珠光灿烂、绚丽多彩、层次清晰和立体感强等艺术特色。分全珠绣和半珠绣两种。前者是全部钉满，用绣线将珍珠穿成一串，沿花形由外向内，逐粒将珠穿钉，钉满为止；后者是在绣好的花瓣上钉几颗，或钉于花蕊处，穿一粒、钉一颗。品种以日用品为主，有服装、鞋帽、提包和荷包等，也有用于挂屏等欣赏品。通常有珠珠绣、珊瑚珠绣和玻璃珠绣等几类。

【穿珠绣】　见"珠绣"。

【玉绣】　见"珠绣"。

【珍珠绣】　古代传统绣品。珍珠绣始于隋唐。据《通典》载，隋代京城游乐场艺人"盛饰衣服，皆用珠翠"。唐代《杜阳杂编》载，宫廷有珠绣被面，以小米粒般的珍珠等绣成鸳鸯、花卉图案，五色辉映。宋代岭南媚川郡（今广东宝安）官吏刘铢曾以彩色珍珠绣成"双龙戏珠"马鞍献给宋太祖。元代，帝王织金袍上绣以大珍珠，宫廷颁发西番的诏书上也以珠绣装饰。清末，直隶总督袁世凯奉献给慈禧太后一件以珍珠、宝石绣成芍药等图案的服装。

【玻璃珠绣】　玻璃珠绣始于清代光绪年间。当时吕宋（今菲律宾）华侨回中国，带回玻璃珠绣拖鞋，在福建流传。后福建漳州匠师用进口玻璃珠制成珠绣拖鞋，流传至厦门。1920年左右，厦门"活源"商行进口小玻璃珠，生产珠绣工艺品。玻璃珠绣有全珠绣、半珠绣两种。全珠绣是在产品面料上绣满玻璃珠；半珠绣则是在部分面料上绣制玻璃珠，它和面料的质地、色彩相互辉映，有良好的艺术效果。玻璃珠绣的针法有平绣、凸绣、串绣、粒绣、竖珠绣、叠片绣等多种，以浮雕效果的凸绣最具特色。产地有福建和广东等地区。产品主要是日用品。

【缂、绣新技艺】　缂丝是"通经断纬"的织物，刺绣是用针引线穿刺而成，两者工艺迥然不同。苏州刺绣研究所经多次试验,于 1987 年研制成功,并经苏州市科委鉴定通过。主要将缂丝制作的木机和刺绣操作的绣绷,合于一台机上操作,由下而上,分段缂绣。

【铺绒绣】 刺绣传统针法之一。纱绣针法的一种。以素纱作底,用彩丝在纱底上刺绣出花纹。绣满纱底,不露地子的叫"铺绒"。

【编席绣】 刺绣传统技法。用藤类细条,编成细席,再用绣线在席上刺绣出花纹。现藏河北避暑山庄博物馆的"清代富川席花卉绣迎手",是为一种富川席,用金丝草编结而成,然后贴绣。参见"清代富川席花卉绣迎手"。

清代编席绣

【贴布绣】 贴布绣历史悠久,流传广泛,南北民间均有,主要用于服饰和日常用品。应用各种不同颜色、不同质地、具有一定形状的布块,通过缝、绣、贴等手法加工绣制。贴布绣一般分为两类:一叫"布缝",包括贴块、缝合、拼饰和镶花等;一叫"补花",即在底布上,贴上另一色纹样的布片,四周边缘经缝绣,具有浅浮雕效果。制作工序:先图案设计、置备材料,后经剪裁、绣制、缝合等。图案内容,民间多喜爱采用吉庆寓意纹样。

【满地绣】 古代绣法之一。指在一件绣料上,运用各色丝线和金银线,绣满全部绣件,不露分寸底色,故名"满地绣"。明、清两代的宫廷绣衣,运用这种绣法,绣料多为方孔纱。

【双面绣】 刺绣传统针法之一。变体绣的一种。亦称"两面绣"、"两面光"。双面绣在我国北宋时期,已达到相当高的水平。解放后经苏州刺绣艺人的钻研改进,得到很大发展。现苏州的双面绣精品,多作为国家的礼展品,得到中外人士的高度赞扬。现湘绣、广绣等亦有双面绣生产。双面绣的主要特点:绣面正反如一,正背两面的图案、色彩、针法完全相同(是在一次针上针下过程中完成),可供两面观赏。针法要点:一、记线、记针:是代替打结的一种方法。绣时先将线尾剪齐,从上刺下,再在离针二三丝处起针,将线抽剩少许线尾,下针时将线尾压住,连绣几针短针,将线尾藏没,这样,正反面均不露线头;二、用针:绣双面绣时,必须将绣针垂直(一般是用大拇指与中指拿针)。这是绣双面绣的关键之一,其作用是不刺破反面的绣线,使正反面效果一样;三、排针:排针是双面绣最主要的步骤,因为排针的稀密直接影响到反面线条排列的斜度。如正面排针密,则反面斜度小;如正面排针稀,则反面斜度大。所以双面绣一定要按次序非常均匀地排列,才能使两面相等,在第二皮套的时候,也就不会有交叉丝的现象;四、藏头:纹样绣完后,在紧贴最后几针的线条旁边绣几针极短的短针,再将线尾穿入已绣好的纹样中,齐根剪断,将线头藏没。

【两面绣】 见"双面绣"。

【两面光】 见"双面绣"。

【双面异色绣】 在双面绣的基础上,发展起来的刺绣新品种。绣面正反都有绣,两面图案、针法相同,而色调不一,故称"双面异色绣"。1966 年为苏州所创始,绣品也以苏州所绣最为精美。双面异色绣一般都为手工绣制,但也能采用机绣。

【双面三异绣】 在双面绣的基础上发展起来的刺绣又一新品种。绣面正反都有绣,但两面的图案、针法和色调都不同——异稿、异针、异色,故名"双面三异绣"(但图案的外轮廓,两面必须相同,如一面是猫,一面是狗。见图)。这种绣法,1980 年为苏州刺绣厂邱秀英和殷濂君艺人所创始。

双面三异绣
左:小猫
右:小狗

【绒绣】 亦名"绒线绣"。是用彩色绒线在特制的网眼麻布上进行绣制的一种手工艺品。由于绒线本身没有反光,具有毛绒感,绣品浑厚庄重、色彩丰富、层次清晰、形象生动、风格独特。基本针法与我国传统的打点绣针法(又名戳纱)相同。用有规则的斜针按网眼一格一针绣制,每针就是一个椭圆形小色块。一幅绒绣少则几万针,多则需几十万针,绣制时,可自行拼色。它善于表现油画、国画、摄影等艺术效果。产品分欣赏品和日用品两大类。主要产地有上海、苏州、无锡、常州等。

【绒线绣】 见"绒绣"。

绒绣

【剪绒绣】 剪绒原来是西洋绣法,因其绣法简便,民间有用以绣制儿童口沿枕套和靠垫等,亦有用其欣赏品的。绣法:有手机及机针。将色线穿好后,配准长短,只要将手机撳平,向欲绣方向推进,以另一手撳捺柄头,然后剪去一层,即成绒状花纹。

揿柄时用力须轻重一律,剪线时须平匀。

剪绒绣靠垫

【机绣】　用缝纫机制作的一种刺绣。已有 50 多年历史。主要品种有枕套、台布、鞋面、帐沿、靠垫和钢琴罩等。常用针法有长针(亦称“插针”、“跳掺针”、“套针”)、短针、破针、转针、圆针、毛巾绣、抽丝绣、拉丝绣、拉毛绣等十多种。六十年代试制成机绣双面绣、双面多异绣,艺术效果几乎和手绣一样,为机绣工艺开辟了新路。机绣各省都有,其中以江苏苏州、山东青岛和上海等地较为著名。

【夜光印花绣】　湖南省常德市湘绣厂,1983 年把夜光印花技术与机绣工艺相结合,制成一种新颖的夜光印花绣。它是利用普通的可见光作为激发源,一经可见光照射,就会在弱光或黑暗中呈现出五彩缤纷,晶莹夺目的图案。人们使用这种夜光机绣枕套,或穿上夜光绣衬衫,晚间呈现的图案花纹,显得十分华丽。目前,夜光印绣品有男女各式绣衣、童服、枕套、台布套、床罩等共几十个品种花色。

刺绣品种

【刺绣品种】 我国地大人众,各地区、各民族生活习俗不同,因而刺绣品种亦各有不同。按通常分法有日用品和欣赏品两大类。日用品主要有被面、枕套、椅垫、台毯、门帘、帐沿、台布、床罩、靠垫、帷幔、绣衣、披肩、腰带、鞋、帽、围巾、荷包、手帕、扇袋、纱丽、手套以及戏衣、寿衣、佛幡、拜垫等。绣衣是现代刺绣的主要品种,以女式为主,有礼服、夜宴服、衬衫、旗袍、连衣裙、睡衣、晨衣、浴衣等。欣赏品主要有通景屏、中堂、屏条、座屏、册页等。古代有绣袍、绣补、绣被、椅披和名姓片夹等。

【上古绣衣】 相传在尧舜禹时期,就有在衣裳上绘画刺绣。《尚书·虞书》载有帝舜曾令禹作衣裳的故事:"予欲观古人之象,日、月、星辰、山、龙、华虫作会,宗彝、藻、火、粉米、黼、黻绤绣。以五彩彰施于五色作服。"表明前六章上衣之纹,为敷彩画缋,后六章下裳为在葛布上作绣。《礼记·考工记》:"画绘之事,五彩备,谓之绣。"古之礼服"衣画而裳绣"已成定制。《礼记》:"仲秋之月,命有司文绣有恒,必循其故,所以交于神明者,不可以同于安乐之义也。故有黼黻文绣之美。"

【绣衣】 刺绣有花纹的衣服。古时为贵者所服。《左传》闵公二年:"(卫懿公)与夫人绣衣。"汉代置绣衣直指史,由御史充任。汉·司马迁《史记·酷吏列传》:"乃使光禄大夫范昆、诸辅都尉及九卿张德等衣绣衣,持节,虎符领兵兴击,斩首大部或至万余级。"《汉书·隽不疑传》:"武帝末,郡国盗贼群起,暴胜之为……直指使者,衣绣衣,持斧,逐捕盗贼,督理郡国。"又《百官公卿表》:"侍御史有绣衣直指,出讨奸猾,治大狱,武帝所制,不常置。"唐颜师古注:"衣以绣者,尊宠之也。"唐·杜甫《入奏行赠西山检察使窦侍御》诗:"绣衣春

当霄汉立,采服日向庭闱趋。"仇兆鳌注:"绣衣,御史之服,汉有绣衣直指史。"

【绣袍】 刺绣有花纹的唐代官服。创制于武则天时期。根据不同的官职品第绣以不同的纹样,并绣有以训诫为内容的八字铭文。《唐会要·舆服志》下:"延载元年五月二十二日,出绣袍以赐文武官三品以上,其袍文仍各有训诫,诸王则饰以盘龙及鹿,宰相饰以凤池,尚书饰以对雁,左右卫将军饰以对麒麟,左右武卫饰以对虎,左右鹰扬卫饰以对鹰,左右千牛卫饰以对牛,左右貂韬卫饰以对豹,左右玉钤卫饰以对鹘,左右监门卫饰以对狮子,左右金吾卫饰以对豸。文铭皆各为八字回文,其辞曰:'忠贞正直,崇庆荣职';'文昌翊政,勋彰庆陟';'懿冲顺彰,义忠慎光';'廉正躬奉,谦感忠勇'。"

【绣金字袍】 唐代一种刺绣金字的袍服。《新唐书·狄仁杰传》:"俄转幽州都督,赐紫袍、龟带,后自制金字十二于袍,以旌其忠。"宋·吴曾《能改斋漫录》卷十四:"武后制赐狄仁杰袍金字:其十二字史不著。予按,家传云:以金字环绕五色双鸾,其文曰:'敷政术,守清勤。升显位,励相臣。'"武后同时制有银字袍,以赐近臣。参见"绣银字袍"。

【绣银字袍】 唐代武则天时期,绣织金、银铭文于衣,赐予近臣以示恩宠。所绣铭文字数不一,内容各异。通常绣于衣背,作团形,并配以花鸟图纹。《旧唐书·舆服志》:"则天天授二年二月,朝集刺史赐绣袍,各于背上绣成八字铭。长寿三年四月,敕赐岳牧金字银字铭袍。"参见"绣金字袍"。

【丽水袍】 清代一种绣有立水花纹的袍服。近人崇彝《道咸以来朝野杂记》:"丽水袍与衬衣皆夹衣,虽隆冬穿大毛之期,亦如是。"

【龙袍】 古代织绣有龙纹的袍服,多

为帝王后妃所服。明·施耐庵《水浒传》第二回:"高俅看时,见端王头戴软纱唐巾,身穿紫绣龙袍。"《清史稿·舆服志》二:"(皇帝)龙袍,色用明黄。领、袖俱石青,片金缘。绣文金龙九。列十二章,间以五色云。领前后正龙各一,左、右及交襟处行龙各一,袖端正龙各一。下幅八宝立水,襟左右开,棉、袷、纱、裘,各惟其时。"又:"(皇后)龙袍之制三,皆明黄色,领袖皆石青:一,绣文金龙九,间以五色云,福寿文采惟宜。下幅八宝立水,领前后正龙各一,左右及交襟处行龙各一。袖如朝袍,裾左右开。一,绣文五爪金龙八团,两肩前后正龙各一,襟行龙叫。下幅八宝立水。一,下幅不施章采。"

清代乾隆帝服用的刺绣龙袍
(北京故宫博物院藏品)

【潮州绣衣】 广东著名传统出口工艺品。现有抽、雕、拉、垫、平绣五类,60多种针法,工艺精巧,变化丰富。垫绣是潮州独特的针法,在绣制前,先垫以棉纱,然后绣花,绣成后具有浮雕般立体感。图案题材以花卉为主,特别是"玫瑰葡萄绣衣",薄如轻纱,形态各异,运用垫绣和平绣相结合的针法,浮沉有节,有虚有实。新发展有仿古绣衣,分中式、西式两种。中式仿古绣衣有衫套、旗袍、唐装等,图案具有中国特色。西式仿古绣衣大多借鉴古代欧洲的骑士装、贵妇装、匈牙利梳头衫等式样,在领、胸、袖口等处绣不同图案。1982年,潮州绣衣荣获中国工艺美术品百花奖金杯奖。

【山东绣衣】 山东名特产。继承鲁绣技艺，把鲁绣、垫绣、拉绣和彩绣等针法，结合一起，使这种绣衣，瑰丽多彩，具有浓郁的地方特色。山东绣衣，采用各种真丝绸、丝涤交织绸和涤棉交织物为面料，富有光泽柔和、透气、弹性好和轻薄柔软的特点。剪裁合体，穿着舒适，花纹优美，针法精工，深受国内外好评。

【宁波绣衣】 浙江宁波生产的丝绸绣衣和化纤绣衣，采用丝绸或化纤作原料，用手工刺绣图案，用手工锁眼、钉扣、撬边。它具有色彩优雅，款式新颖，做工考究，穿着舒适的特点。畅销日本、美国和意大利等 60 多个国家和地区。

【台湾民间绣衣】 台湾特产。台湾靠海多风，妇女大多穿青、黑的布或麻纱制成的衣服，防风而又耐脏。祖籍广东的妇女还在袖口、下襟、衣领等处饰以刺绣滚边，既美观，又耐磨，经穿。喜庆节日，穿上红、黄、青等色麻纱、绫罗、绸缎、棉布的衣服，挽卷、翻折过来的袖口上饰以黑底色的五彩刺绣图案滚边。内容有云头、如意、花卉、蝴蝶等。平时，妇女穿长裤，只有在节日时才在长裤外穿上刺绣的花裙。有的是百褶裙，上面以金线、银线和五彩丝线绣制石榴、梅花、菊花等图案，色彩对比强烈。新娘穿的结婚礼服是借鉴明代宫廷的蟒袄，并饰以珠冠、云佩（披肩）、凤笄。这是历史遗留下来的民俗。据传因明代郑成功率领两万多士兵，来到台湾，收复失地，他们后来成为台湾宝岛的开拓者。以后，他们一直念念不忘复明，并以婚礼新娘的明代宫服来寄托他们的感情。蟒袄、云佩上都绣有龙凤、花鸟等图案。

【苏绣戏装】 亦称"苏州戏衣"。一般分"线绣"和"盘金"两大类，亦称"洒花"、"平金"。根据演出需要，又有"粗绣"和"细绣"之分。粗绣：绣粗、线粗、图案粗，主要适用于武打戏；细绣：绣细、线细、图案细，主要适用于文雅角色。常用针法有抢针、套针、接针、滚针和打子针等，同时广泛运用盘金、盘银技法，使图案轮廓更加清晰，色彩效果更为明显。苏绣戏衣曾为众多名角绣制戏装，梅兰芳的戏衣，精绣梅花和兰花，周信芳来苏州演出，特地在底幕刺绣一大麒麟（周信芳艺名麒麟童，为"麒派"创始人），马连良登台演出，戏台大幕和桌围椅披都绣着八骏马图案。这些特制的戏装纹饰，都具有一定寓意。苏州为电影《红楼梦》绣制了戏装，后获第十届金鸡奖，总导演谢铁骊亲笔题词给苏州剧装戏具厂："贵厂的精工制作，理应分享荣誉，特此敬贺！"为电视剧《水浒传》绣制的戏装多达 2 400 多套，为潘金莲设计的戏装，有绣花、丝网印、手绘和印绣结合等多种新技艺。

【苏州戏衣】 见"苏绣戏装"。

【绣补】 明清宗室、百官官服上的一种标识纹样，称为"补子"，一般都以刺绣制作，故名"绣补"。文官绣禽鸟，武官绣兽纹。如文一品绣仙鹤、文二品绣锦鸡……；武一品二品绣狮子，三品绣虎……。明·沈德符《万历野获编·补遗》卷三："疏授永乐旧例，谓环卫近臣，不比他官，概许麒服，亦犹世宗西苑奉玄，诸学士得衣鹤袍。"参见"补子"。

清代天鹿绣补

【神丝绣被】 精美的刺绣被。《山堂肆考》："唐同冒公主(懿宗女)堂中设神丝绣被，间以奇花异叶，精巧华丽，世所罕比。络以灵粟之珠，五色辉映。"

【鸳鸯被】 绣着鸳鸯的锦被，亦简称"鸳被"、"鸳衾"。《古诗十九首》："文彩双鸳鸯，裁为合欢被。"刘希夷《晚春》诗："寒尽鸳鸯被，春生玳瑁床。"骆宾王《从军中行路难》诗："雁门迢递尺书稀，鸳被相思双带缓。"

【鸳被】 即"鸳鸯被"。

【鸳衾】 绣着鸳鸯的锦被。司空图《白菊杂书》诗："却笑谁家扃绣户，正熏龙麝暖鸳衾。"

【绣椅披】 披于椅背，作为装饰的彩绣。通常用绸缎作底，一般绣有花鸟走兽，亦有人物山水的。椅披亦称椅背。

【椅背】 见"绣椅披"。

【椅搭】 亦称"椅披"。古时披于椅背的一种刺绣饰品。上部披于椅背，中部铺于椅面，下部垂于椅足。多用绸缎制作，以五色丝线绣有各种纹饰。一般多显贵之家应用，或用于婚嫁喜庆。亦有的为一种丝织锦缎。

【椅披】 见"椅搭"。

【椅袱】 古时披于椅背的一种绣品。长方形，上、中、下三部分都绣有花纹，内容都寓意吉祥，作用与"椅搭"类似。参见"椅搭"。

【椅垫】 古时铺设于椅面的一种绣品。古时显贵之家，椅背披有椅搭，在椅面上再放椅垫。一般多为丝绸制作，多为方形或长方形，上用五彩丝线绣制有各色图案。参见"椅搭"。

【绣佛】 用彩丝绣成之佛像。唐·杜甫《杜工部草堂诗笺·饮中八仙歌》："苏晋长斋绣佛前，醉中往往爱逃禅。"甘肃敦煌莫高窟等处，都有唐代刺绣佛像发现，制作精美。参见"莫高窟发现唐绣佛像"。

【绣像】 丝绣人像。通常有彩色、素色两种。《广弘明集》十六南朝·

梁·沈约《绣像题赞序》:"乐林寺主比丘尼释宝愿造绣无量寿尊像一躯。"

【艾虎五毒纹刺绣肚兜】 旧时民间习俗,端午节儿童穿五毒(蝎、蛇、蜈蚣、壁虎、蟾蜍)服饰。民间认为艾虎是嘴衔艾枝的老虎,儿童端午系穿艾虎五毒纹肚兜,可消灾辟邪,身体像老虎一样结实,茁壮成长。儿童刺绣肚兜,通常都有外婆或姑姑缝绣,色泽鲜艳,大红大绿,以求吉利红火。甘肃撒拉族流行一种绣花肚兜,为撒拉族姑娘婚前绣制,送给新郎的一种礼物。用红、绿、黄、蓝等绸缎制作,有半圆、矩形等多种,上用五彩丝线绣制各种寓意喜庆的吉祥图案,有"连生贵子"、"长命百岁"和"吉祥花草"等,生动优美,淳朴纯真,中间缝有双层或单层口袋,两边缀有绣带,系束于腹部。

清代艾虎五毒纹刺绣肚兜

【绣花苫盆巾】 旧时覆盖于盆上的一种装饰绣品,为山西一带地区特有的绣花饰品。绣花苫盆巾有方形、菱形、圆形等多种,用绸缎作底料,上用五色彩线绣制各种喜庆吉祥图案,有

山西"连年有余"绣花苫盆巾
(李友友《民间刺绣》)

"福寿双全"、"五福庆寿"、"石榴童子"和"连年有余"等。大多为平绣,也间用抢针、打子、盘金等针法,色彩鲜艳明亮,绣工精美。山西地区风俗:姑娘时期,须绣制若干苫盆巾,出嫁时作为陪嫁品带到夫家,在新房中盖于盆上作为装饰,以增添新房的喜庆气氛。

【绣花床单】 绣花用的基布采用中特棉纱,以平纹或斜纹变化组织织制;绣花线多用棉丝光线。针法有花梗呈凸形的包梗绣、花纹边沿呈镂空的雕空锁针绣、平针绣等。绣花格局分床沿花、床头花、散花等;题材以花卉为多。特点是图案细巧精致,素丽兼有,装饰性强。品种有全白绣花、素色绣花、印花绣花等,尤以绣花印花相结合的床单更为绚丽。

【绣花手帕】 一般有机绣和手绣两种。多以 18.45～14.06 特(32～42英支)棉纱织制的漂白或全色平布作手帕基布。用棉粘胶或真丝等绣花线机绣或手绣出各种图案。机绣的花纹多为使花梗凸起的包梗花或以虚针、实针相结合的图案花;手绣的花纹则有平针绣花、包梗花、十字针花等。手绣比机绣细巧精致,立体感强,但产量低,成本高。品种有全白绣花、全色绣花、印花绣花等。

【抽纱手帕】 抽纱的一种。为广东潮汕抽纱中高贵品种之一。采用法丝布、竹丝布、加纱布、的确良等布料,全用手工刺绣,图案繁复,绣工精巧,色调雅致。品种有男、女及儿童手帕,艺术性较高。在国外常被作礼品馈赠亲友。产品中的精品,是高档的装饰品;轻工大路货,是美观实用的日用品。

【绣花鞋】 以前妇女都流行穿绣花鞋,尤其是某些山乡和少数民族地区,更为盛行,老少妇女均穿。一般用彩色绸缎或色布缝制,在鞋帮或鞋头绣上各色图案,大多为平绣,也有包梗绣、纳绣和盘金等各种绣法,都

为自绣自穿。旧时有些地区习俗,新娘需穿红绸绣鞋,上绣凤穿牡丹等吉祥图案,象征红火兴旺,祥瑞幸福。锡伯族的绣花女鞋,有单梁和双梁之分,老年妇女喜用黑布作底料,上绣素色花,年轻姑娘喜爱红底绿花或黑底红花。布依族的女绣鞋,鞋尖上翘,鞋口镶细栏杆,在鞋头或鞋帮刺绣各种花纹,都在喜庆佳节时穿用。亦称"绣鞋"。

【绣鞋】 见"绣花鞋"。

云南傣族"花开富贵"绣花鞋
(李友友《民间刺绣》)

【绣花袜】 主要流行于青海等地区。民间风俗,用于定亲或男女间馈赠。为一种传统线袜,在袜蹋跟处都用彩线绣花,有"孔雀戏牡丹"、"飞蝶恋花"、"秋蝉食菜"、"鼠拉葡萄"和"鹿羔靠松"等各种民间吉庆图案;在袜底,有的绣花,有的缉花,有的制成各色图案。绣工精细,色彩倩丽,风格纯朴。

【绣花鞋垫】 南北方很多地区,都流行刺绣鞋垫,为鞋底的一种衬饰。通常先托出鞋垫样,再用各色彩线绣制,有"鸳鸯戏莲"、"瓜瓞绵绵"、"蝶恋花"、"卍字不到头"、"幸福双喜"等各种吉祥寓意图案,配色鲜明亮丽,多为平绣和纳绣。在山西临县一带,纳绣鞋垫称为"纳遍纳",多数姑娘都会绣绣花鞋垫,是姑娘出嫁前必做的女红之一。山西临县还流传有"纳遍纳"民间小调。在甘肃的庆阳和江苏高淳民间,亦流行绣制各种绣花鞋垫,绣工精致,针脚齐整,绣面平服,各具特色。绣花鞋垫,都自绣自用,有的地区姑娘在恋爱时,常以自己精

心绣制的鞋垫，作为信物送给男方。

甘肃庆阳绣花鞋垫
（李友友《民间刺绣》）

【绣扇】　宋代定有"卤簿制度"，大多
仪仗用之。《宋史·仪卫志》载：宋
朝国初就定有卤簿，"自太祖易绣衣
卤簿后，太宗、真宗时皆增益之。"其
中有"扇筤，绯罗绣扇二，……内臣马
上执之"。这是有关卤簿绣扇的早期
记述。南京博物院珍藏有两把清代
双面绣纨扇和团扇，纨扇绣花鸟，团
扇为蝶恋花，细绢面，扇面直径都在
25厘米左右，绣制都十分精致。

【门帘荷包】　用于婚娶的一种装饰
绣品。为鲁（今山东）西南的民俗艺
术，历史悠久。先用土布和绸缎做出
荷包形状，后用双股彩线，以齐针、接

门帘荷包

针、套针和网绣等各种针法，绣上人
物、花鸟等图案。荷包内装有艾香、
棉籽等，下面缀有铃铛穗子。上系绣
带，带上绣有吉祥语句。一般是5～7
件荷包并列挂于门帘上，故名。亦作
为馈赠亲友之礼品。色调多艳丽热
烈，内容均寓意吉庆。

【名姓片夹】　清代的名姓片夹，一般
是15厘米左右对折或三折的小夹，
外面装饰织绣面料，内容多为书画方
面题材。名姓片夹，适用于盛放名姓
片一类纸质品。北京故宫博物院旧
藏有清代同治时期的多种名姓片夹，
均用料讲究，制作精工，上用刺绣、缂
丝和彩锦装饰，内容都为国画和吉祥
喜庆内容的图案。

清代同治名姓片夹
（北京故宫博物院藏品）

【刺绣扇套、笔套、钥匙套】　扇套，装
扇之用；笔套，装笔；钥匙套，内装钥
匙。旧时男子都系挂于腰间，既为实
用品，又作装饰品，都精心绣制、小巧
秀美。绣品品种繁多，内容丰富，人
物故事、花鸟虫鱼、风景山水、戏曲神
话都有；针法有平绣、纳绣、戳纱、网
绣、盘金、平金、打子、拉锁子等十多
种工艺手法；色彩有的鲜艳亮丽，有
的素雅文静，有的明快和谐；南方的
风格较精细淳美，北方的较粗放质
朴。清时和民初，我国很多地区民间
习俗：新娘嫁到夫家，须将众多精美
的绣花扇套、笔套、钥匙套和荷包等，

分赠给诸亲友，这些绣品，都是姑娘
待嫁时花数年时间精心绣制。而在
当时视刺绣是妇女必须具备的女红
才艺之一。

上：刺绣钥匙套　下：刺绣扇套
（李友友《民间刺绣》）

各地名绣

【苏绣】 中国四大名绣之一。苏绣是以苏州为中心的刺绣产品的总称。历史悠久，宋代已具相当规模，苏州就出现有绣衣坊、绣花弄、滚绣坊、绣线巷等生产集中的坊巷。明代苏绣已逐步形成自己独特的风格，影响较广。清代为盛期，当时的皇室绣品，多出自苏绣艺人之手；民间刺绣更是丰富多彩。清末时沈寿首创"仿真绣"，传誉中外。她曾先后在苏州、北京、天津、南通等地课徒传艺，培养了一代新人。三十年代，丹阳正则女子职业学校绘绣科主任杨守玉，创始乱针绣，丰富了苏绣针法。苏州刺绣，素以精细、雅洁著称。图案秀丽，色泽文静，针法灵活，绣工细致，形象传神。技巧特点可概括为"平、光、齐、匀、和、顺、细、密"八个字。针法有几十种，常用的有齐针、抢针、套针、网绣、纱绣等。绣品分两大类：一类是实用品，有被面、枕套、绣衣、戏衣、台毯、靠垫等；一类是欣赏品，有台屏、挂轴、屏风等。取材广泛，有花卉、动物、人物、山水、书法等。双面绣《金鱼》、《小猫》是苏绣的代表作。苏绣先后有 80 多次被作为馈赠国家元首级礼品，在近百个国家和地区展出，有 100 多人次赴国外作刺绣表演。苏绣前后曾在 1911 年"意大利都朗万国博览会"、1915 年"巴拿马——太平洋国际博览会"、1930 年"比利时万国博览会"上获大奖。1982 年荣获中国工艺美术品百花奖金杯奖，双面绣《金鱼》在 1984 年第五十六届"波兹南国际博览会"上又获金质奖。

【湘绣】 中国四大名绣之一。湘绣是以湖南长沙为中心的刺绣品的总称。是在湖南民间刺绣的基础上，吸取了苏绣和广绣的优点而发展起来的。清代嘉庆年间，长沙县就有很多妇女从事刺绣。光绪二十四年(1898)，优秀绣工胡莲仙的儿子吴汉臣，在长沙开设第一家自绣自销的"吴彩霞绣坊"，作品精良，流传各地，湘绣从而闻名全国。清光绪年间，宁乡画家杨世焯倡导湖南民间刺绣，长期深入绣坊，绘制绣稿，还创造了多种针法，提高了湘绣艺术水平。早期湘绣以绣制日用装饰品为主，以后逐渐增加绘画性题材的作品。湘绣的特点是用丝绒线(无拈绒线)绣花，劈丝细致，绣件绒面花型具有真实感。常以中国画为蓝本，色彩丰富鲜艳，十分强调颜色的阴阳浓淡，形态生动逼真，风格豪放，曾有"绣花能生香，绣鸟能听声，绣虎能奔跑，绣人能传神"的美誉。湘绣以特殊的鬅毛针绣出的狮、虎等动物，毛丝有力、威武雄健。自二十世纪初以来，湘绣屡次获奖，声誉日增。1909 年，在南京举行的南洋劝业会上，湘绣被赞誉为"迹灭针线"。1911 年，湘绣在"意大利都朗博览会"上获最优奖。1915 年，在美国旧金山举行的"巴拿马博览会"上又获 4 块金牌。二十年代，湘绣艺术家李凯云设计了孙中山先生的湘绣棺罩。三十年代，湘绣艺术家杨佩珍绣制的"罗斯福肖像"，现仍珍藏于美国佐治亚州亚特兰大市小白宫博物馆。1982 年，在中国工艺美术百花奖评比中，湘绣荣获金杯奖。

【广绣】 中国四大名绣之一。亦称"粤绣"。泛指广东近二三世纪的刺绣品。广绣历史悠久，相传最初创始于少数民族，与黎族所制织锦同出一源。清初屈大均《广东新语》、朱启钤《存素堂丝绣录》都描述：远在明代，广绣就用孔雀羽编线为绣，使绣品金翠夺目，又用马尾毛缠绒作勒线，使广绣勾勒技法有更好表现；"铺针细于毫芒，下笔不忘规矩，……轮廓花纹，自然工整"。至清代广绣又得到了更大发展。国内收藏以北京故宫藏品为最多而有代表性。构图繁而不乱，色彩富丽夺目，针步均匀，针法多变，纹理分明，善留水路。广绣品类繁多，欣赏品主要有条幅、挂屏、台屏等；实用品有被面、枕套、床楣、披巾、头巾、台帷和绣服等。一般多作写生花鸟，富于装饰味，常以凤凰、牡丹、松鹤、猿、鹿以及鸡、鹅等为题材，混合组成画面。妇女衣袖、裙面，则多作满折枝花，铺绒极薄，平贴细面。配合选用反差强烈的色线。常用红绿相间，炫耀人眼，宜于渲染欢乐热闹气氛。十八世纪纳丝绣，则底层多用羊皮金(广东称"皮金绣")作衬，金光闪烁，格外精美。清代光绪年间，广东工艺局在广州举办缤华艺术学校，专设刺绣科，致力于提高刺绣技艺，培养人才。潮州刺绣艺人林新泉、王炳南、李和彬等 24 人绣制的"郭子仪拜寿"、"苏武牧羊"等作品曾在 1910 年南京南洋劝业会上获奖，在当地被誉为"刺绣状元"。著名艺人裴荫、鲁炎 1923 年在伦敦赛会上现场表演技艺，他们娴熟奇特的绣技，引起各国观众的赞赏。

苏绣《双猫》
(曹克家设计，刘丽英绣)

湘绣《虎》
(杨应修设计，刘爱云绣)

清代广绣《百鸟朝凤》
(原中央工艺美术学院藏品)

【粤绣】 见"广绣"。

【蜀绣】 中国四大名绣之一。又名"川绣"。是以四川成都为中心的刺绣品的总称。历史悠久,据晋代常璩《华阳国志》载,当时蜀中刺绣已很闻名,同蜀锦齐名,都被誉为蜀中之宝。清代道光时期,蜀绣已形成专业生产,成都市内发展有很多绣花铺,既绣又卖。蜀绣以软缎和彩丝为主要原料。题材内容有山水、人物、花鸟、虫鱼等。针法经初步整理,有套针、晕针、斜滚针、旋流针、参针、棚参针、编织针等一百多种。品种有被面、枕套、绣衣、鞋面等日用品和台屏、挂屏等欣赏品。以绣制龙凤软缎被面和传统产品《芙蓉鲤鱼》最为著名。蜀绣的特点:形象生动,色彩鲜艳,富有立体感,短针细密,针脚平齐,片线光亮,变化丰富,具有浓厚的地方特色。1915 年,蜀绣在美国旧金山举办的"巴拿马——太平洋国际博览会"上获大奖。1982 年,蜀绣荣获中国工艺美术百花奖银杯奖。

【川绣】 见"蜀绣"。

蜀绣《芙蓉鲤鱼》
（孟德芝绣）

【京绣】 北京的刺绣,名为"京绣"、"官绣"。是从北京民间刺绣基础上发展起来的一种刺绣品,相传亦受"顾绣"、"苏绣"的影响。明清时期,已有京绣的独立行业,以刺绣日用品为主。京绣由于受封建皇廷爱好的影响,形成精细规整的特点,擅长绣制平金。辛亥革命后,以绣旗袍、礼服、鞋面、台布、靠垫等为主。抗日战争时期,主要改作戏剧服装。现京绣以生产服饰、日用品为主,尤以刺绣戏衣最为闻名,常取云龙、狮兽、百鸟、花卉、戏文等作主题,具有浓厚的

民族风味,装饰性强烈。

【官绣】 见"京绣"。

京绣百蝶四季花绣边
（传世品）

【鲁绣】 山东地区生产的刺绣品,是北方刺绣的代表性品种。山东省简称为"鲁",故名。所用绣线大多是加捻的双股丝线。鲁绣在元明时期,绣技已很高。山东邹县元代李裕庵墓出土的刺绣衣物,已具有典型的鲁绣特点。北京故宫博物院藏衣线绣《芙蓉双鸭图轴》和《荷花鸳鸯图轴》,也是明代鲁绣的珍品。鲁绣日常用品大多以棉线绣制,有拉花围裙、割花袜底、挑花裤边等;喜庆用品一般以丝线绣制,有服饰、枕顶、镜套等。主要特点是:以双丝拈线,俗称"衣线"绣作,色彩浓丽,花纹苍劲,形象优美,质地坚牢,富有强烈的地方特色和浓郁的装饰性。

【汴绣】 河南开封的刺绣,为河南名绣。汴绣以北宋都城汴京(今开封)而得名。北宋在汴京设"文绣院",内有绣工 300 多人,专为皇帝绣制御服和装饰用品;民间有"绣巷",皆绣工居住之所,当时民间绣艺也有很大发展和提高,因此汴绣显赫一时。《东京梦华录》称它为"金碧相射,锦绣交辉",以后曾一度衰落。清代的汴绣题材,以表现祝颂和故事为多,如"群仙会赐福"、"百官上寿"和"十八学士"等,很有地方特色。现汴绣品种有屏风、挂屏、中堂、条幅、手卷等,题材有人物、山水、走兽、翎毛、花卉等。各种刺绣技法达 30 余种。其主要特点与风格,善于仿绣古代书画名作,结构严谨,生动逼真,针法清晰,富于节奏。仿绣宋代名画《清明上河图》,用十多种针法绣成,质朴淡雅,层次分明,集中体现了汴绣的精

巧技艺。汴绣曾荣获国家部委、省人民政府和国际博览会的工艺美术百花奖、优质产品奖和金银质奖百余次。多幅绣品为北京人民大会堂陈列和收藏。

【瓯绣】 亦名"温绣",浙江名绣。为温州生产的刺绣品,温州地处瓯江之滨,故名。历史悠久,相传在明清时已较发达,百余年前已出现刺绣店主。最早以绣官袍、龙袍、寿屏及庙宇应用的绣品为主,内容有人物、花鸟、山水等。以后品种增多,有枕套、被面、衣料等。1917 年并有大量绣品出口,最盛时有艺人 500 余人。现花色品种,针法配色,都有新的发展。瓯绣特点是:构图精练,纹理分明,针脚齐整,针法多变,绣面光亮适目,色泽鲜艳调和,动物羽毛轻松活泼,人物、兰竹都能绣得精巧传神。

【温绣】 见"瓯绣"。

瓯绣《雄姿奋发》
（张国民设计）

【潮绣】 即"潮州刺绣"。广东传统著名手工艺品之一。相传在明清时已较普及。清代乾隆《潮州府志》载:潮州妇女多勤纺织,凡女子十一二龄,就绣制嫁衣,刺绣之功,虽富家亦不废。潮绣在明清两代,府县设置专职绣花匠,为官吏绣制衣饰和补心,晚清是潮绣的盛期,潮州城内有潮绣庄廿余家,最多时绣工达 5 000 多人,有大批绣品出口,并出现有"二十四位绣花状元"。当代有魏逸侬、蔡玩清等名师。魏逸侬为潮绣杰出画师,精绣艺、绣稿,被政府授予"一类艺人"称号。蔡玩清亦擅长绣艺,誉为"绣花女状元"。潮绣构图饱满,均衡对称,图案夸张,色泽强烈,以大红

花、大绿叶为主体,用银线或棕丝作为花叶边缘线条,用以调和色彩和突出纹理。用金线和绒线结合混绣,使绣品具有金碧辉煌、鲜艳夺目的艺术效果。垫绣,用棉絮、纸丁垫底后绣花,具有浮雕立体效果,是潮绣技法上的主要特点。主要针法有疏丝绣、三山起、过桥、老菊花畔、老圈绣、打子绣、洗化、离线塞密、古钱目等。戏剧服装是潮绣的传统品种,图案强调衬托人物性格,具有鲜明地方特色。

【潮州刺绣】　见"潮绣"。

【丹阳正则绣】　江苏名绣。正则绣以杨守玉首创的乱针绣闻名于世,当时杨守玉在丹阳正则女子中学任绣科主任,故取名为"丹阳正则绣"。杨守玉创造的乱针绣,是我国刺绣的一个新绣种,主要以油画、素描、摄影为范本,运用独特的长短针交叉,分层加色的新技法,绣面丰润、鲜明、醇厚,其立体感和色感,可优于原作。1945年,杨守玉绣制的一幅《罗斯福总统乱针绣肖像》送往美国,现藏于美国国家博物馆。1949年杨守玉受聘为常州工艺美术研究所顾问,专心授艺。1952年亚太地区和平大会在北京召开,杨守玉特意绣制了毛泽东、斯大林两位伟人的肖像,刘海粟大师特致函华东文化部和郭沫若,予以推荐。

丹阳正则绣《少女像》
(杨守玉绣)

【厦门珠绣】　福建厦门名绣,约始于清代光绪年间。至二十世纪二十年代,开始生产珠绣拖鞋。五十年代由单一的拖鞋发展为珠绣提包、挂屏、衣服等。八十年代,发展到厦门邻近的漳州、诏安、泉州、南安等地,约有18个企业,专、副业人员约几万名,1982年生产珠绣拖鞋82万双。厦门珠绣,珠光灿烂,绚丽多彩,层次清晰,立体感强。以彩色玻璃珠、电光片为原料,采用平绣、凸绣、串绣、粒绣、乱针绣、竖珠绣、叠片绣等几十种手法,绣品具有浮雕效果。珠绣拖鞋是出口的主要品种。分全珠绣、半珠绣两大类。全珠绣是在拖鞋面上全部绣满玻璃珠或电光片;半珠绣是在部分鞋面上绣制,它和拖鞋面料的质地相互辉映,配以新颖的楦形。品种主要有软底、平底斜跟、高跟等。穿着柔软舒适,轻巧美观,行销100多个国家和地区。1982年全珠绣拖鞋在中国工艺美术百花奖评比中,被评为轻工业部优质产品。

【广州珠绣】　广州名绣,始于清代光绪年间,当时状元坊就有云额、拖鞋等珠绣出售。到二十世纪三十年代左右,艺人们用珠子和胶片绣制各种手提袋、钱包等,逐步形成独具一格的中国珠手袋。现新创有珠绣晚礼服、手提珠包、珠绣吊袋、三折包、拉链吊袋、腰带、挂饰等。同时把国画、油画、年画、装饰画等各种风格不同的画种,用珠绣的形式表现出来,成为一种室内高级陈设欣赏品——珠绣挂画。名贵的珠绣门、窗帘,多次在国内外展览,深受好评。

【汕头珠绣】　广东汕头名绣,为一种新兴的手工艺品。以各种色彩的玻璃圆珠、管珠、胶珠、胶片等为材料,以满珠、疏珠、掺针、扭绳、排珠、垫针等技法,用珠针串在各种颜色的绸缎上绣成,内容有山水、花鸟和各种图案。品种有手提袋、烟盒、首饰盒、珠花羊毛衣、挂屏、窗帘等。具有潮汕刺绣的特点,绣纹清晰流畅。珠绣的玩具,继承了潮汕传统的民间工艺品——香包的特色,小巧玲珑,形象生动,惹人喜爱。

【南通彩锦绣】　江苏名绣。彩锦绣是南通工艺美术研究所在继承民间绣点彩、纳锦传统针法基础上,结合盘金、平金和印染等技法,创造的一个新绣种。具有装饰性强、色泽鲜明、工艺独特、针法多变和丰富的艺术表现力。南通彩锦绣,以绢纱作底料,按纱眼网格施针。1983年,由原中央工艺美术学院副院长、著名画家张仃任总设计师,绣制了一幅巨型彩锦绣壁画《万里长城图》,长19.5、高3.5米,面积近70平方米,为当今世界最大的彩锦绣壁画,现陈列于北京长城饭店大厅,整幅绣面,场景宏大,气势壮观。1982年,南通彩锦绣荣获中国工艺美术百花奖金杯奖。

南通彩锦绣《戴月归》
(保彬、林晓设计,张玉珠绣)

【上海绒绣】　绒绣,用粗细不同的纯羊毛线,在双经双纬的网眼棉布上绣制而成,为表现一定的艺术效果,有时也应用棉线、丝线和金银线等。上海绒绣,针工细致,色彩丰富,层次清晰,制作精美,生动传神,享誉国内外。上海绒绣经不断改进创新,由以前的几十种色线,发展到上千种不同色阶的绒绒,并运用"劈线拼色"、"回行染色"等手法,使绒绣艺术质量不断提高,如绒绣工艺大家高婉玉绣制的《孙中山和宋庆龄》和《爱因斯坦》等绣像,形神兼备,已成为上海绒绣之珍品。新创的拉毛双面"猫咪"、"小狗"等绒绣,一经问世,就得到各方高度赞赏。

【上海机绣】　品种有台布、窗帘、被罩、枕套、垫件、帷幕、手帕、绣画片等数十种。上海机绣是在手绣的基础上发展起来的。其特色是把传统的手工刺绣技艺,用缝纫机来加工绣制。能运用近百种技艺针法,并吸收和移植国外的抽纱、花边等技法,以丰富机绣的表现手法。最能体现上海机绣精湛技艺的是移植名画和摄影的作品。1980年,仿电影剧照绣制的一幅《阿诗玛》,被国内外行家一致誉为机绣佳作。

【杭绣】 浙江杭州名绣。在南宋时期,已很有名,至明清时期又有新的发展。在全盛时期,有十多家绣庄,五六百名艺人。杭绣针法精巧,形象逼真,风格幽雅。分盘金绣和细绒绣两种。盘金绣是用金线和银线绣成,技艺精巧,富丽堂皇;细绒绣用各种彩色真丝线绣成,色彩鲜艳。品种分陈设欣赏品、戏剧服装和生活用品三大类。

【杭州刺绣】 见"杭绣"。

【温州发绣】 浙江名绣。温州刺绣,以发绣最为著名。二十世纪七十年代初,魏敬先第一个运用绣画结合的手法,用素描虚实方法,绣制了一幅大科学家爱因斯坦发绣肖像,参加纪念爱因斯坦百年展览,获各方好评。温州发绣,通常运用虚实针,深的部位施密针,浅的部位施稀针,高光处不绣,以缎地作白。运针拉丝均匀,忌轻重不一。用发丝运针,比用丝线抽拉腕力略重些,才能使发丝紧贴绣面,画面平服。刺绣步骤,一般先绣面部中间色部位,从左至右,层层施绣,使之逐渐显现肖像的立体效果及其神采。几十年来魏敬先绣制了孔子、孙中山、鲁迅等100多幅发绣肖像,幅幅形象逼真,形神兼备。1992年夏,他精心绣制了一幅邓小平发绣肖像,在中共召开十四大期间,赠送给邓小平同志,得到他高度赞赏。

【锡绣】 江苏名绣。无锡刺绣,古称"锡绣",是苏绣的一个流派,一直流传于民间,有着浓郁的乡土气息。无锡盛产蚕茧,当地农村妇女,常染丝作线,刺绣各种枕套、围涎、被单、鞋面等生活用品,自绣自用。年轻姑娘农闲时,并绣制扇袋、笔袋、顺袋、发禄袋等,作为陪嫁品。源远流长,相沿成习。锡绣绣工细巧匀薄,针法多变,色调淡雅,风格独特。传统针法有套针、擞和针、戳纱等,特别以套针见长。并有嵌马鬃等特种工艺处理。

【无锡刺绣】 见"锡绣"。

【扬州刺绣】 简称"扬绣",与苏绣同出一源,是扬州著名的传统工艺品。素以劈丝精细、针法缜密、色彩丰富、表现力强著称,以绣制仿古山水、花卉、翎毛、人物、亭台楼阁等最擅长。作品采用点彩、乱针、发绣等不同技法,再现了古代中国画的笔墨气势的深浅、浓淡、虚实、远近的关系,绣品精丽、工整、细洁。扬州刺绣现除生产欣赏陈列品外,还采用手绣、机绣生产大量日用品,如绣童装、枕套、被面、帐沿、靠垫等,产品畅销国内外。

【扬绣】 见"扬州刺绣"。

【扬州仿古绣】 源于扬州的闺阁绣。针法细腻,用色古朴,风格典雅,最能体现扬绣的艺术特色。仿古绣中以摹绣宋元工笔名作最为精良,绣品既具宋元名作精神,更富有绣艺光洁秀丽的特点。仿古山水绣,人物亭台楼阁比例正确,绣线挺拔,绣法讲究丝理,色泽古雅和谐。仿古花鸟绣,形态生动传神,针法灵活多变,敷彩鲜妍明丽。

扬州仿古绣《桐荫夜月图》

【扬州写意画绣】 以"扬州八怪"画本为主摹绣,也选绣一部分近现代名人作品。运用毫针针法,以体现原画的笔墨精神,意在针先,熔画理与绣理为一体。代表作有郑板桥的《兰竹》、金冬心的《梅花》、李鲜的《鱼》和黄慎的《人物》及徐悲鸿的《奔马》等。其中郑板桥的《兰竹》、徐悲鸿的《奔马》和《鉴真大和尚像》等写意画绣,曾被选为国家礼品,馈赠给外国友人。

【秦绣】 陕西名绣之一。秦绣,为二十世纪七八十年代新创的一个新绣种。陕西史称"秦国",故名"秦绣"。秦绣是对陕西民间流行的古老绣种"纳纱绣"、"穿罗绣"进行挖掘、整理、研究、反复试绣后所创造,不同于传统绣的长针掺线,是在真丝纱地上,用彩色丝线按经纬网眼施针,一孔一针,或数孔一针,多绣或少绣一针或错绣一孔,都会前功尽弃。针法的运用,需循丝理绣制,绣品才自然生动,形神兼具。针法的不同施针,能使绣线产生不同反光,虽为同一色线,能形成不同的色彩效果。秦绣善于运用小花纹的微妙变化,与大块面色彩形成巧妙的色调对比,使绣品凸显出层次感、空间感和立体感,使画面呈现出鲜活的神韵和较强的视觉艺术效果。现秦绣以张漪湲绣制的最为精美,她是陕西秦绣的首创者,陕西省工艺美术大师。

秦绣《春色满园》

【汉绣】 湖北地方绣种,主要流行于武汉、荆沙和洪湖等地区。汉绣属楚文化的一个组成部分,历史悠久。常用针法有直针、铺针、辫针等,近代,在继承古代的传统上,又发展了施扣针、织锦绣、铺绒纳花绣等。其中施扣针直接由辫针演变而来,针脚按需要可长可短,拉出的角度可宽可窄,丰富了汉绣的表现能力。在长期的艺术实践中,汉绣形成了"花无正果,热闹为先"的美学理念。花无正果,花指的是绣品中的纹样,如藤蔓卷草、水纹云气等;无正果是指对这些纹样的处理不受自然形态的束缚,可以任意安排,如枝上生花,花上生叶,叶上出枝等。热闹为先,是指绣面要具有丰满、充实、热闹、喜庆的气氛。汉绣品种有绣衣、绣枕、被面、门帘、帐沿、靠垫、桌围、中堂、挂屏、戏装和彩幡等。汉绣题材也很广泛。近代大型堂彩多用人物众多的历史故事和神话故事,如"一百零八将"、"郭子仪上寿"、"群仙祝寿"等。中型绣品花轿、桌围等多用"八仙"、"连升三级"、"麒麟送子"等。各种花卉和龙凤虎等更为常见之题材。

【陕西民间刺绣】 广泛流行于农村。内容有翎毛花卉、动物和人物等。风格淳朴,色彩鲜丽,用线较粗,针法奔放,具有鲜明的地方特色。陕西民间刺绣和农村婚嫁及节日等乡俗紧密相连,所以这些绣品随着传统的习俗世代流传,迄今不衰。常见的品种有枕顶、耳枕、袜底、鞋垫、鞋头、信插、钱包、针包、裹肚、荷包和香包等。

陕西民间刺绣

【黑龙江民间绣】 具有浓郁的北方民族特色。图案直率夸张,富有装饰性;色泽艳丽凝重,冷暖对比强烈;针法多平绣,针脚较粗放。黑龙江民间绣,具有鲜明的吉祥含义,如儿童的肚兜,中间绣寿桃,周边绣"卍"字或蝙蝠,寓意"长命百岁"、"福禄吉庆";门帘、柜帘,多绣民间故事或神话传说等,配以吉祥语句。黑龙江民间绣主要应用于服饰鞋帽和生活用品,有枕顶、枕套、幔帐、桌围、荷包、椅垫,以及嫁妆绣品等。以前年轻姑娘都爱好绣花,现妇女中会手绣的已很少。

【青海民间刺绣】 青海各民族刺绣,历史悠久,世代相传,不断发展,形成特有的刺绣风格。青海藏族、蒙古族,多信仰佛教,刺绣以八宝、吉祥如意等为主,组成相互缠绕纽套的谐调纹样,装饰性强。回族、撒拉族和东乡族,以花卉图案居多,动物纹较少见。草原牧民的绣花,粗犷质朴,对比强烈。从事农业的民族,刺绣较精细,生动饱满,种类多。青海民间绣的针法有平绣、盘绣、锁绣、网绣、垛绣、堆绣、拉绣和剪贴绣等多种手法。蒙古族、藏族和土族以盘绣为主。现在青海很多地区,男女老少从头到脚,以及居室用品等,仍都以刺绣作为装饰。主要有服饰鞋帽、枕头、辫筒、门帘、兜肚、荷包、字画和刺绣佛像等。

【东台发绣】 江苏名绣。发绣亦称"墨绣",因用黑发绣制,故名。东台发绣,由苏州画师高伯瑜传授而创始。所用秀发,除黑色外,还有黄、灰、褐、白等色,各色中又有浓淡深浅之分,多达数十种。人发须经碱水去污、清水漂洗,技术处理,使之软化和具有光泽。东台发绣,通常都运用自然色秀发,而绣仕女朱唇,则应用染色之发。为了增加色泽效果,在过去"双钩"针法的基础上,发展了"晕色",使东台发绣收到了"墨中有色,色中有墨"的艺术效果,具有典雅、秀丽、莹润浓郁的地方特色。

【陇上马尾绣】 甘肃名绣。主要流行于天水、秦安、庆阳和正宁等地区。马尾绣,是以马尾丝作绣线,在布帛上绣制,故名。马尾绣是以绣、结、挽、编相结合,绣出的花纹具有半立体浮雕效果,显亮光滑,有别于一般的刺绣,具有强烈的地方特色。民间又称为"马尾编"。马尾绣长于绣制各式图案和几何形体造型。艺人惯以物象轮廓线条的挽结和增加绣物厚度的堆编,使绣品更富有奇特艺术效果。还有的艺人先用尾丝编织出各种图案或物象造型,然后再缝制在布品造型物上,或用布品的花色进行烘托,或配以丝线刺绣,使作品更加瑰丽神幻。天水一带马尾绣以编结为主,主要用于物象外轮廓线条,点缀装饰部位,以及连接架空部位,这是任何线结、线绣无法实现的工艺,给人以奇妙之感。庆阳一带马尾绣品小巧玲珑,以绣为主,绣编结合,满绣满编,像针扎和小花瓶制品,基本上以马尾编绣完成,给人以静穆典雅的艺术感受。

【马尾编】 见"陇上马尾绣"。

【南京刺绣】 南京刺绣属苏绣范畴,又汲取民间绣的特色,形成既典雅又豪放的风格,粗中有细,刚柔兼具,别具一格。主要绣品有挂屏、上衣、裙子、鞋帽、帐帘、门帘、枕套、桌围、荷包、香囊、扇套、笔袋、巾帕、围涎和床饰等。针法有平针、铺绒、打子、抢针、刻鳞、平金、纳绣、戳纱、包梗、补花和乱针绣等。图案多花鸟纹样,有"凤穿牡丹"、"孔雀开屏"、"玉堂富贵"、"鹤鹿同春"和"春色满园"等。色泽有的幽雅秀美,有的热烈红火,既有婉约之美,又有世俗情趣。

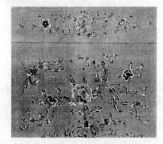

南京绣花桌围
(南京民俗博物馆藏品)

【晋南民间绣】 晋南民间刺绣，千百年来延绵传续，逐渐形成自己的独特风格。内容丰富，色彩鲜艳，构图谨严，针法多样。在晋南农村人们衣服的领口、袖口、裙边、披肩、帽子、鞋袜、围嘴等，以及生活用品的帐沿、被面、桌围等，多用刺绣作装饰。因地制宜，因材施绣，各具特色。题材内容主要有凤凰牡丹、莲花翠鸟、彩蝶穿花、戏剧人物和山川风光等。色彩多用大红大绿、大蓝大黑为底色，配以淡雅色泽的图案，形成鲜明对比。也有小部分用金银线盘绣花纹轮廓，更显光彩照人。常用针法有铺针、平针、缠针、散针、打子、套扣和盘金等，能随表现内容和品种的不同，使用不同的针法，各得其趣，形成不同的风格。

【洛川民间绣】 陕西民间刺绣之一。鲜明纯朴，多姿多彩，风格独特。品种有枕顶、钱包、针扎、布玩、裹肚、鞋帽和遮裙带等。其中以遮裙带最具特色，为其他地区所罕见。遮裙带是妇女劳作时，围裙后面用的一件扣袢。既是实用品，又是装饰品。两端或加扣眼，或加扣子，古时多用铜钱作扣。洛川遮裙带绣件，内容形式独具风韵。纹饰以鱼形居多，有人形鱼、人面鱼、双鱼、大鱼小鱼等，千姿百态，形状各异。针法有平针、刻鳞、打子等多种。底色喜用红、黑、白诸色；彩线爱用大红、大绿、鲜蓝和明黄等对比色。造型夸张，主题突出。集艳丽、热烈、浑厚、质朴于一体。

洛川民间绣人面鱼

【烟台绒绣】 山东名绣之一。烟台绒绣，已有近百年历史。绣工精细，风格典丽，具有浓郁的地方特色。原先为绒绣作坊，1963年成立烟台绒绣厂，开始批量生产。产品有画类、装饰毯、手提包、靠垫和沙发套等。产品远销美国、欧洲、日本、东南亚和澳大利亚等国家和地区。二十世纪七十年代，被轻工业部定为全国"人像绣"的重点产区。1988年烟台绒绣荣获工艺美术百花奖银杯奖。多年来绣制出不少绒线艺术精品，曾作为国家礼品赠送给国际友人，两次获国务院嘉奖。

山东烟台绒绣

【高淳民间绣花】 清代和民国时期，江苏高淳民间流传有姑娘学绣的习俗，为之民间刺绣十分普遍，主要绣品有衣被、披领、帐帘、桌围、裙肩、鞋帽、枕顶和"三十六袋"等。通常多用丝绸底料，用彩色丝线绣花，针法以平针为主，常用针法还有打子、铺绒、盘金、抢针和包梗绣等。内容多吉庆题材，有"五谷丰登"、"喜鹊闹梅"、"福寿三多"、"凤戏牡丹"、"连生贵子"、"代代寿仙"等。色彩多大红、大绿等喜庆之色。"三十六袋"为新娘的嫁妆绣品，有"荷包袋"、"扇袋"、"笔袋"、"兜肚袋"、"钱袋"、"帕袋"、"眼镜袋"、"针线袋"和"印章袋"等。"袋"谐音"代"，意为"子孙绵延，传宗接代"。

高淳民间绣花

【广元麻柳民间绣】 四川广元麻柳山乡，盛行绣花，女孩四五岁就拿针，五六岁就学绣，十七八岁便能刺绣整套的陪嫁绣品。民间谚语说："谁家女子巧，要看针线好。"麻柳山乡绣制的荷包、枕帕、裹肚、童帽和童鞋等，无不精美细致，色彩明丽，惹人喜爱。内容都为"年年有余"、"丰收吉庆"、"梅兰松竹"、"荷花鸳鸯"、"狮子戏球"、"丹凤朝阳"等喜庆题材。麻柳民间绣自然、纯真，饱含质朴淳厚的民族深情，尤为令人称道的是：姑娘飞针走线，不用打稿，花样出自心间，全凭巧手"数丝而绣"，便能绣出极富情趣的优美绣品。绣工精美细密，风格淳朴优美。

【灵宝民间绣】 河南灵宝素有民间艺术之乡的美称。灵宝刺绣历史悠久。当地流传有少女时就随母学绣的习俗。有民谣曰："王小姣做新娘，赶做嫁衣忙又忙，一更绣完前大襟，牡丹富贵开胸上；二更绣完衣四角，彩云朵朵飘四方；三更绣完罗衫边，喜鹊登梅送吉祥；四更绣完并蒂莲，白头到老喜洋洋；五更绣完龙戏凤，比翼双飞是鸳鸯。"灵宝刺绣朴实粗犷，配色艳丽，优美实用，具有浓郁的民间乡土特色。绣品有新嫁衣、彩裙、枕套、枕顶、云肩等。内容有"瓜瓞绵绵"、"一路连科"、"蝶恋花"和"富贵花"等，大多为吉祥喜庆图案。针法有平绣、贴绣、画绣、打子、堆绣、包花绣和辫子股等多种技法。

河南灵宝民间贴绣围涎
（李友友《民间刺绣》）

【宝鸡针葫芦】 陕西民间刺绣工艺。又名"针扎"。是西秦地区农村妇女的一种佩饰品，又是一种实用香包。

因其外形多近似葫芦,故名。一般都用彩色另布制作,分两层,里外层套合一起,上用绳系,下有吊絮。使用时,用两手上提下垂,便能穿抽活动,藏针不失;里层放药物或香料,具有避秽健身作用。针葫芦外形夸张,形象稚拙可爱;绣工简洁粗犷;配色大胆,对比鲜明。具有浓郁的地方特色。

【针扎】 见"宝鸡针葫芦"。

宝鸡针葫芦 瓜瓞(蝶)绵绵

【西安穿罗绣】 是陕西西安工艺美术研究所在继承借鉴民间纳纱、纳锦等的传统针法基础上,经归纳、整理所新创的一种新绣种。以方格纱罗为底料,按纱罗格眼施针。穿罗绣装饰性浓郁,图案夸张,具有鲜明的地方特色。

【漳绣】 福建地区著名刺绣工艺。因产自漳州而得名。相传漳绣始于宋代,以打子绣和双面绣法较著名。双面绣继承至今,有较快发展。漳绣绣工精细,针法多变,配色调和,具有鲜明的地方特色。

【泉州剪绒绣】 福建名绣。是根据传统的丛针绣新创的一个绣种。运用连缀竖针法丛针绣,线势凌起,绣形突兀,俗称"凸绣",亦称"迭绣"、"高绣"、"凸高绣",旧称"填高绣"。广绣和苏绣中均有此针法。泉州剪绒绣创始人是吴丽珠。在二十世纪六十年代,她在凸绣的基础上创立剪

绒绣应用于日用品绣,后又研制成剪绒绣画屏欣赏绣。剪绒绣画屏的绣制,采用优等五彩绣线,运用差高连缀竖针法绣于底布上,然后根据景物的主次远近,逐步精工修剪成局部细致,整体协调,形象明显,由纤密茸毛组成的绒面浮雕型绣画。可形成色光深浅强弱的互动和层次分明的艺术效果。

抽纱

【抽纱】 刺绣的一种,亦称"花边"。相传抽纱起源于意大利、法国和葡萄牙等国,是在中古世纪民间刺绣的基础上发展起来的。是用细纱编结;或用亚麻布或棉布等材料,根据图案设计将花纹部分的经线或纬线抽去,然后加以连缀,形成透空的装饰花纹;或运用雕绣和挑补花等,制成各种台布、窗帘、盘垫、手帕、椅靠和服饰等日用品。约在 1885 年左右传入我国沿海口岸及附近乡村。到 1912 年在我国已有比较大的发展。自二十年代以来,在上海、江苏和浙江一带,多习惯称为"花边";在山东、广东和旅大等地,多习惯称为"抽纱";亦有统称为"花边抽绣"的。解放后我国抽纱不断吸收民间刺绣工艺的特点,改进图案设计与工艺技巧,并使之具有我国自己的民族特色,产品远销五大洲数十个国家和地区。因其做工精细,花纹典雅,在世界上负有盛誉。主要产地有山东、广东、江苏、浙江、北京、天津、大连、福建、四川和哈尔滨等地。各地产品均有其不同的风格。参见"花边"。

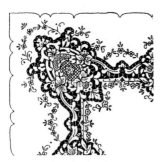

抽纱床罩(局部)

【花边】 ① 刺绣的一种,亦称"抽纱"。相传在清末由欧洲传入我国。指用细纱刺绣、编结而成的生活用品。品种有"挑补花"、"雕绣"、"网扣"等。色调多为白色、淡黄、米色、淡绿和淡蓝等,适宜作台布、床罩、枕套、靠垫、手帕和茶垫等。主要产地有山东、广东、江苏、浙江和上海等。参见"抽纱";② 有各种花纹图案,作为装饰用的带状织物,用作各种服装、窗帘、台布、床罩、枕套等的嵌条或镶边。花边分为机织、针织、刺绣、编织等四类。丝纱交织的花边,在我国少数民族中使用较多,所以又称民族花边。纹样多采用吉祥图案。机织花边质地紧密,花型富有立体感,色彩丰富。针织花边组织稀松,有明显的孔眼,外观轻盈、优雅。刺绣花边色彩和种数不受限制,可制作复杂图案。编织花边由花边机制成,也有用手工编织的。

【花边绣制工序】 大体分前道、绣制、整烫三道工序。前道工序包括图案设计,标明色彩,配置底布、色线,并将设计之图案,描成蓝图,后用扎孔机将蓝图纸上花纹扎成无数连续小孔,后用颜色透过小孔将花样印制于底布;绣花,根据印制于底布上的花样进行绣制;有的由于布料门幅所限,还须采用对拼、斜拼、井字拼等方法进行拼接;整烫,包括漂洗、上浆、脱水、整理等,须上浆的产品,还须放在烫平机上压平、烘干,并剪去花纹边缘之余布;熨烫,使产品平整,花纹舒展,后经整理、质量检验完成。

【雕绣】 抽纱工种的一种,亦称"刁绣"。是抽纱中用布底绣花的主要工种,全国各地产区均有生产。针法以扣针为主,有的花纹绣出轮廓后,将轮廓内挖空,用剪刀把布剪掉,犹如雕镂,故名。以制作台布、床罩、枕袋等为主。所用棉布或麻布和用线都较淡雅。如在白布上绣白花,米黄色布上绣白花等。雕绣的针法变化多种多样,各地区具有不同的特点。江苏各地的雕绣以常熟为代表。在制作上除扣雕外,还结合包花、抽丝、拉眼、打子、切子、别梗等工种和针法。山东烟台地区的雕绣,通称"棉麻布绣花",或称"绣花大套"、"麻布大套"等。绣法有插花、扣锁、打切眼、梯凳、抽丝、勒圆布、衲底、打十字等。产品重工(即艺术加工量大)较多。浙江、广东和北京等地区的雕绣,绣法均大同小异。一般为"扣花"。全用雕绣绣制的产品,称"全雕绣",或称"全雕"、"纯雕绣"。另外有"半雕绣"是与全雕相对而言的。

【刁绣】 抽纱工种的一种,即"雕绣"。

全雕绣台布(局部)
(陶凤英等《抽纱技艺》)

【扒丝】 抽纱工种抽绣的一种。亦称"扎目"。作法是不抽去纱线,而是间隔几根纱收绕一针,使其显出网状的细小孔眼。山东烟台地区称扒丝为"扣眼"。烟台的扣眼台布,用棉线在布料上"拉"出细密的洞眼,好像在筛地上衬托着主花,有虚有实,虚实分明,手工精致,在国际上被誉为"花边之冠"。

【扎目】 见"扒丝"。

【扣眼】 见"扒丝"。

【抽丝】 抽纱工种抽绣的一种。在布上抽去一定数量的经纱或纬纱,然后再用线绕成各种几何形花纹。其花纹成连续形,可作成带状或网状。带状的一般用作拼缝,或穿插于扣绣的花纹之间。网状的也称"拉眼",有的用于花蕊或叶间。

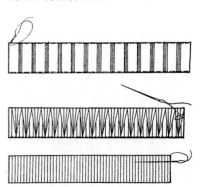

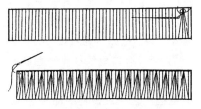

直抽丝

【挑花】 抽纱工种的一种,亦指刺绣的一种针法,也称"挑织"、"十字花绣"、"十字挑花"。挑花在我国历史悠久,流行地区较广,在西南少数民族地区,尤为普遍。它以十字形针法显示其特点,即在布料上依据经纬线的组织,用细密的小十字"挑"织成花纹。"十"字形有大有小,根据棉麻布的经纬纱数,一般每个十字针有六纱、五纱、四纱等区别。在设计图样上,以每英寸十格者为六纱,十二格者为五纱,十六格者为四纱。每一格代表一个十字针,由许许多多的十字针绣成的繁复的图案。绣工根据纸样格子的大小,在底布的经纬线上数纱,进行挑绣。传统的挑花,一般是白地绣蓝花,少数民族则多在青、黑布上绣彩色花纹。作为服饰及手帕等装饰,具有朴实、耐用、优美的特点。十字挑针只求正面纹样的完整,反面针迹为直线排列。除十字挑针外,还有密针铺花,即紧密铺线,形成的纹样正反两面相同而黑白互变;单针纤花,即单线纹样,正反纹样完全相同。各民族因风尚习俗不同,挑花各具特色。四川郫县、茂汶挑花素雅古朴,针法多变化,装饰性强;湖南挑花喜在深蓝黑的土布上挑绣五彩缤纷的吉祥纹样,格调明快,秀丽丰满;湖南隆回的瑶族挑花,形象古朴,花里套花,独具一格;安徽合肥和望江挑花多采用铺花和纤花针法,严谨细致,以工整见长;陕西挑花自由活泼,不拘一格;北京挑花多表现名胜古迹和古代建筑;温州和上海挑花以花卉和几何图案为主。

【挑织】 见"挑花"。

【十字花绣】 见"挑花"。

【十字挑花】 见"挑花"。

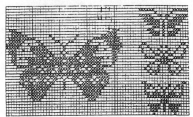

挑花(上:瓜甜果熟凤飞来 下:彩蝶)

【梭子花边】 抽纱工种的一种。类似钩针制品,但较钩针平整。它是用线缠在一种如桃叶形的小梭上,用手工穿连编结而成,故名。产地以山东蓬莱最著名,广东汕头亦有生产,称为"打丁边"。产品适宜做衣裙装饰,但各种麻布绣花制品上,应用亦很多。将各种花边件货镶拼在各种规格的绣花台布上,可使产品更为整齐、雅洁、别致、美观。点缀在衣裙上的花边,可使衣裙更加大方、美丽、活泼、生动。主要工种有勾毛、织光和看毛等。梭子花边的编织工艺是:先将线球装入用牛骨或金属制成的梭子的梭腔内;然后从梭子顶端的小孔里拉出线头,左手拇指和食指紧捏线头,右手操纵梭子,通过穿引、圈结、扣锁等技法,可编结成各种图案的花边。蓬莱的梭子花边最初多采用二方连续图案,每一图案单元为一方格,方格内圈织梅花形,所以又称"格子花边"。六十年代后,艺人们将梭子花边工艺加以改进,先用梭子编成一个个花形环扣,然后再用钩针将环扣连缀起来,可以编织成台布大套、床套、衣裙等。

【打丁边】 抽纱工种的一种,即"梭子花边",广东汕头地区称"打丁边"。

见"梭子花边"。

【格子花边】 见"梭子花边"。

梭子花边

【棒槌花边】 抽纱工种的一种。是采用上等棉线,按设计样稿的布局,运用数十乃至上百个特制的小棒槌用手工编织而成,故名。具有工艺巧妙、编工细致、玲珑剔透、花样新颖大方等特点。成品有镶拼台布及各种规格的盘垫、套等家庭陈设用品。棒槌花边的生产在山东烟台地区沿海一带很普遍,其中最工精细致的数栖霞勾勾花边,花纹细密。牟平、蓬莱等地生产的一种叫棒槌小花边,主要用于装饰手帕、服装、枕套、被单、窗帘等。有的叫花边件货,是一种室内器具上的装饰品,如各种圆垫、盘布等。其中以蝴蝶图案编结的花边深受国内外欢迎(俗称"蛾"),有风行全球之誉。其主要工种有单茧、双茧、批布、密布等。棒槌花边制作有以下工序:一、将花边图纸置于圆盘形草垫上;二、将金属别针扎刺在图案的各部位,以固定编结的位置和方向;三、在长约10厘米、直径约10毫米的小棒槌上端缠以棉线,将线头拉出,固定在图纸的一定部位。棒槌的数量根据产品的规格和图案而定,少则10多个,多则100多个;四、手执小棒槌,根据图案形状,以别针为支点,将棉线进行扭绞、缠结,编织成花边。不同的图案要运用不同的编织技法。艺人们以手指操纵众多棒槌,使其左右翻滚,上下跳跃,循序渐进,不断变换位置,从而编织出各种图案。编织技法有平织、隔织、稀织、密织等;五、拔去别针,将花边从草垫上取下,经过整烫,便成花边单片。

棒槌花边

【菲力】 抽纱工种的一种,亦称"网眼花边"。用紧股棉线,以织网方法编结成各种图案花纹,实际上是网扣的一种,即网扣中制作较精致者。一般的区别,六眼(孔)以下的称网扣,六眼(孔)以上的称菲力。但山东地区统称为网扣,仅江浙、广东和福建所出产者习惯称菲力。"菲力"一词,可能是英语 Filet 的音译,原意系指带子和边饰之类。以菲力单独制成的成品不多,大多是同雕绣工种结合,如"雕绣镶菲力"、"雕绣菲力拼方"等。品种有台布和窗帘等。

【网眼花边】 见"菲力"。

菲力拼方

【网扣】 抽纱工种的一种。根据图案设计,先用纱线结成网形,然后在网底上用棉线编织花纹,故名。网眼有大有小,最普遍的是三扣、四扣、五扣,即每英寸内有三孔、四孔、五孔,最多可达十二扣,即在一英寸内有十二孔。用途可作台布、床罩、靠背,更适宜作大型窗帘。尺寸可大可小,花纹可自由编织。除几何形和小花朵外,亦可制作梅、竹、牡丹和葡萄等。

产地主要为山东的招远、莱阳、黄县、昌邑等。

网扣

【手拿花边】 抽纱工种的一种。是一种半绣、半编的产品,和江浙的万缕丝很相似。产地以山东烟台地区的荣成和即墨为代表,质精量大,历史悠久,故常称"荣成手拿花边"、"即墨花边"等。两地的产品,荣成的工重而大,图案的外廓多圆边。即墨的一般不圆边,花叶也较平。荣成手拿花边在技艺上有"一根线织到底"的称誉,因此产品不需拼接,坚挺不皱,越显得名贵。

【荣成手拿花边】 见"手拿花边"。

【即墨花边】 见"手拿花边"。

山东荣成手拿花边

【万缕丝】 抽纱工种的一种,也称"万里斯"。万缕丝系"威尼斯"的转音。人们常把意大利的威尼斯所生产的一种编结花边,冠以威尼斯之名,如"威尼斯台布"。这种花边的制作传入我国后,逐渐形成一大品种,称为"万里斯"。后据汉字的字义,又转化为"万缕丝"。制作方法,先根据设计图样,划分成许多小块,然后将每一小块分别衬以牛皮纸,在牛皮纸上打底定线,再依据所定之线,绣成

花纹;后撕去纸稿,逐块拼接,经洗烫整理而为成品。它虽是手绣,但具有编结效果。成品多为台布、床罩、沙发靠垫等,有白色线和米黄色线两种。全用万缕丝的,称"纯万缕丝",是花边工艺中最精美的品种之一。亦有的是将万缕丝与其他工种结合,或被镶嵌在显著地位,或用作布制品的镶边。

【万里斯】 见"万缕丝"。

【纯万缕丝】 见"万缕丝"。

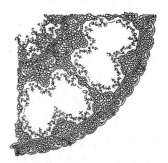

万缕丝台布(局部)
(陶凤英等《抽纱技艺》)

【彩平绣】 抽纱工种的一种。以彩色绣线和传统刺绣针法,配以抽纱的工种绣制而成。在抽纱中别具一格。彩平绣为江苏苏州吴县产品的主要特色。吴县为著名苏绣的发源地,农村妇女都巧于绣花,自六十年代起发展了这一新品种,产品鲜明生动,绣工精细,风格新颖,深得各方好评。彩平绣在广东、山东和浙江等地区亦有绣制。

吴县彩平绣台布(局部)

【千丝珍珠】 抽纱工种的一种。是江苏苏州吴县七十年代创制的新品种。它的绣法基本上是运用苏绣传统针法中的打子绣。采用变形和放

大等手法,有的还用浮线连接构成花纹。打子的圆点,形似颗颗珍珠,圆润、光洁、美观,故名"千丝珍珠"。

江苏吴县千丝珍珠绣台布(局部)

【曲带】 抽纱工种的一种,是用带子屈曲缠绕,再经刺绣串连的一种编结品。江苏常熟所用的带子通常有两种,一种是针织的细圆带,一种是特制的扁窄带。用这两种带子编结出来的图案花纹,光洁挺拔,回曲自然,具有几何形意趣,富有一种韵律感。

曲带台布(局部)

【盘带花边】 抽纱工种的一种。它是用手工按设计图案,把高级明光棉线编制成小块花边,后将各种图案的小块花边拼接而成。结构严谨,层次分明,精致细洁,风格新颖。盘带花边分台布、床罩、盘布三种。为浙江乐清所创。

盘带花边

【玻璃纱绣花】 抽纱工种的一种。是用彩绣线,在一种半透明体棉质的玻璃纱布料上,绣出花卉等图案,做成台布等日用品,也有的以补布绣、刺绣等工种绣成。玲珑透彻、雅洁高贵。广东汕头及山东石岛等地都有生产,是一种工艺精细的高档艺术品之一。

【绒线绣花】 抽纱工种的一种。俗称"绒线花"、"绒绣"。是在棉质网眼布上以双股毛线绣制而成。原来只有粗针和细针两种针法。七十年代又增加了拌针劈线等新针法、新工艺,更丰富了绒线绣花的艺术性。绣制一件层次复杂的产品,要用数百种颜色的毛线。成品有靠垫、沙发套、椅背套、钢琴罩、凳套等日用品。

【绒线花】 见"绒线绣花"。

【绒绣】 见"绒线绣花"。

【生丝镶边】 抽纱工种的一种。是浙江萧山花边厂在八十年代应用丝绸作原料,试制成的一种抽纱新品种。它是在生丝上刺绣凸起的牡丹和月季等花边图案,然后再镶嵌上传统的万缕丝花边,可制成台布、盘垫等多种产品。

【雕补花】 抽纱工种的一种。是在贴补的花样中衬以纸型,使图案更为平整,制作较省工。一般贴补在麻布等底料上,做成盘垫之类,是北京地区的一种传统产品,由于工轻料粗,故被视为"粗工"。此外,还有一种"棉补花",是在贴布内衬以棉花,使图案凸起如浮雕状。这两种粗工产品的不足之处是,前者因衬纸,经不起洗浆;后者因衬有棉花,洗浆时含水太多,不易干,干后也不平整。

【棉补花】 见"雕补花"。

【鲁格绣】 抽纱工种的一种。近似十字绣,它是山东烟台地区七十年代发展的新品种。其针法特点不是针脚交叉成斜十字形,而是采用等距平行和垂直的绣法,组合成梯子形。运用这种格子,绣成花纹的轮廓,显得浑厚粗壮。

【补花】 抽纱工种的一种。是用各色布料剪成花样,贴在底布上,再经绣制而成。采用补花能较好地运用大块面的色彩,工本较低,效果较好。是抽纱工艺中一种较普及的形式,大多绣制成台布、床罩和枕套等。

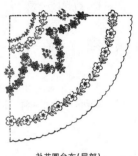

补花圆台布(局部)
(陶凤英等《抽纱技艺》)

【钩针花边】 抽纱工种的一种。是我国城乡民间一种最普及的编结工艺。是用一种简易的钩针工具,运用各种粗细彩色棉线,缠绕钩结成通透大方的精美图案。产地有山东、上海和广东等。广东潮汕地区称为"通花",上海叫做"哥罗纱"。一般是先钩出小块花纹,或者被镶嵌于雕绣品中,或将若干小块花纹连缀成大幅的成品。其成品有盘垫、台布、床罩等,有的还做成提包和衣服。色泽除素白或米黄色外,还有的配以各种彩色。

【通花】 见"钩针花边"。

【哥哥纱】 见"钩针花边"。

钩针台布

【影针绣】　抽纱工种的一种。亦称"影子绣"、"托地绣"。利用透明或半透明薄布料,在底料背面刺绣,针脚平匀,色泽和谐。从正面透过透明的薄布料,能看到背面隐隐约约的刺绣花纹,如在雾中一般,故名"影子绣"。尤其是白布白花,更是素净淡雅,别具一格。绣法:按画面线条,将引针戳向对面,再将引针拔起,往上戳回到与第一针间隔一针距的部位,再从第一针眼戳下,到对面与第二针间隔一针距的地方,依序绣制即成。以紧密均匀的针迹,效果较美观。

【影子绣】　抽纱工种的一种。即"影针绣"。

【托地绣】　抽纱工种的一种。即"影针绣"。

影针绣台布(局部)
(陶凤英等《抽纱技艺》)

【针结花边】　抽纱工种的一种。是在我国城乡民间绒线编结工艺的基础上,经过改革和提高所创造的一种新型花边。七十年代江苏沙洲(今张家港市)的花边设计人员,经过深入调查研究和反复实践,使用四根细长的棒针和一枚钩针,以精白细棉线,先以钩针起头,然后用棒针编结;根据图案结构要求,在平针(上针、下针)的基础上,运用收针、放针等方法,使花纹产生疏密、虚实和递增、递减的变化,并将上、下、收、放的针法交错使用,编结成带子针、鱼骨针、蝙蝠针、四角洞针、六角洞针……制成各种台布、盘垫及床罩等。花边外观较细密,新颖别致,针工易于普及,工本较低,现已有几十种花样投产,得到国内外好评。

【带子针】　见"针结花边"。

【鱼骨针】　见"针结花边"。

【蝙蝠针】　见"针结花边"。

【四角洞针】　见"针结花边"。

【六角洞针】　见"针结花边"。

针结花边

【百代丽】　抽纱工种的一种,亦称"百带丽"、"绚得丽"、"巧得丽",最初曾名"钉带"。是用一种优质棉纱线织成几十种宽窄不同的带子,在图纸上编织成各种主花图案,如我国民间的"百结"。然后结合刺绣、编结,制成台布、床罩和盘布之类。可镶边、接布,亦可满拼。主要工种有:一、二、四、六针网散锁结、带子勾、9毫米灯笼扣、11毫米灯笼扣、13毫米灯笼扣、14毫米单圆圈、18毫米双圆圈、空心带缠柱、梅花蕾等。主要产区为山东烟台和青岛。由于花纹图案粗细对比较强,变化丰富、饱满,具有浓郁的装饰性。

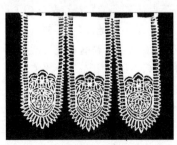

百代丽
(上:盘布　下:门帘头)

【百带丽】　抽纱工种的一种。见"百代丽"。

【绚得丽】　抽纱工种的一种。见"百代丽"。

【巧得丽】　抽纱工种的一种。见"百代丽"。

【钉带】　抽纱工种的一种。为"百代丽"的最初名称。

【补绣】　抽纱工种的一种,也称"补布绣"。广东汕头地区的补布绣,与江苏的贴布相似,也是补布与刺绣结合。但汕头所生产的台布,配色较繁,花分五彩,叶分深浅,一张台布显得色彩非常丰富。如红色的菊花,在浅红色贴布上再绣出深红色的花瓣;绿色的葡萄叶,在浅绿色贴布上再绣出深绿色的叶筋;白色的葡萄颗粒,用浅紫色线绣出轮廓等等。在构图上组合后,又用白色或米黄色的底布来统一整体,渲染出一种热烈的气氛。

【补布绣】　抽纱工种的一种。见"补绣"。

补绣台布(局部)
(陶凤英等《抽纱技艺》)

【贴布】　抽纱工种的一种。是把上浆的色布剪成花叶形状,贴于底布上,然后用扣针将边缘锁牢。江苏地区的贴布,多用浅色的玻璃纱,剪成花样后不再卷边,但绣的针脚较密,扣锁作连续状,形成一道美丽的轮廓线。配色上以单色为主,花纹一般只区别于底布,所以看起来淡雅调和。除了贴布的边缘扣锁以外,花叶上面和花叶周围,如花蕊、花瓣、叶脉和枝干、藤蔓、卷须等,又常结合运用其他不同的针法,或配以雕绣等。

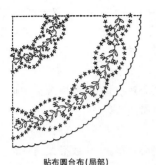

贴布圆台布(局部)
(陶凤英等《抽纱技艺》)

【沙丽】 抽纱工种的一种。江苏沙洲(今张家港市)绣工俗称"三合一"。是六十年代创造的新品种之一。制作方法,是在针结和钩针的基础上,结合盘龙带,成为三种针法混合的新型编结品。所谓"盘龙带",是将平线带弯曲、穿连,组成各种图案。盘龙带同针结、钩针交错运用,"三合一"而成编结品,就称"沙丽"。其特点,在图案上线条有粗细,结构有疏密,主花突出,层次分明,变化较多样。

【三合一】 见"沙丽"。

【雕绣镶嵌编结】 抽纱工种的一种。以雕绣为主,在适当的部位连缀大小不等的编结品,或镶作边饰,或组合在图案的某一部分。这种结合形式,在台布、餐套、床罩等产品中最为多见。其结合的品种有雕绣嵌万缕丝、万缕丝镶边、雕绣镶钩针和雕绣镶菲力等。

雕绣抽丝台布(局部)
(陶凤英等《抽纱技艺》)

【编结嵌布绣花】 抽纱工种的一种。以编结为主,在一定的部位嵌进少量的布料,有的并作绣花,使之产生块面对比效果。常见的品种有万缕丝镶麻布、手拿花边嵌雕绣、钩针镶雕绣、钩针圈嵌雕绣、针结嵌雕绣和盘带镶嵌绣花等。

【贴带】 抽纱工种之一。为江苏张家港花边厂创制的新技艺。从民间"八吉"图案中得到启示,运用织带在布底上盘绕出种种几何形纹样,大小随意、方圆自如,盘出的花样具有浓郁的民间特色,并与刺绣相结合,新颖而别致。产品一经问世,深得各方好评。

【雕绣编结拼方】 抽纱工种的一种。用若干正方形绣花品和若干正方形编结品,作间隔排列,组合成台布或床罩等产品,通常称"雕绣编结拼方"。除正方形外,亦有用斜方形、菱形或其他形相拼的。品种有雕绣菲力拼方、雕绣万缕丝拼方、雕绣钩针拼方和彩绣网扣拼方等。

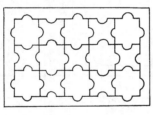

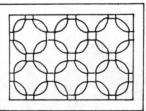

拼方骨式图

【装方】 抽纱技法之一,又叫"猛方"。所谓"猛",是绣制精细、严密的意思,形容功夫较大。也俗称"方块"即是万缕丝花边之小块者。它不直接绣在布上,而是在稿样纸上钉线扣绣,然后去纸,显出编结的效果。装方多取花形轮廓,在轮廓内编绣出不同的几何形纹,其针法有多种。因被镶嵌在雕绣品上,所以称"装方"。

【猛方】 抽纱技法之一,即"装方"。

【方块】 抽纱技法之一,猛方的俗称。见"装方"。

【拼方】 抽纱技法之一。拼方,通常是用方形的绣品间隔镶拼排列,故名。如几何形四方连续图案。除正方形外,亦有少数用长方、菱形或海棠形等拼接。产品有雕绣拼方、贴花绣拼方、钩针拼方和万缕丝拼方等。

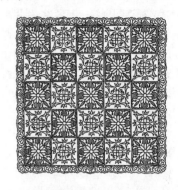

拼方台布

【生丝镶边】 用丝绸作底料,在生丝上绣制凸起的牡丹、月季、菊花等花边图案,再镶接上万缕丝花边。以这种生丝镶边绣品,覆罩在有色木器或床毯上,透过经纬镂孔的花纹,可产生朦胧似雾中看花的艺术效果。生丝镶边,是浙江萧山花边厂八十年代创制的一种抽丝新品种。

【涤纶突花】 抽纱的一种,又名"的确良烂花"。在七十年代,是江苏常熟等地试制成功的一个抽纱新品种。它不用一般的棉麻布,而是用棉的确良作原料,运用棉纱和人造纤维交织的特性,将药水以漏板的方法,烂出半透明的图案,然后结合各种针法刺绣,使烂花与绣花相映成趣。制成的台布、床罩等,清新、别致、优美,富有层次。

【的确良烂花】　见"涤纶突花"。

【拼布】　抽纱技法之一。抽纱生产的主要品种是台布。台布有大有小，最小的台布尺寸是 36×36 厘米，可用整幅布料剪裁。尺寸大的，除少量宽幅面的布料以外，一般棉布因幅度较窄，都需拼接。因此，拼布的接缝直接关系到图案的设计。在图案组合时必须连同拼缝一起考虑，利用拼缝作为面的区划，或使用花纹把它遮盖起来。除台布外，其他大尺寸的如床单、床罩、被罩等，也同样存在拼布问题。拼布的方法分为三种：直拼、斜拼、对拼。

【直拼法】　抽纱拼布之一种。亦称"井字拼"，也称"三拼"，并有假三拼和真三拼之分。直拼法就是经过拼接将布的宽度达到台布等尺寸的要求。一般是以整幅布为基础，另外将一幅布裁成对开、三开或四开。在整幅布的一边拼一块的，叫做"假三拼"。"假三拼"实际上是两拼，即由一整幅和一块半幅或三开幅拼接在一起。在布面上，拼缝只有一条，但这条拼缝有损美观。为了使拼缝在视觉上消失，便在其他三个边的相同位置上，各加一条装饰线，形成一个"井"字形。因拼缝的对称面有一道线，而另外的台布拼法，这道线也确为拼缝，相对而言，便称"假三拼"。拼缝和装饰线混杂在一起，形如"井"字，故又名"井字拼"。"真三拼"，是以整幅布为中心，左右各拼一条三开或四开布料，是真由三块布料拼接起来。这样，在布面上就形成了平行而对称的两条接缝，然后在无接缝的两边各加一道装饰线，也成为"井"字形。

【三拼】　抽纱拼布的一种，即"直拼法"，也称"井字拼"。见"直拼法"。

【井字拼】　抽纱拼布的一种，即"直拼法"，也称"三拼"。

【斜拼法】　抽纱拼布之一种。斜拼

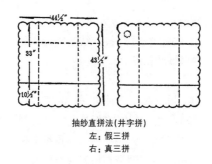

抽纱直拼法(井字拼)
左：假三拼
右：真三拼

台布，不论正方或长方都是由五块布料拼接而成，因其形如升箩，所以也称"升箩底拼"。斜拼的中心方形有大有小，一般称为"大心拼"或"小心拼"。四边布料的斜线，因为裁剪时不受幅宽的限制，可以适当放出，所以设计图案时，可以将花叶交错，有意将斜线掩盖起来。

【升箩底拼】　抽纱拼布之一种。见"斜拼法"。

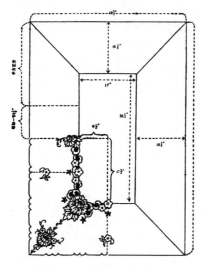

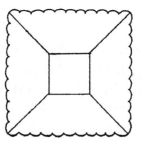

斜拼法(升箩底拼)

【对拼法】　抽纱拼布之一种。对拼法基本上都是双幅对拼。用 34 厘米幅宽的两块布料对拼，即为"实心对拼"。这种拼法最为简单，因正中有一条拼缝，也较难处理，故仅用于全雕。为了打破实心对拼的正中拼缝，

又有"挖心对拼"的拼法，即在实心对拼的基础上，中间挖去一部分，另拼一块长方形的布料。这一拼法，多适用于半雕透的大尺寸台布，设计形式也较多样。

【实心对拼】　抽纱拼布之一种。见"对拼法"。

【挖心对拼】　抽纱拼布之一种。见"对拼法"。

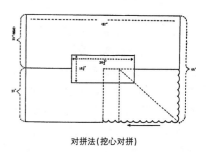

对拼法(挖心对拼)

各地抽纱

【烟台抽纱】 山东烟台是我国抽纱的传统重点产区。于十九世纪时由欧洲传教士传入。建国以来,生产发展很快,现有从业人员50多万人,产品销往60多个国家和地区。主要品种有雕平绣、威海满工扣锁、乳山扣眼、梭子花边、棒槌花边、手拿花边、网扣、钩针等,工艺技法十分丰富。雕平绣产于文登、烟台、牟平、乳山、莱阳等地,是在麻布、棉布上以丝光线绣制而成,运用雕镂、抽、勒、绣等多种工艺,图案严谨,多以牡丹、菊花、玫瑰、葡萄为主,配合各种卷草纹,层次分明。威海满工扣锁因主要产于威海市(旧称威海卫)而得名,即在台布、床罩上,用扣针锁好图案的轮廓,再裁去图案以外的底布,形成镂空,作品层次清晰,立体感强,具有雕镂的艺术效果。乳山扣眼大套是花中有花,互相衬托,相映成趣。蓬莱梭子花边在十九世纪末已很普及,除出口外,妇女还自编自用,装饰在衣裙、鞋帽、枕头、门帘上,现已由小花边发展为台布、床罩、沙发靠垫、衣裙等。棒槌花边有满工大套等,还用于棉、麻布绣花镶边,为烟台抽纱的主要品种。荣成手拿花边工艺精致,玲珑剔透,挺拔坚实,产品甚至能直立于桌上,为其他抽纱工艺品无法比拟,有时被作为珍品收藏。网扣主要产于招远县,品种有餐套、台布、床罩、窗帘等日用品。风格高雅。钩针遍及胶东各地,它是用特制的弯曲钩针,将棉纱钩拉、缠绕而编结出各种图案,是民间广泛流传的编结工艺。品种有盘垫、钱包、手提包、背心、头巾、披肩、童帽等。

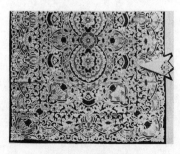

烟台抽纱(肖振东设计)

【八大边】 山东烟台地区生产的抽纱,以编结制品为主,产品有"八大边"之称。八大边即:荣成手拿花边、即墨花边、梭子花边、棒槌花边、勾针、网扣、百代丽、针织边八个不同花边品种。

【青州府花边】 主要产于山东益都、临淄、广饶等地,因益都古称青州府,故名。又因以生产西式台布和餐巾成套产品为主,所以又称"青州府大套"。具有工精素雅,玲珑剔透的风格,为山东花边之首,俗称"王牌花边"。现约有10万多人副业队伍。品种有台布、床罩、被单套、盘垫、餐套、钢琴罩等。在国际市场上享有盛誉。青州府花边的编织技法以呈带状的"密龙"为主,以带形的回旋、穿插构成图案,题材有花卉、禽兽、水果和神话人物等。花边编成单片后,经过拼缀,组合成大规格的台布、床罩。

【青州府大套】 山东著名抽纱工艺美术品。见"青州府花边"。

【王牌花边】 见"青州府花边"。

青州府台布

【即墨镶边】 亦称"即墨镶边大套"。山东即墨县著名抽纱品。是具有近百年历史的著名手工艺品。1910年,即墨引进意大利花边在当地生产,并结合民间编结、刺绣的针法特点,在工种、针法、图案上不断创新和改进,逐渐形成独具民族风格和地方特色的即墨镶边。现有台布、餐套、床罩、沙发套、衣领、伞面、钢琴罩等十几个品种,2 300多种不同花色、规格。即墨镶边是一种单线织绣花边,主要原料是优质亚麻布和特制丝光线,色泽以米黄、漂白为主。在织绣上,运用

70多种花边和刺绣针法,通过镶拼,将花边和刺绣连缀成套,使两种不同针法虚实照应,和谐统一,达到层次清晰,有浮有沉,宛如浮雕的效果,形成即墨镶边的艺术特色。1983年,即墨镶边在中国工艺美术百花奖中荣获金杯奖。即墨镶边主要产于青岛市即墨县,此外还有胶南、崂山、莱西、诸城、文登等县。即墨花边有满工花边和镶拼两类,以镶拼较著名,称为即墨镶边。

【即墨镶边大套】 即"即墨镶边"。

即墨台布

【栖霞棒槌花边】 山东栖霞棒槌花边,是一种具有独特风格的工艺品。因做工精湛、花样典雅,成为国内外顾客喜爱的家庭装饰品和日用品,远销五大洲60多个国家和地区。棒槌花边是抽纱类编织工艺品,原料以棉线为主。编织者先把花边图样贴在花边机板上,然后插上大头针,用小棒槌引着线照图编织而成。因用小棒槌编织,故得名棒槌花边。栖霞棒槌花边早在80多年前就出口,如今已成为这个县的主要副业项目,年收入达八九百万元。每当春秋季节,村村队队到处可以看到妇女手操小小棒槌,引着雪白的棉线,在花边机上精心地编织各种花边台布、茶几布、餐巾、盘垫、被头、沙发套、床盖等,种类和款式很多。

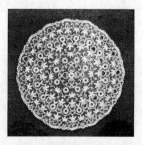

山东栖霞棒槌花边

【常熟花边】 江苏常熟花边,是二十世纪初发展起来的。以雕绣技法见长。它以精巧的手工技艺在不同布料上绣制各式图案,然后在一定部位剪去底布,使之镂空,以衬托和加强主题,使图案形成明暗对比,具有立体感。传统的常熟花边,品种单一,大多在白布上绣以白色图案,或在米黄布上绣以灰色图案,故过去俗称"常熟黄白台布"。五十年代后增加了棉麻交织、化纤等原料,品种也增加了被套、床罩、窗帘、围裙、钢琴罩、沙发套等,共有 260 个品种,2 300 多个花色;针法由单一的雕绣、抽、包等发展到具有浮雕艺术效果的影绣、写实的抢绣、虚实相映的编结绣等 30 多种针法,形成了常熟花边图案具有装饰性,原料色泽明快,针法丰富多变,色彩雅致的艺术特点。在七十年代和八十年代初,又先后成功地创制了涤棉烧花、精纺台布、曲带花边、免烫等"三免"台布、钩针镶拼台布、网绣花边等许多新品种。1980 年,荣获国家金质奖,产品远销 80 多个国家和地区。

【捏绣】 指绣品不上绷架,直接捏在手中绣制,故名。江苏常熟一带都用此法制作,操作较自由。绣的针法,以扣针为主,其他还有包花、抽丝、拉眼、打子和切子等。

常熟全雕绣长台布(局部)

【萧山花边】 浙江著名传统手工艺品,因产于萧山县而得名。具有构图严谨,工艺和针法多样,编结精细,色彩素雅的艺术特色。产品远销 60 多个国家和地区。萧山花边的种类,主要有万缕丝(纯棉线制品)、镶边(万缕丝和织物绣花相结合)两大类。品种有床罩、台毯、盘垫、茶几垫、沙发套、钢琴罩、披肩、衣裙等 30 多种。1972 年创作的绚得丽花边,是一种富有新意的轻工花边产品,图案丰满,层次丰富,既显工又显艺,现为萧山花边的主要品种。以自然风景为题材的花边,是萧山花边的特色。1980 年为杭州机场国宾室创制的"西湖风景"窗帘,表现了西湖山明水秀的美丽景色。1979 年为北京人民大会堂浙江厅创制的窗帘,反映了桃花盛开,春燕飞翔的江南春色。萧山花边于 1979 年荣获国家金质奖章。萧山花边的制作较别致,是在一张张画有不同图案的白纸上,挑花女工以熟练的双手,用线一针一针精心编织,去掉白纸就成小型图案,再由拼花艺人按花纹图案拼制成各类适用的花边产品。

萧山花边窗帘

【浙江挑花】 浙江著名工艺品。主要产于温州地区。明代,浙南民间便已在衣着的领口、裤边、鞋头以及枕套、床沿、肚兜上饰以挑花。十九世纪,以麻布、夏布等作为面料,制成挑花椅背套、揩手巾、台布等,经由上海销往意大利、巴西等国。八九十年代温州地区挑花生产专业职工有 1 000 多名,副业队伍达 18.8 万人,最高年产量曾达 160 万套。经过技术革新,采用数百种不同粗细、色泽的绣线,增加了双绒布、白精纺、粗布等面料;针法上吸收了刺绣、花边编结的长处,发展了菊花针等新针法,提高了挑花的艺术表现力,使花型更生动,色彩更丰富、淡雅。有餐套、盘布、揩巾、坐垫、被套、枕袋、围裙、沙发套、钢琴罩、窗帘、披肩等 2 000 多个花色品种。

【宁波金银彩绣】 浙江宁波著名工艺美术品,运用地方民间传统针法,以金银线和彩色线穿插使用,相互衬托,相得益彰。分两类:一类是金银绣,用金线或银线在绣好的花纹边线及重要结构处勾描金银线,并用细丝线钉压法盘在花纹表面;或用金银线绣满花纹。一类是凸绣(亦称胖绣),在花纹内铺垫棉花,使绣品突起如浮雕。色彩明亮鲜明,光彩夺目,装饰性强。具有厚实质朴、富丽古雅的地方特色。品种有首饰盒、手提包、绣衣和绣片等。

【北京挑花】 北京著名工艺美术品。挑花又名"十字绣",是我国民间刺绣中广为流传的一种绣法。北京挑花有单色绣和彩色绣,图案多取材于建筑风景,以厚重、有立体感为特色。十九世纪后期起远销国外。五十年代后在原有传统地方风格的基础上,经过美术工作者改进,图案丰富、配色协调、针工复杂多变,居我国挑花工艺之冠。

北京挑花

【北京补花】　亦称"贴补"。北京著名工艺品。大体继承了传统刺绣"堆绫"、"贴绢"等技法。远在南北朝时期,就有绢绫贴补花卉的民间手工艺品。北京补花,造型简练、色泽明快,富有装饰性。制作方法是根据花型剪好布料以后,将布料免边,行话叫"拨花"。拨花的轮廓,工艺上要求"团、圆",逢凹加角避免太小。花朵本身有浓淡,而且花叶可以重叠、套接。花纹边缘的绣工有锁补、牵补和打缆之分。锁补就是锁针。牵补俗名"偷针牵",边缘上看不见缝缀的针脚。打缆又叫"跑花",即一条线顺着缝。现北京补花,使用一种特别加工(染经织纬)的"凤尾纱",色彩由浅入深,具有明暗深浅的艺术效果,立体感强,色调和谐自然。品种有餐室和床上的用品以及袋、巾、垫等 30多类。

【北京玻璃纱绣花台布】　北京著名工艺品。是北京第二绣花厂在绣花传统工艺技术基础上的创新产品,畅销法国、意大利、巴西、瑞士、瑞典等30 多个国家和地区。它以名贵的半透明的高级棉织物为原料,用各色绣线,采取明暗影绣、垫绣、棉补、勒丝(勒丝又分梅花丝、枣核丝、钱眼丝、硬勒等 20 多种)等针法绣制而成。纹样有风景、花卉、人物、动物图案等。构图严谨,层次分明,富于变化,配色美观。一块玻璃纱绣花台布,从设计、裁剪、印花、绣花、缝制、做边、洗烫、平整到包装,要经过二十八道工序,做工考究,绣工齐、平、光、亮,外形美观,质量优良,既是装饰品,又具有很好的实用价值。

【合肥挑花】　安徽合肥著名工艺品。广泛流行于农村,是劳动妇女自产自用的一种实用工艺品,具有独特的地方色彩。通常用深蓝、黑、白三色经纬线织成底布,在左右两块长方形的白色底布上,用黑色棉线或丝线,挑绣各种图案。表现形式,大体分为三种:密针子铺线(当地称铺花)、单针子折线(当地称挑花)和挑十字针花

(当地称绞花)。三种形式所挑制的纹样,各有特点。在实际应用上以前两种为主。密针子铺线在黑白对比上极为强烈,挑出的花纹非常鲜明,正、反面图案基本相同(正面是黑底白花,反面则是白底黑花)。单针子折线,正反面亦能挑出相同图案。常用纹饰有棉朵花、海棠花、牡丹花、亚葫芦花、豌豆花、狮子、蝴蝶以及福寿、双喜、万字和百结等各种吉祥纹样。

合肥挑花

【四川民间挑花】　四川农村挑花很流行,特别在川西地区,历史悠久。据传在明末清初,川西挑花已很普遍。挑花有三种:一种叫"十字挑花",又称"架花",针法是每针拉一对角线,每两针架成一个斜十字。第二种叫"撇花",它和提花布的织法近似。特点是利用底面针脚,能显出和正面相反的花纹。正面是阳纹(白地黑花),底面是阴纹(黑地白花),两面都很好看。第三种叫"纤花",又称"里面花",针法是采用单线来回挑,挑好后,正反两面的花纹都一样。挑花色彩大体可分四种:挑在白土布上的,多用青或深蓝线;挑在大红土布上的,多用白或深蓝线;挑在青布上的,多用白线,也有用大红线的;挑在老蓝布上的,全都用白线。四川挑花的题材,有"划龙船"、"金玉满堂"、"蝙蝠捧寿"、"狮子戏彩球"和"福寿双全"等。品种有帐沿、床单、床帏、枕巾、门帘、腰带、兜肚、衣袖口和裤管口等。

四川民间挑花

【潮汕抽纱】　是广东潮州及汕头一带的著名传统手工艺品。选用质地优良的亚麻布、加纱布、法丝布、竹丝布、玻璃纱及的确良等布料,经绣花、勾针等制成,是一种富有艺术性的日用品。品种有台布、手帕、枕袋、被套、垫布、通花制品等八大类,花色品种数以千计。图案优美、绣工精巧、式样新颖、美观实用,享有"南国之花"的美誉。玻璃纱绣花台布《双凤牡丹》,于 1980年在慕尼黑举行的第三十二届国际手工业博览会上获金质奖章。图案题材大多采用各种花卉,少数用山水风景和鸟兽。潮汕抽纱技法繁多,针法复杂多变。有用许多小十字形组成的十字绣花;有挖去布再用绣扣的挖旁布;有用彩色布贴的贴布;有抽去经纬纱丝组成的抽丝,有用绣挑成网眼花的万里丝等,其中尤以勾针通花最具特色。用一根钢勾针,一根白纱线,便能钩织出各种美丽图案,从半英寸宽的小花边,到宽大的床单和台布都可钩织。花式品种达上千种,色彩鲜艳悦目,既美观又耐洗耐用。产品远销世界五大洲的80 多个国家和地区。八九十年代汕头地区有 13 个县市建有抽纱生产机构,从事生产的女工近 100 万人。

【广东玻璃纱花边】　玻璃纱花边主要产于中国广东潮州和汕头。十九世纪末由欧洲传入。玻璃纱质地轻薄细致,用它绣制花边,显得十分精致高贵。玻璃纱花边,最初多为镶拼产品,即在玻璃纱上刺绣花纹,后剪下镶拼于台布或手帕上。后经不断研究改进,试制成精美的重工玻璃纱大台布,自此玻璃纱花边享誉国内外。现玻璃纱花边的针法和技法有近 400 种,常用的有抽纱、平绣、垫

绣、雕绣、补花、扣眼等。整个绣制工艺要求齐、平、光、亮。玻璃纱花边的品种有各种台布、枕套、被套、手帕等实用品；重工玻璃纱花边手帕和台布因工艺精巧，价格昂贵而被视为艺术珍品。1980年慕尼黑第三十二届国际手工业品博览会上，一幅《双凤牡丹》玻璃纱花边台布荣获金质奖章。

【张家港针结花边】　是江苏张家港花边厂1973年创制的一个抽纱新品种。运用我国民间绒线编结工艺，将棒针编结与勾针编结相结合。以棉线为原料，编结时，采用上、下、绕、挑、并、交和长、短、锁、密等基本针法，可编织成筛子眼、四角洞、双层洞、六角洞、手针花、蝙蝠洞、云梯等花纹，与灵活多变的勾针编结相结合，可形成千姿百态的种种针结花边。产品有床罩、台布、窗帘、披肩和衣裙等。1986年获中国工艺美术百花奖优秀创作设计二等奖。

【松江编结绣】　黑龙江著名手工品。是黑龙江哈尔滨市抽纱厂，在我国传统抽纱工艺基础上发展起来的一种新产品，具有与其他抽纱品不同的工艺特点。它把钩织网扣的技巧改用针织，采用雕空、手绣和编结相结合的方法。产品具有层次清晰、花纹多样、绣工精致和美观淡雅的艺术特色；由于针法多，花样多，因而形态变化大，图案象征性强。图案花纹有圆形、蛋形、正方、长方、月牙、树叶形、鱼形、心形和葫芦形等十余种。工艺由开始的镶拼，发展到纯编结。产品有台布、床罩、钢琴罩、盘垫和女上衣等。过去一种产品只能生产一种规格，后可以生产上百种大小不同的规格。

松江编结绣台布（局部）

【南通纱线编结】　江苏南通名特产。是一种流传广泛的日用工艺品，也是一种具有独特风格的民间艺术。制作时，艺人们用一根专用的勾针，利用洁白的纱线，参照图样，或者直接就从日常生活中观察物体，通过巧妙的构思、熟练的技巧，编制成带有各种花卉、翎毛、动物、山水图案纹样的台布、窗帘、枕套、茶托、沙发垫等产品。其中像"五福祝寿"等象征吉祥如意的图案，具有浓郁民族风格和地方色彩的编结品，更受人们喜爱。

【大连斜纱绣】　辽宁大连名绣。刺绣新绣种。采用新原料、新针法，利用纱罗的经纬网眼，斜向运针，有时针距可跨三至五个网眼（绣天空、大地等），有时针距缩小到一个网眼（绣人物脸部）。为了达到一定的艺术效果，有时在一根针上引有四种颜色彩线，一幅画面常使用上百种彩线。斜纱绣针法简练，色彩和谐。适宜绣制油画、粉画和水彩画等一类画种。斜纱绣为大连工艺绣品厂所创造。

【汉中架花】　主要流行于陕西汉中市、勉县和南郑县等地区，由于地域文化等不同，形成不同的地方特色：汉中市区的架花较清新典雅，勉县架花浑厚雄健，南郑县架花则两者兼有。架花和挑花不同。架花是单面刺绣，挑花是两面刺绣。架花材料，一是土布，有白、蓝、黑三种；二是五彩丝线，以红、黄、蓝、紫、黑、红为主，共12色。架花艺人制作架花，事先不描图案打底，完全根据当时的心境和土布的纹路飞针走线，图案千姿百态，有花鸟鱼虫、飞禽走兽、古今人物、风土人情、神话故事等。具有浓烈的民族民间色彩。架花纹样，大多为对称构成，作均衡处理，或上下对，或左右对，或交叉对，或偏斜对，或五个一组，或三个一组，形式虽不一，但遥相呼应。如南郑县《龙凤狮戏图》门帘，龙和龙对，凤和凤对，狮和狮对，上下左右看，从外向里看，从里向外看，都妙趣横生，被视为架花珍品。汉中架花以前主要是作为陪嫁品和

定情物，品种主要有窗帘、门帘、帐沿、床沿、围裙、桌单、护巾、手巾、枕巾等。

【湖南挑花】　湖南挑花大致有三种不同风格：兄弟民族地区用来装饰袖口、裤脚边的一种挑花，是在深色青蓝布上挑红绿色几何图案，利用深色对色彩起调和、对比的作用，颜色非常美丽；邵阳地区大人小孩的衣服和其他棉织品上，是运用黑白对比色，黑底白花或白底黑花，明快有力，内容大都是"双狮滚球"、"龙凤"、"麒麟送子"、"三多"及各种花卉图案，地方色彩浓郁，有的挑花骨法，运用反复旋纹，或与辐射旋纹并用，或将规则与不规则的图案并用，变化甚多；滨湖地区的挑花作品，因受湘绣的影响大，接近绘画风格，制作方法也与其他地区的挑花不相同，先将花纹用墨勾在白布上，绣者依墨线去挑，不受"数针子"挑花方法的拘束，花纹布满布面，粗犷有力，丰满生动。

湖南挑花

【达县挑花】　四川达县著名手工品。清新、质朴、优美、实用，具有浓郁的乡土气息。以白布或蓝布为底，用黑线或白线挑花。熟练的挑花能手，不用起稿，全凭经验，按十字挑花的基本针法，可随意挑绣。挑花的题材有人物、花卉、鸟兽、龙凤和文字等。主要装饰在床帏、帐帏、包布、枕套、头巾、手帕、服装、围腰、肚兜和小

孩围涎等上面。常见的有团花、边花、角花和传统的"规矩花"、"喜相逢"等,更多的是以吉祥如意为主题的"荷花莲子"、"鸳鸯戏水"、"送新娘"、"闹花灯"和"连年有余"等。图案善于采用装花手法,当地称为"套花"或"牵花"(土语称"牵牵花"),即处理成花中有花、花外有花。不论狮、猫、兔,从头到脚都装有花,也有在蝴蝶身上又装上许多小蝴蝶,使挑绣的花纹更显得饱满、耐看和丰富。

四川达县挑花

【上海绒线绣】 上海名产,历史悠久,在国内外享有盛名。上海绒线绣系采用各种彩色绒线,在网眼布上绣制。内容有人物、山水、花卉和鸟兽等。以绣制油画艺术效果最好。针法有粗针、细针和粗细混合针等几十种。所用彩色绒线有上千种之多。上海绒线绣,绣工精良,配色调和,层次丰富,形象生动。产品有挂毯、地毯、靠垫、沙发套、椅背套、钢琴凳套和手提包等。

【上海十字绣】 上海名特产品,起源于明、清时期,风格清新明丽,具有独特的江南地区特色。上海十字绣由斜十字针组成各种图案,通常以花卉为主体,配上美丽的边饰。结构严密,层次清楚,宾主呼应,色泽调和,立体感强。产品采用优质棉布、麻布、双经布、双线布、涤棉和树脂提花布等绣制。主要产品有台布、盘布、枕袋、被套、靠垫、围裙和琴罩等。上海十字绣,分纯十字绣、镶嵌绣和混合工种制品等多种。

【上海勾针编结】 上海名特产,是用竹、金属、骨、象牙、塑料等制成的勾针手工编结而成。过去因勾针编结工重价高,所以多以小件为主,如茶盘垫、茶几垫、沙发扶手、枕袋等。1956年,工艺大师冯秋萍设计了"孔雀披肩",运用长、短针相结合的针法,布局得当,绚丽多彩,具有雍容华贵之感。现已发展了台布、窗帘、床罩、披肩等新品种,并和刺绣相结合,特别是勾针编结的各式时装,畅销国内外市场。

【黄梅挑花】 湖北黄梅一种民间刺绣。湖北黄梅的挑花,优美、耐用,具有浓郁的民族色彩和乡土气息,久负盛誉。在黄梅的蔡山、孔垄等地区,旧时家家户户的妇女都会挑花,姑娘出嫁前,总要挑绣几条精美的头巾、花带、枕巾等,作为陪嫁礼品。黄梅挑花,以方头巾为最多,其次是围腰、枕衣和兜肚等。针法以十字挑花(又称"架花")为主,按土布的经纬线挑绣,每针拉一对角线,两针架成一斜十字。另一种"撇花"针法,和提花布的编织法极为相似,它利用底面针脚,能显出和正面相反的花纹,正面是阳纹(白底黑花),底面是阴纹(黑底白花),两面都很好看。黄梅挑花的部位大都在服饰容易磨损的地方,如头巾、枕帕、围腰的中心,一定有一团花图案;在袖口和裤管口,也一定设计有花边。因为有了挑花,可延长布的使用期,特别用粗棉线挑绣的物品,更为耐洗耐用。黄梅挑花,在美化生活的同时,紧密地结合了实用。

湖北黄梅挑花方巾

少数民族刺绣

【满族绣花幔套】 旧时东北满族农村，传统居住习惯是大房子万字炕（即炕与炕相连），就寝时在幔杆上搭幔套，形同蚊帐，中心用各式彩线刺绣花果景物，多喜庆吉祥内容，如"福地天长"、"榴开百子"、"寿比南山"和"山海同福"等。通常多为平绣，针法精致，绣面平服，色泽明快调和，在绣花周围缀以花边或色布，两侧垂挂彩条，下悬网穗和珠子。在清代时，满族民间风俗，家中娶新媳妇，新房炕上必须张挂幔套，为此绣花幔套是新娘精心准备的嫁妆之一，出嫁前通常要花数月或半年时间，才能完成一顶大型的绣花幔帐。现有些地区尚有使用。

满族绣花幔套

【满族刺绣枕顶】 在吉林长白山满族地区，女子自小学绣，民间风俗为：姑娘出嫁前，须绣数十乃至上百对各式绣花枕顶，婚礼时，新娘将自绣的全部枕顶，缀于大苫布上，俗称"枕头帘子"，请众亲友评赏，以显示新娘的智慧和绣艺，礼毕，绣花枕顶分赠亲友每人一对，余者自己珍藏。枕顶刺绣内容有"福寿双全"、"福寿三多"、"凤戏牡丹"、"金玉满堂"、"功名富贵"、"喜从天降"、"鲤鱼戏荷"、"松鼠葡萄"、"蝶恋花"等吉祥寓意纹样。色彩多红、黄、蓝、白底色，上配大红、粉红、翠绿、嫩绿、天蓝、湖蓝、黄、白、黑等，对比强烈，鲜艳亮丽，有的还间用浑晕，富有立体感。针法以平绣为多，尚有戳纱、盘金、纳锦、布贴和十字绣等。

满族刺绣枕顶
（李友友《民间刺绣》）

【满族绣花荷包】 满族流传有绣荷包、送荷包的风俗，在清代，宫廷有赐荷包、官员有贡荷包等定制。荷包用绫罗绸缎缝制，有方形、长方形、寿桃形、方胜形、葫芦形和荷花形等式样。有烟荷包、香荷包、槟榔荷包等。小巧精致，绣制工整，针法多样，针脚平齐。图案有"福禄祯祥"、"八吉祥"、"连年有余"、"五福捧寿"、"金鱼戏荷"、"万事如意"、"凤牡牡丹"和"彩蝶恋花"等各种吉庆寓意内容。配色绚丽多彩，明快典雅，有的秀美倩幽。绣花荷包都作为腰饰，清时男女均用。

满族绣花荷包
（李友友《民间刺绣》）

【朝鲜族"十长生"绣品】 为朝鲜族一种传统民俗刺绣。"十长生"指象征长寿的十种东西：日、月、云、山、水、石、鹤、鹿、松、竹。通常在屏风、挂屏、烟袋、筷子袋上，都彩绣有"十长生"图案。刺绣具有中国传统绘画的特点，色彩多热烈喜庆的色调。图中上半部为红日、金晕、白云，下半部为蓝山、苍松、金鹿、海浪、墨竹、粉色灵芝。用色优美和谐。

【鄂伦春族刺绣】 鄂伦春族传统刺绣，以平绣、锁绣为主，间有点缀绣。多应用于服装、皮被、手套、皮靴、香囊和毛皮镶嵌背包等。图案有鹿角纹、人头云卷纹和各种几何形纹等。色彩以黑色为主，间与红、黄、蓝、绿、粉红作补花，并在主要图案边上，用彩线绣出图案轮廓，使图案呈现出退晕的颜色效果。鄂伦春妇女的狍皮女袍，在领口、袖口和衣襟边，都用各种颜色狍皮镶一宽边，后用彩线刺绣各式图案。鄂伦春族毛皮镶嵌绣花工艺极富特色。多以狍、灰鼠、鹿等毛皮为原料，组成不同毛色对比的镶嵌图案，有的在周边镶饰一周几何形色块，在中间绣花，使粗放的嵌饰与纤细的刺绣花纹形成鲜明的对比效果；有的在板皮上彩绣主次图案，其中以镶饰"南绰罗花"的十字云卷纹最为优美，最具地域和民族特点。

鄂伦春族妇女刺绣饰品
上：帽饰
下：衣饰

【赫哲族鱼皮绣衣】 赫哲族妇女传统的鱼皮衣形似旗袍,鱼皮衣分上下两节,用鱼皮拼缝而成。一般将鱼皮用野花染成蓝色,大袄下有红、紫、白三色绲边,后上衣袖边、领边、衣边处都绣有各种花纹,在上衣并排缝上海贝、铜钱等作装饰。越年轻,色彩越鲜艳,胸前背后,均有堆花,制作精细。上下两节连接处,亦缀有堆花边。有的以狗鱼皮染成各种颜色,剪成花样,另以本色鱼皮为底,将花样辑上。图案有兽形、旋涡、螺旋和菱形等纹样,其中以螺旋纹最多,通常装饰于胸襟、后身和前襟。而帽耳、裤腿、围裙、烟荷包上,亦常绣有云纹、蜂蝶和花卉等花纹。赫哲族鱼皮绣衣,为赫哲族所独有,具有浓郁的地区民俗特色。

赫哲族妇女鱼皮绣衣上花纹

【达斡尔族刺绣】 达斡尔族刺绣相传始于清代初期。主要有平绣、结绣、贴补绣、折叠绣和辫子股绣等多种。其中以折叠绣最具特色,是运用彩绸、彩缎折叠成形绣制,质感较强。绣花纹样有人物、龙凤、麒麟、鹿鹤、彩蝶、虫鱼、福禄寿、"卍"字、山水和各种几何形图案。色彩有的绚丽,有的深沉,纯朴而明快。刺绣主要应用于上衣的袖口、衣领、开襟、鞋帽、手套、枕头和荷包等。在达斡尔族妇女的头饰上,亦爱绣花作为装饰。用四层格布,再裱彩绸面,上绣各种吉庆

达斡尔族绣花手套

图案。姑娘的色彩较鲜艳,婚后两三年的色彩较素雅。

【蒙古族刺绣】 蒙古族刺绣历史悠久,应用广泛,品种多样,图案粗犷明快,色彩质朴鲜艳。蒙古族刺绣分绣花、贴补花、点绣和混合绣等几种:绣花,蒙语称"花拉敖由呼"。一般用绸布或大绒做底料,青或黑色,绣红花绿叶,并运用退晕技法,使色彩既对比又调和,绣时不用绣绷,都为"捏绣"(即手绣)。贴补花,蒙语称"那嘎玛拉"、"海其木勒敖由呼"。即将各色布料、大绒或皮革剪刻成各种花纹,贴于布底、毡底,后于纹样边沿缝绣。点绣,蒙语称"套古其呼"。即运用大小相等的"点",组合绣成各式花卉纹或几何纹,牧区的绣花毡、门帘、驼鞍等,都采用这种点绣。混合绣,即运用多种绣法,集于一体。图案有鸟兽、五畜、彩蝶、蝙蝠、花草、龙凤、寿字、"卍"字、方胜、葫芦、云纹、如意、犄纹和哈木尔纹等。品种有各种衣饰、鞋帽、耳套、荷包、枕套、门帘、蒙古包、绣毡、马鞍和马鞍垫等。底料有绸、布、羊毛毡和皮革。绣线有各色丝线、棉线、驼绒线和牛筋线等。

【花拉敖由呼】 见"蒙古族刺绣"。

【那嘎玛拉】 见"蒙古族刺绣"。

【海其木勒敖由呼】 见"蒙古族刺绣"。

穿绣衣的蒙古族妇女
(孔令生《中华民族服饰900例》)

【套古其呼】 见"蒙古族刺绣"。

【蒙古族妇女刺绣头戴】 蒙古族妇女的一种传统头饰。又作"耳套"。蒙语称"齐黑布其"。有两种类型:内蒙古东部科尔沁、巴林妇女的耳套为无顶帽子,既能护耳又可作为头饰。冬季缝有貂皮或狐皮里子,春秋季为夹的,以库锦镶边,表面用五彩丝线绣花,或用贴补花鸟等图案,在每一侧护耳下部垂三至五条五彩飘带,用两端的系带系在脑后;内蒙古西部地区蒙古族的耳套为分开式,主要冬天戴用,两只圆形或半圆形护耳由系带相连而成,用羔皮或松鼠皮等做里子,并用软长毛的皮做边,表面刺绣卷云纹等吉祥图案。蒙古族妇女绣花头戴,多以平绣为主,绣工精致,色泽鲜明,具有浓郁的蒙古族特色。

【齐黑布其】 见"蒙古族妇女刺绣头戴"。

蒙古族妇女刺绣头戴、耳套

【蒙古族绣花袋】 蒙古族妇女传统佩饰。挂饰于袍服上襟纽扣。蒙语称"哈布特格"。款式有蝴蝶形、金鱼形、葫芦形、石榴形、桃子形、花瓶形、圆形、椭圆和花形等。绣袋用浆过的硬布,中垫棉花,以绸缎为面,上用彩色丝线和金银线刺绣花鸟等各式吉祥图案。绣袋内装有一个布舌,布舌的顶端配上丝带,以供佩挂,只要丝

带上下抽动,布舌便可出入袋口,绣袋下端还缀以穗带。袋内一般装有香料、药物和鼻烟壶等。绣袋小巧玲珑,绣制精美,色彩绚丽,富有蒙古族特色。绣花小袋也是蒙古族男女青年象征爱情的信物。

【哈布特格】 见"蒙古族绣花袋"。

【回族刺绣】 回族信仰伊斯兰教。回族人口较多,居住于全国三分之二的县市。回民崇尚白色,穆罕默德教导教民,白色衣服是最好的衣服,回族亦视白色为最洁净之色。回族爱穿白衬衫、白盖头,戴白布帽。回族妇女喜欢在服装上绣花、嵌线、滚边和镶色,在白盖头上刺绣素净的花草图案,嵌饰金边。回族童装,都爱在衣袖口和裤子膝盖部位,绣制彩色花纹。回族习俗,新娘须穿彩色绣花鞋,用大红或粉红、绿和蓝等色作鞋面,于鞋头绣一整朵大红花和翠绿的叶子,以象征吉祥喜庆。

穿绣衣的回族妇女
(孔令生《中华民族服饰 900 例》)

【维吾尔族绣花帽】 维吾尔族姑娘自小随母学绣,都会绣制精美的花帽,绣时不用打稿,全凭世代相传的腹稿和个人巧思。图案多为各种几何纹,变化丰富,常用颜色有玫瑰红、橘黄、翠绿、湖蓝和紫檀等色。花帽款式很多,大体分"奇侬曼花帽"和"巴旦姆花帽"两类。奇侬曼是繁花似锦之意,色泽绚丽,适宜青年戴用;巴旦姆与巴旦杏有关,这种从西亚引

进的鲜美果品,被变化为一种白底白花图案,素净典雅,多中年以上男子戴用。花帽通常用锦缎或丝绒作面料,用花线、金银线绣花。因地域、风俗习尚等的不同,绣制方法亦各异。有的绣花帽,还用玉石、孔雀翎等作为装饰。

维吾尔族绣花帽

【哈萨克族刺绣】 新疆哈萨克族刺绣,是妇女的传统女红,历史悠久,与古代中亚游牧民族文化有传承关系,是古代乌孙文化的继承和发展。刺绣种类有钩花、刺花、挑花、贴花和补花等。在上衣的领子、前襟、袖口、下摆、鞋帽、窗帘和挂毯上,都用刺绣作装饰。图案有各种羊角纹、人字纹和几何纹等。色泽五彩斑斓,具有象征性,红色象征太阳、蓝色象征蓝天、白色象征真理幸福、绿色象征春天、黄色象征智慧、黑色象征大地。哈萨克妇女冬季戴的圆斗形帽,用红、绿、黑色布缝制,帽顶用金线绣花,并插饰数枚猫头鹰毛羽,象征坚毅和勇敢。

戴绣帽穿绣衣的哈萨克族女子
(孔令生《中华民族服饰 900 例》)

【哈萨克族绣补花】 中国少数民族刺绣之一。自绣自用,都随手绣制。一般作为衣服装饰。男子外衣,用麂皮或羊皮做成,前后下摆均装饰有绣花和补花相结合的图案。通常用花草和几何二方连续图案,组织结构以波浪形为多。背部用圆形或多边形适合纹。中央为主花,四周用宽窄不同的花边。面积较大的花用有色呢料和色布扎补而成,一般处理成像剪纸的外形,花瓣转折和花蕊层次,都予省略,旁边小花全用线绣成,较细致,形成粗细相间,宾主分明的艺术效果。色彩,利用麂皮棕褐底色,配朱红、玫瑰红、黄和浅绿等色,爽朗明快。女用扎花裙,应用中间色,谐和协调。刺绣手法多种多样,有平绣、补花、结绣、十字绣、扎绒绣、格架绣和盘金、盘银绣等。

【乌孜别克族刺绣服装】 新疆乌孜别克族妇女喜穿连衣裙,外着绣有各种图案的小坎肩,上缀亮片和五彩珠,耀眼夺目。也有的穿绣花衬衣和花裙。在女式高统皮靴上,也饰有精美刺绣,别致美观。乌孜别克族男子,夏天穿的衬衣,领口、袖口和前襟开口处,喜用红、蓝、绿丝线,绣制各种几何形和花卉图案。春秋季男子穿的长袷袢,用金丝绒或绸缝制,有的也绣有各式花边。腰间常束三角形绣花腰带,青年的色泽鲜艳,老年的颜色较素雅。不论男女,头上都戴有四棱或圆形的各种绣花小帽,独具民族风情。

戴绣花小帽穿绣衣的乌孜别克族青年
(韦荣慧《中国少数民族服饰》)

【塔吉克族绣花服饰】 新疆塔吉克妇女,最擅长刺绣,补花工艺也很普遍。塔吉克女子自头至脚,遍加绣花和各种饰品,不论年龄大小,均戴有圆形绣花小帽,腰带和荷包等亦均绣有精美图案。绣花喜用红、黄、绿、紫等色绣线,因宗教原因,不绣人物和禽兽,主要刺绣各种花卉和几何形花纹。塔吉克族的补花,主要用各色花布小块,镶拼成各种几何形图案,装饰于围裙和枕头等处,构成谐和优美,色彩俏丽醒目。塔吉克男子,老少均戴羔皮圆筒帽,帽中绣有一圈精致纹饰。外衣边缘和腰带上,亦绣有各式图案。塔吉克族的被褥和鞍具,也均绣有种种精巧美观的纹样。

戴绣帽穿绣衣的塔吉克族妇女
(华梅《中国服装史》)

【塔吉克族绣花帽】 新疆塔吉克族传统绣帽。有冬夏之分:塔吉克族妇女的冬帽,内衬薄棉,圆形平顶,帽顶、帽额和后片,都用彩色丝线绣制各种几何形图案,色彩绚烂多姿。夏帽男式的帽顶和帽边,都用白布缝制,上满绣各种花纹。绣花色彩青年以红色为主,热情豪放,老年多为绿、蓝和黑色,文静素雅。女式夏帽,亦为白色底,上用各色丝线刺绣,图案细密精美,色泽秀美典丽。因习俗和地域等不同,款式、图案和色彩等,互有差异,各具特色。

塔吉克族绣花帽
上:男帽
下:女帽

【柯尔克孜族绣花壁挂】 新疆柯尔克孜族家庭传统陈设品。用紫红平绒作底,以黑平绒作边,边芯相接处吊坠丝穗;壁挂图案,以变形的山峰、彩云、水波、花卉和蔓枝为主,都是手工绣制,有平绣、扎绣、贴补绣和镶坠彩绘等手法;纹饰粗犷,色彩对比强烈,鲜丽华美,表现出高山草原柯尔克孜族的豪迈风格。一幅精致的绣花壁挂,需绣制半年,壁挂也是柯尔克孜族姑娘珍贵的嫁妆之一。壁挂大小不一,多长方形,宽约1.5~2、长约3米。

【柯尔克孜族补花毛毡】 补花毡是柯尔克孜族家庭铺炕、铺地所用,一般长约2.5、宽1.5米。以本色羊毛擀毡,用各式布剪出所需图案缝补锁绣其上;纹样多以羊角纹、鹿角纹等组成主体纹饰,作菱形、方形连缀构成;周边饰山鹰纹、水波纹、群山纹等。色彩为红、蓝、白、黄、黑,对比强烈,鲜丽夺目;风格粗放,具有浓郁的地域特色。补花毛毡保暖防潮,坚实耐用,又具有较强装饰性。主要流行于新疆克孜勒苏等地区。补花毡通常由柯尔克孜妇女绣制。

柯尔克孜族妇女在绣制补花毛毡

【锡伯族绣花女鞋】 锡伯族妇女喜穿绣花鞋,一般都自绣自穿。绣鞋有单梁和双梁之分:两扇鞋帮缝为一楞,称单梁;缝成两楞,称双梁。通常均用黑布作底料,用彩线绣花,绣花多在鞋头和鞋帮。刺绣的图案,都为花卉,常见的有牡丹、荷花、秋菊和春梅等。随年龄不同颜色亦各有差异,青年妇女喜红底绿花或黑底红花,中老年妇女爱好黑底素色,文静而秀美。

锡伯族绣花女鞋

【裕固族刺绣】 甘肃、青海裕固族妇女,多喜穿高领长袍,外套短褂,在衣领、襟边、袖口和布靴等处,都用彩线刺绣各种花卉、草虫、飞鸟和家禽等图案,内容多含吉祥寓意,形象有的夸张,有的写实。年轻妇女都喜吉庆红火的色彩,中年、老年妇女喜爱稳重的素雅之色,风格自然朴实,绣工精细,通常都自绣自用。

穿绣衣的裕固族妇女
(韦荣慧《中国少数民族服饰》)

【土族太极纹绣花围腰】 青海土族妇女传统绣品。主要流行于青海土族地区。太极图,是我国最古老的吉祥表号,一阴一阳,俗称"阴阳鱼"。相传有阴阳两仪生万物,阴阳轮转，万物生息绵延不断之寓意。土族妇女在围腰中间，绣有两个太极图形，施红、绿、紫、橙、粉绿五彩，以象征大地、河流、蓝天、白云和火焰。上部绣四合如意，下部绣三角形几何纹，针法为古老的辫子股绣。整幅围腰以红色为主调，配以黄、蓝、绿、白等色，红火热烈，粗放豪爽。

土族太极纹绣花围腰
（李友友《民间刺绣》）

【土族绣花前褡】 土族妇女传统腰饰品。前褡，原称"钱褡"，袋内置钱和针线等物，现演变为一种饰品。通常用黑色土布作底料，上缀各种彩色绣片，内容均为寓意喜庆的吉祥图案。有一件"比翼双飞纹"刺绣前褡，上中下三层绣三枝心形花卉纹，红花绿叶，留有水路，间有晕色，周边绣三角锯齿纹；中间垂挂有两鸟，紧相依偎，象征"比翼双飞"之意；两侧和下

土族绣花前褡
（李友友《民间刺绣》）

部，饰排须和彩色流苏；色彩明亮鲜艳，对比强烈，具有浓郁的民间特色；刺绣以平绣为主，间有包花绣、网绣等手法。主要流行于青海土族地区。

【钱褡】 见"土族绣花前褡"。

【土族绣花针扎】 土族妇女传统绣花腰饰品。针扎，亦称"针葫芦"。系妇女存放针线的小布囊，常喜垂挂于腰间作为装饰。有一"双猴吃桃"绣花针扎，猴脸为浅蓝底，红眼，猴身为玫瑰红底，上绣黄、绿、白色花，两猴一手持桃送往嘴边。形象稚拙可爱，配色具有浓郁乡土气息，针法均为平绣，绣面平整。绣花针扎，主要流行于青海土族地区。

【针葫芦】 见"土族绣花针扎"。

土族绣花针扎
（李友友《民间刺绣》）

【土族花云子绣鞋】 青海土族妇女传统绣花鞋。一般先做鞋帮，后在鞋面用五彩丝线，刺绣云纹盘线图案，故称"花云子绣鞋"。然后将鞋帮缝合，在鞋头尖翘处，缀一绺彩线穗，鞋后跟缝一红布溜跟，最后再绱鞋底。花云子绣鞋，主要流行于青海互助土族自治县等地区。

青海土族绣靴
（李友友《民间刺绣》）

【东乡族刺绣】 东乡族妇女喜穿绣花衣服，一般为圆领、大襟、宽袖，在坎肩边缘，都彩绣各种图案。妇女上衣假袖，用红、绿、蓝等色布缝成数段，每段都绣有花边，色彩绚丽，像穿有数件绣衣。下穿的套裤，在裤筒、裤脚，都绣有花边或镶色。东乡族妇女的帽边，向上裹卷，成一圆条状突棱，或用数个布缝成圆筒，穿在一起成为头箍，在每个圆筒上均绣有彩色图案。东乡族妇女都喜欢穿软底的绣花鞋，在室内地毯或帐篷内穿特别舒适。鞋底饰有各种图案，鞋面绣花，初为"达子花"绣法，后多采用平花或散花绣法。老年妇女喜穿翘鼻子满花绣鞋，中年妇女仅在鞋头或半爿型处绣小花。东乡族男子，有的在腰间横围三角形绣花彩巾，十分醒目。

穿绣衣的东乡族男女
（华梅《中国服装史》）

【甘丹绣画】 西藏甘丹寺藏有24幅明代丝品绣画，刺绣有四大天王和十六罗汉等佛教图像，绣制精美，针法多样，色泽鲜丽，形象生动传神。这批绣画系大慈法王释迦也失，于明代永乐初从南京带回西藏甘丹寺，为明成祖永乐帝所赠。每年藏历元月，都要展示所藏绣画，并举行法会，供僧俗人等观瞻欣赏。

【藏族堆绣佛像】 西藏、甘肃、青海、四川等地佛寺，都珍藏有堆绣佛像，以布达拉宫和扎什伦布寺等所藏绣佛最大、最具代表性。希达拉宫藏有

高 30 余丈的五彩锦缎堆绣巨幅佛像。佛像多为"释迦佛"、"三世佛"等。针法多样,配色庄重,绣工精致。塔尔寺藏有"狮子吼佛"、"宗喀巴"、"金刚萨埵佛"等。堆绣佛像,多数为清代绣制。每年各寺都举行"晒佛节",届时将巨幅堆绣佛像,悬挂于壁面或展晒于山前,供僧众、男女信徒顶礼膜拜和瞻仰佛容。

【清代藏族贴花加绣弥勒佛像】 清代绣佛珍品。西藏布达拉宫藏。长 152、宽 101 厘米。佛像用贴花加绣手法绣制。弥勒佛端坐于莲花座上,目视前方,上部左右为日月纹,绣面庄重华丽,针脚工整,色泽绚丽沉稳。弥勒佛运用彩绫剪贴。加绣勾勒而成,日月纹用平金针法,佛光和背景部分,采用钉金针法。《弥勒上生经》和《弥勒下生经》载:弥勒佛生于婆罗门家庭,后为佛弟子,先佛后灭,上生于兜率天内院,经四千岁当下生人间,于华林树下成佛,广传佛法。

清代藏族贴花加绣弥勒佛像
(西藏布达拉宫藏)

【藏族刺绣唐卡】 是流传于藏区,绣有佛教教义、佛像、历史、民俗等内容的一种挂轴,一般都悬挂于寺院殿堂,或随身携带供奉。唐卡分两种:一种用彩色丝线刺绣的称"国唐";一种用颜色绘画的称"止唐"。

【国唐】 见"藏族刺绣唐卡"。

【止唐】 见"藏族刺绣唐卡"。

藏族刺绣唐卡
(李友友《民间刺绣》)

【藏族堆绣】 藏族著名绣品。堆绣系用各色艳丽绸缎缝制成各种包状,再塞进羊毛、棉花、布头等,按需要在布幔、彩帛上布局,然后绣以佛像、佛经故事、吉祥花卉等。所绣人物、花卉皆富立体感。青海塔尔寺堆绣最为著名。和酥油花、壁通并称为塔尔寺三绝。藏族堆绣主要用于藏传佛教寺院,流行于西藏和青海等地区。

【藏族绣花辫筒】 青海藏族妇女都留有长辫,通常将长辫放置于辫筒内,以便于劳作和保护发辫。在辫筒上用五彩丝线,绣制各种吉祥花卉图案;针法以平绣、辫子股绣为主;色彩有大红、玫瑰红、水红、翠绿、嫩绿、粉绿、橙、白和金黄等,有的还施以间晕;对比鲜明,艳丽醒目,有的还饰有宝石和贝壳。

藏族绣花辫筒
(李友友《民间刺绣》)

【苗族刺绣】 中国少数民族刺绣之一。世代相传,历史久远。苗族妇女从小就学习刺绣,都自绣自用。一般应用于袖口、衣领、后肩、裤脚、裙腰、头巾、腿套等处。多用粗纱棉布、绸缎和丝绒等材料。绣法有:平绣、结

绣、抽纱、辫绣、绉绣、贴花、堆花、卷绣、打子、绒绣、缠针、网绣、压线、破线和长短针等十余种。苗绣一般用剪纸作底样,也有不用图稿,信手绣制的。刺绣纹样,十分丰富多样,动植物、人物,以及龙凤等多达百余种。动物中有鸡、鸭、鹅、鹤、画眉、翠鸟、喜鹊、水牛、犀牛、狮、虎、象、猫、狗、羊、鹿、猴、鱼、虾、蜜蜂、蝴蝶、田螺;树木花草有牡丹、石榴、桃花、梅花、荷花、荞花、蕨菜花和葫芦花等。巧妙的是常将多种内容组合一起,形成花中套花,鱼中生花,鸟羽长果等极富情趣的构成。如在花蕊中绣胎儿,花瓣上绣蜜蜂,鸟羽中绣鲜花,鱼肚内绣石榴,凤身上绣牡丹等,表现出苗族妇女卓越的巧思。色彩鲜明,对比强烈,一般应用红、黑、蓝,作深底色,绣花用色异常丰富,常以红、绿色为主调,配以玫瑰红、黄、白和黑等色。

苗绣凤戏牡丹
(贵州台江县苗乡衣袖花)

【清代苗绣女夹衣】 湘西自治州博物馆藏。衣长 71 厘米,无领,右开襟,青花缎面料,白地蓝花里。夹底襟部绣有"凤戏石榴"、"双狮戏球"、"猫捉老鼠"和蟹、虾、鱼、莲荷等,针脚精细,细如毫发的虾须,都绣得极其逼真生动。最为引人注目的是三层叠摆,上绣有"公鸡鸣春",左侧绣"蝶恋花",右侧绣"鹊登梅";在绣花带下,用翠绿丝线编成网状,上缀金色细珠,下垂粉红、大红、湖蓝、黄和紫色丝缨;夹衣上还绣有"金鲤戏荷"、"双凤石榴"和"梅鹿衔花";夹衣袖口绣"锦鸡石榴"。整件绣衣,花团锦簇,五彩缤纷,绣工异常工整而平服。针法有平绣、缠绣、卷绣等,多种方法融合一体,灵活运用。表现了苗

族妇女的聪慧巧思和卓越的绣花技艺。

清代苗绣女夹衣
(湘西自治州博物馆藏)

【苗绣百鸟衣】 "百鸟衣"是苗族的盛装。男女通服。尤其是贵州丹寨一带苗家绣制的百鸟衣,工艺独特。用"蚕丝底"作面料,首先将蚕放于大木板上,让蚕任意吐丝,自然结成一层薄片,柔软而富有韧性,可染成多种颜色,后在蚕丝底面料上用彩色丝线绣花。苗家的百鸟衣,都绣满各种变形的鸟纹、蝶纹、鱼纹、龙纹和花卉纹,其中以鸟和蝶纹,变化最具特色,构成新颖别致,表现了苗家妇女的巧思和独特的绣艺。整件绣衣,绣工精细,主要以平绣为主,配色绚丽明亮,而在衣裙摆底端,缀饰有白色鸡毛,使百鸟绣衣更显得潇洒和秀美。

苗绣百鸟衣(局部)
(李友友《民间刺绣》)

【苗族锡片绣】 苗族传统绣技之一。锡片绣,是贵州剑河苗族妇女所独创的一种刺绣技法。方法是将金属锡片制作成一定形状,将其按设计图稿排列于底料,再运用挑花工艺手法绣制而成。亦有用香烟盒内的锡纸,作成花形,再以挑花绣制。花纹多形似勾连纹,锡片花饰如白银般闪亮,显得十分华丽优美,新颖而别致。

苗族锡片绣
(李友友、张静娟《刺绣之旅》)

【花溪苗族挑花】 黔中传统著名绣品。相传已有数百年历史,清代绣品已十分精美。端庄淳朴,风格刚健,工艺独特。采用自纺、自织、自染麻、棉织品,一般都染成黑、紫、白、阴丹蓝等色,以黑色为多。挑绣不用稿,先用白线勾出轮廓,后用花线刺绣,图案随绣随变。高超绣手,能背面挑制,形成"反挑正看"的艺术特点。彩线以白、红、黄、绿、桃红五色为主,极少应用他色。挑绣以十字针为主,其他针法有豆花、短针和长针等。绣线多用双股,亦有单股。双股线感觉厚重,单股线感觉轻快。基本纹样有猪脚叉、猫脚印、狗脚印、养子花、刺藜花、蜘蛛花、麦须花等。具有浓郁苗族情趣。尤以挑绣的围腰,极其细致精美。

【苗族绣花围腰】 苗族妇女有系结绣花围腰的习俗,以贵州黔东南苗家最为流行。围腰宽约40厘米。围腰上都彩绣有各色图案,有以三尾凤鸟和牡丹花构成的"凤戏牡丹",有以鱼虫和瓜果组成的"果香鱼肥"等寓有吉祥含义的花纹。内容除常见的龙凤花鸟外,还见有老鼠、蝼蛄、飞蛾和金龟子等题材。针法以平绣、结绣、

花溪苗族挑花围腰

打子针等为主,色彩通常有彩色和单色两种,彩色绣,鲜艳亮丽,对比强烈;单色绣,素雅文静,色调谐和。风格多样,各具特色。一般青少年妇女喜绚丽的彩绣,中老年妇女喜爱素净的单色绣。

【湘西苗族绣花胸围兜】 湘西苗族妇女服饰,通常上衣饰花盘肩,戴绣花胸围兜,下着宽脚裤边缘,都绣花。最为引人是绣花胸围兜,当胸一朵大红牡丹花,四周绿叶相衬,五彩缤纷,十分醒目。沈从文《塔户剪纸花样》载:花样最有性格的是围裙当胸部分。…… 一般围裙都加上一点花,……挑花的多作几何纹放射式图案,通常不需要底稿。……年轻人想象力旺盛,又手巧心细,自然容易出奇制胜,花样翻新,产生种种美丽健康的作品。特别配合色彩,或大红大绿,或单纯素朴,各随性情爱好。湘西苗族妇女,都穿蓝衣裤,黑围裙,头缠黑头帕,与胸围兜彩绣形成鲜明的对比,尤其在整套银饰的映衬下,更为亮丽而夺目。

苗绣双凤彩蝶戏牡丹围兜(部分)
(李友友《民间刺绣》)

【苗族绣花胸兜】 多为女用,挂于胸前。作法:用一块方形土布,染成大红色,以淡蓝色布条,缝贴于红土布四周,再用深蓝布滚边;在兜面红布中央,绣一四出花纹,中为方形,上下右左为四个如意团形图案,颜色为绿和紫色,以黄色勾边,以统一全体。色彩对比强烈,绚丽多姿,具有浓郁的民俗风格。胸兜上面,缀有彩带,便于系挂。绣花女胸兜,主要流行于广西环江苗族地区,这一带苗家妇女流传有系挂胸兜的风俗,尤其青年少女的胸兜,绣制更为精美和鲜艳。主要针法有平绣、辫绣和打子针等。

苗族绣花胸兜

【苗族衣袖绣花】 苗族妇女衣袖绣花，分头片和正片，头片多用两条几何纹花边组合，正片为主要纹样装饰部位。图案形式有龙袖、九升袖、花袖、蝴蝶袖、格子袖、阁楼袖、花枝袖、飞鸟袖、石榴袖等十余种。龙袖以龙为主，象征吉祥、神圣，有龙鸡袖、盘龙袖、龙钱袖等，形象千姿百态，古拙可爱。九升袖寓意富足有余，以7～9个方形、圆形纹样为骨架，空间镶绣花卉、虫、鸟、鱼、虾变异纹样，寄托对幸福生活的追求，采用皱绣或盘绣法，高贵华丽。花袖纹样以花卉为主，以桃花、山茶花、杜鹃花、牡丹花为题材，突出花形，以绿叶相衬，色彩绚丽。蝴蝶袖以蝴蝶为主体，或以蝴蝶外轮廓为骨架，内套花卉等纹样，以盘绣和平绣针法结合，形象丰富而有变化。格子袖是在整个绣片中用事先编织好的花带镶钉划分为若干方格，在小方格里填充各种花纹，整齐中求变化。阁楼袖以阁楼建筑为主体，四周配以龙腾鱼跃、人骑鱼龙纹样，生活与幻想融为一体，充满浪漫色彩。花枝袖以花叶纹之外轮廓组成框架，内绣各种花卉纹样，花中有花，变化多样。飞鸟袖以婀娜多姿的飞鸟形象构成图案，生动活泼，情趣盎然。石榴袖以石榴外形构成花纹轮廓，用编织的花带沿其外形镶钉，内点缀其他花样，四周添绣少许花纹，构图严谨统一。衣袖绣花，主要以各种红色为主调，显得喜庆红火，苗家姑娘每逢节庆才穿用。衣袖绣花这一传统工艺，主要流行于贵州黔东南雷山和凯里等苗族地区。

【苗族挑花腰带】 为苗绣之一。腰带底布都自织自染，大多为青或黑色，挑花针法，主要运用十字绣手法，图案都为各种几何形二方连续纹样，用大红、玫瑰红、朱红、黄、绿、白等彩线挑绣，绚丽优美，风格淳厚朴实。腰带为妇女扎腰所用，长5米左右，通常中间不绣花，于两端一头挑绣花纹较多，一端仅挑一些狗牙边。挑花腰带，主要流行于广西南丹一带苗族地区。

【苗族挑花蜡染背带盖】 背带盖为苗族妇女背幼童的绣花用品。长37、宽36厘米。黑布底，以挑花和蜡染为饰。挑花用朱红、翠绿、群青等彩线，蜡染为黑色底白色花。背带盖四周以土蓝布镶边，四角挑绣蝴蝶图案，中心通常挑绣一大团花。绣染结合，别具一格，主要流行于广西融水一带苗家地区。

【彝族刺绣】 风格独特，具有强烈的民族色彩。男女服装、荷包、头帕、马鞍套等，多用黑布作底料，上绣以红、绿、紫色花朵及边饰。装饰图案内容，包括动物(山羊、绵羊、水牛角等)、植物(各种花草、南瓜子)和几何形，取其崇尚的大自然物象，设计时，加以艺术想象和夸张，变成体现本民族性格特征的装饰纹样。绣工规整，色泽调和，针法多样，绣品优美。

戴绣花头帕的彝族妇女

【彝族白团毡绣件】 古代彝族妇女的一种刺绣饰件。清·道光《定远县志》卷二：彝族妇女"辫发，用布裹头，背白团毡"。定远即今云南牟定一带，背"白团毡"绣饰者现仍有之。白团毡为圆形，上用黑线刺绣一对象征日月的"大眼睛"和一对变形眉毛状的"小眼睛"，再加彩线与亮珠为饰。以花穗带挎于腰部，背篓时将绣面贴于身作为护腰，憩息时置地作坐垫，平时亮出绣面作装饰。相传有"眼"，不会迷途，并可窥见隐匿于身后的妖孽。

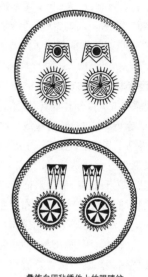

彝族白团毡绣件上的眼睛纹
《云南少数民族织绣纹样》)

【彝族锦布袋】 清代彝族的一种香包。清·乾隆《开化府志》卷九：彝族阿夏人"男女各佩'锦布袋'，斯须不离，惟疾病始解之"。锦布袋，俗称"香包"、"小荷包"。是在锦缎上刺绣制成的小囊袋，内盛香料或五籽(谷、麦、葵、松实、瓜子)等，佩戴于胸前或腰间，相传能辟邪佑体、纳福康宁。故各族盛行，形式多样，纹样各异。

【彝族绣花鞋】 绣花女鞋都用棉布或绸缎做鞋帮，前部以几条绣花硬布拼接，后跟缝严；帮面绣有鸟兽花卉图案，一般都为平绣，间有游针、打子绣等技法；色泽绚丽优美。鞋底用牛皮或草编，牛皮鞋底走路作响，俗称"叫鞋"。主要流行于云南昆明市郊和楚雄等彝族地区。还有一种船形勾尖绣鞋，主要流行于云南西部和南部地区的彝族地区，当地作为女子出嫁时必备的嫁妆鞋。鞋呈船形，鞋尖头向上内勾，鞋帮刺绣有鸟兽和花卉图案，绣迹精细工整，彩色艳丽华美。民间流传：从前有位基妞的彝族姑娘，和一位格沙的小伙结为夫妻，一次，基妞姑娘穿着美丽的勾尖绣花鞋，从娘家回婆家，经过一片老林，被一条大蟒吞进肚里，只有绣花鞋还露在嘴外；格沙发现后杀死了蟒蛇，剖开蛇腹，救出基妞姑娘。不一会基妞姑娘苏醒过来。人们说：基妞姑娘得救，是勾尖绣鞋的作用！从此，每当姑娘出嫁时，家人、亲友和姑娘的女伴们，要绣一双勾尖鞋，送给姑娘作嫁妆，以祝福她平安、幸福。

【广西隆林彝族贴布绣】　贴布绣主要用黑布或大红布作底料，以黄、蓝、绿、白等色布作贴布，剪裁成各种花形，拼贴于底料上，在花形周边等处，再以彩线进行刺绣加固，类似于"贴补绣"。花形图案，都以象征吉庆内容的牡丹、蝶恋花为主。贴布绣主要用于童帽和背带心等作为装饰。风格粗壮、畅达、明快、质朴，具有强烈的乡俗情调。贴布绣主要流行于广西隆林、天峨等彝族地区。

彝族贴布绣

【彝族路南挑花】　云南路南彝族支系撒尼人妇女绣制的挑花，远近闻名。主要绣品有背包、桌布、窗帘和

彝族路南挑花
（《云南少数民族织绣纹样》）

服饰用品。工艺手法多样，有单面挑，双面挑；有素色挑花，也有彩色丝线挑花。有的产品有挑、有绣、有补。其成品或精巧，或粗放，充分表现了撒尼人的聪明才智和艺术创造力。尤其是挑花背包，挑绣精致，色彩绚丽，优美耐用，纹样淳朴典雅，是人们最喜闻乐见的一种实用装饰品。

【侗绣】　侗族刺绣。流行于贵州、湖南、广西等侗族地区。侗族姑娘六七岁就开始学习刺绣，至十六七岁成年时，不须画样，即可随意挑绣。针脚一般较粗放，也有的绣制较精美。构图配色，无定格，鲜丽明快。刺绣内容，多取材于自然景物，有花卉、鸟虫、风景、人物等。画面质朴、健康、生动、形神兼备。品种有被面、鞋面、鸡毛裙、胸角巾、小儿背笆和荷包等。绣品常作为姑娘定情的信物。侗族的一种胸兜花绣品，为妇女胸围花饰，侗语称"深"。多以湖蓝作底色，配以橘红、水红、粉绿等色，对比强烈，当地民间艺人称"衬花"。纹样多含吉祥寓意。胸围花饰，主要流行于广西三江地区。

侗族绣花围裙
（李友友《民间刺绣》）

【侗族盘条绣】　侗族传统刺绣。主要作衣服装饰。用丝条盘扭成乳丁形后，再成排铺绣；排与排盘条之间，再饰以"羊皮金"；外再锁边和钉金属小圆片。纹样多为"二龙戏珠"、"双凤飞舞"和"双龙捧石榴"等传统吉祥图案。盘条刺绣，为侗族一种较特殊的绣艺，盘条彩绣与皮金，以及金属片等，相互辉映，五彩纷呈，光亮耀目，分外引人。主要流行于贵州榕江

乐里一带侗族地区。

【侗族挑花】　多以黑白色布作底料，上用五彩丝线挑绣，色泽秀美典雅；花纹有梅花、桃花、野菊花、八角花和"卍"字纹等。品种有头巾、胸巾、腰带以及衣边装饰等。挑花，是侗族妇女世代传承的手工绣艺，自小就学，个个会绣，贵州黎平、湖南通道、广西三江等侗族地区都很盛行。

【侗族绣花背扇】　侗族传统绣品。背扇，亦称"背孩带"。侗族妇女都能绣制背扇，上面绣满喜庆吉祥五彩纹样，有平绣、缠绣绣和钉绣片等多种手法，构图多取对称形式，布局均匀，风格华丽。有一种中间饰"太阳螃蟹牡丹纹"。相传女神萨天巴，是侗族开天辟地的女祖，她有生育千万个姑娘的能力，传说萨天巴女神的相貌很古怪。侗族将螃蟹、牡丹与太阳纹的组合，作为萨天巴的象征性符号，故刺绣在背儿童的背扇上，以保佑小孩吉祥如意，健康成长。

侗族"太阳螃蟹牡丹纹"绣花背扇
（李友友《民间刺绣》）

【侗族绣花背带盖】　侗族传统绣品，为妇女节日走亲时盖于儿童头部用品。在贴好剪纸花样的黑青色底料上，用七彩丝线绣制，针法以平绣为主。花纹有团花和金钱花两种。团花式：中间为一太阳花，四周绣满8个团花，太阳花与团花间的图案大体相同，中间图案分别为金鸡花、蝴蝶花、鸟花、莲花、兰花、火鸡花、飞蛾花、八角花等。金钱花：中间亦为一太阳花，四周缀满"金钱"，用密线绣成放射状。工艺粗放，色彩鲜艳，对

比强烈。主要流行于广西三江一带侗族地区。

【侗族绣花布贴围兜】 侗族传统绣品。围于儿童颈胸。用多层布缝叠，表层一般为深蓝色布，上饰白色云勾和蝴蝶布贴图案，以红、绿、黄等彩色丝线绣边；围兜周边，用红、蓝、白等丝线绣狗牙花纹，缘边镶滚黑色布条。质朴、优美、耐用。主要流行于广西三江一带侗族地区。

【侗族绣花荷包】 侗族传统绣花饰品。多饰于女子腰间，也作为男女定情信物，或作馈赠礼品。外形有葫芦形、心形和腰圆形等多种。高、宽10厘左右；以大红、粉绿、金黄丝绸作底料，上用玫瑰红、桃红、群青、草绿、墨绿、金银等色线绣制；纹样多为喜庆吉祥内容；针法以平绣为主，间以打子、盘金、凸绣等手法；边缘饰红、蓝色滚边；两侧垂有红、绿、黄等五彩流苏。绣制十分精美。

侗族葫芦形绣荷包

【羌绣】 羌族刺绣，历史悠久，工艺精细，久负盛名。1996年，文化部曾授予羌锋村为"中国民间艺术羌绣之乡"的称号。工艺技法有挑花、挑绣、彩扎绣、扎花、彩扎、彩挑、扦花、纳花、勾绣和链子扣等10多种。挑花细致精巧；纤花、纳花明丽清秀；链子扣则淳朴刚健，粗犷豪放。色泽以素淡为主，不尚华丽，清幽典雅，亮丽质朴。刺绣大多不用图稿，信手挑绣。内容多传统的吉庆花纹，有"四羊护宝"、"榴开送子"、"金瓜向阳"、"杉枝圆菊"、"鱼水谐和"、"蛾蛾戏花"、"团花似锦"和"云云花"等，都寓有丰厚

的民俗情趣。羌绣以"挑花围腰"、"莲莲帽"和"云云鞋"最为著名。1957年7月，羌锋村羌族妇女汪玉花挑绣的两幅挑花围腰，在"四川省工艺美术展览会"上荣获一等奖。1979年，羌族妇女陈支文刺绣的围腰《火盆花》和云云鞋，被北京民族文化宫收藏。1997年，在"中国第五届艺术博览会"上，羌绣又分获国家级一、二、三等奖。

羌绣

【羌绣花围腰】 羌族名绣品之一。羌族妇女挑花刺绣，不打样，不划线，全凭娴熟绣艺，信手挑绣成各色几何纹样，或自然景物，或飞禽走兽，或花卉人物，有的为写实图形，有的夸张变形。羌绣花围腰，为妇女传统衣饰，多青布或蓝黑色底布，以白线挑绣花纹，蓝白分明，清丽素雅；亦有用彩线绣制，鲜艳明快。图案生动活泼，寓意深刻，如五谷瓜果，象征丰收；鱼龙，象征吉祥；凤鸟牡丹，象征富贵和鸣。中心的圆形纹样，称"团团花"，长条的边花纹样，称"吊吊

羌绣花围腰（局部纹饰）

花"、"万字格"。针法多十字挑花，亦有平绣、纳花等技法。以汶川羌锋村羌族妇女汪玉花和雁门乡羌族妇女陈支文挑绣的花围腰最为有名，前者的在1957年"四川工艺美术展览会"上获一等大奖；后者的作品，1979年被北京民族文化宫收藏。

【羌绣莲莲帽】 羌族绣花童帽。羌绣明清时已很盛行。羌族妇女自小就随妈姐学绣。莲莲童帽都是母亲自缝自绣，大多为圆形，帽顶左右饰白鸡毛球或用鸟羽装饰，帽四周彩绣人物、花鸟等图案，内容均寓意吉祥。针法用平绣、纤花、纳花等，绣迹工整，色彩鲜艳，风格淳朴。帽边缘和两侧还饰有银钱、银链，下垂有铜铃和流苏。

羌绣莲莲童帽

【羌绣云云鞋】 羌族名绣品之一。云云鞋，有"彩花凉鞋"、"踩堂鞋"、"满花尖尖鞋"和"包包鞋"等，运用平绣、纳花、纤花、链子扣等手法绣制，内容多为卷云纹，亦有缠枝花和团花等图案，色彩有红、黄、蓝、绿、紫等，鲜艳热烈；有的浑厚深沉；还有的采用间晕，别具一格。四川汶川羌族传说：海子里有位鲤鱼姑娘，爱上一位牧羊少年，她见牧羊少年冬天还赤着双脚，就从天上摘来彩云，地上摘来羊角花，为牧羊少年做了一双漂亮的云云鞋。后在羌族中形成一种传统风俗，男女青年只要相爱，姑娘就要为对方绣制一双精美的云云鞋，以作定情的信物。1979年，汶川雁门乡羌族妇女陈支文绣制的云云鞋，工精艺绝，被北京民族文化宫所珍藏。

羌绣云云鞋

【水族刺绣】 水族妇女绣制的绣花背扇,具有鲜明的民间特色。水族爱马、养马,并流传有赛马的习俗。聪慧的水族妇女,利用马尾毛创造了"马尾绣"。水族妇女绣制的背扇,就是将马尾缠绕丝线,再配以其他彩色线绣制而成。在背小孩的背扇上多绣有大蝴蝶图案。水族民间认为:蝴蝶是水族的先祖,绣上神圣的彩蝶花纹,企盼蝴蝶舒展双翅,以庇护水族的子孙健康成长,吉祥如意。背扇都用红黑底料,上用马尾和五彩丝线绣花,色彩红火鲜艳,针工精美,绣面平整。绣花背扇,都为自绣自用。水族妇女绣制的绣衣、绣帽和绣花荷包等,亦十分的精致和优美。

水族刺绣背扇
(李友友《民间刺绣》)

【水族绣花"歹结"】 水族著名绣品。"歹结"是水族语音译,意用梭结技法刺绣的背带。歹结为布壳夹心,外置细布,上饰各种图案,是用无数块大小不同色彩各异的绣片镶拼而成。首先剪出各色布块,后用双针穿上彩线,交织挑绣出底色图案,后再用白马尾毛缠上各色丝线,绕成各种花卉和几何形纹样,后再缝于底色图案的布块上,最后再一块一块拼镶于背带的布壳才完成。歹结绣花工艺十分精细繁复,一件歹结绣品,一位绣花高手约需整

年时间才能完工。歹结绣花背带精巧细致,工艺独特,色泽绚丽多彩。

【水族"者勾"绣鞋】 "者勾",水语音译。为水族妇女穿的一种绣花翘头鞋。鞋头呈尖形上翘,在鞋帮用彩色丝线刺绣成底色图案,后另用丝线缠上马尾,卷曲成各种几何图案,再拼镶在帮上。工艺十分精细,属"歹结"背带类的刺绣工艺。参见"水族绣花'歹结'"。

【布依族绣花服饰】 布依族传统服饰,集蜡染、扎染、刺绣、挑花、织锦等多种技艺为一体,反映了布依族独有的审美特征。布依族刺绣有平绣、缠绣、挑绣等多种针法,绣花图案有各种人物、龙凤、飞禽走兽和花草虫鱼等。绣花主要绣于衣袖、前襟、两肩、裤腿、头帕和围裙等处。色泽倩丽明快,亦有的沉静秀美。布依族早在新石器时代就已进入农耕社会,是我国古越人的后裔,在布依族的传统服饰中,有谷粒、鱼骨、云雷、螺旋等纹样,显然不仅是为了装饰,还是一种拜物的标志和图腾的象征。

穿绣衣的布依族妇女

【布依族洞房绣荷包】 贵州都匀一带布依族古老风俗,世代相传有闹洞房要荷包的游戏。姑娘出嫁前,必须绣制若干荷包,都以双色布缝制,形似石榴,荷包顶部用红线穿系,可拉可合,荷包上精绣有各种吉祥图案,绣工精致,色彩俏丽,款式小巧优美。荷包内装有桂子、花生和白果,寓意"早生贵子"、"多子多孙"。闹洞房要荷包,须唱"荷包歌",多为祝福歌,夸奖新娘智慧聪敏,心灵手巧,绣荷包绣艺高

超。荷包歌都为二人一组"搭帮腔"的齐唱,有的甚至会唱一个通宵。

【云南少数民族刺绣】 云南少数民族刺绣,因各族、各地区经济、习俗等不同,风格各异。刺绣材质通常用丝、棉、木棉、麻、毛、草(火草)六类。传统绣线染料,多为草实、树实、植物茎叶之色汁,以及动物血和矿物颜料;现代主要用化学染料。刺绣有挑花绣、顺针平绣、包筋绣(或称疙瘩绣)、错针杂线绣、贴布绣、剪空内贴布绣、绣染结合和裹物绣等多种。

【挑花绣】 云南少数民族刺绣品种之一。白族、彝族、纳西族、哈尼族和傈僳族都有挑花绣,内容有人物、凤鸟、花卉和各种几何形纹。一般都用十字挑花针法挑绣。绣品质朴、清新、实用,并具有浓郁的乡土气息。

【镂空贴布绣】 云南少数民族刺绣针法之一。将绣面剪出镂空纹样,从内贴布,缘布锁绣,类似补花,花纹具凹陷效果。

【顺针平绣】 云南少数民族刺绣品种之一。白族、彝族等民族都较流行。分彩色绣和单色绣两种,彩色绣五彩都有,主要为红、黄、蓝、绿和白,鲜艳夺目,多绣制儿童和少女绣品;单色绣为素彩,有的用同一色线绣制,也有的在同一色线间,又分深、中、浅几个色阶,绣品清秀典雅,多绣制老年妇女绣品。顺针平绣,是用平针顺序绣制,针迹平整均匀,轮廓整齐,是一种最普通绣法,一般妇女都会绣制。

【包筋绣】 云南少数民族刺绣品种之一。俗称"疙瘩绣",即一种"立体绣"。约有三种:一种在平绣上结疙瘩状小花或小穗;一种在绣面上或绣线下衬以牛筋山草、包线、棕丝或棉花,使绣面和绣纹凸起;一种用金银丝扭绣或排绣,上镶珠翠,使之呈现立体效果。

【疙瘩绣】 见"包筋绣"。

【立体绣】 见"包筋绣"。

【错针杂线绣】 云南少数民族刺绣品种之一。类似乱针绣法，用各种杂色线绣制，故名。这种绣品风格独特，别具一格。

【贴布绣】 云南少数民族刺绣品种之一。用布剪贴成花形，沿花边锁口或再在贴布上绣制花纹。崩龙族、彝族和苦聪人，常用各色布块缝拼衣服，在拼缝处刺绣图案，优美而实用。

【剪空内贴布绣】 云南少数民族刺绣品种之一。于绣面剪出空形花纹，在绣面下另衬色布补严，于花纹边缘以锁绣绣制，类似于补花绣。

【绣染结合绣】 云南少数民族刺绣品种之一。通常用白族扭疙瘩的青花布，或苗族、壮族蜡染花布，挑边加绣，使之平凸纹相映，新颖别致而优美。傣族孔雀舞服和象脚鼓衣，都是运用绣染结合技法，以表现其羽翎纹色。纳西族巫师东巴戴的五佛冠，冠上亦有绣染结合之装饰。

【裹物绣】 云南少数民族刺绣品种之一。亦称"连物绣"。是傈僳、阿昌等族的一种特殊绣品。傈僳族妇女于海贝上钻小孔，缘孔眼将海贝缝入绣纹内，针迹都呈花形状。阿昌族妇女将尖冬花秆心切成圆片或雕刻成花形，用彩线顺边网缝入绣面，作为衣服、挎包等的装饰。亦有用豪猪毛、兽骨和彩石磨制品、玉佩、铜钱、螺蛳以及金属环等作为连绣物品，裹绣于冠服和挎袋等。

【连物绣】 见"裹物绣"。

【白族绣花】 白族女子自小就学针线，婚嫁前后是一生中绣花最多的一个时期，从中出现诸多绣艺能手，她们都能自画自绣，有的还不需打稿，信手挑绣，不但绣工精美，而且配色绚丽多姿，十分优美。一般绣前，以剪纸作底样，用各色彩线绣制，针法、色彩随自己爱好，任意调配。绣衬有布壳的硬件绣品，置于手上绣；绣枕套、帐帘等软绣品，用绣绷绣。绣花内容有人物、凤鸟、老虎、喜鹊、牡丹、秋菊、石榴、佛手、公鸡、金鱼、松鼠等。品种有帐帘、枕套、鞋帽、香包、裹背、锦布袋，亦广泛用于服饰和妇女儿童之头饰等。绣品多自绣自用，也作为礼品相互赠送。白族刺绣，普遍盛行于云南大理、剑川、云龙、鹤庆和洱源等白族地区。

白族绣花锦布袋
（《云南少数民族织绣纹样》）

【白族挑花飘带】 挑花，亦称"挑绣"，是运用绣针，挑起底布的经纬线，按格眼挑绣，一般都为十字绣。白族妇女，几乎人人都会挑花。挑花飘带，以云南大理一带的白族地区较为流行。飘带，系白族妇女围腰头用的一种带子。通常带端呈扁矛形状，带面上窄下宽，与腰头相连处更窄。中老年妇女通常用黑或蓝色布，亦有用彩绸

白族妇女挑花围腰飘带
（《云南少数民族织绣纹样》）

的；少年青年女子喜用白或蓝色布。两者都用挑绣作装饰，挑绣用线，以白色为多，间衬少量彩线，色泽秀丽典雅，质朴大方。挑花图案多姿多彩，有人物、花卉、松鼠、鸟雀等多达百种，带端纹样，均挑绣各种彩蝶图案。

【挑绣】 见"白族挑花飘带"。

【白族绣花裹背】 白族用于背负幼儿的绣品。流行于云南洱源白族地区的，通常上部呈山字形，以黑金绒作底；上正中刺绣一牡丹，两侧绣彩蝶、白兔、荷花等；下用白布组成 96 个绣球图案，并缀以银饰；下脚和两侧背带，亦绣满彩绣。用料讲究，针法多样，多泽鲜丽。一般姑娘出嫁生子后由娘家绣制，作为珍贵礼品送给女儿。云南大理白族的幼童绣花裹背，是由裹背片和裹背带组成，裹背片为长方形，上方呈弧形，通常以紫红或黑色作底料，用白丝线环绣一周，花纹有凤鸟、彩蝶、金鱼、松鼠等动物和牡丹、梅、菊、石榴和佛手等花果图案。因流行较广，每家每户都用，图案千姿百态，大体可分四种：一、全部满绣，四周以彩条滚边；二、绣立体几何形花纹，有的在花纹连结处缀以银珠；三、挑绣结合，有的以白线挑花，左右彩绣圆形图案；四、以几何纹为主，拼图镶滚，底衬彩布，边缘以白布缀镶。

白族绣花裹背
（《云南少数民族织绣纹样》）

【白族绣花挎包】 白族男女青年，都喜爱背各式绣花挎包。云南洱源西山区一带的白族男青年，都有一个绣制精美的挎包，多为女友赠送，包上绣满各种色彩艳丽的喜庆吉祥图案。一件大理白族"莲生贵子"绣花挎包，分上下两部分；上部底料为黑色，中

间绣一朵大莲花,四周绣 3 个莲花童子、石榴和四季鲜花;下部底料为红色,亦满绣两个莲花童子和大荷花;下饰 3 个三角形莲花童子垂饰,垂饰下饰有黑色流苏。刺绣以平针为主,用大红、翠绿、黄黑、白等丝线绣制,色泽俏丽红火,绣工精细,绣面平整,寓意丰富,具有强烈的民族特色。

白族"莲生贵子"绣花挎包
(李友友《民间刺绣》)

【大理白族绣花鞋】　通常有三种:一种为船形,鞋头高翘,鞋尾有尾扣,鞋帮满绣有彩蝶、青蛙、公鸡、梅、菊和石榴等花纹,因鞋形像船,故名;一种为圆口鞋,仅于鞋头绣一组梅、桃、山茶等花卉图案,都为对称形;一种为绣花凉鞋,鞋帮为白布面与布壳黏合,后用色布滚边,上绣各种几何形纹样,鞋头饰以绣球,革底。前两种都为妇女穿用,后一种为男女青年穿用。绣花鞋,均自绣自用,绣工精细,色泽鲜艳,耐穿实用。

大理白族绣花鞋
(《云南少数民族织绣纹样》)

【傣族绣花挎包】　傣语音"简帕"。傣族青年男女都喜爱佩饰挎包,以此

标志自己已成年,有的还以精美的绣花挎包,作为相互爱慕的爱情信物。挎包用黑色或其他色布作底料,用五彩丝线、棉线刺绣各式喜庆图案。绣大象图案,象征五谷丰登;绣孔雀纹样,象征吉祥幸福;绣莲荷童子,象征连生贵子。一般多运用平绣、包花绣和钉片绣等技艺绣制,色泽鲜丽和谐,绣工精美,风格质朴,具有浓郁的民族特色。

【简帕】　见"傣族绣花挎包"。

傣族大象绣花挎包
(李友友《民间刺绣》)

【哈尼族挑花挎包】　哈尼族妇女传统佩饰。主要流行于云南西双版纳傣族自治州哈尼族地区。挎包以挑花工艺作主体装饰,布料为自纺、自织、自染的黑色土布。纹样多为几何纹,有篱笆纹、锯齿纹、三角纹、菱纹、桌子纹等;构图讲究四面均齐,左右对称;包身两边及中间各钉一排铝泡作装饰,口沿挂银毫、绒线及五彩鸡毛缨穗,包底两边坠珠串、绒球缨穗。挎包挑绣精细,绣面平整。色彩将红、黄、蓝、绿、紫等各色集于一体,鲜艳华美,极具特色。挎包长约 28、宽21 厘米。

哈尼族挑花

【傈僳族绣花挂包】　云南傈僳族传统民间绣品。傈僳族语称"花勒夏"。都为傈僳族女子自绣自用。长约1.5、宽约 1 尺。上彩绣有各种几何形纹和花卉纹样,有平绣、挑花、纳绣和贴布绣等多种技法,有的下部垂有一排彩球,两边缀有两行珍珠银饰,色彩鲜丽,绣制精美,别具风格。傈僳族民间流传有一个风俗:男女青年情投意合后,姑娘先将亲手精心绣制的挂包赠给对方,男方须回赠礼品,男青年才能公开佩戴这个挂包,意为承认这个信物,表示相互恪守信约。

【花勒夏】　见"傈僳族绣花挂包"。

傈僳族绣织挂包
(《云南少数民族织绣纹样》)

【布朗族刺绣】　布朗族的染、织、绣,具有悠久的历史,在服饰上广泛应用。于衣襟、衣领、袖口、裤管和长裙等处,均绣有各种花卉鸟兽和几何形图案,色泽鲜丽明快,风格质朴纯真。在云南保山地区施甸布朗族妇女,喜穿高领斜襟长袖上衣,在领边和袖口处,彩绣有各种花纹或嵌以红绿色花布。在布朗族男子的服饰上,有的也以绣花和绒球等作为装饰。西双版纳、勐海地区布朗族妇女绣于衣襟等处的花纹,多为简朴的几何形纹样,但绣工细致平整,针脚均匀。绣工最为独特的是一种"棉包锦囊"。布朗族民间风俗:姑娘在婚前,都须绣制一个精美的棉包锦囊,在举行婚礼时作为爬竿比赛的奖品,以此寓意吉祥。

【纳西族绣衣】　纳西族妇女服饰,各地互有差异。云南丽江一带的纳西族妇女,穿蓝、白、黑色大褂、长裤,外

穿绣衣的布朗族妇女
（孔令生《中华民族服饰900例》）

套紫或灰色坎肩，在衣领、衣襟、衣袖等处，都刺绣有彩色花边，脚穿船形绣花鞋。纳西族妇女外出套羊皮披肩，上绣有7个圆形日月七星图案，称"七星披肩"。纳西语称"巴妙"，意为"青蛙的眼睛"。古时纳西族崇拜青蛙，民间称"智慧蛙"。纳西族寓有青蛙图腾含义的服饰，蕴含有民族心理的深层内涵。永宁纳西族妇女，穿的浅蓝或白色双层百褶长裙，用丝线刺绣五彩花边，脚穿青色布绣花鞋。

【七星毡】 清代纳西族妇女的一种刺绣饰件。清·乾隆《丽江府志略》卷上：纳西族女子"拖长裙，负羊皮"，羊皮毡上"缀饰锦绣金珠"。即彩色刺绣，饰7枚圆形纹样，谓七星。传说负日月星辰，以象征祖先勤劳之意，故名"七星羊皮"或"七星毡"。七星造型以大圆套小圆，从中心逐渐向

穿"七星披肩"绣衣的纳西族妇女

外扩展，各层圆边用彩线锁口，边缘如齿状或芽瓣状，铺色随意，中央缀亮珠，工极精巧。

【七星羊皮】 见"七星毡"。

【景颇族刺绣】 中国少数民族刺绣之一。历史悠久，风格独特，绣制精丽。方法是数纹样横直针数，随手绣制。一般都自绣自用。主要有手巾和护腿两种。其中以手巾为最多，是姑娘们送给情人的礼物。男子受礼后，挂在背包上作为装饰及留念。在男子的裤脚边上、包头布两端，姑娘和儿童上衣的袖口、领子上，也用刺绣装饰。绣品多以白布作底，用毛线或粗棉线绣制，以红黑两色为主，间或掺入绿、黄等色。由于受编织物影响，图案、纹样、组织排列、色彩等均与景颇锦织物相仿，绣制者一般均为年轻妇女。

穿绣衣的景颇族妇女
（韦荣慧《中国少数民族服饰》）

【阿昌族绣花披巾】 云南阿昌族传统特色绣品。阿昌语称"绡迈"。以布为底料，四边绣有各种花纹，中间缀有蚂蚱花。绣花绡迈，都是阿昌族姑娘自绣自用。阿昌族风俗：绣花绡迈可作青年男女爱情的信物。如青年男女都有爱慕情意，姑娘会精心绣制绡迈，用红纸包好，送给男方以表达自己心意。绣花绡迈，针工精致，纹饰纯朴，色彩俏丽，具有浓郁的地域特点。

【绡迈】 见"阿昌族绣花披巾"。

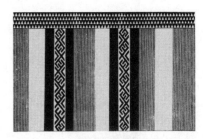

阿昌族绣花绡迈

【基诺族"孔明印"绣服】 云南基诺族传统绣花服饰。基诺族妇女喜爱在衣边、胸围、帽尾、筒帕和绑腿等处，刺绣各种花纹。男子无领对襟小褂背部，绣有约六寸方的图案，有的像太阳，有的像月亮，有的像兽形，基诺族把这些花纹统称为"孔明印"。他们认为，孔明是基诺族的祖先，于是，就把基诺族的族源和族称，以及生活中的许多东西都与孔明连在一起。

【拉祜族刺绣】 拉祜族妇女爱绣花，所制的绣荷包和织绣背袋，远近闻名。绣荷包有腰圆、长方、花形等多种式样，用绸缎或色布作底料，用七彩丝线绣花，图案都为吉祥题材，绣工精致，色彩绚丽。为青年男女定情物。织绣背袋用黑布做料，上半部缀镶彩带，下半部彩绣有十字花、人字花或瓣状花，朴素大方，绣工精美。背袋的背带，用彩线编织，并用彩色线穗装饰。背袋分布做的花背袋、线打的花袋和花线编袋三种。主要流行于云南澜沧一带拉祜族地区。

【壮绣】 壮族民间盛行各种刺绣，有花衣、花帽、花鞋、胸兜、帐帘、坐垫、垫肩、背带盖和荷包等。壮绣，以广西龙州县城关镇最为著名，历史亦最悠久。壮族一般先以剪花贴于底布，后再按花样刺绣。图案常见有龙凤、狮子、石榴、桃子、牡丹、玉兰、桃花和彩蝶等，组成"二龙戏珠"、"双凤朝阳"、"狮子戏球"和"蝶恋花"等寓意吉庆的纹样。造型简洁，质朴生动。配色主要用枣红、深绿、黑、金黄等色，对比鲜明，绚丽优美。针法以平绣为多，还常运用盘针、抢针和打子等技法。

【壮族布贴绣】　用彩布剪刻成凤、鱼、桃、李等纹样,贴于黑色底布,后用色线绣纹样的边角和四周;色泽以红色为主,间配以绿、白、蓝等色,鲜丽绚烂,对比强烈。通常作为被面或背带盖等装饰。主要流行于广西南丹、天峨一带壮族地区。

【壮族绣花坐垫】　以黑布作底料,图案多取花草和铜钱等纹样,用齐针、抢针、混针、盘针、堆绣和压绣等针法绣制,亦间用布贴技法。色彩有深红、土红、群青和粉绿等。绣花坐垫,在一百多年前主要流行于广西龙州一带壮族地区。为师公作坐垫之用,长约55、宽54厘米。

壮族绣花坐垫

【壮族补绣儿童背带】　壮族传统绣品。主要流行于广西天峨和龙州一带壮族地区。天峨的小儿背带,约长50、宽43厘米,由许多独立的花纹小块组成,在每条"丁"字形背带中配以三角、扇面、菱形等图案,多取龙、凤、牡丹、石榴和桃子等吉祥传统纹样,把剪裁成型的图案根据需要贴在各种色布或绸缎上,用30多种深浅不同的绒线刺绣,后镶接成整块背带心。龙州背带一般长60、宽34厘米。剪纸刺绣,有蝶恋花等纹样,三面缝

壮族补绣儿童背带

以红色丝穗。在广西广胜壮族地区,亦流行给小孩绣制背带,用黑线缝于底布,饰以大红、粉红、金黄、淡黄、深蓝、淡蓝、紫色补花图案,色彩对比强烈,明快大方。

【壮族绣花鞋】　壮族年轻姑娘和老年妇女,都爱穿各色绣花鞋。壮族姑娘的一种新婚绣鞋,前端呈尖翘状,形似船,俗称"船形绣花鞋"。通常用白布纳成硬底,上用红、青、黑线绣花;鞋面为深蓝色,上绣红、白、蓝等彩线,刺绣各种喜庆图案;鞋口沿,用红、蓝等色布绲边。老年妇女的绣鞋,为素色鞋底,以深蓝布作鞋面,用红、蓝、白等色绣花,素雅文静,质朴庄重。

壮族绣花鞋

【瑶族绣衣】　瑶族自古"好五色衣装",精于绣花和染织。瑶族衣服款式繁多,色泽鲜丽,图案古朴,工艺精美。瑶族居住在广西、贵州、湖南、云南和广东等地,各支系衣饰各有不同特色。广西金秀瑶女装,上衣多黑色,襟边多以彩色丝线刺绣各式图案,下穿黑色长裤或短裤,裤脚用彩线挑绣。贵州荔波瑶族女装多尚青色,肩披绣有彩色花纹的背牌,腰间系有三四条绣花的腰带。云南河口瑶族女装,在青色上衣袖口,有宽约6厘米的绣花,用红、黄等色线绣制,裙子前短后长,整块裙料,都用红黄等色线密绣而成。广西贺州瑶族男女新婚礼服,新郎上穿黑布挑花吊穗长衫,在衣领、胸襟和袖口,均满绣各种彩色图案,腰间束有两条青布挑花镶边围裙。新娘头戴黑布绣花吊穗礼帽,上衣衣领、袖口、胸襟和裤脚,都绣满各种几何形彩色图案,极为精美俏丽。

瑶族妇女绣衣

【瑶族挑花绣】　瑶族刺绣历史悠久,在东汉时,就有"瑶族好五色衣"的记载。瑶家妇女都爱好刺绣,喜好穿七彩绣衣。自孩童、少女到白发阿婆,代代传承,均为挑绣高手。瑶族民间流传谚语说:"瑶家姑娘爱刺绣,不会绣花找不到婆家。"可见瑶绣的普及程度。瑶绣主要应用于衣服的领、袖、襟、衣边、裤边、头帕、围裙、鞋帽等。传统的瑶绣,多在蓝、黑底料上,用红、黄、橙、绿、蓝、褐和白等色丝线挑绣,按经纬线,数纱下针,先挑大骨架,再挑小骨架,后挑绣花纹。针法用十字挑和平针挑,题材多为生活所见,如谷仓花、芭蕉花、柿子花、羊角花、团花、豆腐花、鸟花、蝴蝶花、螃蟹花、虎爪花、大小树花等,结构多用几何形二方连续排列,工整严谨,主次分明。新娘头巾中心图案由两个大树花和两个"卐"字花构成,衣襟图案由五角花、小树

瑶族绣花龙被
(李友友《民间刺绣》)

花复合,形态富于变化。瑶族各支系,因风俗和地域的不同,图案亦各不相同。瑶家男女青年相爱,姑娘用自己精心挑绣的背包等,作为信物赠予对方。

【瑶家挑花盖头巾】 广西瑶族传统绣花盖巾。长77、宽56厘米左右,长方形,黑布底,上满绣各色图案,骨架为直线排列的二方连续,围成四方形;花呈八角形,称"大树花"、"小树花";"八"字形平行排列为松花;以大树花为中心,小树花作主花,松花做隔花,把各主花的二方连续纹隔开,两头有对称观音手的菱形图案等。针法有十字挑、平针挑、独针绣等。色彩有两种:一种色阶排列平稳,有白、土红、土黄色相互运用,色调谐调、古朴;另一种色彩对强烈,用白、朱红、水红、粉绿、草绿、群青,活泼丰富。女子出嫁,把盖头巾盖在头顶竹编织的小架子上,配上五彩缤纷的嫁衣,更显艳丽多姿。瑶家盖头巾,以新娘的盖巾挑绣最为精致和华美。

【仡佬族绣衣】 仡佬族妇女精纺织、善刺绣。仡佬族是古代"僚人"后裔。仡佬族男子的传统服装,上穿对襟衣,下着长裤,足穿云勾绣鞋或元宝鞋。妇女的传统服装,缠白布头帕,上绣条状花纹,穿短及腰的上衣,袖背彩绣有鳞状图案,有的外罩兜兜,在兜兜上部绣有梯形适合纹样,下着长统裙,足穿翘头绣花鞋。刺绣图案,多为几何形纹和花卉纹,色彩有

穿绣衣的仡佬族妇女

大红、玫瑰红、蓝、绿、黄、黑等,红蓝相间,淳朴而明快,绣工均匀平整,针法以平绣为主。

【仫佬族绣花童帽】 广西仫佬族传统儿童绣帽。分无顶和盖顶两种。无顶花帽,双层,用红布缝制,正面突起,以五色布剪缝成倒状牡丹花形,再于各花瓣上,彩绣各种吉祥纹样,花中有花,新颖别致;在帽两额端,各缀一绺白兔毛,有的还缝有小银佛像九尊,在帽边沿绣有几何形花边,色彩鲜丽明亮。盖顶帽为小孩冬天戴用,形似狮头,帽两边有状似心形的狮耳,正中用蓝或青布,剪成眼、鼻、嘴,沿边缝上,再用丝线编绣成网状,缀于帽顶,以象征狮头之毛发,形象夸张,稚拙可爱;帽底部如船形,额处凹进,帽两侧垂下呈弧形,可盖住双耳,帽底边缘,彩绣秋菊、彩蝶和花叶等花纹。

仫佬族绣花童帽

【畲族刺绣】 少数民族传统著名绣品。世代相传,历史悠久。常应用于上衣、围裙、鞋面等处。布局严谨,纹饰丰富,色泽鲜丽,富有民族特色。色彩多原色、二次色,鲜明强烈,三次色和灰色调极少。少女常在领口、两襟、袖口饰宽大刺绣花边,图案多龙凤、花鸟。围裙四隅均绣扇形纹饰,中央两组成对称式,中心有的留黑底,有的绣花。内容有凤、蝶、鲤鱼、云头和花卉蔓枝等。针工细致,形象奇巧。

【畲族绣花凤凰装】 畲族妇女绣花盛装。头发盘挽成凤髻;衣裙绣五彩花边,盘金银线,以象征凤凰的颈、腰和美丽的毛羽;后腰饰金黄腰带,以象征凤凰之尾;周身佩挂叮当作响的银器,如凤鸟之鸣啭。主要流行于福建闽东一带畲族地区,分霞浦式、福

鼎式、罗源式和福安式等四种服饰。

【畲族纻布女绣衣】 用黑色苎麻布缝制,在衣领绣有水红、大绿、黄色马牙花纹,沿服斗边缘缝1厘米宽红色布边,于边的下端袖头处绣角隅图案,形似半边方印章,相传是高辛帝留给畲族的半方印,在衣袖口再缝1寸宽的红色布边。苎麻绣衣,虽绣花不多,但简洁明快,配色淳朴豪爽,具有浓郁的地区乡土特色。主要流行于闽东福安一带畲族地区。

【畲族绣花女衣】 在福建、浙江和江西等畲族地区,妇女多喜在衣领、袖品、襟边以及围裙等处,彩绣各种花鸟和几何形纹图案,内容都寓吉庆含义。如绣寿桃、蝙蝠和铜钱,以象征"福寿双全";将荷花、藕和鸳鸯组合一起,象征"佳偶鸳鸯";以石榴、佛手和桃子构成图案,象征"福寿三多";用梅、菊、水仙、荷花和花瓶绣于一起,象征"四季平安"等。福建罗源的畲族妇女服饰上主要刺绣柳条纹,在衣领上用红、黄、绿、红、蓝、红、黑、水绿色,按顺序排列绣柳条图案;围身裙以大朵云头纹为特征,在裙边也饰柳条纹图案。具有鲜明的乡土地域特色。

【畲族绣花围裙】 畲族妇女传统绣品。畲族称"合手巾"。用自织黑布作底料,在围裙下端左右或上下左右四角,用五彩丝线,刺绣各种图案,主要有鱼鸟、彩蝶和花草等内容;在围裙上端缀一红布作为裙腰。色泽鲜艳明快,绣工精美,绣面平整。主要流行于福建福安和宁德一带畲族地区。

【合手巾】 见"畲族绣花围裙"。

【绕家绣花头帕】 绕家传统刺绣工艺,风格独特,具有浓郁的乡土风情。绕家世居贵州麻江河坝地区一带。绕家妇女的刺绣头帕,多喜典雅的素色,有黑底白花、绿底白花,或黑底蓝花等。头帕一般长60、宽40厘米。图案有"蝶恋花"、"鸟雀啄食"、"龙护石榴"、"稻穗垂柳"等,都取夸张变形手

法,似鱼非鱼,似蝶非蝶,不求形似,以求神似,形象生动而富有情趣。针法多变,粗犷质朴,针脚平整,实用耐看。

【黎族刺绣】 黎绣历史悠久,绣工精美,针法多变,色彩绚丽。宋代周去非赞美黎族织绣"衣裙皆吉贝,五色灿然"。"吉贝"即棉布。以往黎族居民穿的上衣,多是先在棉织坯布上,加工好绣片,后再缝制成衣。如海南琼中和乐东等地区的女子上衣,仍保留有这一传统。黎绣的针法有直针、扭针、珠针、铺针、切针、打子、戳纱、铺绒、拉锁子和十字挑花等十多种,而在绣制时,根据用途、内容灵活运用,或一二种,或五六种。绣花题材,有人物、动物、花卉和龙、凤、麒麟、卐字和各种几何纹。色彩有的华丽,有的素雅。传统黎绣较著名的地区有白沙和南部沿海一带。

【黎族织绣千家毡】 海南东方县织绣名品。"千家"意为"大众",言使用广泛。以白色丝线为底,用红、绿、黑等彩线,在毡面上刺绣各种图案,有人物、动物、植物、几何形等诸多内容。绣面平整,针工平服,配色明快和谐。

【清代黎绣龙被】 黎绣精品。中央民族大学民族研究所文物室藏。长180、宽45厘米。"龙被"是黎族人旧时用以盖木棺的用品。这件清代龙被底料,以木棉粗线织成,上部绣多

清代黎绣龙被
(中央民族大学民族研究所文物室藏)

层几何纹、卐字纹、云纹和太阳纹;中间主体图案绣双凤,麒麟戏珠和卷云纹;下部绣莲荷、"卍"字和几何纹。用橙、白、绿、蓝、金色彩线绣制,配色典丽素净。针法以平针为主,间有平金和抢针等手法。

【清代黎族绣花女上衣】 清代黎绣珍品。中央民族大学民族研究所文物室藏。衣长68、两袖通长128厘米。上衣为青土布料,对襟无领,于两袖筒各绣一道几何纹花边;衣前左部彩绣婚礼场面,右部绣农乐图;衣后左绣百畜兴旺,右绣收获景象;腰左右两侧各绣一变体字,一红一白。纹饰简洁,配色清雅,独具黎族情趣。

清代黎族绣花女上衣
(中央民族大学民族研究所文物室藏)

【台湾民间绣衣】 台湾传统民间绣。台湾妇女多穿青、黑的布或麻纱制成的衣服。祖籍广东的妇女在袖口、下襟、衣领等处饰以刺绣滚边,喜庆节日,喜穿红、黄、青等色麻纱、绫罗、绸缎、棉布的衣服,挽卷、翻折的袖口上饰黑底五彩刺绣图案滚边,内容有云头、如意、花卉、蝴蝶等。平时,妇女穿长裤,在节日时在长裤外穿绣花裙,有的穿百褶裙,上面以金线、银线和五彩丝线绣制石榴、梅花、菊花等图案,色彩对比强烈。新娘穿的结婚礼服是借鉴明代宫廷的蟒袄,并饰以珠冠、云佩(披肩)、凤笄,这是历史遗留下来的民俗。据传因明代郑成功率领两万多士兵,来到台湾,收复失地,他们后来成为台湾宝岛的开拓者。以后,他们一直念念不忘复明,

并以婚礼新娘的明代宫服来寄托他们的感情。蟒袄、云佩上都绣有龙、凤、花鸟等图案。

穿绣衣的台湾高山族妇女
(孔令生《中华民族服饰900例》)

【台湾排湾族刺绣】 台湾少数民族刺绣之一。排湾族为台湾高山族之一支,居南部高山地区。喜爱刺绣、贴饰和缀珠。刺绣底料多为黑色布,上绣黄、橙、绿等色,图案多菱形纹。贴饰,用色布剪成人物、蛇形图案,贴于服装上;或用红、白色之剪花,贴于黑、蓝、绿色衣服上。缀珠,将贝壳加工为片状,缀成一串,缝于衣服;或将黑、蓝、红、白之琉璃珠,在服装上缀成图案,作装饰。朴实豪放,风格独具,乡土气息浓郁。

【台湾刺绣荷包】 台湾著名刺绣品。刺绣荷包在台湾极为普遍,上面绣有凤凰、鱼、猫、石榴、梅花、小鸡等各种图案。它们都作为结婚洞房或卧室内的装饰物,有时一连串地吊垂下来,本身就象征了衍生不息、子孙万代的思想。有的荷包内贮香料,为妇女所佩带,也是姑娘们定情的珍贵礼物。

【台湾民间刺绣剑带】 台湾著名刺绣品。剑带是一种长约100、宽约10厘米的长条形绣品,因为下端有呈三角形的尖端,状如宝剑,所以俗称剑带。剑带一般是两条一对,悬挂在新婚床前的两头,以增添洞房花烛夜的甜蜜、美丽的气氛。剑带大多是在彩色绸缎上以金线绣成凤凰、牡丹图

案,也有的在白布上以青色丝线挑绣成凤凰、牡丹、龙、蝴蝶等图案,并饰以"春"字。这种挑花剑带和广东海南岛黎族的艺术处理手法是相似的。

台湾刺绣剑带

【高山族民间挑织】 台湾高山族著名挑织品。以白麻为地,以红、黄、紫、黑等色线,挑织成各种几何形纹。图案设计,依不同服装种类,各不相同。通常用作男子之胸衣和背心,或用作仪式的无袖胴衣。主要流行于高山族各部族民间,而挑织品的色彩,各部族间各有不同。

【高山族织绣槟榔袋】 台湾高山族阿美部族著名织绣品。主要流行于花莲、台东和屏东等地阿美部族。织绣槟榔袋,统称"阿乐佛"。依据佩带者和功用不同,分为五类:达古阿斯·阿乐佛,兽皮作料,质地坚实,无图饰,50 岁以上男子装槟榔和烟草用;尼戛维丹·阿乐佛与尼达依桑·阿乐佛均由粗布缝制,女性使用;巴达基特·阿乐佛,汉族人出售的仿制品;达古沙思·阿乐佛专供青年男子和巫师在喜庆之日佩带,也是男女青年的定情信物。男子成年,向母亲索取槟榔袋,表示求偶意愿。母亲需亲手缝制,通常以象征纯洁的白色作底,用黑线绣纹饰,以几何图案居多。节日里青年男子右肩斜挎槟榔袋,携手成圈,尽情歌舞,姑娘们在周围观赏,如看中某男子,待他跳到跟前即拉槟榔袋示意,男子如有意,即将袋从右肩移到左肩,第二次跳到跟前,女方再拉,就取下交予姑娘。舞会

毕,男子随姑娘到其家干栏式谷仓下说爱,分手时,女子将袋奉还,双方各自向父母禀告,倘父母认可,俟再舞时,姑娘又牵槟榔袋,男子即奉送作定情之信物。

【土家族刺绣】 土家族世居湘鄂川黔边沿地区,土家族人精于纺织和刺绣。清·乾隆《永顺府志》:"土司时,男女服饰不分,皆为一式,头裹刺花巾帕,衣裙尽绣花边。"清代实行"改土归流"后,土家族妇女上衣,有左开襟和右开襟两种,在圆领或矮领、袖口、襟边和胸襟处,多用色布、彩线镶边或钩刺花纹。裙子由八幅罗裙演变成统裙、百褶裙。统裙仍用八幅布缝制,在缝合处和下摆以黄、蓝色小花条装饰;百褶裙以红缎为底料,镶青布边和黄色小花条;上都彩绣有蜜蜂、蝴蝶和花草等图案。针法以平绣为主,绣工精美,色泽艳丽。

土家族绣花服饰
(韦荣慧《中国少数民族服饰》)

【清代湖南土家族绣花喜帐】 土家族刺绣珍品。长约 5 米,绣底为深蓝土布,上绣四层图案:第一层为黄黑丝线绣的一条菱形四合如意二方连续纹样;第二层为运用平针、钉金等针法绣的"凤穿牡丹"、"鱼化龙"和 6 条"蝶恋花"飘带;第三层为用平针、盘金等绣的"麒麟送子"、"四季平安"等喜庆图案;第四层为以"包花绣"针法绣制的"彩蝶"、"榴开百子"、"莲荷"等 20 多个吉祥挂件,每一挂件下并垂有彩色流苏。整件喜帐,第一层

底料为淡黄色,第二层为深蓝,第三层为大红,第四层为天蓝,配以五彩刺绣,色泽绚丽,场面宏大,内容吉祥,充满喜庆气氛,并具有强烈的民间风格,十分罕见。喜帐是土家族新婚时才应用,围挂于新房架子床三面。喜帐为家族所共有,婚后便收藏,再有喜事再用,代代相传,而土家族亦在其中不断地延续和发展。

清代湖南土家族绣花喜帐
(李友友《民间刺绣》)

【长阳土家族刺绣】 湖北长阳土家族绣花,历史悠久,针法多变,刺绣精美,品种有佩饰、鞋帽、手帕、围涎等多种。长阳土家族妇女,自小学绣,一般多自织、自染、自绣、自用。一种架花挑绣手帕,正方形,边长 35 厘米左右,中绣主花图案,周围分别挑绣"福、禄、寿、喜"四字,在四角挑绣"卍"字等花纹,古朴秀丽。长阳土家的绣花女鞋,亦十分优美。鞋面有天蓝、粉红、群青等色;上用七彩丝线绣制,内容有粉蝶、牡丹、梅菊和凤鸟等花纹;多平绣、间有盘金、打子、包梗等针法,绣面平服,针脚均匀,色泽鲜艳明亮;鞋头有圆式和尖式等多种;鞋底以多层布纳成,穿着舒适,坚固实用。

【土家族瓦盖绣花童帽】 湖北鄂西土家族,民间流传一种风俗:小孩满月,要戴瓦盖帽,认为这是祝福婴儿的吉祥帽。因瓦盖帽顶,形似瓦块,故名。帽上用七彩丝线绣有"二龙戏珠"、"狮子滚绣球"、"鸳鸯戏水"、"莲荷绿水"和"牡丹山茶"等各种吉庆图案,绣工精细,色彩艳丽。土家族人以前都住不上青砖瓦房,企盼童娃戴瓦盖绣帽,能家境富裕,头顶青瓦房,过上幸福生活。

刺绣针法

【刺绣针法】　我国是世界刺绣的故乡,品种广、历史久,各地创造的针法亦多。1960 年以来,苏州刺绣研究所对中国刺绣的针法进行了研究、整理,将其分为 9 类 40 多种:一、平绣类,有直缠、横缠、斜缠、正抢、反抢、叠抢、平套、散套、集套、擞和、施针等。平绣类针法适宜于表现花瓣和色彩晕染的效果;二、条纹绣类,有接针、滚针、切针、辫子股、平金、盘金等。条纹绣类针法适宜于表现鸟兽的毛、羽和人物的须、眉以及花蕊等;三、点绣类,有打子、结子、拉尾子等;四、编绣类,有拋绒、鸡毛针、编针、格锦针等;五、网绣类,有冰纹针、网绣、挑花、桂花针、松针等;六、纱绣类,有纳锦、戳纱、打点绣等。纱绣类针法是以不同长短的线条参差排列,交接成各种几何图案,富有装饰性;七、乱针绣类,有大乱针、小乱针。乱针绣类针法,线条组织灵活,分层重叠,善于表现肖像、风景、动物等色彩丰富的绣稿;八、辅助针法类,有扎针、刻鳞针、施毛针等。辅助针法在绣品中起辅助、点缀作用,与其他针法结合运用;九、变体绣类,有贴绣、穿珠、借色绣、叠绣、虚实针等。

【唐绣针法】　刺绣发展至唐代,创造了多种新针法,已可较好地表现各种物象的纹理质感。黄能馥主编《中国美术全集·印染织绣·刺绣工艺的发展》:"唐代是刺绣针法大步创新的时期,从国内外所藏唐代刺绣实物观察,得知此时已经运用了抢针、擞和针、扎针、蹙金、平金、盘金、钉金箔等多种针法。唐代抢针与擞和针的出现,使刺绣作品能制作出色彩退晕和晕染的效果;再加上各种平绣针法的配合,可以反映各种物象的纹理质感,这就大大丰富了刺绣艺术的表现力。"

【宋代刺绣针法】　宋代刺绣针法,在继承上代传统针法的基础上,有不少创新和改进。从北京故宫博物院、辽宁博物馆、台湾故宫博物院所藏宋绣,和福州黄昇墓出土的宋绣衣物看,计有齐针、套针、抢针、缠针、滚针、扎针、钉金、打子和擞和针等十多种。1972 年浙江瑞安慧塔出土的北宋经袱,是双面绣。

【锁绣】　古代刺绣主要针法之一。亦称"锁法"、"套针"、"套花"、"穿花"、"扣花"、"链环针"、"络花"。由绣线环圈锁套而成,绣纹效果似一根锁链,故名。因其外观呈辫子形,故俗称"辫子股针"。河南安阳殷墟妇好墓出土的铜觯,上附有菱形绣残迹,其绣纹为锁绣针法。湖北马山 1 号楚墓出土的 21 件绣品,湖南长沙马王堆 1 号汉墓出土的各种绣件,均为锁绣针法。新疆等地出土的各类东汉刺绣,主要仍用锁绣法。锁绣是我国自商至汉刺绣的一种主要针法。锁绣较结实、均匀。一般的针法组织:以并列的等长线条,针针扣套而成。绣法:第一针在纹样的根端起针,落针于起针近旁,落针时将线兜成圈形。第二针在线圈中间起针,两针之间距离约半市分,随即将第一个圈拉紧,以后类推。锁绣现适宜绣制枕套、围嘴和拖鞋等。

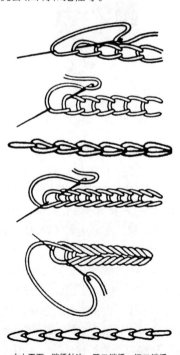

由上至下:锁绣针法　开口锁绣　闭口锁绣
双套锁绣　辫子绣　接针绣

【锁法】　见"锁绣"。

【套针】　见"锁绣"。

【套花】　见"锁绣"。

【穿花】　见"锁绣"。

【扣花】　见"锁绣"。

【链环针】　见"锁绣"。

【络花】　见"锁绣"。

【辫子股针】　见"锁绣"。

【齐针】　亦称"缠针"。刺绣基本针法之一。是我国传统针法中较古老的一种针法,这种针法最早见于湖南长沙马王堆西汉墓出土的辅绒绣上。齐针是各种针法的基础。针法组织:线条排列均匀、齐整。绣法:起落针都要在花样的外缘,线条要匀,不重叠、不露底,要齐整。齐针按丝理不同,可分直缠、横缠和斜缠三种。拉线轻重一致,绣时线绒须退松。

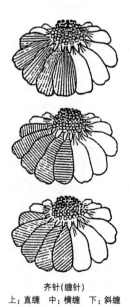

齐针(缠针)
上:直缠　中:横缠　下:斜缠

【缠针】　见"齐针"。

【直缠】　见"齐针"。

【横缠】　见"齐针"。

【斜缠】 见"齐针"。

【缉针】 刺绣传统针法。亦称"回针"、"刺针"。为线绣之一种。绣法：以间距相等、长度相同的短线组成，针脚相连，后一针落在前一针孔中，线条多呈点状，平贴整齐，多用来刺绣曲线及细长线条的纹样，如鱼鳍、须发、藤草等。为刺绣中针脚最短、用线较粗的一种针法。

【回针】 见"缉针"。

【刺针】 见"缉针"。

缉针

【绗针】 刺绣传统针法。线绣之一种。亦称"拱针"。绣法：以一段段间距相等、长度相同的短线组成，针脚之间留有空隙，在刺绣中常用作填补空间，是刺绣及缝服时最常用的一种针法。

【拱针】 见"绗针"。

【摽针】 刺绣传统针法。线绣之一种。俗称"摽梗"。绣法：先用缉针沿纹样运针，然后以丝线在每一针脚中缠绕穿刺，效果与滚针相类，但较滚针坚牢厚实。多用来刺绣植物枝条及叶筋，也可用来勾勒图案的轮廓。

【摽梗】 见"摽针"。

【盘曲针】 刺绣传统针法。绣法：用两根针同时绣，一根绣面上盘绕花纹，另一根上下穿刺，将前一根绣线固定。盘曲线多用合股粗线，钉线用单股细线；绣时尚需以一根粗丝或小圆棒作辅助，挽一扣，钉一针，边钉边做，盘绣成纹。盘曲针，多用于盘绣

大朵花卉纹样。

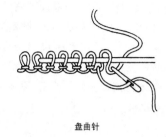

盘曲针

苏绣针法

【苏绣针法】 苏绣历史悠久,在长期的实践中,创造出不少针法。经晚清苏绣名家沈寿整理,归纳为18种。后经不断创新,现总计多达五六十种。常用的有齐针、抢针、切针、接针、滚针、套针、网针、乱针、虚实针、散套针、打子针和戳纱针等。还有一种变体针,其特点是,采用其他材料来替代丝线,如绣花蕊用小珠;表现果品,用绫缎包棉花缚于面料,可形成立体效果。有些还采用丝线和绒丝相结合、刺绣与缂丝相结合等多种手法,以增强苏绣的艺术表现力。

【撒和针】 苏绣主要针法之一。参针的一种。又名"长短针"。针法的组织与散套大同小异。散套针线条重叠,较浑厚,针迹隐伏于线条间;撒和针线条平铺,较平薄,针迹显露。刺绣步骤:由内向外进行。第一皮用长短线条参差排列。第二皮用等长线条上下参差间隔,嵌入第一皮线条的空隙中。第三皮与第一皮线条末尾相接,以后各皮照此类推。线条组织较灵活,不受色彩层次限制,因而镶色和顺,适宜于绣花鸟、人物、树石、书法等。

【长短针】 苏绣主要针法之一。见"撒和针"。

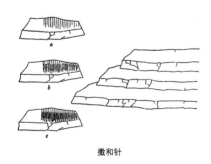

撒和针

【施针】 苏绣主要针法之一。参针的一种。适宜绣制人物、动物和飞禽。特点是用稀针分层逐步加密,便于镶色;丝理转折自然,线条组织灵活。刺绣步骤:第一层先用稀针打底,线条长短参差,线条间的距离要根据需要灵活掌握,一般间隔两针。如色彩复杂,需绣多层者,可酌量排稀,便于加色,但排针距离要相等。以后每一层均用稀针按前一层组织方法,依绣稿要求分层施密,逐步加色,至绣成为止。

施针

【套针】 在刺绣中运用较广的一种针法。沈寿《雪宦绣谱》载:套针,是先批后批鳞次相覆,犬牙相错。根据针法组织和表现技法,可分平套、集套和散套三种。

【平套针】 苏绣主要针法之一。套针的一种。是分皮顺序相套进行,由后皮线条嵌入前皮线条中间,丝丝相夹,还衔接着再前一皮线条的末尾,使之镶色和顺,绣面平服。刺绣步骤:第一皮用齐针出边,线条长约1～2市分。第二皮起称"套"。套的线条比出边的线条长十分之一,是用一丝相隔一丝的稀针,罩过出边的十分之六,稀针排列的距离要与线条粗细相适应。第三皮的线条长短与第二皮同,每针在嵌入第二皮线条中间的同时需与第一皮末尾相衔接。以后各皮均照此类推。适用于绣被面、台毯上的花鸟、树石等。绣时需注意排针稀密与用线粗细要均匀,每皮丝理要一致。

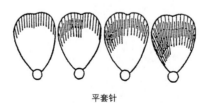

平套针

【集套针】 苏绣主要针法之一。套针的一种。针法组织大致与平套同,集套主要绣圆形花样,如绣制太阳和走兽的眼睛。因而刺绣时需每针的针迹对着圆心,在近圆心处要做藏针。如绣一市寸的圆形花样,第一皮用齐针出边,第二皮"套",即用一丝隔一丝的稀针绣。线条要罩过出边的十分之六左右。第三皮绣法与第二皮同,由于渐近圆心,要绣藏针,每隔三针,藏一短针。以后各皮由于接近圆心,线条之间空隙越来越小,要重新组织排列,按第一皮"套"的方法一针排稀一针,越到中心处,藏针越多,直到绣满为止。最后一皮针迹集中于圆心。

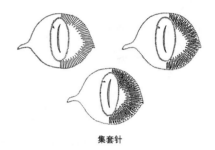

集套针

【散套针】 苏绣主要针法之一。套针的一种。套针始于唐代,盛于宋代,到明末的顾绣、清代的沈绣更为进步,流传很广。散套是现在苏绣欣赏品中最常用的针法。主要特点是等长线条,参差排列,皮皮相逮,针针相嵌。由于线条组织形式较灵活,丝理转折自如,镶色浑厚和顺,绣面细腻平服,能细致地表现花卉、翎毛的生动姿态。刺绣步骤:第一皮出边,外缘整齐,内长短参差,参差距离约是线条本身长度的十分之二左右,排针要密。第二皮"套",线条等长参差,排针是一针间隔一针的稀针,线条要罩过出边的十分之八左右。第三皮线条嵌入第二皮线条之间与第一皮相压。以后各皮照此类推。最后一皮外边缘要绣齐,线条排列要紧密。

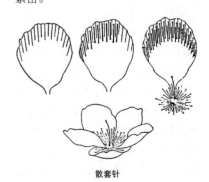

散套针

【抢针】 苏绣传统针法之一。是用齐针一批一批由外向里排绣,而后针续前针绣制,每批批头须均匀,针迹齐整,层次清晰。色彩可按批数分成浓淡,配成晕色效果,具有较强的装饰性。根据刺绣程序和不同表现技法,可分正抢、反抢、叠抢三种。

【正抢针】 苏绣传统针法之一。抢针的一种。特点是层次清晰、均匀,富有装饰性。适宜绣制图案花样。针法组织:用齐针分皮前后衔接而成,由外向里顺序进行。刺绣步骤:第一皮按花样外缘用齐针出边,线条长1~2市分(根据花形大小确定),线条粗细约一绒左右。第二皮起称"抢",针迹要衔接前一皮线条的末尾。以后各皮类推。色彩由深渐浅或由浅入深均可,需顺序进行。

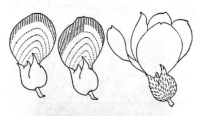

正抢针

【反抢针】 苏绣传统针法之一。抢针的一种。特点是层次清晰、均匀,富有装饰性。适宜绣制图案花样。针法组织:由内向外有规则地进行,丝理方向一致,皮头相互衔接。刺绣步骤:首先将花瓣分成阔狭相等的若干皮,然后用齐针绣第一皮,从第二皮开始要加扣线。扣线的方法是在前一皮两侧线条的末尾横一针,在后一皮边线中心点起针,把横线扣成"人"形。从中心线绣向两侧,每皮起针须从空地绣向扣线,并将线紧扣成弧形。以后各皮照此类推。

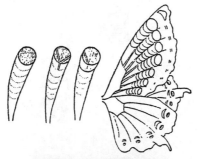

反抢针

【迭抢针】 亦称"叠抢针"。苏绣传统针法之一。抢针的一种。特点是层次清晰、均匀,富有装饰性。适宜绣制图案花样。迭抢形似正抢。刺绣步骤:分皮间隔进行,绣一皮空一皮,直到绣满花样为止。抢留空的皮头时,它的针脚要衔接着前后两皮的头尾。绣时需注意,每皮阔狭要均匀,丝理要一致。

【叠抢针】 见"迭抢针"。

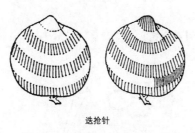

迭抢针

【羼针】 苏绣传统针法之一。沈寿《雪宧绣谱》载:羼针,即长短针。因其长短参错互用,故谓羼。绣法:最上层一排,用长短针交错绣,后针起于前一针中间,即由第一排的针缝中扩充绣出,第三排的针,由第二排针缝中再扩充绣出,第四五排依此类推。由于长短针参差刺绣,具有调色和顺的艺术效果,写实感较强。

羼针

【条纹绣】 刺绣针法之一。条纹绣,是一针接一针,或用铺扎技法,表现条纹状的一种针法。有接针、滚针、切针、平金、盘金、拉锁子针等。

【接针】 苏绣针法之一。条纹绣的一种。适宜绣制文字、孔雀羽毛、鸳鸯头部羽毛,亦可作缠针的辅助针法,帘绣也由接针组成。用短针前后衔接连续进行,后针衔接前针的末尾,连成条形。刺绣步骤:从纹样一端绣一针,线长约1~2市分。以后用等长线条连续进行,后针要刺入前针线条末尾中间,使针针连成一线。

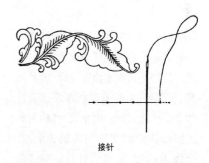

接针

【滚针】 苏绣针法之一。条纹绣的一种。适宜绣制走兽的须、眉,人物的头发,衣服的褶纹和细狭的图案纹样等。两线紧拶,连成条纹,线条转折比较灵活。无论绣直线、曲线都比较恰当。刺绣步骤:依纹样线条前起后落,针针紧拶,线条长短一律,约1市分。转折处可略短,以便于转折。绣好第一针后,第二针应在第一针二分之一处落针,使针迹藏在前一针之下。第三针落在第二针的二分之一处,紧接第一针线条的末尾,以后类推。

滚针

【切针】 苏绣针法之一。条纹绣的一种。适宜绣制点缀反抢蝴蝶翅翼以及细密的图案花样。是刺绣中针脚最短、用线较粗的一种针法,绣成后针针饱满,加上线光,很像晶莹细小的珠子。针法组织:成条顺序排列,线条长短一律,每粒约四分之一市分,成鱼卵形。刺绣步骤:从纹样的一端开始,一针紧接一针,后一针须回入前一针原眼,每一针均成粒状,绣时线绒要退松,用线约 2～3 绒。

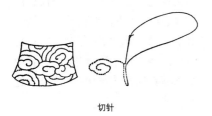

切针

【平金】 苏绣针法之一。条纹绣的一种。是用金线在绣面上盘出图案,适宜绣制花卉和水浪等花样,绣品光亮、平匀齐整,具有富丽辉煌的装饰效果。针法组织:用金线、丝线两种线按纹样外缘逐步向内铺扎而成。金线为铺线,丝线为钉线。刺绣步骤:先将金线绕在线轴上,露出两头,使两线并合,同时回旋。开始绣时,先用丝线短针横扎于金线上扣紧,然后将金线线头从原针眼里拉下去,将线头藏在反面,头记好后,即按纹样轮廓,自边缘绣起,每隔半市分钉一针。行与行之间,钉线要相互间隔,铺成桂花形。第一皮绣好后,就顺序向内回旋,直到绣满纹样为止。绣时针线距离要均匀、整齐;金线要拉紧;金线色彩可与刺绣物体色彩相适应,亦可用纯色。最后须将金线头藏没。

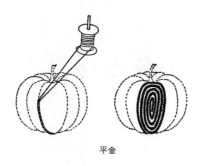

平金

【盘金】 苏绣针法之一。条纹绣的一种。是平金绣的简化,作装饰绣品,起美化与调和色彩的作用。经常与打子针一起运用,适宜绣制台毯、被罩等实用品与装饰性较强的欣赏品。针法组织:以丝绣图案为依据,将金线回旋,加于已绣或未绣的图样边缘。绣线有"双金"、"单金"之别(两根金线并在一起绣称双金绣,一根金线称单金绣),一般以双金为主,因其线条方向依样盘旋,故称盘金绣。绣制时金线头要藏好。绣时要注意轮廓线条的正确。盘双金线时,如遇有交叉的图案,可将近交叉点的金线、单线向里盘旋一圈后,回出与原来的金线再合并,按顺序进行,以减少起头、落头的手续。钉线色彩要与刺绣色彩相呼应。

【双金绣】 见"盘金"。

【单金绣】 见"盘金"。

【盘金绣】 见"盘金"。

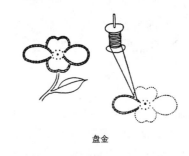

盘金

【拉锁子针】 苏绣针法之一。条纹绣的一种,也称"打倒子"。适宜绣制实用品绣中的花叶。绣品结实坚固,形如打子,整齐、均匀。针法组织:用粗细两种不同的线条盘圈而成,粗线是盘线,细线是钉线。刺绣步骤:先将粗线引出绣地,用上手拽住,然

后引细线的针在粗线旁刺出绷面,将粗线在针尖上向外盘一圈上手卡住线圈,下手移至绷面,将针抽出,用切针钉住线圈。绣后一圈时,钉线切针的针眼,须回入前一圈的原针眼,钉扣连接,以后类推。刺绣顺序可由外轮廓四周向内进行。广绣称为"扣圈针",绣法类似。

【打倒子】 苏绣针法之一。条纹绣的一种,即"拉锁子针"。

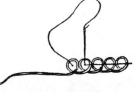

拉锁子针

【点绣】 苏绣传统针法。是指用绣线绕结成一个个点、线或面组成纹样,称为"点绣"。有打子针、结子针、拉尾子针等。

【打子针】 刺绣传统针法,是苏绣传统针法之一。点绣的一种,亦称"打籽"。用线条绕成粒状小圈,绣一针,形成一粒"子",故名。打子针法被认为是古老的锁绣法的发展。最早见于蒙古诺因乌拉东汉墓出土的绣品上(参阅《中国历代织染绣图录》)。打子针法适宜绣制装饰性较强的图案。优点是坚固耐用。刺绣步骤:上手将线抽出,下手移至绷面,把线拉住,将针放在线外,把线在针上绕一圈。即在近线根上侧刺下,下手还

原,将针拉下,绷面即呈现一粒子。绣制顺序,一般是由外向内沿边进行,子与子的排列要均匀。据打子高手说,打子小结的打法,计有20多种。湘绣打子,习用丝线。如用绒线,以打子的大小,或不劈,或粗劈。桃、李、梅、杏一类花芯,均用打子。

【打籽】 刺绣传统针法之一。见"打子"。

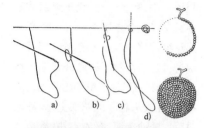

【结子针】 苏绣传统针法之一,点绣的一种。形状与打子大同小异,都是由圆粒组成,但结子实心,形似珠子,粒粒饱满。用线宜粗,约二绒左右。适宜绣制日用品类。刺绣步骤:线抽出绣底后,上手将线向外朝前兜一圈。再用针穿过线圈,刺在起针的上侧落针,上手把线圈提挺,将线圈收紧,下手把线拉下,绷面即形成一粒实心子。

结子针

【拉尾子针】 苏绣传统针法之一,点绣的一种。形似打子,在粒子后面拖一短针,有些像尾巴,故名"拉尾子针"。适宜绣制花卉,尤以绣粟子最适合。刺绣步骤:大致与打子同。线拉出绣底时,在针尖上绕一圈。然

后线圈在针上拉紧,在离起针分许处下针。线抽下,即成拉尾子。线条长度可根据需要决定。绣法顺序是由外向内成皮地进行,后一皮的子要压住前一皮尾巴的针眼。

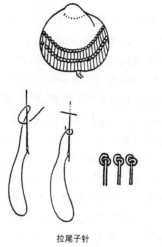

拉尾子针

【编绣】 苏绣传统针法。运用经纬线以编织技法绣制,故名"编绣"。根据针法组织,可分编针、格锦针、拟绒针、鸡毛针等。

【编针】 苏绣针法之一,编绣的一种。形如竹编花纹,有三角、六角和菱形等多种。绣制时注意单位的"形"要相等。适宜绣制竹篮、竹笠、竹篷以及日用绣上作装饰用。刺绣步骤:用横、直、斜线条编穿而成。以六角形为例。先把两种线条搭成一个个菱形小单位。再把另一根线在菱形二角把第一道线挑起来,压过第二道线,这样连续编穿,绣面即成连续性六角形。

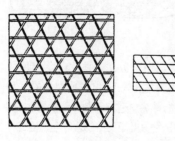

编针

【格锦针】 苏绣针法之一,编绣的一种。由经纬线交叉相压而成,形似织锦,故名。用横、直、斜的线条搭成方形、三角形、六角形等连续几何形的

小单位(即基本格),然后在这基本格上运用连续顺序相压的方法与不同线色,格出各种花纹,适宜绣实用品图案。刺绣步骤:有两种压法。一种在基本格边线左右进行,称"两边压"(图甲)。另一种是顺基本格边线一边进行,称"一边压"(图乙)。一边压是先用一针穿一色线在基本格竖线一边顺序绣一针,然后再用一针穿另一色线在基本格横线上顺序绣一针(图丙)。两针互相交叉,如此循环往复直到绣满为止。在最后一皮的每一交叉点上压一短针,以免线条泡起(图丁)。绣时注意每一基本格要均匀。

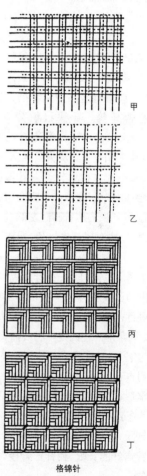

格锦针

【拟绒针】 苏绣针法之一,编绣的一种。是以经纬线拟出各种不同的花纹,适宜绣小件实用品上有规律、连续性纹样。刺绣步骤:以简单的斜纹形为例。先按照纹样的长度用生丝或白线稀铺(距离约一丝或二丝)作为经线,将绒线作为纬线,按顺序进行。第一皮,跨四丝,挑一丝,再跨四丝,挑一丝,以后类推。第二皮,挑

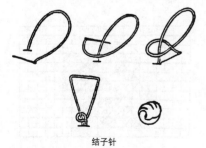

打子针

一丝,跨四丝,再挑一丝,跨四丝,以后均挑一丝跨四丝。第三皮,跨一丝,挑一丝,跨四丝,挑一丝,跨四丝,以后均挑一丝,跨四丝。第四皮,跨二丝,挑一丝,跨四丝,再挑一丝,以后均跨四丝,挑一丝。第五皮,跨三丝,挑一丝,跨四丝,再挑一丝,以后均跨四丝,挑一丝。第六皮与第一皮绣法相同,第七皮同第二皮,如此循环往复,直到绣满纹样为止。

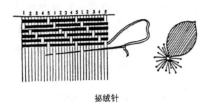

扯绒针

【鸡毛针】 苏绣针法之一,编绣的一种。形似鸡毛,由人字形线条排列组成。一般适宜绣小的尖瓣花和建筑物的转角等。针法组织分三种:一、交叉形。首先根据花瓣长度在正中尖头用长针脚从头至尾绣一针,把花瓣分成左右两半,再从花瓣尖头沿着中心线绣,左边的针脚向右绣过中心线少许,右边针脚向左绣过中心线少许,按次序适度排列,即成交叉形;二、稀针交叉形。确定中心后开始刺绣。每针间隔三四针距离,均匀地排列。线条从左到右、从右至左交叉进行,都要越过中心线直到边缘;三、人字形。在确定中心线后,自花瓣尖端开始,在两面边缘横绣一针,再用点针(极短的针脚)把横线扣成人字形。以后均由连续排列的三角形线条组成人字形花瓣。绣法与第一针同。但后一针点针必须落在前一针点针的针眼,使针针紧接,排列平匀。

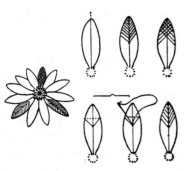

鸡毛针

【稀绣】 苏绣传统针法。通过有规律运针,绣制出各种纹样,因其绣线排列稀疏,露出绣底,故俗称"稀绣"。根据不同刺绣的组成技法,可分网绣、冰纹针、挑花针和松针等。

【网绣】 苏绣针法之一。运用网状组织方法绣制,故名。变化灵活,图案清晰秀丽,具有很强的装饰效果。在唐、宋绣的人物衣纹中就有此绣法,在江南农村日用绣的围裙、衣边、头巾、帐沿、烟袋等上面,亦常见有网绣的应用。苗族称"板花"。针法组织:用横、直、斜三种不同方向的线条搭成三角形、菱形、六角形等连续几何形格,然后用相扣的方法,在几何格中组成各种花纹。刺绣步骤:以三角形绣法为例:一、用线条搭成三角形基本格;二、在每一交叉点上绣一针小针,以免长线松泡;三、先从三角形的一角起针,然后在任意一角落针,再在三角形中心点起针,复扣套过前一针线条,落针于另一角,即在三角形中形成△花纹。所有三角形,都如此法构成绣面的图案花纹。

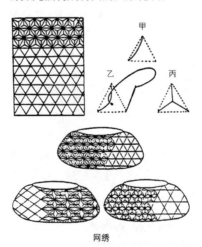

网绣

【冰纹针】 苏绣针法之一。应用各种不同角度线条,组成冰裂状的一种针法,故名。适宜绣制脉纹状物体,如贝叶、海棠叶、草虫的翅翼等。绣制时线条排列不应有方形、长方形格纹,一般都组成大小不等的三角形。刺绣步骤:如绣叶,先用滚针把叶茎和四周轮廓绣好,然后在中间绣冰纹针。线色宜深,根端和尖端的格纹要密,中间宜稀,根据物体茎脉稀密灵活掌握。

冰纹针

【挑花针】 苏绣针法之一。运用交叉形线条和绣地,绣线的深浅对比构成,具有较强的装饰性。适宜绣制枕套、围嘴等实用品。刺绣步骤:绣时只要数格、数丝进行,线条组织较简单。在每一个方格上绣成一个交叉形花纹,把许多交叉形连接并列组织成各种连续花纹。绣底最好选用格子布、绸料或经纬线粗细比较均匀的布料,在没有格子的绣底上,要数丝进行。绣地色深,绣线宜浅;绣地色浅,绣线宜深。

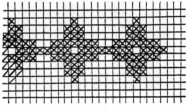

挑花针

【松针】 苏绣针法之一。因形似松针叶,故名。又名"三脚针"。绣时须按格或数丝进行,装饰性强。适宜绣制日用绣上的图案花纹。刺绣步骤:每一个方格上绣直、横、斜三针,组成卜形单位。把许多卜形结合成花或叶子,卜的排列要平顺,不可忽高忽低。绣好后用滚针或金线在花叶四周盘出轮廓。

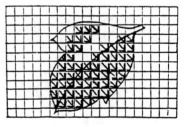

松针

【三脚针】 见"松针"。

【纱绣】 苏绣传统针法。以方格纱为绣底,按格进行绣制。由于排列组织等不同,可变化出众多优美纹饰。

通常有纳锦、戳纱和打点绣等绣法。

【纳锦】 苏绣针法之一,纱绣的一种。以素纱为绣底,绣时须按格或数眼绣制。绣法垂直进行,以大套小的几何图案,绣满全幅,用色一般以每一几何形为单位。刺绣步骤:以波浪纹为例。从纹样边缘第一眼起针,跨过 6 个眼,在第七个眼下针,以后每针均往下移一个眼,绣到第十针后,每针均向上移一个眼,直至与第一眼相并列时,再往下移,如此循环往复,即成波浪形。第二皮波浪纹绣法相同,落针的针迹要在第一皮原针眼中,以后类推,直至绣满。

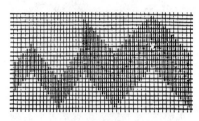

纳锦

【戳纱】 苏绣针法之一。纱绣的一种,又称"穿纱",北方名"纳纱"、"纳绣"。以素纱为绣底,用彩丝绣满纹样,四周留有纱地。用色依花样顺序进行,内深外浅或外深内浅均可。适宜绣制实用绣品中的被罩、床毯和欣赏绣品中的人物服饰等。刺绣步骤:利用纱地按格数眼进行,用长短不一的垂直线条,有规则地参差排列成各种图案花纹。花纹变化较多,有芭斗纹、桂花纹等。以芭斗纹为例。起针于纹样边端第一眼,跨过 7 个眼落针,第二针与它并列。第三、四针与第一、二针上下参差 3 个眼。第五、六针与第一、二针同格,以后类推。到纹样渐狭处,可按纹样需要将线条缩短,但花纹间的空眼必须对齐。绣时绣线要退松,纱眼要清楚,切忌将纱眼堵塞。

【穿纱】 苏绣针法之一。纱绣的一种。见"戳纱"。

【纳纱】 纱绣针法之一。苏绣称"戳纱",北方称"纳绣"。见"戳纱"。

【纳绣】 纱绣针法之一。苏绣称"戳纱",北方称"纳绣"。见"戳纱"。

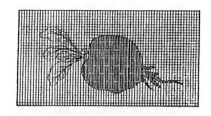

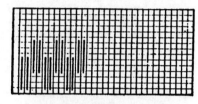

戳纱

【打点绣】 苏绣针法之一,纱绣的一种,又称"斜一丝"、"一丝串"。以素纱为底,按纱格经纬点斜绣,每点一针,集聚绣成。刺绣步骤:先将线头藏没,起针时用针在交叉点刺下,在近交叉点的经纬线上,露出少许,绣时将它绕没,然后,按经纬点斜绣,每点一针。纹样将绣完时,注意藏线头。藏头法是在绣最后三四针时,线不要抽紧,待线回入几针后再抽紧,将线齐根剪断,不露痕迹。起落针方向要一致。

【斜一丝】 苏绣针法之一,纱绣的一种,即"打点绣",亦名"一丝串"。见"打点绣"。

【一丝串】 苏绣针法之一,纱绣的一种,即"打点绣",亦名"斜一丝"。见"打点绣"。

【扣绣】 苏绣传统针法之一。扣绣针法原来是用作扣边的,所以从前称作"锁边",近代流行很广的扣花就是应用这种方法。它可以扣出多种图案。这种针法的特征是线与线一定

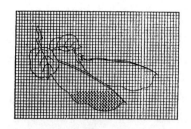

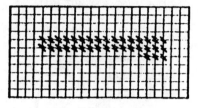

打点绣

要连环扣锁,因此称它为扣绣。扣绣分连锁扣、结边扣、空心扣三种。

【连锁扣】 苏绣针法之一。扣绣的一种。是扣绣中连锁组织的纹样。在未绣之前要有准确的计划,线线套搭连锁,一排两排三排以至多排可自由采用,如有固定纹样,要在其周围分界线用滚针绣制。

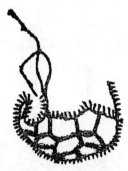

连锁扣

【结边扣】 苏绣针法之一。扣绣的一种。绣法分两种:一种是打底线的扣针,先按照图样钉好底线,再用针由底线里面戳起,由底线的外面戳下,线留上面,再由底线的里面戳上,扣在上面的线内,向外拉紧,一针一针地排比;第二种是不打底线的扣针,用针方法和上面的一种相同,就是不用底线,里面的线脚长短不同,可在长短的针脚中组织花纹。

【空心扣】 苏绣针法之一。扣绣的一种。先打好图样,再在每个个体纹样的外围线处做一经线,在这总经线上视其需要可做出各条支经线,除起

落针在边上的总经线以外,其余的经线起落针要扣在支经线上,然后在总支经线上进行扣的方法。内面全扣在纹样经线上,不可扣牢地布。在纹样的外围线上要连布一同扣上。可用结边扣法,结边的一面朝里。扣完以后,剪去地布,便成空心的扣花纹样。

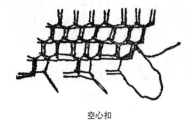

空心扣

【辅助针法】　苏绣传统针法。系指不能单独绣制绣品的一类技法,其必须与其他针法配合运用,而在绣品中仅起辅助和点缀的作用,故名。常用的有扎针、刻鳞针、施毛针和铺针等。

【扎针】　苏绣辅助针法之一。亦称"紮针"。加于其他绣面上应用。用"人"形纹皮皮相合绣成。适宜绣制荔枝的花纹、鹰、鸡和其他家禽的脚。针法组织:较简单,主要根据动植物斑纹形状,表现出它的特征。如荔枝花纹绣法,首先按荔枝的花纹、形状、大小横绣一针,第二针从横针中心点起针,落针时扣起横针,形成"人"形。第二皮"人"形应骑跨第一皮,与第一皮的"人"形相合成"龟"纹形。第三、四皮照此类推,至绣满为止。花纹排列要整齐、均匀。苏绣的扎针和广绣的勒针,绣法基本类似。

【紮针】　见"扎针"。

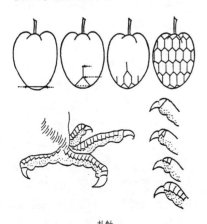

扎针

【施毛针】　苏绣装饰绣品辅助针法之一。用稀针成排绣制,适宜绣鸟和蝴蝶的翅膀等。针法组织:先在绣面横一线条,再由距离相等的线条排列组成。有三种排列形式:一、施毛线条齐整的(一般使用于鸟的翅膀上);二、施毛线条长短间隔的(可用于蝴蝶翅膀上);三、施毛线条成波浪形的(可用于蝴蝶翅膀上)。刺绣步骤:以绣蝴蝶翅翼长短相间隔的形式为例。先在蝴蝶外膀上横压一针,第二针用短针将横线扣于边缘,使扣线分为两节。然后在扣线中间顺序向上绣,线条长短间隔,一针隔一丝。绣至边缘再回到扣线中间,顺序向下绣,至边缘即成。

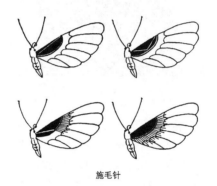

施毛针

【辅针】　苏绣辅助针法之一。平铺于绣面,作为扎针与刻鳞针的底层。有两种铺法:一种是直铺(一针一针平铺绣满);另一种是依据纹样转折,用接针铺满绣地。刺绣步骤:线条组织简单,但排针宜密,使铺线方向与物体中心线一致。绣时要将线退松。适宜绣带鳞纹、斑纹的动植物,如孔雀、鹤、金鱼的背部及石榴、荔枝等。

【刻鳞针】　苏绣辅助针法之一。形似鳞纹,宜表现飞禽背部羽毛和鱼鳞等。但必须与铺针结合运用,在铺好

铺针

的绣底上加刻鳞纹。有鱼鳞与施毛鳞两种:一、鱼鳞。先按照鳞形的纹样阔度横一针,再用短针将横线扣成一个三角形,然后用左右对称距离相等的短扎针,扣成一个鳞形或羽形;二、施毛鳞。绣法与鱼鳞大致相同,不同的是扎针的线条稍长,形似施毛针,故称施毛鳞。

【鱼鳞】　见"刻鳞针"。

【施毛鳞】　见"刻鳞针"。

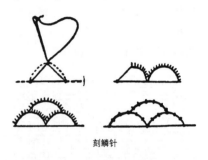

刻鳞针

【抢鳞针】　苏绣传统针法之一。刻鳞针的一种。绣法:不用铺针,依画好的鳞框来绣,近框边处用抢针,用淡色线绣一半,再于其里用深色,显出边浅里深的颜色来。框外和第二鳞连接处,中间留出水路,水路上面,用更浅的色线,用施针绣盖在上面。

抢鳞针

【叠鳞针】　苏绣传统针法之一。刻鳞针的一种。绣法:用套针法绣制,鳞与鳞之间,不留水路,鳞和鳞成相叠之状,故名"叠鳞"。敷色亦可边浅里深,使绣出的鳞纹具有立体效果。

【施鳞针】　苏绣传统针法之一。刻鳞针的一种。绣法:先用套针以多种色线分阴阳面绣地,再用施针绣出鳞纹,使鳞纹呈现出若隐若现状态。施鳞针,以绣制鱼在水中游动形态,最为适宜,艺术效果较生动活泼。

叠鳞针

施鳞针

【虚实针】 刺绣技法之一。是擞和针、施针、虚针的综合运用。虚实的施针，视内容的形体而定。如绣金鱼，头和背部实处，用施针绣密，在背与尾交接处，应逐渐稀疏，越到尾之末梢，施针愈稀，绣线愈细，才能表现出鱼尾游动时轻薄飘逸之质感。

虚实针

【贴绫绣】 苏绣变体绣的一种。特点是以绫代绣，平贴于绣面，所绣物体微微突起，能表现物象的立体感。绣法：用素绫一块，棉花少许，白纸一张，然后将花样印在纸上剪下，再将纸样置于绫地反面，按纸样剪下。绫地四周须放大半分，以便卷边粘浆。绫地纸样剪好后，将棉花铺在纸样上，使有突起感觉。棉花厚薄可根据物体高低决定。棉花铺好后，将已剪好的绫地样子，对准纸样轮廓包在上面，再在纸样反面边上粘上浆糊，将绫地边粘贴起来。这样，就成为一个果子或花瓣。为增加物体表现力，可以根据物体远近、明暗加色，再将它置于绣面，用细线沿着边缘用点针钉住。用线的颜色要与物体色彩相同。

【穿珠绣】 苏绣变体绣的一种。用珍珠、珊瑚珠或琉璃珠替代丝线，穿钉在绫缎上，绣制成纹样。一般与丝线绣结合（如叶子是刺绣、花是钉珠），在综合绣中起点缀作用。绣法有两种。第一种是全部钉满，即用线把珠子穿成一串，沿花样轮廓，由外向内，隔一粒钉一针。第二种是在绣好的花瓣上钉几粒（适宜钉花蕊），可穿一粒，钉一粒，一边穿，一边钉。

穿珠绣

【缤纹针】 苏绣针法之一。用长短参差不一的直斜、横斜交叉线条错综掺和而成，能一次再次地掺色。由于线条组织成交叉形，因而在掺和后，仍能保留多种色线的固有色。色彩掺和的次数不拘，直至光、色、形相似为止。缤纹针善于表现丰富的色彩，适宜绣人物、动物、风景、静物等。刺绣步骤：第一批按轮廓分块面稀针打底，线条略粗，约1～2绒。第二批、第三批……可根据绣稿要求，一次再次掺色，线条渐细，组织亦由稀趋密，直到色、光、形符合要求为止。线条交叉成直斜、横斜均可，但忌垂直交叉。

【桂花针】 苏绣针法之一。由极短的"十"字形线条组成，形似桂花，故名。适宜绣制图案形的花、叶等。刺绣步骤：用横、直、短线条搭成十字形，用很多的十字形交错铺满后，用滚针或金线绣外轮廓。绣时宜注意十字形的线条要统一，如第一个十字形先绣横针，以后十字形都要先绣横

桂花针

针，且要使十字对准花的中心。这样绣出的作品统一、整齐、优美。

【迭绣】 刺绣变体绣的一种，又称"肉入针"、"高绣"、"凸绣"、"凸高针"，旧称"填高绣"。一般与散套、缠针等针法结合运用。绣法有两种：一、高迭绣。适宜绣果子类的圆形物体。先将棉花或废线团成一团，用线把棉团钉在刺绣纹样内，有的在棉团上用薄绸封好，然后再将原定针法绣上去（一般采用散套）；二、平迭绣。适宜绣微微迭起的花叶等。如菊花，在绣前先用粗线打底，然后用原定针法（缠针）刺绣。垫底须匀滑齐整，垫底线或薄绸，应与所绣绣线的色泽相同或相近。打底线和绣线的方向不能一致，以免底线与绣线混在一起，影响质量。拉线轻重要均匀。苏绣和广绣等均有此针法。

【肉入针】 刺绣变体绣的一种。见"迭绣"。

【高绣】 刺绣变体绣的一种，又称"迭绣"、"凸绣"、"凸高针"、"肉入针"，旧称"填高绣"。见"迭绣"。

【凸绣】 刺绣变体绣的一种，又称"迭绣"、"高绣"、"凸高针"、"肉入针"，旧称"填高绣"。见"迭绣"。

【凸高针】 刺绣变体绣的一种。见"迭绣"。

【填高绣】 刺绣变体绣的一种，迭绣的旧称。见"迭绣"。

【高迭绣】 见"迭绣"。

迭绣

【平迭绣】　见"迭绣"。

【借色绣】　苏绣变体绣的一种。主要利用与画稿相近的底色,结合虚实针的特点,表现光线的明暗。绣法有两种。一种是全幅借色。如绣夜景,深暗处利用底色,把明部绣出。另一种是部分借色,如白色底料上的黑白猫,深色部分用线条表现,浅的部分可利用底色。若用虚实针绣夜景,则以统一的丝理为宜。有灯光处用浅色线绣,排列宜密。暗处利用深底色,在明暗交接处利用稀针,从虚到实有顺序地排针,不能忽密忽疏。绣猫与绣夜景不同,丝理须按其生长规律(毛丝的方向)。

【帘绣】　苏绣变体绣的一种。运用接针方法,稀匀地排列成行,形似竹帘。一般绣在已着色的绣底上,起点缀作用。绣法:后针接前针接连成条形,稀密距离相等。行与行之间接线的针眼要上下参差,第一行与第三行并列,第二行与第四行并列。适宜绣制人物的背景。

【点彩绣】　苏绣新针法。1956 年由刺绣名家朱凤创造。她是在"以往复经纬之法,排列成之直纹绣"传统绣法基础上,结合点画人像的画理,经反复研制才创造成功。是应用最规律针法,以铁线纱为绣底;于纬上绣经,而不露纬线;针针用"针上调色"绣作。"针上调色",一般线色 5 种合于一起,最少 4 种,多则 7 种;粗细不一,深浅无定,可很浅与很深的线合于一针,可深红与赭色或与金黄线相合,应视内容而定。在换色时,要使邻接的上、下针线,含有衔接的线色,这样才能使绣面和顺,不显断痕。点彩绣,重在配色和调色。

【大乱针】　乱针绣针法之一。大乱针常称为"乱针",其方法运用时,线条交叉都有一定的方向性,如直斜、横斜或是倾向角度的交叉线条。由于此种方法的丝理转折灵活,质感表现力强,绣制的题材较广泛。

大乱针

【小乱针】　乱针绣针法之一,亦称"三角针"。其方法运用时,线条交叉的形式一般是向四面散开,没有方向性。由于此种方法的线条散向四面八方,丝线光泽可不受光源角度的变化而变化,因此以小乱针表现绣面背景、粗厚织物等较为适宜。

【三角针】　见"小乱针"。

小乱针

【乱针绣技法】　乱针绣工艺美术大师任嘒闲,总结有很多宝贵经验。她认为,受光线影响,色线在横斜时,色泽较暗;色线在竖斜时,色泽较鲜明。在色彩和绣线等方面总结有四点:一、宜文不宜火。开始绣底部色线,要抓主基调,后在其上逐层施加较鲜明色线;二、宜浅不宜深。绣底色要比绣稿色浅些,从浅到深,层层加色,留有余地,这样可

乱针绣女孩头像
任嘒闲绣

使暗部,也有透明感;三、宜简不宜繁。一幅乱针绣,通常要配几百甚至上千种色线,初学者往往会将五色绣线到处乱用,这样会达不到好效果,要十分注意绣面的统调,宁少勿多;四、注重整体效果。主体和背景,要以背景衬主体,主花和宾花,要以宾花托主花,决不能主次不分,面面俱到。参见"乱针绣"、"虚实乱针绣技法"。

【虚实乱针绣技法】　乱针绣工艺美术大师任嘒闲,首创"虚实乱针绣法",总结有四点主要技艺:一、轮廓:乱针绣虚实针手法,要借助底料色,虚实交映,显色显物。为此绣绷勾稿时,轮廓线应尽量勾浅些,否则易露出轮廓线痕迹;二、色彩:如采用单色线色,从深到淡,3～4 个色级即可。它主要是以线条的粗、细、疏、密,来表现绣面的浓、淡、明、暗;三、线条:是表现绣面效果的关键。线条的粗细和疏密,应根据绣面的需要而定,粗到一绒,细到一丝和半丝。绣时线条从粗到细,从疏到密,衔接要自然多变。绣到块面与块面间轮廓线,不宜显出齐整的线条痕迹。线条排列应长短交叉,疏密相宜,当以有限的线条,充分表达出绣面丰富的明暗层次关系。明处线条宜稀,随着向暗处过渡,线条应逐渐增粗、增密。最明部位,可以完全借助底料的色相。即使采用一种深色线,同样亦可以表现出明暗层次来;四、背景:在绣面上比重较大,它能衬托主体的明暗层次、空间感和画面气氛。背景有两种绣法:一是先绣背景,待托出绣面主体后,再深入细致地刻画主体各部分。一种是先绣主体部分,然后再绣背景,两种绣法均需注重整体效果。

虚实乱针绣《列宁绣像》(虚实交映,
显物显色)(任嘒闲绣制)

湘绣针法

【接参针】 湘绣针法之一。为湘绣主要针法。用于同一色彩由深到浅或由浅到深,表达出渐变均匀的色阶。在用一号深色线刺绣后,接绣二号深色线时,两者衔接处须参差不齐,互相交错,又须不显痕迹,色彩方能谐和。但交接处搭线不可过长,也不可一线太长,一线太短。这是湘绣与苏绣针法基本不同的地方。

【拗参针】 湘绣针法之一。是专绣树木花草的一种针法。绣线排列成斜纹,以叶筋为中心,向两沿分施,一边自外沿由深至浅,一边自外沿由浅至深,向叶筋处集中,绣成后再加绣叶筋。因为丝的反光强,故叶筋须绣成斜向,深色叶宜用浅色叶筋。

【排参针】 湘绣针法之一,又称"排针"或"齐针",是专绣透空花纹的一种针法。主要使两边的针脚整齐排列。这种针法,有用深浅线衔接和不衔接的不同区分。排参针适宜应用刺绣图案和静物。

【排针】 见"排参针"。

【齐针】 见"排参针"。

【横参针】 湘绣针法之一。适宜绣制水平线纹的一种针法,多用于刺绣风景或天空色彩。施针方法与直参针基本相同,但用满绣不多,大多只是排列成一些稀疏长短不齐的水平线纹。刺绣时针脚不可过长,最长以不超过 1.2 厘米为度。

【直参针】 湘绣针法之一。是刺绣肖像和人物时的一种专用针法。绣线必须绝对垂直,不得有一针一线歪斜。在未下针前,先将绣线在质地上划出较宽距离的垂直虚线,然后以绣线按照质地的直线丝纹牵引比直,再按阴阳浓淡施针。

【挖参针】 湘绣针法之一。专绣圆形或曲线形凸体的一种针法,多用于刺制重叠花瓣和翎毛,着重以色线深浅阴阳表达物象的姿态和质感。参色由深至浅,或以深色线打底填绣,然后顺序接绣浅色。

【盖针】 湘绣针法之一。盖针是依照绣稿物象的阴阳浓淡色彩施针。第一次不宜绣足,只绣八成底层,然后再在底层上一层一层地加绣,托出阴阳浓淡。这种针法,针脚长短参差不齐,须层层分明,但又极为平薄,看来十分逼真。用线时通常是深色绣底层,浅色绣外层。丝绒要极细而密。多用于绣制走兽翎毛和人物的头发。

【游针】 湘绣针法之一。游针是随物象的顺势转折,以接参针法转色,并顺序相互连贯的一种针法。接针时须平正,不可偏斜,转弯部分,针线尤须掌正,针脚宜短。如走兽的毛路转折,绣前须审察,避免线路交叉,并须考虑丝绒反光影响与绣成后阴阳明暗的变动。如绣走兽的白色或其他浅色嫩毛,须盖在深色毛胎部位上方。绣线要细,针脚长短要安排适当,方显得疏松轻软,自然生动。适宜于刺绣走兽、翎毛、人物。

【秘针子】 湘绣针法之一。两线平行而又紧挨着,前后之分,不露针脚,像一根线。绣制叶脉、虎豹的须、人物的发须,云、水、花瓣边等,常用此针法。

【点针子】 湘绣针法之一。出针和入针相挨,绣出的针子细过鱼子,适宜绣制花芯,亦可刺绣全部画幅。

【毛针】 湘绣针法之一。是一种参差不齐,高度灵活变化的针法。为湘绣特有的参色主要针法之一。这种针法能将色彩明暗在毫无规律的情况下,调和得十分绚烂、自然、美丽,所表达的色彩艺术效果,能充分显示刺绣针法的特色,而在某些方面是绘

画色彩所无法表达的。其针向无一定准则,不长不短,错综而有条理。湘绣刺绣各种罕见的奇禽异兽,都采用毛针发挥它的特性。

【隐针】 湘绣针法之一。与接参针绣法大体相同,但必须平整光洁,不得在绣面上再加绣,绝对避免有隆起。多用于绣制明暗较复杂的花草走兽等,如绣花草,先从花瓣的蒂和叶柄部分起针,分别色彩的明暗浓淡,将各部位完全绣满后,再按花瓣花叶姿态,顺势填绣花筋、叶筋。

【绕针子】 湘绣针法之一。用大小两枚绣针,先用大针引线全部抽出缎面(此针可随时移动,不复上下),细针从缎面露出半针时,引粗线绕细针成一小涵洞,细针抽出来时随刺入缎面而成一针子。

【花针】 湘绣针法之一。又名"打底子",线路铺展如打鞋底。先以绣线整齐稀疏而有一定比例地平铺开来,再次第层层加密,线面纹路却仍留有间隙。阴阳浓淡参色与盖针相同。这一针法多用于走兽翎毛毛羽极繁复、部位较宽广的部分。

【鬅毛针】 湘绣针法之一。主要用于绣虎、狮的毛。为湘绣老艺人余振辉所创。作法:使针成放射状撑开,撑开的一头用线较粗、较疏;另一头较密,并把线藏起。这样使人感到这种线就像真毛一样,一头长进肉里,一头鬅了起来。绣成后,具有生动的质感。

【钩针】 湘绣针法之一。以针引线,刺绣地上面,再以针刺绣地下面,不使绣线全伸而浮着于绣地,然后以针横刺线的中腰,使浮着的线两头凸起而成连续不断的颗粒。钩针要用最粗的线,专门适宜刺绣鸡冠和鸡冠花。是湘绣的一种特有针法。

【扎针】 湘绣针法之一。先施直针,再在直针上加间隔的横针,直针要

松,横针要紧,形成弩状折节。苏绣
多用于绣制鹤、鹰、鸡等禽类的脚爪,
清末时湘绣曾仿效,后为突出湘绣
平、整、薄顺的特色,改用色彩阴阳的
绣法来表现禽爪的折节,这种针法已
不用或少用。

【钳针】 湘绣针法之一。亦称"刻
针"。性质与扎针近似,用短线针刻
画边沿。苏绣多用于绣鱼鳞、龟甲或
昆虫的头、腹。早期湘绣亦曾仿照绣
制,后逐渐运用色彩来表现阴阳明暗
关系,这种针法已渐少用。

【刻针】 见"钳针"。

广绣针法

【**直针绣**】 广绣针法之一。直扭针法的一种。为一种用垂直线条组成的针法。绣法：用垂直线条，在纹样的这边，绣到那边。线路朝一个方向平列，施色单纯，同时须注意边口匀整。这一针法与铺针的不同之处是直针比较短密，而且能够独立绣东西；铺针则针路较长，多作底层之用。针法运用颇广，适宜绣制图案性绣品。

【**扭针绣**】 广绣针法之一。直扭针法的一种。是一种用短的斜行针路，来表现较细线条的针法。绣法：凡横的、直的或曲的线条，一般都由下端或右端起针。绣时，绣线微拧，从右到左或从下到上地绣。一针与一针之间应紧贴，第二针起针时应将第一针起针稍露的针脚尽量遮盖，使之匀密好看；拐弯处也要求这样。作单线的一般只绣一路针脚，较宽的一针绣3～5路针脚。适用范围：凡长细线条，需绣得比较精细紧密的，都宜使用这一针法，如绣水波纹、叶子的勾勒等。

扭针绣

【**风车针**】 广绣针法之一。直扭针法的一种，亦称"霎针"。是用直线组成的风车形的针法。绣法：一般用较细的绒线刺绣。绣时先从外边起针，至中间落针，各根线条均按这一

风车针

方法顺次刺绣，形成风车似的形状。适宜刺绣梅花、桃花和松针等。

【**霎针绣**】 广绣针法之一。直扭针法的一种。即"风车针"。

【**捆针**】 广绣针法之一。捆咬针法的一种。又名"打边"。是以匀短的针路绕着物象最外一层而刺绣的方法。绣法：按习惯一般在中央边部起绣，先由中央逐针移向左边，完成后再在中央照同样的方法逐针绣向右边。使用这种针法所绣的东西，垂直的不多，大多数是半圆或别的形状。绣时除了要注意针迹匀整，边口齐密外，还应该注意物象的特点，顺着它的纹理刺绣。适用刺绣色泽单一的花瓣、羽毛等最外一层及绣字等。

【**打边针**】 广绣针法之一。捆咬针法的一种。见"捆针"。

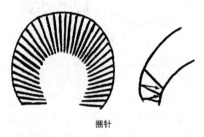

捆针

【**咬针绣**】 广绣针法之一。捆咬针法的一种，又名"抢针"。咬针有顺咬（又名"正捻"）和倒咬（又名"反捻"）两种。顺咬同苏绣的"正抢"；反咬同苏绣的"反抢"针法基本相同。顺咬的特点是颜色深浅参差，针路平铺匀整。绣时多是由外至内，亦有由里至外的。针路要一批批地整齐刺绣。绣花瓣、鳞翼时，交界处一般须留一线距离，行话称"水路"。反咬的特点是颜色匀净，深色或浅色都一批一色，大多数由浅到深，富有装饰性。在每批靠外边缘的内面，都须加一条压线，使盖绣在上面的绒线略为隆起。这不但在质感、绒线的反光等方面加强了艺术效果，而且有着异常整齐的感觉。绣时由内向外，做一批压一线，绣花瓣时压线要注意花瓣的特

点和背向，部分不必压时可不压，务求更好地表现物象的特点。适用范围较广，刺绣花瓣和动物的鳞、翼等，经常使用。

【**顺咬**】 见"咬针绣"。

【**正捻**】 见"咬针绣"。

【**反咬（倒咬）**】 见"咬针绣"。

【**反捻**】 见"咬针绣"。

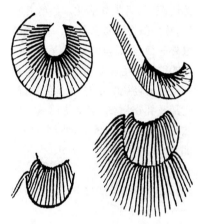

上：咬针 下：反咬针

【**续针**】 广绣针法之一。续插针的一种。是一种用短的针路，沿着直线条，一针续一针地刺绣的针法。绣法：一针与一针连续，第二针须在第一针针路约五分之四之处起针，并要贯穿着第一针绣线的中间，同时应保持匀密。如整幅绣针的纹理都是垂直，先由右边下端起针，延续向上，再由上往下绣。使用这种针法，有的一行与一行之间针孔平行，有的则有规律地第二行的针孔在第一行针孔距

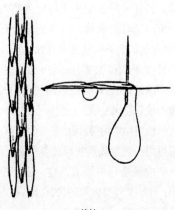

续针

离的中央,第三行与第一行对称。针步疏密,视物象大小而决定。适用范围很广,凡画面较大,而又要绣成绒线紧密的都宜应用;刺绣衣服及山石等尤为需要。

【撕针】 广绣针法之一。续插针的一种,也称"舒针"。是用较细的绒线,以疏密不等的针法表现飘逸线条的针法。撕针以表现弯曲的线条为主。绣时一般从物象的内部绣至外部,在线条有重叠,而又先描好画稿的情况下,可先外后内。如绣孔雀尾,线条飘逸而疏密不匀,一般先绣最外一根,然后再绣,须接第一根羽毛的别根羽毛。适用范围:凡要把羽毛绣出轻盈的姿态,如鸟的胸部、嘴部及孔雀尾部,都须使用这一针法。兽类的毛、花蕊及山水树木中的部分线条亦可应用。

【舒针】 广绣针法之一。续插针的一种。见"撕针"。

撕针

【旋针】 广绣针法之一。续插针的一种。是以长短不同的续针混合使用,按物象形体旋转而绣的一种针法,故名。与苏州等地的套针有些类似。旋针一般多使用于内窄外宽的物象。绣时先从物象内边的窄处开始(苏绣的套针则从外边开始),先以续针按形状依次扩开,因内窄外宽,从内绣至外的线条,在中间便须用较短的续针填满空缺。这些填上去的续针线色按物象需要,可用单一的颜色,也可用深浅色或别的颜色参差变化。针路的疏密可看需要而定。适用范围:凡物象外宽内窄的,如花瓣、石山及部分衣服、人体等都适用。

旋针

【洒插针】 广绣针法之一。续插针的一种。是以深浅色绒线,用长短参差的针路,以体现物象特点的针法。绣法:基本上运用续针针法,但针路一般较短而参差错落。由上端绣下来的,称"插针"。由下端绣上去的,称"洒针"。绣时均宜起落自然,为了表现物象质感和明暗,色泽的深浅和物体的纹路,都须予以注意。凡须表现物象明暗,如刺绣山水、人物、兽类、花鸟等都宜应用。

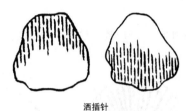

洒插针

【铺针】 广绣针法之一,辅助针的一种,也称"扣针"。用直针按物象大小由头至尾地尽其长度一针绣成。因为一针与一针之间彼此顺序平铺,所以称为"铺针"。绣法:在物象的上端、下端,或左端、右端起针均可。由于绣时一针从头至尾,长度较长,须注意整齐紧密。铺针适用于刺绣物象的底层,像绣钩针或压象眼针之类针法,须先铺针绣成物象的轮廓,然后再按需要加绣别的针法。

【扣针】 见"铺针"。

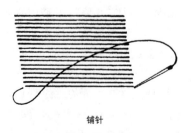

铺针

【勒针】 广绣针法之一。辅助针的一种,也称"扎针"。是一种用于勾勒

飞禽胫部和爪部线条的横而短的针法。绣法:刺绣鸟类如鹤、鹭、鸡、鹰等飞禽的胫部及爪部时,先用直针或铺针按轮廓绣妥,然后用勒针于其胫部、爪部加上一道一道的横纹,线条不宜太长,按物象的形状及阴阳向背而勒一半或四分之三不等,像绘画勾勒一样。勒纹太长,可于中间加一钉针,使之牢固。广绣的勒针和苏绣的扎针,绣法基本类似。

【扎针】 见"勒针"。

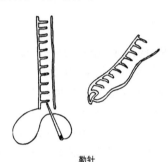

勒针

【渗针】 广绣针法之一。辅助针的一种。在已绣成的物体上,加绣针步细碎以加强质感、阴阳等艺术效果的一种针法。绣法:先用续针或铺针绣好底层(用较细的绒线),再按物象的需要,加绣短针路,渗碎点似的线条在上面。适用范围:宜绣在松树鳞、冰裂及动物等的斑纹处。

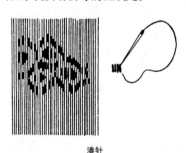

渗针

【钉针绣】 广绣针法之一。辅助针的一种。是将绣成的线条钉牢加固的一种针法。先由下起针,跨过所要钉紧的绒线,再沉下针去,如一针可

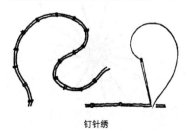

钉针绣

钉牢,即可在底打结,移绣别处。需再加钉第二针的,与上述方法同。适用范围:凡线条较长或线条与线条交接处,需要作加固的,都适用这一针法。

【珠针】 广绣针法之一。辅助针的一种。是一种较整齐地排列成珠状的针法。绣时一从底起针,即向左绣一针,以后每绣一珠时,也都从珠本身的右边起针,左边落针,即第二珠起针的线由第一珠的左边带来,其余也都是右上左落地有规律地刺绣。"对珠"针法,其方法与此相同,不过它是两行成相对状。适用范围:凡是须小珠点作点缀,如花边、蝴蝶和凤尾的花点等,都适用这种针法。

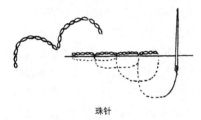

珠针

【篷眼针】 广绣针法之一。编绣的一种。用类似编织的绣法来表现物象特征。篷眼针是刺绣一种六角形篷眼状的针法。刺绣篷眼有两个方法:一、先用铺针绣好底层,即用绒线间成橄榄形,然后在近交叉之处横压一线,这样篷眼的样子即绣成;二、在作好底层后,以绒线用扭针绣法绣好菱形,然后在菱形近交叉处,按篷眼的形状用编织方法一穿一压地绣。前一种方法操作较简单,但形状的真实及绣品的坚固,以后一方法较为妥善。适用范围:凡刺绣编织类器物,如雨帽、船篷等都适用。

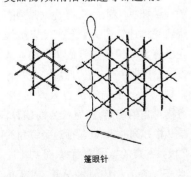

篷眼针

【竹织针】 广绣针法之一。编绣的

一种。是粗线间直、细线间横,所编绣成的似竹织品的针法。绣法:按物体的形状和大小,以较粗的绒线按一定距离,绣成一列列直线(一般距离三四条绒线阔),然后以较细的绒线编绣横线。绣横线时,如第一条的横线是越第一行直线的上面,则绣经第二行直线时便要穿过其底,在绣第三行直线时又越面而过,……绣第二条横线时,在第一行直线时应该穿过线底,经第二行直线则又越过其线面……经过这样有规律地编绣,做成后的纹样便很像竹器的组织结构。适宜编绣花篮、竹器等。

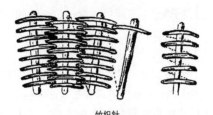

竹织针

【编织针】 广绣针法之一。编绣的一种。以绒线横直相间,绣成似竹笠纹样的编绣针法。绣法有两种:一、先用绒线(为加强效果,可用深、浅色绒线相间),全部间以横行,然后采取两条直线穿两条横行,或用3条直线穿3条横行(行话称两条的为"压二穿二",压是先绣横的,穿是后编直的。"压三穿三"略同)。照此类推,可以编成竹笠似的纹样;二、方法与上述基本相同,只次序有些相异。是边间横、边穿直,横间多少,直亦穿多少。编织针适宜于编绣船篷、篱笆、竹笠、草织制品及粗纹布袋等。

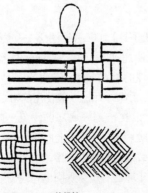

编织针

【方格网针】 广绣针法之一。编绣

的一种。俗称"二连花针"、"二列针"。是用3根平排绒线,并间成方格,后通过线条的钩配,组成正方形网状图案的一种针法。绣法:先用3根平列的绒线,间成正方形格子,后在方格(绒线)的交叉点用钉针钉牢,然后在方格内3根线中,除当中一根不动外,其余两根都在所紧贴的方格中钩成三角形,并以钉针钉牢。其余各格绣法可照此类推。这种针法适用于表现古代服装上的织锦等图案。

【二连花针】 广绣针法之一。编绣的一种。为方格网针的俗称,亦叫"二列针"。见"方格网针"。

【二列针】 广绣针法之一。编绣的一种。为方格网针的俗称,亦叫"二连花针"。见"方格网针"。

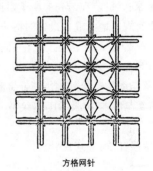

方格网针

【三角网针】 广绣针法之一。编绣的一种。俗称"三连花针"、"三列针"。绣法:先用3根并列的绒线间成三角形格子,次在格子(绒线)的交叉点用钉针钉牢,然后在三角形的3根绒线中,除当中的一根不动外,其余两根都在所紧贴的格子中钩成小的三角形,并以钉针钉牢。其余各格绣法,照此类推。适用于表现博古、花瓶、古代服装的织锦等图案。

【三连花针】 广绣针法之一。编绣的一种。为三角网针的俗称,亦名"三列针"。见"三角网针"。

【三列针】 广绣针法之一。编绣的一种。为三角网针的俗称,亦名"三连花针"。见"三角网针"。

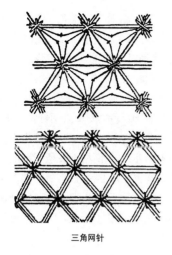

三角网针

【迭格针】 广绣针法之一。编绣的一种。又名"压象眼针法"。和苏绣"格锦"针法大同小异。刺绣迭格针不用先绣底层，而是运用不同深浅绒线绣成的方格所组成。首先用浅色绒线在绣品上间成若干个正方形格子，然后视需要，决定再用若干种由浅至深的绒线，在最先的格子附近，依次有规律地绣成像最先的格子那样大的格子。凡工至的，所用不同的绒线会多些，格子也细密些。为了匀密，线与线的交接处须用钉针钉紧。适宜绣制博古、袍服、团扇等纹饰。

【压象眼针法】 广绣针法之一。编绣的一种。见"迭格针"。

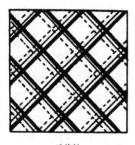

迭格针

【钩针绣】 广绣针法之一。绕绣的一种。和苏绣的"网绣"针法大同小异。绣法：从底起针，在面上横过一针后，复将针穿底，在距离两针孔相等，而又比这两个针孔之间距离要长些的地方上针，然后用绣针将横在面上的绒线钩起，把它拉成像"人"的位置后，又沉下针去，再朝向下右角的针孔里起针，再用上面的方法刺绣。这样依次绣上几个，龟背形纹样就绣

成了。刺绣不规则的冰裂纹，方法也是这样，不过比例不必匀称，须按物象的需要作多样变化。适用范围：刺绣龟背纹和较大的雀鸟的胫部、鱼鳞、鸟的羽毛纹饰、有冰裂纹的墙壁，以及有关这类图案的纹饰均适用。

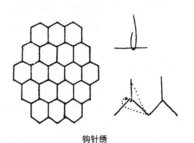

钩针绣

【圆子针】 广绣针法之一。绕绣的一种，也叫"打子针"。是用绒线通过扣结方法，形成小粒状的一种针法。与苏绣"打子"、"结子针"针法大同小异。绣法：按所需圆粒的大小，先把绒线编成大股的或小股的。绣时从底起针，绒线在面上后，先将绒线向左兜成一个小圈，然后以带针的绒线从圈子的右端穿圈而过，形成一个活的索子，把索子收紧到贴针之处，并把它结好，圆粒就形成了。绣时用力须匀称，否则圆子会或大或小；同时圆粒要紧贴绣地，不能露出针眼。参见"打子"。

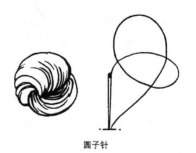

圆子针

【松子针】 广绣针法之一。绕绣的一种，也叫"松索"。是在绣面上通过特殊的打结技术，形成的一种松圈子。绣法：用比一般使用的粗3倍的绒线，在已绣好底层的物象上刺绣。绣时由底上针，在上面接针，将拔出的绒线向右绕一小圈，然后再以绣针从小圈的右边穿入圈内，复将拔出的绒线，向左绕一小圈后再往下穿进第一次所绕的圈内。这样，便将圈子形成所需的大小，移到适宜的位置，以

拇指按实系紧刺钉而成。操作时，一般由下层做起，依次迭上。适用范围：因为松的圈子可以上下捏动，刺绣绵羊毛、胡须、鸡冠花等均很逼真。

【松索】 广绣针法之一。绕绣的一种。见"松子针"。

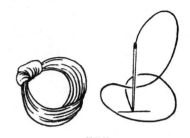

松子针

【长穗子针】 广绣针法之一。绕绣的一种。通过特定的打结技术，在绒线的末端结成一个略凸出的圆子，以表现谷穗、花蕊等的一种针法。绣法：在绣至穗茎或花蕊接近末端之处起针，绣针起面后，随以一手拉住绒线，向左绕一小圈，然后用针从右端穿进小圈内，在适当的位置把线圈收紧，这样，穗子便绣成了。粒子间的距离及匀密，刺绣时须予注意。适用范围：绣芦花、凤尾冠等较为长密有线条的植物花蕊，都适用这种针法。

长穗子针

【织锦针】 广绣金银线绣针法之一。是在平排的银线上，以绒线钉成小方格，并缀以海棠花、桂花或九针图案的一种针法。绣法：一、先以并列的银线平排地钉在绣品上；二、以绒线在已钉好的银线上钉成小方格。其方法是先在中央起针，然后向左右各斜钉4针。下端钉法也大致这样。方格对角的距离，在直纹方面横算，是9根并列的银线（包括边旁钉角的2根），在直的银线方面算，是约1厘米；三、在方格内钉海棠花，或桂花九针。适宜刺绣博古、花瓶、水果等。

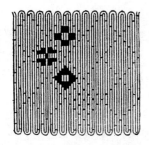

织锦针

【锦上添花针】 广绣金银线绣针法
之一。是在织锦针的基础上，再添绣
花样的一种针法。绣法：先用织锦
针把底层绣好，需要添花的部位，在
绣织锦针时要适当空留。添花的针
法，按不同内容运用适宜的针法绣
制。适用于绣制博古、花边和古装服
饰等。

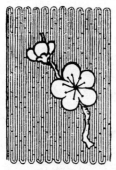

锦上添花针

【锦上织花针】 广绣金银线绣针法
之一。是边织锦、边按织锦方法织绣
花样的一种针法。绣法：在已画好
纹样的绣料上，先钉上平列的银线并
绣上小方格。同时按纹样绣上所要
织的花。在边绣方格和边织花时，不
要把银线钉了一大幅才织花，而要钉
二三行银线，就按图样动手绣，边钉
格边织花，这样，银线盖的纹样很少，
织出的花能符合原定要求。在织花
和方格绣好后，再用刺绣"织锦"方

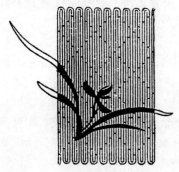

锦上织花针

法，在方格上绣海棠花或桂花、九针
等图案。一般以绣博古、花边及古装
衣服等为多，也可以刺绣花鸟、人物、
山水等。

【迭鳞针】 广绣金银线绣针法之一。
是用并列的金线或银线，所绣的一种
鳞状针法。绣法：绣第一个鳞时，先
以并列的金银线垂直绣一短线，以绒
线钉上两针，然后从左到右地以并列
的金银线绕两个圈子，第一个鳞便绣
成了，共有金银线 5 道，钉绒线 10
针。绣第二个鳞时，紧接着第一个鳞
右边最外的一条并列金银线的下端，
以左的一边向上伸至迭着第一鳞的
适当位置，并加钉好，然后复下垂，这
样，便像第一鳞的最先绣的短的垂直
线那样。这短的直线下伸至适当位
置，便从左而上，后从右而下，像绣第
一鳞那样地绕绣两个圈子。绣其他
各鳞的方法也是这样。适用于绣龙、
麟等动物的鳞部。

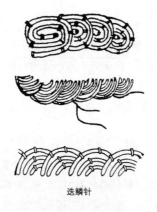

迭鳞针

【广州金银线绣】 俗称"钉金"。历
史悠久，技艺精湛，名闻中外。1957
年在广州东山明代戴缙夫妇墓(明正
德年间下葬)，出土有多件金银线绣
衣裙，纹饰、针法已具有很高技艺水
平。说明广州金银线绣的发展历史
已相当久远。广州金银线绣以金银
线为主，制作时先用金线或银线，铺
或迭在绣地上，后用不同色泽的绣
线，把金银线钉牢，并主要以这些不
同色彩的绣线，来表现物象的颜色、
明暗及其特点。绣品富丽堂皇，光彩
夺目。金银线绣的针法，全国以广州
最为丰富，常用的针法有平绣、织锦、
编绣、绕绣、凸绣和贴花绣等近十类

十多种。

【双面□针】 广绣针法之一。变体
绣的一种，也称"双面绣"。苏绣、湘
绣等都有此针法。参见"双面绣"。

【补画绣】 广绣针法之一。变体绣
的一种。即半绣半画的刺绣。苏绣、
湘绣等均有此绣法。见"画绣"。

【扣圈针】 广绣针法之一。绕绣的
一种。苏绣称"拉锁子"、"打倒子"。
见"拉锁子"。

【平针】 广绣金银线绣针法之一。
是在平排的金银线上，用不同的绒线
以短针钉成物象的一种针法。为取
得更多的变化，金线可与银钱相间，
并用不同绒线相间钉绣。绣法与苏
绣"平金"相同。参见"平金"。

平针

【金银线垫绣】 广绣传统针法之一。
以广东潮州的金银线垫绣最具代表
性。绣法：在绣面上按形象中需要
隆起的部分，用较粗的丝线或棉线一
层层地叠绣至一定的高度，做到外表
匀滑、整齐，然后在其上施绣；或以棉
絮作垫底，在面层以丝线满铺绣制，
然后在上施绣；或以棉絮作垫底，覆
盖以丝绸，并将丝绸周围钉牢，然后
在上面施绣。潮州刺绣"九龙屏风"，
为9条动态不同的蛟龙腾空飞舞，以
旭日、海水、祥云相连，组成九龙闹
海、旭日东升、霞光万道的壮丽场面。
绣品采用了金银线垫绣的技法，龙
头、龙身下铺垫棉絮，高出绣面2～3
厘米，充分表现了蛟龙躯体及闪闪发
光的鳞片，富于质感和立体效果。

蜀绣针法

【晕针绣】 蜀绣基本针法之一。是一种有规律的长短针,分全三针、二二针、二三针三种。全三针是长短不等的三针,二二针是两长两短的针;二三针是两长三短的针。各种针脚都须密接相挨,每排长短不等,但针脚是相接的,交错成水波纹。全三针适用于倾斜运针的绣面,向左倾斜的先由短针到长针;向右倾斜的先由长针到短针。二二针适用于小面积部位。二三针用处较广,凡正面或稍倾斜的绣面都适用此种针法。绣花、鸟、虫、鱼、人物、走兽不仅易于浸色,而且更能体现事物的自然和真实感。

【掺针绣】 蜀绣基本针法之一。每层都是一样长的针脚,针与针紧密靠着,另一层接在头一层的针脚上,运针时是从内向外,如绣花瓣能够浸色多。

【椒针绣】 蜀绣基本针法之一。是一种有规律的长短针,每层的色不一,而见缝插针,头一层是长短的密针,长的椒在短针内,第二层椒在长的内,二层以下是稀针盖在第一层上,第三层的针脚需搭在第一层的线上,这种针法可以浸色,多用于绣花卉翎毛。

【车凝针绣】 蜀绣基本针法之一。是一种长短不齐的乱针脚,一针接一针向外绣,每针相接处不盖头,运针时由内向外或由两侧向中间掺拢。这种针法能够随事物的自然形态,而体现得生动活泼。

【贯针绣】 蜀绣基本针法之一。是一种长短不齐的针脚。是在已绣的绣面上,表现其色彩的浓淡及其调和。一般是两针间贯一针,三针贯两针,如绣龙甲的尖端、蝶翅的隐纹,都适用此种针法。

【插针绣】 蜀绣基本针法之一。是一种类似晕针的乱针脚。在运针上是,头一道长短直针,二道长短针插到头一道的针脚内,针脚视刺绣物象的面积大小而增减。一般用来绣制雀鸟和走兽的羽毛,或先插后载用于刺绣蝴蝶和羽毛的中干。

【撒针绣】 蜀绣基本针法之一。运用一种稀疏不规则的针法,刺撒上去,以起到隐约的显现色彩、调和色彩和增添色彩的效果,适用于绣制金鱼的尾尖、雀鸟的尾子和脊背花纹等。

【滚针绣】 蜀绣基本针法之一。是一种长短针,一针靠一针地滚,不露针脚的称叶藏滚;稀疏显现针脚的称亮滚。适于绣蜀葵、芙蓉花叶的叶脉,以及树藤、松针、烟云、人物衣褶等。这种针法能体现绣制物象的自然形态。

【接针绣】 蜀绣基本针法之一,又称"扣针"。在运针上是一针扣一针,下针须在上针落脚处搭上针脚,适于绣制人物须发、金鱼尾子等。

【拨针绣】 蜀绣基本针法之一。绣制时一排一排地绣,第二排须接到头一排的针足盖头,由窄到宽,针脚可放长,由宽到窄针脚可以增减;从内向外或从外向内运针都可。每排可着两色,适宜绣雀腿和走兽。

【闪针绣】 蜀绣基本针法之一。是一种很短的针脚,一般用在绣好的绣面上,为了更能体现色彩的调和,按刺绣物象的具体需要,用二二或二三针闪,一般只用两色。深的闪浅色,浅色闪深色。此种针法适用于绣制山水和孔雀羽毛等,以体现其色彩的真实性。

【扣针绣】 蜀绣基本针法之一。针脚齐整,针与针间紧密靠着。一层一

个色,层与层间分界有一绊线,头一层须盖上次层的绊线,在头一层针脚上搭头。运针时是倒起运,由内到外。其特点能显出绣制物象的凸凹形状。

【藏针绣】 蜀绣基本针法之一。是一种长短直线针。由上至下或由下至上,后一针须盖上一针脚,逐针靠紧。针脚交错又须做到伏贴平整。适宜绣制人物头脸,能较自然地体现肌肉纹理。

【载针绣】 蜀绣基本针法之一。是一种短而细的直线针。在插针绣的事物上面,在一定的间距上面加以载针,更能使绣面平贴。适用于载花叶的脉纹和蝶的触角等。

【飞针绣】 蜀绣基本针法之一。是一种长短不一的乱针脚。在运针上有的两针相逗,有的用椒针。是一种适用于浸色的补充针法,而能掩藏原针层的埂子。

【梭针绣】 蜀绣基本针法之一。是一种长短不齐,虚针由上而下或由下而上,一行一行绣制的稀疏的针脚。适用于刺绣山水的岩石等。

【虚针绣】 蜀绣基本针法之一。是一种长短不齐,一上一下稀密不均的直线针法。一般用纵横参差的短针,如绣山水,着墨处用密针,不着墨处用虚针。

【绩针绣】 蜀绣基本针法之一。是一种一针靠一针的直线针脚。一般用作铺底,用长短的细针在绣面刺绣花纹,如凤尾上的花纹等。

【续针绣】 蜀绣基本针法之一。是一种直线针脚。须一针接一针,下一针的针脚,必须接到上一针的针口,如锁蝶翅和凤背的边缘等。蜀绣续针绣和广绣的续针类似。参见"续针"。

京绣、瓯绣针法

【北京缉线绣】 京绣针法之一。亦称"钉线绣"、"钉小线"。须用较粗的特殊绣线绣制，通常有双股强捻合的衣线；以马鬃或细铜丝、多股丝作线芯，外面用彩色丝绒紧密缠绕而成的铁梗线，又称"鬃线"或"包梗线"；以一根较细的丝线作线芯，外面用较粗的双股强捻合线盘缠，均匀地露出芯线，表面呈串珠状颗粒的龙抱柱线。将这类专用的线按画稿花纹回旋排满成形体或作为花纹的轮廓，再以同色线短针钉牢。短针距离1～2分，上下两排，钉线要均匀错开，呈十字状。缉线绣多用退晕方法配色，以白色、黑色或金色做勾边线。绣纹有浓厚装饰效果。缉线绣一般都钉绣各种几何形图案。

【钉线绣】 见"北京缉线绣"。

【钉小线】 见"北京缉线绣"。

清代钉线绣

【北京打子绣】 京绣针法之一。汉唐以来古老刺绣针法之一，为缠绕针的一种。绣法是用针引全线出底面之后，把线在针尖靠近地面上绕线一周，在距原起针处两根纱的地方下针，钉住线圈把线拉紧即打成一个"子"，这样一粒粒的排列成花纹。绣时抽线用力要匀，打出来的粒子才大小匀称。打子有满地打子和露地打子之分；又因绣线粗细不等，有粗打子和细打子之别。粗打子的粒子形状像小珠，突出于绣面；细打子有绒圈感。常用退晕配色来表现花纹的质感，并用白色龙抱柱线或捻金线勾边。湘绣、广绣、苏绣和蜀绣等，均有打子针法，绣法类似。

【满地打子】 见"北京打子绣"。

【露地打子】 见"北京打子绣"。

【粗打子】 见"北京打子绣"。

【细打子】 见"北京打子绣"。

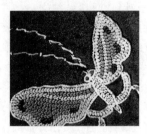
打子绣

【北京帘绣】 京绣针法之一。清代新创。绣法：在白色或淡色的绫、缎料上以淡墨勾勒出画稿，根据花纹所需颜色，按花纹轮廓以各色双股捻合的丝线顺着垂直方向均匀地绣上一层帘子似的铺线，故称"帘绣"。可使绣出的花纹呈现出朦胧的柔和之感，清雅含蓄。苏绣亦有帘绣针法，是变体绣的一种，通常宜于绣人物的背景，起点缀作用。参见"帘绣"。

【北京拉锁绣】 京绣针法之一。亦称"拉梭子"、"打倒子"。是缠绕针绣法的一种。绣法须用大小两根针各穿一线，绣时把大针全线引出绣面，小针则从底料反面刺出，露出半根针尖，大针引线缠绕小针一圈，然后将小针引出向左压住大针线环刺下，再靠大针线环右侧刺出小针，露出半根针尖，大针再引线绕小针尖一周，小针按前法刺绣。以此循环，绣出花纹。京绣拉锁绣一般都用捻丝线或捻金线、捻银线绣制。绣纹突出，柔和细密，牢固耐磨。多用来绣制实用小品。京绣拉锁绣，苏绣称拉锁子针，广绣称扣圈针，针法大同小异。

【拉梭子】 见"北京拉锁绣"。

【瓯绣针法】 瓯绣针法严谨，运针灵活善变，排线平齐匀薄，绣理分明，绣面光亮适目。作品画绣结合，针法融笔法、物象理法于一体。瓯绣十分讲究针法的虚实结合运用，主题总是精工细绣，背景则多采取画绣结合方式，施以虚针。用线粗细结合，不同色线合并运用使作品色彩丰富，如红里透兰，绿里透紫，光彩相互辉映，有五彩缤纷的效果。在刺绣手法上，讲究排线均匀，拉力宽紧适度，运用牵线与缎面摩擦增强绣面的光亮，产生虚实、粗细与光度的强烈对比，充分显示了瓯绣绣理分明，针工既工整而又灵活的特色。现瓯绣常用针法有：平针、侧针、施针、斜隔针、层层咬、打子针、垫绣、编花图案针、乱针等14种。其余在运用中稍有变异的达几十种之多。

【平针】 瓯绣针法之一。亦称"接针"。瓯绣基本针法。丝缕纹路平直排列，后一针的起端，接前一针尾端线中间，针脚隐蔽不露，绣面严实平正。平针要求上下左右排线均匀齐整，不能有交叉、覆盖和露地。上下关系是后针接前针；左右关系除平行相靠之外，针脚要相间，才能绣得平服。接针的丝路可根据需要，有直接、平接、斜接。一般用来绣人物的衣裙、山石、树木、建筑物、家具等。

【侧针】 瓯绣主要针法之一。绣法：起针时，先沿物体轮廓边线从左到右平行排列，针脚长短一样；第二层用渐次退晕的颜色接续排列，后一层的每一针脚一定要刺在前一层的两针中间；这样一排排依次下去，针与针之间基本保持平行状，排与排之间依物体自然形态而变化；在不规则的轮廓内运针可以酌情收放，一般都是先由阔处逐渐往狭处收拢。侧针都用来绣牡丹、芙蓉花、狮、虎、鹿、马及水果之类。这种针法最容易显现出光面效果，特别是表现皮毛的质感和花、叶的转折变化，尤显细腻平服，生动传神。

【施针】 瓯绣针法之一。绣法：按组织结构运针，丝缕转折要自然灵活，必要时可适当交切加色。施针在绣现代人物时能表现出逼真的质感，这种针法多用于绣较精细的欣赏品。第一遍先用基本色稀针打底，线条长短交差，然后分层逐步加密，在施加中要达到色彩丰富，变化自然。针脚以平行运针为度，见空插针，起落针可以不拘，但忌角度较大的交错，也不宜施加次数过多，以绣面平薄而又能表现物体质感为宜。

【滚针】 瓯绣针法之一。绣法：沿物体的边线，以短小的针脚平行运转为第一层，第一层的起始针要依物体的轮廓线绕到基本成平行状时为止；第二层依第一层顺序适当地交切运转，第二层的起针不但要刺在第一层的两针针尾之间，还可以按物体轮廓的转折需要，稍微将针脚之顶端交切成为一点；转弯度较大的可隔二针、三针藏一短针；这样依次排列下去，可以形成线色在转弯中渐次变化，运针方向形成一种自然滚动之势。这种针法宜于表现面积狭长、旋转弯曲的物体，如动物的眼球、菊花瓣等。

【斜隔针】 瓯绣针法之一。斜隔针和斜咬针相类似，所不同者，前者两针在中线处相交切，后者在中线处两针相隔离。使这中界线形成一条匀齐的空路，俗称"开缝"。因两针左右分开，形成八字形，故又称"八字针"。适宜刺绣枫叶和竹叶等，富有装饰性。

【八字针】 见"斜隔针"。

【层层咬针】 瓯绣针法之一。绣法：由物体边缘轮廓向内绣，第一层齐针离边，第二层以渐次退晕的颜色和第一层齐针相插，即第二层的起针之处每针必接插在第一层的两针之尾端，针针咬住，层层咬住，还要依花形轮廓运针。绣扇形花瓣时，接近集中处针脚收拢，可适当减针，层与层之间要求针脚密、平、匀、齐，这样才能使颜色变化自然，光面效果好。这种针法介于接针与侧针之间，它比侧针有较明显的层次，装饰性强，是刺绣日用品中常用针法。因用针短，牢固耐用。"层层咬"和侧针之不同处："层层咬"的后一层的每一针刺在前一层的两针之末端；而侧针的后一层针则刺于前一层两针之中间部位。

【打子针】 瓯绣针法之一。绣法：上手把线拉住，将近棚面的一段线在针上绕一圈，然后在近线根处刺下，上手把线结子处按住，下手往下轻拉，拉线时用力要均匀，太松形不圆，太紧面不平，太轻子不实，太重则子易穿引过缎背。打子要求外形圆，中央凹如碗形，一个面积的子要间隔打孔，子中的洞窟与针的粗细成正比。这种针法多用于绣花心、杨梅等纹样。

【垫绣】 瓯绣针法之一。绣法：在物体的轮廓线或表现形体的主要线条上，先垫一条粗细合适的线，然后按自己要求的针法去绣，这样绣出来的东西有浮雕效果。如用层层咬的针法绣花瓣，层层垫线绣出的效果有浓厚的装饰味，俗称"垫高花"。过去也有在老寿星的头面轮廓、鼻子、眼帘、额头纹上进行垫线绣的，使绣品具有半立体的艺术效果。

【垫高花】 见"垫绣"。

【编花图案针】 瓯绣针法之一。绣法：用单针编成四方连续和二方连续图案，先在所绣的范围内用横、直和斜线搭出图案骨格，然后根据需要编成各种几何形的连续图案。这种针法多用于亭台楼阁中的门窗花格及人物的服饰花边。瓯绣常用的编花图案有"金钱眼"、"八角窗"、"水仙花"、"冰梅纹"和"大小龟背"等。

【放射针】 瓯绣针法之一。绣法：第一层沿边线轮廓针针向着圆心齐针离边，第二层同样接续往圆心集中，越近圆心处空隙越少，形成外稀内密。故此由外向内须将针数渐减，要减得均匀，愈近圆心处减针愈多，最后集中于圆心。层与层之间的套接和侧针相同。放射针适宜绣制圆和扇状物体，如鸟羽、鳞片和圆形花纹。

【斜咬针】 瓯绣针法之一。绣法：在细小狭长的纹样内，如羽毛、花瓣或叶片中，先根据它的姿态确定中心线后，自尖端绣起，在顶部先绣一针，然后在直针两侧，自边沿至中线斜切，使两针成人字状，俗称"人字咬"。左右两针在中界线上的两个落针点或左切右，或右切左都可，但不是交叉，而只是交切。这种针法绣鸡尾和草叶之类最适宜，能借丝线反光，从任何角度看都有半明半暗的感觉，具有立体的艺术效果。

【人字咬】 见"斜咬针"。

【彩地锦纹稀针绣】 瓯绣针法之一。为绣制《红楼梦》仕女罗裙轻薄的质感，新创了"彩地锦纹稀针绣针法"。特点是"以画托绣，绣画结合"。方法是先在裙底着一层薄薄透明的色彩，并染出裙纹皱褶的阴暗，后用稀针在上面编织各种锦纹图案。利用线路排列的横竖对比，针脚的长短变化，不同光度的丝线及一定光线角度下的错觉，充分发挥了光与色的作用，使之形成光彩明暗的多种变化。裙底上的着色虽透出绣面，但给人感觉还是绣，效果良好。

【乱针】 瓯绣针法之一。绣法：绣时可不拘于针脚的长短，也不拘于丝缕的方向，而依物体的组织结构，由稀到密层层施加，使色彩在针线的施加中自然掺和，以绣出物体的明暗、虚实，以达到较写实的效果。乱针适宜刺绣写真一类画种。

【断针】 瓯绣针法之一。亦称"虚针"。特点是针与针之间上下左右都不相互衔接。断针是绣在着底色的地方，如隐约的山景、天空、地面、岩石等。根据其远近不同,可以绣得疏一点,也可绣得密一点,可以横排、直排或斜排。线的颜色根据底色而定,针脚要有一定规律。第一排每一针脚的长短相等,针与针之间的距离相等,第二排与第一排隔相当距离成平行状,针针相间排列。由于针脚稀疏,每针针脚全暴露在外,就更加要求平直匀齐,稍有一针歪扭就破坏了整体。这种针法适宜刺绣较大面积的背景。

【虚针】 见"断针"。

【稀针】 瓯绣针法之一。即接针的稀朗排列,或横或竖排成平行状,绣于轮廓之内。它与断针有所相似,但整体感较强,装饰性强。

抽纱针法

【抽纱针法】 抽纱的基本针法,一般分:绣、锁、雕、抽、勒、编、挑、补八类。绣——行梗、插办、打子、铺松、垫底绣等;锁——锁边、缠柱、扭鼻、锁眼等;雕——锁的工种完成后,根据图案要求,雕出某一部分,突出纹样形象,本身起缕孔作用,如灯笼扣(起空锁);抽——勒网、绞眼、胡交眼、勒元布、扒丝、苞米花等;勒——是将抽出的经纬部分,形成网状组织,然后用线勒出纹样,勒工艺包括编结技法;编——编丝、编花,如山东牟平的编罗纱,全用线编出后再镶拼到布上;挑——指十字挑花绣,北京、四川、浙江较多;补——即贴补绣,如北京贴布绣、山东济南的贴毛巾布绣等。

【扣边】 抽纱扣针针法之一。亦称"扣针"。是雕绣中最基本的一种针法。绣法同衣服纽扣孔眼扣锁相似,坚实牢固,经洗涤不散。扣边一般指产品的圆弧形边或与直线结合的边饰,以及图案花纹(如花叶)的轮廓等。按花形需要,较宽的边,称为"阔(宽)扣"。亦可在花纹上先填上粗线,再做扣针,使绣迹凸起,呈现立体效果。绣法:先将绣线在两条画线中钉牢,用针由上而下戳牢 4 根纬纱,用大拇指抵住绣线,针从底线拉出,按从左至右顺序绣制,绣好后引针戳到背后打结,藏好线头。

【扣针】 见"扣边"。

【阔扣】 见"扣边"。

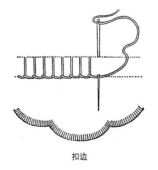

扣边

【镶针】 抽纱扣针针法之一,也称"对扣针"。即将普通一边连锁的扣针,相对交错地再扣一次。第一次扣时是一针间一针,第二次扣恰好镶入其间。所扣边线较普通扣针要宽,形如编结,在处理两面雕扣时常用此法。牢度强,但较费工。

【对扣针】 抽纱扣针针法之一。即"镶针"。

镶针

【指甲扣】 抽纱扣针针法之一。是在扣针时,将一边绣得平整,在锁连的另一边,则沿着小圆弧刺绣,形如指甲,故名。指甲扣连接起来,可用作精工产品的边缘,在花卉刺绣中也常穿插应用。

指甲扣

【游针绣】 抽纱针法之一。又有游茎、绕茎、浮茎之分。因三者都是以绣叶茎和细线为主,其粗细仅两三根纱丝,故习称为"茎"。游茎的特点是一般作短斜线排列。绕茎则是用线平行绕绣,针脚是短线平列。绕绣除作花纹的结构线外,有的也起扣针的作用,用来"绕洞"或绕"旁补",即绣制镂空部分的边缘。浮茎是绕茎的一种,绣法与绕茎相同,只是不直接在布上绕绣,而是钉线为骨,在骨线上缠绕,"浮"在抽丝叶片上作为叶脉。游针善于表现柔和秀丽的线条,绣时针脚不宜过长或过短,要齐整均匀。

绕茎
游针绣

【绕茎】 见"游针绣"。

【游茎】 见"游针绣"。

【切针绣】 抽纱针法之一,俗称"切子"、"针切"。一般每针长度不超过 3 根纱,绣出的效果就像一条虚线。常用作较细的叶脉和花瓣上的装饰。切针,具有齐整平伏的特点,绣时要注意针脚均匀,要求绣得挺拔整齐。

【切子】 抽纱针法之一,切针的俗称。见"切针绣"。

【针切】 抽纱针法之一。切针的俗称。见"切针绣"。

【包针】 抽纱针法之一。俗称"包花"。是雕绣中最常用的一种针法。特点与一般平绣的"齐针"相同,即针脚平列,或绣圆点、散花,或绣大花的轮廓和枝叶的翻卷,更适宜绣较大的块面。包针以绣菊花瓣和葡萄颗粒见长。所绣针脚,根据花纹特点,在平列中讲究顺势,可以自然转折。在专用名称上有"包圆粒"、"方包花"、"阔包花"、"包葡萄"等。

【包花】 抽纱针法之一,包针的俗称。见"包针"。

游茎

包针

【打子针】 抽纱针法之一。打子针，大多用作绣制花蕊。绣法有两种：一种为"单绕打子"，俗称"小打子"；一种为"双绕粗子"，俗称"大打子"，它比单绕打子多绕一圈。用打子紧密而有序地绣满布面，俗称"铺绒子"，给人以厚实感，具有立体效果。绣法：线上打结，从背后刺到正面，然后拉住线，用针在线上向里绕一圈，在原针眼一二根纱丝处下针，再收紧线圈，就绣成一子，要求针脚收紧，轻重均匀。

【单绕打子】 见"打子针"。

【小打子】 见"打子针"。

【双绕粗子】 见"打子针"。

【大打子】 见"打子针"。

【铺绒子】 见"打子针"。

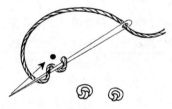

打子针
（下：双绕粗子、单绕打子）

【旁补绣】 抽纱针法之一，亦称"旁布"，俗名"旁步"。雕绣之"雕"，主要表现在旁补上，凡是雕绣产品，几乎都有旁补。它多是镂空的，其边缘又多用扣针连锁，制成图案花纹，故又称"扣雕"（但扣雕还包括"扣洞梅花"等）。旁补的作用主要是衬托主花，即"从旁增补"花纹之不足。扣雕的旁补有梯形、人字形、工字形、龟背形等。扣针与绕针结合，可组成"打子旁补"，又俗称"绕耳朵"、"牛鼻儿"，多用在高精制品上。完全使用绕针的称"绕旁补"，或称"拉眼旁补"。还有的使用抽拉丝作成旁补，称"直旁补"、"斜旁补"（水浪）、"叠旁补"等。由于锁边牢度的关系，绕针旁补不宜过大，在游茎和包花的旁边不宜做旁补。抽丝和扣雕旁补应保持一定距离，不能连接在一起应用。

【旁布】 抽纱针法之一，即"旁补"。

【旁步】 抽纱针法之一，旁补的俗称。见"旁补"。

【扣雕】 抽纱针法之一。见"旁补"。

【打子旁补】 见"旁补"。

【绕耳朵】 见"旁补"。

【牛鼻儿】 见"旁补"。

【绕旁补】 见"旁补"。

【拉眼旁补】 见"旁补"。

【直旁补】 见"旁补"。

【斜旁补】 见"旁补"。

【叠旁补】 见"旁补"。

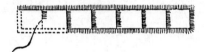

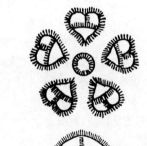

旁补绣
梯形旁补、梅花旁补、打子旁补

机绣针法

【机绣针法】 机绣针法很多,大体可分为基础针法、花色针法、特殊针法三大类。它继承了中国传统手工丝线刺绣针法的特色,还吸收了花边中扣眼、抽丝、雕绣等针法以及补花的特长。有的机绣还辅以印花、喷花等工艺,既省工,又具有良好的艺术效果。

【钢针绣】 机绣针法之一。亦称“包梗绣”、“包钢针绣”。用较长的缝被钢针作为工具,根据设计要求,将钢针平列于上,作来回包绣,绣好后将钢针抽出,使绣出的形象具有明显的立体效果,如用小剪将其剪开修平,就会产生毛茸茸的质感,故俗称“立绒绣”。

【包梗绣】 见“钢针绣”。

【包钢针绣】 见“钢针绣”。

【立绒绣】 见“钢针绣”。

【长针】 机绣主要针法之一,又称“插针”、“跳掺针”、“套针”。是手工刺绣的齐针在机绣中的变种。运针时通过机针的来回跳动、套插来表现花瓣的形象,以绣制主体花最为适宜。线条排列整齐、均匀、严谨、丰满,绣面光洁、平整、细腻,色泽和顺,具有立体感。

【插针】 机绣主要针法之一。即“长针”。

【跳掺针】 机绣主要针法之一。即“长针”。

【短针】 机绣主要针法之一。是机绣中各种针法的基础。针脚灵活,镶色和顺,丝理转折自如,能较好地表现各种刺绣物体的真实感。

【破针】 机绣主要针法之一。针脚一长一短,分层施绣,层层相嵌,长短相扣,紧密衔接。

【转针】 机绣主要针法之一。又名“圆针”,亦称“乱针”。运针时作圈状扭动,基本上按一个方向转动。调换线色时,圈子要打得有大小,不宜把圈打得大小一样。一般绣法:按轮廓边线一行行地转动,排列要整齐,第一皮转圈方向朝内,第二皮转圈相应插入第一皮的空间。出现空当可补上,但不可重叠太多。转针是机绣中特有的一种针法,变化较多。

【圆针】 机绣主要针法之一。即“转针”。

【勒针绣】 机绣主要针法之一。在绣好的绣面上,根据画稿要求,再绣出单线条,如鱼鳞纹等。勒针能增强绣品的清晰度,使所绣物体的形象特征鲜明。

【毛巾绣】 机绣针法之一。绣时将底线放松,面线收紧,使底线翻上绣面。运针方法为直线行进,须做到行行不乱,便可产生卷毛样的毛巾花纹效果,使图案毛绒浑厚。如行针时将直线行进改为连续打小圈的做法,在绣面上即可产生一连串小菊花形状,这种针法称“翻底菊花针”。用来绣制图案花芯,效果甚佳。

【翻底菊花针】 机绣针法之一。见“毛巾绣”。

【抽丝绣】 机绣针法之一。这种针法取源于手工刺绣。绣制方法,是将事先设计的抽丝范围(如长10、宽3厘米),用剪刀或小刀切断其两端纬线,但不能破坏经线,然后用针挑去被切断的纬线,使料面上剩下的全是经线部分。后再根据事先的设计,将其有规律地组合成各种花式图案。这种针法能给人以一种透空之感。

【拉丝绣】 机绣针法之一。绣时底面线要调得较紧。具体运针时,按面料布丝有规律地跳绣拉紧而形成图案,在每一图案线条的交叉处形成一小孔。根据组成图案的形式不同,拉丝绣又可分为方格拉丝、六角拉丝和菊花拉丝等。

【拉毛绣】 机绣针法之一。绣制时主要施以长针绣,运针时用针要密,针脚可略长,绣好后用拉毛果(拉毛果是起绒草的果实,原产欧洲。我国福建省和浙江余姚也有产)顺着线迹方向轻轻地拉。用力要均匀,不可将绣线拉断,直到拉出毛茸茸的感觉为止。因拉毛果刺很尖,在拉毛时要注意,不能将拉毛之外部位的面料拉破,也可在拉毛前用纸蒙住不拉的部位。

【二针半绣】 机绣针法之一。又名“仿十字绣”。借用十字跳绣的针法原理,将之运用于台布、枕套等品种。具体方法是按布料的经纬定向,以同等距离的针脚宽度作“×”字的跳针绣制。制作步骤是在规定图案的边缘位置起针,以45度斜角向上跳一针。回针后从同一位置向上跳至二分之一处,按垂直方向往下跳半针。然后回针向上来回一次跳出一个“×”字形,故名“二针半绣”。接着在落针处起针绣第二个“×”字形,十字针的针脚约为3毫米,间距为2毫米左右。图案色彩变化多样,因此要求随时变换各种颜色的绣线。此种针法具有浓郁的民间装饰风味,格调别致。

【仿十字绣】 机绣针法之一。见“二针半绣”。

【挖绣】 机绣针法之一。亦称“挖空绣”、“雕绣”。做法是根据设计的花型要求,在底料上剪或雕出具有一定规则的空洞,于空洞周边刺绣。挖绣变化很多,如于空洞处覆以纱罗,或在空洞处采用透空的网绣技法等,因此别致而新颖。挖绣的主要特点是通透,将绣品放于桌面,能透露出桌面木纹的本色。雕绣手法在抽纱中运用较多,机绣挖绣技法可与之相互交流借鉴,可创造出更多的挖绣新技艺。

【挖空绣】 见"挖绣"。

【雕绣】 见"挖绣"。

【单套针】 机绣长针绣针法之一。第一道绣线由边口起,针码间须留一线空隙,以容第二道绣线掺入,第三道绣线接入第一道绣线的一厘之数,以此类推至尽边处。针口宜整齐,排列须均匀。这种针法适宜绣制花卉类绣品。

【双套针】 机绣长针绣针法之一。它比"单套针"套得深,绣得紧密。是以第四道绣线和第一道绣线相接,即第二道绣线接入第一道绣线的四分之三处,第三道绣线接入第一道绣线的四分之二处,第四道绣线接入第一道绣线的四分之一处。双套针适宜刺绣大的花瓣,特点是搀色和顺协调,立体效果好。

【斜虚针】 机绣长针绣针法之一。用平直等长的斜线条,以稀疏针法绣制,不宜采用直经直纬线条。主要适宜刺绣背景和陪衬的部分,如绣丝绒贴布等,效果较好。

【散套针】 机绣长针绣针法之一。用短套针作基础,边口斜角宜齐整紧密;向内一边是二长二短,相间的线条组成等长参差,最长和最短之线条,相差二分之一;每道套接的线条宜相等,线长不超过 3 分,但上下有参差,后针紧靠前针的针尾 2 厘许,不露针迹,宜于和色,绣面平匀伏贴;如遇转弯分尖等,线条视画面形状而稍有长短,但不能长于原来线条。散套针适宜刺绣飞禽、风景和花卉等各类纹样。

【施鳞针】 机绣长针绣针法之一。针法宜疏,两线不合并,须略有参差。

如用套绣翎毛走兽,可施一层在套针之上。施针方向要根据图案内容形体纹路而定,施直,或施横,或施斜。使用施鳞针刺绣的鳞纹,具有隐现而生动的特色。

【刻鳞针】 机绣长针绣针法之一。是用套针或铺针绣底,先扎上纹路,再按纹路匀细地刻上鳞羽形状,斜角处要紧密而短小。适宜刺绣有鳞状形象的龙头等。

【乱针】 机绣长针绣针法之一。用不规则长短针、直针横针线条交错,色彩层层重叠。绣制时宜根据内容、明暗等灵活运用。适宜刺绣鸟头和小草等绣品。

【单直针】 机绣长针绣针法之一。用相同的平直绣线,平刺直绣。是一种基本针法,适宜刺绣古松、小草等多种图案,应用较广泛。

【散旋针】 机绣长针绣针法之一。用短小的短针,随纹路散旋向上绣制。适宜刺绣禽鸟。

服装刺绣针法

【行针】　服饰刺绣基本针法之一。是一种装饰点缀用针法。方法是用针横挑，相隔一定距离绣制成一个针迹，依次向前。行针在手工缝纫中亦经常用到。

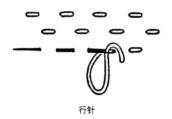

行针

【斜行针】　服饰刺绣针法之一。斜行针和行针不同，行针的针迹有一定间隔，斜行针的针迹与行迹之间是相连的，针迹形成斜状，逐针后退。常应用于图案的轮廓和线条等处。

斜行针

【回针】　服饰刺绣针法之一，又称"勾针"。在正面看，是平行的连续针迹。它的针法是将绣线引向正面后，回后一针向下，前进两针向上，依次向前。回针的针迹较坚牢、耐洗。

【勾针】　服装刺绣针法之一。见"回针"。

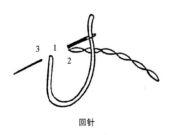

回针

【一字针】　服饰刺绣针法之一。是一种装饰性针法。针法简易，是在横行线迹中间，再加绣一道斜行扣针，将横行线迹钉住。一字针本身就是一个图形，亦可把它连接起来，组成各类直条或横条纹饰，针迹可疏可密，可长可短，绣线以略粗为宜。

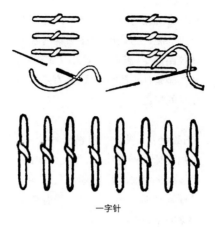

一字针

【双线回针】　服饰刺绣针法之一。名为双线回针，实绣线为一根。其针法是：将绣线引向正面后，先绣一行线迹向下，然后将针斜挑向上，在这线迹正中出针，在上面绣出一行线迹后，向下再绣下行第二行线迹。这样上下循环，依次绣出双线回针。这种针法，装饰性强，适宜作边框、云纹线条等，用途较广。

双线回针

【犬牙绣】　服饰刺绣针法之一，又称"人字针"、"八字针"。是一种基本的辅助针法，可和其他针法(如米字绣、打珠绣等)配合组成图案。针法较简单，运针横挑，一针上、一针下地斜行向前。

【人字针】　服饰刺绣针法之一。见"犬牙绣"。

【八字针】　服饰刺绣针法之一。见"犬牙绣"。

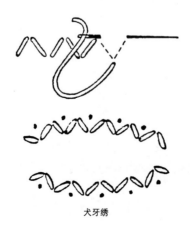

犬牙绣

【竹节针】　服饰刺绣针法之一。作法是随着图案中的线条，每隔一定距离打一线结，并和衣料一起绣牢。因所绣线形很像竹节，故名。适宜绣制各类图案的轮廓边缘或枝、梗等线条。

竹节针

【米字针】　服饰刺绣针法之一。是一种装饰性针法，大多绣在服装线缝边缘作装饰，或和其他针法配合使用，作点缀之用。绣法是先直绣 3 针，然后在腰间横扎一针，收紧成米字形。如图。

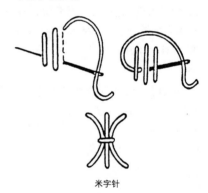

米字针

【绕针】　服饰刺绣针法之一，俗称"螺线结针"。绣法是将绣针挑出布面后，用绣线在针上缠绕数圈，要长多绕几圈，要短少绕几圈，一般以 8 圈左右较适宜。绕成后，将针仍刺下布面，把绣线在线环中穿过成轴。这种绕成的线环，可以是长形的，如图①，亦可曲线形的，如图②。绕针时，线环要扣得结实、紧密、坚挺。

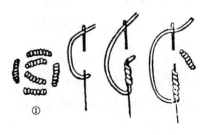

①

绕针

【螺线结针】 服饰刺绣针法之一。见"绕针"。

【旋针绣】 服饰刺绣针法之一。作法是间隔一定距离打一套结,再继续向前,整根线条犹如旋转行进,故名"旋针"。主要绣制花卉图案的枝梗、茎藤等。

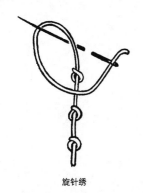

旋针绣

【蛛网绣】 服饰刺绣针法之一。绣法是先绣出向八面放射的基线,然后再用绣线在这基线下面套绕、盘绣。盘绣的线要松紧适宜,紧密齐整。蛛网绣针实用性较强,形较美,结实厚叠,很像蛛网,故名。适宜和其他针法配合,刺绣花朵等。

蛛网绣

【交叠针】 服饰刺绣针法之一,又称"绞形针"、"叉针"。常用于叶片的刺绣。针迹可疏可密,以紧密的针迹较为美观。一般有5种变化:如图①,针迹较疏;图②,针迹较密,绣成两端尖、中间宽的叶片状;图③,交叠针正面为上下交叠的叉形针迹,而反面形成为一个针迹连接的轮廓;图④,中间绣成人字形交叠,更具有叶脉状效

果;图⑤,运用交叠、勾针,形成一种弧状形交叠针,较活泼生动。

【绞形针】 服饰刺绣针法之一。即"交叠针"。

【叉针】 服饰刺绣针法之一。即"交叠针"。

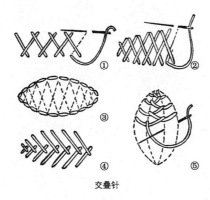

交叠针

【长短针绣】 服饰刺绣针法之一。是一长一短相互间隔的针法。外圈轮廓针迹齐整,内圈针距成一长一短形状。适宜绣制花瓣或叶片。

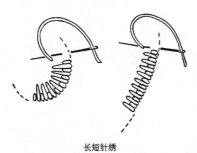

长短针绣

【排绣】 服饰刺绣基本针法之一,亦称"缎绣"。绣法是以绣线横排,故名。如图①,特点是整齐、均匀、圆润;在绣叶瓣时,在中间分开,运用斜针成倒人字形,如图②;也有绣成中间针迹相交叠的形式,如图③;也可绣成中间作一钉线的绣法,如图④。排绣针法富有变化,刺绣出的花瓣、叶瓣得体逼真,用途较广。

【缎绣】 服饰刺绣基本针法之一。见"排绣"。

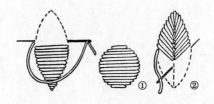

排绣

【轮形针】 服饰刺绣针法之一。这种针法装饰性强,本身就是一种图案形,在服饰刺绣中用途较广。它是V形绣的一种变化,从中心向四周放射,线迹与线迹之间形成直角形的勾套。

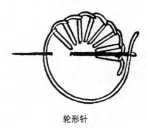

轮形针

【复式锁边针】 服饰刺绣针法之一。是从锁边针中变化出来的,针法略较复杂,主要是在它线迹的边口打一套结,坚牢耐洗。对毛边衣料制作贴布绣,用这一针法较适宜。同时,这种针法装饰性也较强。

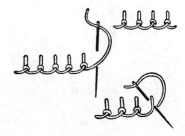

复式锁边针

【串针】 服饰刺绣针法之一。是一种装饰性针法。方法是:以一种绣线先用行针方法,挑出一针间隔一针的针迹,然后再用另一种绣线,在这针距中一针一针地穿过。

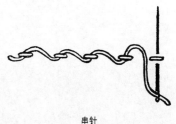

串针

【轮廓绣】 服饰刺绣针法之一。又

称"平绣",是刺绣中用途较广的一种
针法。特点是线与线之间贴密,既不
留空隙,又不能重叠,平滑齐整。可
以填满各种图案的轮廓。对横、直图
案要平直,不能弯曲;对圆弧图案,须
圆润自然。

【平绣】 服饰刺绣针法之一。见"轮
廓绣"。

轮廓绣

【折布立体绣】 服饰刺绣针法之一。
是一种较流行的新颖刺绣形式。方
法是选用一些薄的零料布,格子、印
花、素色的均可,剪成长条形斜料,对
折成双层,然后任意盘绕成各种花朵
形,一边用暗针钉牢,花朵下端用手
绣绣制,和枝叶等连成一个整体。花
朵盘绕形式很多,可作三角形盘绕,
也可作圆周形折盘。通常在素色衣
料的服装上绣制而成。

折布立体绣

刺绣工艺

【刺绣工序】 大体可分为图案设计、绣制、缝合、装裱等几道工序。图案设计须按日用品、欣赏品等不同品种的要求进行,应充分发挥刺绣工艺的特长。绣制是指艺人们在织物上穿针引线,上下反复穿刺,积丝累线,以表现图案和意境。绣制中运针的方法称为针法,是刺绣工艺中重要的技法,每种针法都有一定的运针规律、线条组织形式和独特的艺术效果。艺人们正确掌握形象、图案的轮廓、形体、质感以及针法中的丝理(线条排列的方向)、光泽、色彩等独特的技法,才能表现出刺绣精美的艺术效果。缝合,主要是指日用品绣类,如绣衣、枕套等,还须进行缝合成成品。装裱,主要是指欣赏类绣品,需进行一定的装裱和配框等装饰。

【刺绣操作】 刺绣生产工艺之一。绣前,先要根据刺绣需要,将线分成若干丝。劈线的方法是:先抽出花线的一半(即一绒),用右手的大拇指和食指捏住线头,其余三个指头扣住线,再用左手的大拇指与中指将线头顺一个方向捻几次,接着将左手捏住线头,右手放松,并迅速向下勒,把线退松。然后,用两手的大拇指与食指分别捏住线的两头,将线分成 2 根、4 根、8 根、16 根。劈成多少根,根据绣者需要而定。线劈好后,将绣线穿入针眼。为了避免线脱出针眼,可将线的一端绕一个小圈,将针穿入圈内抽紧。在另一端打一个结,避免起针时将线头拉出绣面。刺绣时,一手在绷上,一手在绷底,下手将针自下而上刺出绣面,再将针从上刺下。这样此起彼落,循环往复,直到绣成。

【画样】 刺绣生产工艺之一。即把花样复制在绣地上。实用品一般是先画样后上绷。首先用白粉在画稿反面依纹样描出,然后把绣地平放在画台上,将白粉描过的画稿放在上面,用手轻揩,这样绣地上就印出了

纹样的轮廓。然后用墨笔勾清花样。欣赏品一般是先上绷后画样。首先用一张白纸描下色稿纹样的轮廓,称"勾稿",再用细线将勾稿钉在绣地反面,最后把绷架放在装灯的玻璃台上,用墨笔在绣面上勾出纹样的轮廓。

【湘绣上稿六法】 湘绣绣稿,摹印至绣底,主要有六法:一、铅粉上稿:先将绣稿反置桌上,用无胶铅粉按轮廓轻重转折填出,待干后再复印到绣底上;二、铅笔上稿:用软心铅笔,将绣稿蒙绘于绣底;三、摹印:将绣稿覆于绣底,按轮廓以指甲尖轻轻刻画,使其略显痕迹,后用胶质铅粉勾勒;四、板印:以梨木雕版,用铅粉浸湿,复印于绣底;五、漏印:以油版纸,将画面轮廓镂空,再用无胶铅粉或墨粉刷印,亦可用颜色套印;六、画稿:用颜料直接画于绣底,绣工照色刺绣。六种上稿方法,一般都采用铅粉上稿和摹印;板印、漏印速度较快;雕版技术高的,可显示出线条美,适宜绣水墨画;画稿,主要用于绣制精品。

【上绷】 刺绣生产工艺之一。上绷先将两块绷布分别与绣地两边缝合,缝时把绣地拉紧,针迹要直,以免绣地起皱纹。然后将绷布另一边分别嵌于绷轴槽内,两边的部位要相等,用嵌条(也可用草绳)嵌紧,接着将绷布卷在绷轴上,露出绣地,再把绷闩插入轴孔里,用脚踏紧绷轴,将绷钉插入闩孔中。再在绣地的横头用棉线缝上绷边竹,缝时,棉线要来回交叉两三次,在绣地与绷布连接处多缝几针,以防脱针。绷好后,把绷线穿入缝线交叉的空隙中,缠在绷闩上,拉紧,使绣地服帖,无皱纹。

【落绷】 刺绣生产工艺之一。绷面上的纹样绣完后,将绣好的成品从绷上取下来,称"落绷"。实用品落绷的方法是将绷线放松,拆掉绷边竹,取下绷钉,退出绷闩,抽出白布,将绣地与绷布的缝线拆掉,取下刺绣品;欣

赏品需要裱好后再落绷,否则会影响绣品质量。

【成合】 刺绣生产工艺之一。是完成刺绣品的最后一道工序。欣赏品只要将绣品装裱成册页或立轴即成。实用品在落绷后,还须经缝纫加工成合,才为成品。如台毯、枕套等。

【绣印章】 刺绣技艺之一。在绣制古绣、古画时,必须绣上印章,以表明原作者和时代等,并起到补遗和点缀的作用。印章有藏章、闲章、书画家和绣者的印章等。绣印章一般用红色,但须根据绣品整体色调选用不同色级的红色线,必须与绣面取得统一谐和的效果。印章书体、刺绣笔势要抑扬顿挫,一般采用滚针,线条宜细、针迹宜短;印章边框处,落针要齐,挺拔有序。印章绣制的部位,须根据绣面布局的疏密轻重,来选择合适的部位。印章的大小,亦须与整体相协调,绣品较大,章宜大;绣品较小,章亦宜小。

【顾绣技法】 历史上的顾绣,以摹仿宋元名画而著名,仿绣的人物、山水、花鸟,生动逼真,形神兼备,深得原画精髓。顾绣技法的主要特点是善于结合绘画敷彩,以画代绣,间色晕色,补色套色等,十分丰富。使用毛发刺绣,称"发绣";用雉羽绣,称"羽绣"或"铺翠"等。

【羽绣】 见"顾绣技法"。

【合线】 刺绣合线技法。大致有四种:以二半线合之,用同色不同级(指色之深浅),或不同色不同级;二线合之,用同缕(指线之粗细)同级同色,或同缕同色不同级,或同缕不同色不同级,或不同缕不同色不同级;三线合之,同色不同级,或不同色不同级;三线以上合之,可采用以上诸法互用。

【针法三要】 指刺绣针法三个要素:平直、圆活、整齐。针脚排列,疏密均

匀,谓之平直;弯曲圆转,灵活自然,谓之圆活;针口起落,如刀斩截,谓之整齐。

【苏绣绣猫】 苏绣绣猫,是由浅到深按丝理逐层加色,恰当综合运用施针、套针、撒和针和虚实针等技法,并根据受光的不同,选用不同色线,多次施针套色。创有"活毛套"新针法,以线随毛丝绣制。如绣猫耳,边上一条耳廓,是以绣线一至二丝,用接针(短针先后衔接连续进行)绣出,再由淡到深,分层用接针绣上;耳廓处用色略淡,排针渐稀,使之有轻飘感;通过交叉绣,反映出毛丝的层次,用色彩和丝绒反映出凹凸、深浅的耳朵内外层。绣猫眼是精华所在,艺人根据猫眼瞳孔受光部位的不同色彩,先用20多种颜色的丝线,运用集套针,以排针稀密整齐的刺绣线条,分皮顺序进行,由后皮线条嵌入前皮线条中间,丝丝相夹,每一针针迹都对着圆心,每套进一皮排稀一针,越到中心藏针越多,不断换针换线向圆心套绣,线色层层退晕,线绒纤细如发,色泽丰富和谐,使猫眼呈现出水晶体眼球的质光感,灼灼有光,逼真生动,形神兼具,十分引人。

1962年春,叶圣陶在《顾文霞同志以所绣猫蝶图见贻精妙非凡受之欣然题十四韵为酬》赞顾文霞所绣《猫蝶图》:"小猫仰蝴蝶,定睛微侧首,侧首何所思,良难猜之透。未必食指动,馋涎流出口;未必如庄生,蝶我皆乌有。猜之亦奚为,但赏针法秀。""文霞擅此艺,勤习始自幼;功到二美兼,灵心并妙手;往尝涉重洋,技当众奏;观者咸惊叹,丝绘顷刻就。"以文学家细致的笔调,勾勒了苏绣猫的神态,盛赞顾文霞的灵心妙手。1981年9月1日,美国前总统卡特夫妇来到苏州刺绣研究所,一下车便紧紧握住顾文霞的手说了一番真诚的见面话,也表达了对苏绣猫的由衷赞赏:"去年邓小平副主席访美时送给我的双面绣小猫,是我最珍贵的礼物。它来自你们的研究所。这种高超的技艺简直让人不可思议!所

以我一直很想来亲眼看一看,并向你们表示谢意,今天终于如愿以偿了。"苏绣《波斯猫》曾作为国家礼品,分别馈赠给法国前总统蓬皮杜、圭亚那前总理伯纳姆、伊朗阿什拉芙公主、斯里兰卡前总理、突尼斯前总理等;而日本前首相田中、加拿大前总理特鲁多、墨西哥前总统洛佩斯、利比亚前总统托尔伯特、美国前总统里根、英国女王伊丽莎白等都珍藏有苏绣《白猫戏螳螂》。苏绣《猫》曾多次在国内外荣获金奖。

上:叶圣陶赠顾文霞诗稿
下:苏绣《猫戏螳螂》(刘丽英绣)

【苏绣金鱼】 苏绣油画《金鱼》,亦是苏州刺绣研究所名品之一,也曾多次在国内外荣获金奖。苏绣油画《金鱼》,是油画家和刺绣名师合作的典范,在创稿、选料和绣技上,都有诸多巧思和绝技,所有这些都是经反复试验和艰苦努力而获得。开始先用半透明绢纱作底料,纱地虽薄,但无光,难以表现出水面效果;后采用尼龙绡,透明度强、光洁细腻,并试染成墨绿色,使之色如绿波,清澈似镜,以此衬托金鱼在水中游动,恰到好处。刺

绣金鱼,须运用对比手法,正确地表现金鱼各部位的质感。以绣线、线色与光为例:绣线由背至腹,逐渐减细,到尾部用虚针,越至鱼尾末梢,用线愈细,虚针愈稀,最后仅用一根绣线的1/48,细若游丝,其鱼尾薄如蝉翼,具有透明质感。经这样精细劈线,一层层用对比色线镶色刺绣,使金鱼腹背部的鳞片,通过丝线的受光作用,呈现出闪光效应。绣制者巧妙运用透明墨绿尼绡底料,以劈线、色光、针法的适度结合,使绣出的金鱼在碧波中游动的姿态惟妙惟肖,尤其是鱼尾末端色彩,与水色融为一体,若隐若现,十分逼真传神,引人入胜。苏绣《猫》和《金鱼》,在国内外展出,被赞为神技!观众为之倾倒。1984年,双面绣《金鱼》,荣获波兰波兹南国际博览会金质奖。并先后作为国礼,馈赠给美国前总统福特、缅甸前总统吴奈温、巴基斯坦前总统齐亚哈克和日本前首相中曾根等。

苏绣《金鱼》(局部)
(周爱珍油画稿,王宝珍、赵玲玲绣)

刺绣工具、材质

【绣绷架】　刺绣工具之一。清·丁佩《绣谱》："缎性易卷，绫丝易斜，绷架之设，所以救其弊也。四面用绫帛联络绷定，或径用线联，必使极正、极平，然后所绣之丝与绫缎之丝皆相匀适，绣成乃能熨帖耳。木质宜轻，斗笋宜灵，下键处宜坚固，不动为妙。"绷架一般包括有绷轴两根（内有嵌槽），绷闩两根，嵌条两根，绷边竹两根。绷边竹即普通细竹，绕于绣地左右两端，将绣地绷挺。绷架有大、中、小三种。

【绣绷】　刺绣用具。有三种：大绷绣衣袍；中绷又称袖绷，绣衣裙袖缘；小绷又称手绷，绣童履女鞋之小件。绷阔以绣料之幅为度。一般中绷横轴内外各长二尺六寸，贯闩长一尺八寸四分，其闩眼长一尺一寸，供调节绣幅，另附绷布、绷边、绷绳、绷钉，下设一对绷架，搁放绣绷用。

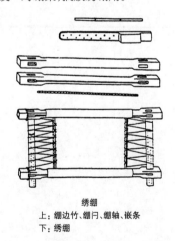

绣绷
上：绷边竹、绷闩、绷轴、嵌条
下：绣绷

【手绷】　刺绣用具。手绷为圆形，用薄竹片制成两圆圈，一圈稍小，以嵌入另一圈内，紧密套住。外圈装有螺丝钉，能使之略有伸缩，以便上绷刺绣。常用的手绷直径约20厘米。

手绷

【绷凳】　搁绣绷用的条凳，有三足的，亦有四足的。条凳的高低，可根据绣娘的身长酌以加减。放置绣线、剪刀等物品的位置，可就使用者的习惯，以适当配置一些装置。

上：三足绷凳
下：四足绷凳

【立架】　一种木制的竖立三脚架。在绣品对光时，将绣绷置于立架上，立架下部置有若干小洞，以调节绣绷之高低。

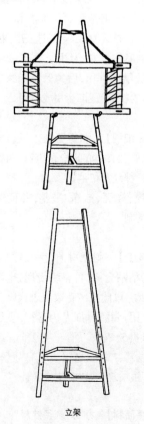

立架

【绣绷搁手板】　刺绣用具。安放在绣绷两轴之上，用作搁手臂的长扁形木板，称为"搁手板"。刺绣时一手在绷面上，一手在绷面下，在绷面上的手臂常接触绷面，来回摩擦，易使绣面起毛和染污，影响绣品质量。使用搁手板，手臂可搁于搁手板上，可使手臂不碰到绷面，以保证绣面的光洁。搁手板一般阔6、厚1.5、长70厘米。视绣面大小，也可略有伸缩。

【绣针】　刺绣工具之一。清·丁佩《绣谱》："针产于吾松，初不知其妙也，后历燕豫齐梁，用他处所制者，辄不能得心应手，乃知松针之所以妙者：光也、直也、细也、锐也。而尤在铸孔之际，圆而不偏，细而不滞；自尖以上，匀圆如一。铸孔处，虽稍扁，而两旁皆平，不似他处几作针头式也，性亦耐久，用之数月，以后益觉灵滑异常矣。"现手绣，常用12号钢针。一种针身细如羊毛，称"羊毛针"。一种针身短而细，适宜绣双面绣，绣品背面也齐整平伏。一种针身长而细的9号针，针尾细、线孔大，易于穿线，适宜绣乱针绣和单面绣。根据绣品面料、针法等选择适宜的绣针，选针不当，如针身粗、针迹大，绣时不易绣准轮廓等部位，就会影响绣品的艺术质量。

【绣花剪】　专门用于绣花的一种小剪子。绣剪以小而锋利、剪尖上翘者为宜。主要用于绣花时剪线和绣成后修剪绣料底面一些不规则线头。

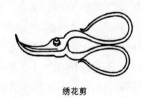

绣花剪

【绣线箱】　放置绣线用的小木箱。绣线种类很多，有丝线、花线、绒线、金银线等。以色彩分有几百上千种，仅红色一种，就可分成三四十种之多。绣线箱，一般分成十几个小格，可分类放置各色绣线，以便绣花时挑选使用。通常手绣用绣线架，架分上下二三层；机绣用绣线箱，绣线绕于木线轴上，木线轴放置于绣线箱内。

机绣用绣线箱和木线轴

【绣线】 刺绣用材之一。种类较多，现有花线、丝线、绒线、纱线和金银线等，其中以花线为主。古代绣线有散绒、综线、金银线和孔雀线等。清·丁佩《绣谱》："前人多用散绒，后乃剖而为线。武林（浙江杭州的别称）、吴门（江苏苏州的别称）、白下（南京的别称）皆有之，苏产较细，一线可剖为二，既剖之后，仍可条分缕析也。综线亦备五色，以圈轮廓，可免不齐之患，惟结子用之，他如界画、楼台、人物衣褶、羽翼龙鳞，亦间有用之者。金银线制于回人，须择其真者，乃不变色，以圆细匀净为贵。又有孔雀线，燦灿可爱，翎羽中不可少也。"

【绣花线】 用优质天然纤维或化学纤维经纺纱加工而成的刺绣用线。绣花线品种繁多，依原料分为丝、毛、棉绣花线等。丝绣花线是用真丝或人造丝制成，大都用于绸缎绣花，绣品色泽鲜艳，光彩夺目，是一种装饰佳品，但强力低，不耐洗、晒。毛绣花线用羊毛或毛混纺纱线制成，一般绣于呢绒、麻织物和羊毛衫上，绣品色彩柔和，质地松软，富于立体感，俗称绒绣，但光泽较差，易褪色，不耐洗。棉绣花线是用精梳棉纱制成，强力高，条干均匀，色泽鲜艳，色谱齐全，光泽好，耐晒，耐洗，不起毛，绣于棉布、麻布、人造纤维织物上，美观大方，应用较为广泛。我国的棉绣花线分为细支和粗支，细支适应机绣，也可手绣，绣面精细美观。粗支只可手绣，绣工省，效率高，但绣面较粗糙。还有一种腈纶绣花线，以腈纶纺制加工而成，质轻柔软，弹性好，缩水小，耐光性强，其绣品富有立体感，多用于刺绣针织内衣、服装以及装饰用品等。

【绒线】 亦称"茸线"。刺绣用之细丝线。元·杨维桢《铁崖古乐府·绣床凝思》："采线添来日正迟，香绒倦理一支颐。"

【茸线】 刺绣用的丝线，称茸线，谓其茸散而可分擘，也称"绒线"。《元史·舆服志·舆辂》："盖四周垂流苏八，饰以五色茸线结网五重。"茸线有各种色彩，一种色线，从深到浅，可染成几种到几十种。

【湘绣绣线】 湘绣用绣线，自清末以来惯用湖北沔阳、沙溶、河湖一带生产的丝线绞线，主要有6种：一、花线，纯真丝绒所制，绞合极松，分粗细两种，粗的俗称"大花线"，可劈分成数十缕；细的俗称"小花线"，亦名"苗线"，不劈亦可用；二、绒线，与花线性质同，但缺乏韧性，不易劈分，易断，只可整用，适宜绣较粗绣品；三、丝线，以若干丝缕绞合制成，紧而牢韧，不易回松，用时不必劈分；细的俗称"小丝线"，粗的俗称"扣线"，有"头扣"和"二扣"之分；四、织花线，每线染色，由浅及深，如红线，这一端至另一端深浅不同，所绣花瓣可自然分出浓淡，不须掺和，这是1915年湘绣女工所创造；五、挑花线，棉麻线绞成，专用于挑花；六、金银线，早期常用，后为保持湘绣清雅细腻的特点，逐渐少用或不用。

【羊毛细绣】 湘绣劈丝术语。指湘绣之劈丝，细如毫发，故名。湘绣之绣线，都经莨仁液蒸发，加工处理，所以特别光亮、洁净、平整，并便于劈丝、绣制。

【羊皮金】 刺绣材质之一。在薄羊皮上粘贴金箔，可整块使用，也可切成细缕，以此钉绣花纹。唐代以后较为常用，明清时期尤为盛行，多用以装饰贵族衣物。清·叶梦珠《阅世编》卷八："命妇之服……有刻丝、织文。领袖襟带，以羊皮金镶嵌。"

【刺绣面料】 亦称"刺绣底料"。刺绣主要须根据绣品品种、题材和针法等来选择面料。如绣金鱼双面绣，选用深绿色绡较适宜，可利用深绿绡的绿色和轻薄透明，更好地表现鱼翔浅底的艺术效果；如绣打点、戳纱针法的绣品，宜选有格的窗纱面料；绣乱针绣，用层层加色针法绣制，绣线较粗，适宜选用较厚实的面料。刺绣面料，因受纺织技术的关系，有很多制约，如汉代刺绣多为绢地，宋绣多为罗地，明清刺绣多为缎、纱。近年苏州刺绣研究所和吴江新职丝织厂联合研制成功一种"高经纬密度刺绣真丝绡"，具有高密度、轻薄、透明、光洁、柔和、细腻和防霉等优点，是较理想的高级绣品面料。

【刺绣底料】 见"刺绣面料"。

刺绣配色

【刺绣色彩、色理】 物显于光,光变色异;色有定,而用色无定。色彩之美,不仅是色美,主要是色与色相对比而产生。善用色,须懂得辨色和色与色彩的性质及其关系,然后对物配色、对光调色、对神运色,这是刺绣用色成功的主要关键。宋绣、顾绣之生动,在配色之精妙;沈寿刺绣之神韵,在求光之得法。刺绣表现光的明暗,主要在色线的配合。一般,面光用浅色线,背光用深色线,侧面用间色线。通常从高光部位绣起,渐及于暗的部位,各部位色的浓淡,须对照全幅的明暗色调而定。光是阴阳明暗,色是明浅暗深,由明而暗,由浅而深,必求其渐进而和顺,这是光度、线色,两相配合的要诀。

【绣花配色】 苏绣配色技法之一。清·沈寿《雪宧绣谱》:"视所绣物之真状,时时换针,以合其色。如绣桃花,茎宜赭,叶宜绿,花宜红,蕊宜深红。……精品绣,茎叶可至五六色,花可至十余色,花色无定。花瓣,正面浅而反面深;叶反面淡而正面深。老叶用墨绿色;中叶用俏绿色;嫩叶则俏绿中红,合穿一针;焦叶用深绿、深赭合穿一针;茎以淡赭、中赭、深赭合穿一针。若仿真之绣,则桃花又有所谓翻瓣,瓣瓣不同,一瓣之中,上、中、左、右中,犹分二三色。叶茎,嫩者深红色,中者深绿色,老者墨绿较深之色,焦者深赭。蒂,枣红色、灰色合穿一针。须,淡蜜色。蕊子,中黄色,打子针。"

【刺绣敷彩要诀】 对刺绣配色的总要求。"艳不俗,浓不重,繁不乱,淡相宜。"

【刺绣施彩特色】 绣之上彩,是用线配色,用针布色。

【一抹色】 苏州刺绣实用绣配色之一种。是指同一种色相的绣线,所绣成的刺绣。

【全三色】 苏州刺绣实用绣配色之一种。是指一种色的不同深浅的相互配合。如"全三蓝",即深、中、浅三种蓝色绣线的配合;"全三黄",即深、中、浅三种黄色绣线的配合。

【显五彩】 苏州刺绣实用绣配色之一种。是指对比强烈的色绣线的相互配合。

【野五彩】 苏州刺绣实用绣配色之一种。是指各种间色和复色绣线的相互配合。

【素五彩】 苏州刺绣实用绣配色之一种。是指冷色和中性色绣线的相互配合。

【淡单色】 苏绣日用绣配色技法之一。用温和色和冷色,与底色形成较相近的艺术效果。

【雅单色】 苏绣日用绣配色技法之一。用温和色,和底色形成近似的调和效果。

【艳单色】 苏绣日用绣配色技法之一。用热色调,和底色形成鲜丽的对比效果。

【水墨绣】 清代苏绣实用绣配色技法之一。约创始于清代道光时期。即运用黑色的浓淡深浅,针脚的疏密排列,绣制出墨画的艺术效果,故名。绣出的图案,沉静秀美,典雅别致。

【三绿绣】 清代苏绣实用绣配色技法之一。亦称"全三绿"。在深色或浅色绣地上,用深绿、中绿、淡绿三色绣线配合,并运用退晕方法,以白色或银色勾边。绣出的图案,典雅秀丽。

【全三绿】 见"三绿绣"。

【三蓝绣】 亦称"全三蓝"。清代苏绣实用绣配色技法之一。约创始于清代乾隆时期。制作方法,是用蓝色的深、中、浅三色调配绣制。绣出的图纹,文雅秀丽,别具一格。一般应用于实用绣和戏服的绣制。

【全三蓝】 见"三蓝绣"。

【补色】 指一种刺绣配色技法。方法是在绣制好的绣品上,为增强艺术效果,再在绣品上适当地加色,行话称为"补色"。这种"补色"绣技,为明清顾绣的特色之一,以后苏绣亦常采用此绣技。

【借色】 指一种刺绣技法。明清时期即有此绣技。如绣制锦裳,先在绣地上一层底色,后于底色上加绣网绣作锦纹,质感较强,称为"借色"。这种"借色"绣技,为明清顾绣的特色之一,以后苏绣亦常采用此绣技。

【中间色线】 刺绣技艺之一。《纂组英华》:"明绣所用之种种色线,率有为宋绣所未先见之正色外之中间色线。"为了表达绘画的渲晕色泽效果,顾绣在绣制时,增加中间色线,甚至在中间色线尚感不足时,再采用线上加色(即补色)的方法。苏绣承袭顾绣,进一步创"合色线"(即同时用几种不同深浅或色感不同的绣线,穿于一针绣制)新技法。

【合色线】 苏绣创制的一种绣线配色技法。为了更好地表达画绣复杂的色彩效果和晕渲效果,苏绣艺人创造运用不同深浅的绣线,穿于一针绣制的配色、调色技法,可达到较完美的艺术效果。行话称为"合色线"。

【湘绣配色诀语】 湖南湘绣,在长期艺术实践中,总结出很多宝贵的配色口诀:"最深最淡在中间,花淡叶深方突出,四周宜淡不宜浓,观者要看中央月(花)。""红绿相配求变化,满幅飞色有呼应,主花明而亮,宾花淡而明,密处深中淡,疏中淡带深。""红橙黄绿青蓝紫,宾主疏密深浓淡淡。""搭配得相宜,展开锦缎面,具体巧安排。"

【四顾】 湘绣配色技法之一。"四顾"：顾本色，顾色调，顾明暗变化，顾调和统一。

【四看】 湘绣配色技法之一。"四看"：看内容，看形态，看地色，看面积地位。

【宜文不宜火】 乱针绣调色技法之一。乱针绣大师任嘒闲认为：乱针绣敷彩，宜文不宜火。即开始绣制绣底色线时，要抓住基调，然后才逐层施加较鲜明的色线。

【宜浅不宜深】 乱针绣调色技法之一。乱针绣大师任嘒闲认为：乱针绣敷彩，宜浅不宜深。即在打底时，色线色泽比绣稿要稍淡些，绣制时由浅到深，层层加色，留有余地，可使暗部也具有透明感。

【宜简不宜杂】 乱针绣调色技法之一。乱针绣大师任嘒闲认为：乱针绣敷色，宜简不宜杂。一幅乱针绣作品，通常要配置几百种甚至近千种色线。而在绣制时，不能将丰富的色线乱用。任嘒闲在绣制作品时，特别注重各种色线的合理配置，常以少胜多，宁简勿繁。

【注重整体效果】 乱针绣调色技法之一。乱针绣大师任嘒闲认为：在处理主体和辅景关系时，须突出主体，服从整体，辅景只作陪衬，切忌面面俱到，主次不分，喧宾夺主。

刺绣学校、博物馆

【成都工艺科】 清·光绪二十九年(1903)，四川成都后子门开办四川通省劝工总局，内设工艺科，即刺绣科。聘请国画家张绍煦任教导，刺绣名师张洪兴授绣技，对学徒进行刺绣的承袭和创新教育，在针法上创出了具有晕色效果的晕针。张洪兴是一位男绣工，在他认真的指导下培养出一批优秀绣工，并刺绣出一批优秀绣品，名闻一时，清政府赏予他五品军功衔，给以鼓励。

【同立绣校】 约创立于清·光绪三十年(1904)，由沈寿、余觉创办，地点在江苏苏州马医科巷。沈寿与其姐沈立参加教堂刺绣，金静芬等为这时期学员，当时有绣工30余人。同立绣校又称"福寿绣品夫妻公司"。沈寿每次上课，先将要绣的花草和鸟虫之类实物置于桌上，教导学生绣前要仔细观察，正确掌握物象的光、形、色、质，然后进行写生、刺绣。她将自己创新的"仿真绣"法，边绣边教授给学员。

【福寿绣品夫妻公司】 见"同立绣校"。

上：同立绣校旧址
下：福寿绣品公司商标
（林锡旦《苏州刺绣》）

【武陵女塾刺绣学校】 武陵女塾是私办的刺绣学校，校址在苏州原干将坊巷147号。校长顾聘儒、丁渭琦夫妇，于清·光绪三十一年(1905)，利用自己住宅大厅、东西两书房等创办武陵女塾。顾聘儒教国文，丁渭琦等教授刺绣，并有专门为刺绣艺术精品绘图稿的画花先生，同时也绣日用绣品，用刻好花纹的木印章，打印在底料上供日用品刺绣。武陵女塾在辛亥革命后也称武陵女学、武陵女校。至1937年抗战前夕顾聘儒去世而停办。在30多年办学时间里，武陵女塾为苏绣培养了不少刺绣艺人，许多人的作品在不同时期展览会上获奖。1914年，武陵女塾曾在上海举办绣品展览会。据《时报》1914年10月27日载："刺绣为吾华惟一擅长之美术，各省出品之以此名者不少，而要以苏属之顾绣为尤著。自比年改良以来该术尤征，特选苏州武陵女校校长顾丁渭琦女士研究此道不遗余力，其画本之名贵，工作之精致，设色之分明融洽，见者无不叹为绝技……自在本埠法界尚贤堂华品陈列所陈列以来，外人之往购者尤络绎不绝，现拟预备数百种往巴拿马赴赛。闻由该堂女士会定于二十九日阳历九月十一礼拜四下午特开一顾绣出品展览会。"共展出绣品150多件，均光彩耀目，精巧优美。这一展览，代表了当时的苏绣艺术水平。

【武陵女学】 见"武陵女塾刺绣学校"。

【武陵女校】 见"武陵女塾刺绣学校"。

【皇家绣工学校】 创建于清·光绪三十三年(1907)，由清廷农工商部建立，又名"女子绣工科"。委任沈寿为总教习，余觉为总理。沈寿夫妇从苏州随带助教、画士7人。助教为沈立、蔡群秀、沈英、朱心柏、徐慧志和金静芬。画士为杨美九。内设刺绣、国画、国文等课目，以刺绣为主。初设校址在北京磨盘园，后迁至丰盛胡同。学生都是由农工商部保送的满族官员孩子，绣工科实际为皇家刺绣学校。教学方法也是观摩实物，讲解光影、色彩、层次，边教边绣，示范操作。为绣好飞禽走兽，沈寿常带领学生去"万牲园"(今北京动物园)参观，要求学生把鸟兽的形态和各部分的色彩记录下来，作为作业进行批阅，之后发还学生，作为刺绣时的参考。1911年辛亥革命，清朝灭亡，绣工科停办。

【女子绣工科】 见"皇家绣工学校"。

【锡山绣工传习会】 1907年，由无锡刺绣名手李佩黻在其丈夫华文川支持下创办，会员达102人。在南洋劝业会上，无锡绣品获金、银牌奖者有78人。

【天津自立女子绣工传习所】 由沈寿、余觉创办。租天津张都督植物园作校址，约创办于1912年，至1914年因故停办。当时由于经费短缺，实行边教学边刺绣，所绣产品一部分由劝业商场推销，一部分由当地教会、学校及外商订购。绣品有绣屏、册页，也有各种日用绣品。沈寿在京、津教绣七八年，为当地培养了一批刺绣人才，将"仿真秀"技法传播到北方。当时任农工商部左侍郎署理尚书的唐文治曾赞曰："为振兴实业，爰于京城之西城，设立绣工科，延苏州余氏夫妇主其事，以兴女工，开通西北各省之风气。"

【上海刺绣传习所】 由张华璂与夫张尉(金石家)于1912年创办，时间达十年之久。华璂无锡人，字图珊，1870年生，能诗文，善画，精于刺绣。1906年先在无锡荡口鹅湖女校教授刺绣，后至上海。华璂善于综合运用传统针法，作品画意盎然。她与许频韵合著有《女子刺绣教科书》，分概论、法式、旧绣法分类、新绣法分类、仿真绣、意象绣等针法。华璂卒年71岁。

【南通女工传习所】 即江苏南通女子师范学校附设之绣工科。1914年由近代实业家张謇出资创建于江苏省南通市，并由张謇、张詧兄弟亲自出任校董。传习所于 1914 年 9 月 28 日正式开学，聘请刺绣艺术家沈寿执教，并任所长。首届招收江苏、安徽、浙江、湖南、广东等地学员 67 人，学制 5 年，课程设置有刺绣、图画、习字、国文、音乐、体育、家政等课。其中刺绣专业教学为：二年制普通班，主修花卉、翎毛绣；四年制中级班，主修山水、仕女、油画绣；一年制研究班，主修肖像美术绣。因材施教，注重理论与实践相结合，要求学员达到自书、自画、自绣的程度。传习所开办后，又增设绣、编两科，内设编物、裁缝、育蚕、发网等科目，发展成为当时较为全面的工艺美术职业学校。1921 年沈寿病逝，其姐沈立继任所长。1939 年停办。后首届毕业生宋金龄复校 3 年，1945 年后又复校 3 年，至 1948 年停办。30 年来，传习所培养了一代刺绣专业人才，为中国工艺美术事业的发展作出了贡献。原南通工艺美术研究所副所长、刺绣老艺人巫玉、周禹武、宋金龄、陈瑾、李巽仪等，都是这一时期的学员。

上：南通女工传习所旧址
下：南通女工传习所刺绣班学员在刺绣

【苏绣为湘绣培训绣艺人材】　1956 年 10 月 4 日至 12 月 7 日，苏州接受湖南湘绣联社杨应修等 12 名设计、刺绣艺人来苏培训，经两个多月培训，学会了乱针绣绣领袖像、双面绣绣花鸟屏等技艺性较高的刺绣品种，使湘绣绣技得到了一定提高。

【苏州工艺美校刺绣专业班】　1959 年，苏州成立苏州工艺美术专科学校，设有刺绣专业班，招收初中毕业生，学制三年，以刺绣为主，其他还开设有素描、语文、政治等课程，培养了一批刺绣专业人才。

【工艺美术专修科织绣班】　1958 年，南京艺术学院美术系，受江苏省手工业管理局特种工艺美术处委托，创办工艺美术专修科，学制三年，内设有织绣班、紫砂班、漆器班等。织绣班学员 20 多名。主要学习织绣创作设计及工艺美术基础课。主要教师有张云和、陈大羽等，还特聘任嘒闲等刺绣名师来校教授刺绣技艺。1961 年毕业后，不少学员回原地，在刺绣单位成为骨干力量和厂内领导。

【工艺职工大学织绣科】　由苏州工艺美术局主办，内设有织绣科专业，主要学习织绣专业知识和技能，其他尚有绘画、政治等课程。

【刺绣专修班】　1958 年由苏州刺绣研究所主办，学制四年，首届招收学员 32 名。课程设置有刺绣、国画、政治和文化课。教师由所内刺绣指导员、画师和技艺较高的刺绣艺人担任，同时学员还参加一些刺绣生产实践。学习要求：绣与画并重，全面发展。这批学员毕业后，都成了刺绣的骨干力量，学员中的冯丽忆、余福臻、何晓、朱云媛和刘丽英等，现有的被评为中国工艺美术大师、省工艺美术大师，很多获高级工艺美术师职称。后刺绣研究所又多次主办刺绣专修班和刺绣培训班，为苏州刺绣事业的发展和提高作出了很大贡献。

苏州刺绣研究所刺绣专修班学员在写生
（林锡旦《苏州刺绣》）

【刺绣培辅班】　苏州刺绣厂和苏州绣品厂，前后为兄弟省市培养了不少刺绣人才。如宁夏派人来苏学习刺绣技艺，回去后即自办刺绣厂。河南、陕西等刺绣产地，亦派绣工来苏州进修，以提高他们的刺绣技艺。江苏常熟农村也派人来苏州作刺绣短期培训，回去后就能独立操作。江苏丹徒等地也派几名刺绣高手来苏提高技艺，回去后再带徒传艺。通过这些培辅班，苏绣技艺流传至全国许多地区。

【绣猫培训班】　二十世纪五十年代中后期，苏州刺绣的《波斯猫》、《玳瑁猫》和《小猫月季》等闻名于世，苏绣小猫，被誉为"东方的明珠"，成为苏绣的名牌产品，深受中外欢迎。为此吴县特意在东山举办绣猫培训班，前后参加专业培训的绣女多达 1 200 多名，主要学习活毛套、散套等绣猫新针法。由此使吴县散处各乡镇的绣女技艺得到很大提高，苏绣小猫得到了广泛普及。

【苏州工艺美术理论提高班】　2008 年，由苏州职称办公室和苏州工艺美术学会联合举办。参加提高班的学员 79 人，其中刺绣技艺人员有 40 人。苏州职业大学艺术系老师为学员讲授了"中国工艺美术史"、"造型基础"、"图案"、"色彩"、"国画"等 12 门课程。学习方法上强调理论结合实际。学员们认为：这一次学习经历，对自己工艺美术创作和专业水平的提高，将会产生积极的影响。经考核合格，学员都获得苏州市职称办公室颁发的"专业技术培训合格证书"，从而使不具备学历的工艺美术专业技术人员，获得晋升初、中级工艺美术专业技术职称的学历资格。

【胜家机绣缝纫传习所】　机绣约始于十九世纪初，后在欧洲逐渐流行，在二十世纪三十年代传入中国。由于机绣设备简单，技艺容易掌握，机绣在我国发展较快。1941 年，上海胜家缝纫机公司，开办胜家机绣缝纫传习所,传授机绣技艺,为上海机绣的发展培养了一批人才。上海胜家机绣缝纫传习所,是我国开办的首家培养机绣的传习学校。

【新艺机绣缝纫学习班】 由张慧鉴主办,创办时间为 1951 年 2 月,为建国后苏州第一处机绣学习班。地点在苏州平安坊。

【机绣学习班】 由阙莲珍、俞玉珍和唐敏玉 3 人于 1951 年合办,地点在苏州河西巷。学员每天学习 2 小时,每月学费 6 元。由此,机绣在苏州逐渐兴起。

【正则绣培训班】 1962 年由吕凤子儿子吕去疾在丹阳创办,常州工艺美术研究所曾派员去学习。1983 年镇江市拨款一万元,筹建正则绣研究所。

【中国苏绣艺术博物馆】 成立于 1986 年 9 月,地点在苏州环秀山庄,馆长为中国工艺美术大师顾文霞。设三个展览厅:古代刺绣厅、明清刺绣厅、近代刺绣厅。馆内征集有战国、汉、宋、明、清绣品和民间刺绣各数百件,抢救和整理了众多刺绣珍贵资料,先后复制、征集了部分宫廷刺绣精品,举办了"中国古今绣品陈列"和"中国宫廷苏绣艺术展览",并参与了在新加坡举办的"中国清代宫廷文物展"等。

刺绣名师、名家

【荣爱】　汉代人。生卒年不详。工刺绣。《汉书》载：荣爱，曾绣制方领为装饰。

【赵夫人】　三国时吴人。女。佚名。丞相赵达妹。生卒年不详。善刺绣、丝织，巧妙无双，时人称为"针绝"、"机绝"、"丝绝"。亦工书画。王嘉《拾遗记》："孙权曾叹蜀、魏未夷，有军旅之隙，思得善画者，使图作山川地势军阵之象。赵达乃进其妹，权使写九州江湖方岳之势。夫人曰：'丹青之色，甚易歇灭，不可久宝，妾能刺绣，列万国于方帛之上。'写以五岳河海城邑行阵之形，乃进于吴主。时人谓之'针绝'。虽棘刺沐猴云梯飞鸢，无此丽也。"夫人并能于指间，以彩丝织龙凤之锦，大则盈尺，小则方寸，宫中号为"机绝"。以胶续丝发作轻幔，展开则广纵数丈，卷起可放于枕中，时人谓之"丝绝"。针绝，为刺绣的绝艺；机绝、丝绝，为丝织的绝艺。

【长公主】　郇国长公主，唐代睿宗第七女。生卒年不详。善绣，曾绣制绒佛像二铺。《郇国长公主神道碑铭》有著录。

【萧氏】　唐代德宗时兰陵（约今江苏常州）人。佚名。生卒年不详。近人朱启钤《女红传征略》载：萧氏，进士吕温妻。贞元二十年（804），吕温奉德宗命，作为使节，到吐蕃（今青藏高原）。妻子萧氏，蓬头乱发，不梳妆打扮，无心读书，日夜苦苦思念身在异域的丈夫。她终日虔诚地绣制"药师如来像"，以祝祈丈夫平安归来。后吕温曾给撰写《药师如来绣像图赞序》。

【卢眉娘】　（792～?）女。唐代南海（今广州）人。工刺绣。其眉如线且长，故名眉娘。永贞元年（805），南海贡奇女卢眉娘，幼而慧悟，伶巧无比，14 岁时，能在一尺绢上，绣《法华经》

七卷，字的大小，不逾粟粒，而点画分明，细如毫发。其品题章句，无有遗阙。更善作飞仙盖，以丝一缕分为三缕，染成五彩，于掌中结飞盖五重，中有十洲、三岛、天人、玉女、台殿、麟凤等像，再外列执幢捧节之童千余。盖阔一丈，重不足三两。顺宗赞其惊人技艺，谓之"神姑"，令居住在宫中。元和（806～820）间，宪宗赐以金凤环。眉娘不愿在禁中，遂度为道士，回归南海，赐号逍遥。罗浮处士李象先作《卢逍遥传》。按《画史汇传》引花间笑语，作媚娘。

【卢逍遥】　见"卢眉娘"。

【卢媚娘】　见"卢眉娘"。

【妙女】　唐代德宗时人。女。佚名。生卒年不详。《列女传》载：妙女，宣州旌德（今安徽旌德）崔氏婢。工刺绣。唐贞元元年（785）常为崔家作绣。绣作巧妙，精神时异。近人朱启钤《女红传征略·刺绣第三·崔氏婢妙女》记妙女"绣做巧妙，疾倍常时"。

【侯氏】　唐代武宗时人。边将张揆妻。生卒年不详。善绣。朱启钤《女红传征略》载：张揆防边近十年，侯氏绣回文龟形诗，诣阙进之。诗曰："揆离已是十年强，对镜那堪更理妆；闻雁几回修尺素，见霜先为制衣裳；开箱叠练先垂泪，拂杵调砧更断肠；绣作龟形献天子，愿教征客早还乡。"天子感之，放揆还乡，赐绢三百匹，以彰才美。

【杜氏】　唐代刺绣艺人。京兆（今陕西西安）人。白行简妻。佚名。《白乐天集》载：杜氏一绣"阿弥陀佛"，金身螺髻，玉毫绀目；一绣"救苦观音菩萨"，长五尺二寸，阔一尺八寸。细针镂练，络金缀珠。白行简妻杜氏作。并赞曰："集万缕分积千针，勤十指兮虔一心。"

【马雷五】　唐代刺绣高手。生卒年

不详。永州（今湖南零陵）人。《柳宗元集》卷十三载：《马室女雷五墓志》云，马雷五"凡事丝纩纹绣，不类人所为者"，刺绣技巧，鬼斧神工，令柳宗元"睹之甚骇"。

【杨莲花】　唐代刺绣艺人。女。弘农郡（今河南灵宝北）人。《白乐天集》载：一绣西方阿弥陀佛，乃弘农郡杨莲花所作。与阎浮提云："夫范铜设绘，不若刺绣文之精勤也。"近人邓之诚《骨董琐记》有著录。

【李氏】　唐代刺绣高手。佚名。生卒年不详。《李华东光县主神道碑》载：李氏，东光县主，太宗子纪王第三女。降尊而处下，推泰而从约。诣绣绘之妙，适饮膳之和。

【慧澄】　唐代僧人。胡人。生卒年不详。《杜工部草堂诗笺饮中八仙歌笺注》、明·谢肇淛《五杂俎》载：慧澄，善绣。尝绣弥勒佛一本，苏晋颐子得而供之。

【蔡国长公主】　北宋时人。佚名。《范太史集》载：神宗元丰八年（1085），后宫武美人生第九公主于禁中，今上即位，以皇妹封嘉国长公主。六岁慧悟，已能弄笔书画，好锦绣女工之事。元祐五年（1090）薨，追封蔡国。

【刘安妃】　南宋刺绣高手。生卒年不详。朱凤《中国刺绣技法研究》载：南宋高宗刘安妃，佚名。浙江杭州人。工书画，善绣。绣有《曼倩（东方朔）像》、《宫衣添线》、《枚卜补衮》诸图，以发绣画。《曼倩像》现藏英国伦敦博物馆，长一尺许、宽八寸许。据记载：发绣保藏不易，年代久远，发渐脱落，仅存十分之二，用显微镜察看，绣发历历可数，画背尚有发结可见。

【朱如一】　南宋光宗时刺绣高手。女。生卒年不详。《乐邦文类》载：朱如一钦成皇后侄，明州（今浙江宁波)薛生妻。20多岁就吃素斋。工绣,尝绣《法华经》,以碧绒为之,针锋绵密,点画分明,10年而成。又绣《阿弥陀佛观世音像》,三月绣成。于37岁卒。近人朱启钤《女红传征略》亦有著录。

【周贞观】 宋代人。女。善绣。6岁而孤,13岁又丧母。痛无以报,遂结茅洛塘,于佛前矢心精进,刺血书《妙法莲华经》7万字,手擘发而绣之,历时23年,工竣而逝。《海盐张氏家谱》、近人朱启钤《女红传征略》均有著录。

【陈氏】 宋代刺绣高手。明州定海(今浙江定海)人。女。佚名。生卒年不详。《栖霞小志》、近人朱启钤《女红传征略》载:陈氏曾为父母祷冥福,绣制一轴佛像。这幅绣像,于明代万历元年(1573)移藏至南京摄山之栖霞寺中。

【徐良栋】 宋代刺绣名工。生卒年不详。《中国艺术史各论》载:宋代徐良栋,善刺绣。

【管道昇】 (1262～1319)元代书画家,精刺绣。女。字仲姬,吴兴(今浙江吴兴)人。名书画家赵孟頫(1254～1332)之妻。延祐四年(1317)封魏国夫人。工书法,擅画墨竹、梅、兰。心信佛法,手书《金刚经》数十卷,以施

元代管道昇绣观音像轴

名山名僧。番禺叶玉甫家,藏有仲姬自绣《十八应真图》一册,上有中峰和尚题跋。南京博物院藏有道昇绣《观音像》,运用接针、斜缠针、撒和针、鸡毛针绣成。观音面颊丰满,静穆端庄,具有工整、健朴之风,继承了宋绣传统。《画史汇传》、《松雪斋集》均有著录。

【管仲姬】 见"管道昇"。

【祝月英】 元代顺帝时人。生卒年不详。近人朱启钤《女红传征略》载:祝月英,卢孝妻。性聪慧,经史音乐,无不通晓,尤工刺绣。尝手绣衣19件,上绣各种花鸟,极精巧,人谓画工不如。

【柳含春】 元代至正时刺绣名工。女。生卒年不详。近人朱启钤《女红传征略》载:柳含春,明州(今浙江宁波)人,擅长刺绣。

【段僧奴】 元代人。生卒年不详。云南人。《滇载记》载:段僧奴,滇南九代总管段功女,善刺绣,曾刺绣文旗。

【李德廉】 元代刺绣高手。女。生卒年不详。上海博物馆藏有李德廉绣《妙法莲花经》一卷。

【夏永】 明代初期刺绣名工。字明远。生卒年不详。善工笔界画,并擅长发绣。明·姜绍书《韵石斋笔谈》:"夏永,字明远者,以发绣成'滕王阁'、'黄鹤楼'二图,细若蚊睫,侔于鬼工。"日本《唐宋元明名画大观》,曾影印此两幅发绣。《丝绣笔记》、《古玩指南》、《花间笑语》均有著录。

【夏明远】 见"夏永"。

【柴氏】 明代永乐时刺绣、缝纫高手。生卒年不详。佚名。浙江嘉兴人。《图书集成》引《嘉兴府志》载:柴氏,擅长刺绣、缝纫,曾进内廷教宫女刺绣、缝纫。

【叶蘋香】 明代浙江人。女。父大钟,以翰林官侍御,劾严嵩收诏狱论斩。女年十四。工刺绣。市巨棱,自摘头上发,以金刃擘作四缕,绣佛与金经,长二丈四尺,横八尺。绣佛趺坐鼍背上,鼍口吐楼阁、台榭、日月、山河,其下则飞鱼、水怪争来朝拜;其上则《金经》全卷蝇头小楷。两载始成。《梵天庐丛录》有著录。

【金淑芳】 明代嘉靖时刺绣高手。生卒年不详。吴淑生、田自秉《中国染织史·明代的染织工艺·刺绣工艺》载:"故宫博物院陈列的民间绣……嘉靖时金淑芳绣《观音大士像》立轴,及《墨绣罗汉》册页六幅,均以名人手笔为绣稿。"

【马守贞】 (1548～1604)明隆庆、万历间女画家。号湘兰,小字玄儿,又号月娇,一署马湘,有小印曰献庭。擅长刺绣,工绣仕女,名重一时。绘画善兰竹,笔墨潇洒恬雅,饶有风致。也能作诗。为南京秦淮歌妓。《明画录》、《无声诗史》、《图绘宝鉴续纂》、《列朝诗集小传》、《书林纪事》均有著录。

【马湘兰】 见"马守贞"。

【马玄儿】 见"马守贞"。

【马月娇】 见"马守贞"。

【马湘】 见"马守贞"。

【马献庭】 见"马守贞"。

【薛素素】 明代万历时浙江嘉兴妓。生卒年不详。《历代画史汇传》作薛五,字素卿,又字润卿,亦字素素。《曝书亭集》作小字润娘,行五。《历代名画跋》作雪素。吴(今江苏苏州)人,一作嘉兴人。爱好挟弹驰骑,工小诗,能书,作黄庭小楷尤工。山水兰竹,下笔迅扫,都有意致。兼擅白描大士。工刺绣,中年长斋绣佛,手绣《大士像》,上绣《般若心经》一卷,

字迹仅豆大，具赵子昂笔法，精妙之至，人称“针绝”。《味水轩日记》、《明诗综》、《明画录》、《无声诗史》、《图绘宝鉴续纂》、《珊瑚网》、《甲乙剩言》、《列朝诗集》、《曝书亭集》、《式古堂书画汇考》、《女红传征略》均有著录。

【薛五】 见“薛素素”。

【薛素卿】 见“薛素素”。

【薛润卿】 见“薛素素”。

【薛润娘】 见“薛素素”。

【薛雪素】 见“薛素素”。

【耒复】 明代万历丙辰(1616)进士，官布政使备兵扬州。字阳伯，三原(今属陕西省)人。性通慧，诗文书画、琴棋剑器、百工技艺，无不通晓，尤精女红。官吴中(今苏州)时，刺绣之妙，吴中闺阁俱叹赏之。《列朝诗集小传》、《池北偶谈》均有著录。

【耒阳伯】 即“耒复”。

【缪氏】 明末顾绣名手。佚名。生卒年不详。绣艺见于清·戴有祺《寻乐斋诗集》咏“露香园缪氏绣佛”一诗，如云“须眉老少各不同，笑语欢然并超忽，……青莲花下扬灵旌，微风过处欲飘举”，可以想见作品的深刻和生动。此外，姜绍书的《无声诗史》有顾姬小传，说她“所绣人物、山水、花卉大有生韵”，这个顾姬，可能就是指缪氏。缪氏比韩希孟较早。一说，缪氏为“顾绣”创始人。

【韩希孟】 明末顾绣名家。武陵(今湖南)人。女。在顾绣诸名手中，最能代表其家数的，首推韩希孟“韩媛绣”。韩希孟自署《武陵绣史》，鉴赏水平很高；并工画花卉。她的丈夫顾寿潜，字旅仙，别号绣佛主人，是顾名世〔字应夫，号龙泉，官尚宝司丞。嘉靖三十八年(1559)进士〕孙子，能诗善画。寿潜夫妇都极珍视刺绣，认为古来一技神绝，每每不朽，针丝也足以千秋。韩希孟所用粉本，多临自宋元名画，取径独高。能充分运用针锋特技，表达“画绣”神韵。使刺绣艺术能依画法变化，而显示它的多样性。因此她所绣人物，神采奕奕；所绣山水，能表现水墨韵味；所绣花鸟草虫，生气迥动。韩氏作品，陈子龙誉为“天孙织锦手出现人间”，董其昌惊叹曰：“技至此乎！”1619～1634年，大概是韩希孟从事刺绣创作活动时间。韩媛绣，确立了顾绣在艺术史上的卓越地位。韩希孟的作品，留世不多，有《仿宋元名迹册》和《刺绣花鸟册》，以前者为最好，是韩希孟的代表作品。《仿宋元名迹册》全部白素绫地，用五彩绒线略加点染彩墨绣成。有：《洗马图》、《鹿》、《补衮图》、《鹑鸟》、《山水》、《松鼠葡萄》、《扁豆蜻蜓》、《花溪渔隐》等共8开，每开都有“韩氏女红”朱红绣章，对页有董其昌赞语，册尾有顾寿潜叙述这本册子创作过程的题记。此册曾经《三秋阁书画录》与《丝绣笔记》著录。故宫博物院和上海博物馆藏有她的名迹，并编有《明露香园顾绣精品》图册。

明·韩希孟刺绣《松鼠葡萄》
(左：董其昌题咏)
(上海博物馆藏品)

【顾妇】 明代万历间顾绣名手。佚名。生卒年不详。华亭(今上海松江)人。《顾绣考》载：“谭元春曾得一绣佛，惊为非人间女红所能为，并作歌识之云：‘上海顾绣，女中神针也。己未(万历四十七年，即公元1619年)十一月，与雨若相见，蒋谢适有贴尊者二幅，举一为赠。时地风日，往来授受，皆不知为今生，相顾叹息，乃为歌识之。’歌曰：‘绣佛人天喜，运针如笔绫如纸。华亭顾妇嗟神工，盘丝擘线资纤指。如是我闻犹未见，以纸以笔想灵变。一见惊叹不得语，竹在风光，果浮水面；咄哉笔纸犹有气，安能十七尊者化为线！有鹤有僮具佛性，托汝针神光明映，浪浪层层起伏中，以手扪之如虚空，可见此物神灵肃，来向沈郎现水木。沈郎爱余初见余，寓日霜湖赠一幅。尚留一幅亦奇绝，同是顾姬幽素结；相视恍然各持去，我醉荒郊草庵处。’”

【顾兰玉】 顾绣高手。生卒年不详。女。上海人。清·嘉庆《松江府志》载：顾兰玉，列为清初才女。说她“工针黹，设幔授徒，女弟子咸来就学，时人亦目之为顾绣。”顾兰玉绣迹，虽未见著录，但她曾使顾氏家传特技，传布于外，起着推广的作用。顾兰玉比韩希孟较晚。一说为明代人，顾汇海之妾。《明露香园顾绣精品》有著录。

【顾氏】 明末刺绣艺人。女。佚名。生卒年不详。上海顾名世(嘉靖三十八年进士)曾孙女，适廪生张来，年二十四而亡夫，守节抚孤，家贫以针黹营食，号“露香园顾绣”。年七十而卒。以其三十余年间所传授，顾绣之名，遂以大噪。自是刺绣传自露香园者，固悉称“顾绣”，而工绣者，亦必称露香园遗制矣。《顾绣考》、《墨余录》均有著录。

【顾丽贞】 明代刺绣高手。女。生卒年不详。上海露香园顾氏家人。一作项丽贞。朱凤《中国刺绣技法研究》载：“顾丽贞绣《滕王阁图》，宽一尺二寸，高八寸，珠帘画栋，人物风景，皆神色飞动。”

【马氏】 明代崇祯初时人。佚名。生卒年不详。浙江湖州唐时从妾。善绣佛像。《巾驭乘续集》、《女红传征略》均有著录。

【唐氏】 明代崇祯初时人。佚名。生卒年不详。浙江湖州唐时从女，海宁杨云妻。善绣。曾绣《金刚经》一部，阅二年始完。精巧密致，点画厘

然。《巾驭乘续集》、《女红传征略》均
有著录。

【万寿祺】 明代崇祯己卯(1639)举
人。字年少。江苏徐州人。天资颖
悟,诗文书画、琴棋剑器、百工技艺,
以及女红,无不通晓。《今世说》有
著录。

【万年少】 即"万寿祺"。

【王月】 明代崇祯时人。字微波。
生卒年不详。《板桥杂记》、《女红传
征略》载:王月,庐州蔡汝蘅妾。工
刺绣,曾绣悦巾,甚精美。

【王微波】 见"王月"。

【安徽】 明代人。女。善刺绣。曾
绣有《大士像》一轴。素绫本,乌丝墨
绣,天兰绒绣款曰:"女弟子安徽"。
《秘殿珠林》卷十四载:旧藏清乾清
宫,原注次等《刺绣书画录》卷第二有
著录。

【胡森】 明代绣匠。生卒年不详。
《史学杂志》、《新京备乘》载:明故宫
发掘古物,出土一瓷碗,上有"绣匠胡
森用"字款。

【万氏】 明代龙泉(今浙江龙泉)人。
佚名。季君向妻。能诗、善画。夫死
守节,尝自绘梅花一枝绣之,并题诗
于枕曰:"漓漓英标别一奇,岁寒心事
有谁知? 妾身正欲同贞日,枕上殷勤
绣一枝。"《龙泉县志》有著录。

【桑翀】 明代北京人。生卒年不详。
善女红刺绣。《寄园寄所寄》、《蓬轩
别记》有著录。

【钱塘某宦侧室】 明代人。佚名。
生卒年不详。工刺绣。宋末孝女周
贞观,善绣,尝绣《妙法莲花经》7 万
字,擘发绣之,历 23 年竣工。经 400
余载,《莲花经》之卷首亡佚,由钱塘
某宦侧室补之。《海盐张氏家谱》、
《女红传征略》有著录。

【松江孝女】 明代松江(今属上海
市)人。佚名。生卒年不详。朱凤
《中国刺绣技法研究》载:明松江孝
女,以发劈成四缕,绣《大士像》。

【王长卿妻】 明代新安(今安徽歙
县)人。佚名。精于刺绣。所绣佛
像,纤密绚烂,发丝眉目,光相衣纹,
俨若吴道子运笔。堪称"针王"。著
有《巧针录》绣谱。明末左懋第作诗
赞赏她的刺绣:"湖丝细软婴儿发,水
光滟滟春云洁。凭将圣手擘秋毫,巨
斧划开枯桐节。十日一眼九日眉,幻
出白毫光满月。衣褶瘦健貌清古,笔
墨无功蹊径绝。白描设色种种工,活
夺龙眠与松雪。横见侧出灯取影,有
意无意鸿没灭。绛州淳化老定武,针
锋摹出无差别。谁能纸上卧王濛,要
使膺充走殷铁。堂上夺示色生动,四
坐欲言歌无舌。唐钩森紧损精神,宋
绣阿那少筋骨。长卿秀句夺云烟,佳
儿指下现青莲。一家净侣团圆语,大
胜诗人王辋川。"明·胡应麟《甲乙剩
言》、近人邓之诚《骨董琐记》均有
著录。

【缪云瑞】 明代上海刺绣艺人。女。
生卒年不详。上海博物馆藏有缪云
瑞刺绣的人物、花鸟册页。针工细
密,绣制精美。

【吴母】 明代刺绣高手。佚名。生
卒年不详。明·钮琇《觚剩》、清·顾
燮《消夏闲记偶存》载:吴易(字日
生)母,江苏吴江人,擅绣《观音像》,
技艺绝精,凡请她刺绣,都须付一金,
才能购得一幅绣品。

【邢慈静】 明代临清(今山东临清)
人。女。生卒年不详。邢侗妹,贵州
左布政马拯妻。工诗,亦喜书画,并
擅长刺绣。善墨花白描大士,宗管道
昇。绣有发绣《大士像》,极精工。于
色丝之外,另辟蹊径,见者诧为"针
神"。著有《非非草》。《池北偶谈》、
《明史·董其昌传》、《武定州志》、《无
声诗史》、《图绘宝鉴续纂》、《珊瑚
网》、《列朝诗集小传》、《竹个丛钞》均

有著录。

【顾廷评婢】 明代人。佚名。善绣。
顾廷评为上海人,家多姬侍,织衽刺
绣,冠绝天下。顾廷评婢曾绣《停铖
图》,视之穷态极妍,而擘丝了无痕
迹。观者倾一邑。维扬大贾某者,重
币踵门,特请一见,以汉玉连环及周
昉美人图易之。《上海县志》、《顾绣
考》有著录。

【田妃】 明代田妃,善针工。佚名。
雍丘刘文烈公家,藏有怀宗所赐宫花
鹤补,异常精致,为田妃手制。《筠廊
偶笔》有著录。

【薛太太】 明代人。佚名。生卒年
不详。江苏苏州人。侍御钱岱家女
教师,旧家淑媛。善丝竹,兼工刺绣。
钱岱家里人,都称呼她为"薛太太"。
《梧子笔梦》、《女红传征略》均有
著录。

【萧翠珍】 明代刺绣高手。生卒年
不详。朱凤《中国刺绣技法研究》:
"萧翠珍,绣明太祖像,绢地微黄,长
八尺,宽三尺八寸,状容雄杰。"一说
为萧翠贞,上海露香园顾绣家人。

【萧翠贞】 见"萧翠珍"。

【袁九淑】 明代通州(今四川)人。
女。字君嬺。钱良胤妻,四川布政使
袁隋女。生卒年不详。少读经史,尤
深内典,诗文清丽,善书,工绣。所绣
《大士像》,玉毫绀目,华鬘俨然,甚精
美。著有《伽音集》,明·屠隆作序
言。清·钱谦益《列朝诗集小传》有
著录。

【袁君嬺】 见"袁九淑"。

【顾文英】 明代人。女。生卒年不
详。善绣,工书。以碧丝作小行楷绣
之,盛镜囊,以遣所欢。《佩文斋书画
谱》、《俞琬纶自娱集》有著录。

【顾伯露母】 明代人。佚名。生卒

年不详。传露香园顾绣法,能劈丝绣衣裙、屏幛。女红犹擅其胜。《程墨仙纪事》、《梦兰琐笔》、《无声诗史》有著录。

【黄汉宫】　明代福建莆阳塘下人。女。生卒年不详。字幼藻。近代朱启钤《女红传征略》载:黄汉宫,林恭卿妻,工声律,通晓经史书,亦擅刺绣。曾绣小画一幅,上自题诗:"暮鸟宿孤枝,写去寄君知。家贫岁逢晏,茫茫何所之。"于39岁卒。

【黄幼藻】　见"黄汉宫"。

【徐粲】　明末清初吴县人。生卒年不详。字湘苹,一字深明,又字明霞。父徐子懋,夫陈之遴〔字彦升,号素庵。明崇祯十年(1637)进士,清初官至大学士〕。徐粲善诗文,工书法,所画仕女笔法古秀,设色淡雅,得宋人遗意。晚年专画水墨观音,也画花卉,她用头发来绣观音像,工净有度,论者认为不亚于邢慈静。徐粲还善填词,著有《拙政园集》。

【徐湘苹】　见"徐粲"。

【徐深明】　见"徐粲"。

【徐明霞】　见"徐粲"。

【倪仁吉】　(1607～1685)明末清初浙江浦江人。女。字心蕙,自号凝香子。葵明(尚忠)女。明神宗万历年间,倪尚忠由广东调到江西吉安,仁吉诞生于吉安,所以取名为"仁吉"。义乌人吴之艺之妻。善书,工诗画,精刺绣。擅绣佛像,名重一时。刺绣能灭去针线痕迹。尝绣《心经》一卷,素绫为质,运用深青色丝,若镂金切玉,妙入秋毫。尤长发绣,有发绣《大士像》,神貌端庄宁静,于1957年12月在义乌发现,现珍藏于义乌季梅园。《金华征献录》称她的绣艺:"染色既工,运针无迹。"为总结刺绣经验,著有《凝香绣谱》,惜毁于变乱。

【倪心蕙】　见"倪仁吉"。

【凝香子】　见"倪仁吉"。

【柳伴月】　明末清初刺绣艺人。女。生卒年不详。清·顾禄《桐桥倚棹录》载:柳伴月,原籍浙江,寓居苏州虎丘东塔院,能诗、善画、擅长刺绣,曾在虎丘以卖绣为生。她曾写了大幅广告贴在虎丘正山门旁边,用来招揽顾客。当时名士顾苓为她写了一篇文章《赠柳伴月序》:"鸳湖宛转,来从西子湖边;虎阜逶迤,暂憩真娘墓下。"

【赵甸】　明末清初人。山阴(今浙江绍兴)人。字禹功。清·张庚《画征续录》、近代邓之诚《骨董琐记》载:赵甸,善文章,家贫,为谋生替他姊描绣床,有时两人对床刺绣,绣品精妙,由此常将作品易米,人争夺而去,人称"赵家绣"。明亡入清后,剃发披僧衣,更名璧云,画题自称"璧云甸"。于康熙十三年(1674)卒。

【赵禹功】　即"赵甸"。

【赵璧云】　即"赵甸"。

【璧云甸】　即"赵甸"。

【董白】　清初人。字小宛,号青莲女史。金陵(今南京)人。如皋冒襄姬。本秦淮乐籍女,归冒后,居水绘园艳月楼,鉴赏鼎彝、书画。通诗文,善书画。尝于顺治五年(1648)作《孤山感逝图》。工绣,曾绣制巾裾,如蚖无痕。剪采织字,缕金迥文,人称针神、针绝,前无古人。《影梅庵忆语》、《小宛传》、《董可君哀词》、《西泠闺咏》、《莲坡诗话》、《广陵诗事》、《闺秀正始集》、《骨董琐记》、《存素堂丝绣录》均有著录。

【董小宛】　见"董白"。

【青莲女史】　见"董白"。

【王氏】　清初人。女。佚名。生卒年不详。裘曰修(1712～1773)母。善刺绣。乾隆帝十五年(1750)游少林寺,所摹达摩面壁像及所题行书七律一首;乾隆帝二十六年(1761)春,巡幸五台礼殊像寺,所摹写之文殊大士像及所加赞文,均由王氏与孙媳等一同合作绣成。

【杨卯君】　清初江苏吴江人。字云和。生卒年不详。近代朱启钤《女红传征略》载:杨卯君,为沈君善侧室,擅绣佛像,能以发代线,号为"墨绣"。她的绣艺传给女儿沈关关,沈君善曾编著《针史》流传于世。

【杨云和】　即"杨卯君"。

【沈关关】　清初江苏吴江人。女。字宫音。生卒年不详。浙江乌程(今吴兴)王珹妻。母亲杨卯君,工发绣山水人物。沈关关幼传其技艺,尤得画家气韵,颇具新意。当时吴江名士顾茂伦住雪滩,四方宾客云集,被江南人士称为"荠菜孟尝"。沈关关曾为顾茂伦绣一幅《雪滩濯足图》。诗人尤侗为此作了一首词《渔家傲》:"我梦吴江烟水皱,纶竿拟挂垂虹口,不道遍翁濯足久,枕且漱,沧浪一曲天如斗,深院玉人闲谱绣,粉香妙写溪山友,宛转彩线盘素手,林下秀,小名独占毛诗首。"当时陈其年、朱彝尊等名士,也有题咏。《清画家诗史》、《词苑丛谈》、《女红传征略》均有著录。

【沈宫音】　见"沈关关"。

【倪宜子】　清初人。女。生卒年不详。《撷芳集》载:倪宜子,明末刺绣名家倪仁吉侄女,天姿颖异,机警灵巧,凡诗画、琴棋、箫管、针绣,靡不通晓。

【俞颖】　清代康熙间人。女。生卒年不详。浙江海宁人。近代朱启钤《女红传征略》载:俞颖,幼年婚配海盐张芳溶,未婚芳溶卒,她悲痛地到张家,常蓬头布衣,终年在楼上诵经,达10年之久。宋代孝女周贞观,血书《妙法莲花经》10万字,擘发而绣,流传400年后佚失首卷,明末由钱塘(今浙江杭州)某人补绣,传之清·康熙时,首卷补绣又失,俞颖遂就这段缺失经卷,再度补绣,使它完整无缺。

【净业庵尼】 清代康熙间人。佚名。生卒年不详。清·李斗《扬州画舫录》载:净业庵尼,在江苏扬州姜家墩路南净业庵为尼。通佛典,精刺绣,绣制佛像极多。乾隆己酉(1789)净业庵改建为史公祠。

【丽英】 清代乾隆间人。女。字兰友。生卒年不详。近代朱启钤《存素堂丝绣录》载:丽英,擅刺绣,曾在素纱地上作纳纱《山水》立轴一幅,树石人物,皆纳纱,设色明靓,晕幻深浅,层次分明,楼阁用界画法。左上戳纱题诗:"绿发朱颜长寿仙,焚香默坐意悠然。岩生芝草堪供味,松有藤花不计年。世外烟霞尘外梦,壶中日月镜中天。寻闲自得心清趣,好共洪崖笑拍肩。"小印二:一"丽英",一"兰友氏",都作朱篆纳纱。《山水》立轴绣,现藏辽宁省博物馆。

【兰友】 即"丽英"。

【马荃】 清代康熙、乾隆间人。生卒年不详。江苏常熟人。字江香。夫龚克和,工书善画。马荃工花卉写生,绣艺亦精。早年与夫克和曾去京师卖画,不幸丈夫早亡。马荃只身回到常熟,专心作画、刺绣。其侍女在她的熏陶下都能绘画。马荃与常州恽冰齐名,恽冰擅长没骨法,马荃以工笔勾染著称,誉为"双绝"。其绘画作品传世的有《花卉草虫册》十二页,康熙三十五年(1696)作。《琳池草虫》扇面,乾隆四年(1739)作。马荃精于刺绣,以针代笔,传世刺绣作品有《花鸟》屏条一幅,藏南京博物院。

【马江香】 即"马荃"。

【赵墉】 清代乾隆间人。女。生卒年不详。近代朱启钤《女红传征略》载:赵墉,曾手绣《五十三参》一册,7年才绣成,绣后不久去世。全册共54页,高四五寸。

【李娥绿】 清代乾隆时浙江嘉兴人。生卒年不详。兵部侍郎李行检孙女。清·林纾《畏庐温录》载:李娥绿,能以针线绣《圣湖山水》,楼阁重叠,花竹秀冶,见者称为神针。

【顾学潮】 清代乾隆吴门(今江苏苏州)人。生卒年不详。朱凤《苏绣发展简史》(刊《姑苏工艺美术》1982年3期)载:顾学潮,精于刺绣,曾绣《程子四箴》字一幅,长五尺余,宽二尺余。绣上落款:"吴门顾学潮谨书,时年七十有三"。

【卢元素】 清代乾隆时人。女。生卒年不详。字净香、鹤云,号瀞香居士,小字淑莲。先辈为长白(今吉林长白)人,徙居江苏吴江。是钱东妾。能诗善画,尤喜刺绣,人物、草虫皆精,有针神之美誉。当地名士曾宾谷家,芍药开出并蒂三花,遍征诗人题咏,元素于乾隆二十四年(1759)精工绣制《芍药三朵花图》,并上绣自己作的和诗,与丈夫钱东绘图合装一卷,曾宾谷丞赏之。卢元素与当时的句容人骆佩香诗画齐名,有"卢骆"之美誉。《骨董琐记》、《墨林今话》、《墨香居画识》、《女红传征略》均有著录。

【卢净香】 即"卢元素"。

【卢鹤云】 即"卢元素"。

【瀞香居士】 即"卢元素"。

【卢淑莲】 即"卢元素"。

【陈芸】 清代乾隆、嘉庆间人。字淑珍。沈三白妻。善刺绣,绣品精美。嘉庆五年(1800)曾绣《心经》一部,10天绣成。嘉庆八年卒于扬州,年42岁。沈三白《浮生六记》载:"芸既长,娴女红,三口仰其十指供给。""刺绣

之暇,渐通吟咏。"陈芸曾对沈三白表述:"君画我绣,以为诗酒之需,布衣菜饭,可乐终生,不必作远游计也。"

【陈淑珍】 即"陈芸"。

【程景凤】 清代嘉庆、道光时人。生卒年不详。《耕砚田斋笔记》载:程景凤,长洲(今江苏苏州)人。字侣仙。彭蕴璨侧室。年十五刺绣于春晖楼。见家藏卷册,辄以笔墨描写,遂工点染花鸟草虫。酷爱陈书(女)之笔,模仿恽寿平亦得法。《女红传征略》亦有相似著录。

【程侣仙】 即"程景凤"。

【恽珠】 清代嘉庆、道光间人。女。武进(今江苏常州)人。近人邓之诚《骨董琐记》、朱启钤《女红传征略》载:恽珠,字星联,号珍浦,世称"蓉湖夫人"。恽毓秀女,完颜廷璐妻。10岁能赋诗,13岁工刺绣,有神针之称,并精于画。是族姑恽冰教授笔法,具恽南田神韵,有"三绝"之美誉。她在泰安时,绣过《五大夫松图》,在颍州(今安徽阜阳)绣过《东园图》。于道光年间逝世。

【恽星联】 即"恽珠"。

【恽珍浦】 即"恽珠"。

【蓉湖夫人】 即"恽珠"。

【丁佩】 清代道光时刺绣名家。华亭(今上海松江)人,一作长洲(今江苏苏州)人。号步珊。精于刺绣,通达绣理。著有《绣谱》二卷。自序于道光辛巳(1821)年,作于雩娄官舍。分述地、选样、取材、辨色、程工、论品六篇。抒其心得,度与金针。主要是论说前代仿真绣的艺术要求,总结得极为扼要精到。

【丁步珊】 见"丁佩"。

【曹贞秀】 字墨琴,室名写韵轩。生

于清·乾隆二十七年(1762),道光二年(1822)61岁仍健在,并书字屏。卒年不详。父曹锐,安徽休宁人。曾任京师兵马司东城正指挥,后侨寓吴门。曹贞秀丈夫王芑孙,苏州人。乾隆五十三年(1788)召试举人,官华亭教谕。曹贞秀擅画梅,书法宗钟繇、王羲之。所临十三行石刻为士林推重。《鸥波渔话》誉为清朝闺阁第一。著有《写韵轩集》。曹亦擅长刺绣,曾绣《墨梅》册页八页,归西园主人收藏。传世刺绣作品有《萱花》屏条一幅,落针平齐、浓淡合度。藏南京博物院。

【曹墨琴】 即"曹贞秀"。

【金某、毛某、杨某】 钱定一《中国民间美术艺人志》载:金某、毛某、杨某,他们的名字都已失传,三人都是清代道光年间四川成都最早从事蜀绣的著名男性艺人。由于他们广泛授传刺绣技艺,总结经验,才使蜀绣开始形成专业。早期蜀绣艺人都是男性,解放后才培养女性艺人。

【上官紫凤】 清代福建邵武人。字灵仙,何高华妻。刑部主事秋涛母。生卒年不详。工针黹,通文翰。尝织《金鳌玉蛛》和《山川锦绣》图,宦眷传观,称为"针神"。著有《八角楼诗集》十二卷。《邵武府志》、《女红传征略》有著录。

【灵仙】 即"上官紫凤"。

【周湘花】 清代元和(今江苏苏州)人。女。生卒年不详。近代朱启钤《女红传征略》载:周湘花,元和人,刘松岚家姬,擅刺绣,曾为吴兰雪夫妇绣过《石溪看花诗》卷,兰雪将此收藏在绣诗楼中,王梦楼为之作《绣诗楼歌》。近代邓之诚《骨董琐记》也有著录。

【殳默】 清代人。女。生卒年不详。字斋季,一作季斋,小字墨姑,一作默姑。浙江嘉善人。殳丹生女。生而奇慧,九岁能诗,刺绣刀尺,无不入妙。工书善画。年十六未字卒。著《闺隐集》。《檇李诗系》、《墨香居画识》有著录。

【殳斋季】 即"殳默"。

【殳季斋】 即"殳默"。

【殳墨姑】 即"殳默"。

【殳默姑】 即"殳默"。

【陈花想】 清代人。商丘陈中丞侍儿。生卒年不详。工刺绣。绣有《广陵芍药三朵花图》,华妙生动,虽名笔无以过之。按《女世说》亦记此事,后有方芷斋夫人赠诗。又《墨林今话》载乾隆已卯(1759)卢净香(名元素,字鹳云,号滌香居士,小字淑莲)夫人绣"三朵花图",殆与此同时,或与卢为同一粉本。《画林新咏》、《中国刺绣技法研究》均有著录。

【赵慧君】 女。清代人。生卒年不详。昆山(今江苏昆山)人。顾春福妻。精工刺绣。所绣人物山水,色丝鲜丽,一如图画。可与卢元素并传。上海博物馆藏有她的《金带围图》,纵高72、横宽30厘米。题材是折枝芍药,花枝占整幅面积五分之一左右,余为题字、印章。绣面有画家、名人程庭鹭、吴大澂、张愿令等35人边款题跋。张愿令题词:"画韵针神,可称双绝。"

【王璐卿】 清代南通州(今江苏南通)人。女。生卒年不详。字绣君,一字仙眉。举人马振飞之妻。璐卿天姿颖异,读书过目成诵,善花鸟,并工于刺绣。著有《鸳鸯锦香棠集》。

【王绣君】 即"王璐卿"。

【王仙眉】 即"王璐卿"。

【曼殊】 清代丰台(今属北京市)人。生卒年不详。近代朱启钤《女红传征略》载:曼殊,名阿钱。为卖花翁女。十岁学绣,花卉、人物、走兽皆能,客以千钱购之。

【阿钱】 即"曼殊"。

【金兰贞】 清代人。女。字纫芳,适平湖王丙丰,父韵玲,为青田县学官。幼随任学诗、画,花鸟、墨兰,秀韵独绝。亦能写真,有自画小像。归王后,家贫早孀,针黹纺织以佐甘旨。值兵乱,流离困苦,事舅姑勿衰。卒年六十九。著有《绣佛楼诗钞》。《平湖续志》、《嘉善县志》均有著录。

【金纫芳】 即"金兰贞"。

【姜氏】 清代人。佚名。张惠言母,生卒年不详。近代朱启钤《女红传征略》载:姜氏,善针工。与姊课针黹,常数线为节,每晨起尽三十线,然后作炊;夜则燃一灯,与姊相对坐作针工。

【徐贞女】 清代人。生卒年不详。"徐贞女墓表"载:徐贞女,习刺绣文绮甚工,有都雅娴静之致。尝仿李龙眠(公麟)为淡墨阿罗汉,慧定禅悦,神光毕现。皆劈丝缕分着吴绫上,俯视谛观,始知非画,其绣工可知。

【联夫人】 清代人。佚名。生卒年不详。《见闻随笔》、《中国刺绣技法研究》载:联夫人,联瑛妻。精于刺绣,作绣时,先以名画张壁,流览朝夕,模仿毕肖。山水、人物、花卉、翎毛皆精。曾绣《达摩像》,须发活现,衣纹丝毫不苟,是仿陈洪绶画本。

【徐毛头、徐妹妹】 清代苏绣艺人。姐妹两人。江苏苏州旺家村人。为宫货局绣工,平金能手,专绣"补子"、"花袖"。曾用荷兰金线,绣制"寿字袍",全袍绣有600个"寿"字。

【董仙】 清代浙江平湖人。女。生卒年不详。字韵笙。孙燕庭妻。清·杨逸《海上墨林》载:董仙,工书,学灵飞经,秀韵独绝。刺绣之妙,推为神针。

【董韵笙】 即"董仙"。

【钟令嘉】 清代人。字守箴。蒋士铨母。生卒年不详。近代朱启钤《女红传征略》载:钟令嘉,工篆绣组织,精女红纺绩织纴事。产品携于市,人辄争购之。

【钟守箴】 即"钟令嘉"。

【曾懿】 清代武进(今江苏常州)人。生卒年不详。《昆陵画征录》载:曾懿,字伯渊,号朗秋。袁幼安妻。通绘事,以丹青运于女红,所绣山水、花卉、翎毛,无不酷肖,精细入微。

【伯渊】 即"曾懿"。

【朗秋】 即"曾懿"。

【吴珏】 清代人。生卒年不详。近代朱启钤《女红传征略》载:吴珏,京口吴莱公女,邹豫妻。精刺绣纫绌。初学绘于兄,工特甚,乃布绣纹,点绚增华,人争购之。

【王琼】 清代江苏高邮人。女。生卒年不详。《梦窗小牍》作"王瑗"。《秦邮小志》载:王琼,进士李炳旦妻。通经史,工书画,女红奇巧,尤精发绣。因亲疾,发愿以素绢绣《璎珞大士像》,拆一发为四,精细入神,宛如绘画,不见针迹,观者叹为绝技。年登大耋,有"书法卫夫人,画法管夫人"之称。

【王瑗】 即"王琼"。

【陆授诗】 清代江苏嘉定诸生。字苍雅。聪颖能诗,旁及音律。精于刺绣,无不工巧绝伦。《嘉定县志》、《墨香居画识》均有著录。

【陆苍雅】 即"陆授诗"。

【徐履安】 清代安徽歙县人。生卒年不详。清·李斗《扬州画舫录》载:徐履安,工技艺,亦娴女红,尝绣《十八尊者像》,为世罕有。兼工篆籀,人呼为"铁笔针神"。又能髹漆铛金,以黑漆为地,针刻字画,傅以金箔,光彩艳异。

【许权】 清代江西德化人,一作河北井陉人。生卒年不详。字宜媖。震皇女,湖口进士崔谟妻。工刺绣,尤善白描法。七岁能诗,著有《问花楼集》。崔谟撰《许宜人传》、《清画家诗史》有著录。

【许宜媖】 即"许权"。

【金采兰】 清代湖南长沙人。女。生卒年不详。近人邓之诚《骨董琐记》载:金采兰,工刺绣,曾绣有墨色《准提像》,衣褶绣得极为自然,表情慈容可掬,还在上面题了赞语。

【凉州妇人】 《绝艺见闻录》载:凉州妇人,清代凉州(今甘肃武威)白云古渡人。佚名。精于绣。曾以大观园全景绣于绸帕,帕仅五寸见方,亦罕有之绝技。后为西人重金购去。

【钱芬】 清代武进(今江苏常州)人。生卒年不详。女。字左才。《清代毗陵名人小传稿》载:钱芬,钱枝起之女,杨瑶妻。能诗工画,她所住的地方叫段庄,她曾把当地的风景绣成了一幅《江村图》,并自题诗在上面,诗书画绣都精好,人皆叹为"四绝"。

【钱左才】 即"钱芬"。

【郭沅女】 清代人。佚名。生卒年不详。近代朱启钤《女红传征略》载:郭沅女,孝廉任海州学正郭沅之女。幼警慧。通晓文义书法,女红绣谱,各尽其妙,维扬闺阁中,称"针神"。晨起组纴,夜则一灯,彻宵操作,售值倍他人。

【恽冰娥】 清代人。女。生卒年不

详。近代朱启钤《存素堂丝绣录》载:恽冰娥,善刺绣。传世有《菊花》立轴一幅,系在白绫地上绣的写意菊花。上有题云:"紫菊宜新寿,茱萸辟旧邪,愿陪长久宴,岁岁奉香花。"款署:"南陵女史恽冰娥"。《菊花》立轴,现藏辽宁省博物馆。

【南陵女史】 即"恽冰娥"。

【华氏】 清代人。佚名。生卒年不详。《古今谈丛图》上卷载:华氏,京师(今北京)宣武门外潘家河沿陈联妻。精针工。所作活计,工妙绝伦,传入禁中,派充供奉教习宫嫔。

【邵琨】 清代青浦县(今属上海)人。生卒年不详。近代邓之诚《骨董琐记》载:邵琨,能诗善绣,有神针的美誉。自绣一幅《西湖春泛图》,并题二绝句于上,论者以不减元人的格韵。

【钱蕙】 清代江苏吴县人。生卒年不详。民国《吴县志》载:"钱蕙,字凝香,通判珍南女,贡生徐燨之室,聪慧绝人,工诗,著有《兰馀小草》,又能以发代丝,精绣古佛大士像及宫妆美人,不减龙眠白描,时称绝艺。"《国朝闺绣正始集》、《女红传征略》也有著录。

【钱凝香】 即"钱蕙"。

【于氏】 清代人。女。佚名。生卒年不详。近代朱启钤《内府丝绣书画录》载:于氏,孔宪培的妻。善刺绣,故宫博物院旧藏有于氏绣《万年枝上日初长》立轴一幅。

【许女大】 清代苏绣艺人。江苏苏州横塘双桥人。为苏州支家巷宫货局绣工。平金、盘金全能,专绣嵌花平金袍服。朱凤《苏绣发展简史》(刊《姑苏工艺美术》1982 年 3 期)有著录。

【胡氏】 清代人。佚名。生卒年不详。近代朱启钤《女红传征略》载:

胡氏,江都光禄典簿李天祇妾。精针
黹。十指缝刺,日无少休,积断针千
万,藏弄箧中。

【冯培兰】 江苏苏州人。女。朱凤
《苏绣》载:冯培兰,生于清代同治九
年(1870),卒于 1950 年前后。擅长
刺绣,曾在沈寿夫妇合办的福寿绣品
公司做绣工,并指导绣工绣小条幅及
实用绣品。她的绣法是先用稀针辅
底,然后用施针顺毛势再绣,艺术效
果胜于活毛套。绣人物用撒和针。
冯培兰刺绣作品有《猴》、《豹》等。

【唐义贞】 清末江苏常熟梅李人。
女。或作义珍。施仁《常熟近代书画
艺人录》载:唐义贞,生于清代光绪
二年(1876),卒年不详。幼时学绣,
得王守明传授,有文学基础,能文善
画,后来在石梅女子学校、淑琴中学、
学前学校等刺绣班教授刺绣。唐义
贞擅长绣花鸟、人物。绣品曾参加
"比利时博览会"、美国"巴拿马太平
洋万国博览会",均获奖。她的刺绣
作品多由法国天主教传教士订购运
往国外。

【唐义珍】 即"唐义贞"。

【余韫珠】 清代广陵(今江苏扬州)
人。女。生卒年不详。清·王士禛
《池北偶谈》载:"予在广陵时,有余氏
女子,字韫珠,年甫笄,工仿宋绣,绣
仙佛、人物,曲尽其妙,不啻针神。曾
为予绣《神女》、《洛神》、《浣纱》诸图,
又为西樵作《须菩提像》,皆极工。邹
程村、彭美门皆有词咏之,载《倚声
集》。"

【吴慧娟】 清代海虞(今江苏常熟)
人。生卒年不详。女。《梵天卢丛
录》载:吴慧娟,工书画,尤善刺绣。
技艺上远追卢眉娘,近抗露香园。其
夫冯子情逐酒色乐而忘归,娟劝之不
从,因截自己之发,于白绫之上绣诗
二首寄之,子情得诗大为感动,即归。
并拟文叙其始末,征题咏,成《绣
发集》。

【赵氏】 清代人。生卒年不详。佚
名。《平原县志》载:赵氏,恩县邹涛
妻。工画、善绣。能擘发绣《观
音》像。

【杨氏姑妇】 清代光绪时人。生卒
年不详。女。《中国美术织绣史》载:
杨氏姑妇,松江(今属上海市)人。佚
名。习刺绣于祖姑恽氏,得祖传没骨
画法。凡绣件皆自出心裁,不依俗
谱。山水、人物、花鸟,皆能为之。三
代孀居,依此为生。"松绣"之名,因
而大著。

【张洪兴】 清末四川成都蜀绣著名
艺人。他善于刺绣狮、虎等动物。在
清代末年,曾为成都地方官绣一幅
《狮子》,作为慈禧太后生日礼品,得
到慈禧嘉奖顶戴。由于他生活潦倒,
后来连这副顶戴也卖掉了。现成都
市年纪最老的艺人,曾看到过他所绣
的《双狮绣球》等作品。

【薛芳】 清代光绪时刺绣艺人。女。
字文华。江苏无锡人。侨居上海。
扬州画家倪墨耕(宝田)妻。擅绣、工
画,才华出众。常和丈夫合作,墨耕
所绘佛像、花卉、山水,薛芳按其刺
绣,所绣活色生香,为时所重。绣法
主要采用撒和针。表现写意画,能
把画中粗犷深厚的调子,忠实地表
现出来。作品有倪墨耕画《紫藤双
鸟》,意韵自然,生动活泼,边口用马
鬣勾勒,风格别致,现藏北京故宫博
物院。南京博物院藏有薛芳绣《天
狼笔记》。

【薛文华】 即"薛芳"。

【王瑞竹】 清代江苏吴江人。幼年
留学日本。毕业于本乡女子美术学
校,其后专习刺绣。作品有《虎》,绣
工精细,双睛有神,毛色闪光。并绣
日本名著《管原直之》上卷首页插图。
所用绣线,全系自染。后任无锡女子
学校美术科主任。

【黄氏】 杨世骥《湘绣史稿》载:黄

氏,清末湖南湘绣艺人。佚名。首创
绣制大幅水墨山水,专承接当时绣庄
的大幅作品。

【肖咏霞】 清末民初湘绣名师。女。
湖南宁乡朱石桥人。《宁乡县志·工
艺篇》载:"光绪年,麻山杨蔚青妻肖
氏,学画于其族人世焯(清末湘绣著
名画工),所绣山水、人物、花草、翎
毛、走兽,其物则彩幛、桌围、椅披、戏
衣、袈裟之类,精妙绝伦,一时有'针
神'之誉。"湘绣一度以人像绣闻名,
是她所创始。并创造了"开针"绣法,
俗称"开脸子绣"。前后在宁乡、长沙
和衡阳等地传授弟子很多,为湘绣的
推广,作出了较大贡献。

肖咏霞

【陈登瀛】 清末民初湘绣名画师。
湖南湘阴人。清末时,曾在长沙吴彩
霞绣坊,接替杨世焯任湘绣画师。擅
长水墨画和肖像。杨世骥《湘绣史
稿》载:陈登瀛,根据面影,就能揣摩
出所绘人物的身份、特征和个性。他
较著名绣稿,是为辛亥革命首义领导
焦达峰、陈作新所绣的巨幅五彩肖像
绣。后焦、陈两人被谭延闿谋杀,即
发誓不再绘绣肖像。谭延闿欲为其
父绣遗像和乡绅唐成之绣"祖容",出
重资相邀,均遭陈登瀛拒绝,为民间
艺人树立了坚贞的人格范例。晚年
绘有《春米图》、《收茧图》、《儿嬉图》
和《捏面人图》等作品,描绘习见的民
俗生活,具有现实主义风格。李湘树
《湘绣史话》也有相似著述。

【龙壬珠】 清末民初湘绣名工。女。
湖南善化(今长沙)人。龙寅珠姊。
杨世骥《湘绣史稿》载:龙壬珠、龙寅

珠姊妹,善绣精细之作。据传,曾在方寸的香袋上绣制戏文故事,细辨认,人物动作酷肖逼真,当时长沙称"龙绣",争相宝重。程颂万题《龙女绝绣》诗序云:"予初闻龙绣之名,以为即近日坊间所绣五彩云龙也,近始知为善化琴斋观察之女壬珠、寅珠所绣,其绣玩赏之品,人物大小,不过分许,体态有神,呼之欲出,叹为绝技。"1909年,清政府在南京举办"南洋劝业会",湘绣参加展出,其中评语:"湖南馆龙氏姊妹(壬珠、寅珠)出品,字(绣小行书字屏)格簪花,迹灭针线。"

【龙寅珠】 见"龙壬珠"。

【傅清漪】 清末民初贵州贵阳人。女。生卒年不详。傅青余女儿,紫江朱梓皋妻。能诗工绣,曾从杨剑潭学诗,杨有留别清漪诗云:"绣诗多谢忒多情,为我殷勤代寄声。先绣惜花诗弟子,一花一瓣一诗名。"她也有送行诗云:"风雨潇潇又别离,残绒唾上柳丝丝。蓬莱七字他年约,先绣天涯感旧诗。"又:"学字功余更学诗,诗中情趣寸心知。新丝绣个维摩丈,香火一龛拜剑师。"末二句绣于素绫绕上,俱载杨剑潭《梁园留别诗卷》。傅清漪子朱启钤,曾创办"中国营造学社",是我国第一个研究中国古代建筑的学术机构。朱启钤收藏的丝绣甲天下,曾著有《存素堂丝绣录》《丝绣笔记》《内府丝绣书画录》等多部学术著作,可见他受母亲爱绣、工绣影响很深。参见"朱启钤"。

【斐荫、鲁炎】 清末民初粤绣名师,精工各种粤绣针法,作品优美传神。曾于1915年在美国旧金山举行的"太平洋万国巴拿马博览会"上,作现场刺绣表演,他俩娴熟的针法和作品的生动真实,引起各国观众的敬佩和赞赏。《中国工艺美术史》(油印本)有著录,《广州刺绣针法》一书说:为1923年的"伦敦赛会"。

【汪春绮】 (?~1913)《宝凤阁随笔》载:汪春绮,清末江苏吴县人。汪荃台女,陈衡恪继室。工刺绣,能诗词,画梅有逸致。病殁北京。

【张应秀】 清末民初江苏无锡人。生卒年不详。锡山绣工会教师,后在无锡大河上办刺绣传习所。清政府考核绣技得优等奖,个人作品得天津实业劝业工场、"南洋劝业会"、清农工商部奖状。与他人合作之绣品,获"比利时布鲁塞尔万国博览会"和"意大利都灵万国博览会"奖牌。

【杨佩贞】 清末民初湘绣名艺人。湖南宁乡朱石桥人。湘绣著名画工杨世焯堂孙女,18岁从世焯学绣。工山水、人物和花鸟,诗情画意,均能表达。她于1905年(光绪乙己)所绣人物山水斗方,上有世焯所题"野塘牛涉水,柳坞燕含泥"诗句。绣品用线匀薄,浓淡得宜,选色清新。

【杨厚生】 清末民初湘绣名艺人。湖南宁乡朱石桥人。杨佩贞妹。14岁与姊同师从杨世焯学绣。以绣动物专长,能抓住动物瞬间动态表情,较充分地绣出来,优美而生动。施针灵活,配色和顺,绣面平伏,颇富神韵。

【柳敏姑】 清末民初湘绣艺人。杨世骥《湘绣史稿》载:柳敏姑,湖南长沙东乡、沙坪一带人。善绣生活用品,尤擅绣制蝴蝶。所绣"百蝶图",姿态各异,优美生动。晚年专剪蝴蝶鞋样,有数百种之多。当地有俗语云:"张娓驰麻线,柳敏姑鞋面。"

【喻梅仙】 杨世骥《湘绣史稿》载:喻梅仙,清末民初湖南湘绣名艺人。刺绣不用稿本,主要用"参针"作绣,所绣都是她生活中熟悉的花草景物。当地有俗话云:"千真万真,抵不过喻娓驰的真。"说明她的绣品的现实性。民国初年,不再刺绣,在长沙专为绣庄画绣稿。

【齐璠】 清末民初湘绣画师。杨世骥《湘绣史稿》载:齐璠,字德生,号趣盒。原籍浙江山阴,在长沙生长。幼年随父学画。早年在醴陵窑业公司画瓷坯,辛亥革命后在长沙改画绣稿。在他以前,湘绣以绣制水墨山水为多,经他不断努力,方发展着色山水。1927年逝世。

【齐德生】 即"齐璠"。

【齐趣盒】 即"齐璠"。

【廖凯】 清末民初湘绣画工。杨世骥《湘绣史稿》载:廖凯,字炳堃,湖南长沙人。早年画瓷坯,从陈登瀛学画。后改绘绣稿。活动时间较长,影响较大。善绘制椅垫、台布、围巾、衣饰、茶托等新的装饰品。经他设计的美术绣品,有施针七道、施线达十五道的。对劈丝方法,尤多发明。对湘绣的发展,作出了一定贡献。

【廖炳堃】 即"廖凯"。

【吴琨】 清末民初湖南湘绣画工。杨世骥《湘绣史稿》载:吴琨,字云阁。湖南湘阴人。原为扎纸鸢艺人,辛亥革命后,改业绘制绣稿,专工图案。他画的绣稿,易于上绣。约在1920年逝世。李湘树《湘绣史话》,有相同著述。

【吴云阁】 即"吴琨"。

【俞志勤】 清末刺绣艺人,江苏吴县人。清·光绪三十二年(1897),俞志勤曾被西太后宣召进宫,教宫女刺绣。她绣制的《松鹤》中堂,曾得奖。

【程竞强】 清末民初江苏常熟人。女。生卒年不详。从小随母学绣。曾留学日本,在东京青山女子大学读书学绣。回国后嫁本县张映南,婚后夫妇同去日本,后去朝鲜教学。回常熟后,在孝女学校任教。同时,自办刺绣学校,自己教绣,将收入办一孤儿院,后因经费问题停办。通五国语言,能诗善画。刺绣以掺和针为主,也有错叠组合针,绣品多运销国外。

曾得南京举办的全国展览会一等奖。绣品曾赠莫斯科博物馆。

【陈锡泉】 清末民初瓯绣刺绣艺人。和瓯绣著名画师林玉笙、刺绣名艺人林新友为同时代人。（温州市工艺美术研究所刘松青供稿）

【缪艺】 清末民初江苏无锡荡口人。女。生卒年不详。鹅湖女校创办人，自兼刺绣教员。画绣均精，作品有《天女》、白描绣《弥勒佛像》、《水墨山水》、《洗马图》、《丰鸡图》。她的绣品，曾在 1915 年美国旧金山举行的"太平洋万国巴拿马博览会"上获奖。

【丁渭琦】 （？～1952）江苏苏州西郊上方山蠡墅人，家住苏州干将坊 147 号。夫顾聘儒。1904 年，与丈夫合办"武陵女塾"（绣校），校董潘志玉，顾聘儒教国文，丁渭琦、金静芬等教刺绣。丁渭琦刺绣《枫鹰》，1910 年 6 月参加农工部在南京举办的南洋劝业会展览，获银牌奖。武陵女塾多名学生的刺绣作品也在南洋劝业会上获奖。1911 年 4～9 月丁渭琦的刺绣作品参加意大利都灵万国制造工艺赛会获最优奖。丁渭琦并被农商部聘为物产品评会审查员，她"任事以来，听夕从公"，大总统批令给予三等奖章。1934 年丁渭琦绣《英国皇后像》，蜚声海外。上海交通大学英籍教授白克夫妇慕名专程来苏访问丁渭琦，向她购买了两幅绣品。当时《苏州明报》曾作报道。丁渭琦生有二子一女。其女儿、儿媳、孙女等都能刺绣，而且曾在南洋劝业会上同获银牌奖。1952 年 5 月，丁渭琦病故。

【胡青青】 清末江苏溧水人。生卒年不详。清·徐琦《清稗类钞》载：胡青青，林梦环妻。工书法，善丹青，又潜意针黹。搜古人画本，探其玄奥，取单丝，刺绣于上下尺幅间，精不可辨。尺幅费时经年，30 岁后，以目力不济，遂不复作。端方督两江，得其《归雁图》，赍以入宫，慈禧太后命奖之，青青已先一年死。

【赵罊】 清末民初江苏苏州人。女。擅长刺绣。1912 年，现代西画家颜文樑所作第一张油画《石湖串月》，陈列于苏州观前街裕昌祥镜框店，为赵罊 8 元所购，以作刺绣范本用。《现代美术家·颜文樑》一书有著录。

【刘亚昂】 晚清广东潮州刺绣艺人。女。生卒年不详。《巧夺天工》载：刘亚昂，当时有"绣花状元"的称誉。现在潮州的著名刺绣老艺人杜进茂就是她的得意门生。

【徐慧珠】 清末民初江苏吴县东渚人。又名志勤。擅长刺绣，工绣花鸟，善用"活毛套"针法。《光福志》记其传。1907 年清廷农工商部建立"皇家绣工学校"，委任沈寿为总教习，徐慧珠曾随沈寿同去北京，作为助教，传授绣艺。吴县刺绣老艺人顾阿大，是其甥女，阿大 16 岁时曾随徐学绣，活毛套针法极为娴熟，犹有徐氏余风。

【徐志勤】 即"徐慧珠"。

【孙桂山】 清末民初苏绣画师。生卒年不详。江苏苏州人。曾为清朝末代皇帝溥仪设计登基用的刺绣龙袍。龙袍料采用明黄色宁绸，上有海棠、万字暗花，上绣九条行龙，全用真金线盘制绣成。刺绣者是苏州横塘双桥的几位女绣工。朱凤《苏绣发展简史》（刊《姑苏工艺美术》1982 年 3 期）有著录。

【林玉笙】 清末民初瓯绣著名画师。曾在温州玉堂里开设绣花工场，专门生产外销刺绣。和当时著名刺绣艺人林新友合作，发展到十多户绣坊，有几百人生产。大部分刺绣销售到东南亚等国家。

【林新友】 清末民初瓯绣著名刺绣艺人。能画。以善绣猴、马闻名。绣面光亮，针脚平齐，神韵生动。曾和瓯绣著名画师林玉笙合作，开设绣花工场，专门生产外销刺绣，主要销东

南亚等国家。

【赵禄坛】 朱凤《苏绣发展简史》（刊《姑苏工艺美术》1982 年 3 期）载：赵禄坛，清末民初江苏无锡人。锡山绣工会教师。擅长刺绣。绣品曾得天津实业劝业工场、清农工商部奖牌。与他人合绣之绣品，得比利时"布鲁塞尔万国博览会"、"意大利都灵万国博览会"奖牌。

【陈英】 近代湘绣画师。杨世骥《湘绣史稿》载：陈英，字涉生。浙江海宁人，生长于湖南长沙。早年学画瓷坯，曾任画师。1951 年后改画绣稿，能吸取西画优点，运用阴阳明暗，绘制彩色绣稿极多，对湘绣的发展，作出了一定贡献。

【陈涉生】 即"陈英"。

【吴镜蓉】 杨世骥《湘绣史稿》载：吴镜蓉，近代湘绣名艺人。清末湘绣著名艺人胡莲仙女。自幼学绣。她的绣品，能融合各家之长，别具匠心。创始绣制水墨肖像技法，充分发挥针法刺绣线条的作用。绣品曾参加"巴拿马赛会"。《湘绣史话》也有相似著述。

【许树薇】 民国时刺绣艺人。江苏如皋人。在 1937 年，曾绣制"芦鸭"刺绣，参加"巴黎国际博览会"展出，深得各方好评。

【夏贞】 民国时刺绣艺人。江苏宿迁人。在 1937 年，曾绣制屏幅，参加"巴黎国际博览会"。

【高德华】 民国时刺绣艺人。江苏江阴人。在 1937 年，曾绣制屏联刺绣，参加"巴黎国际博览会"展出。

【程华贞、惠婉香、张亚珍】 民国时刺绣艺人。江苏无锡人。在 1937 年，曾绣制屏幅等刺绣，参加"巴黎国际博览会"展出，得到各国友人的赞扬。

【李秉昆、李伯樵】 民国湘绣画师。李湘树《湘绣史话》载：李秉昆曾为张一飞马戏团画过一巨型幕布，用8幅红贡缎拼成，每幅贡缎宽3尺2寸，正中绘一大地球，上立一雄鹰。边上两幅贡缎，一画虎，一画狮，长丈余，宽1.2米，为湘绣画师李伯樵所画。幕布绣成后，鲜丽夺目，十分壮观。张一飞马戏团在长沙演出时，万人空巷，一路演到重庆，观众既看演出，亦来观赏巨幅的精美湘绣。像如此大幅的湘绣，以后再没有人绣过。

【胡莲仙】 （1832～1899）近代杨世骥《湘绣史稿》载：胡莲仙，清末湘绣名艺人。又名彩霞。女。原籍安徽，少时长期随父住江苏吴县，学习苏绣。20岁，与湖南湘阴人吴健生结婚，返湘阴，后迁入长沙。会绘画，剪绣稿，精于绣。先后在长沙开设"绣花吴寓"、"彩霞吴莲仙女红"绣坊，培养了一批刺绣弟子。她在苏绣的基础上，参合粤绣风格，运用"乱参"（乱插针）针法，使绣品色调混合生动，为创立"湘绣"的独特风格奠定了基础。

【胡彩霞】 见"胡莲仙"。

胡莲仙

【杨世焯】 （1842～1911）清末湘绣著名画师。字季堂，湖南宁乡人。工绘画，善雕刻。早年从尹和伯学画，晚年从事创制绣稿，传授绣技。世焯能依绘画晕色法，以染色丝；依雕绘图谱之式，以造花样。故技艺特精妙。据说世焯教弟子刺绣，先备实物标本，讲色之阴阳浓淡，花鸟姿态动作。施针方面，创造多种绣法，提高了湘绣的技艺。《宁乡县志·故事篇》卷五八："世焯工绘花鸟草虫，晚年间尝作画稿，教人刺绣，得其传者，肖妙入神，绣像尤工。湘绣之名驰中外，实世焯倡之。"杨世焯对湘绣的形成和发展，作出了很大贡献。近人朱启钤《女红传征略》有相似著述。

杨世焯

【杨季堂】 即"杨世焯"。

【魏氏】 （1842～1914）近代杨世骥《湘绣史稿》载：魏氏，清末湘绣名艺人。佚名。湖南长沙人，生于袁家坪。胡莲仙绣友，为创立、推广湘绣，做了很多工作。她绣得好，绣得快，先后在长沙东乡袁家坪、沙坪传授弟子100余人，以后又及于西乡之渔湾市、漾湾市、三汊矶一带。直到今天，这些地区还是湘绣的中心。魏氏善于运用"参针"，绣品清新、别致、醒目。尤擅创新，她和胡莲仙，同为湘绣的创始人之一。李湘树《湘绣史话》也有相似著述。

【张謇】 （1853～1926）中国近代纺织教育和纺织工业的先驱者。字季直，号啬庵，江苏南通人。清代光绪状元。甲午中日战争后，认为办教育，振兴实业，是"富强之大本"。曾先后任崇明瀛洲书院、南京文正书院和安庆经古书院院长。并任江苏谘议局议长、南京临时政府实业总长和袁世凯政府农商部总长等职。1899年在南通创办大生纱厂，继而又在崇明、海门等地开办大生二厂、三厂和八厂。后又筹办通海垦牧公司，致力纺织原料生产。1904年赴日本考察，回国后，又在南通兴办各级学校，有小学、师范学校和习艺所（技术学校），还兴办南通学院（设农、医、纺织等科或系）、南京河海工程学校、苏州铁路学校、吴淞商船学校等。他还筹建了大达轮船公司、复新面粉公司、资生铁冶公司、淮海实习银行等企业，并投资苏省铁路公司、大生轮船公司、镇江大照电灯厂等企业。曾当选为江苏学务总会会长、江苏省教育会会长和中央教育会会长。著有《张季子九录》、《张謇函稿》、《张謇日记》和《啬翁自订年谱》等。张謇曾于1914年在南通创办"南通女工传习所"，聘请著名仿真绣大师沈寿任所长，招收各地学员学习刺绣，培育了一批刺绣人才，不少近现代名绣工，都出自她的门下，如金静芬、巫玉、庄锦云等。又办南通绣织局，在欧美设立办事处，为中国刺绣在国际上奠定了重要地位。在沈寿逝世前病中，张謇提议，沈寿口述，由张謇亲自记录，撰写成《雪宦绣谱》一书，书中有沈寿诸多创见。该书的出版，使中国的传统刺绣技艺、针法，得以流传后世，对我国刺绣艺术的发展，起到了重要作用。参见"沈寿"、"雪宦绣谱"。

张謇绣像（任嗜闲绣）

【张季直】 见"张謇"。

【张啬庵】 见"张謇"。

【王守明】 （1858～?）清末民初江苏常熟梅里人。女。字毓明。18岁嫁本县吴恒初，一月后，夫亡。后在常熟老县场斗吉美办刺绣传习所，教授刺绣。作品有：《猫蝶图》、《锦鸡独立》、《白头到老》、《太师少保》、《神女》、《仕女》等。曾在"比利时博览会"获一等奖、"南洋劝业会"获奖状。所绣均为"仿真绣"。针法以撇和针为主。当时有"常熟绣王"之称。刺绣数十年，绣品由一位法国天主教徒订购运往国外。

【王毓明】　即"王守明"。

【林新泉】　曾炽熹、刘中东《粤绣及其艺术特色》(刊《中国工艺美术》1983年3期)载：林新泉，清末潮绣名艺人。广东潮州人。男。据传，在1910年，潮州林新泉等24位男刺绣能手，曾精工绣制一批绣品，在南京"南洋劝业会"上展出，倍受嘉奖。于是在潮州民间，便流传有24位绣花状元的佳话。

【蔡戊子】　广州粤绣画师。曾画过《庆寿》彩眉绣稿。粤绣《庆寿》白描绣稿，长500、高32厘米。以福禄寿为中心，八仙、八骑、和合、嫦娥等分列两旁，全卷45个人物，分成送寿礼、拜寿等七段。绣稿在衣纹的处理上，采用我国传统的勾法，结构自然，富有动感。45个人物眼睛点法，有圆点、角点、平点和斜点等不同处理手法，以八仙为例，他们的性格、年龄、性别各不相同，经画师精心刻画，使之产生明显的差异，并体现出各不相同的内心特征，这些，正是作者对眼神处理所取得的艺术效果。七段之间的处理，安排妥适合理，布局情景交融，都相互辉映，气韵生动。

【李佩黻】　(1861～1910)清末江苏无锡人。字芸清。与同邑华三川结为夫妇。华三川工书善画，多才多艺，人称"艺三先生"。李佩黻性文静，好刺绣，以淡雅、生动著称。从丈夫那里学到较系统的绘画知识，常以其夫的山水画作绣本。绣品达到"几莫辨其为绣为绘，其技能之精微盖入于神"的境界。在华三川支持下，她创办了锡山绣工会传习会，自任会长总教习。用中国传统的绘画理论指导绣工创作设计和传授绣艺。入会

学艺的除本地学员外，还有日本金原村子和美国孙宗彭等。绣工传习会设绣工、修身两门课程。刺绣篇分图画、模样、配色、章法、运针、光线、粗细、厚薄、雅俗、精神等十章，要求绣艺应与画理相融合，倡导淡雅秀丽的江南画风流派；修身篇分装饰、品行、局量、志趣、交际、运动、服从、职业、恒德、专修等十章，要求洁身自好，专心学艺，以资生养。在她的倡导传授下，无锡绣品淡雅清丽、细匀光薄，屡在国内外赛会上获奖。

【李芸清】　即"李佩黻"。

【朱树之】　(1865～1930)湖南湘绣画师。字恒。长沙人。李湘树《湘绣史话》载：朱树之，早年学习绘画，山水、人物、花鸟、走兽皆能。并谙熟民间工艺特性，因而所绘绣稿，省工易绣，乐为绣工采用。他创造了多种染丝方法，丰富了湘绣的色彩；水墨画间西洋颜色染丝所绣，也是他所创始。朱树之还发明用"梨木版套印"上稿技法，提高了湘绣的生产。他精通绣理和针法，并善于管理，晚年自己开了一家湘绣工场，广集画绣人才，鼓励绣工发挥专长，创新出诸多精品。朱树之一生，为湘绣的发展、成长作出了很多贡献。

【朱恒】　即"朱树之"。

【张许氏】　(1866～?)清末苏绣艺人。佚名。江苏吴县蠡墅村经桥人。苏州丝织衙门官货局(在今苏州长春巷)绣工。线绣、金绣皆能，技术全面，为突出人才。曾绣制同治皇帝龙袍和皇太后霞帔等。

【归氏】　清末江苏常熟人。女。佚名。以善绣名于一时，平生在家以授徒刺绣为业。跟她学绣的人很多，近代常熟凡擅刺绣的妇女，大多出自她的门下，人家都以"归先生"称呼她。

【华璂】　(1870～1941)清末民初江苏无锡荡口人。女。字图珊，别号迦

陵馆主。能诗工画，精于刺绣。1906年在荡口鹅湖女校教刺绣。1912年与夫张尉(金石家)在上海设立刺绣传习所，有十年。她的刺绣作风，是采用传统针法，综合活用，尤其发挥了撇和针的长处，作品画意盎然。与许频韵合著《女子刺绣教科书》和《刺绣术》，分"概论"、"法式"、"旧绣法之分类"和"新绣法之分类"四章，除注重仿真绣类的画理象真外，并介绍了一些意象绣类的针法。两书内容类似。绣品有"耶稣像"、"菊花夹蝶"等，曾得"国际博览会"、"南洋劝业会"(1910)奖章，现均藏故宫博物院。《风景》作品两幅，运用传统绣法，以青绿山水为稿本，可能是她的早期绣品，现藏无锡工艺美术研究所。

【华图珊】　即"华璂"。

【迦陵馆主】　见"华璂"。

【朱启钤】　(1872～1964)当代研究织绣、漆器工艺历史的著名学者。字桂辛，号蠖公。贵州紫江县人。20岁时，在四川任下级官吏，以后任京师大学堂(北京大学前身)译学馆监督等职。辛亥革命后，任内务总长、代理内阁总理等职。1916年起，退出政界，从事文化活动。1930年，在北京创办中国营造学社。他收藏的古代刺绣、缂丝针品，后转让给张学良，现藏辽宁省博物馆，曾印行《纂组英华》，闻名世界。他在整理、出版工艺美术史料上，有杰出贡献。著有《丝绣笔记》二卷、《女红传征略》一卷、《存素堂丝绣录》二卷、《清内府藏刻丝绣线书画录》二卷、《漆书》九卷、《哲匠录》等。1927年，他将在日本流传的我国明代漆器匠师黄成撰写的《髹饰录》钞本在我国刊行，使这部佚书得以重新问世。生前任中央文史馆馆员，第二、三届全国政协委员。

【朱桂辛】　即"朱启钤"。

【蠖公】　即"朱启钤"。

朱启钤

【沈立】 清末民初刺绣名手。女。字鹤一。江苏吴县人。刺绣名家沈寿姊。沈寿自幼随姊学习绣艺,后姊妹俩长期合作刺绣。1905 年,沈寿在苏州马医科巷创立"同立绣校",沈立参加教学刺绣。1907 年,清廷农工商部建立"皇家绣工学校",委任沈寿为总教习,沈立随妹至北京,作为助教,传授绣艺。1914 年,江苏南通成立"南通女工传习所",张謇聘请沈寿为所长,沈立也随同前往任刺绣教员。1921 年沈寿病逝,由沈立继任所长。沈立、沈寿姊妹合作刺绣较多,在技艺上二人难分高低。沈立自绣有《马》、《神女》、《虎》等,精美堪比沈寿。沈立是一位对近代刺绣,作出较大贡献而未留名的刺绣名艺人。

【沈鹤一】 即"沈立"。

沈立绣《观音大士像》

【蔡群秀】 (1872～1935)清末民初江苏苏州人。号文歧。工刺绣。1907 年清廷农工商部,建立"皇家绣工学校",委任沈寿为总教习,蔡群秀曾随沈寿和沈立一同去北京,作为助教,传授绣艺。1911 年南返,在南京

胭脂巷女子学校教绣。她的动物绣与沈立齐名。绣品有《山水》、《杨柳狸猫图》、《神女》等,曾多次参加国内外展出,两次得清农工商部奖状和一次奖牌。63 岁逝世。

【蔡文歧】 即"蔡群秀"。

【沈寿】 (1874～1921)清末民国初年刺绣艺术家、刺绣工艺美术教育家。女。原名云芝,字雪君,后改号雪宦,别号天香阁主。出身于江苏吴县阊门海红坊古董商家庭。天性聪慧。7 岁从姊沈立学习绣艺。后和姊长期合作刺绣。1893 年与流寓苏州的浙江举人余觉(兆熊)结婚。余能诗善画,夫妇画绣相辅。1904 年慈禧 70 寿辰,沈寿夫妇将 8 幅通屏《八仙上寿图》进献,得到慈禧和农工商部大臣载振嘉奖。慈禧亲书"福"、"寿"两字,分赐沈寿夫妇,由此沈改名为寿。农工商部特颁双龙宝星四等勋章。1905 年清政府派沈寿、余觉赴日本考察美术教育。回国后,设女子绣工科,又称皇家绣工学校,委任沈寿为总教习,余觉为绣工科总理。从苏州随带助教、画士 7 人,助教是沈立、蔡群秀、沈英、朱小柏、徐慧珠、金静芬,画士是杨羡九。同在北京传授绣艺。1910 年,南京举办"南洋劝业会",沈寿被委为全国绣品审查官。沈寿的绣品《意大利君后像》参加展出,获一等奖。1911 年《意大利君后像》参加意大利都灵赛会展出,并作为国家礼品赠给意大利,得到意大利国王和皇后回赠的最高级"圣玛丽宝星章"和嵌有意大利皇家徽章的钻石金壳怀表。意王并亲笔致函清政府加以赞扬,又令意大利驻北京公使斯莆尔扎,代表意君后向沈寿致函道谢。同年,北京女子绣工科解散,沈寿至天津自设绣工传习所教授刺绣。1914 年,张謇在江苏南通女子师范学校附设绣工科,又称南通女工传习所,聘沈寿任所长,兼刺绣教员。授生徒 20 余人。1916 年增速成科。在南通授绣 8 年,勤诲无倦,毕业者 150 余人。1915 年绣品《耶稣殉难像》参

加在美国旧金山举行的"太平洋万国巴拿马博览会"获一等奖。1919 年绣成《美国著名女优倍克像》,是她最后一件杰作,曾送美国展出。1921 年病逝,葬于南通马鞍山麓,张謇题碑曰:"世界美术家吴县沈雪宦女士之墓"。沈寿创造了仿真绣,发展了传统刺绣针法。著有《雪宦绣谱》。上海博物馆藏有沈寿的留世作品《荻丛鹭鸶》、《樱花栖鸦》等,上有"吴县天香阁女士沈寿"印章。苏州博物馆藏有《猪》、《龙》、《虎》、《兔》生肖 4 幅,《济公像》1 幅。南京博物院藏有《罗汉》4 幅,《观音像》1 幅,《红鸟翠柳》刺绣 1 幅。故宫博物院藏有《柳燕图》等。沈寿前期的作品大多用撇和针、斜缠针和滚针等苏绣传统针法。沈寿去日本考察后,创造了仿真绣,发展了传统的刺绣针法,除了创造性地运用羼针(长短针)、施针、虚实针等多样变化的针法外,并在配色仿真上下工夫,注重研究光线与色彩变化的关系。当以一种单一的色丝不能表达油画的色彩效果时,就设法合二三色甚至七色丝穿于一针,以取得良好的艺术效果。她还新创了旋针、肉入针、虚针等针法,并通过丝理走向,以更好地表现物象的形态。在针法运用上,有时她将施针加于套针之上,或施针与旋针并用,以表现鸟羽或裘毛蓬松的质感,达到惟妙惟肖的艺术效果。

沈寿

【沈云芝】 即"沈寿"。

【沈雪君】 即"沈寿"。

【沈雪宦】 即"沈寿"。

【天香阁主】　即"沈寿"。

【左又宜】　（1875～1911）近代邓之诚《骨董琐记》载：左又宜，清代光绪时人。字鹿孙。左宗棠孙女，夏剑丞妻。湖南湘阴人。工刺绣，山水、卉木、虫鱼、禽兽、人物、鬼神，脱手缫幅，巧合天制。绣有《三村桃花图》，为世所称。37岁卒。

【左鹿孙】　即"左又宜"。

【凌杼】　（1877～1928）清末民初刺绣名师。江苏吴江莘塔镇人。女。字锦怀，号织仙。凌杼擅长刺绣，绣工精细，色彩鲜艳，自染花线，专门深入研究绣法和调色。曾以马鬃绣《释迦牟尼像》。南京博物院藏有凌杼绣《窅娘舞莲图》，高29.5、宽43.5厘米。表现的是南唐李后主的宫嫔窅娘在高六尺的金莲上起舞的情景。画面以线描为主，设色素雅，窅娘舞姿优美，裙带随着舞姿飘飞。绣幅右侧题："《道山清话》：李后主宫嫔窅娘纤丽善舞。后主作金莲，高六尺，以宝物饰细带缨络，莲中作品色瑞云。令窅娘以帛缠足，令纤小屈曲作新月状，素袜舞云中，回旋有凌云之态。唐缟诗曰：'莲中花更好，云里月常新。'因窅娘作也。"绣幅下盖"凌"、"杼"两方印。南京博物院还藏有她刺绣的花鸟册页，布丝运针，极尽精密细致之能事。

【凌锦怀】　即"凌杼"。

【凌织仙】　即"凌杼"。

【余德】　（1880～1966）广东粤绣艺术家。别名宗禧。广东四会县人。师从四代相传的粤绣高手黄洪学艺。清代光绪时，他绣的荷包，是当时广东的贡品，倍受光绪后妃的喜爱。有"绣花王"的美称。余德曾任广州刺绣行会——锦绣行理事多年，闻名一时。他掌握粤绣各种针法，技艺全面。他擅长绣牡丹，绣品针法，讲究纹路转变，排拍光洁平滑，色泽鲜艳

调和。如他绣的《锦鸡牡丹》，构图合理，色泽鲜艳夺目，是他用7类20多种针法精心绣制而成。余德刺绣的《孔雀牡丹全景》，1915年参加美国旧金山万国博览会，获一等奖。《寿狮》，1923年参加英国伦敦大铁桥开幕赛会，获二等奖。《孔雀牡丹大屏》，1932年参加美国芝加哥开埠百年展览会获奖。1959年创作的《锦鸡牡丹》，参加省、市工艺美术品评选获得一等奖。1957年出席全国第一届工艺美术艺人代表会。1960年被广州市人民委员会授予"老艺人"称号。曾任广州市政协委员、市文联委员。

【余宗禧】　即"余德"。

【曾益山】　（1882～1926）湖南湘绣粗绣类神像画名师。李湘树《湘绣史话》载：曾益山，湘潭人，外号"曾拐子"。长沙同行称"拐子"者，取其精明过人之意。他精工人物画，也能画花卉。并精通佛律、神学，对罗汉典故了如指掌。承制神帐、神像画，算料准确，一气呵成。他画的三尺二贡缎武当山神帐，高丈余，上中是武当菩萨，两边为龟蛇二将，均为一米多高，下面是玉龙捧圣。画时分段设计，拼成整体后居然天衣无缝，其精湛技艺，曾轰动湘绣界。

【曾拐子】　即"曾益山"。

【吴善蕙】　（1884～1929）清末民初浙江杭州人。女。浙江女子师范毕业。从姜丹书学画。能绘画，工刺绣。所绣《巴拿马运河图》，有咫尺千里之妙。曾出品于"万国博览"，具有国际声誉。56岁卒。

【金静芬】　（1885～1970）女。当代刺绣艺术家。原名彩仙，小名杏宝。回族，江苏苏州人。少年学艺，19岁从刺绣艺术家沈寿学习刺绣欣赏品的技艺。21岁随沈寿到北京，任清政府农工商部工艺局绣工科教习。她绣制的《水墨苍松》、《猫嬉图》，1910年在清政府举办的"南洋劝业

会"上得优等奖。绣制的《肖像绣》，1915年参加"太平洋万国巴拿马博览会"展出，获奖状与青铜奖章。1912年始，她先后在苏州武陵女校、上海创圣女子中学、苏州女子职业学校任绣工教师、美术科主任等职，致力于苏绣技艺研究与刺绣教学。她前后任教30余年，学生达千余人。她绣制的作品，具有浓厚的装饰性；仿"露香园顾秀"，甚有古风。在苏州刺绣研究所任职期间，她精心绣制了各种花、鸟、虫、鱼、走兽和龙凤等40多种针法样本。前后历任苏州市工艺美术研究室主任、苏州市刺绣研究所副所长、全国第三届人民代表大会代表等。

【金彩仙】　即"金静芬"。

【金杏宝】　即"金静芬"。

金静芬

【杨羡九】　（188?～1957）现代苏绣画师。江苏吴县光福人。善画花鸟，绣稿《松鹤同寿图》，绣成后，曾参加1915年美国旧金山举行的"太平洋万国巴拿马博览会"展出。1907年清廷农工商部建立"皇家绣工学校"，委任沈寿为总教习，杨羡九曾随沈同去北京，作为画士，传授绣艺。以后又随沈到天津、南通等地教授绣艺。解放后在江苏吴县刺绣社工作。

【黎益山】　（1892～1942）湖南湘绣画师。李湘树《湘绣史话》载：黎益山，湖北人，外号"黎盒子"。因黎益山吸鸦片，鸦片烟为盒装，故称"黎盒子"。他早年在湖北画古画赝品，擅作人物、山水、花鸟。来长沙后改绘

绣稿,他画绣稿从不描缕,只作纸稿,出手快捷,一晚能画数十幅,人称"湘绣快手",故又有"手上自有黄金屋"之称。黎益山所作之画,具有书卷气,属文人逸品,在他死后,画名鹊起,古董铺出重金收购其遗作。

【黎盒子】 即"黎益山"。

【杨守玉】 (1895～1981)当代刺绣艺术家。女。原名韫,字瘦玉,乳名翔云。江苏武进人。为我国"乱针绣"(又名"缤纹绣"、"正则绣"、"杨绣")的创始人。善画善绣,能诗能文,爱好金石。《正则绣》:杨守玉"写人物、山水、花鸟,能自辟蹊径。尤善以西方画法,状貌一切形式"。自小随表姐学绣,20岁毕业于常州女子师范学校图工班,吕凤子聘请她到丹阳正则女子中学,任绘绣课教师,后任绣科主任。三十年代,在传统刺绣的基础上,根据西画笔触、透视等原理,创造了运针纵横交错的乱针绣法。开始试绣以水彩画为绣稿的"老头像"、"小女孩"等作品。取名"杨绣",后改称为"正则绣"。她绣制的作品"罗斯福像",赠送给美国,现藏于美国美术馆;"美女与骷髅",曾在四川重庆举办的工艺美展获奖金;"少女"现藏于苏州大学;"朱德像",现藏于常州工艺美术研究所。

杨守玉绣像(任嚖闲作)

【杨韫】 即"杨守玉"。

【杨瘦玉】 即"杨守玉"。

【杨翔云】 即"杨守玉"。

【陆如慧】 (1897～1969)又名一尘,女。江苏常熟莫城殷庄泾村人。自小热爱刺绣书画。12岁起随母学绣。21岁考取上海美术学校函授部学画。曾先后在常熟张家小学、学前小学做刺绣及手工、图画教师。后转到苏州刺绣研究所针法研究室工作,曾参与绣制《针法汇编》。陆如慧能书晋唐小楷,工绘花卉草虫,1968年曾作国画《耄年进德图》。其刺绣与画学原理融会贯通,作品精细,不露针迹,所绣《秋风纨扇图》、《半闲秋兴图》能保持唐寅原作的神韵,1962年均获苏州市工艺美术系统优秀作品奖。《秋风纨扇图》1963年在香港展览,观众大为惊赞。代表作有《洛神》、《王步瑶仕女》、《草虫针法汇编》,均由苏州刺绣研究所收藏。

【陆一尘】 即"陆如慧"。

【黄妹】 (1898～1975)粤绣艺术家。广东新会县人。别名汉光。早年初学"洋庄"绣品,后转学绣画,至1920年就以绣虎出名。黄妹曾担任刺绣行业"绮兰堂"理事,并与余德等人组织刺绣工会,任执行委员。黄妹对绣艺和画理都很熟练,技艺全面。是染色、洗花能手,且工于图案设计,人称"绣花状元"。在技法上,曾独创"八面旋转针法",绣出的鸡冠花花瓣底面连接,而花冠又有波纹皱折的特征。他还可运用独特针法,绣出水的流动感和金鱼在水中若隐若现的神韵。上世纪二十年代,黄妹的《锦上添花》绣鞋,在广州国货商品展览会上展出,标价高达500两白银。《鸡冠花》、《菊花猫图》、《半浮沉金鱼》,在会上获一等奖。《雪地风景》在广东等4省市展览会上展出,获二等奖。1957年他参加了第一届全国工艺美术艺人代表会,并为会议绣制了《孔雀苍松图》,为大会收藏。生前广州市人民委员会曾授予他"老艺人"称号。

【黄汉光】 即"黄妹"。

【廖家惠】 (1898～1959)女。当代刺绣艺术家。原名桂芬。湖南长沙市人。8岁随母学绣,20岁时已任湘绣技师。擅长绣制人物,精细、逼真、传神。清末,廖家惠所绣绒制的吴佩孚之母肖像,现珍藏于上海博物馆。本世纪初,她的作品曾在南洋劝业会、西湖博览会以及美国太平洋万国巴拿马博览会、芝加哥博览会、费城万国博览会上展出,均获好评。其中美国总统威尔逊彩绣肖像,曾获优秀奖。1953年,她和几十位绣工绣制的大幅绣品《伟大的会见》,在莫斯科展出时,被誉为"可爱的人民,奇异的手,绝妙的绣品"。1957年,她在湖南省湘绣厂工作,精心绣制出国礼品和展品。她还研究传统针法,传授技艺,培养了200多名绣工。廖家惠生前为湖南省、长沙市政协委员。

【廖桂芬】 即"廖家惠"。

廖家惠刺绣的吴佩孚母亲绣像
(上海博物馆藏品)

【吴吟清】 现代湘绣老艺人。早年随清末湘绣名师廖家惠学艺。善绣花鸟、山水、走兽等,尤以绣制松鼠见长。吴吟清刺绣的湘绣《松鼠》绣屏,曾参加1982年全国工艺美术品百花奖评比。她依据画意,恰当地运用了毛针、交叉针、游针和平针等多种针法,生动地表现了松鼠活泼嬉戏的神态,尤其松鼠的毛,蓬松轻软的质感,表达更为逼真,令人惊异,显示了绣制者高超的技艺。

【靳永振】 (1900～1976)辽宁刺绣名师。河北宁津县人。14岁开始学绣,具有丰富的刺绣经验:针法齐整平服,光洁细致,配色和谐。常用针法有套针、缠针、抢针和梅花针等20多种。并能根据题材内容,创出不同的新针法,如绣金鱼,则用"鱼鳞绣针"。由于他绣艺精湛,绣品具有独特风格,在1957年全国工艺美术会议上,被誉为"靳绣"。早期作品有《斯大林立像》、《八骏马》、《猫儿戏嬉》等。他以贵重丝绸作底,绣制了巨幅绣像《八女投江》,表现了8位抗日女英雄宁死不屈的壮烈形象,衬以急浪滔滔、阴霾漫漫的松花江面,是一幅革命斗争史诗般的刺绣杰作,观后使人十分激动和鼓舞斗志。

【巫玉】 (1902~1995)女。南通人。学名巫淑清。江苏工艺美术大师。师从一代刺绣大家沈寿,是沈寿仿真绣艺术的主要传承人之一。18岁时自绘自绣的《芦苇翠鸟》被选入《中国刺绣》图册。其绣作针法细腻,形象逼真,注重西洋油画的光与影在刺绣上的运用。曾任南通工艺美术研究所副所长,并悉心传授沈寿绣艺。代表作《木兰图》、《狩猎图》等绣品,有的被南京博物院收藏。

【巫淑清】 即"巫玉"。

巫玉

【宋金龄】 现代江苏南通刺绣艺人。女。南通人。清末刺绣名家沈寿学生,为沈寿创办的南通女红传习所首届毕业生,毕业后留所执教。后任南通女红传习所第三任所长。终身未嫁,将毕生精力献给了刺绣教育事业。

【周禹武、张元芳、李巽仪、陈瑾】 现代江苏南通刺绣艺人。女。南通人。

清末刺绣名家沈寿学生,曾在沈寿创办的南通女红传习所学习刺绣。1949年后,在南通工艺美术研究所工作,主要传授沈寿的仿真绣技艺,为培育南通地区刺绣新生力量,都作出了应有的贡献。并绣有《伊甸园图》等刺绣精品。

【陈荷影】 (1903~1987)粤绣名家。女。又名陈素心。满族。广州市人。母亲家系数代粤绣艺人,擅长粤绣的"钉金绣"技法。钉金绣,亦称"金银线绣"、"金银线垫绣",是粤绣传统技法。是指在绣面凸起的部分用棉花垫底,加上丝绸覆盖钉牢,后在面层用金银线刺绣。绣品立体感强,富丽堂皇。陈荷影7岁随母学钉金绣,成长为一名钉金绣高手。陈影荷1958年创作的《钉金大花篮》,获全国工艺美术展览一等奖、广东省和广州市工艺美术评比金质奖;1959年两幅《锦上添花》作品作为礼品送给维也纳世界青年联欢节;她的《钉金山水画》,挂画《岁寒三友》、《迎春》、《金鱼》等,连续3年分别获得省、市展览、评比、创作设计一等奖。生前为广东省第三届人大代表。1960年广州市人民委员会授予她"钉金艺人"称号。

【陈素心】 即"陈荷影"。

【李云青】 (1904~1965)现代湘绣名画师。李湘树《湘绣史话》载:李云青,湖南长沙人,别号兰溪居士。上世纪三十年代,师从湘绣画师朱树芝习画,后进万源绣庄从事湘绣设计。李云青的绣稿以工艺特性见长,非常适合刺绣。湘绣早期有一种"线条山水",以浓墨勾勒线条,再皴擦润染,后施重彩,故较省工,是湘绣大批量绣品之一。李云青善于创作线条山水绣稿,层次分明,运线流畅,在转折顿挫上尤见功力,并具有独特的清峻画风和极强的工艺性。他也擅画虎,在当时湘绣绣虎题材中他画的最多和最优秀,因而人称"老虎二爹"。他并善于创作整理湘绣题诗。如绣虎诗:"丹青画皮难画骨,笔墨无功针

线补。"绣孔雀诗:"何须妙手夸计线,绣出珍禽披锦纹。"李云青的这种湘绣题诗,紧密与绣品画意相联系,是湘绣的一个鲜明艺术特色,在其他各地的绣品中较罕见。李云青共创作湘绣题诗300多首,成为湘绣诗人。李云青设计的绣品,在海外声誉很高,在广州交易会上海外和香港客商,都指名要"兰溪居士"的绣品。

【兰溪居士】 即"李云青"。

李云青创作设计的湘绣《线条山水》

【李凯云】 (1903~1993)现代湘绣著名画师。字晓岚。自幼天资聪敏,酷爱绘画。由于家贫,在长沙"李裕章"湘绣庄学画。从事湘绣设计工作已60多年,专攻工笔白描花鸟,构思巧妙,结构严谨,线条秀丽洗练,形成了自己独特的艺术风格。在继承传统的基础上,积极创新,创作了大量的优秀画稿,编绘画谱,为繁荣和发展湘绣事业作出了较大贡献。李凯云年轻时在湘绣庄帮工除了设计外,裁片下料、配线、收发,样样都干,由于他了解湘绣的工艺过程、针法,所以他的画稿不仅适销对路,而且符合工艺要求,便于刺绣,既美观,又省工。他早年曾为孙中山先生的葬礼,设计了一件湘绣棺罩。1978年,他编绘的《湘绣花鸟画谱》,刊行4万册,深受各界好评。他多次被选为湖南省人大代表、省和长沙市的先进工作者,并先后出席全国和湖南省的工艺

美术艺人代表大会。他是中国美术家协会会员、湖南省工艺美术学会常务理事、省政协委员、省湘绣研究所顾问。

【李晓岚】 即"李凯云"。

李凯云创作设计的湘绣"百花"被面

【华慧贞】 (1908～1994)现代刺绣名艺人。女。江苏无锡人。1922年从事刺绣艺术，1928年应聘至无锡县绣工会传习所任教。她继承发展了"锡绣"的传统技艺，善于运用多变的针法，表现丰富的画面，色泽素雅，具有"匀、薄、细、亮"的艺术特色。早年曾创有"梳毛针"、"填色稀铺针"、"轮廓切马鬃法"等多种工艺手法。她76岁时绣的《曹雪芹像》，将一股丝线劈成50多丝，用来绣须眉和头发，精细无比，被选为中国刺绣珍品送往日本展览。她的代表作《红梅翠竹》、《牡丹雄鸡》和《月季绶带》，曾被选送至美国、加拿大展出。1961年，任无锡市政协委员。

华慧贞

【项大宝】 (1908～1990)女。江苏苏州人。1954年参加苏州市文联刺绣小组，后转入苏州刺绣工艺美术生产合作社，后调到苏州刺绣研究所针法研究室工作。项大宝在熟练传统

绣法的基础上掌握了散套绣法，技艺精湛。所绣作品平齐细密，形神兼备。她的绣品曾入编《江苏省美术工艺品选集》。历年刺绣作品有《牡丹鸽子》、《春江水暖》、《玉兰鲤鱼》等。1984年在南通举办的"近代江苏刺绣作品展览会"上，项大宝绣的《蜀葵双鸭》和双面绣《昙花》参加展览，这是她生平作品中最精的两幅，深得各方好评。还有一幅《松猴》，均由苏州刺绣研究所收藏。1959年曾被评为江苏省先进工作者。

【魏逸侬】 (1908～1975)广东潮绣杰出画师。12岁在潮州"赞记"绣庄当学徒，从艺于当时有名的民间画师"鹅陈"。6年出师，应聘于"泰丰"绣庄。他精于潮绣绣稿，且精通绣艺，熟悉绣件配套。为此，他两年后即被提升为"泰丰"绣庄经理。解放后，他一面积极创作绣稿，一边在国营潮绣厂传艺带徒，为潮绣培养出一批技艺骨干。1962年，被当地政府授予"一类艺人"称号。他创稿的《井冈山会师》潮绣挂屏，由广东民间工艺馆展出收藏。曾任潮安政协委员。

【朱凤】 (1910～1993)现代苏绣名师。江苏常熟人。女。原名朱寿臣，字瑞成，又字琪。朱凤小学毕业后，在家随母学画、绣花。1924年父亲调丹阳工作，举家迁到丹阳，后入丹阳正则女子中学刺绣科，从杨守玉学绣，毕业后留校任刺绣教员。抗战期间，随校西迁，先后到达湖南、贵州、广西、四川、福建等地，借此学习了湘绣、蜀绣、苗绣、瑶绣、回绣，并与湘绣名师吴彩霞女儿吴镜蓉，作了技艺交流，学到了吴镜蓉家传的"擞和针"法。从此朱凤绣艺日精。后在福建南平留居5年，以文玉、蕴玉、永璞等绣名，刺绣了一批作品，其中《木兰出征图》1942年参加"福建工艺商品展览会"，获超等奖金500元。解放后定居苏州。1951年，将学来的擞和针结合苏绣试创成"散套针"法绣制《毛主席像》，绣像先后参加苏南区城乡交流物资展、上海土特产展，《新苏州

报》、《解放日报》都有报道，引人注目。上海土产公司当即定制两套马克思、恩格斯、列宁、斯大林、毛泽东、朱德6位领袖像。1956年，又创造了"点彩绣"针法，绣了《毛主席像》和《虎丘后山图》。点彩绣《毛主席像》被故宫博物院专家们赞誉"大胆创新，突出发展"，全国美协为此授予她"推陈出新"锦旗。《虎丘后山图》为苏州工艺美术博物馆收藏。

她用散套直纹绣法绣成的另一幅《毛主席像》作为中国美术家协会向毛主席献礼的作品，后中共中央办公厅发来嘉奖函："由中国美术家协会转来你送给毛主席的绣像一幅早已收到。你积累了多年的刺绣经验，并经过精细研究，创造出新的刺绣方法，这是先生的重大成绩，也是刺绣业中一件大事。特此表示祝贺。"朱凤，对苏绣针法的创新作出了积极贡献。她并编著有《中国刺绣技法研究》。

【朱寿臣】 即"朱凤"。

【朱瑞成】 即"朱凤"。

【朱琪】 即"朱凤"。

【文玉】 即"朱凤"。

【蕴玉】 即"朱凤"。

【永璞】 即"朱凤"。

【陈恕卿】 江苏苏州人。精于刺绣，绣品《花卉树石》横额，曾参加清农工商部南京举办的"南洋劝业会展览"，获优等奖。南洋劝业会所设奖项，最高的是奏奖，以下依次是超等奖、优等奖、金牌奖、银牌奖。评奖由沈寿主持，可见其绣艺得到了沈寿的青睐。

【杨应修】 (1912～1993)当代湘绣画师。字可宾，号慎斋。湖南宁乡人。幼年酷爱绘画，20岁定居长沙，学习湘绣设计，后从师画家刘松斋。

对书画具有全面技艺，山水、花鸟和人物，都颇通晓，尤其擅长画老虎和狮子等走兽，形象生动，独具一格。他的艺术创作，在技法、形式、内容、敷彩等方面，为创造湘绣的独特风格，起了积极作用。他创作设计的绣稿，既体现了中国绘画艺术的优良传统，又充分显示出湘绣的艺术特色。如"六虎图"，虎毛运用了"丝毛"画法，结合了湘绣独创的"鬅毛针"法，恰当地体现了虎毛的质感，具有强烈的艺术感人力量。他创作设计的绣稿，达数千幅之多。主要作品有"三湘花烂漫"、"百鸟朝凤"、"狮"和"虎"等。有《杨应修画辑》、《白描花卉写生集》等画册出版。在 1979 年召开的全国工艺美术艺人、创作设计人员代表大会上，被授予工艺美术家称号。曾任湖南省湘绣研究所副所长、副总工艺师，中国美协湖南分会副主席、中国工艺美术学会和省轻工学会副理事长，1983 年当选为第六届全国人大代表。

【杨可宾】　即"杨应修"。

【杨慎斋】　即"杨应修"。

杨应修创作的双面绣《洞庭清趣》(局部)

【余振辉】　(1913～1984)现代湘绣大家。女。湖南长沙人。10 岁起，在姐姐带领下，就依靠刺绣维持生活。13 岁，开始学绣走兽。长期以来绣制有上千幅作品，包括山水、人物、花鸟等，其中以狮子、老虎为多。余振辉针法娴熟，善于根据画面的不同情况，灵活运用多种针法，绣品生动而富有质感。她擅长绣虎，为了把虎的毛绣活，经多年摸索，创造了一种"鬅毛针"；为了使老虎的眼睛传神，她大胆运用八九种颜色，而每种颜色的色

阶加起来达 25 种之多，巧妙地应用丝线的反射作用，使绣出的虎眼透明晶亮，炯炯发光，无论从任何角度看，都有一种"老虎在瞪着你"的艺术效果。代表作品有：《六虎图》和《双虎图》等，在国内外展出，得到很高的评价。1962 年被评为刺绣老艺人。1964 年、1978 年两次被选为湖南省第三、四届政协委员。

余振辉用鬅毛针绣的《雄狮》(局部)

【周巽先】　(1913～1998)中国工艺美术大师。女。字逊言，江苏丹阳县人。1929 年考入丹阳正则女子职业学校刺绣专科。1933 年毕业，留校任教。她认真研究业师杨守玉创造的"乱针绣"针法。1951 年与同学任嘒闲、朱凤共同绣制半身伟人像，送国外展出。1952 年任苏州刺绣技术学校刺绣教师。1960 年随江苏省出国访问团赴苏联访问。曾任苏州刺绣研究所针法研究室主任。她是双面乱针绣的创始人。双面异色绣《金鱼》、《双鹤》，在国内外展出并获奖。代表作有乱针绣《高尔基像》、《冬宫》，双面乱针绣《猫》、《松鹤》等。构图精巧，造型生动，形神兼备，色泽优美，针法变化奇异，并富有创新。与任嘒闲合写《刺绣针法汇编》4 册，对针法技巧作了精辟说明与介绍。在刺绣业中享有很高的声望，被中外刺绣艺术爱好者誉为神针艺术家。曾获"有突出贡献的中青年专家"称号，享受国务院特殊津贴。

【周逊言】　即"周巽先"。

【高婉玉】　(1913～2004)现代上海绒绣艺术家。女。浙江杭州市人。早年肄业于上海美专。她是上海新兴绒绣艺术的创始人之一。她的绒

周巽先

绣，形准、传神、色稳、层次清晰，艺术效果好。五十年代初期，上海绒绣经高婉玉大胆革新，采用在画稿上打格子，直接在麻布上绣的方法，绣出的作品既快又好。她还自行配色染线，使绒绣用色从几十种增加到近千种。并创造了擘线、拼色、加色等技法，提高了绒绣的艺术水平。她绣制的"德莱斯登茨文尔宫"，参加世界青年学生联欢节展览。她创作的外国领袖绒线肖像，多次作为国家礼品赠送给国外。她领导创制的"红梅、白梅屏风"，开创了绒绣和生活实用结合的形式。代表作有《敬爱的周总理》和《孙中山与宋庆龄》等。在 1979 年全国工艺美术艺人、创作设计人员代表会议上被授予工艺美术家称号。1986 年在上海市被命名为特级工艺美术大师。曾任上海工艺美术协会顾问、上海第八届人大代表。

上海绒绣《孙中山与宋庆龄》
(高婉玉作)

【叶素珍】　(1914～1984)苏绣名艺人。女。江苏吴县木渎人。自小因家贫学习刺绣，后常受雇于富裕人家作绣工。1954 年参加苏州市文联刺绣小组，后转为刺绣工艺美术生产合

作社，被选为该社理事会理事。后一直在苏州刺绣研究所工作。1963年去北京故宫博物院参加复制露香园顾绣，摹绣了韩希孟的代表作《米画》、《黄鹤山樵》、《松鼠葡萄》、《柏鹿》4幅。她平素刻苦钻研绣艺，所绣作品针法匀净，用色丰富，最擅长用虚实针法绣制仿古山水。她绣的《黄鹤楼》、《滕王阁》等仿古册页，曾获苏州市工艺美术系统1962年优秀作品奖。《汉宫图》、《四景山水》也是她的代表作。现藏苏州刺绣研究所。1955年起连续当选为中国人民政治协商会议苏州市委员会第二届至第六届委员。

【庄锦云】 （1914～2007）女。南通人。江苏省工艺美术大师。1934年南通女工传习所（学习刺绣）毕业。从事刺绣60多年，曾任南通工艺美术研究所艺术指导。擅长绘画、刺绣，以人物绣见长。其作品风格豪放不羁，用针、用线大胆巧妙灵活又不失工整细致。1959年与艺人何俊英合绣《百花仙子图》，作为国庆十周年献礼，用十五六种传统针法，180多种浓淡不同的色线，费时70天绣成。绣工最大、用针最难的面部，为庄所绣。作品绣工细腻，形象生动，技艺精巧，被公认是南通人物绣的代表作。代表作有《贵妃醉酒》、《小常宝》、《持珠菩萨》、《刘海戏金蟾》、《松鹤延年》。部分作品被南京博物院收藏。曾获全国"三八红旗手"称号，南通市"劳动模范"。

庄锦云

【王志成】 民国初年四川成都蜀绣名艺人。善绣昆虫、蝴蝶和博古。他所绣的蝴蝶，可以不用画稿，只用绣针比划一下，就能熟练地绣出各种姿态的蝴蝶。

【傅友三】 民国初年四川成都蜀绣名艺人。擅绣人物，形象优美，并能眉目传神，而且线脚光亮照人，技艺极精。

【肖振东】 （1914～ ）当代抽纱设计家。又名肖仁声。山东福山县人。1934年，在烟台联义商行任抽纱设计师。50年来，他设计创作了六七千种画稿，大量成交，换取外汇达几亿元之多。近十几年来，他还举办多次抽纱设计训练班，热心传授技艺，培养接班人，并著书立说。肖振东曾任烟台工艺品进出口支公司抽纱设计工艺师、烟台市历届政协委员、四届政协常务委员、中国美术家协会山东分会会员、山东省工艺美术学会理事及烟台地区学会副理事长等职。

【肖仁声】 即"肖振东"。

肖振东创作设计的抽纱台布（局部）

【赵骊珠】 （1915～1978）女，江苏东台人。父亲赵蓝天，在上海中华书局从事绘图工作历30余年。赵骊珠受家庭熏陶，自幼爱好美术。1928年她在上海民国女子工艺学校初中毕业后即转入该校刺绣专科学习。后曾在上海第二监狱任刺绣教师。后调入苏州刺绣研究所。代表作品有《杨柳小猫》、《编花女郎》等。又曾与任嘒闲合作双面异色异样绣《王杰·刘英俊》，现藏苏州刺绣研究所。

【任嘒闲】 （1916～2003）中国工艺美术大师。女。江苏丹阳人。原名惠先。自幼爱好刺绣。14岁入丹阳正则女子职业学校，从师刺绣艺术家、乱针绣创始人杨守玉，并得到艺术教育家、绘画大师吕凤子的指导。在长期的艺术实践中，认真总结历代刺绣名家的经验，主张"善刺绣者必善画绩"、"以少许胜多许"。凝情于画，寓意于线，运针洒脱自如，作品风格独特，鸟兽、风景、人物无不精工，尤以人像见著。1958年，她首创虚实乱针绣法，达到艺术上"以少许胜多许"的境界，为乱针绣开辟了一条新的蹊径。1966年初，又创双面异色异样绣法，开创了双面三异绣的先声。代表作有《列宁在拉兹里夫河畔》、《列宁接见农民代表》、《齐白石像》和《吴贻芳像》等。其中有的作为国家礼品赠与外国领袖和政府，有的为中外博物馆、艺术馆、美术馆珍藏。曾任苏州市第二、三、四、五、六届人民代表，江苏省第六届人民代表，江苏省手工业联社理事，苏州刺绣研究所乱针绣针法研究室主任、艺术指导。为国家级有突出贡献专家。

【任惠先】 即"任嘒闲"。

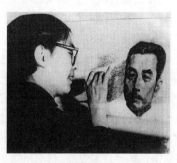

任嘒闲

【徐绍青】 （1919～1996）中国工艺美术大师。江苏苏州人。1942年随上海著名画家吴湖帆学画。从事苏绣设计30余年，具有丰富的设计经验。擅长以国画形式，创作符合刺绣的绣稿。他创作的绣稿，既具画意，又能充分发挥苏绣特点，绣制省工，艺术效果好。如"鸣春图"通景屏风，由6条单屏组成，既是一堂构图完整的屏风，而每条单屏又是一幅独立的画面。他的主要作品有"白孔雀"、"松鼠葡萄"、"牡丹通景屏风"、"竹寿屏风"等,曾在全国获奖。有的作为国家礼品,赠送给外国领导人。在刺绣专业理论方面,著述有《论韩希孟刺绣艺术》、《苏州刺绣图案》。在 1979 年全国工艺美术艺人、创作设计人员代表会议上,被授予工艺美术家称号。曾任苏州刺绣艺术博物馆副馆长、中国工艺美术学会江苏分会理事。享受国务院特殊津贴。

徐绍青

【殷忆娟】 (1919～)苏州机绣名师。为苏绣长针机绣创始人。女。江苏吴县木渎人。10 岁学绣,精通苏绣传统技艺。1954 年开始学习短针机绣,1958 年,被派去青岛机绣厂学习 4 天短针绣,用线粗、重、毛,绣出的花朵粗糙、硬、厚,色彩缺少过渡色。回苏后,殷忆娟试用苏绣的平套针法绣成一朵牡丹花,又平又薄,色彩运用换线套针法,具有过渡色,艺术效果与手绣无异,而工效比手绣提高 2 倍。1959 年 5 月,全国机绣交流会在青岛机绣厂举行。为向大会献礼,殷忆娟经反复试验,创制出第一幅长针机绣双面绣《牵牛花》插屏,带到青岛展出,引起与会代表的轰动。1960 年,由殷忆娟绣成的双面长针机绣《仿古百鸟图》台屏,被苏州工艺美术博物馆收藏为馆藏珍品。绣面

殷忆娟

上雄鸡、绶带、燕子、松树、牡丹,精细雅洁,内行业者也无法辨认出是一幅机绣双面绣。

【刘佩珍】 (1922～)当代上海绒绣名师。女。上海人。上海绒绣,有个名闻一时的"刘家五姊妹":大姊刘佩金、二姊刘佩珍、三妹佩芬、四妹佩珠、五妹佩宝,都是绒绣高手,其中以刘佩珍的技艺最好。刘佩珍从 16 岁就开始绣绒绣,几十年来经过不断学习探索,具有丰富的经验。绣肖像,她先绣鼻子,这样才能确定脸部其他部位的浓淡明暗;绣好鼻子,其他造型就有了依据。绣风景,先近景,再远景,最后绣天空和云彩。刘佩珍能在复杂的色彩中,敏锐地分辨出色调的冷暖、明暗、轻重和雅俗。她并善于运用不同色的绒线拼色,产生多种中间色调,以增强色彩的表现力。她用 300 多种绒线,在绣面上能表现出 1 000 多种色彩。1953 年刘家五姊妹绣制了《中苏友好同盟互助条约签字》巨幅绒绣,随"中国工农业展览"在前苏联展出,引起苏联人民的极大兴趣,都惊异不止。在意见簿上题有"光荣属于中国女工"、"中国女工的伟大智慧万岁!"等赞语。1954 年,刘家五姊妹又绣了一幅《莫斯科大学全景图》,作为北京大学送给莫斯科大学庆祝该校成立 200 周年纪念的礼品。后又相继绣了《日本富士山》、《法国铁塔》等 60 多幅作品,送往世界各地展出,有的并作为国家礼品赠送给外国元首。

【刘佩金】 见"刘佩珍"。

【刘佩芬】 见"刘佩珍"。

【刘佩珠】 见"刘佩珍"。

【刘佩宝】 见"刘佩珍"。

【林智成】 (1922～)当代刺绣艺术家。出生于泰国华侨工人家庭,9 岁丧父,随母回国。13 岁进绣庄当

童工,20 岁已能独立设计各类产品。1957 年曾在中央工艺美术学院学习。从事潮绣创作设计数十年,为发展潮绣工艺作出了较大贡献。配合潮剧出国演出,创作了 15 个剧目的剧装细图 190 件,这些戏曲服装,在演出时受到国外友人的好评。他设计的潮剧蟒袍等,获全国剧装评比第三名。1974～1978 年,他连续创作设计了潮绣挂屏绣稿 50 多幅,送往英国、埃及、日本和叙利亚等国展出。1982 年他设计的"九龙屏风",荣获全国工艺美术品百花奖金杯奖。在 1979 年召开的全国工艺美术艺人、创作设计人员代表大会上,被授予工艺美术家称号。

【施仁】 (1922～2018)江苏省工艺美术大师。江苏常熟人。苏绣画稿设计高手。国画底蕴深厚,工笔、写意皆精。曾在苏州刺绣研究所设计室长期从事国画绣稿工作。用笔挺拔,具有力度,色泽秀丽淡雅,构图谨严合度,作品形神兼备。他创作的多幅大型花鸟刺绣,多次参加国内外展览,有的并获大奖。

施仁

【刘松青】 (1924～)现代瓯绣老艺人。浙江省温州市人。13 岁从事刺绣工艺,能绣能画。擅长绣制人物和动物。针脚平齐,排线匀薄,绣理分明,色泽艳丽,造型生动传神,具有自己的风格。绣品《穆桂英》、《墨龙图》(双面绣)、《春意图》和《屈原天问图》(与弟刘旦宅合作)等,曾先后在全国、全省工艺美展展出,有的获奖,有的上了银幕。1957 年、1979 年,两次被选为"全国工艺美术艺人代表

会"代表。

【杨忠全】 （1924～ ）湘绣名画师。湖南长沙县沙坪人。早年师从吕骥云学湘绣绘画。1958 年他主持绣制了《松柏长青》，陈列于北京人民大会堂湖南厅。1973 年，他主持绣制 4×12 米 8 扇湘绣巨幅通景屏《牡丹鸽子》（画稿原作者田世光），绣成后震动湘绣界，获得高度评价，被外商重金购去。1976 年，他又主持绣制了《大治之年春满园》湘绣大画屏，亦陈列于北京人民大会堂湖南厅。1982 年，他主持绣制了《百鸟朝凤》湘绣画屏（合作），参加全国工艺美术百花奖评比，获金杯奖。他长期在长沙县湘绣厂工作，曾任长沙县政协副主席，1963 年被省市评为湘绣业"六艺人"之一。

杨忠全

【杜进茂】 当代潮州"顾绣"名师。潮州顾绣的主要特点是：高低、平凸之间相互配合，绣面秀美生动，别具一格。相传明代有位顾姓绣的花最好，人们为了纪念他刺绣超凡的技艺和独创性，就称这一绣技为"顾绣"，相沿迄今。在海外南洋一带，佛堂装饰和戏剧服装，都视潮州顾绣为珍品。杜进茂 8 岁就学绣，他家是绣花世家。数十年来，他已纯熟地掌握了顾绣的各种针法和工艺技术。如给泰国绣的一件巨幅"三保公"肩幔，长达四五丈，绣有各式各样的龙凤走兽；为新加坡绣制"大破九曲黄河阵"大彩眉，上面绣有 100 多个不同的人物。场面宏大，富有气势，人物形象生动，色彩倩丽谐和，针脚灵动多变，构图平凸高低有序，绣工十分

精美，观者无不赞美其绣技的高超。

【高荫柟】 现代鲁绣艺人。女。山东潍县人。以行七，人皆以七姑娘呼之。善绣各种刺绣，技艺较全面。所绣花鸟屏，配色鲜艳，栩栩如生。绣制的《麒麟送子图》，麒麟头尾四足和幼童，均用丝绸包装，身躯用铜线编绣，并涂以泥金，光彩夺目，优美别致。兼长纳纱绣，尤称独步。

【七姑娘】 见"高荫柟"。

【张梅君】 （1924～1986）上海绒绣名师。女。浙江镇海县人。13 岁开始学绒绣，几十年来积累有丰富的绒绣经验。她不断革新绒绣工艺和针法，使上海绒绣技艺更臻完美，色彩层次更加丰富，人物形象更加生动，使绣品的形、神、色、光各方面的水平不断提高。通过"背光透明感"的研究，较好地处理了人像绣中背光较多的用色问题；通过"镶嵌绣"研究，更好地处理了人物与背景的粗细协调，增强了画面的立体感；通过稿件移植和艺术加工，使绣品比原稿更具艺术魅力；通过色彩运用和调配，使有限的色彩发挥更强的效果。并在改进染色方法和提高色牢度方面获得有效经验。研究试制成功了动物双面绣新技术，为上海绒绣的发展开拓出了一条新路。代表作有《周总理与尼赫鲁》、《南湖纪念船》、《中国共产党第一次代表大会会址》、《长城》和《万景台》等，有的参加国外展览，有的作为国家礼品赠送外国领导人。《苏州河黄昏》、《旭日东升》陈列在北京人民大会堂。《古代英雄》、《上海早晨》等，陈列在毛主席纪念堂。生前为中国工艺美术协会会员、理事会理事。

【夏敏秋】 （1925～ ）江苏省工艺美术大师。长期从事绣品创作设计工作。他设计的床罩、枕套、靠垫和台布等绣品，省工省料，既快又好，构图优美，色泽艳丽，深受国

内外好评，创汇业绩突出。作品曾获全国同行业评比一等奖和轻工业部优质产品。曾任苏州绣品厂设计室主任。

夏敏秋

【崔洁】 （1924～ ）北京挑花设计名师。又名崔兴廉。北京人。1947 年辅仁大学美术系毕业。后在北京挑补绣花研究所等处工作，1984 年任北京抽纱研究所所长。崔洁是北京挑绣工艺的一位创新型设计家，对北京挑花工艺的发展和提高做出了重要贡献。他把绘画技法、艺术理论与挑花工艺结合起来，创作了新的彩色挑花作品——北京名胜风景，如《北海》、《天坛》和《颐和园》等。题材新颖，造型简练，色彩明快，层次丰富，大大改变了北京挑花原有面貌，被誉为"北京风格"。他发展了挑绣结合、挑补结合、挑花和钩针镶拼结合等技法，创作出许多新品种。1959 年创制的棉线挑花风景大壁挂《长江大桥》被选送人民大会堂；挑花玻璃纱"红楼梦"台布多次参加对外展出，1987 年被选送阿根廷艺术馆；有的大型壁挂，陈列于广州中国出口商品交易会入门大厅；有的台布新品种获军事博物馆展览会一等奖；补印花新品种获中国工艺美术百花奖希望杯等。崔洁曾被评为北京市劳动模范，被选为人大代表，曾被北京市命名为特级工艺美术大师。

【崔兴廉】 即"崔洁"。

【彭永兴】 （1932～1999）蜀绣工艺美术大师。四川仁寿县人。9 岁学绣，师从蜀绣名师黄永清。他技艺全

面，精于绣制花鸟、鲤鱼和熊猫等。1981年，为北京人民大会堂四川厅陈设更新，他主持绣制了一幅高1.7、长4.4米的大型《芙蓉鲤鱼》双面绣屏，色泽绚丽，气势宏伟。他巧妙地运用变晕针、点子针、沙针和切针等20多种针法绣鲤鱼，将耀眼的鱼鳞，晶莹的鱼眼，鲤鱼丰腴的体态和悠然自得的神韵，都生动贴切地表现了出来，给人无限美感。《芙蓉鲤鱼》1980年曾获中国工艺美术百花奖银杯奖。1961年绣制的《熊猫戏竹》，他创造性地运用施毛针、盖晕针等技法，表现出了熊猫松软的毛皮质感和憨态可掬的神态。为蜀绣绣制动物，作出了积极的贡献。1958、1963、1983年曾3次获成都市先进生产者称号，1962年被评为四川省劳动模范，成都市第九、十届人大代表。

【李娥英】　（1926～2018）女。当代刺绣艺术家。江苏苏州木渎人。曾任苏州刺绣研究所针法研究室主任。从小喜爱刺绣，10岁随母学绣。她按照苏绣针法特点，进行了系统的整理，分成8大类42种。主持了苏绣针法汇编工作，著有《苏绣技法》。1955年和其他刺绣艺人合绣了建国以来第一幅散套双面绣《牡丹屏》，获江苏省联社颁发的一等奖。通过长期艺术实践，她对针法与绣法的概念，刺绣丝理的变化规律，线条和质感的关系等，在理论上进行了科学的探讨与总结。1965年，创造的"分绒合绣"的方法，省时、省工、质量好，后为全所普遍采用。1958～1962年，她任苏州第一届刺绣专修班主任兼刺绣教师，自编教材，传授技艺，为培养人才作出了贡献。1978年，任副总工艺师。1979年、1982年曾赴日本、澳大利亚表演刺绣，受到高度评价。在1979年，全国工艺美术艺人、创作设计人员代表大会上，被授予工艺美术家称号，1988年改称"中国工艺美术大师"。1982年主持复制的明代万历帝孝靖皇后《百子图绣衣》，获全国第一届工艺美术百花奖最高奖项珍品奖。

李娥英

【梁纪】　（1926～　）现代广绣画师。字方纲。广东佛山市人。自幼喜爱国画，先从李凤公，后随卢振寰、谢稚柳学画。擅长工笔花鸟，笔墨秀润。设计的广绣稿《孔雀紫荆》、《荔枝》、《红棉八哥》和《湛江青年运河》等，经绣制后，曾先后参加国内外展出，均获好评。编著有《岭南花果参考资料》一书。所绘工笔花鸟《竹溪双鸭》和《薄膜育秧》等，曾参加全国美展及出国展览。

【梁方纲】　即"梁纪"。

【曲熙贵】　（1927～　）当代烟台抽纱设计家。山东文登县人。1956年在文登绣花厂工作，开始从事抽纱设计。1958年，在中央工艺美术学院进修。20多年来，他设计、成交的画稿约几百种，换取外汇近一亿元。自1963年以来，他又先后举办9次抽纱设计培训班，传授技艺，学员有几百人。1979年出席全国工艺美术艺人、创作人员代表大会，被授予工艺美术家称号。曾任烟台地区工艺美术研究所副所长，烟台市政协委员。

【陈亚先】　（1929～　）女。江苏无锡前洲镇人。中国工艺美术大师。1958年，师从乱针绣艺术家杨守玉。1960年入常州市工艺美术研究所，专事乱针绣研究和创作。1979年作品《秋吉久美子》在全国人像绣会议上亮相后，使常州市工艺美术研究所成为国务院外交部的国礼创作定制单位。1982年绣制的《幸福老人》获中国工艺美术百花奖金杯奖，1983年绣制的《沙特阿拉伯国王像》和《美国里根总统像》被作为国家级礼品。

1986年赴日本六城市巡回展示表演乱针绣艺术，作品《山口百惠像》、《宋庆龄像》等令观众倾倒，引起媒体持续反响。作品《心声》具有浮雕效果，拓展了乱针绣表现手法。1984年绣制的超大型乱针绣人像《伊文思》（荷兰著名电影艺术家）参加全国旅游产品会议受到较高评价，会议简报认为从"针法、用色和技巧等角度看，是一件完美的艺术绣像精品，在所有的绣品中水平是最高的"。多年来在陈亚先具体指导下，经集体的努力，常州又诞生了几十种不同的乱针绣针法，丰富了乱针绣的表现内涵。陈亚先并培养了六七十名乱针绣艺徒，其中许多已获得高级、中级职称。曾被评为全国"三八"红旗手。享受国务院特殊津贴。

陈亚先

【殷濂君】　（1930～　）中国工艺美术大师。女。江苏吴县光福人。早年她善于绣花卉，绣品出边齐如刀切，彩线平匀无针眼，线条紧密，抢色和谐，技艺精湛。被刺绣同行赞誉为"花王"。她自小随母学绣，1955年经著名刺绣大师任嘒闲、周巽先等指导，技艺大进，逐渐形成自己独有的风格。1974年，她用尼龙绡作底料，绣制的双面绣《波斯猫》，作为国家礼品赠给伊朗首相。1977年，根据摄影绣成双面异色绣《长毛猫》，创出了"连顶针回连顶针"，成功地表现了长毛猫的特殊毛丝。后在她的指导下，青年艺人陈明绣制的一幅双面绣《长毛猫》，在1986年5月保加利亚举行的第六届普罗迪夫国际春季博览会上获金牌奖，成为举世瞩目的珍品。1980年3月，她成功创造了"双面三异绣"(异形、异色、异针)。她绣制的《小白猫和叭儿狗》台屏,直径仅 33 厘米。双面三异,须处理好无数线头针迹,两面互不影响,真是绝技惊人。

殷濂君

【申娜妤】 (1931~)当代黑龙江抽纱刺绣设计名师。女。辽宁锦县人。自小喜爱绘画绣花。1954 年学习机绣,1956 年到哈尔滨抽纱厂工作,并学习抽纱设计。1959 年参加设计工作,在机绣、手绣抽纱、松江编结绣、亚麻编结衣等产品的设计中,取得优异成绩。松江编结绣,是申娜妤1974 年根据自己的设计经验,结合国际流行的花样款式,采用抽纱传统的雕空、抽纱、平绣等针法,镶拼用纯棉线钩织的花边、花心,所创作设计的新产品,造型新颖,风格独特。1985 年设计的亚麻编结衣,是选用天然亚麻线,采用独特的纯手工工艺钩、织、编结而成,产品花色齐全,搭配合理,华丽高雅,具有时代特征,穿着不粘汗、凉爽。款式 10 余种,花色品种有上百个。年年在广交会上有订货,并逐渐递增,远销 17 个国家和地区。1981 年,申娜妤设计的沙发靠背、窗帘等,曾被选送北京人民大会堂作为陈设。她设计的产品,多次参加省、市和全国工艺美术展览,并 10 多次获奖,其中 5 次获金、银牌奖。

申娜妤创作设计的钩针编结台布(局部)

自 1982 年以来历年保持黑龙江省百花奖的荣誉称号。申娜妤是黑龙江省工艺美术学会理事,哈尔滨市工艺美术实用协会理事。在 1988 年第三届全国工艺美术艺人、创作设计人员代表大会上,被命名为"全国优秀专业技术人员"。

【顾文霞】 (1931~)中国工艺美术大师。女。江苏吴县人。自幼酷爱美术,童年时期就学习刺绣。1954年参加苏州刺绣小组。从事刺绣事业 30 多年,代表作双面绣《小猫》,针法新奇,生动传神。1956 年和 1958年,先后两次访问英国、瑞士等国家,参加世界博览会。在会上作刺绣《小猫》现场表演,国际人士称之为神奇的杰作、东方的艺术明珠。后任苏州刺绣研究所名誉所长、苏州刺绣艺术博物馆馆长。中国共产党十一大代表、中国工艺美术学会和江苏工艺美术学会副理事长。国务院授予国家级突出贡献专家称号,享受国务院特殊津贴。2008 年被世界手工艺理事会亚太地区分会评为首届亚太地区手工艺大师。

顾文霞

【潘细琴】 (1931~)女。江苏省工艺美术大师。师从乱针绣名家杨守玉。40 余年专攻乱针绣技艺,不断探索与实践画理与绣理相结合这一乱针绣艺术真谛。代表作品人像绣《岛田杨子》获江苏省工艺美术品"百花奖",《毛主席》被中国博物馆收藏,《绣女》获国家银奖。《绣女》2001年绣制,作品依循乱针绣调色运线原理,采取纵横交错、长短粗细和疏密浓淡等线条变化和相互重叠的针法,较完美地表现了一位青春倩丽绣女的风韵。著有《绣苑奇葩——乱针绣》和《浅谈绘画与刺绣》等论文。

潘细琴绣制的乱针绣《绣女》(局部)

【周金秀】 (1932~)女。湖南长沙人。中国工艺美术大师。12 岁开始学绣,为著名湘绣艺人余振辉弟子。刺绣技艺堪称一流。对于绣制人物、花鸟、走兽、山水以及现代题材的油画、水彩无不精通。提高和推广了湘绣狮虎孔雀的独特针法,使湘绣传统名牌产品得以发扬光大。还曾与名艺人一道为开创双面绣、异色绣、异物以及全异绣等新品种做出了卓越贡献。1982 年双面全异绣《上山虎、下山狮》获中国工艺美术百花奖金杯奖,双面绣大屏风《九龙双寿图》,获 1986 年中国工艺美术品百花创作设计一等奖,1987 年双面全异绣《白头鹰》获北京首届国际博览会金奖,1999 年双面全异绣《老虎和熊猫》获北京中国工艺美术创作大展金奖。1983 年当选为湖南省第六届人民代表,1982 年被授予湖南省劳动模范,1988 年被授予全国三八红旗手,1993 年享受国务院国家特殊津贴。

周金秀

【马秀春】 (1933~)青岛机绣设计名师。女。1953 年毕业于青岛美术学校。长期从事机绣的创作设计工作,经验丰富,技艺全面。1981 年,在其他设计、技术人员的配合下,创造了"浮雕绣"工艺，打破了原来平面绣的一般绣法，使机绣工艺品的创新迈出了一大步，获山东省工艺美术百花奖创新设计奖。1982 年，她设计的机绣欣赏品《花猫》挂屏，获山东省工艺美术百花奖优秀设计创新奖。马秀春创作的"舒软仿毛刺绣新产品"，1986 年通过省级鉴定，于同年第六届中国工艺美术百花奖评审中被评为优秀设计创新一等奖。

【蒋雪英】 （1933～ ）中国工艺美术大师。女。江苏吴县胥口乡人。早期师从朱凤和李娥英名师学绣。她曾 25 次东渡日本，进行刺绣表演和苏绣展览，其中《七鹤礼服》荣获大奖，被日本著名影星山口百惠选为结婚礼服。《狮子留袖和服》被日本天皇女儿选为礼服珍藏于宫中，在日本享有"人间国宝"之盛誉。她的绣品有"蒋氏刺绣"之美称。1982 年，在她主持下绣制的盘金、双面异色绣《狮子滚绣球》与其他苏绣作品荣获中国工艺美术百花奖金杯奖。在绣制和服、腰带的工艺中，蒋雪英引进了日本的带子绣、管绣、盘线绣、穿箔绣等针法绣技，并与苏绣传统针法相结合，还专门编写了"和服、腰带工艺规程"和"操作口诀"，从而大大提高了产品质量，增加了订货量，声名鹊起。1973 年开始时刺绣和服、腰带产值只有 9 万元，1987 年已达 3 050 万元，广大绣女也从刺绣副业中获得了比农业生产高得多的收入而步入了小康生活。曾任苏州市人大代表，江苏省劳动模范，全国"三八"红旗手。

蒋雪英

【周爱珍】 （1934～ ）中国工艺美术大师。女。浙江慈溪人。长期在苏州刺绣研究所任绣稿画师。擅长油画、水彩画。1956 年毕业于南京艺术学院。她不断深入实际，学习、研究刺绣的历史、针法和工艺过程，了解刺绣特点，虚心向绣工学习，以求把油画和刺绣紧密结合。她深切地认识到，我国历史上有些著名刺绣艺人，本人就是画家，他们从绘画中汲取营养，以丰富刺绣艺术；也有的名画家从事刺绣设计，亦促进了刺绣艺术的繁荣和发展。刺绣有它自身的艺术特点和规律，它是以针代笔，以缣代纸，以丝线代色，运用丝理运转来塑造形象，这是和其他造型艺术不同的地方。在绣制花鸟时，必须严格地按照物体自身的生长规律，运用不同的针法，应物象形，循序绣制。同时，有光泽的丝线由于不同的针法、光源和观赏时的不同角度，能反射出不同的折光。这是刺绣艺术的独到之处，是其他造型艺术代替不了的。她精辟地理解，刺绣和绘画是相互制约，相互促进，相得益彰的。设计绣稿必须符合并充分发扬刺绣工艺的特点。另方面，刺绣也要施展它的特长，运用各种不同的针法，努力达到或者甚至超过绣稿的要求。为此，周爱珍在绣稿设计中，一方面注意适应刺绣特点，同时也不单纯地受刺绣的束缚，而是多观察生活，广泛学习，汲取其他艺术的长处，努力提高绣稿的艺术水平。因此她的油画绣稿，不但好绣、省工，最主要的是能较充分地发挥刺绣的特长，而且富有新意，并具有自己的独创风格。她设计的双面绣《金鱼》，1984 年获波兰"波兹南国际博览会"金质奖，《白鸳夜景》获北京"国际博览会"金奖，乱针绣《刘海粟像》，被中国工艺美术珍宝馆收藏。曾获国家"有突出贡献的中青年专家"称号，享受国务院特殊津贴。

周爱珍

【张玉英】 （1935～ ）女。江苏苏州人。中国工艺美术大师。师从名师朱凤、李娥英、任嘒闲。刺绣技艺全面，作品运线流畅、针脚灵活、色泽丰富，立体感强。善于绣制肖像绣，二十世纪八十年代起绣制了多幅国外领导人的肖像，如《萨马兰奇》《摩洛哥国王》《阿联酋酋长》等，被选为国家礼品。1988 年成功绣制伟人邓小平肖像绣《82＋1》，作品充分发挥了乱针绣融合画理与绣理的工艺特点，以及色、光处理上的适度把握，将 82 岁高龄的邓爷爷与 1 岁小孙孙亲昵的生动表情，十分传神地表达出来了。作品送到北京，邓小平女儿邓榕见到后，连声称赞："老爷子一定喜欢，一定喜欢，真是谢谢你们了！"曾被授予"江苏省劳动模范"称号。

张玉英

【张万清】 现代蜀绣名艺人。11 岁开始学绣，几十年来，积累了丰富的刺绣知识和实践经验。他能画能绣，技艺全面，绣品不但配色调和，秀丽别致，针脚灵活，而且好做省工，精美耐看。他绣的孔雀，是从动物园实地写生所得，将孔雀的动态、各部分的色彩变化和花纹等，熟记于心，故绣出的孔雀生动优美、栩栩如生，深受广大群众喜爱。张万清的作品，曾在四川省、重庆和莫斯科等展览会上展出，有的并获奖。

张万清绣制的梅竹靠垫

【赵锡祥】（1936～ ）中国工艺美术大师。浙江萧山县坎山镇人。1958年开始在萧山花边厂从事花边设计，后至浙江美院工艺系深造。1984年任萧山花边总厂厂长兼萧山花边研究所所长。数十年来，他悉心钻研，将中国画的写意技法巧妙地渗透到萧山花边的图案设计中。在技艺上，以线条简练流畅、布局严谨富有跌宕、针法多变又利于编结等见长，具有洒脱、飘逸的独特风格。赵锡祥参加过摩洛哥王宫装饰花边，北京人民大会堂浙江厅、新疆厅等的窗帘设计和刘少奇出国礼品花边的设计工作。1972年，为迎接美国总统尼克松来杭，他特为杭州机场国宾接待室设计了一幅长18.4、宽6.3米的大型《西湖风景》窗帘。将国画写意手法融入花边设计中并运用了30多种万缕丝挑绣针法，把杭州的湖光山色表现得明媚多姿，分外优美。曾受到基辛格博士的赞誉，称其为"花边之冠"。上世纪60年代，首创将万缕丝和全雕绷绣有机结合，以万缕丝的"虚"，衬托垫绷绣的"实"，使花卉果实呈现出近似浮雕的艺术效果，一经出样，即成为我国抽纱的"王牌产品"。后又创作了《绚丽带》花边。以机织带代替了传统万缕丝中花工最重的"实针"根子，首开万缕丝手机结合的新工艺。赵锡祥设计的花边，行销世界50多个国家和地区。先后到意大利、希腊、日本、巴拿马、哥斯达黎加等10多个国家展出，被誉为"精美绝伦的东方艺术"。他参与设计的萧山花边于1979年和1986年两度荣膺国家金质奖；赵锡祥获得"浙江省对产品质量有贡献的科技人员"的荣誉称号。

【陶凤英】（1936～ ）女。江苏常熟人。1955年开始从事花边工作，1958年进南京艺术学院工艺专业深造，毕业后专攻常熟花边的设计创新工作，并积极搜集整理常熟花边的针工、针法。多年来对常熟花边的"雕绣"、"万缕丝"、"影针绣"、"钩针"、"曲带花边"和"镶布"等工艺的设计创新，作出了较大贡献。她创作的不少花边新品种、新花色，图案绚丽精美，工精艺精，在美国、加拿大和香港等地展出，深受好评，为常熟花边长期畅销品种之一。陶凤英1991年曾在南京举办"陶凤英花边艺术展览"。1986年出版《抽纱技艺》(合作)一书，为我国抽纱工业的发展作出了应有的贡献。曾任全国工艺美术学会理事、常熟花边研究所所长，常熟市政协委员、常熟市文联委员。

陶凤英设计的雕绣抽纱台布(部分)

【刘爱云】（1938～ ）女。湖南长沙县人。中国工艺美术大师。14岁开始学绣，师从著名湘绣艺人余振辉，并得到名画家杨应修、黄淬锋的指导。擅长刺绣花鸟、动物、人物，尤擅湘绣狮虎刺绣。从事湘绣刺绣近50年，积累了丰富的刺绣经验和湘绣理论知识。在绣狮虎方面总结出一套通俗易懂的方法，教授年轻绣工，带出多名骨干。她创作绣制的《饮虎》，1982年第二届全国工艺美术百花奖评比，荣获百花奖"金杯奖"，于1985年入选为国家珍品，入藏中国工艺美术馆。1983年负责指导并参与绣制的《洞庭清趣》，1984年作为国家礼品由李先念主席赠送罗马尼亚，后复制一幅陈列于人民大会堂湖南厅。1991年，绣制的《雄狮与母狮》获北京国际博览会金奖。1997年获"中国工艺美术大师"称号，在中南海紫光阁受到李鹏总理及邹家华、罗干、王光英等中央领导的接见。

刘爱云绣制的《饮虎》

【黄淬锋】（1939～2006）广东潮州人。中国工艺美术大师。1964年毕业于广州美术学院国画系。1983年至1987年任湖南省湘绣研究所所长。黄淬锋长期从事湘绣设计与技艺研究工作，专业理论水平颇高，并注重理论与实际相结合。曾先后致力于乱针绣、双面全异绣、湘绣织网绣等湘绣针法的探索与研究。他着力于挖掘湖南民间刺绣针法与技艺，以促使湘绣新产品的创新和开发。他所设计的仕女双面全异绣，优美典雅，刺绣工艺巧绝，具有浓郁的诗情画意，引人入胜。绣品在历届中国古代传统技术展览会中深受欧美各国人士的好评，被誉为"超级绣品"、"魔术般的艺术"，作品多被重金购去。1988年首创湘绣多面全异绣。1990年初，首次将虎头绣上双面绣，取得成功，该产品一直被列为湘绣代表产品，并被中国湘绣博物馆收藏。1982年，他设计的双面全异绣《杨贵妃》获中国工艺美术百花奖金杯奖，绣品被中国历史博物馆收藏。双面全异绣《望月》1985年入选工艺美术国家珍品，被中国工艺美术馆收藏。多面全异绣《绿肥红瘦——李清照词意》，1987年参加首届北京国际博览会获金杯奖。1985年湘绣织网绣《九龙双

黄淬锋设计的虎头双面绣

寿图》获 1986 年全国工艺美术品创作设计一等奖。曾任湖南省第五、六、七届政协委员。

【张国民】（1940～ ）浙江苍南人。温州瓯绣画师。早年在中国历史博物馆从事陈列设计工作。后一直从事出国礼品、展品及外销绣品等美术设计。他设计的花鸟欧绣园屏《雄姿奋发》、《锦羽迎春》被北京人民大会堂收藏；《月夜琴韵》被选为刘少奇主席访印尼礼品。1980～1989 年，设计的《松鹤千秋寿》、《江山万古春》、《群鹰翔集图》、《孔雀牡丹》、《沧海风云》、《秋艳图》等被选送美国、日本、南斯拉夫等国展出，其中《苍松白鹰图》参加加拿大国际博览会。作品《英姿奋发》于 1994 年入选第一届中国工艺美术名家作品展，绢画《鹏程万里》、《前程似锦》分别获中国首届礼品设计大奖赛优秀奖、浙江工艺美术名家精品展优秀奖。现任浙江省温州市传统工艺美术研究院耿明瓯绣艺术研究所所长。曾归纳整理瓯绣针法几十种。

张国民

【余福臻】（1941～ ）中国工艺美术大师。女。江苏苏州人。师从顾文霞、李娥英名师学习。运针灵活，绣艺全面，色泽丰富，层次清晰，具有质感，形神兼备。擅长细绣技艺，首创细乱针结合绣猫法，有"猫王"之誉。所绣双面绣《白猫戏螳螂》、《沙发双猫》、《黑底红叶白猫》，单面绣《白底白猫》、《黑底黑猫》，获中国工艺美术百花奖金杯奖等奖项。2000年成立"余福臻刺绣艺术工作室"，旨在创新和培养刺绣人才。2005 年应美国卡特博物馆邀请赴美举办"手牵手 两位苏绣大师作品展"，进行中

美文化交流，并作刺绣表演。曾任苏州刺绣研究所细绣针法室主任。

余福臻

【邵文君】（1942～ ）江苏省工艺美术大师。1964 年毕业于苏州工艺美专国画系，为吴㺛木、亚明入室弟子。曾长期在苏州吴县刺绣总厂担任刺绣设计工作，擅长中国画的山水和工笔花鸟画稿，既适合刺绣技法表现，又具一定的艺术价值。代表作有《雨后洞庭》、《江南春色》、《红叶绶带》、《水仙麻雀》、《月季鹦鹉》等，作品在国内外多次展出并获奖。享受国务院特殊津贴。现任吴门画派研究会会长。

邵文君

【吴培瑾】（1942～ ）女。江苏常熟人。江苏省工艺美术大师。曾在常熟花边厂长期从事抽纱设计。代

吴培瑾设计的《钩针镶花台布》

表作品有《绣花相框、相夹》、《雕绣台布》、《钩针镶布色绣台布》等。作品多次参加国内外展出并获奖。1986年出版专著《抽纱技艺》一书。1987年获江苏省轻工业厅"新品开发先进个人"称号。

【王殿太】（1943～ ）中国工艺美术大师。别名春波。山东文登市人。自幼酷爱书法、绘画。1966 年进文登市绣品厂开始抽纱图案设计工作。从事抽纱设计 20 多年，创新产品 15类，新花色品种 2 800 多个，价值三亿两千多万元。新产品"云龙纱"、"雕玉龙"、"美特丽"，为机绣三绝。云龙纱"巧联目"新工艺，1987 年获全国抽纱刺绣业第一个发明专利。雕玉龙的玉龙绣新原料与新工艺相结合，酷似手工扣锁，高效、物美、价廉。云龙绣获得山东省专利奖，第五、九届中国工艺美术百花奖金杯奖，全国轻工博览会、全国星火成果博览会、北京国际博览会金奖，1992 年墨西哥星火新成果展览金奖。雕玉龙、回龙锁获第九届中国工艺美术百花奖金杯奖。雕玉龙、美特丽、飞龙纱获轻工业部优秀新产品一等奖。王殿太为山东省先进科技工作者、先进专利工作者、先进抽纱设计工作者，山东省劳动模范，国家"七五"期间星火科技开发先进工作者。

【王春波】 即"王殿太"。

【王文瑛】（1944～ ）中国工艺美术大师。女。浙江杭州人。自幼学习绘画和绣花。17 岁考入绘画工艺社。1960 年被杭州市工艺美术研究所选中学艺，先后学绸伞制作和绒线绣花，1964 年开始转学机绣。在上海学习绒绣期间从师于中国工艺美术大师高婉玉，在色彩运用和艺术造型上打下了良好的基础。王文瑛在研制、运用针法上取得不少突破性的成果，作品中融画理与绣艺于一体的创作方法，善于运用多种针法的表现能力，工整细腻的写实风格，丰富饱满而又协调的色彩感觉，使她的作品极

为自然生动,具有独特神韵。为了表现家乡杭州西湖的美景,她创作绣制了《六合春早》、《六合瑞雪》双面绣。作品采用蓝色半透明尼龙丝绢作绣地,真丝双径线为绣线,在针法上以乱针和长针为主,辅以短针、拉针等多种针法,正面雪景,背面为春季景色。画面色彩丰富和谐,景色壮观幽美,整件作品具有强烈的时空效果,给人以清新高雅之感。

王文瑛

【朱龙泉】 (1944~)江苏苏州人。1962年毕业于苏州工艺美术专科学校。长期从事机绣的创作设计工作,对机绣工艺、针法等,均有深入研究,他设计的机绣产品,材美、工美、质美、艺精,平服、匀挺,绚丽、典雅,为苏州的长年畅销产品之一。1984年担任伊丽莎室内绣花系列设计,获中国工艺美术百花奖优秀创作设计一等奖,1993年入选《中国当代高级科技人才》。曾任中国工艺美术学会设计家研究会副秘书长、中国工艺美术百花奖全国评委。由于他具有十分丰富的机绣实践和设计经验,轻工业部特意委托他承担《机绣工艺》一书的主编。该书是1986年制定的《抽纱中级技术培训教育计划和教育大纲》的一本专业教材,1988年完成,由江苏科技出版社出版,这对我国机绣工业的发展和提高,作出了积极的贡献。

朱龙泉设计的机绣花卉枕套

【黄培中】 (1944~)江苏南通人。中国工艺美术大师。1961年毕业于南通工艺美术学校,1983年入南京艺术学院工艺系装潢专业进修。长期从事工艺美术设计和艺术创作,南通彩锦绣创始人之一。设计风格注重传统装饰语言和现代构成形式的融汇。代表作品有大型彩锦绣双面屏风《神龙腾九州》、《海市蜃楼》,彩锦绣双面立屏《秦淮灯火》、《探梅》,西藏拉萨饭店大型彩锦绣壁画《高原胜境图》,南京阅江楼壁画《郑和下西洋》,甘肃博物馆壁画《东西方商队》等。多次参加国内外展览活动并获奖。现任南通纺织职业技术学院艺术系教授。

黄培中

【缪丽娟】 (1945~)女。又名缪缨。苏州人。江苏省工艺美术大师。毕业于苏州大学艺术学院,具有较高绘画水平。1964年进苏州刺绣研究所,曾任新品开发室主任。擅长刺绣花卉设计,风格清丽雅致,融传统与现代为一体,达到较高艺术境界。代表作品有《刺绣花卉系列》艺术壁挂、刺绣《玫瑰花》台式架等,多次获全国及省级奖项。成功设计了水乡、花卉等系列刺绣旅游品,被作为珍贵礼品

缪丽娟

赠送中外贵宾。参与《苏绣图案集》、《苏绣针法与技巧》等书的编撰工作,并编绘有《刺绣图案集》、《百花图谱》等。

【缪缨】 即"缪丽娟"。

【郝淑萍】 (1945~)女。成都市人。中国工艺美术大师。1959年在成都工艺美术技校蜀绣班学习,后进成都蜀绣厂,先后任蜀绣厂副厂长、厂长、蜀绣研究所所长,2005年创立郝淑萍蜀绣工艺美术大师工作室。她精研蜀绣各种传统技法,并新创了"平手拉花针"针法。她绣制和与他人合作绣制的代表作品中,大型双面绣《芙蓉鲤鱼图》陈列于北京人民大会堂四川厅,大型双面绣《九寨沟大熊猫图》由四川省政府赠送澳门特区政府,《昭君出塞》由中国国家博物馆收藏,单面绣《赶集》为四川省博物馆收藏,双面绣《竹林马鸡图》曾获中国工艺美术百花奖金杯奖并为中国工艺美术馆收藏。与4名学生费时3年,于2009年绣成了大型蜀绣《蜀宫夜宴图》。前后培养了40多名艺徒,其中3人已是省工艺美术大师。二十世纪九十年代被授予全国劳动模范、全国三八红旗手、有突出贡献专家等称号。

郝淑萍

【张美芳】 (1946~)女。江苏苏州人。江苏省工艺美术大师。师从任嘒闲大师。曾任苏州刺绣研究所所长,长期从事刺绣艺术的创新开发、技艺管理和理论研究工作。以丰富的刺绣经验积累、锐利的审美眼光及"思维大于技巧"的理念方式,倡导

并实践传统苏绣与中外绘画艺术相结合,主持研制了大量苏绣精品,并挖掘整理了40多种苏绣针法。创意指导的苏绣《双燕》、《虚实白猫头》、《彩墨荷塘》、《金色秋天》等,屡获大奖或被选为国礼。还主持与李政道教授合作刺绣《金核子碰撞》,实验传统苏绣艺术与科学技术相结合,在北京中国美术馆"艺术与科学"国际作品展览会上,受到了党和国家领导人及中外科学、教育、艺术界专家的高度评价。为全国人大代表。

张美芳

【臧经国】 （1946～ ）扬州人。江苏工艺美术大师。毕业于扬州国画院。从事刺绣创作设计30余年,对绘画和刺绣具有广泛的知识。多年来潜心研究仿古绣、写意绣技艺。从宋、元的山水画、清代"扬州八怪"水墨画和现代著名画家写意画中汲取笔墨韵味,表现了原作的笔墨技巧和画意,增强了绣品的艺术感染力。作品多次参加国内外工艺美术大展并获奖。单面绣《骑驴寻梅》、双面绣《八怪精粹》获全国大奖。对扬州仿古绣和写意绣风格的传承和发展做出较大贡献。现为扬州扬绣研究所设计名师。

臧经国

【单银娣】 （1950～ ）女。常州人。江苏省工艺美术大师。师从乱针绣大师陈亚先。精研传统刺绣技法,擅长表现风景、动物、人物。尤以人物见长。1992～1993年,受全国妇联委派,赴非洲乌干达以刺绣专家身份传授刺绣技艺,培训了36名学员,多次受到该国总统夫人亲切接见。1998年根据黑白照片创作的肖像作品《戴安娜》被高价收藏。乱针绣《桦林秋色》、《黄河》、《邓小平》、《西藏少女》、《无名女郎》等,多次参加大展并获大奖。

单银娣

【吴晓平】 （1953～ ）江苏省工艺美术大师。女。江苏扬州人。师从扬绣名师陈淑仪。长期受扬州传统文化和扬州八怪画派的艺术熏陶,追随中国画的笔墨情趣和中国画的文化内涵,形成格调高雅、雅逸传神的艺术风格。她善于运用层层运染的手法,绣出中国画原作的笔墨神韵,在绣坛上独树一帜。从艺30多年,创作出《海峤春华》、《华岳高秋》、《行旅图》和《踏歌图》等一批优秀作品,深得业内外专家赞誉,为扬州水墨仿古绣的传承发展,作出了积极的贡献。

吴晓平

【金蕾蕾】 （1954～ ）女。南通人。江苏工艺美术大师。曾进原中央工艺美术学院特艺系深造。绣艺全面,善于运用平绣、双面异色绣、乱针绣和彩锦绣等多种绣技来表达创意。用针灵活,刻画细腻,工艺精到,立意明确。曾任北京长城饭店巨型彩锦绣壁挂《长城万里图》（张仃绘）的工艺设计,应邀为香港回归绣制大型彩锦绣《华夏大地》（袁运甫绘）。作品多次获全国工艺美术百花奖大奖,有的被南京博物院等收藏。曾作为中国刺绣专家赴印度参加中国文化部举办的"中国艺术节"。

金蕾蕾

【游伟刚】 （1954～ ）苏州人。江苏工艺美术大师。1977年在南京艺术学院美术系毕业后,随苏绣设计大师徐绍青学艺。长期从事刺绣欣赏品的设计和艺术指导工作,并不断探索研究古代绣品的复制,解决了诸多工艺、色彩、纹样的难题。创作设计的《荷花》、《牡丹》和《江南四季水乡图》等系列绣品,在国内外展出,并获奖。近年主持创作的香港大酒店等大型刺绣屏风《山水图》、《春回大地》、《竹海》等,在实现刺绣艺术与现代大型室内陈设相结合方面,取得了较完美的艺术效果。如2000年创作的《江南四季水乡图》,高50、长200厘米,绣品运用虚实乱针绣技法,通过纵横、粗细、疏密的适度组合,生动地表达出了江南春夏秋冬时节特有的水乡风韵,树叶采用打子针法,增强了与乱针绣针法相互对比的肌理效果,是一幅形神兼具的佳作。

游伟刚设计的苏绣《江南水乡四季图》(局部)

【吕存】 (1955～)江苏省工艺美术大师。我国著名美术家、教育家吕凤子嫡孙,结业于南京艺术学院油画专业。秉承实践吕凤子在正则乱针绣上的艺术主张,把刺绣当作艺术作品来做。用针自由大度,个性鲜明,注重揭示对象内涵,追求情感力度和思想深度,赋予刺绣独特的审美性和艺术价值。代表作有《夫人肖像》、《银饰与青花瓷》、《最可爱的人》等。曾领衔主绣江苏省政府贺香港特区政府成立的大型刺绣《归程》,受到省政府表彰。作品在国际、国内重大文化交流与展出中屡获盛誉和金奖,被法国专家称为"真正的艺术品"。2005年被江苏省人民政府授予江苏省"有突出贡献的中青年专家"称号。

吕存

【李华】 (1955～)江苏省工艺美术大师。女。苏州人。毕业于苏州工艺美术职业大学绘画系。从事刺绣工艺研究30多年,擅长细绣花鸟、山水、人物等,技艺全面。双面绣《月季》,1993年参加"第一届亚太地区手工业精品展览",获世界手工艺理事会主席奖,伊朗工业部手工业局创造奖。单面绣《春回大地》(合作)参加在美国洛杉矶法乐文化史艺术馆举办的"中国苏绣艺术展览会",深得国际友人好评。代表作有双面绣《芙蓉照初日》、《群鹊图》(合作)、《百蝶》、《福济院忘饥图》、《恽南田写意牡丹》

等,有的入选国内外展览,多被重金购去珍藏。为苏州工艺美术职业技术学院客座教授。

李华双面乱针绣《月季》

【杨天禄】 (1955～)女。江苏省工艺美术大师。从事乱针绣近40年,作品主题突出,层次分明,色泽和顺,工艺精到,绣面平服,针脚灵巧,具有鲜明个性。善于将摄影、绘画等姊妹艺术,融于刺绣创作。上世纪七十年代末八十年代初创作的乱针绣《狼狗》,被选送日本展出获大奖。刺绣人像《灵巧小手》、大型刺绣《临窗》、《爱尼少女》等,均在全国展览中获金奖。多幅作品被各级政府作为礼品赠国际友人,或由博物馆收藏。

杨天禄

【黄春娅】 (1955～)女。江苏省工艺美术大师。师从乱针绣大师任嘒闲。1977～1980年在南京艺术学院美术系油画专业学习。现任苏州刺绣研究所乱针绣针法研究室主任。多年来潜心研究刺绣针法,把苏绣与西洋美术相结合,促使传统苏绣更贴近时代。以灵活用针、色线变化来丰富刺绣艺术的表现力,使鲜明生动的刺绣语言更完美地表达作品的精美和意趣,形成自己特有的风格。绣成《野地红叶》、《冒气的池塘》等一批具有时代特征和艺术内涵的苏绣精品。

发表《乱针绣与摄影艺术》等专论多篇。曾被评为"苏州市优秀知识分子"、"江苏省岗位女明星"。为苏州大学妇女发展研究中心特邀研究员。

黄春娅

【赵红育】 (1958～)女。无锡人。江苏省工艺美术大师。师从锡绣名师华慧贞。毕业于南京师范大学美术系。在继承传统无锡刺绣的基础上,进行大胆创新,尤其擅长双面精微绣。作品精细微小,无论是细若蝇毫的文字,还是寸马豆人,都形神兼备。并创新品种马鬃绣,整理创新出戳绣针法87种。首创双面精微绣《百寿图》获得成功,使无锡的精微绣在全国刺绣行业中独树一帜。图中寿星脸部仅指甲大小,但寿星笑容可掬的神情却表达得十分生动。寿星袍服上绣有100多个寿字,并组合成各式图案,更为精妙。作品《丝绸之路》获中国工艺美术百花奖,《百寿图》获全国旅游纪念品一等奖,刺绣长卷《古运河梁溪风情图》获世界基尼斯之最。曾任无锡市第十届、十一届人大代表;无锡市第十二届政协委员。

赵红育

【孙燕云】 (1959～)女。江苏省工艺美术大师。师从中国工艺美术大师其母陈亚先,并获专家吕去疾教授指导,在乱针绣的创新探索上作出了积极的贡献。其作品《激情乔丹》,变乱针绣的自由直线针法为"舞蹈"圈线针法,拓展了乱针绣的艺术表现手法。作品《红衣男孩》、《玛丽莲·梦露》、《媚惑》、《速度与激情》等屡获大奖。《戴安娜王妃》被英国戴安娜基金会收藏。《赵氏孤儿》在 2006 年上海国际顶级私人物品展上引起轰动。2008 年《罗格肖像》由国家奥组委作为国礼赠送给罗格本人。

孙燕云

【卢福英】 (1962~)女。苏州人。江苏省工艺美术大师。师从顾文霞、王祖识等名师。卢福英的刺绣,色泽和润,层次清晰,针脚灵巧,工艺精美,形神兼备。1998 年《邓小平肖像》绣,获北京"首届中国国际民间艺术博览会"金奖,2007 年《雾散天清》获中国上海国际艺术节第九届中国工艺美术大师精品博览会暨"中国工艺美术优秀作品评选"创新艺术金奖,2007 年绣制的大型刺绣《江南三月春意浓》,陈设于北京人民大会堂江苏厅。先后获"全国先进女能手"、"江苏省劳动模范"、"'三八'红旗手"、"十大女杰"等光荣称号。并被选为苏州市第十二、十三届人大代表。

卢福英

【姚建萍】 (1967~)苏绣高手。女。江苏苏州镇湖镇人。她 8 岁就拿起绣针,好学勤奋,聪慧手巧,每天都要花十几个小时琢磨绣针和丝线,并专工绣制人物绣。1997 年,她用 8 个月精心绣制的周恩来总理《沉思》肖像绣,获全国金奖。1998 年,她刺绣的 3 幅作品,在首届"中国国际民间艺术博览会",一举夺得 3 个金奖。2003 年,当地政府出资 400 万元,为她建立"姚建萍苏绣艺术馆",陈列的作品中,几乎包括了苏绣所有的题材和针法。2004 年 10 月,被联合国教科文组织和中国民间文艺家协会,共同授予"民间工艺美术家"称号。2004 年她带领 18 位绣娘,苦战 200 多个日夜,完成了巨幅《我爱中华》苏绣,上有 56 个民族的 112 个人物,最细处均采用一根丝线的 64 分之一绣制,可见其难度之大。绣品于 2004 年 9 月 27 日,随我国第 20 颗返回式卫星成功绕地球 286 圈,开创了有 2 000 多年历史的苏绣的"惊天壮举"。当年,姚建萍当选为中华十大系列英才。现为研究员级高级工艺美术师,国家级非物质文化遗产项目(苏绣)代表性传承人。

姚建萍

刺绣著作

【绣谱】 丁佩著。丁佩是清代道光时刺绣名家。《绣谱》二卷,成书于道光辛巳年(1821)。丁佩自序,作于零娄官舍。拜梅山馆刊出。该书分择地、选样、取材、辨色、工程、论品六章。书中提出了"能、巧、妙、神"的美学原则和"齐、光、直、匀、薄、顺、密"等刺绣的艺术特点。该书主要是论述前代刺绣的艺术要求,总结得极为扼要精到。《绣谱》是我国历史上第一本刺绣技艺的专著。

【雪宦绣谱】 沈寿口述,张謇笔录整理而成,南通翰墨林书局刊印,民国八年(1919)问世。《雪宦绣谱》分绣备、绣引、针法、绣要、绣品、绣德、绣节、绣通共 8 节。其中以针法为重点。沈寿将苏绣针法系统地分成 18 种。即齐针、抢针(正抢、反抢)、单套针、双套针、扎针、铺针、刻鳞针、肉入针、羼针、接针、绕针、刺针、扎针、施针、旋针、散整针、打子针等,并简述每种针法的线条组织形式及针法运用中的注意事项。该书是沈寿毕生刺绣经验的总结。张謇在绣谱的序言中说:"寿之言曰,我针法非有所受也,少而学焉,长而习焉,旧法而已。既悟绣从象物,物自有真,当仿真;既见欧人铅油之画,本于摄影,影生于光,光有阴阳,当辨阴阳。潜神凝虑,以新意运旧法,渐有得;既又一游日本,观其美术之绣,归益有得。久而久之,遂觉天壤之间,千形万态,但入吾目,既无不可入吾绣。"由此可知,沈寿所创的"美术绣",是汲取了西洋

画的明暗法,融合我国传统绣艺,结合自己心得所创造。《雪宦绣谱》一书定稿后,曾被译成英文本,改名为《中国刺绣术》)。

【中国刺绣术】 即"雪宦绣谱"。

【女红传征略】 朱启钤撰。记载古代织绣女艺人传略专书。分织作、刺绣、针工、杂作 4 项。其中织作艺人13 名,刺绣艺人 84 名,针工艺人 16名,及其他艺人 7 名,总计 120 名。该书对了解古代织绣方面的情况,具有较重要的史料价值。

【顾绣考】 徐蔚南撰。1936 年中华书局出版。考究明代顾绣的专书。叙述了顾绣的起源、传布、技能,介绍了现存的顾绣名作。

【明露香园顾绣精品】 故宫博物院、上海博物馆编。1963 年上海人民美术出版社出版。该书选印了故宫博物院和上海博物馆珍藏的韩希孟手绣宋元名迹两辑,共 12 幅。全部活页彩色精印。有《洗马》、《百鹿》、《补衮》、《湖石花蝶》和《络纬鸣秋》等,册尾有顾寿潜、董其昌和陈子龙跋。

【苏绣技法】 李娥英主编。1965 年轻工业出版社出版。该书从叙述苏绣的历史和基本知识开始,重点介绍了苏绣针法和技法,先分门别类说明多种针法的特点、组织方法和应用范围,再以花、鸟、昆虫、猫、金鱼、人物、山水风景和静物为例,分实用品和欣赏品来说明各种针法的运用。

《苏绣技法》封面

【广州刺绣针法】 广州市工艺美术研究所编写,1959 年广东人民出版社出版。在序言中介绍了广绣的历史、特色和著名艺人。该书的重点,主要介绍广绣直扭针、捆咬针、编绣、绕绣、变体绣、金银线绣等 30 多种针法,并附有线描图,最后附有数 10 幅实物图例。该书是一本介绍广绣针法的普及性读物。

《广州刺绣针法》封面

【吴地刺绣文化】 高燮初主编,孙佩兰编著,南京大学出版社出版。全书分两部分:第一部分,苏绣起源与吴地"断发文身的习俗";五代、北宋时期的苏绣和佛教文化;明代苏绣观赏品与文人画;清代苏绣与吴文化;近代中外文化交流中的苏绣艺术;近代名人与苏绣;今日吴地刺绣;当代文人与苏绣等 8 个方面。依据出土、传世刺绣文物与文献资料,既阐明了吴地刺绣在各个历史时期针法、技巧的发展,更侧重从文化史的角度介绍吴地刺绣丰富的文化内涵。第二部分,侧重介绍了从古到今的 12 位刺绣艺术家,她们是三国时具三种绝技的赵夫人,明代嘉靖年间顾绣创始人缪氏及继承人韩希孟与顾玉兰,明末才女倪仁吉,清代著名刺绣家丁佩,光绪年间首创无锡绣工会的李佩黻,首创"仿真绣"的沈寿,首创列针绣的华璂,光绪年间开始从事苏绣教学和艺术研究的金静芬,乱针绣创始人杨守玉,优秀苏绣老艺人朱凤等。

【湘绣史稿】 杨世骥著。1956 年湖南人民出版社出版。该书主要根据许多老年画工和绣工的口述资料写成。全书分为中国刺绣艺术的优秀传统、湘绣

《雪宦绣谱》扉页

的创始、湘绣的提高、湘绣的推广与技巧上的成就、湘绣的今后 5 个部分。

【湘绣史话】 李湘树编著,1988 年轻工业出版社出版。作者长期从事湘绣设计,谙熟湘绣历史和工艺。书中内容有湘绣源流,李仪徽掺针绣,吴彩霞绣庄,画师杨世焯,神针肖咏霞,春红簇绣女,余振辉鬅毛针,李云青湘绣题诗,李凯云日用品绣,工艺名师杨应修,湘绣新工艺楚锦等。

《湘绣史话》封面

【宋明织绣】 1983 年文物出版社出版。该书是一部介绍宋明织绣的图册。由辽宁省博物馆庋藏的《绣线合璧》全部和明代《顾韩希孟花鸟册》的一部分作品编辑而成,计有两宋刻丝 3 幅、南宋刺绣 3 幅、顾氏册中刺绣 6 幅,共 12 幅。

【中国刺绣技法研究】 朱凤编著。1957 年上海人民美术出版社出版。全书共分 5 章:第一章简述了我国刺绣历史的发展演进和目前的概况;第二章分析了刺绣分类的方法;第三章介绍了我国固有的传统刺绣方法,并介绍了作者根据传统技法加以改创的"散套针"和"点彩绣"两种新针法;

《中国刺绣技法研究》封面

第四章说明绣作各种事物应掌握的要领;第五章简介了刺绣工具。

【苏绣精萃】 江苏省工艺美术学会编,1986 年外文出版社出版。书前有一篇"前言",概说了苏绣的历史发源地、现在的产地,以及苏绣的品种、风格特点和获奖情况等;并附有《耕织图》浴蚕、练丝等 6 幅插图和宋、元、明、清 5 幅绣品。该书主要汇集双面绣、双面三异绣、平绣、发绣、乱针绣、精微绣、打子绣、彩锦绣 8 个绣种,100 多幅精品编成,书后附有沈寿、金静芬、杨守玉、顾文霞、徐绍青、李娥英、朱凤、任嘒闲、巫玉、庄锦云、陈亚先、余福臻 12 位名师的简介。全书全部彩色精印,计 115 面。

《苏绣精萃》扉页

【苏州刺绣】 林锡旦著,2004 年苏州大学出版社出版。书中主要内容有苏绣源流概述、吴中刺绣甲天下、早期苏州绣庄和绣市、晚清苏绣大家沈寿、现代苏绣大师、名扬劝业会、双面绣、双面三异绣、乱针绣、长针机绣、各类绣校、苏绣猫和苏绣金鱼、誉满全球、欣赏绣、戏装和日用品绣、江苏各地名绣等。刺绣著作历来稀少,作者历经 30 多年各地访问和多方汇集

《苏州刺绣》封面

材料,才写成此书。内容翔实,图文并茂,全书约 20 多万字。

【任嘒闲刺绣艺术】 2000 年苏州古吴轩出版社出版。书前有谢孝思撰写的序言,介绍了任嘒闲的简历、刺绣特色和首创的虚实乱针绣技艺。后有金铁峰写的《针神》、张美芳写的《记苏绣艺术家任嘒闲》和任嘒闲自己撰写的《乱针绣与虚实乱针绣》一文。该书选录任嘒闲的绣品,从1935~1999 年,各个时期的代表作50 多幅,从中可窥见她绣艺精进的全过程,书后附录有她学生的代表作10 幅。作品全部彩色精印,装帧精美。参见"任嘒闲"。

《任嘒闲刺绣艺术》扉页

【女子刺绣教科书】 张华瑅、李许频韵编,民国七年(1918)商务印书馆出版发行。该书是依据当年教育部颁行的中学校及师范学校课程标准编纂,以作女子中学和师范学校手工科教学之用。内容分一概论:分类、器具、上稿、线别、色别、针别;二法式:用线法、配色法、针法、选稿造稿;三旧绣法分类:缠绣、两面绣、平绣、高绣及摘绫、拉锁及打子、戳纱、挑花;四新绣法之分类:风景、动物、植物、人及

《女子刺绣教科书》封面

肖像;附录:补画绣、借色绣;附初级刺绣教授略法。至民国二十七年(1938)改订再版,书名改为《刺绣术》。

【刺绣术】 即《女子刺绣教科书》。

【苏州刺绣图案】 苏州工艺美术研究所编,1962年朝花美术出版社出版。书前有徐绍青撰写的一篇前言。该书收录的苏绣图案,有一部分为古绣,大部分为当代苏绣,其中亦有新创作的。品种有被面、靠垫、袖边、花衣、衣边、椅垫、枕套、枕顶、鞋面、剧装、凳面、背心、笔袋、腰带头等。题材内容有凤鸟、百鸟、百花、彩蝶、百果、仕女、八仙、暗八仙、和合、五蝠(福)、四合和博古等。形制多样,优美生动,总计123面。

《苏州刺绣图案》封面

【苏绣图案】 柳炳元编绘,1983年上海人民美术出版社出版。柳炳元是苏绣著名老艺人,从事刺绣图案设计长达60多年,具有丰富的实践经验。他能熟练地掌握传统苏绣图案的基本特点及其表现技法,所以由他设计的苏绣图案画稿,生动优美,而且符合刺绣针法技艺,易于操作,省工省线。该书汇集近200幅苏绣图案,内容有龙凤、禽鸟、走兽、鱼虫、各种花卉和博古图文等,形式多样,其中很多是他的创新作品。

《苏绣图案》封面

【抽纱技艺】 陶凤英、吴培瑾、王更生编著,1986年轻工业出版社出版。书中主要介绍了抽纱的历史、产品种类和规格用料等;着重介绍了抽纱的图案设计、题材内容、构成布局和色彩的配合等;在针法和工艺方面,也作了详细介绍,并描绘有各种图解;最后附有各类抽纱图案的参考图。作者均长期从事抽纱图案设计工作,实践经验丰富,书中文图资料均是长年累积所得,很多图稿是作者平时的创作。该书文图并茂,全书约12万字。

《抽纱技艺》封面

【民间刺绣】 李友友编著,2006年中国轻工业出版社出版。中国的民间刺绣,历史悠久,品种繁多,内容丰富,形式多样,传承着深厚的传统文化与民族精神,是我国农耕文化的产物。该书汇集汉族、苗族、瑶族、藏族、傣族、满族、土家族等的民间绣品40多个品类,200余幅图例,并附有详细介绍。包括有绣衣、背心、云肩、围涎、围腰、鞋垫、绣帽、暖耳、荷包、寿帐、喜帐、幔帐套、枕顶、扇套和唐卡等。图例都是彩色精印,全书计140面。

【云南少数民族织绣纹样】 云南民族研究所民族艺术研究室编,1987年文物出版社出版。书前有杨德鋆撰写的一篇《云南少数民族织绣艺术概说》,讲述了云南白族、彝族、傣族、壮族、纳西族、布朗族、佤族、阿昌族、哈尼族、藏族等织绣的概况,包括有锦类、花布类、文绣类、毛织类,以及云南各少数民族织绣纹样的种类,包括有植物类、鸟禽类、虫类、自然类、文字类等。图版部分有绣衣、绣帽、筒裙、头巾、绣裤、兜肚、枕头、腰带、绣鞋、手帕、香包、挂包等,共计168面,都为手绘,有的为彩色精印。

《云南少数民族织绣纹样》封面

【中国民间刺绣】 王亚蓉著。1985年商务印书馆香港分馆出版。研究中国民间刺绣专著。载有《中国民间刺绣发展概况》一文。图版部分选有佩饰、衣饰、日用绣品等三大类的民间刺绣精品共百余种。还介绍了中国民间刺绣的工具材料及实用性重要技法30多种。

【刺绣之旅】 李友友、张静娟著,2007年中国旅游出版社出版。该书介绍了我国各地的民间绣,有四大名绣,北京刺绣,河南灵宝新嫁衣,湖南湘西苗绣,湖南土家族桃花,广西侗族绣花,广西水族马尾绣,广西瑶族绣衣,云南壮族绣服,福建闽南金线绣,山西晋城绣荷包,陕西儿童绣品,东北幔帐套绣,青海土族刺绣等。内容丰富,图文并茂。

《民间刺绣》封面

《刺绣之旅》封面

附　录

附　录

中国历史年代简表

*原始社会	约 60 万年前～约公元前二十一世纪	宋	公元 420 年～公元 479 年
奴隶社会	约公元前二十一世纪～公元前 476 年	齐	公元 479～公元 502 年
夏	约公元前二十一世纪～约公元前十六世纪	梁	公元 502 年～公元 557 年
商	约公元前十六世纪～约公元前十一世纪	陈	公元 557 年～公元 589 年
西 周	约公元前十一世纪～公元前 770 年	北 朝	公元 386 年～公元 581 年
春 秋	公元前 770 年～公元前 476 年	北 魏	公元 386 年～公元 534 年
封建社会	公元前 475 年～公元 1840 年	东 魏	公元 534 年～公元 550 年
战 国	公元前 475 年～公元前 221 年	西 魏	公元 535 年～公元 557 年
秦	公元前 221 年～公元前 206 年	北 齐	公元 550 年～公元 577 年
**西 汉	公元前 206 年～公元 25 年	北 周	公元 557 年～公元 581 年
东 汉	公元 25 年～公元 220 年	隋	公元 581 年～公元 618 年
三 国	公元 220 年～公元 265 年	唐	公元 618 年～公元 907 年
魏	公元 220 年～公元 265 年	五代十国	公元 907 年～公元 960 年
蜀	公元 221 年～公元 263 年	北 宋	公元 960 年～公元 1127 年
吴	公元 222 年～公元 280 年	南 宋	公元 1127 年～公元 1279 年
西 晋	公元 265 年～公元 316 年	辽	公元 916 年～公元 1125 年
东 晋	公元 317 年～公元 420 年	金	公元 1115 年～公元 1234 年
十六国	公元 304 年～公元 439 年	元	公元 1271 年～公元 1368 年
南北朝	公元 420 年～公元 589 年	明	公元 1368 年～公元 1644 年
南 朝	公元 420 年～公元 589 年	***清	公元 1644 年～公元 1911 年

* 许宏祥《华南第四纪哺乳动物群的划分问题》认为原始社会从距今 170 万年开始(载《古脊动物与古人类》1977 年 4 期)

** 包括王莽建立的新王朝(公元 9 年～公元 23 年)

*** 清道光二十年(1840)以后属半殖民地半封建社会

中国历代服饰简明图表

朝代	西周	东周	秦代	汉代	魏晋	南北朝	隋代	唐代	辽代	宋代	元代	明代	清代	近代
公元	前十一世纪～前771年	前770年～前221年	前221年～前207年	前206年～220年	220年～420年	420年～589年	581年～618年	618年～907年	947年～1125年	960年～1279年	1271年～1368年	1368年～1644年	1644年～1911年	1840年～
男子服饰特点	戴高冠，穿对襟衣，穿矩领、窄袖衫，腰束大带，佩玉，下饰有蔽膝。	戴高冠，穿曲裾短衣，窄袖，足穿革靴，是为深衣。	梳髻，穿重衣，腰系革带，带有带钩，缀有带璲，腿裹行縢。	戴梁冠，穿大袖曲裾袍或直裾袍，耳边簪白笔，足为文官服饰。	戴笼冠，穿大袖袍衫，襃衣博带，腰系围裳。	戴小冠，穿裤褶两裆，裤管膝盖处各系一带。	戴介帻，穿盆领大袖袍，两裆衫。	裹软脚幞头，穿圆领，窄袖衫，穿六合靴。	髡发，穿圆领大袖袍，足穿高统皮靴。	戴长脚幞头，穿圆领大袖袍衫，是为官服。	梳辫，戴瓦楞帽，穿窄袖大袍，足穿革靴。	戴乌纱帽，穿盘领袍，袍之前后缀有补子，是为官服。	戴暖帽或凉帽，穿马褂，长袍，袍用马蹄袖，是为官服。	戴呢礼帽，穿窄袖对襟马褂，长衫，足穿布鞋或皮鞋。
女子服饰特点	梳髻，插对笄，穿窄袖衫，曲裾短衣，足穿革靴，是为深衣。	梳双鬟，穿窄袖短衫，足穿革靴，是为胡服。	脑后垂髻，穿曳地长袍，领袖各异，是为三重，叠为三层，名"三重衣"。	梳髻，插珠玉步摇，穿袍，衣垂地，盘旋而下，是为绕襟深衣。	梳假髻，穿窄袖衣衫，下穿长裙。	梳飞天髻，穿对襟大袖衫，下穿长裙，足穿笏头履。	梳平髻，穿窄袖短襦，长裙曳地，裙腰系在胸下。	梳螺髻，穿窄袖衫，半臂，下穿长裙，肩上搭有披帛。	帛巾扎额，穿左衽窄襟袍，腰同长裙，下垂系带，下垂过膝。	梳高髻，戴高冠，穿窄袖对襟子，下穿长裙，足穿弓鞋。	戴顾姑冠，穿大襟长袍，足穿革靴，是为贵妇服饰。	梳双髻，穿宽袖衫，长裙，外着比甲。	梳旗髻，穿旗袍，外着马甲，琵琶襟，足穿花盆底旗鞋。	烫发，改良旗袍，戴耳环、手镯、戒指等饰物。

（引自《中国历代服饰》）

原始时代至唐代甲胄防护部位演变示意图

1. 甲胄防护部位示意图
   A. 身甲；B. 身甲下缀护腰的垂缘；C. 披搏；D. 膝裙；E. 臂护；F. 吊腿。头上；H. 胄；H+G. 兜鍪。
2. 台湾省兰屿耶美人的原始藤甲和藤胄。防护部位：A、H。
3. 云南省傈僳族原始皮甲与皮胄，防护部位：A、H。
4. 四川省彝族的皮甲，防护部位：A+B。
5. 秦代的甲，依秦始皇陵陶俑坑出土陶俑，防护部位：A+B+C。
6. 西汉铠甲之一，依咸阳杨家湾出土陶俑，防护部位：A。
7. 西汉铠甲之二，依咸阳杨家湾西汉墓出土陶俑，防护部位：A+B+C。
8. 西汉铠甲之三，铠甲依满城汉墓铁铠，防护部位：A+B+C。
9. 北朝两当铠、兜鍪，依洛阳北魏元熙墓出土陶俑，防护部位：A+B+C、H+G。
10. 北朝的明光铠、兜鍪，铠甲依北魏宁懋石室线雕，兜鍪依洛阳元邵墓出土陶俑，防护部位：A+B+C、H+G。
11. 隋代的明光铠、兜鍪，依合肥隋墓出土陶俑，防护部位：A+B+C、H+G。
12. 唐代明光铠、兜鍪，依西安李爽墓出土陶俑，防护部位：A+B+C+D+E+F、H+G。

(引自《中国古兵器论丛》)

中国历代服制

周代服制

王：王之服饰有大裘、衮冕、鷩冕、毳冕、绨冕、元冕、韦弁、皮弁、冠弁、弁服、弁经服等制。祀昊天上帝、五帝，服大裘，其冕无旒，玄衣纁裳，朱韨赤舄。享先王，服衮冕，十二旒，衣裳自龙以下九章。享先公、飨射，服鷩冕，九旒，衣裳自华虫以下七章。祀四望山川，服毳冕，七旒，衣裳自宗彝以下五章。祭社稷五祀，服绨冕，五旒，衣裳自粉米以下三章。祭群小祀，服元冕，三旒，衣裳只黼纹一章。以上六服为王者亲祀之服。凡兵事服韦弁，以五采玉十二饰弁之缝，衣赤色。视朝服皮弁，田猎服冠弁，凶事服弁服，吊事则服弁经服。

王后：王后之服有袆衣、揄翟、阙翟、鞠衣、展衣、褖衣。从王祭先王，服玄色袆衣，画五彩山雉。祭先公，服青色揄翟，画五彩鹞雉。祭群小祀，则服赤色阙翟，刻而不画。以上三衣为祭服。又亲蚕服鞠衣。礼见王及宾客，服白色展衣(又作襢衣)。受王御见及燕居，服黑色褖衣。以上三衣为常服。王后首饰，又称首服，也有规定。从王祭祀服"副"。郑玄注："副之言覆，所以覆首为之饰。其遗象若今步摇矣。服之以从王祭祀。"又亲蚕服"编"。郑玄注："编，编列发为之，其遗象若今假纷矣。服之以桑也。"见王则服"次"。郑玄注："次，次弟发长短为之，所谓髢髢也。服之以见王。王后之燕居亦缁笄总而已。"另有"追"、"衡"、"笄"、"六珈"、"冟型"、"荓型"等名目，皆为王后九嫔及内外命妇首饰，凡祭祀、礼见则服之。

诸臣：诸侯卿大夫助祭各视王服有差：公之服自衮冕而下如王之服。侯、伯之服自鷩冕而下如公之服。子、男之服，卿大夫之服自元冕而下如孤之服。士之服自皮弁而下如卿大夫之服。兵事亦服韦弁，各以命数饰玉。视朝则服朝服，元端素裳。

命妇：内命妇服饰：九嫔服鞠衣；世妇服展衣；女御服褖衣。外命妇服饰依其夫爵位而定：三孤夫人服鞠衣；卿夫人服展衣；士夫人服褖衣。三夫人及公之妻服阙翟，侯、伯夫人服揄翟；子、男夫人亦服阙翟。惟二王后服袆衣。

（据《周官》）

汉代服制

皇帝：皇帝祀天地明堂，冠旒冕，玄衣纁裳。冕冠系白玉珠十二旒，衣裳十二章；以其绶采色为组缨。大佩，赤舄绚履，以承大祭。通天冠为皇帝所常服，其衣为深衣制。有袍，随五时之色：春服青色，夏服朱色，季夏服黄色，秋服白色，冬服黑色。

后夫人：后夫人服饰均深衣制。凡太皇太后、皇太后入庙及皇后谒庙之服，皆绀上皂下。蚕服，青上缥下，隐领袖缘以绦。太皇太后及皇太后首饰为翦耄蔮和簪珥。簪以玳瑁为擿，端为华胜，上为凤凰爵。皇后首饰为假结、步摇、簪珥。步摇以黄金为山题。皇后以下至二千石夫人，皆以蚕衣为朝服。贵人著蚕服，纯缥上下。其首饰为大手结，墨玳瑁，又加簪珥。自公主封君以上皆带绶，以采组为绲带，各如其绶色。公卿、列侯、中二千石、二千石夫人，入庙佐祭之服，皂绢上下。助蚕之服，缥绢上下。其首饰：绀缯蔮，黄金龙首衔白珠，鱼须擿，为簪珥。

诸臣百官：三公诸侯祀天地明堂，冠旒冕，玄衣纁裳。三公诸侯冕七旒，青玉为珠，衣裳九章。九卿以下冕五旒，黑玉为珠，衣裳七章。皆备五采，大佩、赤舄绚履，以承大祭。百官执事者祭服，冠长冠，服袀玄，绛缘领袖中衣，绛袴袜。五郊衣帻袴袜各如其色。百官不执事，各服常冠袀玄以从。委貌、皮弁两冠同制，委貌以皂绢为之。皮弁以鹿皮为之。行大射礼时，公卿诸侯大夫服委貌，衣玄端素裳，执事者冠皮弁，衣缁麻衣，皂领袖，下素裳。公侯百官下至贱更小史，皆以袍服单衣，皂缘领袖中衣为朝服。其冠制：诸王服远游冠，中外官、谒者、仆射服高山冠；文儒服进贤冠。公侯三梁，中二千石以下至博士两梁，刘氏宗室亦两梁，自博士以下至小史私学弟子，皆一梁。武职服武冠，上竖鹖尾一双，另有纱縠单衣及虎纹单衣等，各按其职穿着。执法御史则服獬豸冠。诸冠皆有缨蕤，执事及武吏皆缩缨，垂五寸。以上衣冠，除旒冕、长冠、委貌冠、皮弁冠等为祭服之外，其余悉为常用朝服，唯长冠则为诸王国谒者常用朝服。

其他：除以上服制之外，其服装颜色，也有规定：公主、贵人、妃以上，嫁娶得服锦绮罗縠缯，采十二色，重缘袍。特进、列侯以上锦缯，采十二色。六百石以上重练，采九色，禁丹紫绀。三百石以上五色采，青绛黄红绿。二百石以上四采，青黄红绿。贾人，缃缥二采。

（据《两汉会要》及《后汉书·舆服志》）

魏晋服制

皇帝：皇帝服饰，有祭服、朝服、杂服、素服等。郊祀天地明堂宗庙，元会临轩，服黑介帻、通天冠，上加平冕十二旒。衣画裳绣，皂上绛下，共十二章。释奠先圣，服皂纱袍，绛缘中衣，绛袴袜，黑舄。临轩服衮冕。其朝服，用通天冠，金博山颜，黑介帻，绛纱袍，皂缘中衣。拜陵，服黑介帻，单衣。皇帝杂服，有青赤黄白缃黑诸色介帻，五色纱袍，五梁进贤冠、远游冠、平上帻武冠。其素服，白帢单衣。

后夫人：后夫人之服，魏初因袭秦汉旧制。皇后谒庙服，皂上皂下。亲蚕则青上缥下，用以文绣。至晋元康六年，改皇后蚕服服纯青，以为永制。三夫人、九嫔助蚕，服纯缥，皆深衣制。其首饰：三夫人太平髻，七镇蔽髻，黑玳瑁，又加簪珥。九嫔及公主、夫人五镇，世妇三镇。自二千石夫人以上至皇后，皆以蚕衣为朝服。

公卿百官：公卿百官服饰，大致承袭秦汉遗制。王公、卿助祭郊庙，服平冕。王公冕八旒，衣九章。卿冕七旒，衣七章。文儒以进贤冠为朝服，三公及封郡公、县公、郡侯、县侯、乡亭侯冠三梁；卿、大夫、二千石及千石以上冠两梁；中书郎、秘书丞郎等及六百石以下至于令史、门郎、小史，并冠一梁。侍臣、将军武官通服武冠，或曰笼冠。中外官、谒者、谒者仆射服高山冠，执法官服獬豸冠。袴褶之制，凡车驾亲戎、中外戒严服之。服无定色，冠黑帽，缀紫摽，摽以缯为之，中官紫摽，外官绛摽。又有纂严戎服而不缀摽，行留文武悉同。其畋猎巡幸，则惟从官戎服带鞶革，文官不下缨，武官脱冠。

（据《晋书·舆服志》）

南朝服制

皇帝：皇帝礼郊庙，服平天冠，制与晋黑介帻平冕相同。其余服饰皆如魏晋之旧。

皇后：皇后谒庙，服袿襡大衣，谓之袆衣。其余服饰乃旧。

百官士庶：百官士庶服饰，大体仍如魏晋之制，另有如下规定：凡山鹿、黄豹、步摇、八镇、蔽结、织成衣帽、纯金银器等物，皆为禁物。诸在官品令第二品以上，其非禁物，皆得服之。三品以下，加不得服蔽结、假真珠翡翠校饰缨佩、杂采衣、褋袍等。六品以下，加不得服金襈、绫、锦、锦绣、金叉环珥等。八品以下，加不得服罗、纨、绮、縠、杂色真文等。骑士卒百工人，加不得服大绛紫绛假结、真珍珥珰、犀、玳瑁等。并不得以银饰器物。履色无过绿、青、白。奴婢衣食客，加不得服白帻、茜、绛、金黄银叉、环、铃、𫄸、珥等。履色无过纯青。至陈武帝永定年间，服饰制度有所变化："文官曹干，白纱单衣，介帻。尚书二台曹干亦同。武官问讯，将士给使，平巾帻，白布袴褶。""袴褶，近代服以从戎。今纂严，则文武百官咸服之。车驾亲戎，则缚袴，不舒散也。中官紫褶，外官绛褶，腰皮带，以代鞶革。"另有如下规定："入殿门，有笼冠者著之，有缨则下之。缘厢行，得提衣。省阁内得著履、乌纱帽。入斋阁及横度殿庭，不得人提衣及捉服饰。入阁则执手板。自抠衣，几席不得入斋正阁。介帻不得上正殿及东、西堂。"

（据《宋书·礼志》及《隋书·礼仪志》）

北齐服制

皇帝：皇帝服饰，有衮冕、朝服、武弁等制。四时祭庙、明堂、出宫行事、正旦受朝等服衮冕；还宫及斋，服通天冠；春分朝日，服青纱朝服，秋分夕月则服白纱朝服，俱冠五梁进贤冠。季秋讲武、出征告庙，冠武弁。

皇后：皇后助祭朝会以袆衣，祠郊禖以褕狄，小宴以阙狄，亲蚕以鞠衣，礼见皇帝以展衣，燕居以褖衣。首饰假髻、步摇，十二钿，八雀九华。

公卿百官：诸公卿郊祀天地宗庙，冠平冕，黑介帻，青珠为旒，上公九，三公八，诸卿六。衣皆玄上缥下，三公八章，九卿六章。诸王服远游冠。文官服进贤冠，二品以上，三梁；四品以上，两梁；五品以下、流外九品以上，皆一梁。致事者着委貌冠。主兵官及侍臣，通着武弁。七品以上朝服，绛纱单衣，白纱中单；八品以下、流外四品以上公服，纱单衣，深衣。流外五品以下至九品以上，皆着褠衣为公服。

命妇：内外命妇从五品以上蔽髻，唯以钿数花钗多少为品秩。二品以上金玉饰，三品以下金饰。内命妇、左右昭仪、三夫人视一品，假髻，九钿，服褕翟。九嫔视三品，五钿蔽髻、服鞠衣。世妇视四品，三钿，服展衣。八十一御女视五品，一钿，服褖衣。宫中女官也有服制，各按其品。外命妇：一品、二品七钿蔽髻，服阙翟。三品五钿，服鞠衣。四品三钿，服展衣。五品一钿，服褖衣。内外命妇、宫中女官从蚕，则各依品次，还着蔽髻。皆服青纱公服。

（据《宋书·礼志》）

北周服制

皇帝：祭祀之服，冕衣同色，有苍、青、朱、黄、素、玄等色。另有衮冕、山冕、鷩冕、韦弁、皮弁、斩衰等制。

后夫人：皇后之服有十二：翟衣、褕衣、鷩衣、鸤衣、鹩衣、翟衣及苍衣、青衣、朱衣、黄衣、素衣、玄衣。诸公夫人九服，无翟衣、苍衣及青衣。以下按级递减，至下大夫之孺人只四服。

诸臣：三公之服有九：祀冕、火冕、毳冕、藻冕、绣冕、爵弁、韦弁、皮弁、玄冠。三孤之服八，无火冕。公卿之服七，又无毳冕。上大夫之服六，又无藻冕。中大夫之服五，又无皮弁。下大夫之服四，又无爵弁。

士庶：士之服有三：祀弁、爵弁、玄冠。庶士之服只玄冠一种。后令文武俱着常服，冠形如魏恰，无簪有缨。

其他：建德六年(577)，"令民庶已上，唯听元绸、绵绸、丝布、圆绫、纱、绢、绡、葛、布等九种，余悉停断。朝祭之服，不拘此例。"宣帝即位，初服通天冠，绛纱袍。群臣皆服汉、魏衣冠。大象元年(579)，制冕二十四旒，衣二十四章。二年(580)下诏："天台侍卫之官，皆着五色及红、紫、绿衣，以杂色为缘，名曰品色衣。有大事与公服间之。"

（据《周书》及《宋书·礼志》）

隋代服制

皇帝：皇帝服饰有大裘冕、衮冕、通天冠、远游冠、武弁服、弁服等。大裘冕制与汉六冕同，前圆后方。青表朱里，不施旒纩，不通于下。大裘之服，以羔正黑者为之，取同色缯以为领袖。其裳用缥，而无章饰，绛韠赤舄。凡祀园丘、封禅、五郊、明堂等皆服之。衮冕之服，玄衣缥裳，合九章为十二等。白纱内单，革带，白玉双佩，大小绶。朱韠赤舄，舄饰以金。宗庙、社稷、朝日、夕月、遣将授律、征还饮玉、纳后、正冬受朝、临轩拜爵等皆服之。通天冠高九寸，黑介帻,金博山。绛纱袍,深衣制。白纱内单,绛纱蔽膝。方心曲领,此制不通于下,独天子元会临轩、元冬飨会、诸祭还则服之。远游冠五梁,金博山,九首,施珠翠,黑介帻,金缘、白纱单衣,裙襦,乌皮履,拜山陵则服之。武弁之服为金博山,衣、裳、绶如通天之服。讲武、出征、四时搜(春猎为搜)狩、大射、纂严等皆之。弁服,十二琪,衣袴褶,宴接宾客时着白纱高屋帽,练裙襦服,乌皮履。举哀临丧则服白纱单衣,承以裙襦,乌皮履。

后妃命妇: 皇后服饰有祎衣、鞠衣、青服、朱服等四种,祎衣,深青质,织成领袖,文以翚翟,五采重行,十二等。首饰花十二钿,小花毦十二树,两博鬓。蔽膝、白玉佩,大带、青韈青舄以金饰。祭及朝会,凡大事皆服之。鞠衣,黄罗为质,小花十二树。蔽膝、革带及舄随衣色。亲蚕服之。青服,去花,大带及佩绶,金饰履,礼见天子则服之。朱服制如青服,宴见宾客则服之。三妃褕翟之衣,首饰花九钿,二博鬓,紫绶、佩玉。九嫔服阙翟之衣,首饰花八钿。侯伯夫人,三品命妇,绣文七章,首饰花七钿。子夫人,四品命妇服阙翟之衣,刻赤绘为翟,缀于服上,以为六章,首饰花六钿。男夫人、五品命妇五章,首饰花五钿。

诸王、文武百官: 诸王百官服饰。衮冕:青珠九旒,服九章。王、国公、开国公初受册,入朝、祭、亲迎等则服之。鷩冕:侯八旒,伯七旒,服七章,受册、入朝、祭、亲迎服之。毳冕:子六旒,男五旒,服五章。绣冕:三品七旒,四品六旒,五品五旒,正三品以下,从五品以上,助祭服之。自王公以下服章,皆绣为之。祭服冕,皆簪导、青纩充耳。玄衣缥裳,赤舄。从九品以上,爵弁,玄缨无旒,玄衣缥裳无章,助祭服之。弁服:自天子以下,内外九品以上,朱衣裳,素革带,乌皮履,为公服,弁皆乌漆纱为之,象牙簪等。五品以上以鹿胎为弁,犀簪导,加玉琪之饰,一品九琪,二品八琪,三品七琪,四品六琪,五品五琪,六品以下无琪。着袴褶,五品以上紫,六品以下绛,宿卫及在仗内,加两裆,螣蛇绛褠衣,惟文官服之。诸武职及侍臣通服武弁,平巾帻。侍臣加金珰附蝉,以貂为饰,诸王服远游三梁冠,黑介帻。文官服进贤冠,黑介帻,三品以上三梁,四品五品两梁,流内九品以上一梁。法官服獬豸冠。谒者服高山冠。左右卫、左右武卫、左右武侯大将军、领左右大将军,服武弁、绛朝服。侍从服平巾帻,紫衫,大口袴褶,金玟珝装裲裆甲。

(据《隋书·礼仪志》)

唐代服制

皇帝: 皇帝服饰,有大裘冕、衮冕、鷩冕、毳冕、绣冕、玄冕、通天冠、武弁、黑介帻、白纱帽、平巾帻、白帢等。凡祀天神地祇则服大裘冕;无旒,玄裘缥里,朱裳,朱韈赤舄。践阼、征还、遣将、纳后、元日受朝贺等服衮冕;深青衣,缥裳。有事远主服鷩冕;深青衣,缥裳。祭海岳服毳冕。祭社稷、飨先农服绣冕。蜡祭百神、朝日、夕月玄冕。冬至受朝贺、祭还、燕群臣等服通天冠,绛纱袍。讲武、出征、搜

狩大射、赏祖等服武弁。朔日受朝服弁服,绛纱衣,素裳。拜陵服黑介帻,白纱单衣,白裙襦。视朝、听讼、宴见宾客服白纱帽,白裙襦。乘马时,服平巾帻,紫褶白袴,临丧服白帢、白纱单衣。又有常服之制:赤黄袍衫,折上头巾,九环带,六合靴。自贞观之后,非元日冬至受朝及大祭祀,皆穿常服。太宗又制翼善冠,朔望视朝,以常服及帛裙襦通着之。若服袴夸褶,又与平巾帻通用。后大裘冕、白帢、翼善冠等相继被废,朝拜五陵,只素服而已,朔望常朝,只用常服。

皇后: 皇后服饰有祎衣、鞠衣、钿钗褆衣等。祎衣:首饰花十二树,两博鬓。深青衣、织翚翟文。素纱中单。青韈舄。受册、助祭、朝会诸大事则服之。鞠衣:黄罗为之,唯无雉,亲蚕服之。钿钗褆衣,十二钿,杂色衣,宴见宾客则服之。

群臣百官: 群臣服饰,有冕服、朝服、公服、常服等。凡助祭、亲迎、私家祭祀皆服冕服:一品衮冕,九旒,青衣缥裳,九章;二品鷩冕,八旒,七章;三品毳冕,七旒,五章;四品绣冕,六旒,三章;五品玄冕,五旒,一章;六品以下九品以上服爵弁,无旒,只青衣缥裳。朝服及公服:诸王戴远游三梁冠;文官朝参、三老五更戴进贤冠;三品以上进贤冠三梁,五品以上两梁,九品以上一梁。御史大夫、中丞、御史戴法冠。内侍省内谒者及亲王司阁戴高山冠。亭长、门仆戴却非冠。武官朝参、殿庭武舞郎等则服武弁。诸臣朝服,除冠帻之外,一品至五品,服绛纱单衣、白裙襦、革带、钩䚢、假带、曲领方心、绛纱蔽膝、剑、珮、绶等。七品以上,去剑、珮、绶。凡陪祭、朝飨、拜表大事则之。公服,一至五品,服绛纱单衣、白裙襦、革带、钩䚢、假带、方心、纷、鞶囊等,六品以下去纷及鞶囊。凡谒见东宫及余公事则服之。常服,三品以上,大科绸绫及罗,其色紫,饰用玉。五品以上,小科绸绫及罗,其色朱,饰用金。六品以上,服丝布,杂小绫,交梭,双钏,其色黄。六品服用绿,饰以银。八、九品服用青,饰以输石。勋官之服,随其品而加佩刀、砺、纷、帨等。上元元年(674),更定:文武三品以上服紫,四品深绯,五品浅绯,六品深绿,七品浅绿,八品深青,九品浅青。

命妇: 命妇服饰,有翟衣、钿钗礼衣、礼衣、公服、花钗礼服及大袖连裳等。翟衣,内外命妇受册、从蚕,内命妇朝会,外命妇大朝会服之。青质,绣翟,施两博鬓,饰以宝钿。一品翟九等,花钗九树;二品翟八等,花钗八树;三品翟七等,花钗七树;四品翟六等,花钗六树;五品翟五等,花钗五树,宝钿视花树之数。钿钗礼衣,内命妇常参,外命妇朝参、辞见、礼会服之。礼衣,六尚、宝林、御女、采女、女官七品以上大事服之。公服,寻常供奉服之。花钗礼衣,亲王纳妃所给之服,大袖连裳,六品以下妻、九品以上女嫁服之。妇人燕服则视其夫品色。

士庶: 士庶服饰:国子、太学、四门学生参见服黑介帻、深衣革带等。未冠者则双童髻,空顶黑介帻,无革带。书算学生、州县学生则乌纱帽、白裙襦。诸外官拜表受诏

皆服。其余公事则公服。诸州大中正,进贤一梁冠,绛纱公服,若有本品者,依本品参朝服之。诸州县佐史、乡正、里正等并介帻、绛裤衣。自外及民任杂掌无官品者,皆平巾帻、绯衫、大口袴,朝集从事则服之。庶人成婚,许假绛公服。武德初年,定庶人常服紬绢绝布,色用黄白,饰以铁、铜。贞观朝令庶人服缺胯衫,袍服下加襕,色以白。庶人妻女不得服绫、罗、縠及五色线靴、履。

（据《唐会要》及《旧唐书·舆服志》、《新唐书·车服志》）

宋代服制

皇帝：皇帝服饰,有大裘冕、衮冕、通天冠服、履袍、衫袍、窄袍及御阅服等。大裘,青表纁里,黑羔皮为领、褾、襈,朱裳,被以衮服。冬至祀昊天上帝服之,立冬祀黑帝、立冬后祭神州地亦如之。衮冕,前后十二旒。衮服青色,七章,红裙五章、白罗中单、金龙凤革带、红鞓赤舄,祭天地宗庙、朝太清宫、受册尊号、元日受朝等服之。通天冠,二十四梁,加金博山,绛纱袍以织成云龙红金条纱为之。绛纱裙,皂褾襈,白罗方心曲领,白袜黑舄,正旦、冬至、五日朔大朝会、大册命则服之。衫袍,赭黄、淡黄袍衫、玉装红束带,皂文靴,大宴服之。又有赭黄、淡黄襕袍,红衫袍,常朝则服之。窄袍、皂纱折上巾,或窄袍、乌纱帽,通犀金玉环带,便坐视事则服之。御阅服,以金装甲,乘马大阅时服之。

后妃：后妃之服,有祎衣、朱衣、礼衣、鞠衣。皇后首饰花十二株,小花如大花之数,并两博鬓。冠饰九龙四凤。妃首饰花九株,小花同,并两博鬓,冠饰九翟、四凤。祎衣,深青,翟文赤质,五色十二等。青纱中单,黼领,罗縠褾襈,青袜,舄加金饰,受册、朝谒景灵官服之。鞠衣,黄罗为之,蔽膝、大带、革舄随衣色,余同祎衣,无翟文。亲蚕服之。（朱衣、礼衣史记不详。）另有褕翟,青罗为之,似为妃受册服之。

诸臣百官：诸臣百官服饰,有祭服、朝服、公服等。祭服有以下几等：九旒冕,涂金银花额,犀、玳瑁簪导,青罗衣绣五章,绯罗裳绣四章,绯蔽膝绣二章,绯罗袜履;亲王、中书门下奉祀服之。其冕无额花者,玄衣纁裳,三公奉祀服之。七旒冕,犀角簪导,衣画三章,裳画二章,九卿奉祀则服之。五旒冕,青罗衣裳无章,四、五品献官则服之,六品以下紫檀衣,朱裳,御史、博士则服之。平冕无旒,青衣纁裳,太祝奉礼则服之。另有各种佩绶之制,各视其品服之。朝服之冠有三种：一曰进贤冠,二曰貂蝉冠,三曰獬豸冠。进贤冠,以冠上梁数分等第,涂金银花额,犀、玳瑁簪导,立笔。有五梁、四梁、三梁、二梁等,衣以绯罗袍,白花罗中单,绯罗裙,绯罗蔽膝,并皂褾襈,白罗大带,白罗方心曲领,白绫袜,皂皮履,各按品级服之。中书门下,在冠上加笼巾貂蝉,故又谓貂蝉冠。獬豸冠,冠有獬豸角,衣有中单,御史服之。元丰二年,定百官冠服之制。废弃隋唐以来依品级定冠绶的方法,以官职决定服饰,使之名实相符。

官职共分七级,冠绶也分七等。一等,貂蝉笼巾七梁冠,天下乐晕锦绶;二等,七梁冠,杂花晕锦绶;三等,六梁冠,方胜宜男锦绶;四等,五梁冠,翠毛锦绶;五等,四梁冠,簇四雕锦绶;六等,三梁冠,黄狮子锦绶;七等,二梁冠,方胜练鹊锦绶。各按官级佩服。百官公服,又叫从省服,宋代也称常服。宋因唐制,三品以上服紫,五品以上服朱,七品以上服绿,九品以上服青。其制,曲领大袖,下施横襕。束以革带,幞头,乌皮靴。自王公至一命之士,通服之。（到元丰间改四品以上服紫,六品以上服绯,九品以上服绿。凡服紫、绯者皆佩金、银鱼,谓之章服。鱼袋系于带而垂于后,以明贵贱。）

命妇：命妇服饰,戴花钗冠,皆施两博鬓,宝钿饰。青罗翟衣,绣翟,编次于衣裳。一品花钗九株,翟九等;二品花钗八株,翟八等;三品花钗七株,翟七等;四品花钗六株,翟六等;五品花钗五株,翟五等。素纱中单,黼领,朱褾襈,通用罗縠,蔽膝随裳色,以缬为领缘,加文绣重雉,为章二等。大带、革带、青韈、青舄。各有佩、绶。凡受册、从蚕则服之。

士大夫：士大夫之服,初期没有定制。中兴以后规定：凡士大夫家祭祀、冠婚,则具盛服。有官者幞头、带、靴、笏。进士则幞头、襕衫、带。处士则幞头、皂衫、带。无官者通用帽子、衫、带;如不能具,则或深衣,或凉衫。妇人则假髻、大衣、长裙。女子在室者冠子、背子。众妾则假紒、背子。

其他：宋代服制,除上述规定外,还有如下禁例：初制,定庶人、商贾、伎术、不系官伶人只许服皂、白衣、铁、角带,不得服紫。幞头巾子,高不过二寸五分。妇人假髻,不得作高髻及高冠。大中祥符八年(1015),定内廷自中宫以下,不得以销金、贴金、间金、戗金、圈金、解金、剔金、陷金、明金、泥金、楞金、背影金、盘金、织金、金线拈丝等装饰之服,并不得以金为饰。天圣三年(1025),令在京士庶,不得衣黑褐地白花衣服并蓝、黄、紫地撮晕花样。妇女不得以白色、褐色毛段及淡褐色匹帛制造衣服,但出入乘骑,在路披毛褐以御风尘者,不在禁限。景祐元年(1034),禁臣庶之家采捕鹿胎制造冠子。非命妇之家,不得以真珠装缀首饰、衣服及项珠、璎珞、耳坠、头𢄦、抹子之类。

（据《宋史·舆服志》）

辽代服制

皇帝：皇帝服饰,分别有国服及汉服两种。国服又有祭服、朝服、公服、常服及田猎服等。祭服：大祀服金文金冠,白绫袍,红带,悬鱼,络缝乌靴。小祀戴硬帽,服红克丝龟文袍。朝服：用实里薛衮冠,络缝红袍,络缝靴,谓之国服衮冕。公服：戴紫皂幅巾,紫窄袍,玉束带,或衣红袄。常服：服绿花窄袍,或披紫黑貂裘。田猎服：裹幅巾,擐甲戎装,以貂鼠或鹅项、鸭头为杆腰。汉服也有祭服、朝服、公服、常服之分。祭服：服衮冕,金饰,白珠十二旒。玄衣纁裳。绣十二章,龙山以下,每章一行,行十二。舄加金饰。朝服:通天冠,绛纱袍,白裙襦,绛蔽膝,白缎带方心曲领。公服:戴翼善冠,穿柘黄袍,九环带,白练裙襦,六合靴。常服:裹折上头巾,穿柘黄袍衫,九环带,六合靴。

皇后:皇后服饰,只定有小祀之服,戴红帕,服络缝红袍,悬玉佩,络缝乌靴。

百官:百官服饰,也有朝服、公服、常服等制,其中又分国服、汉服两种。朝班,北班戴毡冠,金花为饰,或加珠玉翠毛,额后垂金花,织成夹带,中贮发一总;或纱冠,制如乌纱帽,无檐,不掩双耳,额前缀金花。服紫窄袍。南班二品以上,戴远游冠,三梁;三品至九品,俱戴进贤冠,以冠上梁数分别等差:三品三梁,宝饰;四品至五品二梁,金饰;六品至九品一梁,无饰。所穿服装,皆绛纱单衣,白裙襦。公服:北班臣僚俱用幅巾,紫衣。南北官员,皆冠帻缨,簪导,服绛纱单衣,白裙襦。常服:北班臣僚作为便衣(俗称"盘裹"),服绿花窄袍,中单多红绿色,贵者披貂裘,以紫黑色为贵,青次之。又有银鼠,尤洁白。贱者貂毛、羊、鼠、沙狐裘。南班官员,俱带幞头。五品以上紫袍,牙笏,金玉带;六品七品绯衣,木笏,银带;八品、九品绿袍,鍮石带,靴同。

其他:服饰禁例:开泰七年(1018)禁止服用明金、镂金、贴金。太平五年(1025)禁天下用明金及金线绮。国亲当服者奏而后用。清宁元年(1055)诏:非勋戚职事人等不得服冠巾。奴贱不得服馲駞尼水獭裘。

　　　　　　　　　　　　(据《辽史·仪卫志》)

金代服制

皇帝:皇帝服饰,大祭祀、加尊号、受册宝服衮冕。行幸、斋戒出宫或御正殿,服通天冠、绛纱袍。亲朝之服:淡黄袍,乌犀带。常服则服小帽,红襕,偏带或束带。

皇后:皇后冠服:花株冠,用盛子一,青罗表,九龙四凤,前后有花株各十二,及鹦鹉、孔雀、云鹤、王母仙人队,浮动插瓣等,两博鬓。袆衣:深青罗织成翚翟之形,素质,十二等,领、褾、襈并红罗织成云龙,裳八副,深青罗织成翟文六等,褾、襈织成红罗云龙,明金带腰。舄以青罗,如意头。

臣下百官:臣下百官服饰,有朝服、祭服及公服等。凡导驾及行大礼,文武百官皆服朝服:绯罗大袖,绯罗裙。一、二品七梁冠,一品冠加貂蝉笼巾;四品五梁;五品四梁;六、七品三梁。祭服,冠如朝服,但去貂蝉、竖笔。服用青衣,朱裳。公服,五品以上服紫,六、七品服绯,八、九品绿。纹饰:一品官以上服大独科花,径五寸;二、三品服散搭花,径一寸半;四、五品小杂花,径一寸;六、七品服芝麻罗;八、九品无纹罗。武官皆服紫,凡散官、职事皆从一高。上得兼下,下不得僭上。大定十五年(1175),命文资官公服皆加襕。

庶民:庶人只许服䌷绸、绢布、毛褐、花纱、云纹素罗、丝棉,其头巾、系腰、领帕许用芝麻罗。奴婢妇人首饰,不

许用珠翠钿子等物,翠毛除许装饰花环冠子,余外并禁。

　　　　　　　　　　　　(据《金史·舆服志》)

元代服制

皇帝:皇帝祭祀服冕服,衮冕制以漆纱。前后各十二旒。衮龙服,制以青罗,饰以生色销金,帝星一、日一、月一、升龙四、复身龙四、山三十八、火四十八、华虫四十八、虎蜼四十八。裳,制以白纱,状如裙,饰文绣十六行,每行藻二、粉米一、黼二、黻二。白纱中单,绛缘。红罗靴、高鞾。红绫韈。履,制以纳石失,有双耳,带钩,饰以珠。皇帝质孙,冬服有十一等。如服大红、桃红、紫蓝、绿宝里,则冠七宝重顶冠。服红黄粉皮,则冠红金答子暖帽等等。夏之服有十五等,服答纳都纳石失(缀大珠于金锦),则冠宝顶金凤钹笠,服速不都纳石失(缀小珠于金锦),则冠珠子卷云冠等。

百官:百官公服,制以罗,大袖,盘领,俱右衽。一至五品紫色,六、七品绯,八、九品绿。戴展角漆纱幞头。百官质孙,冬之服有九等:大红纳石失一,(金锦)大红怯绵里一,(翠茸)大红官素一,桃红、蓝、绿官素各一,紫、黄、鸦青各一。夏衣服有十四等:素纳石失一,聚线宝里纳石失一,枣褐浑金间丝蛤珠、大红官素带宝里、大红明珠答子各一,桃红、蓝、绿、银褐各一,高丽鸦青云袖罗一,驼褐、茜红、白毛子各一,鸦青官素带宝里一。

庶民:庶人服饰,不得服赭黄,只许服暗花纻丝绸绫罗毛毳。帽笠不许饰用金玉,靴不得裁制花样。首饰许用翠花,并金钗镯各一,耳环用金珠碧甸,余并用银。

其他:延祐元年(1314),定服色等第。职官不得服龙凤纹。一、二品服浑金花,三品服金答子,四、五品服云袖带襕,六、七品服六花,八、九品服四花。命妇衣服,一至三品服浑金,四、五品服金答子,六品以下惟服销金,并金纱答子。首饰,一至三品许用金珠宝玉,四、五品用金玉珍珠,六品以下用金,惟耳环用珠玉。

　　　　　　　　　　　　(据《元史·舆服志》)

明代服制

皇帝:皇帝服饰有冕服、通天冠服、皮弁服、武弁服、常服等。洪武十六年(1383)定衮冕之制。冕,前圆后方、玄表纁里,前后各十二旒。衮,玄衣黄裳,绣十二章。蔽膝随裳色。黄韈,黄舄金饰。二十六年(1393)更定,衮冕十二章,衮,玄衣纁裳,红罗蔽膝,朱韈赤舄。凡祭天地、宗庙、社稷、先农、册拜及正旦、冬至、圣节等服之。洪武元年(1368),定通天冠服,通天冠加金博山,附蝉十二,首施珠翠。绛纱袍,深衣制。绛纱蔽膝,方心曲领,白韈,赤舄。凡郊庙、省牲、皇太子诸王冠婚、醮戒等服之。洪武二十六年定皮弁服制。皮弁,用乌纱蒙之,前后各十二缝,每缝缀五彩玉十二以为饰,服绛纱衣,蔽膝随衣色,白韈黑舄。凡朔望视朝、降诏、降香、进表、四夷朝贡、外官朝觐、策士传

胪等皆服之。明初武弁赤色,弁上锐,十二缝,中缀五彩玉,落落如星状。韎衣、韎裳、韎韐,俱赤色,赤舄。凡亲征遣将服之,洪武三年(1370)定常服制。常服亦名翼善冠,乌纱折上巾,盘领窄袖黄袍,前后及两肩各织金盘龙一,玉带皮鞾。洪武二十四年(1391)始常服网巾。

皇后:皇后服饰有礼服、常服等。洪武三年定皇后冠服。礼服为翡翠圆冠,上饰九翠龙,四金凤,大小珠花各十二树,四博鬓,十二钿。袆衣,深青绘翟赤质,五色十二等,间以小轮花。蔽膝随衣色。青韈、舄以金饰。凡受册、谒庙、朝会,服礼服。常服按洪武三年定,双凤翊龙冠,首饰,钏镯用金玉、珠宝、翡翠。诸色团衫,金绣龙凤文,金玉带。四年(1371)更定,龙凤珠翠冠,真红大袖衣霞帔,红罗长裙,红褙子。冠上加龙凤饰,衣用织金龙凤文,加绣饰。永乐三年(1405)更定,冠用皂縠,附以翠博山,上饰金龙一,翊以珠。黄衫,深青霞帔,织金云霞龙文,饰以珠玉坠子,琢龙文。褙子,深青,金绣团龙文。红色鞠衣,前后织金云龙文,饰以珠。

妃、嫔、内命妇:妃、嫔及内命妇冠服,洪武三年定:皇妃受册、助祭、朝会服礼服。冠饰九翚、四凤,花钗九树,小花数如之。两博鬓,九钿。青质翟衣,青纱中单,玉革带,青韈舄。常服为鸾凤冠。诸色团衫,金绣鸾凤(不用黄)。金、玉、犀带。又定,山松特髻,假鬓花钿,或花钗凤冠。真红大袖衣,霞帔,红罗裙,褙子,衣用织金及绣凤文。九嫔冠服,嘉靖十年(1531)始定冠用九翟,次皇妃之凤。大衫、鞠衣与皇妃制同。内命妇冠服,洪武五年(1372)定,三品以上花钗、翟衣,四品、五品山松特鬓,大衫为礼服。贵人视三品,以皇妃燕居冠及大衫、霞帔为礼服,以珠翠庆云冠,鞠衣、褙子、缘襈袄裙为常服。

文武官员:文武官服饰有朝服、祭服、公服、常服等。洪武二十六年定:朝服俱用梁冠,赤罗衣,白纱中单,青饰领缘,赤罗裳,青缘,赤罗蔽膝,革带佩绶,白韈黑履。一品至九品,以冠上梁数为等差。凡大祀、庆成、正旦、冬至、圣节及颁诏、开读、进表,传制皆服之。洪武二十六年定祭服,一品至九品,青衣,白纱中单,俱皂领缘。赤罗裳,皂缘。赤罗蔽膝。方心曲领。冠带、佩绶与朝服同。凡亲祀郊庙、社稷则服之。同年定各品级公服的颜色和花纹。幞头有漆、纱二等,展角长一尺二寸。腰带一品用玉;二品犀;三品四品金荔枝;五品以下乌角。青革鞓,皂鞾。每日早晚朝奏事及待班、谢恩、见辞则服之。在外文武官,每日公座则服之。文武官常服,洪武三年定:凡常朝视事,以乌纱帽、团领衫、束带为公服。凡致仕及侍亲辞闲官,纱帽、束带。洪武二十四年定:公、侯、驸马、伯服,绣麒麟,白泽;其余文武官员,各按品级服用补子。

命妇:命妇服饰,洪武元年定朝服,冠花钗,一品九树,二品八树,三品七树,四品六树,五品五树,六品四树,七品三树。服用翟衣,绣翟数不等。自一品至五品,衣色随夫用紫;六品、七品,衣色随夫用绯。洪武四年更定,外命妇不当服翟以朝,则以山松特髻、假鬓花钿、真红大袖衣、珠翠蹙金霞帔为朝服。以朱翠角冠、金珠花钗、阔袖杂色绿缘,为燕居之服。洪武二十六年又定:一品冠用金事件,珠翟五,金翟二,二品至四品冠用金事件,珠翟四,二金翟。一品二品霞帔、褙子俱云霞翟文,钑花金坠子。三品四品霞帔、褙子俱云霞孔雀文,钑花金坠子。五品六品冠用抹金银事件,珠翟三,抹金银翟二。霞帔、褙子,五品云霞鸳鸯文,镀金钑花银坠子;六品云霞练鹊文、钑花银坠子。七品至九品冠用抹金银事件,珠翟二,抹金银翟二,七品霞帔、褙子、坠子与六品同,八品九品霞帔用绣缠枝花,坠子与七品同,褙子绣摘枝团花。

士庶:士庶服饰,亦有定制。初,庶人婚嫁,许服九品冠服。洪武三年,改四带巾为四方平定巾,穿杂色盘领衣,不许用黄。二十二年(1389)令农夫戴斗笠、蒲笠,出入市井不禁。

其他:明代服制,除上述规定外,还有以下禁例:

凡职官衣料,一、二品用杂色文绮、绫罗,彩绣。帽顶、帽珠用玉。三至五品用杂色文绮、绫罗。帽顶用金,帽珠除玉外,随可用。六至九品用杂色文绮、绫罗。帽顶用银、帽珠玛瑙、水晶、香木。官吏衣服、帐幔,不许用金、黄、紫三色,不许织绣龙凤纹。朝见人员四时并用色衣,不得用纯素。天顺二年(1458)又定官民服饰,不许服蟒龙、飞鱼、斗牛、大鹏、像生狮子、四宝相花、大西番莲、大云等花样。黑、绿、柳黄、姜黄、明黄诸色也在被禁之列。民间男女,不能僭用金绣、锦绮、纻丝、绫罗,只许服绸、绢、素纱,不得用大红、鸦青及黄色。其靴不得裁制花样、不得用金绒装饰。首饰、钗、镯不许用金玉、珠翠,只得用银。庶人巾环不得用金玉、玛瑙、珊瑚、琥珀。庶人帽不得用顶,顶珠只许水晶、香木。农夫可用细、纱、绢、布,商贾只准衣绢、布等。洪武二十五年(1392),定民间不许穿靴,只许穿皮札鞡,惟北地寒苦,可用直缝靴。

(据《明会典》及《明史·舆服志》)

清代服制

皇帝:皇帝服饰,有朝服、吉服、常服、行服等。朝服,冠分两式:皇帝朝冠,冬用薰貂,黑狐,夏织玉草、藤竹丝,上缀朱纬。顶三层,贯东珠各一,皆承金龙四,饰东珠如其数,上衔大珍珠一。朝服色用明黄,惟祀天用蓝,朝日用红,夕月用白。两肩前后正龙各一,腰帷行龙五,衽正龙一,襞积前后团龙各九,裳正龙二,行龙四,披领行龙二,袖端正龙各一,列十二章。龙袍色用明黄,绣文金龙九,列十二章。间以五色云。吉服冠,冬用海龙、薰貂、紫貂。夏织玉草或藤竹丝,红纱绸里,石青片金缘。上缀朱纬,顶满花金座,上衔大珍珠一。吉服穿龙袍,色用明黄,领袖俱用石青,片金缘。绣纹金龙九,列十二章,间以五色云,下幅八宝立水。常服冠,制如吉服,唯顶用红绒结。常服褂,色及花纹随所用。行服,冠亦二式:冬用黑狐或黑羊皮,式如常服冠。夏以藤或竹丝为之,红纱裹缘,上缀朱牦。顶及梁皆黄色,前缀真珠一。行袍,制同常服褂,长减十之一,右裾短一尺。色彩花纹随所用。行褂,色用石青,长与坐齐,袖长及肘。另有朝珠、朝带、衮服、端罩等制。

皇后：皇后服饰，有朝冠、朝褂、朝袍、朝裙及吉服冠、龙褂、龙袍等。朝冠，冬用薰貂，夏以青绒为之。上缀朱纬，顶三层，贯东珠各一，皆承以金凤，饰东珠各三，珍珠各十七，上衔大东珠一。朱纬上周缀金凤、珠宝。冠后护领垂明黄条二，末缀宝石。朝褂，制有三式，俱用石青片金缘。绣纹皆用龙，或正龙，或飞龙，中施襞积（其中有一式不用襞积），下幅或用行龙，或织纹为八宝平水及万福万寿。朝袍，制有五式，皆用明黄色，上织龙纹。朝裙，质以红色织金寿字缎，夏用纱，边饰片金缘或海龙缘。吉服冠，质以薰貂，上缀朱纬，顶用东珠。龙褂，俱石青色，片金缘，绣五爪金龙八团。龙袍，色用明黄，或绣金龙九条，或绣金龙八团。另有金约、领约、耳饰、朝珠、采帨等饰物。

文武官员：文武品官服饰，有朝冠、吉服冠、端罩、补服、朝服、蟒袍等。其服制等差，视其冠帽顶子、蟒袍以及补服纹饰而分别。吉服冠顶大抵与朝冠同制。冠后又拖一孔雀翎子，有单、双、三眼之分。无眼之翎曰蓝翎，其制：六品以下用蓝翎，五品以上用花翎，双眼者，则奉特赏；三眼只贝子可戴。百官蟒袍，蓝及石青诸色随所用，一品至三品，绣五爪九蟒。四品至六品，绣四爪八蟒。七品至九品绣四爪五蟒。自亲王以下，均有补服，其色用石青，胸前背后各缀补子。上绣纹样，文以禽，武以兽。贝子以上皇亲，补子用圆形，绣龙蟒，其余皆方型。文官五品、武官四品以上及科道、侍卫等，均得悬挂朝珠，以杂宝及诸香为之。

命妇：命妇服饰各依其夫。另有金约、领约、采帨、朝裙、朝珠等制度，各按其品。

士庶：士庶公服，状元顶戴视六品，服均如常制。举人、官生、贡生、监生冠带视八品，服皂绘缘青。生员冠带视九品，服青绘缘皂。

其他：清代服饰，除以上制度之外，另有如下规定：凡五爪龙缎、立龙缎等官民均不得服用，如有特赐者，亦应挑去一爪穿用。军民人等一律不得以蟒缎、妆缎、金花缎、片金、倭缎、貂皮、猞猁狲等为服饰。八品以下官员不得服黄色、香色、米色及秋香色。奴仆、伶人、皂隶只准服茧绸、毛褐、葛布、棱布、貉皮及羊皮。

（据《大清会典》及《清史稿·舆服志》）

太平天国服制

天王：天王服饰，有朝帽、风帽、凉帽、帽额、龙袍、马褂等。朝帽又名角帽，也称金冠。形如圆规纱帽式，上缀双龙双凤，凤嘴左右向下，衔穿珠黄缨二挂。冠后翘立二金翅。凡喜庆、朝会则戴之。风帽，以黄缎制成，所绣纹样如角帽。为秋冬平常所戴。帽额，形如扇面，带时附于角帽、风帽之前，也绣双龙双凤，中留方格一块，凿金为"天王"二字。凉帽，以竹片编成，帽上饰物如朝帽，为天王夏日所戴。又有黄缎袍，绣九条金龙。黄马褂，绣八团金龙，正中

一团绣双龙，并绣"天王"二字于团内。龙袍及马褂，同属天王朝服。

诸王将官：诸王将官服饰，规制与天王略同，唯所用质料及纹样与天王服饰不一。角帽，用兜鍪式，或用无翅纱帽式。按爵职分别缀有龙凤、狮虎、麒麟、豹、熊、彪、犀等纹样。风帽、凉帽上的饰物与角帽相同。帽额则绣龙凤、百蝶、百蝠及彩云花卉，中留空格，各标其职。朝服亦有二式，一为长袍，一为马褂。袍用圆领，下长至足，袖口宽大平直。诸王黄缎袍，上织龙，下织水，天王九龙，东王八龙，北王七龙，翼王六龙，……检点黄袍素而不绣，指挥至两司马皆素红袍。马褂也分红黄二色，王侯绣团龙，东王八团，北、翼、燕、豫诸王四团，侯至指挥二团，将军至监军黄马褂不绣龙，只绣牡丹二团，卒长、两司马红马褂不绣花，前后刷印二团。各种马褂皆列职衔于前面团内，或写或绣，分金、红、黑三色。

兵士：兵士平时只准扎巾，不准戴冠。打仗时需穿号衣、戴号帽。其号帽用柳藤编成，上绘五色花朵和彩云，并留粉白圈四，分写太平天国四字。其号衣为半臂式，以各种特定颜色的阔边钉在号衣边上作为部队标志。另缀长宽各五寸黄布一方，缝于号衣胸背正中，前书"太平"二字，后书"圣兵"或"某军圣兵"。后方馆衙号衣，背后须标明"某衙听使"。

〔据《贼情汇纂》（引自《中国历代服饰》）〕

唐、宋、元、明、清品官章服简表

唐 代

官品	服色	带	冠	鱼袋	笏	附注
一品	紫	金玉带十三銙			象笏	三品以上服紫
二品	紫	同一品			象笏	
三品	紫	同一品	三品以上三梁冠		象笏	
四品	深绯	金带十一銙			象笏	四、五品服绯
五品	浅绯	金带十銙	五品以上两梁冠	京官五品以上佩鱼袋	象笏	
六品	深绿	银带九銙			竹木笏	六、七品服绿
七品	浅绿	同六品			竹木笏	
八品	深青	输石带九銙			竹木笏	八、九品服青
九品	浅青	同八品	九品以上一梁冠		竹木笏	
庶人	白	黄铜铁带七銙		无	无	庶人无品,服白衣,称"白衣"、"白丁"

[注]:
1. 本表据《旧唐书·舆服志》、《新唐书·车服志》、《唐会要》。
2. 有的记载说,一、二品用金带,三～六品用犀带,七～九品用银带,庶人用铁带。
3. 武则天延载元年(694)规定,文武三品以上服绣袍,所绣纹饰:

    诸王——盘龙、鹿。

    宰相——凤池。

    尚书——对雁。

    十六卫将军——各卫不同,绣有麒麟、虎、鹰、牛、鹘、狮子、豸等,且绣文字于衣上。
4. 睿宗文明元年(684)规定,八品以下,服青者改为碧。
5. 服色以本人所得散官之品级为准,不以现任之职事官为据。
6. 唐代五品以上赐佩银鱼袋。三品以上赐佩金鱼袋。武则天时改佩龟袋,以后又改为佩鱼袋。

宋 代

品级	服色	冠	带	鱼袋	笏
一品	紫	七梁冠	玉带	金鱼袋	象笏
二品	紫	六梁冠	玉带	金鱼袋	象笏
三品	紫	五梁冠	玉带	金鱼袋	象笏
四品	紫	五梁冠	金带	金鱼袋	象笏
五品	绯	五梁冠	金涂银带	银鱼袋	象笏
六品	绯	四梁冠	金涂银带	银鱼袋	象笏
七品	绿	三梁冠	黑银及犀角带	七品以下无	木笏
八品	绿	三梁冠	黑银及犀角带	七品以下无	木笏
九品	绿	二梁冠	黑银及犀角带	七品以下无	木笏
庶人	皂、白	帽	铁角带	无	无

[注]:
1. 本表据《宋史·舆服志》。
2. 宋初品官服色,一如唐制。上表为神宗元丰年间规定,南宋沿用。
3. 宋制,凡服绿、服绯20年者,历任无过,许磨勘改授章服。
4. 宋制,外官有借绯(如通判)、借紫(知州、监司)之例。"借"即在任此职时可暂时服用。
5. 御史大夫、中丞;刑部尚书、侍郎;大理卿、少卿等为执法之官,并冠獬豸冠,服青荷莲绶,以表其特殊身份。
6. 《宋史·舆服志》所戴之品官服制,以官不以品,本表所列为大致比拟者。

元 代

品 级	服 色	绣 花
一 品	紫	紫大独科花,径五寸
二 品	紫	紫小独科花,径二寸
三 品	紫	散答花,无枝叶
四 品	紫	小杂花,径一寸五分
五 品	紫	小杂花,径一寸五分
六 品	绯	小杂花,径一寸
七 品	绯	小杂花,径一寸
八 品	绿	无花纹
九 品	绿	无花纹

[注]: 本表《据元史·百官志》及《舆服志》。

明 代

品 级	冠	带	绶	笏	服 色	刺 绣 纹 饰 文 官	武 官
一 品	七 梁	玉	云凤、四色	象 牙	绯	仙 鹤	狮 子
二 品	六 梁	犀	同一品	象 牙	绯	锦 鸡	狮 子
三 品	五 梁	金 花	云钑鹤	象 牙	绯	孔 雀	虎 豹
四 品	四 梁	素 金	同三品	象 牙	绯	云 雁	虎 豹
五 品	三 梁	银钑花	盘 雕	象 牙	青	白 鹇	熊
六 品	二 梁	素 银	练鹊、三色	槐 木	青	鹭 鸶	彪
七 品	二 梁	素 银	同六品	槐 木	青	鸂 鶒	彪
八 品	一 梁	乌 角	鸂鶒、二色	槐 木	绿	黄 鹂	犀 牛
九 品	一 梁	乌 角	同八品	槐 木	绿	鹌 鹑	海 马
未入流					与八品以下同	练 鹊	

[注]: 本表据《明史·舆服志》及《明会要》。

清 代

品 级	文 官 帽 饰	服饰(补服绣)	武 官 帽 饰	服饰(补服绣)
一 品	红宝石帽顶	仙 鹤	红宝石帽顶	麒 麟
二 品	珊瑚顶	锦 鸡	珊瑚顶	狮 子
三 品	蓝宝石顶	孔 雀	蓝宝石顶	豹
四 品	青金石顶	雁	青金石顶	虎
五 品	水晶顶	白 鹇	水晶顶	熊
六 品	砗磲顶	鸳 鸯	砗磲顶	彪
七 品	素金顶	鸂 鶒	素金顶	犀 牛
八 品	阴纹镂花金顶	鹌 鹑	阴纹镂花金顶	犀 牛
正九品	阳纹镂花金顶	练 雀	阳纹镂花金顶	海 马
从九品及未入流	阳纹镂花金顶	练 雀		

[注]: 1. 本表据《清会典》。
　　　 2. 王公百官之补服均石青色,朝服、蟒袍为石青色或蓝色。
　　　 3. 风宪官(监察执法之官)之补服绣獬豸(同宋、明之制)。

明清补子

明代文官补子

按图中所作补子,较之实物为简,惟从中能见明代职官补子的基本纹饰。

| 文一品　仙鹤补 | 文二品　锦鸡补 | 文三品　孔雀补 |

| 文四品　云雁补 | 文五品　白鹇补 | 文六品　鹭鸶补 |

| 文七品　鸂鶒补 | 文八品　黄鹂补 | 文九品　鹌鹑补 |

(引自《中国历代服饰》)

明代武官补子

武一品　　狮子补　　　　　武二品　　狮子补　　　　　武三品　　虎补

武四品　　豹补　　　　　　武五品　　熊补　　　　　　武六品　　彪补

武七品　　彪补　　　　　　武八品　　犀牛补　　　　　武九品　　海马补

(引自《中国历代服饰》)

清代文官服补子

文一品　仙鹤补　　　　　　　文二品　锦鸡补　　　　　　　文三品　孔雀补

文四品　雁补　　　　　　　文五品　白鹇补　　　　　　　文六品　鹭鸶补

文七品　鸂鶒补　　　　　　文八品　鹌鹑补　　　　　　文九品　练雀补

都御史　獬豸补

　　上面的补子较简单，实物要比它华丽得多，有闪金地蓝、绿深浅云纹，间以八宝、八吉祥纹样。四周加片金缘。如禽鸟大多用白色，兽类如豹则用橙黄的豹皮色等。

（据《大清会典图》）

清代武官补子

武一品　麒麟补　　　　　武二品　狮补　　　　　武三品　豹补

武四品　虎补　　　　　武五品　熊补　　　　　武六品　彪补

武七品 八品　犀补　　　　武九品　海马补　　　　亲王　五爪金龙补

从耕农官　彩云捧日补

（据《大清会典图》）

《大清会典图》中冠、服简表

	冬朝冠(顶)	夏朝冠(顶)	吉服冠(顶)	行冠;常服冠	补服(补子)	蟒　袍	
皇 帝	顶三层,贯东珠各一,上衔大珍珠	同　冬	顶满花金座,上衔大珍珠(夏如冬)	红绒结顶(夏黄色)			
皇 子	顶二层,东珠十,上衔红宝石	同　冬	红绒结顶(夏如冬)	如吉服冠	(龙褂)石青,五爪正面金龙四团	金黄色,九蟒	
亲 王	同皇子	同皇子	顶红宝石(夏同)	如吉服冠	五爪金龙四团,前后正龙,两肩行龙,石青(凡补服色皆如之)	蓝、石青色,九蟒	
亲王世子							
郡 王	东珠八,余如皇子	如　冬	同亲王(夏同)	郡王以下文武品官冬行冠	五爪行龙四团	蓝、石青色,九蟒	
贝 勒	东珠七,余如皇子	如　冬	同亲王(夏同)		四爪正蟒二团	蓝、石青色,九蟒四爪	
贝 子	东珠六,余如皇子	如　冬	红宝石(夏同)		五爪行蟒二团	同贝勒	戴三眼孔雀翎
镇国公	东珠五,余如皇子	如　冬	红宝石入八分公同(夏同)		四爪正蟒二方	贝子,固伦额驸,下至文武三品官、奉国将军,郡君额驸,一等侍卫蟒袍制同,贝勒以下民公以上曾赐五爪蟒者亦得用之	未入八分公珊瑚,戴双眼孔雀翎
辅国公	东珠四,余如皇子	如　冬	同镇国公(夏同)		同镇国公		同镇国公,戴双眼孔雀翎
镇国将军	同文一品	同　冬	顶珊瑚(夏同)		同武一品		
辅国将军	同文二品	如　冬	同文二品(夏同)		同武二品		
奉国将军	同武三品	如　冬	蓝宝石(夏同)		同武三品		
奉恩将军	上衔青金石	如　冬	青金石(夏同)		同武四品	同文四品	
固伦额驸	同贝子	同贝子	珊瑚(夏同)		同贝子	同贝勒	余同贝子
和硕额驸	同镇国公	同镇国公	同未入八分公(夏同)		同镇国公		同镇国公
郡主额驸	同文一品	同　冬	顶珊瑚(夏同)	吉服冠,顶翎各从其所得,郡王以下	同武一品		
县主额驸	同文二品	如　冬	同文二品(夏同)		同武二品		
郡君额驸	同武三品	如　冬	蓝宝石(夏同)		同武三品	同贝勒	
县君额驸	上衔青金石	如　冬	青金石(夏同)		同武四品	同文四品	
乡君额驸	上衔水晶	如　冬	水晶(夏同)		同武五品		
民 公	镂花金座,饰东珠四,上衔红宝石	如　冬	顶珊瑚(夏同)		同镇国公		
侯	东珠三,余如民公	如　冬	顶珊瑚(夏同)		同镇国公		
伯	东珠二,余如民公	如　冬	顶珊瑚(夏同)		同镇国公		
子	同文一品	如　冬	顶珊瑚(夏同)		同武一品		
男	同文二品	如　冬	同文二品(夏同)		同武二品		
文一品	顶饰东珠一,余如民公	如　冬	顶珊瑚(夏同)		鹤	同贝勒	都御史、副都御史、给事中、监察御史、各道獬豸

	冬朝冠(顶)	夏朝冠(顶)	吉服冠(顶)	行冠;常服冠	补服(补子)	蟒　袍	
武一品	同文一品	如冬	顶珊瑚(夏同)		麒麟	同贝勒	
文二品	顶饰小红宝石一,上衔珊瑚	如冬	镂花珊瑚	吉服冠,顶翎各从其所得,郡王以下	锦鸡	同贝勒	
武二品	同文二品	如冬	同文二品		狮子	同贝勒	
文三品	同文二品	如冬	蓝宝石(夏同)		孔雀	同贝勒	
武三品	顶饰小红宝石一,上衔蓝宝石	如冬	蓝宝石(夏同)		豹	同贝勒	
文四品	上衔青金石	如冬	青金石(夏同)		雁	蓝、石青色,八蟒四爪	
武四品	上衔青金石	如冬	青金石(夏同)		虎	同文四品	
文五品	上衔水晶	如冬	水晶(夏同)		白鹇	同文四品	
武五品	上衔水晶	如冬	水晶(夏同)		熊	同文四品	
文六品	饰小蓝宝石一,上衔砗磲	如冬	砗磲(夏同)		鹭鸶	同文四品	
武六品	饰小蓝宝石一,上衔砗磲	如冬	砗磲(夏同)		彪	同文四品	
文七品	饰小水晶,上衔素金	如冬	素金(夏同)		鸂鶒	蓝、青石色,五蟒四爪	
武七品	饰小水晶,上衔素金	如冬	素金(夏同)		犀	同文七品	
文八品	上衔阴文镂花金顶	如冬	阴文镂花金(夏同)		鹌鹑	同文七品	
武八品	同文八品	如冬	同文八品(夏同)		同武七品(犀)	同文七品	
文九品	上衔阳文镂花金顶	如冬	阳文镂花金(夏同)		练雀	同文七品	
武九品	同文九品	如冬	同文九品(夏同)		海马	同文七品	
未入流	同文九品	如冬	同文九品(夏同)		同文九品	同文七品	
进士(状元)	顶镂花金座,上衔金三枝九叶	如冬	素金(夏同)	文武品官夏行冠制同,顶翎各从其所得用			
举人	顶镂花银座,上衔金雀	如冬	银座上衔素金(夏同)				
会试中式贡士							
贡生	同举人	如冬	如文八品(夏同)				
监生	同举人	如冬	素银(夏同)				
生员	上衔银雀	如冬	素银(夏同)				
外郎耆老		如冬	锡(夏同)				
从耕农官	顶同八品				彩云捧日		
一等侍卫	如文三品,戴孔雀翎	如冬	如文三品(夏同)		同武三品	同贝勒	不用貂尾,戴孔雀翎
二等侍卫	如文四品,戴孔雀翎	如冬	如文四品(夏同)		同武四品	同文四品	戴孔雀翎
三等侍卫	如文五品,戴孔雀翎	如冬	如文五品(夏同)		同武五品	同文四品	戴孔雀翎
蓝翎侍卫	如文六品,戴蓝翎	如冬	如文六品(夏同)		同武六品	同文四品	戴蓝翎

《皇朝礼器图式(乾隆三十一年)》中冠、服简表

	朝冠(顶,冬夏同)	吉服冠(顶)	常服冠行冠	补服(补子)	蟒 袍	
皇 帝	三层,贯东珠各一,上衔大珍珠	顶满花金座,上衔大珍珠	红绒结顶		龙袍,明黄色	
皇太子	三层,饰东珠十三,上衔大东珠	红绒结顶			龙袍,杏黄色	
皇 子	二层,饰东珠十,上衔红宝石	同皇太子			金黄色,九蟒	
亲 王	同皇子	顶红宝石	如公服冠,其制下达庶官同,扈行者皆冠之,翎顶各从其所得用	石青色,五爪金龙四团	石青,同皇子	
(亲王)世子	二层,饰东珠九,上衔红宝石	同亲王		同亲王	同亲王	
郡 王	二层,饰东珠八,上衔红宝石			石青,五爪行龙四团	同亲王	
贝 勒	二层,饰东珠九,上衔红宝石			石青,四爪正蟒各一团	金黄,九蟒四爪	
贝 子	二层,饰东珠六,上衔红宝石	顶红宝石		石青,四爪行蟒各一团	同贝勒	戴三眼花翎
镇国公	二层,饰东珠五,上衔红宝石	顶红宝石未入八分公珊瑚		石青,四爪正蟒方补	同贝勒	戴双眼孔雀翎
辅国公	二层,饰东珠四,上衔红宝石	同镇国公		同镇国公	同贝勒	戴双眼孔雀翎
镇国将军	同文一品	同民公		同武一品	同民公	
辅国将军	同文二品	同文二品		同武二品	同民公	
奉国将军	同文三品	同文三品		同武三品	同民公	
奉恩将军	同文四品	同文四品		同武四品	同文四品	
固伦额驸	同贝子	顶珊瑚		同贝子		同贝子,戴三眼孔雀翎
和硕额驸	同镇国公	顶珊瑚		同镇国公	同贝勒	同镇国公,戴双眼孔雀翎
郡主额驸	同文一品	同民公		同武一品		
县主额驸	同文二品	同文二品		同武二品		
郡君额驸	同文三品	同文三品		同武三品	同民公	
县君额驸	同文四品	同文四品		同武四品	同文四品	
乡君额驸	同文五品	同文五品		同武五品		
民 公	顶镂花金座,中饰东珠四,上衔红宝石	顶珊瑚		石青,四爪正蟒	蓝、石青,九蟒四爪	
侯	镂花金座,中饰东珠三,上衔红宝石	同民公		同民公	同民公	
伯	镂花金座,中饰东珠二,上衔红宝石	同民公		同民公	同民公	
子	同文一品			同武一品	同民公	

	朝冠(顶,冬夏同)	吉服冠(顶)	常服冠行冠	补服(补子)	蟒　袍	
男	同文二品	同文二品		同武二品	同民公	
文一品	镂花金座,中饰东珠一,上衔红宝石	同民公		石青,鹤	同民公	都御史、副都御史、监察御史、按察使及各道獬豸
武一品	镂花金座,中饰东珠一,上衔红宝石	同民公		石青,麒麟	同民公	
文二品	镂花金座,中饰小红宝石一,上衔镂花珊瑚	顶镂花珊瑚		石青,锦鸡	同民公	十一月朔至上元用貂尾
武二品	同文二品	同文二品		石青,狮	同民公	
文三品	镂花金座,中饰小红宝石一,上衔蓝宝石	蓝宝石		石青,孔雀	同民公	十一月朔至上元用貂尾
武三品	同文三品	同文三品		石青,豹	同民公	
文四品	镂花金座,中饰小蓝宝石一,上衔青金石	顶青金石		石青,雁	石青,八蟒四爪	
武四品	同文四品	同文四品		石青,虎	同文四品	
文五品	镂花金座,中饰小蓝宝石一,上衔水晶	水晶		石青,白鹇	同文四品	
武五品	同文五品	同文五品		石青,熊	同文四品	
文六品	镂花金座,中饰小蓝宝石一,上衔砗磲	砗磲		石青,鹭鸶	同文四品	
武六品	同文六品	同文六品		石青,彪	同文四品	
文七品	镂花金座,中饰小水晶一,上衔素金	素金		石青,鸂鶒	蓝、青石,五蟒四爪	
武七品	同文七品	同文七品		石青,犀	同文七品	
文八品	镂花金座,上衔花金	花金		石青,鹌鹑		
武八品	同文八品	同文八品		同武七品	同文七品	
文九品	镂花金座,上衔花银	花银		石青,练雀		
武九品	同文九品	同文九品		石青,海马	同文七品	
未入流	同文九品	同文九品		同文九品	同文七品	
进士	镂花金座,上衔金三枝九叶	同文七品				
举人	镂花银座(公服冠),上衔金雀	银座上衔素金			公服袍青绸蓝绿	
贡生	同举人	银座上衔花雀			同举人	
监生	同举人	素银			同举人	
生员	镂银花座,上衔银雀	同监生			公服袍蓝绸青绿	
外郎耆老						
从耕农官	顶同八品			石青,彩云捧日	袍,青绢	
一等侍卫	如文三品	如文三品		同武三品	同民公	戴孔雀翎
二等侍卫	如文四品	如文四品		同文四品	同文四品	戴孔雀翎
三等侍卫	如文五品	如文五品		同武五品	以下皆同	戴孔雀翎
蓝翎侍卫	如文六品	如文六品		同武六品		戴蓝翎

中国古代纺织技术大事记

原始社会

（约 60 万年前～约公元前二十一世纪）

(1) 在北京周口店龙骨山山顶的洞穴里，1937 年发掘了一枚尖端锐利，针身圆滑，尾部穿孔的骨针，针长 82、直径 3.1～3.3 毫米。表明 5 万年前的山顶洞人已用骨针引线，缝制兽皮衣服。（中国猿人博物馆陈列）

(2) 在上述洞穴里同时发现红色氧化铁(Fe_2O_3)粉末和若干涂红色颜料的装饰品，表明 5 万年前的山顶洞人已开始使用红色矿物颜料。（中国猿人博物馆陈列）

(3) 1975 年，在浙江余姚河姆渡新石器时代遗址第四文化层出土了木制和陶制的纺缚、引纬用管状骨针、打纬木刀和骨刀、绕线棒等纺织工具。表明 6 000 多年前我们的祖先已能进行纺纱织布。（《文物》特刊，1976 年 15 期；《文物》，1976 年 8 期，第 9 页）

(4) 1972 年，南京博物院在江苏吴县草鞋山新石器时代遗址中，出土葛布残片。经分析，它是双股经线的罗纹织物。双股线的直径为 0.45～0.90 毫米；拈向 S 拈；经线密度约 10 根/厘米；纬纱密度：地部 13～14 根/厘米，罗纹部 26～28 根/厘米。它是已出土的最早纺织品实物，表明 6 000 年前我们的祖先已开始用葛纤维纺织。（南京博物院陈列展出）

(5) 1926 年，在山西西阴村新石器时代遗址，发现了半个切割过的蚕茧，茧长 15.2、幅宽 7.1 毫米。表明 5 000 多年前我们的祖先已利用蚕茧了。（李济：《西阴村史前遗存》）

(6) 1954 年，西安半坡村新石器时代遗址中，出土了大量的陶制、石制纺缚。缚盘的直径在 26～70 毫米，孔径在 3.5～12 毫米，厚度在 4～20 毫米，重量 12～66 克之间。表明 5 000 年前的半坡人已能大致掌握不同粗细的纱线的纺制技术。（半坡博物馆库藏陈列；中国科学院考古研究所：《西安半坡》，1963 年版）

(7) 1975 年，陕西姜寨新石器时代遗址中出土了指甲纹陶罐、印纹陶拍。另在其他新石器时代遗址中，也出土了拍印陶器上花纹的工具——木陶拍。表明早在 5 000 年前，我们的祖先已能在陶器上进行原始的凸版印花。（陕西省博物馆、中国历史博物馆通史陈列）

(8) 1958 年，浙江吴兴钱山漾新石器时代遗址中，出土了一批 4 700 年前的丝织品。丝帛的经纬密度各为 48 根/厘米，丝的拈向为 Z 拈；丝带宽 5 毫米，用 16 根粗细线交编而成；丝绳的投影宽度约为 3 毫米，用 3 根丝束合股加拈而成，拈向为 S 拈；拈度为 3.5 个/厘米。表明当时的丝织技术已有一定水平，在当时处于世界纺织技术的领先地位。（《考古学报》，1960 年 2 期）

(9) 上述钱山漾遗址中同时还出土一批苎麻平纹织物残片。经密 24～31 根/厘米，纬密 16～20 根/厘米。表明当时的苎麻纺织技术水平已较草鞋山的葛布进步。（《考古学报》，1960 年 2 期）

(10) 1963 年，江苏邳县大墩子新石器时代遗址中，出土了五块赭石(Fe_2O_3)，赭石表面上有研磨过的痕迹。其他新石器时代遗址的出土物中有研磨工具。这表明 4 500 年前，我国已利用矿物颜料。（《考古学报》，1964 年 2 期）

(11) 1960 年，青海都兰诺木洪新石器时代遗址中，出土一块毛布和一块毛毯残片。经密约 14 根/厘米，纬密约 6～7 根/厘米，经线粗约 0.8、纬线粗约 1.2 毫米。表明我国兄弟民族早在 4 000 年前已具备一定的毛纺织技术水平。（《考古学报》，1963 年 1 期；《文物》，1960 年 6 期）

奴隶社会

（约公元前二十一世纪～前 476 年）

(12) 商代甲骨文中有"𧘇"、"𡨋"等象形字。"6"是蚕茧抽丝的形象，"H"是绕丝框，"χ"代表手。表明商代用工具缫丝的技术已有一定的水平。（朱方圃：《殷周文字释丛》，中华书局，1962 年版；孙海波：《甲骨文编》，1964 年增订本）

(13) 商代甲骨文"ⵕ"（蚕）、"ⵛ"（桑）、"𝕏"（丝）、"ⵜ"（帛）等象形字，记载了当时的养蚕、栽桑、缫丝、织绸的生产。有"ⵓ"的象形字，说明当时已广泛用纺缚纺纱了。（《殷周文字释丛》；《甲骨文编》；《说文解字》，淮南书局，1881 年版）

(14) 商代殷墟出土的甲骨文"𝍫"，是原始织机图样的象形字，说明商代使用踞织机已相当普遍。

(15) 河南安阳殷墟出土的铜觯和铜钺上，有菱纹、回纹丝织物残痕。表明商代已有提花技术和菱形斜纹的商绮。（《考古学报》，1963 年 1 期；河南安阳市文化局：《殷墟》，文物出版社，1976 年；中国历史博物馆通史陈列）

(16) 据《诗经》、《周礼》、《礼仪》、《帝王世纪》记载：商、周时期已有罗、绫、纨、纱、绉、绮、绣等丝织物以及绨、绤等葛麻布。

(17)《尚书·益稷》记载"以五采彰施于五色，作服"。蔡传："采者，青、黄、赤、白、黑也；色者，言施之于缯帛也。"《周礼·天官》："染人染丝帛。"都表明至迟在春秋战国时代，我国已有专门的染匠从事丝帛染色。（张子高：《中国化学史稿》，科学出版社，1964 年，第 27 页）

(18)《尚书·禹贡》中有"厥篚织贝"，《诗经·小雅》和《诗经》、《郑风》、《唐风》、《秦风》中有"成是贝锦"、"锦衾"、"锦衣"、"锦裳"、"锦带"等记载,说明至迟在春秋战国时代普遍流行经线起花的织锦。

(19)《尚书·禹贡》中有"岛夷卉服"的记载,推论我国的广东海南岛一带早在 3 000 年前已开始种植棉花,并用于纺织制衣。

(20)《诗经·周南》中有"葛之覃兮,施于中谷",《诗经·陈风》中有"东门之池,可以沤麻","东门之池,可以沤纻","是刈是濩,为绤为绤"等记载,表明早在商周时期,不仅广泛种植葛、纻、麻,而且已掌握物理脱胶和微生物脱胶法,并用这些植物纤维纺织,织物还有精细和粗劣之分。

(21)《诗经·王风》中有"毳衣如菼,毳衣如璊"的记载,表明商周时代我国的毛织物染色水平,已可得到碧绿、绯红的色彩。

(22)《诗经·卫风》中有"氓之蚩蚩,抱布贸丝"的记载,说明商周时代,麻布和丝帛已作为商品在市场上进行贸易了。

(23)《仪礼·士冠礼》、《后汉书》记载,西周时代的奴隶主贵族的帽子,是用 30 升麻布做成,上面涂上黑赤色的漆,是到目前为止关于我国织物涂层的最早记录。

(24)陕西长安县的西周古墓中发现涂有黑漆的织物残片。表明西周时代,我国已有织物整理技术。(《考古学报》,1954 年 8 期)

(25)《周礼·周官掌皮》中有"供毳为毡"的记载,表明西周时代有专门的官营作坊制作毡。

(26)《周礼·天官内司服》中有"掌王后之六服,袆衣"的记载,袆衣是绘有彩色锦鸡的衣服。它是我国古老的彩印技术和缂丝技术的先驱。(清·陈云龙:《格致镜原》卷十五,衣冠服类;《三礼图》)

(27)《周礼·地官掌蓝草》中有"掌以春秋染草之物",《尔雅·释器》中有"一染缜,二染窻,三染纁"的记载,说明西周时已使用植物染料进行套染。

(28)《仪礼·丧服传》中有"苴绖者,麻之有蕡者也。牡麻者,枲麻也",《尚书·禹贡》中有"厥贡岱畎枲",《诗经·豳风·七月》中有"九月叔苴"等记载,可见,2 000多年前对大麻雌雄异株的区别早有认识。

(29)《左传》襄公廿九年记载,东周景王六年(公元前 549 年),郑相子产献大量纻衣给齐相晏婴,晏婴也回赠齐国特产彩绸。当时郑国的纻布和齐国的丝帛已有相当高的织造水平。

(30)周代官营丝织业生产,已有一定规模。《左传》哀公廿五年记载:东周敬王四十四年(公元前 476 年),在卫国爆发声势浩大的"三匠"(织、染、缝纫)起义。

(31)《列子·汤问篇》记载的"纪昌学射"故事,说明春秋时代我国已出现脚踏织机。

(32)《庄子·逍遥游》、《汉书·赵皇后传》等记载:春秋时代,我国已有丝絮布(丝质无纺织布),到了西汉,"丝

质赫蹄"(丝絮布)已供皇室包装使用。

(33)《墨子·所染》中有"染苍则苍,染黄则黄"的记载,说明春秋时代已熟练掌握了染色技术。

(34)《吴越春秋·勾践归国外传》第八记载:春秋末年,越王勾践献"弱于罗兮轻霏霏"的高级葛布十万给吴王夫差。说明 2 000 年前古越国(今浙江地区)的葛布织造有相当高的水平,有较大生产规模。

(35)《礼记·考工记》中记载,用水渍楝木灰和蜃蛤壳灰得到的液汁,可作为练丝练帛的精练剂。说明春秋时代已出现化学脱胶练丝法。

(36)公元前五六世纪,我国美丽的丝绸已传到西亚及东欧诸国。(姚宝猷:《中国绢丝西传史》,商务印书馆版)

封建社会

(公元前 475~公元 1840 年)

战国、秦汉时代

(公元前 475~公元前 220 年)

(37)据《韩非子·外储说右》记载:战国初期,吴起妻"织组而幅狭于度,吴子出之"。说明当时我国就有控制布幅宽度的织筘。

(38)《战国策·秦策》、《史记·甘茂传》中有"曾母投杼训子"的故事。山东武梁祠汉画像石上刻有同样内容的"慈母投杼图",其中绘刻的斜织机,表明早在汉代之前就已使用斜织机。

(39)1957 年,长沙左家塘战国楚墓出土物中有"对龙对凤纹锦"。表明我国早在 2 300 年前,已出现比较复杂的动物纹提花技术。(《战国楚墓发掘报告》,《文物》,1975 年 2 期)

(40)据《吕氏春秋·士容论·上农》记载:战国时代,官营纺织、染、缝等大工场盛行,四时都有"麻枲丝茧之功"。说明当时纺织业较发达。

(41)荀况(约公元前 313~前 238 年)在《荀子·蚕赋》中总结了劳动人民养蚕技术,研究了一化性三眠蚕的特点、习性,及其生长发育的规律性。

(42)《荀子·箴(针)赋》中总结了早在 2 200 多年以前的刺绣和缝纫技术,当时用铁针代替竹针,并采用锁绣法可以绣出复杂精致的花纹。

(43)《荀子简注》中《劝学》、《王制》、《正论》等篇总结了织物染色经验,提出"青,取之于蓝而青于蓝"的科学论断,还比较了茈草(紫色)、空青(青色)、赭石(红色)、涅(黑色)等染料染色的优劣。

(44)秦始皇(公元前 259~前 210 年)时,吴地(今江浙一带)有兄弟二人东渡黄海到日本,传授养蚕织绸技术和缝制吴服。(内田星美:《日本纺织技术的历史》,地人书馆,1960 年版)

(45)《后汉书·南蛮西南夷传》记载:汉武帝(公元前

140～前 87 年)末年,珠崖太守孙幸对当地人民无情搜刮广幅布,被人民起义军杀死,说明早在秦汉时代,海南岛就生产广幅棉布。

(46) 隋·刘存撰《事始·说郛》中的《二仪实录》记载:"夹缬,秦汉始有之。"说明秦汉时代,我国中原地区已有镂空版及缬染技术。

(47) 湖南长沙马王堆 1 号汉墓出土的丝绸中,丝纤维最细相当于 10.2～11.3 絷。说明我国早在 2 100 年以前缫丝技术达到了很高水平。(中国科学院考古研究所、湖南省博物馆:《长沙马王堆一号汉墓》上集,文物出版社,1973 年)

(48) 长沙马王堆 1 号汉墓出土的"汉瑟",弦线直径最细 0.5、最粗 1.9 毫米,经分析是用 377 根平均纤度为 26 絷的生丝组成单股丝,再由 16 根单股丝分别并拈为一根最粗的弦线。表明我国早在西汉初期,络丝、并丝技术已达很高水平。(《考古学报》,1974 年 1 期,第 176 页)

(49) 长沙马王堆 1 号汉墓出土的精细苎麻布,经密 32～38 根/厘米,约合 21～23 升布,相当于现在的 32×32 细布。(《长沙马王堆一号汉墓》上集,文物出版社,1973 年)

(50) 湖北江陵凤凰山汉墓出土了类似丝棉的淡黄色苎麻絮。经分析,纤维较长者约 120～160 毫米,较细的投影宽度约 0.02 毫米,说明西汉初期麻的脱胶技术已相当完善。(《湖北江陵凤凰山 168 号汉墓发掘简报》,《文物》,1975 年 9 期)

(51) 长沙马王堆 1 号汉墓出土的绒圈锦织物,是漳绒和天鹅绒的前身。表明 2 100 多年前,已采用双经轴的提花机,用提花束综来控制上万根经纱。(《考古学报》,1974 年 1 期,第 182 页)

(52) 长沙马王堆 1 号汉墓中,曾出土一种杯形菱纹罗丝织品,每平方米仅重 30 余克。一件衣长 128、袖长 190 厘米的素纱单衣重 49 克(不到一两),一平方米仅重 15 克。表明 2 100 多年前,我国的缫丝和丝织技术已具有很高水平。(《长沙马王堆一号汉墓》上集,文物出版社,1973 年)

(53) 长沙马王堆 1 号汉墓出土的一件长寿绣袍和一块深红色绢,经化验分析,是用白矾(明矾)作媒染剂的。表明 2 100 多年前,我国已发明了媒染染色法。(《长沙马王堆一号汉墓》上集,文物出版社,1973 年)

(54) 从马王堆 1 号汉墓出土的各种染色织物分析,共有 20 余种色泽,表明 2 000 多年前,我国已有相当完善的浸染、套染和媒染等染色技术。(《长沙马王堆一号汉墓》上集、下集,文物出版社,1973 年)

(55) 长沙马王堆 1 号汉墓出土的彩绘帛画和印花敷彩纱,表明早在 2 100 多年前,我国印染涂料配制,六套色印花技术已达到较高的工艺水平。(《长沙马王堆一号汉墓》上集,文物出版社,1973 年)

(56) 据《西京杂记》记载,西汉宣帝(公元前 73～前 49 年)时,襄邑等地已出现了织成锦。这说明 2 000 年前,我国就有了纬起花织锦技术。

(57)《汉书·贡禹传》、《汉书·地理志》记载:西汉朝廷设织室令丞管理纺织染手工业,襄邑、临淄专设服官,"齐三服官作工数千人,一岁费巨万","京城长安东西织室亦一岁费五千万"。这些说明早在 2 000 年前,官营纺织手工业生产规模是相当可观的。

(58)《汉书·张骞传》记载:汉武帝元光二年(公元前 133 年),中郎将张骞第一次出使西域。元狩四年(公元前 119 年),张骞第二次出使西域。第二次携带大量丝织品,促进了中外丝织技术交流。我国的养蚕、缫丝、丝织和印染等技术陆续传入中亚、西亚和欧洲等地。

(59)《汉书·地理志》记载:汉武帝年间,由"译长"(外交官)带领使团携带大量丝绸去东南亚、南亚、阿拉伯进行贸易,促进了丝绸海路贸易和纺织技术的传播。

(60)《西京杂记》卷一记载:西汉昭帝(公元前 86～前 74 年)末年,劳动妇女陈宝光的妻子革新成功 120 综 120 簇提花机,改进了提花方法,提高了织绸质量,60 天可织一匹花绫。

(61)《太平御览》卷七〇八记载:汉宣帝甘露二年(公元前 52),匈奴呼韩邪单于入京,带来"积如丘山"的毛织品,说明当时北方兄弟民族的毛纺织业已相当发达。

(62) 西汉的《氾胜之书·枲篇》记载:"夏至后二十日沤枲,柔和如丝。"说明早在 2 000 年前,我国已掌握水温与大麻脱胶的关系,从而保证大麻纤维脱胶后的质量。

(63) 陕西西安灞桥出土的西汉"灞桥纸",经检验是由苎麻、大麻及其他植物纤维用湿法无纺织布的生产方法制成。(陕西省博物馆陈列)

(64) 西汉哀帝(公元前 6～前 1 年)年间,罗织物和织罗技术通过朝鲜传入日本。(内田星美著《日本纺织技术的历史》,地人书馆,1960 年版)

(65) 1956 年江苏铜山洪楼出土的画像石上,刻有手摇纺车图,表明东汉以前纺车的应用已相当普遍。(《文物》,1962 年 3 期;南京博物院陈列、展出)

(66) 1974 年江苏泗洪曹庄出土的织机画像石,表明脚踏提综织机和梭子已在汉代普遍使用。(南京博物院库藏)

(67) 新疆古楼兰汉代遗址出土一块用通经断纬方法织造的"缂毛"织物,表明当时我国兄弟民族已有高超的毛纺织工艺。(斯坦因:《西域考古记》,向达译)

(68) 新疆民丰汉墓出土了具有当地民族风格的葡萄纹罽和体现汉族与维吾尔族风格相结合的龟甲花瓣纹毛织物。这是我国古代兄弟民族之间纺织技术交流的佐证。(新疆维吾尔自治区博物馆编:《新疆出土文物》,文物出版社,1975 年)

(69) 新疆罗布淖尔、塔里木、民丰等地都出土了汉代毡片,表明当时新疆的制毡业相当普遍。(黄文弼:《罗布

淖尔考古记》、《塔里木考古记》,科学出版社)

(70) 据《后汉书·崔寔传》,大麻的种植和纺织技术于东汉时传到内蒙古一带。

(71) 新疆民丰出土的东汉毛织地毯,色彩鲜艳,花纹清晰,表现了相当高的织毯工艺水平。(新疆维吾尔自治区博物馆编:《新疆出土文物》,文物出版社,1975 年)

(72)《后汉书·南蛮西南夷传》记载:云南的哀牢人生产一种称为"帛叠"的棉织物和称为"阑干细布"的苎麻织物。

(73) 湖北江陵凤凰山 168 号西汉墓出土的苎麻絮,经化验证实当时已采用石灰等碱性物质进行苎麻脱胶。又据陆玑《毛诗草木鸟兽虫鱼疏》中记载:"鸎之用绩",表明早在 2 000 年前,苎麻已用化学脱胶,东汉时已普遍推广。

(74) 西汉时代,作为染色原料的红蓝花(即红花),从西北地区传入中原。(《科学史集刊》第五卷)

(75) 据东汉王逸著《机妇赋》记载,当时有花楼的提花机已相当完备。提花的"韩仁"、"昌乐"、"如意"、"延年万寿"、"登高明望四海"等织有汉字的五彩织锦,通过"丝绸之路"运销亚欧地区。(新疆维吾尔自治区编《丝绸之路——汉唐织物》,文物出版社,1968 年)

三国、两晋、南北朝时代

(公元 220～581 年)

(76)《梁书·高昌传》记载:魏文帝黄初年间(公元 220～226 年),新疆的棉纺织品大量传入中原。

(77)《三国志·魏志·杜夔传》注:魏文帝黄初年间(公元 220～226 年),马钧将六十综、六十篒的提花机革新简化为十二综、十二篒的提花机。

(78) 据《三国志·蜀志》中《诸葛亮传》、《张飞传》、《后主本纪》记载:三国时,诸葛亮在成都的家产有桑树八百株,他提倡蚕桑、丝织。刘备赐诸葛亮、法正、张飞及关羽锦各千匹。蜀后主景耀六年,拨给大将姜维锦、绮、采、绢各 20 万匹以充军资,说明当时四川的丝织,特别是蜀锦的生产有了很大发展。

(79) 据《丝绣笔记》记载,三国时蜀锦生产技术传入苗族、侗族等兄弟民族,厚实、鲜艳的诸葛锦和棉、丝交织的武侯锦闻名西南。

(80)《三国志·魏志·东夷列传》记载:魏景初二年(公元 238 年),日本女王卑弥呼派专使来我国,带去大量的绛地交龙锦等。我国的提花和印染技术同时传入日本。

(81)《三国志·魏志·邓艾传》记载:魏景元四年(公元 263 年),邓艾偷渡阴平道时"自裹毛毡,推转而下",将士也依样"鱼贯而进",可见毛毡已为军用。

(82)《晋书·张轨传》记载:晋怀帝永嘉四年(公元 308 年),凉州刺史张轨遣参军杜勋送毛布三万匹到京城

洛阳,说明当时西北兄弟民族的毛纺织业已相当发达。

(83) 广东省广州市西郊大刀山晋墓出土晋太宁二年(公元 324 年)一块麻布,可能是用薯莨加工整理过的香云纱。(《考古学杂志》创刊号,1931 年,广东黄花考古学院出版)

(84) 汉代刘向著《列女传》由顾恺之(公元 345～406 年)配有妇人纺纱图,经宋人转刻,图上已有三锭脚踏纺车。

(85) 东晋高僧法显(约公元 337～422 年)曾到印度、斯里兰卡等 30 余国取经,途经狮子国(今斯里兰卡),看到当地人用晋地白绢扇,可见那时我国丝织品早已传入斯里兰卡。(冯承钧:《中国南洋交通史》,商务印书馆版;《法显传》)

(86) 据日本《古文记》记载:南北朝时,日本统治者曾到我国浙江一带招募技工去日本教授纺织技术。

(87) 南北朝时代(公元五～六世纪),我国的凸版印花技术传入日本,十四世纪(元末明初)传到欧洲。([日]明石染人:《染织史考》,矶部甲阳堂藏版,1927 年)

(88) 公元六世纪,古波斯两位使者来我国学习丝绸技术,并带去蚕种。(姚宝猷:《中国绢丝西传史》,商务印书馆)

(89) 公元六世纪,我国蚕桑传到拜占庭(今君士坦丁堡)、东南亚、阿拉伯。(《中国绢丝西传史》)

(90) 公元六世纪,我国的脚踏织机传到欧洲。(《考古》,1972 年 1 期)

(91) 北魏贾思勰《齐民要术》(公元 533～544 年左右著),总结用红花炼取染料的工艺技术,隋唐时传到日本。([日]明石染人:《染织史考》,矶部甲阳堂藏版,1927 年)

(92)《齐民要术》植物的性别和花实篇,关于沤麻的记载:"沤欲清水,生熟合宜"、"浊水则麻黑,水少则麻脆,生则难剥,太烂则不任",说明南北朝时代,对沤制大麻的水质和沤制时间与大麻纤维质量的关系有了更多的研究。(贾思勰:《齐民要术》)

(93) 新疆于田北朝遗址,出土蓝色毛织双面印花斜褐,表明西北兄弟民族的毛纺织、印染技术的进步。(新疆博物馆陈列:《新疆出土文物》)

(94) 新疆若羌米兰的南北朝遗址,出土了 S 形打结法的地毯。S 形打结法比过去的 8 字形打结法简单,生产效率高。(新疆博物馆陈列:《新疆出土文物》)

隋、唐、五代时代

(公元 581～960 年)

(95) 据《隋书·炀帝本纪》上记载:公元六世纪末,我国已知道利用干性比较高的植物油——荏油,涂复织物,作成防水布,隋文帝开皇元年(公元 581 年)晋王杨广"观猎遇雨,左右进油衣",这"油衣"就是防水布。

(96) 隋大业年间(公元605~617年),隋炀帝命工匠加工五色夹缬花罗裙数百件,"以赐宫人及百僚母妻",说明多套色镂空版印花技术已达到一定水平。(转引自《历史教学》,1955年2期)

(97) 隋唐时,我国的镂空版印花技术传入日本。随着南方海路交通的发展,这一印花技术在十三四世纪又传到欧洲各国。(《日本纺织技术の历史》)

(98)《新唐书》记载:唐贞观十七年(公元643年)福建泉州、广东广州等地设"市舶使",专门管理以丝绸出口为主的海外贸易。

(99)《旧唐书》卷十六"穆宗本纪"记载:唐代长庆三年(公元824年),长安城数百名纺、织、染、绣工匠,在染匠张韶和苏玄明的带领下,举刀造反,打进皇宫,大闹清思殿。这是纺织历史上一次壮烈的斗争。

(100) 杜佑(公元735~812年)《通典》记载:公元752~762年我国唐代织绸工匠河东人乐隈、吕礼在大食国的亚具罗(今伊拉克巴格达南)向当地人民传授纺织技术。

(101) 唐朝贞观年间(公元627~649年)设立染织署,管理25个纺织染作坊:织纴作10个,组绶作5个,䌷线作4个,练染作6个。如绫锦坊有巧儿(织工)365人,内作使绫匠83人,掖庭绫匠150人,内作巧儿42人。表明当时官营纺织染生产分工明确,规模也较大。(《唐六典》卷二十二)(范文澜:《中国通史简编》第三编,第246页,人民出版社,1965年)

(102) 唐·李勣等《新修本草》(公元659年)记载了用枍木灰或椿木灰制作媒染剂。这一方法当时还流传到日本。(〔日〕《上代染料染色法》)

(103) 唐代我国洛阳、西安、成都、南京、杭州等地棉布贸易已比较流行。(《文物》1976年1期)

(104) 据北宋高承《事物纪原》卷六、《宋会要》记载:"唐有氍(毡)坊使,五代合为一使",生产各种精美毛毡。(《丛书集成》初编,《事物纪原》,商务印书馆,1937年)

宋、辽、金、元时代

(公元960~1368年)

(105) 南宋《格物粗谈》中有"葛布年久色黑,将葛布湿,入烘笼内铺著,用硫黄熏之即色白"的记载,说明宋代已有用硫黄蒸熏葛布的漂白技术。(转引李长年主编《麻类作物》上编,农业出版社,1961年)

(106) 宋代,我国的纺织工艺品缂丝达到较高水平,松江朱克柔织的缂丝条幅"莲塘乳鸭图"等闻名于世。(上海博物馆藏)

(107) 南宋时中原地区麻纺织业相当发达,出现了有32个锭子的水力大纺车,是我国纺织机械史上的重大发明之一。(王祯:《农书》;徐光启:《农政全书》)

(108) 宋代,日本派人来我国专门学习织造技术。回国后在日本博多地方设立工场,生产的"博多织"闻名于日本。(〔日〕《博多纪》)

(109) 宋代绍兴年间(公元1131~1162年)楼璹的《耕织图诗》绘有脚踏缫丝车。(宋·楼钥:《攻媿集》)

(110) 南宋周去非《岭外代答》(公元1178年)记载:广西劳动人民以醋浸或熏野蚕,然后剖开蚕腹取其丝"就醋中引之","一虫可得丝长六七尺"。这种方法为现代人造纤维的发明提供了依据。

(111)《永乐大典》中《梓人遗制》是宋末元初山西万泉县木工薛景石写的我国第一部制造立织机、提花织机、罗织机等的织机专著。(《永乐大典》卷一八二四五,匠字诸书第十四:《梓人遗制》)

(112) 元代王祯《农书》记载,苎麻可用石灰或草木灰煮炼脱胶后再应用界面化学反应的原理半浸半晒,进一步脱胶达到漂白。

(113) 宋末元初,童养媳出身的黄道婆,把海南岛黎族人民的棉纺织技术带回松江。她和群众一起革新了轧花、弹棉、纺纱、织布等一套棉纺织工具,推动了长江下游棉纺织手工业的发展。(陶宗仪:《辍耕录》;《松江府志》)

(114)《农政全书》引《农桑直说》记载:元明时代,北方保留了"热釜"缫丝法,南方出现了"冷盆"缫丝法,使缫出的丝既匀韧,又有光泽。

(115) 1970年,新疆盐湖古墓出土了元代片金织金锦,单经直径为0.15、单纬直径为0.5毫米,经密52、纬密48根/厘米;拈金织金锦,经密65、纬密40根/厘米。说明元代用金银丝织造"纳石矢"(织金锦)相当发达。(《文物》,1973年10期)

明、清时代

(公元1368~1911年)

(116) 十五世纪,我国棉纺织革新家黄道婆改进的弹棉工具"弹弓"传入日本。日本人民叫它"唐弓"。(《日本纺织技术の历史》)

(117)《苏州府志》载:明代万历二十九年(公元1601年),苏州爆发了织工抗税罢工斗争,狠狠打击了封建地主统治阶级,是历史上纺织工匠又一次声势浩大的斗争。(清·孙珮编《苏州织造局志》十二卷,1959年,江苏人民出版社)

(118) 明神宗(朱翊钧)(公元1573~1620年)定陵出土了成卷织锦和袍服衣着300余件。服饰中有一件"百子衣",周身用金线绣八宝:松、竹、梅、石、桃、李、芭蕉、灵芝及各种花草,并绣百子,织制精巧。织锦共有165卷,其中有两卷双面绒,经密64、纬密36根/厘米,丝绒的投影宽度为0.2毫米,表明当时的丝织手工业达到了相当高的水平。(定陵博物馆编:《定

陵——地下宫殿》,北京人民出版社,1973 年)

(119) 明代我国染色技术和对染料的选用已有高度成就,宋应星在《天工开物》《彰施》篇中记载的各种色谱和染色方法多达 20 余种。(宋应星《天工开物》)

(120) 明·宋应星《天工开物》《乃服》篇总结和记载了轧车、弹弓、翻车(绕丝)、纺车、调丝车(络丝)、抹经具(整经)、过糊具(浆纱)、腰机、提花机的制造和运作,反映了明代纺织工艺和技术水平与当时世界上其他国家和地区相比是较高的,也是相当完善的。

(121) 据朱国桢(公元 1632 年)《涌幢小品》记载:明代劳动人民把均匀分布的纤维网,一层一层叠起来,用线密密缝纫,并经加工制为"绵甲"。它是现代缝纫法制无纺布的雏形。

(122) 明·崇祯年间(公元 1628～1644 年),我国山东等地出产的柞蚕丝绸,以"山东绸"闻名中外。(华东纺织工学院编:《绢纺学》,中国财政经济出版社,1961 年)

(123) 明代嘉靖末年(公元 1565 年)《天水冰山录》和《南京云锦》记载:明代的妆花缎已有 17 个品种。被称为"锦上添花"的南京云锦闻名全国。它的结花本技术是现代提花机纹板装置的先驱。(《丛书集成》初编;《天水冰山录》,商务印书馆,1937 年;《南京云锦》,上海人民美术出版社,1958 年)

(124) 明清时期,江苏的南京、苏州,福建的漳州织造的妆花丝绒和金彩绒(天鹅绒)闻名中外。(故宫博物院藏)

(125) 我国的毛纺织工艺品地毯,于清·康熙(公元1662～1722 年)时曾作为"圣品"输入西欧诸国,同时新疆和田地区的地毯也输入阿富汗、印度等国。(清《新疆图志》)

(126) 清代嘉庆二十四年(公元 1819 年),我国从广州向欧美出口的南京布(松江棉布和江浙一带的紫花布),达 330 多万匹。(严中平:《中国棉纺织史稿》,科学出版社,1955 年)

(127) 清代,广东沿海渔妇用苎麻纱织成的破渔网"缕之为纬,以棉纱线经之",织成罾布,并用薯莨处理。双层"罾布"两面都有絮头起绒,单者一面有絮。"其丝劲爽者可为夏服,其丝厚实柔软者可避风寒。"(清·李调元:《南越笔记》)

(引自《纺织史话》)

中国历代纺织品

采用麻、丝、毛、棉的纤维为原料,纺绩(纺纱、缉绩、缫丝)加工成纱线后经编织(挑织)和机织而成的布帛,通常称纺织品。不同时期的纺织品是衡量人类进步和文明发达的尺度之一。中国早在新石器时代就已掌握纺织技术。中国古代的丝麻纺织技术,已达到相当高水平,在世界上享有盛名。被称为"丝国"。

新石器时代,浙江余姚河姆渡遗址(距今约 7 000 年)发现有苘麻的双股线,在出土的牙雕盅上刻画着 4 条蚕纹,同时出土了纺车和纺机零件。江苏吴县草鞋山遗址(距今约 6 000 年)出土了编织的双股经线的罗(两经纹、圈绕起菱纹)地葛布,经线密度为 10 根/厘米,纬线密度地部为 13～14 根/厘米,纹部为 26～28 根/厘米,是最早的葛纤维纺织品。河南郑州青台遗址(距今约 5 500 年)发现了黏附在红陶片上的苎麻和大麻布纹、黏在头盖骨上的丝帛和残片,以及 10 余枚红陶纺轮,这是最早的丝织品实物。浙江吴兴钱山漾遗址(距今 5 000 年左右)出土了精制的丝织品残片,丝帛的经纬密度各为 48 根/厘米,丝的拈向为 Z 拈;丝带宽 5 毫米,用 16 根粗细丝线交编而成;丝绳的投影宽度约为 3 毫米,用 3 根丝束合股加拈而成,拈向为 S 拈,拈度为 35 个/厘米。这表明当时的缫丝、合股、加拈等丝织技术已有一定的水平。同时出土的多块苎麻布残片,经密 24～31 根/厘米,纬密 16～20 根/厘米,比草鞋山葛布的麻纺织技术更进一步。新疆罗布泊遗址出土的古尸身上裹着粗毛织品,新疆哈密五堡遗址(距今 3 200 年)出土了精美的毛织品,组织有平纹和斜纹两种,且用色线织成彩色条纹的罽,说明毛纺织技术已有进一步发展。福建崇安武夷山船棺(距今 3 200 年)内出土了青灰棉(联核木棉)布,经纬密度各为 14 根/厘米,经纬纱的拈向均为 S 拈。同时还出土了丝麻织品。上述以麻、丝、毛棉的天然纤维为原料的纺织品实物,表明中国新石器时代纺织工艺技术已相当进步。

商周时代,社会经济进一步发展,宫廷王室对于纺织品的需求量日益增加。周的统治者设立与纺织品有关的官职,掌握纺织品的生产和征收事宜。商周的丝织品品种较多,河北藁城台西遗址出土黏附在青铜器上的织物,已有平纹的纨、皱纹的縠、绞经的罗、三枚(2/1)的菱纹绮。河南安阳殷墟的妇好墓铜器上所附的丝织品有纱纨(绢)、朱砂涂染的色帛、双经双纬的缣、回纹绮等,殷墟还出土有丝绳、丝带等实物。陕西宝鸡茹家庄西周墓出土了纬二重组织的山形纹绮残片。进入春秋战国时期,丝织品更是丰富多彩,湖南长沙楚墓出土了几何纹锦、对龙对凤锦和填花燕纹锦等,湖北江陵楚墓出土大批锦绣品。毛织品则以新疆吐鲁番阿拉沟古墓中出土的数量最多,花色品种和纺织技术比哈密五堡遗址出土的更胜一筹。

汉代,纺织品以湖南长沙马王堆汉墓和湖北江陵秦汉墓出土的丝麻纺织品数量最多,花色品种最为齐全,有仅重 49 克的素纱单衣、耳杯形菱纹花罗、对鸟花卉纹绮、隐花孔雀纹锦、凸花锦和绒圈锦等高级提花丝织品。还有第一次发现的印花敷彩纱和泥金银印花纱等珍贵的印花丝织品。沿丝绸之路出土的汉代织物更为绚丽璀璨。1959 年新疆民丰尼雅遗址东汉墓出土有隶体"万世如意"锦袍、"延年益寿大宜子孙"锦手套和袜子等。毛织品有龟甲四瓣纹罽、人兽葡萄纹罽、毛罗和地毯等名贵品种。在这里并首次发现蜡染印花棉布及平纹锦织品。

魏晋南北朝,这时期丝织品仍以经锦为主,花纹以禽兽纹为特色。1959 年新疆于田屋于来克城址和高昌国吐鲁番阿斯塔那墓群出土有夔纹锦、方格兽纹锦、禽兽纹锦、树纹锦,以及"富且昌宜侯王天延命长"织成履等。毛、棉织品发现有方格纹毛罽、染红色毛罽、星点蓝色蜡缬毛织品,以及桃纹蓝色蜡缬棉织品等新的缬染织物。

隋唐时代,此时纺织品生产分工明确,唐王朝官府专门设立织染署,管理纺织染作坊。唐代纺织品在各地均有出土,以新疆、甘肃为最多,传世品则以日本正仓院所藏数量最丰。新疆吐鲁番阿斯塔那墓群出土了大量唐代纬线显花的织锦,花纹以联珠对禽对兽为主,有对孔雀、对鸟对狮、对羊对鸭、对鸡对鹿纹、龙纹等象征吉祥如意的图案,还出现了团花、宝相花、晕绷花、骑士、胡王、贵字、吉字、王字等新的纹饰。绞缬染色更有新的发展,有红色、绛色、棕色绞缬绢、罗;蓝色、棕色、绛色、土黄色、黄色、白色、绿色、深绿色等蜡缬纱绢及绛色附缀彩绘绢等,代表印染工艺技术已达到新的水平。

宋代,纺织业已发展到全国的 43 个州,重心南移江浙。丝织品中尤以花罗和绮罗为最多。宋代黄昇墓出土的各种罗组织的衣物 200 余件,其罗纹组织结构有两经绞、三经绞、四经绞的素罗,有起平纹、浮纹、斜纹、变化斜纹等组织的各种花卉纹花罗,还有粗细纬相间隔的落花流水提花罗等。绮绫的花纹则以牡丹、芍药、月季、芙蓉、菊花等为主体纹饰。此外有第一次出土的松竹梅缎。印染品已发展成为泥金、描金、印金、贴金、加敷彩相结合的多种印花技术。宋代缂丝以朱克柔的"莲塘乳鸭图"最为精美,是闻名中外的传世珍品。宋代的棉织品得到迅速发展,已取代麻织品而成为大众衣料,松江棉布被誉为"衣被天下"。

元代,纺织品以织金锦(纳石失)最负盛名。1970 年新疆盐湖出土的金织金锦,经丝直径为 0.15 毫米,纬线直径为 0.5 毫米,经纬密度为 52 根/厘米和 48 根/厘米;拈金织金锦的经纬密度为 65 根/厘米和 40 根/厘米,更加富丽堂皇。山东邹县元墓则第一次出土了五枚正则缎纹。

明清时期,纺织品以江南三织造(江宁、苏州、杭州)生产的贡品技艺最高,其中以各种花纹图案的妆花纱、妆花罗、妆花锦、妆花缎等最富有特色。具有民族传统特色的蜀锦、宋锦、织金锦和妆花锦(云锦)合称为"四大名锦"。1958 年北京明代定陵出土织锦 165 卷,袍服衣着 200 余件。第一次发现单面绒和双面绒的实物,其中一块绒的经纬密度为 64 根/厘米和 36 根/厘米,丝绒毛的高度为 0.2 毫米。棉织品生产已遍及全国各地。明代末年,仅官府需要的棉布即在 1 500～2 000 万匹。精湛华贵的丝织品,通过陆上和海上丝绸之路远销亚欧各国。

(引自《中国大百科全书·考古学》)

新疆阿斯塔那出土唐锦

锦　　名	特　　　　征
几何瑞花锦	蓝地,六角、圆点组成大红、湖绿、纯白花朵纹。
兽头纹锦	黄、蓝、湖绿、白四色,大珠圈内饰以兽头。
大吉锦	黄地,暗红色瑞花,间以倒正"吉"字。
菱纹锦	香色绫地,红色菱纹。
规矩纹锦	朱红色绫地,妃色规矩纹。
对马纹锦	珠圈内饰以有翼双马,一只前蹄腾起,马头各有一"五"字。橙黄地,显蓝、浅绿、粉红色花纹。另有一件除有昂首对马外,还有似在低头吃草的对马,每四组圆形之间饰以对称的四叶纹,中心有一小朵花。
鸳鸯纹锦	大红、正黄相间为地,白珠圈内显蓝色相向的鸳鸯图案。
大鹿纹锦	黄、白、翠绿、茶绿四色,大珠圈内饰以伫立的鹿纹。另一件为黄、白、蓝、绿四色,大珠圈内饰以奔走的鹿纹。
小团花纹锦	橘红地,蓝、白、绿色花纹。外圈为白色圆点,中圈为蓝地红点,内圈为红点,中心为蓝地白圈。在四个团花之间饰以向四面伸展的绿叶,四叶中心用八个白点组成圆圈。
猪头纹锦	黄、白、蓝、湖绿四色,大珠圈内饰以张口露牙的猪头纹。
骑士纹锦	黄、白、蓝、绿四色。大珠圈内饰以高鼻多须,回首顾盼的骑士图案。
双鸟纹锦	大红、宝蓝、纯白三色,红地白色小珠圈,内饰双鸟图案。
龟背纹锦	黄、淡黄、金黄三色,黄色地,金黄色龟背纹,内饰卷叶图案。
鸾鸟纹锦	黄、白、蓝、绿四色,黄色地,珠内圈饰以鸾鸟纹。
对鹿纹锦	黄、白、蓝、绿四色,小珠圈内一对伫立的鹿纹。
瑞花遍地锦	蓝地,遍饰以浅绿的花朵图案。

新疆拜城克孜尔石窟中所出唐锦

锦　名	特　　　征
双鱼纹锦	紫绛地,中间组成团花,蓝色作地,用红、黄二色组成双鱼纹。
云纹锦	浅黄地,与蓝、黄线交织成黄金色,透出蓝、黄色云纹。
花纹锦	黄地,绿色花纹。
波纹锦	黄、红线交织作地,透出皂、绿双重波纹。

日本正仓院所藏唐锦

锦　名	特　征
狮子唐草奏乐纹锦	紫地,织出狮子纹,左右配饰牡丹唐草,并有琵琶、笛、鼓等奏乐者。
莲花大纹锦	浅缥地,莲花图案,色彩用晕绷方法,以绿、黄二色为主调,间以朱色。正中的莲花为正面型,围绕中心莲花,饰以8朵侧面的莲花。
唐花山羊纹锦	茶地,以相对二山羊为图案,间饰牡丹花。
鸳鸯唐草纹锦	绯地,蓝、黄色为主调,以相对鸳鸯为图案,配以唐草纹。
狮子华纹锦	赤地,花纹为茶黄色,繁杂的大团花之外,饰以4头奔驰的狮子。
狩猎纹锦	绿地,饰骑士、狮子、山羊及唐草纹。
鹿唐花纹锦	黄地,用鹿及唐花圆纹作装饰。
莲花纹锦	赤地。
唐花纹锦	绯地。
双凤纹锦	珠圈内饰以双凤,茶地。
宝相花纹锦	蓝地。
花鸟纹锦	赤地,用飞鹤、瑞云等作装饰。
狮啮纹长斑锦	所谓长斑锦,系指几种色彩并行的条纹。此锦为赤、茶、绿、浓绿等色,饰深茶色及黄色的狮纹。
华纹长斑锦	
唐花纹长斑锦	
花鸟纹晕绷锦	深浅的色条纹,上饰花鸟图案。

(引自《中国染织史》)

《清秘藏》载宋代锦绫花纹名目

锦的花纹有：紫宝阶地、紫大花、五色簟文（山和尚）、紫小滴珠方胜鸾鹊、青甍文（一名阁婆，一名蛇皮）、紫鸾鹊、紫白花龙、紫龟文、紫珠焰、紫曲水（一名落花流水）、紫汤荷花、红霞云鸾、黄霞云鸾、青楼阁、青天落花、紫滴珠龙团、青樱桃、皂方团白花、方胜盘象、球路纳、柿红龟背、樗蒲、宜男、宝照、龟莲、天下乐、练鹊、方胜练鹊、绶带、瑞草、八花晕、银钩晕、细红花盘雕、翠色狮子、盘球、水藻戏鱼、红遍地杂花、红遍地翔鸾、红遍地芙蓉、红七宝金龙、倒仙牡丹、白蛇龟纹、黄地碧牡丹方胜、皂木等。

绫的花纹有：碧鸾、白鸾、皂鸾、皂大花、碧花、姜牙、云鸾、樗蒲、大花、杂花、盘雕涛头水波文、仙文、重莲、双雁、方棋、龟子、方縠文、鸂鶒、枣花、叠胜等。

（引自《中国染织史》）

中国古代染料

矿物染料——将有色矿物研磨成细粒后制成的染（颜）料,古代称之为石染。

(1) 朱砂——朱红色硫性汞化合物。也称丹或丹砂。最优的朱砂为镜面砂。

(2) 赭石——暗红色铁的氧化物。现代称之为赤铁矿。主要成分是三氧化二铁。

(3) 胡粉——古代白色印绘颜料和妇女面脂。又名铅华。化学成分是碱式碳酸铜。

(4) 绢云母——亦称白云母,白色薄片状矿物,富有绢丝光泽。内含硅酸钾铝。

(5) 松烟——轻松而极细的无定形黑色粉末,成分为碳。另有结晶形碳称石墨。用有机物质经过不完全燃烧和热分解而制得。

(6) 孔雀石——绿色矿石,主要成分是碱性碳酸铜。

植物染料——以植物的叶、茎、根、花为原料制得的染料,古代称草染。

(1) 茜草——又作蒨草、茹藘、茅蒐。多年生攀援草本,根红黄色,其中主要色素为茜素和茜紫素。用铝盐媒染可得鲜艳红色。商周时期使用特别普遍。

(2) 红花——又名红蓝草。菊科植物,花朵内含红花素,以红花甙形式存在。可用于多种纺织纤维的直接染色,染得色光鲜明的红色,称真红或猩红。

(3) 苏枋——又称苏方木或苏木。豆科高大乔木,内含苏木红素,用金属盐媒染可得不同深浅的红色。

(4) 靛蓝——蓝色还原性植物染料,可从蓼蓝、菘蓝、茶蓝(即松蓝)、马蓝和吴蓝等多种植物中提制。制取时用叶揉碎成靛泥,加入石灰水配成染液,并使发酵,把靛蓝还原成靛白。靛白能溶解于碱性溶液之中,从而使纤维上色。染后经过空气氧化,便可得到鲜明的蓝色。

(5) 荩草——古名菉绿或王刍。一年生草木。茎叶中含黄色素,主要成分是荩草素,用铜盐媒染可得鲜艳的绿色。周代已经使用。

(6) 鼠李——又名大绿、冻绿或红皮绿树,鼠李科灌木。嫩实和茎皮内含有蒽醌类物质,水中沸煮可制得染液。棉布与丝绸浸染后可得性能优良的绿色,国际上称之为中国绿。明代前后使用较多。

(7) 栀子——茜草科栀子属常绿灌木,是秦汉以来发展广泛的黄色植物染料。染色用果实,内含藏红花酸,冷水浸泡后煮沸可得黄色染液。直接染色可得鲜艳黄色;用不同媒染剂媒染,可得不同明暗色调的黄色。

(8) 槐花——俗称槐黄。槐树是豆科植物,染色用花蕾及花朵,内含芸香甙,媒染可得不同黄色。

(9) 郁金——姜科植物,染色用茎,媒染后可得不同黄色,染色织物带有郁金的香味。

(10) 紫草——古名茈和紫苑。多年生草本,根部含乙酰紫草宁。与椿木灰、明矾媒染可得紫红色。春秋战国时期山东一带使用较多。

(11) 皂斗——或作皂斗。栎属树木果实,壳斗含鞣质。周代起已用作黑色染料。

(12) 五倍子——棓蚜科昆虫寄生于盐肤木等植物所生虫瘿,鞣质含量较高,可直接染色或媒染得黑色。隋唐以来使用较多。

动物染料——利用含色素的动物分泌物作为染料进行织物染色。

(1) 紫铆——胶蛤科寄生动物在树上分泌的胶质,亦名紫草茸。用明矾作媒染剂可染得赤紫色。唐代以前使用。

(2) 麒麟竭——又名血竭。用作红色染(颜)料。《唐本草》认为与紫铆大同小异;《本草纲目》称麒麟竭"从木中出如松脂"。现代分析认为这是一种树木分泌物,不溶于水,研成细粉可作涂染或画缋颜料。

(引自《织染绣图录》)

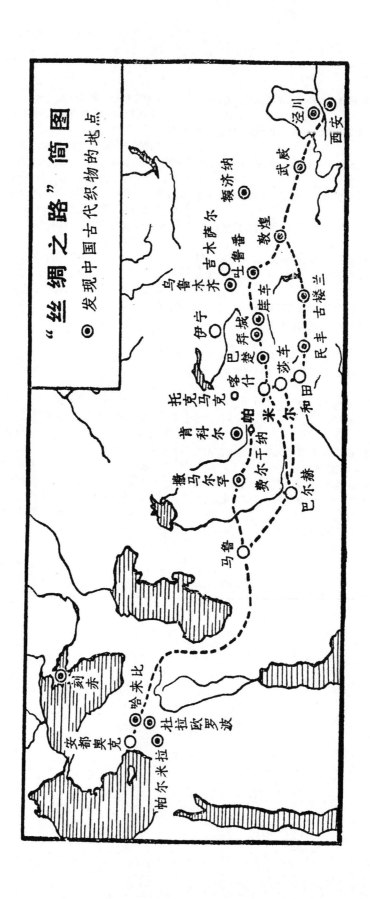

中国历代刺绣

商周时代刺绣

河南安阳殷墟妇好墓出土的铜觯上,黏附有菱形绣残针迹,针法为锁绣。

商代的甲骨文和金文中,有蚕、桑、茧、苴、羊、毛等纺织原料的象形字;有缫丝、纺专的字;有编、织、帛、纨、缟、罗等织具和织品的字;有染、黄、赤、绿、青、红等染色文字。

周代十二章服制度形成。服饰上用刺绣和彩绘花纹,以区分等级和地位。

《周礼》载有:青、赤、黄、白、黑的五方正色,绿、红、碧、紫、流黄的五方间色的色谱理论,并用于丝织品染色。

周代官营纺织染绣,已出现专业化生产的分工。设有专职官吏管理。

陕西宝鸡茹家庄西周墓,出土有单股锁绣实物。

河南信阳光山春秋早期黄国墓,出土有窃曲纹锁绣。

前苏联南西伯利亚巴泽雷克,出土有我国春秋时凤鸟穿花纹绣。

湖北随县曾侯乙墓,出土有深棕色绢绣迹。

湖北江陵马山楚墓,出土有色彩丰富的龙凤虎纹等一批楚绣。技艺很高。

湖南长沙楚墓,出土有云鸟纹等刺绣。

荀况(约前313~前238)在《蚕赋》中总结了养蚕生产技术的规律性。在《箴赋》中总结了刺绣和缝纫技术的经验,用铁针绣出复杂的花纹。

秦汉时代刺绣

陕西咸阳秦都咸阳宫第1号宫殿遗址,出土有绢地几何纹锁绣衣物。

汉朝廷在长安设立东、西织室,襄邑、临淄设"三服官",管理织、染、绣手工业生产。作工各数千人。

湖南长沙马王堆汉墓,出土有长寿绣、信期绣、乘云绣、茱萸纹绣等,以及贴羽锦绣、铺绒绣等实物,刺绣技艺已出现铺纹、齐针、贴绣等针法。

汉武帝遣使出访西域、东南亚、南亚和阿拉伯等国,促进了丝绸贸易和织、染、绣技术的交流。

蒙古诺因乌拉匈奴墓,出土有打子绣实物。

1930年河北怀安县五鹿充墓,出土有汉代刺绣残片,为绸本辫绣。

1959年甘肃武威磨嘴子,出土有东汉刺绣织锦针黹箧。

南北朝时代刺绣

1965年甘肃敦煌莫高窟,发现北魏太和十一年(487)刺绣和忍冬纹刺绣边饰,出现了锁绣变化针法。

贾思勰《齐民要术》总结栽桑、育蚕、红花染料的炼制工艺和沤麻技术。

陆龟蒙《锦裙记》载:侍御史赵郡李君家,藏有南北朝古锦裙一幅,左绣仙鹤二十,右绣鹦鹉二十。

绣品纹样受到古波斯、印度等外来文化和佛教艺术的影响。

隋唐时代刺绣

刺绣出现"接针"、"套针"和"抢针"等新针法。

唐代设立织染署,管理25个织、染、绣作坊。当时有规模宏大的官府手工业。

《杜阳杂编》载,唐代南海奇女庐眉娘,于尺绢上绣《法华经》七卷,字之大小不逾粟粒。是刺绣绣字的最早记录。

甘肃敦煌莫高窟,发现唐绣佛像和观世音像等绣品。

宋、辽、元时代刺绣

1956年江苏苏州虎丘塔,发现北宋刺绣经袱4块,针法主要用齐针、正抢、擞和针等。

辽宁法库县叶茂台辽墓,出土有对鹿花卉绣帽和香囊,用齐平针、接针、钉金、钉银等多种技法绣制。

纱、罗、绫、缎全面发展,印金工艺繁多。新创有纳绣新技法,刺绣技法渐趋完善。

模仿名人山水、花鸟等绘画的"画绣"流行。

1967年浙江瑞安慧光塔(又名仙岩寺塔),发现北宋庆历前三方双面绣经袱,是迄今所见双面绣品中有明确年代的最早作品。

辽宁省博物馆藏有传世宋绣《梅竹鹦鹉图》、《瑶台跨鹤图》等。

1975年福建福州黄昇墓,出土有一批南宋精美绣品,刺绣技法、形式多变。

元绣"金刚般若波罗蜜经册"中释迦如来图,采用网绣针法,刺作"十样锦"纹,有特色。

《辍耕录》载,元代送给西番诏书,以白绒绣于青缯上,并缀有珍珠。

1975年山东邹县李裕庵墓,出土的元代刺绣,采用双丝拈线不劈破的衣线绣法,具有典型的"鲁绣"特点。

明清时代刺绣

上海顾绣(露香园绣、韩媛绣),以绣绘结合的闺阁绣闻名于世。

上海博物馆、苏州市博物馆藏有一批顾绣精品。

北京故宫博物院藏有韩希孟"宋元名迹"册。

1987年山东师范大学图书馆,发现清代大型刺绣《岳阳楼记》,共12幅,全长30多米,绣有393字,用绣底显字方法绣成。

"苏绣"、"湘绣"、"粤绣"、"蜀绣",合称中国四大名绣。名闻中外,产品远销海外。

江苏南通张謇撰《雪宦绣谱》,总结了晚清艺术家沈寿口述刺绣针法要诀 10 余种,运针绣线 88 色,深浅晕色达 745 种。

（据《中国历代织染绣图录》、
《中国美术全集·印染织绣》等）

后 记

经五年多的不懈努力,终于编纂完了这本辞书。

我国历代的服装、染织、刺绣,呈现出强烈的时代性、地域性和多样性,表达出深邃的社会内涵和美学价值。而其主要体现出的是文化,反映出的是时代的特征、精神及其价值的取向。从中可以清晰地看出各个时期、各个民族审美的演变和传承中的某些规律。

在编写过程中,曾得到师友和家人的许多帮助:王宝林、陶凤英、汪彤,热诚提供材料、图片,帮画插图;女婿龚学文、女儿吴悦,在百忙中多方协助查找文献资料;书中引用了沈从文、黄能馥、李娥英、高春明、赵丰、林锡旦等诸位大家的著述;华梅、孔令生、李友友等乐意引用他们大著中的精美插图。所有这些帮助,对辞书的撰写,都起了重要作用。在此成书之际,谨向给予鼎力帮助的各位亲友一并致以深切的谢意。

由于知识浅薄,阅历不足,书中会存在种种疏漏和缺点,热诚欢迎广大读者和专家学者,不吝赐教,俾使这部辞典逐渐完备。

吴 山

庚寅年夏月于金陵

图书在版编目(CIP)数据

中国历代服装、染织、刺绣辞典/吴山主编.—南
京：江苏凤凰美术出版社，2011.6(2019.6重印)
　ISBN 978-7-5344-3812-7

　Ⅰ.①中… Ⅱ.①吴… Ⅲ.①服装-研究-中国-古
代②染织-研究-中国-古代③刺绣-研究-中国-古代
Ⅳ.①TS941.742②J523

中国版本图书馆CIP数据核字(2011)第116271号

策　　划　樊　达
责任编辑　王林军
编　　务　洪　艳　史志刚
装帧设计　喻　丽
责任校对　刁海裕
责任监印　朱晓燕

书　　名　**中国历代服装、染织、刺绣辞典**
主　　编　吴　山
出版发行　江苏凤凰美术出版社(南京市中央路165号　邮编210009)
出版社网址　http://www.jsmscbs.com.cn
照　　排　江苏凤凰制版有限公司
印　　刷　南京爱德印刷有限公司
开　　本　890毫米×1240毫米　1/16
印　　张　42
版　　次　2011年6月第1版　2019年6月第2次印刷
标准书号　ISBN　978-7-5344-3812-7
定　　价　280.00元

营销部电话　025-68155790　68155675　营销部地址　南京市中央路165号5楼
江苏凤凰美术出版社图书凡印装错误可向承印厂调换